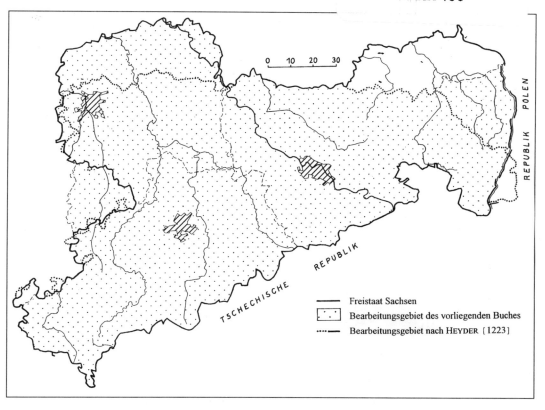

POLEN

REPUBLIK

REPUBLIK

TSCHECHISCHE

0   10   20   30

—————— Freistaat Sachsen

[∴∴] Bearbeitungsgebiet des vorliegenden Buches

·-·-·-· Bearbeitungsgebiet nach HEYDER [1223]

Die Vogelwelt Sachsens

Herausgegeben von
R. Steffens, D. Saemann und K. Größler

unter Mitwirkung von
G. Erdmann, H. Holupirek, P. Hummitzsch, S. Rau

und in Zusammenarbeit mit zahlreichen Ornithologen

Mit 61 Diagrammen, 30 Karten, 70 Tabellen

GUSTAV **FISCHER** Jena Stuttgart Lübeck Ulm

Die Herausgeber

Dr. rer. silv. habil. Rolf STEFFENS,
Sächsisches Landesamt für Umwelt und Geologie, Zur Wetterwarte 11, 01109 Dresden
Dipl.-Biol. Dieter SAEMANN,
J.-Dick-Straße 31, 09123 Chemnitz
Kurt GRÖSSLER, Weigelienstraße 18, 04329 Leipzig

Zitiervorschlag:

STEFFENS, R., D. SAEMANN u. K. GRÖSSLER (Hrsg.): Die Vogelwelt Sachsens. Gustav Fischer Verlag, Jena 1998.
Bei Bezugnahme auf bestimmte Arten bzw. Kapitel sollte(n) deren Bearbeiter zuerst genannt werden, zum Beispiel: B. KAFURKE u. a. in STEFFENS et al. 1998

Die Deutsche Bibliothek - CIP-Einheitsaufnahme

Die Vogelwelt Sachsens : mit 70 Tabellen / hrsg. von R. Steffens ...
Unter Mitw. von G. Erdmann ... und in Zusammenarbeit mit zahlr.
Ornithologen. - Jena ; Stuttgart ; Lübeck ; Ulm : G. Fischer, 1998
  ISBN 3-437-35406-X

Verlag und Herausgeber danken dem Sächsischen Staatsministerium für Umwelt und Landesentwicklung und der Sächsischen Akademie für Natur und Umwelt für die großzügige Förderung bei der Veröffentlichung dieses Werkes

Umschlagbild: Saat- und Bleßgänse bei Weigersdorf/Kr. Niesky. Foto: Rudolf STETS

Satz und Druck: druckhaus köthen GmbH
Buchbinderische Verarbeitung: Kunst- und Verlagsbuchbinderei GmbH, Leipzig
Printed in Germany
ISBN 3-437-35406-X

Inhaltsverzeichnis

6   Inhaltsverzeichnis

3.   Literatur

Einführung

Als 1977 „Die Vogelwelt Mecklenburgs", herausgegeben von G. KLAFS und J. STÜBS, erschien, hatte das für gleichartige ostdeutsche Projekte eine sehr anregende Wirkung, und es war mit Gustav Fischer Jena auch ein renommierter Verlag dafür gefunden. Danach folgten 1983 „Die Vogelwelt Brandenburgs", herausgegeben von E. RUTSCHKE, und 1986 „Die Vogelwelt Thüringens" von D. v. KNORRE, G. GRÜN, R. GÜNTHER und K. SCHMIDT. Auch die Ornithologen Sachsens und Sachsen-Anhalts beschäftigten sich mit ähnlichen Projekten.

In Sachsen wurde dazu auf Initiative von D. SAEMANN am 09. 12. 1978 in Chemnitz (damals Karl-Marx-Stadt) eine „Arbeitsgruppe Vogelwelt Sachsens" gegründet, der für den Bezirk Leipzig G. ERDMANN, K. GRÖSSLER und K. TUCHSCHERER (später nach dessen Ausscheiden Dr. N. HÖSER) angehörten, für den Bezirk Chemnitz (damals Bezirk Karl-Marx-Stadt) G. SCHÖNFUSS, H. HOLUPIREK und D. SAEMANN, für den Bezirk Dresden Dr. G. CREUTZ, Dr. P. HUMMITZSCH und Dr. R. STEFFENS [3498]. Die Arbeitsgruppe, die sich zunächst einmal, später dreimal jährlich traf, erarbeitete unter Federführung von D. SAEMANN eine Konzeption für die „Vogelwelt Sachsens" und eine Manuskriptrichtlinie [3696], P. HUMMITZSCH übernahm die Fortführung des Quellenverzeichnisses von 1970–79 [4122] und von 1980–84 (HUMMITZSCH 1988 b), H. HOLUPIREK die Erarbeitung von Beispielmanuskripten für Grauspecht und Haubenmeise und R. STEFFENS eine solche zu Habitatbegriffen und -abgrenzungen.

Neben diesen grundsätzlichen bzw. als Handreichungen für die Artbearbeiter gedachten Materialien beschäftigte sich diese Arbeitsgruppe aber vor allem mit der Gewinnung von Artbearbeitern und der Materialbereitstellung für die Artbearbeitungen. Das erwies sich als besonders schwierig, da es nach 1958 (mit dem Abschluß von HEYDERS „Nachträgen" [1729]) keine zentrale Datenerfassung mehr gab und die auf regionaler Ebene zumindest für den Bezirk Leipzig nach 1972 nur noch lückenhaft fortgeführt sowie für den Bezirk Dresden erst um 1980 aufgebaut wurde. Die nach Bezirken getrennte Arbeit hatte auch zur Folge, daß kaum noch für ganz Sachsen kompetente Ornithologen zu finden waren.

Sowohl die Gewinnung von Artbearbeitern als auch die Datensammlung und Erstellung von Artmanuskripten mußte deshalb, von wenigen Ausnahmen abgesehen, zunächst bezirksweise erfolgen, wofür im Bezirk Leipzig K. GRÖSSLER, im Bezirk Chemnitz D. SAEMANN und im Bezirk Dresden R. STEFFENS verantwortlich waren. Erst in einem zweiten Schritt sollten dann „Sachsenmanuskripte" entstehen, wofür die Federführung bei Nonpasseres K. GRÖSSLER und bei Passeres D. SAEMANN übertragen wurde. Die Gesamtverantwortung für den Allgemeinen Teil oblag R. STEFFENS. Die drei zuletzt genannten Herren wurden außerdem bereits zur ersten Sitzung der „Arbeitsgruppe Vogelwelt Sachsens" als Herausgeber und Vertragspartner für den Gustav Fischer Verlag benannt, mit dem zu Jahresbeginn 1980 ein entsprechender Vertrag zustande kam, der vorsah, bis Ende 1986 das Gesamtmanuskript vorzulegen.

Diese terminliche Zielstellung konnte aus mehreren Gründen nicht eingehalten werden. Einerseits gestaltete sich die Materialsammlung noch komplizierter als erwartet. Im Bezirk Dresden traten beispielsweise z. T. erhebliche Schwierigkeiten auf, Nonpasseresdaten aus den 1960er und 1970er Jahren bereitzustellen. Andererseits konnten viele Artbearbeiter bereits den Abgabetermin für die Bezirksmanuskripte (Jahresende 1983) nicht einhalten, bzw. diese Manuskripte entsprachen in Inhalt und Form nicht den Erwartungen, was bei ca. 100 bezirklichen Artbearbeitern [3698] verständlich wird, letztendlich im Interesse einer möglichst breiten, alle Regionen Sachsens hinreichend erfassenden Gemeinschaftsarbeit aber nicht zu vermeiden war. Daraus resultierte ein erheblicher Nachbearbeitungsaufwand durch die Herausgeber bzw. durch von ihnen zusätzlich beauftragte Personen, mit dem in dieser Größenordnung nicht gerechnet worden war.

In der Folgezeit konzentrierten sich die Aktivitäten deshalb zunächst auf Nonpasseres, von denen K. GRÖSSLER sukzessive Rohfassungen von „Sachsenmanuskripten" in Umlauf gab, die aus Dresdener und Chemnitzer Sicht ergänzt und schließlich von D. SAEMANN in eine Endfassung und zur Reinschrift gebracht wurden. Dieser Manuskriptteil war zum Jahresende 1990 fertig. 1990–93 wurde der Allgemeine Teil von R. STEFFENS bearbeitet und 1994 noch um ein Kapitel über Siedlungsdichteuntersuchungen in Sachsen und deren Ergebnisse ergänzt.

Trotzdem stand das Gesamtprojekt Anfang der 1990er Jahre unter keinem günstigen Stern. Der hohe Aufwand bei der Nonpasseresbearbeitung ging zu Lasten der Passeres. Von Dresden wurden die diesbezüglichen Regionalbearbeitungen erst am Jahresende 1990 abgeschlossen, und aus Leipzig lagen nur für wenige Arten Bezirksmanuskripte vor. So konnten von D. SAEMANN für seinen eigentlichen Schwerpunkt, die Passeres, bis Frühjahr 1991 nur von ca. 20% der Arten Endfassungen für „Sachsenmanuskripte" angefertigt werden. Zu den übrigen Arten gab es nur Rohentwürfe, Teilmanuskripte und Materialsammlungen. Seit diesem Zeitpunkt waren ihm aber, der bisher den Hauptanteil am Zustandekommen und Fortschritt des Projektes hatte, vor allem beruflich bedingt, keine aufwendigen Arbeiten an der „Vogelwelt Sachsens" mehr möglich.

Für das weitere Vorgehen gab es mehrere Vorschläge – das Projekt ruhen zu lassen und auf günstigere Zeiten zu hoffen, den Abschluß des Vorhabens auf breitere Schultern zu verlagern (es erfolgten dazu ernstzunehmende Angebote) oder ein anderer der bisherigen drei Herausgeber übernimmt die Hauptlast für den Rest der Arbeit. Das Projekt ruhen zu lassen hätte wohl, und es gibt dafür viele Beispiele, sein Aufgeben bedeutet, zumindest wäre aber den vielen engagierten Helfern aus den vergangenen drei Jahrzehnten der Lohn für ihre Mühe versagt geblieben. Den Abschluß des Vorhabens auf breitere Schultern zu verlagern, erschien auch gewagt, da zu befürchten war, daß jene Abstimmungsprobleme, die in den 1980er Jahren den Fortgang erschwerten, sich wiederholen. So übernahm schließlich im Herbst 1994 R. STEFFENS alle Unterlagen von D. SAEMANN und versuchte, den inhaltlichen Abschluß des Werkes mehr oder weniger im Alleingang zu bewältigen. Dem kamen gut aufbereitetes Passeresmaterial aus dem Bezirk Chemnitz und eine nahezu vollständige Übersicht über entsprechende Daten der 1980er Jahre im Bezirk Dresden entgegen. Die Planung war so weitgehend von Unwägbarkeiten äußerer Kooperation frei, und in gleicher Weise war auch ein sehr förderliches persönliches Umfeld gegeben.

Unter Nutzung aller verfügbarer Freizeit konnte bis Jahresende 1996 die Passeres-Bearbeitung abgeschlossen und für 1997 die Fertigstellung des Gesamtwerkes (Herstellung bzw. Überarbeitung der Verbreitungskarten, Entwurf der Grafiken, Durchsicht des Allgemeinen Teiles und der Passeres durch die Mitherausgeber, Endredaktion aller Manuskriptteile, Literaturverzeichnis usw.) betrieben werden.

Das wiederum war aber nur möglich durch die Unterstützung zahlreicher Helfer. Herr Steffen Rau hat freundlicherweise die inzwischen notwendig gewordene Überarbeitung und die Endredaktion der Nonpasseres übernommen und mich gemeinsam mit Herrn Rolf Kretzschmar bei nachträglichen Datenrecherchen unterstützt. Herr Siegfried Eck war Ansprechpartner in Fragen der Systematik, wissenschaftlichen Namensgebung sowie Abgrenzung von Unterarten und hat sich in dieser Hinsicht durch eine Reihe von Anregungen und Hinweisen verdient gemacht. Für die Anfertigung der Manuskript-Diskette zum Allgemeinen Teil sowie zahlreiche andere seit 1985 für die Vogelwelt Sachsens erledigte Schreibarbeiten möchte ich mich bei Frau Irene Mailand sehr herzlich bedanken. Gleiches gilt für Frau Marina Mackowiak und Frau Kornelia Oelke für das Passeresmanuskript und Teile des Literaturverzeichnisses. Herr Dr. Ulrich Zöphel hat die Computergrafiken angefertigt, Frau Astrid Engelhardt-Sobe Verbreitungs- u. a. Karten gezeichnet und Herr Rolf Kretzschmar für den Allgemeinen Teil und

Passeres die Text- und Tabellengestaltung übernommen sowie alle Korrekturen der Zwischen- und Enddurchsicht eingefügt. Und schließlich kam noch unerwartete studentische Hilfe, durch die es gelang, ältere Quellenverzeichnisse in den anderen Manuskriptteilen vergleichbare Computertexte zu transformieren. So wurden Zeit und Kosten gespart. Ich möchte mich dafür ganz besonders bei Herrn Winfried Nachtigall bedanken, desgleichen bei Herrn Detlef Neumann für Schreib- und Korrekturarbeiten am Nonpasseresmanuskript.

Die meisten technischen Arbeiten erfolgten ebenfalls in der Freizeit. Doch ermöglichte es mir das Sächsische Staatsministerium für Umwelt und Landesentwicklung auch Personal und Einrichtungen des Landesamtes für Umwelt und Geologie in Anspruch zu nehmen. Das darf als Anerkennung der naturschutzfachlichen Bedeutung des Projektes gewertet werden und war für den erfolgreichen Abschluß des Buches gleichermaßen förderlich.

Für ein Vorhaben, das sich über mehr als 15 Jahre hinzieht, besteht Erklärungsbedarf, inwieweit Inhalt und Darstellungsweise den aktuellen Gegebenheiten entsprechen. Die Datenbereitstellung und -aufbereitung lief als landesweite Aktion zunächst nur bis einschließlich 1982, was vor allem in statistischen Auswertungen des Durchzug- und Rastgeschehens (vgl. z. B. Abb. 4–61) sichtbar wird. Entsprechende Aussagen wurden jedoch fortgeschrieben, sofern sich vom bisherigen Bild abweichende Fakten ergaben (vgl. z. B. Artmanuskripte Kormoran, Graureiher, Berghänfling). So kann i. d. R. ein Bearbeitungsstand von 1989 unterstellt werden. Über das Jahr 1989 hinaus erfolgten nur ausnahmsweise Hinweise, wenn sich am Status der Art Wesentliches veränderte (z. B. bei Brandgans und Gänsesäger, Schwarz- und Blaukehlchen sowie Bartmeise) sowie aus gleichen Gründen in Verbreitungskarten (z. B. bei Graureiher, Rohrdommel, Weißstorch). Ferner wurden bei Passeres Arbeiten jüngeren Datums berücksichtigt (z. B. Feinrasterkartierungen im Stadt- und Landkreis Leipzig sowie in der Dübener Heide), wenn es zur Abrundung des Erscheinungsbildes der jeweiligen Art erforderlich erschien. Und schließlich mußte sich das Kapitel „Aktuelle Anforderungen an Naturschutz und Landschaftspflege aus avifaunistischer Sicht" selbstverständlich ganz ausschließlich den Bedingungen der 1990er Jahre widmen.

Wenn ansonsten 1989 der zeitliche Schnitt erfolgte, so war das einerseits erforderlich, um das Werk überhaupt abschließen zu können, denn laufende Aktualisierungen wären „abschlußgefährdend" gewesen, und andererseits ging 1989/90 eine Form der Datensammlung und Organisation der ornithologischen Forschung zu Ende, der neue Formen und Zuständigkeiten folgten und deren Ergebnisse, sofern sie noch nicht publiziert sind, nicht einfach „mit alter Legitimation" übernommen werden können. Bleibt der Vorwurf einer bereits zum Zeitpunkt ihres Erscheinens veralteten Avifauna: Auch dem kann widersprochen werden, denn jede Avifauna ist vor allem ein Zeitdokument. Und diese wird für die vielen Untersuchungen der 1990er Jahre, auch der landesweiten Meßtischblatt-Quadrantenkartierung 1993-96 des Sächsischen Landesamtes für Umwelt und Geologie, ein Vergleichsmaßstab zu den Verhältnissen in den 1960er bis 1980er Jahren sein. Im übrigen lagen die meisten Untersuchungen aus HEYDERS „Sachsenavifauna" [1223] zum Zeitpunkt des Erscheinens noch länger zurück, den Wert dieses Buches hat das aber wohl kaum geschmälert.

Der Zeitraum, der von der Konzipierung bis zum Abschluß der „Vogelwelt Sachsens" verging, ist aber auch noch mit anderen Konsequenzen verbunden. Die damaligen Bezirke und Kreise haben sich sowohl vom Namen her, als auch, was für eine Avifauna noch bedeutsamer ist, hinsichtlich der Bezugsfläche verändert, und darüber hinaus gehören die alten Kreise Altenburg und Schmölln seit 1991 nicht mehr, Weißwasser und Hoyerswerda aber seitdem zu Sachsen. Diese „Vogelwelt Sachsens" muß sich im wesentlichen aber an die alten Abgrenzungen und Bezeichnungen halten, nicht nur weil ihr Bezugszeitraum 1989 endet, sondern vor allem, weil die Altkreise Schmölln und Altenburg in der Avifauna Thüringens (v. KNORRE et al. 1986) nicht enthalten sind (sie wären dann ein „weißer Fleck"), die Altkreise Weißwasser und Hoyerswerda aber bereits bei Brandenburg (RUTSCHKE [4051]) abgehandelt wurden (sie würden dann doppelt erscheinen) sowie das meiste Datenmaterial auf der Grundlage der alten Bezirks- und Kreisgrenzen aufbereitet ist und sich nicht bzw. nur mit unvertretbar hohem

Aufwand neu ordnen läßt. Wenn die Kreise Hoyerswerda und Weißwasser trotzdem relativ häufig erwähnt werden, dann hängt das einerseits mit Gemeinsamkeiten aus der Avifauna der Oberlausitz zusammen, andererseits mit bei Rutschke [4051] nicht berücksichtigten Arbeiten und ist manchmal auch schon ein Vorgriff auf die Zukunft.

Ursprünglich war für die „Vogelwelt Sachsens" analog dem Mecklenburger, Brandenburger und Thüringer Vorbild auch ein Fototeil vorgesehen. Wenn in Absprache mit dem Verlag schließlich darauf verzichtet wurde, so vor allem wegen Materiallücken und aus Kostengründen. Trotzdem möchte ich den Bildautoren und vor allem Herrn Tilo Nadler für ihre Bemühungen danken und sie zugleich für die Entscheidung um Verständnis bitten. Vielleicht sind unsere diesbezüglichen Chancen zu einem späteren Zeitpunkt besser.

Ich kann die Einführung in die „Vogelwelt Sachsens" nicht beenden, ohne noch auf folgendes hingewiesen zu haben: Eine ganze Reihe Passeres-Bearbeiter äußerten den Wunsch, die Endfassung ihrer Manuskripte nochmals zu sehen. Ich hatte das zugesichert, konnte es im Interesse des angestrebten Endtermins dann in einigen Fällen aber doch nicht realisieren und bitte deshalb an dieser Stelle dafür um Nachsicht. Bei der Er- bzw. Bearbeitung der Passeres-Manuskripte standen mir pro Art i. d. R. ein, bei schwierigen Arten maximal drei Tage zur Verfügung. Nicht selten ergaben sich aus den Recherchen gewisse Zweifel bzw. neue Fragestellungen, denen nachzugehen ich mir in den meisten Fällen aber im Interesse des Zeitplanes nicht leisten konnte.

So bin ich mir sicher, daß nicht nur bei Passeres, sondern auch bei Nonpasseres und im Allgemeinen Teil manche Wünsche offen geblieben sind und nicht alle Fehler bzw. Ungenauigkeiten getilgt werden konnten. Auch das ist aber nicht so tragisch, denn wir könnten uns diese „Nachbesserung" gemeinsam für eine zweite Auflage bzw. für einen Nachtrag vornehmen, der dann auch den Freistaat Sachsen in seinen heutigen Grenzen repräsentieren und die 1990er Jahre einschließen könnte und damit möglicherweise auch noch aktueller wäre. All das ist aber schon ein anderes Thema und an anderer Stelle zu erörtern.

Bleibt mir zum Schluß noch, allen Artbearbeitern sowie den übrigen genannten und nicht genannten Ornithologen und sonstigen Förderern für ihre Mitwirkung an diesem Gemeinschaftswerk zu danken, desgleichen dem Gustav Fischer Verlag und insbesondere Frau Dr. Schlüter für ihre Geduld und die sachkundige sowie verständnisvolle Begleitung.

Dresden, im Herbst 1997   R. Steffens

Verzeichnis der Mitarbeiter

G. ALBRECHT, Auerbach/E.; H. ALETTER, Geithain; H. J. ALTNER, Geithain; J. ANGER, Markersbach; Dr. H. ANSORGE, Görlitz; D. ARNDT, Groitzsch; H. J. ARNDT, Groitzsch; D. ARNOLD, Gelenau; U. ARNOLD, Thum; W. AUERSWALD, Mittweida; K. AUGST, Sebnitz; U. AUGST, Sebnitz; R. BACHMANN †, Kummer; H. BÄHR, Freiberg; G. BALDAUF; A. BARTH, Leipzig; R. BARTHEL †, Johanngeorgenstadt; Dr. R. BÄSSLER, Radebeul; S. BAUCH, Wurzen; F. BAUER †, Freital; L. BECKER, Herrnhut; Dr. W.-D. BEER †, Leipzig; R. BELLMANN, Sadisdorf; J. BENITZ, Löbau; C. BERGER, Drebach; G. BERGER, Drebach; H. v. BERLEPSCH, Röhrsdorf; R. BERNDT, Görlitz; E. BERTHOLD †, Dittersdorf; G. BEYER, Lößnitz; P. BEYER †, Meerane; H. BIEBERSTEIN, Niesky; S. BIEDERMANN, Lauterbach; A. BIERMANN †, Leipzig; H. BLÜMEL, Großpößna; H. BLÜMEL, Mücka; H. J. BODENSTEIN, Leipzig; W. BOHATSCH; R. BÖHME, Burgstädt; J. BÖRNER, Chemnitz; H. BRÄUTIGAM, Remsa; M. BREITFELD, Markneukirchen; S. BRUCHHOLZ, Rothenburg; T. BRÜCKMANN, Markkleeberg; W. BUCHHEIM †, Leipzig; U. BURGER, Regis-Breitingen; A. BUSCHAN †, Leipzig; U. CONRAD, Neukirchen; Dr. G. CREUTZ †, Neschwitz; H. CZERLINSKY, Netzschkau; J. DAGEFÖRDE, Drebach; R. DAMME, Dresden; S. DANKHOFF, Friedersdorf; Dr. H. DATHE †, Berlin; J. DEUNERT †, Bautzen; W. DICK, Annaberg-B.; H.-P. DIECKHOFF, Ebersbach/OL.; N. DIESSNER, Dresden; K.-H. DIETRICH, Oederan; P. DIETRICH, Meißen; H. DIETZE, Leipzig; R. DIETZE †, Großenhain; W. DIETZSCH, Reichenbach; K.-H. DITTMANN, Leipzig; G. DITTRICH †, Rübenau; H. DIX, Meerane; G. DOBERENZ, Limbach-O.; G. DORNBUSCH, Steckby; Dr. H. DORSCH, Rohrbach; G. DRECHSEL, Coswig; H. DRECHSLER, Cossebaude; A. EBERMANN †, Leipzig; J. EBERT, Rathewalde; S. ECK, Dresden; P. EDELMANN, Glauchau; R. EHRING, Leipzig; K. EICHHORN, Großenhain-Zschieschen; Dr. W. EICHSTÄDT, Linken; G. EIDNER, Holtendorf; G. EIFLER, Oberseifersdorf; H. ENDMANN, Burgstädt; M. ENDMANN, Burgstädt; W. ENGELMANN, Leipzig; G. ENGLER, Gräfenhain; W. ENZMANN, Chemnitz; G. ERDMANN, Leipzig; S. ERNST, Klingenthal; G. FANGHÄNEL, Heinrichsort; C. FEHSE, Pirna; F. FEHSE, Trebsen; G. FEHSE, Hagenow; Dr. A. FEILER, Kurort Hartha; J. FEILOTTER, Frohburg; Dr. H. FIEBIG, Leipzig; J. FIEBIG, Leipzig; A. FIEDLER, Dresden; G. FIEDLER, Chemnitz; W. FINDEISEN †, Dresden; Dr. J. FISCHER, Freiberg; W. FISCHER †, Zwickau; W. FISCHER, Wurzen; W. FISCHER, Altmittweida; R. FLATH, Friedrichswalde; B. FLEISCHER, Kloster; E. FLÖTER, Chemnitz; D. FÖRSTER, Markkleeberg; F. FÖRSTER, Förstgen; R. FRANCKE, Chemnitz; J. FRANK, Frankenhain; K. FRANK, Frankenhain; U. FRANK, Groitzsch; H. FRANKE, Adorf/V.; E. FRAUENDORF, Dresden; H.-J. FRAUENFELDER †, Leppersdorf; S. FRENZEL, Chemnitz; W. FREUND, Kamenz; E. FREYGANG, Dresden; F. FRIELING, Rüdigsdorf; H. FRITSCHE, Glauchau; H. FRITZSCHE, Claußnitz; E. FRÖHLICH, Netzschkau; G. FRÖHLICH, Leipzig; J. FRÖLICH, Grüna; P. FROMMHOLD †, Radebeul; K. H. FROMMOLT, Gerstenberg; E. FUCHS, Hammerbrücke; E. FUCHS, Neuwürschnitz; P. FUHRMANN, Dresden; K.-P. FÜSSLEIN, Chemnitz; G. GAERTNER, Döbschütz; R. GARACK, Rothenburg; M. GAST, Döbeln; Dr. A. GEBAUER, Görlitz; W. GEBERT, Einsiedel; Dr. K. GEDEON, Halle/Saale; R. GEISSLER, Dresden; R. GEISSLER, Tanndorf; L. GEORGI, Leipzig; JOACHIM u. JÜRGEN GEORGI, Crottendorf; R. GERBER †, Leipzig; F. GERICH; H. GERICH; J. GERSTENBERGER, Leipzig; D. GEYER, Neuhausen; V. GEYER, Neuhausen; D. GIERSCH, Görlitz; S. GIESE, Bischofswerda; R. GILLER, Marienberg; D. GLATHE, Niederoderwitz; G. GLATZ, Eich; W. GLEICHNER, Trado; W. GLEINICH, Dresden; L. GLIEMANN, Kamenz; R. GNIELKA, Halle/Saale; S. GONSCHOREK, Bad Brambach; H.-J. GÖRNER, Chemnitz; M. GÖRSCH, Leipzig;

H. GÖTHEL, Venusberg/Spinnerei; D. GRAF, Rathewalde; W. GRAFE, Großschönau; R. GRÄ-nitz †, Augustusburg; B. GRAUPNER, Hartmannsdorf; K. GRÖSSLER, Leipzig; M. GROSSMANN, Hetzdorf; W. GROTE †, Schkeuditz; G. GRÜNDEL, Bad Schandau; W.-D. GRÜNELT, Pirna; R. GRUNDMANN, Oschatz; W. GRUNER, Grüna; S. GRÜTTNER, Leipzig; H. GUGISCH, Schmanne-witz; W. GÜNSCHE †, Klaffenbach; A. GÜNTHER, Freiberg; E. GÜNTHER, Leipzig; M. GÜNTHER, Leipzig; E. HAASE, Drebach; K. HÄDECKE, Freiberg; J. HAGEMANN, Borna; R. HAGEN, Dresden; A. HAHN †, Mittweida; G. HAHN, Grechwitz; J. HÄHNEL, Einsiedel; T. HALLFARTH, Plauen; K. HANDKE †, Eilenburg; K. HÄNEL, Neuwürschnitz; N. HÄRTNER, Großkagen; C. HÄSSLER, Fraureuth; B. HARTUNG, Wölkisch; H. HASSE, Mücka; R. HEBESTREIT, Ottendorf-O.; H. HEFT †, Thurm; Dr. B. HEIDEMÜLLER, Chemnitz; U. HEIDENREICH, Limbach-Oberfrohna; R. HEIGEL, Seifertshain; V. HEINE, Tharandt; W. HEINICHEN †, Leipzig; F. HEINICKE, Auerbach/V.; L. HEINZE, Wäldgen; O. HEINZE, Bautzen; L. HELBIG, Greifswald; R. HELBIG †, Gelenau; E. HELLER, Nitzschka; J. HENNERSDORF, Radeberg; P. HENNIG, Gornsdorf; DIETER u. THOMAS HERGOTT, Großschirma; J. HERING, Limbach-O.; L. HERLT, Neustadt; M. HERMANN, Reichen-bach; W. HERSCHMANN, Pirna; D. HEYDER, Leipzig; Dr. R. HEYDER †, Oederan; M. HIELSCHER, Eckartsberg; K. HILLME, Sebnitz; D. HINZ, Meerane; A. HIPPNER, Radebeul; B. HOFFMANN, Mosel; P. L. HOFFMANN; Dr. P. HOFMANN, Leipzig; F. HOFMANN, Gelenau; G. HOFMANN, Witt-gendorf; K. HOFMANN, Wittgendorf; B. HOLFTER, Grimma; H. HOLUPIREK, Annaberg-B.; S. HÖNTSCH, Mittelherwigsdorf; M. HÖRENZ, Wilthen; H. HORTNER, Weinböhla; Dr. N. HÖSER, Windischleuba; F. HOYER, Leipzig; K. HOYER †, Radeburg; H. HUBER, Leipzig; A. HÜBNER, Oberdorf; G. HÜFLER †, Leipzig; S. HUMMEL, Auerbach/V.; M. HUMMEL, Falkenstein; E. HUMMITZSCH †, Leipzig; Dr. P. HUMMITZSCH, Dresden; G. IHLE, Neuhausen; J. IHLE, Ditters-dorf; U. IHLE, St. Egidien; R. ILLGEN, Glauchau; H. JÄGER, Freital; G. JÄGER †, Reichenberg; H. JAUCH, Niederoderwitz; W. JEHRING, Plauen; H. JENTZSCH †, Cainsdorf; H. JOIKO †, Benne-witz; H. JOKIEL †, Dresden; S. JUHRS, Langenchursdorf; K. JUST, Claußnitz; B. KAFURKE, Dip-poldiswalde; Dr. L. KALBE, Potsdam; P. KALLENBACH, Baruth; S. KÄMPFER, Windischleuba; Dr. P. KANDLER, Dresden; W. KARG, Altenburg; B. KATZER, Meißen; F. KÄUBLER, Frankenau; K. KEGEL, Meißen; Dr. D. KELLER, Dresden; H. KELLER †, Dahlen; Dr. H.-P. KELLER, Leipzig; A. KERMES, Zweenfurth; H. KERN †, Dresden; HELGA u. PETER KIEKHÖFEL, Freiberg; J. KIESSLING; J. KIPPING, Regis-Breitingen; U. KIRCHHOFF, Dresden; W. KIRCHHOF †, Meuselwitz; Dr. W. KIRMSE, Leipzig; W. KLAUKE, Dauban; Dr. G. KLEINSTÄUBER, Freiberg; C. KLOUDA, Niesky; O. KLUGE; H. KLUNKER †, Coswig; Dr. P. KNEIS, Merschwitz; H. KNOBLOCH, Zittau; J.-D. KNÖCHEL, Frankenberg; S. KOBER, Görlitz; W. KOCH, Dahlen; W. KÖCHER, Grimma; H. KÖHLER †, Ehrenfriedersdorf; H. KÖHRING, Schmölln; U. KOLBE, Olbernhau; Dr. H. KÖNIG, Halberstadt; H. KOOS, Glauchau; H. KOPSCH, Falkenhain; J. KÖRNER, Meuselwitz; V. KRAMER †, Seifhennersdorf; T. KRAMP, Großenhain; P. KRÄTSCHMER, Plauen; R. KRAUSE, Kreba-Neudorf; S. KRAUSE, Meißen; R. KRAUSS †, Borstendorf; H. KREISCHE, Auerbach/V.; H. KREISSIG, Glau-chau; H. KRETZSCHMANN, Plauen; H. KRETZSCHMAR †, Leipzig; R. KRETZSCHMAR, Oschatz; H. KREUZER, Leipzig; K. KRITZLER †, Leipzig; D. KRONBACH, Limbach-O.; R. KRÖNERT, Oschatz; T. KRÖNERT, Eilenburg; H. KRUG, Groitzsch; S. KRÜGER, Hoyerswerda; H. KUBASCH, Königsbrück; E. KUBATZSCH, Oberbärenburg; L. KÜCHLER, Drebach; H.-J. KUHNE, Radebeul; G. KULT, Falkenstein; H. KUNISS, Herold; W. KUNZE, Laußig; M. KÜNZEL, Zwota; J. KUPFER, Kirchberg; V. KUSCHKA, Flöha; E. KUTSCHERA, Freiberg; M. LANG, Johanngeorgenstadt; W. LANGE †, Dresden; M. LANGE, Brand Erbisdorf; T. LAUTH, Chemnitz; H. LEHMANN, Torgau; R. LEHMANN †, Chemnitz; J. LEHNERT, Mainz; C. LEICHSENRING, Leukersdorf; P. LEICHSENRING, Hartmannsdorf; H. LEICHT, Lauter; T. LEIPE, Rostock; U. LEIPERT, Lohmen; S. LEISCHNIG, Voigtshain; G. LEONHARDT †, Steinbach; U. LEONHARDT, Ebersbach; W. LIEBSCHER, Radebeul; K. LIEBSCHER, Freiberg; H. LINDNER †, Borsdorf; K. LIPINSKI, Riesa; H. LÖCHER, Hohenmölsen; C. LOMMATZSCH, Chemnitz; P. LORENZ, Dresden; D. LOSCHKE, Pirna; T. LÖSCHNER, Ansprung; V. LÖSCHNER, Bräsinchen; G. LOTT, Leipzig; G. LÜSSEL, Seifhennersdorf; M. LÜSSEL, Seifhen-nersdorf; A. Lütge, Weißenfels; Dr. W. MAKATSCH †, Bautzen; G. MANKA, Pirna; H. MARSCH-ner, Gornsdorf; F. MARTIN, Torgau; R. MARTIN, Großolbersdorf; Dr. R. MARWITZ; R. MÄRZ †,

Sebnitz; R. MAUERSBERGER, Sehma; A. MAUME †, Radebeul; F. MEISSNER, Oberlichtenau; H. MEISSNER, Horka; O. MEFFERT, Görlitz; F. MELDE, Bautzen; M. MELDE, Biehla; K. MELZER, Drebach; F. MENZEL, Niesky; H. MENZEL, Lohsa; H. MERTEN, Taucha; M. MEY, Gelenau; F. MEYER; E. MEYER, Theuma; H. MEYER, Grumbach; H. MEYER, Hohenstein-E.; K.-H. MEYER, Theuma; U. MEYER, Flöha; S. MICHEL, Dresden; Dr. K. MISSBACH, Kurort Hartha; G. MITTELSEDT, Cossebaude; E. MÖCKEL, Auerbach/V.; Dr. R. MÖCKEL, Calau; L. MODES, Crimmitzschau; M. MÖNNIG, Markneukirchen; R. MORGENSTERN, Chemnitz; J. MÜHLBAUER, Mühlbach; C. MÜLLER, Bad Düben; F. MÜLLER †, Chemnitz; K. MÜLLER, Chemnitz; L. MÜLLER, Dresden; M. MÜLLER, Lotzen; M. MÜLLER, Chemnitz; S. MÜLLER, Colditz; T. MÜLLER, Göritzhain; W. MÜNCH, Wurzen; W. MÜNSTER, Ebersbach; W. NACHTIGALL, Coswig; T. NADLER, Dresden; G. NEITHARDT, Rochlitz; C. NEITSCH, Niedercunnersdorf; B. NESTLER, Scharfenstein; H. NESTLER †, Annaberg-B.; A. NEUBAUER, Lunzenau; F. NEUBAUER †, Chemnitz; M. NEUBERT, Marienberg; P. NEUKIRCHNER †, Schlema; J. NEUMANN, Neubrandenburg; C. NICKE, Görlitz; Dr. R. NICOL, Prausitz; W. NIKOLAUS, Glauchau; H. NITZSCHE, Liebertwolkwitz; D. NOACK, Mücka; S. NOACK, Lömischau; J. NÖTZEL, Brünlos; E. NOWAK, Tharandt; G. ODRICH, Mahlis; H. ODRICH, Lampersdorf; M. OEHLER, Werdau; W. OEHLERT, Rohrbach; J. OELER, Lödla; A. OERTEL †, Dittmannsdorf; S. OERTEL, Chemnitz; Dr. J. OERTNER, Boyda; R. OESER †, Raschau; M. OLIAS, Meerane; H. OLZMANN, Zwickau; D. OPITZ, Ottendorf-Okrilla; H. OPITZ †, Königsbrück; M. OPITZ †, Leipzig; R. OPPELT †, Leipzig; G. OPPERMANN, Leipzig; D. PANNACH, Boxberg; W. PÄTZ, Grobau; R. PÄTZOLD, Radebeul; U. PATZAK, Tharandt; W. PAULICK, Königswartha; C. PELZ, Neuhirschstein; G. PETER, Reinholdshain; T. PETERS, Käbschütz; U. PEUKERT, Glauchau; P. PFANDKE, Hinrichshof; A. PFLUGBEIL †, Kemtau; W. PFÜTZNER, Neukirch/OL; E. PLATZ, Radeburg; R. PLIHAL, Spitzkunnersdorf; W. POICK, Kemnitz; H. PÖNITZ †, Leipzig; B. PRASSE †, Zittau; K. PROCHNO †, Leipzig; H. PRÖGER, Beiersdorf; G. PROSS †, Leipzig; R. PÜRSCHEL, Dresden; W. PUSCHMANN; S. RAU, Coswig; J. REDMANN, Mittweida; R. REH, Neundorf; G. REICHEL †, Gebirge; H. REICHEL, Grießbach; H. REICHELT; M. REICHERTZ, Leipzig; S. REIMER, Döbeln; P. REINELT †, Radebeul; U. REINHOLD, Zschopau; S. REINL †, Leipzig; W. REISSMANN, Greiz; R. REITZ, Cunewalde; P. REUSSE, Treugeböhla; G. RICHTER, Chemnitz; K. RICHTER, Chemnitz; K. RICHTER, Wantewitz; O. RICHTER, Leipzig; W. RICHTER, Ebersbach; W. RICHTER, Gornsdorf; H. RIEDEL, Döhlen; D. RIEDRICH, Neukirch/OL; G. RINNHOFER, Chemnitz; Dr. H. RODE, Graupa; H. RÖNSCH, Görlitz; W. RÖSCH, Lauterbach; G. RÖSSLER, Dresden; U. ROSSNER †, Leipzig; F. ROST, Meuselbach; Dr. W.-R. RUDAT, Dresden; G. SACHER, Chemnitz; D. SAEMANN, Chemnitz; D. SANDER, Zittau; B. SANDER, Ebersbach; S. SCHALLER, Plauen; D. SCHARNHORST, Meißen; K. SCHEFFLER, Venusberg; H.-D. SCHERNICK, Krauschwitz; D. SCHIENER, Görlitz; D. SCHILDE, Burgstädt; C. SCHILLER, Oschatz; J. SCHIMKAT, Dresden; M. SCHINDLER, Klingenberg; R. SCHIPKE, Wartha; Dr. R. SCHLEGEL, Lippitsch; J. SCHLEGEL, Annaberg-B.; M. SCHLEGEL, Annaberg-B.; S. SCHLEGEL, Annaberg-B.; R. SCHLENKER, Schloß Möggingen; N. SCHLÖGEL †, Thammenhain; C. SCHLUCKWERDER, Löbau; L. SCHMECHTA, Leipzig; J. SCHMIDT, Leipzig; R. SCHMIDT †, Kleinschirma; W. SCHMITGEN, Großweitzschen; H. P. SCHMITT, Leipzig; C. SCHNABEL, Leipzig, S. SCHNABEL, Leipzig; H. SCHNEEMANN, Zwickau; D. SCHNEIDER, Riesa; G. SCHNEIDER, Reinholdshain; H. SCHNEIDER †, Leipzig; W. SCHNEIDER †, Leipzig; W. SCHNERR, Rabenau; F. SCHÖBEL †, Chemnitz; H. SCHÖDEL, Döbeln; G. SCHOLZ †, Bad Lausick; G. SCHOLZ, Reichenau; H. SCHÖLZEL, Hauswalde/Bretnig; G. SCHÖNFUSS, Ellefeld; Dr. H. SCHÖNHEINZ, Dresden; R. SCHÖNHERR, Lauterbach; Dr. S. SCHÖNN, Oschatz; H. SCHÖPCKE, Bischofswerda; R. SCHÖPCKE, Luga/Neschwitz; M. SCHRACK, Dresden; W. SCHRAMM, Crostwitz; S. SCHRÖPER, Deuben; A. SCHUBERT, Hartha; K. SCHUBERT, Plauen; S. SCHUBERT, Dresden; J. SCHULENBURG, Rosine; D. SCHULTZE, Ebersbach/OL; M. SCHULZ, Leipzig; C. SCHULZE, Weißwasser; G. SCHULZE †, Eilenburg; G. SCHULZE, Commerau; R. SCHULZE, Hohenprießnitz; G. SCHUMA †, Raitzenhain; G. SCHURICHT, Claußnitz; H.-J. SCHURIG, Ulberndorf; U. SCHUSTER, Chemnitz; A. SCHWARTZ, Chemnitz; H.-G. SEIDEL †, Chemnitz; W. SEIDEL †, Bad Düben; B. SEIFERT, Zwickau; W. SEIFERT, Chemnitz; H. SELBMANN, Claußnitz; W. SENGENBERGER †, Leipzig; R. SIEBER, Löbau; A. SIEBERT,

Zwickau; R. SIEBERT †, Wermsdorf; G. SILBERMANN, Thalheim; A. SIMON, Mohorn-Grund; A. SITTEL, Langenleuba; U. SITTEL, Langenleuba; W. SOCHER, Dresden; J. SPÄNIG, Oschatz; W. SPANK, Lieske; D. SPERLING, Bautzen; K. SPERHAKE, Leipzig; D. SPITTLER, Olbersdorf; C. SPRINGER, Bautzen; G. STEFFENS †, Dresden; Dr. R. STEFFENS, Dresden; F. STEIN, Leipzig; R. STEINBACH, Windischleuba; H. STELZNER, Leipzig; G. STEMMLER, Zwickau; W. STENGEL, Markkleeberg; Dr. B. STEPHAN, Berlin; Dr. A. STIEFEL, Erdmannsdorf/Halle; D. STINGL, Doberschütz; W. STÖCKEL, Dresden; H. STOHN †, Dresden; H. STÖTZER, Augustusburg; S. STRAUBE, Leipzig; E. STRAUSS †, Geising; S. STRAUSS, Cotta; D. STREMKE, Benndorf; D. STRIESE, Görlitz; M. STRIESE, Görlitz ; A. STROHBACH, Hirschfelde; Dr. A. STURM, Pirna; D. SYNATZSCHKE, Pulsnitz; Dr. J. SYNNATZSCHKE, Leipzig; Dr. H. J. TÄGLICH, Rückmarsdorf; K. TAUBERT, Wiederau; J. TEICH, Niesky/OT See; A. TERPE, Zabeltitz; E. TERPE, Nasseböhla; S. TESCHNER, Dresden; W. TEUBERT †, Riesa; W. THIEME, Steina; J. THIENEMANN, Groitzsch; A. THOSS, Gelenau; M. THOSS, Auerbach/V.; H. TIETZ, Zug; M. TIETZ, Frankenstein/Sa; F. TONKO, Freital; D. TRENKMANN, Altenburg; W. TREPTE, Wachau; K.-H. TRIPPMACHER, Radebeul; F. TRÖGER, Oberlungwitz; K. TUCHSCHERER †, Leipzig; R. TUTZSCHKY, Lauterbach; E. TYLL, Crimmitschau; F. UHLICH, Burgstädt; H. UHLIG, Delitzsch; R. ULBRICH, Panitzsch; Dr. J. ULBRICHT, Qualitz; W. UNGER †, Zschopau; F. URBAN, Stiebitz; K. URBAN, Borna; D. USCHNER, Großenhain; H. VERSTÄNDIG, Wurzen; G. VETTERS, Burkhardtsdorf; A. VIEWEG, Mittweida; K. VOGEL, Leipzig; J. VOIGT, Hainichen; M. VÖRTEL, Glashütte; F. VORWALD, Stollberg; R. VORWERK †, Leipzig; O. WADEWITZ †, Leipzig; W. WÄCHTLER, Chemnitz; E. WAGNER, Leipzig; K. WAGNER †, Kurort Hartha; R. WAGNER, Leipzig; S. WAGNER; W. WAGNER †, Herzogswalde; W. WAGNER, Leipzig; M. WALTER, Pulsen; S. WAURISCH, Neschwitz; A. WEBER † , Hohendorf; H. WEBER, Nerchau; H. WEBER, Chemnitz; K. WEBER, Grimma; M. WEBER, Colditz; W. WEGER, Dresden; C. WEIG, Meißen; J. WEIGEL, Reichenbach/OL; D. WEIS, Halbendorf; K. WEISBACH, Leipzig; J. WEISE, Dresden; W. WEISE, Claußnitz; R. WEISS, Bergen; H. WEISS, Lauterbach; S. WEISS, Auerbach/ E.; P. WEISSMANTEL †, Kamenz; F. WENDEL †, Görlitz; W. WENDLER, Schneeberg; R. WENZEL, Leipzig; F. WERNER, Freiberg; M. WERNER, Görlitz; H. WIEGAND, Glauchau; W. WIENHOLD, Hohndorf; I. WILDECK, Chemnitz; H. WILHELM †, Dresden; A. WINKLER, Limbach-O.; E. WINKLER, Zwickau; J. WINKLER †, Leipzig; H. WITTIG, Großolbersdorf; Dr. U. WOBUS, Gattersleben; A. WOLF, Radeburg; F. WOLF, Radeburg; G. WOLF, Zwickau; G. WOLF †, Treuen; J. WOLLE, Zwönitz; A. WÜNSCHE, Quolsdorf; D. ZABEL, Waldbardau; H. ZÄHR, Niedergurig; G. ZAPF, Marienberg; K. ZAPF, Marienberg; S. ZEIBIG, Chemnitz; D. ZENKER, Moritzburg; F. ZETSCHE †, Leipzig; H. ZETTL, Eberswalde, A. ZIEGER †, Leipzig; G. ZIESCHE, Chemnitz; K. G. ZILL, Grimma; B. ZIMMERMANN, Dresden; K. ZIMMERMANN, Miltitz; K.-H. ZIMMERMANN; R. ZÖHE †, Leipzig; Dr. U. ZÖPHEL, Dresden; G. ZSCHASCHEL, Großdittmannsdorf; H. ZSCHOCKELT, Leipzig; K. ZSCHOCKELT †, Leipzig; B. ZSCHOKE, Reitzenhain.

1. Allgemeiner Teil

1.1 Zur Geschichte der avifaunistischen Forschung in Sachsen

Das Bedürfnis, sich oder andere über den Bestand an Vogelarten eines bestimmten Gebietes zu unterrichten, ist alt und auch in Sachsen frühzeitig hervorgetreten.

Die frühesten faunistischen Versuche

sind, soweit das bisher überblickt werden kann, im 16. Jahrhundert erfolgt. 1569 veröffentlichte der Rektor von St. Afra in Meißen, GEORG FABRICIUS (1516–1571), eine Liste der Vögel an und auf der Elbe [5], die ihm ein Freund, der Torgauer Stadtarzt JOHANNES KENTMANN (1518–1574), vermittelt hatte. Sie enthält jedoch lediglich die Namen der Vögel. Ihre Deutung ist in der Nachzeit wiederholt [20, 264, 543] und mit wechselndem Glück versucht worden. Sie konnte nie befriedigend gelingen, weil die Unterscheidung der einzelnen Arten noch völlig ungenügend und auch die Namensgebung noch ganz willkürlich war und z. T. aus solchen des klassischen Altertums, aus inzwischen untergegangenen Volksnamen und wohl auch aus für den Augenblick gebildeten Bezeichnungen erfolgt war. Auch eine Aufzählung der Vogelarten um Annaberg im Erzgebirge, die der von dort stammende Hofprediger PAUL JENISCH (JENISIUS, 1551–1612) einer 1605 [6] erschienenen Chronik seiner Vaterstadt einverleibt hat und die gegen 70 Arten nennt, verrät in Einzelheiten die noch unzureichende Artenkenntnis der damaligen Zeit. Ihr Verfasser hat sein vogelkundliches Wissen zumeist den Vogelfängern zu verdanken gehabt (vgl. hierzu: GRÄNITZ [3748]), die ihrerseits versagen mußten, sobald ungewöhnliche Erscheinungen in ihren Gesichtskreis kamen. Die Schrift JENISCHS ist nachträglich durch den Annaberger Bergschreiber GEORG WAHL (1599–1642 od. 1643) ins Deutsche übertragen worden, der sich dabei meist jetzt noch gebräuchlicher erzgebirgischer Volksnamen bedient hat, in Einzelfällen aber auch fehlgegangene Lösungen nicht ganz vermeiden konnte. Fast 100 Jahre nach JENISCHS Schrift erschien abermals ein Buch, das auf die Vogelwelt des oberen Erzgebirges Bezug nahm: der „Historische Schauplatz derer natürlichen Merckwürdigkeiten in dem Meissnischen Ober-Ertzgebirge". Sein Verfasser war der Scheibenberger Pfarrer CHRISTIAN LEHMANN (1611–1688) [8], der in der Landeskunde und der Geschichte seiner Heimat wohlunterrichtet war und auch die Vögel kenntlich geschildert hat, obwohl er selbst auch kein eigentlicher Vogelkenner gewesen ist. Solche hat es in unserem Lande ohne Zweifel auch immer gegeben, nur ist selten einer in die Lage gekommen, sein Wissen schriftlich niederzulegen und so der Nachwelt zu erhalten. Ein schönes Beispiel hat hierin der Gräflich FLEMINGSCHE „Schütze und Ortolanenfänger" DAVID RICHTER zu Hermsdorf bei Dresden hinterlassen (WOLF [12]). Es zeigt, daß sehr wohl eine gediegene Kenntnis der häufigeren Vögel von den Vogelfängern, Jägern und Falknern damaliger Zeit bewahrt worden ist. Leider ist keiner von ihnen umfassender zu Worte gekommen. Sie wären heute die Quelle, aus der wir zuverlässig schöpfen könnten und die uns ein klares Bild der seitherigen Änderungen in der Vogelwelt zu liefern vermöchte. HEINRICH WILHELM DÖBELS (1699–1760) in Sachsen entstandene „Jäger-Practica" [15] ist, wie STRESEMANN (1925) nachweisen konnte, bei weitem nicht so solid gegründet, sondern ihr vogelkundlicher Inhalt weitgehend aus HERMANN FRIEDRICH VON GÖCHHAUSENS (1663–1740) vielgelesener Schrift „Notabilia venatoris" entlehnt worden. Was sonst noch an literarischen Zeugnissen dieser Zeitspanne über die Kenntnis der Vogelfauna zu uns spricht, läßt nur selten auf eine methodische Beschäftigung mit dem Gegenstand schließen. Es sind im Gegenteil oft Mitteilungen fragwürdiger Natur; ihren Verfassern liegt die Kuriosität der dargestellten Dinge viel mehr am Herzen als ihre rein sachliche Betrachtung.

Um die Mitte des 18. Jahrhunderts

beginnt aber doch allmählich eine Wandlung. Die in LINNÉ verkörperte Aufwärtsentwicklung der Artenbeschreibung und die immer weiter nach Eindeutigkeit strebende Namengebung, andererseits aber auch die geographische Aufschließung der Kontinente förderten den Sinn für faunistische Tätigkeit viel nachhaltiger, als aus ihren sächsischen Belegen unmittelbar hervorgeht. Es blieb natürlich nicht aus, daß sich auch Ungeübte auf diesem Gebiet versuchten. Hierher gehört die Zusammenstellung der Vogelarten des abwärts Dresdens gelegenen Zschonergrundes durch den Dresdner Arzt CHRISTIAN FRIEDRICH SCHULZE (1730–1775) [18], mehr noch eine Liste der Vögel, die in der Gegend von Wittenberg vorkamen und die den Kreisphysikus JOHANN SAMUEL TRAUGOTT FRENZEL zum Verfasser hat. Dieser werden wir nochmals begegnen müssen, weil sie ihre Schatten bis in die engeren Meißner Lande geworfen hat.
Gewinn aus den veränderten Zeiten hatten unterdessen aber auch die Sammlungen dieses Jahrhunderts gezogen. Die wichtigste unter ihnen, das Naturalienkabinett zu Dresden, war aus der „Churfürstlichen Kunstkammer" hervorgegangen und hatte, den musealen Gepflogenheiten ihrer Zeit entsprechend, wahllos wirkliche und vermeintliche Kuriositäten in sich vereinigt. Die verbesserten Konservierungsmethoden ermöglichten mit der Zeit die Aufbewahrung von Vogelbälgen und gaben dadurch dem Sammeln kräftigen Antrieb. 1740 konnte JOHANN GEORGE KEYSSLER, ein weitgereister und erfahrener Kenner der Kabinette, berichten, daß die damals unter der Leitung des kurfürstlichen Leibarztes JOHANN HEINRICH (VON) HEUCHER stehende Sammlung „allerley von Vögeln, die man hat zusammenbringen können", und zahlreiche Vogelnester und Eier aufbewahrte. HEUCHERS Nachfolger als Inspektor des Kabinetts, CHRISTIAN HEINRICH EILENBURG, gab 1755 dem Verlangen Ausdruck, neben den ausländischen und allen merkwürdigen Vögeln auch die einheimischen zu sammeln, und zwar paarweise. Und dessen Nachfolger CARL HEINRCH TITIUS (1744–1813) setzte sich 1783 beim Oberhofjägermeister CARL SIEGMUND VON SCHIRNDING mit Erfolg für Vogellieferungen der kurfürstlichen Forstbediensteten ein (ZAUNICK 1925). So hob sich also mit dem Ausgang des 18. Jahrhunderts eine bewußte Erfassung der sächsischen Ornis eben erst in schwachen Umrissen ab, doch erstarkte sie rasch in den folgenden Jahrzehnten. Denn bald nach der

Wende in das 19. Jahrhundert

bleibt unsere Rückschau an einem markanten Entwicklungspunkt haften: 1810 erschien, von dem Leipziger Professor CHRISTIAN FRIEDRICH LUDWIG (1751–1823) verfaßt, eine Zusammenstellung der sächsischen Vogelarten [27]. Seltsamerweise ist von dieser Schrift wenig unmittelbare Anregung ausgegangen. Der auf die Aufzählung der Namen eingeschränkte Inhalt des dünnen Heftchens, die für die Faunistik noch nicht reife Zeit und die politischen Wirren der Jahre zwischen Jena (1806) und Leipzig (1813) mögen gleicherweise daran Schuld gehabt haben. LUDWIG muß sich sehr verläßlicher Grundlagen bedient haben – ob einer Sammlung oder eigener Beobachtung bleibt ungewiß –, denn sein eigener Anteil am Inhalt zeigt im ganzen nur wenig und aus der Zeit heraus verständliche Mängel. Wo er aber J. S. T. FRENZELS schon erwähnte „Beschreibung der Vögel und ihrer Eyer in der Gegend um Wittenberg", 1801 in Wittenberg erschienen, herangezogen hat, ergeben sich beklagenswerte Entgleisungen, die den Wert der Arbeit sicherlich in den Augen der Zeitgenossen herabgedrückt haben.

Von den von ihm aus ganz Kursachsen verzeichneten 224 Arten halten allenfalls 189 einer strengeren Prüfung stand.

Dem faunistischen Charakter dieser LUDWIGschen Artenliste nach ähnlich sind die bald darauf durch den Lehrer an der Dresdener Ritterakademie Dr. CARL FRIEDRICH MOSCH (1784–1859) [28] in eine topographische Beschreibung Rumpfsachsens eingeflochtenen Angaben über die Tierwelt des Landes. Soweit Vögel in Frage kommen, beziehen sie sich in wenigen Fällen auf die Ämter Hohnstein und Grillenburg, hauptsächlich aber auf das Amt Pirna. Es ist anzunehmen, daß der ungenannt gebliebene vogelkundliche Gewährsmann MOSCHS im letzteren gelebt hat und in dem Förster RASCHKE in Reinhardtsdorf zu sehen ist, dessen Tod von MOSCH im Vorwort bedauert wird. MOSCH nannte 156 Arten, von denen sicher einige zu streichen (*Columba livia*, *Anas histrionica*) und weitere auf andere Arten zu beziehen sind. LUDWIG hat er 19 Arten voraus, doch steht durchaus nicht fest, daß MOSCHS Angaben zuverlässige Bestimmung zugrunde liegt, denn es finden sich in ihnen häufige Arten ausgelassen und andererseits höchst seltene (z. B. *Larus glaucus*, *Anas histrionica*) nicht als solche hervorgehoben, was durch MOSCH im allgemeinen geschehen ist.

Wieweit sich alle diese Mitteilungen LUDWIGS und MOSCHS auf Sammlungen gründen, ist nicht zu ersehen, da sich beide darüber ausschweigen. Für LUDWIG dürfen wir das immerhin vermuten. Zwar besaß, einer Darlegung JACOBIS (1928) nach, die Universität Leipzig damals noch kein Vogelkabinett, doch ist verbürgt, daß es dort an Privatsammlern nicht mangelte. LUDWIGS Amtsvorgänger NATHANAEL GOTTFRIED LESKE (1751–1786) hatte 1786 bei seinem Weggang von Leipzig nach Marburg seine Vogelsammlung mit sich genommen, doch barg die Stadt noch mindestens deren zwei: Einmal die zu dem berühmten Kabinett der Apothekerfamilie LINCK gehörige Sammlung von Vögeln, die allerdings bei dem 1840 erfolgten Erwerb durch den Fürsten OTTO VIKTOR VON SCHÖNBURG-WALDENBURG (1785–1859) nur noch unbedeutend war, zum anderen die des Bankiers HEINRCH PLOSS (1787–1864), die C. L. BREHM (1787–1864) mehrfach als vortrefflich gerühmt hat und die nach JACOBI (1928) über den Professor SCHWÄGRICHEN an die Universität kam, um nun den Grundstock zu deren ornithologischer Sammlung zu bilden.

(Sammlerisches Bestreben nicht nur im ornithologischen Bereich war sicherlich auch einer der Anlässe zur 1817 erfolgten Gründung der Naturforschenden Gesellschaft des Osterlandes zu Altenburg. In ihre Mitgliederliste fanden im Laufe der Zeit berühmte Namen Aufnahme, und unter den „aktiven Zoologen war C. L. BREHM unzweifelhaft die überragendste Gestalt" (MÖLLER 1972). Den damaligen Anschauungen entsprechend legte man jedoch wenig Wert auf exakte Datierung der gesammelten Vögel, so daß HILDEBRANDT [484] klagte, der größte Teil der Sammlung sei „für faunistische Studien völlig wertlos" mit Ausnahme der noch zu erwähnenden Sammlung des Lehrers F. SCHACH (1820–1873), die in die der Gesellschaft eingegangen ist.)

Ob Dresden zur selben Zeit neben der Vogelsammlung des landesherrlichen Kabinetts noch weitere Sammlungen aufzuweisen hatte, ist nur ungewiß bekannt geworden. Sicher wissen wir es nur von der des Grafen JOHANN CENTURIUS VON HOFFMANNSEGG (1766–1849), die 1810 in den Besitz der Berliner Universität überging. L. THIENEMANN (1793–1858) erwähnt einmal nebenher einen Sammler in Plauen bei Dresden, ohne seinen Namen zu nennen. In den zwanziger Jahren taucht die Vogelsammlung des „Hegereiters" JOHANN ANTON HEINK (1779–1869) in Friedrichstadt bei Dresden auf (vgl. hierzu: NEUMANN 1971, 1972), die u. a. HERMANN SCHLEGEL (1804–1884), dem damaligen Direktor des Leidener Museums, während seiner Wanderjahre wichtig genug erschien, sie kennenzulernen. Bekannter wurde diejenige des Kantors JOHANN CARL GOTTLIEB LANGE (1765–1816) in Hirschfelde bei Zittau, die anscheinend nur Vögel der dortigen Gegend enthalten hat und faunistisch von Bedeutung gewesen sein muß, weil in ihr u. a. Karmingimpel, Dreizehenspecht, Uralkauz aus der dortigen Gegend vorhanden waren und z. T. einmalige Erwerbungen geblieben sind. Leider wissen wir über den weiteren Inhalt der Sammlung, deren Vollständigkeit von den Zeitgenossen hervorgehoben wurde, nichts Näheres. Sie stand um 1820, etwa vier Jahre nach dem Tode ihres Schöpfers, zum Verkauf und scheint an die Oberlausitzische Gesellschaft der Wissenschaften in Görlitz gekommen zu sein, denn die zeitgenössischen Ornithologen FRANZ PETER BRAHTS (1802–1872) und JOHANN GOTTLIEB KRETZSCHMAR (1785–1869) kannten die vorhin genannten Seltenheiten später in deren Besitz.

Um dieselbe Zeit lieferte ein anderer Oberlausitzer, MAXIMILIAN FRIEDRICH SIEGESMUND VON UECHTRITZ (1785–1851), zum ersten Male einen Überblick über die Vogelwelt seiner Heimatprovinz [31] und machte zahlreiche Fundorte aus dem sächsischen Anteil namhaft. Er leitete mit ihm einen Zeitabschnitt regster und erfolgreichster faunistischer Tätigkeiten für dieses preußisch-sächsische Grenzland ein, wie sie um diese Zeit kaum ein anderes Gebiet Deutschlands erlebt hat. Wichtig für diese Entwicklung war sicher die Gründung der Ornithologischen Gesellschaft zu Görlitz im Jahre 1811, der ersten ornithologischen Vereinigung der Erde. Nach mancherlei Wirren ging aus dieser Vereinigung 1823 die Naturforschende Gesellschaft zu Görlitz hervor, die bald eine eigene Publikationsreihe herausgab. Ohne Zweifel wirkte sich die Gründung der Gesellschaft auf die Forschung aus. Erwähnt seien in diesem Zusammenhang nur die Namen F. F. BRAHTS, J. G. KRETZSCHMAR, JOHANN GOTTFRIED NEUMANN (1755–1834), LOUIS TOBIAS (1815–1897) und ROBERT TOBIAS (1810–1889). Zudem stellte der Sohn des vorhin genannten erfolgreichen Sammlers LANGE, der Zittauer Kämmereiverwalter JOHANN GOTTHELF LANGE (1796–1872), ein Verzeichnis der im Zittauer Gebirge vorkommenden Vögel [37] auf, das 160 Arten aufführt, leider aber mit keinem Wort auf die Vogelsammlung des Vaters eingeht.

In den nun folgenden Jahrzehnten

bis zur Jahrhundertmitte

durchlebte die Vogelkunde in Deutschland eine Zeit höchsten Aufschwunges. Die Beschreibung der Arten, ihre Sichtung und systematische Einordnung boten nur noch vereinzelte Schwierigkeiten; sie waren zum größten Teil im voraufgegangenen Jahrhundert oder bald darauf bewältigt worden. CHRISTIAN LUDWIG BREHMS Versuche, durch Beachtung auch der kleinsten Abweichungen in Bau und Befiederung die Formenwelt noch näher zu erfassen, eilten ihrer Zeit voraus und blieben fast unverstanden. Mehr und mehr verlagerte sich die Vogelforschung auf die Erkundung der Lebensweise. Ein neuer Stern war aufgegangen: JOHANN FRIEDRICH NAUMANN (1780–1857)! Seiner vielbändigen „Naturgeschichte" ist es zu verdanken, daß sich das Interesse an der Vogelkunde ungeahnt hob. Auch das Sammelwesen nahm daran teil. Verbesserte Konservierungsmethoden förderten die Anlage von Vogelsammlungen. Fast schrankenlose Jagdfreiheit und erleichterter Verkehr begünstigten ihre Vermehrung. Die Zahl der Naturalienhändler und Konservatoren war erstaunlich groß.

In Sachsen brachten zwar diese Jahrzehnte keine geschlossenen faunistischen Ergebnisse mehr. Aber eine Menge von Tatsachen beleuchtet im einzelnen die Fortschritte, die die Kenntnis der heimischen Vogelwelt zu verzeichnen hatte. Seit seinem 1820 erfolgten Amtsantritt als Inspektor des Dresdener Naturalienkabinetts muß Dr. HEINRICH GOTTLIEB LUDWIG REICHENBACH (1793–1879) faunistisch sehr erfolgreich gesammelt haben, denn als er ganz beiläufig die aus dem ganzen Lande mit Hilfe zahlreicher Gönner und der wieder zur Geltung gebrachten Verordnung an die kursächsischen Revierverwalter von 1783 zusammengebrachten Seltenheiten anführte [42, 45], waren darunter nicht weniger als 17 für das Gebiet neue Arten. Die meisten von ihnen mögen der Sammlung einverleibt gewesen sein. Es ist bedauerlich, daß der vielbeschäftigte REICHENBACH nie Zeit gefunden hat, im Zusammenhang über seine Kenntnis der Landesornis zu berichten, zumal 1849 der Brand des Zwingers die Sammlungen fast völlig vernichtet hat. Anfänglich wirkte neben REICHENBACH noch Dr. FRIEDRICH AUGUST LUDWIG THIENEMANN (1793–1858), doch schied dieser 1839 nach 13jähriger Tätigkeit aus der gleichen Stätte aus, ohne deshalb der Vogelkunde entfremdet zu sein. Er war der Begründer der nach einem Fehlschlag C. L. BREHMS frühesten ornithologischen Zeitschrift, der „Rhea", die freilich ebenfalls nur kurze Zeit bestanden hat. Bekannt ist sein rühriger Anteil am Zustandekommen der ersten Versammlungen deutscher Ornithologen. Mit beidem hat THIENEMANN der heimatlichen Vogelkunde mehr gedient, als oberflächlich zu erkennen ist. Seine bedeutende Eiersammlung, die Grundlage für seine großen Arbeiten über die Fortpflanzungsgeschichte der europäischen Vögel, erwarb das Dresdener Museum.

Unter den Männern, die REICHENBACH aus allen Kreisen um sich zu scharen verstand und die sich in den Sektionsversammlungen der Naturwissenschaftlichen Gesellschaft Isis zu treffen pflegten und die auch aus der Teilnehmerliste an der Dresdener Ornithologen-Versammlung von 1846 hervorgehen, treten der Privatmann CARL EDUARD GÖTZ, der sächsische Major und spätere Oberstleutnant der Artillerie FR. MORITZ RABE, später auch der Apotheker JOHANN FRIEDRICH ANTON DEHNE (1787–1856) hervor. GÖTZ war Besitzer einer auch von NAUMANN besichtigten und rühmlich erwähnten Vogelsammlung, in die u. a. auch die einzige aus Sachsen bekannte Kragentrappe gelangt war. Ihr Grundstock war „die besonders schöne Aufstellung europäischer Vögel" des Hamburgers JOHANN AMSING gewesen. Über ihr Schicksal weiß ich ebensowenig zu berichten wie über die RABES, aus der die einzige sächsische Rothalsdrossel (ob mit der ganzen Sammlung?) in den Besitz des Dresdener Museums übergegangen ist. DEHNE sind u. a. besonders frühe Angaben über die Einwanderung von Girlitz und Wacholderdrossel zu verdanken.

Nicht weniger lebhaft war zu jener Zeit das ornithologische Leben in der Universitätsstadt Leipzig. Zwar trat der erste Direktor des 1836 errichteten Zoologischen Museums, Professor Dr. EDUARD FRIEDRICH PÖPPIG (1798–1868), nicht in die Reihe der unmittelbar faunistisch Tätigen, aber er legte nach JACOBI (1928) mit Fleiß und Geschick eine umfangreiche Heimatsammlung an, wußte Gönner für deren Ausbau zu gewinnen und ließ auch durch die an ihr tätigen Konservatoren ALEXANDER GERHARDT und den aus Görlitz herbeigezogenen ROBERT TOBIAS Vögel in der Gegend von Leipzig sammeln. Als Vogelsammler betätigte sich ferner zu dieser Zeit der Lehrer der Zootomie an der Universität, FRIEDRICH WILHELM ASSMANN. Seine „kleine Sammlung meist inländischer und gewöhnlicher Arten" kam nach ALTUM (1879) an die Forstakademie Eberswalde.

Diese sammlerischen Bestrebungen blieben nicht auf die größeren Städte beschränkt. In jene Zeit fällt auch die Anlage der Vogelsammlung von ALEXANDER ROBERT VON LOEBENSTEIN (1811–1855) in Lohsa, die viele – von ROBERT TOBIAS sorgfältig präparierte – Belegexemplare aus der Oberlausitz aufwies (über ihr Schicksal vgl. NEUMANN [3924]). Bereits 1850 verfügte die 1816 gegründete Forstakademie Tharandt über eine gute europäische Vogelsammlung, von der im einzelnen freilich nicht bekannt geworden ist, was davon aus Sachsen stammte. Private Sammler sind in nicht geringer Zahl tätig gewesen, aber wir wissen von vielen eben nicht mehr, als daß sie Vögel oder Eier sammelten, und ein Urteil über die faunistische Bedeutung ihrer Sammlungen bleibt uns versagt. So sind wir leider ohne alle Kenntnis von den anscheinend nicht unbedeutenden Sammlungen des Grafen JOHANN CENTURIUS VON HOFFMANNSEGG in Rammenau (zeitweilig Dresden), GUSTAV PLOHRS in Dresden, FRIEDRICH SCHULZ ebenda und der Eiersammlung HEINRICH FERDINAND MÖSCHLERS (1800–1885) in Herrnhut geblieben und wüßten auch nichts von der Vogelsammlung FERDINAND VON SCHÖNBERGS (1792–?) zu Thammenhain bei Wurzen, wenn sich nicht GERBER [997] der Aufgabe unterzogen hätte, SCHÖNBERGS sammlerisches Bemühen zu beleuchten. Im Verein mit gleichgesinnten, meist dem bäuerlichen Stande angehörenden Freunden sammelte der Schullehrer FRIEDRICH SCHACH in Rußdorf bei Crimmitschau, darin auch die Gegend um Altenburg einbeziehend. Er brachte nicht nur eine faunistisch wertvolle Sammlung gut präparierter und – was damals noch nicht als unbedingt erforderlich galt – vorbildlich datierter Stücke zusammen, sondern schloß auch seine wissenschaftlichen Freunde im September 1850 zu einem „Ornithologischen Verein des Pleißengrundes" zusammen. Unter den Mitgliedern dieses Vereins befanden sich der Zuckerbäcker CARL FERDINAND OBERLÄNDER (1805–1866) in Greiz, dessen erste Vogelsammlung 1840 in den Besitz des Fürsten OTTO VIKTOR VON SCHÖNBURG-WALDENBURG gelangt war, und der Gastwirt MELCHIOR PÄSSLER (1814–1901) in Breitenbach bei Meerane, dem wir nochmals begegnen werden.

In die Kette der für die Entwicklung unserer Wissenschaft in Sachsen bedeutsamen Ereignisse darf mit gutem Recht auch die im Oktober 1850 in Leipzig vollzogene Gründung einer Deutschen Ornithologen-Gesellschaft eingegliedert werden, die dem Verlangen nach einem organisatorischen Gefüge der nunmehr in großer Zahl vorhandenen Freunde der Vogelkunde entsprungen war. Nicht wenige der in den vorhergehenden Abschnitten genannten sächsischen Ornithologen wirkten bei der Gründung mit. Und nur zwei Jahre später, 1852, tagte die Gesellschaft zugleich mit der damals 35jährigen Osterländischen Gesellschaft in Altenburg.

So läßt sich zu Ende der ersten Jahrhunderthälfte erkennen, daß die Beschäftigung mit der heimischen Vogelwelt mehr und mehr Aufgabe zu werden begann, wenngleich sich die Vertiefung zunächst viel stärker sammlerisch als publizistisch äußerte. Das änderte sich entscheidend, als mit Ende des Zeitabschnittes in rascher Folge die ersten ornithologischen Zeitschriften ins Leben traten. Der 1849 eingegangenen „Rhea" THIENEMANNS folgten die „Naumannia" und das „Journal für Ornithologie", deren erste Bände bereits gehaltvolle faunistische Beiträge von SCHACH, DEHNE, vor allem aber von R. TOBIAS [61, 68] brachten und die ersten Versuche des jungen, zum Studium in Tharandt weilenden Freiherrn RICHARD KÖNIG VON WARTHAUSEN (1830–1911) enthielten.

Die folgenden drei Jahrzehnte

brachten um die Mitte der 60er Jahre eine wertvolle Übersicht über die Vogelwelt des östlichen Grenzlandes, der Oberlausitz, durch ROBERT TOBIAS [86], der in ihr die eigenen als eifriger Forscher wie als vielbeschäftigter Präparator erworbenen Kenntnisse mit denen seines Görlitzer Lehrmeisters J. G. KRETZSCHMAR verarbeitete, ferner eine leider weniger ausführliche Lokalornis von Meerane durch M. PÄSSLER [83] und 1873 eine ungenügende Zusammenstellung der Vogelarten in der Gegend von Annaberg im Erzgebirge durch den Oberlehrer JULIUS RUHSAM (1827–1898). Auch der zusammenfassenden Arbeiten KARL THEODOR LIEBES (1828–1894) [94, 101] über das angrenzende östliche Thüringen ist hier zu gedenken.

Das diesen Zeitabschnitt beherrschende Ereignis aber erwuchs aus der im Schoße der Deutschen Ornithologischen Gesellschaft erfolgten Gründung eines „Ausschusses für Beobachtungsstationen der Vögel Deutschlands". Diese 1875 ins Leben getretene Einrichtung, die in erster Linie dazu bestimmt war, mit Hilfe eines großen, über ganz Deutschland gezogenen Netzes von Beobachtungsposten Material über den Verlauf des Zuges der Vögel zu gewinnen, fand in Sachsen zunächst recht wenig Anklang. Jahre hindurch beteiligte sich hier als einzige Stelle nur der 1875 unter ERNST MORITZ NEUMANN (1835–1891) ins Leben getretene „Verein für Vogelschutz und Vogelkunde für Großenhain", späterhin im wesentlichen abgestellt auf NEUMANN und MAX ADOLF GRÜNEWALD (1849–1929). Noch im neunten der jährlich herausgegebenen Arbeitsberichte hatte die Zahl der sächsischen Beobachter kein halbes Dutzend erreicht, bis der damalige Direktor des Dresdener Museums und Nachfolger REICHENBACHS, Dr. ADOLF BERNHARD MEYER (1840–1911), als Beauftragter des inzwischen auf den Plan getretenen „Permanenten internationalen ornithologischen Comités" die Aufgabe übernahm, in Sachsen ein Beobachternetz zu schaffen. Er versicherte sich sogleich der Hilfe seines nachmaligen Assistenten im Museum, Dr. AUGUST FRANZ HELM (1857–1911). Der rasche Aufstieg der Beobachterzahl, die von 43 im ersten bis zu 111 im vierten Berichtsjahr (1888) emporschnellte, übertraf wohl alle Erwartungen, doch mußten in ihr bei dem Mangel an vogelkundlich genügend unterrichteten Kräften viele zwar vom guten Willen beseelte, aber unzureichende Mitarbeiter in Kauf genommen werden. Offenen Tadel aber fand der Entschluß MEYERS, die so zusammengekommenen Jahresberichte nicht in denen des Deutschen Ausschusses, sondern gesondert zu veröffentlichen. Als diese mit dem zwölften Jahre ihres Bestehens (1892) von der Bildfläche abtraten, hatten aber auch die sächsischen ihre Blüte bereits hinter sich: Das jährliche Erscheinen war aufgegeben worden, und vergeblich ermahnte der zehnte und letzte sächsische Bericht die verbliebenen 21 Helfer, nicht zu erlahmen, sondern die unter verheißungsvollem Anfang begonnenen Arbeiten fortzuführen.

Die so entstandenen zehn

„Jahresberichte der ornithologischen Beobachtungsstationen im Königreich Sachsen"

erschöpfen sich freilich nicht in einer Anhäufung von Zugdaten, sondern sie stellen zugleich
eine umfangreiche Sammlung faunistischer Angaben vor, deren Einzelheiten ein bis dahin un-
möglich gewesenes Bild der Verbreitung der einzelnen Arten im Lande zu entwerfen gestattet
haben würde. Die schon erwähnte, auch von der zeitgenössischen Kritik empfundene unterschiedliche Befähigung der Beobachter schränkt gewiß die Verwertbarkeit mancher Einzelangaben ein. Einem großen Teil der Beobachter fehlte naturgemäß die nötige Beherrschung
des Stoffes, die Leitung der Berichte aber ging in der Säuberung von Fehlern, Irrtümern und
Unwahrscheinlichkeiten nicht weit genug und hinterließ den künftigen Faunisten ein wenig er-
freuliches Erbe an mehr oder weniger zweifelhaften Angaben, die damals viel leichter hätten
berichtigt oder ausgemerzt werden können als heute und deren Nachprüfung die Neigung zu
besonders scharfer Auslese verständlich macht. Immerhin war es MEYER und HELM gelungen,
alle im Lande tätigen Kräfte auf ein gemeinsames Ziel zu richten und zu geschlossener Arbeit
zu vereinen. Kaum einer der im Lande tätigen Ornithologen hat sich von ihr ferngehalten,
viel schlummernde Eignung aber ist durch sie geweckt worden.
Die verlockende Gelegenheit, das reiche Ergebnis der Beobachtungsstationen zu einem fauni-
stischen Rechenschaftsbericht der Zeit zu gestalten, führte 1890 zur Veröffentlichung der dem
VI. Jahresbericht angehängten Arbeit MEYERS und HELMS „Verzeichniss der bis jetzt im
Königreich Sachsen beobachteten Vögel" [197]. Mit diesem gaben die Verfasser nach LUD-
WIGS 80 Jahre zurückliegendem Versuch dem Lande zum zweiten Male ein Spiegelbild seiner
Vogelfauna. In ihr finden sich 274 „Arten", darunter 163 Brutvögel, verzeichnet. Ein späterer
Nachtrag [240] erhöhte die Zahl auf 280, von denen sich jedoch einige nicht halten lassen und
bis heute nicht nachgewiesen werden konnten. In knapper Form sind Gesamtverbreitung,
Zugzeiten und das Auftreten in Sachsen angegeben, bei seltenen Vorkommnissen ist auf Belegstücke und literarische Quellen verwiesen, doch ist auf die Art der Verbreitung seltener
oder lokal auftretender Formen nicht näher eingegangen worden. Ein derartiger Versuch, bis
dahin noch nie unternommen, wäre jedoch durchaus aussichtsvoll gewesen, denn die gleichmäßige Durchdringung des Gebietes mit Beobachtern, die seitdem nie wieder erreicht worden ist, hätte die Beschaffung eines noch umfassenderen Angabenstoffes ermöglicht, als er
ohnehin gewonnen worden war. Trotz dieser unvollkommenen Ausbeutung bleiben die Jahresberichte die bedeutsamste faunistische Arbeit des ganzen Jahrhunderts, deren Bedeutung
auch heute noch nicht verblaßt ist, sobald den seitherigen Verbreitungsänderungen nachge-
gangen werden soll.
Als nach dem Eingehen der Beobachtungsstationen die lokalfaunistischen Bestrebungen sich
wieder auf die ernstlich Interessierten beschränkten, stellte sich heraus, daß der anregende
und fördernde Einfluß, der vom Zusammenschluß ausgegangen war, nicht mehr entbehrt werden mochte. Alle Arbeit lehnte sich daher in der Folgezeit sichtlich an die vogelkundlichen
Gesellschaften – von denen der „Deutsche Verein zum Schutze der Vogelwelt" besonderen
Anteil gewann – und an die kleineren naturwissenschaftlichen Vereine an. Die Folge davon
war, daß sich die Forschung stärker als vorher auf die größeren Städte konzentrierte.

Die letzten Jahrzehnte des 19. Jahrhunderts

verliefen in beharrlicher, wenn auch langsamer Vervollkommnung des durch die Beobachtungsstationen gewonnenen Bildes der Landesornis. In Leipzig zogen Universität und der
1881 durch EUGÉNE REY (1838–1909) gegründete Ornithologische Verein (zu dessen Geschichte vgl. u. a. BEER [3704]) immer neue Kräfte an und machten die Stadt zu einer besonderen Pflegestätte der Vogelkunde. Faunistisch betätigten sich vor allem FRIEDRICH LINDNER

(1865–1922), damals noch Student, CARL R. HENNICKE (1865–1941), RICHARD GROSCHUPP (1860–1928) und der spätere Rossittener Vogelwart JOHANNES THIENEMANN (1863–1938). Eng verbunden mit diesem Leipziger Kreis, besonders mit REY, wirkte am sächsischen Unterlauf der Mulde HANS HÜLSEMANN (1862–1932) als eifriger Sammler von Bälgen und Eiern. (Im Gebiet um Torgau sammelte der erst im reifen Alter zur Ornithologie gestoßene Baurat JOHANNES ERNST WILHELM PIETSCH (1823–1896) faunistische Daten und Material über Vogelzug und Jagd.) Für das dem Leipziger Land benachbarte Herzogtum Sachsen-Altenburg faßte OTTO KOEPERT (1860–1939) das bis dahin über dessen Vogelwelt Bekannte zusammen [237]. Er legte die Grenzen seines Gebietes bis herüber nach Sachsen und schloß die vogelreichen Teiche zwischen Frohburg und Groß-Eschefeld mit ein, die sowohl von Altenburg her – durch J. KRATZSCH (1809–1887) und H. PORZIG (1814–1893) – wie auch durch HELM fleißig durchforscht worden waren. Wenig später erschloß ROBERT BERGE (1851–1907) einen großen Teil des Erzgebirgischen Beckens um Zwickau, wo ihm als Sammler bereits RICHARD SCHLEGEL (1865–1933) vorgearbeitet hatte. Beide verfolgten aufmerksam die Eingänge bei der Präparatorenfamilie RIEDEL, wo ihnen interessante Funde unter die Hände kamen. Das Erzgebirge selbst blieb auffallend wenig beachtet. Einzig JULIUS RUHSAM, der 1873 bereits die Annaberger Gegend zum Gegenstand einer Lokalornis gemacht hatte, trat mit einer Überarbeitung seiner früheren Angaben hervor, diesmal Gewinn aus der Sammlung und den Erfahrungen OSKAR WOLSCHKES (1839–1891) ziehend, ohne freilich den alten Mangel oberflächlicher Behandlung ernstlich austilgen zu können. Seit FRANZ HELM seine Heimat, das Vogtland, verlassen hatte, war dort niemand mehr seinen Spuren gefolgt, obgleich er in der Entdeckung des Rauhfußkauzes einen bestechenden Erfolg gehabt hatte. In seinen späteren Wirkungskreisen Dresden und Chemnitz sah er sich neuen Aufgaben gegenüber. Während der Dresdener Museumstätigkeit hatte er als Bearbeiter der Jahresberichte zweifellos die klaffenden Lücken erkannt, die noch immer in der Kenntnis der Wasservögel bestanden. Die Dresden nahen Moritzburger Teiche boten HELM und dem gleich ihm am Museum tätigen LIONEL WILLIAM WIGLESWORTH (1865–1901) gute Gelegenheit, diese Lücken zu schließen. Die hier und später an den Frohburger Teichen erlangten Ergebnisse hoben sichtlich das allgemeine Interesse an den bis dahin vernachlässigten Teichvögeln, die bald darauf von vielen Seiten her und mit verstärktem Eifer studiert wurden. Das Dresdener Museum förderte nach HELMS Ausscheiden die sächsische Vogelkunde im wesentlichen nur noch durch die Sammeltätigkeit der Präparatoren, die besonders im ostsächsischen Niederland und in der Dresdener Gegend ausgeübt wurde. Dazu steuerte der langjährige Konservator der Sammlung CARL GOTTLIEB HENKE (1830–1899) eine Reihe von Vögeln aus dem Elbgebirge bei, in welchem auch der Waldwärter ERNST WÜNSCHE (1839–1910) allerlei Wissenswertes erkundete und sich besondere Verdienste um die unausgesetzte Beobachtung des Mauerläufers erwarb. Unter dem Professor der Zoologie HINRICH NITSCHE (1845–1902) hatte auch die Sammlung der Forstakademie Tharandt, obgleich nur auf die Zuwendungen von Freunden angewiesen, einen beachtlichen Zuwachs an sächsischen Belegstücken erfahren, über die NITSCHE mehrfach berichtet hat. Ansehnlich war auch die Sammlung des Zittauer Kaufmannes THEODOR HELD. Sie war fast ausschließlich in der Lausitz zusammengebracht worden; ihr Besitzer machte den Inhalt durch ein sorgsam geführtes Verzeichnis zugängig [168]. Reste von ihr befanden sich noch um 1940 in der 3. Bezirksschule und im Johanneum, aber die Beschriftung stimmte nicht mehr mit dem Verzeichnis überein. Als weniger zuverlässig offenbart sich AUGUST WEISKES (1835–1910) Liste der Brutvögel um Ebersbach [140]. Zusammenfassend besprach im Anhang zu seiner vortrefflichen „Ornis der preußischen Oberlausitz" endlich WILLIAM BAER (1867–1934) [256] das Vorkommen der Vögel in der sächsischen Oberlausitz, aus der ihm HEINRICH KRAMER (1872–1935) zahlreiche Unterlagen vermittelt hatte.
Diese zwanglose Blütenlese der wichtigsten Geschehnisse mag den Eindruck erwecken, als sei es am Schlusse des Jahrhunderts um die Durchforschung Sachsens sehr gut bestellt gewesen. In Wirklichkeit waren es – was zu betonen nicht überflüssig ist – kaum mehr als ein Dutzend Männer, die ernstlich um diese Aufgabe bemüht waren, eine Zahl, viel zu klein,

um von ihr eine erschöpfende Darstellung der Artenverbreitung erwarten zu können. Es war daher ein Plan nicht geringen Ausmaßes, als der erst seit 1897 bestehende Ornithologische Verein zu Dresden beschloß, ein Buch über Sachsens Vögel herauszugeben, das vor allem auch die Verbreitung im Lande klarstellen sollte. In die Vorarbeiten teilte sich eine Reihe Mitglieder, die Leitung aber wurde BERNHARD HANTZSCH (1875–1911) übertragen, zweifellos dem fähigsten Kopf, der sogleich mit Feuereifer an die Arbeit ging, Umfragen bei allen bekannten Ornithologen und bei den Revierverwaltungen hielt und dazu für systematische Untersuchungen Vergleichsmaterial zu sammeln bemüht war. 1903 ließ er eine vorläufige Namensliste der sächsischen Vogelarten erscheinen; nur für den internen Gebrauch bestimmt, ist sie außerhalb des Vereins auch kaum allgemeiner verwendet worden. Sammelausflüge führten HANTZSCH in viele Teile des Landes; aus dem durch seine Artenfülle berühmten Teichgebiet von Königswartha lieferte er einen Abriß des dort gefundenen Vogellebens [308]. Die jeder Gemeinschaftsarbeit innewohnende Klippe sollte auch HANTZSCHS Vorhaben zum Verhängnis werden: Die vielfältigen Wünsche der Mitarbeiter strebten auseinander, vor allem aber nahmen ihm die engstirnigen Erschwerungen, die ihm das Bälgesammeln verleideten, die anfängliche Begeisterung und bewirkten endlich, daß sich HANTZSCH auf die Beschäftigung mit der arktischen Vogelwelt zurückzog. In deren entbehrungsreichem Dienst gab er 1911, auf seiner dritten Reise nach dem Norden, sein Leben dahin. Damit war auch die Hoffnung auf eine Bearbeitung der Vögel Sachsens zu Grabe getragen. Während Professor JACOBI (1870–1948), der Nachfolger A. B. MEYERS, die Balgserien HANTZSCHS der Dresdener Sammlung sichern konnte, waren dessen Aufzeichnungen lange Zeit verschollen. Schließlich war P. BERNHARDT (1886–1952) so glücklich, sie ausfindig zu machen. Unter ihnen befand sich das hinterlassene Manuskript der sächsischen Ornis, ein Fragment mit gegen 80 bearbeiteten Arten, das in der Anlage Anklänge an die sonstigen Arbeiten HANTZSCHS über Island und Labrador erkennen läßt, die Verbreitung innerhalb des Landes jedenfalls nur knapp skizziert.

Die wachsende Zahl der Interessenten an einer faunistischen Erschließung des Landes mußte das Verlangen nach zeitgemäßer Darstellung nun aufs neue zügeln. Doch begannen die Quellen, die jene hätten speisen können, stärker zu fließen.

Die Zeit zwischen der Jahrhundertwende und dem ersten Weltkrieg

erbrachte ein reiches, der Landesfauna gewidmetes Schrifttum. Neben REY, den seine umfangreichen Arbeiten über die Eierkunde zum anerkannten Vertreter seines Sonderfaches hatten werden lassen, stand Professor ALWIN VOIGT (1852–1922) in einer ähnlich herrschenden Stellung auf dem neuerschlossenen Felde der Stimmenforschung. Über ihren Sonderaufgaben verloren beide nie den Blick für die faunistischen Bedürfnisse. Sie förderten sie nicht nur durch eigene Beobachtungen, sondern wirkten unausgesetzt durch Anregungen, die sie als Vorsitzende des Leipziger Ornithologischen Vereins besonders wirksam geben konnten. Sie wurden dadurch belohnt, daß rege Tätigkeit im Schoße des Vereins aufwuchs. Gelegentlichen Beiträgen von PAUL WICHTRICH (1867–1943), OSKAR GRIMM (1875–1914), RICHARD SCHLEGEL war eine reiche Folge wertvoller Ergebnisse ERICH HESSES (1874–1945) nebenhergegangen, in der eine zusammenfassende Übersicht über die Avifauna der Leipziger Gegend nicht fehlte (HESSE [365, 366]). Es war verdienstlich, daß sie auch die Sammlung des Zoologischen Instituts verwertete. Nachdrücklich angeregt wurden auch die jüngeren Freunde der Vogelkunde, die jenem Kreise nur die kurze Studienzeit angehörten. Die Lücken, die der Tod in die Reihen der Älteren schlug, als er rasch nacheinander BERGE, REY, HELM ihren Wirkungskreisen entriß, füllte die vorwärts drängende Tatenlust wieder auf. HUGO MAYHOFFS (1888–1917) und RAIMUND SCHELCHERS (1891–1979) Arbeiten über die Moritzburger Teiche vervollkommneten HELMS dort gemachte Beobachtungen und entfachten im Dresdener Verein neuen Auftrieb. Beiden, dem Verein wie dem Moritzburger Teichgebiet, war auch PAUL BERNHARDT eng verbunden. HEINRICH KRAMER war der Südlausitz ein aufmerksamer Beobachter geblieben. Im

Vogtland trat FRANZ DERSCH (1877–1954), an der Zwickauer Mulde MAX HÖPFNER (1854–1916) hervor, wo diesem RUDOLF ZIMMERMANN (1878–1943), PAUL WEISSMANTEL (1893–1975) und RICHARD HEYDER (1884–1984) folgten. In aller Stille hatten der Bauer ROBERT WEISKE in Dolsenhain in der Kohrener Gegend, der Lehrer PAUL MARX in der Umgebung von Oschatz, ROBERT BERGHÄHNEL an den Teichen bei Limbach eine Vogelsammlung zusammengebracht. Im allgemeinen aber schien es, als sei die rein beobachtende und auf das Sammeln von Belegen verzichtende Tätigkeit allein noch zeitgemäß. HARTERTS (1859–1933) großangelegte rassenkundliche Arbeit aber rief zur Umkehr. Sie mahnte die Feldornithologen, über allen in der freien Natur erfaßbaren Tatsachen auch die nicht zu übersehen, die färbungs- und formgebunden sich nur am erlegten Vogel studieren lassen. Was in stiller Sammelarbeit im Museum für Tierkunde zu Dresden unter Prof. JACOBIS reger Förderung, in der Sammlung der Tharandter Forstakademie unter WILLIAM BAER, was durch BERNHARDT HANTZSCH, RICHARD SCHLEGEL, OSKAR GRIMM, HANS HÜLSMANN und manch anderen zusammengetragen worden war, erhielt mit einem Male wachsende Bedeutung. Bisher heimatkundliches Belegstück, stieg es auf zu tiergeographischem Wert. Das Studium der lokalen Tierverbreitung erhielt damit Bedeutung weit über den engen Rahmen der Heimatforschung hinaus: Es wurde erfüllt mit neuem Inhalt. Weite Ausblicke öffneten sich so auf Zeiten und Räume der Artenschicksale und auf die Gestaltung der Artenverbreitung.

Seitdem HANTZSCH 1907 an HEYDER geschrieben hatte, daß er die fernere Bearbeitung der sächsischen Vogelkunde endgültig aufgegeben habe, hatte diesen der Gedanke, irgendwie den fallengelassenen Plan zu einem gedeihlichen Ende zu führen, nicht mehr losgelassen. Die Begeisterung für die Aufgabe ließ ihn alle Widerstände gering achten, und so begann er, das literarische Material zu sichten und durch zahlreiche Beobachtungsausflüge zu erweitern. Durch den 1914 ausgebrochenen Krieg wurde die auf lange Sicht gedachte Vorarbeit zu einem vorzeitigen Abschluß gedrängt, den HEYDER damals nicht aufschieben zu dürfen glaubte. So erschien 1916 unter dem Titel

„Ornis Saxonica“

ein neuer Beitrag zur Kenntnis der Vogelwelt unseres Landes [449]. Dieser war im wesentlichen eine Zusammenfassung der literarischen und sammlerischen Ergebnisse der voraufgegangenen Zeit. Die Ansprüche, die die Rassenforschung an eine solche Gebietsuntersuchung stellt, mußten angesichts des unzureichenden Balgmaterials ebenso unerfüllt bleiben wie die Forderung nach genau umrissenen Verbreitungsangaben und nach einer zuverlässigen Phänologie. Die Vogelberingung stand noch in den Anfängen, und es schien gewagt, Schlüsse aus den wenigen vorliegenden Ergebnissen zu ziehen, die sich zudem auf nur wenige Arten beschränkten. Die skizzenhafte Behandlung der Verbreitung ließ die bedeutsame Rolle kaum ahnen, die von der vertikalen Gliederung des Landes ausgeht. Es war daher kein Wunder, daß sich nach Wiederkehr des Friedens allerorts Kräfte regten, die zutage getretenen Lücken zu schließen und die HEYDER einen Nachtrag ermöglichten [527].

(1919 trat HUGO HILDEBRANDT (1866–1946), der kenntnisreichste Ornithologe Thüringens in der ersten Hälfte unseres Jahrhunderts, für Ostthüringen mit einer Überschau dessen hervor, was er hauptsächlich als Kustos der Vogelsammlung der Naturforschenden Gesellschaft des Osterlandes und aus eigenen Beobachtungen in Erfahrung gebracht hatte, darin auch die Gegend um Altenburg einbeziehend [484]. Sie war wohl als Vorarbeit für eine weitgespannte „Ornis Thüringens“ gedacht, die er etwa zur gleichen Zeit vorbereitete wie RICHARD HEYDER die Sachsens. Beide traten hierüber in öfteren Austausch. Obwohl nur Bruchstück geblieben, hat die ab 1975 der ornithologischen Öffentlichkeit erschlossene Bearbeitung durch WILLI SEMMLER (1906–1991) unbestrittenen Wert als unentbehrliche quellenkritische Sichtung von Sammlungen sowie der älteren Literatur.)

Zu voller Auswirkung gelangte der Aufstieg der heimatlichen Vogelkunde erst 1922 durch die Gründung eines ornithologischen Landesvereins für Sachsen, an der RUDOLF ZIMMERMANN sich besondere Verdienste erwarb. Man kann die nun folgende, abermals durch einen Krieg unterbrochene Zeitspanne intensiver faunistischer Tätigkeit nicht besser als die

Ära des Vereins sächsischer Ornithologen

bezeichnen (zu seiner Geschichte vgl. HEYDER [1805]). Sie fällt zusammen mit dem Aufblühen der verschiedenartigsten Zweige ornithologischer Forschung, von denen sich vor allen anderen folgende der Faunenermittlung als besonders nutzbringend erwiesen: die Erfassung der geographischen Variation der beteiligten Arten und das Studium der Beziehungen des Vogels zu seiner Umwelt. Gewaltige Fortschritte hat dank der Vogelberingung unsere Kenntnis vom Zugverhalten gemacht. Sie ermöglichte uns nicht nur klarere Vorstellungen von der Lage der Winterziele unserer eigenen Brutvögel und der Durchzügler sowie der Herkunftsgebiete der Besucher, sondern auch über kleinere Aufenthaltsverschiebungen und über das Verweilen am gleichen Ort. Neben die bessere Bestimmung der räumlichen Abhängigkeiten stellt sich vorteilhaft noch die Kontrolle der phänologischen Daten mit Hilfe der Ringfunde. Faunistische Dienste leistet schließlich auch noch die eifrig gepflegte Gewinnung von Lichtbildern freilebender Vögel. An allen diesen Bestrebungen hat der Verein sächsischer Ornithologen regsten Anteil genommen, was sich in zahlreichen Arbeiten in den zugleich mit der Vereinsgründung entstandenen „Mitteilungen des Vereins sächsischer Ornithologen", die sich binnen kurzer Zeit zum Sammelbecken der in Sachsen geleisteten vogelkundlichen Arbeit auswuchsen und denen vor allem auch die faunistischen Erzeugnisse zugeflossen sind, niederschlug.

Aus der Fülle der letzteren treten nach dem Reichtum ihrer Stoffsammlung und nach weitgespannter Konzeption drei als besonders bedeutsam hervor. Einmal RICHARD SCHLEGELS „Vogelwelt des nordwestlichen Sachsenlandes" [586], die zuzüglich eines Nachtrages [749] das Leipziger Land zum Gegenstand einer sorgfältigen Untersuchung der hier vorhandenen Vogelfauna gemacht hat. Zum anderen RUDOLF ZIMMERMANNS umfassende Vorbereitungen für die Aufstellung einer Ornis der Oberlausitzer Niederung, die infolge unglücklicher Verkettung von Hindernissen nicht zum verdient gewesenen Abschluß gekommen sind, deren Material HEYDER aber als Torso eines Manuskriptes und in Tagebüchern vorlag. Zuletzt gehören hierher noch die Berichte einer „Planbeobachtungsgemeinschaft Elsterstausee Leipzig", einer sehr fruchtbaren Gemeinschaftsarbeit Leipziger Ornithologen, angestellt an einem neuentstandenen Wasserbecken von für Sachsen bedeutendem Ausmaß, das sich als Raststation für die Wasservögel ebenso günstig darbietet wie als „Beobachterschule" und faunistisch auch weiterhin so aufschlußreiche Ergebnisse zu geben verspricht wie bisher.

R. HEYDER (nach [1223])
Einige Ergänzungen in Klammern von J. NEUMANN & H. HOLUPIREK

Sowohl die Zeit des „Vereins sächsischer Ornithologen" als auch die nächsten Jahrzehnte prägte vorwiegend ein Mann, der für die faunistische Erschließung Sachsens wahrhaft Großes geleistet hat, so daß der folgende Zeitabschnitt am treffendsten als die

„Ära RICHARD HEYDERS"

zu kennzeichnen ist. Obwohl nur kurze Zeit (1926–1933) erster Vorsitzender des Vereins und nie Schriftleiter der „Mitteilungen", wußte er beide Einrichtungen im Sinne seiner faunistischen Bestrebungen zu nutzen und zielbewußt Einfluß auf ihre Entwicklung zu nehmen. Inzwischen hatte der zweite Weltkrieg begonnen, und alle friedlichen Bestrebungen waren aus den Gleisen geworfen. Dem von HEYDER oft betonten vorläufigen Charakter seiner „Ornis Saxonica" entsprechend, hatte er sofort nach deren Abschluß die quellenkritische Sichtung der sächsischen faunistischen Literatur fortgesetzt. Dabei entstand eine Reihe von Arbeiten, die den landesfaunistischen Bestrebungen zugute kamen. Seit Jahren waren manche Bestandteile einer umfassenden sächsischen Avifauna abgeschlossen, andere im Umriß abgesteckt und konnten nach Belieben beendet werden. Als Krieg und Nachkriegszeit die meisten Verbindungen unterbrachen, demzufolge Bausteine nahezu völlig ausblieben und das Kriegsende ein monatelanges Vakuum an Beschäftigung brachte, zog HEYDER zu „innerem Ausgleich" diese Unterlagen wieder hervor und begann, sie zu vollenden. Das war zunächst nichts als eine beschäftigende Notmaßnahme, denn an einen Druck war angesichts der wirtschaftlichen Notlage nicht zu denken. Schließlich aber gelang es HEINRICH DATHE (1910–1991), die Akademische Verlagsgesellschaft Geest & Portig KG in Leipzig für das Projekt zu interessieren. Dennoch vergingen noch vier weitere Jahre bis zum Erscheinen 1952. Die Wirtschaft hatte sich etwas erholt, das Leben war in geordnete Bahnen zurückgekehrt, das Vertrauen in die Zukunft gewachsen. Die Arbeit war beendet und die Zeit reif für das Erscheinen einer Avifauna, die neue Maßstäbe setzte: „Die Vögel des Landes Sachsen". Von dieser neuerlichen Bestandsaufnahme gingen Impulse aus, die die Geschicke der faunistischen Erforschung Sachsens auf Jahrzehnte, bis in die Gegenwart hinein, beeinflußten. HEYDERS Buch war der grünende Baum, an dem sich die Vogelkundigen Sachsens aufzurichten und neu zu organisieren begannen. Der Krieg hatte empfindliche Lücken in ihre Reihen gerissen, viele waren in andere Gegenden verschlagen worden, neue hatten sich angesiedelt. Die bisherigen Vereine durften nicht fortgeführt werden, im Kulturbund wurden an ihrer Stelle die ersten Fachgruppen für Ornithologie gegründet. Bekannte Ornithologen wie GERHARD CREUTZ (1911–1993), H. DATHE, ROBERT GERBER (1887–1974), R. HEYDER, ALFRED PFLUGBEIL (1902–1982) und BERNHARD SCHNEIDER (1867–1949) – um nur einige zu nennen – bildeten in diesen Jahren des Neubeginns die Anlaufpunkte.

Auch die „Mitteilungen des Vereins sächsischer Ornithologen" hatten während des Krieges ihr Erscheinen einstellen müssen. Es fehlte dringend an einem Sprachrohr, das den wissenschaftlichen Gedankenaustausch wieder in Gang brachte, das Mittler sein konnte zwischen den Vogelkundlern Sachsens. Viele Anregungen erhielten sächsische Ornithologen in jener Zeit aus den „Ornithologischen Mitteilungen" von H. BRUNS, der ersten faunistisch ausgerichteten Fachzeitschrift nach dem Kriege. GERHARD CREUTZ war es 1949 gelungen, einen stattlichen Band „Beiträge zur Vogelkunde" herauszugeben, der von Ornithologen des hier behandelten Gebietes dem aus Dresden stammenden ERWIN STRESEMANN (1889–1972) als Festgabe zum 60. Geburtstag zugedacht war. Drei Jahre später, 1952, erschien ein zweiter Band gleichen Titels unter der Herausgeberschaft H. DATHES mit weiter gefaßtem Inhalt. Damit war eine neue Schriftenreihe geboren, die als Fortsetzung der „Mitteilungen des Vereins sächsischer Ornithologen" gedacht, schon bald aber aus diesem Rahmen ausgebrochen war. 1962 nahm sie auch R. HEYDERS „Nachträge" zu seiner Avifauna auf.

Nach einer vom Kulturbund Sachsens einberufenen beratenden Zusammenkunft in kleinerem Kreis Ende Mai 1949 in Dresden fand am 21. und 22. 10. 1950 in Leipzig die erste Zentrale Ornithologentagung statt, der 1951 in Radebeul die erste sächsische Tagung folgte. Im Februar 1954 erschien als neue Zeitschrift „Der Falke", in der sich sogleich auch Autoren aus dem sächsischen Gebiet zu Wort meldeten. 1954 konnte die Schriftenreihe des 1811 gegründeten Naturkundemuseums Görlitz nach 12jähriger Pause ihr Erscheinen unter verändertem Titel mit dem 34. Band fortsetzen. Auf die Oberlausitz beschränkt, brachte sie in langer Reihe ornithologische Arbeiten von vorwiegend lokaler Bedeutung. Auch andere Einrichtungen förderten die faunistische Vogelkunde, teils durch eigene Arbeiten, teils durch Materialsammlung, teils durch Bereitstellung von Druckraum, denn die ausschließlich ornithologischen Zeitschriften faßten die Flut der Beiträge bald nicht mehr. Hier ist u. a. zu denken an das Staatliche Museum für Tierkunde in Dresden, das Naturkundemuseum Leipzig, das Museum der Westlausitz (Kamenz), das Naturkundliche Museum „Mauritianum" Altenburg, das Museum für Naturkunde Chemnitz, das Museum für Jagdtierkunde und Vogelkunde des Erzgebirges in Augustusburg, aber auch an die für die sächsischen Bezirke zuständige Zweigstelle des Instituts für Landschaftsforschung und Naturschutz der Akademie der Landwirtschaftswissenschaften der DDR, und in geringerem Umfang überdies an das Naturkundemuseum Zwickau sowie das Vogtlandmuseum Plauen.

Inzwischen führte in der Südlausitz VOLKHARD KRAMER (1928–1971) seine Rupfungsstudien fort, in deren Ergebnis ebenso faunistisch wichtige Daten anfielen wie bei den Gewölluntersuchungen von ROBERT MÄRZ (1894–1979) im Elbsandsteingebirge. Beide gehörten zum vornehmlich ernährungsbiologische Forschung betreibenden Kreis um OTTO UTTENDÖRFER (1870–1954). Das Zittauer Gebirge, wo sich zuvor schon BERNHARD PRASSE (1907–1987) faunistisch betätigt hatte, war der Wirkungskreis einer jungen Gruppe, die besonders dem Uhu nachspürte und aus der HEINZ KNOBLOCH (geb. 1929) hervortrat. 1953 nahm im Neschwitzer Schloß die Vogelschutzstation unter Leitung von G. CREUTZ ihre Arbeit wieder auf und entwickelte sich fortan zu einem Zentrum der ornithologischen Forschung in der Lausitz. Vorher hatten dort bereits KURT GENTZ (1901–1980), der spätere Chefredakteur des „Falken", und WOLFGANG MAKATSCH (1906–1983) vorwiegend fortpflanzungsbiologische Beobachtungen angestellt. Im Kreis Kamenz trugen PAUL WEISSMANTEL (1893–1975) und MANFRED MELDE (geb. 1929) faunistisches Material zusammen. Im Riesaer Elbtal und seiner Umgebung war WALTER TEUBERT (1909–1991) als Vogelberinger und Feldornithologe sowie als „Lehrmeister" aufstrebender junger Ornithologen tätig. Seinem geliebten Moritzburger Teichgebiet und der Schellente widmete sich auch fernerhin PAUL BERNHARDT (1886–1952). Im Großraum Dresden waren außer der Fachgruppe Radebeul mit FRIEDRICH A. BÄSSLER (1884–1956), PAUL FROMMHOLD (1900–1992) und WALTER NAGEL (1897–1974) nur verhältnismäßig wenige Einzelbeobachter wie HERBERT GRAFE (geb. 1903), in der Sächsischen Schweiz HANS FÖRSTER (1896–1971), im Osterzgebirge, wo HELMUT RICHTER (geb. 1912) seine Wasseramselstudien betrieb, noch R. SCHELCHER bemüht, das Werk HEYDERS zu vervollkommnen. Im Erzgebirge und seinem Vorland taten es ihnen RICHARD LANGE (1888–1969), RUDOLF OESER (1902–1985), RUDI SCHMIDT (1907–1980), RICHARD STOPP (1910–1975) und WILLY WEISE (geb. 1928) gleich. HERBERT GÖTHEL (geb. 1930), RUDI GRÄNITZ (1921–1991), WALTER GÜNSCHE (1912–1991), A. PFLUGBEIL und WALTER UNGER (1899–1985) gewannen der Beringung auch weiter gesteckte Aspekte ab. DIETRICH FLÖSSNER (geb. 1932) machte die Umgebung seiner Heimatstadt Olbernhau zum Gegenstand einer Lokalfauna, KURT KLEINSTÄUBER (1895–1970) beschäftigte sich vorwiegend mit dem Wanderfalken. Aus Zwickau und Umgebung meldeten sich WERNER FISCHER (1905–1973), WOLFGANG GRUMMT (geb. 1932), HERBERT HEFT (1911–1991), ARMIN HEYMER (geb. 1937), GOTTFRIED MAUERSBERGER (1931–1994), ROLF SCHLENKER (geb. 1937) und SIEGFRIED SCHÖNN (geb. 1938) zu Wort, die drei erstgenannten auch mit bemerkenswerten Ergebnissen aus dem Fichtelberggebiet. HANNS CZERLINSKY (geb. 1913) und KARL DANNHAUER (1891–1977) bemühten sich um Gesamtdarstellungen der Vogelwelt ihrer vogtländischen Heimat, wo außerdem u. a. GÜNTER SCHÖNFUSS (geb. 1927) und SIEGFRIED SEIFERT (geb. 1922) beobachteten. Am dichtesten mit Ornithologen besetzt aber war der Bezirk Leipzig, wo sich neben Einzelbeobachtern wie WALTER KIRCHHOF (1901–1987) und HERBERT LINDNER (1907–1984) in der Bezirksstadt, reicher Tradition folgend, der Ornithologische Verein zu Leipzig auf besondere Initiative von A. KUHNERT wieder belebte und unter dem Vorsitz von H. VOERKEL ab 1949 wieder seine Vereinssitzungen durchführte. Daraus ging schließlich die Fachgruppe Leipzig hervor, der u. a. WOLF-DIETRICH BEER (1930–1986), GÜNTER ERDMANN (geb. 1931), JOHANNES FIEBIG (geb. 1911), DIETER FÖRSTER (geb. 1937), R. GERBER, KURT GRÖSSLER (geb. 1934), ERICH HUMMITZSCH (1904–1969) und KLAUS TUCHSCHERER (1937–1993) angehörten und in der bemerkenswerte literarische Früchte heranreiften. So bearbeiteten z. B. WOLFGANG SCHNEIDER (1903–1987) Star und Schleiereule, FRITZ STEIN (geb. 1922) den Flußregenpfeifer und OTTO WADEWITZ (1909–1987) den Triel. FRITZ FRIELING (geb. 1906) machte sich mit seinen Mitarbeitern insbesondere verdient um die Erforschung der Vogelwelt der Teiche von Frohburg-Eschefeld und des Stausees Windischleuba, LOTHAR KALBE (geb. 1935) um die stillgelegten Braunkohlengruben im Süden Leipzigs.

Für sie alle bildeten „Die Vögel des Landes Sachsen" eine Grundlage, auf der es aufzubauen galt, die zu vervollkommnen war. So sammelte sich rasch ein wahrer Berg von Material an, das von RICHARD HEYDER in bewährter Weise zusammengestellt und als Nachtrag zu seiner Avifauna veröffentlicht wurde [1729]. Mit dieser Publikation, die in einer Zeit erschien, in der sich die Anforderungen an die Faunistik zu wandeln begannen, fand das faunistische Schaffen RICHARD HEYDERS seinen sichtbaren Abschluß.

J. NEUMANN & H. HOLUPIREK

Die letzten 30 Jahre

Nachdem RICHARD HEYDER als Landesfaunist von der Bühne abgetreten war [1729], ohne daß sich seine Hoffnung erfüllt hatte, die Sammlung des faunistischen Materials von zentraler Stelle – etwa einem Museum – fortgeführt zu wissen, beschritten die damaligen Bezirke eigene Wege zur Fortführung der ornithofaunistischen Arbeit. Die besten Startbedingungen dafür gab es im traditionsreichen Leipziger Raum, mit einer großen Zahl aktiver und gut organisierter Ornithologen. Bereits 1958 wurde durch W.-D. BEER und L. KALBE eine mehrfach untergliederte Liste der beobachtungsnotwendigen Arten und Gebiete vorgelegt. Zentrale Sammelstelle war die beim Naturkundemuseum Leipzig stationierte Kartei, auf deren Grundlage für die Jahre 1964–72 (1967 u. 68 gemeinsam mit Chemnitz) avifaunistische Beobachtungsberichte und 1975 ein „Prodromus zu einer Avifauna des Bezirkes Leipzig" von GRÖSSLER und TUCHSCHERER [3062] veröffentlicht werden konnten. Zunächst erfolgte die Berichterstattung über Beobachtungen durch sogenannte Schnellnachrichten. Ab 1966 wurden für diesen Zweck die „Avifaunistischen Mitteilungen aus dem Bezirk Leipzig" durch den Bezirksfachausschuß herausgegeben, die ab 1970 unter dem Namen „Actitis" ihr Wirkungsfeld auf Chemnitz und ab 1980 auf Dresden ausdehnten und so für die Folgezeit zur gemeinsamen avifaunistischen Zeitschrift der drei sächsischen Bezirke wurden. An thematischen Schwerpunkten verdienen aus dieser Zeit für den Leipziger Raum vor allem die Siedlungsdichteuntersuchungen im Auewald (BEER [1949], ERDMANN [2549], 1989 b u. a.) und in der Bergbaufolgelandschaft (BEER [1847, 4073], DORSCH [2320, 3442], 1988 u. a.), die Vogelbestandsaufnahmen im Gebiet des Torgauer Großteiches (TUCHSCHERER [2177]) und verschiedene Planberingungsprogramme (z. B. DORSCH 1985) hervorgehoben zu werden. Nach wie vor wurde rege über das Frohburg-Eschefelder Teichgebiet sowie den Stausee Windischleuba publiziert (F. FRIELING und D. TRENKMANN, später auch R. STEINBACH u. N. HÖSER). Allmählich entwickelte sich hier (in Verbindung mit dem Naturkundlichen Museum „Mauritianum" Altenburg) ein regionales Beobachtungszentrum. Das gilt zeitweilig auch für die Dübener Heide mit der Beobachtungsstation Winkelmühle (W.-D. BEER, K. HANDKE, S. REINL u. a.), insbesondere aber für die Kreise Grimma, Oschatz und Wurzen, wo nach etwa 20jährigem eifrigen Materialsammeln unter Leitung von W. KÖCHER und H. KOPSCH von 1979 bis 83 eine 5 Hefte umfassende vorbildliche Regionalavifauna entstand [3467, 3618, 3770, 3903, 4017]. Erwähnenswert sind ferner der Versuch von Bestandsübersichten zu ausgewählten Arten (GRÖSSLER [3604, 4105], 1993) sowie die km^2-Rasterkartierung der Brutvögel im Stadt- und Landkreis Leipzig zu Beginn der 1990er Jahre (StUFA Leipzig 1995).
Im damaligen Bezirk Karl-Marx-Stadt (heute Chemnitz) entwickelte sich das Museum im Schloß Augustusburg Ende der 1960er Jahre nicht nur zu einem weithin bekannten Besuchermagneten, sondern seit 1967 auch zum Zentrum der gesamten ornithologischen Arbeit im Bezirk. Die im gleichen Jahr gegründete AG Avifaunistik vereinte Beringer und Avifaunisten und fand auch unter den jugendlichen Vogelfreunden regen Zulauf. Intensive Beobachtungstätigkeit von zeitweise bis zu 150 AG-Mitgliedern ließ die zentrale Datenkartei rasch und stetig anwachsen und stand allen Interessenten für Auswertungen zur Verfügung. Das Ergebnis waren zahlreiche Veröffentlichungen, unter denen die seit 1967 verfaßten und bis heute nahezu lückenlosen „Jahresberichte" – der erste Teilbericht erschien 1970 in Actitis Heft 4 [2561] – besondere Erwähnung verdienen. Dies vor allem deshalb, weil die gebotene Informationsfülle als Ergebnis einer gelungenen Organisationsform verstanden wurde und wodurch die Arbeit ständig neue Impulse erhielt. Eine Gesamtauswertung aller vorliegenden avifaunistischen Da-

ten der Jahre 1959–1975 (SAEMANN [3207]) war der weitere Versuch, den Wissensstand zu analysieren und daraus Schwerpunkte künftiger Arbeit abzuleiten. Vom engen Kontakt zwischen RICHARD HEYDER und dem Augustusburger Museum profitierten dieses und die AG Avifaunistik: ersteres durch käuflichen Erwerb der gesamten Bibliothek und durch Übernahme des brieflichen Nachlasses, die AG vom Erfahrungsschatz des „Vaters der sächsischen Vogelkunde". Seiner Anregung in den „Nachträgen" ist es auch zuzuschreiben, daß sich nun eine größere Zahl von Arbeiten mit der aktuellen Höhenverbreitung der Arten beschäftigte, von denen „Die Vögel des hohen Mittelerzgebirges" (HOLUPIREK [2570]) besonders hervorgehoben zu werden verdienen. Thematische Schwerpunkte waren außerdem die Stadtavifauna und Urbanisierungsfragen (RINNHOFER [2059], SAEMANN [2616, 3122], 1994 u. a.), die Vogelwelt der Zwickauer Halden des Steinkohlenbergbaus (R. WENZEL u. a.) sowie die Vögel des Bergwaldes (MÖCKEL [3651, 3791, 4035], 1990 u. a.). Traditionell hat die Vogelberingung im Erzgebirge einen hohen Stellenwert. Mit dem von 1976 bis 1980 in der Nähe von Augustusburg betriebenen Planberingungsprogramm (Registrierfänge durchziehender und rastender Vögel für jeweils 6 bzw. 10 Wochen im Frühjahr und Herbst – D. SAEMANN) wurden wichtige Grundlagen geschaffen für die Bearbeitung der Zug- und Rastphänologie zahlreicher Passeresarten in diesem Buch. An regionalen Arbeiten sind noch die Vögel des Kreises Freiberg und der Freiberger Bergwerksteiche zu erwähnen (J. FISCHER u. K. HÄDECKE), von denen bis 1989 vier Lieferungen (Seetaucher bis Mauersegler) erschienen sind.

Im Bezirk Dresden wurde zunächst auf eine zentrale Erfassung und Dokumentation faunistischer Daten zugunsten regionaler Vorhaben verzichtet. Besonders hervorgetan hat sich in jener Zeit der Ornithologische Arbeitskreis der Oberlausitz (Ltg. Dr. G. CREUTZ), der in loser Folge in den Abhandlungen und Berichten des Naturkundemuseums Görlitz „Beiträge zur Ornis der Oberlausitz" herausgab (bis 1990 79 Einzelbeiträge über 276 Arten) und kurz vor dem Abschluß dieses Vorhabens steht (EIFLER 1991). Ebenfalls einen regionalen Schwerpunkt stellte das Elbe-Röder-Gebiet dar, zu welchem die Kreise Dresden-Stadt und -Land sowie angrenzende Teile der Kreise Meißen, Großenhain, Pirna und Freital zusammengefaßt wurden. Ergebnisse dieser Arbeit sind die publizierten Bestandserfassungen von Greifvögeln und Eulen, Spechten, Raubmöwen, Möwen und Seeschwalben sowie Planbeobachtungsergebnisse aus dem Moritzburger und Zschornaer Teichgebiet (HUMMITZSCH u. a. [3072, 3179, 3241, 3252, 3764, 4014]). Emsige Datensammlung wurde außerdem auf der Ebene von Einzelfachgruppen in Riesa, Freital, Pirna, Niesky, Zittau u. a. betrieben, was bei letztgenannter Fachgruppe seinen Niederschlag in einer gelungenen Kreisavifauna (EIFLER u. HOFMANN [4090] u. 1985) fand. So erfreulich und in mancherlei Hinsicht nachahmenswert dieses regionale Engagement auch war, sein Hauptmangel, der fehlende Gesamtüberblick, wurde mit der Zeit und vor allem bei überregionalen Vorhaben immer offensichtlicher. Eine günstige Gelegenheit, hier Abhilfe zu schaffen, war die Kartierung der Brutvögel von 1978–82. Einerseits war damit erstmalig eine konsequente flächendeckende Erfassung notwendig, ein Fakt, der in allen drei sächsischen Bezirken neue Impulse erzeugte und zusätzliche faunistische Daten hervorbrachte, und zum anderen machte sich eine bezirksweise Anleitung und Koordinierung erforderlich, die im Bezirk Dresden zugleich mit dem Aufbau einer Beobachtungskartei verbunden wurde, die bis 1984 ihren Standort beim Bezirksfachausschuß, ab 1985 beim Institut für Landschaftsforschung und Naturschutz, Zweigstelle Dresden, hatte. Eine wesentliche Grundlage waren die inhaltlich mit der Bezirkskartei abgestimmten ornithologischen Jahresberichte der Fachgruppen sowie das Schließen von Lücken im Beobachternetz, die vor allem im Osterzgebirge und Lausitzer Bergland bestanden (Gründung der Fachgruppen Dippoldiswalde, Neukirch u. a.). So sammelte sich schließlich an zentraler Stelle ein Datenmaterial, welches es ab 1986 möglich und nötig machte, auch für den Bez. Dresden avifaunistische Beobachtungsberichte zu publizieren. Als fachliche Schwerpunkte verdienen für den Bezirk Dresden noch besonders hervorgehoben zu werden: Umfangreiche Siedlungsdichteuntersuchungen in allen wesentlichen Vogellebensräumen, insbesondere im Großraum Dresden, im Tharandter Wald, im Osterzgebirge, in der Lausitzer Niederung und in der Südlausitz (G. CREUTZ, G. EIFLER,

G. Hofmann, P. Hummitzsch, J. Schimkat, R. Steffens, R. Wenzel u. a.), Wasservogelforschung (P. Kandler u. a.), Erfassung und Betreuung bestandesgefährdeter Vogelarten (H. Knobloch, H. Kubasch u. a.), km²-Rasterkartierung der Brutvögel im Kreis Zittau 1985–89 (Eifler et al. 1996) sowie analoge Kartierungsvorhaben zu Beginn der 1990er Jahre im Kreis Riesa (P. Kneis u. a.) und im geplanten Biosphärenreservat Oberlausitzer Heide- und Teichlandschaft (D. Weis u. a.).

Traditionsgemäß und inspiriert durch das Heydersche Werk blieb die Zusammenarbeit zwischen den drei sächsischen Bezirken immer auf der Tagesordnung. Neue Impulse erhielt sie durch das Projekt einer Avifauna der DDR, deren erster Band (Mecklenburg) bereits 1977 erschien und als deren 5. Band Sachsen (Bez. Leipzig, Chemnitz und Dresden) vorgesehen war. Zu diesem Zweck konstituierte sich eine neunköpfige Arbeitsgruppe (je Bezirk 3 Mitarbeiter), die eine entsprechende Konzeption ausarbeiten und gemeinsam umsetzen sollte. Als erster konkreter Schritt in diese Richtung wurde die gemeinsame Herausgabe des „Actitis" vereinbart. In der Folgezeit zeigte es sich immer wieder, wie schwierig es ist, das nur dezentral vorhandene Material verfügbar zu machen und nach einheitlichen Kriterien aufzubereiten. Die Idee einer zentralen Sammelstelle oder zumindest gemeinsamer sachsenweiter avifaunistischer Jahresberichte war deshalb allgegenwärtig. Sie harrt aber noch immer ihrer Verwirklichung.

R. Steffens, D. Saemann

1.2 Landschaft und Vogelwelt Sachsens – Übersicht

Sachsen in den Grenzen der ehemaligen Bezirke Leipzig, Karl-Marx-Stadt und Dresden (Karte 1) umfaßt eine Fläche von 17 710 km². Es erstreckt sich von unter 100 m ü. NN (tiefster Punkt Elbe bei Greudnitz mit 72 m ü. NN) bis über 1 000 m ü. NN (höchster Punkt Fichtelberg mit 1 214 m ü. NN) und hat Anteil an den drei großen europäischen Naturregionen

- Tiefland
- Lößgürtel
- Mittelgebirgsschwelle.

Das ermöglichte in Verbindung mit einer kleinräumigen geologischen, morphologischen, hydrologischen und nutzungsbedingten Differenzierung des Landschafts- und Vegetationsbildes die Entwicklung einer vielgestaltigen und insgesamt reichhaltigen Ornis (vgl. 1.3 u. 1.4).

In die Avifauna Sachsens konnten bis 1989 367 Vogelarten aufgenommen werden, wobei bei 12 Arten der Nachweis nicht zweifelsfrei ist und 15 Arten ihr Vorkommen der Tierhaltung (Gefangenschaftsflüchtlinge) oder bewußten Aussetzung verdanken. 191 Arten sind bis 1989 sicher als Brutvögel belegt (einschl. Mandarinente, Fasan und Haustaube). Für weitere 8 Arten erscheint bzw. erschien das Brüten möglich.

Aktuell (Stand 1989) brüten in Sachsen mehr oder weniger regelmäßig 151 Arten. 28 Arten treten nur bzw. nur noch sporadisch als Brutvögel auf. In einigen Fällen (Nachtreiher, Spießente, Kornweihe, Auerhuhn, Kleine Ralle, Sumpfohreule, Rotdrossel, Bergfink) kann auch das nur vermutet werden bzw. ist es als Ausnahmeerscheinung eher fraglich. Bis Mitte dieses Jahrhunderts waren im Bezugsterritorium 179 Brutvogelarten bekannt geworden, von denen zu diesem Zeitpunkt 27 Arten nicht als solche nachweisbar waren ([1223] erg.). Seit es darüber hinreichend zuverlässige Aussagen gibt, sind aus Sachsen als Brutvögel verschwunden (in Klammern letzter Brutnachweis bzw. Brutverdacht): Steinrötel (1. H. 19. Jh.), Schlangenadler (1876), Zwergseeschwalbe (1911), Haselhuhn (1955), Blaukehlchen (1931, 1955?), Rotkopfwürger (1960), Schwarzstirnwürger (1935, 1969?), Blauracke (1969), Wanderfalke (1972), Uferschnepfe (1974), Trauerseeschwalbe (1974), Wiedehopf (ca. 1979), doch dürften bei letz-

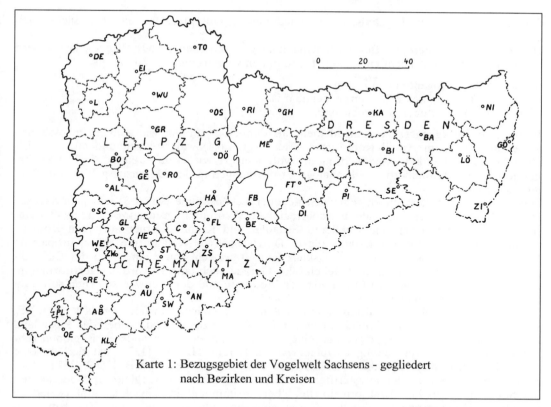

Karte 1: Bezugsgebiet der Vogelwelt Sachsens - gegliedert
nach Bezirken und Kreisen

Es bedeuten:
AB Auerbach,   AL Altenburg,
AN Annaberg-Buchholz,   AU
Aue,   BA Bautzen,   BE Brand-
Erbisdorf,   BI Bischofswerda,
BO Borna, C Chemnitz, D Dres-
den, DE Delitzsch, DI Dippol-
diswalde, DÖ Döbeln, EI Eilen-
burg,   FB Freiberg,   FL Flöha,
FT Freital,   GE Geithain,   GH
Großenhain, GL Glauchau, GÖ
Görlitz, GR Grimma, HA Haini-
chen, HE Hohenstein-Ernstthal,
KA Kamenz,   KL Klingenthal,
L Leipzig, LÖ Löbau, MA Ma-
rienberg, ME Meißen, NI Nies-
ky, OS Oschatz, OE Oelsnitz, PI
Pirna, PL Plauen, RE Reichen-
bach, RI Riesa, RO Rochlitz,
SC Schmölln, SE Sebnitz, ST
Stollberg,   SW Schwarzenberg,
TO Torgau, WE Werdau, WU
Wurzen, ZI Zittau, ZS Zscho-
pau, ZW Zwickau.

terem bis in die Gegenwart noch einzelne Bruten, z. B. auf den Truppenübungsplätzen, statt-
gefunden haben; nach 1989 außerdem Großtrappe.
Bei den mutmaßlichen Brutvögeln gibt es vergleichbare Befunde für Steinadler (17. Jh.?),
Schreiadler (19. Jh.), Kampfläufer (2. H. 19. Jh.), Mauerläufer (um 1900), Zwergtrappe (ca.
1910), Seggenrohrsänger (1. H. 20. Jh.).
Als Brutvögel neu aufgetreten sind:
Wacholderdrossel (1836/40), Girlitz (nach 1840), Reiherente (2. H. 19. Jh.?), Schellente (2. H.
19. Jh.), Türkentaube (1947), Sturmmöwe (1968), Birkenzeisig (1970), Rohrschwirl (1970),
Schwarzkopfmöwe (1980), Rotdrossel (1981), Kormoran (1985), Silbermöwe (1987), Austernfi-
scher (1989), Bienenfresser (1989); nach 1989 außerdem Brandgans, Würgfalke, Karmingimpel,
Bartmeise, Sprosser und im jetzt zu Sachsen gehörenden Kr. Weißwasser der Gänsesäger.
Nach längerer Pause wieder angesiedelt haben sich:
Seeadler (bis 16. Jh. ?, ab 1966), Kolkrabe (bis Mitte 19. Jh., ab 1976), Schwarzstorch (bis ca.
1910, ab 1957), Ringdrossel (bis ca. 1914, ab 1975); nach 1989 auch das Blaukehlchen sowie

der Wanderfalke im Ergebnis eines Wiederansiedelungsprojektes in der Sächsischen Schweiz.

Hinsichtlich der generellen Bestandsentwicklung der aktuellen (1989) Brutvogelarten wird mit aller gebotenen Vorsicht eingeschätzt, daß in den vergangenen ca. 30 Jahren

- etwa 34 Arten zugenommen haben,
- für etwa 70 Arten keine Tendenz erkennbar ist,
- etwa 75 Arten seltener geworden sind.

Damit sind Rückgangserscheinungen mehr als doppelt so häufig wie Zunahmen, was sich letztendlich auch im Anteil Rote-Listen-Arten (vgl. 1.6.4) widerspiegelt und auf die wirtschaftsbedingte Landschaftsentwertung in Mitteleuropa zurückzuführen ist (vgl. 1.4), bei migrierenden Arten außerdem auf analoge Erscheinungen in den Durchzugsgebieten u. Winterquartieren.

Durch das Aneinandergrenzen sehr verschiedener Lebensräume (vgl. 1.3) haben in Sachsen über 40 Brutvogelarten regionale und überregionale Verbreitungsgrenzen. Besonders markant sind die Südwestgrenzen von Schellente, Seeadler und Kranich, ferner auch von Rothalstaucher, Graugans und Sperbergrasmücke. Durch Sachsen verläuft die mitteleuropäische Nordgrenze von Wasseramsel, Sperlingskauz und Grauspecht sowie eine etwa der Elbe folgende Grenzzone von Raben- und Nebelkrähe. Gerade noch tangiert wird das Territorium im Nordosten vom Fischadler, im Osten von der Moorente und dem Schwarzkehlchen sowie im Süden vom Halsbandschnäpper.

Vor allem im westelbischen Raum ermöglicht der allmähliche Anstieg von NW nach SE, von den Niederungen der Dübener Heide und des Leipziger Landes über das Hügelland zum Unteren und Oberen Erzgebirge, eine im Vergleich zu vielen anderen Regionen sehr differenzierte Höhenverbreitung einzelner Arten. Bereits HEYDER [1223] hat deshalb eine solche Übersicht vorgelegt, die in zahlreichen folgenden Arbeiten, z. B. [2569, 2570, 3086, 3207, 3609], immer wieder aufgegriffen wird. Ein summarischer Vergleich mit der aktuellen Situation (Abb. 1 a) zeigt prinzipielle Übereinstimmung. Im einzelnen gibt es jedoch erhebliche Veränderungen (Tabelle 1), was einerseits mit überregionaler Zu- bzw. Abnahme betroffener Arten, andererseits durch Neuschaffung bzw. Entwertung entsprechender Habitate erklärt werden kann. Schließlich (vor allem bei Erweiterung der Höhengrenze) ist auch die durch HEYDERS Arbeiten angeregte intensivere Nachforschung zu beachten, und lokale Erscheinungen sowie andere Zufälligkeiten spielen eine Rolle. Um letzteres einzuschränken, wurden deshalb bei den meisten Arten nur mehrfach bestätigte Grenzwerte verwendet.

Analysiert man die Höhenverbreitung nach ökologischen Artengruppen (Abb. 1 b–d), so ergeben sich erhebliche Unterschiede. Alle Arten mit Präferenz für Gewässer und Feuchtgebiete können unterhalb 200 m ü. NN brütend angetroffen werden, aber nur ca. 50% von ihnen übersteigen diese Höhengrenze, da in Sachsen nur im Flach- u. angrenzenden Hügelland Feuchtgebiete vorkommen, die ganze Landschaften prägen. Eine zweite Zäsur ergibt sich bei ca. 500 m ü. NN, weil nur bis zu dieser Höhe strukturreiche Einzelteiche und kleinere Teichgruppen heraufreichen, von denen das NSG Großhartmannsdorfer Großteich in 491 m ü. NN die größte Bedeutung hat. Sieht man von wenigen Ausnahmen (z. B. Bekassine) ab, so sind die Lagen oberhalb 500 m ü. NN mit nur noch knapp 20% brütender Arten für die Wasservogelfauna nahezu bedeutungslos.

Völlig anders ist die Situation bei Arten mit Präferenz für Wald. Hier brüten, da sich die Arten der Niederungen und des Berglandes z.T. deutlich abgrenzen, in keiner Höhenstufe alle Arten. Im Hügelland bzw. den unteren Berglagen wird aufgrund der Verzahnung von Niederungs- und Berglandelementen der höchste Anteil brütender Arten erreicht, bei 500 m ü. NN sind es immerhin noch knapp 90%, und erst danach erfolgt ein zunehmend rascher Abfall, bei dem die Eichengrenze (ca. 500 m ü. NN) und Buchengrenze (ca. 900 m ü. NN) nur andeutungsweise sichtbar werden.

Erwartungsgemäß zwischen diesen beiden Gruppen liegen die Arten, die den Agrarraum im engeren Sinne bevorzugen. Bemerkenswert ist hier aber, daß die aktuellen Verbreitungsgrenzen überwiegend niedriger liegen als bei HEYDER, was wohl vorrangig auf eine zwischenzeitlich drastische Lebensraumentwertung für diese Arten (vgl. 1.4) zurückgeführt werden kann.

R. STEFFENS

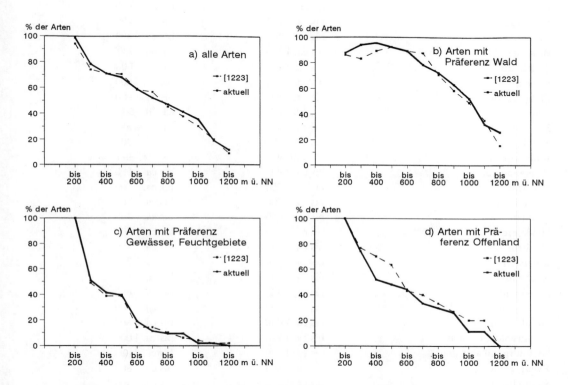

Abb. 1: Übersicht der Höhenverbreitung sächsischer Brutvögel nach HEYDER [1223] und aktuell (a) sowie differenziert nach ökologischen Artengruppen (b–d)

Tabelle 1: Arten mit wesentlicher Veränderung der vertikalen Verbreitung seit HEYDER [1223]

Art	Vertikalverbreitung (m ü. NN)	
	nach [1223] erg.	aktuell (ca. 1970–1990)
Schwarzstorch	bis ca. 200	bis ca. 600
Höckerschwan	bis ca. 200	bis ca. 500
Knäkente	bis ca. 500	bis ca. 300
Reiherente	bis ca. 200	bis ca. 600
Rotmilan	bis ca. 200	bis ca. 400
Rohrweihe	bis ca. 200	bis ca. 400
Birkhuhn	bis ca. 1 100	ca. 600–900
Auerhuhn	bis ca. 1 100	ca. 800–1 000
Rebhuhn	bis ca. 1 050	bis ca. 600
Flußregenpfeifer	bis ca. 500	bis ca. 900
Uhu	ca. 300–450	ca. 200–600
Sperlingskauz	ca. 400–600	ca. 200–900
Steinkauz	bis ca. 500	bis ca. 300
Rauhfußkauz	ca. 400–800	ca. 200–900
Ziegenmelker	bis ca. 900	bis ca. 500
Eisvogel	bis ca. 750	bis ca. 500
Grünspecht	bis ca. 700	bis ca. 400
Wendehals	bis ca. 650	bis ca. 300
Heidelerche	bis ca. 900	bis ca. 500
Haubenlerche	bis ca. 650	bis ca. 300
Schafstelze	bis ca. 500	bis ca. 300
Raubwürger	bis ca. 300	bis ca. 800
Schlagschwirl	bis ca. 300	bis ca. 600
Feldschwirl	bis ca. 300	bis ca. 900
Waldlaubsänger	bis ca. 1 000	bis ca. 800
Wintergoldhähnchen	bis ca. 1 200	bis ca. 1 000
Sommergoldhähnchen	bis ca. 1 200	bis ca. 1 000
Zwergschnäpper	bis ca. 500	bis ca. 800
Steinschmätzer	bis ca. 1 050	bis ca. 400
Beutelmeise	bis ca. 200	bis ca. 500
Blaumeise	bis ca. 700	bis ca. 900
Kohlmeise	bis ca. 800	bis ca. 1 000
Gartenbaumläufer	bis ca. 850	bis ca. 500
Grauammer	bis ca. 650	bis ca. 300
Ortolan	bis ca. 500	bis ca. 300
Girlitz	bis ca. 650	bis ca. 900
Stieglitz	bis ca. 650	bis ca. 850
Hänfling	bis ca. 950	bis ca. 1 150
Fichtenkreuzschnabel	ca. 600–1 050	ca. 300–1 200
Kernbeißer	bis ca. 650	bis ca. 1 000
Elster	bis ca. 750	bis ca. 1 150
Dohle	bis ca. 850	bis ca. 650

1.3 Naturräumliche Gliederung und Brutvogelbesiedlung

Versuche der Gliederung Sachsens in Gebiete ähnlichen Landschaftscharakters bzw. vergleichbarer ökologischer Bedingungen gibt es eine ganze Reihe, z. B. nach geochorologischen Gesichtspunkten (Naturräume bzw. Naturraumtypen von SCHULTZE 1955, NEEF 1960, RICHTER 1976, BERNHARDT et al. 1986), nach geobotanischen Gesichtspunkten (z. B. Karte der natürlichen Vegetation von SCAMONI et al. 1976, Karte der potentiellen natürlichen Vegetation von HEMPEL 1983), nach forstlichen Standortsbedingungen (z. B. KRAUSS u. VATER 1928, SCHWANECKE 1970, Karte der forstlichen Wuchsgebiete von KOPP u. SCHWANECKE 1991). Am weitesten verbreitet und von zahlreichen Fachdisziplinen zur räumlichen Darstellung und Interpretation ihrer Ergebnisse verwendet ist die Gliederung von NEEF 1960, die von BERNHARDT et al. 1986 entsprechend den neueren Erkenntnissen und detaillierteren Untersuchungen weiterentwickelt wurde. Diesen Gliederungen folgt, soweit es sachlich geboten ist, auch „Die Vogelwelt Sachsens", zumal zahlreiche dort verwendete geographische Begriffe inzwischen Gemeingut sind (vgl. Karten 2 u. 3).
Die Brutvogelbesiedlung Sachsens weist für eine ganze Reihe von Arten (vgl. Tabelle 2) enge Beziehungen zu den drei Naturregionen auf. In bezug auf die nachfolgende Gliederungsebene (Makrochoren) ist das nur noch bedingt gegeben. Vor allem im Bereich der Lößregion sind Singularitäten (z. B. Wald- und Teichgebiete) mitunter für das Arteninventar viel entscheidender als der allgemeine Landschaftscharakter. Solche Besonderheiten sind oft erst auf der Ebene der Mesochoren (Einzellandschaften) bzw. Mikrochoren (Kleinlandschaften) wieder grenzbildend, so daß nachfolgend überwiegend eine Darstellung nach Naturregionen unter Hervorhebung von Besonderheiten auf der Ebene von Einzel- und Kleinlandschaften gewählt wird. Nur bedingt in dieses Konzept einordnen lassen sich die großen Flußauen, urbane Gebiete und Bergbaulandschaften; ihnen wurden deshalb gesonderte Darstellungen gewidmet.

Heide- und Teichgebiete des Tieflandes

Die Heide- und Teichgebiete des sächsischen Tieflandanteils umfassen Teile der Naturräume Düben-Dahlener Heide, Elsterwerda-Herzberger Elsterniederung, Königsbrück-Ruhlander Heiden, Oberlausitzer Heide- und Teichgebiet. Sie gehören zum Altmoränengebiet, welches sich von der Altmark über den Fläming zur Niederlausitz erstreckt. Die Region wird vor allem durch nährstoffarme, tiefgründige Sandböden bzw. übersandete Lehmsockel (Stauchmoränen der Dübener und der Dahlener Heide) gekennzeichnet sowie durch ihren Reichtum an Grundwasser, welches beständig aus den südlich gelegenen Hügel- und Bergländern zufließt, in den Sedimenten gespeichert wird und in den Niederungen oberflächennah in Erscheinung tritt. Den skizzierten Bedingungen entsprechend ist der Waldanteil mit 40–60% überdurchschnittlich hoch. Wald (80% Kiefer) stockt vor allem auf den grundwasserfernen, übersandeten Stauchmoränen der Dübener und der Dahlener Heide sowie den Treibsand- und Dünengebieten sowie Schotter- und Kiesrücken der Lausitz. Wo sich durch Geschiebelehm oder Grundgesteinsdurchragungen sowie Lößeinfluß bindigere Böden entwickeln konnten, ragen ackerbaulich genutzte Rodungsflächen in das Heidegebiet hinein. Dagegen sind die grundwasserbeeinflußten Niederungen durch Grünland geprägt und tragen partiell noch Erlenbrüche bzw. -sümpfe sowie Auewaldreste. Vor allem in der Wittichenau–Nieskyer Talsandebene sind sie darüber hinaus durch ausgedehnte, röhrichtreiche Teichgebiete mit alteichenbestandenen Teichdämmen gekennzeichnet, die einer ganzen Landschaft ihr Gepräge geben und mit über 600 Teichen von insgesamt reichlich 4 000 ha ca. 60% der Teichfläche des Bezugsterritoriums dieser Avifauna ausmachen. Ebenfalls ökologisch von besonderer Bedeutung sind Zwischen(Hoch-)moore mit wassergefüllten Torfstichen, Röhrichten und Riedern, Zwergstrauchheiden sowie Birkenbrüchen und Moor-Kiefernwäldern, von denen der Wildenhainer und der

Zadlitzbruch in der Dübener Heide sowie das Dubringer Moor im Oberlausitzer Heide- und Teichgebiet (unmittelbar nördlich an unser Territorium angrenzend, im heute zu Sachsen gehörenden Landkreis Hoyerswerda) die bedeutendsten sind.

Aufgrund des reichhaltigen und spezifischen Habitatangebotes ist im Sächsisch-Niederlausitzer Heideland die Mannigfaltigkeit der Brutvogelarten am größten. In der Düben-Dahlener Heide können 120–130, im Oberlausitzer Heide- und Teichgebiet sogar 140–150 Brutvogelarten angetroffen werden. Alle in den drei sächsischen Bezirken brütenden Greifvogel- und nahezu alle Sumpf- und Wasservogelarten kommen hier vor. Nur hier sind in Sachsen mit

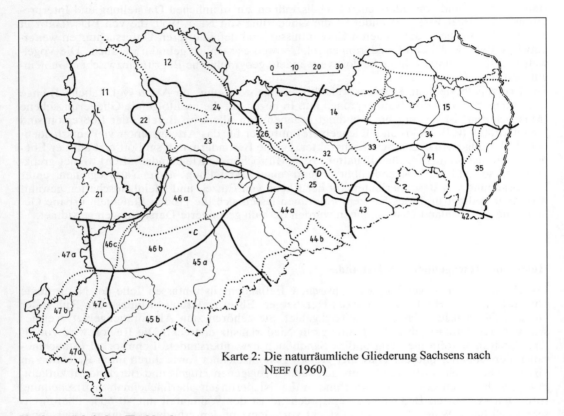

Karte 2: Die naturräumliche Gliederung Sachsens nach NEEF (1960)

Nordwestsächsisches Flachland:
11 Leipziger Land, 12 Dahlener und Dübener Heide, 13 Elbtiefland uh. Riesa, 14 Ruhland-Königsbrücker Heide, 15 Oberlausitzer Heide- und Teichgebiet.
Sächsische Gefildezone:
21 Altenburger Lößgebiet, 22 Porphyrhügelland an der Mulde, 23 Mittelsächsisches Lößgebiet, 24 Oschatzer Hügelland, 25 Dresdner Elbtalgebiet, 26 Elbtal uh. Meißen, 31 Großenhainer Pflege, 32 Lausitzer Platte, 33 Nordwestlausitzer Hügelland, 34 Lausitzer Gefilde, 35 Oberlausitzer Hügelland und Neißegebiet.
Mittelgebirgszone Sachsens:
41 Lausitzer Bergland, 42 Zittauer Gebirge, 43 Elbsandsteingebirge, 44 Osterzgebirge, a) Unteres Osterzgebirge, b) Oberes Osterzgebirge, 45 Westerzgebirge, a) Unteres Westerzgebirge, b) Oberes Westerzgebirge, 46 Erzgebirgsvorland, a) Mittelsächsisches Lößlehmgebiet, b) Erzgebirgsbecken, c) Oberes Pleißeland, 47 Vogtland, a) Vogtländische Hochflächen, b) Mittelvogtländisches Kuppenland, c) Göltzschtalgebiet, d) Oberes Vogtland und Elstergebirge.

Waldmooren und -brüchen, ausgedehnten, lockeren Röhrichten sowie Feucht- und Naßwiesen die Lebensraumansprüche des Kranichs erfüllt, der mit 8–10 BP in der Dübener Heide, 2–4 BP in den Königsbrück-Ruhlander Heiden und 20–30 BP im Oberlausitzer Heide- und Teichgebiet lebt. Die Röhrichte und Rieder sind außerdem Vorkommensschwerpunkt von Wasser- und Tüpfelralle, Bekassine, Rohrschwirl sowie Schilf-, Drossel- und Teichrohrsänger. Die großflächigen Heidewälder mit eingestreuten gering bewachsenen Flächen (Moorränder, Kahlschläge, Waldbrandflächen, Truppenübungsplätze) sind das Hauptverbreitungsgebiet von Ziegenmelker, Heidelerche und Brachpieper. Bemerkenswerte Brutvogelarten sind ferner Waldschnepfe und Schwarzspecht, an den Heiderändern und in angrenzenden Habitaten waren es früher auch Wanderfalke, Triel, Blauracke und Wiedehopf.

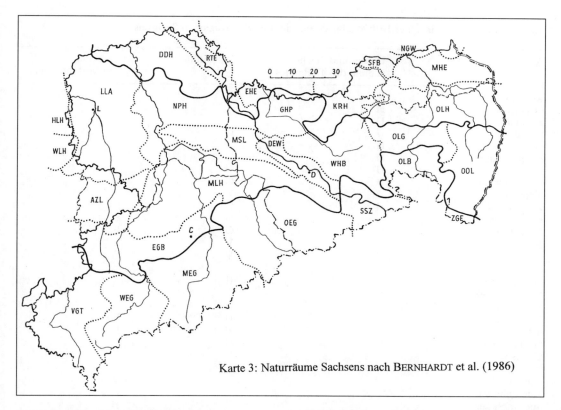

Karte 3: Naturräume Sachsens nach BERNHARDT et al. (1986)

Sächsisch Niederlausitzer Heideland:
DDH Düben-Dahlener Heide, RTE Riesa-Torgauer Elbtal, EHE Elsterwerda-Herzberger Elsterniederung, KRH Königsbrück-Ruhlander Heiden, SFB Senftenberg-Finsterwalder Becken und Platten, MHE Muskauer Heide, NGW Niederlausitzer Grenzwall, OLH Oberlausitzer Heide- und Teichgebiet.
Sächsisches Lößgefilde:
LLA Leipziger Land, AZL Altenburg-Zeitzer Lößhügelland, EGB Erzgebirgsbecken, MLH Mulde-Lößhügelland, NPH Nordsächsisches Platten-

und Hügelland, GHP Großenhainer Pflege, MSL Mittelsächsisches Lößhügelland, DEW Dresdner Elbtalweitung, WHB Westlausitzer Hügel- und Bergland, OLG Oberlausitzer Gefilde, OOL Östliche Oberlausitz, HLH Hallesches Lößhügelland, WLH Weißenfelser Lößhügelland.
Sächsisches Bergland und Mittelgebirge:
VGT Vogtland, WEG Westerzgebirge, MEG Mittelerzgebirge, OEG Osterzgebirge, SSZ Sächsische Schweiz, OLB Oberlausitzer Bergland, ZGE Zittauer Gebirge.

Die Kleinvogelfauna der Kiefernforste weist mit 15–30 BP/10 ha noch relativ hohe Werte auf, wobei Buchfink, Rotkehlchen und Tannenmeise, bei Beimischung von Fichte auch Wintergoldhähnchen dominieren (SOCHER [4061], G. CREUTZ u. a., vgl. auch 1.7.2). Auf feuchten Standorten wirkt die besonders im ostelbischen Gebietsteil (Königsbrück-Ruhlander Heiden, Oberlausitzer Heide- und Teichgebiet) anzutreffende Beimischung von Fichte siedlungsbegünstigend. Ihr ist es wahrscheinlich zuzuschreiben, daß das Wintergoldhähnchen in diesen Wäldern noch ziemlich regelmäßig vorkommt und das Sommergoldhähnchen nicht völlig fehlt. Bei Buchenbeimischung (bes. Geschiebelehm- und Grundgesteinsdurchragungen) können auch Hohltaube und Grauspecht angetroffen werden. In Auwaldresten sind Grünspecht, Pirol und Gartenbaumläufer – letztere auch in Erlenbrüchen – bemerkenswert, in Birkenbrüchen die Weidenmeise.

Tabelle 2: Präferenz einzelner Brutvogelarten für die drei Naturregionen Sachsens

Art	Heide- und Teich-gebiete des Tieflandes	Lößgefilde	Bergland und Mittelgebirge
Kormoran	V		
Graugans	H		
Kranich	H		
Seeadler	H	E	
Schellente	H	G	
Rothalstaucher	H	G	
Brachpieper	H	G	
Uferschwalbe	H	G	
Schafstelze	H	V	
Ziegenmelker	H	G	E
Heidelerche	H	G	E
Weißstorch	H	G	E
Eisvogel	H	V	E
Schwarzhalstaucher	H	V	G
Großtrappe		E	
Bienenfresser		G	
Saatkrähe		H	
Steinkauz		H	E
Schleiereule	E	H	E
Grauammer	V	H	
Ortolan	V	H	
Ringdrossel			V
Tannenhäher			H
Sperlingskauz		E	H
Uhu		G	H
Wasseramsel		G	H
Fichtenkreuzschnabel	E	E	H
Zeisig	E	E	H
Birkenzeisig	E	G	H
Rauhfußkauz	E	G	H
Sommergoldhähnchen	E	V	H
Birkhuhn	V		H
Bekassine	H	E	H

Legende:
H = Hauptvorkommen; V = Vorkommen; G = geringes Vorkommen; E = Einzelvorkommen

Tabelle 3: Nutzungsarten- und Baumartenanteile in den Naturregionen sowie den großen Flußauen Sachsens

	Heide- u. Teich-gebiete des Tieflandes	Lößgefilde	Bergland u. Mittelgebirge	Große Flußauen
Fläche insg. [km²]	2 048	8 925	5 675	1 062
landw. Nutzfläche [%]	39 (30-62)	70 (62–85)	49 (20–60)	71 (47–75)
darunter: Grünland [%]	7 (6–8)	11 (5–21)	19 (13–24)	13 (11–19)
Wald [%]	45 (37–56)	12 (1–23)	42 (30–78)	7 (1–24)
Hauptbaumarten [%]	Ki 80 (79–82)	Fi 29 (2–46)	Fi 76 (64–91)	Ei 31 (20–40)
	Ei 4 (2–10)	Ki 28 (5–31)	Ki 8 (1–26)	Pa 16 (10–20)
	Fi 3 (1–6)	Ei 13 (3–28)	Bu 4 (1–7)	Wei 8 (6–10)

Für den Lausitzer Anteil der Region sind noch gesondert herauszustellen:

– fast der gesamte sächsische Seeadler- (12 BP), Schellenten- (mind. 250 BP) und Graugans-bestand (110 BP)
– die einzigen sächsischen Brutvorkommen des Kormorans (ca. 20 BP), des Rotschenkels (3–5 BP), der Silbermöwe (1–3 BP) und der Flußseeschwalbe (ca. 100 BP)
– mehr als 2/3 des sächsischen Rothalstaucher- (ca. 50 BP), Schwarzhalstaucher- (ca. 150 BP), Schnatterenten- (ca. 50 BP) und Lachmöwenbestandes (ca. 5 000 BP)
– knapp 50% des sächsischen Weißstorchbestandes (ca. 110 BP)
– die Flachlandpopulation des Birkhuhns und letzte Brutvorkommen des Wiedehopfes in der Muskauer Heide (beide unmittelbar nördlich an unser Territorium angrenzend, im heute zu Sachsen gehörenden Landkreis Weißwasser).

Hingegen ist der Schwarzstorch im Oberlausitzer Tiefland kaum noch vorhanden, während er in der Düben-Dahlener Heide jetzt regelmäßiger brütet.

Lößgefilde

Das sächsische Lößgefilde umfaßt im wesentlichen die Naturräume (Makrochoren) Leipziger Land, Altenburg-Zeitzer Lößhügelland, Nordsächsisches Platten- und Hügelland, Mittelsäch-sisches Lößhügelland, Mulde-Lößhügelland, Erzgebirgsbecken, Großenhainer Pflege, West-lausitzer Hügel- und Bergland, Oberlausitzer Gefilde, Östliche Oberlausitz. Die Dresdner Elbtalweitung wird hier nur insofern berücksichtigt, als sie nicht in den großen Flußauen Sachsens (s. u.) enthalten ist. Wie der Name schon sagt, handelt es sich um eine durch Löß und Lößderivate geprägte, überwiegend ackerbaulich genutzte Region, welche bandförmig (von W nach E immer schmaler werdend) zwischen Tief- und Bergland verläuft. Mit knapp 9 000 km² ist das Lößgefilde die dominierende Naturregion in Sachsen. Durch häufigen Wechsel der Mächtigkeit und Zusammensetzung der äolischen Decken, bis hin zu Sedimen-tationslücken und Grundgesteinsdurchragungen, sowie durch klimatische Effekte (Höhen von ca. 100–400 m ü. NN, Luv- und Leewirkungen) ist die naturräumliche Differenziertheit groß. Mit Werdauer Wald, Leinawald, Rabensteiner Wald, Colditzer Forst, Thümmlitzwald,

Planitzwald, Wermsdorfer Forst, Moritzburg–Friedewald und Königshainer Bergen auf Grundgesteinsdurchragungen bzw. nur gering von äolischen Sedimenten überlagerten tonigen Verwitterungsböden, Dresdner Heide auf Sand und Dünenfeldern sowie Zellwald auf extremen Staunässeböden des Lößlehmgebietes blieben Waldgebiete von 1 500–5 000 ha Größe erhalten. Hingegen beträgt der Waldanteil in der Umgebung von Lommatzsch nur 1,4% und im Südteil des Kreises Delitzsch gar nur 0,4%. Hinsichtlich der Baumartenzusammensetzung dominieren im trockenen W-NW (Leipziger Land, Altenburg-Zeitzer Lößhügelland) Eiche und sonstige Hartlaubhölzer mit reichlich 40%; im Mittelgebirgsvorland (Mulde-Lößhügelland, Nordwestlausitzer Hügel- und Bergland, Südwestlausitzer Rücken) hingegen die Fichte mit >45% und in den sand-, sandlöß- und grundgesteinsdominierten Gebieten bei Dresden (Dresdner Heide, Moritzburg-Friedewald, Großenhainer Pflege) die Kiefer mit knapp 60%. Auch der Grünlandanteil ist sehr unterschiedlich. Während er in den ackerbaulich begünstigten Gebieten (Leipziger Land, Altenburg-Zeitzer Lößhügelland, Mittelsächsisches Lößhügelland, Oberlausitzer Gefilde) <10% beträgt, steigt er infolge höherer Niederschläge, Staunässe und Reliefenergie im Vorland der Mittelgebirge (Mulde-Lößhügelland, Westlausitzer Hügel- und Bergland, Östliche Oberlausitz) bereits auf 16–21%. Von besonderer Bedeutung für die Vogelwelt sind lokale Feucht- und Teichgebiete, die ähnlich wie bei der Waldbedeckung meist mit oberflächennahen stauenden Schichten zusammenhängen. Erwähnenswert sind hier die

- Moritzburger Teiche (Kr. Dresden)
- Rammenauer u. Großdrebnitzer Teiche (Kr. Bischofswerda)
- Wermsdorfer Teiche (Kr. Oschatz und Grimma)
- Rohrbacher Teiche (Kr. Grimma)
- Eschefelder Teiche (Kr. Geithain)
- Haselbacher Teiche und Talsperre Windischleuba (Kr. Altenburg)
- Limbacher Teiche (Kr. Chemnitz und Hohenstein)

Sie sind mitunter bekannter als manche ebenbürtige oder bessere Teichgruppe der Heide- und Teichgebiete des Tieflandes, da sie in der relativ vogelarmen Gefildelandschaft stets einen besonderen Anziehungspunkt für Ornithologen bildeten und bilden.
In reinen Feldgebieten sind die Artenzahl mit <10 und die Siedlungsdichte mit 5–10 BP/10 ha, wobei die Feldlerche mit 60–80% dominiert, sehr niedrig (G. EIFLER u. a., vgl. auch 1.7.2). Eine deutliche Belebung erfolgt erst durch Hinzutreten von Gehölzen, Wiesen, Bachläufen und Standgewässern. Dementsprechend weisen die völlig ausgeräumten Landstriche südlich Delitzsch und in der Umgebung von Lommatzsch mit 60–70 Brutvogelarten auch die niedrigsten Werte auf. Bei stärkerer Verzahnung mit Wäldern und Gehölzen, Bächen und Flüssen sowie einzelnen Teichen ist mit 80–100, im Einzugsbereich der o. a. Teichgebiete sogar mit > 100 Brutvogelarten zu rechnen. Spitzenwerte von 110–130 Brutvogelarten werden nochmals im Bereich der Meßtischblätter 4 940 und 4 941 (Eschefelder und Haselbacher Teiche, Talsperre Windischleuba, Forst Lehma, Pleißeaue) sowie 4 847 und 4 848 (Moritzburger Teichgebiet, Friedewald) angetroffen. Das sind ähnliche Werte wie in den Heide- und Teichgebieten des Tieflandes, die dort besonders hervorgehobenen Arten fehlen hier jedoch weitgehend bzw. treten nur sporadisch auf.
Typische Arten der Feldfluren, wenn auch nicht auf die Gefilderegion begrenzt, sind Feldlerche, Wachtel und Rebhuhn. Fest an die Region gebunden, und dort insbesondere an die Auen reicher Lößgebiete, sind die Brutvorkommen der Saatkrähe. Hohe Präferenz zeigen auch Schleiereule, Steinkauz, Bienenfresser, Grauammer und Ortolan. Besonders Steinkauz und Grauammer besitzen jedoch nur noch in wenigen Gebieten Restpopulationen. Die Großtrappe, ein Charaktervogel vergangener Zeiten in großen flachwelligen Ackergebieten (Großenhainer Pflege, Leipziger Land, Nordsächsisches Platten- und Hügelland), existierte Ende der 1980er Jahre nur noch in 3 Ex. (1 ♂, 2 ♀♀) südlich Delitzsch und zählt seit 1994 nicht mehr zur sächsischen Brutvogelfauna.

Für bachbegleitende Gehölze, kulissenartige Laubmischwälder und ländliche Parks sind Grünspecht, Gelbspötter, Gartenbaumläufer und Pirol bemerkenswert. Großflächige Nadelbaumbestockungen tendieren in ihrer Vogelbesiedlung je nach Lage und Hauptbaumart zu den Kiefern-Heidewäldern oder Fichten-Bergwäldern bzw. ihnen nahestehenden Forsten (siehe dort). Die naturnahen Laubmischwälder der Talhänge des Hügellandes (meist ehemalige Mittelwälder) weisen mit ca. 30–40 Brutvogelarten auf 20–30 ha großen Probeflächen und Siedlungsdichten von 65–85 BP/10 ha eine reichhaltige Brutvogelfauna auf. Es dominieren Buchfink, Kohlmeise, Star, Rotkehlchen, Blaumeise und Amsel (R. STEFFENS u. a., vgl. auch 1.7.2).

In den höher gelegenen Teilen des Hügellandes werden die typischen Gefildearten seltener bzw. verschwinden ganz. Die Mulden- und Sohlentäler wandeln sich in Kerb-Sohlentäler und an den zunehmend längeren und steileren Talhängen nimmt der Buchenanteil zu, gleichzeitig treten Hainbuche und Winterlinde, später auch Trauben- und Stieleiche zurück. Hohltaube und Grauspecht sind jetzt regelmäßige Brutvögel der Talhänge, dagegen werden Pirol und Gartenbaumläufer immer seltener. Das Gefälle der Bäche nimmt zu, die Gebirgsstelze wird häufiger, das Brutgebiet der Wasseramsel kündigt sich mit seinen ersten Vorposten an.

Bergland und Mittelgebirge

Bergland und Mittelgebirge umfassen die sächsischen Anteile der Naturräume Vogtland, West-, Mittel- und Osterzgebirge, Oberlausitzer Bergland und Zittauer Gebirge sowie die Sächsische Schweiz. Durch die bedeutende Ost–West-Ausdehnung, unterschiedliche Höhenlagen, Morphologie, Gesteins- und Bodenbildungen sowie Luv- und Lee-Effekte ergibt sich wiederum eine große Differenziertheit. Im Vogtland, in der Osterzgebirgsflanke, der Sächsischen Schweiz und im Lausitzer Bergland reichen colline Elemente bis in diese Region. Die hochmontane Fichtenwaldstufe ist nur im Erzgebirge und hier in E-W-Richtung mit zunehmendem Flächenanteil ausgebildet. Gleiches gilt für Kammlagen-Hochmoore. Im Westerzgebirge (hohe Reliefenergie, arme Böden, regenreichstes Gebiet) beträgt der Waldanteil knapp 60%. Im Osterzgebirge nimmt hingegen aufgrund des ausgeprägteren Hochflächencharakters und der Bodengunst (Graue Freiberger Gneise, Lößeinfluß) die landwirtschaftliche Nutzung etwa 60% der Fläche in Anspruch, und erst in den Kammlagen bzw. auf armen Grundgesteinen (Zinnwald-Oberfrauendorfer Porphyrrücken, Tharandter Wald) dominiert Wald. Das Mittelerzgebirge und die übrigen Naturräume dieser Region ordnen sich bezüglich Nutzungsartenanteilen zwischen diese beiden Extreme ein. In der Baumartenzusammensetzung überwiegt die Fichte, die im Westerzgebirge ca. 90%, ansonsten 60–80% Flächenanteil hat. Bemerkenswert sind darüber hinaus

– ein erhöhter Kiefernanteil im Vogtland, am Westrand des Erzgebirges, im Unteren Osterzgebirge und in der Sächsischen Schweiz
– größere Buchenwald-Komplexe um Olbernhau (Kr. Marienberg), bei Steinbach (Kr. Annaberg), Rehefeld (Kr. Dippoldiswalde) und Bad Gottleuba (Kr. Pirna)
– artenreiche Steilhangwälder im Vogtland (insbes. Tal der Weißen Elster) und im Osterzgebirge (Müglitz, Seidewitz, Gottleuba).

Trotz der Differenziertheit ist die Vertikalgliederung ein übergreifendes Element, welches sich im Erzgebirge aufgrund seines allmählichen Anstieges von NW nach SE besonders gut verfolgen läßt (vgl. auch 1.2).

In den Unteren Berglagen kann regional noch mit 70–90 Brutvogelarten gerechnet werden, in besonders günstigen Gebieten, z. B. bei Verzahnung von montanen und collinen Bereichen bzw. Hinzutreten lokaler Feuchtgebiete, mit ca. 100, in den ausgedehnten Waldrevieren der Hinteren Sächsischen Schweiz sowie im Oberlausitzer Bergland hingegen nur mit 60–70. An den Bächen der Unteren Lagen von Erzgebirge und Vogtland sowie in der Sächsischen Schweiz befindet sich das Hauptvorkommen der Wasseramsel.

Höhenwärts verändert sich das Bild rasch: Mit den artenreichen Laubmischwäldern verschwinden die letzten Brutvorkommen des Pirols und die regelmäßigen Brutplätze des Gartenbaumläufers. Die Böden der Bachauen bieten dem Eisvogel kaum noch Möglichkeiten zur Anlage seiner Brutröhren. Dauergrünland nimmt weiter zu, und in feuchten Senken finden sich die ersten Brutvorkommen der Bekassine. Braunkehlchen und Wiesenpieper werden häufiger. Die Schafstelze ist hingegen kaum noch anzutreffen. Mit der Anbaugrenze des Getreides bzw. dem Ausbleiben entsprechender Habitatstrukturen (Hochstaudenfluren mit Brennessel, Mädesüß, einzelnen Gebüschen u. ä.) erlischt das Vorkommen des Sumpfrohrsängers, mit der Buchengrenze bleiben Hohltaube, Grauspecht, Waldlaubsänger, Kleiber, Sumpfmeise u. a. zurück. Flache Stauweiher und Moortümpel sowie steiluferige Talsperren haben nur noch einen geringen siedlungsbegünstigenden Einfluß.

In den Hoch- und Kammlagen des Erzgebirges, etwa oberhalb 750 m ü. NN, sind trotzdem noch ca. 40–60 Brutvogelarten anzutreffen. Erst oberhalb 1 000 m ü. NN sinkt ihre Zahl auf unter 30, was aber auch mit dem nur noch sehr geringen Flächenanteil dieser Region zusammenhängen dürfte. In den ausgedehnten Nadelwäldern sind Waldschnepfe, Rauhfuß- und Sperlingskauz, Schwarzspecht, Zeisig, Fichtenkreuzschnabel und Tannenhäher typische Brutvögel, Schwarzspecht und Rauhfußkauz vor allem bei Beimischung von Buche. Das Bergland-Vorkommen des Birkhuhns beschränkt sich heute auf die Hoch- und Kammlagen des Erzgebirges. Die letzten Auerhühner leben im Oberen Westerzgebirge, im Fichtelberg-Keilberggebiet befindet sich außerdem das einzige Brutvorkommen der Ringdrossel. Feuchte Quellgebiete sowie staunasse Ebenen und Senken (Moorinseln) sind Verbreitungsschwerpunkte von Bekassine sowie Braunkehlchen und Wiesenpieper. Letztere bewohnen auch die Restflächen der kurzhalmigen Bergwiesen.

Sperlings- und Rauhfußkauz sowie Tannenhäher, Arten mit vorwiegend montaner Verbreitung, kommen im Elstergebirge und im Zittauer Gebirge nur in wenigen Brutpaaren bzw. sporadisch vor. Im Lausitzer Bergland gelangen erst in den letzten Jahren Brutnachweise dieser Arten. Darin drückt sich die geringe Größe und vertikale Ausdehnung dieser Gebirge aus. Ganz anders verhält es sich in der Sächsischen Schweiz. Trotz Spitzenhöhen von nur wenig über 500 m haben hier alle drei Arten stabile Vorkommen in z. T. beachtlicher Dichte. Sicher ist das der Eigenheit des Gebietes zuzuschreiben, wo auf den trockenen, armen Sandsteinkuppen und Felsbändern lichte Kiefernwälder und Gebüsche stocken, in den tiefen, feucht-kühlen Felsschluchten aber naturnahe Bergmischwälder und Fichtenforste, die in mannigfaltiger Weise miteinander verzahnt sind und so ein reichhaltiges Angebot arttypischer Habitatmosaike bilden. Der besondere Charakter des Gebietes widerspiegelt sich auch im konzentriertesten sächsischen Vorkommen von Hohltaube und Uhu. Die Felsreviere waren noch in der ersten Hälfte dieses Jahrhunderts die bestbesetzten Gebiete des Wanderfalken. Auch sonst nutzt eine große Zahl Vogelarten (nach STURM 1991 in den letzten 2 Jahrzehnten 22) die Felswände als Brutplatz, was sich auch in einer für Kiefernwälder erstaunlich hohen Siedlungsdichte von z. B. 51 BP/10 ha (D. LOSCHKE) äußert, wobei Amsel, Kohlmeise, Buchfink, Rotkehlchen und Fitis dominieren.

Ältere Fichtenbestockungen weisen in Hoch- und Kammlagen Siedlungsdichten von 15–25 (R. STEFFENS, U. ZÖPHEL u. a.), in unteren Berglagen von 20–40 BP/10 ha auf (WENZEL [3526] u. a.). Bestände mit kleinflächig wechselndem Alter und waldrandnahe lichte Forste können sogar Werte von 40–60 BP/10 ha erreichen (G. HOFFMANN). Während in unteren Berglagen Buchfink, Wintergoldhähnchen, Rotkehlchen, Tannenmeise und Sommergoldhähnchen dominieren, tritt letzteres in den Hoch- und Kammlagen zurück. In immissionsgeschädigten Fichtenforsten gilt das auch für Tannenmeise und Wintergoldhähnchen. Hier dominieren dann Buchfink, Baumpieper, Heckenbraunelle, Fitis und Wiesenpieper (STEFFENS 1989). Größere geschlossene Buchenaltholzkomplexe weisen ebenfalls Dichtewerte von 30–50 BP/10 ha auf. Es dominieren Buchfink, Star, Kohl- und Blaumeise sowie Kleiber (G. HOFMANN u. a., vgl.

auch 1.7.2). Dichtgeschlossene Bestände mit einem Alter von 80–100 Jahren sind nur vom Rand her bewohnt und waren überhaupt die artenärmsten und am dünnsten besiedelten Wälder (z. B. 5 Arten und 9 BP/10 ha auf einer Probefläche – R. STEFFENS). Ornithologisch wertvoll ist die Rotbuche im Bergland vor allem in Form alter höhlenreicher Restbestockungen und in enger Verzahnung mit Fichtenwald.

Die großen Flußauen

Entsprechend der Hauptneigungsrichtung durchziehen die größeren Flüsse Sachsen in SE–NW- (Röder, Elbe, Mulde, Pleiße, W. Elster) bzw. S–N-Richtung (Neiße, Spree). Sie durchschneiden damit alle drei Naturregionen und sind als Leitlinien für die Vogelwanderung und -besiedlung ein wichtiges verbindendes Element. Die Flußtäler weisen mannigfaltige Beziehungen zu den benachbarten Naturräumen auf, besitzen jedoch hinsichtlich Geologie, Morphologie, Hydrologie, Vegetation, Flora und Fauna auch viel Eigenständigkeit. Ganz besonders gilt das dort, wo sie sich in den Niederungsgebieten zu breiten Talauen ausweiten. Die nachfolgenden Darstellungen beziehen sich deshalb vor allem auf das

- Elster- und Pleißetal ab Zeitz bzw. Altenburg
- Muldetal ab Nerchau
- Elbtal ab Pirna
- Neißetal ab Görlitz.

Ferner (z. B. Flächenbilanz Tabelle 3) wurden auch Talabschnitte der Zwickauer und Freiberger Mulde, der Jahna, Döllnitz und des Schwarzen Baches, der Großen Röder, der Schwarzen Elster, der Spree sowie des Schwarzen und Weißen Schöpses mit einbezogen.

Die Flußauen sind gekennzeichnet durch

- Auelehme in den periodisch überschwemmten Bereichen, die heute aber durch Eindeichungen begrenzt werden
- Uferabbrüche und Anlandungen soweit noch Erscheinungen natürlicher Flußdynamik toleriert werden
- Schotter-, Kies- und Sandablagerungen, die z. T. auch den Überschwemmungsbereich überragen (insbes. Elbe und Mulde)
- durch frühere Flußdynamik bzw. im Zuge der Flußregulierung abgetrennte Altarme und Altwässer, die ständig oder zeitweilig Wasser führen und nur noch z.T. bzw. periodisch (bei Hochwässern) Verbindung zum Fluß haben (insbes. Elbe, Mulde, Weiße Elster)
- Teichgebiete (insbes. Röder-, Schwarze Elster-, Spree-, Schöps- und Elbaue bei Torgau) und wassergefüllte Restlöcher von Sand- und Kiesgruben (Elbe, Mulde, Weiße Elster)
- ein im Verhältnis zu ihrer Umgebung wärmeres und trockeneres Klima.

Innerhalb der Deiche dominiert die Grünlandnutzung, außerhalb der Ackerbau. Kies-, Schotter- und Sandböschungen sowie die Deichdämme sind z. T. ökologisch wertvolle Trockenstandorte, insbesondere in der Elbaue bei Torgau sowie an der Mulde unterhalb Eilenburg. Andererseits ist gerade die Elbaue besonders waldarm. In der Elsteraue beträgt der Waldanteil hingegen noch 24% (Leipziger Auewald). In dem jährlich überschwemmten Bereich der Weichholzaue wachsen Schwarzpappel und Weiden, in dem nur längerperiodisch überschwemmten der Hartholzaue Stieleiche, Esche, Feld- und Flatterulme, Hainbuche sowie Winterlinde. An vielen Stellen der Flußauen wurden in der Vergangenheit Pappelhybriden angebaut. In den sächsischen Flußauen ist der Bebauungsgrad generell hoch (vgl. Tab. 4), im Elbtal übersteigt er 30% (Ballungsraum Oberes Elbtal). Die Elster- und die Pleißeaue sind südlich Leipzig durch Braunkohlentagebaue devastiert.

Tabelle 4: Nutzungsartenanteile (%) in den Flußauen der Elbe, Mulde und Weißen Elster

	Wald	Gewässer	Grünland	Acker	Abbauland	Siedlung, Bebauung
Elbe	1,4	5,7	11,3	49,6	0,3	31,7
Mulde	7,0	4,7	19,2	56,2	–	12,9
Weiße Elster	24,1	3,1	13,2	34,1	8,9	16,2

Trotz dieser Einschränkungen sind die Flußauen nach den Heide- und Teichgebieten die ornithologisch reichhaltigsten Naturräume. Vor ihrer ökologischen Entwertung durch Flußregulierungen und vor Anlage von Fischteichen dürften sie die eigentlichen Feuchtgebiete in Sachsen gewesen sein. Im Auewald kann man in Waldkomplexen von ca. 100 ha Größe 40–50 Brutvogelarten und Siedlungsdichten von 60–90 BP/10 ha finden (ERDMANN 1989 b u. a., vgl. auch 1.7.2). Es dominieren Star, Buchfink, Kohl- und Blaumeise, Amsel sowie Mönchsgrasmücke. Charakterarten sind Mittelspecht und Nachtigall. Gebüschreiche feuchte Gebiete bevorzugt auch der Schlagschwirl, an weidichtbestandenen Ufern brütete früher das Blaukehlchen. Die Auewiesen sind Lebensraum von Wachtelkönig, Schafstelze u. a. Wiesenbrütern, die Flußufer und Kiesheger ursprüngliche und noch heute genutzte Bruthabitate von Flußuferläufer und Flußregenpfeifer, ehemals auch von Fluß- und Zwergseeschwalbe. An Uferabbrüchen brüten Uferschwalbe und Eisvogel. Die Auen sind außerdem die Kerngebiete der Verbreitung von Weißstorch sowie Rot- und Schwarzmilan. Die Schotterbänke von Mulde, Elbe und Neiße waren Brutraum des Triels. In den Flußauen hat sich nächst den Heidegebieten der Wiedehopf am längsten gehalten. In der Elbaue um Torgau brüten die letzten sächsischen Brachvögel.

Urbane Gebiete

Das stark bevölkerte Sachsen (246 Einwohner je km^2) ist neben seinen naturräumlichen Bedingungen durch überwiegend intensive Landnutzung und dichte Bebauung gekennzeichnet. Letztere konzentriert sich besonders im Gefilde und hier vor allem in den Flußauen, ist aber auch für große Teile des Erzgebirges und Vogtlandes sowie des Lausitzer Berglandes mit Waldhufendörfern sowie Industriestädten und -siedlungen bedeutend. Lediglich in den Kammlagen des (West-)Erzgebirges, in der Sächsischen Schweiz und im Sächsisch-Niederlausitzer Heideland tritt sie zurück. Damit spielen urbane Lebensräume für die Brutvogelbesiedlung in Sachsen eine große Rolle, besonders gilt das aber für die Ballungsräume Oberes Elbtal, Chemnitz–Zwickau und Leipzig, wo Siedlungsbebauungen und Industrie ganze Landschaften prägen. Typische Arten der bebauten Bereiche (City, Wohnblockzone) sind Turmfalke, Haus- und Türkentaube, Mauersegler, Hausrotschwanz, Amsel, Grünfink, Haussperling, Star und Dohle, in Neubaugebieten auch die Haubenlerche. SAEMANN [2616] ermittelte für Chemnitz 97 Brutvogelarten, wovon 70 Arten typischen Stadtlebensräumen zuzuordnen sind. Die Artenzahl und Siedlungsdichte schwankt zwischen 5–12 Arten und 30–36 BP/10 ha (Neubauviertel, neue City), 10–12 Arten und 45–62 BP/10 ha (Wohnblockzone, alte City) sowie 20–40 Arten und 70–110 BP/10 ha (Park, Friedhof, Gartenstadt) [2615, 2616, 2896] u. a. (vgl. auch 1.7.2). Besonders artenreich ist die Brutvogelfauna in Waldparks und in Siedlungsrandlage, da hier i. d. R. kleinräumig wechselnd sehr unterschiedliche Lebensräume und Nutzungsformen aufeinandertreffen sowie vielfältige Nahrungsquellen vorhanden sind. Neben den typischen Stadtvögeln sind in den Randzonen Arten des nichturbanen Gehölz- und Offenlandes an der Vogelbesiedlung beteiligt (z. B. Waldohreule, Goldammer, Baumpieper, Waldbaumläufer), was den Übergangscharakter dieser Lebensräume verdeutlicht.

Bergbaufolgelandschaften

Südlich von Leipzig, z. T. aber auch in den Kr. Delitzsch, Görlitz und Zittau sowie nördlich an die Kr. Kamenz, Bautzen und Niesky angrenzend befinden sich Braunkohletagebaugebiete, die mit ihren Abbaufeldern, Restlöchern, Kippen und Halden sowie auf Grund ihrer Ausdehnung völlig neue Landschaften entstehen lassen. Auf Kippen und Halden können im Pionierstadium 30–40 Brutvogelarten angetroffen werden (BEER [1847, 4073], DORSCH 1988 u. a.), mit Siedlungsdichten von 6–10 BP/10 ha. Bemerkenswert sind Brutvorkommen von Flußregenpfeifer, Haubenlerche, Schafstelze, Brachpieper, Steinschmätzer und Grauammer. Mit Fortschreiten der Vegetationsentwicklung ändert sich das Artenspektrum in Richtung Jungwaldbewohner, und die Gebiete verlieren allmählich ihren besonderen Charakter. An den Grubenseen ist i. d. R. eine artenarme Wasservogelfauna anzutreffen, aus der die Sturmmöwe herausragt, die in Sachsen bisher nur in Bergbaulandschaften brütet. Hinzuweisen ist auch auf Ansiedlungen von Silbermöwe und Flußseeschwalbe, letztere aber außerhalb unseres Bezugsgebietes im heute zu Sachsen gehörenden Kr. Hoyerswerda. An verschilfenden Naßstellen sowie mit Beginn der Verlandungsprozesse an den Restlöchern stellen sich neben Rohrammer und Teichrohrsänger weitere Feuchtgebietsbewohner ein, an Steilböschungen brütet die Uferschwalbe.

Wesentlich kleinflächiger aber nicht minder bedeutsam für die Verbreitung einiger Brutvogelarten sind Sand- und Kiesgruben im Heideland und in Flußauen (Uferschwalbe, Eisvogel, Brachpieper) sowie Kies-, Lehm- und Tongruben im Lößhügelland (Uferschwalbe, Eisvogel, Bienenfresser). Ohne die Halden des Steinkohlebergbaus im Freitaler und Zwickau–Oelsnitzer Revier sowie den Erzbergbau bei Altenberg, Freiberg, Annaberg-Buchholz, Schlema und Ehrenfriedersdorf wären Flußregenpfeifer und Steinschmätzer wohl kaum so zahlreich als Brutvögel im Erzgebirge und seinem Vorland nachzuweisen gewesen, wie das in den zurückliegenden Jahrzehnten der Fall war.

R. STEFFENS

1.4 Landschaftsveränderungen und Brutvogelbesiedlung

Das nacheiszeitliche Landschafts- und Vegetationsbild hat sich in Mitteleuropa mehrfach gewandelt (SCHRETZENMAYR et al. 1973). Dies ist vor allem durch die Pollenanalyse recht gut belegt (vgl. z. B. FIRBAS 1949 u. 1962). Bis vor etwa 10 000 Jahren herrschten subarktische Steppen und Moore sowie Waldsteppen (Kiefern-Birkenwälder in Niederungen und Tälern), wie wir sie noch heute in Tundren Nordskandinaviens antreffen. Dementsprechend kann man sich auch die damalige Vogelwelt als subarktisch-boreal vorstellen, wovon subfossile Nachweise z. B. von verschiedenen Gänse- und Greifvogelarten, Schnee- und Birkhuhn sowie Schnee-Eule und Misteldrossel (vgl. z. B. v. KNORRE et al. 1986, KLAFS u. STÜBS 1987) zeugen. In der nachfolgenden Periode (Vorwärme- und frühe Wärmezeit) gewannen Bestockungen zunächst aus Birke und Kiefer (mit Hasel), später aus Eiche (mit Kiefer, Ulme, Linde und Hasel) die Vorherrschaft. Damit dürfte ein erheblicher Wandel der Vogelfauna in Richtung auf Arten lichter, trocken-warmer Wälder und Waldgrenzstandorte mit z. T. submediterranen und (Wald-)Steppenarten (warm-trockenes Klima mit kontinentalem Charakter) einhergegangen sein. In der feuchteren Mittleren und Späten Wärmezeit (5 500–500 v. u. Z.) wanderten im sächsischen Hügelland die Schattbaumarten Buche, Hainbuche und Tanne, im Gebirge auch die Fichte, in die Wälder ein. Das wird zumindest regional Arten der borealen Nadelwälder (z. B. Auerhuhn, Sperlings- und Rauhfußkauz, Winter- und Sommergoldhähnchen, Tannen- und Haubenmeise sowie Fichtenkreuzschnabel) gefördert sowie die Bewohner lichter Wälder, Waldränder und des Offenlandes auf südexponierte Steilhänge und arme Sanddünen, Sukzessionsflächen (Waldbrände u. ä.), durch Pflanzenfresser (Auerochse, Wisent u. a.) teil- und zeitweise offengehaltene Flächen, Erosions- und Sedimentationsflächen der Flußläufe, Verlandungszonen von Altarmen und Seen sowie Nieder- und Hochmoore und ihre Randzonen zurückgedrängt haben. In dieser Zeit begann jedoch die Besiedlung Sachsens durch eine vorwiegend Ackerbau treibende Bevölkerung (Bandkeramik 4500–2400, Schnurkeramik, Aunjetitzer Kultur 2400–1500, Lausitzer Kultur 1500–500 v. u. Z.), die zunächst zwar nur Lößgebiete und Flußterrassen des mittelsächsischen und Altenburg-Zeitzer Gebietes umfaßte, später (Lausitzer Kultur) aber alle Lößareale (auch ostelbisch) und kleinere Lößinseln einnahm und bis in Flußauen, Sandlöß- und Sandgebiete hineinreichte. Damit konnten sich Offenland- (Waldrodung) sowie Waldrand- und Gebüscharten (periodisches Vordringen und Zurückdrängen von Wald, niederwaldartige Waldnutzung) aus- bzw. wieder ausbreiten. Bemerkenswert ist, daß aus dieser Zeit datierende Funde (vgl. z. B. v. KNORRE u. a. 1987 – sächsisches Material ist bis dato nicht ausgewertet) große Ähnlichkeit mit unserer heutigen Avifauna vermuten lassen und solche Arten wie Rebhuhn, Wachtel, Schleiereule, Steinkauz, Feldlerche, Rauchschwalbe und Saatkrähe aufweisen, die zumindest teilweise schon damals Kulturfolger waren. Nach der Bronzezeit wurden erhebliche Teile des sächsischen Siedlungsgebietes über längere Zeit wieder aufgegeben und von einem Sekundärwald eingenommen. Erst um das Jahr 1000, mit Beginn der großen Rodungen, wird die Landnutzung durch den Menschen zum bis in die Gegenwart entscheidenden Faktor für Veränderungen in der Vogelbesiedlung.

Zunächst (spätslawisch-frühdeutsche Rodungsperiode, 11.–12. Jh.) wurden die seit der Bronzezeit wiederbewaldeten Gebiete zurückgewonnen und erweitert. Danach (13.–14. Jh.) erfolgte die bäuerliche Kolonisation des Berglandes, die völlige Aufsiedlung der Geschiebelehmgebiete, die teilweise Rodung armer Heidewälder und staunasser Lößlehm-Restgebiete (später vielfach wieder aufgegeben), so daß am Ende des 14. Jh. faktisch ganz Sachsen mit Ausnahme der Kammlagen, vernäßter bzw. armer Hoch- und Heideflächen sowie unzugänglicher Felsgebiete erschlossen war. Im Erzgebirge erfolgte später (16.–17. Jh.) im Zusammenhang mit Silberfunden und kurzzeitig aufblühendem Bergbau eine teilweise Rodung der Kammlagenwälder (Streusiedlungen der Bergarbeiter und Köhler, später auch der Forstbediensteten und Waldarbeiter). So wurden der Wald auf ca. 25% der Landesfläche zurückgedrängt und im Ergebnis dessen auch typische Waldvögel. Einige von ihnen, die gegen Störungen besonders empfindlich sind bzw. die zusätzlich gezielter Nachstellung durch immer bessere Hilfsmittel ausgesetzt waren, dürften schon damals dem Verschwinden nahe gewesen sein. HEYDER [1223] vermutet das für den Steinadler. Mit gleicher Berechtigung könnte es auch für Schlangen-, Schrei- und Seeadler sowie den Schwarzstorch gegolten haben.

Insgesamt wurde aber durch die damaligen Landschaftsveränderungen die Mannigfaltigkeit und Siedlungsdichte der Vögel eher erhöht. Felder und Wiesen ermöglichten es zahlreichen Offenlandarten wie Rebhuhn, Wachtel, Großtrappe, Schleiereule, Steinkauz, Feldlerche, Haubenlerche, Grauammer, Ortolan und Saatkrähe, sich auszubreiten bzw. neu oder wieder anzusiedeln. Durch die Dreifelder-Wirtschaft (1/3 Brache) wurden einige Arten, z. B. Rebhuhn und Feldlerche, besonders gefördert. Die allgemeine Landschaftsöffnung und nieder- bzw. mittelwaldartige Waldbewirtschaftung schränkten Areal und Anteil von Tanne, Fichte und Buche ein. Stockausschlagkräftige Baumarten (Eiche, Hainbuche, Linde u. Esche, besonders im Bergland auch Eberesche und Ahorn), vorwaldartige Bestockungen und Flurgehölze (Birke, Aspe, Vogel- u. Traubenkirsche, Kiefer) sowie Gebüschfluren (Heckenrose, Schwarz- und Weißdorn, Hasel, Schneeball, Schwarzer Holunder, Hirschholunder) konnten sich ausbreiten. Dadurch wurden bestimmte Nadelwald-Vogelarten zusätzlich benachteiligt, Bewohner lichter Wälder, Waldränder und gehölzflurenreicher Offenländer aber generell begünstigt. Letzteres ist für Mäusebussard, Sperber, Habicht, Rotmilan, Schwarzmilan, Wespenbussard, Baumfalke, Turmfalke, Birkhuhn, Haselhuhn, Turteltaube, Kuckuck, Uhu, Waldkauz, Waldohreule, Pirol, Raben- und Nebelkrähe, Elster, Eichelhäher, Gartenbaumläufer, Misteldrossel, Singdrossel, Amsel, Gartenrotschwanz, Feldschwirl, Sumpfrohrsänger, Gelbspötter, Sperber-, Garten-, Dorn- und Klappergrasmücke, Zilpzalp, Fitis, Grauschnäpper, Baumpieper, Raub-, Schwarzstirn-, Rotkopf- und Rotrückenwürger, Star, Kernbeißer, Grünfink, Stieglitz, Hänfling, Goldammer und Feldsperling zutreffend bzw. zu vermuten und wird auch der erst Mitte des 19. Jh. unseren Raum erreichenden Ausbreitung von Wacholderdrossel und Girlitz dienlich gewesen sein. Höhlenreiche alte Masteichen dürften Steinkauz, Blauracke, Wiedehopf u. a. Höhlenbrüter gefördert haben, Blauracke und Wiedehopf sicher auch die Freihaltung des Großviehs.

Schließlich führte die ständige Entnahme von Biomasse durch Waldrodung, Streunutzung, Ackerbau und Weidegang dazu, daß sich Brachland und Heiden mit thermo- und heliophiler Pflanzen- und Tierwelt ausdehnten, wodurch weitere Vogelarten (z. B. Triel, Ziegenmelker, Heidelerche, Brachpieper, Schwarzkehlchen, Steinschmätzer und Steinrötel) zusagende Lebensbedingungen fanden bzw. bereits genannte Arten (Birkhuhn, Blauracke, Schwarzstirn- und Rotkopfwürger) zusätzlich gefördert wurden.

In den Flußauen, Niedermooren und Verlandungszonen sowie anderen grundwasser- und staunässebeeinflußten Gebieten sind durch Waldrodungen und Wiesennutzung (Moor-, Streu-, Naß-, Feuchtwiesen) in den Niederungsgebieten die Ausbreitung von Weißstorch, Wiesenweihe, Birkhuhn, Kranich, Wasser-, Tüpfel- und Wiesenralle, Kiebitz, Bekassine, Großer Brachvogel, Rotschenkel, Braunkehlchen, Wiesenpieper und Schafstelze, im Bergland von Birkhuhn, Wiesenralle, Kiebitz, Bekassine, Braunkehlchen und Wiesenpieper bewirkt bzw. begünstigt worden. Die im Flach- und Hügelland bis ins 14./15. Jh. zurückreichende Anlage von Fischteichen hat einen Teil dieser Biotope in Wasserflächen umgewandelt, durch den Aufstau und die nachfolgende Verlandung zugleich aber so vielfältigen Ersatz geschaffen, daß die o. a. Arten darunter wohl kaum gelitten, wasser- und röhrichtgebundene Arten wie Hauben-, Rothals-, Schwarzhals- und Zwergtaucher, Kormoran, Graureiher, Zwerg- und Rohrdommel, Stock-, Krick-, Knäk-, Schnatter-, Löffel-, Reiher-, Tafel-, Moor- und Schellente, Graugans, Höckerschwan, Fischadler, Wasser-, Tüpfel-, Teich- und Bleßralle, Drossel-, Teich- und Schilfrohrsänger sowie Rohrammer daraus aber erheblichen Vorteil gezogen haben. Verschiedenen Taucher- und Tauchentenarten (z. B. Hauben- und Rothalstaucher sowie Reiher- und Schellente) wurde dadurch wahrscheinlich erst das Vordringen (Brüten) bis nach Sachsen bzw. in die Lausitz möglich (vgl. ZIMMERMANN 1933). Im gleichen Sinne wie Fischteiche dürften auch Mühlwehre an den Fließgewässern der Niederungen gewirkt haben, die ebenfalls schon für das 16. Jh. nachgewiesen wurden.

Einige der o. a. Arten konnten sich über Stauteiche für den Bergbau, die im Erzgebirge ausgangs des 14. bis Ende des 16. Jh. entstanden sind (z. B. Großhartmannsdorfer Teiche, Geyerscher Teich, Filzteich/Schneeberg, Galgenteiche/Altenberg, Schwarzer Teich/Elterlein), auch bis dorthin ausbreiten. Bemerkenswert sind ferner kleinere Teichgebiete auf Staunässestandorten des oberen Hügel- (z. B. Limbacher Teiche, Kirchberger Teiche, Teichgebiet der oberen Würschnitz) und des Berglandes (z. B. Scheibenberger Teiche), die seit dem 16./17. Jh. belegt sind. Dellen, Quellgebiete und Bachoberläufe dieser Region waren generell reich an Kleinteichen sowie Naß- und Moorwiesen. Diesen Verhältnissen ist es sicher zu danken, daß der Weißstorch damals zeitweilig im Erzgebirge und Oberen Vogtland brütete und für den Kranich gleiches zumindest für 1574 im „Filz" bei Elterlein nachgewiesen ist (vgl. [2570]). Mühlenwehre, Ablaßbauwerke von Stauteichen sowie Brücken und Ufermauern dürften außerdem die Ansiedlung von Wasseramsel und Gebirgsstelze an gefällearmen Bachstrecken bzw. zum Hügel- und Flachland hin begünstigt haben.

Schließlich bevorteilten auch die sich entwickelnden dörflichen und städtischen Siedlungen die Verbreitung verschiedener Vogelarten wie z. B. Weißstorch, Turmfalke, Schleiereule, Steinkauz, Mauersegler, Rauch- und Mehlschwalbe, Haussperling, Hausrotschwanz und Dohle, entlang von Überlandstraßen und an Bauplätzen auch Haubenlerche und Bachstelze, indem sie ihnen neue Brutplätze und andere Lebensraum-Requisiten, aber auch zusätzliche Nahrungsquellen schufen.

So kann man davon ausgehen, daß ausgangs der großen Rodungsperiode bis Ende des 18./Beginn des 19. Jh. eine sehr günstige Periode für unsere Vogelwelt war. Gestützt wird das durch alte ornithologische Quellen. Welch heute für uns unvorstellbarer Vogelreichtum damals in der offenen Landschaft herrschte, lassen uns Fangergebnisse für Lerchen, Drosseln u. a. Klein-vögel sowie Jagdstrecken für Feld- und Rauhfußhühner sowie Schnepfen aus dem 17. und 18. Jh. ahnen. So sind z. B. allein im Oktober 1720 67 224 Schock u. 1 Mandel (= 403 455 St.) Lerchen in Leipzig eingeführt worden, ein Akzise-Verzeichnis zu Dresden-Friedrichstadt führt für 1778 64 Auerhühner und Trappen, 1 959 Birkhühner und Fasanen, 12 361 Rebhühner und Schnepfen, 4 031 Ziemer, 1 507 Mandeln (22 608 St.) Drosseln, 3 733 Mandeln (55 995 St.) Ler-chen und 7 611 Mandeln (114 165 St.) kleine Vögel auf [462, 1223]. Die Anzahl Vögel, die ein Fänger seinem Herrn von Bartholomäi bis Martini (24. August bis 11. November) fängt, wird Ende des 17. Jh. auf zwanzig Schock (1 200 St.) kleine (Finken) und 10 Schock (600 St.) große Vögel (Drosseln) kalkuliert. Mitunter, z. B. 1615, konnten von manchen Vogelstellern an einem Morgen sogar Ziemer und Drosseln im Werte von 3–4 Talern (der Ziemer zu 4, die Drossel zu 2–3 Pfennige gerechnet) gefangen werden, was 300–500 St. entspricht [3748].

Im Laufe des 19. Jh. beginnt sich das Bild allmählich zu wandeln. Der bereits im 18. Jh. begin-nende verstärkte Anbau von Kartoffeln, Futterrüben und Klee ermöglichte die stabile Stall-haltung des Nutzviehs. Der Wald verliert damit seine Bedeutung für die Schweinemast und die Waldweide. Diese Entwicklung dürfte dem Wiedehopf, die Rodung der Alteichen auch Steinkauz, Blauracke u. a. Höhlenbrütern abträglich gewesen sein. Gleichzeitig hat die mit der Stallhaltung des Viehs einhergehende verstärkte Streunutzung in den Wäldern zu weiterem Biomassenentzug mit anschließender Verheidung geführt, was zumindest auf einige Zeit noch Ziegenmelker, Brachpieper, Steinschmätzer u. a. Arten befördert haben könnte. Bevölke-rungswachstum, Erweiterung der Städte, Entwicklung von Industrie und Bergbau erhöhten den Rohholzbedarf und führten gemeinsam mit der immer stärkeren Nutzung fossiler Brenn-stoffe zu einem Bedarfswandel von Brennholz zu Nutzholz. Die lichten Laubmischwälder wurden bis auf wenige Reste in ertragsfähigere und bedarfsgerechtere Nadelholzforste umge-wandelt, Ödländereien und Heiden auf armen trockenen Standorten des Flachlandes mit Kie-fer, im Mittelgebirge mit Fichte aufgeforstet, Moore entwässert und ganz oder zumindest in ihren Randzonen ebenfalls forstlich kultiviert. Durch die überwiegend im Kahlschlagbetrieb bewirtschafteten monotonen Nadelholzforste wurden viele Vogelarten zurückgedrängt, nur wenige gefördert. Auer-, Birk- und Haselhuhn wurden nahezu ausgerottet. Daran hatte zeit-weilig übertriebene Bejagung mit Anteil, welche für das Erlöschen des Brutvorkommens des Kolkraben in der zweiten Hälfte des vorigen Jh. wahrscheinlich sogar ausschlaggebend war und möglicherweise (für Sachsen aber nicht belegt) dem Kormoran ein gleiches Schicksal be-scherte. Neben Blauracke und Wiedehopf vermutet HEYDER [1223] auch ein Zurückweichen bei Rotmilan und Mittelspecht infolge der Veränderung des Waldbildes. Man kann das auch für zahlreiche andere Arten wie Hohltaube, Grau- und Grünspecht, Heidelerche, Waldlaub-sänger, Trauerschnäpper, Sumpf-, Blau- u. Kohlmeise, Kleiber, Gartenbaumläufer, Star, Pirol und Dohle annehmen. Zu den Arten, die durch Nadelbaumforste gefördert bzw. wieder geför-dert wurden, zählen Tannen- und Haubenmeise sowie Misteldrossel, in den Fichtenforsten au-ßerdem Winter- und Sommergoldhähnchen sowie Fichtenkreuzschnabel, letzterer zumindest in den mittleren und höheren Gebirgslagen.

Mit dem allmählichen Zerfall der Dreifelder-Wirtschaft, der Ablösung der Schwarzbrache durch die Grünbrache (Kleeanbau), der verstärkten organischen und beginnenden minerali-schen Düngung sowie der nun möglich werdenden Umwandlung von Weide- und Brachland in Ackerland ergaben sich weitere Konsequenzen für die Vogelwelt. Die Abnahme von Rebhuhn und Feldlerche hat hier ihren Ausgangspunkt, wozu auch die Mitte des 19. Jh. begin-nende Technisierung der Landwirtschaft beigetragen haben dürfte, für den Rückgang der Großtrappe vielleicht sogar die auslösende Ursache war. Die Bruthabitate des Triels, des Brachvogels und Steinschmätzers wurden sowohl feld- als auch waldseitig eingeschränkt. Der starke Rückgang von Schwarzstirn- und Rotkopfwürger sowie Wendehals seit Mitte bzw. Ende des vorigen Jh. kann mit der Zurückdrängung artenreicher licht- und wärmeliebender Pflanzendecken durch nitrophile Gräser und Stauden sowie der beginnenden Gehölzrodung (Flurbereinigung) begründet werden. Dadurch reduzierten sich Nahrungsangebot (Rückgang von Insekten), seine Erlangbarkeit (zunehmend hohe und dichte Vegetation) sowie weitere Lebensraumvoraussetzungen (Sitzwarten, Brutplätze u. ä.), wovon außerdem auch Steinkauz, Blauracke und Wiedehopf zusätzlich betroffen waren. Dichterer und kräftigerer Wuchs der Getreidekulturen (insbes. Winterroggen) ermöglichte die Besiedlung der Feldfluren durch den Sumpfrohrsänger.

Die Regulierung der Flußläufe, die Vertiefung und Befestigung der Flutrinnen sowie großzügige Eindeichungsmaßnahmen seit Mitte des 19. Jh. bewirkten, daß der Grundwasserspiegel abgesenkt und die regelmäßige Überschwemmung größerer Gebiete vermieden wurden. Damit einher gingen die Umwandlung versumpfter und mit Weidicht bestandener Aue- und Uferabschnitte in Grünland (innerhalb der Deiche) oder gar in Ackerland (außerhalb der Deiche) sowie die Begrünung der restlichen Schotterbänke. Viele Sumpf- und Wasservogelarten wurden dadurch aus den Flußtälern verdrängt. Zwergseeschwalbe und Blaukehlchen verschwanden völlig als Brutvögel aus Sachsen, Flußseeschwalbe und Flußuferläufer erlitten empfindliche Bestandseinbußen, sicher auch Weihen, Kiebitz, Großer Brachvogel, Uferschnepfe und Rotschenkel sowie Eisvogel und Uferschwalbe. Wie reichhaltig die Vogelwelt der Flußtäler einst gewesen ist, zeigt z. B. ein Verzeichnis der Vögel auf und an der Elbe bei Meißen aus dem 16. Jh. [543]. Daß im 19. Jh. eine spürbare Abnahme vieler Arten erfolgt sein muß, darauf verweisen faunistische Quellen dieser Zeit (z. B. TOBIAS [86]), indirekt aber auch die zunehmende wissenschaftliche und praktische Beschäftigung mit dem Vogelschutz, die Entstehung der Vogelschutzbewegung sowie Verbote bzw. Einschränkungen für den Vogelfang.

Gegen Ende des 19. Jh. begannen größere flächenhafte Drainungen staunasser Äcker, mit der Einführung der vom Pferd gezogenen Grasmähmaschine greifen sie auf das Grasland über. In der Zeit von 1910–1939/40 lassen sich umfangreiche Relief-, Hydro- und Flurgehölzmeliorationen für die Grasland-Hohlformen des Hügel- und Berglandes nachweisen (BERNHARDT 1992), sukzessive verschwanden viele Kleinteiche und kleinere Teichgebiete (z. B. die Burkersdorfer Teiche bei Zittau um 1920). Noch aus dem 19. Jh. bekannte Niedermoore u. a. Feuchtgebiete (z. B. Bienitz-Wiesen bei Leipzig, Steegenwiesen bei Stollberg) wurden in der Folgezeit trockengelegt und teilweise in Ackerland umgewandelt oder gar aufgesiedelt (z. B. Rähnitzmoor bei Dresden). Besonders einschneidend waren Großprojekte des Arbeitsdienstes zu Beginn der 1930er Jahre (z. B. Gundorfer Lachen bei Leipzig, Steegenwiesen, Rote Pfütze bei Elterlein, Oberlauf der Bobritzsch bei Friedersdorf – vgl. KÄSTNER 1932 u. a.). Damit im Zusammenhang stehen dürften der Rückgang des Weißstorches und des Schilfrohrsängers um die Jahrhundertwende [465, 613, 1223] sowie das Erlöschen der Brutvorkommen von Sumpfohreule bei Leipzig [1038] und des Birkhuhnes bei Stollberg [1223]. Generell betroffen waren vor allem Wiesenbrüter (Wiesenralle, Kiebitz, Wiesenpieper, Schafstelze, Braunkehlchen), die durch allmähliche Vorverlegung der Wiesenmahd noch zusätzlich gefährdet und in ihrem Bruterfolg beeinträchtigt wurden. Besonders gravierend waren die Auswirkungen im Ackerhügelland, wo die ohnehin spärlichen Lebensräume dieser Arten z. T. völlig verloren gingen und aus gleichen Gründen die Bekassine großflächig ihre letzten Brutplätze aufgab. Zumindest regional dürften auch die Bewohner der Kleinteiche und Röhrichte (Zwergtaucher, Teichhuhn, Rohrsänger, Rohrdommel) beeinträchtigt worden sein. Möglicherweise ist der von SCHLEGEL [586] in seinem Beobachtungsgebiet bei Leipzig registrierte starke Rückgang des Neuntöters (1890er Jahre 30–40, um 1920 5–6 Nester) und der Nachtigall bezüglich seiner Ursachen auch hier einzuordnen. Der Verfall von Mühlen und Wehren sowie Bachbettausbau und Gewässerverunreinigungen führten darüber hinaus zu einschneidenden ökologischen Veränderungen an Gebirgsbächen, worunter besonders die Wasseramsel zu leiden hatte, die in dieser Zeit aus einigen Flußsystemen als Brutvogel verschwand.

Die Errichtung von Trinkwassertalsperren erbrachte im Mittelgebirge zusätzliche Beobachtungsmöglichkeiten für rastende Wasservögel, den Fließgewässer-Bewohnern hat sie durch Überstauung naturnaher Bach- bzw. Flußabschnitte und z. T. erheblich gestörten Wasserhaushalt unterhalb der Stauanlagen jedoch überwiegend geschadet [3415]. Durch industrielle Rohstoffgewinnung und verstärktes Baugeschehen entstehende Steinbrüche, Sand-, Kies- und Lehmgruben sowie Kippen und Halden entwickelten sich zu Sekundärlebensräumen für Turmfalke, Flußregenpfeifer, Eisvogel, Uferschwalbe, Brachpieper, Steinschmätzer, Dohle u. a. Die Neuanlage bzw. der Ausbau von Eisenbahnlinien und Straßen dürften die Bachstelze weiter begünstigt haben, erstere auch den Steinschmätzer und letztere die Haubenlerche zumindest zeitweilig. Gehölzpflanzungen entlang von Autobahnen haben sich zu reichen Kleinvogelhabitaten entwickelt und zusätzlich Elster, Turmfalke, Mäusebussard, Milane u. a. angelockt (tote und verletzte Tiere auf und an der Fahrbahn). Autobahnbrücken sind z. T. Brutorte kopfreicher Kolonien der Dohle und werden auch von Turmfalken und Aaskrähen als Brutplätze genutzt.

Mit der Bevölkerungszunahme, der Ausweitung insbesondere der Städte, der Erweiterung der Parks, Grünanlagen und Gartenstädte sowie dem Aufkommen der Winterfütterungen hat sich die Vogelwelt der Siedlungen stärker ausgeprägt. Amsel und später auch teilweise Singdrossel wurden zu auffälligen Erscheinungen, durch den Industrie- und Wohnungsbau der Gründerzeiten wurde der Mauersegler besonders gefördert, durch künstliche Nisthöhlen Trauerschnäpper und Star sowie Kohl- und Blaumeise, durch die Winterfütterungen vor allem Haussperling, Grünfink und Haustauben. Sicher waren das auch wichtige Voraussetzungen für die Ansiedlung und rasche Ausbreitung der Türkentaube seit 1947. Die Bombenschäden des 2. Weltkrieges haben außerdem vorübergehend sogenannte „Trümmervögel" (Turmfalke, Haubenlerche, Hausrotschwanz, Steinschmätzer, Dohle) begünstigt.

Insgesamt hat sich jedoch in dieser ca. 100–150 Jahre umfassenden Zeitspanne eine merkliche landschaftliche Homogenisierung und Monotonisierung vollzogen (BERNHARDT 1992), die in Sachsen auf diesem Niveau bis ca. 1960 andauerte und erhebliche, meist negative Auswirkungen auf die Vogelwelt mit sich brachte. Die nachfolgenden 30 Jahre einer umfassenden Ausbeutung der Naturressourcen und umweltgefährdenden z. T. – zerstörenden Intensivierung der Landnutzung hatten jedoch noch weit tiefgreifendere und beschleunigte Veränderungen der Vogelwelt zur Folge. Im Zuge der Flurneuordnung sowie Flur- und Hydromelioration wurden Feldraine und -hecken um 60–80% reduziert, 40–80% kleiner Tümpel und Teiche verschwanden, ca. 20% aller Fließgewässer (regional bis zu 100% der Quellbäche) sind verrohrt, nur noch ca. 10–20% der Fließgewässer des Offenlandes (fast ausschließlich Mittel- und Unterläufe von Bächen) sind naturnah bzw. naturnah ausgebaut. Der Anteil des Grünlandes hat sich je nach Bewirtschaftungsstrategie regional erheblich reduziert (um bis zu 40%), mancherorts, insbesondere im Bergland und in Verbindung mit Großviehanlagen auch erhöht (um bis zu 30%), ist insgesamt aber etwa konstant geblieben. Wiesen sind jedoch zugunsten des Saatgraslandes um etwa 50% zurückgegangen. Durch räumliche Konzentration von Acker- und Grünland ist dessen Verteilung in der Gesamtlandschaft heute weit niedriger (bis zu 50% geringere Rasterfrequenz bei Zugrundelegung eines 6,25 ha-Rasters), der erste Schnitt um 2–4 (6) Wochen vorverlegt, die Beweidung intensiviert und wird mit der Beweidung ab April (früher in der Regel ab Juli/August) begonnen. Darüber hinaus wurden Streuobstwiesen gerodet und durch Intensivobstanlagen ersetzt. Im Zuge der Mechanisierung erhöhte sich die Anzahl der Arbeitsgänge pro Jahr und Ackerschlag auf das ca. 2–3fache. Der Düngemitteleinsatz wurde auf 250%, der Stickstoffeinsatz gar auf 400% und der Pflanzenschutzmitteleinsatz auf >350% gesteigert. Im Ergebnis dessen gingen vor allem in intensiv landwirtschaftlich genutzten Gebieten nahezu alle Offenland und Halboffenland bewohnende Arten zurück. Besonders zu erwähnen sind Wespenbussard, Rebhuhn, Wachtel, Wiesenralle, Großtrappe, Kiebitz, Steinkauz, Wendehals, Feldlerche, Schafstelze, Neuntöter, Raubwürger, Dorngrasmücke, Braunkehlchen, Steinschmätzer, Grauammer, Goldammer, Ortolan und Hänfling. Durch die konzentrierte Nutztierhaltung in Großställen sind Rauch- und Mehlschwalbe betroffen, durch Rekonstruktion von Kirchtürmen und Vergitterung von Turmöffnungen (Abwehr von Haustauben) die Brutplätze der Schleiereule.

Quantitativ abschätzbar werden die Auswirkungen der Flurbereinigung durch die in Abb. 2 zusammengefaßten Siedlungsdichtewerte. Danach beträgt die Artenanzahl und Siedlungs-

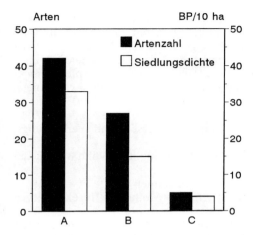

Abb. 2: Artenzahl und Siedlungsdichte auf landwirtschaftlichen Nutzflächen
A: 60% Acker, 25% Grasland, 15% reich strukturierte Bachaue (R. STEFFENS)
B: 80% Acker, 15% Grasland, 5% Gehölze (G. EIFLER)
C: reines Ackerland (G. EIFLER, R. STEFFENS)

dichte im reinen Ackerland (C) nur 1/10 von der in entsprechend reich strukturierten Landwirtschaftsflächen (A). In bezug auf seine Vogelbesiedlung ist der sächsische Agrarraum vor 1960 überwiegend zwischen A und B, nach 1970 aber zwischen B und C einzustufen. Noch anschaulicher werden die Verhältnisse anhand langfristiger Bestandsvergleiche beim Rebhuhn. Um 1880 betrug nach SCHLEGEL [2813] der über Jagdstrecken errechnete Rebhuhnbestand im Revier Neschwitz noch ca. 100 Ex./100 ha. Seither und sicher auch schon seit einiger Zeit vorher ging er ständig zurück. Um 1900 betrug er noch 70% und um 1925 nur noch 30% der Ausgangsgröße. 1967 konnten auf vergleichbarer Fläche im nördlichen Kreis Bautzen noch 20 Ex./100 ha festgestellt werden, die bis 1971 auf 6 zusammenschmolzen. Für 1971–87 vorliegende Wildzählungsergebnisse aus dem Bezirk Dresden (F. SCHNEIDER) dokumentieren einen nochmaligen Bestandsschwund von ca. 80% (1971 4 575, 1974 6 204, 1978 3 063, 1981 1 471, 1984 1 367, 1988 1 111 Ex.). Damit dürfte im Verlauf von 100 Jahren der Rebhuhnbestand um ca. 99% zurückgegangen sein.
Die biologische Verarmung des Agrarraumes hatte auch Konsequenzen für Greifvogelarten. Biozidbelastungen bewirkten zusätzliche Bestandsdepressionen (z. B. bei Baumfalke und Sperber) und führten schließlich zur Ausrottung des Wanderfalken. Zu den wenigen geförderten Arten gehören Rotmilan und Sumpfrohrsänger. Ersterer profitiert möglicherweise von einem größeren Anteil Fallwild infolge der Technisierung, letzterer von nitrophilen Hochstaudenfluren ungenutzter Restflächen und entlang von Fließgewässern, Entwässerungsgräben, Feldrainen, Feldhecken u. ä. Neu bzw. häufiger auf Getreide- und Futterschlägen anzutreffen sind auch Rohrweihe, Wiesenralle, Kiebitz und Schafstelze. Jedoch handelt es sich hier meist nur um Ausweichhabitate für im Zuge der Intensivierung der Landnutzung verlorengegangene Brutplätze, in denen sie kaum erfolgreich brüten, so daß die teilweise damit verbundenen Arealausweitungen in bezug auf die tatsächliche Bestandssituation zu relativieren sind. Freistehende Gittermasten von Hochspannungsleitungen werden neuerdings gelegentlich durch Baumfalke und Kolkrabe als Brutplatz genutzt. Zahlreiche in der offenen Landschaft bedrängte Arten versuchen sich im Stadtrandbereich oder gar innerstädtisch anzusiedeln. Dazu gehören neben Singvogelarten (Gebüschbewohner) Habicht, Sperber, Rebhuhn, Fasan, Elster, Aas- und Saatkrähe. Neubaugebiete bieten Mehlschwalben zumindest teilweisen Ersatz verlorengegangener Brutplätze und sind für die Haubenlerche oft die letzten Vorkommensgebiete.

Zur Leistungssteigerung der Binnenfischerei wurden Teiche vergrößert (Beseitigung trennender Dämme) und mittels schwerer Technik trogförmig ausgeräumt, der Fischbesatz und die Abfischmasse erhöht, die Zufütterung von Getreide gesteigert und die Pelletintensivwirtschaft (erforderlichenfalls mit künstlicher Belüftung) eingeführt, die Fischproduktion nach Altersstufen getrennt und neue Wirtschaftsfischarten (z. B. Gras- und Silberkarpfen) eingeführt sowie Fischkrankheiten, Wildfische und Wasserpflanzen bekämpft. Ökologische Folgen waren

- Habitatverlust und Strukturverarmung (Beseitigung von Flachwasser- und Verlandungszonen)
- Eutrophierung der Wasserkörper und Wassertrübung (Stoffbelastung und Wühltätigkeit der Fische)
- Ausfall von Wildfischen sowie Veröden von Schlicken und Schlämmen
- Absterben der Wasserpflanzen mit ihrer reichen Kleintierfauna (Mollusken, Insektenlarven u. ä.)
- weitgehende Zurückdrängung von Wasserröhrichten (Schilf), an deren Stelle zunehmend Rohrkolbenbestände traten (KALBE [3765], RAU 1990).

Dadurch wurden z. T. drastische Bestandsrückgänge bei Rothals- und Zwergtaucher, Rohrdommel, Krick- und Löffelente, Teich-, Tüpfel- und Wasserralle sowie Drossel-, Teich- und Schilfrohrsänger verursacht. Die Brutvorkommen von Zwergdommel, Knäk- und Moorente, Kleine Ralle und Trauerseeschwalbe erloschen ganz oder zumindest für längere Zeit. Von der Zufütterung profitierten Höckerschwan, Stock-, Tafel- und Reiherente sowie Bleßralle. Satzfischteiche sind Anziehungspunkte für Haubentaucher und Graureiher. Die Vergrößerung der Teiche und die Erhöhung des Fischbesatzes dürften auch die Neu- bzw. Wiederansiedlung von Kormoran und Seeadler begünstigt haben.

Zur Sicherung des überdimensionierten Energie- und Rohstoffbedarfes wurden Braunkohlentagebaue u. a. oberirdische Rohstoffgewinnungen enorm ausgeweitet (Mitte 1980er Jahre >230 km^2 Abbauland) und wertvolle Biotope sowie ganze Landschaften vernichtet (z. B. Elster- und Pleißeaue südl. Leipzig) bzw. durch Grundwasserabsenkung beeinträchtigt (z. B. Leipziger Auewald, Teichgebiete bei Klitten, Kr. Niesky). Davon betroffene Vogelarten waren insbesondere Hauben- und Zwergtaucher, Graureiher und Rohrdommel, Weißstorch und Höckerschwan, Graugans, verschiedene Entenarten, Rot- und Schwarzmilan, Rohrweihe und Baumfalke, Kranich, Wasser- und Tüpfelralle, Flußregenpfeifer, Mittelspecht.

Auf Kippen und Halden wurden und werden zumindest vorübergehend Besiedler von Rohböden und vegetationsarmen Standorten gefördert (vgl. 1.3), von denen einige in Sachsen auch bestandesgefährdet sind (vgl. 1.6.4). Wassergefüllte Tagebaurestlöcher bzw. Grubenseen (z. B. Kulkwitz, Witznitz, Großzössen, Borna) sowie die ebenfalls meist sehr eng im Zusammenhang mit der Braunkohleförderung und Energiegewinnung stehende Errichtung von Speicherbecken und Flachlandtalsperren (z. B. Talsperren Quitzdorf und Bautzen, Speicherbecken Windischleuba und Zschorna) haben sich zu bemerkenswerten Rastgewässern entwickelt (vgl. 1.5). Ihre Bedeutung als Brutgebiete ist dagegen aufgrund hydrologischer Besonderheiten (nährstoffarme saure Grubenseen, ständige Wasserspiegelschwankung der Speicherbecken und Flachlandtalsperren) meist gering, sieht man einmal von wenigen Arten (z. B. Sturmmöwe) und den besonderen Bedingungen in Windischleuba, Zschorna und Quitzdorf (ausgedehnte Verlandungszonen und Nebengewässer im Stauwurzelbereich) ab.

Durch die Energiegewinnung aus fossilen Brennstoffen, insbesondere Rohbraunkohle, die im Bezugszeitraum auf das Drei- bis Vierfache stieg, gerieten große Teile der drei sächsischen Bezirke unter erhebliche Immissionsbelastung. Besonders betroffen waren und sind Fichtenwälder und -forste und Waldbäche des Berglandes sowie Kiefernheiden und Heideteiche der Niederungen. Durch die Schädigung und schließlich Auflösung von Fichtenbestockungen des Berglandes werden typische Nadelwaldarten wie Sperlingskauz, Tannen- und Haubenmeise,

Sommer- und Wintergoldhähnchen sowie Fichtenkreuzschnabel verdrängt. Besonders empfindlich scheint das Sommergoldhähnchen zu sein, welches im Gesamtgebiet zurückgeht. In die sich entwickelnden „Bergreitgrassteppen" bzw. Ebereschen- und Birkenvorwälder wandern Offenland- und Gebüscharten (Feldlerche, Wiesenpieper, Braunkehlchen, Goldammer, Dorngrasmücke, Fitis, Feldschwirl u. a.) ein bzw. breiten sich dort aus [4134]. Aufgrund des reduzierten Makrozoobenthos in den sauren Waldbächen werden diese von der Wasseramsel gemieden oder nur noch sehr sporadisch besiedelt. Aus dem gleichen Grund sind negative Auswirkungen auf Zwerg- und Schwarzhalstaucher sowie Rohr- und Zwergdommel in den Heideteichen der Lausitzer Niederung zu vermuten. Möglicherweise hängt die Auflösung der letzten sächsischen Brutkolonie der Trauerseeschwalbe auch damit zusammen (STEFFENS 1989). Mit den Immissionsschäden an Nadelbäumen geht im allgemeinen eine Zurückdrängung von Beerstrauch- und *Calluna*-Heiden und Vergrasung entsprechender Standorte einher. Dadurch werden in den Heidewäldern der Niederungen Brutgebiete von Birkhuhn, Ziegenmelker, Heidelerche und Brachpieper entwertet. Gewisse Alternativen können jedoch Bergbaufolgelandschaften sowie aktuelle und ehemalige Truppenübungsplätze bieten, sofern durch Gestaltung und Pflege in genügendem Umfang Flächen mit arttypischem Bewuchs erhalten und gefördert werden. In den Fichtenwäldern des Westerzgebirges werden durch entsprechende Absterbeerscheinungen und Vergrasung die letzten Biotope des Auerhuhns vernichtet. Differenziert zu sehen ist die Situation bei der Mittelgebirgspopulation des Birkhuhns. Die großflächige Auflösung der Fichtenbestockungen und teilweise Umwandlung in lichte Ebereschen- und Birkenvorwälder ist einerseits habitatsverbessernd, andererseits die nahezu totale Vergrasung sehr nachteilig. In jüngerer Zeit greifen die Waldschäden auch zunehmend auf andere Waldgebiete und bestandsbildende Baumarten (Eiche, Buche) über, so daß bei ihrer Fortdauer mit weiteren Auswirkungen auch auf die Avifauna zu rechnen ist.

Viele der o. a. negativen Trends sind mit der Ablösung des DDR-Energie-, Wirtschafts- und Landwirtschaftskonzeptes zunächst gestoppt, neue Gefahren durch den Ausbau der Infrastruktur, die Sanierung von Siedlungen, die Errichtung neuer Industrie- und Gewerbestandorte, die Versiegelung von Flächen sowie mannigfaltige weitere Formen der Vermarktung von Naturressourcen bereits abzusehen.

Wenn auch in den letzten 1 000 Jahren die Einwirkungen des Menschen in den meisten Fällen sicher die entscheidende Komponente für Veränderungen der Brutvogelfauna waren, so dürfen andere Ursachen doch nicht völlig außer acht gelassen werden. Bemerkenswert ist beispielsweise eine spätmittelalterliche (16./17. Jh.) Klimaverschlechterung, die neben der zunehmenden Konkurrenz fremder Weine und der Reblauskatastrophe die Einschränkung des mitteleuropäischen Weinbaus bewirkte und sicher auch entsprechende wärmeliebende natürliche Floren- und Faunenelemente zurückgedrängt hat. Es ist zu vermuten, daß das zusätzlich zur veränderten Wirtschaftsweise die Vorkommen von Triel, Blauracke, Wiedehopf, Schwarzstirn- und Rotkopfwürger sowie Steinrötel negativ beeinflußte. Vielleicht hängen auch die früheren bzw. früher häufigeren Nachweise verschiedener Reiherarten, des Löfflers und Sichlers sowie das mehrzählige plötzliche Erscheinen des Bienenfressers um den 1. Mai 1517 bei Leipzig mit dem damals günstigeren Klima zusammen (vgl. [7, 543, 1223] u. a.). Ein klimatisch bedingtes Zurückdrängen mediterraner und Steppenarten läßt zugleich eine Zunahme borealer und montaner Arten erwarten. Entsprechende Anzeichen könnten in der im 19. Jh. eingetretenen Erweiterung des Areals von Reiherente, Schellente und Wacholderdrossel gesehen werden. Im Gebirge erlaubt die gleichzeitig einsetzende künstliche Förderung der Fichte keine eindeutige Wertung. In der 2. Hälfte unseres Jahrhunderts könnte die zunächst feucht-kühle (atlantische) Witterung den negativen Trend vieler Arten verstärkt, das Zurückweichen von Wespenbussard, Rebhuhn, Steinkauz, Ziegenmelker, Wendehals, Heidelerche, Steinschmätzer, Grauammer und Ortolan in klimatisch begünstigte Gefilde- bzw. Heidegebiete mit verursacht und das Schicksal der letzten sächsischen Brutvorkommen von Triel, Blauracke, Wiedehopf sowie Schwarz- und Rotkopfwürger endgültig (?) besiegelt haben. Bemerkenswert ist in dem

Zusammenhang wiederum die gleichzeitige Bestandszunahme (Zwergschnäpper), das Vordringen ins Hügelland (Rauhfuß- und Sperlingskauz) bzw. die Wiederansiedlung (Birkenzeisig, Ringdrossel) montaner Arten sowie das Vordringen nach SW (Kranich, Seeadler, Waldwasserläufer) borealer Arten. Die trocken-warmen Witterungsperioden der jüngsten Vergangenheit, die möglicherweise eine anthropogen bedingte neuerliche Wende im Klima (Treibhauseffekt) ankündigen, müßten sich demzufolge auch in einem veränderten Trend der Avifauna widerspiegeln. Neuansiedlungen von Schwarzkopfmöwe, Bienenfresser und Bartmeise, vermehrte bzw. wieder vermehrte Nachweise von Rebhuhn, Steinkauz, Wiedehopf, Wendehals, Schwarzkehlchen, Grauammer und Ortolan könnten erste Indizien sein, bedürfen aber noch der längerfristigen Bestätigung. Bei vielen der genannten und bei weiteren Arten (vgl. z. B. [3834]) ist damit die Aufeinanderfolge witterungsmäßig günstiger bzw. ungünstiger Zeitperioden mit mehr oder weniger großen Bestandsschwankungen verbunden, die den allgemeinen Entwicklungstrend der jeweiligen Arten je nach Konstellation verstärken oder auch abbremsen können.

Auch endogene Ursachen sind bei Bestandeszu- oder -abnahmen zu beachten. So wanderte Mitte des vorigen Jahrhunderts von Südwesten der Girlitz und ca. 100 Jahre später aus Südosten die Türkentaube bei uns ein, was mit einer Veränderung der ökologischen Potenz dieser Arten begründet wird [3668]. Die gegenwärtige Arealausweitung und Bestandszunahme des Schwarzstorches läßt ebenfalls keinen Zusammenhang mit äußeren Faktoren erkennen, für Sperlings- und Rauhfußkauz ist die immissionsbedingte Auflichtung der Fichten- und Kiefern–Fichten-Bestockungen nur ein schwaches Argument. Schließlich geben uns die langfristigen Bestandsschwankungen z. B. von Weißstorch und Uhu Rätsel auf, die beide um die Jahrhundertwende ein Bestandstief hatten, heute aber bei (nach menschlichem Ermessen) weit ungünstigeren Lebensraumvoraussetzungen in Sachsen wesentlich kopfreichere Bestände aufweisen. Sicher haben hier (wie auch bei Kormoran, Graureiher, Schwarzstorch, Seeadler u. a. Greifvogelarten sowie Kranich und Kolkrabe) Jagdruhe und aktiver Artenschutz Anteil, möglicherweise aber auch eine gewisse Plastizität der Arten, die es ihnen zumindest längerfristig ermöglicht, sich an bestimmte Umweltveränderungen anzupassen. In diesem Zusammenhang bemerkenswert ist auch das in den 1980er Jahren stattgehabte zunehmende Brüten an stärker verunreinigten Fließgewässerabschnitten durch die Wasseramsel, welches einmal im Sinne der o. a. Anpassung an sich verändernde Umweltbedingungen, zum anderen aber auch als Besiedlung suboptimaler Bereiche in Zeiten erhöhten Populationsdruckes interpretiert werden könnte. Zu bedenken ist ferner das vermehrte Brutplatzangebot durch Verfall von Ufermauern, Wehren u. a. wasserbaulichen Anlagen. Schließlich sind kurz- und längerfristige Bestandsschwankungen auch eine ganz normale Erscheinung, nicht zuletzt im Wechselverhältnis von natürlichen Räuber- und Beutebeziehungen und damit z. B. bei Hohltaube, Rauhfußkauz und Schwarzspecht in Bezug zu Baummarder u. a. zu beachten. Bei den Zugvögeln sind außerdem Veränderungen auf den Zugwegen und in den Überwinterungshabitaten zu bedenken, die hier zu erörtern aber nicht dem Rahmen einer Landesavifauna angemessen wäre.

So unvollständig und ergänzungsbedürftig diese Beispiele auch sein mögen, sie verdeutlichen, daß aufgrund des komplexen Ursachengefüges und der sich verändernden Rolle der einzelnen Faktoren bei unterschiedlichen Konstellationen manche Veränderung in der Vogelfauna, ganz abgesehen von der oft völlig unzureichenden Kenntnis der Fakten, logisch nicht nachzuvollziehen ist. Damit sind auch die Zusammenhänge zwischen Landschaft und Vogelwelt nichts Statisches und der Versuch, ihre landschafts- und landnutzungsbedingten Veränderungen zu interpretieren, nicht selten ein gewagtes Unterfangen. Es muß der Zukunft vorbehalten bleiben, hier durch spezielle Studien mehr Licht in die einzelnen Zusammenhänge zu bringen. Wie wichtig das ist, wird klar, wenn man bedenkt, daß wirksamer Vogelschutz ohne fundierte Analyse der Rückgangs-(Gefährdungs-)ursachen nicht möglich ist.

R. STEFFENS

1.5 Sachsen als Durchzugs-, Rast- und Überwinterungsgebiet

Obwohl die Brutvogelverbreitung unter den Gegebenheiten, wie wir sie in Sachsen vorfinden, den Schwerpunkt einer Landesavifauna bilden sollte, kommen wir trotzdem nicht umhin, auch den anderen Phänomenen im räumlichen und zeitlichen Auftreten von Vögeln einen angemessenen Platz einzuräumen. Immerhin sind von den 367 bisher in Sachsen nachgewiesenen Vogelarten gegenwärtig mehr als 160 ausschließlich Durchzügler und Gäste, für die knapp 100 Sommervogelarten wird ihr Aufenthalt durch Heim- und Wegzug limitiert und selbst bei den etwa 80 als Jahresvögel einzuordnenden Arten spielen nur bei reichlich 20 Zug- und Stricherscheinungen keine oder nur eine sehr untergeordnete Rolle, wobei sich auch deren Zahl bei gezielter Untersuchung möglicherweise noch weiter einschränken könnte.

Deutlicher Zug ist für die Monate Februar bis Mai und Juli bis November charakteristisch, Zugerscheinungen können aber auch in allen übrigen Monaten festgestellt werden [1223]. Je nach Verhalten der einzelnen Arten (Tag- oder Nachtzieher, Flughöhe, Einzel-, Gruppen- oder Massenwanderung) sind Ankunft, Weg- und Durchzug eine auffällige oder auch völlig verborgen ablaufende Erscheinung. Unübersehbar sind z. B. die im Oktober/November in großer Zahl von Ost nach West vor allem durch die Gefilderegion ziehenden Saatkrähen (Ende Okt.–Anf. Nov. in kurzer Zeit an einzelnen Orten 10 000 und mehr). Zwar wird unser Raum vom Durchzug des Kranichs und der Gänse nur im geringen Maß berührt, doch zählen im Spätherbst ihre bemerkenswerten, meist auf Winterflucht hindeutenden Zugformationen und ihre akustischen Signale ebenfalls zu den allgemein registrierten Ereignissen. Im Spätsommer und Herbst ist in der offenen Landschaft sichtbarer, überwiegend von NO nach SW gerichteter Zug auch für Greifvögel, Tauben, Lerchen und Pieper typisch. Möwen folgen vor allem den größeren Flußläufen (z. B. Elbe). Die großen Pulks der Stare, Kiebitze und Drosseln, Meisentrupps sowie die gemischten Verbände der Finkenvögel lassen oftmals keine klare Zugrichtung erkennen, was wohl auch mit vielfältigen Überlagerungen von Zug, mehrtägiger Rast und einfachem Umherstreichen zusammenhängen mag.

Obwohl sich zu den genannten Beispielen noch zahlreiche hinzufügen lassen, bleibt uns das tatsächliche Ausmaß des Vogelzuges weitgehend verborgen. Das gilt vor allem für die nachts ziehenden Arten, an die uns lediglich die Rufe von Rotdrosseln und Limikolen sowie Totfunde von Ziegenmelkern u. a. Arten, weitab von ihren Brutplätzen, gelegentlich erinnern. Für viele durchziehende Arten das einzige bzw. verbreitetste Indiz sind Rastplätze, deren ständig wechselnde Rastbestände von zahlreichen Ornithologen mit viel Akribie erfaßt werden. Auch diese repräsentieren im allgemeinen jedoch nur einen Bruchteil, meist sogar nur kleine abgesplitterte Gruppen, aus dem tatsächlichen Zuggeschehen. Aus sächsischer Sicht bedeutende Rastgebiete sind:

- für Wildgänse: NSG Zschorna (bis 11 000), GT Torgau (bis 6 000), TS Bautzen, SB Borna (bis 3 000), Wildenhainer und Zadlitzbruch, TS Quitzdorf, TG Niederspree (max. bis 1 000 oder gering darüber),
- für Taucher, Enten, Bleßralle: NSG Zschorna (bis 25 000), SB Windischleuba, TS Bautzen, TS Quitzdorf (bis 15 000), GT Torgau, Elsterflutbecken, TS Pöhl (bis 10 000), ferner SB Witznitz, SB Borna, Elsterstausee, TG Wermsdorf, TG Eschefeld, NSG Großhartmannsdorf, SB Helmsdorf, TG Niederspree, Deutschbaselitzer Großteich,
- für Limikolen: Talsperren und Speicherbecken, soweit sie zeitweilig (meist Sommer und Herbst) freiliegende Uferzonen mit größeren Schlickflächen aufweisen (z. B. SB Zschorna, SB Windischleuba, SB Helmsdorf), Teichgebiete im Herbst (z. B. Eschefeld, Torgau, Großhartmannsdorf, Niederspree), Satzfischteiche im Frühjahr (z. B. TG Koselitz, Tiefenau, Königswartha), Kläranlagen (z. B. Leipzig), überflutete Auegrünländer (z. B. östl. Großenhain), Uferabschnitte der Elbe und Mulde,
- für Möwen: die Elbe und elbnahe Anlagen (z. B. bei Dresden-Kaditz, Niederwartha und Coswig-Kötitz), größere Standgewässer mit Nahrungsplätzen (z. B. Elsterflutbecken, Windischleuba, Zschorna, Bautzen, Quitzdorf, Großhartmannsdorf),

– für Drosseln und Seidenschwänze: beerentragende Gehölze der Flußauen, Waldränder und Fluren (z. B. Ebereschen der Steinrückenlandschaften des Erzgebirges, Misteln der Baumalleen und Parks im Elbtal bei Dresden).

Aufgrund ihres Nahrungsreichtums (Kleinsäuger, Sämereien u. a.) sind abgeerntete Felder, Kleebrachen, Ruderalflächen, Strohdiemen, Gülleflächen u. ä. ebenfalls begehrte Rasthabitate z. B. für Mäuse- und Rauhfußbussard, Milane, Weihen, Turmfalke, Kiebitz, Goldregenpfeifer, Finkenvögel, Lerchen, Saatkrähe und Dohle. Solange sie schneefrei bleiben, was in Niederungsgebieten weit häufiger der Fall ist als in Berglagen, sind sie für manche dieser Arten zugleich Überwinterungsplätze, von denen hier Mäuse- und Rauhfußbussard, Kornweihe, Merlin, Wald- und Sumpfohreule, Ohrenlerche, Raubwürger, Schnee-, Grau- und Rohrammer, Buch-, Berg- und Grünfink, Blut- und Berghänfling, Birken- und Erlenzeisig sowie Saatkrähe und Dohle genannt werden sollen. Bei ungünstiger Witterung weichen die meisten dieser Arten aus (Winterflucht), zeitweilig können dann starke Konzentrationen verschiedener Arten an schneefreien Gewässerufern und Straßenrändern (besonders auch bei Wetterstürzen während des Frühjahrszuges) auftreten.

Von den oben angeführten Rastgewässern sind vor allem die Speicherbecken und Talsperren zugleich wichtige Überwinterungsgebiete für Wasservögel. Die Teichgebiete fallen weitestgehend aus, da sie im Herbst und Winter zum größten Teil trockenliegen. Falls in kalten Wintern die Standgewässer zufrieren, konzentrieren sich dann Taucher, Graureiher, Höckerschwäne, Enten, Bleßrallen und Möwen auf Flüssen, von denen die Elbe zwischen Pirna und Torgau, ferner die Mulde sowie die Neiße bei Görlitz und die Spree bei Bautzen die größte Bedeutung haben. Eine Sonderstellung nimmt das Speicherbecken Niederwartha ein, welches aufgrund ständiger Wasserspiegelschwankungen auch in kalten Wintern selten völlig zufriert und deshalb gemeinsam mit dem angrenzenden Elblauf ein Zentrum für Winterbeobachtungen von Seetauchern und Meeresenten sowie Gänse-, Zwerg- und Mittelsäger darstellt.

Bedeutende Überwinterungsgebiete sind außerdem die Großstädte, wo jährlich mehrere 10 000 Saatkrähen, in Leipzig und Chemnitz Mitte der 1970er Jahr je ca. 10 000 Stare, am Opernhaus Leipzig um 1970 bis > 1 000 Berghänflinge [2767] und neuerdings in Leipzig und in Dresden an verschiedenen Örtlichkeiten (Rasenflächen, Winterfütterungen) zunehmend Lachmöwen beobachtet werden. Damit sind aber längst noch nicht alle bedeutenden Vogelansammlungen außerhalb des Brutgeschehens erwähnt. Bemerkenswert sind außerdem

– periodische Einflüge von Tannenhäher, Fichtenkreuzschnabel, Birkenzeisig u. a. Arten,
– Frühsommerzug von Kiebitzen und Staren, Nahrungsflüge von Lachmöwen während der Brutzeit ins Bergland (insbesondere Osterzgebirge),
– Ansammlungen von Kormoranen von bis zu über 700 (z. B. NSG Zschorna, TG Niederspree und Kreba) im Juli und August, Ansammlungen von Graureiher (bis zu 300), Fischadler (bis zu 27) und Seeadler (bis zu 24) während des Abfischens von Teichen,
– gelegentlich größere Zahl (bis 300) rastende Weißstörche während des Wegzugs auf Hausdächern und in Bäumen (z. B. Niederoderwitz/Kr. Zittau am 15. 08. 1959 [2128]),
– Mauserplätze von Stock-, Tafel- u. a. Entenarten, z. B. an den SB Windischleuba und Borna, dem GT Torgau, den Eschefelder Teichen, dem TG Niederspree, der TS Quitzdorf und weiteren größeren Gewässern mit strukturreichen Uferzonen,
– Massenschlafplätze von Bachstelze (z. B. SB Windischleuba 450), Schafstelze (z. B. Teiche bei Niedergurig bis 800) und Rauchschwalbe (z. B. TG Biehla 30 000) auf dem Wegzug in Schilfbeständen und Weidichten (R. STEINBACH, CREUTZ 1985, MELDE 1987 u. a.),
– Massenschlafplätze von Lachmöwen auf großen Wasserflächen (z. B. TS Quitzdorf, GT Torgau, SB Windischleuba, SB Niederwartha),
– Massenschlafplätze von Staren (z. B. Chemnitz bis zu 150 000 [3207]) und Saatkrähen (z. B. Raum Leipzig bis 130 000 [3418]) auf dem Durchzug,
– artreine Schlafplätze von Dohle (z. B. in Chemnitz bis 1 000, J. BÖRNER) und Flußuferläufer (z. B. an der Elbe),

- Schlafplätze von Ammern sowie Haus- und Feldsperling in Hecken und Kiefernschonungen,
- Schlafplätze von Amseln in Koniferenbeständen von Parks und Friedhöfen sowie siedlungsnahen Waldrändern ([2059, 2120] u. a.),
- Wintereinstände von Wald- und Sumpfohreule in Gebüschen und Wald-(gelegentlich auch Siedlungs-)Rändern, insbesondere der Niederungen mit in seltenen Fällen über 100 Exemplaren ([3770], R. DIETZE, E. HUMMITZSCH).

Das Durchzugs- und Rastgeschehen ist im Herbst meist viel auffälliger als im Frühjahr. Das kann einerseits durch die nachwuchs- und mortalitätsbedingt absolut unterschiedlichen Individuenzahlen, andererseits aber auch durch eine bei den meisten Arten viel ausgeprägtere Neigung zur Herbstrast erklärt werden. Bedeutsam sind auch z. T. erheblich abweichende ökologische Voraussetzungen (z. B. Vorhandensein von Beeren, Sämereien, Ernteresten u. ä. Nahrungsquellen) für die Rast. In ganz besonderem Maße gilt das für Limikolen, die im Herbst in Sachsen im allgemeinen durch abgelassene Fischteiche und Staubecken mit niedrigem Wasserstand (freifallende Ufersäume) weit stärker zur Rast eingeladen werden als im Frühjahr, wo beide Gewässertypen in der Regel Vollstau aufweisen. Räumlich und zeitlich sind dabei weitere Unterschiede zu beachten: Freie Ufersäume an Staubecken entstehen meist ab Juli. Fischteiche werden ab September abgelassen. Satzfischteiche liegen im Frühjahr trocken und manche Teiche werden auch nur im 2 bis 3jährigen Rhythmus abgefischt. Dementsprechend sind die Angaben zum Verhältnis von Frühjahrs- zu Herbstrast regional sehr differenziert, z. B.:

- für den Grünschenkel 1 : 9 (Bez. L – alle Gewässertypen), 1 : 3,6 (Oberlausitz [3085] – überwiegend Fischteiche), 1 : 2,9 (TG Wermsdorf [3618]), 2 : 1 (TG der Röderaue, P. REUSSE – überwiegend Satzfischteiche),
- für den Waldwasserläufer: 1 : 0,9–1,8 (GT Torgau [2402]), 1 : 6,9 (NSG Zschorna, Beob.-gr. Zschorna – SB u. TG), 1 : 10,5 (SB Windischleuba [2554]),

und können ohne Einzelanalyse von Rastbedingungen und Rastverhalten nicht als regional differenziertes Verhältnis von Heim- und Wegzug gedeutet werden, was aus o. a. Gründen auch für generelle Wertungen des Verhältnisses von Heim- und Wegzug gilt und bei der Interpretation entsprechender Angaben im speziellen Teil der Vogelwelt Sachsens zu beachten ist: z. B. Dunkler Wasserläufer 1 : 14,6 im Bez. C widerspiegelt vor allem die günstigen Rastbedingungen an entsprechenden Gewässern (z. B. NSG Großhartmannsdorf) im Spätsommer/Frühherbst. Aus all diesen Gründen ist es besser vom Zahlenverhältnis der Heim- und Wegzugsbeobachtungen bzw. Rastbeobachtungen zu sprechen als von Heim- u. Wegzug bzw. Rast.

Ähnlich wie bei den Brutvögeln dürfte sich auch bei den Durchzüglern und Gästen das Bild im Laufe der Zeit gewandelt haben, einerseits durch generelle Zu- und Abnahme der Arten, weit mehr aber wohl durch Änderung des Angebots für Rast und Überwinterung geeigneter Habitate. Sehr wahrscheinlich ist die reichliche Ausbeute der Vogelstellerei bis Ende des 18. Jh. nicht nur auf kopfstärkere Vogelpopulationen zurückzuführen, sondern auch auf bessere Rastbedingungen der betreffenden Arten. Zumindest für beerenfressende Arten (z. B. Drosseln) ist das anzunehmen, für die sowohl in der offenen Landschaft als auch in den lichten Wäldern der Tisch reichlicher gedeckt war (Eberesche, Holunder, Weißdorn, Hagebutte, Schneeball u. a.) als heute. Für Schnepfen war die Sachlage möglicherweise ähnlich und auch das Verzeichnis der Vögel an und auf der Elbe bei Meißen aus dem 16. Jh. [543] ist wohl in beide Richtungen zu werten.

In jüngster Zeit werden infolge Arealverlust und allgemeinem Bestandsrückgang Blauracke, Wiedehopf, Rotkopf- und Schwarzstirnwürger kaum noch auf dem Zug bzw. zur Rast angetroffen, umgekehrt Höckerschwan, Graureiher, Kormoran, Tafel- und Reiherente sowie Beutelmeise viel häufiger. Durch die Entstehung großer Speicherbecken, Flachlandtalsperren und Grubenseen haben die Nachweise rastender Seetaucher, Gänse, Meeresenten, Raubmöwen und Möwen zugenommen. Das gilt trotz durch diese Gewässer auch für Limikolen verbesserte Rastbedingungen für die meisten dieser Arten nicht. Deutlich häufiger bzw. in viel stärkeren Verbänden werden seit den 1950er und 60er Jahren auch Ohrenlerche, Schneeammer, Spornammer, Berghänfling und Hänfling registriert, wofür die Großraum-Landwirtschaft mit ihren riesigen Schlägen und zeitweilig hohem Nahrungsangebot (Erntereste, Unkrautsämereien, Strohdiemen) eine Ursache sein könnte, sicher aber auch Bestands- bzw. Arealveränderungen in den nördlichen Brutgebieten. Bei einigen dieser Arten haben sich die rastenden und überwinternden Bestände seit Anfang der 1980er Jahre aber wieder reduziert, wie das z. B. auch beim Star der Fall ist. Da die Ursachen sehr verschiedener Art sein können, ist vor allzu schnellen Schlußfolgerungen zu warnen.

R. Steffens

1.6 Naturschutz und Jagd aus ornithologischer Sicht

1.6.1 Die rechtliche Stellung der Vögel im Wandel der Zeit

Während der Landnahme durch die thüringischen, fränkischen und sorbischen Kolonisten (große Rodungsperiode 11.–14. Jh.) und in der folgenden Zeit waren die wildlebenden Vögel eine wichtige Ernährungsgrundlage. In jener Zeit war es den Bauern gestattet, auf dem ihnen zugewiesenen Grund und Boden alle dort vorkommenden Vogelarten zu erbeuten. Später wurde dieses Recht durch die einzelnen Grundherren in Form erhöhter Abgaben und verschiedener anderer Bestimmungen zunehmend eingeschränkt. Seit Erlaß der „Forst- und Holtz-Ordnung" durch Kurfüst August vom 8. September 1560 bedurfte es einer Genehmigung zum Vogelfang der im ganzen Land eingesetzten Jägermeister und für das Betreiben von Vogelheerden u. a. Vogelgestellen war eine Steuer an die kurfürstliche Kasse zu entrichten, wovon lediglich die Besitzer von Erbgütern ausgenommen waren [3748]. Zur nachhaltigen Sicherung dieser Lebens- und Erwerbsgrundlage, viel mehr aber wohl noch aus jagdlichem Interesse wurden in entsprechenden kurfürstlichen Mandaten (z. B. 1543, 1573, 1575) auch zeitliche Beschränkungen für den Vogelfang auferlegt und bis ins 19. Jh. hinein immer wieder bekräftigt sowie ergänzt. In einer solchen Verordnung vom 22. März 1598 wird z. B. das Schießen, der Fang und das Verderben von Jungen, Bruten und Eiern in der Zeit von Fastnacht bis Bartholomäi (24. August) untersagt und das Stellen von Netzen, Leimruten und Kloben erst ab Johanneis Beptistae (24. Juni) erlaubt [462]. Aus jagdlichen Beweggründen wurde schließlich für eine ganze Reihe von Arten (z. B. Auer-, Birk- und Haselhuhn, Fasan, Rebhuhn, Wildenten) ganz oder zeitweilig der Fang mit Netzen, Schlingen und Fallen bei Strafe verboten (z. B. Mandat August des Starken vom 19. August 1668). Dem allgemeinen Zugriff wurden verschiedene Vogelarten auch durch Jagdprivilegien entzogen.

Nach einem entsprechenden Mandat vom 08. 11. 1717 gehören z. B.

– zur Hohen Jagd: Schwäne, Trappen, Kraniche, Auerwild, Fasane und Nachtreiher
– zur Mittleren Jagd: Birkwild, Haselwild, Große Brachvögel
– zur Niederen Jagd: Schnepfen, Rebhühner, Wildgänse, Wildenten, Reiher, Taucher, Seemöwen, Wasserhühner, Wasserschnepfen, Kiebitze, Wildtauben, Wachteln, Kleine Brachvögel, Ziemer, Schnerren, Amseln, Drosseln, Lerchen u. a. kleine Vögel [1223].

Der Status einzelner Arten und Artengruppen dürfte je nach Interessenlage mitunter jedoch sehr widersprüchlich gewesen sein und auch häufiger gewechselt haben. Das betraf vor allem solche nach damaliger Auffassung wirtschaftlich brisante Arten wie Fischreiher, Kormorane und Greifvögel.

Koepert [462] veröffentlicht z. B. Dokumente, nach denen der Förster Böhme im kurfürstlichen Auftrag aufgrund großer fischereilicher Schäden 1660 während der Brutzeit zwei Reiherkolonien (bei Tiefenau und im Elßbusch) zerstörte, wobei 265 Jungtiere, 13 Alttiere und

43 Eier vernichtet wurden. Da man den Fischreiher jedoch für die am Dresdner Hof sehr geschätzte Beizjagd benötigte, gehörte er nach einer Jagdvorschrift vom 05. 09. 1662 zur Hohen Jagd, die nur dem Landesherren und seinen Beauftragten vorbehalten war. Sicher unter dem Druck der Schäden wurde er 1717 nach der oben zitierten Vorschrift der Niederen Jagd zugeordnet. Ähnlich den Reihern wurden Greifvögel und Eulen rücksichtslos verfolgt. Im Zusammenhang mit der Beizjagd genossen aber erstere auch zeitweilig Schutz auf höchste Anordnung hin. So wurde der Falknerei zuliebe das Ausnehmen von Wanderfalkenhorsten in der Sächsischen Schweiz verboten.

Wegen der dortigen Reiherkolonie war der Dresdner Falkenhof 1727 nach Kalkreuth verlegt und dem Falkereihauptmann aufgetragen worden, für die Vermehrung der Reiher alle mögliche Sorgfalt walten zu lassen. Sicher steht in dem Zusammmmenhang auch ein nochmaliges Verbot des Reiherschießens. Der Niedergang der Falknerei gegen Ende des 18. Jh. war das Ende dieses „Schutz" Kapitels. Mit der 1763 aus Sparsamkeitsgründen verfügten Aufhebung des Kalkreuther Falkenhofes wurde zugleich die Vernichtung der Reiherkolonie verlangt [1223].

Auch weitere zeitweilige Einschränkungen der Verfolgung von Vögeln standen im engen Zusammenhang mit jagdlichen bzw. wirtschaftlichen Interessen, so z. B. als nach jahrelangem massenhaften Auftreten von Borkenkäfern 1798 alle Oberforstmeistereien und Ortsunterthanen des Erzgebirges und Vogtlandes aufgefordert wurden, sich des Wegfangens kleiner Wald- und Singvögel und namentlich der Meisen zu enthalten [3748].

Gegen Ende des 18. und im Laufe des 19. Jh. ging die Bedeutung des Vogelfangs für Ernährungszwecke erheblich zurück, einerseits aufgrund des einsetzenden landwirtschaftlichen und industriellen Aufschwungs, andererseits wegen der zunehmenden Verarmung der Vogelwelt und ihrer Rastgebiete (vgl. 1.4 und 1.5). Vor allem mit letzterem verbundene materielle und ideelle Einsichten gewannen eine immer breitere Öffentlichkeit, die sich unüberhörbar auch gegen den gewerblichen Vogelfang wandte (Vogelschutzbewegung).

Das „Gesetz, die Ausübung der Jagd betreffend, vom 1. Dezember 1864" unterstellt in Sachsen alle Vögel dem Jagdrecht. Damit verfügen über diese nur noch die Jagdberechtigten, ausgenommen für kleine Vögel die Hausbesitzer innerhalb ihres Gehöftes. Verboten ist nun der Fang mit Schlingen (damit auch der Dohnenstieg).

Dem Jagdberechtigten ist es erlaubt, die Nester wilder Vögel zu zerstören und die Eier oder Jungen derselben auszunehmen. Mit dem „Gesetz, die Schonzeiten der jagdbaren Tiere betreffend, vom 22. Juli 1876" wird aber auch das weiter eingeschränkt. Jetzt

– sind die Lerchen und Drosseln und alle kleineren Feld-, Wald- und Singvögel nicht mehr Gegenstand des Jagdrechtes und ist das Fangen und Schießen, das Zerstören der Nester und das Ausnehmen der Eier und Jungen sowie das auf den Markt bringen dieser Vögel gänzlich verboten,
– wird für alle jagdbaren Vögel mit Ausnahme der Raubvögel und Würgerarten sowie derjenigen Vögel, die im Inland nicht nisten, eine Schon- und Hegezeit eingeführt.

Viele Vogelarten genießen nun in Sachsen erstmalig einen umfassenden Schutz, der zwar

– für den Fischreiher durch das Fischereigesetz von 1868, für Sperlinge und Rabenvögel durch die Verordnung von 1876, für die Wacholderdrossel durch die Verordnung von 1878, für wilde Tauben durch das Gesetz von 1886 eingeschränkt bzw. wieder eingeschränkt wird,
– z. B. bei größeren Spechtarten und dem Eisvogel Unsicherheiten in der Zuordnung aufweist (sie sind weder kleine Wald-, Feld- und Singvögel, noch traditionelle Jagdtiere),
– mit der Begrenzung der Schon- und Hegezeiten auf im Lande nistende Vögel nicht sehr glücklich abgefaßt ist,

insgesamt aber seiner Zeit vorauseilt. Das Reichsvogelschutzgesetz von 1888 und seine Neufassung von 1908 führen deshalb für Sachsen zu keinen wesentlichen Neuerungen.

Erst das sächsische Jagdgesetz vom 1. Juli 1925 räumt letzte Zweifel über „jagdbar" oder „nicht jagdbar" aus und erweitert den Schutz in Bezug auf besonders gefährdete Arten (z. B.

Kranich, Großtrappe, Wanderfalke, Uhu, sonst. Eulen). Die seitherige Entwicklung der rechtlichen Stellung der Vögel ist aus Tabelle 5 zu ersehen. Ihr liegen zugrunde

- das Reichsjagdgesetz vom 3. Juli 1934 und die Verordnung zur Ausführung des Reichsjagdgesetzes vom 27. März 1935
- das Reichsnaturschutzgesetz vom 26. Juni 1935 und die Naturschutzverordnung vom 18. März 1936
- das Jagdgesetz der DDR vom 25. November 1953 und die 1. sowie 2. DB zum Jagdgesetz vom 4. März bzw. 21. Mai 1954
- das Naturschutzgesetz der DDR vom 4. August 1954 und die Anordnung zum Schutz der nichtjagdbaren wildlebenden Vögel vom 24. Juni 1955
- die 8. DB zum Jagdgesetz vom 14. April 1962
- die Anweisung Nr. 7/70 über die Verlegung der Jagdzeiten und die Anweisung Nr. 2/69 über Schonzeit für Habicht und Sperber
- die Naturschutzverordnung der DDR vom 14. Mai 1970 und die Anordnung zum Schutze von wildwachsenden Pflanzen und nichtjagdbaren wildlebenden Tieren vom 6. Juli 1970
- das Jagdgesetz der DDR und die 3. DB zum Jagdgesetz vom 15. Juni 1984
- die Artenschutzbestimmung der DDR vom 1. Oktober 1984
- das Bundesjagdgesetz vom 29. Dezember 1952 i. d. F. d. Bek. vom 29. September 1976 und die VO über die Jagdzeiten vom 2. April 1977
- das Sächsische Jagdgesetz vom 8. Mai 1991 und die VO über Jagd- und Schonzeiten vom 28. August 1992
- das Bundesnaturschutzgesetz und die Neufassung der Bundesartenschutzverordnung vom 18. September 1989.

Aus der Tabelle 5 geht hervor, daß der Schutz der einzelnen Arten bzw. Artengruppen bis 1984 ständig verbessert worden ist. Ausnahmen sind dabei Höckerschwan, Türkentaube und Kolkrabe sowie Lach-, Sturm- und Silbermöwe, die aufgrund z. T. erheblicher Bestandszunahmen wieder jagdbar geworden sind. Bemerkenswert ist ferner, daß sich, nachdem für das sächsische Territorium Bundesrecht gilt (1991/92), für eine ganze Reihen von Arten (Gänse, Säger, Enten, Greifvögel, Rauhfußhühner, Trappen) der Schutzstatus wieder gelockert hat, da sie nun abermals dem Jagdrecht unterliegen oder, sofern sie nach der Verordnung (EWG) Nr. 3626/82 vom Aussterben bedroht sind, sowohl dem Naturschutz- als auch Jagdrecht obliegen. Gleichzeitig haben sich aber mit der neuen Rechtslage die Voraussetzungen für den Schutz einiger Arten (Haubentaucher, Fischreiher, Haus- und Feldsperling, Kolkrabe, Raben-, Nebel- und Saatkrähe, Eichelhäher und Elster) verbessert.

Tabelle 5: Veränderungen der rechtlichen Stellung der Vögel in Sachsen seit 1925

	1925	1935/ 1936	1954/ 1955	1962	1969/ 1970	1984	1990/ 1992
Haubentaucher	⊙	○	○	⊙	⊙	⊙	●
sonst. Taucher	⊙	●	■	■	■	■	■
Kormorane	○	●	■	■	■	■	■
Fischreiher	⊙	○	⊙	⊙	⊙	⊙	●
Höckerschwan	○	●	■	■	■	●	⊙
sonst. Schwäne	○	●	■	■	■	■	■
Saat-, Bleß-, Grau- u. Kanadagans	○	⊙	⊙	⊙	⊙	⊙	⊙
Ringelgans	○	⊙	⊙	⊙	⊙	■	⊙
Brandgans	○	●	?	?	?	■	●
Rost- u. Zwerggans	○	⊙	⊙	⊙	⊙	■	■
sonst. Gänse	○	⊙	⊙	⊙	⊙	■	●
Stock-, Krick-, Reiher- u. Tafelente	⊙	⊙	⊙	⊙	⊙	⊙	⊙
Eider- u. Kolbenente	⊙	●	?	?	?	■	●

Tabelle 5: (Fortsetzung)

	1925	1935/ 1936	1954/ 1955	1962	1969/ 1970	1984	1990/ 1992
Moorente	⊙	⊙	⊙	⊙	⊙	■	●■
Eis-, Schell-, Löffel- u. Schnatterente	⊙	⊙	⊙	⊙	⊙	■	●
sonst. Enten	⊙	⊙	⊙	⊙	⊙	■	⊙
Säger	○	⊙	?	?	?	■	●
Bleßhuhn	⊙	○	○	○	⊙	⊙	⊙
Wiesenralle	●	●	■	■	■	■	■
sonst. Rallen	⊙	●	■	■	■	■	■
Kiebitz	●	●	■	■	■	■	■
Bekassine	⊙	⊙	⊙	⊙	⊙	■	■
Doppel- u. Zwergschnepfe	?	⊙	?	?	?	■	■
Waldschnepfe	⊙	⊙	⊙	⊙	⊙	⊙	⊙
Brachvogel	⊙	⊙	■	■	■	■	■
sonst. Sumpf- u. Wasservögel	■	●	■	■	■	■	■
Adler	⊙	●	■	■	■	■	●■
Mäusebussard	⊙	⊙	●	●	●	●	●
Rauhfußbussard	⊙	⊙	●	●	●	●	●
Sperber	○	○	⊙	⊙	●	■	●
Habicht	○	○	⊙	⊙	●	●	●
Rotmilan	⊙	●	■	■	■	■	●■
Rohrweihe	⊙	○	■	■	■	●	●
Korn- u. Wiesenweihe	⊙	●	■	■	■	●	●■
Turmfalke	●	●	■	■	■	■	●■
Wanderfalke	●	●	■	■	■	■	●■
sonst. Greifvögel	⊙	●	■	■	■	■	●
Auer-, Birk- u. Rakelhühner	●	●	●	●	●	■	●
Auer-, Birk- u. Rakelhähne	⊙	⊙	⊙	●	●	■	●
Haselhuhn	⊙	⊙	●	●	●	■	●
Fasane und Rebhuhn	⊙	⊙	⊙	⊙	⊙	⊙	⊙
Wachtel	●	●	■	■	■	■	■
Großtrappe	●	●	■	■	■	■	●■
Trapphähne	●	⊙	■	■	■	■	●■
Lach-, Sturm- u. Silbermöwe	⊙	⊙	■	■	■	⊙	⊙
Mantel- u. Heringsmöwe	⊙	⊙	■	■	■	■	⊙
sonst. Möwen	⊙	⊙	■	■	■	■	●
Ringeltaube	○	⊙	⊙	⊙	⊙	⊙	⊙
Türkentaube verw. Haustaube	○	●	■	■	■	⊙	⊙
Hohl- u. Turteltaube	○	●	■	■	■	■	■
Uhu	●	●	■	■	■	■	■
sonst. Eulen	■	●	■	■	■	■	■
Würger	○	■	■	■	■	■	■
Wacholderdrossel	●	⊙	⊙	●	●	■	■
Rotdrossel	●	⊙	⊙	●	●	■	■
sonst. Drossel	■	⊙	■	■	■	■	■
Haus- u. Feldsperling							■
Kolkrabe	○	●	■	■	●	⊙	■
Nebel-, Raben- u. Saatkrähe, Eichelhäher u. Elster	○					○	■
Dohle und Tannenhäher	○	■	■	■	■	■	■
sonst. Vögel	■	■	■	■	■	■	■

(leer) – ungeschützt   ○ – jagdbar, ohne Schonzeit   ⊙ – jagdbar, mit Schonzeit   ● – jagdbar, ganzjährig geschont   ■ – geschützt

Die Aussagen der Tabelle 5 bedürfen noch in folgender Hinsicht der Ergänzung:

1. Nach den rechtlichen Regelungen von 1954–1984 ist die Saatkrähe in Brutkolonien geschützt.
2. Im Bezugszeitraum sind auch Veränderungen (meist Verkürzungen) der Jagdzeiten eingetreten.
3. Nach dem sächsischen Jagdgesetz von 1925 durften Möwen- und Kiebitzeier in der Zeit vom 01. 01.–30. 04. , nach der Verordnung zum Reichsjagdgesetz von 1935 Möweneier bis zum 01.(15.)06. gesammelt werden.
4. Auch nach 1925 gilt für Sachsen noch das Fischereigesetz von 1868, welches den Fang von Fischreihern durch den Fischereiberechtigten erlaubt.
5. Im Falle wirtschaftlicher Schäden gelten Sonderregelungen nach den Bestimmungen von
   – 1925 für Amsel,
   – 1935/36 für Haubentaucher, Fischreiher, Kormoran, Säger, Fischadler, Bleßhuhn und Möwen sowie Eisvogel, Grünfink, Hänfling, Star und Dohle,
   – 1954/55 für Fischreiher, Mäuse- und Rauhfußbussard, Habicht und Sperber sowie Eisvogel, Amsel, Misteldrossel, Singdrossel, Grünfink, Gimpel, Hänfling, Dohle und Saatkrähe in Brutkolonien,
   – 1962 zusätzlich für Haubentaucher,
   – 1969/70 für Haubentaucher, Fischreiher, Gänse, Mäusebussard, Habicht und Sperber, Rohrweihe sowie Türkentaube, Amsel, Grünfink, Star, Dohle und Saatkrähe in Brutkolonien,
   – 1984 für jagdbare Wasservögel, jagdbare Greifvögel sowie Amsel, Grünfink und Star.
6. Nach den rechtlichen Regelungen von 1936–1984 können in beschränktem Umfang geschützte Singvogelarten (1936 – 24, 1955 – 30, 1970 – 13, 1984 – 11 Arten) für die Stubenvogelhaltung gefangen und in den Handel gebracht werden.
7. Für bestimmte gefährdete Vogelarten wird seit 1955 der Schutzstatus durch zusätzliche Regelungen ergänzt. Das betrifft von den in Sachsen siedelnden Vögeln
   – 1955–70   7 Arten (vom Aussterben bedroht),
   – 1970–84   11 Arten (vom Aussterben bedroht),
   – 1984–90   13 Arten (vom Aussterben bedroht), 21 Arten (bestandsgefährdet), 7 Arten (selten),
   – seit 1990   51 Arten (vom Aussterben bedroht).

1.6.2 Einfluß von Vogelfang und Jagd auf die Vogelwelt

Studiert man die Fangergebnisse zur Blütezeit der Vogelstellerei, so ist man versucht, ihr eine erhebliche Gefährdung der damaligen Vogelfauna zuzuschreiben. Eingedenk der primitiven Fangmethoden und des lückenhaften Netzes der Fänger und Fangplätze kann es jedoch nur einen geringen Prozentsatz zumindest der kleineren (Lerchen, Drosseln, Finken) im Herbst überwiegend in breiter Front durch Sachsen ziehenden und an vielen Orten rastenden Vogelarten betroffen haben und eher den aus heutiger Sicht unvorstellbaren Vogelreichtum der damaligen Zeit dokumentieren. Bei größeren und entsprechend selteneren, zugleich aber auch als Einzelbeute wesentlich attraktiveren Arten (z. B. Schwäne, Gänse, Kraniche, Trappen, Wald- und Feldhühner) dürfte die gezielte Nachstellung schon wesentlich gefährlicher gewesen sein, doch wurden gerade diese Arten durch entsprechende Jagdprivilegien schon frühzeitig dem allgemeinen Zugriff entzogen.
Schließlich ist auch noch zu beachten, daß für alle jene Tierarten, die dem Menschen vordergründig von Nutzen waren (Ernährungsgrundlage, Jagderlebnis, Jagdtrophäe) Vorsorge getroffen wurde, damit ihr Ertrag nicht nachläßt (Begrenzung der Fanggenehmigungen, Schonzeiten, Hegemaßnahmen).

Trotzdem darf bei den o. a. jagdlich attraktiven Vogelarten im Zusammenhang mit den im 19. Jh. beginnenden Lebensraumverschlechterungen und der gleichzeitigen Verbesserung der Jagdmethoden und Jagdwaffen auch ein zeitweilig sehr negativer Einfluß der nach traditionellen Regeln betriebenen Jagd unterstellt werden. Im Gegensatz zu den Biotopveränderungen war er aber auf Dauer nicht ausschlaggebend.

Weit differenzierter ist die Sachlage bei jenen Vogelarten zu sehen, die als schädlich für Land- und Forstwirtschaft sowie Fischerei und Jagd galten. Die Bekämpfung von Kleinvögeln (Finken, Sperlinge, Stare und Amseln) hat auf deren Populationen kaum Auswirkungen gehabt, war jedoch wirtschaftlich unsinnig und ist aus ethischen Gründen abzulehnen. Ähnlich uneffektiv ist auch die Bekämpfung bzw. Bejagung von Eichelhäher, Elster sowie Raben- und Nebelkrähe gewesen. Elster sowie Raben- und Nebelkrähe haben sich vielleicht nicht nur ob des günstigen Nahrungsangebotes sondern auch wegen der größeren Ruhe verstärkt im Siedlungsrand-, vor allem Stadtrandbereich und in Stadtparks angesiedelt. Beim Ausschießen ihrer Nester in der offenen Landschaft waren nicht selten in diesen brütende Waldohreulen, Baum- und Turmfalken sowie Mäusebussarde die Opfer.

Bei anderen Arten führte rücksichtslose Verfolgung zum gewünschten Erfolg. In dieser Hinsicht besonders gefährdet waren Endglieder von Nahrungsketten, die aufgrund langer individueller Lebensdauer und geringer Nachwuchsrate solchen Angriffen nichts entgegenzusetzen haben.

So ist über das historische Vorkommen von Stein-, Schrei-, Schlangen- und Seeadler in Sachsen kaum noch etwas belegt, da ihre Ausrottung bereits zwischen dem 16.–19. Jh. erfolgte. Dem Uhu drohte dieses Schicksal Anfang des 20. Jh. Bei weiteren Greifvogelarten (z. B. Wanderfalke) führten regelmäßiges Aushorsten und intensive Bejagung ebenfalls zu einer starken Gefährdung. Möglicherweise ist das auch für das Bestandstief von Rot- und Schwarzmilan um die Jahrhundertwende zutreffend. Beim Kolkraben waren die Ausrottungsversuche in der 2. Hälfte des 19. Jh. schließlich erfolgreich. Auch Koloniebrüter (Graureiher, Kormoran, Möwen, Saatkrähe) waren in dieser Hinsicht besonders gefährdete Objekte, da man mit wenigen konzentrierten Einsätzen der Bruten ganzer Populationen und auch eines erheblichen Anteils der Altvögel habhaft werden konnte.

Über entsprechende Vernichtungszüge gegen Graureiher wurde bereits weiter oben berichtet, das in früheren Jahrhunderten verbreitete „Krähenduseln" beschreibt HEYDER [3892]. Es wundert deshalb nicht, daß der Graureiher über beachtliche Zeiträume bis in jüngste Vergangenheit in Sachsen keine nennenswerten Brutansiedlungen hatte und sich die Saatkrähe auf wenige innerstädtische Brutkolonien (Leipzig, Riesa, Bautzen, Zittau) zurückzog. Möglicherweise zählt der Kormoran zu den Frühopfern der Verfolgung (sein früheres Brüten ist für Sachsen nicht belegt). Wechselwirkungen von Bekämpfungsmaßnahmen und Absammeln von Eiern mit dem unsteten Brüten der Lachmöwe in Sachsen sind ebenfalls zu vermerken, im einzelnen aber nicht nachzuvollziehen.

Heute ist der Vogelfang in Sachsen praktisch bedeutungslos und auch die Einwirkungen der Jagd auf die Vogelpopulationen sind, wie die in Tabelle 6 wiedergegebene Statistik zeigt, gering.

Dem zwischenzeitlichen Wandel in den Auffassungen und dem rechtlichen Schutz, den die meisten der genannten Arten heute genießen, ist es sicher mit zu danken, daß Kormoran, Graureiher, Höckerschwan, Seeadler, Kranich, Uhu, Kolkrabe und Saatkrähe der sächsischen Vogelfauna erhalten geblieben sind bzw. sich wieder ansiedeln konnten. Bestandsstabilisierungen wurden bei der Saatkrähe jedoch durch immer wieder erteilte Ausnahmegenehmigungen zur Bekämpfung in Brutkolonien (Gründe waren meist hygienische Probleme und Belästigung der Anwohner) bisher nicht erreicht. Die Fortsetzung des negativen Trends bei der Großtrappe und das Aussterben des Wanderfalken stehen nicht mehr im Zusammenhang mit Jagd und sonstiger direkter Verfolgung.

Durch vom Menschen geschaffene einseitig günstige Lebensumstände können sich aber auch künftig Regulierungsmaßnahmen erforderlich machen (z. B. bei Kormoran, Graureiher, Höckerschwan, Möwen, verwilderte Haustauben), Art und Umfang sind dann aber nach ökologi-

Tabelle 6: Abschußmeldungen Flugwild für den Bezirk Dresden 1954–86. Nach Angaben von F. SCHNEIDER – Bezirksjagdbehörde

	1954–58	1959–63	1964–68	1969–73	1974–78	1979–83	1984–86	Summe	pro Jahr	pro Jahr und km²
Wildenten	5 735	14 665	12 744	26 075	27 208	26 770	11 830	125 027	3 789	0,6
Wildgänse	–	–	8	23	27	32	49	139		
Fasane	–	–	2 472	3 813	3 483	1 270	412	11 450	347	0,1
Rebhühner	–	3 674	624	1 129	936	60	–	6 423		
Waldschnepfen	–	–	54	2	20	2	–	78		
Bekassinen	–	–	–	4	11	2	1	18		
Bleßrallen	–	–	835	3 174	9 330	13 639	2 009	28 987	1 260	0,2
Graureiher	–	–	–	519	2 088	2 631	1 228	6 466	359	0,1
Haubentaucher	–	–	–	–	–	–	11	11		
Höckerschwäne	–	–	–	–	–	34	42	76		
Ringeltauben	–	2 560	5 341	1 740	649	1 781	131	12 202	369	0,1
Kolkrabe	–	–	–	–	–	–	11	11		
Krähen, Elstern, Eichelhäher	65 216	122 476	106 585	109 299	94 213	73 626	52 723	624 138	18 913	2,8
Habichte	751	1 546	87	5	–	–	–	2 389		
Sperber	627	585	57	1	–	–	–	1 270		
Bussarde	–	–	–	11	5	–	–	16		
sonstige	5 987	10 352	2 154	2 691	–	–	–	21 184		
Summe	78 316	155 858	130 961	148 486	137 970	119 847	68 447	839 885		
pro Jahr	15 663	31 172	26 192	29 697	27 594	23 969	22 816	25 451		
pro Jahr u. km²	2,3	4,6	3,9	4,4	4,1	3,6	3,4	3,8		

schen Gesichtspunkten und nicht nach vordergründigen und inzwischen völlig überholten nützlich/schädlich-Betrachtungen zu entscheiden.

Zur Beurteilung des Einflusses, den Vogelfang und Jagd auf die heimische Vogelwelt ausübten und ausüben, müssen selbstverständlich auch die Bedingungen, die außerhalb der Landesgrenzen herrschten und herrschen, mit herangezogen werden. In besonderem Maße betrifft das die Vogelarten, die auf ihrem Zug den Mittelmeerraum queren bzw. tangieren und dort nach wie vor in großer Zahl gefangen oder geschossen werden. Da sich hier das gesamte Zuggeschehen mehr oder weniger stark auf Zugstraßen bzw. sogenannten „Bottleneck-Gebiete" konzentriert und damit entsprechende Eingriffe große Teile der Gesamtpopulation betreffen können, ist das nicht nur ein ethisches Problem, sondern ein bis in die Gegenwart ernstzunehmendes Gefährdungspotential.

Genauere Analysen hierzu können nicht Gegenstand einer Landesavifauna sein, verwiesen werden soll jedoch beispielsweise auf CREUTZ (1985), FIUCZYNSKI (1987) und McCULLOCH, TUCKER und BAILLIE (1992).

1.6.3 Historische Entwicklung des Vogelschutzes in Sachsen

Die Anfänge des Vogelschutzes reichen bis ins Altertum zurück. Zunächst lagen dem vor allem religiöse Vorstellungen zugrunde. So waren den alten Ägyptern Ibis und Sperber heilig, ferner auch Schlangenadler, Falken, Storch und Aasgeier, die Griechen weihten die Eule der Pallas Athene und unsere Vorfahren brachten Rabe, Storch und Kuckuck sowie Rotkehlchen mit Wodan in Verbindung, während sie in den Eulen die Verkörperung unheimlicher Mächte fürchteten (BRAESS 1917). Später waren es unmittelbar wirtschaftliche (Ernährungsgrundlage) und jagdliche Interessen, die eine Reihe von Vogelarten zeitlich befristet oder völlig dem allgemeinen Zugriff entzogen, wofür es auch in Sachsen zahlreiche Belege gibt (vgl. 1.6.1). Auch der mittelbare wirtschaftliche Nutzen der Vögel als Schädlingsvertilger in der Land- und Forstwirtschaft sowie Gärtnerei hat schon unerwartet früh zu einzelnen Schutzmaßnahmen geführt (z. B. Verordnungen des Erzbischofs von Trier zum Schutz der Meisen aus dem 13. Jh.), gewinnt aber erst im Laufe des 19. Jh. allgemeine Anerkennung. Wesentlichen Einfluß hatten dabei sicher die um 1800 auftretenden Massenvermehrungen von Schadinsekten im Walde, die bereits zu einem zeitweiligen Verbot des Fanges von kleinen Wald- und Singvögeln in Sachsen führten und unter deren Eindruck der Oberforstmeister G. v. OPPEL, der Amtmann G. A. LEHMANN und der Rentamtmann U. G. LESSING 1827 der Sächsischen Landesregierung Vorschläge zur generellen Einschränkung des Vogelfanges unterbreiteten [3748].

In diesem Sinne trat Mitte des 19. Jh. auch C. W. L. GLOGER auf, beklagte daneben die zunehmende Entblößung der Felder von Gehölzen und das Abschlagen der hohlen Bäume im Wald, führte die immer stärker auftretenden Schädlingsplagen auf die naturfremden Maßnahmen des Menschen zurück, forderte als Vorbeugung gegen Insektenschäden die Rückkehr zum Mischwald, empfahl das Anbringen von Nisthöhlen und stellte die ersten Rentabilitätsberechnungen zwischen Vogelhege u. a. Forstschutzmaßnahmen an. Seine Schriften wurden in den preußischen Amts- und Kreisblättern zur Massenverbreitung empfohlen, und er wurde so zum Begründer des „praktischen" Vogelschutzes. Wesentliche Impulse verlieh dieser Entwicklung auch K. TH. LIEBE. Er forderte als erster die Einrichtung von Winterfütterungen und erweiterte den Vogelschutz um ethische und ästhetische Motive für die Bewahrung seltener und notleidender Tiere. Frhr. v. BERLEPSCH baute auf den Ideen von GLOGER u. LIEBE auf, entwikkelte sie vor allem für die Hege der „nützlichen" Singvögel weiter (Vogelschutzgehölze, Nisthöhlen, Winterfütterungen), ermöglichte ihnen durch sein 1899 veröffentlichtes Buch „Der gesamte Vogelschutz" eine allgemeine Verbreitung und gab mit der 1908 gegründeten Vogelschutzstation Seebach sowie ihren bis 1926 entstandenen 26 Tochterstationen entsprechende praktische Anleitung.

Erste Ansätze zum „praktischen" Vogelschutz sind für Sachsen Ende des 18. Jh. belegt: „Hier (um Königsbrück – Anm. d. Verf.) sah ich auch, daß man die Stare hegt und ihnen in den Linden kleine hölzerne Gehäuse ... anhing ..., weil die Stare die Raupen fressen ... und folglich für die Kultur des Obstes nützlich sind." (LESKE 1785, S. 31). Möglicherweise auf Anregung LESKES zurückgehend, sind für die Folgezeit Auflagen über Starenkästen je nach Größe des Landbesitzes, welche der Dorfschulze im Winter zu kontrollieren hatte, bekannt geworden (GLASEWALD 1937). Zahlreiche in der 2. Hälfte des 19 Jh. in Sachsen entstehende Vereine für Vogelschutz und Vogelkunde vertraten auch hier das Anliegen des Vogelschutzes im Sinne von BERLEPSCH: 1875 Gründung des Sächsisch-thüringischen Vereins für Vogelkunde und Vogelschutz – später Deutscher Verein zum Schutz der Vogelwelt –, dem sich bis zum Jahre 1900 über 40 sächsische Vereinigungen anschlossen (u. a. 1875 Verein für Vogelschutz u. Vogelkunde Großenhain, 1876 Naturfreundeverein Plauen, 1888 Naturforschende Gesellschaft Görlitz, 1897 Ornithologischer Verein Dresden, 1898 Verein für Vogelschutz Glauchau).

Die sächsische Regierung unterstützte das „Internationale permanente ornithologische Komitee" materiell und auch die von dessen Teilnehmerstaaten ausgehandelte Übereinkunft zum Schutze der Vögel, die 1902 vom Reichstag ratifiziert wurde, der sich aber Italien und die am Mittelmeer gelegenen afrikanischen Staaten nicht anschlossen. Dem Zeitgeist folgend wurden 1876 in Sachsen alle kleineren Feld-, Wald- und Singvögel von der Jagd ausgeschlossen, den bedrohten Großvogelarten diesbezüglich aber noch kein umfassender Schutz zugestanden. Auch das Reichsvogelschutzgesetz von 1888 bringt in dieser Hinsicht keine und das von 1908 nur geringfügige Fortschritte.

Der Landesverein Sächsischer Heimatschutz gab seit seiner Gründung dem Vogelschutz jedoch neue Impulse. Von Anfang an wurde der Singvogelschutz stärker als eine Aufgabe der Landschaftspflege begriffen – man richtete z. B. 1912 im Dresdner Großen Garten für Demonstrationszwecke ein Vogelschutzgehölz ein, gab aber zugleich der Erhaltung und Mehrung natürlicher Hecken den Vorzug vor künstlichen Gehölzen (ZIMMERMANN 1917) –, die Bewahrung

gefährdeter Vogelarten mit besonderer Aufmerksamkeit bedacht und auch die Daseinsberechtigung wenig geliebter Arten mit ethischen und ästhetischen Argumenten begründet. Besonders vehement vertraten dieses Anliegen M. Braess, ferner aber auch A. Jacobi, O. Koepert, A. Voigt und später A. v. Vietingfoff-Riesch sowie R. Zimmermann. Ein erster Erfolg war die Generalanordnung des Sächsischen Finanzministeriums vom 30. Januar 1911, nach der in Staatsforstrevieren Turm- und Wanderfalke, Schrei-, See- und Fischadler, Uhu und andere Eulen sowie Weihen, Bussarde und Reiher zu schützen sind, denen in einer zweiten Generalverordnung vom 20. Mai 1912 der Eisvogel und die beiden Milane noch hinzugefügt wurden. 1912 konnte durch entsprechende Eingaben an den Sächsischen Jagdschutzverein und das Innenministerium außerdem erreicht werden, daß auf drei Jahre für die Erlegung von Greifvögeln und Eulen keine Prämien gewährt wurden. Umgekehrt zahlte der Landesverein Geld- und Bücherprämien an Personen, die sich um die Erhaltung von Naturdenkmalen aus der Vogelwelt verdient gemacht hatten. Für solche Arten wurden ornithologische Vertrauensmänner eingesetzt, die, ausgestattet mit einer Ausweiskarte des Innenministeriums, die Bestandserfassung vornahmen, die Arten vor Ort betreuten und erforderlichenfalls auch die Hilfe der zuständigen Amtshauptmannschaft erbitten konnten. Die zu betreuenden Arten waren nach Koepert (1913): (Fischotter), Wespenbussard, Wanderfalke, Fischadler, Uhu, Uferschwalbe, Blauracke, Wiedehopf, Eisvogel, Schwarzspecht, Mauerläufer, Tannenhäher, Wasseramsel, Nachtigall, Ringdrossel, Großtrappe, Zwergtrappe, Kiebitz, Weißstorch, Fischreiher, Rohrdommel, Flußseeschwalbe, Lachmöwe, Schellente und Reiherente. Als Vertrauensmänner fungierten: Apitzsch, Oelsnitz i. V.; Ehrmann, Leipzig; Gänsehals, Großenhain; Grützner, Bautzen; Hartlich, Dresden; Heyder, Oederan; Hornickel, Schneeberg; Israel, Chemnitz; Klengel, Meißen; Kramer, Zittau; Mushacke, Freiberg; Rechenberger, Annaberg; Riedel, Zwickau; Sachsenroeder, Reichenbach; Söhle, Dresden; v. Vietinghoff-Riesch, Neschwitz; Wichtrich, Leipzig. Die schon nach kurzer Zeit sehr erfolgreiche Tätigkeit des Landesvereins Sächsischer Heimatschutz widerspiegelte sich auch darin, daß zu einem Vortragsabend des Deutschen Vereins zum Schutze der Vogelwelt am 13. April 1912 in Dresden auch der sächsische König mit den beiden Prinzen Friedrich Christian und Ernst Heinrich anwesend waren und das Thema drei Tage später im Sächsischen Landtag auf der Tagesordnung stand. Dort wurde das Engagement des Landesvereins gewürdigt und seine Auffassung vom Vogelschutz bekräftigt, die weitere Ausgabe von jährlich 2 000 M für Vogelschutzmaßnahmen in Staatsforsten sowie die Berufung einer mit staatlichen Vollmachten ausgestatteten Kommission für Vogelschutz beim Innenministerium verkündet. In einer entsprechenden Verordnung des Innenministeriums vom 10. Juni 1912 wird außerdem die Abhaltung von Lehrgängen und Vorträgen in der Forstakademie Tharandt und die Entwicklung deren Forstreviers zu einer Lehr- und Versuchsstation für Vogelschutz verfügt. Leider kam diese Zentralstelle für Vogelschutz abgesehen von einigen Lehrgängen nicht recht zur Entfaltung, wie auch der nachfolgende 1. Weltkrieg viele verheißungsvolle Ansätze im Vogelschutz wieder zunichte machte. Auch nach dem Kriege wurde auf Vogelschutz zunächst wenig Rücksicht genommen. Der Landesverein Sächsischer Heimatschutz kämpfte deshalb energisch gegen das Wildern von Nestern sowie sonstige Wilderei und Schießerei, die zeitweilige Wiederzulassung des Dohnenstieges sowie das wilde Baden an den Moritzburger Teichen. Entsprechende Gutachten und Eingaben gingen an das Innenministerium bzw. an den Landtag. In wesentlichen Punkten war der Landesverein wiederum erfolgreich, wie sich z. B. im Sächsischen Jagdgesetz von 1925 zeigte (vgl. 1.6.1).
Auch künftighin gelang es der aus den Herren M. Braess, A. Jacobi und O. Koepert bestehenden Vogelschutzkommission der Abt. Naturschutz des Landesvereins Sächsischer Heimatschutz, erfolgreich im Sinne ihres Anliegen zu wirken. Im Herbst 1930 entstand die Vogelschutzstation Neschwitz des Landesvereins Sächsischer Heimatschutz, wofür nach eingehender Prüfung (es gab auch andere Vorschläge)
– die landschaftliche Vielfalt und der Vogelreichtum des Gebietes,
– die persönliche Eignung des Herrn Forstmeister Dr. A. von Vietinghoff-Riesch, der seit 1923 Vogelschutzversuche im Wald durchführte

sowie der Privatbesitz der Familie VIETINGHOFF von rund 1000 ha Wald und 40 ha Teichfläche als Versuchsgelände sprachen. Aufgaben der Vogelschutzstation waren

– der praktische Vogelschutz (Nisthöhlen, Vogelschutzgehölze, Winterfütterung),
– die Durchführung von Lehrgängen für Naturschutz, Landschaftsgestaltung und Vogelschutz,
– die Vogelzugsforschung mittels Beringungsversuchen,
– Wiedereinbürgerungsversuche für im Aussterben begriffene Vogelarten,
– der Aufbau eines Falkenhofes (man glaubte mit dem Wiederauflebenlassen dieses Kulturerbes zum Greifvogelschutz beitragen zu können).

Bis 1936 wurden 1150 Nisthöhlen im Wald aufgehängt, 8 Vogelschutzgehölze angelegt, 10800 Vögel beringt. 1933 kam mit der Absicht, die Wirksamkeit von Vogelschutzmaßnahmen in der Kiefernheide mit der in Fichtenforsten zu vergleichen, der Stützpunkt Scharfenstein hinzu, wo auf 325 ha bis 1938 666 Nistkästen aufgehängt, ein Vogelschutzgehölz geschaffen und 3000 Vögel beringt wurden. Die Betreuung dieses Reviers übernahm der Ornithologische Verein Chemnitz, allen voran sein Vorsitzender R. LANGE (CREUTZ 1955). Am 18. Mai 1936 erfolgte die staatliche Anerkennung als Vogelschutzwarte und die Ausdehnung ihres Wirkungsfeldes auf Brandenburg, Pommern und Berlin.

Getreu dem Grundanliegen des Landesvereins widmete sich auch A. v. VIETINGHOFF-RIESCH mit besonderer Hingabe den bestandsgefährdeten Tierarten, insbesondere den Greifvögeln und war vor allem in forst- und jagdlichen Kreisen aufklärend tätig. Als Gewährsleute für Weißstorch, Kranich, Wanderfalke, Uhu u. a. Arten wirkten außerdem R. ZIMMERMANN, K. KLEINSTÄUBER, H. KUMERLOEVE, R. MÄRZ und R. HEYDER. Seit 1927 wurde auch die Prämierung von Schutzbemühungen für bestandsbedrohte Vogelarten seitens des Landesvereins wieder aufgenommen. In mancher dieser Fragen erhielt er vom 1922 gegründeten Verein sächsischer Ornithologen Unterstützung.

Nachdem sich der Landesverein Sächsischer Heimatschutz der Ausweisung sogenannter Naturschutzbezirke, aus denen später die Naturschutzgebiete (NSG) hervorgingen, zunächst vorwiegend aus botanischer Sicht zugewandt hatte, versuchte er nach dem 1. Weltkrieg auch entsprechende ornithologisch wertvolle Objekte durch Kauf, Pacht oder Veranlassung entsprechender staatlicher Anordnungen zu sichern. Zwar wurde schon 1916 mit dem Birkwitzer Graben ein ornithologisch wertvolles Gebiet in den Mitteilungen des Vereins vorgestellt, erst 1920 konnte jedoch der Dubrauer Teich durch entsprechendes Entgegenkommen seines Besitzers (v. VIETINGHOFF-RIESCH) zum ersten Vogelschutzgebiet des Landesvereins erklärt werden. In der Folgezeit wurde für weitere Gebiete geworben (z. B. Moritzburger, Rohrbacher und Frohburger Teiche). Welche Aktivitäten für Grunderwerb und Unterschutzstellung im Einzelnen betrieben wurden, bleibt jedoch weitgehend verborgen. In einer Liste der Vogelfreistätten Deutschlands im Binnenland verzeichnet GLASEWALD (1937) den Horstsee bei Wermsdorf, den Burgteich bei Kürbis, den Birkwitzer Graben, den Dubrauer Großteich, den Adelsdorfer Hospitalteich, den Vierteich bei Niederrödern, den Filzteich bei Schneeberg, die Rohrbacher Teiche, die Moritzburger Schloßteiche, den Unteren Großhartmannsdorfer Teich, die Pillnitzer Elbinsel sowie die Saatkrähenkolonien bei Kahnsdorf/Kr. Borna und auf dem Vogelberg bei Riesa. Nicht alle diese Gebiete (z. B. Pillnitzer Elbinsel, Filzteich bei Schneeberg) waren nach heutigem Ermessen aus rein ornithologischer Sicht schutzwürdig und nur wenige (Pillnitzer Elbinsel, Burgteich Kürbis, Rohrbacher Teiche) besaßen bereits einen ausreichenden Rechtsschutz als Naturschutzgebiet bzw. Naturdenkmal.

Während des 2. Weltkrieges erlitt der Vogelschutz wiederum herbe Rückschläge. Die Mitteilungen des Landesvereins Sächsischer Heimatschutz mußten 1941 ihr Erscheinen einstellen und das Neue Schloß in Neschwitz, der Sitz der Vogelschutzwarte, ging Pfingsten 1945 (20. 05.) in Flammen auf. Nach 1945 mögen die Zustände bezüglich Vogelschutz in mancherlei Hinsicht wie um die 1920er Jahre gewesen sein. Natur- und Vogelschutzvereine (z. B. Landesverein Sächsischer Heimatschutz, Bund für Vogelschutz u. a.) organisierten sich rasch und

nahmen ihre Arbeit wieder auf. So gelang es, bereits 1946 die Entscheidung für eine neue Vogelschutzwarte im Moritzburger Fasanenschlößchen herbeizuführen, die bis 1952 unter der Leitung von P. BERNHARDT stand und zu der die vier Stationen Bautzen (W. MAKATSCH), Leipzig (R. GERBER), Pillnitz (G. CREUTZ) und Prossen (R. MÄRZ) gehörten. Der großen Öffentlichkeitswirksamkeit dieser Einrichtung ist es zu danken, daß in jener Zeit viele Nistkastenreviere und Vogelschutzgehölze entstanden, die meist in ehrenamtlicher Betreuung z. T. über Jahrzehnte existierten, von Zeit zu Zeit aber auch immer wieder neu errichtet wurden und z. T. noch heute wichtige faunistische Informationsquellen sein können (z. B. [3834]).
1953 wurde die gesamte Vogelschutzarbeit Ostdeutschlands in der Vogelschutzwarte Seebach zusammengefaßt, die Vogelschutzwarte in Moritzburg in ein Museum für Vogelkunde und Vogelschutz umgewandelt sowie ihre bisherigen Außenstellen aufgelöst. Neschwitz entstand unter der Leitung von G. CREUTZ neu als Station der Vogelschutzwarte Seebach. Arbeitsschwerpunkte waren:

– praktischer Vogelschutz,
– Verhütung und Abwehr von Vogelschäden,
– ökologische Studien an Graureiher, Lachmöwe und Ziegenmelker,
– Vogelberingung.

Ebenfalls 1953 entstand das Institut für Landschaftsforschung und Naturschutz (ILN), welches regionale Zweigstellen aufbaute (seit 1954 Zweigstelle Dresden für die drei sächsischen Bezirke) und zu dessen Aufgaben als naturschutzfachliche Einrichtung auch Vogelschutzfragen gehörten. Früher in privaten Vereinen und Verbänden tätige Ornithologen und Vogelfreunde trafen sich jetzt in Fachgruppen Ornithologie des Kulturbundes, angeleitet und koordiniert von Bezirksfachausschüssen sowie einem Zentralen Fachausschuß (vgl. auch 1.1 S. 26 ff.). Vorrangig dem Schutzanliegen verbundene Menschen wurden ehrenamtliche Mitarbeiter (Naturschutzhelfer, Naturschutzbeauftragte) der Naturschutzverwaltungen. Früchte jener Zeit des abermaligen Aufbruchs waren z. B.

– das progressive Naturschutzgesetz der DDR und zahlreiche, auch dem Vogelschutz dienende, neue Schutzgebiete (siehe unten),
– die drastische Einschränkung des Jagdrechtes in bezug auf Vögel und die Überführung vieler Vogelarten in die Naturschutzgesetzgebung (vgl. KRETSCHMANN 1954 sowie Abschnitt 1.6.1).

So erfreulich das alles auch war, der vom Landesverein Sächsischer Heimatschutz vertretene einheitliche Vogelschutz zerfiel jetzt in einzelne Ressorts. Zwar nannten die Vogelschutzwarten und -stationen den Schutz gefährdeter Arten auch als eine ihrer Aufgaben, de facto waren sie aber mit Themen des „praktischen" Vogelschutzes und der Abwehr von Vogelschäden beschäftigt und wurden umprofiliert bzw. anderen Einrichtungen angeschlossen, nachdem im Zuge der Intensivierung (und Chemisierung) der Land- und Forstwirtschaft „praktischer" Vogelschutz und Abwehr von Vogelschäden nicht mehr die Rolle spielten. Für die Vogelschutzstation Neschwitz, die 1964 wieder Vogelschutzwarte wurde, war das 1970 mit ihrem Anschluß an das Institut für Forstwissenschaften Eberswalde der Fall. Die Fachgruppen Ornithologie betrieben neben der „reinen" Vogelkunde auch „praktischen" Vogelschutz und standen insofern den Vogelschutzwarten nahe. Die Sorge um gefährdete Vogelarten sowie Vogelschutzgebiete war hingegen Aufgabe der Staatlichen Naturschutzverwaltungen, die sich dafür im wesentlichen der von ihnen berufenen ehrenamtlichen Naturschutzbeauftragten und -helfer sowie des ILN und seiner Zweigstellen bedienten.
Die Betreuung bestimmter gefährdeter Vogelarten wurde weiterhin von einem ausgewählten Personenkreis wahrgenommen. In Sachsen waren das vor allem für Weiß- und Schwarzstorch sowie Blauracke G. CREUTZ, für Wanderfalke und Uhu K. u. G. KLEINSTÄUBER, H. KNOBLOCH u. R. MÄRZ, die z. T. schon für den Landesverein Sächsischer Heimatschutz tätig gewesen waren. Ab 1960 wurden sie mit anderen Mitarbeitern im Arbeitskreis für die vom Aussterben

bedrohten Tierarten (AKSAT) beim ILN zusammengefaßt, dem seither die Anleitung und Koordinierung dieses Aufgabenbereiches oblag und dessen Leiter von 1960–1976 H. SCHIE-MENZ von der Zweigstelle des ILN in Dresden war. Mit der Intensivierung der Landnutzung in den 1970er Jahren ging auch eine zunehmende Gefährdung der Flora und Fauna sowie ihrer Biotope einher. Der Artenschutz mußte deshalb verstärkt werden und es kam zur Bildung von Bezirksarbeitsgruppen (BAG) für gefährdete Pflanzen- und Tierarten, die nun dem AK-SAT nachgeordnet die regionale Anleitung und Koordinierung für den Schutz gefährdeter Arten übernahmen und z. T. auf ein flächendeckendes Betreuernetz ehrenamtlicher Naturschutzmitarbeiter zurückgreifen konnten. Die Leitung der BAG-Tiere im Bezirk Leipzig oblag W. D. BEER, später S. REINL und nach ihm W. KIRMSE, im Bezirk Dresden H. KUBASCH und im Bezirk Chemnitz (hier erfolgte die Gründung allerdings erst 1987) D. SAEMANN. Die betreuten Vogelarten umfaßten: Weißstorch, Schwarzstorch, Seeadler, Baumfalke, Birkhuhn, Auerhuhn, Kranich, Großtrappe, Uhu, Sperlingskauz, Steinkauz und, soweit Ansiedlungen vorhanden waren, auch Fischadler, Wiesenweihe und Triel, zeitweilig auch den Sperber. Hilfreich für die Arbeit der BAG waren entsprechende Weisungen der Räte der Bezirke, die den vom Aussterben bedrohten Tierarten an ihren Vermehrungsstätten einen absoluten Schutz (Schutzzonen) einräumten, der in der Artenschutzverordnung der DDR von 1984 Gesetzeskraft erlangte. Über die Vorkommen wurden außerdem Jahresberichte angefertigt und ihr Extrakt teilweise publiziert (STEFFENS 1986–88). Es ist sicher auch ein Verdienst dieser engagierten ehrenamtlichen Arbeit, daß bestimmte Arten (Höckerschwan, Kolkrabe) von der Liste der vom Aussterben bedrohten Tiere gestrichen werden konnten und andere Arten (Weißstorch, Seeadler, Kranich, Uhu) sich wieder ansiedelten und/bzw. eine positive Bestandsentwicklung nahmen. Bei wieder anderen Arten (Wanderfalke, Großtrappe, Blauracke und Wiedehopf) war dies jedoch nicht von Erfolg gekrönt, wie auch insgesamt die Bedrohung der Vogelwelt, soweit sie sich in Lebensraumzerstörung bzw. -entwertung sowie Stoffbelastungen manifestiert, weiter zugenommen hat.

Zur Sicherung ornithologisch wertvoller Landschaftsteile als Naturschutzgebiete ergaben sich vor allem bei Standgewässern und ihren Uferzonen gute Ansätze. In dieser Hinsicht wurden seit den 1950er Jahren erhebliche Fortschritte erzielt. Nachdem der Burgteich Kürbis bereits durch Verordnung der Sächsischen Landesregierung vom 2. Januar 1939 diesen Status erhalten hatte, folgten am 1. September 1954 das Moritzburger und das Zschornaer Teichgebiet durch Verordnung des Rates des Bezirkes Dresden. Allerdings war seit dem Naturschutzgesetz der DDR vom 4. August 1954 für die Erklärung von Naturschutzgebieten die Zentrale Naturschutzverwaltung zuständig, die in ihrer Anordnung vom 30. März 1961 von Moritzburg nur den Frauenteich und den Dippoldsdorfer Teich übernahm. Mit dieser Anordnung wurden außerdem die Alte See Grethen und das Niederspreer Teichgebiet festgesetzt, per 11. September 1967 folgten: die Caßlauer Wiesenteiche, die Eschefelder Teiche, der Großhartmannsdorfer Großteich, der Lugteich Grüngräbchen, die Rohrbacher Teiche und der Waschteich Reuth. Mit der Naturschutzverordnung der DDR vom 14. Mai 1970 war die Zuständigkeit für die Festsetzung von NSG an die Räte der Bezirke übergegangen. Jetzt kamen hinzu: die Talsperre Quitzdorf (Stauwurzel und Teile des Südufers) und der Litzenteich [beide Beschluß Bezirkstag (BBT) Dresden vom 4. Juli 1974], die Molkenbornteiche sowie Wollschank und Zschark (beide BBT Dresden vom 23. Juni 1974) und die Papitzer Lehmlachen (BBT Leipzig vom 20. September 1984). Gleichermaßen wichtig für Sumpf- und Wasservögel sind jedoch Brüche, Verlandungszonen und Moorwiesen, auch wenn sie keine oder nur im geringen Umfang Wasserflächen einschließen bzw. nur an solche angrenzen. Diesbezüglich wurden mit der Festsetzung der NSG Zadlitzbruch (27. 05. 1940), Wildenhainer Bruch und Hammerbruch sowie Am Presseler Teich (alle 30. 03. 1961), Tauerwiesen (11. 09. 1967), Milkeler Moor (23. 06. 1983) und Torfwiesen Wölpern (20. 09. 1984) weitere wesentliche Beiträge zur Erhaltung solcher Arten geleistet. Im Grunde genommen dienen jedoch alle NSG-Typen zugleich auch dem Vogelschutz. Laubmischwälder des Flach- (z. B. NSG Elster–Pleiße–Auewald), Hügel- (z. B. NSG Döbener Wald, Um die Rochsburg, Hohe Dubrau) und Berglandes (z. B. NSG

Hemmschuh, Steinbach) sind Mannigfaltigkeitszentren der Waldvögel, Wald- und Felsreviere der Sächsischen Schweiz und des Zittauer Gebirges (z. B. NSG Großer Winterberg und Zschand, Bastei, Jonsdorfer Felsenstadt) dokumentieren bzw. dokumentierten darüber hinaus ökologisch bemerkenswerte Anpassungen an Felshöhlen sowie Vorkommen vom Aussterben bedrohter Vögel (z. B. Schwarzstorch, Wanderfalke, Auerhuhn, Uhu, Sperlingskauz). Die Hochmoore, Moorwiesen und Bergfichtenwälder (z. B. NSG Großer Kranichsee, Kleiner Kranichsee, Schwarze Heide – Kriegswiese, Mothäuser Heide) sind bzw. waren die Kerngebiete von Birk- und Auerhuhn- sowie Sperlingskauzvorkommen, Moor- und Bergwiesen (z. B. NSG Oelsen, Geisingbergwiesen, Zechengrund, Hermannsdorfer Wiesen) spielten bzw. spielen eine große Rolle für Wiesenbrüter (Wachtelkönig, Kiebitz, Bekassine, Wiesenpieper, Braunkehlchen) usw. Zum Teil, durch ihre Flächenbegrenzung auf 5 ha meist natürlich mit viel geringerer Konstanz und Sicherheit, erfüllen solche Aufgaben auch Flächennaturdenkmale (z. B. FND Birkwitzer Graben, Imnitzer Lachen, Thränaer Lachen).

Auf der Grundlage der Ramsar-Konvention vom 02. 02. 1971 hat das Präsidium des Ministerrates der DDR durch den Beschluß Nr. 02/180 15/76 vom 06. 02. 1976 für die drei sächsischen Bezirke folgende nationale Feuchtgebiete festgelegt:

– Wildenhainer und Zadlitzbruch	357 ha
– Speicherbecken Windischleuba	180 ha
– Torgauer Großteich	420 ha
– Niederspreer Teichgebiet	1 000 ha
– Zschornaer Teichgebiet	347 ha
– Teiche bei Königswartha	900 ha
– Talsperre Quitzdorf	800 ha
– Großhartmannsdorfer Großteich	110 ha
– Talsperre Pöhl	450 ha

Entsprechend der EG-Vogelschutzrichtlinie 79/409 wurden für die drei sächsischen Bezirke vom Ministerium für Land-, Forst- und Nahrungsgüterwirtschaft der DDR folgende Important Bird Areas (IBA) an die EG-Kommission gemeldet:

– Presseler Heidewald- und Moorgebiet	2 500 ha
– Niederspreer Teichgebiet	1 000 ha
– Teiche bei Königswartha	900 ha
– Elbsandsteingebirge	2 000 ha
– Erzgebirgskamm bei Satzung	750 ha

Die genannten Objekte haben eine besondere Bedeutung als Brut-, Durchzugs- und Rastgebiete oder nur als Durchzugs- und Rastgebiete (Talsperre Pöhl) bzw. Brutgebiete für bedrohte Vogelarten (Elbsandsteingebirge, Satzung). Darüber hinaus gab es auf Initiative des Wasservogelobmannes P. KANDLER seit 1978 im Bezirk Dresden eine Richtlinie für die Koordinierung volkswirtschaftlicher und landeskultureller Aufgaben bei der fischereilichen und wasserwirtschaftlichen Nutzung, wonach die Fischteiche in drei Bewirtschaftungsgruppen eingeteilt wurden. Dementsprechend

– hatten in der Bewirtschaftungsgruppe I (85 Teiche, 420 ha) Naturschutz- und Landschaftspflege Vorrang,
– war in der Bewirtschaftungsgruppe II (240 Teiche, 1 580 ha) ein Kompromiß zu finden,
– dominierte in der Bewirtschaftungsgruppe III (290 Teiche, 2 490 ha) die Intensivierung der Fischproduktion.

Die Zuordnung der Teiche zu den einzelnen Bewirtschaftungsgruppen wurde durch gemeinsame Kommissionen aus Binnenfischern und Vogelschützern vorgenommen, wobei in vielen Fällen aufgrund wirtschaftlicher Zwänge die Entscheidungsmöglichkeiten jedoch stark eingeschränkt waren.

1.6.4 Aktuelle Anforderungen an Naturschutz und Landschaftspflege aus avifaunistischer Sicht

Trotz engagierten und in Teilbereichen (rechtliche Stellung der Vögel, Zurückdrängen des direkten Nachstellens durch Vogelfang, Jagd u. ä., Einrichtung von Vogelschutzgebieten) recht erfolgreichen Bemühens, ist die Vogelwelt heute bedrohter denn je. Von der Brutvogelfauna Sachsens sind bereits 8% ausgerottet bzw. verschollen und weitere 38% in unterschiedlichem Grade gefährdet. Unbedenklich ist die Situation gar nur noch bei 42% der Arten (Tabelle 7). Hauptursachen sind die mit der Intensivierung der Landnutzung verbundenen Lebensraumzerstörungen bzw. -entwertungen sowie Schadstoffbelastungen, denen der Vogelschutz mit seinen begrenzten Mitteln nicht gewachsen war und nicht gewachsen ist (vgl. 1.4). Per 01. 01. 1989 161 NSG mit 11 054 ha = 0,62% und ca. 1 300 FND mit ca. 2 300 ha = 0,14% des Territoriums der drei sächsischen Bezirke sind kein Gegengewicht zu diesen ansonsten nahezu flächendeckenden Prozessen, zumal die meisten Vogelarten eine ± große räumliche Verteilung (geringe örtliche Konzentration) aufweisen und zumindest die größeren Arten unter ihnen auch innerhalb ihres Brutgebietes einen z. T. erheblichen, ganze Biotopmosaike einschließenden Aktionsraum haben, ganz abgesehen vom Zugphänomen, wodurch der Vogelschutz wie kein anderer Bereich des Artenschutzes internationale Dimension erhält. Vogelschutz benötigt also relativ große Flächen mit zugleich hohem Gesamtanteil am Territorium. Lediglich viele Sumpf- und Wasservögel machen hier eine Ausnahme. Für ihre repräsentative Sicherung würden in Sachsen ca. 5 000 ha Teiche u. a. Gewässer zuzüglich etwa die gleiche Fläche Umland = 10 000 ha ausreichen. Aber auch hier konnten drastische Bestandsrückgänge (z. B. Rohrdommel, Knäk-, Löffel- und Moorente, Rallen, Rohrsänger) und das Verschwinden von Arten (z. B. Trauerseeschwalbe) nicht vermieden werden, da einerseits ökologiefremde fischwirtschaftliche Nutzungen (z. B. Entenmast, Pelletintensivwirtschaft) zumindest zeitweilig selbst in NSG nicht zu unterbinden waren und darüber hinaus Eutrophierungen durch angrenzende intensive Landwirtschaft sowie Stoffeinträge über die Vorfluter erfolgten, wie auch insgesamt die NSG und FND neben direkten Übergriffen indirekt durch die Intensivierung der Landnutzung und die damit einhergehende Kontamination von Boden, Wasser und Luft erheblich beeinträchtigt wurden.

Der gegenwärtige gesellschaftliche Wandel ist deshalb eine gute Gelegenheit, die Aufgabe neu zu überdenken. Soll der Vogelschutz in Zukunft als integraler Bestandteil von Naturschutz und Landschaftspflege erfolgreich sein, so ergeben sich folgende Anforderungen:

1. Reduzierung der Stoffbelastungen (insbesondere Luft- und Gewässerverunreinigungen) auf ein für die einzelnen Ökosystemtypen unbedenkliches Maß (Umweltschutz),
2. Erhaltung aller für die jeweiligen Landschaften charakteristischen und durch die moderne Landnutzung gefährdeten Biotope (Biotopschutz),
3. Sicherung weiterer ökologisch besonders wertvoller Landschaftsteile als NSG und FND sowie Einrichtung von Großschutzgebieten (Gebietsschutz),
4. Naturverträgliche Entwicklung (Nutzungsdifferenzierung, Extensivierung, Renaturierung) der gesamten Landnutzung (Landschaftspflege).

Die Reduzierung der Stoffbelastungen ist Gegenstand des Umweltschutzes und kann hier nicht näher behandelt werden.

Nach § 26 des Sächsischen Naturschutzgesetzes vom 16. Dezember 1992 genießen folgende Biotope den generellen Schutz des Gesetzes:

1. Moore, Sümpfe, Röhrichte, seggen- und binsenreiche Naßwiesen, Bruch-, Moor-, Sumpf- und Auwälder,
2. Quellbereiche, naturnahe und unverbaute Bach- und Flußabschnitte, Altarme fließender Gewässer, naturnahe stehende Kleingewässer und Verlandungsbereiche stehender Gewässer, die Ufervegetation ist jeweils mit eingeschlossen,

Tabelle 7: Rote Liste der Brutvögel Sachsens, nach Rau, Steffens u. Zöphel (1991)

Art	0,1	0,2	1	2	3	4	VG	R
Haubentaucher								×
Rothalstaucher				×				
Schwarzhalstaucher				×				
Zwergtaucher					×			
Komoran						×		
Graureiher					×			
Nachtreiher							×	
Zwergdommel			×					
Rohrdommel			×					
Weißstorch				×				
Schwarzstorch			×					
Schnatterente								×
Spießente							×	
Krickente								×
Knäkente			×					
Löffelente				×				
Moorente			×					
Steinadler	×							
Schreiadler	×							
Sperber					×			
Rotmilan					×			
Schwarzmilan								×
Seeadler			×					
Wespenbussard					×			
Rohrweihe								×
Kornweihe								
Wiesenweihe			×					
Schlangenadler	×							
Fischadler			×					
Baumfalke				×				
Wanderfalke	×							
Birkhuhn			×					
Auerhuhn			×					
Haselhuhn		×						
Rebhuhn					×			
Wachtel					×			
Kranich					×			
Wasserralle					×			
Tüpfelralle				×				
Zwergralle							×	
Kleine Ralle		×						
Wiesenralle			×					
Teichralle					×			
Großtrappe			×					
Zwergtrappe	×							
Austernfischer						×		
Kiebitz								×
Bekassine				×				
Gr. Brachvogel			×					
Uferschnepfe	×							
Rotschenkel			×					
Waldwasserläufer						×		
Flußuferläufer				×				
Kampfläufer	×							

Tabelle 7: Fortsetzung

Art	0,1	0,2	1	2	3	4	VG	R
Triel			×					
Silbermöwe						×		
Sturmmöwe						×		
Schwarzkopfmöwe						×		
Trauerseeschwalbe	×							
Flußseeschwalbe				×				
Zwergseeschwalbe	×							
Kuckuck								×
Schleiereule				×				
Uhu			×					
Sperlingskauz				×				
Steinkauz			×					
Sumpfohreule							×	
Rauhfußkauz					×			
Ziegenmelker				×				
Eisvogel				×				
Bienenfresser							×	
Blauracke	×							
Wiedehopf			×					
Mittelspecht						×		
Wendehals			×					
Heidelerche				×				
Haubenlerche				×				
Feldlerche								×
Uferschwalbe					×			
Schafstelze					×			
Brachpieper				×				
Neuntöter								×
Schwarzstirnwürger	×							
Rotkopfwürger	×							
Raubwürger				×				
Wasseramsel				×				
Rohrschwirl						×		
Schlagschwirl						×		
Schilfrohrsänger				×				
Teichrohrsänger								×
Drosselrohrsänger				×				
Sperbergrasmücke					×			
Dorngrasmücke								×
Halsbandschnäpper						×		
Zwergschnäpper						×		
Schwarzkehlchen						×		
Braunkehlchen					×			
Blaukehlchen	×							
Gartenrotschwanz								×
Steinschmätzer				×				
Steinrötel	×							
Rotdrossel							×	
Ringdrossel						×		
Grauammer			×					
Goldammer								×
Ortolan				×				
Bergfink							×	
Hänfling								×

Tabelle 7: Fortsetzung

Art	0,1	0,2	1	2	3	4	VG	R
Karmingimpel						×		
Fichtenkreuzschnabel								×
Tannenhäher						×		
Dohle					×			
Saatkrähe					×			
Summe	14	2	22	22	16	15	7	15
% der für Sachsen nachgewiesenen Brutarten, ohne Einbürgerungen o. ä. der neueren Zeit	7,1	1,0	11,2	11,2	8,2	7,7	3,6	7,7

Kategorien:
0,1 = ausgestorben/ausgerottet, 0,2 = verschollen, 1 = vom Aussterben/von Ausrottung bedroht, 2 = stark gefährdet, 3 = gefährdet, 4 = potentiell gefährdet, R = im Rückgang, VG = Vermehrungsgast

3. Trocken- und Halbtrockenrasen, magere Frisch- und Bergwiesen, Borstgrasrasen, Wacholder-, Ginster- und Zwergstrauchheiden,
4. Gebüsche und naturnahe Wälder trockenwarmer Standorte einschließlich ihrer Staudensäume, höhlenreiche Altholzinseln und höhlenreiche Einzelbäume, Schluchtwälder,
5. offene Felsbildungen, offene natürliche Block- und Geröllhalden, offene Binnendünen,
6. Streuobstwiesen, Stollen früherer Bergwerke sowie in der freien Landschaft befindliche Steinrücken, Hohlwege und Trockenmauern.

Darin sind avifaunistische Erfordernisse hinreichend berücksichtigt, und es bedarf jetzt nur noch der konsequenten Umsetzung dieses Paragraphen.
Die für den Naturschutz besonders wertvollen Naturräume umfassen im Freistaat Sachsen Heide- und Teichlandschaften, Flußauen sowie Teile des Berglandes und der Mittelgebirge. Sie sind in einer offenen Liste schutzwürdiger Gebiete von gesamtstaatlich repräsentativer Bedeutung zusammengefaßt. Aus avifaunistischer Sicht werden sie durch die Important Bird Areas, deren Liste inzwischen erweitert wurde, konkretisiert und ergänzt (STEFFENS 1991).
Die damit gegebene Orientierung gilt es durch weitere Schutzgebietsausweisungen und Förderprogramme zu untermauern. Zur Zeit befinden sich im Freistaat Sachsen zahlreiche neue NSG bzw. NSG-Erweiterungen in Arbeit. Dazu gehören auch avifaunistisch so bedeutsame Objekte wie das Teichgebiet Biehla-Weißig, der Großteich Torgau, die Haselbacher Teiche und zwei alte Elbarme bei Torgau, Fließgewässerökosysteme sowie weitere Moor- und Bergwiesenkomplexe. Die Forderung nach Großschutzgebieten befindet sich mit dem Nationalpark (NLP) Sächsische Schweiz (9 292 ha), den NSG Königsbrücker Heide (7 000 ha), Presseler Heidewald- und Moorgebiet (3 350 ha) sowie Dubringer Moor (1 700 ha), dem Biosphärenreservat (BR) Oberlausitzer Heide- und Teichlandschaft (ca. 30 000 ha) sowie weiteren in der Planung befindlichen großen NSG (Gohrischheide, ca. 3 000 ha, Muldenaue Eilenburg/Bad Düben ca. 1 500 ha) ebenfalls bereits in der Realisierungsphase und hat auch aus avifaunistischer Sicht besondere Relevanz (Weiß- und Schwarzstorch, Seeadler, Wanderfalke, Birkhuhn, Kranich, Uhu, Auen-, Heide- und Wiesenvögel u. a.).
Bei Sicherung aller Flächen, die derzeit die fachlichen Kriterien für die Einstufung in die höchste Schutzkategorie (NLP, NSG, FND, BR-Zone 1 und 2) erfüllen, was ein Programm auf Jahre ist, würde sich im Endeffekt ein Flächenanteil von 3–5% am Territorium des Freistaates Sachsen ergeben. Auch dieser reicht zur Erfüllung der Naturschutz- und speziell auch Vogelschutzaufgaben nicht aus, wofür man heute mit 10–15% Naturschutz-Vorrangflächen kalku-

liert. Um das jedoch ohne Abstriche an den Zielkriterien für solche Flächen zu erreichen, bedarf es umfangreicher vorbereitender Maßnahmen, wie auch eine entsprechende Landschaftspflege insgesamt das eigentlich entscheidende Kriterium für den effektiven Schutz der Avifauna ist, ohne deren wirksamen Einsatz letztendlich auch die Großschutzgebiete nichts nützen, in denen sie im Unterschied zur übrigen Landschaft nur konsequenter verwirklicht werden kann. Folgende Forderungen sind dabei aus avifaunistischer Sicht zu stellen:

1. Erhaltung und gegebenenfalls Wiederanlage bzw. Erweiterung von Teichen und Teichgebieten mit ausreichendem Anteil mesotropher bis schwach eutropher Wasserkörper, alteichengesäumten Teichdämmen und allmählichem Übergang in breite Verlandungszonen mit erheblichem *Phragmites*-Anteil in Verbindung mit Erlenbrüchen, Seggenriedern und Naßwiesen.
2. Differenzierte fischereiwirtschaftliche Nutzung der Teiche und Teichgebiete mit: unbewirtschafteten Kleinteichen, mannigfaltigem Besatz (auch Arten- und Altersklassengemische), Förderung von Wildfischen, einem Ertragsniveau von 150–1 000 kg/ha auf Naturnahrungsbasis bis maximal Getreidezufütterung, Beschränkung von Kalkung und Düngung auf einen produktionssichernden Umfang, Differenzierung des Abfischturnusses zwischen 1–3 Jahren, sofortigem Wiederbespannen als auch Sömmern einzelner in bestimmter Abfolge wechselnder Teiche; weitestgehender Verzicht auf: Gras- und Silberkarpfen, Biozideinsatz, Desinfektionskalkung, Beseitigung von Unterwasser- und Schwimmpflanzen, Hausgeflügelhaltung, Angeln, Stegbau, Baden, Surfen und Bootfahren.
3. Rückbau von Entwässerungsanlagen zur großräumigen Wiederanhebung des Grundwasserstandes in den Altmoränengebieten und damit Sicherung der Wasserversorgung von Teichgebieten, Mooren, Brüchen u. a. Feuchtgebieten. Durchführung der gleichen Maßnahmen auf dafür geeigneten Standorten (Staunässebereiche) des Hügel- und Berglandes. Rückführung der wiedervernäßten Flächen in Feuchtgrünland sowie extensive Weidenutzung größerer zusammenhängender Grünländereien mit genügsamen Haustierrassen (Rinder, Schafe) unter zeitweiliger Einbeziehung auch der Naß- und Moorwiesen.
4. Beseitigung von Verrohrungen und Renaturierung von Fließgewässern sowie Wiedervernässung von Bach- und partielle Wiedervernässung von Flußauen bei gleichzeitiger Förderung von Gehölz- und Hochstaudensäumen.
5. Neuanlage bzw. Ergänzung von Feldhecken und Flurgehölzen mit landschaftstypischen (auch beerentragenden!) Baum- und Straucharten sowie Förderung von Zeitbrachen (möglichst mosaikartig), Ackerrandstreifen und Wildkräuteräckern insbesondere in den ausgeräumten Gefildelandschaften.
6. Generelle Erhöhung des Mischholzanteils aus Baumarten der potentiellen natürlichen Vegetation, Verlängerung der Produktionszeiträume, Verbesserung der vertikalen Struktur, Reduzierung von Kahlschlägen und Bevorzugung der Naturverjüngung in den Wäldern, bei gleichzeitig besonderer Schonung von Buchen-, Eichen- und Kiefernalthölzern sowie entsprechenden Einzelgruppen und Überhältern, der Vermehrung von höhlenreichen Altholzinseln und Einzelbäumen sowie der Anlage horizontal und vertikal tief gegliederter Waldränder aus standortstypischen (auch beerentragenden!) Baum- und Straucharten.
7. Sicherung der Pionier-, Trockenrasen- und Heidevegetation der Truppenübungsplätze sowie Einführung alternativer Pflege und Nutzung (z. B. periodische Entbuschung, Schafweide) auf angemessener Fläche nach Aufgabe der militärischen Nutzung. Ergänzung dieser Flächen durch Biotope auf Zeit, indem in der Umgebung auf vergleichbaren Standorten die Kahlschlagswirtschaft beibehalten, entsprechende Kahlflächen länger aufgelassen und analoge Kippenstandorte der natürlichen Sukzession überlassen werden.
8. Angemessene Berücksichtigung avifaunistischer Erfordernisse bei der Bewertung von Eingriffsplanungen in Natur und Landschaft, Ausgleichs- und Ersatzmaßnahmen für solche Eingriffe sowie Wiedereingliederung von Rückgabeflächen.

9. Vermeidung bzw. Rückbau touristischer Erschließungsmaßnahmen in Hauptvorkommens-
gebieten besonders empfindlicher Vogelarten bzw. an einzelnen gravierenden Konflikt-
punkten mit solchen Arten.

Soweit es sich dabei um aufwendige Maßnahmen der Biotoppflege und -entwicklung handelt,
besteht die größte Chance für ihre Realisierung, wenn sie sich mit einer entsprechenden pfleg-
lichen Nutzung (Landwirtschaft, Forstwirtschaft, Fischwirtschaft) verbinden lassen, weil dann
ein zusätzliches wirtschaftliches Interesse besteht und seitens des Naturschutzes lediglich die
landschaftspflegegerechte Ausführung gefördert (finanziert) zu werden brauchte. Entsprechende Förderprogramme bestehen in Sachsen bereits für bestimmte Landesschwerpunkte sowie generell für eine naturschutzgerechte Teichwirtschaft (BALLMANN 1992).
Obwohl unter den Bedingungen der heutigen sehr intensiven, meist sehr einseitigen und sich
laufend wandelnden Naturressourcennutzung Biotopschutz und Biotoppflege die entscheidenden Größen im Vogelschutz sind, haben auf einzelne Arten und Artengruppen bezogene
Maßnahmen auch weiterhin ihre Berechtigung. Einerseits können bestimmte Beeinträchtigun-
gen durch den Biotopschutz im engeren Sinne nicht oder nur unzureichend verhindert werden
(z. B. Vernichtung von Lebensstätten in und auf Baustellen, Gefährdungen durch Straßen-
und Schienenverkehr sowie Verdrahtung der Landschaft, Schadstoffbelastungen, Störungen
durch Tourismus u. ä.), andererseits wirken allgemeine Biotopschutz- und -pflegemaßnahmen
vor allem bei hochgradig gefährdeten Arten nicht schnell und spezifisch genug bzw. können
weitere flankierende und populationsstützende Maßnahmen erforderlich werden, und schließlich genießen viele Vögel (z. B. Singvögel, Weißstorch) hohe Wertschätzung in der Bevölkerung, so daß auf diese bezogene Maßnahmen und Programme Naturschutz und Landschaftspflege zusätzlich befördern.
Für bestimmte Schwerpunktarten bzw. -artengruppen ist es deshalb erforderlich bzw. zweck-
mäßig, spezielle Artenschutzprogramme vorzubereiten und durchzuführen, die

– durch entsprechende Öffentlichkeitsarbeit die Bevölkerung, Landnutzer u. a. für das Vorhaben wichtige Zielgruppen sensibilisieren,
– einen breit abgestimmten Katalog von Schutz- und Fördermaßnahmen präsentieren,
– durch konzentrierten Einsatz von Fördermitteln die Programmdurchführung forcieren.

Ansätze für solche Programme gibt es z. Z. im Freistaat Sachsen auf regionaler Basis für Wanderfalke, Birkhuhn, Steinkauz, Wasseramsel und Dohle. Landesweit wird ein Weißstorchpro-
gramm vorbereitet. Aufgrund des Sanierungsdrucks wäre ein solches für Gebäudebrüter wünschenswert. Für weitere gefährdete Vogelarten ist es erforderlich, die Vorkommensbetreuung
fortzusetzen bzw. neu oder wieder aufzunehmen, mit dem Ziel

– sie kontinuierlich zu beobachten und gegen Störungen abzuschirmen,
– mit den Besitzern bzw. Nutzern der Vorkommensflächen entsprechende Maßnahmen abzu-
  stimmen und z. T. selbst durchzuführen,
– mit Unterstützung der Naturschutzbehörden bestimmte Maßnahmen durchzusetzen.

Neben den bereits o. a. Arten sollten darin einbezogen werden: Schwarzstorch, Seeadler,
(Korn-) und Wiesenweihe, Fischadler, Wander- und Baumfalke, (Hasel-), Auer- und Birkhuhn,
Kranich, Wiesenralle, Großtrappe, Brachvogel, Rotschenkel, Triel, Uhu, Sumpfohreule, Bie-
nenfresser, Wiedehopf, Saatkrähe.
Die Reorganisation des Betreuersystems ist deshalb eine wichtige Aufgabe beim gegenwärtigen
Neuaufbau des behördlichen, fachbehördlichen, ehrenamtlichen und privaten Naturschutzes.
Schließlich haben aber auch inzwischen klassische Vogelschutzmaßnahmen wie Winterfütterungen und Nisthilfen für Singvögel weiterhin vor allem aus erzieherischen Gründen ihre Daseinsberechtigung, bedarf es spezieller Bemühungen, um Vögel vor vielen zusätzlichen Gefährdungen (Energieleitungen, Glaswände, Windkraftanlagen, Ölteppiche, Bekämpfungsanträge) zu
bewahren. Letztendlich ist die Vogelwelt auch eines der wirksamsten Mittel zur Propagierung

des Naturschutzgedankens. Um all dem gerecht zu werden, sollte auch die Sächsische Vogelschutzwarte wiedergegründet werden, die im Sinne des vom Landesverein Sächsischer Heimatschutz so erfolgreich vertretenen einheitlichen Vogelschutzes folgende Aufgaben hätte:

1. Erarbeitung von Grundlagen für Artenschutzprogramme gefährdeter Vogelarten und ihrer Lebensstätten bzw. Biotope.
2. Erarbeitung und Durchführung von Monitoringprogrammen für ausgewählte Vogelarten und Gebiete.
3. Untersuchung der Bedeutung (Schäden), der Vorbeuge- und Abwehrmaßnahmen sowie ggf. Regulierungsmöglichkeiten wirtschaftlicher Problemarten (in Sachsen z. B. Kormoran, Graureiher, Gänse, Habicht, Haustaube, Saatkrähe).
4. Anleitung, Koordinierung und Kontrolle der Vogelberingung im Landesmaßstab.
5. Beratung von Behörden, Unternehmen, Planern, Projektanten und Bürgern in allen Fragen des Vogelschutzes.
6. Koordinierung der speziellen Vogelschutzmaßnahmen von Naturschutzbehörden und Naturschutzverbänden sowie ihren Gruppierungen.
7. Durchführung von Natur- und Vogelschutzlehrgängen für alle Interessenten, insbesondere für Mitarbeiter der Behörden.
8. Erarbeitung von Hinweisblättern und Broschüren für Vogelschutzmaßnahmen in Land- und Forstwirtschaft, Fischerei, Gartenbau, Energiewirtschaft u. a. Bereichen.
9. Erarbeitung von Informationsmaterial über bedrohte Vogelarten (Druckschriften, Vorträge, Dia-Reihen, Videos).
10. Praxisversuche auf Testflächen und mit Testgeräten zu Fragestellungen von Vogelschutz und Vogelabwehr.

Alle Ornithologen und besonders die Vogelschützer unter ihnen sind aufgerufen, dafür ihre ganze Kraft einzusetzen.

1.6.5 Avifaunistik als Beitrag zum Naturschutz

Es liegt wohl in der Sache selbst begründet, daß Personen, die die Verbreitung und den Bestand von Organismen sowie deren Bestandsveränderungen und ihre Ursachen untersuchen, zugleich auch etwas tun wollen für den Schutz jener Arten, die rückläufig sind oder deren Vorkommen aus anderen Gründen gefährdet ist. Da die Beschäftigung mit der Vogelwelt geschichtlich weit zurückreicht und ihr Schutz schon relativ lange breites Interesse in der Bevölkerung findet (vgl. 1.6.3), zählt der Vogelschutz neben der Naturdenkmalspflege zu den historischen Quellen des Naturschutzes. Folgerichtig waren auch führende Regionalfaunisten der Vergangenheit engagierte Naturschützer (z. B. P. BERNHARDT, O. KOEPERT, K. TH. LIEBE, R. HEYDER, R. ZIMMERMANN, v. VIETINGHOFF-RIESCH) und in den 1980er Jahren z. B. im Bezirk Dresden 30–40% der Mitglieder von ornithologischen Fachgruppen zugleich ehrenamtliche Naturschutzmitarbeiter.

Darüber hinaus sind aber vor allem die verschiedenen avifaunistischen Befunde unmittelbare Grundlage naturschutzfachlicher Analysen, Bewertungen und Planungen bzw. Entscheidungen. Das gilt einerseits für den Vogelschutz als Teilgebiet des Naturschutzes unmittelbar (Bestandserfassung, Rote Listen, Artenschutzprogramme – vgl. auch vorigen Abschnitt), andererseits aber auch für viel weiter gesteckte Ziele des Umweltmonitorings, der Biotopvernetzung, der Abgrenzung von Schutzgebieten sowie der Landschaftsplanung insgesamt. Für letztgenannte Zwecke sind avifaunistische Untersuchungen vor allem aus folgenden Gründen geeignet:

1. Die Artenzahl ist überschaubar (im Gegensatz zu vielen Taxa wirbelloser Tierarten), aber ausreichend groß und ökologisch differenziert, um ein breites Spektrum an Biotoptypen bzw. Umweltbedingungen damit charakterisieren zu können (vgl. z. B. Abb. 3).

Biotoptypen / Artengruppen	W (Wälder) f	m	tr	GH	FW 1) B	T	SW 1)	U	UV	M H	N	G	MT	F	Z	RB	A	TM	S	BS
Gefäßpflanzen																				
Moose																				
Pilze																				
Flechten																				
Algen																				
Weichtiere																				
Asseln																				
Webspinnen																				
Vielfüßer																				
Insekten:																				
Eintagsfliegen																				
Libellen																				
Heuschrecken																				
Wanzen:																				
Wasserwanzen																				
Baumwanzen																				
Netzflügler																				
Käfer (Auswahl):																				
Laufkäfer/Sandlaufkäfer																				
Schwimmkäfer																				
Blatthornkäfer/Schröter																				
Bockkäfer																				
Blattkäfer																				
Hautflügler:																				
Blattwespen																				
Ameisen																				
Grabwespen																				
Bienen																				
Schmetterlinge:																				
Tag- u. Dickkopff., Widd.																				
Nachtfalter (ausgew.)																				
Schwebfliegen																				
Wirbeltiere:																				
Fische (incl. Rundmäuler)																				
Lurche																				
Kriechtiere																				
Vögel																				
Säugetiere:																				
Fledermäuse																				
terrestr. Kleinsäuger																				
Marderartige																				

1) Für Fließ- und Standgewässer sind darüber hinaus Wirbellose diverser Artengruppen zu berücksichtigen, die unter dem Sammelbegriff Makrozoobenthos zusammengefaßt werden.

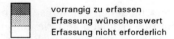

- ■ vorrangig zu erfassen
- ▨ Erfassung wünschenswert
- □ Erfassung nicht erforderlich

Biotoptypen:

W	Wälder	SW	Stillgewässer	Z	Zwergstrauchheide
f	Wälder, feucht bis naß	U	unbewachsene Ufer	RB	Ruderalflur, Brachen
m	Wälder mittlerer Standort	UV	Ufervegetation	A	Acker
tr	Wälder trockener Standort	M	Moore	TM	Trockenmauern
GH	Gebüsche, Hecken	H	Hoch- und Zwischenmoore	S	Steilwand
FW	Fließgewässer	N	Niedermoore	BS	Binnendünen, Sandflächen
B	Fließgewässer des Berglandes	G	Grünland		
T	Fließgewässer des Tieflandes	MT	Mager- und Trockenrasen		
		F	Felsen		

Abb. 3: Auswahlliste Flora/Fauna zur naturschutzfachlichen Beurteilung von Biotoptypen (nach STEFFENS et al. 1994)

2. Viele Vogelarten stehen in höheren Trophieebenen und sind damit besonders sensitiv für Stoffbelastungen und Landschaftsveränderungen.
3. Die Lebensansprüche der einzelnen Arten sind verhältnismäßig gut bekannt, so daß man aus dem Vorkommen bzw. Fehlen bestimmter Arten z. T. weitreichende ökologische Rückschlüsse ziehen kann.
4. Die Avifaunistik verfügt über ein großes Mitarbeiterpotential sowie effektive halbquantitative und quantitative Erfassungsmethoden (z. B. Rasterkartierungen, Siedlungsdichteuntersuchungen), durch die die gewünschten Ergebnisse mit vertretbarem Zeit- und Kostenaufwand erzielt werden können.
5. Avifaunistische Befunde werden z. T. seit Jahrzehnten dokumentiert und fortgeschrieben, so daß ein umfangreiches Material für vergleichende Bewertungen und Trendermittlungen zur Verfügung steht.
6. Die Vogelwelt erfreut sich in der allgemeinen Öffentlichkeit großer Beliebtheit, weshalb avifaunistische Befunde und -schutzprogramme auch i. d. R. mit vergleichsweise höherer Aufmerksamkeit bedacht werden, als solche mancher anderer Organismengruppe.

Ganz in diesem Sinne wird die Vogelwelt Sachsens

– beitragen zur Dokumentation des Landschaftswandels in Sachsen sowie der Ursachen für negative Trends, die allzugern von den Verursachern bestritten werden (vgl. z. B. Abb. 2),
– als Vergleichsmaßstab dienen für die Verhältnisse in den 1960–1980er Jahren, um mit den Ergebnissen der 1990er Jahre die Rote Liste der Brutvögel des Freistaates Sachsen auf wissenschaftlicher Grundlage fortschreiben zu können und Vogelschutzmaßnahmen entsprechend zu priorisieren,
– mit ihren Artkapiteln die Beurteilung von Eingriffen in Natur- und Landschaft erleichtern sowie Schutzgebiets- und Biotopvernetzungsplanungen fachlich untermauern,
– mit ihren Datenreihen für ausgewählte Arten (vgl. z. B. Karten 8 u. 15) sowie Siedlungsdichteuntersuchungen (vgl. z. B. Tabelle 16) Basisdaten und erste Fortschreibungen für ein Arten- und Gebietsmonitoring liefern.

Eine große Rolle spielen im modernen Biotop- und Artenschutz Leitarten (vergleichbar den Charakterarten in der Pflanzensoziologie), mit deren Hilfe die Abgrenzung verschiedener Biotope bzw. Biotoptypen vorgenommen werden kann, ihr Zustand bzw. ihre Ausprägung bestimmt wird, aber auch z. B. Informationen über Mindestflächengrößen usw. gewonnen werden. Während sich diese Herangehensweise auf Biotopebene bei vielen Pflanzen- und Tierartengruppen bewährt hat, ist sie für Vögel nicht unproblematisch. Die meisten Arten sind hier nicht so sehr an konkrete Biotope gebunden, sondern eher an Biotoptypengruppen höherer Aggregation mit bestimmten biotopübergreifenden Habitatsmerkmalen. Die Gruppenbildungen (bzw. Cluster), die sich daraus ergeben, sind von Art zu Art verschieden, führen aber umgekehrt für die einzelnen Biotoptypen i. d. R., und bei ausreichender Flächengröße, auch zu biotoptypischen Vogelartenkombinationen, die besser geeignet sind, bestimmte Biotoptypen avifaunistisch zu charakterisieren, als wenige relativ unspezifische Leitarten. Damit bleiben auf Biotopebene die klassischen Siedlungsdichteuntersuchungen mit ihren Abundanz- und Dominanzangaben, sinnvoll ergänzt um Diversitäts- und Singularitäts- sowie Identitätsindizes, die wichtigste avifaunistische Informations- und Vergleichsgröße. Auch dazu leistet die vorliegende Vogelwelt Sachsens mit ihren zahlreichen Siedlungsdichtearbeiten (vgl. 1.7) einen wesentlichen Beitrag. Die Verallgemeinerung dieses Materials zu regionaltypischen avifaunistischen Standards für einzelne Biotope (z. B. als Grundlage für Umweltqualitätsziele) steht jedoch noch aus.
Verläßt man die Biotopebene und betrachtet Landschaftsteile und Landschaften bzw. Biotopmosaike, so gewinnen Vögel erheblich an Indikationswert im Sinne von Leitarten. Ursache hierfür ist, daß sie auf Grund ihrer Ortsbeweglichkeit oft spezielle Brut-, Nahrungs-, Mauser- und Rastbiotope besitzen, deren landschaftstypisches Gesamtgefüge erst die für eine Besiedlung erforderlichen Voraussetzungen schafft und daß vor allem Arten mit großem Rauman-

spruch (Störche, Greifvögel, Eulen, Kranich, Rauhfußhühner usw.) sehr wesentliche Informationen liefern, welche Ausprägung eine Landschaft haben muß, welche Flächenanteile einzelne Biotope bzw. Strukturen besitzen sollten, damit diese Arten überleben können und damit das Ökosystem der entsprechenden Dimension voll funktionsfähig ist. Vor allem die Habitatansprüche solcher Arten sind wichtige Kriterien für die Begründung von Großschutzgebieten und für die Bilanzierung von Flächenanteilen bzw. Strukturen im Rahmen der Biotopvernetzungsplanung. Auch hierzu will die vorliegende Avifauna einen Beitrag leisten. Hinreichend tiefschürfende Aussagen müssen i. d. R. jedoch speziellen Artmonographien vorbehalten bleiben.   R. STEFFENS

1.7 Übersicht der Siedlungsdichteuntersuchungen und beispielhafte Charakterisierung ausgewählter Lebensräume durch entsprechende Ergebnisse

In den zurückliegenden drei Jahrzehnten ist eine erfreulich große Zahl an Siedlungsdichteuntersuchungen (über 160) durchgeführt worden. Sie konzentrieren sich vor allem auf Dresden und seine nähere Umgebung, Chemnitz und Leipzig, den Kreis Zittau, den Tharandter Wald und das Osterzgebirge. Knapp 2/3 der Untersuchungen entfallen auf den Bezirk Dresden (vgl. Karte 4). Einige Testflächen in der Lausitzer Niederung gehörten im Bezugszeitraum dieses Buches noch zum Bezirk Cottbus. Da sie aber unmittelbar an der Bezirksgrenze lagen und bei RUTSCHKE (1983) keine Berücksichtigung fanden, werden sie hier mit geführt.

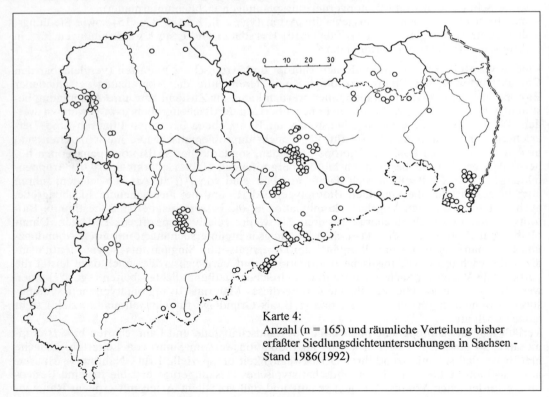

Karte 4:
Anzahl (n = 165) und räumliche Verteilung bisher erfaßter Siedlungsdichteuntersuchungen in Sachsen - Stand 1986(1992)

Wenn auch hinsichtlich Repräsentanz der einzelnen Regionen und Lebensräume Sachsens sowie der Abgrenzung, Bezeichnung und Beschreibung der Biotope und weiterer methodischer
Fragen nicht immer alle Wünsche erfüllt wurden, so verfügen wir doch über ein Material, welches uns vor allem für häufigere Singvogelarten eine ausführliche Charakterisierung ihrer
Brutzeit-Häufigkeit in verschiedenen Biotopen bzw. Biotoptypen erlaubt. In den einzelnen
Artkapiteln ist es im Interesse der Lesbarkeit jedoch nicht möglich, die Untersuchungsergebnisse und ihre Autoren immer einzeln aufzuführen (z. B. mittelalte Fichtenforste 35 Einzelflächen, 8 Autoren). Es erfolgt deshalb hier (Abschn. 1.7.1) eine kurze Beschreibung aller verfügbaren Arbeiten und in den Artkapiteln vielfach nur noch eine zusammenfassende
Darstellung nach Biotoptyp bzw. artspezifischen Habitaten, Anzahl und Größe der untersuchten Flächen (von – bis, Mittelwert) sowie Siedlungsdichte (von – bis, Mittelwert), gegebenenfalls unter Hervorhebung einzelner Untersuchungen und Autoren.
Schließlich bietet es sich auch an, über die wenigen landschaftsbezogenen Angaben im Abschnitt 1.3 hinaus und naturraumübergreifend, Biotoptypen anhand ausgewählter Siedlungs-
dichteergebnisse zu charakterisieren und untereinander zu vergleichen (Abschn. 1.7.2). Dabei
war es vor allem aus Platzgründen z. T. erforderlich, typische Einzelflächen herauszugreifen
oder Teilflächen bzw. Zeitreihen zusammenzufassen. Für weitergehende Interpretationen wird
deshalb ein Studium der Originalquellen angeraten.

1.7.1 Übersicht der Siedlungsdichteuntersuchungen

A   Fichtenwälder und -forste

A.1   Bestockung gemischter Wuchsklassen

A.1.1   Probefläche nordwestlich Breitenbrunn, Kr. Schwarzenberg, 640–700 m ü. NN, 8,0 ha,
        Fichte mit etwas Buchen-, Lärchen-, Birken- und Bergahornbeimischung, zu je etwa
        50% Stangen- und Baumholz sowie Jungbestände, Siedlungsdichteuntersuchung 1967
        und 1968, FEHSE [2658]

A.1.2   Kahleberggebiet bei Altenberg, Kr. Dippoldiswalde, 700–900 m ü. NN, ca. 310 ha
        – 1975/76 überwiegend Stangen- und Baumholz, <25% Jungbestände, an exponierten
        Stellen immissionsbedingte Bestockungsauflichtungen und Randschäden, Siedlungs-
        dichteuntersuchung R. STEFFENS
        – 1979/80 immissionsbedingtes flächenhaftes Absterben der Althölzer, Siedlungs-
        dichteuntersuchung R. STEFFENS
        – 1985/86 Althölzer beräumt, von der ursprünglichen Bestockung existieren nur noch
        Dickungs- und Stangenholzreste, überwiegend Blößen mit Bergreitgras, z.T. Zwerg-
        sträucher, Siedlungsdichteuntersuchung R. STEFFENS, U. ZÖPHEL

A.1.3   Tharandter Wald, 340–390 m ü. NN, 40,6 ha, 81% Fichte, 12% Kiefer, 3% Lärche und
        4% Birke, 88% Jungbestände, Siedlungsdichteuntersuchung 1977, R. STEFFENS

A.1.4   Wittgendorfer Wald, Kr. Zittau, 315–390 m ü. NN, 123,8 ha, 81% Fichte, 12% Kiefer,
        7% Laubholz, 25% Jungbestände, Siedlungsdichteuntersuchung 1980, G. HOFMANN

A.1.5   Revier Deutscheinsiedel, Kr. Marienberg, 720–830 m ü. NN, ca. 500 ha, 39 Probeflä-
        chen mit insgesamt ca. 280 ha, überwiegend Fichte, 30% Blößen, 40% Jungbestände
        bzw. Vorwaldcharakter, starke bis extreme Immissionsschäden, Siedlungsdichteunter-
        suchungen 1980–83, mit Auswertung für ausgewählte Arten, KOLBE [4134]

A.1.6   Waldgebiete der Hoch- und Kammlagen des Mittelerzgebirges, alle Wuchsklassen, mä-
        ßig bis stark immissionsbeeinflußt, Linientaxierung (Probestreifen), Abundanzberech-
        nung unter Verwendung der jeweils höchsten ermittelten Individuenzahl je Art aus
        drei (zwei) Beobachtungsgängen, Bearbeiter D. SAEMANN
        – nördlich Kühnhaide, Kr. Marienberg, 710–760 m ü. NN, ca. 92 ha, ausgeglichener
        Anteil der Wuchsklassen, 1982

- nördlich Rübenau, Kr. Marienberg, 760–790 m ü. NN, ca. 47 ha, hoher Anteil junger und mittelalter Bestände, 1983
- Fichtelberggebiet zwischen Sachsenbaude und Pfahlberg, 990–1 120 m ü. NN, ca. 68 ha, höherer Altholzanteil, 1982
- südlich Raschau, Kr. Schwarzenberg, 850–950 m ü. NN, ca. 51 ha, überwiegend Stangen- und Baumhölzer, 1983

A.1.7   Töpferwald bei Rechenberg-Bienenmühle, Kr. Brand-Erbisdorf
- Probefläche, ca. 800 m ü. NN, 1984 14,8 ha, 1985–87 37,5 ha, 3/4 ca. 60–80jährig, 1/4 Jungbestände, mäßig bis stark immissionsbeeinflußt, Siedlungsdichteuntersuchung 1984–87, U. Zöphel (Tabelle 8)
- Probefläche, 770–800 m ü. NN, 27,0 ha, 33% Stangen- und Baumholz, 43% Dickung, 24% An- und Aufwuchs, Siedlungsdichteuntersuchung 1984, J. Schulenburg
- Probestreifen 640–800 m ü. NN, ca. 68 ha, überwiegend Stangen- und Baumholz, mäßig bis stark immissionsbeeinflußt, Siedlungsdichteuntersuchung 1985, U. Zöphel

A.1.8   Revier Deutscheinsiedel, Kr. Marienberg
- Probefläche, ca. 800 m ü. NN, 1984 11 ha, 1985 27 ha, 50–75% fast völlig abgestorbene mittelalte Fichtenbestockung, 25% stark geschädigte Fichtendickung, 25% Blöße (nur 1985), einzelne Buchen, Siedlungsdichteuntersuchung 1984 und 1985, U. Zöphel
- Probestreifen, ca. 800 m ü. NN, 78 ha, 10% fast völlig abgestorbene mittelalte Fichten, 12% stark geschädigte Fichtendickung, 55% Blöße und Anwuchs, 13% Buchenaltholz, Siedlungsdichteuntersuchung 1985, U. Zöphel
- Probefläche ca. 810 m ü. NN, 73 ha, davon 18 ha verlichtet Fichtenstangenholz und Dickung, 22 ha Blaufichte-Anwuchs, 33 ha Blößen, Siedlungsdichteuntersuchung 1987, U. Zöphel

A.1.9   Revier Altenberg, Kr. Dippoldiswalde (Kahleberg-Westhang), 820–880 m ü. NN, 28,7 ha, Fichtenbaumholz 74–123jährig, im Absterben begriffen, 0,6 ha Stangenholz (32jährig), 10,9 ha Blößen, Fichtenkulturen und -dickungen, Siedlungsdichteuntersuchung 1985, Dornbusch (1988)

A.2   Baumholz und starkes Stangenholz

A.2.1   11 Probeflächen im Tharandter Wald, 360–450 m ü. NN, 9,1–17,9 ha, 40–82jährig, auf 4 Flächen geringfügige Auf- und Jungwuchs- bzw. Dickungsanteile, auf 9 Flächen einzelstamm- oder gruppenweise einige Kiefern, Lärchen, Buchen, Birken, ausnahmsweise auch Eichen, Tannen, Douglasien, Siedlungsdichteuntersuchung 1967, Wenzel [3526], (Tabelle 9)

A.2.2   Dresdner Heide, westlich Hofewiese, ca. 230 m ü. NN, 6,3 ha, Baumholz, kaum Unterwuchs, Siedlungsdichteuntersuchung 1979, P. Hummitzsch, mit Auswertung für ausgewählte Arten

A.2.3   6 Teilflächen im Wittgendorfer Wald aus A. 1.4, 7,8–12,5 ha, 0–10% Beimischung von Kiefer, z. T. geringfügige Anteile Lärche und Birke, Siedlungsdichteuntersuchung 1980, G. Hofmann

A.2.4   Probefläche im Zittauer Gebirge bei Waltersdorf, 560-690 m ü. NN, 14,3 ha, überwiegend mittelalter (53 Jahre) Fichtenforst mit Beimischung von Kiefer (11,1%), Eberesche (ca. 5%) und einzelnen Lärchen, Birken und Buchen, Fichten zu 50–90% abgestorben, Siedlungsdichteuntersuchung 1980, G. Hofmann

A.2.5   Probefläche Kahleberg aus A.1.2, 900 m ü. NN, 16,4 ha, 125jährig, Fichte zu 20% abgestorben, 70% sterbend, 10% vital, durch Abtrieb abgestorbener Bäume mehrere Blößen bis zu 1 ha, Siedlungsdichteuntersuchung 1980, Steffens [3833]

A.2.6   Revier Deutscheinsiedel, 6 Teilflächen aus A.1.5, überwiegend abgestorben, Siedlungsdichteuntersuchung 1980–83, mit Auswertung für ausgewählte Arten, Kolbe [4134]

A.2.7 Revier Altenberg, Kr. Dippoldiswalde, 740–830 m ü. NN, 3 Probeflächen mit 15,1, 30,3, und 32,5 ha, Fichtenbaum- und -stangenholz, ca. 8% Blößen und Jungwald, starke Immissionsschäden, Siedlungsdichteuntersuchung 1985, DORNBUSCH (1988)

A.2.8 Revier Bärenstein, Kr. Dippoldiswalde, 500–650 m ü. NN, Probefläche 56,9 ha, Fichtenbaum- und -stangenholz, ca. 6% Jungbestände sowie 4% Buchen- und Buchen-Fichten-Baumholz, geringe bis mäßige Immissionseinwirkungen, Siedlungsdichteuntersuchung 1985, DORNBUSCH (1988)

A.2.9 Tharandter Wald, Wiederholungsuntersuchungen auf 4 Probeflächen aus A.2.1, 9,4–17,2 ha, Flächen z. T. durch Einschlag der Bestockung verkleinert, 79–91jährige Fichtenreinbestände, Siedlungsdichteuntersuchung 1986, S. KRAUSE (Tabelle 9)

A.2.10 Probefläche Ringelwald, südlich Holzhau, Kr. Brand-Erbisdorf, 730 m ü. NN, 23,4 ha, Fichte ca. 70jährig, randlich Blöße (1,9 ha) und Buchenpflanzung (0,4 ha), mäßiger bis starker Immissionseinfluß, Siedlungsdichteuntersuchung 1986, U. ZÖPHEL

A.3. Schwaches Stangenholz/Dickung

A.3.1 Restwald bei Döben, Kr. Grimma, ca. 150–200 m ü. NN, Probefläche 2,5 ha, schwaches Stangenholz, Siedlungsdichteuntersuchung 1961–65, C. FEHSE, Auswertung für ausgewählte Arten [3770]

A.3.2 Zwickauer Mulde, zwischen Bockau und Aue, 420–520 m ü. NN, 1,33 und 2,09 ha, Fichte (Dickung/Aufwuchs), Beimischung (5–10%) Eberesche, Birke, Kiefer, Lärche, Holunder, Erle, Weide, Siedlungsdichteuntersuchung 1973, MÖCKEL [4034]

A.3.3 Tharandter Wald, 7 Teilflächen aus A.1.3, 3,5–7,7 ha, Beimischung von 10–15% Kiefer und Lärche, Siedlungsdichteuntersuchung 1977, R. STEFFENS (Tabelle 11)

A.3.4 Wittgendorfer Wald, 2 Teilflächen aus A.1.4, 3,6 und 3,9 ha, geringfügige Beimischung von Kiefer und Lärche, Siedlungsdichteuntersuchung 1980, G. HOFMANN

A.3.5 Revier Deutscheinsiedel, 12 Teilflächen aus A.1.5, Siedlungsdichteuntersuchung 1980–83, mit Auswertung für ausgewählte Arten, KOLBE [4134]

A.3.6 Neugraben nördlich Kahleberg, Kr. Dippoldiswalde, ca. 800 m ü. NN, Teilflächen aus Probestreifen, Siedlungsdichteuntersuchung 1979 und 1985 R. STEFFENS, 1986 U. ZÖPHEL

A.3.7 Revier Deutscheinsiedel, Kr. Marienberg, 810 m ü. NN, 18 ha, immissionsbedingt verlichtet, Siedlungsdichteuntersuchung 1987, U. ZÖPHEL

A.4 Blöße und Anwuchs/Aufwuchs

A.4.1 Wittgendorfer Wald (Buchberg), 350–370 m ü. NN, 16,10 ha, Kahlschlag u. 1–6jährige Pflanzung aus Fichte und Lärche, Siedlungsdichteuntersuchung 1980, G. EIFLER (Tabelle 12)

A.4.2 Zittauer Gebirge (Johnsberg), 650 m ü. NN, 11,4 und 5,2 ha, frisch kahlgeschlagene Flächen nach immissionsbedingtem Absterben der Fichtenforste, Siedlungsdichteuntersuchung 1980, G. EIFLER

A.4.3 Wittgendorfer Wald (Hain), 390 m ü. NN, 3,2 und 7,3 ha, 2–3jährige Fichtenpflanzung, Siedlungsdichteuntersuchung 1981, G. HOFMANN

A.4.4 Revier Deutscheinsiedel, 5 Teilflächen aus A.1.5, Siedlungsdichteuntersuchung 1980–83, mit Auswertung für ausgewählte Arten, KOLBE [4134]

A.4.5 Kahleberggebiet bei Altenberg, Kr. Dippoldiswalde, Teilflächen aus A.1.2, Siedlungsdichteuntersuchung 1985/86, R. STEFFENS, U. ZÖPHEL

A.4.6 Revier Deutscheinsiedel, Kr. Marienberg, ca. 800 m ü. NN, 13,5 und 12,2 ha (1984), 35 ha (1985), immissionsbedingte Blößen und Fichten-An- und Aufwuchs, Arten- und Abundanzermittlung aus einmaligen Kontrollen im Juni, U. ZÖPHEL (Tabelle 12)

A.4.7 Revier Deutscheinsiedel, Kr. Marienberg, ca. 810 m ü. NN, 33 ha, immissionsbedingte Blößen, 22 ha Aufwuchs (Blaufichte), Siedlungsdichteuntersuchung 1987, U. ZÖPHEL

B   Kiefernwälder und -forste

B.1   Baumholz und starkes Stangenholz

B.1.1 Revier Neschwitz, Kr. Bautzen, 150–170 m ü. NN, 3 Probeflächen 21,8, 13,2 und 12,7 ha, 45–110 Jahre, reiner Kiefernforst bzw. mit Beimischung von Fichte und etwas Hainbuche, kleinflächig Jungbestände, z. T. Strauchschicht aus Kiefernnaturverjüngung, Siedlungsdichteuntersuchung 1970, G. CREUTZ (Tabelle 10)

B.1.2 Großer Bärenstein, Sächsische Schweiz, 230–300 m ü. NN, 16,7 ha, 50–100jährige Kiefer, randlich etwas Weymouthskiefer und Fichte, Birke, Vogelkirsche und Faulbaum, Siedlungsdichteuntersuchung 1979, D. LOSCHKE

B.1.3 Südlich Uhyst, Kr. Hoyerswerda (Bezirksgrenze zu Dresden), 135 m ü. NN, 30 ha, eine Teilfläche (13 ha) 60–75 Jahre, einzelne Erlen, Birken und Buchen, Strauchschicht (Deckungsgrad 40%) aus Fichte (Erle, Brombeere), eine Teilfläche (17 ha) 40–60 Jahre, unterholzfreier Kiefern-Reinbestand, Siedlungsdichteuntersuchung 1981, SOCHER [4061] (Tabelle 10)

B.2   Schwaches Stangenholz

B.2.1 Tharandter Wald, 340–380 m ü. NN, 4,4 und 2,6 ha, 20% Beimischung Fichte, Birke und Lärche, Siedlungsdichteuntersuchung 1979, R. STEFFENS (Tabelle 11)

B.2.2 Wittgendorfer Wald, 350 m ü. NN, 3,8 ha, 5% Beimischung Birke und Fichte, Teilfläche aus A.1.4, Siedlungsdichteuntersuchung 1980, G. HOFMANN (Tabelle 11)

B.3   Blöße und An-/Aufwuchs

B.3.1 Dresden, Junge Heide, 140–170 m ü. NN, 1,8, 4,9 und 6,4 ha Kiefernkultur 3–4jährig, mit einzelnen Büschen und Überhältern sowie buschbestandenem Bach, Siedlungsdichteuntersuchung 1984 und 1985, SCHIMKAT (1992), (Tabelle 12)

B.4   Dem Nadelbaum-Jungforst ähnliche Vogelbesiedlungen

B.4.1 Georgenfelder Hochmoor, Kr. Dippoldiswalde (NSG), 865–880 m ü. NN, 15 ha, Hochmoor-Kiefernwald, in Randbereichen etwas Fichte und Birke sowie kleinere gehölzfreie Flächen (offene Moorflächen, Bergwiesen), Siedlungsdichteuntersuchung 1979/80 R. STEFFENS, 1986 U. ZÖPHEL (Tabelle 11)

C   Kiefern-Fichten-Mischbestände

C.1   Tharandter Wald, 340–380 m ü. NN, 8,4 ha, 47–88 Jahre, 20% Fichte, Siedlungsdichteuntersuchung 1979, R. STEFFENS

C.2   Wittgendorfer Wald, Teilfläche aus A.1.4, 6,0 ha Baumholz, 50% Fichte, Siedlungsdichteuntersuchung 1980, G. HOFMANN

D   Nadel-Laubbaum-Mischbestockungen

D.1   Schönbrunner Berg, Kr. Löbau (NSG), 325–428 m ü. NN, 55,5 ha, 70% Fichte mit etwas Kiefer und Lärche (30% Jungwald und Blößen, 60% Stangen- und 10% Althölzer), 27% Buchen-Eschen-Ahorn-Linden- und Eichen-Hainbuchen-Bestockungen (2/3 Baum-, 1/3 Stangenhölzer), 1,5 ha eingesprengte Wiesen, Siedlungsdichteuntersuchung 1962, BECKER [2299]

D.2   Restwald Pferdeberg bei Mittelherwigsdorf, Kr. Zittau, 360–405 m ü. NN, 40 ha, 62% Fichte (alle Wuchsklassen), 10% Kiefern-Baumholz, 13% Eichen-Baum- und Stangenholz, 15% Birke, Aspe, Erle u. a., Siedlungsdichteuntersuchung 1978, C. FEHSE

D.3   Friedewald, nördlich Radebeul-Zitzschewig, ca. 200 m ü. NN, 11 ha Kiefernbaumholz mit reichlich Zwischen- und Unterstand (Birke, Aspe u. a.), einige alte Laubbäume, wenige Fichten, 21–28 Nistkästen, Waldrandlage, Siedlungsdichteuntersuchung 1967–73, A. MAUME und H. KLUNKER

D.4   Friedewald, 2 km nördlich Moritzburg, ca. 160 m ü. NN, 33 ha, Kiefern-Baumholz, 20% Kiefern-Stangenholz, einzel- und gruppenweise Laub-Baumholz insbes. Eiche, Laub/Nadel-Zwischen- und Unterstand, Siedlungsdichteuntersuchung 1974, P. HUMMITZSCH, mit Auswertung für ausgewählte Arten

D.5   Dresdner Heide, Prießnitztal, 160–200 m ü. NN, 34 ha, überwiegend Baumholz aus Fichte bzw. Fichte und Kiefer mit Beimengung von Buche, Eiche und Birke, in der Bachaue auch Erle und Aspe, Laubholz vielfach zwischen- und unterständig, Siedlungsdichteuntersuchung 1974, P. HUMMITZSCH, mit Auswertung für ausgewählte Arten

D.6   Dresden, Junge Heide, ca. 150 m ü. NN, 16 ha, lichtes, z. T. sehr lichtes Kiefern-Baumholz mit Beimischung alter Laubbäume (Eiche, Birke, Rotbuche, Ahorn), Unter- und Zwischenstand aus Laubbäumen und Kiefer, 1,5 ha Eichen-Hainbuchen-Wald, Siedlungsdichteuntersuchung 1967–77, P. HUMMITZSCH (Tabelle 13)

D.7   Waldgebiet südöstlich Moritzburg, Kr. Dresden, ca. 170–180 m ü. NN, 48 ha, Kiefern-Baumholz mit zahlreichen alten Laubbäumen und dichter Strauchschicht, 10 ha Kiefern-Stangenholz, 9 ha Laub-Baum- und 3 ha Laub-Stangenholz, Siedlungsdichteuntersuchung 1975 und 1976, P. HUMMITZSCH

D.8   Dresden, Junge Heide, ca. 160–180 m ü. NN, 33 ha, Kiefern-Baumholz, wenige alte Laubbäume, Waldweg mit Altbirken, lückige Strauchschicht aus Kiefer und Laubbäumen, Siedlungsdichteuntersuchung 1976 und 1977, P. HUMMITZSCH, mit Auswertung für ausgewählte Arten

D.9   Dresdner Heide, westlich Ullersdorf, ca. 240 m ü. NN, 10 ha überwiegend Baumholz, 40% Fichte und Kiefer, 60% Eiche, Birke und Erle, lockere Strauchschicht, Siedlungsdichteuntersuchung 1979 und 1980, R. DAMME, mit Auswertung für ausgewählte Arten

D.10   Dresden, Junge Heide, 150–200 m ü. NN, Bearbeiter: J. SCHIMKAT
    – 2 ha höhlenreiches Buchen-Eichen-Baumholz, 2,2 ha Kiefern-Baumholz mit Eichen-Buchen-Unterstand, 1,3 ha Vermischungszone beider Bestockungstypen mit hohem Anteil Birke und Robinie, Siedlungsdichteuntersuchung 1984 und 1985
    – 9 ha Baumholz, 92% Kiefer, 7% Birke, ferner Buche, Eiche, Linde, Zwischen- und Unterstand Eiche (80%), Birke (15%), Kiefer, Traubenkirsche, Ahorn, Buche, Siedlungsdichteuntersuchung 1983–85 und 1988–91
    – 18 ha gleicher Bestockungstyp wie voriger aber etwas jünger und z. T. Unterstand Roteiche, Siedlungsdichteuntersuchung 1984 (Tabelle 13)
    – 39 ha Kiefern-Baumholz mit Birke, Eiche, Linde, Buche, ferner Kastanie und Ahorn, Strauchschicht Eiche, Birke, Roteiche, Buche, Holunder u. a., Siedlungsdichteuntersuchung 1984
    – 36 ha Kiefern-Birken-Stangenholz mit Eiche, Roteiche, Robinie, Erle, Eberesche und Buche, Strauchschicht aus Eiche, Birke, Holunder, Traubenkirsche, Kiefer u. a., Siedlungsdichteuntersuchung 1985 (Tabelle 13)
    – 7 ha Stangenholz mit Kiefer, Eiche und Buche, Unterstand Traubenkirsche, Roteiche, Esche, Siedlungsdichteuntersuchung 1985

E   Buchenwälder

E.1   Restwald Radebeul-Oberlößnitz, Fiedlergrund, Kr. Dresden, ca. 170–220 m ü. NN, 15 ha, Baumholz, ca. 8% Kiefer, einige Birken, Linden, Eichen und Erlen, Strauchschicht aus Buche und Ahorn 10–60% Deckungsgrad, Siedlungsdichteuntersuchung 1975, P. HUMMITZSCH, mit Auswertung für ausgewählte Arten, 1983–85 (12,3 ha), SCHIMKAT (1992)

E.2   Revier Börnersdorf, nördlich Oelsen, Kr. Pirna, 440–525 m ü. NN, 8,2 ha, starkes Baumholz, 117jährig, Beimischung einiger Fichten, Kiefern, Lärchen, Berg- und Spitzahorn, Eschen, Eichen und Birken, keine Strauchschicht, Siedlungsdichteuntersuchung 1977, D. LOSCHKE (Tabelle 14)

E.3   Lauschegipfel (NSG Lausche), 630–780 m ü. NN, 10,0 ha, Baumholz, 126–137jährig, Beimischung von Berg- und Spitzahorn (20%), etwas Eberesche, kaum Strauchschicht, 20% Fichten- und Eschen-Jungbestände, Siedlungsdichteuntersuchung 1980, K. HOFMANN

E.4   Revier Rehefeld, Hemmschuh (NSG Hemmschuh), 700–760 m ü. NN, 8,3 ha, dicht geschlossenes schwaches Baumholz, 98jährig, keine Strauchschicht, Krautschicht nur horstweise, Siedlungsdichteuntersuchung 1980, R. STEFFENS (Tabelle 14)

E.5   Königsholz nördlich Oberseifersdorf, Kr. Zittau, 368–469 m ü. NN, 17,8 ha, Baumholz, 0,3 ha Stangenholz, 0,3 ha Jungwuchs, 1,1 ha Fichten-Baumholz mit Buche, keine Strauchschicht. Siedlungsdichteuntersuchung 1983, G. HOFMANN (Tabelle 14)

F   Laubmischwälder des Hügellandes

F.1   Restwald bei Döben, Kr. Grimma, ca. 150–200 m ü. NN, Probefläche 11 ha, überwiegend Traubeneiche (75%) bis 150 Jahre alt, Siedlungsdichteuntersuchung 1963–65, C. FEHSE, Auswertung für ausgewählte Arten [3770]

F.2   Restwald Radebeul-Oberlößnitz, Kr. Dresden, 160–230 m ü. NN, 10 bzw. 12 ha, Eiche, Ahorn u. a. Laubbaumarten, einige Kiefern, Unterholz in verschiedener Dichte, Siedlungsdichteuntersuchung 1967–71, P. HUMMITZSCH, mit Auswertung für ausgewählte Arten, 1983 und 1990 J. SCHIMKAT

F.3   Restwald Zschonergrund, Kr. Dresden, ca. 160–260 m ü. NN, 30 ha, Eichen-Hainbuchenwald mit Ahorn, z. T. Linde und Buche, in Tallagen reichlich Strauchschicht, bachbegleitend Eschen-Erlen-Säume, ein kleiner Fichtenhorst, Siedlungsdichteuntersuchung 1975 und 1976, W. WEGER, mit Auswertung für ausgewählte Arten

F.4   Restwald Tännichtgrund bei Oberwartha, Kr. Dresden, ca. 160–250 m ü. NN, 30,5 ha, Eichen-Hainbuchenwald mit Ahorn und Rotbuche, stellenweise bachbegleitend Eschen-Erlen-Säume, Siedlungsdichteuntersuchung 1975 und 1976, W. WEGER, mit Auswertung für ausgewählte Arten

F.5   Weißeritztal-Südhang, zwischen Tharandt und Hainsberg (NSG Weißeritztalhänge), Probestreifen beiderseits des Brüderweges, 200–300 m ü. NN, 26 ha, Eiche, Hainbuche, Linde 67%; Buche 29%, etwas Kiefer, Fichte und Birke; älter 80 Jahre bzw. ungleichaltrig, Strauchschicht < 10%, Siedlungsdichteuntersuchung 1975/76 und 1991/92, R. STEFFENS (Tabelle 15)

F.6   Weißeritztal-Nordhang, zwischen Tharandt und Hainsberg (NSG Weißeritztalhänge), Probestreifen beiderseits des Leitenweges, 200–240 m ü. NN, 18 ha, Buche, Ahorn, Esche 73%; Eiche, Hainbuche, Linde 22%; 3/4 älter 120 Jahre bzw. ungleichaltrig, 1/4 unter 80 Jahre, Strauchschicht > 20% (Ahorn, Buche, Hainbuche, Birke), Siedlungsdichteuntersuchung 1975/76 und 1991/92, R. STEFFENS (Tabelle 15)

F.7   Hochstein-Karlsleite, Kr. Pirna (NSG), 320–420 m ü. NN, 18,2 ha, Eiche, Buche, Hainbuche, Berg- und Spitzahorn, Esche, Ulme, Sommerlinde, ca. 50–100 Jahre, 2 ha Fichten-Stangenholz, 0,2 ha Lärchenpflanzung, Siedlungsdichteuntersuchung 1978, D. LOSCHKE

F.8   Rabenauer Grund, zwischen Hainsberg und Rabenauer Mühle (NSG Rabenauer Grund), Probestreifen beiderseits des Grundweges, 200–250 m ü. NN, 33 ha, Buche, Ahorn, Esche 57%; Eiche, Hainbuche, Linde 22%; älter 80 Jahre, ca. 10% Fichten-Stangenholz, einzelne alte Fichten, Kiefern und Erlen; 10–20% Strauchschicht (Buche, Ahorn, Hainbuche, Birke), auf gesamter Länge von Roter Weißeritz (ca. 8% Flächenanteil) durchflossen, Siedlungsdichteuntersuchung 1979, R. STEFFENS

F.9   Restwald Kemmlitztal, Kr. Zittau, 230–280 m ü. NN, 17,6 ha, Eiche, Ahorn, Linde und Hainbuche, ferner Esche und Birke, einige Robinien, kleinflächig Kiefer und Fichte, überwiegend Baumholz, z. T. ungleichaltrig, Strauchschicht (Arten der Baumschicht und Weißdorn, Holunder, Hasel), 5–20(40)% Deckungsgrad, Siedlungsdichteuntersuchung 1983, G. HOFMANN

G   Auwälder

G.1   Elster-Pleiße-Auwald (NSG), 108–109 m ü. NN, 70,7–80,6 ha, Esche, Stieleiche, Berg-, Spitz- und Feldahorn, Winterlinde, Feldulme, Hainbuche, ferner Rotbuche, Roßkastanie, Wildapfel, Wildkirsche, Erle, plenterwaldartig, überständige Eichen, Altulmen zwischenzeitlich überwiegend abgestorben und beräumt, stark ausgeprägte 2. Baum- und Strauchschicht; Siedlungsdichteuntersuchung 1958 und 1959, BEER [1949]; 1966–68, ERDMANN [2549]; 1985–88, ERDMANN (1989 b), (Tabelle 16)
G.2   Burgaue (NSG), 102 m ü. NN, 8,3 ha, Hartholzaue mit vorherrschend Esche und Stieleiche, in der 2. Baumschicht auch Winterlinde, ferner Berg-, Spitz- und Feldahorn, Feldulme, Hainbuche, ungleichaltrig, Siedlungsdichteuntersuchung 1964–66, WEISBACH [2183]
G.3   Leipziger Auwald, Wilder Mann, 103 m ü. NN, 2 Probeflächen 8,6 und 9,9 ha, Ulme, Esche, Stieleiche, Ahorn, Berg-, Spitz- und Feldahorn, Hainbuche, ferner Robinie, Traubenkirsche, Linde, Birke, 30–150jährig, Stieleiche z. T. 250–300 Jahre, ca. 2 ha Jungbestände aus Esche und Ahorn, Strauchschicht aus Holunder, Hartriegel, Weißdorn, Hasel, Brombeere, Siedlungsdichteuntersuchung 1966 und 1967, ZIEBOLD [2291]
G.4   Auenwald Laske (NSG), 139–141 m ü. NN, 19,3 und 14,3 ha, 30% Stieleiche, je 20% Hainbuche, Birke und Erle, 10% Ulme, Esche und Linde, 40–140jährig, kaum Strauchschicht, Siedlungsdichteuntersuchung 1960–65 und 1970, G. CREUTZ   u. R. SCHLEGEL
G.5   Auwald Guttau (NSG), 145 m ü. NN, 17,0 ha, Stieleiche 55%, Hainbuche 18%, Linde 10%, 70–125jährig; Pappel, Aspe, Erle 17%, 25–35jährig; Siedlungsdichteuntersuchung 1970, G. CREUTZ
G.6   Tiergarten, 1 km nordwestlich Neschwitz, Kr. Bautzen, 150 m ü. NN, 10,6 ha, Stieleiche, Esche, Linde, Erle, Birke, ferner etwas Fichte, Douglasie, Weymouthskiefer, 100–150 Jahre, Siedlungsdichteuntersuchung 1970, G. CREUTZ
G.7   Rosental, Leipzig, 105 m ü. NN, 28,8 ha, stadtnaher parkartig aufgelockerter Auwald mit dichtem Wegenetz, Baumschicht: Alteichen, vereinzelt Rotbuchen, 2. Baumschicht: Linden, Berg-, Spitz- und Feldahorn, Hainbuche, Ulme, Strauchschicht: Jungwuchs der genannten Baumarten, Holunder, Kornelkirsche, Siedlungsdichteuntersuchung 1974, K. TUCHSCHERER
G.8   Elbinsel Gauernitz, Kr. Meißen, ca. 105 m ü. NN, 10,0 ha, Stieleichen-Hainbuchen-Linden-Auewaldrest und Pappelpflanzung, Baumholz, Siedlungsdichteuntersuchung 1977 und 1978, A. MAUME u. H. KLUNKER, mit Auswertung für ausgewählte Arten

H   Laubbaum-Jungforst und -Vorwälder

H.1   Zadlitzbruch (NSG), 110–115 m ü. NN, 35,1 ha aus L.4, Birken-Vorwald und kieferbeherrschte Randzonen zu den angrenzenden Forsten, Stangen- bis Baumholz, Siedlungsdichteuntersuchung 1966 und 1967, REINL (1968)
H.2   Tagebau Kulkwitz, Kr. Leipzig, 120 m ü. NN, 10 Teilflächen, insgesamt 36,8 ha, Anpflanzung von Pappel, Erle, Robinie und Esche, z. T. Anflug von Birke und Ahorn, Anwuchs- bis Stangenholzalter, Siedlungsdichteuntersuchung 1963–1982, DORSCH (1988), (Tabelle 17)

H.3   Steinkohlehalden Zwickau, ca. 260–350 m ü. NN, 9 Teilflächen, 4,5–17,2 ha, überwiegend lückiger Vorwald aus Birke (Robinie, Erle, Pappel, Ahorn, Esche), 0–65jährig, überwiegend Dickungs-/Stangenholz-Stadium, Siedlungsdichteuntersuchung 1969, R. WENZEL u. a. (Tabelle 18)

H.4   Hochhalde Witznitz, Kr. Borna, ca. 140–150 m ü. NN, 9,2 ha, Vorwald, ca. 7 ha Birke, z. T. Robinie, vereinzelt Eiche und Ahorn, Baumholz, übrige Fläche jüngere aufgelokkerte Birken-Aspenbestände bzw. offene Flächen mit einzelnen Holunderbüschen, Brombeeren, Goldrute und Brennessel, Siedlungsdichteuntersuchung 1979–81, ROST [3808], (Tabelle 18)

H.5   Fürstenholz Flößberg, Kr. Borna, ca. 220 m ü. NN, 14,7 ha, Stiel- und Roteiche, 7–22 Jahre, Siedlungsdichteuntersuchung 1979–81, F. ROST (Tabelle 17)

H.6   Revier Deutscheinsiedel, 5 Testflächen aus A. 1.5, Eberesche, Birke, Hirschholunder, unterständig Koniferen, Siedlungsdichteuntersuchung 1980–83, KOLBE [4134], mit Auswertung für ausgewählte Arten

H.7   Postelwitzer Steinbrüche, Kr. Pirna, 120–250 m ü. NN, 12 und 16 ha, lückiger Vorwald aus Birke, z.T. Kiefer und Robinie, Stangen- bis Baumholz, zwischenständig Buche u. a. Laubbaumarten, angrenzend Sandsteinfelsen mit reichlich Brutplatzangebot für Höhlenbrüter, Siedlungsdichteuntersuchung 1980, D. LOSCHKE (Tabelle 18)

H.8   Fürstenauer Heide (NSG), 735 m ü. NN, 7,5 ha, Moorbirke (einzelne Fichten), 20–40jährig, Stangenholz, Siedlungsdichteuntersuchung 1981, R. STEFFENS (Tabelle 18)

H.9   Hochhalde Espenhain, Kr. Borna, 160–220 m ü. NN, 180 ha, Vorwald und Pflanzung, lückig, aus Birken-Anflug, Pappel, Erle, Eiche, Hainbuche und Winterlinde, überwiegend Dickungs-/Stangenholz-Stadium, Siedlungsdichteuntersuchung 1982, BEER [4073], (Tabelle 18)

H.10   Tagebau Kulkwitz, Kr. Leipzig, 120 m ü. NN, 7,2 ha, lückiger Birken-, Pappel-, Erlen- und Weiden-Vorwald, überwiegend Dickungs-/Stangenholz-Stadium, Siedlungsdichteuntersuchung 1982–84, DORSCH (1988)

K   Waldreste, Flurgehölze

K.1   Torgauer Großteich, 4 Teilflächen aus L.3., 1,3–12,6 ha, Erlen-Birken-Vorwald, Erlenbruch bzw. -sumpf, überwiegend Jungwald, einzelne Alteichen u. -eschen insbesondere am Teichdamm, Siedlungsdichteuntersuchung 1958-65, TUCHSCHERER [2177], (Tabelle 19)

K.2   Waldrest zwischen Tharandt und Großopitz, 330–360 m ü. NN, 7,7 ha, Eiche/Hainbuche/Birke 50%, Buche/Ahorn/Erle 15%, älter als 80 Jahre bzw. ungleichaltrig, Strauchschicht (Ahorn, Hainbuche, Holunder, Hasel) >20%, knapp 1/3 der Fläche Fichte im Aufwuchs- und Dickungsstadium, Siedlungsdichteuntersuchung 1966–68, R. WENZEL

K.3   Milkel, Kr. Bautzen, 137 m ü. NN, 3 Gehölze nördlich des Schloßparkes, 0,9, 1,1, 3,0 ha, ca. 100jährige Stieleichen und einzelne Linden, Eschen, Erlen u. a., Unterholz aus Linde, Fichte und Buche, Siedlungsdichteuntersuchung 1970, G. CREUTZ (Tabelle 19)

K.4   Flur Bärnsdorf, Kr. Dresden, ca. 200 m ü. NN, 5 Einzelgehölze, 0,9-4,5 ha, Baumschicht Kiefer, verschiedene Laubbaumarten, Strauchschicht aus Naturverjüngung, Brombeere, Holunder, Schlehe, Weißdorn, Heckenrose, Siedlungsdichteuntersuchung 1975 und 1977, S. RAU (Tabelle 19)

K.5   Feldflur nördl. Dippelsdorfer Teich, ca. 185 m ü. NN, 5 Teilflächen aus M.6, 6,0 ha, Kiefer, Eiche, Birke, Erle, Pappel, Lärche, Strauchschicht aus Holunder, Weißdorn u. a., Siedlungsdichteuntersuchung 1975 und 1977, R. BÄSSLER

K.6   Waldrest Wesenitzhang Zatzschke (NSG), 125–160 m ü. NN, 7,0 ha, Stieleiche, Winterlinde, Erle, Birke, Berg- und Spitzahorn, Hainbuche, Ulme, ungleichaltrig (Jungwuchs bis 120jährige Bäume), z. T. dichte Strauchschicht mit 50–60% Deckungsgrad (Arten der Baumschicht und Hasel, Weißdorn, Holunder), Siedlungsdichteuntersuchung 1976, C. FEHSE, 1979, W.-D. GRÜNELT

K.7 Kleine Triebisch bei Limbach, Kr. Freital, 265–275 m ü. NN, Teilgebiet aus M.12, 8,5 ha, Erlenbachwald mit Esche, Ahorn, Weide, Pappel, Waldreste mit Alteichen, Gebüschgruppen und -streifen mit Schlehe, Weißdorn, Erle, Ahorn, Eiche, Birke, knapp 50 % der Fläche Dauergrünland, Siedlungsdichteuntersuchung 1977/78 und 1984/85, STEFFENS (1986 a), (Tabelle 19)

K.8 Feldflur bei Ullersdorf, ca. 240–260 m ü. NN, 7 Einzelgehölze mit 0,3–11,3 ha, überwiegend Baumholz, je ca. 50 % Nadelbaum- (Fichte, Kiefer) und Laubbaumbestockung (Eiche, Birke, Erle, Buche, Esche, Weide), Unterwuchs aus Naturverjüngung, Holunder, Brombeere, Himbeere, 3 kleine Teiche, Siedlungsdichteuntersuchung 1978–81, R. DAMME, mit Auswertung für ausgewählte Arten

K.9 Feldflur Oberseifersdorf, Kr. Zittau, ca. 360 m ü. NN, 5 Gehölze aus M. 13, 0,13–1,86 ha, insgesamt 2,98 ha, Baumschicht Eiche, Birke, Fichte, Esche, Linde, Vogelkirsche, Strauchschicht Eberesche, Birke, Vogelkirsche, Weide, Faulbaum, Holunder u. a., Siedlungsdichteuntersuchung 1979, G. EIFLER (Tabelle 19)

L Feuchtgebiete (ohne Hochmoore)

L.1 Großer Biwatschteich, Kr. Bautzen, 140 m ü. NN, 21,5 ha, davon ca. 11,5 ha Röhrichte und Seggenrieder, quantitative Bestandsaufnahme 1924–32, ZIMMERMANN [800], (Tabelle 20)

L.2 Teichgebiet Haselbach, Kr. Altenburg und Borna, 145–150 m ü. NN, 1951–60 ca. 100 ha, davon 18 Teiche mit ca. 33 ha Wasserfläche, 14 ha Röhricht; 1978–84 70 ha, davon 17 Teiche mit 40 ha Wasserfläche, 5 ha Röhricht, 25 ha parkartig mit Pappel, Birke, Eiche u. a., überwiegend Stangenholz, besonders im Nordteil auch Obstplantagen sowie Kleinäcker und Grasland, Siedlungsdichteuntersuchung 1951–60 KALBE [2015], 1978–84, Wasservögel, ROST (1988), übrige Arten, ROST (1989 b), (Tabelle 20)

L.3 Torgauer Großteich, ca. 80–90 m ü. NN, 325 ha, davon ca. 181 ha Wasserfläche, ca. 32 ha Röhrichte, ca. 90 ha Seggenrieder und Feuchtwiesen, ca. 22 ha Wald und Gehölze, Siedlungsdichteuntersuchung 1958–65, TUCHSCHERER [2177], (Tabelle 20)

L.4 Zadlitzbruch (NSG), 110–115 m ü. NN, 81,8 ha, davon 64,9 ha Torfstiche z. T. mit Verlandungsvegetation, 35,1 ha Vorwald und kiefernbeherrschte Randzone, 1,8 ha Dämme zwischen den Torfflächen, Siedlungsdichteuntersuchung 1966 und 1967, REINL (1968)

L.5 Dubringer Moor, Kr. Hoyerswerda (NSG), 120 m ü. NN, 68,5 ha, Kleinseggenrasen mit Übergängen zu Schilfbeständen, Grauweidengebüschen und Erlen-Bruchwald, Siedlungsdichteuntersuchung 1970, G. CREUTZ (Tabelle 21)

L.6 Biehlaer Großteich, 150 m ü. NN, ca. 37 ha, davon 20–40 % Röhrichte und Seggenrieder, Siedlungsdichteuntersuchung 1969-78, MELDE [3896, 3916], (Tabelle 20)

L.7 Hafenlache, Leipzig-Lindenau, 115–116 m ü. NN, 7,5 ha, davon ca. 1,8 ha freie Wasserfläche, 2,2 ha Schilf und Röhricht, 2,8 ha Gebüsche und Bruchwald, 0,7 ha Wiese, Siedlungsdichteuntersuchung 1971–77, DORSCH (1985), (Tabelle 20)

L.8 Eichgrabener Teiche, Kr. Zittau, 240 m ü. NN, 8,0 ha, durch 3 Dämme gegliederte Teiche mit alten Laubbäumen, z. T. üppige Strauchschicht, Schilfgürtel unterschiedlicher Breite, Siedlungsdichteuntersuchung 1981, D. SANDER

M Äcker und Wiesen

M.1 Ortsflur Seegeritz bei Leipzig, 110–130 m ü. NN, 286 ha, ca. 77 % Ackerland, 13 % Grünland, 7 % Wald und Gehölze, 3 % dörfliche Bebauung, Siedlungsdichteuntersuchung (ohne Haussperling und Rauchschwalbe) 1955–60, BEER [1703]

M.2   Torgauer Großteich, 5 Teilflächen aus L.3, 1,4–46,9 ha, Feucht- und Naßwiesen (überwiegend Pfeifengras- und Sumpfdotterblumentyp) sowie Seggenrieder, einzelne Gebüschgruppen, Siedlungsdichteuntersuchung 1958-65, TUCHSCHERER [2177], (Tabelle 21)

M.3   Muldenwiesen Hammerbrücke, Kr. Klingenthal, ca. 650 m ü. NN, 54 ha, Bergwiesen beiderseits der Mulde, z. T. mit Naßstellen und von Entwässerungsgräben durchzogen, Siedlungsdichteuntersuchung 1964/65, FUCHS [2507], (Tabelle 21)

M.4   Feldflur nordöstlich Frauenteich, Kr. Dresden, 160–170 m ü. NN, 118 ha, davon 85 ha Acker, 13 ha Wiese, 20 ha Gehölze von 0,5–7,5 ha Größe, Siedlungsdichteuntersuchung 1975–77, P. HUMMITZSCH, mit Auswertung für ausgewählte Arten

M.5   Feldflur südlich Oberer Waldteich, Kr. Dresden, 195–200 m ü. NN, 99 ha, davon 90 ha Acker, 7 ha Wiese, 2 ha Gehölze, Siedlungsdichteuntersuchung 1975–77, D. KELLER, mit Auswertung für ausgewählte Arten

M.6   Feldflur nördl. Dippelsdorfer Teich, Kr. Dresden, ca. 180 m ü. NN, 100 ha, davon 30 ha Acker (Getreide, Kartoffeln), 64 ha Grünland, 5 Feldgehölze (0,2–2,7 ha), 1,5 km Teichrand mit Schilfgürtel, Siedlungsdichteuntersuchung 1975 und 1977, R. BÄSSLER

M.7   Elbwiesen bei Dresden-Stetzsch, 105–110 m ü. NN, 30 ha, davon 7 ha Weidicht, 23 ha Wiesen mit eingeschlossenem Sportplatz und Kleingarten (Obstbäume), Siedlungsdichteuntersuchung 1975 und 1976, W. WEGER, mit Auswertung für ausgewählte Arten

M.8   Elbwiesen bei Radebeul-Serkowitz, Kr. Dresden, ca. 105 m ü. NN, 80 ha, davon 28 bzw. 40 ha Gemüse, 45 bzw. 33 ha Wiese, 6 ha Baumreihen, 1 ha Kiesgrube (Mülldeponie), Siedlungsdichteuntersuchung 1975–79, H.-J. KUHNE, mit Auswertung für ausgewählte Arten

M.9   Feldflur zwischen Bärwalde und Frauenteich, Kr. Dresden, 160–170 m ü. NN, 115 ha, davon 57 ha Weideland, 56 ha Acker, 2 ha Flurgehölze und Hecken, Siedlungsdichteuntersuchung 1976–78, G. DRECHSEL u. a., mit Auswertung für ausgewählte Arten

M.10   Gemüsekulturen Dresden-Mickten/Kaditz, 110–115 m ü. NN, 68, 32 und 30 ha Salat, Kohl, Möhren, Tomaten u. a. Kulturen, Getreide als Zwischenfrucht, einschließlich 4 Kleingartenanlagen (0,5–1,0 ha), Feldränder und Raine, Feldwege und einzelne alte Obstbäume, Siedlungsdichteuntersuchung 1977–82, L. MÜLLER, mit Auswertung für ausgewählte Arten

M.11   Flutrinne und Elbwiese bei Dresden-Kaditz, 105 m ü. NN, 43 ha, davon 37 ha Mähwiese und Weideland, 6 ha Randbereiche mit Pappel, Ahorn, Obstgehölzen und Flieder-, Weißdorn-, Brombeer- und Heckenrosengebüschen, Siedlungsdichteuntersuchung 1977–82, L. MÜLLER, mit Auswertung für ausgewählte Arten

M.12   Feldflur Helbigsdorf, Kr. Freital, 265–280 m ü. NN, 67 ha, 60% Acker (Mais, Weizen), 25% Saatgrasland, 15% bachbegleitende Wiesen und Gehölze sowie Feldhecken, Siedlungsdichteuntersuchung 1977/78, R. STEFFENS

M.13   Feldflur Oberseifersdorf, Kr. Zittau, ca. 360 m ü. NN, 56 ha, 77% Ackerland (Grünhafer/Rotkohl/Winterweizen), 17% Grünland, 6% Gehölze, Siedlungsdichteuntersuchung 1980, G. EIFLER

M.14   Feldflur Eckartsberg (Steinberg), Kr. Zittau, 300–325 m ü. NN, 65 ha, Winterweizen, begrenzt von Wirtschaftswegen, auf der Fläche außerdem Hochspannungsleitung, 3 Hochsitze und Regnerleitungen, Siedlungsdichteuntersuchung 1980, G. EIFLER (Tabelle 21)

M.15   Feldflur Eckartsberg, Kr. Zittau, 300 m ü. NN, 55 ha, Ackerfläche (Kartoffel, Rotkohl, mit Kleinstau, sowie Pump- und Vermarktungsstation), Siedlungsdichteuntersuchung 1981, G. EIFLER (Tabelle 21)

M.16   Feldflur nördl. Eckartsberg, Kr. Zittau, ca. 280 m ü. NN, 65 ha, 34 ha Sommergerste und -weizen, 31 ha vernäßte Wiese mit Weidengebüsch und ca. 10 ha Schilf, Siedlungsdichteuntersuchung 1981, G. EIFLER

M.17 Großer Stein, Spitzkunnersdorf, Kr. Zittau, 12,1 ha, Bergkuppe, 471 m ü. NN mit 1 ha Gehölz (Eiche, Birke, Eberesche, Kiefer, Buche), Strauchschicht (Schlehe, Weißdorn, Holunder), Siedlungsdichteuntersuchung 1981, H. Anders

M.18 Feuchtwiese Pochebach, Kr. Zittau, ca. 380 m ü. NN, 10,1 ha Feuchtwiese beiderseits des Bachlaufes, mit einzelnen Sträuchern, Siedlungsdichteuntersuchung 1982, D. Sander

M.19 Feldflur bei Grumbach, Kr. Freital, 300–320 m ü. NN, 50 ha, Winterweizen ohne weitere Landschaftselemente, Siedlungsdichteuntersuchung 1983, R. Steffens

N   Obstplantagen und Kleingärten

N.1 Kleingartenanlagen Leipzig, ca. 110–130 m ü. NN, mittlere Größe 2–5 ha, insgesamt kontrolliert 48–153 ha (ca. 20–30 Anlagen), 25–30 Nistkästen pro ha, Ermittlung der Bestandszahlen durch Nistkastenkontrollen und Nestfunde (Freibrüter unvollständig), Siedlungsdichteuntersuchung 1960–67 und Auswertung für die häufigsten Arten, Sengenberger [2396, 2492], (Tabelle 22)

N.2 Zwickau-Marientaĺ, ca. 320 m ü. NN, Probefläche, 22 ha, Apfelplantage, z. T. Birne, Pflaume, Vogelbeere, 10jährig, Umgebung gleiches Habitat, 1972 ohne, 1973 mit 10, 1974 mit 15 Nistkästen, Siedlungsdichteuntersuchung A. Siebert u. a. (Tabelle 22)

N.3 Borthen, Kr. Freital, 220–270 m ü. NN, 3 Probeflächen, 2,4–8,0 ha, Apfel- und Birnenplantage, 15–20jährig, Umgebung gleiches Habitat und Kleingärten, Laubwald, Altobst; Siedlungsdichteuntersuchung 1986 und 1987, J. Weise (Tabelle 22)

O   Ödland (Kippen, Halden, Ruderal- u. ä. Flächen vor Erreichen des Jung- bzw. Vorwaldstadiums)

O.1 Kippen und Halden im Süden von Leipzig, ca. 140 m ü. NN, 3 Flächen von 8–11 ha, Offenland bis beginnendes Jungwaldstadium, Kalbe [1500]

O.2 Lehmgrube Dresden-Süd, 160–200 m ü. NN, 13 ha, Trümmer- und Schutthalde mit Pioniervegetation, Grubensohle mit Wiesenflora und Pioniergehölzen, alteichenbestandener Kleinteich und Lehmwand, Siedlungsdichteuntersuchung 1955 und 1962, Dorsch [1973], (Tabelle 23)

O.3 Hochhalde Espenhain, Kr. Borna, 160–220 m ü. NN, ca. 148 ha, vegetationsfrei bis Beginn Vorwald, Siedlungsdichteuntersuchung 1958–60, Beer [1847]

O.4 Tagebau Kulkwitz, Kr. Leipzig, 120 m ü. NN, 25–37 ha, vegetationsfrei bis Beginn Vorwald, Siedlungsdichteuntersuchung 1963–72, Dorsch [3442], (Tabelle 23)

O.5 Vetterwiese, Chemnitz, 310 m ü. NN, 4,6 und 4,0 ha, Beifußgestrüpp mit einzelnen Salweiden und Holunderbüschen, Siedlungsdichteuntersuchung 1964 und 1965, Rinnhofer [2471]

O.6 Kläranlage Chemnitz-Heinersdorf, 280 m ü. NN, 20 ha, Abwasser- und Schlammbecken mit Röhrichten, Brennesselbeständen und Weidichten sowie Sträuchern und Baumbeständen zwischen den Becken, Siedlungsdichteuntersuchung 1968, Saemann [2615]

O.7 Müllhalden u. a. Ruderalflächen in Chemnitz, ca. 300 m ü. NN, 9,5, 23,0 und 40,0 ha mit wechselndem Anteil gering bewachsener bzw. von Hochstauden überwucherten Flächen sowie einzelnen Büschen bis dichtem Dickicht von Holunder, z. T. auch Salweide u. a., Siedlungsdichteuntersuchung 1968 und 1973, Saemann [2616, 4178], (Tabelle 23)

O.8 Braunkohlenkippe Knappenrode, Kr. Hoyerswerda, 130 m ü. NN, 55 ha, vegetationsfrei bis Vorwald im Jungwuchsstadium, Siedlungsdichteuntersuchung 1970, G. Creutz

O.9 Unlandfläche bei Biehla, Kr. Kamenz, 191 m ü. NN, 42 ha, ca. 1/3 Gebüsche aus Besenginster, Himbeere, Heckenrose und Holunder, mit eingestreuten Birken und Kiefern im Stangenholzalter, in der sumpfigen Talsohle Weidichte, ansonsten krautige Vegetation aus Süßgräsern, z. T. Sauergräser und Rainfarn, Siedlungsdichteuntersuchung 1975–79, MELDE [3786], (Tabelle 23)

O.10 Sandgrube Radgendorf, Kr. Zittau, ca. 250 m ü. NN, 11,0 ha, Kiesgrube mit Pioniervegetation, Einzelbäumen (Birke, Eiche) und Büschen, Siedlungsdichteuntersuchung 1980, D. SANDER

P   Parks, Friedhöfe, Baumalleen

P.1 Park Neschwitz, Kr. Bautzen, 150 m ü. NN, 5,6 ha, Baumbestand je ca. 25% Winterlinde und Hainbuche, je ca. 15% Stieleiche, Spitzahorn u. a. Gehölze, Alter der Bäume 80–150 Jahre, Wassergräben und ein Teich (0,5 ha) sowie breite Wege, Alleen und Wiesen (Parkteil im französischen Stil) bzw. dichtes Unterholz (englischer Landschaftspark), 1970 110 künstliche Nistgeräte für Höhlenbrüter sowie weitere Nisthilfen, Siedlungsdichteuntersuchung 1958–62 sowie 1970, G. CREUTZ, R. SCHLEGEL

P.2 Johannesfriedhof Leipzig, ca. 110 m ü. NN, 2,7 ha, verwilderte Parkanlage mit Esche u. a. alten Laubbäumen sowie Unterholz aus Rüster, Weißdorn u. a., Siedlungsdichteuntersuchung 1963–65, ERDMANN [2106]

P.3 Städtischer Friedhof und Urnenhain Chemnitz, 325–350 m ü. NN, 30,7 und 8,5 ha, artenreicher Baumbestand (50–100jährig), Birke, Eiche, Buche dominieren unter den Laubbäumen, Fichten und Lebensbäume unter den Nadelbäumen, reichlich (gepflegte) Hecken (Lebensbaum, Hainbuche u. a.), im SE und SSW dichte Formationen aus Sträuchern (Schneeball, Goldregen u. a.), kleine Wiesenflächen und Steinbauten, der Urnenhain vor allem aus Laubwald-Heckenteil, Nadelwaldteil und Hecken-Wiesenteil bestehend; Siedlungsdichteuntersuchung 1964, RINNHOFER [2059] und 1972, SAEMANN [2896], (Tabelle 24), nur städtischer Friedhof, Siedlungsdichteuntersuchung 1983 u. 1988, H. J. GÖRNER

P.4 Park Milkel, Kr. Bautzen, 137 m ü. NN, 4,0 ha, englischer Landschaftspark mit alten Stieleichen, Buchen, Hainbuchen und Erlen, kaum Unterholz, eingesprengte Rasenflächen, Siedlungsdichtuntersuchung 1970, G. CREUTZ

P.5 Forstbotanischer Garten Tharandt, Kr. Freital, 240–330 m ü. NN, 11,2 ha, Waldpark, etwa 2/3 Laub-, 1/3 Nadelbäume, Deckungsgrad der Baumschicht ca. 50%, kleinflächig und gruppenweise Sträucher bzw. Anpflanzungen/Naturverjüngung, 70 Nistkästen, Siedlungsdichtuntersuchung 1967 und 1968, R. STEFFENS

P.6 Zwickauer Hauptfriedhof, 265 m ü. NN, 10,6 ha, vielgestaltiger weiträumig gegliederter Baumbestand aus Linde, Birke, Blaufichte, Weymouthskiefer u. a., Hauptwege mit Lindenalleen, Strauchschicht aus Rhododendron, Lebensbaum, Eibe, Wacholder, Liguster, Flieder u. a., Siedlungsdichteuntersuchung 1968–70, A. SIEBERT u. R. WENZEL

P.7 Volkspark Räcknitz, Dresden-Süd, ca. 160 m ü. NN, 7,5 ha, Laubbaumbestockung mit eingesprengten Nadelbaumgruppen (Fichte, Eibe u. a.), 1 ha Wiese, 0,3 ha Gestrüppflächen, 8 zweistöckige Gebäude, 5–6 Nistkästen, Siedlungsdichteuntersuchung 1968–82, P. HUMMITZSCH, mit Auswertung für ausgewählte Arten

P.8 Kleinpark Schillerplatz, Chemnitz, ca. 300 m ü. NN, 4 bzw. 9,2 ha, Baumbestand aus Linde, Roßkastanie, Ahorn, Eiche u. a., Hartplätze des eingeschlossenen Busbahnhofes, Rasenflächen, nur spärliche Strauchschicht, Siedlungsdichteuntersuchung 1968 u. 1969, SAEMANN [2615, 2616]

P.9 Kleinstpark 0,5 km östlich Stadtzentrum Chemnitz, ca. 300 m ü. NN, 0,9 ha, zwischen Wohnblöcken; alte Eschen, Ulmen, Linden u. a.; lichte Strauchschicht aus Weißdorn und Flieder, Rasen, Hartplatz und Kinderspielplatz, Siedlungsdichteuntersuchung 1968, SAEMANN [2615]

P.10 Kleinparks und Baumalleen, Innenstadt Chemnitz, 4 Teilflächen aus R.1.1, 0,5–2,5 ha, Linde, Ulme, Roßkastanie, Ahorn, überwiegend Hartplätze, Siedlungsdichteuntersuchung 1969, SAEMANN [2615], (Tabelle 24)

P.11   Kleinpark Dresden – Bienertmühle, 160 m ü. NN, 2,8 ha, 50% dichter, teilweise von Waldrebe überwucherter Laubbaumpark, 30% lichte Bestockung aus Robinie mit Unterstand aus Holunder, Traubenkirsche, 20% Wohngebäude u. Garten mit alten Platanen und Pappeln, Siedlungsdichteuntersuchung 1971, R. STEFFENS, (Tabelle 24)

P.12   Küchwaldpark Chemnitz, ca. 330 m ü. NN, Probefläche 23,5 ha, bis 150jähriger Laub-mischwald aus Eiche, Rotbuche, Birke u. a., einige Fichten und Lärchen, z. T. Strauch-schicht aus Naturverjüngung, ferner Brombeere u. a., Siedlungsdichteuntersuchung 1972, SAEMANN [2896], (Tabelle 24)

P.13   Schloßteich-Park Chemnitz, ca. 300 m ü. NN, 10,7 ha, 10–60 m breiter Grüngürtel um die Wasserfläche, 1 Insel und eine im SW anschließende Grünanlage; lichter Bestand ca. 70jähriger, auf der Insel und am Teichufer 100jähriger Laubbäume; dichter Rasen, in der Strauchschicht Rhododendron und Pfeifenstrauch, Siedlungsdichteuntersuchung 1972, SAEMANN [2896]

P.14   Kleinpark ehemals Karl-Marx-Platz, Chemnitz, ca. 300 m ü. NN, 6,5 ha lichter Bestand alter Laubbäume (Linde, Esche u. a.), Rasenflächen und Blumenrabatten um ein Denkmal, Gruppen 15jähriger Fichten, Siedlungsdichteuntersuchung 1970–72, SAE-MANN [2896]

P.15   Kurpark Bad Düben, Kr. Eilenburg, 98–105 m ü. NN, ca. 10 ha, 60% geschlossener Baumbestand (Ahorn, Eiche, Robinie, Hainbuche u. a.), 40% offene Abschnitte mit Rasenflächen, Plätzen, Wegen, Gebäuden, z. T. locker mit Gehölzen bestanden, Sied-lungsdichteuntersuchung 1974–76 u. 1984–86, MÜLLER (1989)

P.16   Ländliche Friedhöfe Dresden-Altkaditz, 110–115 m ü. NN, 0,5, 1,0, 1,5 ha, alter Baum-bestand mit Ahorn, Birke, Linde u. a., Strauchschicht Lebensbaum-, Eiben- und Ligu-sterhecken, Weidendickicht, Brombeergestrüpp, 30 Nistkästen, begrenzt durch Stein-mauern, angrenzend Siedlung bzw. Gemüseacker, Siedlungsdichteuntersuchung 1977–82, L. MÜLLER, mit Auswertung für ausgewählte Arten

P.17   Friedhof Radebeul-Ost, 110–115 m ü. NN, 3,3 ha, 50% Gräberreihen durch Lebens-bäume getrennt, Hauptwege mit beschnittenen Kopflinden, gesamte Fläche Einzel-bäume (Linde, Eberesche, Fichte, Kiefer), Siedlungsdichteuntersuchung 1978–82, K. H. KUHNE

P.18   Grüner Ring Zittau, 235–253 m ü. NN, 20,7 ha, Linde, Ahorn, Birke u. a. Laubbaum-arten, 6,5% Nadelholz (Kiefer, Fichte, Douglasie), lockere Strauchgruppen aus Rho-dodendron, Flieder, Schneebeere u. a., z. T. dichter Rasen, Siedlungsdichteuntersu-chung 1970, G. HOFMANN (Tabelle 24)

P.19   Weinaupark Zittau, 230 m ü. NN, 35,0 ha, Baumschicht Eiche vorherrschend, Strauch-schicht Naturverjüngung u. verschiedene Ziersträucher, übrige Fläche (ca. 30%) Wie-sen, Sportstadion, Ausflugsgaststätte, Siedlungsdichteuntersuchung 1979, G. u. K. HOF-MANN, mit Auswertung für ausgewählte Arten

P.20   Stadtkern Leipzig – Promenadenring, Teilflächen aus R.1.2, 97 ha, Kleinparks und Al-leen mit gepflegtem Rasen und Strauchbeständen und z. T. altem Baumbestand, Sied-lungsdichteuntersuchung 1979, LADUSCH, LEHNERT u. STRACHE [3634]

P.21   Frauenfriedhof Zittau, 230 m ü. NN, 10 ha, Baumschicht Laubbäume (insbes. Linde), ca. 50% Deckungsgrad; Strauchschicht Ziergehölze u. Laubbaum-Jungwuchs, beschnit-tene Hecken; Siedlungsdichteuntersuchung 1981, K. HOFMANN

R   Bebaute Flächen

R.1   Gemischte Habitate

R.1.1   Chemnitz, zentrumsnahes Stadtgebiet, ca. 300 m ü. NN, 117 ha, davon 12,5 ha alte u. neue City, 79,9 ha Wohnblockzone, 15,4 ha sonstige Gebäudekomplexe, 9,2 ha Klein-park; Siedlungsdichteuntersuchung 1969, SAEMANN [2615]

R.1.2 Leipzig, Stadtkern, ca. 110 m ü. NN, 64,2 ha, davon 54,5 ha Alt- und Neubauzone, 9,7 ha Grünanlagen, Siedlungsdichteuntersuchung 1979, Ladusch, Lehnert u. Strache [3634]

R.2   Stadtzentren

R.2.1 Stadtzentrum Chemnitz, Teilfläche aus R.1.1, 4,5 ha, Hartplatz mit alten Gebäuden aus der Gründerzeit (Museum, Oper, Petrikirche) mit z. T. reich gegliederten Außenfassaden, einige alte Robinien, Siedlungsdichteuntersuchung 1969, Saemann [2615]

R.2.2 Stadtzentrum Chemnitz, Teilfläche aus R.1.1, 8,0 ha, moderne mindestens achtgeschossige Gebäude aus Beton u. Glas, intensiv gepflegte Grünanlagen, Hecken, Hartplätze, Bäume fehlen weitgehend, Siedlungsdichteuntersuchung 1969, Saemann [2615], (Tabelle 25)

R.2.3 Stadtzentrum Zittau, 235–250 m ü. NN, 9,5 ha, alte Gebäude (Johanniskirche, Rathaus, Bürgerhäuser im Renaissance-, Barock- und Klassizismus-Stil); überwiegend 10–15 m, Türme bis 60 m hoch; einzelne Bäume und Sträucher, Hartplätze, einige Rasen-Splitterflächen, Siedlungsdichtuntersuchung 1982, G. Hofmann (Tabelle 25)

R.2.4 Stadtkern Leipzig, Teilfläche aus R.1.2, 42,8 ha, mehrgeschossige Wohnhäuser aus 19. bzw. ersten Jahrzehnten 20. Jahrhundert, Zweckbauten sowie Kirchen, Hartplätze sowie kleine Grünanlagen mit Blumen- und Strauchwuchs, vereinzelt junge Bäume, Rasenflächen, in einigen Hinterhöfen auch älterer Baum- und Strauchbestand, Siedlungsdichteuntersuchung 1979, Ladusch, Lehnert u. Strache [3634]

R.2.5 Stadtkern Leipzig, Teilfläche aus R.1.2, 11,7 ha, moderne hohe Gebäude, betonierte Plätze, keine größeren Vegetationsflächen, Siedlungsdichteuntersuchung 1979, Ladusch, Lehnert u. Strache [3634]

R.3   Wohnblockzonen

R.3.1 Chemnitz, 0,5 km östlich der City, ca. 300 m ü. NN, 2,5 ha, geschlossene Häuserfront, Flächenanteil der Vegetation unter 10%, lediglich einige ältere Laubbäume an Straßenzügen und in Innenhöfen, Siedlungsdichteuntersuchung 1967/68, Saemann [2616]

R.3.2 Chemnitz-Innenstadt, nördlich vom Stadtzentrum, Teilfläche aus R.1.1, 56,7 ha, geschlossene Häuserfront (50–80jährig, 4–6geschossig), Gebäude 75%, Hartplätze/Straßen 20%, Grünflächen 5%, als Bäume Apfel und Birne vorherrschend, kaum Kriegseinwirkungen, Siedlungsdichteuntersuchung 1969, Saemann [2615], (Tabelle 25)

R.3.3 Chemnitz-Innenstadt, nördlich vom Stadtzentrum, Teilfläche aus R.1.1, 17,2 ha überwiegend Einzelhäuser (50–80jährig, 3–5geschossig), Gebäude 40%, Hartplätze/Straßen 20%, Grünfläche 40%, im Baumbestand Birne und jüngere Pappeln vorherrschend, Siedlungsdichteuntersuchung 1969, Saemann [2615]

R.3.4 Leipzig-Connewitz, ca. 120 m ü. NN, ca. 200 ha, 3–5geschossige Wohnhäuser, 50–80jährig; Bebauungslücken durch Kriegseinwirkungen, z. T. in 1950er Jahren wieder geschlossen; etwa 40% Grünflächenanteil, darunter zwei kleine Park- und eine Schulsportanlage; überwiegend 50–70jährige Linden, Roßkastanien, Pappeln, Platanen, einige Feldahorn, Weißdorn und Obstbäume; in den Hausgärten z. T. Gebüsch größeren Umfanges, Siedlungsdichtuntersuchungen 1975, 1977, 1979, Erdmann [3445]

R.3.5 Zittau-Südvorstadt, ca. 240 m ü. NN, 9,5 ha, 2–3geschossige Häuserblocks mit kleinen Gärten und alleeartigen Straßenzügen, Siedlungsdichteuntersuchung 1980, D. Spittler

R.4   Industrie- und Einzelbauten

R.4.1 Chemnitz-Hauptbahnhof(einschließlich Post und Technische Hochschule), Teilfläche aus R.1.1, 15,4 ha, 5–8geschossige Gebäude, Bahnsteighalle, Hartplätze (10%), Siedlungsdichteuntersuchung 1969, Saemann [2615]

R.5   Gartenstadt u. ä., Wohnsiedlungen

R.5.1   Chemnitz – 1,8 km nördlich vom Stadtzentrum ca. 310 m ü. NN, 2,8 ha, Villen und Siedlungshäuser; 75% der Fläche Rasen, Beete, Hecken, Baumbestand (2/3 Obstbäume, Rest sonst. Laubhölzer, vereinzelt Koniferen); 10 Nistkästen, Siedlungsdichteuntersuchung 1967, Saemann [2616]

R.5.2   Chemnitz-Glösa, ca. 340 m ü. NN, 25,1 ha, Villen und Wochenendhäuser (unter 10% Bebauung), Waldgrundstücke mit hohem Koniferenanteil (Fichte), Hecken (Lebensbaum, Fichte), Nutzgärten, etwa 40 Nistkästen, Siedlungsdichteuntersuchung 1972, Saemann [2896]

R.5.3   Chemnitz-Glösa, ca. 320–340 m ü. NN, 31,2 ha, Kleinsiedlung Ein- und Zweifamilienhäuser in sechs Reihen (Flächenanteil ca. 15%), von Obstbäumen beherrschte Gärten, Sträucher und Hecken, etwa 25 Holznistkästen, Siedlungsdichteuntersuchung 1972, Saemann [2896]

R.5.4   Kleinsiedlung bei Hohenstein-Ernstthal, ca. 450 m ü. NN, 11,2 ha, ein- bis zweigeschossige Siedlungshäuser, größere Nutzgärten mit Obstgehölzen und Sträuchern, wenige Koniferen, als Grünzäune genutzte Hecken, einige ältere Bäume (Birken, Pappeln, Roßkastanien), Siedlungsdichteuntersuchung 1978, Gruner [3449]

R.5.5   Dresden-Süd, Mommsen-/Nöthnitzer Straße, 160 m ü. NN, 23 ha, 2–3stöckige Altbauten, 3 ehemalige Gehöfte, hohe Laubbäume, kleine Gärten, Garagen, Siedlungsdichteuntersuchung 1979 u. 1980, P. Hummitzsch, mit Auswertung für ausgewählte Arten

R.5.6   Dresden-Süd, Lukaskirche, 150 m ü. NN, 12,5 ha, dreigeschossige Wohnhäuser und Siedlungshäuser, einige hohe Laubbäume, mittelgroße bis große Gärten, Garagen, verwilderte Gebüschzonen; in manchen Gärten Hecken, Gebüsche, Koniferen, Nistkästen; Siedlungsdichtuntersuchung 1979 u. 1980, P. Hummitzsch

R.5.7   Dresden-Süd, Friedrich-Hegel-Straße, 180 m ü. NN, 4 ha, 2–3geschossige Wohnhäuser; mit engeren bis weiteren Gärten, unbebauten, z. T. verwilderten Grundstücken; Garagenhöfe, z. T. alte Baumbestände u. dichte Hecken, in Gärten Obst-, Laub- und Nadelgehölze sowie Sträucher u. Hecken, 4 Nistkästen, Siedlungsdichteuntersuchung 1979–82, H. Schönheinz, mit Auswertung für ausgewählte Arten

R.5.8   Radebeul-Niederlößnitz, Kr. Dresden, 120 m ü. NN, 16 ha, überwiegend Villenviertel mit mittelgroßen Gärten und hohen Laubbäumen, Siedlungsdichteuntersuchung 1979, E. Pause

R.5.9   Dresden-Neustadt, Radeberger-/Forststraße, 120 m ü. NN, 24,5 ha, Villen aus der Gründerzeit, viele hohe Laubbäume; kleine bis mittelgroße Gärten, z. T. mit Hecken, Gebüsch, Koniferen, Nistkästen, viele Garagen und ehemalige Pferdeställe, Siedlungsdichtuntersuchung 1978 u. 1979, P. Hummitzsch

R.5.10   Dresden-Kaditz, Siedlung, 110 m ü. NN, 14 ha, Einfamilien- und Doppelhäuser aus den 1930er Jahren, größere Gärten mit kurzgehaltenem Rasen, kaum noch älterer Obstbaumbestand, Nistkästen, Siedlungsdichteuntersuchung 1979, K. Sperling, mit Auswertung für ausgewählte Arten

R.5.11   Großschönau, Kr. Zittau, 300–325 m ü. NN, 14,5 ha, Villen auf parkartig gestalteten Grundstücken und dichtere Bebauung mit Umgebindehäusern u. Obstgärten, Hecken entlang der Wasserläufe u. Grundstücksgrenzen, überwiegend Laubbäume, einige Lärchen, Kiefern u. Fichten, Siedlungsdichtuntersuchung 1981, G. Hofmann (Tabelle 25)

R.6   Neubau-Wohnkomplexe

R.6.1   Chemnitz, Beimler-Gebiet, ca. 340 m ü. NN, 36,2 ha, 5–9geschossige Wohnblöcke (Montage aus Betonfertigteilen), Flachbauten, Rasen und Hartplätze, bis auf wenige Gebüschgruppen fehlt jegliches Großgrün; Siedlungsdichteuntersuchung 1972, Saemann [2896]; 1978, Kleinstäuber [3462]

R.6.2   Chemnitz, Flemming-Gebiet, ca. 320 m ü. NN, 32 ha, 4–9geschossig, ziegelgedeckte Satteldächer, weiträumige Grünflächen, überwiegend junge Baumgruppen u. Einzelbäume, Gebüschgruppen, Siedlungsdichtuntersuchung 1972, SAEMANN [2896], (Tabelle 25)

R.6.3   Chemnitz, Moritzstraße, ca. 300 m ü. NN, 16,5 ha 5geschossige Wohnblöcke mit Flachdächern, reiche Bepflanzung mit raschwüchsigen Baumarten (Pappeln) und Sträuchern, Sielungsdichteuntersuchung 1972, SAEMANN [2896]

R.6.4   Dresden, Budapester Straße, 240 m ü. NN, 20 ha, 11geschossige Wohnblockzeile (Betonfertigteile), angrenzend 3–4geschossige Wohnblöcke, Innenflächen der Blöcke mit Rasen, Hecken und Bäumen sowie Garagen, straßenseitig Rasenstreifen mit vereinzelten Büschen und Bäumen, Straßen z. T. mit alten Bäumen (Linde, Ahorn u. a.), Siedlungsdichteuntersuchung 1975–82, W. WEGER

R.6.5   Zittau-Nord, ca. 250 m ü. NN, 13,0 ha Neubaublocks, 4 ältere Häuser mit Gartenbaubetrieb, Durchgangsstraße mit einseitiger Pappelpflanzung, ansonsten nur wenige junge Bäume und Sträucher, Siedlungsdichteuntersuchung 1982, B. PRASSE u. S. HÖNTSCH

R.7   Dörfliche Siedlungen

R.7.1   Chemnitz-Ebersdorf, ca. 350 m ü. NN, 28,5 ha, Straßendorf, maximal dreigeschossige Wohnhäuser mit unterschiedlich großen Gärten, Gehöfte, angrenzend Acker- und Grünland, vielgestaltige Begrünung aus Sträuchern, Obstbäumen und reichem, teils sehr altem Laubbaumbestand, Siedlungsdichteuntersuchung 1977, SAEMANN [2896]

R.7.2   Wittgendorf/Romerei, Kr. Zittau, 300 m ü, NN, 25 ha, Waldhufendorf, zweigeschossige Wohnhäuser, Gehöfte, Milchvieh- und Jungrinderanlage, Obstgärten, Einzelbäume, daneben 3 kleine auwaldartige Gehölze, Dorfbach, 2 Kleinteiche, Siedlungsdichteuntersuchung 1979, G. HOFMANN (Tabelle 25)

R.7.3   Waltersdorf, Kr. Zittau, 465–571 m ü. NN, 10 ha, Waldhufendorf, Einfamilien-Fachwerkhäuser, kleine Gehöfte, Hausgärten mit einigen Obstbäumen; Ahorn, Buchen, Linden, Eschen, Birken und Eichen mit 10–20% Deckungsgrad; einige Hecken und kleine Koniferen, außerhalb der Gärten Grasland, Siedlungsdichteuntersuchung 1980, B. PRASSE u. G. HOFMANN

R.7.4   Oybin/Oberdorf, Kr. Zittau, 405–450 m ü. NN, 14,2 ha, Haufendorf, überwiegend Fachwerk-Einfamilienhäuser, Obstbäume mit ca. 20% Deckungsgrad, einzeln oder in kleinen Gruppen Laub-(Linde, Buche, Hainbuche) und Nadelbäume (Fichte), Heckenzäune aus Schneebeere, Liguster, Hasel u. a., Einzelgebüsche u. Sträucher, Bodennutzung hauptsächlich Grasland (Zierrasen), außerdem Fließgewässer (Goldbach) u. Freibad, Siedlungsdichtuntersuchung 1983, G. HOFMANN

1.7.2 Charakterisierung ausgewählter Lebensräume durch Siedlungsdichteergebnisse

Fichtenwälder und -forste

Von den Wäldern der drei sächsischen Bezirke (rund 25% der Landesfläche) ist knapp die Hälfte mit Fichte bestockt. Die relativ große Zahl Siedlungsdichteuntersuchungen in solchen Biotopen trägt dem Rechnung. Vor allem in jüngeren Wuchsklassen (Aufwuchs, Dickung) gibt es aber noch Defizite.

In mittelalten und alten Fichtenforsten (Tabelle 9) dominieren Buchfink, Wintergoldhähnchen, Tannenmeise, Rotkehlchen und Sommergoldhähnchen. Der Buchfink ist dabei für alle mit höheren Bäumen bestandenen Flächen typisch, das Rotkehlchen vor allem für unterholzreiche Bestockungen mit nur lockerer Bodenvegetation, die Tannenmeise ist genereller Nadelwaldvogel und nur Sommer- und Wintergoldhähnchen sind Charakterarten für den Fichtenwald. Eine Vorliebe für die Fichte zeigen auch Heckenbraunelle, Misteldrossel und Gimpel, insbesondere für Fichtenwälder in Hoch- und Kammlagen Fichtenkreuzschnabel und Erlenzeisig. Die Haubenmeise hingegen ist ähnlich wie die Tannenmeise lediglich Nadelwaldvogel. Mittelalte und ältere Fichtenforste weisen untereinander eine nur wenig differenzierte Vogelbesiedlung auf. Bei letzteren ist aber verstärktes Auftreten des Buntspechtes beachtenswert. Alle anderen in Tabelle 9 dokumentierten Unterschiede sind in diesem Zusammenhang nicht gesetzmäßig:

– die 1986 insgesamt niedrigere Siedlungsdichte dürfte mit mehreren vorausgegangenen kalten Wintern zusammenhängen,
– der Rückgang von Haubenmeise und Sommergoldhähnchen liegt im allgemeinen Trend,
– der Rückgang von Amsel, Singdrossel und Heckenbraunelle ist im Zusammenhang mit dem Heranwachsen in die Probeflächen integrierter kleiner Jungbestandsflächen zu sehen,
– das Auftreten von Blaumeise und Feldsperling (Waldrand) sowie die Zunahme von Kohlmeise hängen mit vermehrtem Nistkastenangebot zusammen.

Ebenfalls nur relativ geringe Unterschiede zeigen sich auch zu Untersuchungsflächen mit forsttypischer (normaler) Wuchsklassenverteilung (Tabelle 8). Lediglich Heckenbraunelle und Baumpieper, in manchen Fällen auch Amsel und Singdrossel, rücken hier zu den dominanten Arten auf. Die übrigen Jungwald und Kahlflächen bevorzugenden Arten sind in der Regel nur rezedent. Die Ursache dafür ist, daß die o. a. dominanten Arten mittelalter und alter Bestockungen schon im schwachen Stangenholz, also bei einer angenommen 100jährigen Umtriebszeit der Fichte auf 4/5 der Fläche, vorherrschen (vgl. Tabelle 11), während Arten des Jungwaldes (z. B. Fitis, Gartengrasmücke, Goldammer) nur während einer sehr kurzen Entwicklungsphase (10–20 Jahre) entsprechende Siedlungsbedingungen vorfinden und in höheren

Tabelle 8: Siedlungsdichte in gemischten Fichten-Wuchsklassen des Töpferwaldes (A.1.7)

	1984 (14,8 ha)			1985 (37,5 ha)			1986 (37,5 ha)			1987 (37,5 ha)		
	BP	A	D	BP	A	D	BP	A	D	BP	A	D
Buchfink	13	8,7	38,0	31	8,3	48,4	29	7,7	43,3	29	7,7	45,3
Rotkehlchen	3	2,0	8,7	3	0,8	4,6	4	1,1	6,0	2,5	0,7	3,9
Heckenbraunelle	3	2,0	8,7	8,5	2,3	13,3	12,5	3,1	18,7	7,5	2,0	11,7
Wintergoldhähnchen	3	2,0	8,7	6	1,6	9,4	7,5	2,0	11,2	7,5	2,0	11,7
Tannenmeise	2	1,4	6,1	5	1,3	7,8	1	0,3	1,6	2	0,5	3,1
Baumpieper	2	1,4	6,1	3	0,8	4,6	3,5	0,9	5,3	4,5	1,2	7,0
Sommergoldhähnchen	2	1,4	6,1	–	–	–	–	–	–	–	–	–
Singdrossel	1,5	1,0	4,4	1,5	0,4	2,3	1,5	0,4	2,3	2	0,5	3,1
Kohlmeise	1	0,7	3,1	–	–	–	1	0,3	1,6	1	0,3	1,6
Waldbaumläufer	1	0,7	3,1	1	0,3	1,6	–	–	–	–	–	–
Amsel	1	0,7	3,1	1,5	0,4	2,3	1	0,3	1,6	2,5	0,7	3,9
Fitis	0,5	0,3	1,3	–	–	–	–	–	–	0,5	0,1	0,8
Misteldrossel	0,5	0,3	1,3	1	0,3	1,6	1	0,3	1,6	1	0,3	1,6
Ringeltaube	0,5	0,3	1,3	1	0,3	1,6	1	0,3	1,6	1,5	0,4	2,3
Kuckuck	–	–	–	1	0,3	1,6	–	–	–	–	–	–
Waldschnepfe	–	–	–	0,5	0,2	0,9	–	–	–	–	–	–
Haubenmeise	–	–	–	–	–	–	1,5	0,4	2,3	1	0,3	1,6
Erlenzeisig	–	–	–	–	–	–	1	0,3	1,6	–	–	–
Gimpel	–	–	–	–	–	–	1	0,3	1,6	1	0,3	1,6
Zaunkönig	–	–	–	–	–	–	0,5	0,1	0,7	–	–	–
Mönchsgrasmücke	–	–	–	–	–	–	–	–	–	0,5	0,1	0,8
	34,0	22,9	100,0	64	17,3	100,0	67	18,0	100,0	64	17,1	100,0

Altersstufen überhaupt nicht mehr vorkommen. Eine Zwischenstellung nehmen in dieser Hinsicht Heckenbraunelle, ferner Amsel und Singdrossel ein. Der Baumpieper findet bei wechselnden Altersstufen die von ihm bevorzugten Randbiotope häufiger vor, was den Aufstieg dieser Arten in der Dominanzskala gemischter Wuchsklassen begründet.

Sowohl in mittelalten u. alten Fichtenforsten als auch in solchen gemischter Wuchsklassen (Tabelle 8 u. 9) gehört die Ringeltaube zu den Arten mit hoher Stetigkeit.

In Tabelle 8 ist außerdem zu beachten, daß infolge der geringen Flächengröße, der Höhenlage und zunehmender Rauchschäden die Artenmannigfaltigkeit gemischter Fichten-Wuchsklassen nur unzureichend repräsentiert wird. Zum Beispiel fehlen von den in jüngeren Wuchsklassen ansonsten häufigen Arten Goldammer und Gartengrasmücke, ferner auch Dorngrasmücke. Das Sommergoldhähnchen als typische Nadelwaldart tritt nur in einem Jahr auf. Auch die Siedlungsdichte ist aus den genannten Gründen relativ niedrig, während sie sonst in gemischten Wuchsklassen normaler Verteilung aufgrund der Randeffekte eher höher ist als in homogenen mittelalten und alten Fichtenforsten. Auch hier (1985–87) ist mit dem Einfluß mehrerer kalter Winter zu rechnen.

Tabelle 9: Siedlungsdichte auf 3 Probeflächen mittelalter Fichtenforste im Tharandter Wald (A.2.1) und im Ergebnis von Wiederholungsuntersuchungen nach 19 Jahren (A.2.9)

	1967 (45,2 ha)			1986 (36,1 ha)[1]		
	BP	A	D	BP	A	D
Buchfink	59	13,1	40,9	36	10,0	41,3
Wintergoldhähnchen	20	4,4	13,8	12	3,3	13,7
Tannenmeise	19	4,2	13,2	7	1,9	8,0
Rotkehlchen	14	3,1	9,7	6	1,7	6,9
Sommergoldhähnchen	9	2,0	6,3	5	1,4	5,7
Waldbaumläufer	4	0,9	2,8	–	–	–
Kohlmeise	4	0,9	2,8	7	1,9	8,0
Misteldrossel	3	0,7	2,1	2	0,6	2,3
Haubenmeise	3	0,7	2,1	–	–	–
Ringeltaube	3	0,7	2,1	3	0,8	3,4
Singdrossel	2	0,4	1,4	1	0,3	1,2
Amsel	2	0,4	1,4	–	–	–
Eichelhäher	1	0,2	0,7	1	0,3	1,2
Heckenbraunelle	1	0,2	0,7	–	–	–
Buntspecht	–	–	–	2	0,6	2,3
Zaunkönig	–	–	–	1	0,3	1,2
Gimpel	–	–	–	1	0,3	1,2
Fichtenkreuzschnabel	–	–	–	1	0,3	1,2
Blaumeise	–	–	–	1	0,3	1,2
Feldsperling	–	–	–	1	0,3	1,2
	144	31,9	100,0	87	24,3	100,0

[1] Flächenreduzierung infolge Holzeinschlag

Kiefernwälder und -forste

Mit reichlich 1/4 Anteil an der Waldfläche ist die Kiefer nach der Fichte die mit Abstand häufigste Baumart in sächsischen Wäldern. Entsprechende Bestockungen sind in Siedlungsdichteuntersuchungen unterrepräsentiert. Vor allem in den Heidegebieten des Tieflandes und in jüngeren Wuchsklassen sind weitere Erfassungen wünschenswert.

Im Vergleich zur Fichte fällt die geringere Siedlungsdichte in mittelalten Beständen auf. Die entsprechenden Werte in Tabelle 10 werden im Extremfall (großflächig einförmige Forste armer Sandstandorte) sicher noch unterschritten. Da sich Kiefernbestockungen relativ früh auflichten (Lichtbaumart), zählen Baumpieper, Fitis und Zilpzalp noch oder schon wieder zu den dominanten bzw. subdominanten Arten. Sommer- und Wintergoldhähnchen kommen dagegen in der Regel nicht bzw. nur bei Beimischung von Fichte vor. Von den typischen Nadelwaldbewohnern ist lediglich die Tannenmeise regelmäßig eine dominante Art, die Haubenmeise ist (wie auch bei Fichte) deutlich seltener und die Misteldrossel wird, aufgrund ihrer viel geringeren Dichte als in Fichtenwäldern und -forsten, nur gelegentlich auf Siedlungsdichte-Probeflächen angetroffen. Charakterarten der Kiefernheide (Ziegenmelker, Heidelerche) fehlen den Stangen- u. Baumhölzern (Tabelle 10), sofern nicht entsprechende Blößen bzw. Kahlschläge u. Jungforste eingestreut sind.

Im Gegensatz zur Fichte treten im allgemeinen in älteren Kiefernforsten bereits wieder wesentlich höhere Artenzahlen und Abundanzen auf, was ebenfalls mit dem ökologischen Verhalten der Kiefer als Lichtbaumart (Entwicklung von Zwischen- und Unterstand) zusammenhängt (vgl. Tabelle 10 mittlere Spalte und Tabelle 13 sowie S. 102 f). Zu Tabelle 10 ist ferner zu bemerken, daß die Vorkommen von Waldlaubsänger, Kleiber und Blaumeise allesamt im Einzugsbereich von Laubbaumbeimischungen lagen.

Tabelle 10: Siedlungsdichte auf 3 Probeflächen mittelalter – alter Kiefernforste in der Lausitzer Niederung (B.1.1 und B.1.3)

| | Revier Neschwitz 21,8 ha ohne Nistkästen und ohne Fichte | | | südlich Uhyst | | | |
| | | | | ältere, strukturreichere Fläche 13 ha | | jüngerer, einschichtiger Bestand 17 ha | |
	BP	A	D	A	D	A	D
Buchfink	12	5,5	35,4	4,1	11,0	3,4	20,1
Rotkehlchen	4	1,8	11,8	2,6	7,0	1,0	6,0
Zilpzalp	4	1,8	11,8	4,7	12,7	0,5	3,0
Tannenmeise	3	1,4	8,8	3,2	8,6	1,7	10,0
Baumpieper	3	1,4	8,8	0,6	1,6	3,1	18,4
Fitis	2	0,9	6,0	4,4	11,9	0,7	4,2
Kohlmeise	1	0,5	2,9	3,8	10,2	1,2	7,1
Waldbaumläufer	1	0,5	2,9	0,5	1,3	0,2	1,2
Waldlaubsänger	1	0,5	2,9	0,5	1,3	0,2	1,2
Gartengrasmücke	1	0,5	2,9	–	–	–	–
Buntspecht	1	0,5	2,9	1,2	3,2	0,8	4,8
Gartenrotschwanz	1	0,5	2,9	–	–	–	–
Wintergoldhähnchen	–	–	–	2,6	7,0	1,0	6,0
Mönchsgrasmücke	–	–	–	–	3,2	0,8	4,8
Star	–	–	–	1,5	4,0	–	–
Singdrossel	–	–	–	0,9	2,4	0,5	3,0
Zaunkönig	–	–	–	1,4	3,8	0,1	0,6
Haubenmeise	–	–	–	0,2	0,5	0,4	2,4
Heckenbraunelle	–	–	–	0,6	1,6	0,1	0,6
Amsel	–	–	–	0,5	1,3	0,2	1,2
Schwanzmeise	–	–	–	0,8	2,1	–	–
Kleiber	–	–	–	0,4	1,1	0,3	1,8
Blaumeise	–	–	–	0,8	2,1	–	–
Weidenmeise	–	–	–	0,5	1,3	0,2	1,2
Zeisig	–	–	–	0,3	0,8	0,4	2,4
	34	15,6	100,0	37,3	100,0	16,8	100,0

Nadelbaum – Jungforste

Junge Nadelbaum-Wuchsklassen (Tabelle 11 und 12) weisen die für Jungwälder generell typische Abfolge der Besiedlung auf (vgl. auch Laubbaum-Jungforste und Vorwälder S. 107 ff.). An dieser Stelle soll nur folgendes hervorgehoben werden:

1. Die Siedlungsdichte steigt zunächst bis zu Dickung/schwaches Stangenholz. Die hier im Vergleich zu mittelalten (bei Kiefer) sowie mittelalten und älteren Forsten (bei Fichte) höheren Werte können neben Randeffekten der stets relativ kleinen Flächen damit begründet werden, daß von der Krautschicht bis zum Kronenraum eine durchgängige Besiedlung erfolgen kann, die später durch Ausdunkeln, Pflegemaßnahmen u. ä. Faktoren nicht mehr gegeben ist. Erst in Altbeständen (bei Kiefer) bzw. in der natürlichen Zerfalls- und Verjüngungsphase (bei Fichte) werden diese Verhältnisse wieder erreicht bzw. überboten. Die entsprechenden Phasen fehlen in Fichtenforsten in der Regel jedoch wirtschaftsbedingt.
2. Reine Kiefern-Jungforste weisen aufgrund ihrer Beschränkung auf ärmere Standorte und gewisser Strukturnachteile in der Regel niedrigere Siedlungsdichten auf als Fichten-Jungforste.

Tabelle 11: Siedlungsdichte auf je 2 Probeflächen im schwachen Stangenholz (Fichte A.3.3, Kiefer B.2.1 und B.2.2), in Fichtendickungen (A.3.3) sowie im Hochmoor-Kiefernwald (B.4.1)

	Fichte schw. Stangenh. 11,7 ha			Kiefer schw. Stangenh. 8,2 ha			Fichtendickung 7,7 ha			Hochmoor-Kiefernwald 15 ha		
	BP	A	D	BP	A	D	BP	A	D	BP	A	D
Rotkehlchen	11	9,4	13,4	4,5	5,5	10,1	4,5	5,8	8,7	3	2,0	5,1
Buchfink	10,5	9,0	12,8	3,5	4,3	7,9	1,5	1,9	2,8	11	7,2	18,9
Heckenbraunelle	8,5	7,3	10,2	4	4,9	9,1	9	11,8	16,6	11	7,2	18,9
Singdrossel	8	6,8	9,6	4,5	5,5	10,1	–	–	–	1	0,7	1,7
Wintergoldhähnchen	7	6,0	8,4	1	1,2	2,2	1,5	1,9	2,8	–	–	–
Fitis	6,5	5,6	7,8	5	6,2	11,3	17,5	22,8	32,3	13	8,7	22,2
Zilpzalp	5,5	4,7	6,6	3	3,7	6,7	4	5,2	7,4	1	0,7	1,7
Tannenmeise	4	3,4	4,8	3	3,7	6,7	–	–	–	–	–	–
Haubenmeise	4	3,4	4,8	2	2,4	4,5	–	–	–	–	–	–
Amsel	3,5	3,0	4,2	2	2,4	4,5	1,5	1,9	2,8	2	1,3	3,4
Sommergoldhähnchen	2,5	2,1	3,0	–	–	–	–	–	–	–	–	–
Zaungrasmücke	2,5	2,1	3,0	–	–	–	3	3,9	5,6	1	0,7	1,7
Kohlmeise	2,5	2,1	3,0	2,5	3,0	5,6	1	1,3	1,9	–	–	–
Gimpel	2,5	2,1	3,0	1,5	1,8	3,4	–	–	–	1	0,7	1,7
Zaunkönig	2	1,7	2,4	–	–	–	–	–	–	–	–	–
Grünfink	1	0,9	1,2	1	1,2	2,2	1	1,3	1,9	–	–	–
Mönchsgrasmücke	1	0,9	1,2	0,5	0,6	1,1	–	–	–	–	–	–
Gartengrasmücke	0,5	0,4	0,6	5	6,1	11,3	5	6,6	9,3	1	0,7	1,7
Weidenmeise	–	–	–	–	–	–	1	1,3	1,9	1	0,7	1,7
Goldammer	–	–	–	–	–	–	1,5	1,9	2,8	5	3,3	8,5
Hänfling	–	–	–	–	–	–	1,5	1,9	2,8	–	–	–
Eichelhäher	–	–	–	1	1,2	2,2	–	–	–	–	–	–
Turteltaube	–	–	–	0,5	0,6	1,1	–	–	–	–	–	–
Baumpieper	–	–	–	–	–	–	–	–	–	4	2,7	6,8
Dorngrasmücke	–	–	–	–	–	–	–	–	–	1	0,7	1,7
Birkenzeisig	–	–	–	–	–	–	–	–	–	2,5	1,7	4,3
	83	70,9	100,0	44,5	54,3	100,0	54	70,1	100,0	58,5	39,0	100,0

3. Verschiedene Arten (z. B. Heckenbraunelle, Rotkehlchen, Fitis, Gartengrasmücke) erreichen ihre optimale Besiedlungsphase im Kiefern-Jungforst später bzw. behaupten sich länger, was damit begründet werden kann, daß die Lichtbaumart Kiefer die für die Besiedlung günstigen Strukturen später erreicht bzw. den dafür förderlichen Wuchs anderer Pflanzenarten (z. B. Birkenbeimischung, Krautschicht) länger toleriert.
4. Hochmoor-Kiefernwald weist bezüglich der Avifauna große Ähnlichkeit mit Nadelbaum-Jungforsten auf, jedoch vermischen sich hier die einzelnen Besiedlungsphasen.
5. Auf Blößen und in Jungforsten der Hoch- und Kammlagen (Tabelle 12, mittlere Spalte) treten im Vergleich zum Hügelland (Tabelle 12, linke Spalte) Dorngrasmücke, Rotkehlchen, Goldammer u. a. Arten zurück, Wiesenpieper, Feldlerche, Braunkehlchen u. a. Arten neu hinzu. Die Siedlungsdichte ist insgesamt wesentlich niedriger. Die Ursachen dafür sind, abgesehen von zufälligen Erscheinungen, in der Höhenlage, der starken Vergrasung (z. B. negativ für Rotkehlchen u. Goldammer), der Landschaftsöffnung (positiv für Feldlerche, Wiesenpieper, Braunkehlchen) und möglicherweise in noch weiteren mit der Immissionsbelastung in Hoch- und Kammlagen zusammenhängenden Faktoren zu sehen. Bei den hohen Goldammer- und Dorngrasmückendichten im Wittgendorfer Wald ist auch die Waldrandlage zu beachten.
6. Die Heidelerche und unter bestimmten Standortsbedingungen auch Ziegenmelker, Brachpieper und Steinschmätzer finden neben Ödland nur in frühen Vorwald- und Kulturstadien der Kiefernheide günstige Existenzbedingungen (Tab. 12, 18 u. 23).

Tabelle 12: Siedlungsdichte auf 2 Probeflächen in Blöße-/Anwuchs-/Aufwuchsstadien in Fichtengebieten (A.4.1, A.4.6) und auf 3 analogen Flächen in Kieferngebieten (B.3.1)

	Wittgendorfer Wald Blöße/Anwuchs 16,1 ha			Revier Deutscheinsiedel Blöße/An-/Aufwuchs 35 ha			Junge Heide/Dresden Aufwuchs 13,1 ha		
	BP	A	D	BP	A	D	BP	A	D
Goldammer	10,5	6,5	30,5	–	–	–	–	–	–
Dorngrasmücke	4	2,5	11,6	–	–	–	1	0,8	8,0
Baumpieper	8	5,0	23,2	3	0,8	15,0	4	3,1	32,0
Rotkehlchen	3	1,9	8,7	–	–	–	–	–	–
Zaunkönig	3	1,9	8,7	–	–	–	–	–	–
Heckenbraunelle	2	1,2	5,8	3	0,8	15,0	–	–	–
Neuntöter	1	0,6	2,9	–	–	–	0,5	0,4	4,0
Stieglitz	1	0,6	2,9	–	–	–	–	–	–
Amsel	1	0,6	2,9	1	0,3	5,0	1	0,8	8,0
Fitis	0,5	0,3	1,4	–	–	–	1,5	1,1	12,0
Kohlmeise	0,5	0,3	1,4	–	–	–	–	–	–
Wiesenpieper	–	–	–	4,5	1,3	22,5	–	–	–
Feldlerche	–	–	–	3,5	1,0	17,5	–	–	–
Buchfink	–	–	–	2	0,6	10,0	–	–	–
Braunkehlchen	–	–	–	1	0,3	5,0	–	–	–
Birkenzeisig	–	–	–	1	0,3	5,0			
Hänfling	–	–	–	1	0,3	5,0	–	–	–
Heidelerche	–	–	–	–	–	–	4	3,1	32,0
Gartengrasmücke	–	–	–	–	–	–	0,5	0,4	4,0
	34,5	21,3	100,0	20,0	5,7	100,0	12,5	9,7	100,0

Nadel-Laubbaum-Mischbestockungen

Am häufigsten treten entsprechende Bestockungen mit Kiefer auf. Da diese sich schon relativ früh licht stellt (Lichtbaumart), wandern vor allem auf besseren Standorten Laubbaumarten (Birke, Eiche, Buche, Hainbuche, Linde) und auf mineralischen Naß- sowie anmoorigen Standorten (insbesondere in der Lausitzer Niederung) Fichte ein bzw. werden durch forstliche

Tabelle 13: Siedlungsdichte auf Probeflächen in Kiefer-Laubbaum-Mischbestockungen in der Jungen Heide bei Dresden (D.6 u. D.10)

	lichtes Baumholz 16 ha			Baumholz jünger, dichter, kiefernreicher 18 ha			Stangenholz 36 ha		
	BP	A	D	BP	A	D	BP	A	D
Fitis	17,0	10,6	11,6	5	2,8	4,3	5	1,4	5,2
Amsel	15,6	9,8	10,7	6	3,3	5,2	10	2,8	10,5
Rotkehlchen	13,5	8,4	9,2	9	5,0	7,8	10	2,8	10,5
Kohlmeise	12,3	7,7	8,4	11	6,1	9,7	9	2,5	9,5
Singdrossel	11,2	7,0	7,7	3	1,7	2,6	4	1,1	4,2
Star	10,9	6,8	7,5	1	0,6	0,9	2	0,6	2,1
Buchfink	9,8	6,1	6,7	8	4,4	7,0	10	2,8	10,5
Blaumeise	9,4	5,9	6,4	10	5,6	8,7	5	1,4	5,2
Zilpzalp	7,7	4,8	5,3	4	2,2	3,5	4	1,1	4,2
Gartengrasmücke	5,5	3,5	3,8	–	–	–	3	0,8	3,1
Waldlaubsänger	4,5	2,8	3,1	5	2,8	4,3	1	0,3	1,0
Buntspecht	4,0	2,5	2,7	4	2,2	3,5	3	0,8	3,1
Mönchsgrasmücke	4,0	2,5	2,7	2	1,1	1,7	5	1,4	5,2
Ringeltaube	3,9	2,4	2,7	2	1,1	1,7	1	0,3	1,0
Kernbeißer	2,7	1,7	1,8	3	1,7	2,6	3	0,8	3,1
Kleiber	1,9	1,2	1,3	4	2,2	3,5	1	0,3	1,0
Gartenbaumläufer	1,4	0,9	1,0	4	2,2	3,5	1	0,3	1,0
Heckenbraunelle	1,3	0,8	0,8	1	0,6	0,9	–	–	–
Grünfink	1,1	0,7	0,8	4	2,2	3,5	–	–	–
Haubenmeise	1,1	0,7	0,8	3	1,7	2,6	6	1,7	6,3
Waldbaumläufer	1,1	0,7	0,8	4	2,2	3,5	–	–	–
Trauerschnäpper	1,0	0,6	0,7	2	1,1	1,7	–	–	–
Zaunkönig	0,9	0,6	0,6	1	0,6	0,9	–	–	–
Eichelhäher	0,8	0,5	0,5	3	1,7	2,6	4	1,1	4,2
Schwanzmeise	0,8	0,5	0,5	–	–	–	1	0,3	1,0
Sumpfmeise	0,7	0,4	0,5	1	0,6	0,9	–	–	–
Grauschnäpper	0,5	0,3	0,3	2	1,1	1,7	–	–	–
Pirol	0,5	0,3	0,3	–	–	–	1	0,3	1,0
Gimpel	0,3	0,2	0,2	–	–	–	–	–	–
Baumpieper	0,2	0,1	0,1	2	1,1	1,7	2	0,6	2,1
Tannenmeise	0,2	0,1	0,1	5	2,8	4,3	1	0,3	1,0
Gartenrotschwanz	0,1	0,1	0,1	2	1,1	1,7	1	0,3	1,0
Girlitz	0,1	0,1	0,1	–	–	–	–	–	–
Klappergrasmücke	0,1	0,1	0,1	–	–	–	–	–	–
Stockente	0,1	0,1	0,1	2	1,1	1,7	1	0,3	1,0
Kleinspecht	–	–	–	1	0,6	0,9	–	–	–
Wintergoldhähnchen	–	–	–	1	0,6	0,9	–	–	–
Sperber	–	–	–	–	–	–	1	0,3	1,0
Weidenmeise	–	–	–	–	–	–	1	0,3	1,0
	146,2	91,5	100,0	115	64,1	100,0	96	27,0	100,0

Maßnahmen (Unterbau) gefördert. Der von Natur durch Vögel nur sehr dünn besiedelte reine Kiefernforst verliert dabei in dieser Hinsicht sehr rasch sein typisches Bild und wird zunehmend bezüglich Vogelartenmannigfaltigkeit sowie deren Abundanz und Dominanzverhältnisse durch die Baumartenbeimischungen geprägt. Es ist ferner einleuchtend, daß im allgemeinen diese Erscheinung im Stangenholz weit weniger ausgeprägt ist, als im Baum- bzw. Altholz (Tabelle 10 – Uhyst, Tabelle 13). Tannen- und Haubenmeise sowie gegebenenfalls auch Misteldrossel und Wintergoldhähnchen sind jedoch deutliche Weiser für den Nadelbaumanteil. Die Haubenmeise hat i.d.R. eine höhere Dichte als die Tannenmeise, ist toleranter gegen einen entsprechenden Laubbaumanteil.

Laub- und Laubmischwälder

Laubbaumbestockungen nehmen in Sachsen etwa 20% der Waldfläche ein. Aufgrund ihres überwiegend reichen Vogellebens wurden hier zahlreiche Siedlungsdichteuntersuchungen durchgeführt. Trotzdem gibt es Erfassungsdefizite insbesondere in jüngeren Buchen-Wuchsklassen.

Den Eichen-Buchenwäldern, Eichen-Hainbuchenwäldern und Auwäldern des Hügel- und Flachlandes nahestehende Bestockungen (Tabelle 15 und 16) sind aufgrund ihrer hohen Baumarten-, Alters- und Strukturvielfalt im Vergleich zu Nadelbaumbestockungen wesentlich artenreicher und weisen auch entsprechend höhere Siedlungsdichten auf. Hingegen sind Buchenbestockungen meistens stärker wirtschaftlich geformt und mittelalte dichtgeschlossene Bestände dieser Schattbaumart zeigen noch stärkere Depressionen der Vogelbesiedlung (vgl. Tabelle 14, Rehefeld) als bereits bei der Behandlung der Fichten-Wuchsklassen beschrieben (vgl. S. 100). Im Gegensatz zur Fichte erreicht die Buche bei der herkömmlichen Bewirtschaftung aber wesentlich höhere Bestandsalter bzw. Stärkeklassen und die Verjüngung erfolgt überwiegend auf natürlichem Wege, wodurch solche Altbestände und Restbestockungen besonderen ökologischen Wert für die Vogelbesiedlung gewinnen können (Tabelle 14, Rev. Börnersdorf – Beginn dieser Phase). Neben die bereits in Nadelbaumbestockungen dominanten Arten Buchfink und Rotkehlchen treten in Laub- und Laubmischwälder vor allem Star, Kohlmeise, Blaumeise und Kleiber. Sie alle sind Höhlenbrüter, und die Bevorzugung von Laubhölzern ist damit zumindest teilweise (bei Star und Kohlmeise mehr, bei Kleiber und Blaumeise weniger) eine indirekte. Ähnlich differenziert ist die Sachlage auch bei Waldkauz, Gartenrotschwanz, Trauerschnäpper und Gartenbaumläufer zu sehen, während Grünspecht, Grauspecht, Sumpfmeise, Hohltaube und Zwergschnäpper doch eine recht feste, in einigen Fällen z. B. (Grauspecht, Hohltaube) aber wiederum auch nicht absolute Bindung an Laubholz aufweisen. Von den Freibrütern sind Waldlaubsänger, Kernbeißer, Pirol, Gelbspötter und Nachtigall eng an Laubholz gebunden, wobei der Kernbeißer in den 1980er Jahren aber auch in Fichtenforsten als Brutvogel nachgewiesen werden konnte.

Die oben angeführten und in den Tabellen 14–16 mit entsprechenden Siedlungsdichtewerten belegten Waldtypen weisen untereinander folgende Differenzierungen auf:

1. In überwiegend einschichtigen (hallenartigen) Buchenbestockungen kommen kaum Strauchbrüter bzw. Bewohner von Jungwald oder vertikal geschichteten Beständen vor (z. B. Amsel, Singdrossel, Mönchsgrasmücke). Selbst das Rotkehlchen, welches in dieser Hinsicht relativ plastisch ist (in mittelalten Fichtenforsten reichen ihm z. B. Baumstümpfe und Aststummel in Strauchhöhe als Sing- und Ansitzplätze), tritt zurück. Im allgemeinen nicht zu den Buchenwaldbewohnern des Berglandes gehören Grünspecht, Gartenbaumläufer, Pirol und Gelbspötter (Tabelle 14, Spalte 1 u. 3), generell nicht Mittelspecht und Nachtigall.

2. In den Laubmischwäldern des Hügellandes erreichen Strauchbrüter bzw. Bewohner vertikal geschichteter Bestände einen wesentlich höheren Anteil. Das Rotkehlchen hat hier im Vergleich zu allen anderen Waldtypen die höchste Siedlungsdichte. Zu den dominanten Arten schließt bis auf wenige Ausnahmen auch die Amsel auf, Singdrossel und Mönchsgras-

mücke sind subdominant. Aufgrund des Eichenanteils ist auch der Gartenbaumläufer regelmäßiger Brutvogel. Bemerkenswert ist ferner die relativ hohe Dichte des Kernbeißers. Mittelspecht, Nachtigall, Gelbspötter und Pirol kommen dagegen in den hochcollinen Eichen-Buchenwäldern (Tabelle 15) nicht bzw. nur sporadisch vor.

3. Die reichste vertikale Gliederung weisen die Auwälder auf. Deutlich kommt das in hohen Dominanzanteilen der Mönchsgrasmücke zum Ausdruck. Hingegen treten der Grauspecht wegen seiner überwiegend montanen Verbreitung, Waldlaubsänger und Hohltaube wegen ihrer Vorliebe für buchenreiche Bestockungen und das Rotkehlchen möglicherweise wegen zu dichter Bodenvegetation bereits wieder zurück. Gleiches gilt auch für Kernbeißer. Bemerkenswert sind regelmäßige Vorkommen von Mittelspecht (vor allem im Leiziger Auwald), Nachtigall, Gelbspötter und Pirol sowie eine relativ dichte und stabile Besiedlung durch den Feldsperling in den Randzonen solcher Wälder.

In bestimmten zeitlichen Abständen wiederholte Siedlungsdichteuntersuchungen zeigen z. T. bemerkenswerte Veränderungen. Der Rückgang von Goldammer, Dorngrasmücke, Baumpieper, Fitis und Zilpzalp im Elster-Pleiße-Auwald (Tabelle 16) ist im wesentlichen mit dem Schließen der kriegs- und nachkriegsbedingten Waldlücken zu begründen [2549], die überwiegende Zunahme der Höhlenbrüter sowie von Mönchsgrasmücke, Rotkehlchen, Waldlaubsänger und Amsel zeugen davon, daß das Ökosystem höhlen- und strukturreicher und damit insgesamt reifer geworden ist. Zunahmen bei Grauschnäpper und Kernbeißer sowie Abnahme

Tabelle 14: Siedlungsdichte in 3 Buchenwäldern unterschiedlicher Entwicklungsphasen (E.2 u. E.4 sowie Teilfläche aus E.5)

	Rev. Börnersdorf (8,2 ha), Baumholz 117 Jahre Kronenschluß 70–80%			Königsholz (12,3 ha) Baumholz 103–116 Jahre Kronenschluß 80–95%			Rev. Rehefeld (8,3 ha) Schwaches Baumholz 98 Jahre Kronenschluß 100%		
	BP	A	D	BP	A	D	BP	A	D
Star	21	25,8	39,4	5	4,1	12,2	–	–	–
Kohlmeise	7	8,6	13,1	4	3,3	9,6	2	2,4	26,7
Blaumeise	4	4,9	7,6	1	0,8	2,4	–	–	–
Buchfink	4	4,9	7,6	11,5	9,3	27,9	3	3,6	40,0
Kleiber	4	4,9	7,6	2	1,6	4,8	0,5	0,6	6,7
Baumpieper	2	2,5	3,8	–	–	–	–	–	–
Hohltaube	2	2,5	3,8	1	0,8	2,4	–	–	–
Sumpfmeise	1	1,2	1,9	–	–	–	–	–	–
Waldbaumläufer	1	1,2	1,9	–	–	–	–	–	–
Waldlaubsänger	1	1,2	1,9	3	2,4	7,2	1	1,2	13,3
Gartenrotschwanz	1	1,2	1,9	–	–	–	–	–	–
Trauerschnäpper	1	1,2	1,9	3	2,4	7,2	–	–	–
Rotkehlchen	1	1,2	1,9	3	2,4	7,2	–	–	–
Kernbeißer	1	1,2	1,9	–	–	–	–	–	–
Buntspecht	1	1,2	1,9	0,5	0,4	1,2	–	–	–
Grauspecht	1	1,2	1,9	–	–	–	–	–	–
Tannenmeise	–	–	–	3	2,4	7,2	–	–	–
Ringeltaube	–	–	–	1	0,8	2,4	–	–	–
Grauschnäpper	–	–	–	1	0,8	2,4	–	–	–
Gartenbaumläufer	–	–	–	1	0,8	2,4	–	–	–
Pirol	–	–	–	1	0,8	2,4	–	–	–
Mönchsgrasmücke	–	–	–	0,5	0,4	1,2	–	–	–
Zwergschnäpper	–	–	–	–	–	–	1	1,2	13,3
	53	64,8	100,0	41,5	33,7	100,0	7,5	9,1	100,0

bei Gartenrotschwanz und Sumpfmeise, in der letzten Zeitperiode auch Star und Grünfink, sind wohl einem überregionalen Bestandstrend geschuldet. Die insgesamt geringere Siedlungsdichte 1958/59 ist möglicherweise auch methodisch bedingt (Wechsel des Bearbeiters). Bei den beiden ca. 15 Jahre auseinanderliegenden Vergleichsuntersuchungen der Weißeritztalhänge (Tabelle 15) fällt auf, daß eine bedeutende Zunahme des Kleibers zu Lasten der Kohlmeise u. a. Höhlenbrüter geht, was auf Brutplatzkonkurrenz hindeutet. Bemerkenswert ist auch der Gesamtdichtetrend – am Südhang deutliche Abnahme, am Nordhang geringfügige Zunahme – der möglicherweise der großen Trockenheit in der Beobachtungsperiode 1991/92 zugeschrieben werden könnte. Dadurch fallen generelle Wertungen schwer. Die für Gartenrotschwanz, Grünfink und Star sowie Grauschnäpper und Kernbeißer im Leipziger Auewald ermittelten Trends werden bestätigt. Die Mönchsgrasmücke scheint über die für den Elster-Pleiße Auwald vermerkten Struktureffekte hinaus zuzunehmen, bei der Sumpfmeise eine Trendwende eingetreten zu sein. Gegenläufig sind in beiden Untersuchungsgebieten vor allem die Ergebnisse

Tabelle 15: Siedlungsdichte in den Laubmischwäldern der Weißeritztalhänge (F.5 u. F.6)

| | Brüderweg (26 ha) | | | | | | Leitenweg (18 ha) | | | | | |
| | 1975/76 | | | 1991/92 | | | 1975/76 | | | 1991/92 | | |
	BP	A	D	BP	A	D	BP	A	D	BP	A	D
Kohlmeise	28	10,7	13,2	14	5,4	8,4	10	5,6	7,0	9	5,0	5,9
Buchfink	23	8,8	10,9	16	6,2	9,6	14	7,8	9,8	20	11,1	13,3
Star	22	8,5	10,4	16	6,2	9,6	12	6,7	8,4	7	3,9	4,6
Blaumeise	18	6,9	8,5	16	6,2	9,6	13	7,2	9,1	16	8,6	10,6
Rotkehlchen	17	6,5	8,1	18	6,9	10,8	16	8,9	11,1	17	9,4	11,3
Kleiber	13	5,0	6,2	25	9,6	15,0	7	3,9	4,9	12	6,7	7,9
Amsel	13	5,0	6,2	8	3,1	4,8	13	7,2	9,1	10,5	5,8	7,0
Waldlaubsänger	10	3,8	4,7	2,5	1,0	1,5	6	3,3	4,2	3,5	1,9	2,3
Singdrossel	8	3,1	3,8	5	1,9	3,0	7	3,9	4,9	6	3,3	4,0
Trauerschnäpper	8	3,1	3,8	4	1,5	2,4	4	2,2	2,8	1	0,6	0,7
Kernbeißer	7	2,7	3,3	10	3,8	6,0	7	3,9	4,9	8	4,4	5,3
Buntspecht	4	1,5	1,9	5	1,9	3,0	3	1,7	2,1	6	3,3	4,0
Grauschnäpper	4	1,5	1,9	6	2,3	3,6	2	1,1	1,4	6	3,3	4,0
Zilpzalp	4	1,5	1,9	1	0,4	0,6	3	1,7	2,1	2	1,1	1,3
Gartenbaumläufer	3	1,2	1,4	2	0,8	1,2	1	0,6	0,7	1	0,6	0,7
Gartenrotschwanz	3	1,2	1,4	1	0,4	0,6	–	–	–	–	–	–
Zaunkönig	3	1,2	1,4	2	0,8	1,2	5	2,8	3,5	7	3,9	4,6
Grünfink	3	1,2	1,4	–	–	–	1	0,6	0,7	–	–	–
Mönchsgrasmücke	2	0,8	0,9	2	0,8	1,2	4	2,2	2,8	7	3,9	4,6
Ringeltaube	2	0,8	0,9	1	0,4	0,6	–	–	–	–	–	–
Eichelhäher	2	0,8	0,9	2	0,8	1,2	1	0,6	0,7	–	–	–
Misteldrossel	2	0,8	0,9	1,5	0,6	0,9	–	–	–	–	–	–
Grauspecht	2	0,8	0,9	0,5	0,2	0,3	1	0,6	0,7	0,5	0,3	0,3
Sumpfmeise	2	0,8	0,9	3	1,2	1,8	3	1,7	2,1	3	1,7	2,0
Baumpieper	2	0,8	0,9	–	–	–	–	–	–	–	–	–
Tannenmeise	2	0,8	0,9	–	–	–	–	–	–	–	–	–
Wintergoldhähnchen	1	0,4	0,5	–	–	–	–	–	–	–	–	–
Heckenbraunelle	1	0,4	0,5	–	–	–	4	2,2	2,8	1	0,6	0,7
Gartengrasmücke	1	0,4	0,5	1	0,4	0,6	2	1,1	1,4	2	1,1	1,3
Waldbaumläufer	1	0,4	0,5	1,5	0,6	0,9	2	1,1	1,4	3	1,7	2,0
Grünspecht	–	–	–	0,5	0,2	0,3	1	0,6	0,7	–	–	–
Hohltaube	–	–	–	2	0,8	1,2	–	–	–	2	1,1	1,3
Zwergschnäpper	–	–	–	0,5	0,2	0,3	–	–	–	0,5	0,3	0,3
	211	81,2	100,0	167	64,2	100,0	143	79,4	100,0	151	83,9	100,0

Tabelle 16: Siedlungsdichte im Elster-Pleiße-Auwald, Mittelwerte aus 3 Zeitetappen (G.1)

	1958/59 (70,7 ha)			1966–68 (80,6 ha)			1985–88 (80,6 ha)		
	BP	A	D	BP	A	D	BP	A	D
Star	19,5	2,8	6,4	94	11,7	18,7	72,8	9,0	14,8
Buchfink	25	3,5	8,2	43	5,3	8,6	52	6,5	10,5
Kohlmeise	22,5	3,2	7,3	38	4,7	7,6	39,3	4,9	8,0
Blaumeise	7	1,0	2,3	34	4,2	6,8	19	2,4	3,9
Amsel	16	2,3	5,2	30	3,7	6,0	28,8	3,6	5,9
Mönchsgrasmücke	15	2,1	4,9	26,7	3,3	5,4	41,8	5,2	8,4
Feldsperling	5	0,7	1,6	25,3	3,1	5,1	21,3	2,6	4,3
Kleiber	15,5	2,2	5,0	18	2,2	3,6	21,3	2,6	4,3
Zilpzalp	28	4,0	9,2	17,3	2,1	3,5	18,8	2,3	3,8
Buntspecht	3,5	0,5	1,1	16	2,0	3,2	19,8	2,5	4,0
Rotkehlchen	6,5	0,9	2,1	16	2,0	3,2	26,3	3,3	5,4
Trauerschnäpper	11	1,6	3,6	13	1,6	2,6	20	2,5	4,1
Singdrossel	11,5	1,6	3,7	13	1,6	2,6	13,5	1,7	2,8
Ringeltaube	1	0,1	0,3	12,7	1,6	2,5	9,3	1,2	1,9
Gartenrotschwanz	11	1,6	3,6	10	1,2	2,0	7,8	1,0	1,6
Fitis	22,5	3,2	7,3	11,7	1,5	2,3	3	0,4	0,6
Grünfink	1	0,1	0,3	8,3	1,0	1,7	0,5	0,1	0,1
Mittelspecht	1	0,1	0,3	5,7	0,7	1,1	3	0,4	0,6
Gartengrasmücke	9,5	1,3	3,1	6,3	0,8	1,3	4,8	0,6	1,0
Grauschnäpper	–	–	–	5,3	0,7	1,1	8,5	1,1	1,7
Zaunkönig	5	0,7	1,6	4,7	0,6	0,9	4,3	0,5	0,9
Gartenbaumläufer	4	0,6	1,3	4	0,5	0,8	5	0,6	1,0
Baumpieper	17	2,4	5,5	5	0,6	1,0	1,3	0,2	0,3
Rabenkrähe	–	–	–	3,7	0,5	0,7	2,8	0,3	0,6
Stockente	1,5	0,2	0,5	4	0,5	0,8	5	0,6	1,0
Fasan	0,5	0,1	0,2	2,3	0,3	0,5	0,3	0,04	0,1
Gelbspötter	2	0,3	0,7	2,7	0,3	0,5	7,5	0,9	1,5
Dorngrasmücke	22,5	3,2	7,3	2,7	0,3	0,5	0,3	0,04	0,1
Kernbeißer	1	0,1	0,3	3	0,4	0,6	4,8	0,6	1,0
Kleinspecht	–	–	–	2,3	0,3	0,5	2,5	0,3	0,5
Waldlaubsänger	–	–	–	2,7	0,3	0,5	9	1,1	1,8
Goldammer	13	1,8	4,2	2,7	0,3	0,5	0,8	0,1	0,2
Waldbaumläufer	–	–	–	2	0,2	0,4	0,8	0,1	0,2
Waldkauz	0,5	0,1	0,2	1,3	0,2	0,3	2,8	0,3	0,6
Nachtigall	1	0,1	0,3	3,3	0,4	0,7	0,8	0,1	0,2
Grünspecht	0,5	0,1	0,2	1,0	0,1	0,2	0,3	0,04	0,1
Pirol	2	0,3	0,7	1,3	0,2	0,3	1,8	0,2	0,4
Sumpfmeise	2	0,3	0,7	1	0,1	0,2	–	–	–
Schwanzmeise	–	–	–	1,8	0,2	0,4	–	–	–
Eichelhäher	1	0,1	0,2	1	0,1	0,2	0,5	0,1	0,1
Bachstelze	–	–	–	0,7	0,1	0,2	1,0	0,1	0,2
Mäusebussard	1	0,1	0,2	0,3	0,04	0,1	1,8	0,2	0,4
Stieglitz	–	–	–	0,3	0,04	0,1	0,5	0,1	0,1
Klappergrasmücke	–	–	–	0,3	0,04	0,1	–	–	–
Habicht	–	–	–	0,3	0,04	0,1	–	–	–
Kuckuck	–	–	–	0,3	0,04	0,1	1,5	0,2	0,3
Haussperling	0,5	0,1	0,2	–	–	–	–	–	–
Hohltaube	0,5	0,1	0,2	–	–	–	–	–	–
Sumpfrohrsänger	–	–	–	–	–	–	1	0,1	0,2
Rotmilan	–	–	–	–	–	–	0,3	0,04	0,1
Girlitz	–	–	–	–	–	–	0,3	0,04	0,1
Teichralle	–	–	–	–	–	–	0,3	0,04	0,1
Mandarinente	–	–	–	–	–	–	0,3	0,04	0,1
Schellente	–	–	–	–	–	–	0,3	0,04	0,1
	307,5	43,5	100,0	499	61,7	100,0	489,5	60,7	100,0

bei Kohlmeise, Blaumeise, Waldlaubsänger und Trauerschnäpper, doch sind neben dem bereits Gesagten auch die unterschiedlichen Zeitetappen zu beachten. Zu erwähnen ist ferner für die Weißeritztalhänge der Rückgang der Heckenbraunelle, der ebenfalls durch andernorts durchgeführte Untersuchungen (z. B. MÜLLER 1990) bestätigt wird.

Laubbaum – Jungforste und Vorwälder

Das für diese Waldstadien erfreulich reichhaltige sächsische Material resultiert insbesondere aus Untersuchungen von Kippen und Halden. Typische Arten des Laubbaum-Jungforstes (vgl. Tabelle 17) sind wie beim Nadelbaum-Jungforst Goldammer, Dorn- und Gartengrasmücke, Baumpieper, Fitis sowie Amsel, ferner Neuntöter, Feldschwirl, Zaungrasmücke und Hänfling, meist nur im Hügel- u. Flachland Turteltaube u. Fasan, im Bergland Birkenzeisig. Heckenbraunelle und Rotkehlchen fehlen zunächst in Kippenaufforstungen und Vorwäldern auf Kippen bzw. treten zurück, da arttypische Dickicht- und Bodenstrukturen noch nicht vorhanden sind. Dagegen sind noch Offenland- u. Feuchtgebietsarten anzutreffen (z. B. Flußregenpfeifer, Steinschmätzer, Feldlerche, Rebhuhn, Schafstelze, Rohrammer, Teichrohrsänger), was spezifischen Standortsbedingungen und frühen Sukzessionsstadien auf Kippen entspricht (vgl. auch Ödland, S. 116 ff.).

Bemerkenswert ist in Kippenaufforstungen im Vergleich zu Fichten-Jungforsten die längere Präsenz von Arten früher Sukzessionsstadien (Goldammer, Dorngrasmücke, Baumpieper) und das zeitigere Auftreten von Arten ansonsten späterer Sukzessionsstadien (Gartengrasmücke, Amsel, Buchfink). Ursache dafür dürfte der Anbau raschwüchsiger (schnelles Erreichen zur Besiedlung geeigneter höherer Gehölzstrukturen) und lichtliebender (lange Erhaltung von Bedingungen früher Sukzessionsstadien) Baumarten sein. Diese und weitere Bedingungen (differenziertes Standortpotential, Anbau von Baumarten unterschiedlicher Wuchseigenschaften) führen bei Kippenbepflanzungen rasch zu einem mehrschichtigen Waldaufbau mit lichtem Kronenraum (Pappel!), worin das Phänomen der frühzeitigen und dauerhaften Dominanz des Gartenspötters, die ständige Präsenz des Pirol und die insgesamt hohe Artenmannigfaltigkeit eine Erklärung finden können.

Die Siedlungsdichte steigt bis zum beginnenden Stangenholzalter. Ab Dickungs-, insbesondere aber Stangenholzalter, führen die Ansiedlung von Nadelwald-Charakterarten auf der einen und weiterer Laubwaldarten auf der anderen Seite zu einer zunehmend auch qualitativen Differenzierung zwischen Nadel- und Laubbaumbestockungen. Zur Vogelgemeinschaft älterer (reifer) Waldstadien gibt es aber immer noch erhebliche Unterschiede (geringer Höhlenbrüteranteil, fehlen der Baumläufer u. ä.).

Die Verhältnisse im Vorwald (Tabelle 18) ähneln unter Beachtung seiner Entwicklungsstufen (Wuchsklassen) insbesondere denen im Laubbaum-Jungforst. Wieder fällt bei Kippen ein relativ stetiges Vorkommen von Gelbspötter und Pirol auf, da auch hier typische Kippenpflanzungen enthalten sind. Insgesamt läuft die Entwicklung jedoch langsamer und standörtlich differenzierter ab. Aus eben diesem Grund ist die Artenmannigfaltigkeit meist noch höher als im Laubbaum-Jungforst und der Fitis in nahezu allen Phasen eudominant (sicher auch wegen des meist dauerhaft hohen Birkenanteils). In der Vogelgemeinschaft können auch Nadelwaldarten auftreten, sofern die Kiefer an der Vorwaldentwicklung beteiligt ist bzw. sich im Übergangswald Nadelbaumarten ansiedeln. Bemerkenswert an den Ergebnissen in Tabelle 18 ist ferner:

– die hohe Dichte der Sumpfmeise und das Fehlen von Weidenmeise und Baumpieper in den Postelwitzer Steinbrüchen, die nach den Habitatsbedingungen auch dort zu erwarten wären,
– das Fehlen von Zilpzalp, Rotkehlchen und Mönchsgrasmücke im NSG Fürstenauer Heide, was auf nicht vorhandene Strauchschicht, totale Vergrasung (Rotkehlchen, Zilpzalp) und artspezifische Abneigung gegen nasse Moorstandorte (Zilpzalp) zurückgeführt werden kann.

Die dominanten Vorkommen von Uferschwalbe, Wiesenpieper und Feldlerche auf der Hochkippe Espenhain sowie Wiesenpieper außerdem auf den Steinkohlehalden Zwickau sind auf andere Habitatanteile (Erosionsrinne, Rasen) zurückzuführen, ebenfalls die Vorkommen von Mauersegler, Turmfalke und Dohle sowie der insgesamt hohe Höhlenbrüteranteil in den Postelwitzer Steinbrüchen (Felsbrüter).

Tabelle 17: Siedlungsdichte auf Probeflächen im Laubbaum-Jungforst (H.2 und H.5)

| | Fürstenholz Flößberg, 14,7 ha | | | Tagebau Kulkwitz, 21 ha Pappel, Erle, Robinie, Esche, Birke/Ahorn-Anflug | | | | | |
| | Eichen-Aufwuchs/ Dickung | | | Anwuchs/Auf- wuchs | | Dickung | | Stangenholz | |
	BP	A	D	A	D	A	D	A	D
Fitis	11,3	7,7	31,7	3,1	13,9	11,0	19,7	10,6	14,2
Baumpieper	5,3	3,6	14,9	4,2	18,9	6,8	12,3	5,3	7,1
Dorngrasmücke	5,3	3,6	14,9	3,0	13,6	0,7	1,3	–	–
Heckenbraunelle	3,3	2,2	9,3	–	–	–	–	–	–
Gartengrasmücke	1,5	1,0	4,2	1,5	6,7	4,8	8,6	4,8	6,5
Zilpzalp	1,5	1,0	4,2	–	–	0,2	0,4	3,9	5,3
Goldammer	1,3	0,9	3,6	1,2	5,4	1,3	2,3	1,4	1,9
Neuntöter	1,3	0,9	3,6	0,1	0,4	–	–	–	–
Rotkehlchen	1,3	0,9	3,6	–	–	0,1	0,2	1,8	2,4
Kuckuck	1,0	0,7	2,8	–	–	–	–	–	–
Kohlmeise	0,7	0,5	2,0	–	–	0,1	0,2	1,7	2,3
Singdrossel	0,5	0,3	1,4	0,2	0,9	1,4	2,5	1,6	2,2
Rohrammer	0,3	0,2	0,8	0,4	1,8	0,4	0,7	0,6	0,8
Star	0,3	0,2	0,8	–	–	–	–	–	–
Turteltaube	0,3	0,2	0,8	–	–	0,2	0,4	–	–
Feldschwirl	0,3	0,2	0,8	–	–	–	–	–	–
Zaungrasmücke	0,2	0,1	0,6	–	–	–	–	–	–
Gelbspötter	–	–	–	2,7	12,1	7,0	12,6	7,7	10,4
Buchfink	–	–	–	1,3	5,8	7,5	13,4	10,6	14,2
Amsel	–	–	–	1,3	5,8	4,4	7,9	4,8	6,5
Fasan	–	–	–	0,7	3,1	0,3	0,5	0,2	0,3
Pirol	–	–	–	0,6	2,7	1,5	2,7	1,7	2,3
Schafstelze	–	–	–	0,8	3,6	–	–	–	–
Feldlerche	–	–	–	0,5	2,2	–	–	–	–
Rebhuhn	–	–	–	0,5	2,2	–	–	–	–
Stockente	–	–	–	0,1	0,4	1,1	2,0	0,9	1,2
Teichrohrsänger	–	–	–	–	–	0,1	0,2	0,8	1,1
Mönchsgrasmücke	–	–	–	–	–	0,7	1,3	4,1	5,5
Grauschnäpper	–	–	–	–	–	0,7	1,3	2,5	3,4
Nachtigall	–	–	–	–	–	0,7	1,3	1,6	2,2
Stieglitz	–	–	–	–	–	0,3	0,5	1,0	1,3
Bluthänfling	–	–	–	–	–	0,2	0,4	–	–
Kernbeißer	–	–	–	–	–	0,3	0,5	1,2	1,6
Ringeltaube	–	–	–	–	–	0,7	1,3	0,8	1,1
Aaskrähe	–	–	–	–	–	0,7	1,3	0,5	0,7
Waldlaubsänger	–	–	–	–	–	1,0	1,8	1,5	2,0
Grünfink	–	–	–	–	–	0,3	0,5	0,3	0,4
Blaumeise	–	–	–	–	–	0,1	0,2	0,8	1,1
Buntspecht	–	–	–	–	–	–	–	0,5	0,7
Mäusebussard	–	–	–	–	–	–	–	0,2	0,3
Waldohreule	–	–	–	–	–	–	–	0,1	0,1
Zaunkönig	–	–	–	–	–	–	–	0,1	0,1
übrige Arten	–	–	–	0,03	0,1	1,0	1,8	0,6	0,8
	35,7	24,3	100,0	22,3	100,0	55,5	100,0	74,2	100,0

Tabelle 18: Siedlungsdichte auf Probeflächen im Vorwald (H.3, H.4, H.7, H.8, H.9)

	Hochhalde Espenhain Dickung/Stangenholz/181 ha			Steinkohlehalden Zwickau Dickung/Stangenholz/97 ha			Hochhalde Witznitz Baumholz/Stangenholz/9,2 ha			Fürstenauer Heide Stangenholz/ 7,5 ha			Postelwitzer Steinbrüche Stangen-/Baumholz/28 ha		
	BP	A	D	BP	A	D	BP	A	D	BP	A	D	BP	A	D
Fitis	71	3,9	24,6	88	9,1	23,0	7,0	7,7	10,9	11,5	15,5	17,6	16	5,7	9,9
Baumpieper	38	2,1	13,2	13	1,3	3,4	2,3	2,5	3,6	6	8,1	9,2	–	–	–
Uferschwalbe	30	1,7	10,5	–	–	–	–	–	–	–	–	–	–	–	–
Wiesenpieper	16	0,9	5,6	5	0,5	1,3	–	–	–	–	–	–	–	–	–
Feldlerche	15	0,8	5,2	–	–	–	–	–	–	–	–	–	–	–	–
Rotkehlchen	15	0,8	5,2	15	1,5	3,9	5,0	5,5	7,7	–	–	–	12	4,3	7,4
Gartengrasmücke	13	0,7	4,5	16	1,7	4,2	2,7	2,9	4,1	1	1,3	1,5	1	0,4	0,6
Feldsperling	10	0,6	3,5	5	0,5	1,3	0,7	0,7	1,0	–	–	–	–	–	–
Mönchsgrasmücke	8	0,4	2,8	3	0,3	0,8	2,7	2,9	4,1	–	–	–	2	0,7	1,2
Zilpzalp	7	0,4	2,4	16	1,7	4,2	7,7	8,4	12,0	–	–	–	6	2,1	3,7
Buchfink	7	0,4	2,4	18	1,9	4,7	3,7	3,9	5,5	18,5	24,9	28,2	17	6,1	10,5
Amsel	7	0,4	2,4	39	4,0	10,2	3,0	3,3	4,7	0,5	0,7	0,8	9	3,2	5,6
Pirol	5	0,3	1,7	–	–	–	0,7	0,7	1,0	–	–	–	–	–	–
Kohlmeise	5	0,3	1,7	26	2,7	6,8	7,0	7,7	10,9	0,5	0,7	0,8	20	7,1	12,4
Gelbspötter	5	0,3	1,7	2	0,2	0,5	1,0	1,1	1,6	–	–	–	–	–	–
Fasan	3	0,2	1,0	–	–	–	1,7	1,8	2,6	–	–	–	–	–	–
Ringeltaube	3	0,2	1,0	5	0,5	1,3	–	–	–	–	–	–	–	–	–
Singdrossel	3	0,2	1,0	10	1,0	2,6	–	–	–	0,5	0,7	0,8	2	0,7	1,2
Blaumeise	3	0,2	1,0	11	1,1	2,9	2,0	2,2	3,1	–	–	–	9	3,2	5,6
Dorngrasmücke	3	0,2	1,0	8	0,8	2,1	1,0	1,1	1,6	–	–	–	–	–	–
Eichelhäher	2	0,1	0,7	3	0,3	0,8	–	–	–	–	–	–	2	0,7	1,2
Waldlaubsänger	2	0,1	0,7	3	0,3	0,8	0,7	0,7	1,0	–	–	–	–	–	–
Buntspecht	2	0,1	0,7	1	0,1	0,3	1,0	1,1	1,6	–	–	–	2	0,7	1,2
Neuntöter	2	0,1	0,7	–	–	–	–	–	–	–	–	–	–	–	–
Hänfling	1	0,1	0,4	4	0,4	1,0	–	–	–	2	2,7	3,1	–	–	–
Rebhuhn	1	0,1	0,4	–	–	–	–	–	–	–	–	–	–	–	–
Goldammer	1	0,1	0,4	35	3,6	9,2	0,7	0,7	1,0	5,5	7,4	8,4	–	–	–
Grünfink	1	0,1	0,4	12	1,2	3,1	–	–	–	2	2,7	3,1	–	–	–
Turteltaube	1	0,1	0,4	–	–	–	–	–	–	–	–	–	–	–	–
Bussard	1	0,1	0,4	–	–	–	0,3	0,4	0,5	–	–	–	–	–	–
Grauschnäpper	1	0,1	0,4	–	–	–	0,3	0,4	0,5	–	–	–	–	–	–
Gartenrotschwanz	1	0,1	0,4	3	0,3	0,8	–	–	–	–	–	–	4	1,4	2,5
Hausrotschwanz	1	0,1	0,4	2	0,2	0,5	–	–	–	–	–	–	7	2,5	4,3
Elster	1	0,1	0,4	5	0,5	1,3	0,7	0,7	1,0	–	–	–	–	–	–
Rohrammer	1	0,1	0,4	–	–	–	–	–	–	–	–	–	–	–	–
Flußregenpfeifer	1	0,1	0,4	–	–	–	–	–	–	–	–	–	–	–	–
Zaunkönig	–	–	–	2	0,2	0,5	–	–	–	–	–	–	–	–	–
Sumpfmeise	–	–	–	1	0,1	0,3	–	–	–	–	–	–	6	2,1	3,7
Weidenmeise	–	–	–	2	0,2	0,5	–	–	–	2	2,7	3,1	–	–	–
Kernbeißer	–	–	–	2	0,2	0,5	–	–	–	–	–	–	–	–	–
Zaungrasmücke	–	–	–	1	0,1	0,3	0,3	0,4	0,5	–	–	–	–	–	–
Girlitz	–	–	–	3	0,3	0,8	–	–	–	–	–	–	–	–	–
Steinschmätzer	–	–	–	6	0,6	1,6	–	–	–	–	–	–	–	–	–
Bachstelze	–	–	–	5	0,5	1,3	–	–	–	–	–	–	2	0,7	1,2
Haussperling	–	–	–	1	0,1	0,3	–	–	–	–	–	–	–	–	–
Sumpfrohrsänger	–	–	–	1	0,1	0,3	2,0	2,2	3,1	–	–	–	–	–	–
Wacholderdrossel	–	–	–	7	0,7	1,8	–	–	–	2	2,7	3,1	–	–	–
Heckenbraunelle	–	–	–	2	0,2	0,5	2,7	2,9	4,1	–	–	–	2	0,7	1,2
Türkentaube	–	–	–	1	0,1	0,3	–	–	–	–	–	–	–	–	–

Tabelle 18: (Fortsetzung)

	Hochhalde Espenhain Dickung/Stangenholz/181 ha			Steinkohlehalden Zwickau Dickung/Stangenholz/97 ha			Hochhalde Witznitz Baumholz/Stangenholz/9,2 ha			Fürstenauer Heide Stangenholz/7,5 ha			Postelwitzer Steinbrüche Stangen-/Baumholz/28 ha		
	BP	A	D	BP	A	D	BP	A	D	BP	A	D	BP	A	D
Star	–	–	–	–	–	–	3,7	3,9	5,5	–	–	–	4	1,4	2,5
Nachtigall	–	–	–	–	–	–	1,7	1,8	2,6	–	–	–	–	–	–
Kleiber	–	–	–	–	–	–	1,0	1,1	1,6	–	–	–	3	1,1	1,9
Stockente	–	–	–	–	–	–	0,3	0,4	0,5	–	–	–	–	–	–
Rabenkrähe	–	–	–	–	–	–	1,3	1,5	2,1	1	1,3	1,5	2	0,7	1,2
Birkenzeisig	–	–	–	–	–	–	–	–	–	12	16,1	18,3	–	–	–
Waldschnepfe	–	–	–	–	–	–	–	–	–	0,5	0,7	0,8	–	–	–
Mauersegler	–	–	–	–	–	–	–	–	–	–	–	–	13	4,6	8,0
Tannenmeise	–	–	–	–	–	–	–	–	–	–	–	–	3	1,1	1,9
Trauerschnäpper	–	–	–	–	–	–	–	–	–	–	–	–	2	0,7	1,2
Turmfalke	–	–	–	–	–	–	–	–	–	–	–	–	2	0,7	1,2
Haubenmeise	–	–	–	–	–	–	–	–	–	–	–	–	2	0,7	1,2
Schwanzmeise	–	–	–	–	–	–	–	–	–	–	–	–	1	0,4	0,6
Waldbaumläufer	–	–	–	–	–	–	–	–	–	–	–	–	2	0,7	1,2
Gimpel	–	–	–	–	–	–	–	–	–	–	–	–	2	0,7	1,2
Grünspecht	–	–	–	–	–	–	–	–	–	–	–	–	0,5	0,2	0,3
Schwarzspecht	–	–	–	–	–	–	–	–	–	–	–	–	0,5	0,2	0,3
Dohle	–	–	–	–	–	–	–	–	–	–	–	–	5	1,8	3,1
Waldkauz	–	–	–	–	–	–	–	–	–	–	–	–	1	0,4	0,6
	287	16,6	100	382	39,5	100	64,9	70,6	100	65,5	88,2	100	162	57,7	100

Insgesamt sind Laubbaum-Jungforste auf Kippen und Vorwälder im Zusammenhang mit wuchsklassentypischen Ansiedlungsabläufen das eine (viele Übergänge), die Fichtenforste das andere Extrem (scharfe Abfolgen). Zwischen beiden liegen die Kiefernforste und dichtgeschlossene Eichenaufforstungen (Tabelle 17, 1. Spalte), für diese ist aber der Stichprobenumfang recht gering. Den Fichtenforsten nahestehen oder sie gar noch übertreffen dürften die einzelnen Altersstufen des Buchenwaldes bzw. -forstes. Insbesondere hier gibt es aber noch Bearbeitungslücken.

Waldreste und Flurgehölze

Waldreste und insbesondere Flurgehölze (Tabelle 19) weisen eine sehr mannigfaltige Vogelbesiedlung auf. Sie sind charakterisiert durch Arten von Wald-(Baum-)Beständen (z. B. Buntspecht, Buchfink, Star, Kohl- und Blaumeise), aber auch durch bevorzugt Waldränder und/bzw. Gebüsche bewohnende Vögel (z. B. Goldammer, Fitis, Dorn- und Gartengrasmücke, Neuntöter, Baumpieper) und solche der mit Hochstauden durchsetzten Gebüsche (Sumpfrohrsänger, Schwirle, Hänfling). Zu den Charakterarten gehören im Hügel- und Flachland ferner Turteltaube, Sperbergrasmücke und Ortolan.

Die oft kulissenartigen und vertikal stark gegliederten Bestockungen werden im Hügel- und Flachland darüber hinaus gern von Gartenspötter und Pirol angenommen. Regelmäßig brüten hier auch Ringeltaube, Mönchs- und Klappergrasmücke, Zilpzalp, Amsel, Singdrossel, Feldsperling und Grünfink, ferner Mäusebussard und Waldohreule, letztere vor allem in Beimischungen von Nadelbäumen.

Ein besonderes Phänomen ist die hohe Arten- und Siedlungsdichte in diesen kleinen Gehölzflächen. Ursache dafür sind neben dem meist gegebenen Strukturreichtum Randeffekte und

Tabelle 19: Siedlungsdichte auf Probeflächen in Flurgehölzen (K. 1, K.3, K.4, K.7, K.9)

	Kleine Triebisch Kreis Freital 8,5 ha			Feldflur Oberseifersdorf 3,0 ha			Feldflur Bärnsdorf 4,5 ha			Torgauer Großteich 2,6 ha			Milkel nördl. Schloßpark 5,0 ha		
	BP	A	D	BP	A	D	BP	A	D	BP	A	D	BP	A	D
Gartengrasmücke	20	23,5	11,2	2	6,7	4,0	5	11,1	11,7	1,8	6,9	8,8	5	10,0	8,2
Sumpfrohrsänger	17	20,0	9,6	–	–	–	1	2,2	2,4	–	–	–	–	–	–
Goldammer	15	17,6	8,4	5	16,8	10,0	4	8,9	9,3	1,5	5,8	7,3	2	4,0	3,2
Amsel	10	11,8	5,6	6	20,1	12,0	3,5	7,8	8,2	1,0	3,8	4,9	4	8,0	6,5
Buchfink	9	10,6	5,1	6	20,1	12,0	5	11,1	11,7	2,4	9,2	11,6	11	22,0	17,8
Blaumeise	8	9,4	4,5	1	3,4	2,0	–	–	–	0,6	2,3	2,9	2	4,0	3,2
Kohlmeise	8	9,4	4,5	3	10,1	6,0	1,5	3,3	3,5	0,6	2,3	2,9	3	6,0	4,8
Star	8	9,4	4,5	2	6,7	4,0	–	–	–	0,9	3,5	4,4	13	26,0	21,1
Singdrossel	7	8,2	3,9	1	3,4	2,0	1,5	3,3	3,5	0,1	0,4	0,5	2	4,0	3,2
Fitis	6	7,1	3,4	1	3,4	2,0	5	11,1	11,7	2,1	8,1	10,1	–	–	–
Zilpzalp	6	7,1	3,4	–	–	–	1	2,2	2,4	0,3	1,2	1,5	1	2,0	1,6
Dorngrasmücke	6	7,1	3,4	3	10,1	6,0	0,5	1,1	1,2	0,9	3,5	4,4	2	4,0	3,2
Rotkehlchen	6	7,1	3,4	1	3,4	2,0	2	4,4	4,7	–	–	–	2	4,0	3,2
Heckenbraunelle	5	5,9	2,8	1	3,4	2,0	–	–	–	–	–	–	–	–	–
Kernbeißer	3	3,5	1,7	–	–	–	1,5	3,3	3,5	–	–	–	–	–	–
Gartenspötter	3	3,5	1,7	3	10,1	6,0	0,5	1,1	1,2	1,5	5,8	7,3	–	–	–
Klappergrasmücke	3	3,5	1,7	–	–	–	0,5	1,1	1,2	–	–	–	–	–	–
Neuntöter	3	3,5	1,7	1	3,4	2,0	–	–	–	–	–	–	–	–	–
Stieglitz	3	3,5	1,7	–	–	–	–	–	–	0,3	1,2	1,5	–	–	–
Pirol	3	3,5	1,7	–	–	–	–	–	–	0,9	3,5	4,4	1	2,0	1,6
Zaunkönig	3	3,5	1,7	1	3,4	2,0	–	–	–	–	–	–	–	–	–
Schlagschwirl	3	3,5	1,7	–	–	–	–	–	–	–	–	–	–	–	–
Stockente	2	2,4	1,1	–	–	–	–	–	–	–	–	–	–	–	–
Ringeltaube	2	2,4	1,1	2	6,7	4,0	1	2,2	2,4	0,4	1,5	2,0	2	4,0	3,2
Haussperling	2	2,4	1,1	–	–	–	–	–	–	–	–	–	–	–	–
Feldsperling	2	2,4	1,1	–	–	–	1,5	3,3	3,5	0,2	0,8	1,0	3	6,0	4,8
Baumpieper	2	2,4	1,1	–	–	–	2,5	5,6	5,9	1,3	5,0	6,3	–	–	–
Hänfling	2	2,4	1,1	–	–	–	–	–	–	–	–	–	–	–	–
Mönchsgrasmücke	1	1,2	0,6	2	6,7	4,0	0,5	1,1	1,2	0,3	1,2	1,5	1	2,0	1,6
Buntspecht	1	1,2	0,6	–	–	–	1	2,2	2,4	–	–	–	1	2,0	1,6
Kleiber	1	1,2	0,6	–	–	–	–	–	–	–	–	–	–	–	–
Girlitz	1	1,2	0,6	–	–	–	–	–	–	–	–	–	–	–	–
Grauschnäpper	1	1,2	0,6	–	–	–	0,5	1,1	1,2	0,4	1,5	2,0	–	–	–
Feldschwirl	1	1,2	0,6	–	–	–	–	–	–	–	–	–	–	–	–
Turteltaube	1	1,2	0,6	–	–	–	–	–	–	–	–	–	–	–	–
Kuckuck	1	1,2	0,6	–	–	–	1	2,2	2,4	–	–	–	1	2,0	1,6
Sperbergrasmücke	1	1,2	0,6	–	–	–	–	–	–	–	–	–	–	–	–
Mäusebussard	1	1,2	0,6	1	3,4	2,0	1	2,2	2,4	–	–	–	–	–	–
Braunkehlchen	1	1,2	0,6	–	–	–	–	–	–	–	–	–	–	–	–
Grünfink	–	–	–	4	13,4	8,0	–	–	–	0,6	2,3	2,9	3	6,0	4,8
Nebelkrähe	–	–	–	2	6,7	4,0	–	–	–	–	–	–	1	2,0	1,6
Waldlaubsänger	–	–	–	1	3,4	2,0	–	–	–	–	–	–	–	–	–
Waldohreule	–	–	–	1	3,4	2,0	–	–	–	–	–	–	–	–	–
Eichelhäher	–	–	–	–	–	–	0,5	1,1	1,2	–	–	–	–	–	–
Ortolan	–	–	–	–	–	–	0,5	1,1	1,2	–	–	–	–	–	–
Beutelmeise	–	–	–	–	–	–	–	–	–	0,3	1,2	1,5	–	–	–
Schwanzmeise	–	–	–	–	–	–	–	–	–	0,4	1,5	2,0	–	–	–
Gartenbaumläufer	–	–	–	–	–	–	–	–	–	0,3	1,2	1,5	1	2,0	1,6
Nachtigall	–	–	–	–	–	–	–	–	–	1,4	5,4	6,8	–	–	–
Waldkauz	–	–	–	–	–	–	–	–	–	–	–	–	1	2,0	1,6
	178	209,4	100	50	168,2	100	42,5	94,4	100	20,5	82,7	100	62	124,0	100

ein verhältnismäßig größerer Anteil von Ansiedlungen, die das Gehölz nur bzw. überwiegend nur als Brutplatz nutzen (Teilsiedler). Diese Erscheinung gilt nicht nur für Feldgehölze, sondern generell für kleine Flächen und ist deshalb auch bei Siedlungsdichteangaben für kleinflächig gemischte Altersklassen, Nadelbaum-Jungforste (Tabelle 11), Buchenwälder (Tabelle 14, 1. Spalte), Vorwälder (Tabelle 18, 3. und 4. Spalte), Feuchtgebiete (Tabelle 20, 4. Spalte), Obstplantagen (Tabelle 22, 2. Spalte), Parks (Tabelle 24, 2. Spalte), Siedlungen (Tabelle 25, 3. Spalte) zu beachten.

Um solche Randeffekte u. a. für vergleichende Betrachtungen von Vogelgemeinschaften störende Unzulänglichkeiten kleiner Flächen zurückzudrängen, werden Flächenmindestgrößen (für Wälder 10 ha, für Offenland 30 ha) in entsprechenden methodischen Rahmenrichtlinien (vgl. z. B. DORNBUSCH et al. 1968) gefordert. Dem ist grundsätzlich zuzustimmen, doch ist in Avifaunen vor formaler Handhabung zu warnen. Wenn die landschaftstypische Biotopgröße unter dieser Norm liegt (z. B. sind Jungwaldstadien der Baumart Fichte nur selten größer als 3–5 ha), dann ist diese Größe auch als Untersuchungs- bzw. Auswertungsfläche zu akzeptieren, da sonst nicht die biotoptypische Vogelbesiedlung erfaßt werden kann. Auch ist es zur ökologischen Charakterisierung der einzelnen Vogelarten (z. B. Mindestareale, Besiedlungsverhalten in unterschiedlich großen bzw. exponierten Flächen) gerade auch für Avifaunen wichtig, die Ergebnisse von Kleinflächenuntersuchungen einzubeziehen.

Je kleiner die Untersuchungsfläche ist, um so häufiger tritt jedoch auch auf, daß eine Vogelart nur mit einem Brutpaar vertreten ist. Eine Interpretation solcher Werte als Siedlungsdichte ist aus der Einzelfläche heraus nicht statthaft, da das Vorkommen zufällig sein kann und die ihm zugemessene Fläche (die Probefläche) in der Regel nicht arttypisch ist. Hat man jedoch eine genügend große Zahl solcher Flächen untersucht, auf denen die Art einmal vorkommt, ein anderes Mal nicht, so läßt sich unter Berücksichtigung aller dieser Flächen schließlich doch noch statistisch zuverlässig auf ihre mittlere Siedlungsdichte schließen. Daraus folgt generell, ganz besonders aber für seltenere Arten, daß bei Siedlungsdichteangaben immer auch jene Flächen des jeweiligen Biotoptyps zu berücksichtigen sind, auf denen die Art nicht angetroffen wurde. Im Sinne dieser Anmerkungen zu Siedlungsdichteerfassungen und -auswertungen wird im speziellen Teil versucht zu verfahren.

Fischteiche und Verlandungszonen

Obwohl die nach dem gegenwärtigen Stand der Kenntnisse ersten sächsischen Siedlungsdichteuntersuchungen vom Großen Biwatschteich stammen (ZIMMERMANN [800]), sind vollständige Siedlungsdichteuntersuchungen über Feuchtgebiete relativ rar. Das verwundert zunächst bei der hohen Attraktivität dieser Örtlichkeiten für Ornithologen. Doch besucht einerseits die Mehrzahl von ihnen diese Gebiete wohl in erster Linie zur persönlichen Erbauung und andererseits bereiten Siedlungsdichteuntersuchungen gerade hier erhebliche methodische Probleme. Revierabgrenzungen nach Gesangsregistrierungen von Rohrsängern und Schwirlen sind nicht unproblematisch, Dommeln und verschiedene Rallenarten bleiben z. T. völlig verborgen, bei jungeführenden Enten und Tauchern erfaßt man nur jene, die erfolgreich brüteten und schließlich behindern auch unwegsames Gelände und unübersichtliche Schilfdickichte entsprechende Untersuchungen. Auch die Auswertung hat ihre Tücken. Bei Rohrsängern, Dommeln und z. T. auch Schwirlen und Rallen ist mit dem Röhricht bzw. der Verlandungszone ein eindeutiger Flächenbezug gegeben, bei Tauchern und Bleßhuhn ist das Wechselverhältnis von Verlandungszone (Bruthabitat) und Wasserfläche (Nahrungshabitat) zu beachten, bei verschiedenen Entenarten darüber hinaus mehr oder weniger große Zuwanderung aus der Umgebung nach Schlüpfen der Jungen, was zu schwer interpretierbaren Dichtewerten führen kann.

Tabelle 20 legt nahe, daß die Siedlungsdichte sehr wesentlich vom Röhrichtanteil abhängt. In kleineren, strukturreichen Gebieten (Leipziger Hafenlache) bzw. kleingliedrigen Teichgebieten mit optimalem Röhrichtanteil (Haselbacher Teiche 1951–60) scheinen außerdem generell

Tabelle 20: Siedlungsdichte der Wasservögel bzw. Röhrichtbewohner in Teichgebieten und an Einzelteichen sowie in der Leipziger Hafenlache (L.1, L.2, L.3, L.6, L.7)

Art	Großer Biwatsch 1924–32 Gesamtfläche[1] 21,5 ha (A)	Großer Biwatsch Verlandungszone[2] 11,5 ha (A)	Haselbacher T. 1951–60 Gesamtfl.[1] 47 ha (A)	(D)	Haselbacher Verland.[2] 14,5 ha (A)	(D)	Haselbacher T. 1978–84 Gesamtfl.[1] 45 ha (A)	(D)	Haselbacher Verland.[2] 5 ha (A)	(D)	Torgauer Großt. 1958–65 Gesamtfl.[1] 229 ha (A)	(D)	Torgauer Verland.[2] 31,6 ha (A)	(D)	Biehlaer Großt. 1969–78 Gesamtfl.[1] 37 ha (A)	(D)	Biehlaer Verland.[2] 31,6 ha (A)	(D)	Hafenlache Leipzig 1971–77 Gesamtfl.[1] 7,5 ha (A)	(D)	Hafenlache Verland.[2] 5,0 ha (A)	(D)
Haubentaucher	0,9–1,4	1,7–2,6	0,72	0,81	2,3	0,94	2,06	6,20	18,6	8,77	0,869	5,97	4,7	7,0	1,24	6,4	4,2	11,3	–	–	–	–
Rothalstaucher	0,5–1,9	0,9–3,5	–	–	–	–	–	–	–	–	0,035	0,24	–	–	–	–	–	–	–	–	–	–
Schwarzhalstaucher	2,8–9,3	5,2–17,4	0,06	0,07	0,2	0,08	–	–	–	–	–	–	–	–	–	–	–	–	–	–	–	–
Zwergtaucher	2,3–2,8	4,3–5,2	7,55	8,54	23,7	9,71	0,67	2,02	6,0	2,83	0,397	2,73	1,1	1,6	0,32	1,6	1,1	2,9	0,4	0,4	0,6	0,6
Rohrdommel	0,5–0,9	0,9–1,7	0,02	0,02	0,1	0,04	0,07	0,21	0,6	0,28	0,109	0,75	0,3	0,4	0,03	0,2	0,2	0,6	0,2	0,2	0,3	0,3
Zwergdommel	1,4–2,3	2,6–4,3	1,04	1,17	3,2	1,31	–	–	–	–	–	–	–	–	–	–	–	–	0,4	0,4	0,6	0,6
Höckerschwan	–	–	–	–	–	–	0,58	1,75	–	–	–	–	–	–	–	–	–	–	–	–	–	–
Stockente	4,7	–	1,62	1,83	–	–	2,44	7,35	–	–	0,454	3,12	–	–	6,89	35,4	–	–	23,0	23,4	–	–
Schnatterente	0,9–1,9	–	0,02	0,02	–	–	–	–	–	–	–	–	–	–	0,03	0,2	–	–	–	–	–	–
Krickente	0,9–1,4	–	–	–	–	–	–	–	–	–	–	–	–	–	–	–	–	–	–	–	–	–
Knäkente	0,9–1,4	–	–	–	–	–	–	–	–	–	0,004	0,03	–	–	–	–	–	–	–	–	–	–
Löffelente	0,5–0,9	–	0,80	0,91	–	–	0,07	0,21	–	–	0,004	0,03	–	–	–	–	–	–	–	–	–	–
Tafelente	2,8–3,7	–	0,15	0,17	–	–	1,56	4,70	–	–	1,397	9,60	–	–	1,11	5,7	–	–	6,7	6,6	–	–
Reiherente	–	–	1,69	1,91	–	–	2,64	7,95	–	–	–	–	–	–	–	–	–	–	–	–	–	–
Moorente	0,5–2,3	–	–	–	–	–	–	–	–	–	–	–	–	–	–	–	–	–	–	–	–	–
Schellente	0,5–1,4	–	–	–	–	–	–	–	–	–	–	–	–	–	0,35	1,8	–	–	–	–	–	–
Rohrweihe	0,5	0,9	0,26	0,29	0,8	0,33	–	–	–	–	0,524	3,60	1,9	2,8	0,24	1,2	0,8	2,2	0,6	0,6	0,9	0,9
Wasserralle	1,4–1,9	2,6–3,5	0,44	0,50	1,4	0,57	–	–	–	–	0,214	1,47	1,1	1,6	0,27	1,4	0,9	2,5	1,8	1,8	2,7	2,6
Tüpfelralle	–	–	0,06	0,07	0,2	0,08	–	–	–	–	0,009	0,06	0,1	0,1	–	–	–	–	–	–	–	–
Teichhuhn	0,9–2,3	1,7–2,6	3,10	3,50	9,7	3,98	1,33	4,01	12,0	5,66	0,148	1,02	0,3	0,5	0,14	0,7	0,5	1,2	3,6	3,7	5,4	5,2
Bleßhuhn	4,7–5,6	8,7–10,4	21,8	24,6	68,3	28,0	8,42	25,4	75,8	35,8	3,336	22,9	18,6	27,7	3,43	17,9	11,5	31,1	5,8	5,9	8,7	8,4
Trauerseeschw.	4,7–11,6	8,7–21,7	–	–	–	–	–	–	–	–	–	–	–	–	–	–	–	–	–	–	–	–
Lachmöwe	–	–	0,02	0,02	0,1	0,04	–	–	–	–	0,044	0,30	0,3	0,5	–	–	–	–	–	–	–	–
Blaukehlchen	–	–	–	–	–	–	–	–	–	–	0,009	0,06	0,1	0,1	–	–	–	–	–	–	–	–
Drosselrohrsänger	3,7–4,7	7,0–8,7	13,1	14,9	41,4	17,0	1,07	3,22	9,6	4,53	0,939	6,45	5,7	8,5	0,84	4,3	2,8	7,6	4,4	4,5	6,6	6,4
Teichrohrsänger	4,7–7,0	8,7–13,0	28,5	32,3	89,6	36,7	9,67	29,1	87,0	41,1	2,000	13,8	12,0	17,9	3,70	19,0	12,5	33,7	42,5	43,1	63,8	61,7
Schilfrohrsänger	1,4–1,9	2,6–3,5	0,22	0,24	0,7	0,29	–	–	–	–	2,009	13,8	10,4	15,5	0,03	0,2	0,1	0,2	0,2	0,2	0,2	0,2
Rohrammer	2,3–2,8	4,3–5,2	7,25	8,19	2,3	0,94	2,62	7,89	2,4	1,13	2,048	14,1	10,1	15,1	0,78	4,0	2,6	7,1	9,1	9,2	13,7	13,3
	44,4–74,6	60,8–104,2	88,4	100	244,0	100	33,2	100	212,0	100	14,549	100	67,0	100	19,40	100	37,1	100	98,5	100	103,3	100

[1] Gesamtfläche = Wasserfläche + Verlandungszone

[2] Die Zuordnung von Arten zur Verlandungszone folgt im Interesse der Vergleichbarkeit TUCHSCHERER [2177]

wesentlich höhere Dichten möglich zu sein als in größeren (vgl. auch Ausführungen zu Feldgehölzen). Bemerkenswert ist die sehr hohe Siedlungsdichte in den Röhrichten der Haselbacher Teiche, was überwiegend auf Randeffekte der vielen (15) kleinen Teiche zurückzuführen
sein dürfte, deren Breite der Röhrichtzone dadurch, trotz 1951–60 erheblichen Flächenanteils,
hauptsächlich im optimalen Bereich liegt. Nach Entlandung der Haselbacher Teiche und entsprechender Röhrichtreduzierung sinkt die Siedlungsdichte auf der gesamten Fläche auf 1/3,
im Röhricht aber nur um weniger als 10%. Darin kommt zum Ausdruck, daß der Rückgang
der Gesamtdichte weniger auf generelle Rückgangserscheinungen als vielmehr auf die Le-
bensraumvernichtung zurückzuführen ist. In dieser Hinsicht machen jedoch Drosselrohrsänger, Zwergdommel und Zwergtaucher im negativen sowie der Haubentaucher im positiven
Sinne eine Ausnahme.
Von den Sperlingsvögeln sind in allen Röhrichten Teichrohrsänger und Rohrammer dominant,
für den Drosselrohrsänger gilt das, ausgenommen die Haselbacher Teiche 1978–84 (infolge
starken Rückgangs), ebenfalls. An erster Stelle der Dominanzskala steht in der Regel der
Teichrohrsänger, welcher in den Haselbacher Teichen mit 89,6 und 87,0 sowie in der Leipziger
Hafenlache mit 63,8 BP/10 ha Spitzenwerte erreicht. Bemerkenswert ist ferner, daß in den
1960er Jahren am Torgauer Großteich der Schilfrohrsänger ähnlich häufig wie der Teichrohrsänger war. Sein spärliches Vorkommen am Biehlaer Großteich bzw. Fehlen an der Leipziger
Hafenlache und den Haselbacher Teichen 1978–84 darf vor allem seinem zwischenzeitlichen
Rückgang zugeschrieben werden.
Von den eigentlichen Wasservögeln ist in allen sechs Beispielen der Tabelle 20 das Bleßhuhn
dominant. Für Tafel- und Stockente gilt das in vier, für Haubentaucher in drei und für Zwergtaucher und Teichhuhn in zwei sowie für die Reiherente nur in einem Fall. Darüber hinaus
treten Rohrweihe u. Wasserralle in allen Untersuchungsgebieten u. -zeiträumen mit hoher
Stetigkeit auf, während andere Arten in Abhängigkeit von Verbreitung, Bestandsentwicklung
und Biotoptyp stärker variieren. Die geringe Wasserfläche in der Leipziger Hafenlache erklärt das völlige Fehlen des Haubentauchers, während Teichhuhn und Stockente gerade hier
die höheren Dichtewerte aufweisen. Besonders beeindruckend ist das bei der Stockente, wo
neben zwischenzeitlicher Bestandszunahme und geringen Ansprüchen an Größe und Ökologie des Gewässers Zuwanderungen aus umgebenden Brutplätzen auf Kleingewässern zu besonderen Konzentrationen führen können. Aus den Untersuchungsergebnissen am Großen
Biwatschteich in den 1920er Jahren verdienen vor allem die Brutvorkommen von Trauerseeschwalbe und Moorente sowie die hohen Dichten von Rothals-, Schwarzhals- und Zwergtaucher, Rohr- und Zwergdommel sowie Schnatter-, Krick-, Knäk- und Löffelente hervorgehoben zu werden, die zwischenzeitlichen Artenschwund bzw. starken Rückgang belegen. Das
wird für Zwergtaucher, Zwergdommel, Knäkente und weitere der genannten Arten auch
deutlich, wenn man die Bestandsangaben für die Haselbacher Teiche von 1951–60 mit denen
von 1978–84 vergleicht. Umgekehrt dokumentieren Vorkommen von Reiherente und Höckerschwan im letztgenannten Zeitraum die Ausbreitung bzw. Wiederansiedlung dieser Arten.

Äcker, Wiesen u. ä. Flächen

Die erfreulich große Zahl Siedlungsdichteuntersuchungen (19) steht im Einklang mit dem Flächenanteil dieser Habitatgruppe (61%) in Sachsen. Äcker, Wiesen und ihnen nahestehende
Biotope (z. B. Kleinseggenrieder) beherbergen die arten- und individuenärmsten Vogelgesell-
schaften unserer Region (Tabelle 21). Treten keine zusätzlichen Landschaftselemente (Gewässer, Röhrichte, Gehölze) hinzu, so bleiben die Artenzahl meist deutlich unter 10 und die
Siedlungsdichte unter 10 BP/10 ha, melioriertes Grasland weist oft sogar nur Dichtewerte von
1 BP/10 ha auf. Auf fast allen untersuchten Flächen ist die Feldlerche eudominant, beim Wiesenpieper gilt das zumindest für extensiv genutzte (Feucht-) Wiesen und Kleinseggenrieder.
Für beide Arten sind in Tabelle 21 jedoch Nachweislücken bemerkenswert, die auf ein zumindest zeitweilig nur spärliches Vorkommen in den entsprechenden Regionen hinweisen. Das

Braunkehlchen zeigt als Wiesenvogel seine deutliche Vorliebe für Bergland (neben Wiesenpieper und Feldlerche eudominant auf Bergwiesen), daß es in Kleinseggenwiesen des Dubringer Moores auch in den durch Grauweidengebüsche aufgelockerten Randzonen aber völlig fehlt, verwundert. Rebhühner und Wachteln waren in früheren Zeiten für das ganze Gefilde charakteristisch, ebenso die heute aber nur noch sehr sporadisch vorkommende Grauammer und der Ortolan. Der Kiebitz hingegen bevorzugt nasse (mäßig bewachsene) Bereiche, nutzt jedoch als Ersatzhabitat Äcker und kann dort neben Feldlerche zu den dominanten Arten zählen. Ausschließlich den feuchten Bereich charakterisieren Bekassine und Rohrammer, für den Wachtelkönig war er das Hauptsiedlungsgebiet und für die Schafstelze ist er zumindest das historisch überlieferte (BEER [2083]). Naßwiesen und noch mehr Kleinseggenrieder weisen in bezug auf ihre Vogelbesiedlung Übergänge zu den auf S. 112 ff. behandelten Feuchtgebieten auf.

Tabelle 21: Siedlungsdichte auf Probeflächen in landwirtschaftlichen Nutzflächen (M.2, M.3, M.14, M.15) und in einem Kleinseggenried (L.5)

	Bergwiese bei Hammerbrücke 54 ha			Naßwiese Torgauer Großteich 49,9 ha			Kleinseggenried Dubringer Moor 68,5 ha			Winterweizen Eckartsberg 63,9 ha			Kartoffel Eckartsberg 32 ha		
	BP	A	D	BP	A	D	BP	A	D	BP	A	D	BP	A	D
Braunkehlchen	20	3,7	28,3	1	0,2	4,5	–	–	–	–	–	–	–	–	–
Wiesenpieper	20	3,7	28,3	–	–	–	10	1,5	34,5	–	–	–	–	–	–
Feldlerche	18	3,3	25,1	10	2,1	45,6	–	–	–	28	4,4	84,9	25	7,8	80,7
Hänfling	3	0,6	4,2	–	–	–	–	–	–	–	–	–	1	0,3	3,2
Gebirgsstelze	3	0,6	4,2	–	–	–	–	–	–	–	–	–	–	–	–
Dorngrasmücke	3	0,6	4,2	2	0,4	9,2	–	–	–	–	–	–	–	–	–
Stockente	2	0,4	2,9	–	–	–	1	0,2	3,5	–	–	–	–	–	–
Rebhuhn	1	0,2	1,4	–	–	–	–	–	–	1	0,2	3,0	1	0,3	3,2
Wacholderdrossel	1	0,2	1,4	–	–	–	–	–	–	–	–	–	–	–	–
Kiebitz	–	–	–	5	1,1	22,8	–	–	–	1	0,2	3,0	4	1,3	12,9
Bekassine	–	–	–	1	0,2	4,5	5	0,7	17,2	–	–	–	–	–	–
Nebelkrähe	–	–	–	1	0,2	4,5	–	–	–	–	–	–	–	–	–
Grauammer	–	–	–	1	0,2	4,5	–	–	–	2	0,3	6,1	–	–	–
Rohrammer	–	–	–	1	0,2	4,5	3	0,4	10,3	–	–	–	–	–	–
Schafstelze	–	–	–	–	–	–	5	0,7	17,2	–	–	–	–	–	–
Kuckuck	–	–	–	–	–	–	3	0,4	10,3	–	–	–	–	–	–
Krickente	–	–	–	–	–	–	1	0,2	3,5	–	–	–	–	–	–
Kranich	–	–	–	–	–	–	1	0,2	3,5	–	–	–	–	–	–
Bachstelze	–	–	–	–	–	–	–	–	–	1	0,2	3,0	–	–	–
	71	13,2	100	22	4,7	100	29	4,3	100	33	5,2	100	31	9,7	100

Obstplantagen und Kleingartenanlagen

Siedlungsdichteuntersuchungen liegen in Obstanlagen nur sehr wenige, für Kleingartenanlagen überhaupt nicht bzw. nur als Bestandteil gemischter Habitate (ohne gesonderte Auswertung) vor, so daß im letzteren Falle auf nach anderen Methoden (Nistkastenkontrollen, Nestfunde von Freibrütern) durchgeführte Bestandsermittlungen von Vogelschutzwarten (SENGENBERGER [2396, 2492]) zurückgegriffen werden mußte. Obstplantagen und Kleingärten sind im wesentlichen durch weit verbreitete gehölzbewohnende Vogelarten gekennzeichnet (Tabelle 22). Sieht man einmal von der Dominanz der Höhlenbrüter in Kleingärten (Nistkastenangebot) und den nur unvollständigen Artenlisten bei SENGENBERGER ab, so ergibt sich

Tabelle 22: Siedlungsdichte auf Probeflächen in Obstplantagen (N.2 u. N.3) und Vergleich mit Bestandsermittlungen für die häufigeren Arten in Kleingartenanlagen (N.1)

| | Zwickau-Mariental Apfelplantage 22 ha | | | | | | Borthen, Kr. Freital Apfel- u. Birnenplantage 12,8 ha | | | Kleingartenanlage in Leipzig 153 ha | |
| | mit 15 Nistkästen (1974) | | | ohne Nistkästen (1972) | | | ohne Nistkästen (1986/87) | | | 25–30 Nistkästen/ ha (1967) | |
	BP	A	D	BP	A	D	BP	A	D	BP	A
Kohlmeise	7	3,2	20,0	–	–	–	–	–	–	401	26,2
Blaumeise	5	2,3	14,3	–	–	–	–	–	–	253	16,5
Amsel	5	2,3	14,3	3	1,4	14,3	13,5	10,5	18,4	233	15,2
Feldsperling	4	1,8	11,4	–	–	–	–	–	–	495	32,3
Bluthänfling	4	1,8	11,4	6	2,7	28,6	3,5	2,7	4,7	38	2,5
Girlitz	4	1,8	11,4	5	2,3	23,8	6	4,7	8,2		
Buchfink	2	0,9	5,7	2	0,9	5,7	20,5	16,0	28,1	74	4,8
Grünfink	2	0,9	5,7	4	1,8	19,0	2	1,6	2,8	36	2,4
Singdrossel	1	0,5	2,9	1	0,5	4,8	12	9,4	16,5	54	3,5
Feldlerche	1	0,5	2,9	–	–	–	2	1,6	2,8		
Kernbeißer	–	–	–	–	–	–	5,5	4,3	7,5		
Stieglitz	–	–	–	–	–	–	4	3,1	5,4		
Goldammer	–	–	–	–	–	–	2	1,6	2,8		
Baumpieper	–	–	–	–	–	–	2	1,6	2,8		
Gartenrotschwanz	–	–	–	–	–	–	–	–	–	217	14,2
Haussperling	–	–	–	–	–	–	–	–	–	86	5,6
Star	–	–	–	–	–	–	–	–	–	24	1,6
Zaungrasmücke	–	–	–	–	–	–	–	–	–	21	1,4
	35	15,9	100	25	9,5	100	73	57,1	100	–	–

eine deutliche Verwandtschaft der Besiedelung beider Habitate. Bei Obstplantagen sind jedoch noch stärkere Anklänge zum Offenland spürbar (Feldlerche) und bei Kleingärten zu Bebauungsgebieten (Haussperling). Bemerkenswert ist ferner die hohe Konstanz des Bluthänflings in beiden Biotoptypen, die sonst nur noch im Ödland und an Gehölzrändern (sämereireiche ruderale Flora) erreicht wird.
Artenzahl und Siedlungsdichte sind in Obstplantagen im allgemeinen gering (Mariental), nehmen bei höherem Alter der Anlagen selbstverständlich zu, täuschen im Falle Borthen aufgrund der relativ kleinen Bezugsflächen aber sicher eine zu hohe Dichte vor. Kleingartenanlagen sind insgesamt mannigfaltiger, bieten neben Höhlenbrütern auch auf dichtere bodennahe Strukturen angewiesenen Arten (z. B. Zaungrasmücke) entsprechende Lebensbedingungen und haben deshalb die insgesamt höhere Artenzahl und Siedlungsdichte. Letztere erreicht die von Parks, die Artenzahl bleibt gegenüber diesen aber zurück.

Ödland

Kippen, Halden, militärisches Übungsgelände, Ruderalflächen u. ä. Territorien weisen avifaunistisch, je nach Entwicklungsstadium differenziert, deutliche Anklänge an Vogelgemeinschaften der Kultursteppe (Äcker, Wiesen, Feldraine, Gehölze) und des Vorwaldes auf. Mit fortschreitendem Alter solcher Flächen nimmt ihr Strukturreichtum sowie die Mannigfaltigkeit und Dichte der Vogelbesiedlung im allgemeinen zu, ihre Spezifik aber ab.
Umfangreiche Untersuchungen liegen hierzu für Braunkohlenkippen und -halden vor (KALBE [1500], BEER [1847], DORSCH [3442] u. a.). Relativ eigenständig ist die Vogelbesiedlung der Rohböden und Pioniervegetation (Steinschmätzer, Haubenlerche, Bachstelze, Flußregenpfei-

Tabelle 23: Siedlungsdichte auf Probeflächen im Ödland, vor Erreichen des Jung- bzw. Vorwaldstadiums. (O.2, O.4, O.7, O.9)

	Tagebau Kulkwitz 31,9 ha			Lehmgrube Dresden-Süd 13 ha			Ruderalflächen Chemnitz 72,5 ha			Unlandgebiet bei Biehla 42 ha		
	BP	A	D	BP	A	D	BP	A	D	BP	A	D
Feldlerche	10,1	3,2	14,9	3,5	2,7	3,0	8,5	1,2	9,7	19	4,5	15,2
Steinschmätzer	8,0	2,5	11,8	2,5	1,9	2,2	2	0,3	2,3	0,2	0,05	0,2
Baumpieper	7,6	2,4	11,2	–	–	–	–	–	–	2,4	0,6	1,9
Dorngrasmücke	6,3	2,0	9,2	16,5	12,7	14,4	12	1,7	13,6	13,8	3,3	11,1
Schafstelze	6,0	1,9	8,8	–	–	–	–	–	–	0,2	0,05	0,2
Rohrammer	5,1	1,6	7,6	–	–	–	–	–	–	0,5	0,1	0,4
Flußregenpfeifer	4,0	1,3	5,6	–	–	–	0,5	0,1	0,6	–	–	–
Kiebitz	3,3	1,0	4,8	–	–	–	–	–	–	–	–	–
Sumpfrohrsänger	2,9	0,9	4,2	6,5	5,0	5,7	26	3,6	29,6	0,5	0,1	0,4
Haubenlerche	1,9	0,6	2,8	5	3,8	4,3	–	–	–	–	–	–
Brachpieper	1,8	0,6	2,7	1	0,8	0,9	–	–	–	–	–	–
Bachstelze	1,8	0,6	2,6	1	0,8	0,9	1,5	0,2	1,7	0,5	0,1	0,4
Bluthänfling	1,8	0,6	2,6	11	8,5	9,6	2,5	0,3	2,8	12,8	3,0	10,2
Teichrohrsänger	1,8	0,6	2,6	–	–	–	–	–	–	–	–	–
Rebhuhn	1,3	0,4	1,8	2,5	1,9	2,2	4,5	0,6	5,1	0,8	0,2	0,6
Fitis	1,0	0,3	1,5	–	–	–	–	–	–	1,8	0,4	1,4
Feldschwirl	0,8	0,2	1,1	–	–	–	1	0,1	1,1	–	–	–
Kuckuck	0,7	0,2	1,0	–	–	–	–	–	–	2,2	0,5	1,8
Hausrotschwanz	0,5	0,2	0,7	5	3,8	4,3	3,5	0,5	4,0	–	–	–
Amsel	0,4	0,1	0,6	3	2,3	2,6	6,5	0,9	7,4	6,2	1,5	5,0
Goldammer	0,4	0,1	0,6	7,5	5,8	6,5	1,5	0,2	1,7	21,4	5,1	17,1
Ortolan	0,3	0,1	0,4	–	–	–	–	–	–	–	–	–
Drosselrohrsänger	0,1	0,04	0,2	–	–	–	–	–	–	–	–	–
Grünfink	0,1	0,04	0,2	5	3,8	4,3	1	0,1	1,1	6,4	1,5	5,1
Zaungrasmücke	0,1	0,04	0,2	0,5	0,4	0,4	–	–	–	0,6	0,1	0,5
Ringeltaube	–	–	–	0,5	0,4	0,4	–	–	–	–	–	–
Elster	–	–	–	1	0,8	0,9	0,5	0,1	0,6	–	–	–
Kohlmeise	–	–	–	2,5	1,9	2,2	2	0,3	2,3	0,8	0,2	0,6
Blaumeise	–	–	–	1	0,8	0,9	0,5	0,1	0,6	–	–	–
Singdrossel	–	–	–	0,5	0,4	0,4	0,5	0,1	0,6	1	0,2	0,8
Gartenrotschwanz	–	–	–	1	0,8	0,9	–	–	–	–	–	–
Grauschnäpper	–	–	–	0,5	0,4	0,4	–	–	–	–	–	–
Heckenbraunelle	–	–	–	1,5	1,2	1,3	–	–	–	–	–	–
Neuntöter	–	–	–	1,5	1,2	1,3	–	–	–	5,4	1,3	4,3
Star	–	–	–	9	6,9	7,8	1	0,1	1,1	0,2	0,05	0,2
Stieglitz	–	–	–	3	2,3	2,6	–	–	–	–	–	–
Girlitz	–	–	–	1	0,8	0,9	–	–	–	–	–	–
Haussperling	–	–	–	5	3,8	4,3	7,5	1,0	8,5	–	–	–
Feldsperling	–	–	–	16,5	12,7	14,4	–	–	–	–	–	–
Stockente	–	–	–	–	–	–	1,5	0,2	1,7	0,2	0,05	0,2
Wiesenpieper	–	–	–	–	–	–	1	0,1	1,1	0,2	0,05	0,2
Gartengrasmücke	–	–	–	–	–	–	1	0,1	1,1	5,8	1,4	4,7
Fasan	–	–	–	–	–	–	1	0,1	1,1	–	–	–
Gelbspötter	–	–	–	–	–	–	0,5	0,1	0,6	1	0,2	0,8
Grauammer	–	–	–	–	–	–	–	–	–	11	2,6	8,8
Sperbergrasmücke	–	–	–	–	–	–	–	–	–	3	0,7	2,4
Turteltaube	–	–	–	–	–	–	–	–	–	2	0,5	1,6
Bekassine	–	–	–	–	–	–	–	–	–	1,2	0,3	1,0
Weidenmeise	–	–	–	–	–	–	–	–	–	0,8	0,2	0,6

Tabelle 23: (Fortsetzung)

	Tagebau Kulwitz 31,9 ha			Lehmgrube Dresden-Süd 13 ha			Ruderalflächen Chemnitz 72,5 ha			Unlandgebiet bei Biehla 42 ha		
	BP	A	D	BP	A	D	BP	A	D	BP	A	D
Pirol	–	–	–	–	–	–	–	–	–	0,6	0,1	0,5
Buchfink	–	–	–	–	–	–	–	–	–	0,6	0,1	0,5
Braunkehlchen	–	–	–	–	–	–	–	–	–	0,6	0,1	0,5
Raubwürger	–	–	–	–	–	–	–	–	–	0,2	0,05	0,2
Wachtel	–	–	–	–	–	–	–	–	–	0,2	0,05	0,2
Buntspecht	–	–	–	–	–	–	–	–	–	0,2	0,05	0,2
Rotkehlchen	–	–	–	–	–	–	–	–	–	0,2	0,05	0,2
	68,1	21,3	100,0	115	87,4	100,0	88	12,1	100,0	124,5	29,4	100,0

fer, Kiebitz und Brachpieper). Ihr folgen mit Feldlerche, Schafstelze und Grauammer typische Arten der Kultursteppe. Sobald weitere Strukturen (Hochstauden, Gehölze) hinzukommen, treten Dorngrasmücke, Baumpieper, Bluthänfling und Rebhuhn auf. Den Beginn des Vorwaldstadiums dokumentieren dann Fitis, Amsel, Goldammer u. a. Arten (DORSCH 1988). Für Kippenfluren mit zumindest teilweise bindigen Böden ist darüber hinaus die Entstehung kleiner Feuchtgebiete typisch und damit die Ansiedlung von Teichrohrsänger und Rohrammer, ferner Drosselrohrsänger, Stockente, Teich- u. Bleßralle sowie gegebenenfalls zusätzliche Förderung von Kiebitz und Flußregenpfeifer. Steigt jedoch im Laufe der Entwicklung (natürliche Sukzession oder Pflanzung) der Wasserverbrauch der Vegetation, so verschwinden die meisten dieser Feuchtgebiete und ihre Arten wieder. Auch die zunehmende Beschattung kann dazu führen (DORSCH 1988).
Eine Besonderheit vieler Ödländereien ist, daß sich die einzelnen Entwicklungsphasen über längere Zeit räumlich nebeneinander befinden können. Daraus resultiert der große Artenreichtum solcher Flächen sowie die hohe Stetigkeit mit der Feldlerche, Steinschmätzer, Dorngrasmücke, Sumpfrohrsänger, Bachstelze, Bluthänfling, Rebhuhn, Amsel, Goldammer, Grünfink u. a. Arten hier gleichzeitig vorkommen. Für städtische Ruderalflächen ist außerdem die Ansiedlung des Haussperlings und die hohe Dichte des Sumpfrohrsängers (Brennessel u. a. Hochstauden) kennzeichnend (Tabelle 23).

Parks, Friedhöfe, Baumalleen

Neben Wäldern, landwirtschaftlichen Nutzflächen und bebauten Flächen liegen in Sachsen für Parks u. a. Grünanlagen die meisten Siedlungsdichteuntersuchungen vor. Solche Lebensräume gehören zu den arten- und individuenreichsten Biotopen. Je nach Größe, Lage und Aufbau zeigen sie mehr oder weniger starke Anklänge zu Wäldern und zu Siedlungen. Der zentrale Teil des Küchwaldparks (Tabelle 24) hat eine den Laubmischwäldern des Hügellandes und der unteren Berglagen sehr ähnliche Vogelbesiedlung (Tabelle 15). Möglicherweise drückt sich der Parkcharakter aber in einem ausgeprägteren Strauchraum und einer zumindest örtlich stärker aufgelockerten Baumschicht bzw. ausgeprägteren Zweischichtigkeit aus, wofür das Vorkommen von Fitis und Gelbspötter sowie die höhere Dominanz von Amsel und Zilpzalp, möglicherweise auch die des Stars sprechen. Hier sind jedoch auch räumliche und zeitliche Unterschiede zu bedenken.
Je kleiner die Parks bzw. Grünanlagen werden und je stärker sie in Bebauungsgebiete integriert sind, um so stärker treten typische Waldarten (in Tabelle 24 insbesondere Waldlaub-

sänger, Waldbaumläufer, Waldohreule, Weidenmeise, Trauerschnäpper, Gartenbaumläufer) zurück und Siedlungen bzw. Siedlungsgrün bevorzugende Arten (in Tabelle 24, insbesondere Grünfink, Haussperling und Türkentaube) hervor. Vom Wald bzw. Waldpark bis zur innerstädtischen Promenade bzw. Baumallee relativ gleichmäßig vorkommend sind dagegen Amsel, Buchfink sowie Kohl- und Blaumeise, soweit ein entsprechendes Höhlenangebot vorhanden ist auch der Star und im Zusammenhang mit ihrer fortschreitenden Verstädterung in jüngerer Zeit auch die Ringeltaube. Parks und Grünanlagen bieten weiteren Arten günstige Existenzbedingungen (z. B. Gelbspötter, Zilpzalp, Garten-, Mönchs- und Zaungrasmücke, Singdrossel, mit Einschränkung auch Fitis, Heckenbraunelle und Rotkehlchen). Zu den typischen Parkvögeln dürfen auch Girlitz, Gartenrotschwanz, Kleiber, Grauschnäpper und Grünspecht, ferner Saatkrähe u. Dohle gerechnet werden. Sofern kleine Anlagen noch alle wesentlichen Merkmale eines strukturreichen Parkes aufweisen (in Tabelle 24 Kleinpark Bienertmühle), treten aufgrund von Randeffekten Siedlungsdichte–Spitzenwerte auf, ist das nicht mehr der Fall (in Tabelle 24 Kleinstparks und Baumalleen Chemnitz), reduziert sich das Artenspektrum rasch auf stadtholde bzw. indifferente Arten, und die Siedlungsdichte stagniert.

Aus der in einem zeitlichen Abstand von 8 Jahren (1964 und 1972) wiederholten Siedlungsdichteuntersuchung im Städtischen Friedhof Chemnitz ist außerdem bemerkenswert

– der starke Rückgang des Gartenrotschwanzes, eine Entwicklung die sich bis heute nicht umgekehrt hat,
– die starke Zunahme der Türkentaube, die bis ca. 1978 anhielt, seither Rückgang,
– die Zunahme der Ringeltaube, die aber in den 1980er Jahren auch wieder rückläufig ist bzw. zumindest stagniert.

Bebaute Flächen

Bebauungsgebiete weisen im allgemeinen eine mittlere bis hohe Siedlungdichte, jedoch mit nur geringer (Neubaugebiete) bis mäßiger (Gartenstadt, dörfliche Siedlung) Artenmannigfaltigkeit meist trivialer Arten auf. Je nach Art und Dichte der Bebauung sowie Anteil von Grünflächen und Baumbestand ergeben sich erhebliche Differenzierungen. Die auffälligste Erscheinung all dieser Habitate ist der Haussperling, der mit Dominanzanteilen von 18–73 % (Tabelle 25) meist die häufigste Art ist. Hohe Stetigkeit weisen außerdem Grünfink, Amsel und Türkentaube auf. Das Auftreten des Mauerseglers ist dagegen in Wohnsiedlungen (niedrige Häuser), das von Star, Hausrotschwanz und Blaumeise in Neubaugebieten bereits lückenhaft. Überhaupt sind Neubaugebiete (wobei City und Wohngebiete viele Prallelen aufweisen) relativ arten- und individuenarm. Nach einem bestimmen Anpassungszeitraum können Betonelemente, Entlüftungslöcher u. ä. aber zu kopfstarken Brutplätzen nicht nur für Haussperling, sondern auch für Star, Haustaube und Mehlschwalbe werden. Bemerkenswert ist ferner die Haubenlerche, die neben Kippengebieten und Truppenübungsplätzen heute nahezu nur noch hier brütet. Ähnlich wie neue City und Neubauwohngebiete weisen auch alte City und Altbau-Wohnblockzonen viele Parallelen auf. Für beide sind Haustaube und Mauersegler besonders charakteristisch, wobei erstere in der alten City und letzterer in der Altbau-Wohnblockzone hohe Abundanz- und Dominanzwerte erreicht.

Gartenstadt sowie Wohn- und dörfliche Siedlungen zeichnen sich durch höhere Artenmannigfaltigkeit (insbesondere gehölzbewohnende Arten) aus. Besonders hervorzuheben sind Gelbspötter, Zaungrasmücke, Grauschnäpper und Girlitz. In der Gartenstadt tritt die Rauchschwalbe sporadisch, in ländlichen Siedlungen gemeinsam mit der Mehlschwalbe nicht selten eudominant auf. Hervorzuheben sind ferner die für die Gartenstadt noch der Gartenrotschwanz und für ländliche Gebiete Bachstelze, Stieglitz, Hänfling u. Feldsperling.

R. STEFFENS

Tabelle 24: Siedlungsdichte auf Probeflächen in Parks, Friedhöfen, Promenaden, Baumalleen u. ä. Grünanlagen (P3, P10, P11, P12, P18)

	Küchwald Chemnitz 23,5 ha			Kleinpark Dresden-Bienertmühle 2,8 ha			Städtischer Friedhof Chemnitz 30,7 ha 1964			1972			Grüner Ring Zittau 20,7 ha			Kleinstparks u. Baumalleen Chemnitz 6,8 ha		
	BP	A	D	BP	A	D	BP	A	D	BP	A	D	BP	A	D	BP	A	D
Star	46	19,6	23,1	11	39,1	13,2	10	3,2	4,6	15	4,9	5,1	16	7,7	6,4	–	–	–
Amsel	15	6,4	7,5	10	35,6	12,0	35	11,3	16,1	46	15,0	15,5	29	14,0	11,6	2	3,3	4,5
Kohlmeise	15	6,4	7,5	4	14,2	4,8	10	3,2	4,6	14	4,6	4,7	7	3,4	2,8	1	1,7	2,4
Buchfink	14	6,0	7,1	2	7,1	2,4	12	3,9	5,5	14	4,6	4,7	10	4,8	4,0	3	5,0	6,8
Blaumeise	13	5,5	6,5	6	21,4	7,2	15	4,8	6,8	13	4,2	4,4	10	4,8	4,0	2	3,3	4,5
Rotkehlchen	10	4,3	5,1	3	10,7	3,6	1	0,3	0,5	6	2,0	2,0	–	–	–	–	–	–
Fitis	8	3,4	4,1	0,5	1,8	0,6	5	1,6	2,3	5	1,6	1,7	–	–	–	–	–	–
Zilpzalp	7	3,0	3,5	5	17,8	6,0	12	3,9	5,5	13	4,2	4,4	–	–	–	–	–	–
Waldlaubsänger	7	3,0	3,5	–	–	–	–	–	–	–	–	–	–	–	–	–	–	–
Gartengrasmücke	6	2,6	3,1	2	7,1	2,4	8	2,6	3,7	7	2,3	2,4	–	–	–	–	–	–
Singdrossel	5	2,1	2,5	6	21,4	7,2	20	6,5	9,2	18	5,9	6,1	–	–	–	–	–	–
Mönchsgrasmücke	5	2,1	2,5	3	10,7	3,6	2	0,6	0,9	5	1,6	1,7	1	0,5	0,4	–	–	–
Waldbaumläufer	4	1,7	2,0	–	–	–	–	–	–	–	–	–	–	–	–	–	–	–
Kleiber	4	1,7	2,0	–	–	–	3	1,0	1,4	2	0,6	0,7	3	1,4	1,2	–	–	–
Buntspecht	4	1,7	2,0	–	–	–	–	–	–	2	0,6	0,7	–	–	–	–	–	–
Ringeltaube	4	1,7	2,0	3	10,7	3,6	2	0,6	0,9	5	1,6	1,7	14	6,8	5,6	–	–	–
Rabenkrähe	3	1,3	1,5	–	–	–	1	0,3	0,5	1	0,3	0,3	–	–	–	–	–	–
Kernbeißer	3	1,3	1,5	2	7,1	2,4	2	0,6	0,9	3	1,0	1,0	–	–	–	–	–	–
Gartenrotschwanz	3	1,3	1,5	–	–	–	21	6,8	9,6	5	1,6	1,7	–	–	–	–	–	–
Stockente	2	0,9	1,0	–	–	–	–	–	–	–	–	–	–	–	–	–	–	–
Eichelhäher	2	0,9	1,0	1	3,6	1,2	1	0,3	0,5	2	0,6	0,7	–	–	–	11	18,3	25,0
Grünfink	2	0,9	1,0	5	17,8	6,0	22	7,1	10,1	31	10,1	10,5	20	9,7	8,0	–	–	–
Haussperling	1	0,9	1,0	6	21,4	7,2	–	–	–	5	1,6	1,7	62	30,0	39,1	3	5,0	6,8
Heckenbraunelle	2	0,9	1,0	3	10,7	3,6	6	1,9	2,8	9	2,9	3,0	–	–	–	–	–	–
Grauschnäpper	2	0,9	1,0	–	–	–	1	0,3	0,5	1	0,3	0,3	6	2,9	2,4	–	–	–
Grünspecht	1	0,4	0,5	1	3,6	1,2	–	–	–	1	0,3	0,3	–	–	–	–	–	–
Waldohreule	1	0,4	0,5	–	–	–	–	–	–	–	–	–	–	–	–	–	–	–
Gimpel	1	0,4	0,5	–	–	–	2	0,6	0,9	5	1,6	1,7	–	–	–	–	–	–
Weidenmeise	1	0,4	0,5	–	–	–	–	–	–	–	–	–	–	–	–	–	–	–
Sumpfmeise	1	0,4	0,5	–	–	–	1	0,3	0,5	2	0,6	0,7	–	–	–	–	–	–
Trauerschnäpper	1	0,4	0,5	–	–	–	–	–	–	–	–	–	–	–	–	–	–	–
Hausrotschwanz	1	0,4	0,5	–	–	–	–	–	–	1	0,3	–	4	0,9	1,6	–	–	–
Zaunkönig	1	0,4	0,5	3	10,7	3,6	–	–	–	–	–	–	–	–	–	–	–	–

Tabelle 24: (Fortsetzung)

	Küchwald Chemnitz 23,5 ha			Kleinpark Dresden-Bienertmühle 2,8 ha			Städtischer Friedhof Chemnitz 30,7 ha 1964			1972			Grüner Ring Zittau 20,7 ha			Kleinstparks u. Baumalleen Chemnitz 6,8 ha		
	BP	A	D	BP	A	D	BP	A	D	BP	A	D	BP	A	D	BP	A	D
Gartenbaumläufer	1	0,4	0,5	–	–	–	–	–	–	1	0,3	0,3	–	–	–	–	–	–
Kleinspecht	1	0,4	0,5	–	–	–	–	–	–	4	1,3	1,3	–	–	–	–	–	–
Gelbspötter	1	0,4	0,5	2	7,1	2,4	1	0,3	0,5	27	8,8	9,1	5	2,4	2,0	–	–	–
Türkentaube	–	–	–	3	10,7	3,6	5	1,6	2,3	5	1,6	1,7	35	16,9	13,9	22	36,7	50,0
Zaungrasmücke	–	–	–	1	3,6	1,2	6	1,9	2,8	–	–	–	2	1,0	0,8	–	–	–
Pirol	–	–	–	1	3,6	1,2	–	–	–	–	–	–	–	–	–	–	–	–
Wacholderdrossel	–	–	–	–	–	–	2	0,6	0,9	16	5,2	5,4	–	–	–	–	–	–
Feldsperling	–	–	–	–	–	–	2	0,6	0,9	4	1,3	1,3	4	1,9	1,6	–	–	–
Girlitz	–	–	–	–	–	–	4	1,9	1,8	4	1,3	1,3	4	1,9	1,6	–	–	–
Elster	–	–	–	–	–	–	1	0,3	0,5	3	1,0	1,0	1	0,5	0,4	–	–	–
Hänfling	–	–	–	–	–	–	3	1,0	1,4	1	0,3	0,3	–	–	–	–	–	–
Sommergoldhähnchen	–	–	–	–	–	–	–	–	–	1	0,3	0,3	–	–	–	–	–	–
Erlenzeisig	–	–	–	–	–	–	1	0,3	0,5	–	–	–	–	–	–	–	–	–
Wendehals	–	–	–	–	–	–	1	0,3	0,5	–	–	–	–	–	–	–	–	–
Dohle	–	–	–	–	–	–	–	–	–	–	–	–	4	1,9	1,6	–	–	–
Mauersegler	–	–	–	–	–	–	–	–	–	–	–	–	4	1,9	1,6	–	–	–
Turmfalke	–	–	–	–	–	–	–	–	–	–	–	–	3	1,4	1,2	–	–	–
Saatkrähe	–	–	–	–	–	–	–	–	–	–	–	–	3	1,4	1,2	–	–	–
Stieglitz	–	–	–	–	–	–	–	–	–	–	–	–	2	1,0	0,8	–	–	–
Rauchschwalbe	–	–	–	–	–	–	–	–	–	–	–	–	2	1,0	0,8	–	–	–
	199	84,9	100,0	83,5	297,2	100,0	218	70,3	100,0	297	96,3	100,0	251	121,3	100,0	44	73,3	100,0

Tabelle 25: Siedlungsdichte auf Probeflächen in Bebauungsgebieten (R.2.2, R.2.3, R.3.2, R.511, R.6.2, R.7.2)

	neue City Chemnitz 8,0 ha			Neubaugebiet Chemnitz 32 ha			Stadtzentrum Zittau 9,5 ha			Wohnblockzone Chemnitz 56,7 ha			Gartenstadt, Großschönau 14,5 ha			dörfliche Siedlung, Wittgendorf 25 ha		
	BP	A	D	BP	A	D	BP	A	D	BP	A	D	BP	A	D	BP	A	D
Haussperling	16	20,0	55,1	69	21,6	72,8	40	42,1	33,9	187	33,0	53,4	33	22,8	22,4	37	14,8	17,6
Grünfink	6	7,5	20,7	5	1,6	5,3	2	2,1	1,7	21	3,7	5,8	9	6,2	6,1	8	3,2	3,8
Amsel	4	5,0	13,8	5	1,6	5,3	5	5,3	4,2	17	3,0	4,8	25	17,2	17,0	9	3,6	4,3
Türkentaube	2	2,5	6,9	2	0,6	2,1	4	4,2	3,4	26	4,6	7,4	8	5,5	5,4	3	1,2	1,4
Mauersegler	1	1,3	3,5	4	1,3	4,2	3	3,2	2,5	69	12,2	19,7	2	1,4	1,4	–	–	–
Star	–	–	–	3	0,9	3,2	1	1,1	0,9	5	0,9	1,4	21	14,5	14,2	5	2,0	2,4
Haubenlerche	–	–	–	2	0,6	2,1	–	–	–	–	–	–	–	–	–	–	–	–
Stockente	–	–	–	1	0,3	1,0	–	–	–	–	–	–	1	0,7	0,7	1	0,4	0,5
Stieglitz	–	–	–	1	0,3	1,0	–	–	–	–	–	–	–	–	–	9	3,6	4,3
Girlitz	–	–	–	1	0,3	1,0	–	–	–	–	–	–	3	2,1	2,0	9	3,6	4,3
Kohlmeise	–	–	–	1	0,3	1,0	–	–	–	–	–	–	12	8,3	8,1	8	3,2	3,8
Blaumeise	–	–	–	1	0,3	1,0	–	–	–	–	–	–	6	4,1	4,1	9	3,6	4,3
Haustaube	–	–	–	–	–	–	49	51,6	41,5	1	0,2	0,3	–	–	–	–	–	–
Hausrotschwanz	–	–	–	–	–	–	4	4,2	3,4	19	3,3	5,4	4	2,8	2,7	8	3,2	3,8
Ringeltaube	–	–	–	–	–	–	4	4,2	3,4	3	0,5	0,9	–	–	–	1	0,4	0,5
Turmfalke	–	–	–	–	–	–	3	3,2	2,5	–	–	–	–	–	–	–	–	–
Dohle	–	–	–	–	–	–	2	2,1	1,7	–	–	–	–	–	–	–	–	–
Grauschnäpper	–	–	–	–	–	–	–	–	–	1	0,2	0,3	2	1,4	1,4	1	0,4	0,5
Gartenrotschwanz	–	–	–	–	–	–	–	–	–	1	0,2	0,3	1	0,7	0,7	–	–	–
Buchfink	–	–	–	–	–	–	–	–	–	1	0,2	0,3	9	6,2	6,1	8	3,2	3,8
Bachstelze	–	–	–	–	–	–	–	–	–	–	–	–	2	1,4	1,4	3	1,2	1,4
Gebirgsstelze	–	–	–	–	–	–	–	–	–	–	–	–	2	1,4	1,4	1	0,4	0,5
Gelbspötter	–	–	–	–	–	–	–	–	–	–	–	–	2	1,4	1,4	–	–	–
Zaungrasmücke	–	–	–	–	–	–	–	–	–	–	–	–	2	1,4	1,4	6	2,4	2,9
Hänfling	–	–	–	–	–	–	–	–	–	–	–	–	1	0,7	0,7	3	1,2	1,4
Nebelkrähe	–	–	–	–	–	–	–	–	–	–	–	–	1	0,7	0,7	–	–	–
Rauchschwalbe	–	–	–	–	–	–	–	–	–	–	–	–	1	0,7	0,7	41	16,4	19,5
Mehlschwalbe	–	–	–	–	–	–	–	–	–	–	–	–	–	–	–	28	11,2	13,3
Feldsperling	–	–	–	–	–	–	–	–	–	–	–	–	–	–	–	5	2,0	2,4
Gartengrasmücke	–	–	–	–	–	–	–	–	–	–	–	–	–	–	–	2	0,8	0,9
Wacholderdrossel	–	–	–	–	–	–	–	–	–	–	–	–	–	–	–	1	0,4	0,5
Elster	–	–	–	–	–	–	–	–	–	–	–	–	–	–	–	1	0,4	0,5
Pirol	–	–	–	–	–	–	–	–	–	–	–	–	–	–	–	1	0,4	0,5
Goldammer	–	–	–	–	–	–	–	–	–	–	–	–	–	–	–	1	0,4	0,5
Kernbeißer	–	–	–	–	–	–	–	–	–	–	–	–	–	–	–	1	0,4	0,5
	29	36,3	100,0	95	29,7	100,0	118	124,4	100,0	351	62,0	100,0	147	100,6	100,0	210	84,0	100,0

2 Spezieller Teil

2.1 Hinweise zur Benutzung des speziellen Teiles

Die Nomenklatur der Arten und die Reihenfolge ihrer Abhandlung orientieren sich vor allem aus Gründen der Nutzerfreundlichkeit an den bereits vorliegenden Bänden zur Avifauna Ostdeutschlands (z. B. KLAFS u. STÜBS 1977). Lediglich dort, wo es wegen des zwischenzeitlichen Erkenntnisfortschrittes angeraten erschien, wurden auf Empfehlung von S. ECK wissenschaftliche Namen korrigiert (z. B. *Tachymarptis melba* anstatt *Apus m.*, *Miliaria calandra* anstelle *E. calandra*) und Abgrenzungen von Unterarten (z. B. Verzicht auf Angabe von Ua. wegen unklarer Verhältnisse bei Schwanzmeise, Gimpel u. Elster) verändert. Auch

– die Gliederung der Artbearbeitungen nach Status, Verbreitung, Lebensraum, Bestand, Brutbiologie und Wanderungen bei Brutvogelarten bzw. Status, Vorkommen, Lebensraum und
  Wanderungen bei Durchzüglern und Gästen,
– der Verzicht auf entsprechende Untergliederungen bei nur gelegentlichen und seltenen Gästen,
– die chronologische Aufzählung aller Nachweise bei i. d. R. < 30 Beobachtungen

lehnen sich in bewährter Weise an die o. a. Avifaunen an (z. B. v. KNORRE et al. 1986) und bedürfen deshalb keiner grundsätzlichen Begründung und Erläuterung. Darüber hinaus erscheinen jedoch folgende Hinweise zweckdienlich:

Status: Generell wird unterschieden zwischen Brutvögeln (Jahres- bzw. Sommervögeln), Durchzüglern und Gästen (Sommer-, Winter- bzw. Jahresgäste). Weitere Untergliederungen in gelegentliche und (sehr) seltene Gäste sowie Irrgäste sind quantitativ und qualitativ nicht immer sauber voneinander abzugrenzen und stehen deshalb mitunter auch alternativ. Erfolgt die gesamte Statusangabe in Klammer, so gibt es für die Art keinen sicheren Nachweis, steht sie mit Fragezeichen, so ist nur oder auch der genannte Status unsicher (z. B. Irrgast oder Gefangenschaftsflüchtling), folgt ein zweiter oder weiterer Status in Klammern, so bedeutet das eine Zusatzinformation zum ehemaligen, gelegentlichen, neuerlichen oder einem möglichen weiteren Erscheinungsbild. Der genaue Sachverhalt geht dann i. d. R. aus dem nachfolgenden Text hervor. Im Gegensatz zu den drei bereits erschienenen Avifaunen Ostdeutschlands wird auf eine Einstufung in Häufigkeitsklassen verzichtet. Sofern ausreichend genaue Zahlenangaben gemacht werden können, sind sie den nachfolgenden Texten, insbesondere den Abschnitten Bestand und Wanderungen, zu entnehmen.

Verbreitung/Vorkommen: Auf Grund des in großen Teilen Sachsens sehr allmählichen Anstiegs vom Tief- bis zum Bergland läßt sich hier die Höhenverbreitung der Arten z. T. besser studieren als in anderen Regionen. Den Intentionen HEYDERS [1223, 1729] folgend wird deshalb diesem Phänomen bei vielen Arten besondere Aufmerksamkeit geschenkt.

Lebensraum: Insbesondere bei häufigeren Passeres-Arten mangelte es oft an spezifischen Habitatstudien. Hier bilden die zahlreichen Siedlungsdichteuntersuchungen (vgl. 1.7) die Grundlage der Lebensraumbeschreibung. In anderen Fällen dienen sie zumindest dem Vergleich bzw. Abgleich.

Bestand: Wegen der zahlreichen für Sachsen vorliegenden Siedlungsdichteuntersuchungen werden die entsprechenden Werte nach artspezfischen Habitat-, Flächen- und Dichtegruppen zusammengefaßt (vgl. auch 7. 1 S. 80 ff.) und nur Extremwerte einzeln aufgeführt. Bei Arten mit Übersichten der Siedlungsdichte nach Biotoptypen (Tab. 55–70) ist der Text vor allem artspezifisch weitergehenden Dichtedifferenzierungen bzw. Besonderheiten vorbehalten. Sich wiederholende Flächenangaben (Mittelwerte, Streubreite) einzelner Biotoptypen werden außerdem nur bei den zuerst behandelten Passeres-Arten vollständig aufgeführt, später teilweise und schließlich ganz weggelassen. Sie können aber für die in diesem Buch zuletzt behandelten Arten jederzeit rekapituliert werden, indem man sie bei früher behandelten Arten mit vergleichbarer Biotop- bzw. Habitatgliederung im Text recherchiert.

Brutbiologie und Wanderungen: Wie bei Siedlungsdichten wird versucht, wo immer möglich, die Verhältnisse durch Extrem- und Mittelwerte sowie quantitative Angaben zu Verteilung bzw. Verlauf möglichst vollständig zu beschreiben und auch regionale Unterschiede zu erfassen. In besonderem Maße dienen dazu entsprechende Diagramme (Abb. 3–59). Hinweise zu Durchzug und Rast siehe ferner auch Abschnitt 1.5, S. 55 ff.

Abkürzungen: Neben den amtlichen Abkürzungen wird auf das Verzeichnis im Einband dieses Buches verwiesen.

Ortsbezeichnungen: Orte mit Doppelnamen werden abgekürzt: Ottendorf-Okrilla = Ottendorf-O., im Interesse einer eindeutigen Ortsbestimmung wird grundsätzlich der Landkreis angegeben: Adorf/Kr. Oelsnitz, in Gebieten mit Stadt- und Landkreis wird folgendermaßen verfahren: Kr. Leipzig-Land = Kr. Leipzig, Kr. Leipzig-Stadt = Leipzig bzw. Leipzig–Connewitz usw. Die Nennung von **Naturschutzgebieten** (NSG) erfolgt i. d. R. ohne Kreisangabe, da ihre Lage hinreichend bekannt bzw. in anderen Publikationen (HEMPEL u. SCHIEMENZ 1986) beschrieben ist. Gleiches gilt für die nachfolgenden **Kleinlandschaften:** Königshainer Berge (Kr. Görlitz und Niesky), Laußnitzer Heide (Kr. Kamenz und Dresden), Dresdner Heide, Friedewald (Kr. Dresden und Meißen), Tharandter Wald (Kr. Freital), Zellwald (Kr. Freiberg und Meißen), Rabensteiner Wald (Kr. Chemnitz und Hohenstein-E.), Leinawald (Kr. Altenburg), Werdauer Wald, Colditzer Forst und Thümmlitzwald (beide Kr. Grimma), Planitzwald (Kr. Wurzen), Wermsdorfer Forst (Kr. Oschatz), Prellheide (Kr. Eilenburg). Darüber hinaus erfolgt für **häufig wiederkehrende Lokalitäten (Gewässer)** eine verkürzte Ortsangabe:

- Flutbecken (FB), Stauseen (ST), Grubenseen (GS), Speicherbecken (SB), Sammelbecken (SB), Spülbecken (SB),

Elster – FB	– Elsterflutbecken Leipzig
Elster – ST	– Elsterstausee Leipzig-Knauthain
Pleiße – ST Rötha	– Pleißestausee Rötha/Kr. Borna
ST Glauchau	– Muldenstausee Glauchau
GS Kulkwitz	– Grubensee Kulkwitz/Kr. Leipzig
GS Pahna	– Grubensee Pahna/Kr. Altenburg
SB Witznitz	– Speicherbecken Witznitz/Kr. Borna
SB Großzössen	– Speicherbecken Großzössen/Kr. Borna
SB Lobstädt	– Speicherbecken Lobstädt/Kr. Borna
SB Borna	– Speicherbecken Borna
SB Deutzen	– Spülbecken Deutzen/Kr. Borna
SB Regis	– Spülbecken Regis/Kr. Borna
SB Windischleuba	– Speicherbecken Windischleuba/Kr. Altenburg
SB Markersbach	– Speicherbecken des Pumpspeicherwerkes Markersbach/ Kr. Schwarzenberg
SB Helmsdorf	– Sammelbecken des Bergbaus zwischen Dänkritz/Kr. Werdau und Oberrothenbach/Kr. Zwickau
SB Radeburg I	– Speicherbecken Radeburg I an der Röder/Kr. Dresden
SB Radeburg II	– siehe NSG Zschorna
SB Niederwartha	– unteres Speicherbecken des Pumpspeicherwerkes Niederwartha/ Kr. Dresden

- Talsperren (TS)

TS Schömbach	– Talsperre Schömbach/Kr. Geithain
TS Dröda	– Feilebachtalsperre/Kr. Oelsnitz
TS Pirk	– Talsperre Pirk/Kr. Oelsnitz
TS Pöhl	– Talsperre Pöhl/Kr. Plauen
TS Eibenstock	– Talsperre Eibenstock/Kr. Aue
TS Carlsfeld	– Talsperre Weiterswiese bei Carlsfeld/Kr. Aue. 905 m ü. NN (höchstgelegene TS in Sachsen)
TS Sosa	– Talsperre des Friedens bei Sosa/Kr. Aue
TS Saidenbach	– Talsperre Saidenbach/Kr. Marienberg
TS Lichtenberg	– Talsperre Lichtenberg/Kr. Brand-E.
TS Rauschenbach	– Talsperre Rauschenbach bei Cämmerswalde/Kr. Brand-E.
TS Kriebstein	– Talsperre Kriebstein/Kr. Hainichen
TS Lehnmühle	– Talsperre Lehnmühle/Kr. Dippoldiswalde
TS Klingenberg	– Talsperre Klingenberg/Kr. Dippoldiswalde und Freital
TS Bautzen	– Talsperre Bautzen/Kr. Bautzen
TS Malter	– Talsperre Malter/Kr. Dippoldiswalde
TS Gottleuba	– Talsperre Gottleuba/Kr. Pirna
TS Quitzdorf	– Talsperre Quitzdorf/Kr. Niesky, Stauwurzel und Insel im Stausee = NSG TS Quitzdorf

- Teichgebiete (TG), Großteiche (GT) und Teiche (T)

GT Reibitz	– Großteich Reibitz/Kr. Delitzsch
GT Torgau	– Großer Teich Torgau
TG Bennewitz	– Teichgebiet Bennewitz/Kr. Torgau
Mühl-T Mühlbach	– Mühlteich Mühlbach/Kr. Wurzen
GT Kühren	– Großteich Kühren/Kr. Wurzen
Doktor-T Sachsendorf	– Doktorteich Sachsendorf/Kr. Wurzen
TG Wermsdorf	– Teichgebiet Wermsdorf/Kr. Oschatz, darunter Göttwitzsee, Lange Rodaer See/Kr. Grimma
TG Haselbach	– Teichgebiet Haselbach/Kr. Altenburg und Borna
TG Limbach-O.	– Teichgebiet Limbach-Oberfrohna/Kr. Chemnitz
Hütten-T Berthelsdorf	– Hüttenteich Berthelsdorf/Kr. Brand-E.
TG Moritzburg	– Teiche bei Moritzburg/Kr. Dresden, darunter NSG Frauenteich und NSG Dippelsdorfer Teich
TG Pulsen	– Teiche südl. Pulsen/Kr. Riesa
TG Koselitz	– Teiche nördl. Koselitz/Kr. Riesa
TG Tiefenau	– Teiche nördl. Tiefenau/Kr. Riesa
TG Biehla	– Teiche zwischen Biehla und Weißig/Kr. Kamenz
TG Döbra	– Teiche zwischen Döbra und Trado/Kr. Kamenz
TG Deutschbaselitz	– Teiche um Deutschbaselitz/Kr. Kamenz
TG Königswartha	– Teiche nördl. Königswartha/Kr. Bautzen
TG Truppen	– Teiche nördl. Truppen/Kr. Bautzen, darunter NSG Wollschank und Zschark
TG Guttau	– Teiche nordöstl. Guttau/Kr. Bautzen
TG Lippitsch	– Teiche um Lippitsch/Kr. Bautzen
TG Commerau	– Teiche nördl. Commerau (südl. Rauden/Mönau)/Kr. Bautzen
TG Neschwitz	– Teiche um Neschwitz/Kr. Bautzen
TG Kreba	– Teiche um Kreba/Kr. Niesky
TG Klitten	– Teiche um Klitten/Kr. Niesky
TG Petershain	– Teiche um Petershain/Kr. Niesky

TG Ullersdorf	– Teiche südl. Ullersdorf/Kr. Niesky
TG Kodersdorf	– Teiche nördl. Kodersdorf/Kr. Niesky
TG Niederspree	– Teiche nordöstl. Quolsdorf/Kr. Niesky, siehe auch NSG Niederspree

• Naturschutzgebiete (NSG)

NSG Rohrbach	– NSG Rohrbacher Teiche/Kr. Grimma
NSG Eschefeld	– NSG Eschefelder Teiche/Kr. Geithain
NSG Großhart-mannsdorf	– NSG Großhartmannsdorfer Großteich/Kr. Brand-E.
NSG Reuth	– NSG Waschteich Reuth/Kr. Reichenbach
NSG Burgteich	– NSG Burgteich bei Kürbitz/Kr. Plauen
NSG Zschorna	– NSG Zschornaer Teichgebiet/Kr. Großenhain, umfaßt das SB Radeburg II (= SB Zschorna) und den Breiten Teich
NSG Niederspree	– NSG Niederspreer Teichgebiet/Kr. Niesky, umfaßt aus der gleichnamigen Teichgruppe nur Schemsteich, Neuteich, Schwarze Lache, Tiefzüge und Frauenteich sowie südöstlich angrenzende Sumpf- und Waldgebiete

Quellen/Zitierweise: Im Quellenverzeichnis zur Avifauna ([1223, 1729, 2540, 4122], HUMMITZSCH 1988) erfaßte Arbeiten werden mit der Quellennummer (in eckiger Klammer) zitiert: z. B. HEYDER [1223] oder einfach [1729]. Zitate aus nicht bzw. noch nicht im Quellenverzeichnis erfaßten Arbeiten werden in der üblichen Weise belegt: z. B. HUMMITZSCH (1988). Der weitaus größte Teil des verarbeiteten Materials entstammt aber bisher nicht publizierten Zuarbeiten. Hier wird der Autor durch Namensnennung mit abgekürztem Vornamen kenntlich gemacht: z. B. D. SCHNEIDER. Ist der Autor zitierter Arbeiten nicht identisch mit dem Beobachter und soll dieser aber genannt werden, dann geschieht das folgendermaßen: G. HÖPPNER in [3573] od. G. CREUTZ in KRÜGER (1986). Handelt es sich um umfangreiches statistisch bearbeitetes Material (z. B. bei Brutbiologie und Wanderungen), so kann in der Regel nur auf die Sammelstellen (z. B. Karteien) und herausragende Einzelquellen verwiesen werden. Extremdaten werden aber (sofern die Quelle bekannt ist) immer belegt. Analog wird auch bei den Ergebnissen der Siedlungsdichteuntersuchungen verfahren, bei denen darüber hinaus aber Abschnitt 1.7.1 alle hinreichend bekannten sächsischen Quellen enthält.

2.2 Artbearbeitungen

Ordnung Gaviiformes – Seetaucher

Prachttaucher – *Gavia arctica* (L., 1758)

Durchzügler, Sommer- und Wintergast
Unterart: *G. a. arctica* (L., 1758)

Ein ♂ im Ruhekleid (05. 12. 1962 Reitzenhain/
Kr. Marienberg, Beleg im Mus. Dresden) weicht
durch großen Schnabel (61 mm ab vorderem Na-
senlochrand, 72 mm ab Stirnbefiederung) von allen
anderen P. ab. Da Variationsanalysen noch fehlen,
ist die (mögliche) Zuordnung zu *G. a. viridigularis*
Dwigth, 1918 unsicher (S. Eck).

Vorkommen: Größere Gewässer der Oberlausitz,
des Elbeeinzugsgebietes, Gewässer im Braunkoh-
lenabbaugelände südlich von Leipzig und Talsperren des Erzgebirges. Durch günstigere Rastmöglichkeiten auf den neu entstandenen großen Standgewässern gelangen P. häufiger zur Beobachtung.

Lebensraum: Stau- und Grubenseen und ähnliche
Gewässer mit einer Wassertiefe von 2–30 m, größere Teiche. Gelegentlich und nur kurze Zeit auf
größeren Flüssen. Einzelvögel auch auf kleineren
Gewässern bis zu 3–4 ha Größe, unter denen solche mit größerer Wassertiefe und klarem Wasser,
etwa Kiesgruben, Ausstiche u. ä. bevorzugt werden. Gelegentlich fallen P. auf (nassen) Straßen
oder Wiesen ein, vermutlich diese nachts oder bei
schlechter Sicht bzw. Bodennebel für Wasserflächen haltend [3693].
Wanderungen: Sept.-Beobachtungen sind selten
und können Übersommerer betreffen. Beginn des
Wegzuges zögernd im Okt., Zuggipfel im Nov. Der
Wegzug hält bis in den Jan. an, die letzten P. ziehen bei Vereisen der Gewässer ab. Febr.-Daten

sind selten: 01. 02. 1975 TS Quitzdorf 3 [3693],
17. 02. 1940 Molbitz/Kr. Altenburg 1 juv. auf einer
Wiese gefangen [1810].
Von 206 Beobachtungen (382 Ex.) aus dem Elbe-
Röder-Gebiet bei Dresden im Zeitraum 1930–75
beziehen sich 68% (139 Ex.) auf 1, 21% (42 Ex.)
auf 2 Ex., größere Rasttrupps sind selten [3693].
Auffallend starke Einflüge 1974: 03. 11. NSG
Zschorna 28 (G. Leonhardt, J. Ulbricht), 01. 12.
TS Quitzdorf 69 und 03. 12. ebenda 23
(F. Menzel u. a.); 1976: 20.–21. 11. TS Bautzen
300 (D. Sperling, H. Zähr), 05. 12. hier noch
20 Ex.; 1977: 27. 11. TS Quitzdorf 225 (F. Menzel), 27. 11. NSG Zschorna 150 [3692]. Vereinzelt
auch in anderen Jahren größere Trupps:
13. 11. 1957 SB Witznitz 43 [1500]; 08. 11. 1970
NSG Großhartmannsdorf 28 (P. Kiekhöfel). Wegzug wesentlich stärker ausgeprägt als Rückzug.
Heyder [1223] verzeichnet 116 P., davon 99 für
den Wegzug. Ulbricht [3692] gibt aus dem Bez.
D für den Wegzug (1950–77) 1346, für den Heimzug (1914–77) 99 Ex. an. Bei den oft mausernden
Herbstvögeln sind Reste des Brutkleides noch erkennbar, so bei 12 von 28 und bei 38 von 44 P.
am 03. 11. 1974 bzw. 27. 11. 1977 im NSG Zschorna [3692]. Die Trennung zwischen ad. P. im
Schlichtkleid und Jungvögeln ist feldornithologisch
oft schwierig, so daß über deren Anteile keine ge-
nauen Aussagen möglich sind. Die Rastdauer
kann im Herbst 2–4 Wochen betragen; größere
Zugtrupps rasten nur kurze Zeit, oft nur wenige
Stunden. Heimzug im Apr. und Mai, einzelne Vögel auch im März u. Juni. Im März selten:
11. 03. 1978 TS Pöhl 1 schlicht (E. Fröhlich);
17. 03. 1975 Autobahnsee Ammelshain/Kr. Grimma 2 [3467]; 18.–20. 03. 1969 SB Windischleuba 1
[3712]. Auf dem Heimzug überwiegend Einzelvögel, selten 2–3 zusammen, die meist nur kurze
Zeit (62% wurden nur an 1 Tag beobachtet) rasten.

Übersicht zu Wegzug-Beobachtungen des Prachttauchers aus den Bez. C u. L (n = 470):

	Okt.			Nov.			Dez.			Jan.		
Dekade	1.	2.	3.	1.	2.	3.	1.	2.	3.	1.	2.	3.
Ex.	3	37	55	101	157	60	21	12	15	6	2	1

Übersicht zu Heimzug-Beobachtungen des Prachttauchers (n = 216):

	März		Apr.			Mai			Juni		
Dekade	2.	3.	1.	2.	3.	1.	2.	3.	1.	2.	3.
Ex.	5	3	41	14	47	40	20	31	5	6	4

Auf der TS Quitzdorf vom 30. 04.–19. 06. 1976 1 schlicht gefärbter P. [3405]. Größere Zugtrupps: 06. 04. 1980 SB Borna 30 (D. Förster); 24. 04. 1954 SB Niederwartha 25 [3693]. Frühjahrsvögel sind schlicht gefärbt oder mausern ins „Prachtkleid". Ein P. im Brutkleid vom 25.–29. 06. 1975 auf verschiedenen Gewässern im Kreis Brand-E. (G. Marz, P. Kiekhöfel). Übersommerer mausern auch das Großgefieder und sind zeitweise flugunfähig, deshalb Aufenthalt wohl vor allem auf großen Gewässern. Je 1 P. vom 01. 06.–20. 10. 1957 GT Torgau [2402]; 14. 06.–02. 10. 1975 TS Cranzahl [3231]; 30. 06.–15. 09. 1979 SB Borna [3667]; 31. 05.–15. 08. 1980 Kiesgrube Dresden-Sporbitz (S. Rau, J. Ulbricht u. a.); 12. 07.–09. 08. 1980 TS Lehnmühle (P. Kiekhöfel, K. Hädecke). Ein von A. Pflugbeil beringter P. – 21. 04. 1954 Chemnitz – wurde im Jan. 1957 im Golf von Venedig geschossen [1439].

K. Grössler, F. Rost

Eistaucher – *Gavia immer* (Brünn., 1764)

Irrgast

Ein Beleg im Mus. Altenburg: ♀ Altenburg; nach Aufenthalt vom 18.–21. 02. 1962 auf dem Großen Teich am 22. 02. erlegt [1762]. Weitere von Ulbricht [3692] und Berger [1848] aufgeführte Präparate des E. existieren in den betreffenden Sammlungen nicht mehr bzw. erwiesen sich als fehlbestimmt (Ansorge 1987, S. Eck). Die bei Heyder [1223] verzeichneten Vorkommen sind nicht überprüfbar, das dort erwähnte Ex. aus dem Zool. Mus. Leipzig ist nicht mehr vorhanden. Sechs weitere Nachweise: 21. 11. 1968 NSG Großhartmannsdorf 1 ad. schlicht (P. Kiekhöfel [2677]; vgl. Kronbach et al. 1992); 01. 12. 1973 SB Niederwartha 1 ad. weitgehend schlicht (P. Kiekhöfel [2868]); 21. u. 31. 12. 1985 SB Niederwartha 1 ad. schlicht (P. Kiekhöfel); 28. 10.–08. 11. 1986 SB Borna 1 ad. schlicht (Kipping u. Burger 1989); 15. 11. 1986–04. 01. 1987 TS Pöhl 1 wahrsch. ad. schlicht (Kronbach et al. 1992), der Vogel vom SB Borna?; 05. 12. 1987 NSG Zschorna 1 Ex. 2. Winter (R. Dietze, S. Rau). Einige auf den E. bezogene Beobachtungen betreffen möglicherweise bzw. sicher Prachttaucher, z. B. [2110, 3207].

K. Grössler, S. Rau

Gelbschnabel-Eistaucher – *Gavia adamsii* (Gray, 1859)

Irrgast

Vom 24. 11.–02. 12. 1973 auf dem SB Niederwartha 1 juv., der am 08. 12. tot aufgefunden wurde und in das Mus. Dresden gelangte [2868, 3693]. Der ursprünglich als Eistaucher angesprochene Vogel [2868] wurde bei einer Nachprüfung als *G. adamsii* bestimmt (S. Eck).

K. Grössler

Sterntaucher – *Gavia stellata* (Pont., 1763)

Durchzügler, Wintergast

Vorkommen: Auf denselben Gewässern wie der Prachttaucher. Die Zahl der Beobachtungen hat sich vor allem durch die günstigeren Rastmöglichkeiten gegenüber der Zeit vor 1960 deutlich erhöht.

Lebensraum: Die Ansprüche gleichen denen des Prachttauchers, jedoch wird der S. noch seltener auf kleineren Gewässern beobachtet.

Wanderungen: Der Wegzug beginnt Anfang bis Mitte Okt. und erreicht im Nov. seinen Höhepunkt. Früheste Beobachtungen: 01.–06. 10. 1990 Kiesgrube Pratzschwitz/Kr. Pirna 1 (Herschmann 1993), 07. 10. 1964 1 Ex. auf dem wenig nördlich der Grenze des Bez. D gelegenen Knappensee [3692]; späteste Beobachtungen: 08. 02. 1975 TS Pöhl 1 (E. Fröhlich), 21. 01.–11. 02. 1989 TS Pöhl 1 (Kronbach u. Weise 1993). Meist Einzelvögel, in den Bez. C u. L 8×2 u. 2×4 Ex. zusammen, größere Trupps selten: 02.–03. 11. 1974 TS Pöhl 8 (E. Fröhlich), 19. 11. 1975 NSG Großhartmannsdorf 6 (P. Kiekhöfel), 22. 11. 1976 NSG Zschorna 8 [3692]. Czerlinsky [2561] gibt für die TS Pöhl 1967 5 Ex. am 12. 11. und 11 Ex. am 17. 12. an; die 44 „S." vom 14. 10. 1976 ebenda [3394] waren vermutlich Prachttaucher. Die Rastdauer kann mehrere Tage betragen, längere Zeit je 1 S. 26. 11.–17. 12. 1966 „Bagger" in Leipzig [2435] und 03. 11.–07. 12. 1985 Kiesgrube Naunhof/Kr. Grimma (K. Grössler). Herbstvögel sind schlicht gefärbt oder mausern [3692]. Kiekhöfel [2677] beobachtete 1 Ex. mit deutlich roter Kehlfärbung vom 26.–30. 10. 1968 im NSG Großhartmannsdorf.

Übersicht zu Herbst- und Winterbeobachtungen des Sterntauchers (274 Ex.):

	Okt.			Nov.			Dez.			Jan.			Febr.	
Dekade	1.	2.	3.	1.	2.	3.	1.	2.	3.	1.	2.	3.	1.	2.
Ex.	1	8	19	40	74	66	27	23	5	2	5	2	2	–

Übersicht zu Frühjahrsbeobachtungen des Sterntauchers (56 Ex.):

	März	Apr.			Mai		
Dekade	3.	1.	2.	3.	1.	2.	3.
Ex.	1	6	10	7	10	13	9

Der Heimzug ist deutlich schwächer ausgeprägt als der Wegzug.
Früheste Beobachtung am 21. 03. 1968 TG Guttau 1 schlicht; 05. 04. 1964 SB Niederwartha 1 [3692]. Späteste Beobachtungen: 30. 05. 1965 NSG Zschorna 2 [3692]; 30. 05. 1972 NSG Großhartmannsdorf 2, 22.–30. 05. 1977 ebenda 1–2 und 26.–30. 05. 1989 ebenda 1 schlicht (P. KIEKHÖFEL); 16. 06. 1985 Kiesgrube Pratzschwitz/Kr. Pirna 1 im Übergangskleid (HERSCHMANN 1993). Im Gegensatz zum Prachttaucher sind Sommervorkommen bisher nicht bekannt. Meist Einzelvögel, 4×2 und 2×3 zusammen: 11. 05. 1974 NSG Zschorna 3 [3692]; 18.–29. 05. 1957 GT Torgau 1–3 [2402]. Rastdauer kann mehrere Tage betragen. 1 S. im Ruhekleid vom 09.–21. 05. 1981 auf einer Kiesgrube bei Pratzschwitz/Kr. Pirna (W. HERSCHMANN, NÄTHER).

K. GRÖSSLER

Ordnung Podicipediformes – Lappentaucher

Haubentaucher – *Podiceps cristatus* (L., 1758)

Sommervogel, Durchzügler, Wintergast
Unterart: *P. c. cristatus* (L., 1758)

Verbreitung: Brutvogel des Flach- und Hügellandes. Höchstgelegene Brutplätze im Erzgebirge bei 540 m ü. NN (TS Eibenstock) und 564 m ü. NN (Kunstteich Dörnthal/Kr. Marienberg). Nichtbrüter auch auf höher gelegenen Gewässern. Grad der Vereisung der Gewässer beeinflußt teilweise Rast und Überwinterung. Im Winter besonders auf Grubenseen und SB Niederwartha, gelegentlich auf größeren Flüssen.

Lebensraum: Bruthabitate sind stehende Gewässer mit flach auslaufenden Ufern, ausnahmsweise Fließgewässer, z. B. Elster-FB. Heyder [1223] charakterisiert den „Brutbiotop" als „nicht zu steilgrundige Teichbecken von etwa 10 ha Größe an, sofern Röhrichthorste das Nisten ermöglichen." Vor allem im Zusammenhang mit Teichentlandungen sowie Bewirtschaftung sind jedoch viele Fischteiche heute steiluferig und die Vegetationszonen

teilweise verschwunden. Gegenwärtig nistet der H. auch auf vegetationsarmen bis -freien Gewässern, wenn im Wasser liegende Äste, abgestorbenes Strauchwerk, Schachtelhalm, Knöterich oder andere Wasserpflanzen die Befestigung der Nester erlauben. Bevorzugt werden Gewässer ab 7 ha Wasserfläche und 0,8–4 m Wassertiefe. Gelegentlich auch auf Kleingewässern bis 0,5 ha. Im Bez. L 75% der Bruten auf Fischteichen, der Rest auf Kies- und Lehmgruben, Tagebaurestlöchern und Altwässern.

Bestand: 1978–82 im Bez. D ca. 350–450 BP, im Bez. L 125–150 BP und im Bez. C 30–50 BP. Der Brutbestand schwankt jährlich sehr stark, was auch in Neuansiedlungen, Aufgabe von Brutgewässern, kurzlebigen Koloniebildungen (z. B. [3054, 3467]) sichtbar wird. Eindeutige Trends der Bestandsentwicklung zeichnen sich langfristig nicht ab (Tabelle 26).
Bestandszahlen größerer Gewässer: TS Quitzdorf, ca. 600 ha, 1973–75, 50–80 BP [3388]; NSG Zschorna, ca. 206 ha, 1971, 55–60 BP, davon 51–56 mit juv. [3072]; GT Torgau, 175 ha, 1957–80, 9–38 BP (K. TUCHSCHERER); ST Glauchau, 32 ha, 1969–72 max. 25 BP (H. FRITSCHE, H. OLZMANN); Elster-ST, knapp 100 ha, 1979, 22 BP (D. FÖRSTER, F. HOYER). Auf 100 ha offene Wasserfläche bezogen siedeln: im Kr. Niesky, 671 ha, 1960, 8,9–9,5 BP [1939]; TG Moritzburg, 390 ha, 1971–74, 7,4–9,5 [3252]; NSG Zschorna, ca. 190 ha, 1964–82, 10,8–13,3 [3072], Beob.-Gr. Zschorna); Kr. Kamenz, 940 ha, 1960–71, 1,6 [2882, 3388]. In kleineren Teichgebieten sehr variable Besiedlung [2561, 2767, 2792, 3172, 3460]. Die Siedlungsverhältnisse im Bez. L: Teichgröße 3–5 ha, 1–4 BP, M_8 2,0; 6–10 ha, 1–6 BP, M_8 3,9; 11–15 ha, 1–19 BP, M_5 10,7; 22–55 ha, 1–25 BP, M_6 18 (K. TUCHSCHERER).

Brutbiologie: Bei Vorhandensein von Schilf bildet dieses den bevorzugten Neststandort: Bez. L von 117 Nestern 61 (52,1%), Oberlausitz von 84 Nestern 62 (73,8%) in Schilf [3388]. Nester oft auch in Rohrkolben, Binsen, Kalmus u. a. Am ST Glauchau 1970–82 von 293 Nestern u. Plattformen 86 (29,4%) an ins Wasser hängenden Zweigen, 83 (28,3%) mit Uferberührung an einer Insel ohne Röhricht, 63 (21,5%) völlig frei mit Grundveranke-

Tabelle 26: Bestandsentwicklung (BP) des Haubentauchers in ausgewählten Gebieten im Bez. L ([2402] erg.; Eschefeld-Ber.: [2015] erg.)

	GT Torgau	NSG Eschefeld	TG Haselbach
1953	15	0	1
1954	?	4	6
1955	15	4	5
1956	14	6	5
1957	19	9	4
1958	24	10	3
1959	22	7	3
1960	15	7	3
1961	20	11	?
1962	18	3	5
1963	16	2	?
1964	22	0	3
1965	25	3	2
1966	19	14	2
1967	16	21–23	20
1968	11	10	24
1969	14	12	7
1970	13	22	9
1971	13	24	15
1972	8	12	14
1973	9	12	11
1974	28	8	9
1975	38	10	8
1976	28	9	8
1977	34	8–10	8
1978	19	14	13
1979	22	15–16	6
1980	24	5–6	?
1981	11	15–17	9
1982	?	25	5

rung, der Rest zwischen Wasserpflanzen (FRITSCHE [3054]). Sehr selten Nester auf festem Untergrund außerhalb des Wassers (FEHSE 1985; H. FRITSCHE). Hauptbrutzeit Anfang Mai bis Mitte Juni, in dieser Zeit im Bez. L 63,2% von 478 Bruten (K. TUCHSCHERER). Früheste Eifunde 02. 04. 1981 (H. FRITSCHE) u. 05. 04. 1966 (H. OLZMANN) am ST Glauchau. Diesem Termin entsprechen 3 kleine pulli 09. 05. 1984 Leipzig-Lößnig (K. GRÖSSLER). Eiablage bis 1. Aug.-Dekade, am ST Glauchau 07. 09. 1978 im Nest 1 Ei, 10. 09. Brut aufgegeben (H. U. J. FRITSCHE). Gelegestärke 2–7 Eier (9 Eier [3467] wohl von 2 ♀♀), am häufigsten 3–5. Die Zahl der Eier je Gelege schwankt im Mittel von 3,8 (ST Glauchau 1970–82, n = 138, H. FRITSCHE) bis 4,7 (Oberlausitz, n = 67 [2882]). Von einem BP werden 1–5 juv., im Mittel (n = 975 nur Bez. L)

1,95 aufgezogen (K. TUCHSCHERER). Gelege- u. Jungenverluste liegen lokal recht hoch: GT Torgau, 1955–80, 32,1% der BP (n = 375) ohne Bruterfolg (K. TUCHSCHERER). Wenn mehrere BP auf einem Gewässer brüten, ist der Bruterfolg geringer als bei Einzelpaaren, im Bez. L im Mittel 2,35 (n = 141) zu 1,85 (n = 486). Noch auffälliger ist dies bei Koloniebruten: ST Glauchau, 1981, aus 98 abgelegten Eiern nur 13 flügge juv. (H. FRITSCHE). Zweitbruten, stets Schachtelbruten, sind selten: im Bez. L 8 sichere Nachweise. Ansiedlungs- und Brutverhalten, Brutzeit und Bruterfolg werden stark durch Spezifik und Dynamik des Nahrungsangebotes beeinflußt.

Wanderungen: Die Ankunft im Brutgebiet erfolgt meist im März oder Anfang Apr., selten bereits Ende Febr. Umsiedlungen können bis Mitte Juli stattfinden. Die ersten H. wurden am GT Torgau 1957–66 zwischen 10. 03. und 25. 03., im Mittel am 21. 03. ([2177] erg.), im NSG Eschefeld 1969–82 zwischen 08. 02. und 26. 03., im Mittel am 08. 03. (Beobachtungsberichte Eschefeld) beobachtet. Im Frühjahr im NSG Zschorna 30–70, max. 100–120 Ex. (Beob.-Gr. Zschorna); auf dem GT Torgau am 25. 04. 1976 94 (D. FÖRSTER). Nicht brütende H. sammeln sich Ende Mai u. im Juni auf größeren Gewässern. Der Abzug aus den Brutgebieten wird im Aug. merkbar und vom Ablassen der Gewässer beeinflußt. Am GT Torgau verschwanden die letzten H. zwischen dem 20. 10. u. 06. 11., im Mittel (n = 10) am 26. 10. [2402]; im NSG Eschefeld 03. 10.–28. 11., im Mittel (n = 14) am 28. 10. (Beobachtungsber. Eschefeld). Oft ziehen die Altvögel vor den Jungvögeln ab. Wegzug von Ende Juli bis Dez., besonders merkbar Ende Sept./Anfang Okt. In dieser Zeit TS Bautzen 100–160, max. bis 450 Ex. (D. SPERLING [2832, 3317, 3515]), NSG Zschorna 100–180, max. bis 360 (Beob.-Gr. Zschorna); 07. 10. 1979 GT Torgau 130 Ex. (K. TUCHSCHERER). Im Nov./Dez. nimmt die Anzahl schnell ab. Mitte Dez. 1967–75 im Bez. D 0–18, 1976 aber 155 Ex. Überwinterungen finden in neuerer Zeit häufiger statt: Mitte Jan. 1968–82 im Bez. D 1–14, im Bez. L 0–22, 1980 sogar 66 Ex. In der Lausitz erbrütete H. wurden im Burgenland/Österreich (12. 05.), Woronesh/UdSSR (29. 10.) und Fieri/Albanien (06. 01.) angetroffen.

K. TUCHSCHERER, P. HUMMITZSCH, H. FRITSCHE, D. SAEMANN

Rothalstaucher – *Podiceps grisegena* (Bodd., 1783)

Sommervogel, Durchzügler, (Wintergast)
Unterart: *P. g. grisegena* (Bodd., 1783)

Verbreitung: Brutvogel unterhalb 250 m ü. NN, besonders in der nördlichen Oberlausitz, im TG Moritzburg, bei Dobra–Thiendorf–Freitelsdorf/ Kr. Großenhain, im NSG Zschorna und in Teichgebieten im Bez. L. Gebirgswärts nur 1959 eine Brut im NSG Großhartmannsdorf, 491 m ü. NN, 1962, 1968, 1972 u. 1988 BV ([3207], KRONBACH et al. 1992) sowie 1988 erste Brutnachweise für das Vogtland: TS Pirk 2 BP mit 3 und 2–3 juv. (ERNST 1991). Vor der Trockenlegung der Teiche 1920 auch bei Zittau, 300 m ü. NN [426]. 1975 wurden Brutplätze im Raum Altenburg aufgegeben.

Lebensraum: Stehende Gewässer mit emerser u. submerser Vegetation, besonders Fischteiche von 1,5–10 ha Fläche und um 1 m Wassertiefe, in Buchten größerer Gewässer und ausnahmsweise auf 0,7 ha großem Teich [3836]. Kleine Teiche werden meist besiedelt, wenn sie sich in größeren Gewässerkomplexen befinden [1938]. Nistplatzwahl unabhängig vom Grad der Bewaldung der Uferzone. Als Ausnahmen in isolierter Lage inmitten der Feldflur: 1979 u. 1980 Lossener Senke/Kr. Altenburg (W. SYKORA, W. KIOSCHUS); 1988 bei Borna (HAGEMANN 1989). Maßgebend für die Besiedlung sind Menge und Erreichbarkeit der Nahrung, weniger die Ausdehnung des Röhrichtsaumes, Größe des Gewässers oder der offenen Wasserfläche [3072, 3252]. Zur Zugzeit auch auf vegetationslosen großen Gewässern [3515, 3832] u. Grubenseen.

Bestand: 1978–89 im Bez. D 45–75 BP, im Bez. L 9–18 BP. Brutbestand einiger Teichgebiete: Commerau-Klix 2–6 BP (D. Sperling), Königswartha 15–20 (W. PAULICK) bzw. 1987–89 5–7 (V. HEINE, E. NOWAK, U. PATZAK, D. WEIS), Thiendorf–Stölpchen/Kr. Großenhain 2 (M. u. U. LEONHARDT), Würschnitz/Kr. Großenhain 0–3 [3460], NSG Zschorna 0–22, auf dem SB max. 6,2 BP/1 km besiedelbarer Uferlänge (Beob.-Gr. Zschorna), TG Moritzburg 1971–74 4–11 BP [3252], 1980–84 4–6 BP (FG Radebeul). Durch ungünstige Teichentlandungen, starke Eutrophierung, Bekämpfung von Wildfischen und spätes Anspannen der Fischteiche deutliche Abnahme. Im Bez. L um 1910 etwa 100 BP, Dichten bis zu etwa 6 BP/10 ha in den NSG Eschefeld und Rohrbach [586, 1223, 2940]; 30 BP 1930–40 sowie 1965–75; 1976–82 nur noch 9–18 BP, die sich auf 6–17 Teichgebiete verteilen [3826]. TG Wermsdorf 1962–76 1–8 BP [3467], gesamter Kr. Wurzen 1979–89 2–5 BP (MÜLLER 1991).

Brutbiologie: Beginn des Nestbaues Ende, selten bereits Anfang Apr. Neststandort in Schilf, Simse, Rohrkolben, gelegentlich in Schachtelhalm, Knöterich u. a. Bei fehlender Ufervegetation Nester in abgestorbenem im Wasser stehendem Geäst, z. B. am Doktor-T Sachsendorf (K. TUCHSCHERER) u. in

Sandgrube Rückmarsdorf/Kr. Leipzig (K. GRÖSSLER). Nie in dichter Vegetation, oft völlig frei ohne Sichtschutz, so im Bez. L 22% der Nester [1938]. Die Nester stehen nicht selten nur wenige Meter von solchen von Haubentauchern oder Bleßrallen entfernt. Eiablage ab 3. Apr.-Dekade, frühestens am 10. 04. [1938]. Nachgelege bis Mitte Juli. 4 Nachweise von Zweitbruten [1695, 1938, 2692] u. 1 Schachtelbrut [3388]. Vollgelege 3–5, selten 6–7 Eier; im Bez. L im M_{46} 3,9. Nachgelege meist 3 Eier. Ein BP zieht im Mittel 1,3 (Bez. L, n = 155 [3836]) bis 1,6 (Bez. D, n = 138, P. HUMMITZSCH) Junge auf. BP mit 4 juv. selten (z. B. HAGEMANN 1989; F. MENZEL). Der Bruterfolg ist rückläufig: Bez. L 1955–59 im Mittel 1,3 juv./BP, 1975–79 1,0 [3836]; Bez. D 1986–89: 25×1, 15×2, 1×3 u. 1×4; M_{42} 1,5 juv./erfolgr. BP. Kleine pull. bereits am 22. 05. (E. HESSE [586]), 27. 05. 1984 Kirchen-T Grethen (H. ZILL); solche aus Spätbruten noch am 17. 08. 1971 NSG Eschefeld [2940] u. 17. 08. 1972 TG Klitzschen/Kr. Torgau [3836].

Wanderungen: Heimzug vorwiegend bis 1. Apr.-Dekade. Mittlere Erstbeobachtung im NSG Eschefeld (n = 15) am 07. 04. (Beob.ber. Eschefeld), am GT Torgau (n = 8) 10. 04. [2402]. Frühestes Datum 26. 02. 1967 NSG Zschorna 1 (P. HUMMITZSCH). Heimzug wenig auffällig u. nur ausnahmsweise über 10 R. zusammen. Umsiedlungen zumeist gegen Ende Apr. abgeschlossen, jedoch auch noch im Mai. Im Erzgebirge können einzelne Nichtbrüter übersommern. Kleinere Brutgewässer werden Juli bis Anfang Aug. verlassen, größere Teichgebiete später. Im NSG Eschefeld Letztbeobachtungen 1967–82 11. 07.–12. 12., im Mittel am 20. 09. (Beob.ber. Eschefeld), GT Torgau 1957–65 08. 08.–22. 10., im Mittel am 18. 09. [2402]. Zuzug auf größeren Gewässern ab Mitte Aug., im Erzgebirge meist Jungvögel (J. FISCHER). Höhepunkt des Abzuges im Bez. L im Sept., im NSG Zschorna im Okt. Meist Einzelvögel oder kleine Trupps. Am 13. 08. 1977 NSG Großhartmannsdorf 13 juv. (P. KIEKHÖFEL), 11. 09. 1957 Pleiße-ST Rötha 17 u. 24. 09. 1967 ebenda 18 [2561]. Im NSG Zschorna, an TS Bautzen, SB Niederwartha u. Pleiße – ST Rötha regelmäßig bis Nov./Dez. In den Jahren 1965–83 mind. 30 Nachweise im Jan./Febr. Eine volle Überwinterung auf dem GS Kulkwitz 1982/83 (H. DORSCH). Ein in der Oberlausitz erbrüteter R. wurde nach 2 Jahren in N-Frankreich (1 020 km W BO) nachgewiesen [1939].

N. HÖSER, J. FISCHER, P. HUMMITZSCH,
K. TUCHSCHERER

Ohrentaucher – *Podiceps auritus* (L., 1758)

Durchzügler, Wintergast
Unterart: *P. a. auritus* (L., 1758)

Vorkommen: Größere Gewässer, besonders NSG Zschorna (etwa 50% aller Beobachtungen aus dem Bez. D), SB Niederwartha, TS Quitzdorf, SB Windischleuba u. NSG Großhartmannsdorf sowie TS des Erzgebirges. Bis 1989 wurden im Bez. D ca. 150, in den Bez. L u. C je 110 Ex. notiert.

Lebensraum: Stauseen, Speicherbecken und andere stehende Gewässer mit größerer offener Wasserfläche; gelegentlich auch auf größeren Flüssen. Selten auf Fischteichen: NSG Eschefeld in 100 Jahren 3 Nachweise [2940], GT Torgau in 25 Jahren 1 [2402], Elster-FB in 32 Jahren 5 (K. GRÖSSLER, K. TUCHSCHERER).

Wanderungen: HEYDER [1729] bezeichnet den fast alljährlichen Durchzug als „regelmäßigen Vorgang". TUCHSCHERER [3837] vermutet ein häufigeres Vorkommen in neuerer Zeit. Wegzug Ende Sept./Anfang Okt. zögernd beginnend; Hauptdurchzug Ende Okt. bis Ende Nov., im Bez. D auch Dez./Jan. Überwinterungen sind selten. Früheste Beobachtungen: 18. 08.–13. 09. 1988 1 ad. (Brutkleidreste) SB Helmsdorf (KRONBACH et al. 1992), 24. 09. 1972 NSG Zschorna 4 (G. LEONHARDT, P. PFANDKE, J. ULBRICHT), 28. 09. 1974 TS Carlsfeld 2 (M. THOSS). Heimzug nur schwach ausgeprägt (kaum 10% aller Beobachtungen) von Ende März bis Mitte Mai. Noch am 11. 06. 1962 TG Doberschütz–Pließkowitz/Kr. Bautzen 1 [1741]. Meist einzelne Ex., seltener 2–4 zusammen, ausnahmsweise 5 am 04. 11. 1934 Elster-ST [894], 8 Ex. 09. 11. 1967 NSG Zschorna (P. FROMMHOLD, H. KERN), 8 Ex. 27. 11. 1984 TS Saidenbach (KRONBACH et al. 1987). Aufenthaltsdauer meist nur 1 oder wenige Tage. Je 1 vom 04.–11. 11. 1961 Hütten-T. Berthelsdorf [2677], 20. 11.–05. 12. 1976 TS Pöhl [3394] u. 24. 04.–05. 05. 1958 NSG Eschefeld [1691]. Herbstvögel sind schlicht gefärbt. Frühe Heimzügler schlicht oder mausernd: 01. 03. 1971 u. 10. 04. 1974 SB Windischleuba [2941, 3288]. Ab Mitte Apr. tragen alle O. das Brutkleid, bereits 30.–31. 03. 1970 SB Windischleuba 1 im Brutkleid [2853]. 09. 05. 1986 NSG Großhartmannsdorf 3 Ex. balzend (P. KIEKHÖFEL).

J. FISCHER, K. GRÖSSLER, P. HUMMITZSCH

Schwarzhalstaucher – *Podiceps nigricollis* Brehm, 1831

Sommervogel, Durchzügler
Unterart: *P. n. nigricollis* Brehm, 1831

Verbreitung: Brutvogel in der Lausitzer Niederung, im Lößhügelland unterhalb 300 m ü. NN und nach 1970 auch im unteren Erzgebirge bei 500 m ü. NN. Übersicht der älteren Brutvorkommen bei SCHLEGEL [586], FRIELING [814] u. HEYDER [1223]. Hauptvorkommen gegenwärtig in der nördlichen Oberlausitz. Westlich der Elbe in den letzten Jahren nur noch im NSG Eschefeld, in den Kulkwitzer Lachen/Kr. Leipzig, im NSG Großhartmannsdorf sowie 1989 TS Pirk (ERNST 1991), evtl. 1988 NSG Burgteich (KRONBACH et al. 1992).

Lebensraum: Besiedelt werden Fischteiche und flache Bereiche von TS, SB u. ä. des Flachlandes [814, 3281], des unteren Erzgebirges und des Vogtlandes. Bevorzugung von unterwasserpflanzenreichen Gewässern, die auch stärker verkrautet sein können [1629]. Als Koloniebrüter Nester in Buchten und seichten, bis 1 m tiefen Bereichen der Brutgewässer. An den meisten Standorten ist ein Gürtel emerser Vegetation vorhanden, gelegentlich werden auch röhrichtlose, ufernahe Bereiche von Stauseen besiedelt [3281], dort am Rand von Inseln. Die natürliche Instabilität von Vorkommen wird durch ökologische Veränderungen im Zusammenhang mit Nutzungseinflüssen verstärkt. Der S. teilt mit der Lachmöwe Ansprüche an den Lebensraum und brütet meist im sozialen Bezug zu dieser Art; die gegenwärtigen Brutvorkommen befinden sich fast alle in Kontakt zu Kolonien der Lachmöwe. Dagegen brüteten S. z. B. in den Jahren 1925–42 S. im TG Haselbach u. im NSG Eschefeld, obwohl Lachmöwen als Brutvögel fehlten [2015, 2940], u. in der Oberlausitz siedelten bei hohen Brutbeständen in dieser Weise ohnehin zahlreiche BP einzeln oder in kleinen Gruppen mehr oder weniger zusammenhaltend.

Bestand: 1978–84 insgesamt mindestens 70–100 BP. Stabilster Brutplatz im TG Niederspree. Hier jährliche Brutvorkommen, 1978 über 30, 1986 ca. 30, 1987 70, 1988 80 BP u. 1989 40 Paare, davon 20 BP. Die großen Kolonien der TS Quitzdorf 1973–75 sind vor allem auf nahrungsökologische Folgen des Erstanstaus zurückzuführen. 1974 nisteten hier 325 BP in 3 Teilkolonien, deren größte 225 Nester

Übersicht zu Durchzugsbeobachtungen des Ohrentauchers im Bez. D (n = 147):

	Sept.	Okt.	Nov.	Dez.	Jan.	Febr.	März	Apr.	Mai
Ex.	6	21	42	25	30	10	5	1	7

Tabelle 27: Brutbestand (BP) des Schwarzhalstauchers von 5 Gewässern (zahlreiche Quellen)

	NSG Eschefeld	NSG Großhart-mannsdorf	NSG Zschorna	NSG Dippels-dorf	TS Quitzdorf
1965	0		2	(3)–12	
1966	8			12	
1967	18		3–5	2	
1968	30		3–5	2	
1969	20–25		4	5	
1970	25		1	5	
1971	30	2	1–2	16–18	
1972	0	1	1–3	13–17	(1. Stau)
1973	10	(1)	3	13–17	ca. 80
1974	0[1]	8	1	8–14	325
1975	1	3	5	2	ca. 80
1976	1		2	5	
1977	4	1		5	
1978	12	2		5	25
1979	7	4		4	1
1980	7	2	1– (3)	5	5
1981	9	5		40	
1982	21–28	10–11		10	
1983	1	15–16	3–6		
1984	0[2]	25	17–20	10	
1985	26–28	21	33	10	4–7
1986	21 (+8)	18–20	44	15	60
1987	13–16	10–12	24	17	40
1988	14	20	0	11	1 (+12)
1989	9	35–40	52	2	10 (+1)

[1] Apr. bis 24, Mai bis 12 ad., keine Brut;   [2] Apr. bis 12, Mai bis 8 ad., keine Brut

umfaßte [3281, 3480]. Die Bestände schwanken stark u. asynchron (vgl. Tab. 27).

Nach einem Höhepunkt um 1910 trat ein Bestandsrückgang ein [1223, 1729], der viele Kolonien auslöschte. Zuerst und am stärksten schrumpfte der Bestand in W- u. NW-Sachsen [1188, 1810, 2015, 2940, 3467], wobei erst kleine, nach 1935 auch größere und um 1950 die letzten Kolonien verschwanden. Brutvorkommen im TG Haselbach bis 1952, im NSG Rohrbach bis 1953 [2015, 3467] – gleichzeitig erloschen alle Lachmöwenkolonien. Brutbestand im Bez. L um 1910 210–240 BP in 11–13 Gebieten, um 1930 50–75 in 5–7 u. um 1940 18–25 BP in 2–5 Gebieten. In der Lausitz erreichte der Bestand seinen Tiefpunkt später; in der W-Lausitz, Kr. Kamenz, wo der S. ehemals überall brütete, nach 1955 [1729, 3388, 3511]. Im TG Moritzburg 1975 etwa wieder die Hälfte des alten Brutbestandes [3252]; viele kleinere Teichgebiete wurden dagegen nicht erneut besiedelt. Nach 1960 auch in W-Sachsen wieder Zunahme, im NSG Eschefeld ab 1956 [2940], in den Kulkwitzer Lachen 1978/82 2 BP, 1988/89 10–20 BP (GRÖSSLER

1993); im NSG Großhartmannsdorf 1957 eine Brut [1729] u. seit 1971 hier regelmäßig brütend. 1989 TS Pirk erstmals 2 BP (ERNST 1991).

Brutbiologie: Beginn des Nestbaues Ende Apr. bis Mitte Juni, frühestens Mitte Apr. Die Nester sind meist gut sichtbar in schütterer Vegetation kolonieweise angelegt, an einzelnen Stengeln oder überstautem Jungwuchs der Uferbestockung verankert, gelegentlich fast freistehend [1629, 3281]. Als Nestmaterial werden Simse, Knöterich, Froschbiß, seltener Rohr verwendet [3388]. Eiablage beginnt um den 10. 05.; in der Oberlausitz Vollgelege vom 12. 05.–08. 06. (MAKATSCH [2962]), 13. 05. 1900 NSG Eschefeld mehrere Gelege (HELM 1903), 17. 05.–02. 07. NSG Großhartmannsdorf (P. KIEK-HÖFEL, F. WERNER, E. KUTSCHERA). Nachgelege nicht selten (ausnahmsweise Zweitbruten?), spätester Schlupftermin 18. 08. [1629]. Erste pull. im NSG Eschefeld seit 1967 zwischen 23. 05. u. 20. 06. (F. FRIELING, S. KÄMPFER). Zwei Drittel der BP in den NSG Eschefeld u. Zschorna führen nur 1 juv., sonst 2–3, recht selten 4; nur in günstigen Jahren häufiger 2–3 juv. [2940]. In W-Sachsen seit 1967 (n = 70) 1,2 aufgezogene juv./BP (F. FRIELING u. a.); NSG Großhartmannsdorf (n = 31) 1,8 juv./BP (P. KIEKHÖFEL); NSG Zschorna (n = 26) 1,4 (Beob.-Gr. Zschorna), TG Moritzburg (n = 41) 1,7 juv./BP [3252].

Wanderungen: Eintreffen Ende März/Anfang Apr., z. B. im Kr. Kamenz ab 04. 04. [3388], TG Pulsen ab 06. 04. (M. WALTER), sehr selten bereits ab Ende Feb. Zughöhepunkt schwer bestimmbar, Mitte Apr., Anfang Mai? Bis Ende Juni auch teilweise Trupps abseits der Brutgebiete (u. a. infolge Störung von Ansiedlungen), z. B. 46 Ex. 03. 06. 1972 SB Windischleuba [3051]. Der Wegzug beginnt Ende Juli, ist besonders Mitte Aug. merkbar u. zieht sich bis Ende Okt., seltener Anfang Nov. hin. Im NSG Zschorna max. 11–13 Ex. (P. HUMMITZSCH), SB Windischleuba 14–23 Ex. (N. HÖSER).
Längeres Verweilen, max. bis 27 Tage [3412], ist nicht selten. Seit 1960 etwa 20 Nachweise im Dez., davon 3 im Erzgebirge, 3 auf der Elbe bis zum 20. 01. [2149]. Die Anzahl der Zuggäste hat deutlich abgenommen, besonders während der Heimzugzeit (M. MELDE, P. HUMMITZSCH).

N. HÖSER, J. FISCHER

Zwergtaucher – *Tachybaptus ruficollis* (Pall., 1764)

Jahresvogel
Unterart: *T. r. ruficollis* (Pall., 1764)

Verbreitung: Brutvogel im Flach- und Hügelland, besonders in der teichreichen Lausitz. Im Erzgebirge regelmäßig bis 550 m ü. NN, vor 1980 mehrere Brutplätze in 750–770 m, zuletzt 1978 im Kr. Klingenthal bei Schöneck u. Kottenheide, 760 m ü. NN (E. MÖCKEL, J. WOLLMERSTÄDT).

Lebensraum: Stehende Gewässer aller Art, selten Fließgewässer. Bevorzugt werden kleinere Teiche ab 0,2 ha Fläche u. einer Wassertiefe von 30–70 cm mit Schilf, Seggen, Binsen oder dichten Schwimmpflanzenbeständen. Auch an TS (TS Eibenstock 1982–85 1–3 BP), SB usw., in Sandgruben u. Ausstichen mit sehr schwach entwickelter Vegetation. Die Wasserbeschaffenheit kann unterschiedlich sein, wenn nur ausreichendes Nahrungsangebot vorhanden ist. Im Bez. L wurden 89 Fischteiche bis 10 ha, 19 solche über 10 ha, 19 Kies- u. Lehmgruben, 6 Senklachen, 3 Stauseen u. je 1 Parkteich, Bruch, Altwasser u. Fließgewässer als Brutplatz genutzt (K. TUCHSCHERER). Im Wald gelegene Teiche werden seltener besiedelt [800]. Eine Brut auf einer nur 100 m^2 großen, schwach mit Schilf bewachsenen Sandgrube in Kiefernbestand; die Jung-

vögel starben wegen Nahrungsmangel [3388]. Im Winter auf Flüssen.

Bestand: Jährlich stark schwankende Brutbestände, insgesamt in den 1980er Jahren drastischer Bestandsrückgang. Brutgebiete können kurzfristig besetzt, dann aber ganz oder für längere Zeit verlassen werden. Einige Brutplätze, z. B. Filz-T Schneeberg/Kr. Aue von vor 1896–1974 (R. MÖKKEL), NSG Großhartmannsdorf seit 1916 [1223] oder TG Königswartha [800], ständig besetzt. Im Bez. C auch in günstigen Jahren kaum > 50 BP, 1974 37, 1975 30, bis 1980 jährlich ca. 20, danach noch weniger mit Tiefstand 1987, 1988/89 wieder Zunahme auf ca. 20. Im Bez. L ebenfalls starker Bestandsrückgang: um 1955 300–350 BP, 1980 max. ca. 100 BP. Im TG Haselbach 1951–60 30–40 BP [2015], 1978–82 2–6; NSG Eschefeld 1965–82 2–10 BP [2940, 3189]; NSG Rohrbach 1905–09 15–20 [359, 365, 373, 374, 389], 1952–77 nur 3–6 BP [3467]. Im Kr. Wurzen auf GT Kühren, 5,8 ha, 1–6 BP, Schwemm-T Machern, 4,0 ha, 1–3 BP u. Mühl-T Kobershain, 3,0 ha, 1–3 BP [3172]. Im Bez. D 1978–82 etwa 285 BP, seitdem noch weniger (RAU U. STEFFENS 1989, NACHTIGALL et al. 1995). ZIMMERMANN [800] errechnet für die Lausitz 1928 einen Bestand von 800–850 BP auf ca. 1 000 km^2, im TG Königswartha 52–61 BP auf 60–65 ha Wasserfläche. Nach MELDE in den TG Biehla, Weißig u. Döbra/Kr. Kamenz auf ca. 265 ha Wasserfläche bis 1962 18–25 BP [3388], im gesamten Kr. 60–90 u. 1963 etwa 50 BP. Gelegentlich fast kolonieartige Vorkommen, so 6 BP auf 120 m Uferlänge am Häuschen-T Wermsdorf/Kr. Wurzen [3467].

Brutbiologie: Nester auf dem Wasser, meist 1–5, selten bis 15 m vom Ufer entfernt [673], überwiegend in dichter Vegetation. Im Kr. Kamenz (n = 57) 34 in Schilf, 14 unter Weiden im Gezweig [3388]. Im Bez. L (n = 27) 3 im Schilf, 4 in Rohrkolben, 9 in Schwaden, 5 unter überhängendem Ufergesträuch (K. TUCHSCHERER). Ein Gelege in einem Ausstich bei Beilrode/Kr. Torgau am 05. 07. 1958 unter einem Rohrweihennest (K. KRITZLER). Die Gelege bestehen aus 3–9 Eiern. Im Kr. Kamenz 2×3, 6×4, 17×5, 13×6, 3×7 Eier im Gelege (MELDE [3388]), 1×8 Eier (NACHTIGALL et al. 1995); je 1×9 Eier fanden ZIMMERMANN [673] und VOERKEL (1927). Oft 2 Bruten, meist geschachtelt. Gelege der ersten Brut im Mai besonders nach der Monatsmitte u. im Juni. Frühe Eifunde am 02. 05. (H. LINDNER), 09. 05. [2962]. Zweitbruten Ende Juni bis Anfang Aug. Pull. ab Anfang Juni, frühestens am 06. 06. [586]. Kleine Jungvögel, die noch gefüttert werden, bis in den Sept., auf dem Burg-T. Schönfels/Kr. Zwickau noch am 23. 10. 1978 (H. OLZMANN). Zuweilen werden

Brutplätze erst im Juni oder Juli bezogen. Mittlerer Bruterfolg in den Bez. C (n = 121), L (n = 30) u. D (n = 73) je 2,7 juv./BP; in der Lausitz dagegen nach MELDE [3388] 4,5 juv./BP (n = 62), dabei 11×6 juv. bei 1 BP. Am 27. 08. 1977 NSG Großhartmannsdorf 1 BP mit 7 juv. (K. HÄDECKE, P. KIEKHÖFEL).

Wanderungen: Ankunft im Brutrevier Ende März/Anfang Apr. Im NSG Eschefeld M$_{16}$ 24. 03. (07. 03.–08. 04.) (Beobachtungsber. Eschefeld); GT Torgau M$_{10}$ 10. 04. (26. 03.–20. 04.) [2177]. Heimzug besonders auf größeren Gewässern bemerkbar, z. B. NSG Zschorna, NSG Großhartmannsdorf Ende März bis Anfang Mai, besonders in der 1. u. 2. Apr.-Dekade. Ende Juli u. im Aug. sammeln sich Jung- und Altvögel auf offenen Wasserflächen und leiten den Wegzug ein, der Anfang Nov. ausklingt (Tabelle 28).
Heimzug wenig auffällig, im NSG Großhartmannsdorf max. 35 Ex. 06. 04. 1961 (P. KIEKHÖFEL). Sommeransammlungen u. Wegzug auffälliger: Pleiße-ST Rötha letzte Sept.-Dekade 1967 416 u. 1968 507 Ex., TS Pöhl 17. 10. 1980 116 (E. FRÖHLICH), NSG Zschorna 30. 10. 1966 100–110 Ex. (Beob.-Gr. Zschorna). Verlassen der Brutgewässer hängt ggf. vom Ablassen der Fischteiche ab. Letztbeobachtungen im NSG Eschefeld (n = 16) zwischen 24. 09. u. 03. 12., im Mittel am 09. 11. (Beobachtungsber. Eschefeld). Die Zahl der Zügler hat im NSG Zschorna u. an den Gewässern des Bez. L stark abgenommen, im NSG Großhartmannsdorf ist Abnahme nicht bemerkbar. Jährlich überwintern Z. in unterschiedlicher Anzahl auf Fließgewässern,

häufig auch in Städten. Mitte Jan. 1969–82 Bez. C 7–32, Bez. L 20–160 u. Bez. D 0–72 Ex. Ein im Apr. in Burkhardtsdorf/Kr. Chemnitz beringter Z. wurde im Sept. in Unterfranken angetroffen. Ein im Jan. in der Schweiz beringter Z. war 2 Jahre später bei Frauenhain/Kr. Großenhain [1399].

J. FISCHER, K. GRÖSSLER, K. TUCHSCHERER

Ordnung Procellariiformes – Sturmvögel

Wellenläufer – *Oceanodroma leucorhoa* (Vieill., 1817)

Irrgast
Unterart: *O. l. leucorhoa* (Vieill., 1817)

07. 11. 1976 bei Pöhla/Kr. Schwarzenberg frische Rupfung, die frühestens seit 31. 10. gelegen hat [3432].

D. SAEMANN

Schwarzschnabelsturmtaucher – *Puffinus puffinus* (Brünn., 1764)

Irrgast
Unterart: *P. p. puffinus* (Brünn., 1764)

Ende Aug. 1922 bei Wolfshain (Beucha)/Kr. Wurzen 1 erlegt, Beleg im Mus. Leipzig [623]. K. TUCHSCHERER berichtet über eine Beobachtung am Elster-FB, 28. 09. 1975 1 S.

D. SAEMANN

Tabelle 28: Durchzug des Zwergtauchers 1. Pleiße-ST Rötha, Summe der Dekadenmaxima 1950–83 (nach Beobachtungen von D. FÖRSTER u. K. GRÖSSLER – Orig.); 2. NSG Großhartmannsdorf, Dekadensummen 1961–82 (Kartei Bez. C)

Dekade	Pleiße-ST Rötha			NSG Großhartmannsdorf		
	1.	2.	3.	1.	2.	3.
Jan.	2	9	3	1	9	
Feb.	6	9	1	5	5	4
März	2	6	34	1	2	82
Apr.	43	30	16	209	223	132
Mai	1	2	2	81	43	14
Juni	1	8	13	8	7	12
Juli	55	88	577	7	22	41
Aug.	1 175	1 304	2 375	40	69	139
Sept.	2 820	2 746	2 583	266	308	298
Okt.	2 264	1 983	564	356	298	188
Nov.	342	208	61	135	70	13
Dez.	27	13	3	4	7	4

Eissturmvogel – *Fulmarus glacialis* (L., 1761)

Irrgast
Unterart: *F. g. glacialis* (L., 1761)

In der Nacht vom 05.–06. 10. 1919 zwischen Lüptitz u. Wurzen 1 ♀ gegriffen, Beleg im Mus. Dresden [1223]; 17. 02. 1962 Kemnitz/Kr. Löbau 1 ermattet gefunden [1765], Beleg im Mus. Görlitz [3159].

D. SAEMANN

Ordnung Pelecaniformes – Ruderfüßler

Baßtölpel – *Sula bassana* (L., 1758)

Irrgast

Anfang Dez. 1824 bei Leipzig-Knauthain 1 gefangen [32, 42, 45]; 08. 05. 1969 bei Langenleuba-Niederhain/Kr. Altenburg 1 wohl 3–4 jähriges Ex. gegriffen, Beleg im Mus. Altenburg [3888]; 11. 09. 1983 Fichtelberg 1 dj. Ex. gegriffen, Beleg im Mus. Augustusburg.
Ein am 02. 09. 1936 auf dem Pfaffenberg Hohenstein-E. gegriffener ad. B. kam in die Sammlung W. VEIT [1975], das Stück ist heute verschollen. P. KIEKHÖFEL berichtet von der Beobachtung 1 dj. Vogels am 08. 09. 1973 über dem NSG Großhartmannsdorf. Am 21. 08. 1988 TG Niederspree 1 dj. (G. GÄRTNER, B. SANDER, D. STRIESE, M. WERNER). MELDE [2879] glaubt, am 21. 04. 1967 über Biehla/Kr. Kamenz 9 kreisende B. gesehen zu haben.

D. SAEMANN

Kormoran – *Phalacrocorax carbo* (L., 1758)

Durchzügler, unregelmäßiger Brutvogel, Jahresgast
Unterart: *P. c. sinensis* Blumenb., 1798

Alle Belege in den Museen gehören dieser Unterart an, Vorkommen von *P. c. carbo* sind mit hoher Wahrscheinlichkeit auszuschließen (S. ECK).

Vorkommen: Früheres Brüten wahrscheinlich, jedoch nicht belegbar [1223, 2090]. TG Niederspree: 1985 6 (mind. 1×2 pull.), 1987 4 (1×2 pull.) u. 1988 6 (1×2 pull.) besetzte Nester; 1986 u. 1989 keine Brutansiedlungen. TG Commerau/Klix 1988 3 Nester (RAU U. STEFFENS 1989, NACHTIGALL et al. 1995). An beiden Orten wurden sämtliche Nester zu verschiedenen Zeitpunkten zerstört bzw. beseitigt. Rastet auf größeren Gewässern bei deutlichem Häufigkeitsgefälle zum Gebirge hin. Anfang des 20. Jh. nur gelegentlicher Gast, nach 1930 Durchzügler in steigender Anzahl [586, 1223, 2015, 2940]. Seit 1950 häufen sich die Nachweise in der Oberlausitz [2090] u. im Elbe–Röder-Gebiet bei Dresden [3693]; nach 1960 auch im Bez. L [3972] u. seit 1973 im Erzgebirge ([3207]; KRONBACH et al. 1987, 1989 u. 1992; KRONBACH u. WEISE 1993). Der drastische Anstieg der Beobachtungen, insbesondere ab Mitte der 1980er Jahre, steht im Zusammenhang mit der Zunahme des mitteleuropäischen Brutbestandes u. dem Vorhandensein größerer Wasserflächen mit gutem Nahrungsangebot [3432, 3693].

Lebensraum: Bevorzugt große fischreiche Gewässer, die ausreichend Nahrung u. Sitzwarten zum Trocknen des Gefieders bieten. Auch auf Fischteichen u. Tagebaurestseen sowie gelegentlich, aber zunehmend, auf größeren Flüssen.

Wanderungen: Erste Heimzügler Ende Febr./Anfang März, früher selten, seit Mitte der 1980er Jahre deutlich zunehmend; Heimzughöhepunkte zwischen 2. März- u. 1. Apr.-Dekade. Bis Ende März überwiegen Altvögel, danach immat. Genaue Angaben über Altersverhältnisse größerer durchziehender bzw. rastender Trupps (20–50 Ex. u. mehr) stehen noch aus. Solche waren früher nicht häufig, nehmen jedoch ebenfalls zu. Ab Mitte Mai meist nur noch einzelne umherstreifende immat. K. Seit 1955 mehrfach Sommervorkommen u. seit etwa 1980 alljährlich in der Oberlausitz, mit in letzter Zeit schnell anwachsenden Beständen im Aug. (NSG Niederspree 300 Ex.; NSG Zschorna bis 380 Ex., 1987 bis 700 Ex.; Alt-T Caminau/Kr. Bautzen; SB Windischleuba u. weiteren Plätzen sowie seit 1982 fast alljährlich einige im NSG Großhartmannsdorf). Jungvögel erscheinen bereits ab Mitte Juli, vor 1976 erst im Aug. Hauptdurchzug im Herbst früher Mitte Okt.–Mitte Nov.; seit Mitte der 1980er Jahre in der Oberlausitz Max. des Bestandes bereits Ende Sept. (Anfang Okt.), z. B. 1987 Bez. D ca. 2 000 rastende K., darunter NSG Zschorna 735 Ex. Die Entwicklungen an einigen Rast- bzw. Schlafplätzen werden dabei maßgeblich vom jeweiligen Füllungsstand der Gewässer bestimmt. Wegzug erschien früher in manchen Gebieten zweigipfelig: im Okt. überwiegend ad., im Nov. meist immat. u. juv. Schon vor 1985 auch größere Trupps: 13. 10. 1958 TG Ullersdorf 120 (L. HELBIG); 14. 10. 1962 TG Niederspree 140–150 (S. BRUCHHOLZ); 19. 10. 1975 GT Torgau 136 (SCHMECHTA, K. TUCHSCHERER); 20. 10. 1968 NSG Zschorna 84 (Beob.-Gr. Zschorna); 27. 10. 1966 Elster-FB 123 (L. GEORGI, [2019, 2435, 3972]). Danach alljährlich große Gesellschaften bzw. Trupps. Die am häufigsten festgestellte Zugrichtung ist SW. Einzelne K. u. kleine Gruppen treten gelegentlich bzw. neuerdings alljährlich von Dez. bis Febr. auf. In den milden Wintern 1974–77 einzelne Überwinterer [3972]. Im Bez. C im Jan. nur Totfunde. Das Verhältnis ad.:immat. beim Heimzug im Elbe-Röder-Gebiet bei Dresden etwa 2:1, im Bez. L bei Heim- u. Wegzug etwa 1:1 [3972]. Große Zugtrupps verweilen oft nur Minuten, kleinere auch längere Zeit, mehrmals 10–16 Tage, selten bis 21 Tage [3207]. Mind. vom 23. 10.–06. 11. 1967 nächtigten 35 K. an einem bewaldeten Talhang bei Hennersdorf/Kr. Flöha [2897]. Zwei Nachweise von Durchzüglern aus Dänemark: 11. 09. 1982 Kalkreuth/Kr. Großenhain unter 35 K. 1 (R. DIETZE), 31. 01. 1987 Raasdorf/Kr. Oelsnitz Totfund (J. FRÖLICH). Drei 1988 im Kr. Niesky geschossene K. wurden als Nestlinge beringt, 1987 in Polen sowie 1988 in ČR u. Dänemark.

S. RAU, N. HÖSER, G. CREUTZ

Krähenscharbe – *Phalacrocorax aristotelis* (L., 1761)

(Irrgast)

Zwei Beobachtungen werden auf diese Art bezogen: 22. 10. 1960 Mulde bei Canitz/Kr. Wurzen [1662] u. 06. 12. 1953 Pleiße-ST Rötha [2550].

D. SAEMANN

Rosapelikan – *Pelecanus onocrotalus* L., 1758

Zooflüchtling (Irrgast ?)

Angaben über ältere Vorkommen ungenau oder außerhalb des Gebietes liegend [1223]. Neuere Nachweise: 29. 03.–05. 04. 1934, dann erlegt, Teiche bei Leutenhain/Kr. Rochlitz 1 ♂ [876]; 08.–13. 06. 1975 GT u. Gehege-T Torgau 1 R. [3190]; 10. 05. 1978 Sacka/Kr. Großenhain 1 R. auf einem Storchennest (R. DANDERS nach R. DIETZE).

D. SAEMANN

Ordnung Ciconiiformes – Schreitvögel

Graureiher – *Ardea cinerea* L., 1758

Jahresvogel
Unterart: *A. c. cinerea* L., 1758

Verbreitung: Brutkolonien in den Kr. Niesky, Großenhain, Oschatz u. Eilenburg sowie seit etwa 1986 Plauen. Ansiedlungen sind zeitlich und zahlenmäßig stark von fischereiwirtschaftlichen und jagdlichen Maßnahmen beeinflußt. Bruten von Einzelpaaren an verschiedenen Stellen des Flach-

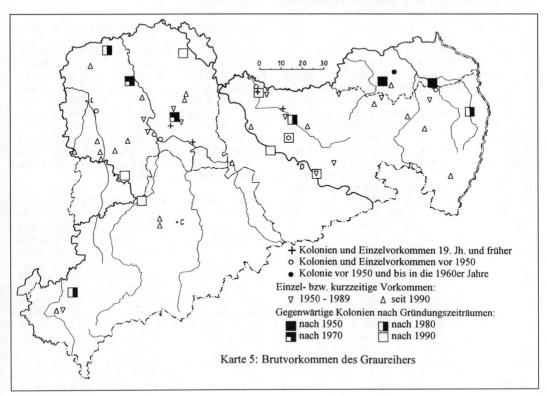

+ Kolonien und Einzelvorkommen 19. Jh. und früher
o Kolonien und Einzelvorkommen vor 1950
● Kolonie vor 1950 und bis in die 1960er Jahre

Einzel- bzw. kurzzeitige Vorkommen:
▽ 1950 - 1989   △ seit 1990

Gegenwärtige Kolonien nach Gründungszeiträumen:
■ nach 1950   ◪ nach 1980
◪ nach 1970   ☐ nach 1990

Karte 5: Brutvorkommen des Graureihers

u. Hügellandes. Insgesamt deutliche Tendenzen zu Kolonieneugründungen u. Ausbreitung (Karte 5). Außerhalb der Brutzeit im gesamten Gebiet. Überwinterungen an größeren Flüssen u. in der Forellenregion der Erzgebirgsflüsse u. -bäche.

Lebensraum: Die Nester stehen auf älteren Bäumen in Gewässernähe, überwiegend auf Eichen u. Erlen, im Kr. Niesky auch auf Kiefern. Nahrungsräume sind die Randzonen der Gewässer, ferner abgeerntete Felder u. Grünland, wo Mäuse erbeutet werden.

Bestand: Seit 1980 beginnend und Ende der 1980er Jahre verstärkt Bestandszunahme. Bez. D – Kr. Niesky: Um 1905 bei Kreba eine Kolonie, die bis 1923 10–15 Nester besaß [2306]. Weiterhin ab 1984, evtl. 1983, ein Brutvorkommen bei Kodersdorf, hier 1986–89 je 12 BP (H. BLÜMEL); 1957 bei Förstgen 3 BP in Kiefern [2306]. Kr. Bautzen: 1961 TG Königswartha versuchte Koloniegründung von etwa 30 Paaren am Gersdorfer T [2306]. Kr. Dresden: 1947 bei Moritzburg 1 BP mit 5 juv. (P. BERNHARDT [1223]), Elbinsel bei Pillnitz je 1 BP 1969 (G. CREUTZ) u. 1977 (H. JOKIEL). Kr. Kamenz: 1952 bei Großgrabe 1 BP auf Fichte, 1959 bei Weißig Brutversuch [2035, 2306]. Kr. Freital: 1982 am Heidemühlen-T BV (M. SCHINDLER). Kr. Riesa: 1935 bei Pulsen 1 gestörte Brut [971], 1936 ebenda zogen 4 BP 15 juv. groß, 1937 3 u. 1938 6 BP, 1947 Brutplatz noch besetzt [1223]; 1977 bei Koselitz 1 BP; 1978 bei Tiefenau 1 BP, 1979 ebenda 2 gestörte Bruten u. 1980 ein Brutversuch [3936]. Kr. Großenhain: Im 18. Jh. eine große Kolonie bei Kalkreuth, die 1763 vernichtet werden sollte [88, 291]; 1980 am Vier-T Freitelsdorf 1 gestörte Brut [3936]; 1980 am Dammühlen-T bei Schönfeld noch kein Brutnachweis, 1981 ziehen 3 BP 2,3 u. 5 juv. auf (K. RICHTER), 1982 9 BP, 1983 14 BP, 1984 41 Nester, 1985 33 Nester mit mind. 43 juv., 1986 30 Nester, 1987 29, 1988 54 u. 1989 84 (R. Dietze). Gelegentliche Einzelbruten an weiteren Orten im Bez. D, z. B. ca. 1978 E Rossendorf/Kr. Dresden (J. NAGEL). Bez. L – Kr. Grimma: 1937 Schaddel 1 BP u. „bis" 1944 bei Kötteritzsch–Sermuth 5–7 BP [1223]; „bis" 1945 seit mehreren Jahren bei Förstgen 3–10 BP (A. ZIEGER [3467]); „bis" 1974, in diesem Jahr juv., westlich Böhlen (H. RAST, H. DOBROWOHL [3467]). Kr. Wurzen: 1975 Doktor-T Sachsendorf 2 BP ohne Erfolg (W. KÖCHER [3467]). Stadt Leipzig: 1939 Connewitzer Holz 1 BP (W. KIERSKY [1223]). Kr. Oschatz: Über einen längeren Zeitraum mit oft anhaltenden Unterbrechungen brüteten G. auf der Insel im Horstsee Wermsdorf: 1887 4–6, früher 20 BP [161], 1888 1–2 BP u. abgesprengt im nahen Forst 3 Bruten [172], hier bis 1894 Bv, dann vernichtet [280]; erst 1953 wieder 2–4 BP, Bruten gestört (M. FEILER

[1729]), 1978 10 BP, 1979 38, 1980 43, 1981 60 BP mit ca. 20 flüggen juv., 1982 50 BP mit ca. 15 juv. (W. KÖCHER), 1983 u. 1984 je 70, 1985 50, 1986 40, 1987 u. 1988 je 100 u. 1989 86 BP (SEICHE 1994). Kr. Döbeln: 1887 an der Mulde bei Großweitzschen 2 BP, davon 1 erfolgreich [161]. Kr. Eilenburg: Bei Groitzsch bzw. Kossen 1976 wohl 1 BP, 1977 5–6, 1978 14, 1979 16, 1980 (27), 1981 48, 1982 (65), 1983, 1985 je 75, 1986 129, 1987 143, 1988 206 u. 1989 234 BP (H. VERSTÄNDIG, H. LINDNER, SEICHE 1994). Kr. Delitzsch: 1984 am nicht bewirtschafteten GT Reibitz ca. 20 BP, 8 knapp flügge juv. am 22. 05. (K. GRÖSSLER). Seit 1983 erscheinen Jungvögel Ende Juni/Anfang Juli am Elster-FB (K. TUCHSCHERER, K. GRÖSSLER). Bez. C – Seit etwa 1986 an der TS Pöhl/Kr. Plauen eine kleine Kolonie; 1988 Unterlosa/Kr. Plauen Nester u. am 29. 05. Beobachtung von 1 juv. (ERNST u. HERING 1994). Brutzeitbeobachtungen insbesondere seit den 1980er Jahren auch an anderen Stellen, z. B. NSG Großhartmannsdorf, lassen Entstehen weiterer Ansiedlungen vermuten. Der Bestand, besonders durchziehender G., wird durch Abschuß stark dezimiert, wie z. B. in einem Jagdgebiet des Kr. Kamenz [2035, 2461, 3787] oder im Kr. Niesky, wo von 1959–67 2030 G. geschossen wurden (Jagdstatistik).

Brutbiologie: Für sächsische Brutkolonien fehlten aussagefähige Angaben, CREUTZ [3029, 3977] vermittelte detaillierte Auswertungen über die nahegelegene Kolonie bei Weißkollm/Bez. Cottbus: Eiablage Ende März bis (Nachgelege) Anfang Juni; Gelege bestehen aus 2–7, M_{484} 4,3 Eiern; Brutzeit 28 Tage; frühester Schlüpftermin 21. 04., 52,9% (n = 244) schlüpfen in der 1. Mai-Hälfte, spätestens am 03. 07.; Nestlingszeit 45 Tage; 2–5 juv./BP, M_{484} 3,1 juv./BP; 7×6 juv. von je 1 BP aufgezogen; durchschnittlich Gelegeverluste bei 21,5% der BP. Daten aus neuerer Zeit bei SEICHE (1994) sowie SEICHE u. WÜNSCHE (1996).

Wanderungen: Heimzug unauffällig, selten mehr als 10 Ex. zusammen. Ankunft im Brutrevier Febr.–Anfang Apr. Im Sommer, nach dem Flüggewerden der Jungen – früheste Beobachtungen 22. 05. 1984 GT Reibitz/Kr. Delitzsch (K. GRÖSSLER), 04. 06. 1979 NSG Eschefeld [3880] – gelegentlich größere Ansammlungen, z. B. 19. 08. 1983 SB Windischleuba 115 (W. STENGEL), 26. 08. 1979 NSG Eschefeld 112 [3880]. Jungvögel streichen ziellos umher, solche aus der Kolonie Weißkollm (n = 161) zu 59,6% SW, 19,3% S, 14,3% W u. bis 800 km weit [3977]. Durch- u. Abzug Sept.–Nov., an abgelassenen Fischereigewässern größere Ansammlungen: 07. 10. 1962 TG Niederspree 200 (G. CREUTZ), 12. 10. 1977 NSG Zschorna 300 (D. KELLER), 24. 10. 1954 TG Königswartha 275

(G. CREUTZ), 22. 11. 1980 TG Kröbeln/Kr. Bad Liebenwerda 170 (R. DIETZE). Im Bez. C in geringerer Anzahl, jedoch ebenfalls zunehmend: 06. 11. 1982 TS Pöhl 54 (E. FRÖHLICH), 28. 10. 1988 NSG Großhartmannsdorf 80. Abhängig von den Witterungsbedingungen überwintern G. in schwankender Anzahl, 1968–85 Mitte Dez. 45–1313 Ex., Mitte Jan. 35–1036 Ex. Etwa 10% der Überwinterer sind einheimische Vögel (G. CREUTZ). In strengen Wintern beträchtliche Verluste. G. aus der Kolonie Weißkollm ziehen überwiegend nach SW ab u. erreichen dabei auch NW- u. Mittelafrika [3977].

G. CREUTZ, G. ERDMANN, D. SAEMANN, S. RAU

Purpurreiher – *Ardea purpurea* L., 1766

Gelegentlicher Gast
Unterart: *A. p. purpurea* L., 1766

Vorkommen: Etwa 65 Nachweise von Apr. bis Nov. Früheste Feststellung am 10. 04. 1967 NSG Eschefeld 1 immat. [2561], späteste am 18. 11. 1979 Neu-T Kalkreuth/Kr. Großenhain 1 ermatteter juv. (R. DIETZE).
Meist erscheinen Einzelvögel, 4×2 u. 1×3 Ex. zusammen. Rastdauer 1–4 Tage (z. B. KRONBACH et al. 1992), im Herbst gelegentlich länger: 1963 im NSG Großhartmannsdorf 1 ad. vom 10. 08.–08. 09. u. zeitweise 1–2 juv. vom 20. 08.–04. 09. [1923, 1935].

T. NADLER, K. GRÖSSLER, J. FISCHER

Silberreiher – *Casmerodius albus* (L., 1758)

Gelegentlicher Gast
Unterart: *C. a. albus* (L., 1758)

Vorkommen: Für den Zeitraum bis 1952 konnte HEYDER [1223] nur 3 (4) Nachweise aufführen. Aus den Jahren 1953–89 liegen Angaben über etwa 75 Ex. vor (unveröffentlichte Daten u. [1446, 1524, 1536, 1768, 1903, 2306, 2316, 2327, 2368, 2401, 2445, 2940, 3051, 3076, 3172, 3292, 3394, 3412,

3597, 4017]; KRONBACH et al. 1987, 1992). Früheste Beobachtung am 29. 04. 1961 GT Torgau 2 ad. [2401].
Die Rastdauer beträgt im Frühjahr meist nur wenige Tage, im Sommer und Herbst mehrfach 3–8 Wochen. Im Gebiet des GT Torgau 1 S. vom Dez. 1978–31. 03. 1979 [3785]. In der Übersicht ebenfalls unberücksichtigt ist folgendes Vorkommen: 12. 02.–12. 03. 1988 Neu-T Kalkreuth/ Kr. Großenhain 1 ad. (R. DIETZE), vermutlich dieses Ex. Anfang Apr. in den TG Deutschbaselitz u. Döbra (02. 04. R. LEHMANN, U. SCHUSTER; W. GLEICHNER) sowie am 16. 04. am Dammühlen-T Schönfeld/Kr. Großenhain (R. DIETZE). Überwiegend Einzelvögel, 5 Ex. zusammen 11. 07. 1964 TG Biehla [2306]; 6 Ex. vom 17.–26. 09. 1984 bei Weigersdorf/Kr. Niesky (S. GUDE, W. KLAUKE). Mehrfach mit Graureihern vergesellschaftet. Altersangaben liegen nur wenige vor und lassen eine Auswertung nicht zu.

K. GRÖSSLER, J. FISCHER, T. NADLER

Seidenreiher – *Egretta garzetta* (L., 1766)

Seltener Gast
Unterart: *E. g. garzetta* (L., 1766)

Vorkommen: Mindestens 19 Nachweise: Vor 1836 bei Kleinwolmsdorf/Kr. Dresden 1 erlegt [42]; Aug. 1933 TG Kröbeln/Kr. Bad Liebenwerda 1 geschossen, Beleg nicht mehr vorhanden [1729]; 12.–19. 05. 1958 SB Windischleuba 1 [1539]; 26. 05. 1960 Niedergurig/Kr. Bautzen 2 [1771]; 28. 05. 1963 SB Windischleuba 1 [1987]; wohl dieses Ex. 31. 05. 1963 NSG Eschefeld [2940]; 04.–09. 10. 1963 TG Biehla 1 unter 14 Graureihern [2306]; 31. 05. 1964 Elbe zwischen Pirna u. Heidenau 1 [2054]; 31. 07. 1964 kleiner Teich am Tresenwald bei Machern/Kr. Wurzen 2 S. mit 1 Silberreiher vergesellschaftet [1903]; 21. 04. 1968 Frauenteich Koselitz/Kr. Riesa 1 (D. KRIEBEL nach P. REUSSE); 19. 08. 1968 NSG Rohrbach 1 [2767];

Übersicht der Beobachtungen des Purpurreihers – nur Nachweise mit Altersangaben [1223, 1729, 1768, 1839, 1913, 1923, 1935, 1976, 2306, 2561, 2895, 3172, 3207, 3446]:

	Apr.	Mai	Juni	Juli	Aug.	Sept.	Okt.	Nov.
ad./juv. u. immat.	0/1	8/3	6/1	0/1	4/10	8/4	1/2	1/1

Übersicht der Beobachtungen des Silberreihers:

	Apr.	Mai	Juni	Juli	Aug.	Sept.	Okt.	Nov.	Dez.
Ex.	2	3	6	12	11	12	14	7	2

01. 05. 1970 NSG Niederspree 1 (F. MENZEL); 06. 09. 1970 TS Pöhl 1 mit 7 Graureihern vergesellschaftet [2895]; 14. 05. 1971 Nieder-T Würschnitz/ Kr. Großenhain 1 [2855]; 04. 06. 1972 „mehrere Tage" TG Tiefenau 1 (L. NAUMANN nach P. Reusse); 24.–25. 06. 1972 Leutewitz/Kr. Riesa 1 (P. KNEIS, D. SCHNEIDER, W. TEUBERT); 08. 06. 1974 NSG Eschefeld 1 [3169]; 28. 05. 1983 Döllnitzsee Wermsdorf [4017]; 16. 06. 1987 Teich im Stadtgebiet Zwickau 1 (H. MEYER); 23.–27. 06. 1987 TS Quitzdorf 1 ad. (W. KLAUKE u. a.).

T. NADLER

Rallenreiher – *Ardeola ralloides* (Scop., 1769)

Seltener Gast

9 Nachweise: 1865 Schwepnitz/Kr. Kamenz 1 ♂ erlegt [89, 168]; 1906 Auenhain/Kr. Leipzig 1 ♀ erlegt, Beleg im Mus. Leipzig [781]; 08. 06. 1968 NSG Eschefeld 1 [2767]; 23. 05. 1975 Imnitzer Lachen bei Zwenkau/Kr. Leipzig 1 ad. [3446]; 19. 05. 1979 Oberer T bei Wartha/Kr. Hoyerswerda im Bez. Cottbus 1 ad. [3827]; 08. 06. 1979 Tongrube Holzhausen/Kr. Leipzig 1 (H. NITZSCHE); 30. 05. 1981 NSG Großhartmannsdorf 1 ad. (P. KIEKHÖFEL); 01. 06. 1984 ebenda 1 ad. (P. KIEKHÖFEL); 25. 06. 1981 Hosch-T Koselitz/Kr. Riesa 1 (P. REUSSE, M. WALTER); 22. 05. 1986 „Birkwitzer Graben"/Kr. Pirna 1 (W. HERSCHMANN).

T. NADLER

Nachtreiher – *Nycticorax nycticorax* (L., 1758)

Gelegentlicher Gast (gelegentlich Brutvogel)
Unterart: *N. n. nycticorax* (L., 1758)

Vorkommen: Mehr als die Hälfte aller Nachweise gelangen in Oberlausitzer TG [2306], wo wahrscheinlich sehr selten auch Bruten stattfanden [1223, 1729]. Im Kr. Leipzig 1971 vermutlich auch eine Brut [3446]. Als Gast an zahlreichen Gewässern, im Bez. C nur 11 Nachweise.

Lebensraum: Teichgebiete mit stark bebuschter Uferzone, ebensolche Ausstiche, Sandgruben usw., gelegentlich auch in Büschen an Flußufern.

Bestand: Die heimliche Lebensweise der Art erschwert Brutnachweise. Wahrscheinlich je eine Brut 1901 im TG Königswartha [308] und 1963 im TG Kreba [1913] sowie 1904 bei Trebus/Kr. Niesky [406, 585], 1933 bei Döbra/Kr. Kamenz [835] u. 1963 bei Weißig/Kr. Kamenz [3206]. Bereits 1947–49 im TG Biehla mehrfach N.; 1948 erhielt M. MELDE von hier 1 juv. [1729]. 1971 vermutlich eine Brut an den Imnitzer Lachen bei Zwenkau/

Kr. Leipzig, wo sich 2 ad. u. 2 juv. am 29. 06. aufhielten [3446].

Wanderungen: Über 100 Nachweise von Apr. bis Okt. Bereits am 30. 03. 1975 bei Kobschütz/ Kr. Borna 1 immat. [3446] u. 10. 04. 1976 bei Weißenborn/Kr. Freiberg 1 immat. [3394]. Spätbeobachtungen: 24. 10. 1981 TG Haselbach 1 juv. (J. SYNNATZSCHKE), 02. 12. 1963 TG Kreba 1 ad. [1913]. In einer Voliere in Neschwitz/Kr. Bautzen gehaltene N. lockten im Sep. 1939 und am 22. 12. 1940 je einen Wildvogel an [1108]. Meist werden 1–2 Ex. zusammen angetroffen, die längere Zeit im Gebiet verweilen können. Am 18. 07. 1953 TG Bennewitz 6 immat. u. 1 juv. (DATHE 1954), 01. 08. 1952 Muldeufer bei Kollau/Kr. Eilenburg 5 juv. [1259]. Verteilung von Alt- und Jungvögeln siehe Übersicht (unveröffentlichte Daten u. [161, 1223, 1729, 1913, 2306, 2775, 2895, 3062, 3172, 3207, 3240, 3248, 3394, 3446], KRONBACH et al. 1989):

	Mai + Juni	Juli	Aug.	Sept.
ad./juv. u. immat.	26/10	3/12	3/17	4/5

K. GRÖSSLER, J. FISCHER, T. NADLER

Zwergdommel – *Ixobrychus minutus* (L., 1758)

Sommervogel, Durchzügler
Unterart: *I. m. minutus* (L., 1766)

Verbreitung: Einst verbreiteter, stellenweise häufiger Brutvogel des Flach- u. Hügellandes bis etwa 200 m ü. NN ([566, 586, 1355, 3062] Karte 6). Höchstgelegener Brutplatz bei 365 m ü. NN im NSG Reuth/Kr. Reichenbach [1276].

Lebensraum: Stehende Gewässer mit breiterem Schilf- oder Rohrkolbenbestand, wenn dieser mit Weidenbüschen u. Strauchwerk durchsetzt ist. Sand- u. Lehmgruben mit Grundwasseransammlungen u. dichten, von Gebüsch durchsetzten Röhrichten. Gelegentlich an Fließgewässern mit ähnlicher Vegetation. Ausnahmsweise 1952 eine Brut auf einer Insel im Pleiße-ST Rötha (C. MIERA [1355]).

Bestand: Der Brutbestand ist langfristigen Schwankungen unterworfen. Die höchste Siedlungsdichte wurde in den 30er u. 50er Jahren des 20. Jh. erreicht. Zwischen 1930 u. 1935 fehlte die Z. in kaum einer Teichgruppe im Oberlausitzer TG [2306]. ZIMMERMANN [758] ermittelte im TG Königswartha mit etwa 100 ha Wasserfläche 14

Nester u. schätzte den Gesamtbestand auf 35–40 BP. 1951 an den Holschaer Teichen im TG Neschwitz 8 Nestfunde (S. WAURISCH). Im Bez. L bis 1925 etwa 10–20 BP, 1930–40 20–25 BP u. 1950–60 25–35 BP. Nach 1960 setzte ein starker Rückgang ein. 1955 im nördlichen Teil des Kr. Kamenz noch fast alle Teiche besetzt, 1956 noch 1 BP am GT Weißig u. 1960 am mittleren Karolinen-T im TG Döbra 1 BP (M. MELDE). Die letzten Brutnachweise im Bez. D 1966 Gries-T im TG Königswartha u. Holschdubrau im TG Neschwitz, 1967 Niedergurig/Kr. Bautzen, 1970 NSG Litzen-T bei Radibor/Kr. Bautzen u. 1970 Pließkowitz/Kr. Bautzen (G. CREUTZ). BV noch Ende 1970er Jahre im TG Kreba (R. KRAUSE), sowie 1982 im TG Niedergurig (G. CREUTZ). In den Oberlausitzer Teichgebieten erst wieder ein rufendes ♂ vom 04.–06. 06. 1989 am Neu-T im NSG Niederspree (NACHTIGALL et al. 1995). Im Bez. L 1965–72 an den Schönauer Lachen bei Leipzig 1–2 BP, 1975 vermutlich letztmals 1 BP (H. DORSCH, SCHMECHTA). Bis 1974 an den Imnitzer Lachen bei Zwenkau/Kr. Leipzig 1–3 BP, 1978 1 BP mit 3 juv. u. letztmals 1979 1 BP mit 6 juv. (H. KRUG). Nach 1975 außerdem Bv bzw. BV am GT Kühren u. an

den Deubener Lachen/Kr. Wurzen [3467] sowie bei Altenburg [4105]. Im Bez. C nur 1 erfolgreiche Brut im NSG Reuth 1953 [1276]; einige Brutzeitbeobachtungen schließen aber weitere Bruten nicht aus [3207]. Nach 1979 im gesamten Gebiet kein Brutnachweis mehr.

Brutbiologie: Besetzung der Brutgebiete Anfang bis Mitte Mai. Gelege von Mitte Mai bis Mitte Juli, späte Funde deuten auf Schachtelbruten [692, 758]. Extrem spät fand ZIMMERMANN [758] noch am 01. 08. in einem Nest zwei pull. u. 2 Eier. 66 Gelege aus dem TG Königswartha (GENTZ 1959 u. [692, 758]) enthielten 5×4, 22×5, 18×6, 11×7 Eier; 9 Gelege aus NW-Sachsen 3×5, 5×6, 1×7 Eier [1355]. Ein Gelege vom 15. 06. 1974 Prödeler Lachen bei Leipzig enthielt 9 Eier (R. EHRING). Die Nester stehen in Röhrichten oder Weidenbüschen. Bei großer Siedlungsdichte kommt es zu kolonieartiger Brutnachbarschaft [758].

Wanderungen: Die Ankunft erfolgt Ende Apr./Anfang Mai, in NW-Sachsen im Mittel (n = 15) der Jahre 1950–80 am 12. 05. Sehr frühe Daten aus der Lausitz: 08. 04. 1962 [3522] u. 14. 04. [256]. Durch-

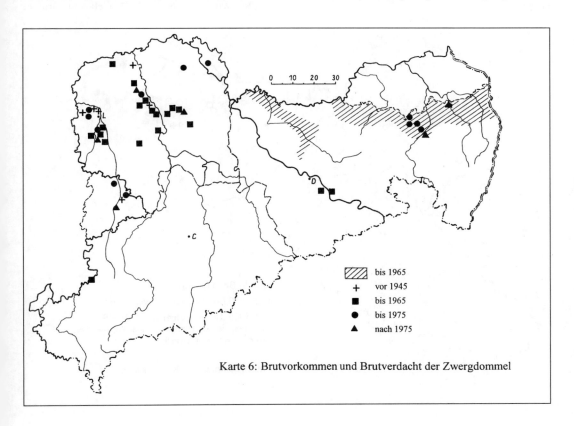

Karte 6: Brutvorkommen und Brutverdacht der Zwergdommel

zügler im Bez. C (n = 8) zwischen 28. 04. u. 26. 05. Heimzug insgesamt wenig bemerkbar. Der Abzug beginnt mit dem Flüggewerden der Jungvögel u. erreicht seinen Höhepunkt im Aug. Im Bez. L letzte Beobachtungen im Mittel (n = 14) am 05. 09. Einzelne Nachzügler wesentlich später: 31. 10. 1973 TG Koselitz (P. REUSSE), 06. 11. 1905 bei Grimma [680], 09. 11. 1960 NSG Großhartmannsdorf [3207]. Jungvögel streichen im Juli/Aug. in der Nähe des Brutgebietes umher. Ein am 10. 07. 1937 im TG Moritzburg beringter Jungvogel war im Sept. des folgenden Jahres in Terni, Umbria, Italien [1699].

G. CREUTZ, D. SAEMANN, K. TUCHSCHERER

Rohrdommel – *Botaurus stellaris* (L., 1758)

Jahresvogel
Unterart: *B. s. stellaris* (L., 1758)

Verbreitung: Brutvogel im Flachland, südlichste Vorkommen in den Kr. Geithain u. Altenburg. Langjährig besetzte Brutplätze besonders in den gewässerreichen Kr. Kamenz, Bautzen u. Niesky. Im Bez. C nur 7 Nachweise von Durchzüglern u. Gästen.

Lebensraum: Gewässer mit nicht zu hohem Wasserstand u. ausgedehnten Flächen älterer Bestände von Schilf, Rohrkolben, Simsen u. Binsen. Auch in der Nähe von Gebäuden oder Straßen. Zur Zugzeit u. im Winter auch in schütteren Schilf- oder Rohrbeständen u. Weidichten oder zeitweise gar völlig frei an Flüssen, Teichen u. in Ausstichen.

Bestand: Der Brutbestand ist sehr starken Schwankungen unterworfen, dennoch wird seit den 1960er Jahren insgesamt ein deutlicher, stufenweiser Abwärtstrend erkennbar (besonders 1970er u. Mitte bis Ende 1980er Jahre – Karte 7). SCHLEGEL [586] war für NW-Sachsen kein Brutvorkommen bekannt. Am GT Torgau 1955–72 1–3 rufende ♂♂, 1972 auch am Gehege-T [2177, 2561, 2767, 3172]. Im NSG Eschefeld vermutlich 1928–32, (1937), 1953, 1958–60, 1971–72, 1976–78 Brutvogel [2430, 3169]. TG Haselbach zur Brutzeit 1939, 1951–53 u. 1972, jedoch bisher kein Brutnachweis ([2015] erg.). TG Wermsdorf: 1942–44 Horstsee, 1960 u. 1962 Doktor-T, 1966 u. 1973 Göttwitzsee, 1977 Häuschen-T; NSG Rohrbach 1952 Brutnachweis u. 1959–62 zur Brutzeit; Herthasee bei Trebsen/Kr. Grimma 1973–75 u. 1977; Mühl-T bei Mühlbach/Kr. Wurzen 1969 u. 1971 vielleicht Bruten;

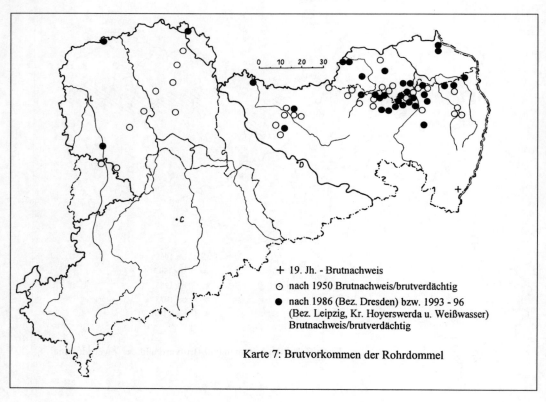

+   19. Jh. - Brutnachweis

O   nach 1950 Brutnachweis/brutverdächtig

●   nach 1986 (Bez. Dresden) bzw. 1993 - 96
    (Bez. Leipzig, Kr. Hoyerswerda u. Weißwasser)
    Brutnachweis/brutverdächtig

Karte 7: Brutvorkommen der Rohrdommel

Stolpen-T Heyda/Kr. Wurzen 1958–61 1 BP, 1962 rufendes ♂; Neumühl-T Schildau/Kr. Torgau 1930–50, 1956–62, 1965, 1967–68, 1976–77 mehrere BN; Deubener Lachen bei Wurzen 1975–77 [3467]. Nicht selten rufende ♂♂ kürzere Zeit auch an weiteren Teichen. Im Bez. D mindestens zeitweise mit 1 BP besetzt: Kr. Riesa: Frauenhain; Kr. Großenhain: Schönfeld, Stölpchen, Freitelsdorf, Würschnitz, NSG Zschorna; Kr. Dresden: NSG Frauenteich, NSG Dippelsdorfer Teich, Steinbach; Kr. Kamenz: Grüngräbchen, TG Biehla, Lieske, TG Döbra, TG Deutschbaselitz; Kr. Bautzen: TG Königswartha u. Commerau, TG Commerau/Klix, TG Guttau, TG Lippitsch, ferner bei Eutrich, Caßlau, Caminau, Holscha, Droben, Milkel u. Rauden; Kr. Niesky: Ruhethal-Kaschel, Zimpel, TG Kreba, TG Petershain, TS Quitzdorf, TG Ullersdorf, Baarsdorf u. TG Niederspree [2036]. Im TG Königswartha 1926 nach Zimmermann [596, 693] auf 40 km^2 Fläche 7 rufende ♂♂, auf 280 km^2 der Lausitz 26. Im Raum östlich der Elbe 1960 20, 1970 5, 1975 10 u. 1982 25 BP (G. Creutz); BN: 1985 Döbra, 1987 TG Lomske/Kr. Bautzen; 1986–89 Bez. D nur 5–11 Orte mit Rufern (Rau u. Steffens 1989, Nachtigall et al. 1995). Im Bez. L 1950–80 21 Teichgebiete besiedelt.

Brutbiologie: Die Nester stehen in strukturierten Röhrichten mit Rohrkolben und/oder Schilf. Eiablage Anfang Mai, Nachgelege bis Ende Juni. Gelegegröße 3–7, meist 4–6 Eier [596, 674, 693, 800, 989]. Paarbildung sehr locker, bei größerer Siedlungsdichte Polygamie, wobei sich in 1 Männchenrevier 1–3 ♀♀ aufhalten [596, 693, 761] u. „Koloniebruten" mit Nestentfernungen von 6–20 m vorkommen.

Wanderungen: Ankunft im Brutrevier Ende Febr./ Anfang März, jedoch schwer feststellbar [596, 653]. Flügge Jungvögel streichen ziellos, einzelne bis 95 km weit. Im Aug. bereits Fernfunde aus 360 km Entfernung. Abzug meist nach SW; sächsische Brutvögel wurden in CS, Italien, Frankreich, Spanien, Belgien u. Großbritannien nachgewiesen [1471, 2306]. Überwinterungen (teilweise wohl Zuzügler) sind normal, bei strengen Frösten kommt es zu Verlusten.

G. Creutz, K. Tuchscherer

Weißstorch – *Ciconia ciconia* (L., 1758)

Sommervogel, Durchzügler
Unterart: *C. c. ciconia* (L., 1758)

Verbreitung: Brutvogel des Flach- u. Hügellandes. Die von Heyder [1223] dargestellte Verbreitung wird gegenwärtig im S durchweg überschritten. 1958 u. 1960 Neuansiedlungen in den Kr. Bischofswerda u. Sebnitz [2251], 1976–78 wird der Kr. Zittau besiedelt [4090] u. 1974 als südlichster Brutplatz Schlunzig/Kr. Glauchau besetzt [3207]. Seit 1970 mehrere Ansiedlungsversuche in Erzgebirgsvorland, unterem Erzgebirge u. Vogtland (Karte 8). Im 16./17. Jh. Vorkommen bis 500 m ü. NN [1223], gegenwärtig meist unter 200 m ü. NN. Höchstgelegener Brutplatz 1956 in Oberottendorf/Kr. Sebnitz bei 368 m ü. NN ([2198] u. Creutz 1985 a).

Lebensraum: Brutplätze vor allem im Bereich von Teichgebieten sowie in ausgedehnten Flußniederungen mit Dauergrünland u. Feldfutterschlägen. Geschlossene Waldgebiete sowie stark entwässerte Landschaftsteile einschließlich Rekultivierungsflächen der Tagebaue werden gemieden.

Bestand: Der Brutbestand unterlag stets beträchtlichen Schwankungen. Anfang der 1920er Jahre war W-Sachsen fast unbesiedelt [601]. Böhmer [1024] verzeichnet für 1928 nur 37 juv., für 1935 etwa 150 u. 1936 200 juv. „Gute Storchenjahre" waren 1966, 1971, 1974, 1978, 1980 u. 1981, „schlechte Jahre" 1945, 1963, 1967, 1968, 1973 u. 1983 [1144, 2251, 2848, 3101, 3355, 3645]. Im Bez. D stieg der Brutbestand von 29 BP 1963 auf 75 BP 1983 (G. Erdmann). Im Kr. Riesa 1954 8 BP [1544], 1982 17 BP (Habicht 1985). In der sächsischen Oberlausitz 1961 70 BP, 1978 178 BP [2251, 3101, 3645].

Brutbiologie: Nester überwiegend auf von Menschen errichteten Unterlagen. Neststandorte in den vom W. am dichtesten besiedelten Gebieten der Oberlausitz im Zeitraum 1945–53 [1257] u. 1983 (G. Gaertner, H. Menzel): Kr. Bautzen, 1945–53 (n = 32), Dächer 71,8%, Schornsteine 9,4%, Bäume 18,8%; 1983 (n = 75), Dächer 56,0%, Schorn-

Übersicht der Bestandsentwicklung des Weißstorchs in Sachsen (unveröffentlichte Daten und [1589, 1840, 3042, 3125, 3355, 3645] erg.):

Bez.	D			L			C			Summe		
	HPa	HPm	juv.	HPa	HPm	juv.	Hpa	Hpm	juv.	HPa	HPm	juv.
1958	81	62	177	35	24	71	–	–	–	116	86	248
1974	176	139	393	58	37	106	2	1	2	236	177	501
1982	192	114	270	67	38	105	2	2	5	261	154	380
1989	200	167	466	61	43	132	4	2	9	265	212	607

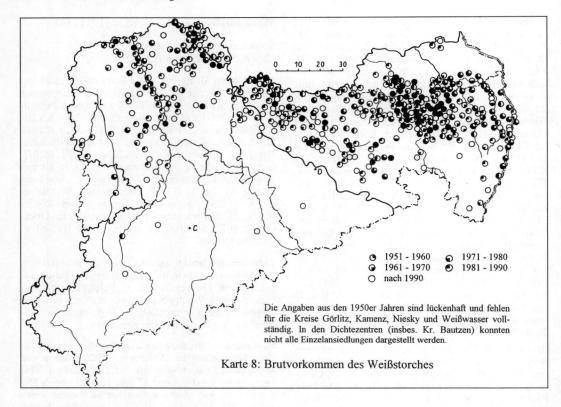

1951 - 1960   1971 - 1980
1961 - 1970   1981 - 1990
nach 1990

Die Angaben aus den 1950er Jahren sind lückenhaft und fehlen
für die Kreise Görlitz, Kamenz, Niesky und Weißwasser vollständig. In den Dichtezentren (insbes. Kr. Bautzen) konnten
nicht alle Einzelansiedlungen dargestellt werden.

Karte 8: Brutvorkommen des Weißstorches

steine 10,7%, Bäume 20,0%, Lichtmaste 2,6% und
Gerüste 10,7% der Nester. Kr. Niesky, 1934–53
(n = 23), Dächer 39,2%, Schornsteine 13,0%, Bäume 47,8%; 1983 (n = 40) auf Dächern 30,0%,
Schornsteinen 20,0%, Bäumen 32,5% und auf
Lichtmasten 15,0%. Die Nestbesetzung erfolgt sofort nach der Ankunft. Exakte Angaben über Eiablage u. Gelegestärke liegen nicht vor. Im Zeitraum 1945–63 flogen im Mittel (n = 3583) 2,0 juv./
BP aus. 28,6% der BP hatten 0, 6,7% 1, 20,7% 2,
28,6% 3, 13,7% 4 und 1,7% 5 juv. Die Jungvögel
werden von Juli bis Mitte Aug., bei Nachgelegen
bis Mitte Sept. flügge. Bei einer Spätbrut in Nerchau–Gornewitz/Kr. Grimma 1951 zogen von den
3 juv. 2 am 20. 10. u. 1 am 25. 10. ab [3467].

Wanderungen: Die Ankunft erfolgt Ende März
bis Mitte Apr., abhängig von der Witterung bis
in den Mai (CREUTZ 1985a). Sehr frühe Daten: 19. 02. 1935 Oederan/Kr. Flöha 1 [1223],
11. 03. 1969 Eich/Kr. Auerbach 1 (G. GLATZ).
1959–65 zogen aus den Brutgebieten der Oberlausitz die Altvögel zwischen 27. u. 29. 08., Jungvögel
13.–22. 08. ab [2253]. Gelegentlich während des
Wegzuges größere Rasttrupps, die nicht selten auf

Dächern nächtigen, z.B. 15. 08. 1959 Niederoder-
witz/Kr. Zittau 280–300 [2128], 20. 08. 1966 Wase-
witz/Kr. Wurzen ca. 100 [3467], 12. 09. 1968 Dorn-
reichenbach/Kr. Wurzen 70 (H. KOPSCH). Einzelvögel nach Abschluß der Zugzeit von Okt. bis
Febr., wohl meist ausgesetzte oder verletzte Tiere.
Der Bez. L befindet sich in einer Zugscheide. Von
55 Funden markierter W. lagen 11 SW u. 44 SE
des BO. Vögel aus der Lausitz ziehen fast ausschließlich nach SE. Jungvögel einer Brut können
sowohl den einen als auch den anderen Zugweg
benutzen. Die Überwinterungsgebiete liegen in
Afrika von Äthiopien bis Südafrika (CREUTZ
1985a).

G. ERDMANN, H. MENZEL, F. MENZEL

Schwarzstorch – *Ciconia nigra* (L., 1758)

Sommervogel, Durchzügler

Verbreitung: Aus Sachsen in den Grenzen vor 1952
kennt HEYDER [1223, 1729] keinen sicheren Brutnachweis, nennt aber Brutvorkommen in den heutigen Kr. Eilenburg u. Torgau, die auch SCHLEGEL

[586] erwähnt. Ende der 1980er Jahre Bv in den ausgedehnten Waldgebieten der Dübener u. Dahlener Heide, im Elbsandsteingebirge, im E- u. Mittelerzgebirge u. diesen vorgelagerten großen Waldgebieten sowie im Vogtland; auch Bv im Westerzgebirge. Die Ende der 1950er Jahre bis Mitte der 1980er Jahre besetzten Brutplätze im Flach- u. Hügelland der Oberlausitz sind seither verwaist. Höchstgelegene Brutplätze bei 550–600 m ü. NN, zur Nahrungssuche auch in den Kammlagen oder diese überfliegend.

Lebensraum: Brut in Altbeständen von Eichen, Kiefern oder Rotbuchen, in Gebirgstälern auch in Hangwäldern mit Fichten u. Buchen. Nahrungssuche in Teichen, teilgefüllten Speicherbecken, Altwässern u. anderen stehenden Flachgewässern, an Fließen, Entwässerungsgräben in Bruchwäldern, auf Viehweiden u. Sumpfwiesen, gelegentlich auf Feldern. Im Gebirge vor allem an Flüssen u. Bächen in der Forellenregion. Oft längere Nahrungsflüge bis 10 km u. mehr (M. REICHERTZ u. a.).

Bestand: 80er Jahre des 19. Jh. in den Waldungen westlich Torgau 1–2 BP (PIETSCH 1885 u. [1551]). Hier vermutlich, mit Unterbrechungen, Bruten bis etwa 1910 oder später (PROFT, E. REY [586, 1531] u. J. R. HAARHAUS). 1934–39 Bv in der Lausitz nördlich der sächsischen Grenze [3005], vielleicht auch früher [2424]. Ab etwa 1950, besonders auffällig nach 1968, Zunahme der Beobachtungen in der Dübener Heide, der Elbaue im Kr. Torgau u. in der Lausitz. 1957 erster sicherer Brutnachweis im Kr. Niesky [2424]. 1964 in der Lausitz 4 BP, 1966 jedoch kein Brutnachweis; bis Mitte der 1980er Jahre einige Bruten im Hügelland der Oberlausitz. Danach im Bez. D 4–7 BP ausschließlich im schon länger besiedelten Elbsandsteingebirge sowie im E-Erzgebirge. Im Gebiet der Kr. Eilenburg, Torgau u. Oschatz 1979 erstmals Brutversuch, 1984 erster Brutnachweis, 1987 3–4 BP, im Kr. Torgau davon 2 erfolgreich (M. REICHERTZ, K. HANDKE). Gegenwärtig in diesen Kr. 4–7 BP. Im Erzgebirge 1981 erster Brutnachweis, doch dieser Platz vermutlich seit 1976 besetzt (M. LANGE). 1981–89 im Bez. C an bislang 5–7 Nistplätzen mind. 16 erfolgreiche Bruten. 1986–89 zunehmend Brutzeitbeobachtungen auch abseits bekannter Brutplätze.

Brutbiologie: Nester auf starken Seitenästen von Buchen, Eichen, Kiefern oder Fichten, im Elbsandsteingebirge auch Felsbrüter. Legebeginn ab 2. Hälfte Apr. Es wurden neben erfolglosen Bruten u. a. 8 ×1, 25 ×2, 26 ×3, 9 ×4 u. 6 ×5 juv./BP ermittelt. Jungvögel werden Ende Juli – Mitte Aug. flügge, z. B. 27. 07. 1974 im TG Wermsdorf 1 Paar + 2 juv. [3467].

Wanderungen: Höhepunkt des Heimzuges gegen Ende Apr., doch Einzelvögel bereits im März: 15. 03. 1981 Herwigsdorf/Kr. Zittau (B. PRASSE), 19. 03. 1979 Venusberg/Kr. Zschopau (H. GÖTHEL), 21. 03. 1977 (G. ENGLER), 21. 03. 1982 (J. SCHMIDT) je 1 Ex. Schwacher Zug bis in den Mai. Überwiegend 1–2 Vögel, selten mehr. Übersommernde Nichtbrüter fast jedes Jahr in geringer Zahl. Im Aug. u. Anfang Sept. gelegentlich größere Ansammlungen: Aug. 1964 TG Niederspree bis 22 (S. BRUCHHOLZ, G. CREUTZ), 02. 09. 1982 Basel-T Weißig/Kr. Kamenz 13 (M. MELDE), 11. 09. 1979 Muldeaue bei Hainichen/Kr. Eilenburg 16 (J. SCHMIDT). Gelegentlich mit Weißstörchen vergesellschaftet: 19. 07. 1981 Zschillichau/Kr. Bautzen 3 S. + 12 Weißstörche (G. NOATSCH), 15. 08. 1981 Seifhennersdorf/Kr. Zittau 1 S. + 9 Weißstörche (H. ANDERS), 21. 08. 1985 Scharfenstein/Kr. Zschopau 6 S. + 1 Weißstorch (H. WITTIG). Mehrfach längeres Verweilen: je 1 Ex. NSG Zschorna 16. 08.–02. 10. 1953 [1384], 19. 05.–30. 06. 1968 (S. RAU), 19. 09.–05. 10. 1965 (R. DIETZE); SB Windischleuba 09. 08.–03. 09. 1953 (FRIELING 1955). Abzug im Sept., Einzelvögel auch später: 22. 10. 1917 Rosental in Leipzig 1 juv. erlegt, Beleg Mus. Leipzig, 26. 10. 1974 NSG Zschorna 1 (R. DIETZE), 08. 11. 1977 bei Pressel/Kr. Eilenburg 1 (P. HOFMANN), 24. 10.–30. 12. 1985 Freiberger Mulde bei Lichtenberg/Kr. Brand-E. 1 ad. (J. RAHNFELD, J. SCHULENBURG), im Dez. 1 flugbehinderter S. im NSG Zschorna. Je 1 in Polen beringter S. wurde bei Löbau u. im Kr. Aue gefunden, 1 im Kr. Niesky beringter 340 km NNE in Polen; 1 Jungvogel zog von Großradisch/Kr. Niesky nach Assions, Ardèche/Frankreich [3863].

G. CREUTZ, G. ERDMANN, M. REICHERTZ, D. SAEMANN

Sichler – *Plegadis falcinellus* (L., 1766)

Seltener Gast
Unterart: *P. f. falcinellus*

7 Nachweise: 13. 05. 1873 bei Kalkreuth/Kr. Großenhain 1 erlegt [449], Sept. 1900 See/Kr. Niesky 1 ♂, Beleg Mus. Görlitz [2306], 15. 06. 1903 Eythra/Kr. Leipzig 1 erlegt [549, 586], nach E. REY [362] ♀ juv.; 19. 04.–12. 05. 1912 NSG Eschefeld u. TG Wilchwitz 1 ad. [412, 421, 431]; 10. 05. 1916 TG Wilchwitz/Kr. Altenburg ♂ ad. erlegt, Beleg Mus. Altenburg (HILDEBRANDT 1916); 26. 11. 1979 TG Königswartha 1 [3983]; 01. 10. 1982 TS Bautzen u. 16. 10. 1982 NSG Zschorna je 1 ad., wohl derselbe Vogel [3983].

K. GRÖSSLER, T. NADLER

Löffler – *Platalea leucorodia* L., 1758

Seltener Gast
Unterart: *P. l. leucorodia* L., 1758

Mindestens 8 Nachweise: Juni 1625 bei Poritsch/
Zittau 1 erlegt [1223]; 02. 06. 1904 Mittelhain-T bei
See/Kr. Niesky 1, Beleg Mus. Görlitz [2306];
12. 04. 1959 Elster-ST 1 immat. [3062]; 26. 05. 1968
TS Pöhl 3 [2496]; 13.–14. 06. 1968 NSG Eschefeld 1
[2767]; 18. 08. 1971 NSG Wildenhainer Bruch 2(?)
[3062]; 05.–08. 06. 1972 TG Kreba 1 immat.
(H. HASSE, K. SCHEFFLER u. a.); 11. 06. 1972 TG
Koselitz 1 (L. NAUMANN); 25. 06. 1975 NSG Eschefeld 1 ad. [3169] u. vermutlich derselbe Vogel
26. 06. 1975 Göttwitzsee im Kr. Grimma [3467].

K. GRÖSSLER, T. NADLER

Ordnung Phoenicopteriformes – Flamingos

Flamingo – *Phoenicopterus* spec.

Zooflüchtling
Rosaflamingo – *Ph. ruber roseus* Pall., 1811
Roter Flamingo – *Ph. ruber ruber* L., 1758
Chile-Flamingo – *Ph. chilensis* Molina, 1782

Ein gelegentliches Vorkommen der europäischen
Unterart *Ph. r. roseus* Pall., 1811 als Irrgast ist
nicht völlig auszuschließen, doch dürften alle aufgeführten Feststellungen Zooflüchtlinge betreffen:
21. 09. 1936 Lucas-T bei Klix/Kr. Bautzen 1 ad. *roseus* erlegt [982]; (05. 07.), 20. 07. – Anfang Aug.
1967 bei Rietschen, Reichwalde u. Kreba/
Kr. Niesky 1 *ruber* oder *roseus* [2307]; 05. 12. 1973
Feldflur zwischen Neuhausen u. Sayda/Kr. Brand-
E. 1 *roseus*(?) [3207]; 24. 06. 1974 Flöhatal bei
Neuhausen/Kr. Marienberg 1 *roseus*(?) [3207];
26. 10.–03. 11. 1974 Elster-ST 1 *chilensis* [3763];
22. 01. 1976 TS Quitzdorf 1 *roseus* (F. MENZEL);
01.–29. 09. 1979 NSG Großhartmannsdorf 1 *chilensis* [4003]; 26. 08. 1980 NSG Eschefeld 1 *chilensis* [3851]; 03.–04. 06. 1981 ST Glauchau 1 (H. FRIT-
SCHE); 13. 09. 1981 TS Quitzdorf 1 (F. MENZEL);
13. 09. 1981 NSG Zschorna 1 *chilensis* (R. BÄSSLER,
U. LEONHARDT, G. DRECHSEL).

T. NADLER

Ordnung Anseriformes – Entenvögel

Höckerschwan – *Cygnus olor* (Gmel., 1789)

Jahresvogel

Verbreitung: Bv der Niederungen, besonders der
Teichgebiete im nordsächsischen Flachland, nur

sporadisch im gewässerarmen Hügel- u. Bergland.
1978–82 als Bv im Zittauer Gebirge u. Vorland,
Lausitzer Bergland, NW-Lausitzer Hügelland, Elbsandsteingebirge u. oberen Erzgebirge fehlend.
Höchstgelegene Brutplätze: seit 1982 NSG Großhartmannsdorf, 490 m ü. NN (P. KIEKHÖFEL); 1968
Parkteich Bad Elster, 500 m ü. NN u. Ende der
1960er Jahre Bad Brambach, 550 m ü. NN, beide
Kr. Oelsnitz [2767]; 1976 Brutversuch TS Rauschenbach, 600 m ü. NN (D. GEYER); mind. seit
1978 Parkteich Schöneck/Kr. Klingenthal, ca.
700 m ü. NN (S. ERNST, M. THOSS). Apr. u. Mai
1981 TS Carlsfeld, 900 m ü. NN 1 Ex. (S.
ERNST).

Lebensraum: Besiedelt meist Teiche, weniger Wei-
her, Kiesgruben, Flußläufe u. deren Altwässer, selten Tagebaurestseen, in zunehmendem Maße auch
einige Stauseen, Talsperren u. ä. Gewässer. Regional besteht in dieser Hinsicht eine deutliche Differenzierung. Im Elbe-Röder-Gebiet bei Dresden u.
in der Lausitzer Niederung bevorzugt der H. röh-
richtgesäumte, submerse Vegetation aufweisende
Teiche von mehr als 25 ha Fläche. Im unteren Erzgebirge u. Vorland, im Vogtland u. in W-Sachsen auf
Gewässern unter 5 ha, auch auf Kleingewässern bis
0,2 ha u. zum Gebirge hin überwiegend auf Parkteichen. Neuansiedlungen im Erzgebirge u. Vorland mehrfach an freiliegenden Teichen mit schütterer Ufervegetation, submersen Pflanzenrasen u.
unmittelbar angrenzenden kurzrasigen Weideflä-
chen. Größere Mausertrupps nichtbrütender H.
auf Stauseen, Grubenrestseen u. städtischen Gewässern. Überwinterer an größeren Flüssen unterhalb 400 m ü. NN, in Städten, an Parkgewässern,
oft an Futterstellen. In den Niederungen suchen H.
auch auf Saatfeldern u. Rapsschlägen Nahrung.

Bestand: Zahme H. wurden seit langer Zeit als
Parkvögel gehalten, konnten aber nur zum geringen Teil verwildern [1223, 2936]. Gegen Ende des
19. Jh. vermutlich weniger als 10 BP bei Leipzig-
Möckern, im TG Haselbach [586] u. im Kr. Niesky
[256]. Ansiedlungsversuche nach 1930 in der Oberlausitz mißlangen [1108, 1151, 3282]. Nach 1945
fehlten Freibrüter in W-Sachsen, in der Lausitz nisteten z. B. bei Kreba u. Petershain/Kr. Niesky
noch wenige H. [3282]. 1958 galt der Freibrüter-
Bestand als erloschen. Danach wieder als Parkvo-
gel angesiedelt u. in den 1960er Jahren auch an
Talsperren ausgesetzt. Aus diesen Bruten gingen
freifliegende Nachkommen hervor, die ab 1964 in
Chemnitz [2616], nach 1967 im TG Moritzburg
[3253] u. um 1970 im Erzgebirgsvorland u. in
Westsachsen vermutlich einen Bestand halbzahmer
Freibrüter aufbauten. Diese blieben überwiegend
auf Parkanlagen beschränkt. Bruten „wild-
lebender" H. wurden erstmals 1965 in Delitzsch

(Ringvogel aus Dänemark), 1967 bei Döbra/ Kr. Kamenz, 1968 bei Caminau/Kr. Bautzen [3282] u. an der TS Pöhl (H. Czerlinsky) nachgewiesen. Die Besiedlung erfolgte durch Vögel aus Brandenburg, Mecklenburg, dem Ostseeraum von Dänemark bis Polen, auch aus W-Deutschland u. ČS [3467, 3505]. Nach 1970 starke Bestandszunahme [3072, 3282, 4014]. Im Bez. D 1974 11, 1975 28 u. seit 1979 90–100 BP [3282]. Im Bez. L 1979 78 BP [3604], 1980 66 [4127]. Im Bez. C 1963–66 0, 1971 13 BP [2936], 1976 15 [3940], 1981–89 20–25 BP. Ende der 1980er Jahre Stagnation. Nichtbrüter 1976 etwa 220 u. 1982 500–600, davon 300 im Bez. D u. 30 im Bez. C [2936, 3940].

Brutbiologie: Nester gewöhnlich auf festem Untergrund, meist im Röhricht, auf Inseln u. oft auch am Ufergebüsch. An vegetationslosen Ufern von Park- u. Dorfteichen Nester aus Gras, Laub u. Zweigen, oft ohne Sichtschutz. Nestbau im Erzgebirgsbecken zwischen 13. 03. u. 26. 04. Eiablage bei Dresden frühestens 12.–17. 03., meist Ende März–Anfang Apr., gelegentlich bis in den Mai [4014]; im unteren Erzgebirge u. dessen Vorland frühestens 18.–24. 04. Gelege bestehen aus 2–10, M_{53} 5,7 Eiern ([3467, 4014, 4127] erg.) bzw. 1987–89 Bez. D M_{188} 4,6 Eiern (U. Kirchhoff). Bruterfolg im Bez. C (n = 106) bei 24% Totalverlusten 3,3 juv./ BP [3467, 4127], im Elbe–Röder-Gebiet bei Dresden (n = 65) 3,9 flugfähige juv./BP [4014] u. 1987–89 im Bez. D M_{156} 3,9 pull./führendes BP bzw. M_{12} 3,3 flügge juv./führendes BP (U. Kirchhoff). Verluste vor allem durch menschliche Einwirkungen. Sächsische Bv weisen einen hohen Anteil der Mutante „immutabilis" Yarrell [2500] auf, gut erkennbar an der Weißdunigkeit der Küken (Tab. 29). Im Bez. C deutet sich ein Rückgang der Weißdunigkeit an: 1971 von 13 juv. 54% [2936], 1976 von 28 juv. 47%, 1980–82 von 57 juv. 42% u. 1983–84 von 34 juv. 18% weißdunig (D. Saemann).

Wanderungen: Rückkehr an die Brutplätze ab Ende Jan., meist im März, in wechselnder Anzahl verbleiben Bv auch in den Brutgebieten. Mai u. Juni Trupps umherstreifender Nichtbrüter, die im Flachland die Gewässer wechseln u. auch ins untere Erzgebirge gelangen: 07. 06. 1976 TS Pirk 21 ad. (FG Auerbach), 13. 06. 1976 Filz-T Schneeberg/ Kr. Aue 15 (R. Möckel). Familienverbände verlassen im unteren Erzgebirge bis Anfang Okt. die Brutgewässer, im Flachland teilweise erst bei völliger Vereisung. Höhepunkt des Wegzuges Mitte Nov. An größeren Gewässern stark schwankende Ansammlungen überwiegend ortsfremder H. Im Dez. u. Jan. stärkerer Zuzug aus N u. E (Winterflucht). Bestände an der Elbe im Bez. D im Winterhalbjahr zeigt Tab. 30.

Tabelle 30: Bestände des Höckerschwans von Okt. bis Apr. an der Elbe im Bez. D

	1978/79	1979/80	1980/81	1981/82
Okt.	–	27	68	91
Nov.	9	64	117	157
Dez.	61	136	254	541
Jan.	117	231	437	583
Febr.	145	284	452	655
März	103	133	204	293
Apr.	23	76	37	165

58% der kontrollierten Ringvögel kamen aus der Oberlausitz, 16% aus dem Berliner Raum [4014], weitere aus den bereits genannten Herkunftsgebieten. Überwinterungsplätze auch an der Neiße bei Görlitz u. an der Spree bei Bautzen bis 200 Ex.; Elster-FB bis 280 (K. Grössler, K. Tuchscherer); Zwickauer Mulde bei Glauchau bis 40 (H. Fritsche); Mulde bei Colditz u. Grimma [3467]; in Altenburg u. am Pleiße-ST Rötha. Der Mittwinterbestand betrug 1971 etwa 70 [2710], 1976 278 [3206] u. 1982 etwa 1 300–1 500 Ex. [3942], danach Rückgang.

N. Höser, D. Heyder, W. Paulick, D. Saemann

Tabelle 29: Anteil weißduniger Küken beim Höckerschwan in Sachsen
A – Anzahl der Schofe, B – Schofe mit „immutab.", C – Schofe nur „immutab.", D – Gesamtzahl der pulli, E – davon „immutab." ([3282, 4014, 4127] erg.)

	A	B	C	D	E
Oberlausitz bis 1975	26	85%	12%	133	43%
Elbe–Röder-Gebiet bis 1982	46	46%	15%	216	24%
Bez. L 1980	37	76%	27%	168	45%
Bez. C bis 1984	51	86%	20%	235	44%

Singschwan – *Cygnus cygnus* (L., 1758)

Durchzügler, Wintergast
Unterart: *C. c. cygnus* (L., 1758)

Vorkommen: Rastet vor allem auf größeren Gewässern der Ebene, mehrfach auch im Erzgebirge. Bevorzugte Rastplätze sind Teiche u. andere große Standgewässer im Elbe-Einzugsgebiet u. in der Lausitz, das Elster-FB u. SB Windischleuba. Im Winter besonders auf der Elbe.

Lebensraum: Gewässer mit Flachwasserzonen, Fischteiche. Regelmäßig auf Fließgewässern, nur vereinzelt auf Grubengewässern.

Wanderungen: Bis etwa 1956 nur wenige Beobachtungen [1223, 1729], danach fast alljährlich u. ab 1968 deutliche Häufung der Vorkommen. Die ersten S. treffen im Okt. ein: 04. 10. 1973 Elbe bei Dresden 1 [4014], 12. 10. 1950 Deutschbaselitz/ Kr. Kamenz 5 Ex. [2075], 19. 10. 1958 NSG Zschorna 1 ad. [4014]. Hauptdurchzug u. Rast von Nov. bis. Jan., regelmäßige Überwinterungen: 04. 11. 1973–10. 02. 1974 TG Kröbeln/Kr. Bad Liebenwerda 1–2 (L. NAUMANN), hier auch in späteren Jahren; 09. 12. 1971–06. 02. 1972 Elster-FB 6–11, 20. 12. 1969–07. 03. 1970 ebenda 1 Paar mit 3 juv. u. 05. 01.–04. 02. 1979 ebenda 3 ad. (K. GRÖSSLER, K. TUCHSCHERER); 02. 12. 1973–11. 02. 1974 1 Paar mit 6 juv. u. am 24. 03. 1974 1 SB Windischleuba u. Umgebung [3052, 3238]; 30. 12. 1973–17. 02. 1974 NSG Zschorna 1 juv. [4014]; 15. 12. 1978– 02. 03. 1979 Elbe bei Dresden-Pieschen 1 ad. [4014]; seit 1987 alljährlich im Gebiet Lippitsch– Commerau/Klix–Wartha/Kr. Bautzen mit bisher max. 15 S. (W. SPANK); 18. 02.–30. 03. 1968 in den Kr. Brand-E. u. Freiberg 2 ad. u. 1 immat. [2490]; 20. 01.–14. 04. 1985 Kr. Freiberg u. Hainichen bis 4 S. (K. HÄDECKE, K. REINHARDT, J. SCHULENBURG). Schwach ausgeprägter Abzug Ende März–Anfang Apr., selten später: 25. 04. 1954 NSG Eschefeld 2 [1729], 05. 05. 1956 Großgrabe/Kr. Kamenz 2 [2075] u. 11. 05. 1939 TG Haselbach 1 (KNECHTEL 1952).

Übersicht der Beobachtungen des Singschwanes:

	Okt.	Nov.	Dez.	Jan.	Febr.	März	Apr.
Ex.	12	97	71	72	55	46	16

Angaben zum Alter von 249 Ex. weisen 184 ad. u. 65 juv. Ex. aus. Aufenthalt in Familienverbänden: Paare mit 1×1, 2×2, 11×3 u. je 1×4 u. 6 juv. Mittlere Größe von 91 Rasttrupps 2,9 Ex., max. zusammen 16 Ex. am 10. 02. 1985 NSG Zschorna (A. WOLF, E. PLATZ); 2 Paare mit je 3 juv. 30. 11. 1973–13. 01. 1974 Elster-FB (K. GRÖSSLER, K. TUCHSCHERER) u. 8 ad. mit 3 juv. ebenda 4. u. 06. 02. 1972 [3172]. Rastende S. vergesellschaften sich relativ selten bzw. nur locker mit gleichzeitig anwesenden Höckerschwänen [672, 3832, 4014].

K. GRÖSSLER, H.-J. TÄGLICH

Zwergschwan – *Cygnus columbianus* (Ord, 1815)

Durchzügler
Unterart: *C. c. bewickii* Yarr., 1830

Vorkommen: Vor allem Gewässer des Flachlandes bei auffälliger Häufung von Beobachtungen in den TG Pulsen u. Tiefenau in der Röder-Aue. Rastet nur ausnahmsweise in bergigem Gelände, z. B. für Bez. C nur 2 Beobachtungen bekannt.

Lebensraum: Größere Teiche u. Staubecken mit Flachwasserzonen, im Gegensatz zum Singschwan nur selten auf Flußläufen.

Wanderungen: HEYDER [1223] kannte nur 3 Nachweise. Seit etwa 1950 mehrfach u. seit 1970 fast alljährlich festgestellt. Durchzug von Okt. bis Dez. Früheste Vorkommen: 24. 09.–06. 10. 1958 TG Döbra 3 ad. [2075], 08. 10.–26. 11. 1978 TG Kröbeln/ Kr. Bad Liebenwerda 6–9 (R. DIETZE, L. NAUMANN). Hauptdurchzug Ende Okt. bis Nov. Nicht selten längere Rast, die oft durch Störungen beendet wird: 29. 11.–20. 12. 1964 SB Windischleuba 3 juv. [2113]; auf den Teichen der Röder-Aue in den Kr. Riesa u. Bad Liebenwerda 3 Ex. 05. 11.– 02. 12. 1972, 3–4 Ex. 26. 10.–30. 11. 1974, 7 Ex. 23. 10.–27. 11. 1977 u. 6–9 Ex. 08. 10.–26. 11. 1978 (R. DIETZE, L. NAUMANN u. a.). Überwinterungen bisher nicht nachgewiesen. Schwach ausgeprägter Heimzug im März, z. B. 18. 03. 1989 Neu-T Kalkreuth/Kr. Großenhain 3 ad. (R. DIETZE), u. Apr., gelegentlich längere Rast: 31. 03.–06. 05. 1972 Teiche der Röder-Aue 1–2 Ex. (L. NAUMANN). Durchzug endet Mitte Apr., selten später: 24. 04. 1956 Großgrabe/Kr. Kamenz 2 [3282] u. TG Kröbeln 1 Ex. am 06. 05. 1972 (L. NAUMANN). Vorliegende

Übersicht der Beobachtungen des Zwergschwanes (zahlreiche Quellen, erg.):

	Sept.	Okt.	Nov.	Dez.	Jan.	Febr.	März	Apr.	Mai
Ex.	3	83	116	33	2	–	33	25	1

Altersangaben betreffen im Herbst 118 ad., 21 juv. u. im Frühjahr 18 ad. u. 1 immat. Mittlere Truppstärke rastender Z.: Herbst M_{33} 4,8 u. Frühjahr M_{12} 3,3 Ex. Je 1mal 10 u. 11 Z. zusammen, vom 21.–22. 10. 1958 GT Torgau 13 ad. [1834, 2402]. Gelegentlich Familien mit 1×2, 2×3 u. 1×4 juv.

K. GRÖSSLER, W. PAULICK, H.-J. TÄGLICH

Saatgans – *Anser fabalis* (Lath., 1787)

Durchzügler, Wintergast
Unterarten: *A. f. fabalis* (Lath., 1787), *A. f. rossicus* But., 1923

Status im einzelnen unklar; die in Sachsen auftretenden S. stammen wohl zum größten Teil aus dem Übergangsgebiet beider Unterarten.

Vorkommen: Durchzug, überwiegend nach SW u. SE, u. Rast im gesamten Gebiet von Okt.–Dez., oft bis Mitte Jan., selten im Febr. Rastende Verbände bis 10 000–13 500 S. an größeren Gewässern der Ebene; im Bergland nur zeitweilig u. in geringer Zahl. Die Anzahl der jährlich überwinternden S. ist stark witterungsabhängig. Vor 1950 nur spärliche Hinweise auf Rast- u. Überwinterungsplätze [1223]: Anfang 19. Jh. in der Niederung von Elster u. Röder mehrere tausend S. [139]; Ende März 1886 bei Frauenhain/Kr. Riesa über 1 000 Ex. [148]; GT Torgau mind. seit 1913 als Rastplatz genutzt (PRESSLER), am 20. 01. 1925 „Schlafplatz" (M. HERBERG). Okt. 1915 Massenzug, dabei Rast größerer Trupps auf der TS Malter [483]. Nach 1950 werden folgende Rastplätze genutzt: NSG Wildenhainer- u. Zadlitzbruch/Kr. Eilenburg: Nach vermutlich jahrzehntelangem Fehlen ab 1953 wieder Schlafplatz. Die Anzahl der S. schwankt stark, in manchen Jahren fehlend. Nov. 1970 1 600, Okt. 1973 1 000 u. Okt. 1975 1 300 S. ([2748, 2750], erg.). Nach Zufrieren der Wasserflächen ziehen die S. ab u. weichen vermutlich zum nahen Mulde-ST bei Pouch/Kr. Bitterfeld aus. In den Feldgebieten zwischen Zschepplin–Noitzsch–Krippehna–Naundorf– Rödgen/Kr. Eilenburg etwa seit 1954 jährlich von Nov.–Dez. 400–1 700 Ex. (A. BARTH, D. FÖRSTER, K. GRÖSSLER). GT Torgau: Seit 1956 alljährlich 450–2 000 Ex. ([2402] erg.); ab 1981/82 3 000, 26. 10. 1986 13 500 u. 1987–89 5 000–7 000 S. (D. FÖRSTER). Äsungsplätze meist in Elbnähe: seit 1979 auch bei Schöna u. Wildschütz/Kr. Eilenburg bis 2 000 Ex. (FG Falkenhain). Tagebaugebiet S Borna: Rastplatz bildete sich nach dem Entstehen größerer Gewässer. Okt.–Dez. 1957 25–30 Ex. [1499], seit 1960 schwankte die Anzahl jährlich zwischen 20 u. 2 100 S. Seit Anfang der 1980er Jahre 2 000–3 000, Max. bis 5 000–6 000 Ex., stärkere Fluktuation in Verbindung mit anderen Rast-

plätzen (R. STEINBACH, D. FÖRSTER). Schlafplätze auf flachen Asche- u. Kohlebänken, die von kleinen Abwasserbächen durchzogen werden; angrenzende Wasserflächen oft völlig mit dichten Kohleschlammschichten überzogen. Äsungsplätze in den Feldgebieten bei Espenhain/Kr. Borna. NSG Großhartmannsdorf: Nicht alljährlich in geringer Zahl von Anfang Okt.–Dez. [3207]; 23.–25. 10. 1982 max. 85, 16. 11.–31. 12. 1984 max. 143 (P. KIEKHÖFEL). NSG Zschorna: Nach Anstau größerer Wasserflächen bislang bedeutendstes sächsisches Rastgebiet. Der jährlich schwankende Bestand weist zunehmende Tendenz auf: 1966 1 100, 1973 1 800, 1976 u. 1982 je 3 500, 1984 4 500, 1988 10 000–11 000 Ex. Hier auch Überwinterungen, so Jan.–Febr. 1972 bis zu 700 S. ([2745] erg.), 18. 02. 1989 7 400 S. und Bleßgänse. Falls genügend Nahrung auf Äsungsflächen erreichbar, Übernachtung auch auf dem total vereisten SB. TS Bautzen: Erstmals 1976 200 rastende S., bis 1980 jährlich 40–380 Ex. mit Nachweis von 2 markierten Gänsen, die mind. 20 Tage rasteten: 1984 2 000–3 000 Ex. ([3317, 3832], SPERLING 1985). TS Quitzdorf: Seit 1973 regelmäßig beflogener Rastplatz mit max. knapp 1 000 Ex. [3278]. NSG Niederspree: Meist nur kleinere Trupps, Okt. 1977 über 1 000 S. [3481]; Rastgeschehen von dem an der TS Quitzdorf abhängig.

Lebensraum: Die S. zieht im Herbst in breiter Front, nicht selten nachts, über unser Gebiet u. kann überall bemerkt werden. Rastende S. suchen zum Übernachten größere, möglichst übersichtliche Standgewässer sowie z. T. auch vereiste Wasserflächen oder abgelassene SB auf. Zum Baden, Putzen u. Schlafen werden diese Plätze auch tagsüber aufgesucht, im NSG Zschorna z. B. häufig etwa zwischen 11 u. 15 Uhr. Nahrungsräume sind ausgedehntere Feldflächen mit grünendem Wintergetreide, abgeerntete Kartoffel-, Rüben- u. Maisschläge. In der Elbeniederung im Winter auch auf Dauergrünland.

Wanderungen: Ankunft der ersten S. frühestens am 18. 09.: 1960 GT Torgau 16 [2402] u. 1973 SB Windischleuba 16 Ex. [3052]. Mittlere Erstankunft: GT Torgau M_{10} 26. 09. [2402], Dübener Heide M_{11} 01. 10. [2748]; 01. 10. auch im Bez. D (R. DIETZE). In manchen Jahren bereits Ende Sept. 100–200 S. und mehr anwesend. Starke Einflüge Anfang Okt.: 07. 10. 1972 GT Torgau 2300 u. 06. 10. 1973 ebenda 2 470 (D. FÖRSTER). Hauptdurchzug (Ende Okt./) Anfang/Mitte Nov., zu dieser Zeit im Bez. L 3 000– 5 000, seit Mitte der 1980er Jahre mind. um 10 000 S. Zuggipfel im Bez. C erst Mitte Dez., was als Kälteflucht zu deuten ist; von 7 344 Ex. zogen 44,7% nach S oder SE [3695]. Anzahl der Überwinterer in Abhängigkeit vom Nahrungsangebot stark schwankend; in milden Wintern Jan./Febr.

früher max. 1 500 Ex., nach 1985 mehrfach mehrere tausend S. Von Mitte Febr. bis Mitte März unauffälliger Ab- u. Durchzug, danach nur selten größere Trupps. Im Apr. nur noch kleine Trupps oder Einzelvögel: 01. 04. 1973 GT Torgau 6 (D. FÖRSTER, K. GRÖSSLER, K. TUCHSCHERER); 02. 04. 1965 bei Krippehna 11 (A. BARTH); 15. 04. 1967 Kläranlage Leipzig 1 (K. GRÖSSLER); 23. 04. 1962 GT Torgau 6 (K. TUCHSCHERER); 30. 04. 1971 SB Windischleuba 1 Ex. (S. KÄMPFER). Vorkommen einzelner S. von Mai – Juli sind Ausnahmen u. betreffen geschwächte oder entwichene Vögel. Im Bez. D wurden 2 am Gülper See/Kr. Rathenow markierte S. kontrolliert [3477].

R. DIETZE, D. FÖRSTER, W. WEISE

Kurzschnabelgans – *Anser brachyrhynchus* Baill., 1833

Irrgast?

Am 11. 11. 1964 beobachtete J. NAACKE auf einer Zschopauinsel bei Waldheim/Kr. Döbeln 1 ermattetes Ex. (Angaben in [2500] nicht korrekt). Mehrfach wird über Beobachtungen von K. berichtet ([1539, 2328, 2595, 2750, 3172, 3481, 3542] sowie eine Anzahl unveröffentlicher Feststellungen). Zweifel an der Richtigkeit der Artbestimmungen sind für mehrere Fälle ausgesprochen worden [1223, 3062, 3207, 3467]. Auch „Belegstücke" im Mus. Altenburg (N. HÖSER) u. Mus. Leipzig [3542] erwiesen sich als falsch bestimmte Saatgänse (S. ECK, K. GRÖSSLER). Das gelegentliche Auftreten einzelner K. oder kleiner Trupps ist nicht auszuschließen; Gefangenschaftsflüchtlinge können beteiligt sein.

K. GRÖSSLER

Bleßgans – *Anser albifrons* (Scop., 1769)

Durchzügler, Wintergast
Unterart: *A. a. albifrons* (Scop., 1769)

Vorkommen: B. erscheinen in wesentlich geringerer Anzahl als Saatgänse an deren Rast- u. Nahrungsplätzen, vor allem im NSG Zschorna u. am GT Torgau. 72% aller Nachweise stammen aus dem Bez. D. In ziehenden Saatganstrupps können einzelne B. im gesamten Gebiet angetroffen werden. HEYDER [1223, 1729] kannte nur wenige Nachweise. Etwa ab 1958 stieg die Zahl der Beobachtungen an, so erhöhte sich im NSG Zschorna der Anteil der B. unter den Saatganssscharen seit den 1970er Jahren insgesamt von ca. 1% auf ca. 5%.

Lebensraum: Rast-, Schlaf- u. Äsungsplätze sowie der Tagesrhythmus entsprechen im Herbst denen der Saatgans, mit der die B. häufig vergesellschaftet vorkommt.

Wanderungen: Ankunft mit den ersten Saatgänsen: 22. 09. 1976 GT Torgau 3 ad. (K. TUCHSCHERER, L. GEORGI); 24. 09. 1961 ebenda 11 ad., 1 juv. [2402]; 24. 09. 1970 NSG Zschorna 2 (Beob.-Gr. Zschorna). Höhepunkt des Durchzuges früher oft Anfang bis Mitte Okt.: GT Torgau 08. 10. 1976 40, 09. 10. 1982 28 u. 13. 10. 1974 25 B. (D. FÖRSTER, K. TUCHSCHERER); NSG Zschorna 23. 10. 1982 52 ad., 10 juv. (R. DIETZE); jedoch in den aktuell stark anwachsenden, sich länger aufhaltenden u. teilweise die Zusammensetzung häufiger wechselnden Saatgansscharen die Anteile der B. schwer ermittelbar. Offenbar ist das Vorkommen der B. seit Mitte der 1980er Jahre enger an die Phänologie des Auftretens der Saatgans gekoppelt. Ausgewählte Feststellungen: 21. 10. 1984 GT Torgau 85, ebenda 26. 10. 1985 108 u. 12. 10. 1986 229 B. (D. FÖRSTER); 07. 12. 1989 NSG Zschorna 400 unter 700 Saatgänsen (Beob.-Gr. Zschorna). Nicht häufige Winterdaten betrafen meist Einzelvögel, selten kleine Trupps: 17. 01. 1976 NSG Zschorna 6 (R. DIETZE); 25. 01. 1975 bei Zschepplin/Kr. Eilenburg 7 (D. FÖRSTER). Neuerdings verbleiben größere Scharen zusammen mit Saatgänsen im Winter in den Rastgebieten, z. B. 1988/1989 Kr. Großenhain. Rückzug setzt ab Mitte Febr. ein, im März mehrfach artreine Zugtrupps: 11.– 28. 02. 1971 SB Windischleuba bis zu 18 B. [2941]; 08.–10. 03. 1953 Felder bei Birkwitz/Kr. Pirna 26 [1275]; 10. 03. 1975 SB Windischleuba 27 [3239]; 18. 03. 1973 ebenda 37 ad., 4 juv. [3052]; 18. 03. 1973 TG Moritzburg 56 Ex. [3048]. Apr.-Daten sind selten, spätere Vorkommen beziehen sich auf geschwächte oder entwichene Vögel: SB Windischleuba je 1 B. bis 21. 05. 1973 u. bis 01. 06. 1975 [3052, 3229]; 03. 05. 1973 TG Niederspree 1 Ex. (G. U. M. LEONHARDT). Überwiegend erscheinen Altvögel; am GT Torgau unter 153 B. nur 8 juv. [2402] u. im Bez. D 835 ad., 141 juv. (R. DIETZE). Größere gemeldete Trupps, besonders aus der Wegzugzeit, ließen in der Vergangenheit gelegentlich Fehlbestimmungen vermuten. Neuerdings sind jedoch Vorkommen individuenreicher Scharen möglich.

R. DIETZE, D. FÖRSTER, W. WEISE

Zwerggans – *Anser erythropus* (L., 1758)

Seltener Gast

Vorkommen: Meist vergesellschaftet mit Saatgänsen werden in manchen Jahren vereinzelt Z. festgestellt. Sächsische Belegstücke in Museen gingen verloren, im Mus. Görlitz befindet sich lediglich 1 ♂ vom 20. 09. 1932 Hoyerswerda/Kr. Cottbus

(ANSORGE 1987). Weitere Vorkommen: 17. 11. 1888 Reinhardtsdorf/Kr. Pirna ♀ juv., kam in die Sammlung Tharandt [276]; 4. u. 06. 10. 1934 Jahmen/ Kr. Niesky 2 Z., davon erlegt [931a]; 20. 09. 1942 NSG Großhartmannsdorf 1 juv. [1118]; 05.– 07. 10. 1958 GT Torgau 2 ad. [2402]; 16.– 17. 03. 1959 TG Petershain 2 [3481]; 21. 04. 1959 TG Niederspree 2 Z. unter Graugänsen [1768, 3481]; 02. 10. 1960 TG Kodersdorf 1 [3481]; 02. 10. 1960 GT Torgau 1 ad., 3 juv., 07. 10. 1961 ebenda 4 juv. u. 14. 10. 3 juv. [2402]; 23. 10. 1966 Feldgebiet Naundorf–Rödgen/Kr. Eilenburg 2 ad. [2435]; 02. 10.–26. 11. 1966 NSG Zschorna mehrfach 1 juv. u. 21. 10.–11. 11. 1967 mehrfach 1 Z. ([3481] erg.); 01. 04. 1973 bei Dürrbach/Kr. Niesky 1 [3481]; 06. 10. 1973 GT Torgau 1 Paar (D. FÖRSTER); 17. 03. 1974 bei Dürrbach 1 Ex. [3481]; 17. 01. 1976 NSG Zschorna 1 ad. (R. DIETZE) u. 04.–31. 10. 1982 hier mehrfach 2 juv. (Beob.-Gr. Zschorna); 16. 10.–24. 12. 1982 Grubengewässer bei Deutzen/Kr. Borna 2 ad. (♂♀) (D. FÖRSTER, W. STENGEL u. a.); 20. 11. 1982 NSG Zschorna 1 ad. (G. ENGLER, H. u. P. KIEKHÖFEL, J. ULBRICHT); 03. 11. 1984 GT Torgau 1 juv. (D. FÖRSTER); 01. 12. 1984 NSG Großhartmannsdorf 1 juv. (P. KIEKHÖFEL).

R. DIETZE, D. FÖRSTER

Graugans – *Anser anser* (L., 1758)

Sommervogel, Durchzügler, (Wintergast)
Unterart: *A. a. anser* (L., 1758)

Verbreitung: Bv der Oberlausitzer Teichlandschaft [3481, 4051]. Vorposten im TG Guttau, seit 1985 im TG Döbra, seit 1988 im TG Hausdorf–Cunnersdorf u. seit 1989 am Langen T Großgrabe/ Kr. Kamenz. Aufenthalte von G. an der TS Quitzdorf u. am Tauerwiesen-T Förstgen/Kr. Niesky könnten Neuansiedlungen einleiten. Aufgabe einiger Brutplätze wegen einschneidender Habitatveränderungen. Im TG Moritzburg erfolgreiche Einbürgerung; Vorkommen an Gewässern der Kr. Dresden, Meißen u. Großenhain sowie am GT Torgau sind auf künstliche Ansiedlungsversuche zurückzuführen. Aufenthalt der Nichtbrüter u. erfolglosen Bv vorwiegend in den Brutzentren. Die Moritzburger Population u. deren Abkömmlinge verbleiben ganzjährig in der Nähe ihrer Brutgebiete.

Lebensraum: Brütet an Fischteichen in Röhricht, angrenzendem Bruchwald u. auf Inseln unter Gebüsch oder hin u. wieder frei; eingebürgerte G. auch an Dorfteichen u. größeren Fließgewässern in Ortsnähe. Voraussetzungen für Brutvorkommen sind nahegelegene Nahrungsplätze [3481]; bereits grasbewachsene Teichdämme können diese Funk-

tion erfüllen. Außerhalb der Brutzeit meist auf größeren Gewässern u. in Flußniederungen. Nahrungseinstände in Wiesen- u. Weidegelände, im Herbst oft auf abgeernteten Feldern u. Saat.

Bestand: Über Brutvorkommen vor 1950 ist wenig bekannt [86, 256, 595, 599, 619, 945, 1223, 3481]; die meisten BN stammten aus dem aktuellen, natürlich besiedelten Brutgebiet, doch war ihre Anzahl bedeutend geringer als im Zeitraum nach 1950. Seit den 1960er Jahren (ca. 40 BP) mehr oder weniger stetige Bestandszunahme, im wesentlichen die traditionellen Brutgebiete betreffend; 1985–89 ohne künstliche Ansiedlungen 80–120 BP ([3481] erg.). Brutbestand 1985–89 im Bez. D: Hauptvorkommen im TG Niederspree mit 40–50 BP (Beob.-Gr. Niederspree), hier 1968 nur 20–25 BP [3481]; TG Klitten bis 10 BP, TG Kreba mit Petershain bis 12 BP u. Schloß-T Kosel bis 5 BP (FG Niesky); TG Commerau bis mind. 10 BP (W. SPANK, S. RAU u. a.), TG Lippitsch 1–3 BP? (W. SPANK), TG Königswartha bis 10 BP (V. HEINE, E. NOWAK u. a.), TG Truppen bis 4 BP (G. SCHULZE), TG Guttau mind. 1–2 BP (S. NOACK), TG Döbra 1–2 BP (W. GLEICHNER), TG Hausdorf–Cunnersdorf 1 BP (P. BENNEWITZ), Langer T Großgrabe 1 BP (H. WAGNER, M. MELDE). Zwischen 1974 u. 1977 in mehreren Etappen Einbürgerung im TG Moritzburg [3233], seit 1976 Bruten, 1982 mind. 8, 1985 15–20, 1989 etwa 25 BP (FG Radebeul); diese halbzahme Population breitet sich aus. Bisher entstanden mehr oder weniger stabile Vorkommen im Kr. Großenhain: seit 1982 NSG Zschorna 1–6 BP (Beob.-Gr. Zschorna, vgl. [945]), 1985 Große Röder bei Skassa 1 BP u. 1986 Mühl-T Lenz 1 BP (R. DIETZE), 1988 u. 1989 Mittel-T Thiendorf-Welxande 1 BP (D. SPRINGER, R. DIETZE), 1988 u. 1989 Vier-T Freitelsdorf 1–3 BP (R. DIETZE, B. KATZER), 1989 Dammühlen-T Schönfeld 1 BP (R. DIETZE, R. STEFFENS), 1989 Hosch-T Koselitz 1 BP (R. DIETZE); ferner im Kr. Meißen 1983 u. 1984 Dorf-T Niederau 1 bzw. 2 BP (H. HORTER, B. KATZER); 1981 u. ab 1987 vermutlich Ansiedlungsversuch auch im Elbtal zwischen Dresden u. Coswig/Kr. Meißen (H. DRECHSLER, FG Meißen). Die Plätze Niederau, Skassa u. Lenz wurden nacheinander von denselben Vögeln besiedelt. Im Bez. L 1967 erfolglose Ansiedlungsversuche an der Winkelmühle in der Dübener Heide (K. HANDKE) u. 1975 im TG Wermsdorf [3467]; 1980 siedelte sich von den ausgesetzten Vögeln 1 BP am GT Torgau an (D. FÖRSTER, K. TUCHSCHERER). Von Mitte März bis Mitte Mai Nichtbrüter-Ansammlungen von jeweils einigen G. in den TG Guttau, Truppen, Königswartha, Commerau, Klitten (S. NOACK, D. PANNACH, W. SPANK, D. SPERLING u. a.); teilweise wechselnd u. an anderen Orten; größere Anzahl im TG Niederspree u. Umgebung:

40–80 Ex. 1970–79, 120 G. 1980, später 150–200 Ex. (Beob.-Gr. Niederspree). Zeitweise gemeinsam mit den Brutvögeln, so am 19. 03. 1988 TG Niederspree 300 G. (A. WÜNSCHE).

Brutbiologie: Alle Angaben betreffen nur die natürliche Population. Vollgelege ab Ende März bis spätestens etwa 10. Mai. Meist 4–6, seltener (2–3) 7–10, 1mal 11, M_{94} 5,7 Eier/Gelege. Jungenzahl: 37×1, 70×2, 95×3, 118×4, 79×5, 57×6, 25×7, 10×8, 4×9, 7×10, je 1×11 u. 14, M_{530} 4,1 juv./erfolgreiches BP ([3481] erg.). 1 Jahresbrut.

Wanderungen: Erstankömmlinge in der Lausitz zwischen 03. u. 28. Febr., 1950–77 M_{19} 14. 02. [3481]; 1989 bereits im Jan., 1987–89 Ende Febr./März im TG Niederspree max. 287–340 (FG Niesky). Im übrigen Gebiet Heimzug unauffällig zwischen 13. 02. u. 15. 04., sehr oft Einzelvögel, selten Trupps bis 16 Ex.; einzelne G. gelegentlich Mai/Juni. Ab Anfang Juli Zusammenschluß von bereits anwesenden G. u. Nichtbrütern zu größeren Gesellschaften: 31. 07. 1988 TG Niederspree 345 u. 18. 07. 1989 ebenda 425 (A. WÜNSCHE). Abzug von Ende Aug. bis Okt./Nov.; 16. 11. 1986 Görlitz 300 ziehende G. (A. GEBAUER). 1950–82 im Bez. L insgesamt 205 Ex., meist weniger als 10, je 1mal 11, 24, 31 u. 33 G. zusammen. Überwinterungen sind nachgewiesen [3481]. Winterbeobachtungen können halbzahme G. betreffen, denn die Moritzburger Population zieht nicht, sondern ad. u. juv. überwintern vorwiegend an der Elbe zwischen Pirna u. Meißen, hier z. B. 118 Ex. 16. 11. 1986. Wiederfunde beringter G.: von im Kr. Niesky erbrüteten 2 im Jan. erlegte aus Spanien, 1 nach 10 Jahren 165 km E aus Polen, je 1 nach 1 Jahr aus Güstrow u. nach 5 Jahren vom BO; eine in Dänemark im Juni markierte ad. G. im Apr. des Folgejahres bei Hoyerswerda/Bez. Cottbus [3481].

R. DIETZE, S. RAU, D. FÖRSTER, W. WEISE

Streifengans – *Anser indicus* (Lath., 1790)

Gefangenschaftsflüchtling

8.–15. 08. 1965   TG   Niederspree   2   [1953]; 04. 09. 1973   SB   Helmsdorf   2   (H. OLZMANN); 09. 04. 1974 Scharfenstein/Kr. Zschopau 1 [3143]; 09. 08. 1975 NSG Zschorna 1 (R. DIETZE); 20. 03. 1976 Lauter/Kr. Marienberg 1 (E. BARTHMAN); 18. 02. 1978 Elbe bei Bad Schandau 1 [3784]; 24. 10. 1979–10. 02. 1980 im gleichen Gebiet 4 S. (J. THIEMANN, A. WEBER). Die entflogenen S. wurden allein, z. T. auch in Gesellschaft mit Grauoder Saatgänsen sowie Haus- oder Stockenten angetroffen.

R. DIETZE, D. FÖRSTER, W. WEISE

Schneegans – *Anser caerulescens* (L., 1758)

Gefangenschaftsflüchtling

Alle älteren Angaben über Vorkommen der Art beruhen sehr wahrscheinlich auf Fehlbestimmungen [1223]. Am 05. 11. 1969 bei Klitten/Kr. Niesky 1 fliegende S. ([3481], vgl. hierzu HELMSTAEDT u. KÖHLER 1970 sowie [1994]).

R. DIETZE

Kanadagans – *Anser canadensis* (L., 1758)

Wintergast, Gefangenschaftsflüchtling

Vorkommen: Im Winter gelangen gelegentlich K. der in Schweden angesiedelten Population in unser Gebiet; eine Ringablesung im Winter 1979 bei Pirna (W. HERSCHMANN) bestätigt dies (vgl. [4038]). Bei Vorkommen im Sommer handelt es sich um entflogene Stücke aus Freiflughaltung [3481]. Ein 1982 aus dem Tierpark Chemnitz entwichenes Paar brütete erfolgreich in Chemnitz-Rabenstein (J. FRÖLICH). Es deutet sich eine Zunahme der Beobachtungen an: 11.–12. 01. 1969 Elbe bei Riesa 3 Ex. [3033]; 09. u. 16. 11. 1975 ebenda 4 (K. LIPINSKI, W. TEUBERT); 14. 01.–04. 03. 1979 Elbe zwischen Rathen u. Pirna 7–8 zahme K. (FG Pirna, R. DIETZE); 17. 01.–27. 02. 1979 Mulde-Gebiet nördl. Eilenburg 1–15 Ex. (K. HANDKE, K. WEISBACH); 03. 02.–25. 03. 1979 Elbe bei Döbern/Kr. Torgau 5 (D. FÖRSTER, H.-J. GERSTENBERGER, S. GRÜTTNER, H. NITZSCHE); 25. 01.–10. 02. 1980 Elbwiesen bei Strehla/Kr. Riesa 6 (D. SCHNEIDER, W. TEUBERT); 16. 03. 1980 Elbe nördlich Torgau 5 (H.-J. GERSTENBERGER); 09. 01. 1982 Elbwiesen bei Forberge/Kr. Riesa 10 (W. TEUBERT); 16. 01. 1983 Elbe bei Dommitzsch/Kr. Torgau 1 (H.-J. GERSTENBERGER, S. GRÜTTNER, H. NITZSCHE); 10. 02. 1985 Elbe nördlich Torgau 5 (H.-J. GERSTENBERGER) u. 23. 02. 1985 ebenda 7 K. (D. FÖRSTER).

R. DIETZE, D. FÖRSTER, W. WEISE

Weißwangengans – *Branta leucopsis* (Bechst., 1803)

Seltener Gast

Vorkommen: Einzelne W. erscheinen fast stets in Gesellschaft mit Saatgänsen. Die relative Häufung der Beobachtungen im Okt., Nov. u. März deutet auf reguläres Vorkommen während des Zuges, doch ist auch mit dem Auftreten einiger entwichener Vögel zu rechnen. Übersicht zu Vorkommen: 04. 02. 1860 Leipzig Lindenau 1 erlegt, Beleg Mus. Leipzig (W.-D. BEER); 22. 11. 1944 Kreba/Kr. Niesky 3 [3481]; 14. 12. 1958 Naundorf/Kr. Torgau 1 ad. [3062]; 14. 10. 1960 GT Torgau 2 juv. u. 20. 10. 1960 hier 1 ad. [2402, 3062]; 14. 09. 1962 NSG Zschorna 1 (P. Frommhold), dto. 21. 10.–07. 11. 1962 ([1970] erg.); 10. 03. 1963 Krippehna/Kr. Eilenburg 1 [3062]; 26. 10. 1964 GT Torgau 1 ad. [2402, 3062]; 08. 11. 1964 Krippehna 1 [3062]; 16. 10.–06. 11. 1966 NSG Zschorna 1 (Beob.-Gr. Zschorna); 05.–17. 11. 1966 SB Helmsdorf 1 [3207]; 15. 10.–19. 11. 1967 NSG Zschorna 1 u. 07.–29. 11. 1969 ebenda 1 (Beob.-Gr. Zschorna); 18. 03. 1973 NSG Frauenteich 1 [3048]; 10. 03. 1975 SB Windischleuba 4 [3239]; 12.–26. 10. 1975 GT Torgau 1 (D. Förster, K. Tuchscherer); 10. 10. 1976 NSG Zschorna 1 juv., 27. 10.– 13. 11. 1976 3 ad. u. 14. 11. 1976 1 ad. (R. Dietze u. a.); 24. 10. 1979 NSG Eschefeld 1, am 25. 10. 1979 SB Windischleuba ([3880] erg.); 13. 01. 1980 Elbe bei Pirna 1 (C. Pelz, R. Nicol); 29. 03. 1981 Teiche S Kröbeln/Kr. Bad Liebenwerda 1 (A. Eichhorn, P. Reusse); 03. 11. 1982 NSG Zschorna 1 juv. (R. Dietze); 13. 11. 1983 GT Torgau 1 (K. Tuchscherer); 04. 12. 1983 Grubengewässer bei Deutzen/Kr. Borna 1 (F. Rost); 09. 05. 1984 Oberer T bei Großhartmannsdorf/Kr. Brand-E. 1 (J. Schulenburg); 31. 10.–24. 12. 1985 bei Deutzen 1–4 (D. Förster, F. Rost, W. Stengel); 10. 11. 1985 Felder bei Schöna-Wildschütz/Kr. Eilenburg 2 (O. Schmidt); 18. u. 20. 10. 1986 NSG Zschorna je 1 ad. (R. Dietze, G. Engler, P. Kiekhöfel); 8. 11. 1987 SB Helmsdorf 1 Ex. (H. Olzmann).

R. Dietze, D. Förster, W. Weise

Ringelgans – Branta bernicla (L., 1758)

Seltener Gast
Unterart: B. b. bernicla (L., 1758)

Vorkommen: Bei tief im Binnenland vorkommenden R. handelt es sich um verschlagene Stücke [1223] u. sicher z. T. um entwichene Vögel, z. B. 1 R. vom 09.–24. 03. 1974 Schloß-T Chemnitz [3207]. Nachgewiesen sind etwa 40 Ex., überwiegend im Bez. D (z. B. [3301, 3481]). Belegstücke in den Museen Görlitz u. Leipzig. Die Beobachtungen verteilen sich wie folgt:

	Okt.	Nov.	Dez.	Jan.	Febr.	März	Apr.
Ex.	8	5	7	15	3	6	1

Früheste Beobachtung: 04. 10. 1977 SB Helmsdorf 1 (H. Olzmann), späteste 08. 04. 1906 NSG Eschefeld 1 [586]. Gelegentlich verweilen einzelne R. längere Zeit: 30. 10.–18. 11. 1983 Spülkippe Deut-

zen/Kr. Borna 1 (F. Rost, D. Förster, W. Stengel) u. ebenda 17. 11. 1974–16. 02. 1975 mit Saatgänsen vergesellschaftet 1 R. (A. Weber u. a.); Mitte Jan.– 16. 02. 1963 Elbe bei Pirna 1 [1275]. Meistens Einzelvögel, selten 2–3 Ex. zusammen. Im Winter 1939/40 starker Einflug: SB Niederwartha 1 R. 10.– 29. 12. 1939, Anfang 1940 dann 12 u. am 20. 01. noch 14 Ex. [1223].

R. Dietze, D. Förster, W. Weise

Rothalsgans – Branta ruficollis (Pall., 1769)

Irrgast?, Gefangenschaftsflüchtling

Die R. berührt auf ihrem Zuge unser Gebiet nicht. Da oft als Ziergeflügel gehalten, entweichen nicht selten einzelne Vögel. Wahrscheinlich gelangen R. aber auch gemeinsam mit anderen Gänsearten als Irrgäste zu uns. Übersicht der Vorkommen: 12. 12. 1932 bei Niedergurig/Kr. Bautzen 1 erlegt, kam in die Sammlung Neschwitz [832, 836, 4081]; 24. 08. 1961 SB Windischleuba 1 vermutlich entwichenes Exemplar [1872]; 24. 08. 1961 SB Niederwartha 1 (P. Mierdel, D. Silge); 13. 10. u. 02. 11. 1968 GT Torgau 1 [2767]; 13. 12. 1970 Elbe bei Pirna 1 (W. Schönberg); 12. 11. 1978 NSG Zschorna 1 (E. Niebes, J. Ulbricht); 02.– 23. 04. 1978 TS Schömbach, NSG Eschefeld u. SB Windischleuba 1 [3880]; 12. 03. 1983 Feldflur bei Quolsdorf/Kr. Niesky 2 (A. Wünsche); 10. 12. 1989 NSG Zschorna 2 ad. (R. Dietze).

R. Dietze, D. Förster

Nilgans – Alopochen aegyptiacus (L., 1758)

Gefangenschaftsflüchtling

Freifliegende u. entwichene N. erschienen an verschiedenen Gewässern aller drei Bezirke ([1223, 1729, 3150, 3236, 3467, 3481, 3753, 3832] erg.; vgl. hierzu Ringleben 1975). Im Gebiet der Deubener Lachen bei Wurzen 1 BP mit 7 juv. am 06. 09. 1970 [3467]; im Stadtgebiet Leipzig jährlich 1–2 Freibruten mit sehr geringem Bruterfolg. Die Vögel sind standorttreu u. überwintern im Brutrevier.

G. Erdmann

Rostgans – Tadorna ferruginea (Pall., 1764)

Gefangenschaftsflüchtling

R. werden gern als Parkvögel gehalten, die gelegentlich entweichen u. dann auf verschiedenen Gewässern nachgewiesen werden können ([1223, 3046, 3481, 3515] erg.; vgl. auch Ringleben 1975). Freibruten sind bisher nicht gefunden worden.

R. Dietze, W. Weise

Brandgans – *Tadorna tadorna* (L., 1758)

Durchzügler, Gefangenschaftsflüchtling; Brutvogel 1992

Vorkommen: Bei im Sommer beobachteten B. handelt es sich wohl mehrfach um entwichene B., die im übrigen zu allen Jahreszeiten auftreten u. oft lange an einem Ort verweilen können. Dennoch sind Einflüge, z. B. aus dem Elbegebiet im Bez. Magdeburg, wo die B. auch brütet, möglich. Die Ausdehnung des Brutgebietes in das Binnenland dürfte eine der Ursachen für häufigeres u. regelmäßiges Auftreten seit etwa 1960 sein; HEYDER [1223] kannte nur wenige Nachweise. Die Vorkommen konzentrieren sich auf die Ebene, oberhalb 500 m ü. NN keine Feststellungen. Gewöhnlich erscheinen Einzelvögel u. Gruppen bis 5 Ex. In den Bez. D u. C bis 1989 folgende Truppstärken: 66×1, 23×2, 6×3, 6×4, 4×5, je 1×6 u. 7 Ex., von diesen 187 B. 70% im Bez. D. Größere Trupps sind selten u. betreffen mit Sicherheit Durchzügler (siehe Wanderungen!). 1992 TG Königswartha BN (WEIS 1993).

Lebensraum: Bevorzugte Aufenthaltsorte sind größere Flachgewässer u. deren Verlandungszone; ferner abgelassene Stauseen u. Fischteiche sowie flache Uferbereiche der Flüsse, besonders Elbe, Mulde u. Elster-FB. Entwichene B. gern auf kleinen Teichen in Ortsnähe.

Wanderungen: Anfang Aug.–Ende Sept. erscheinen meist einzelne B., am 06. 08. 1984 SB Helmsdorf bereits 5 (A. SIEBERT). Für die im Sept. eintreffenden B. ist längeres Verweilen typisch, die Rastdauer kann bis zu 7 Wochen betragen ([983, 3515] erg.). Gelegentlich auch größere Trupps: 19. 09. 1936 NSG Zschorna 9 Ex. [983]. Im weiteren Verlauf des Herbstes zeichnen sich kaum Zughöhepunkte ab. 16 Ex. am 19. 11. 1972 Elster-ST [3763] u. 23 B. am 06. 12. 1980 SB Niederwartha (P. H. KIEKHÖFEL) deuten auf Kälteflucht. Überwinterungen nur in milden Wintern: 1964/65 Golzern/Kr. Grimma [3467], 1971/72 Elster-FB [3172]. Im Herbst ausgeglichener Anteil von Alt- u. Jungvögeln. Rückzug viel schwächer ausgeprägt, seit 1970 regelmäßiger. Nur wenige Märzdaten, öfters im Apr. u. Mai; in der Regel einzelne, gelegentlich 2–3 B. zusammen. Am 31. 05. 1981 SB Windischleuba 4 (D. FÖRSTER); Mitte Apr. 1959 TG Wermsdorf 7 [3467]. Im Frühjahr kann die Aufenthaltsdauer bis zu 4 Wochen betragen.

R. DIETZE, D. FÖRSTER, W. WEISE

Brautente – *Aix sponsa* (L., 1758)

Gefangenschaftsflüchtling

Einzelne entwichene B. halten sich freifliegend oft längere Zeit. In Leipzig ziemlich regelmäßig 1–

2 Ex. am Elster-FB. Freibruten bisher kaum nachgewiesen, lediglich 1977 im Ortsbereich von Grimma 1 mit 4 pull. an der Mulde [3467].

G. ERDMANN

Mandarinente – *Aix galericulata* (L., 1758)

Gefangenschaftsflüchtling

Aus Gewahrsam entflohene Parkvögel oder Nachkommen „frei" brütender ♀♀ sind an zahlreichen Gewässern nachgewiesen. In Städten können sich über mehr oder weniger lange Zeiträume kleine freifliegende Populationen entwickeln. Bereits 1954 in Leipzig 1 ♂♀ an der Elster im Connewitzer Holz (K. GRÖSSLER), seit Mitte der 1960er Jahre regelmäßig u. ab 1980 hier 3–5 „Paare"; zwischen 02. 06. u. 24. 07. wurden 7 Bruten mit 31 pull., von denen 22 flügge wurden, festgestellt. Vom 19. 06.–13. 07. 1979 am ST Glauchau 1 ♀ mit 6 juv., ebenda am 13. 08. 1985 1 ♀ mit 1 juv., Bruten vermutlich auch 1980, 1981 u. 1987 (H. FRITSCHE; KRONBACH et al. 1989, 1992). Am 07. 07. 1979 an der Zwickauer Mulde in Aue 3 ♂♂ u. 1 ♀ mit 1 juv. (K.-H. BERNHARDT), jedoch 1980 u. 1981 kein weiterer BN (R. MÖCKEL). Bruten auch im Großen Garten Dresden. Außerhalb der Brutzeit werden ♂♂ häufiger als ♀♀ beobachtet; manche Erpel verpaaren sich mit Stockenten-♀♀. „Zugverhalten" unklar, doch im Herbst u. Winter gelegentlich kleine Trupps: 03. 11. 1980 ST Glauchau 7 ♀♀, 28. 12. 1981 Mulde nahe ST Glauchau 2 ♂♂, 4 ♀♀ u. 26. 01.–06. 02. 1980 ebenda 3 ♂♂, 6 ♀♀ (H. FRITSCHE).

G. ERDMANN, D. SAEMANN

Pfeifente – *Anas penelope* L., 1758

Durchzügler, seltener Sommer- u. Wintergast

Vorkommen: Angaben über Brutvorkommen beruhen auf Irrtum [1223]. Rastende P. bevorzugen große Wasserflächen wie SB Windischleuba, GT Torgau, NSG Eschefeld, NSG Zschorna und TG der Oberlausitz. Im NSG Großhartmannsdorf 44% aller im Bez. C registrierten Heim- u. 61% der Wegzügler. Ein Überwiegen des Heimzuges (vgl. [1223]) ist in neuerer Zeit nicht mehr erkennbar. Verhältnis Frühjahrs- zu Wegzug: SB Windischleuba 1953–60 ca. 2,5 : 1 u. 1961–67 nach ganzjährigem Anstau 1 : 1 ([1603] erg., F. FRIELING); im Bez. C 1960–82 1 : 2; an repräsentativen Gewässern des Bez. D 419 : 423 Beobachtungen. Die Anzahl rastender P. schwankt jährlich; in der Oberlausitz deutliche Abnahme im Herbst nach 1925 [2119], hier um 1935 u. in der W-Lausitz um 1950 schwächster Durchzug, 1959 in mehreren TG sehr geringe Bestände [1442, 1603, 2119]; im NSG Eschefeld vor 1925 max. 100–150 [321, 419, 586], um 1930 max. 30–40 [851, 1216], 1965–69 sehr wenige [2940] u. seit 1970 max. 10–20 Ex. rastend.

Lebensraum: Rastet an Gewässern aller Art, bevorzugt jedoch ausgedehntere Wasserflächen mit flachen Uferzonen; auch auf überschwemmten Wiesen, seltener auf Flüssen. Höchstgelegene Rastplätze im Erzgebirge bei 900 m ü. NN.

Wanderungen: Heimzug ab Mitte Febr., meist ab 2. Märzdekade mit Zughöhepunkt im Bez. C zwischen 20. 03. u. 10. 04.; Ende des Durchzuges Ende Apr. bis Mitte Mai, einzelne P. bis Ende Mai/Anfang Juni (vgl. Abb. 4). Truppgröße 2–10, gelegentlich bis 20, selten mehr Ex.: 12. 03. 1989 NSG Großhartmannsdorf 51 ♂ 34 ♀♀; TS Saidenbach 65 ♂♂, 53 ♀♀; ST Glauchau 48 ♂♂, 34 ♀♀ (KRONBACH u. WEISE 1993); 21. 03. 1988 NSG Zschorna 75 ♂♂, 62 ♀♀ (S. RAU); 28. 03. 1974 NSG Zschorna 61 ♂♂, 21 ♀♀ (B. KATZER); 30. 03. 1984 NSG Großhartmannsdorf 32 ♂♂, 26 ♀♀ (P. KIEKHÖFEL); 02. 04. 1988 NSG Großhartmannsdorf 60 ♂♂, ca. 40 ♀♀ (J. SCHULENBURG u. a.); 11. 04. 1958 grenznahe Luppenaue bei Wallendorf/Kr. Merseburg 67 ♂♂, 69 ♀♀ [2112]. Die ♂♂ ziehen offenbar früher u. rasten im Apr./Mai teilweise länger als die ♀♀. Das Verhältnis ♂♂:♀♀ schwankt gebietsweise um 2:1 bis etwa Mitte März u. 1,3:1 Ende März/Apr. [1603, 1867, 2402, 2119]; im Mai u. Anfang Juni überwiegen wieder stärker die ♂♂. Bis 1950 nur ein Vorkommen im Juni: 10. 06. 1935 Elster-ST

1 ♂♀ [1867]; in neuerer Zeit besonders an den bevorzugten Rastplätzen im Juni wiederholt 1–3 Ex., max. am 26. 06. 1981 3 ♂♂, 4 ♀♀ im TG Moritzburg (S. RAU); z. T. länger verweilend: 27. 06.– 03. 07. 1955 Pleiße-ST Rötha 1 ♂, 1 ♀ [1451]; 12. 06.–14. 07. 1960 GT Torgau 1 ♂ [2402]. Ende Juni bis Ende Aug. in NW-Sachsen u. NSG Großhartmannsdorf sporadisch kleine Mausertrupps von 2–5, selten bis 10 Ex. ([1867, 2015, 2402, 3467] erg.), in E-Sachsen nicht bemerkbar [2119]. Wegzug ab Mitte Aug., verstärkt ab Mitte Sept.; Anteil der ♂♂ im Sept. 81% [2402]. Mitte Okt. bis Ende Nov. starker Zuzug von ♀♀ u. Jungvögeln; Anteil der als ♂♂ ansprechbaren P. im Nov. 15–20% [2402]. Mauser der ♂♂ ins Prachtkleid Ende Okt. bis Febr. Truppgröße während des Wegzuges 2–30 Ex.; größere Verbände: 05. 11. 1975 SB Windischleuba 120 [3239]; 24. 11. 1974 NSG Zschorna 75 (G. LEONHARDT, P. PFANDKE u. a.); 04. 12. 1976 TS Bautzen 50–60 (D. SPERLING); 03. 11. 1974 TS Pöhl 51 (E. FRÖHLICH). Zug klingt gegen Ende Dez. aus. Zwischen 15. Jan. u. 20. Febr. im Bez. L etwa 30 Nachweise, im Bez. C 12 u. im Bez. D nur 2 Daten. Überwinterungen sind selten: 18. 01.– 12. 02. 1958 SB Windischleuba ♂ (Kartei F. FRIELING); 22.–31. 01. 1965 GT Torgau 1 Ex. schlicht [2402]; 04.–12. 01. 1975 Neiße bei Zittau ♂ [4090]; 18. 01.–06. 02. 1977 Elster-FB ♀ (K. GRÖSSLER, K. TUCHSCHERER) u. 30. 01.–12. 02. 1983 ebenda ♂; Winter 1958/59 in Chemnitz ♀ u. 1964/65 ebenda ♂ [1719, 2266].

N. HÖSER, S. KRÜGER, D. SAEMANN

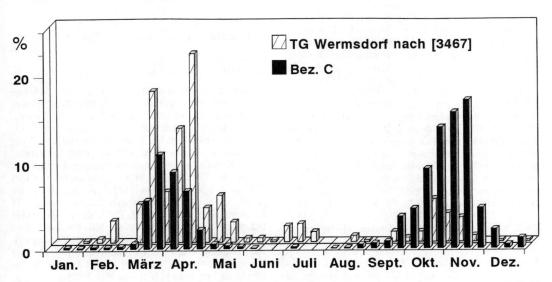

Abb. 4: Prozentuale Verteilung der Durchzugsbeobachtungen (Dekadensummen) der Pfeifente 1958–82 im Bez. C (n = 2 848) und 1961–77 im TG Wermsdorf (n = 425)

Schnatterente – *Anas strepera* L., 1758

Sommervogel, Durchzügler
Unterart: *A. s. strepera* L., 1758

Verbreitung: Bv in den Teichgebieten der Lausitzer Niederung. Im TG Moritzburg vermutlich 1937 [988] Bv, nach 1972 nur in einigen Jahren Brutverdacht [3252] u. 1988 1 BN (O. SPITZNER). Die Südgrenze der Brutverbreitung folgt 1982 etwa der Linie Kodersdorf/Kr. Niesky–Bautzen–Kamenz–Thiendorf/Kr. Großenhain. In W-Sachsen unterhalb 200 m ü. NN sporadischer Bv bis 1966. Im NSG Großhartmannsdorf, 491 m ü. NN, 1943 u. 1988 Bruten ([1223], P. KIEKHÖFEL); TS Pirk 1969 u. wahrsch. 1970 je 1 BN (HALLFARTH 1996). Außerhalb der Brutzeit auf großen Wasserflächen wie SB Windischleuba, NSG Eschefeld, NSG Zschorna, TS Bautzen, Oberlausitzer Teichgebiete u. NSG Großhartmannsdorf.

Lebensraum: Bevorzugt wasserpflanzenreiche, größere, flach auslaufende Teiche mit Gelegegürtel u. deckungsreicher Vegetation (z. B. Brennessel) an Ufern u. auf Dämmen, Inseln u. Landzungen. In neuer Zeit auch in Grubenseen mit Inseln u. ausreichender Vegetation. Als Nahrungsgrundlage sind submerse Pflanzen erforderlich. Zur Zugzeit weniger an bestimmte Gewässerformen gebunden; im Herbst oft vergesellschaftet mit Stockenten auf größeren Gewässern.

Bestand: Der Brutbestand unterliegt erheblichen Schwankungen. Negativ wirkt sich das Entfernen der Unterwasser- u. Ufervegetation aus. 1978–82 im Bez. D über 100 BP. Regelmäßige Brutvorkommen vor allem in den Teichgebieten der Flußniederungen, an den mehr Heidecharakter aufweisenden Gewässern weniger regelmäßig brütend [2119]; 1972–81 in der W-Lausitz nur 1–3 BP (M. MELDE), im TG Moritzburg nach 1972 in manchen Jahren BV für 1–2 BP ([3252] erg.) u. 1988 BN. Um 1900 Bv im NSG Rohrbach [181, 359] sowie im TG Wermsdorf regelmäßig, auch noch 1939 [377, 378, 379, 390], doch beide Gebiete aufgegeben; 1920 bei Eythra/Kr. Leipzig Gelegefund [549], jetzt Tagebaugebiet; bis etwa 1935 im NSG Eschefeld Bv [2940]; im TG Haselbach einst der Stockente in der Anzahl wenig nachstehend [484], dann nur noch vereinzelt u. 1952 letztmals Brut [2015]; 1951–66 auf Insel im Pleiße-ST Rötha je 1, 1954 u. 1966 je 2 Bruten [1451, 1729, 2113, 2333, 2435]; 1985 SB Windischleuba 2 Bruten (ROST et al. 1987). Bez. C siehe Verbreitung.

Brutbiologie: Nester meist auf Inseln u. Teichdämmen unter Brennessel (D. SPERLING) oder in Himbeer- u. Brombeergestrüpp (S. KRÜGER, R. SCHIPKE). Vollgelege 04. 05. (K.-H. SCHULZE) bis

29. 06. (R. SCHIPKE). Gelegestärke: M_{12} 7,9 u. max. 10 Eier. Führende vom 02. 06. [2015] bis gegen Mitte Aug., etwa 65% in den ersten beiden Julidekaden. Schofstärke: 3–13, M_{107} 6,8.

Wanderungen: Heimzug Anfang März bis Ende Apr. u. 1. Maidekade. Am 14. 02. 1982 SB Niederwartha 1 ♀ (P. HUMMITZSCH). Ankunft in der Lausitz frühestens am 03. 03., M_{22} am 14. 03. [2119]. Seit 1964 an verschiedenen Gewässern W-Sachsens Übersommerungen von 2–6 Ex., 1977–79 am SB Windischleuba Frühsommerzug erkennbar, z. B. 03. 07. 1978 33 Ex. (N. HÖSER). Verhältnis ♂♂ : ♀♀ im Frühjahr mit 1,2 : 1 nahezu ausgeglichen, gegen Zugende überwiegen die ♂♂ deutlich. Wegzug ab Aug., besonders Sept.–Nov. mit Höhepunkten Anfang Sept. u. im Nov. [2659]. Bei milder Witterung Vorkommen bis weit in den Dez.; in der Lausitz späteste Beobachtung am 29. 11. [2119]. Truppstärke im Frühjahr gering, max. 15–20 Ex.; im Herbst auch größere Trupps: 02. 09. 1971 Filz-T Schneeberg/Kr. Aue 40 [2895]; Sept. 1975 TS Quitzdorf etwa 100 [3480]; Ende Okt. TS Bautzen bis zu 300 (SPERLING 1985); 30. 10. 1966 GS Witznitz 58 [2435]; 10. 11. 1970 SB Windischleuba 201 [2659] u. 23. 12. 1979 ebenda 115 (N. HÖSER), wobei die Beobachtungen 1970 auf Kälteflucht deuten: 07. 11. 12 Ex., 08. 11. 158 Ex. (R. Steinbach u. a.). Im Jan. u. Febr. sehr selten einzelne S.; Winter 1971/72 SB Windischleuba 2 Ex. (R. STEINBACH u. a.), 22. 01. 1978 SB Niederwartha 1 ♂, 2 ♀♀ (G. LEONHARDT). Die Anzahl rastender S. hat in den letzten Jahren deutlich zugenommen.

K. GRÖSSLER, S. KRÜGER, D. SAEMANN

Krickente – *Anas crecca* L., 1758

Jahresvogel
Unterart: *A. c. crecca* L., 1758

Verbreitung: Lückenhaft verbreiteter Bv. Schwerpunkte des Vorkommens im Oberlausitzer Heide- u. Teichgebiet, im waldreichen Gürtel der Leipziger Tieflandsbucht bis Torgau u. Oschatz sowie im Elbe–Röder-Gebiet bei Dresden; sporadische Vorkommen an der Neiße u. an Teichen im Kr. Zittau; seit 1958 auch in den Flußniederungen der unteren Pleiße u. Wyhra. Im NSG Großhartmannsdorf (491 m ü. NN) bis 1934 [1729] u. seit 1965 Bv [2733, 3207]. 1977 Brut an den Scheibenberger T/Kr. Annaberg [3394, 3609], als früherer Brutplatz bekannt [1729]. 1986 Brut NSG Kriegswiese S Satzung, ca. 850 m ü. NN (D. SAEMANN, R. STEFFENS). Zur Brutzeit auch TS Carlsfeld u. NSG Großer Kranichsee, 900–930 m ü. NN [3609]. Brutplätze im mittleren Vogtland [1784], am Filz-T Schneeberg u. im TG Limbach-O. [1729] mind. seit 1960 nicht mehr bestätigt. Überwinterungsplätze besonders vor dem N-Rand des W-Erzgebirges: Zwickauer Mulde, SB Helmsdorf, TS Schömbach, SB Windischleuba, GS Witznitz u. Flüsse in diesem Gebiet. Überwintert in geringer Anzahl auch an anderen Gewässern, z. B. auf der Neiße, doch oberhalb 500 m ü. NN nur sehr vereinzelt.

Lebensraum: Brütet an nährstoffarmen Kleingewässern der Wälder, an kleinen uferbestockten Fließgewässern u. an Teichen u. verschiedenen größeren Standgewässern, wenn diese einen üppigen Gürtel deckungsreicher Vegetation aufweisen. Bevorzugt werden kleine Waldtümpel, von denen auf größere Flachgewässer oder in Flußauen überwechselt werden kann. In Laubmischforsten des Kr. Altenburg „auf ganz kleinen Tümpeln" (HILDEBRANDT u. SEMMLER 1976) ab 15 m² Wasserfläche (N. HÖSER, D. TRENKMANN). Zur Zugzeit auf größeren Schlammflächen von Gewässern; im Winter an eisfreien Fließ- u. Standgewässern, im Bez. L auch auf älteren Grubenseen.

Bestand: Nach 1945 Erholung des Bestandes u. zögernde Wiederbesiedlung der Hochlagen [1413, 1651]. 1978–82 im Bez. D etwa 80–100 BP, im Bez. L vermutlich 35–40 BP u. im Bez. C unter 10 BP. Niedrigster Brutbestand in der Lausitz zwischen 1935 u. 1960; starke Bestandsschwankungen. Hier neuerliche Abnahme nach 1980, vor allem im Zusammenhang mit der Intensivierung der Teichwirtschaft. Bestandsschätzungen für Teilgebiete enthalten einige Quellen aus der Zeit nach 1960: Kr. Niesky [1887], seit 1968 angeblich im NSG Niederspree 46 Gelegefunde [3296]; Kr. Bautzen nur unbestimmte Angaben; Teilgebiete im Kr. Kamenz [1729, 2881]; NSG Zschorna [3072, 3252]; TG Moritzburg [3252]; Kr. Zittau [4090]; NSG Eschefeld [2940, 3880]; SB Windischleuba [1603, 3453]; Kr. Grimma, Oschatz u. Wurzen [3467]; im Bez. L außerdem Bv seit 1978 an der TS Schömbach (A. u. U. SITTEL), 1980 im NSG Leinawald (N. HÖSER) u. vermutlich regelmäßig an Gewässern in der Dübener Heide [2668, 3062]; Bez. C [3207, 3609].

Brutbiologie: Beginn der Eiablage zwischen 01. 05. bei Altenburg, 170 m ü. NN (N. HÖSER) u. 06. 06. im NSG Großhartmannsdorf, 491 m ü. NN [2733]. Pull. bereits am 13. 05. 1951 im TG Neschwitz (G. CREUTZ) erscheinen sehr früh; am SB Windischleuba erst 29. 06.–01. 08. (L. GEORGI, R. STEINBACH) u. NSG Großhartmannsdorf 03. 07.–06. 08. (P. KIEKHÖFEL, F. WERNER). Nfl. K. im NSG Niederspree noch am 11. 08. 1981 (R. DIETZE). Die Schofsgröße beträgt bei nfl. Jungvögeln M₉₃ 5,9, im einzelnen 1×1, 2×2, 7×3, 13×4, 18×5, 17×6, 14×7, 10×8, 7×9, 3×10 u. 1×11 nfl./♀.

Wanderungen: Ankunft im Bez. D zwischen 15. 02. u. 23. 03.; Heimzug im Gesamtgebiet von Mitte Febr. bis Mitte Mai, doch Beginn durch Überwinterer nicht klar abgrenzbar. Zuggipfel zur Monatswende März/Apr., am SB Windischleuba in mehreren Jahren 2 Gipfel um den 20. 03. u. 10. 04. mit 200–1 500 Ex. Hier auch größte Ansammlungen im Frühjahr: 07. 03. 1975 2265 u. 01. 04. 1976 1 540 Ex. (R. STEINBACH). An anderen Gewässern auch während des Heimzuggipfels viel geringere Zahlen: 28. 02. 1975 TS Bautzen 200 (D. SPERLING); 26. 03. 1974 TG Königswartha 200 (R. SCHIPKE). Sommerrast kleinerer Trupps von vorwiegend ♂♂ an vielen Gewässern; am SB Windischleuba Juni/Juli 100–400 Ex., davon 80–95 % ♂♂. Wegzug meist zweigipfelig Mitte Aug.–Mitte Sept. u. im Okt. Auf größeren Gewässern in E-Sachsen 200–600 Ex., z. B. 24. 10. 1982 NSG Zschorna 477 (R. DIETZE), im Sept. 1964 jedoch 2 000 (P. HUMMITZSCH). Bedeutendster Rastplatz in W-Sachsen ist das SB Windischleuba, an dem sich 500–4 000 K., seit 1970 alljährlich über 1 000 K. einfinden, am 24. 11. 1970 4982 u. am 26. 10. 1972 3 758 Ex. [2659]. In den 1980er Jahren allerdings nur noch Max. um 1 000 K. (R. STEINBACH). An anderen Gewässern W-Sachsens viel geringere Zahlen: NSG Eschefeld jährlich 300–500 [2940]; 16. 11. 1973 ST Glauchau u. Zwickauer Mulde 334 (H. FRITSCHE); 17. 10. 1981 NSG Großhartmannsdorf 265 (P. KIEKHÖFEL); 17. 10. 1976 TS Pirk 149 (G. SCHÖNFUSS, J. WOLLMERSTÄDT). Vor dem N-Rand des W-Erzgebirges überwinterten 800–2 000 K., in strengen Wintern nur in geringer Zahl; 1969–71 SB Windischleuba 40–100, 1972–82 ebenda 100–1 000 Ex. (F. FRIELING u. a.), Anfang 1980er Jahre noch um 1 000, Mitte der 1980er Jahre nur noch um 500, 1989 wieder 1 400 (R. STEINBACH, WILKE 1993); Winter 1960 Elster-FB 120 [3062], 15. 01. 1978 Zwickauer Mulde zwischen Glauchau u. Wolkenburg 186 (H. FRITSCHE). Beachtliche Winterbestände an anderen Gewässern, z. T. kurzzeitig: Elbe bei Torgau u. Dresden je 30–200 Ex.; TS Bautzen 750 K. am 29. 12. 1974 u. 600 am 25. 01. 1975 (H. ZÄHR); Neiße bei Görlitz (FG Görlitz). In den 1980er Jahren Rückgang. Im Winter meist mit Stockenten vergesellschaftet. Das Gebiet betreffende Wiederfunde markierter K. (z. B. [1101, 1681, 1978, 3467]) weisen gemäß dem allgemeinen Zugverlauf [3955] nach Dänemark, England u. vor allem in die Camargue/S-Frankreich.

N. HÖSER, S. KRÜGER, D. SAEMANN

Stockente – *Anas platyrhynchos* L., 1758

Jahresvogel
Unterart: *A. p. platyrhynchos* L., 1758

Verbreitung: Allgemein verbreiteter Bv, dessen Brutdichte sich oberhalb 400 m [3484], deutlicher ab 600 m ü. NN [3609] stark verringert. Das Nisten ist bis 920 m [2621] u. am Fichtelberg bis 960 m ü. NN (H. HOLUPIREK) belegt; eine Brutzeitbeobachtung in 1 000 m Höhe [3207]. HEYDER [1223] wertete ein Brutvorkommen bei Altenberg, 740 m ü. NN, noch als Ausnahme.

Lebensraum: Genutzt wird eine breite Palette von Bruthabitaten in offener Landschaft, Orts- u. Waldlagen [2888], mit Vorliebe deckungsreiche Gewässerufer u. Inseln [2881, 2015]. Nachwuchs führende ♀♀ können sich an allen verfügbaren Gewässern aufhalten, meiden aber im Gebirge Bäche von weniger als 2 m Breite [3484]. Mauserplätze für z. T. mehrere tausend S. an Sicherheit bietenden Gewässern mit nahrungsreichen Flachwasserbereichen. Im Winterhalbjahr zur Nahrungssuche oft auf Grün- u. Ackerland oder in Eichengehölzen, was lokal einen strengen Rhythmus des Ortswechsels zwischen Tagesruheplatz auf größeren, auch innerstädtischen, Wasser- oder Eisflächen u. dem Nahrungsgebiet bedingt [2402, 2985, 3274]. Darüber hinaus wichtige Wintereinstände an allen größeren Flüssen.

Bestand: Nach einem Tiefstand als Folge des 2. Weltkrieges allerorts spürbare Zunahme seit Ende der 1950er Jahre bis etwa 1970/73 [2881, 2985, 3072, 3467], wobei die Intensivierung der Teichwirtschaft bis zu einem mittleren Niveau eine wichtige Rolle spielte. Seitdem wird die Entwicklung unterschiedlich beurteilt: nach Rückgang in der ersten Hälfte der 1980er Jahre Wiederanstieg der Bestände im Elbe–Röder-Gebiet bei Dresden (P. HUMMITZSCH), Stagnation bzw. nicht belegbare Veränderungen im Raum Altenburg (N. HÖSER). Die Bestände rastender u. mausernder S. fluktuieren lokal sehr stark infolge Veränderungen der Landschaft u. des Nahrungsangebotes. Gesamtbrutbestand schätzungsweise 15 000–30 000 Paare. Die mittlere Brutdichte schwankt großflächig bei 1 BP/km^2: Stadtgebiet Chemnitz 2,0 [2985]; Kr. Kamenz mind. 1,1 (umgerechnet nach [2881]); Kr. Aue 0,7 [3484]. In optimalen Lebensräumen kann die Dichte zeitweise 5–9 BP/10 ha betragen: NSG Eschefeld max. 9,0 [2940, 3169, 3880]; SB Windischleuba bis 8,3 [3453]; Oberlausitzer Fischteiche bis 7,2 [2881]; TG Haselbach 7,0 [2015]. Gewöhnlich ist die Brutdichte geringer, schwankt von Jahr zu Jahr u. nimmt mit zunehmender Entfernung vom Gewässer ab: GT Torgau bis 1965 nur 0,5–1,0 BP/10 ha [2177]; Kahlschlagvegetation am GS Kulkwitz 2,0–4,0 [3442]; Auenwald bei Leipzig 0,1–0,6 [1949, 2549]; verschiedene Lebensräume in Chemnitz 0,3–0,9 [2896]. Bezogen auf die Wasserrandlinie brüten im TG Moritzburg 3,2–4,4 BP/ 1 km [3252] u. im NSG Zschorna 3,5–8,5/1 km Röhrichtgürtel [3072]; an der Zwickauer Mulde u.

an Bächen im Kr. Aue 2,9 bzw. 0,4 BP/km [3484]. Zur Jungenaufzucht werden Gewässer im Parkbereich extrem ausgenutzt: 1974 Stadtpark-T Chemnitz, 4,5 ha, 25 Schofe (S. OERTEL, D. SAEMANN), an anderen Gewässern der Stadt 0,1–0,4 ha Wasserfläche pro Familie [2895]; an Teichen im Kr. Aue 0,6 ha [3484]; an Fischteichen 1,4–2,4 ha [2881, 3252]; Talsperren im Gebirge 10 ha [3484].

Brutbiologie: Nester gewöhnlich an Sichtschutz bietenden Geländeabschnitten in Gewässernähe. Die Bevorzugung bestimmter Pflanzengesellschaften, z. B. Brennesselbestände, Ruderalgesellschaften, Röhrichte, Brombeerdickichte, Strauchwerk, hängt vom lokalen Angebot ab. Gebäude- u. Baumbruten, letztere in Höhlen, Greifvogel- oder Krähennestern, sind aus allen Regionen bekannt; max. Höhe über dem Boden 20–23 m [2767, 4002]. Nester können bis zu 3 km vom nächsten Gewässer entfernt sein (D. SAEMANN, D. WODNER). Beginn der Eiablage frühestens Anfang März: 05. 03. 1978 Chemnitz 1. Ei im Nest (M. MÜLLER); Vollgelege ab 3. Märzdekade: 23. 03. [586] u. 23. 03. 1969 Park Windischleuba 11 Eier (R. STEINBACH); Nachgelege bis Juli, spätester Gelegefund 30. 07. [3467]. Die Jungen schlüpfen am SB Windischleuba ab 2. Apr.-Dekade, die meisten 04. 06.–06. 07. [3453]; im Bez. C (n = 405) 25. 04.– 10. 08. (Abb. 5), ab 500 m ü. NN kaum vor dem 10. Mai. Bebrütete Gelege enthalten 2–16, ausnahmsweise u. sicher von 2 ♀♀ abgelegt 19–21 Eier [2881], M$_{486}$ 8,5 Eier/Gelege ([1742, 2881, 3252, 3457] erg.). Festgestellte Gelegeverluste: 48–50% [1952, 2837]. Schofgröße: 1 ♀ führt 1–16 pull. bzw. juv., ausnahmsweise 23, von denen 19 flügge wurden (1974 Chemnitz, D. SAEMANN); mittlere Schofgröße (n = 2 925) in vielen Gebieten übereinstimmend 5,5–6,5 juv./♀ ([2647, 3072, 3172, 3453, 3467] erg.), im Kr. Kamenz (n = 296) jedoch 1962–66 7,7 u. 1967–71 7,1 [2881], im TG Moritzburg M$_{540}$ 5,2 [3252], im Parkbereich von Chemnitz 1968–72 M$_{92}$ 4,2 [2985] u. 1973–84 M$_{333}$ 4,8 (D. SAEMANN), 1986–89 Bez. D M$_{455}$ 4,8. Die Jungvogelverluste betragen 25–50% [2837, 2985] oder weniger [2881], können jedoch gebietsweise auch wesentlich höher sein (z. B. Parkteiche in Dresden z. T. nahe 100%). Ein durchschnittlicher Bruterfolg von 2 juv./BP [2837] erscheint allerdings zu niedrig angesetzt. 1 Jahresbrut, Ersatzbruten; Anteil der Nichtbrüter ungeklärt, aber offenbar z. T. erheblich.

Wanderungen: Sächsische Bv u. deren Junge sind Stand- u. Zugvögel; regionale oder altersbedingte Unterschiede des Anteils ziehender Vögel sind nicht belegbar, doch scheinen juv. S. stärker als ad. Vögel abzuwandern [1952, 3163]. Die Abwanderung erfolgt Nov./Dez. u. fällt zeitlich mit dem Maximum der Herbstbestände zusammen. Je nach ihrer Bedeutung als Mauser-, Rast- oder Überwinterungsplatz werden an den Gewässern die Höchstzahlen zu unterschiedlichen Terminen von Sept.–Jan. erreicht. Am SB Windischleuba als Gebiet mit umfassender Bedeutung für Mauser, Rast u. Winteraufenthalt max. Bestände von Sept.–Dez. nachweisbar. Die meisten der kleinen Brutgewässer werden von Aug. bis Mitte Sept., spätestens mit Beginn der Jagd, verlassen. Gleichzeitig erheblicher Bestandszuwachs an den Mauserplätzen: SB Windischleuba max. 4500 (N. Höser), Doktor-T bis zu 4600 [3467]. An manchen Plätzen setzt im Sept. Abzug ein, doch beginnt gleichzeitig die räumliche Umverteilung der Entenkonzentrationen. Diese Erscheinung wird mit Zufrieren der Gewässer noch auffallender u. erschwert eine ob-

jektive Beurteilung des Zuggeschehens. Selbst als Durchzugsmaxima gedeutete Ansammlungen, wie 3000 S. am 23.10.1975 SB Borna (F. Rost), können darin ihre Ursachen haben. Die Wasservogelzählungen weisen nahezu gleich hohe Bestände im Nov. u. Mitte Jan. aus; 1971–74 max. Mittwinterbestand von 75000 S. [3296], dabei max. 20700 an der Elbe innerhalb Sachsens [2458] u. bis zu 15000 an der Zwickauer, Freiberger u. Vereinigten Mulde ([3467, 4149] erg.). Während der Heimzugperiode größte Ansammlungen von 1000–3000 S. im März, doch insgesamt weniger auffallend als im Herbst. Verhältnis Heim- zu Wegzug am SB Windischleuba etwa 1:2,6 (N. Höser), was allgemein zutreffen mag ([2402], Hummitzsch 1985). Ende März/Anfang Apr. lösen sich die Konzentrationen

Anz. Bruten

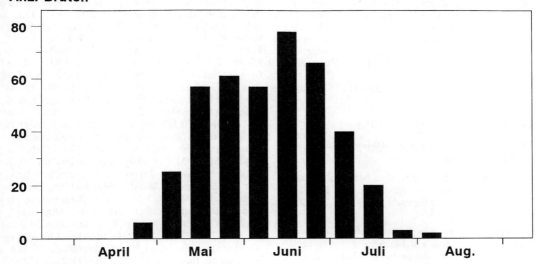

Abb. 5: Schlupftermine (Dekadensummen) von Stockentenbruten im Bez. C

Tabelle 31: Mittlerer prozentualer ♂♂-Anteil in Herbst- u. Winterbeständen der Stockente an A) GT Torgau [2402], B) Elster-FB 1980/81 (K. Grössler, K. Tuchscherer), C) Schloßteich Chemnitz [2985]; n = Mittelwert der pro Beobachtungstag anwesenden Ex.

| | A | | B | | C | |
	n	% ♂♂	n	% ♂♂	n	% ♂♂
Okt.	1372	61,3	373	68,2	666	54,5
Nov.	1723	58,2	701	63,9	948	51,4
Dez.	1223	56,6	1717	59,0	1438	47,9
Jan.	493	55,0	2631	58,3	1421	49,7
Febr.	306	54,9	1983	56,6	1002	48,1
März	315	53,9	450	57,1	543	50,4
Apr.	105	57,1	200	59,3	81	63,0

auf. Erneuter Anstieg der Zahlen im Juni/Juli, doch finden sich vor allem Erpel an den Mauserplätzen ein: 1970–82 SB Windischleuba 1 000–2 700 Ex., Verhältnis ♂♂ : ♀♀ etwa 10 : 1 (N. HÖSER, R. STEINBACH).

Die wichtigsten Rast- u. Sammelplätze nebst Angabe des ermittelten Maximalbestandes: NSG Zschorna 20 000 ([3274], HUMMITZSCH 1985); TS Bautzen 12 000 [3832]; TS Quitzdorf [3432, 3480] u. SB Windischleuba [1603, 2659] je 10 000; GT Torgau 7 300 [2402, 3172]; TS Pöhl 5 600 (H. CZERLINSKY); je 3 000–5 000 S. am GT Deutschbaselitz/Kr. Kamenz [2881]; Elster-FB (K. GRÖSSLER, K. TUCHSCHERER); SB Witznitz [2767, 3062, 3172]; Elster-ST [3763]; Göttwitzsee u. Doktor-T [3467]; SB Borna (F. ROST); NSG Eschefeld [2940]; NSG Großhartmannsdorf (P. KIEKHÖFEL); Schloß-T Chemnitz [2985] u. SB Helmsdorf [3412].

Der Wiederfundsektor markierter Bv umfaßt die Niederlande, SW- u. S-Europa bis N-Jugoslawien; Herkunft überwinternder S. aus Polen, Schweden, Finnland u. Rußland sowie Abwanderung wintersüber in Sachsen beringter S. in diese Gebiete sind mehrfach belegt ([1399, 1737, 1777, 1988, 2255, 2417, 3163] erg.).

D. SAEMANN, N. HÖSER

Spießente – *Anas acuta* L., 1758

(Sommervogel); Durchzügler, (Wintergast)
Unterart: *A. a. acuta* L., 1758

Verbreitung: Als Bv nur wenige Male in Oberlausitzer Teichgebieten nachgewiesen. Im Juni 1976 SB Windischleuba balzendes ♂♀ [3358]. Zur Zugzeit im gesamten Gebiet.

Lebensraum: Rastende S. auf vielen Gewässern, doch werden größere mit Flachwasserzonen bevorzugt; auch auf überschwemmten Wiesen- u. Feldflächen, im Winter auf Flüssen.

Bestand: Im 19. Jh. TG Königswartha vereinzelte Bruten [256] u. 1930 Sommervorkommen mit BV [1223]. Neuere BN: 16. 07. 1969 bei Jänkendorf/Kr. Niesky ♀ mit 4 juv. (G. CREUTZ); 16. 06. 1974 TG Königswartha Gelege (4–5 Eier) von Rohrweihe zerstört (R. SCHIPKE, G. SCHULZE), Dunenfedern aus dem Nest von K. BANZ bestimmt; 08. 06. 1975 ebenda 4 Eier verlassen (R. SCHIPKE), nach W. MAKATSCH wohl S.; 25. 06. 1981 Dreischenken-T bei Eutrich/Kr. Bautzen ♀ mit 12 juv., Artbestimmung nicht völlig sicher (R. SCHIPKE). Balzende Paare mehrfach in den TG Guttau u. Königswartha sowie bei Rauden-Mönau/Kr. Hoyerswerda. Seit 1960 in W-Sachsen vermehrt Sommeraufenthalt, ab 1969 SB Windischleuba regelmäßig. Truppstärke rastender S. 1965–75 in W-Sachsen 2- bis 5mal so groß wie 1. Hälfte 20. Jh.

[567, 586, 1867]. 1974–80 am SB Windischleuba Rückgang der Zahl der Wegzügler auf ein Drittel. Seit 1940 drastische Abnahme der Durchzügler in der W-Lausitz [1442, 2881], 1962–81 beim Heimzug etwa um die Hälfte; in W-Sachsen vor 1970 nicht bemerkbar [1603, 2940].

Wanderungen: Beginn des Heimzuges zögernd im Febr.: 03. 02. 1973 u. 11. 02. 1972 am SB Windischleuba (R. STEINBACH), 11. 02. 1974 ST Glauchau (H. FRITSCHE), 21. 02. 1976 SB Helmsdorf [3412]. Höhepunkt des Durchzuges Mitte März – Anfang Apr. ([567, 1603, 1867, 2015, 2402, 2659, 2940, 3467], Abb. 6). Truppstärke 2–10, gelegentlich 20–40 Ex., größere Trupps selten: 19. 03. 1961 grenznahe Luppen-Aue/Kr. Merseburg 48 ♂♂, 39 ♀♀ [2112]; 26. 03. 1970 SB Windischleuba 75 [2659]; Heimzug 1961 GT Torgau 64 [2402]; 27. 03. 1975 TS Pöhl 34 ♂♂, 26 ♀♀ (E. FRÖHLICH); 29. 03. 1969 NSG Zschorna 22 ♂♂, 22 ♀♀ (R. DIETZE). Verhältnis ♂♂ : ♀♀: 1953–63 SB Windischleuba (n = 746) Nov. 0,5 : 1, Dez. 0,8 : 1, Jan. 1,5 : 1, Febr. 1,9 : 1, März 1,3 : 1 u. Apr. 1,1 : 1 ([1603] erg.); Elster-ST Nov.–Febr. (n = 29) 1,2 : 1 u. März (n = 61) 1,1 : 1 [1867]; GT Torgau Febr. (n = 27) 0,8 : 1, 01.–10. 03. (n = 40) 1,5 : 1 u. 11. 03.–20. 04. (n = 697) 1,1 : 1 [2402]. Ende des Heimzuges gegen Mitte Apr. [1867, 2015, 2402] bis Anfang Mai [3412]. Bis 1950 fehlten in NW-Sachsen Junidaten völlig [586, 1867], doch in neuerer Zeit ziemlich regelmäßig 1–3 Ex., meist ♂♂; seit 1970 alljährlich 1–6 Ex. Mitte Mai–Anfang Aug.. Selbst im NSG Großhartmannsdorf, 491 m ü. NN, mehrfach Juni/Juli 1–2 Ex. Am SB Windischleuba 16. 06. 1969 15 u. 17. 06. 1969 4 ♂♂, 2 ♀♀ [2659]. Sommerzug ab Ende Juni, hauptsächlich jedoch im Aug. [2402, 3412, 3467]; 28. 08. 1972 SB Windischleuba 20 Ex.; 23. 08. 1977 SB Helmsdorf 18 (H. OLZMANN, A. SIEBERT). Um den 10. 09. deutlicher Zuzug, Wegzughöhepunkt 2. Okt.-/2. Nov.-Dekade [2402, 3412, 3467], SB Windischleuba u. TG Haselbach erst 01.–20. 11. [2015, 2659]. Truppgröße meist 2–20, selten über 30–50 Ex.; 1970 u. 1972 SB Windischleuba über 100 Ex. Der Wegzug klingt Ende Nov. aus; 23. 11. 1970 SB Windischleuba 129 Ex. [2659] deuten auf Kälteflucht. Aufenthalt von 1–5 Ex. auf eisfreien Gewässern bis in den Jan.; 1974, 1978 u. 1980 SB Windischleuba 15–18 Ex. Im Winter einzelne S., meist ♂♂ u. oft mit Stockenten vergesellschaftet, kürzere Zeit rastend. Winterdaten in E-Sachsen seltener als in W-Sachsen. Überwinterungen nicht häufig: 27. 01.–24. 02. 1976 Elster-FB ♀, 31. 12. 1976–06. 02. 1977 ebenda 1 ♂, 1–4 ♀♀ u. 06. 12. 1977–27. 01. 1978 ebenda 1–2 ♂♂ (K. GRÖSSLER, K. TUCHSCHERER); 10. 01.–05. 03. 1982 Hirschfelde/Kr. Zittau 1 ♂ [4090]. Quantitativ hat sich das Verhältnis von Heim- zu Wegzug offenbar infolge veränderter

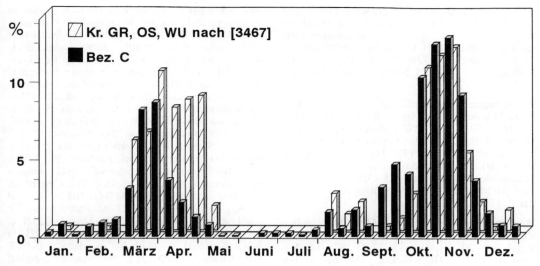

Abb. 6: Prozentuale Verteilung der Durchzugsbeobachtungen (Dekadensummen) der Spießente 1958–82 im Bez. C (n = 1 919) und 1957–77 in den Kr. Grimma, Oschatz und Wurzen (n = 381)

Rastbedingungen verschoben: Summe der Individuen 1890–1920 etwa 1 : 0,2; SB Windischleuba 1953–60 (n = 670) 1 : 0,3, nach mehrjährigem Stau 1961–67 (n = 1625) 1 : 1,1 ([1603] erg.); Elster-ST 1 : 0,8 [1867]; SB Helmsdorf 1 : 1 [3412]; GT Torgau 1 : 1,5 [2402]; Bez. C 1958–82 (n = 1919) 1 : 2,1; SB Windischleuba 1 : 4,8 [2659].

N. Höser, S. Krüger, D. Saemann

Knäkente – *Anas querquedula* L., 1758

Sommervogel, Durchzügler

Verbreitung: Unsteter Bv der Niederungszone unterhalb 200 m ü. NN, vor allem in der Oberlausitzer Teichlandschaft sowie in den Flußauen von Elbe, Mulde, Parthe, Pleiße u. Weißer Elster. Im Vogtland [1784, 2099] u. am N-Rand des Erzgebirges bis 500 m ü. NN nur wenige BN, doch seit Ende der 1970er Jahre fehlend. Zur Zugzeit bis 700 m ü. NN [2570].

Lebensraum: Gewässer unterschiedlicher Größe mit wasserpflanzenreichen Flachzonen u. zumindest teilweise höherer Ufervegetation. In der offenen Landschaft an verkrauteten Gräben u. auf überschwemmten Wiesen; Durchzügler bevorzugen Flachwasserzonen.

Bestand: Allgemein starker Bestandsrückgang, besonders nach 1970 u. 1. Hälfte 1980er Jahre sowie unter Beachtung einer seit langem bekannten unsteten Brutplatzbesetzung [1223]. Brutbestand

1978–82 im Bez. D 25–30 u. im Bez. L kaum über 20 Paare. 1954–63 im Kr. Niesky noch in allen TG Bv, 1958–60 etwa 50 BP [2002] u. 1985–89 im wesentlichen nur TS Quitzdorf, Tauerwiesen-T u. TG Niederspree BV für je 1–2 Paare (FG Niesky). 1986–89 Kr. Bautzen Brutzeitbeobachtungen NSG Caßlauer Wiesenteiche, NSG Litzen-T u. TG Guttau. 1962–71 TG Biehla 1–3 BP, doch 1964 23, 1966 12 u. 1967 10 BP [2881], 1972–81 0–3 BP (M. Melde). NSG Zschorna 1971–74 max. 2 BP, danach fast völlig fehlend (Hummitzsch 1985, erg.). 1906–14 TG Moritzburg 1–6 BP [503], 2 Jahrzehnte später 15 BP u. 1955 letztmals BN, danach zur Brutzeit 1–2 Paare anwesend [3048, 3252] u. schließlich fehlend. Eine ähnliche Entwicklung wie im Kr. Niesky vollzog sich auch in den übrigen Teichgebieten der Oberlausitz. An früher ausnahmsweise besetzten Brutplätzen in der Elbaue zwischen Pirna u. Meißen – Birkwitzer Graben [3040] u. Elblachen Dresden-Stetzsch (H. Drechsler) – fehlt die K. seitdem. Im Bez. L bis 1930 wesentlich häufiger als gegenwärtig, besonders im Raum Altenburg [237, 484, 586, 851, 2940]. Nach 1950 im Bez. L nur wenige mehrjährig oder von mehr als 2 BP besetzte Plätze: 1951–60 TG Haselbach 2–6 BP [2015]; 1959–76 SB Windischleuba 0–4 BP [1603, 2435, 3051, 3052, 3238, 3239]; 1971–75 Göttwitzsee/Kr. Grimma 1–2 BP [3467]; 1956 Horstsee/Kr. Oschatz u. Rodaer See/Kr. Grimma vermutlich 8–9 BP [1729]; darüber hinaus eine Reihe sporadisch besetzter Plätze mit max. 2 BP in den Kr. Grimma, Oschatz u. Wurzen [3172, 3467], im Kr. Leipzig [2113, 3172, 3467], Kr. Borna [2435,

2767] sowie NSG Eschefeld [2940] u. GT Torgau [2177]. Nach 1950 im Vorland der Mittelgebirge nur noch ganz vereinzelte Brutvorkommen: Kr. Zittau zuletzt 1981 Eckartsberg [4090]; Bez. C 1954 ST Glauchau [1729], bis 1975 sporadisch TG Limbach-O. [1729, 2895, 3207] u. 1976 SB Helmsdorf [3412].

Brutbiologie: 3 Nestfunde in Wiesen. Eiablage Mitte Mai–Juni: 20. 05. Gelegefund SB Helmsdorf [3412]; 25. 06. 1955 TG Moritzburg 7 Eier (K. Burk). Eiablage selten bereits 2. Apr.-Dekade: ♀ mit 4 pull. am 13. 05. 1951 TG Königswartha (S. Waurisch). Juv. führende ♀♀ bis 3. Aug.-Dekade. Schofgröße: 2×2, 8×3, 8×4, 5×5, 9×6, 5×7, 4×8, 1×9, 3×10 u. 1×11, M$_{46}$ 5,5 pull. oder juv./führendes ♀.

Wanderungen: Erste K. meist Mitte März, selten Ende Febr.: 26. 02. 1967 NSG Großhartmannsdorf 4 ♂♂, 3 ♀♀ (P. Kiekhöfel); 27. 02. 1975 TG Königswartha 1 ♂ (R. Schipke). Höhepunkt des Heimzuges Ende März–Mitte Apr., vereinzelt bis in den Mai. Truppgröße 4–20, seltener bis 50 Ex.; 20. 04. 1971 SB Windischeuba 71 K. (R. Steinbach). Oft rasten verpaarte Vögel längere Zeit u. täuschen BV vor. Der Wegzug beginnt Ende Juli u. gipfelt im Aug. mit teilweise beachtlichen Ansammlungen: 29. 07. 1981 Neu-T Kalkreuth/Kr. Großenhain 220 (R. Dietze); 15. 08. 1970 SB Windischleuba 1018 (S. Kämpfer, R. Steinbach); 22. 08. 1963 TG Niederspree 500 [2002]; 28. 08. 1971 NSG Großhartmannsdorf 95 [3207]. Ende des Wegzuges Anfang Okt., vereinzelt spätere Daten: 11. 12. 1978 TS Bautzen 3 ♂♂, 3 ♀♀ (D. Sperling). Truppgröße meist 10–50 Ex. Winterbeobachtungen sind sehr selten.

N. Höser, S. Krüger, D. Saemann

Löffelente – *Anas clypeata* L., 1758

Sommervogel, Durchzügler

Verbreitung: Seltener Bv unterhalb 200 m ü. NN, in E-Sachsen nördlich einer Linie Görlitz–Bautzen–Kamenz–Dresden–Großenhain–Riesa, in W-Sachsen nur in den Kr. Torgau, Eilenburg, Grimma, Borna, Geithain u. Altenburg. Nach mehrjährigem Sommeraufenthalt im NSG Großhartmannsdorf, 491 m ü. NN, 1987 u. 1988 je 1 Brut (P. Kiekhöfel). Rastende L. im gesamten Gebiet bis 900 m ü. NN.

Lebensraum: Störungsarme Gewässer mit breiter pflanzenreicher Verlandungszone u. ausgedehnten Flachwasserbereichen; in neuerer Zeit auch an flachen vegetationsreichen Grubenrestgewässern. Zur Zugzeit auch auf vegetationsarmen großen Stau- u. Grubenseen.

Bestand: Ende 19. Jh. stellenweise häufig, seitdem ständiger Rückgang bei Bruvögeln u. Durchzüglern [1223, 1729]; letztere haben seit Mitte der 1970er Jahre wieder deutlich zugenommen. Brutbestand 1978–82 im Bez. D 25–40 u. im Bez. L etwa 10 BP, im Bez. D danach weiterer Rückgang. Sporadisches Auftreten u. jahreweises Fehlen erschweren eine detaillierte Aussage über die Bestandsentwicklung. Sichere u. vermutliche Brutplätze aus neuerer Zeit: TS Quitzdorf ([3480], u. a.), TG Niederspree u. TG Kodersdorf (FG Niesky), Weißes Lug Kreba/Kr. Niesky (F. Förster), TG Niedergurig bei Bautzen (H. Zähr), TG Königswartha (R. Schipke), TG Guttau (C. Schluckwerder, S. Noack), TG Commerau (K.-H. Schulze); 1963–81 TG Biehla 0–6 BP ([2881] erg.); 1906–16 TG Moritzburg 4–6 BP [503], danach 1–3 [1223], 1971–74 1–3 [3252] u. 1979 1 BP (A. Hippner), danach 0 BP; 1971–74 NSG Zschorna 0, 1977 1–3 u. danach 0–1 BP (Hummitzsch 1985, erg.). Im Bez. L lediglich 1961–79 SB Windischleuba 1–7 BP [3597] u. 1967, 1972/73 u. 1975 Göttwitzsee/Kr. Grimma je 1 erfolgreiche Brut [2561, 3172, 3467]; sonst sporadische Einzelbruten 1959 GS Regis VI/Kr. Borna [1603], 1970 NSG Eschefeld [2940], 1964 GT Torgau 2 BP [2113], 1974 Feuchtfläche bei Thräna/Kr. Borna (D. Förster), 1975 Rodaer See/Kr. Grimma [3467], 1977 Rückhaltebecken bei Serbitz/Kr. Altenburg (R. Steinbach) u. 1979 TG Haselbach (F. Rost).

Brutbiologie: Legebeginn frühestens zwischen 15. 04. u. 20. 04., Gelegefunde bis Anfang Juni. Pull. vom 07. 06. (K.-H. Schulze) bis 18. 08. (D. Förster). Schofgröße: 3×1, 1×2, 10×3, 7×4, 4×5, 4×6, 5×7, 6×8, 3×9, 3×10, 2×11, 1×12 u. 1×16, M$_{46}$ 6,2 pull. bzw. juv./führendes ♀.

Wanderungen: Heimzug Anfang März–Ende Apr., selten bereits Ende Febr. u. vereinzelt bis Mai; Zughöhepunkt Ende März–Mitte Apr. (Abb. 7), Truppgröße 2–15 Ex., gelegentlich in größerer Anzahl: NSG Zschorna max. 40–57 Ex. (Hummitzsch 1985); 14. 04. 1973 SB Windischleuba 57 (R. Steinbach); 04. 04. 1963 NSG Großhartmannsdorf 15 ♂♂, 15 ♀♀ (P. Kiekhöfel). Der Heimzug geht vielfach in Frühsommerrast über: 15. 06. 1978 SB Windischleuba 23 ♂♂ (N. Höser) u. 23. 06. 1973 ebenda 73 Ex. (R. Steinbach). Wegzug Ende Juli–Ende Nov., vereinzelt Anfang Dez.. Deutlich mehrgipfeliger Zugverlauf, hauptsächlich Aug. u. Okt./Nov. [2659, 3207, 3467]. Truppgröße meist 2–50 Ex., selten mehr als 100 L.: 25. 08. 1979 NSG Eschefeld 328 [3880]; 27. 08. 1976 SB Windischleuba 320 (R. Steinbach) u. 21. 10. 1979 ebenda 312 (N. Höser); Nov. 1974 TS Quitzdorf etwa 200 [3480]; NSG Zschorna max. 170 (Hummitzsch

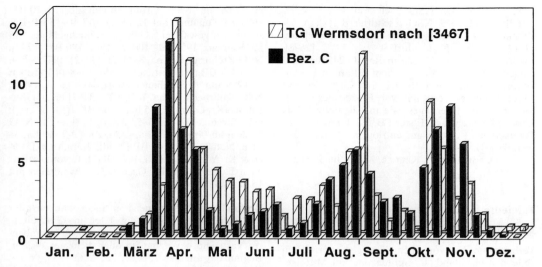

%

10

5

0

Jan. Feb. März Apr. Mai Juni Juli Aug. Sept. Okt. Nov. Dez.

⬜ TG Wermsdorf nach [3467]
⬛ Bez. C

Abb. 7: Prozentuale Verteilung der Durchzugsbeobachtungen (Dekadensummen) der Löffelente 1958–82 im Bez. C (n = 3 229) und 1958–77 im TG Wermsdorf (n = 1 405)

1985). Winterbeobachtungen sind selten, doch für mehrere Jahre, meist Einzelvögel betreffend, nachgewiesen. 1959–82 im Bez. C Verhältnis Heim- zu Wegzug (n = 3 229) etwa 1 : 1,5 u. Verhältnis ♂♂ : ♀♀ im März (n = 333) 1,54 : 1, Apr. (n = 813) 1,5 : 1, Mai (n = 99) 2,7 : 1, Juni (n = 165) 2,2 : 1 u. Juli (n = 115) 0,3 : 1.

N. HÖSER, S. KRÜGER, D. SAEMANN

Kolbenente – *Netta rufina* (Pall., 1773)

Durchzügler, Sommergast

Vorkommen: Für den Zeitraum bis 1950 nur 7 Nachweise [1223] u. 1952–57 weitere 6 mit 11 Ex. [1729]. Etwa ab 1956 erscheinen K. alljährlich in geringer Zahl, besonders auffällig 1968–78, danach wieder seltener. Bevorzugte Rastgebiete in NW-Sachsen sind SB Windischleuba, GT Torgau, NSG Eschefeld, Elster-FB u. Elster-ST, TG Haselbach u. Elster-ST Rötha; in diesen Gebieten 90% aller Beobachtungen aus dem Bez. L. 1956–89 im Bez. D mind. 110 Beobachtungen mit 216 Ex., verteilt auf viele Gebiete, gehäuft im Einzugsgebiet der Röder im Kr. Riesa. 1952–82 im Bez. C 46 Beobachtungen mit 108 Ex.

Lebensraum: Als Rastplätze werden frei liegende größere Fischteiche u. flache Staugewässer mit Unterwasservegetation bevorzugt. Dem zunehmenden Schwund der natürlichen Vegetation in vielen Gewässern lief die Abnahme rastender K. seit Ende der 1970er Jahre parallel. Grubenseen werden, be-

sonders in W-Sachsen, nur gelegentlich aufgesucht, ebenso Fließgewässer. Rastende Trupps kurzzeitig auch auf polytrophen, völlig vegetationslosen Gewässern wie ST Glauchau oder Schloß-T Chemnitz.

Wanderungen: Heimzug Anfang März bis Ende Mai mit insgesamt geringer Intensität: bis 1982 im Bez. L 36×1, 11×2 u. je 1×3 bzw. 5 Ex.; zwischen 18. 03. u. 05. 06. im Bez. C 13 Beobachtungen mit 20 Ex.; im Bez. D bemerkenswerter Trupp: 25./ 26. 03. 1986 Volksbad Görlitz 14 ♂♂ 7 ♀♀ (D. SCHIENER). Der Anteil der ♂♂ im Bez. L März/ Apr. ca 60% u. Mai 75%; im Bez. C nahezu ausgeglichenes Verhältnis. Brutzeitdaten: 08.– 15. 05. 1971 NSG Eschefeld 1 Paar, 16. 05.– 26. 06. 1971 1 ♂ [2940]; 22. 05.–19. 06. 1976 SB Windischleuba 1 ♂ [3358]; 10.–28. 05. u. 12. 06. 1977 GT Torgau 1 Paar, 16. 06. ♂ (K. TUCH-SCHERER). Im Sommer gelegentlich mausernde K., auch mehrfach Trupps: 13. 07. 1960 GT Torgau 2 ♂♂, 7 ♀♀ [2402]; 14. 07. 1968 ebenda 17 Ex. [2625]; 23. 07. 1970 TG Königswartha 8 ♂♂, 2 ♀♀ [2698]; 01. 07. 1974 SB Windischleuba 1 ♂ [3238]; 17. 07. 1976 NSG Eschefeld 27 Ex. [3880]; 24. 08. 1980 Neuer T Frauenhain/Kr. Riesa 6 ♀♀ (M. WALTER). Im Bez. C zwischen 03. 07. u. 15. 08. 9 Nachweise mit 15 ♂♂, 7 ♀♀. Beginn des Wegzuges gegen Mitte Aug., schwache Zuggipfel Mitte Aug. u. Anfang/Mitte Sept., deutlicher Gipfel Mitte Nov.. Zu diesem Zeitpunkt auch Trupps: 08. 11. 1970 Schloß-T Chemnitz 11 ♂♂, 5 ♀♀ [2895]; 12. 11. 1971 ST Glauchau 11 ♂♂, 5 ♀♀

[2895]; 17. 11. 1975 NSG Eschefeld 7 ♂♂, 4 ♀♀
[3169]; 27. 11. 1977 NSG Zschorna 8 ♂♂, 4 ♀♀
(P. REUSSE, G. LEONHARDT, J. ULBRICHT); noch am
14. 12. 1960 TG Kodersdorf 9 ♂♂, 3 ♀♀ [2698].
Zwischen 08. 09. u. 05. 12. im Bez. C 24 Beobachtungen mit 46 ♂♂, 20 ♀♀. Nicht selten auch Wintervorkommen, allein Bez. L 24 Nachweise mit
30 Ex. Längeres Verweilen von Einzelstücken, besonders Überwinterungen wie in Chemnitz [2166,
2266] oder mehrfach Elster-FB (K. GRÖSSLER, K.
TUCHSCHERER), lassen auf entflogene K. schließen
(vgl. [2698]).

D. SAEMANN, S. KRÜGER, K. TUCHSCHERER

Tafelente – *Aythya ferina* (L., 1758)

Jahresvogel

Verbreitung: Bv vor allem der gewässerreichen
Teile der Flachland- u. Gefildezone, im Mittelgebirgsgürtel lokale Vorkommen bis 500 m ü. NN,
übersommernde bis 900 m ü. NN. Im Winter vor allem im Elbtal unterhalb Dresden.

Lebensraum: Bevorzugte Brutgewässer sind Fischteiche mit mehrjährigem, aber aufgelockertem
Vegetationsgürtel u. einer Wassertiefe von über
0,5 m. Einzelteiche werden ab etwa 1 ha Fläche, in
Teichkomplexen ab 0,3 ha besiedelt. An Waldteichen häufig deutlich geringere Bestände. Neuansiedlungen auch an vegetationsarmen u. -losen Gewässern sowie an Grubenseen. Junge führende ♀♀
nicht selten auf Fließgewässern in der Nähe von
Teichen. Neubesiedlungen u. deutliche Bestandszunahme in Zusammenhang mit der Intensivierung
der Teichwirtschaft bis auf ein mittleres Niveau
(Futtermitteleinsatz) einschließlich Freiwassermast
von Hausenten [2176]; positive Bestandsbewegun-
gen auch im Kontakt zu Lachmöwenkolonien. Zur
Zugzeit auf Gewässern aller Art, Konzentrationen
auf weiträumigen, bis etwa 3 m tiefen, nahrungsreichen Standgewässern, die ohne Ufervegetation
sein können. Grubenseen dienen meist nur als
Ausweichplätze bei Störungen; Winteraufenthalt
vor allem auf Flüssen. eisfrei bleibenden Standgewässern, z. B. SB Niederwartha.

Bestand: Tiefstand als Folge ungeregelter Jagdaus-
übung u. mangelnder Teichpflege in den 1940er
Jahren; ab Anfang der 1950er Jahre Wiederbesiedlung erkennbar. Mitte der 1950er Jahre 250–300 BP,
im Bez. C noch fehlend. Bis 1979/80 weitere starke
Zunahme, aber seit 1981 in den Hauptbrutgebieten
anhaltender Bestandsrückgang. 1965 in Sachsen
1 000–1 200 BP, 1979/80 etwa 2 000–2 500 BP, davon
ca. 85% allein im Bez. D. Im Bez. L 1960 ca. 130,
1970 210, 1971 270 u. 1972 225 BP [3244]. Im Bez. C

ab 1966 im NSG Großhartmannsdorf 1–10 BP;
1973–84 Zunahme auf 12 Plätze mit 10–15 BP. Bestand ausgewählter Gebiete: Teichgebiete im
Kr. Kamenz 1957 ca. 100 u. 1961 190 BP [1742];
NSG Zschorna, 210 ha, 8–28 BP [3072], 1977 3–5 u.
1983 4–7 BP (HUMMITZSCH 1985), 1988 14 Familien
u. 1989 nur 4 Familien (NACHTIGALL et al. 1995);
NSG Rohrbach, 11 ha, 1–10 BP ([3467] erg.); Gött-
witzsee/Kr. Grimma, 45 ha, 2–40 BP ([3467] erg.);
GT Torgau, 175 ha, 5–59 BP ([2177] erg.); NSG
Eschefeld: Groß-T, 35 ha, 4–20, Ziegel-T, 10 ha, 3–
11 u. Neu-T, 3 ha, 1–4 BP [2940]; Tiergarten-T Pü-
chau/Kr. Wurzen, 2,8 ha, 1–7 BP (H. LINDNER); Kirchen-T Wermsdorf/Kr. Oschatz, ein Waldteich mit
15 ha, 1 BP [3467].

Brutbiologie: Nester meist in Seggenkaupen oder
Wasserröhrichten, auch am Ufer in Grasbülten,
Brennesseln, unter Ranken von Him- u. Brombeere; Neststand bevorzugt im oder dicht am Wasser.
Beginn der Eiablage 30. 04. (C. SCHULZE); 06. 05.
(H. ZÄHR); 07. 05. bereits 3 u. 4 Eier gelegt [181,
215]; Vollgelege schon am 03. 05. [3467], unbebrü-
tete Gelege bis 3. Junidekade ([2962] erg.). Gelegegröße: 5–13 Eier, am häufigsten 6–9 Eier;
1967–71 Kr. Kamenz M$_{43}$ 8,5 [2881]; Bez. L M$_{23}$
8,0 Eier/Gelege ([2177] erg.). Große Gelege bis 25
Eier stammen wohl von mehreren ♀♀. Eine Jahresbrut; Nachgelege bis Juli. Schlupfzeit in der W-
Lausitz zwischen 25. 05. u. 25. 06. [1742, 2881,
3467]. Ein ♀ führt meist 4–6, max. 11 pull. oder
juv.; 26, 27 u. 28 pull./Schof (D. FÖRSTER, K. TUCH-
SCHERER) sind wohl von 2–3 ♀♀ erbrütet. Mittlere
Schofgröße: Bez. D M$_{3215}$ 5,2; Bez. L M$_{1519}$ 5,1;
Bez. C M$_{108}$ 4,6 pull. bzw. juv./. In den Schofen gelegentlich juv. Reiher- oder Stockenten. Spätbrut:
03. 09. 1972 Drei Teiche/Kr. Oschatz ♀ mit 6 juv.
[3467].

Wanderungen: Ankunft stark witterungsabhängig;
1962–71 in der W-Lausitz 21. 02.–31. 03. [2881];
1967–82 NSG Eschefeld 04. 02.–25. 03., Mittel
27. 02. (F. FRIELING u. a.); 1957–66 GT Torgau
28. 01.–16. 03., Mittel 24. 02. [2177]. Zughöhepunkte im März, selten Anfang Apr.: März 1975
ca. 3 000 u. März 1981–83 je 4 000–5 000 T. im Gebiet rastend. Höchstzahlen einzelner Gewässer:
1971 NSG Eschefeld 542 T. (F. FRIELING); 1982 Elster-FB 2 700 (K. GRÖSSLER, K. TUCHSCHERER) u.
Pleiße-ST Rötha 1645 T. (D. FÖRSTER); 1973 SB
Windischleuba 1439 Ex. (R. STEINBACH); 1976 TS
Bautzen 1 000 T. (P. SPERLING); im NSG Zschorna
max. 840 T. (P. HUMMITZSCH). Seit 1970 in W-
Sachsen deutlicher Mauserzug: 20. 06. 1979 GT
Torgau 1160 Ex. (K. KRITZLER); 20. 06. 1979 NSG
Eschefeld 1060 u. 23. 06. 1973 ebenda 869 T. (F.
FRIELING); 1973 SB Windischleuba 976 u. 1976 im
Juni 1840 T. (R. STEINBACH). Ein ähnliches Bei-

spiel aus dem Bez. D: 15.06.1988 1500 T. TG Niederspree (S. RAU). Solche Bestände verringern sich zumeist im Juli, z.B. 06.07.1988 1300 T. TG Niederspree (S. RAU). Im Aug., selten Ende Juli, setzt der Wegzug ein, so beispielsweise 21.08.1975 TG Niederspree 2200 (G. EIFLER). Dabei sind die Bestände jedoch sicher noch durch die Mauserkonzentrationen und Ortswechsel auf regionaler Ebene beeinflußt. Auf Stauseen u. Talsperren Max. im Okt., auf im Herbst abgelassenen Fischteichen im Sept.; kurzzeitig rastende größere Verbände im Nov. deuten auf Kälteflucht: 23.11.1971 SB Windischleuba 912 [2941]; 9. u. 20.11.1976 TS Bautzen 2000 (D. SPERLING); 03.11.1974 TS Pöhl 500 (H. CZERLINSKY, E. FRÖHLICH). Abzug der letzten T. von Brutteichen der W-Lausitz 15.10.–24.11. [2881]. Bis Ende der 1960er Jahre im Winter unter 50 Ex., seit den 1970er Jahren beträchtliche Zunahme der Überwinterer, insbesondere an der Elbe: 13.01.1980 Bez. L 993, davon Elbe im Kr. Torgau 604 u. Elster-FB 176 Ex.; 18.01.1981 Bez. L 735, davon Elbe im Kr. Torgau 249 u. Elster-FB 243; 17.01.1982 Bez. L 831, davon Elbe 481, Elster-FB 193 Ex. Auch am SB Niederwartha ständig 50–300 T. (P. HUMMITZSCH). Seit Mitte der 1980er Jahre wieder Abnahme. Höhere Zahlen Mitte Jan. an verschiedenen Standgewässern, z.B. 1975 TS Bautzen 200 (D. SPERLING) oder 1978 TS Pöhl 150 (J. WOLLMERSTÄDT), sind Ausdruck spät einsetzender Vereisung. Das Geschlechterverhältnis rastender T. schwankt im Laufe des Jahres beträchtlich (z.B. [2852, 2402]). Ein am 06.08.1961 im NSG Eschefeld beringter Jungvogel wurde am 12.02.1964 in N-Italien erlegt (W. KIRCHHOF).

K. TUCHSCHERER, S. KRÜGER, D. SAEMANN

Moorente – *Aythya nyroca* (Güldenst., 1770)

Sommervogel, Durchzügler

Verbreitung: Nach 1980 nur noch sporadischer Bv im äußersten NE-Teil des Gebietes. Z.B. im TG Moritzburg schon mindestens seit 1930 fehlend, gehörte die M. dagegen bis in die 1950er Jahre zum festen Artenbestand der bedeutendsten Teichgebiete der Oberlausitz [1223], doch verschwand sie hier in der Folgezeit fast völlig. Schon vorher verwaisten andere Brutgebiete im Bez. D, wo die Art lokal ebenfalls häufig war. Rastende M. im gesamten Gebiet in geringer Zahl.

Lebensraum: Bv auf flachen, nicht zu großen Teichen, die neben dichten Schilf-, Simsen- u. Seggenbeständen vor allem verkrautete u. freie Wasserflächen aufweisen. Gern in Brutgemeinschaft mit Lachmöwe u. Schwarzhalstaucher.

Bestand: Im 19. Jh. Bv bei Püchau/Kr. Wurzen sowie in den TG Wermsdorf, Rohrbach, Haselbach, Wilchwitz u. Eschefeld [101, 365, 373, 374, 389, 484, 586, 902, 1223]. Um die Jh.-Wende werden mehrere Brutgebiete aufgegeben; letzte BN 1914 im TG Wilchwitz/Kr. Altenburg [484] u. 1930 NSG Eschefeld [1223]. Bis 1941 in der W-Lausitz noch recht häufig [1729] u. 1972, 1973, 1976 im Kr. Kamenz wieder 1–3 BP [2881]. 1960–73 im Oberlausitzer Raum 10–15 BP in den TG Lippitsch, Diehsa, Guttau, Ullersdorf, Dauban, Drehna, Commerau u. Königswartha. Nach 1973 rapider Rückgang, nach 1980 nur sporadische Vorkommen zur Brutzeit ohne BN im N-Teil der Kr. Bautzen u. Niesky, lediglich 1984 u. 1985 je 1 erfolgreiche Brut im TG Niederspree (S. BRUCHHOLZ). Im TG Moritzburg nach 1930 als Bv fehlend, in früheren Jahren 5–6 BP ([3252] erg.). Bis 1976 auch mehrfach Brutzeitbeobachtungen im NSG Großhartmannsdorf, hier Mai/Juni 1985 1 ♀ mit Anschluß an 1 Tafelenten-♂ (P. KIEKHÖFEL). Auf für die Art charakteristische Unregelmäßigkeiten von Vorkommen verweist bereits HEYDER [1223].

Brutbiologie: Nest meist auf Teichdämmen unter Brennesseln, in dichten Schilfbeständen, teils inmitten von Lachmöwenkolonien. Eiablage ab 18.05. (S. KRÜGER), meist Ende Mai bis Ende Juni. 1 Jahresbrut, Nachgelege bis in den Juli: 01.07.1973 TG Königswartha Gelege mit 7 Eiern (R. SCHIPKE). Gelegegröße: 3–11, M_7 7,6 Eier. Schofgröße: 2–10, M_{11} 6,4 pull. bzw. juv./♀. Führende meist im Juli, früheste Beobachtung 23.06.1959 TG Guttau mit 8 pull. (C. SCHLUCKWERDER).

Wanderungen: Heimzug zögernd ab Anfang März, frühestens 04.03.1978 TS Pöhl 1 (E. FRÖHLICH); Heimzug Ende März/Anfang Apr. etwas ausgeprägter, Ende Apr./Anfang Mai verebbend. Im Frühjahr meist Paare, selten kleine Trupps: 27.03.1960 TG Commerau 11 Ex. (H. MENZEL). Wegzug ab Ende Aug., deutlicher ab Sept.; Zughöhepunkt Anfang Okt. bis Anfang Nov., gebietsweise schwankend; gegen Ende Nov. klingt der Zug aus [2328, 2940, 3062, 3207]. Meist rasten 1–4 Vögel zusammen, gelegentlich bis 10 Ex., selten mehr: 15.11.1962 NSG Großhartmannsdorf 12 M. (P. KIEKHÖFEL); 19.08.1973 SB Windischleuba 13 M. im Schlichtkleid [3052]. Vorkommen von Dez. bis Febr. sind Ausnahmen: 08.12.1963 SB Niederwartha 1 ♂ (P. FROMMHOLD, E. ODRICH), 24.12.1967 ebenda 1 ♂ (P. KIEKHÖFEL); 15.01.1978 TS Pöhl 1 Ex. (E. FRÖHLICH); 26.01.1975 TG Königswartha 1 ♂ (R. SCHIPKE); 16.02.1972 Elbe Dresden 1 Ex. (J. HENNERSDORF); mehrfach am Elster-FB; hier wie anderswo teilweise entflogene M. (K. GRÖSSLER, W. STENGEL, K. TUCHSCHERER).

N. HÖSER, S. KRÜGER, D. SAEMANN

Reiherente – *Aythya fuligula* (L., 1758)

Jahresvogel

Verbreitung: Bei Konzentration der Bestände auf die Oberlausitzer Teichlandschaft u. die gewässerreichen Teile des Lößgefildes gegenwärtig Bv vom Flachland bis in die Mittelgebirgslagen um 700 m ü. NN (Karte 9); rastende u. übersommernde R. bis 900 m ü. NN. Im Hochwinter mäßig häufig bis spärlich auf der Elbe u. weiteren eisfreien Gewässern, besonders in W-Sachsen u. im Elbtal bei Dresden.

Lebensraum: Brütet an 1–3 m tiefen Fischteichen u. Staugewässern mit gut entwickelter vielfältiger Ufervegetation. Nistplätze neuerdings auch an oligo-dystrophen u. sehr vegetationsarmen Gewässern, ferner im Ufersaum selbst stark verunreinigter Flüsse sowie an Dorfteichen u. Tongruben. Bruten zumeist an Teichen über 4 ha Fläche, einzelne BP auf 0,2–0,3 ha großen Teichen, doch werden stark verwachsene Kleingewässer gemieden [3252]. Zur Nestanlage Bevorzugung von Inseln in oder bei Lachmöwenkolonien, dabei Tendenz zu

kolonieartigem Brüten mit der Tafelente [3252]. Zur Zugzeit auf Gewässern aller Art, auch auf Tagebaugewässern mit Vorkommen der Dreikantmuschel (*Dreissena polymorpha*), z. B. Grube Pahna/Kr. Altenburg.

Bestand: Um die Jh.-Wende einzelne Bruten in zwei Gebieten: 1891/92 TG Moritzburg u. 1896–1899 TG Eschefeld [321, 1223]. Um 1955 in der Oberlausitz beginnende erneute Besiedlung [3784], die westwärts fortschreitet: erste BN 1961 TG Moritzburg [2502]; 1965 NSG Zschorna [3072]; 1966 TG Wartha/Kr. Hoyerswerda sowie TG Königswartha u. Lippitsch, 1968 bereits ca. 25 BP [3296]; NSG Großhartmannsdorf, 491 m ü. NN [2288, 2400]; 1967 TG Haselbach [2350]; 1968 NSG Eschefeld [2907, 2940]; 1969 Sandgrube Rückmarsdorf/Kr. Leipzig (K. Grössler); 1972 SB Windischleuba [2907], hier bereits 1966 ♀ mit 3 großen juv. (D. Förster). Zunächst sporadischen BN folgte Bestandsaufschwung im TG Moritzburg seit 1967, NSG Eschefeld seit 1970 u. NSG Zschorna seit 1972 [2940, 3072, 3252]; hingegen 1972 sofortige Massenbesiedlung am SB Windischleuba [3051].

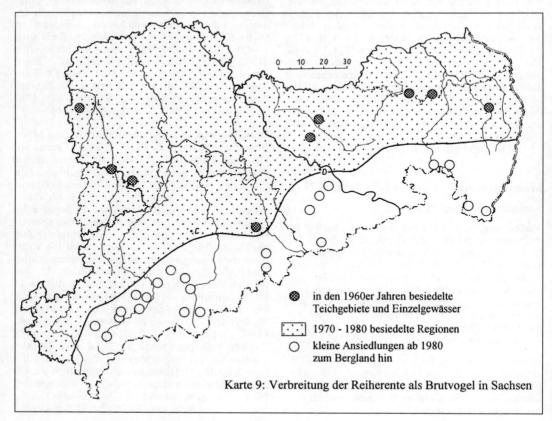

⊛ in den 1960er Jahren besiedelte
   Teichgebiete und Einzelgewässer

:·:·: 1970 - 1980 besiedelte Regionen

○ kleine Ansiedlungen ab 1980
   zum Bergland hin

Karte 9: Verbreitung der Reiherente als Brutvogel in Sachsen

1972–75 weitere Arealausweitung in die W-Lausitz [2881, 3095], in das westelbische N-Sachsen [3089, 3467] u. in das Erzgebirgsbecken [3207]; nach 1974 in den Bez. L u. C Neubesiedlung von etwa 100 kleineren Gewässern, solche nördlich der Lößgefilde zuletzt u. deren Vorkommen instabil; seit 1979 GT Torgau 1 BP [3604], seit 1981 NSG Rohrbach (D. FÖRSTER). Seit 1980 auch Bv des Oberlausitzer Hügellandes [4090] u. Ausbreitung im E-Erzgebirge (B. KAFURKE). Ihre Max. erreichten die Brutbestände zuerst östlich der Elbe, dann in W-Sachsen: 1973 u. 1975 TS Quitzdorf ca. 50 BP [3281, 3480]; 1972 NSG Zschorna 14 BP [3072]; 1978 TG Haselbach 21 BP (F. ROST); 1978 SB Windischleuba 65 BP [3453]; 1985 NSG Eschefeld 26 BP (FRIELING 1987); 1980 NSG Großhartmannsdorf 13 BP [4003]; 1981 u. 1983 TG Limbach-O. 8 BP (U. HEIDENREICH). Im Bez. C Anzahl der BN von 24 1983 auf 86 1988 gestiegen, wobei davon allein 17 im Vogtland mit Hauptbrutgebiet TS Pirk (KRONBACH et al. 1992, ERNST 1991 u. a.). Um 1980 Gesamtbrutbestand über 1 000 Paare. Den Brutsiedlungen gingen Übersommerungen voraus, im TG Moritzburg mind. seit 1951 [3048], in der nördlichen W-Lausitz ab 1956 [3095], GT Torgau seit 1955, SB Windischleuba seit 1962 [2659] u. am N-Rand des Erzgebirges mind. seit 1970 [2895, 3412]. Wahrscheinlich hat auch die R., wie Stock- u. Tafelente, von vorübergehenden Effekten der Intensivierung der Teichwirtschaft in den 1960er Jahren bis Anfang der 1980er Jahre profitiert. Nach 1970 an den Hauptbrutplätzen große Bestände brütender R.: im TG Moritzburg das Doppelte der BP-Zahl [3252]; NSG Zschorna 150–400 (HUMMITZSCH; 1985); nach 1980 SB Windischleuba 200–600 (N. HÖSER, R. STEINBACH); 1980 NSG Großhartmannsdorf über 300 (P. KIEKHÖFEL). Seit Mitte der 1980er Jahre an mehreren Orten (z. B. TG Moritzburg) sehr deutlicher Rückgang von Brutvögeln u. Nichtbrütern.

Brutbiologie: Nester am Gewässerrand in Gras, auf Grasbülten, auch in Weidensträuchern u. im krautigen Pflanzendickicht. 1976–81 am SB Windischleuba von 130 Gelegen 80% auf trockenem Untergrund, 95% nur bis 5 m vom Wasser entfernt; auf einer 20 m^2 großen Insel 11 Gelege zwischen 24 Lachmöwen- u. 9 Tafelentennestern (R. STEINBACH). Gelegegröße: 3 (Vollgelege ?) bis 26 Eier, hohe Eizahl sicher von mehreren ♀♀ stammend; normale Vollgelege bestehen aus 8–9 Eiern. Eiablage frühestens um Mitte Mai, meist Anfang-Mitte Juni [1907, 3452]; Nachgelege bis Ende Juli: 06. 09. 1980 NSG Großhartmannsdorf 2 ♀♀ mit kleinen juv. (P. KIEKHÖFEL). Errechnete Schlupfzeit am SB Windischleuba 08. 06.–19. 08. [3453], 1972–80 meist 05.–15. 07. (R. STEINBACH); im Bez. C oberhalb 300 m ü. NN 16. 06.–26. 08., vermutlich

Anfang Sept.; in der Oberlausitz schlüpften von 103 Schofen 6 letztes Junidrittel u. 62 im Juli (S. KRÜGER); im Bez. L Schlupfzeit (n = 560) vom 28. 05.–Anfang Sept. Mittlere Schofgrößen: SB Windischleuba 1973–80 M$_{250}$ 6,4 (R. STEINBACH), davon 1978/79 M$_{108}$ 6,4 [3453]; NSG Zschorna M$_{26}$ 5,4 [3072]; TG Moritzburg M$_{323}$ 4,2 [3252]; Bez. D M$_{557}$ 4,8 (S. KRÜGER, erg.) u. Bez. C M$_{223}$ 5,4 pull. bzw. juv./♀ (D. SAEMANN). Am SB Windischleuba je ♀ bis 18 juv., ausnahmsweise 28 u. 48 (S. KÄMPFER, R. STEINBACH).

Wanderungen: Heimzug Ende Febr.–Anfang Mai, jedoch zeitlich oft eng begrenzt: 1966–83 ST Glauchau max. Anzahl 8mal 3. März- u. 5mal 1. Apr.-Dekade (H. FRITSCHE); ähnlich am GT Torgau [2042]; 26. 03. 1977 TS Pirk 150 (J. WOLLMERSTÄDT, U. MEISEL); 27. 03. 1976 TS Bautzen 300 (D. SPERLING). Während des Heimzuges bis etwa 1930 selten mehr als 30 R. [1223], ausnahmsweise 60 Ex. [2940] im Verband. In der W-Lausitz um 1950 Rückgang der Truppgröße u. Frequenz des Rastens [1442]. Bis 1969 bei Altenburg u. in NW-Sachsen max. Truppgröße 40–60 Ex. [1603, 2242, 2659], seit 1970 vielerorts Trupps von 100–200 R., besonders an den Brutplätzen, wo Rast von Durchzüglern u. Aufenthalt von Nichtbrütern kaum zu trennen sind: 11. 04. 1985 SB Windischleuba 620 (N. HÖSER), 28. 04. 1976 ebenda 810 Ex. [3358]. Abseits der Brutplätze Zug der ♂♂ am auffälligsten im März, der ♀♀ Anfang Apr. Am GT Torgau Verhältnis ♂♂ : ♀♀ 3 : 1 vom 01.–10. 03., 1,7 : 1 vom 11.–31. 03., 1,3 : 1 vom 01.–10. 04. u. 2,4 : 1 vom 21.–30. 04. [2402]. Übersommernde R. sammeln sich ab Mai. In W-Sachsen unterhalb 300 m ü. NN höchste Bestände an ♂♂ u. Nichtbrütern im Juni oder Juli: 10. 06. 1979 SB Windischleuba 310 ♂♂, 80 ♀♀ (N. HÖSER); 27. 07. 1975 TG Wermsdorf 225 [3467]. Bereits im Aug. verlassen die meisten ♂♂ dieses Gebiet, jeweils max. 100 ♂♂ verbleiben im NSG Eschefeld, SB Windischleuba u. seit 1978 GS Lobstädt/Kr. Borna. Im höher gelegenen NSG Großhartmannsdorf, wo 1962–80 die Julibestände von 3 auf 385 Ex., meist ♂♂, ansteigen, nimmt die Anzahl der Übersommerer im Aug. u. Anfang Sept. weiter zu, so im Aug. 1980 max. 500 R. (P. KIEKHÖFEL); diese Ansammlungen lösen sich bis Ende Sept. auf. Sommeraufenthalt in E-Sachsen möglicherweise weniger ausgeprägt, jedoch im TG Niederspree 15. 07. 1980 135 Ex. (G. EIFFLER), 06. 07. 1988 550 Ex. u. 11. 07. 1989 350 Ex. (S. RAU) sowie im NSG Zschorna 1986–89 Ende Juni–Anfang Aug. 250–830 R. (Beob.Gr. Zschorna). In den tieferen Lagen leichte Zunahme im Sept., was auf beginnenden Durchzug deutet: 13. 09. 1981 NSG Eschefeld 258 (D. FÖRSTER); 13. 09. 1978 SB Windischleuba 310 (R. STEINBACH); 30. 09. 1979 GS Lobstädt

255 (F. Rost). Wegzug max. Ende Okt. bis Ende Nov. [2659], in höheren Lagen etwa 10 Tage früher u. auffälliger als in den tieferen Lagen [3207]: 08. 11. 1979 SB Windischleuba 314 (S. Kämpfer, R. Steinbach), 10. 11. 1985 ebenda 426 (R. Steinbach); 03. 11. 1979 TS Pöhl 510 Ex., 12. 10. 1973 ST Glauchau 685 Ex., 15. 11. 1973 Hüttenteich Berthelsdorf/Kr. Brand-E. 550 R. [3207]. Die großen Verbände erscheinen nach Kälteeinbrüchen u. rasten nur kurze Zeit. Bei günstiger Witterung noch im Dez. u. Anfang Jan. teilweise über 100 Ex.: 23. 12. 1979 SB Windischleuba 215 (R. Steinbach). In kalten Wintern je 40–50 R. auf dem Elster-FB (K. Grössler, K. Tuchscherer) u. auf SB Niederwartha 100–400, max. 630 überwinternde R. (P. Hummitzsch). Überwinterungen anderenorts z. B. Chemnitz 1962/63 [2166], sind Ausnahmen. Auch während des Wegzuges Truppgröße bis 1950 max. 60 Ex. [1216], seit etwa 1970 vielerorts 100–200 rastende R..
N. Höser, D. Saemann, R. Steinbach, S. Krüger

Bergente – *Aythya marila* (L., 1758)

Durchzügler, Wintergast
Unterart: *A. m. marila* (L., 1761)

Vorkommen: Bis 1950 SB Niederwartha nahezu alljährlich u. auch Trupps mehrerer B., anderenorts nur gelegentliche Nachweise weniger B. [1223, 1878]. 1950–89 im Bez. D 618 Ex., im Bez. L etwa 520 Ex., 1961–81 im Bez. C 233 Ex. beobachtet. Häufiger werden aufgesucht: Pleiße-ST Rötha, SB Windischleuba, Elster-FB, SB Niederwartha, NSG Zschorna, Teichgebiete in den Kr. Bautzen u. Niesky, TS Bautzen, TS Quitzdorf, NSG Großhartmannsdorf, TS Pöhl u. ST Glauchau.

Lebensraum: Rastet auf größeren Gewässern, von denen kein bestimmter Typ bevorzugt wird. In E-Sachsen auch auf Teichen unter 4 ha, im Erzgebirge einschließlich Vorland selten auf Gewässern unter 25 ha.

Wanderungen: Frühe Wegzugdaten nicht klar von einzelnen Übersommerungen abgrenzbar: 27. 08.–03. 10. 1954 Pleiße-ST Rötha 1 ♂ [1878]; 03. 09. 1981 NSG Zschorna 1 ♂ (R. Bässler); 07. 09. 1952 Pleiße-ST Rötha 1 Ex. schlicht [1878]; 08. 09. 1968 SB Helmsdorf 2 Ex. [3412]. Ab Okt. deutlicher Zug mit Gipfel im Nov. (z. B. [4118]), im Dez. ausklingend. Überwinterungen, abhängig von der Vereisung der Gewässer, mehrfach nachgewiesen: 27. 01. 1957 Elbe bei Torgau 2 ♂♂, 1 ♀ [1878]; 07.–28. 01. 1962 ebenda 1 ♀ [1878]; 18. 01.–16. 02. 1972 SB Niederwartha 1 ♂, 1 ♀ (B. Katzer); 17. 12. 1975–15. 03. 1976 Elster-FB 1–5 Ex. (K. Grössler, K. Tuchscherer); 10. 12. 1978–

04. 03. 1979 ebenda 1–3 Ex. u. 19. 12. 1981–02. 03. 1982 3–10 Ex.; 20. 11. 1988–29. 01. 1989 TS Malter 2 ♂♂ (B. Kafurke, M. Schindler u. a.). Heimzug wesentlich geringer als Wegzug u. von Überwinterungen, da im Febr. einsetzend, nicht trennbar. Im Bez. D im Jan. 16, Febr. 41 u. März 36 Beobachtungen. Der Zug klingt im Apr. aus, Einzelvögel auch später: 01. 05. 1989 SB Windischleuba 1 ♂♀, das ♀ noch am 14. 05. 1989 (D. Förster); 11. 05. 1958 Elster-FB 1 ♀; 12. 05. 1971 Göttwitz-See/Kr. Grimma 1 ♂ [3244]; 13. 05. 1974 SB Helmsdorf 1 ♂ [3412]; 18. 05. 1986 SB Windischleuba 2 ♂♂, 3 ♀♀ (D. Förster); 22. 05. 1983 TG Pulsen 1 ♂ (P. Reuße). Gelegentlich übersommen einzelne B.: 30. 05.–01. 08. 1954 Pleiße-ST Rötha 2 ♂♂ [1878]; vereinzelte B., die in der 1. Aug.-Hälfte auftauchen, sind vermutlich Übersommerer, die um diese Zeit ihren Rastplatz wechseln. Truppstärke: im Bez. D von 243 Beobachtungen 220mal 1–4, nur 9mal mehr als 10 Ex.; nur selten größere Trupps: 31. 10.–18. 11. 1953 Pleiße-ST Rötha 18–32 Ex. [1878]; 15. 11. 1959 TG Ullersdorf 21 B. [1768]; 09.–24. 11. 1963 NSG Großhartmannsdorf 20 B. (P. Kiekhöfel); 17. 11. 1985 TS Saidenbach 3 ♂♂, 26 „♀♀" (P. Kiekhöfel); 14. 12. 1985 SB Niederwartha 18 (P. Kiekhöfel); 08.–22. 11. 1987 Greifenbachstauweiher Geyer/Kr. Annaberg 13 Ex. (H. Holupirek); 19. 02. 1989 Pleiße-ST Rötha 8 ♂♂, 10 ♀♀ (D. Förster); 23. 03. 1989 TS Pöhl 10 ♂♂, 17 ♀♀ (B. Möckel). Die Rastdauer beträgt oft mehrere Wochen, bei Überwinterung bis fast 4 Monate [1878]. Herbstvögel sind schlicht gefärbt, die ♂♂ mausern Dez./Jan. ins Prachtkleid; im Bez. C nach dem 7. Jan. von 22 B. 15 ♂♂.
S. Krüger, K. Grössler, H. Holupirek

Eiderente – *Somateria mollissima* (L., 1758)

Durchzügler, Sommer- u. Wintergast
Unterart: *S. m. mollissima* (L., 1758)

Vorkommen: Bis 1948 nur 13 Nachweise [1223], nach 1950 mehr oder weniger regelmäßige Einflüge im Herbst. 1953–89 im Bez. D etwa 240 Ex., davon fast 75% auf dem SB Niederwartha; 1950–89 im Bez. L ca. 160 Ex., mehrfach auch auf Grubengewässern; 1961–89 im Bez. C etwa 390 Ex., besonders NSG Großhartmannsdorf u. TS Saidenbach.

Lebensraum: Rastet wie die Eisente auf größeren Standgewässern, jedoch öfters als jene auch auf den bedeutenderen Flüssen.

Wanderungen: Die ersten E. treffen im Aug. oder Anfang Sept. ein: 11. 08. 1985 GS Witznitz 1 ♂ immat., vielleicht derselbe Vogel 18. 08. 1985 Pleiße-ST Rötha (D. Förster); 21. 08. 1965 Elster-ST 1 mauserndes ♂ [2333]; 03. 09. 1978 TS Bautzen 2 ♀♀

[3515]. Um diese Zeit können bereits Trupps auftreten: 02. 09. 1978 TS Cranzahl 8 Ex. [4118]; 10. 09. 1971 SB Helmsdorf 16 Ex. [4118]. Bemerkenswerter Einflug: Sept. 1988 Bez. C allein 78 Ex. festgestellt (KRONBACH et al. 1992). Häufung der Nachweise wie bei der Eisente Nov. bis Mitte Dez. in Abhängigkeit vom Zufrieren der Gewässer, dessen Ausbleiben spätere Feststellungen zuläßt, von denen für Jan., Febr. u. März etwa je 20 vorliegen. Schwacher Rückzug u. Sommervorkommen zeichnen sich in neuerer Zeit deutlicher ab: 01.–20. 04. 1978 SB Niederwartha 1 ♂ immat. (B. KATZER, S. RAU); 05. 04. 1980 1 ♂, 2 ♀♀ (R. DAMME), 17. 04. 1980 3–5 Ex. (B. KATZER) u. 25. 04. 1980 1 ♂ (P. HUMMITZSCH); 18. 04. 1984 TS Pöhl 1 ♂, 4 ♀♀ (E. FRÖHLICH); 07. 05. 1980 SB Windischleuba 1 ♂, 4 ♀♀ (R. STEINBACH); 08. 05. 1980 TG Koselitz 4 Ex. schlicht (M. WALTER); 09. 05. 1965 Pleiße-ST Rötha 1 ♀ [2333]; 10. 05. 1969 Dammühlen-T Schönfeld/Kr. Großenhain 1 ♂ (KRIEBEL, H. WILHELM); 23. 05. 1976 NSG Zschorna 1 ♀ (G. ENGLER); 29. 05. 1986 TG Niederspree 1 ♂ (M. WERNER); 29. 05.–01. 06. 1966 TS Kriebstein 1 ♂ ad. [4118]; 01.–22. 06. 1975 GS Pahna u. andere Gewässer in der Nähe 1 ♂ im Prachtkleid (R. WEISS u. a.); 17. 06. 1974 Kuh-T Torgau 1 ♀ (K. TUCHSCHERER); 15. u. 21. 06. 1974 Kirchen-T Grethen/Kr. Grimma 1 mauserndes ♂ [3467]; 19.–15. 06. 1978 NSG Zschorna 1 ♂ immat. (D. KELLER u. a.); 02.–30. 06. 1985 SB Borna 1 ♂ immat. (D. FÖRSTER, F. ROST); 29. 06.–22. 08. 1980 NSG Großhartmannsdorf 1 ♂ immat. (P. KIEKHÖFEL u. a.); 04. 07. 1980 GT Limbach-O. 1 ♂ im Sommerkleid [4003]; 03. 07. 1980 TS Schömbach 2 ♂♂ schlicht (A. SITTEL); 27. 07. 1980 NSG Großhartmannsdorf 1 ♂ [4003]. Im Herbst vereinzelt größere Trupps, deren plötzliches Auftreten mehrfach als Kälteflucht zu werten ist: 25. 11. 1973 NSG Großhartmannsdorf 49 Ex. überfliegend [4118]; 21. 11. 1973 TS Saidenbach 27 Ex. u. 03. 11. 1974 ebenda 26 Ex. [4118]; 03. 12. 1978 SB Windischleuba 9 ♂♂, 11 ♀♀ (H. BRÄUTIGAM, R. STEINBACH); 15. 11. 1973 ST Glauchau 18 Ex. [4118]; 01. 10. 1984 Zwickau 30 (schlicht) nach SW ziehend (H. OLZMANN); 11. 09. 1988 Beutha/Kr. Stollberg 35 Ex. nach SE ziehend (K. HÄNEL, T. SEIFERT). Gewöhnlich erscheinen jedoch Einzelvögel, die mitunter längere Zeit im Gebiet verweilen: 11. 12. 1972–10. 07. 1973 Mulde bei Grimma u. nahegelegener Müncher-T 1 ♂ immat. [3467]; 11. 11. 1951–15. 01. 1952 Pleiße-ST Rötha 1 ♀ [1310, 1878]; 04. 02.–08. 04. 1978 Elster-FB 1 Ex. schlicht (K. GRÖSSLER, K. TUCHSCHERER); 01. 12. 1977–26. 01. 1978 TS Falkenstein/Kr. Auerbach 1 Ex. schlicht (FG Falkenstein); 18. 11. 1971–07. 01. 1972 TS Saidenbach 1 ♂ immat. (P. KIEKHÖFEL, M. NEUBERT); 05. 01.–08. 05. 1985 SB Niederwartha 1 ♀ (FG Radebeul u. a.)

24. 10. 1988–12. 02. 1989 Schutz-T Annaberg-B. 1 ♂ immat. (W. DICK, H. HOLUPIREK). Überwiegend erscheinen Vögel im Schlichtkleid, mehrfach ins Prachtkleid mausernde ♂♂; voll vermauserte ♂♂ sind selten: 17. 11. 1976 NSG Großhartmannsdorf 1 ♂ mit 1 ♀ (P. KIEKHÖFEL); die bereits genannten ♂♂ vom GS Pahna u. der TS Kriebstein; 31. 12. 1983 Totfund Elster bei Knauthain/Kr. Leipzig (F. HOYER). Sommervögel sind meist immature Stücke oder ♂♂. Totfunde weisen oft beträchtlich unter dem Durchschnitt liegendes Gewicht auf.

K. GRÖSSLER, H. HOLUPIREK, S. KRÜGER

Prachteiderente – *Somateria spectabilis* (L., 1758)

Irrgast

16. 11.–21. 12. 1980 SB Borna 1 ♂, Beleg im Mus. Leipzig [3742].

D. SAEMANN

Kragenente – *Histrionicus histrionicus* (L., 1758)

Irrgast ?

Drei Beobachtungen: 03. 11. 1957 NSG Großhartmannsdorf 2 Ex. [1607]; 17. 11. 1973 NSG Zschorna 1 Ex. [3615]; 17. 11. 1985 TS Lichtenberg 1 Ex. (P. KIEKHÖFEL).

D. SAEMANN

Eisente – *Clangula hyemalis* (L., 1758)

Durchzügler, Sommer- u. Wintergast

Vorkommen: Bis 1950 verzeichnet HEYDER [1223] lediglich etwa 23 Ex.; seitdem erscheint die E. regelmäßiger, jedoch nicht alljährlich. Seit 1950 im Bez. L etwa 115 Ex. ([1878] erg.), im Bez. D seit 1956 etwa 100 Ex. ([3777] erg.) u. im Bez. C seit 1963 etwa 60 Ex. [4118] nachgewiesen.

Lebensraum: Rastet auf Standgewässern mit größerer freier Wasserfläche, besonders auf Grubenseen u. Talsperren der Ebene u. des Gebirges; vor allem in der Oberlausitz [3777] auch auf Teichen. Nach Zufrieren der großen Wasserflächen manchmal auf größeren Flüssen; ausnahmsweise 1 E. am 25. 11. 1978 in Thalheim/Kr. Stollberg auf dem schmalen Zwönitzfluß (S. WEISS).

Wanderungen: Die ersten E. stellen sich im Okt. ein: 07. 10. 1959 Pleiße-ST Rötha 1 Ex. schlicht [1878]; 12. 10. 1973 SB Windischeuba 1 Ex. schlicht [3052]. Markanter Zuggipfel Ende Okt./Nov., oft durch Kälteeinbrüche im Norden ausgelöst, wobei auch Trupps einfliegen: 24. 10. 1979 SB Borna 9 Ex. (R. Steinbach); 26. 10. 1985 NSG Zschorna 6 schlicht (D. Keller, P. Kiekhöfel); 27. 10.–17. 11. 1973 Doktor-T Sachsendorf zeitweise bis 11 Ex. [3467]; 01. 11. 1973 SB Helmsdorf 11 Ex. [4118]; 06. 11. 1983 Pleiße-ST Rötha 4 (D. Förster) u. Kiesgrube Naunhof/Kr. Grimma 3 Ex. (K. Grössler); 08. 11. 1970 TS Kriebstein 8 Ex. (D. Schilde). Einzelne E. rasten gelegentlich mehrere Wochen: 20. 12. 1957–26. 03. 1958 Elster-FB 1 Ex. [1878]; 18. 01.–16. 05. 1981 SB Niederwartha u. NSG Dippelsdorfer Teich 1 ♀ (P. Hummitzsch, S. Rau u. a.); 16. 03.–19. 05. 1986 Elbe u. GT Torgau 1 ♂ (D. Förster); 05. 11. 1988–09. 04. 1989 NSG Zschorna 1 ♀, ab 14. 01. 1989 1 ♀ dazu (Beob.-Gr. Zschorna); 05. 12. 1988–03. 03. 1989 Schwanen-T u. Mulde in Zwickau 1 Ex. (H. Olzmann); 14. 03.–07. 05. 1989 Elster-ST u. SB Borna 1 ♂ (D. Förster). Herbst- u. Wintervögel tragen fast stets das Schlichtkleid u. sind wohl (meist?) Jungvögel, vgl. [1223]. Heimzug sehr schwach, von Winteraufenthalt nicht abgrenzbar. In den Bez. D u. L zwischen Febr. u. 19. Mai 33 Beobachtungen, von denen auf Febr. 7, März 9, Apr. 12 u. Mai 5 entfallen. Spätere Daten sind Ausnahmen: Juni 1953 bei Niederoderwitz/Kr. Zittau Fund von Federn eines kaum vor Ende Mai erbeuteten Vogels [1294]; 21. 06. 1970 Doktor-T Sachsendorf 1 ♂ im Sommerkleid [3244]; 24. 06. 1984 NSG Eschefeld 1 ♂ (D. Förster); 24. 06. 1986 1 ♂♀ SB Windischleuba (D. Förster); 24. 04.–10. 09. 1986 NSG Großhartmannsdorf 1 Ex. (P. Kiekhöfel, J. Schulenburg). Auch im Frühjahr erscheinen meist Einzelvögel, überwiegend ♂♂; Trupps sehr selten: 06. 03. 1938 Lug-T bei Pirna 10 Ex. [1223]; 14. 04. 1985 SB Windischleuba 2 ♂♂, 6 ♀♀ (R. Steinbach). Am 15. 05. 1966 erschien auf dem Elster-FB 1 schlicht gefärbtes ♂, das hier bis 02. 06. 1972 verweilte, jedes Jahr vollständig in Pracht- u. Sommerkleid ummauserte u. jeweils bereits im Dez. das volle Prachtkleid trug (K. Grössler u. [2435, 2561, 3244]).

K. Grössler, H. Holupirek, S. Krüger

Trauerente – *Melanitta nigra* (L., 1758)

Durchzügler, Sommer- u. Wintergast
Unterart: *M. n. nigra* (L., 1758)

Vorkommen: Bis 1950 war die T. ein wesentlich seltenerer Gast als die Samtente [1223]. 1950–89 im Bez. L ca. 260 Ex. ([1878] erg.), 1956–89 im Bez. D ca. 200 Ex. ([3777] erg.) u. 1961–89 im Bez. C ca. 170 Ex. [2950, 4118] nachgewiesen. Besonders frequentierte Rastgebiete sind Pleiße-ST Rötha, Elster-FB, SB Windischleuba, Grubengewässer

im Kr. Borna, NSG Großhartmannsdorf, TS Pöhl, NSG Zschorna u. SB Niederwartha.

Lebensraum: Rastet wie die Samtente bevorzugt auf größeren stehenden Gewässern, doch ist die Bindung an bestimmte Gewässer nicht so ausgeprägt wie bei jener. Vereisen die Rastgewässer, weichen die T. auf die großen Flüsse aus.

Wanderungen: Mit schlicht gefärbten Vögeln setzt Anfang Okt. zögernd der Wegzug ein: 02.–09. 10. 1960 GT Torgau 1 Ex. [1878, 2402]; 04. 10. 1964 Elster-ST 1 Ex. [2113]; 06. 10. 1969 SB Witznitz 3 Ex. [3244]. Im Nov. Höhepunkt des Durchzuges, der bereits im Dez. abgeschlossen ist; nur einzelne T. versuchen zu überwintern. Für Jan. u. Febr. sind nur 8 Nachweise bekannt. Kälteeinbrüche bewirken wie bei Meeresenten Einflüge kleinerer Trupps: 06. 11. 1982 TS Bautzen 10 Ex. (Sperling 1985); 06. 11. 1983 Kiesgrube Naunhof/Kr. Grimma 7 Ex. (K. Grössler) u. SB Borna 4 Ex. (F. Rost); 07. 11. 1972 TS Quitzdorf 9 Ex. [3777]; 14. 11. 1978 SB Windischleuba 26 Ex. (R. Steinbach); 20. 11. 1987 SB Niederwartha 12 Ex. (B. Katzer); 21. 11. 1975 NSG Zschorna 16 Ex. (K. Hoyer); 22. 11. 1958 Elster-FB 15 Ex. (K. Grössler, K. Tuchscherer); 08. 12. 1983 SB Witznitz 13 Ex. (D. Förster) u. SB Niederwartha 10 Ex. (P. Frommhold). Alle aufgezählten T. trugen das Schlichtkleid. Rückzug nur schwach ausgeprägt u. Anfang März beginnend: 04. 03. 1967 SB Helmsdorf 1 ♂ (H. Olzmann); 09. 03. 1968 Mulde bei Gruna/Kr. Eilenburg 1 ♂ [2767]. Der Durchzug endet im Mai: 13.–16. 05. 1965 SB Windischleuba 3 ♂♂ [2212]; 15.–16. 05. 1965 NSG Eschefeld 1 ♂ [2940]; 17. 05. 1972 ST Glauchau 1 ♂ seit dem 27. 04. [2950]; 17. 05. 1953 Elster-ST 2 ♂♂, 2 ♀♀ [1309]; 28. 05. 1963 TG Deutschbaselitz 1 ♂, 1 ♀ [3777]; 31. 05. 1981 SB Borna 1 ♀ (D. Förster). In den Sommermonaten treten gelegentlich einzelne T. auf: 03. 05.–07. 06. 1986 SB Niederwartha 1 ♂ (P. Kiekhöfel); 08. 05.–15. 08. 1976 SB Niederwartha 1 ♀ (R. Geissler, S. Rau); 10. 07. 1955 GT Torgau 1 ♂ [1451, 1878]; Anfang Aug. 1930 Sdier/Kr. Bautzen 1 ♂ [754]; 18. 08. 1963 Elster-FB 2 ♂♂ (K. Grössler); 20.–22. 08. 1961 NSG Großhartmannsdorf 1 ♂ [2950]; 28. 08. 1967 SB Windischleuba 1 Ex. schlicht [3597]; 31. 08.–02. 09. 1960 Elster-FB 1 ♂ [1878]; 03. 09. 1930 ebenda 2 ♂♂ [883]; 16. oder 17. 09. 1952 TG Haselbach 1 Ex. schlicht [1878, 2015]. Die Sommervorkommen sind teilweise vielleicht als schwach ausgeprägter Mauserzug einzuordnen. Die Rastdauer einzelner T. kann mehrere Wochen betragen: 17. 10.–12. 12. 1971 SB Niederwartha 2 Ex. (B. Katzer, P. Hummitzsch u. a.); 31. 10. 1958–11. 01. 1959 Pleiße-ST Rötha 1–6 Ex. [1878]. Im Frühjahr rasten die T. meist nur 1–3 Tage, selten länger: 20. 04.–02. 05. 1966 TG

Königswartha 1 ♂, 2 ♀♀ [3777]. Wie bei der Samtente sind Herbstvögel durchweg schlicht gefärbt, Heimzügler u. Sommervögel dagegen fast stets ausgefärbt.

K. Grössler, H. Holupirek, S. Krüger

Samtente – *Melanitta fusca* (L., 1758)

Durchzügler, Wintergast
Unterart: *M. f. fusca* (L., 1758)

Vorkommen: Heyder [1223] kennt aus der Zeit bis 1950 etwa 60 Nachweise. Seitdem fast alljährlich rastende S. im Gebiet: 1950–89 Bez. L ca. 500 Ex., 1956–89 Bez. D ca. 615 u. 1961–89 Bez. C 215 Ex. nachgewiesen (Quellen wie bei Trauerente). Stärker frequentiert werden Pleiße-ST Rötha, SB Windischleuba, Greifenbachstauweiher bei Geyer/ Kr. Annaberg (hier 28 Ex. nachgewiesen), TS Pöhl, SB Niederwartha, NSG Zschorna u. in neuerer Zeit die großen Grubengewässer in den Kr. Borna, Altenburg u. Leipzig.

Lebensraum: Siehe Trauerente! Die stärkere Frequentierung auch kleinerer Gewässer (z. B. Geyerscher T) kann vorerst nicht erklärt werden.

Wanderungen: Der Wegzug setzt frühestens Mitte Okt. ein: 14. 10. 1920 TG Deutschbaselitz 5 Ex. [1223]; 17. 10. 1980 TS Pöhl 8 Ex. im Schlichtkleid (E. Fröhlich); 18. 10. 1914 bei Riesa 1 ♂ [669]; 20. 10. 1978 TS Rauschenbach 4 Ex. (V. Geyer); 20. 10. 1979 TS Pöhl 1 Ex. schlicht (E. Fröhlich); 20. 10. 1981 TG Kreba 2 Ex. (J. Teich); 21. 10. 1972 NSG Großhartmannsdorf 1 Ex. schlicht [2950]; 22. 10. 1850 bei Rußdorf/Kr. Werdau 2 Ex. [63]; 22. 10. 1973 NSG Zschorna 8 Ex. (U. Ihle, K. Hoyer, G. Jäger). Der Durchzug gipfelt im Nov. u. klingt gegen Mitte Dez. aus, zeitlich durch Vereisung der Gewässer oft begrenzt. Einflüge von Trupps nach Kälteeinbrüchen im Norden: 09. 11. 1975 SB Windischleuba 11 Ex. schlicht (W. Kirchhof, A. Weber); 10. 11. 1988 GS Kulkwitz 10, ebenda 08. 12. 1988 15 Ex. (D. Förster); 15. 11. 1959 TG Moritzburg 12 Ex. (R. Dietze, P. Frommhold); 19. 11. 1983 GS Kulkwitz 15 Ex. schlicht (L. Georgi); 20. 11. 1976 TS Bautzen 25 ♂♂ [3515, 3777]; 04. 12. 1978 SB Borna 14 Ex. schlicht (F. Rost, R. Steinbach); 20. 11. 1980 SB Borna 19 Ex. (D. Förster); 08. 12. 1963 SB Witznitz 22 Ex. (D. Förster). Besonders starker Einflug 1985: 21. 11. SB Windischleuba 36 Ex. u. 01. 12. SB Borna 62 Ex. (Rost et al. 1987) sowie 01. 12. 1985 GS Kulkwitz 20 Ex. (D. Förster). Beobachtungen im Jan. u. Febr. nicht häufig, jedoch im Bez. D 20 Nachweise. Heimzug im März u. Apr., zahlenmäßig weit geringer als Wegzug, gelegentlich größere Ansammlungen: 07. 03. 1973 SB Niederwartha

19 Ex., 10. 03. 1973 ebenda 15–17 Ex., alle schlicht gefärbt (S. Rau); 25. 03. 1989 TS Pöhl 16 Ex. (E. Fröhlich); 07. 04. 1974 GT Torgau 7 ♂♂, 5 ♀♀ (K. Tuchscherer); 28. 04. 1976 Auensee Leipzig 7 Ex. (J. Schmidt, K. Weisbach). Die letzten Durchzügler werden Anfang Mai beobachtet: 01. 05. 1964 NSG Zschorna 2 Ex. schlicht (P. Kiekhöfel); 01. 05. 1979 NSG Großhartmannsdorf 1 Ex. seit 13. 04. (P. Kiekhöfel); 04. 05. 1974 SB Windischleuba 1 ♀ (L. Georgi); 08. 05. 1976 SB Niederwartha 1 ♂ im Prachtkleid, bereits längere Zeit anwesend (S. Rau). Sommervorkommen sehr selten: 01. 06. 1980 SB Windischleuba 1 ♀ (R. Steinbach); 01.–06. 07. 1979 Alt-T Weißig/ Kr. Kamenz 1 ♂ [3777]; 28. 08. 1978 NSG Zschorna 1 ♀ (B. Katzer); 10. 09. 1971 SB Helmsdorf 2 ♂♂ [2950]; 18. 09. 1968 TG Königswartha 1 ♂ [3777]. 3 „juv." am 06. 10. 1937 NSG Zschorna (P. Frommhold) u. 3 Ex. 12. 10. 1952 ST Glauchau [1461] können verfrühte Wegzügler gewesen sein. Die Rastdauer kann bei günstigen Bedingungen mehrere Wochen betragen: 04. 11.–18. 12. 1956 Pleiße-ST Rötha 1–6 Ex. [1878]; 01. 12. 1955– 28. 01. 1956 ebenda 1–9 Ex. [1878]; 25. 11. 1956– 27. 01. 1957 Mühl-T Mühlbach/Kr. Wurzen 1 ♂, schließlich vom Habicht geschlagen (K. Grössler); 20. 02.–15. 03. 1966 ST Glauchau 2 ♂♂ [2950]. 28. 12. 1985–31. 01. 1986 GS Kulkwitz 8 Ex. (D. Förster); mind. 07. 01.–18. 03. 1984 SB Niederwartha 2 ♂♂ immat. (FG Radebeul); 01. 03.– 26. 04. 1986 SB Niederwartha 2–3 Ex. schlicht (FG Radebeul; P. Kiekhöfel); 11. 12. 1988–03. 02. 1989 NSG Zschorna 11–19 Ex., ebenda 11. 02.– 01. 05. 1989 davon verbliebene 3 ♂♂ immat., 13. 05. 1989 5 Ex. u. 20. 05. 1989 1 ♂ (Beob.-Gr. Zschorna). Die im Herbst eintreffenden S. sind fast stets schlicht gefärbt (Jungvögel?), Wintervögel mausern u. Heimzügler konnten mehrfach als ♂♂ angesprochen werden.

H. Holupirek, K. Grössler, S. Krüger

Schellente – *Bucephala clangula* (L., 1758)

Jahresvogel
Unterart: *B. c. clangula* (L., 1758)

Verbreitung: Bv im Oberlausitzer Heide- u. Teichgebiet, in den Ruhland-Königsbrücker Heiden (einschließlich NSG Zschorna), im SE der Großenhainer Pflege sowie im W des Westlausitzer Hügel- u. Berglandes (Moritzburg). Im Bereich des Elster-FB seit 1979 eine kleine Population, die vermutlich auf entflogene S. zurückzuführen ist. Das gilt auch für Bruten bei Kulkwitz/Kr. Leipzig.

Lebensraum: Bevorzugt Fischteiche mit größeren freien Wasserflächen u. einer Tiefe von 1–3 m. Brütet in Baumhöhlen oder Nistkästen nahe dem

Gewässer, gelegentlich 3 km vom Wasser entfernt [988]. Rast an größeren Standgewässern; im Winter regelmäßig auf der Elbe.

Bestand: Die Oberlausitz wurde vermutlich Mitte 19. Jh. besiedelt [1223]. Im TG Moritzburg 1913 erster BN [539], 1916 nur 2–3 BP [503], 1919 3 BP [503], 1920 1, 1921 10–12, 1923 9, 1924 20–25 BP [503, 648], 1938 87 u. 1939–40 100–110 BP [1060, 1705], danach Zusammenbruch der Population u. 1947 „fast alle verschwunden" [3048]; 1951–75 keine Bruten, 1976–77 je 2 BP, 1978–80 je 3–5 u. 1981–86 8–12 BP (S. RAU u. [3233]). Im Kr. Großenhain ab 1984 einzelne BN bei Kalkreuth, Freitelsdorf u. im NSG Zschorna (R. DIETZE, D. USCHNER, S. RAU u. a.), dagegen keine Wiederbesiedlung des ehemaligen, nur kurzzeitig besetzten Brutgebietes bei Frauenhain [974]. In den Teichgebieten des Kr. Kamenz 1932–41 noch 120–130 BP [1442], 1948 vermutlich keine Bruten mehr [1729]. 1962–70 TG Biehla 2–6 BP [2881] u. 1971–81 10–22 BP (M. MELDE). 1976 TS Quitzdorf 25 besetzte Nistkästen [3278, 3480]. 1976–86 im Umfeld des Elster-FB jährlich 1–3 Bruten u. 1981–85 nahe Kulkwitz/Kr. Leipzig 1–2 BP (K. GRÖSSLER, D. HEYDER, K. TUCHSCHERER). Ansiedlungsversuche schlugen im TG Wermsdorf fehl (W. KÖCHER) u. wirkten sich im TG Moritzburg allenfalls unterstützend auf die natürliche Wiederbesiedlung aus (S. RAU).

Brutbiologie: In der Oberlausitz von 120 Gelegen 87 in Nistkästen, 26 in Naturhöhlen (Buche 10, Eiche 5, Kiefer 4, Maulbeerbaum, Apfel je 3, Linde 1), je 3 in Schornsteinen u. Erdröhren, 1 in Eisenkonstruktion einer Fabrik. Höhe des Neststandes 2–13 m. Oberlausitzer Gelege enthalten 2–22, M_{76} 10,4 Eier (M. MELDE), nicht selten legen 2–3 ♀♀ in ein Nest [1060]. Eiablage Apr. bis Mitte Mai; 1. Ei frühestens etwa 29.03., im TG Commerau [3516]. Kleine pull. frühestens ab Anfang Mai: 05.05. TG Moritzburg [1060], 06.05. TG Commerau [3516], 10.05. Elster-FB (K. GRÖSSLER); die meisten jedoch Mitte–Ende Mai oder im Juni, solche aus Nachgelegen vereinzelt bis Ende Juli/ Anfang Aug. In der Oberlausitz führt 1 ♀ 1–24, M_{299} 6,2 pull.; 1986–89 im Bez. D 3×1, 7×2, 10×3, 8×4, 6×5, 6×6, 7×7, 8×8, 7×9, 1×10, 1×11, 2×12, 1×13, 1×19 u. 1×24, M_{69} 6,1 juv./ führendes ♀; am Elster-FB nur 1–10 u. M_{15} 4,1. Die Erpel verlassen während der Brutzeit das Gebiet, die Enten führen meist nur 2–3 Wochen u. ziehen dann ebenfalls ab [1060]. Siehe auch bei Zwergsäger.

Wanderungen: Schwach ausgeprägter Heimzug, der in Abhängigkeit von der Vereisung der Gewässer Ende Febr. oder im März beginnt. In W-Sachsen überwiegend Einzelvögel oder kleine Trupps

bis 15 Ex.: z.B. Mitte März 1982 im Bez. C 3, Bez. L 17, Bez. D 513 Ex. [3943]. Größere Ansammlungen im Frühjahr selten: 16.03.1975 TG Biehla 41 Ex. (A. U. K. SCHNABEL); 27.03.1976 TS Bautzen 60 Ex. (D. SPERLING). Abseits der Brutgebiete im Juni/Juli nur selten einzelne S., z.B. 18.06. u. 16.07.–03.08.1983 NSG Großhartmannsdorf 1 ♀ (P. KIEKHÖFEL). Der Wegzug setzt zögernd im Aug. ein, erreicht im Nov. einen deutlichen Höhepunkt u. klingt gegen Ende Dez. aus. Nach Kälteeinbrüchen u. an günstigen Rastplätzen gelegentlich größere Trupps: 08.–09.11.1970 SB Windischleuba 6 ♂♂, 56 ♀♀ [2659]; 15.11.1973 Hütten-T. Berthelsdorf 16 ♂♂, 63 ♀♀ [3207]; 28.11.1976 TS Bautzen 120 u. 04.–11.12. etwa 150 Ex. (D. SPERLING); 30.11.1974 NSG Großhartmannsdorf 10 ♂♂, 77 ♀♀ [3207]; 01.12.1985 SB Windischleuba 37 ♂♂, 131 ♀♀ (ROST et al. 1987); 05.12.1970 TS Pöhl 14 ♂♂, 68 ♀♀ [3207]; 14.12.1969 SB Witznitz 18 ♂♂, 40 ♀♀ u. SB Borna 27 ♂♂, 58 ♀♀ (D. FÖRSTER). Überwinterungen nicht selten, besonders auf der Elbe u. SB Niederwartha: 26.12.1942 SB Niederwartha 100 Ex. [1729] u. 13.01.1940 ebenda 60 Ex.; 13.01.1980 Elbe bei Torgau ca. 160 Ex. (H.-J. GERSTENBERGER); 05.02.1939 SB Niederwartha 150 u. 27.02.1938 ebenda 80 Ex. [1729]. Nicht selten mit einzelnen Zwergsägern vergesellschaftet. An den Rastplätzen überwiegen schlicht gefärbte Vögel, die hier als ♀♀ aufgeführt sind. Ausgefärbte ♂♂ erscheinen ab Nov./Dez., nur ausnahmsweise früher: TG Königswartha 1 ♂ am 11. Okt [1060].

K. GRÖSSLER, S. KRÜGER, D. SAEMANN

Spatelente – *Bucephala islandica* (Gmel., 1789)

Irrgast?

Die Beobachtung von 2 ♂♂ im TG Haselbach vom 03.–05.03.1957 (KIRCHHOF 1957) wird als nicht ausreichend gesichert gewertet [2015, 3525]. 30.03.–07.04.1969 1 ♂ Neiße Görlitz (D. STRIESE).

S. RAU

Zwergsäger – *Mergus albellus* L., 1758

Durchzügler, Wintergast

Vorkommen: Regelmäßiger Durchzügler u. Wintergast in zum Gebirge hin deutlich verminderter Anzahl. Die Überwinterungsplätze auf der Elbe u. der unteren Mulde entsprechen denen des Gänsesägers.

Lebensraum: Im Herbst u. Frühjahr auf stehenden Gewässern mit freier Wasserfläche, gelegentlich auf Grubenseen; im Winter häufiger auf größeren Flüssen. In der Oberlausitz von 189 Beobachtungen mit 635 Ex. 41% auf Stauseen, 49% in TG, 10% auf Fließgewässern [3777].

Wanderungen: Zugbeginn Anfang Nov., selten früher: 14. 10. 1973 SB Windischleuba 1 ♀ (R. STEINBACH); 14. 10. 1971 NSG Zschorna 1 ♀ (P. PFANDKE); 15. 10. 1972 SB Niederwartha 3 ♀♀ (P. HUMMITZSCH, W. WEGER); 17. 10. 1976 TG Königswartha 1 ♀ [3777]; 20. 10. 1972 SB Windischleuba 1 ♂, 3 ♀♀ (R. STEINBACH). Im Nov./Dez. meist Einzelvögel, selten kleine Trupps: 10. 11. 1972 SB Windischleuba 11 ♀♀ (R. STEINBACH); 18. 11. 1959 TG Niederspree 12 Ex. [3777]; 01. 12. 1985 TS Saidenbach 26 ♀♀ mit 73 Schellenten (P. KIEKHÖFEL); 04. 12. 1976 TS Bautzen 3 ♂♂, 17 ♀♀ [3515]; 22. 12. 1989 NSG Zschorna 22 Ex. (Beob.-Gr. Zschorna); 30. 12. 1986 SB Niederwartha 6 ♂♂, 11 ♀♀ (S. MICHEL, J. DOBBELMANN). Vor 1950 in zeitweise beachtlicher Anzahl Wintergast: SB Niederwartha Jan. 1935 u. 1937–43 von Dez. bis Febr. zwischen 40 u. 100 Ex. (P. FROMMHOLD, P. BERNHARDT [1223]; Elster-FB 28 Ex. am 09. 02. 1942 (W. KUHNERT) u. 10 ♂♂, 15 ♀♀ am 10. 03. 1940 [1089]. Bis Mitte der 1950er Jahre auch Wintergast auf der unteren Mulde, am 24. 01. 1954 zwischen Hainichen u. Gruna/Kr. Eilenburg 12 ♂♂, 18 ♀♀ (K. GRÖSSLER). In diesem Gebiet von 1957/58– 1977 weitgehend fehlend, seit 1978 wieder alljährlich in geringer Anzahl (W. KÖCHER u. a.). Im Bez. D überwintern jährlich auf der Elbe u. dem SB Niederwartha 4–30, 1982 50 Ex.; 1983–86 im Bez. L. 21–87 Ex., davon zwei Drittel im Elbebereich bei Torgau. Am Gebirgsrand nur ausnahmsweise überwinternd [2166]. Abzug aus den Winterquartieren bei einsetzender Erwärmung meist Anfang März u. den ganzen Monat hindurch Rückzug, der bis 15. Apr. rasch ausklingt [1223]. Größere Zugtrupps: 09. 03. 1975 TS Quitzdorf 5 ♂♂, 9 ♀♀ [3777]; 11. 03. 1973 TG Petershain 7 ♂♂, 4 ♀♀ [3777]; 18. 03. 1956 Elster-ST 3 ♂♂, 4 ♀♀ (R. GERBER); 18. 03. 1954 bei Zittau 4 ♂♂, 7 ♀♀ [2110]; 07. 04. 1977 TS Quitzdorf 11 ♂♂ [3777]. In neuerer Zeit einzelne Z. längere Zeit u. bis in den Juni rastend: 10. 04.–23. 04. 1987 Elbe in Meißen 1 ♀ (H. HORTER u. a.); 15. 04.–15. 05. 1982 NSG Großhartmannsdorf 1 ♀ (P. KIEKHÖFEL); bis 16. 05. 1985 TG Kreba 1 ♂ (W. GLEINICH, S. RAU, R. STEFFENS); 13. 05.–02. 06. 1977 TS Quitzdorf 1 ♂ [3777]; 14. 05.–18. 06. 1969 auf der Flöha bei Hohenfichte/Kr. Flöha 1 ♂ [2895, 3439] u. wohl derselbe Z. am 26. 06. 1969 auf der Zschopau im Kr. Hainichen [2626]; 28. 05. 1978 TG Guttau 1 ♀ [3777]; 29. 05.–04. 06. 1960 TG Ullersdorf 1 ♂ [3439]. Ungewöhnlich sind 3 ♀♀ am 04. 07. 1974 im TG Commerau [3621] u. das sehr lange Verweilen 1 ♀ vom 25. 08. 1980–30. 04. 1982 auf dem SB

Windischleuba (D. FÖRSTER, R. STEINBACH). Im Frühjahr gelegentlich enge Bindung an Schellenten, z. B. 07. 04. 1989 TG Königswartha 1 ♀ mit einer Gruppe balzender Schellenten-♂♂ (U. PATZAK, D. WEIS). Am 26. u. 30. 12. 1980 auf der TS Quitzdorf ein vermutlicher Hybride von Schellente und Zwergsäger (KEILHOLZ 1988). Anmerkung: schlicht gefärbte Z. sind hier als ♀♀ aufgeführt.

Tabelle 32: Anteil ausgefärbter Zwergsäger-♂♂ in %

	Bez. Dresden		Bez. Leipzig	
	Ex.	% ♂♂	Ex.	% ♂♂
Okt.	26	0	15	13,3
Nov.	199	6,5	69	6,0
Dez.	415	11,6	133	24,0
Jan.	354	17,5	311	38,3
Febr.	436	22,7	221	36,0
März	371	32,1	102	43,1
Apr.	80	56,3	11	9,1

D. FÖRSTER, P. HUMMITZSCH, D. SAEMANN

Mittelsäger – *Mergus serrator* L., 1758

Durchzügler, Wintergast
Unterart: *M. s. serrator* L., 1758

Vorkommen: Regelmäßiger Durchzügler im Herbst. Heimzug wesentlich schwächer u. unregelmäßig: 1951–82 im Bez. L. nur in 12 Jahren Heimzugdaten. Im Winter stets sehr selten [1223], neuerdings häufiger Überwinterungen. 1950–75 im Bez. L keine Winterdaten, seit 1976 alljährlich einzelne M. auf der Elbe im Kr. Torgau u. teilweise auf der Mulde in den Kr. Grimma, Wurzen u. Eilenburg. Vor allem auf dem SB Niederwartha u. im NSG Zschorna größere Trupps.

Lebensraum: Bevorzugt größere Gewässer mit freier Wasserfläche. Rastdauer meist nur kurz, selten länger als 10 Tage. Von 133 Beobachtungen im Bez. L entfallen auf Stauseen 69 (52%), Fischteiche 26 (19%), Tagebauseen 21 (16%), Flüsse 16 (12%) u. Kiesgruben 1 (1%). In der Oberlausitz 47 von 73 Beobachtungen auf Stau- u. Grubenseen [3777].

Wanderungen: Wegzug, deutlich von Kälteeinbrüchen beeinflußt, zwischen 20. 10. u. 05. 12., selten ab Anfang Okt.: 02.–09. 10. 1971 TS Pöhl 1 ♀ (E. FRÖHLICH);   03. 10. 1954   Elster-ST   1 ♀ (R. WEISS); 07.–11. 10. 1976 SB Witznitz 2 ♀♀ (F. ROST). Zug hauptsächlich im Nov., überwiegend Einzelvögel u. Gruppen von 2–5 Ex., seltener größere Trupps: 29. 10. 1966 NSG Großhartmannsdorf

21 Ex. (P. Kiekhöfel) u. TS Cranzahl 18 Ex. [2313]; 11. 11. 1977 ST Glauchau 20 ♀♀ (H. Fritsche); 19. u. 23. 11. 1958 NSG Zschorna 45 bzw. 31 Ex. (R. Dietze, P. Frommhold, P. Hummitzsch); 19. 11. 1968 SB Niederwartha 30 Ex. (P. Frommhold). Ab 2. Dez.-Drittel nur unregelmäßige Zugbewegungen verspäteter Wegzügler, ab Anfang Jan. treffen auch noch späte Überwinterer ein. Winterbestand seit 1976 im Bez. L 1–5 u. im Bez. D 1–3 M., jedoch Mitte Jan. 1969 u. 1981 SB Niederwartha 61 bzw. 66 Ex. (P. Hummitzsch). Nov. 1979–22. 03. 1980 SB Windischleuba u. zeitweise SB Witznitz 1 Ex. (D. Förster, F. Rost, A. Weber). Die Überwinterer/Wintergäste wandern meist Mitte Febr. wieder ab. Heimzug März/Apr., in der 1. Maidekade ausklingend. Heimzuggipfel Mitte März/Apr. Beobachtungen nach Mitte Mai sind selten: 12.–22. 05. 1962 NSG Großhartmannsdorf 1 ♀ (P. Kiekhöfel); 14.–26. 05. 1958 TG Ullersdorf 1 Ex. [1768]; 16. 05. 1954 SB Windischleuba 1 ♂, 1 ♀ [1603]; 17. 05. 1986 SB Noitzsch-Badrina/Kr. Eilenburg 1 ♂, 1 ♀ (K. Grössler); 19. 05. 1961 NSG Zschorna 1 ♂, 1 ♀ (K. Hoyer); 19. 05. 1970 SB Windischleuba 2 ♀♀ [2853]; 22.–28. 05. 1976 ebenda 1 ♀ [3358]. Wenige Spätsommerdaten sind schwer einzuordnen: 23. 08. 1979 SB Windischleuba 1 ♀ (R. Steinbach); 26. 08. 1888 Mautitz/Kr. Riesa 1 M. erlegt u. Sept. 1888 Nünchritz/Kr. Riesa 1 M. „hier geblieben" [172]; 09. 09.–07. 10. 1973 SB Windischleuba 1 ♀ [3052]. Anmerkung: Einordnung schlicht gefärbter M. wie bei Zwergsäger.

Tabelle 33: Anteil ausgefärbter Mittelsäger-♂♂ in %

| | Bez. Dresden | | Bez. Leipzig | |
	Ex.	% ♂♂	Ex.	% ♂♂
Okt.	33	6,1	68	0
Nov.	251	12,0	176	4,5
Dez.	98	13,3	26	27,4
Jan.	42	21,4	11	9,1
Febr.	59	22,0	8	50,0
März	76	30,3	7	43,0
Apr.			39	41,0
Mai			22	41,6

D. Förster, P. Hummitzsch, D. Saemann

Gänsesäger – *Mergus merganser* L., 1758

Durchzügler, Wintergast
Unterart: *M. m. merganser* L., 1758

Vorkommen: Ob Hinweise auf Brutvorkommen im 19. Jh. aus dem ehemals preußischen Teil der Oberlausitz [256] auch den heutigen Kr. Niesky betreffen, bleibt unklar. Außerhalb des Bezugsgebietes 1995 BN Neiße Bad Muskau/Altkreis Weißwasser (E. Zech). 19. 05. 1997 Elbe bei Schöna/Altkreis Pirna 1 ♀ mit mind. 1 pull. auf dem Rükken (R. Wassmann) – Brutplatz könnte auch in ČR gelegen haben. Gegenwärtig regelmäßiger Durchzügler. Bei Vereisung der Standgewässer Wintergäste besonders auf der Elbe u. unteren Mulde zwischen Grimma u. Bad Düben. Oberhalb der 200 m ü. NN nur unbedeutender Winterbestand.

Lebensraum: Rastet im Herbst auf größeren Standgewässern, kurzfristig auch auf Talsperren u. Tagebauseen. Im Winter fast nur auf den größeren Flußläufen. In der Oberlausitz von 371 Beobachtungen 53% auf Stau- u. Grubenseen, 30% in Teichgebieten u. 17% auf Flußläufen [3777].

Wanderungen: Die seltenen Sept.-Daten sind schwer einzuordnen: 10. 09. 1979 SB Borna 1 Ex. (F. Rost); 11. 09. 1909 Mulde im Kr. Wurzen 2 ♀♀ [586]; 23.–26. 09. 1964 NSG Großhartmannsdorf ♀ mit 4 flugfähigen juv. (P. Kiekhöfel), was auf eine Brut in nicht zu großer Entfernung deuten könnte; 27. 09. 1962 TG Bennewitz/Kr. Torgau 1 ♀ [2402]. Der eigentliche Zug setzt erst im letzten Okt.-Drittel ein u. bleibt oft bis Mitte Dez. unbedeutend; in dieser Zeit zumeist weniger als 10 Ex. gemeinsam rastend. Ab Mitte Dez. stärkere Einflüge, die Ende Jan./Anfang Febr. ihr Max. erreichen. Bereits vor 1950 alljährlich Wintergast, an günstigen Plätzen bis zu 200 Ex. [1223]. In den 1950er Jahren auf der Mulde im Kr. Eilenburg 100–150 G. (D. Förster, K. Grössler), um 1960 hier starker Rückgang. 1960–78 zwischen Wurzen u. Eilenburg sehr wenige G., in manchen Jahren fehlend [3467]. Danach im gesamten Gebiet Zunahme rastender u. überwinternder G.: Elbe im Bez. L Mitte Jan. durchschnittlich 500, 1980 sogar 1300 Ex.; Mulde im Mittel 200 Ex., doch 1982 940 G. u. am 17. 01. 1982 zwischen Kössern u. Trebsen/Kr. Grimma 482 Ex. [4133]. Im Bez. D Mitte Jan. 200–1 000 G., ebenfalls im kalten Winter 1982 max. 2 119 Ex. (Ergebnisse Wasservogelzählung). Im Kältewinter 1987 auch Ansammlungen an sonst wenig besuchten Gewässern, z. B. Elster-FB vom 17. 01.–03. 02. mit max. 32 ♂♂, 65 ♀♀ am 21. 01. 1987 (K. Grössler). Abzug von den Flüssen ab Ende Febr.; Ende März kaum noch einzelne G. anwesend. In Teichgebieten rastende Heimzügler bis Mitte Apr., häufig weniger als 10 Ex. zusammen, aber auch z. B. 22. 03. 1986 NSG Zschorna 127 ♂♂, 293 ♀♀ (P. Kiekhöfel) noch am 12. 04. 1970 GT Torgau 9 ♂♂, 53 ♀♀ (K. Tuchscherer). Letzte Zugbeobachtungen in den Bez. L u. C am 2. bzw. 8. Mai; im Bez. D in der 1. Maidekade 8 Daten mit 8 ♂♂, 9 ♀♀ u. 2. Maidekade

7 Daten mit 5 ♂♂, 4 ♀♀. Nur wenige Nachweise in den Sommermonaten außer Aug.; 20. 05.–29. 06. im Bez. L 8 Daten mit 12 Ex., darunter 3 ♀♀ am 29. 06. 1969 SB Windischleuba (R. STEINBACH). NSG Zschorna: 16. 04.–07. 05. 1988 1 ♂♀, danach 1 ♂ bis 23. 10. 1988; 21. 04.–21. 10. 1989 1 ♂ (Beob.-Gr. Zschorna). Anmerkung: Die stets überwiegenden schlicht gefärbten G. sind hier als ♀♀ aufgeführt.

D. FÖRSTER, P. HUMMITZSCH, D. SAEMANN

Tabelle 34: Anteil ausgefärbter Gänsesäger-♂♂ in %

	Bez. Dresden		Bez. Leipzig	
	Ex.	% ♂♂	Ex.	% ♂♂
Okt.	59	35,6	26	2,1
Nov.	117	19,9	203	27,4
Dez.	4 734	38,2	868	24,7
Jan.	7 752	37,1	3 000	34,6
Febr.	14 430	34,8	2 624	29,1
März	11 992	38,8	1 270	36,2
Apr.	1 380	35,7	221	24,4

Weißkopf-Ruderente – *Oxyura leucocephala* (Scop., 1769)

Irrgast?

Zwei Beobachtungen werden auf diese Art bezogen: 26. 12. 1956 SB Windischleuba 1 ♀ [1539, 1603]; 07. 11. 1970 NSG Zschorna 5 ♂♂ [2911]. Vergleiche hierzu RINGLEBEN [1754].

D. SAEMANN

Ordnung Falconiformes – Greifvögel

Schmutzgeier – *Neophron percnopterus* (L., 1758)

Irrgast?

02. 04. 1986 Limbach-O./Kr. Chemnitz 1 immat. (J. HERING).

S. RAU

Gänsegeier – *Gyps fulvus* (Habl., 1783)

Irrgast
Unterart: *G. f. fulvus* (Habl., 1783)

Vorkommen: Juli 1821 Gamig/Kr. Pirna 1 Ex. [42, 45, 1223] u. 1855 zwischen Thum u. Geyer/Kr. Annaberg von 2 G. 1 erlegt [174]; beide Belege

verschollen. Die von LOBENSTEINsche Sammlung enthielt 1 ♂, das im Mai 1849 bei Lohsa/Kr. Hoyerswerda aus einem Trupp von 10–12 G. erlegt worden war ([111] u. HERR 1931). Weitere unsichere Daten in [35, 256]. In neuerer Zeit 2 Beobachtungen: 03. 04. 1956 in Leipzig 1 entflogener G. [3062]; 04. 05. 1986 TG Kodersdorf/Kr. Niesky 1 vj. Ex. (H. ANSORGE).

K. GRÖSSLER, D. SAEMANN

Mönchsgeier – *Aegypius monachus* (L., 1766)

Irrgast

Vorkommen: Von 3 M., die sich im Juli 1815 bei Gnandstein/Kr. Geithain zeigten, wurde 1 ♀ erlegt u. kam in die Sammlung von C. L. BREHM [29]. BREHM vermerkt ferner, daß „seit jener Zeit" 1 „grauer Geier" bei Leipzig erlegt wurde; diese Angabe präzisiert REICHENBACH [45] auf 1816 Zschocher/Leipzig u. NAUMANN [251] weiter auf Sommer 1816, berichtet aber von 2 Ex., von denen 1 erlegt wurde. 1821 bei Leschwitz/Görlitz 3 M. beobachtet [35]. 31. 05. 1849 bei Görlitz aus einem Trupp von 11 Ex. 1 ♂ erlegt (TOBIAS 1850); obwohl später mit der Ortsangabe „bei Zodel" näher lokalisiert [61], trägt der Beleg im Mus. Görlitz die Fundortbezeichnung Leschwitz bei Görlitz (ANSORGE 1987). 01. 06. 1871 bei Muskau/Kr. Weißwasser 1 M. erlegt (L. TOBIAS [347], nach BAER [256] aus einem Flug von 5 Ex.). Nach 1950 zwei Beobachtungen: 20. 05. 1953 Fichtelberg 1 [1313]; 02. 01. 1970 Olbernhau/Kr. Marienberg 1 [2910], doch vermutlich kein Wildvogel [2895]. HEYDER [1223] nennt weitere undatierte Beobachtungen u. nimmt kritisch zu einem angeblichen Brutvorkommen Stellung.

K. GRÖSSLER, D. SAEMANN

Steinadler – *Aquila chrysaetos* (L., 1758)

Durchzügler, Wintergast
Unterart: *A. ch. chrysaetos* (L., 1758)

Vorkommen: HEYDER [1223] berichtet kritisch über eine vermutlich 1642 bei Jöhstadt/Kr. Annaberg stattgefundene Brut. Die Angaben über Vorkommen bis zur Jh.-Wende sind oft undatiert u. die Artbestimmung teilweise nicht ausreichend gesichert (vgl. [256, 484, 586, 1223, 2195] sowie HILDEBRANDT u. SEMMLER 1976). In der ersten Hälfte des 20. Jh. nur 2–3 Nachweise, danach mehrere Beobachtungen von Okt. bis März sowie 2 Überwinterungen. Chronik der Vorkommen: 27. 10. 1913 Niederoderwitz/Kr. Zittau 1 immat. [579]; 1920 bei Delitzsch 1 S. erlegt, den M. HERBERG am 26. Okt. bei Präparator O. TEICHMANN sah (Protokollbuch Orn. Ver. Leipzig); 19. 12. 1954 NSG Zschorna

1 immat. (H. Lutz); 02. 01. 1955 ebenda 1 immat. (H. Lutz); 22. 12. 1955 Niederwartha/Kr. Dresden 1 Ex. (W. Baumgart, D. Zenker); 18. 03. 1956 südl. TG Moritzburg 1 immat. (P. Fuhrmann, H. Quintscher); 21. u. 25. 10. 1959 TG Niederspree 1 juv. [1768]; 18. 12. 1959 TS Kriebstein 1 ad. [1838]; 03. 01. 1960 Noitzsch/Kr. Eilenburg 1 immat. (D. Förster [3062]); 19. 01. 1963 bei Chemnitz 1 juv. entkräftet gegriffen, am 30. März beringt freigelassen [1934, 1936]; 31. 12. 1968 S Radeburg/ Kr. Dresden 1 immat. (H. Lutz); 08. 02. 1969 bei Niesky 1 immat. [2596]; 17. 02. 1972 Steinbach/ Kr. Dresden 1 ad. (B. Katzer); Jan. oder Febr. 1972 Berbisdorf-Medingen/Kr. Dresden 1 [3048]; 22.–30. 04. 1972 im Polenztal/Kr. Sebnitz 1 (Ebert 1989); 15. 02. 1975 2 km N Hauswalde/Kr. Bischofswerda 1 ad. [3312]; 01. 01. 1976 Gottleuba/ Kr. Pirna 1 immat. (H. Stohn); 01. 02. 1978 Strauch/Kr. Großenhain 1 immat. (P. Reusse); vermutlich derselbe S. am 14. Jan. im Schraden/ Kr. Bad Liebenwerda (R. Dietze); 13. 10. 1979– 12. 02. 1980 Feldgebiet S Delitzsch 1 immat. [3749]; 13. 10. 1979 Cunnersdorf/Kr. Pirna 1 immat. G. Gründel); 14. 03. 1983 Göttwitzsee/Kr. Grimma 1 [4017, 4020]; 17. 12. 1983–10. 03. 1984 Feldgebiet S Delitzsch 1 immat. (Ehring 1985b); 1987 Kr. Sebnitz: 07. 08. Rathewalde 1, 18. 09. im Polenztal 1, 24. 10. S Rathewalde 1 immat. (Ebert 1989); Mitte Jan. 1987 Thalheim/Kr. Stollberg 1 "juv." (Kronbach et al. 1992); 15. 02. 1987 Zethau/Kr. Brand-E.   1 immat.   (A. Günther); 05. 11. 1987 SB Helmsdorf 1 immat. (H. Olzmann).

K. Grössler, W. Gleinich, W. Weise

Kaiseradler – *Aquila heliaca* Savigny, 1809

Kein Nachweis

In der älteren Literatur [35, 38, 86] enthaltene Bemerkungen über Vorkommen der Art „sind so allgemein gehalten und ohne Beweiskraft ..." [2195], daß daraus kein Nachweis für Sachsen abgeleitet werden kann.

K. Grössler

Steppenadler – *Aquila rapax* (Temminck, 1828)

(Irrgast?)
Unterart: *A. r. orientalis* Cabanis, 1854

Mindestens von Dez. 1984–März 1989 hielt sich ein Adler jeweils im Winter im Gebiet um Borna/Wadewitz/Kr. Oschatz   auf: 28. 12. 1984– 20. 03. 1985, Dez. 1985–30. 03. 1986, 05. 01. 1987– 30. 03. 1987, 29. 03.–18. 04. 1988 u. mind. 18. 03.

1989 (F. Eisenschmidt, W. Gleinich, T. Nadler, R. Steffens, W. Kirmse u. a.). Die Ansprache als S. erfolgte unter sehr günstigen Bedingungen am 16. 03. 1986 (W. Gleinich, T. Nadler, R. Steffens). Andere Beobachter (F. Eisenschmidt, W. Kirmse) haben den gleichen Vogel, ebenfalls unter günstigen Bedingungen, als Schelladler-♀ bestimmt. Möglicherweise existieren weitere Beobachtungsdokumentationen, die einen der beiden Befunde völlig sichern können.

S. Rau

Schelladler – *Aquila clanga* Pall., 1811

Durchzügler (Wintergast)

Vorkommen: Ein sicheres Ansprechen der Art ist sehr schwierig u. mehrfach wird bei Beobachtungen von Adlern die Artbestimmung offen gelassen. Die von Heyder [1223] u. Creutz [2195] mitgeteilten Vorkommen beziehen sich sicher z. T. auf diese Art; dafür spricht, daß fast alle Nachweise aus der gewässerreichen Lausitz stammen, die den Lebensraumansprüchen der Art nahekommt. Schlegel [586] vermerkt nur 1 Vorkommen – 01. 12. 1907 Mulde bei Püchau/Kr. Wurzen (P. Wichtrich) – zieht es aber (wohl unbegründet) in Zweifel. Sicher bestimmte erlegte S. wurden mehrfach untersucht: 1882 Quatitz/Kr. Bautzen 1 [148], Artbestimmung im Mus. Dresden bestätigt [240]; 24. 10.1891   Georgewitz/Kr. Bautzen   1   [240]; 27. 06. 1902 Malschwitz/Kr. Bautzen (♂) „im mittleren Kleid" [1223]; 09. 05. 1913 Wuischke/ Kr. Bautzen (♀) [436]; Mitte Nov. 1914 Großgrabe/ Kr. Kamenz 1 immat. [444], Beleg im Mus. Dresden; 18. 04. 1915 Schwepnitz/Kr. Kamenz ♂ [444]; Frühjahr 1885 Wartha bei Lohsa/Kr. Hoyerswerda [256], Beleg ♀ juv. im Mus. Görlitz (Ansorge 1987). Neue Beobachtungen, die sich wahrscheinlich auf den S. beziehen: 22. 03. 1953 TG Moritzburg 1 [3048]; 17. 10. 1953 TG Haselbach 1 immat. [1325]; 03./04. 01. 1954 Pleiße-ST Rötha 1 „seit einer Woche" anwesend [1729]; 31. 10. 1959 TG Niederspree   1 immat.   [1768];   20. 02. 1962   NSG Zschorna 1 (P. Frommhold); 12. 03.–06. 04. 1977 NSG Eschefeld u. SB Windischleuba 1 immat. [3597]; 14. 10. 1979 SB Niederwartha 1 immat. (P. Hummitzsch u. a.); 24. 02. 1980 SB Windischleuba 1 immat. (Höser 1985); 15. 01.–15. 02. 1981 S Pehritsch-Gotha/Kr. Eilenburg 1 (U. Rossner).

K. Grössler

Schreiadler – *Aquila pomarina* C. L. Brehm, 1831

Durchzügler
Unterart: *A. p. pomarina* C. L. Brehm, 1831

Vorkommen: In Teilen der Oberlausitz vielleicht Bv bis in das vorige Jh., obwohl ein Nachweis dafür fehlt [1223]. Sommerbeobachtungen im Kr. Niesky 1958 [1768, 2195], 1975 (P. REUSSE) u. 1986–1988 (A. GEBAUER, M. STRIESE u. a.), im Kr. Kamenz 1954 [1395, 1729, 2195], im Kr. Großenhain 1978 u. 1981 (R. DIETZE, P. REUSSE) sowie im Kr. Riesa 1975 (P. REUSSE) lassen Brutvorkommen nahe der N-Grenze E-Sachsens bis in die Gegenwart möglich erscheinen. Die Lage der Winterquartiere SE unseres Gebietes bedingt die Seltenheit des S. als Zuggast. Ankunft in den Brutgebieten Ostdeutschlands frühestens 9. Apr. in Mecklenburg (KLAFS u. STÜBS 1977) u. 25., ausnahmsweise bereits 12. März in Brandenburg [4051]. Dem entsprechen die frühesten sächsischen Daten: 23. 03. 1969 Ellefeld/Kr. Auerbach 1 [2895]; 24. 03. 1955 Burgstädt/Kr. Chemnitz 1 [1395]; 26. 03. 1972 SB Windischleuba 1 [3051]. Schwacher Wegzug im Sept., Nachzügler im Okt. Fast stets werden Einzelvögel beobachtet, ausnahmsweise je 3 S. am 17. 08. 1943 nahe Mittweida/Kr. Hainichen [1395] u. 20. 04. 1962 NSG Eschefeld [2940]. Ein sicheres Ansprechen der Art im Felde ist manchmal schwierig u. vor allem bei sehr frühen u. späten Beobachtungen eine Verwechslung mit dem Schelladler möglich; einige Beobachter (z. B. [1395]) deuten dies selbst an.

K. GRÖSSLER, W. GLEINICH, W. WEISE

Zwergadler – *Hieraaetus pennatus* (Gmel., 1788)

Irrgast
Unterart: *H. p. pennatus* (Gmel., 1788)

Vorkommen: 21. 07. 1840 bei Görlitz ♂ juv. erlegt (TOBIAS 1842, HERR 1931 u. [1549]), Beleg im Mus. Görlitz (ANSORGE 1987); Herbst 1907 Börnersdorf/Kr. Pirna von 2 Z. ♂ juv. erlegt [364]. Artbestimmung von E. MAYR bestätigt [1223]. Für einen vor 1905 im Wermsdorfer Forst/Kr. Oschatz [1223] geschossenen Vogel ist die Artbestimmung als Z. nicht ausreichend gesichert.

D. SAEMANN

Mäusebussard – *Buteo buteo* (L., 1758)

Jahresvogel
Unterarten: *B. b. buteo* (L., 1758) – Jahresvogel
B. b. vulpinus (Gloger, 1833) – Seltener Gast

Verbreitung: Bv im gesamten Gebiet. Oberhalb 700 m ü. NN nimmt die Dichte stark ab. Im Kr. Aue höchstgelegener Brutplatz bei 780 m ü. NN [3485]. Bei Satzung/Kr. Marienberg, 800–850 m ü. NN, regelmäßig 1 BP (D. SAEMANN). Am Fichtelberg Brut ausnahmsweise bis knapp 1000 m ü. NN bei Tellerhäuser [1403].

Lebensraum: Nistet in Gehölzen u. Wäldern aller Art. Größte Brutdichte in gehölzreicher offener Landschaft, im Bereich der Wald-Feld-Grenze, aber auch in blößenreichen Wäldern selbst [3764]. Nestabstände in der W-Lausitz an Teichrändern 0,4–0,5 km, Randzonen von Kiefernbeständen 1,2–1,8 km, bei angrenzenden sandigen, wenig ertragreichen Flächen bis 3,2 km [4026]. Brütet auch in den Randzonen von Städten u. Dörfern sowie in größeren innerstädtischen Parkanlagen (z. B. in Dresden u. Chemnitz). Nester gelegentlich in einzeln stehenden Bäumen. Nahrungssuche überwiegend in der offenen Feldflur, dabei von Juli bis in den Winter lokale Ansammlungen entsprechend dem Nahrungsangebot möglich. Im Winter mit hoher Stetigkeit auf den Feldflächen [3276, 3807].

Bestand: Der M. ist die häufigste der im Gebiet brütenden Greifvogelarten. Längerfristig insgesamt stabiler Bestand, der entsprechend den Kleinsäugergradationen schwankt; daneben beträchtliche Verluste nach kalten, schneereichen Wintern wie 1928/29, 1939/40, 1940/41 u. 1962/63 [1223, 4026]. Bestandsgröße 1978–82 in den Bez. L u. D etwa je 1 000 BP (Ergebnisse der MTB-Kartierung); 1960–75 im Bez. C 500–750 BP [3207]. Das entspricht einer großräumigen Siedlungsdichte von 0,1–0,2 BP/km^2 (vgl. Tabelle 35). In optimalen Lebensräumen kann die Dichte 0,5 BP/km^2 betragen: 1979 N Freiberg 25 km^2 Feldflur mit vielen kleinen Feldgehölzen 0,52 BP/km^2 (F. WERNER); offene Landschaft mit Feldgehölzen, Waldrandzone sowie geschlossener Wald mit Blößen im Elbe-Röder-Gebiet bei Dresden max. 0,5–0,53 BP/km^2 [3764].

Übersicht der Beobachtungen des Schreiadlers:

	März	Apr.	Mai	Juni	Juli	Aug.	Sept.	Okt.	Nov.
Ex.	(4)	7	11	8	2	5	14	3	(3)

Tabelle 35: Siedlungsdichte des Mäusebussards (Auswahl)

Gebiet	km^2	Jahr	BP	BP/km^2	Quelle
Kr. Grimma, Oschatz u. Wurzen	1 268	1975	ca. 180	0,14	[2467]
Kr. Altenburg	345	1962	64–66	0,18–0,19	[2218]
		1967	50–53	0,15	[2443]
Kr. Geithain	263	1967	67–68	0,25–0,26	
Chemnitz	130	1968	10	0,08	[2616]
		1972	15	0,12	[3207]
		1982	27	0,21	M. Müller
Kr. Aue	365	1976	74	0,2	[3485]
Kr. Kamenz	640	1955	185	0,29	
		1963	37	0,07	
		1965	112	0,21	[4026]
Elbe-Röder-Gebiet	675	1968–79	161–201	0,25–0,31	[3764]

Brutbiologie: Besetzung der Brutreviere witterungsabhängig zwischen Mitte Jan. u. Mitte März. Wahl des Brutbaumes im wesentlichen vom Angebot bestimmt: in der Lausitz (n = 300) Kiefer 95% [4026]; Elbe-Röder-Gebiet (n = 365) Kiefer 61%, Eiche 12,6% [3764]; Kr. Grimma, Oschatz u. Wurzen vor 1979 (n = 202) Kiefer 48,5%, Eiche 23,8% [3467] u. 1980–82 (n = 248) Eiche 40,7%, Erle 14,5%, Kiefer 13,7% (S. Müller); Kr. Delitzsch mit sehr geringem Waldbestand 1980–82 (n = 79) Pappel 36,7%, Eiche 32,0% (K. Grössler); Bez. C (n = 250) Fichte 38,8% (besonders oberhalb 400 m ü. NN), Kiefer 31,7%, Eiche 12% [3207]; daneben im gesamten Gebiet zahlreiche weitere Baumarten. Höhe des Neststandes 3–25 m, meist um 10–14 m; abweichende Standorte auf Hochspannungsmasten, 3 m hoch auf einem Heureiter [3467], Bodenbruten [3414, 3764]. Eiablage 2. März- bis 2. April-Dekade, Nachgelege bis Anfang Juni; 10. 08. 1984 Limbach-O./Kr. Chemnitz noch ca. 3 Wochen alte pull. (U. Heidenreich, D. Kronbach). Gelegestärke: Elbe-Röder-Gebiet M$_{21}$ 2,6 [3764] u. W-Lausitz M$_{108}$ 2,4 Eier/Gelege [2690]; überwiegend 2 bzw. 3, selten 1 oder 4 Eier; je 6 Eier 1968 Grüna/Kr. , Chemnitz (J. Frölich) u. Mai 1949 Bösdorf/Kr. Leipzig (K. Sperhake). Nahrungsangebot u. Witterung verursachen jährliche u. lokale Schwankungen des Bruterfolges: 1980 N Freiberg M$_{25}$ 0,6 u. 1981 M$_{39}$ 2,0 juv./BP (F. Werner); 1955–69 in der W-Lausitz M$_{159}$ 1,2 juv./BP [2690, 4026]. Längerfristig schwankt die mittlere Jungenzahl erfolgreicher Bruten geringfügig um 2,0 juv.: Kr. Altenburg 1931–68 M$_{198}$ 2,2 [2443]; Kr. Grimma, Oschatz u. Wurzen vor 1979 M$_{180}$ 1,8 [3467] u. 1980–82 M$_{248}$ 1,9 (S. Müller); Bez. C 1959–75 M$_{250}$ 2,1 [3207]; Elbe-Röder-Gebiet 1969–79 M$_{257}$ 2,0 bei jährlichen Extremen von 1,4–2,3 juv./erfolgreiche Brut [3764]. Abweichend davon nennt Melde [4026] Werte von 3,1 u. 3,2 juv./BP für die Gradationsjahre 1955 u. 1958 in der W-Lausitz. Jungenzahl im Nest: 292×1, 423×2, 205×3, 18×4 u. je 1×5 bzw. 6 juv. (letztere 11. 06. 1962 Pahna-Forst [2218]), M$_{1014}$ 1,9 juv./erfolgreiche Brut ([2443, 3467, 3764] u. S. Müller, erg.).

Wanderungen: Im Gebiet erbrütete M. ziehen im Herbst (teilweise?) vor allem nach SW ab; Winterquartiere in S-Deutschland, in Frankreich, seltener in Spanien [2218, 2443, 4026]. Heimzug wenig auffallend von März bis Anfang Apr. Stärker ausgeprägter Durchzug im Herbst: N-Teil des Bez. L zwischen 24. Sept. u. 19. Nov., ausnahmsweise 27. 08. 1978 bei Laue/Kr. Delitzsch bereits 11 ziehende M. (K. Grössler); in der W-Lausitz Mitte Sept. bis Ende Nov. [2690]. Es ziehen meist kleine Trupps oder einzelne M., gelegentlich größere Verbände: 21. 10. 1956 bei Annaberg-B. 114 [1729]; 05. 11. 1983 Auerbach 120–125 M. in 20 Minuten nach SW ziehend (E. Möckel, M. Thoss). Herbst wie Winter z. T. beachtliche Ansammlungen: 24. 01. 1981 Raum Naunhof-Fuchshain/Kr. Grimma 285 M. (A. Kermes); 31. 10. 1987 etwa 1 km^2 Kleebrache bei Albrechtshain/Kr. Grimma 117 M.; 07. 10. 1972 S Delitzsch 95 M.; 30. 11. 1984 auf etwa 0,6 km^2 Kleeschlag N Eilenburg 86 M. (K. Grössler). Bestand an Überwinterern: 1987/88 15 km^2 bei Claußnitz/Kr. Chemnitz 160–200 Ex. (W. Weise); 1987/88 8 km^2 bei Oberschöna/Kr. Freiberg u. Memmendorf/Kr. Hainichen 30–50 Ex. (K. Hädecke); 10. 01. 1987 Kr. Großenhain (ca. 454 km^2) 138 M. (FG Großenhain). Anteil der aus N u. NE zugezogenen M. am Winterbestand ist nicht bekannt. Über Einflüge von „Falkenbussarden" (*B. b. vulpinus*, syn. *zimmermannae*, *intermedius*; Nomenklatur vgl. [3873]) oder diesem nahestehenden Bussarden ist mehrfach berichtet worden [449, 574, 804, 1177, 1223]. Die normalen Zugwege dieser Unterart berühren unser Gebiet nicht. Belege nur im Mus. Dresden: ein undatiertes Stück mit Vermerk „Sächsische Schweiz" (S. Eck); 15. 11. 1935 Senftenberg/Bez. Cottbus ♂, das BÄHRMANN (1936) ausführlich beschreibt.

K. SPERHAKE, F. WERNER, K. GRÖSSLER

Rauhfußbussard – *Buteo lagopus* (Pontopp., 1763)

Durchzügler, Wintergast
Unterart: *B. l. lagopus* (Pontopp., 1763)

Vorkommen: Regelmäßiger Durchzügler u. Wintergast vor allem des Flachlandes; oberhalb 300 m ü. NN in deutlich geringerer Häufigkeit. 1933–82 im Bez. D 735 R., 1949–83 im Bez. L 1108 R. u. 1954–82 im Bez. C nur 247 R. registriert.

Lebensraum: Ausgedehnte freie Feldflächen. Bei günstigem Nahrungsangebot können die R. oft über längere Zeit in festen Revieren angetroffen werden: z. B. 23. 03.–14. 04. 1971 bei Königshain/Kr. Rochlitz 1 R. (K. JUST, W. WEISE); regelmäßig im S-Teil des Kr. Delitzsch (K. GRÖSSLER). Hält sich überwiegend am Boden auf u. bevorzugt bodennahe Sitzwarten; geschlossene Waldgebiete werden gemieden, Waldrandzonen nur gelegentlich aufgesucht.

Wanderungen: Die ersten R. erscheinen im Herbst meist Ende Sept./Anfang Okt., im N-Teil des Bez. L. 1950–83 M_{28} 9. Okt. Gelegentlich treten einzelne R. ab Anfang Sept. u. ausnahmsweise bereits Ende Aug. auf: 27. 08. 1978 bei Laue/Kr. Delitzsch 1 R. mit 11 Mäusebussarden ziehend (K. GRÖSSLER); 04. 09. 1972 Kläranlage Leipzig 1 [3751]; 09. 09. 1974 Tresenwald/Kr. Wurzen 1 [3467]; 10. 09. 1977 E Lobsdorf/Kr. Hohenstein-E. 1 (R. WIEGAND). Im Kr. Zittau 1 R. bereits am 02. 09. 1971 [4090]. In den Überwinterungsgebieten füllt sich der Winterbestand im Okt. u. Nov. schnell auf u. bleibt bis Jan. auf etwa gleicher Höhe. Regional, so in der Lausitz u. am N-Rand der Mittelgebirge, im Okt./Nov. mehr oder weniger deutlicher Durchzug u. stärkstes Auftreten erst Ende Dez. u. Jan. [2690, 3207, 4090]. Abzug der Wintergäste setzt im Febr. ein; im März schwacher Durchzug, der im Apr. ausklingt. Späte Nachzügler: 01. 05. 1978 Gerbisdorf/Kr. Delitzsch 1 (P. HOFMANN); 04. 05. 1970 Markersdorf/Kr. Chemnitz 1 (W. WEISE); 04. 05. 1975 Leipzig-Großzschocher 1 (D. FÖRSTER); 06. 05. 1980 Eckartsberg/Kr. Zittau 1 [4090]; 08. 05. 1971 Göbschelwitz/Kr. Leipzig 1 frischtotes Ex. (K. GRÖSSLER). Letztbeobachtungen 1950–81 im N-Teil des Bez. L M_{28} 11. Apr. Über-

wiegend erscheinen Einzelvögel, gelegentlich 2–3 R. zusammen. Ansammlungen von mehr als 6 Ex. sind selten: 17. 11. 1957 im Kr. Freital 11 ziehende R. (F. BAUER); 31. 10. 1964 Liemehna/Kr. Eilenburg 8 (H. MERTEN); 15. 03. 1931 Muldenaue N Wurzen 8 [3467]; 16. 03. 1980 Göhra/Kr. Großenhain 10 u. am 22. 03. ebenda noch 8 R. (R. DIETZE). Stets ist die Anzahl gleichzeitig anwesender Mäusebussarde wesentlich höher: 14. 12. 1980 auf 26 km² LN im Kr. Riesa 13 R. u. 199 Mäusebussarde, 13. 12. 1981 ebenda 7 R. u. 220 Mäusebussarde (D. SCHNEIDER u. a.). Die Anzahl überwinternder R. schwankt jährlich: 1960/61 u. 1976/77 im Bez. L auffallend wenige, 1957/58, 1964/65, 1965/66, 1979/80 u. 1981/82 zahlreiche Beobachtungen. Stärkere Einflüge in der Oberlausitz 1941/42, 1959/60, 1960/61 u. 1964/65 [2690]. Wiederfunde beringter R.: 05. 11. 1935 Rossitten (Ribači)/Litauen, 06. 03. 1936 bei Maltitz/Kr. Löbau erlegt [1100]; 04. 02. 1940 schwedischer Ringvogel bei Dresden [1223]; von W. TEUBERT im Kr. Riesa beringter R. am 20. 05. 1970 bei Archangelsk/Rußland, ein anderer 23. 01. 1970 in Kirchfarnbach (Bayern) angetroffen.

K. GRÖSSLER, R. DIETZE, W. WEISE

Adlerbussard – *Buteo rufinus* (Cretzschm., 1829)

(Irrgast)
Unterart: *B. r. rufinus* (Cretzschm., 1829)

Drei Beobachter berichten unabhängig voneinander über A.: 06. 11. 1955 Feldgebiet bei Werbelin/Kr. Delitzsch 2 [2550]; 12. 09. 1959 ebenda 1 [2112, 1557]; 11. 05. 1974 Gottscheina/Kr. Leipzig 1 (K. KRITZLER).

K. GRÖSSLER

Sperber – *Accipiter nisus* (L., 1758)

Jahresvogel
Unterart: *A. n. nisus* (L., 1758)
(Zum Status unserer S. sowie „*peregrinoides*" Kleinschm., 1921 vgl. [3873])

Verbreitung: Brütet nahezu im gesamten Gebiet, jedoch regional in sehr unterschiedlicher Häufigkeit. Im Bez. L. nach starkem Rückgang vielerorts als Bv gegenwärtig fehlend, desgleichen im N-Teil des Bez. D [2678, 3333, 3454]. Schwerpunkt der Vorkommen zwischen 300 u. 600 m ü. NN, wobei die Landschaftsstruktur (geschlossener Fichtenwald) zu höheren Lagen hin ein merkbares Abundanzgefälle bedingt; vereinzelte BN bis in die Kammlagen bei 950 m ü. NN [3485, 4004].

Lebensraum: Eine kleinräumige stark gegliederte Landschaft kennzeichnet das Umfeld eines S.-Revieres. Brutplätze nicht selten, mitunter sogar konzentriert, in der Nähe von Ortschaften. Brutplätze bevorzugt in 25- bis 50jährigen Fichtenstangenhölzern, gern nahe der Feld-Wald-Grenze [715, 1051, 1119, 3485]; auch in Mischbeständen von Fichte, Kiefer, Lärche u. verschiedenen Laubbaumarten [2780, 4004], weniger im Laubwald mit einzelnen Koniferen oder in Kiefernbeständen, nur selten in reinem Laubwald (z. B. GRÖSSLER 1953). Bei gleichbleibender Struktur der Brutgebiete werden diese oft jahrzehntelang benutzt. 1979 ein Brutversuch im Städtischen Friedhof von Chemnitz [4004], Bv auch in Dresden. Wintersüber wegen günstiger Nahrungsquellen (Sperlinge u. andere Kleinvogelkonzentrationen) meist im urbanen Bereich.

Bestand: Die Einschätzung KRAMERS [1331], der S. sei nach Mäusebussard u. Turmfalke die dritthäufigste Greifvogelart, gilt heute nur noch für wenige Teilgebiete. Mitte der 1950er Jahre setzt im Bez. L rapider Bestandsrückgang ein, der bis etwa 1965 zum fast völligen Verschwinden der Art aus vielen Gebieten führt. 1952 im NW-Teil des Bez. L noch 21–24 BP, 1966 kein Brutvorkommen mehr (K. GRÖSSLER). Im Altenburger Raum gegenwärtig auf 1 000 km^2 etwa 5 BP [3454] u. in den Kr. Grimma, Oschatz, Wurzen auf etwa 1 250 km^2 jährlich 1–3 BP [3618]. Vereinzelt u. nicht alljährlich brütet der S. in den Kr. Delitzsch, Eilenburg u. Torgau, in den übrigen Gebieten des Bez. L wenige zerstreute Vorkommen. In einem Teilgebiet Bez. L [10 MTB] 1978–82 und 1988/89 jeweils <20 Vorkommen bekannt (GRÖSSLER 1993). Ähnliche Situation im N-Teil des Bez. D: 1946–55 im Kr. Kamenz 18–21 besetzte Reviere, 1961 nur noch 2 BP [3333]; neuerdings ist in der nördl. Oberlausitz leichter Bestandsanstieg erkennbar (S. HEROLD). Rückgang des S. in der Südlausitz weniger drastisch: auf einer 400 km^2 großen Kontrollfläche Anfang der 1950er Jahre 30–35 BP, Mitte der 1960er Jahre 15–17 BP [2780]. Abweichend davon halten EIFLER u. HOFMANN [4090] den Bestand im Kr. Zittau von 1953–78 für stabil, belegen aber bis 1982 Rückgang um etwa 50%. Gesamtbestand im Bez. D 1978–82 etwa 100 BP (MTB-Kartierung); 1978 wurden 45 BP kontrolliert [3558], 1984–88 dagegen 53, 55, 61, 63 u. 57 BP (H. KNOBLOCH, S. RAU). Auch im Bez. C während der 1960er Jahre deutlicher Populationsrückgang: im Kr. Aue erlöschen 50% aller Brutvorkommen, in den Kr. Flöha u. Zschopau starker Rückgang [2737, 3485]. Seit 1975 in vielen Gebieten deutliche Bestandszunahme: unteres Erzgebirge u. Erzgebirgsbecken 1980–85 auf 1 000 km^2 ca. 50 BP; in Teilgebieten werden hohe Abundanzen erreicht (GEDEON u. MEYER 1986).

Brutbiologie: Beginn des Nestbaues ab Mitte März, meist Apr. Neststandort bevorzugt in peripheren Waldzonen; dagegen keine Bindung an Schneisen, wie das UTTENDÖRFER [1051] für typisch hielt. Nester gewöhnlich im unteren Grünastbereich von Nadelbäumen; diese Lage ermöglicht freien Anflug zum Nest u. bietet Schutz gegen Sicht von oben. Höhe des Neststandes 4–19, meist 7–12 m. Nestbäume: S-Lausitz (n = 838) Fichte 93,7%, Kiefer 5,4%, Lärche 0,9% [2780]; Bez. C 1965–85 (n = 393), Fichte 71%, Kiefer 16,8%, Lärche 7,0%, Strobe 4,1% ([4004] u. GEDEON u. MEYER 1986); ausnahmsweise Nester in Laubgehölzen (GRÖSSLER 1953 u. [4004]). Beginn der Eiablage 2. Apr.-Hälfte bis Mitte Mai, ausnahmsweise bereits am 12. 04. 1981; mittlerer Ablagebeginn im Bez. C 1965–79 (n = 86) 3. Mai [4004] u. 1980–85 (n = 79) 1. Mai (GEDEON u. MEYER 1986). Mind. 3 erfolgreiche Spätbruten mit Eiablage im letzten Junidrittel [3805, 4004]. Vollgelege 4–6, selten 7 Eier; 5er-Gelege dominieren. 1980–85 im Bez. C M$_{72}$ 5,0 Eier/Gelege (GEDEON u. MEYER 1986). Gelegegrößen von 1–3 Eiern lassen auf Eiverluste schließen, die in vielen Nestern nach sukzessivem Verlauf zum völligen Gelegeschwund führen u. den Bruterfolg maßgeblich beeinflussen. Daraus ableitbare Biozidschädigung ist nicht ausreichend untersucht [3353]. Bruterfolg in Zeiten des Bestandsrückganges deutlich reduziert: S-Lausitz 1916–52 von 572 Bruten 74% erfolgreich, 1953–70 (n = 339) nur 53% bei gleichzeitiger Abnahme der Brutgröße; diese betrug 1948–54 3,3 u. 1955–62 2,8 juv./erfolgreiche Brut [2780]. Brutgröße im Bez. C 1965–79 2,8 u. 1980–85 wieder 3,4 juv. ([4004], GEDEON u. MEYER 1986). Totalverluste an Bruten zeitweise u. regional bis 50%, deshalb geringe Fortpflanzungsziffer: Bez. C 1965–79 M$_{276}$ 1,6 [4004] u. 1980–85 M$_{182}$ 2,0 juv./BP (GEDEON u. MEYER 1986); Bez. D 1984–89 M$_{177}$ 2,1 juv./BP (H. KNOBLOCH, S. RAU). Die Reproduktionsparameter können zwischen benachbarten Kontrollflächen im selben Jahr stark differieren (GEDEON u. MEYER 1986).

Wanderungen: Zahlreiche Bv (schätzungsweise ein Drittel) u. der überwiegende Teil der Jungvögel ziehen im Herbst nach SW-Europa. Wiederfunde liegen u. a. aus der Schweiz, Frankreich, Belgien, Spanien, N-Italien, 1 aus Sizilien u. 2 aus Marokko vor [1223, 1729, 1777, 2737, 2770, 2780, 3333]. Brutansiedlungen bis 200 km vom Geburtsort [2780]. Durchzug u. Überwinterung N- bzw. NE-europäischer S. sind durch Funde beringter Vögel gut belegt. Die Zugbewegungen erreichen einen deutlichen Höhepunkt im Okt., z. B. über den 25. 10. 1981 verteilt bei Falkenhain/Kr. Wurzen 24 (H. KOPSCH) u. bei Bad Lausick/Kr. Geithain 11 S. durchziehend (G. SCHOLZ). Herkunft der Überwinterer wohl hauptsächlich Finnland, aber auch Schweden u. Rußland. Seit 1949 sind keine Veränderungen im Winterbestand erkennbar. Der Heimzug ist wenig spürbar u. gipfelt im März; letzte rastende Gäste in den ersten Maitagen (K. GRÖSSLER, W. WEISE). Im Winter werden überwiegend ♀♀ beobachtet, doch sind hierbei die geschlechtsspezifischen ökologischen Ansprüche der Art zu beachten (TEUBERT u. KNEIS 1988).

H. KNOBLOCH, K. GEDEON, K. GRÖSSLER

Habicht – *Accipiter gentilis* (L., 1758)

Jahresvogel
Unterarten: *A. g. gallinarum* (L., 1758) – Brutvogel (vgl. [3873])
A. g. buteoides (Menzb., 1882) – Seltener Gast

Verbreitung: Bv im gesamten Gebiet; Höhengrenze bei 1 000 m ü. NN [1223, 4101]. Im Zittauer Gebirge oberhalb 400 m ü. NN erst seit 1975 als Bv nachgewiesen [2780, 4090].

Lebensraum: Brütet vorzugsweise in den Randzonen oder im Bereich innerer Grenzlinien mind. 50 ha großer Laub-, Misch- u. Nadelwälder. Besie-

delt auch die Waldungen halboffener Landschaftsformen bis hin zu Stadtrandlagen (z. B. Dresden), besonders in der Ebene auch Feldgehölze sowie kleine Waldstücke nahe von Teichen. Brutplätze stets im Altholz. Jagt vor allem in der offenen bis halboffenen Landschaft u. gern an Gewässern; außerhalb der Brutzeit werden günstige Nahrungsquellen genutzt, z. B. Taubenansammlungen an ländlichen Tierzuchtbetrieben oder an Getreidelagerplätzen.

Bestand: Gegenwärtig im Bez. D mind. 170 BP (MTB-Kartierung 1978–82), Bez. C mind. 150 BP [4101] u. Bez. L 150 BP (R. EHRING). Bestandsdichte (BP/100 km^2): S-Lausitz 1949–70 auf 400 km^2 2,9–3,5, mittlere Dichte 3,1 [2780]; Bez. L (4966 km^2) 1977–79 3,0 ([3727] erg., vgl. GRÖSSLER 1993); Kr. Altenburg (385 km^2) 1955–66 3,6, 1969–74 3,8 u. 1975–78 4,3 [2218, 3071, 3454]; Kr. Aue (365 km^2) 1973–76 mittlere Dichte 6,0 [3485]; lokal 3 BP/10 km^2 Wald [4101].

Brutbiologie: Die ♂♂ verbleiben wohl auch wintersüber in Nestnähe (R. EHRING). Balz ab Jan., Nestbau Febr. u. März [2780, 2962]. Höhe des Neststandes 4–25 m; im Bez. C M$_{89}$ 16,5 m [4101]. Nestbäume: S-Lausitz (n = 209) Kiefer 77%, Fichte 21%, Rest Lärche u. Birke [2780]; Bez. C (n = 130)

Tabelle 36: Bruterfolg des Habichts in Sachsen

Gebiet/Quelle	Untersuchungszeitraum	Totalverluste in % der Bruten		Brutgröße juv./erfolgreiche Brut		Nachwuchsziffer juv./BP
Südlausitz [2780]	1942–54	M$_{76}$	19,7			
	1955–70	M$_{144}$	31,3			
	1950–54	M$_{49}$	24,5	M$_{25}$	2,9	
	1955–57	M$_{32}$	25,0	M$_{15}$	2,4	
	1962–69	M$_{82}$	34,2	M$_{38}$	2,3	
Kr. Kamenz [3333]	1952–72	M$_{22}$	57,7		2,0	0,8
Bez. C [4101]	1967–79	M$_{332}$	26,5		2,2	1,6
Mittelerzgebirge [2737]	1937–68	M$_{65}$	22,0		2,5	2,0
Kr. Aue [3485]	1973–76	M$_{40}$	17,5		2,5	2,0
Bez. L ([3727] erg.)	1977–82	M$_{257}$	22,3		2,2	1,7
Kr. Grimma, Oschatz u. Wurzen [3485]	1970–79	M$_{110}$	37,9		2,0	1,4
Kr. Altenburg [2218, 3071, 3454]	1931–39	M$_{11}$			3,1	
	1955–66	M$_{25}$			1,9	
	1969–74	M$_{36}$	30,5		1,8	1,3
	1975–78	M$_{66}$	32,0		2,2	1,8
Elbe–Röder-Gebiet bei Dresden (S. RAU u. a.)	1978–86	M$_{30}$	13,3		2,2	1,9

Fichte 80,8%, Kiefer 8,5%, Lärche 4,6%, Rest Birke, Buche, Strobe, Eiche [4101]; Bez. L. (n = 443) Eiche 29,1%, Kiefer 21,2%, Buche 19,4%, Fichte 13,8%, Birke 4,7%, Esche 3,4%, Rest Ahorn, Linde, Lärche, Erle u. Pappel (R. EHRING). Nicht selten mehrjährige Nestbenutzung; UNGER [2737] fand 12×2-, 3×3-, u. 1×6jährige Benutzung, z. T. im Wechsel mit anderen Greifvogelarten. Errechneter Beginn der Eiablage im Bez. C 12. 03.–20. 04., M_{39} 2. Apr. [4101]; im Bez. L frühestens am 10. Apr. (R. EHRING). Gelegegröße 2–5 Eier; 1952–62 Kr. Kamenz M_{44} 2,5 (1×1, 21×2, 20×3, 2×4) Eier/Gelege [3333]; 1967–75 Bez. C 2–5 u. M_{23} 3,0 Eier/Gelege [4101]. Diese Mittelwerte sagen über die Höhe der Eiverluste während der Bebrütung nichts aus. Ein Teil der BP schreitet überhaupt nicht zur Brut, nach GEDEON [4101] schätzungsweise 15% des Bestandes (vgl. auch Tabelle 36).
Für die teilweise hohen Brutverluste sind vielschichtige Ursachen verantwortlich [2737, 2780, 4101].

Wanderungen: Die Bv sind ortstreu. Dismigration juv. H. bis 15 km, selten bis 100 km vom Erbrütungsort [1777, 2737, 2780]. Ausnahmen sind Funde aus über 150 km Entfernung: 1 bei Zschopau nj. beringtes ♀ nach 1,5 Jahren 515 km ENE in Polen [2825]; 1 im Bez. L markierter H. 245 km SE in der ČS [2663]. Durch- u. Zuzug nichtsächsischer H. während des Winterhalbjahres sind unzureichend bekannt. Herbst 1937 bei Limbach-O./Kr. Chemnitz Nachweis eines bei Kaunas/Litauen nj. beringten H. [1223]. Dez. 1920 in „Sachsen" 1 ♀ der Unterart *A. g. buteoides* (KLEINSCHMIDT 1935–1943).

H. KNOBLOCH, R. EHRING, H. STOHN

Rotmilan – *Milvus milvus* (L., 1758)

Sommervogel, Durchzügler, Wintergast
Unterart: *M. m. milvus* (L., 1758)

Verbreitung: Nach zeitweiligem Fehlen um 1900 u. um 1940 beginnender Wiederbesiedlung mit anhaltender Ausbreitung brütet der R. regelmäßig im Flach- u. Hügelland. Seit den 1980er Jahren stärkere Ausbreitung nach S u. SE mit Besiedlung der unteren Berglagen bis 500 m ü. NN. Verbreitungsschwerpunkte in den Randbereichen der Waldgebiete N-Sachsens; nach S verringert sich die Siedlungsdichte merklich.

Lebensraum: Bevorzugt zur Brutzeit Waldungen, Waldreste u. Gehölzstreifen in weiträumiger Feldflur; besiedelt neuerdings auch ältere Feldschutzstreifen (Pappeln) sowie Rekultivierungsflächen mit etwa 40jährigem Baumbestand. Neststand meist unter 200 m von der Feldflur entfernt; gelegentlich auch am Rande von Lichtungen inmitten größerer Waldgebiete. Nahrungssuche vor allem auf abgeernteten Feldern; Straßen, Mülldeponien, Kläranlagen, Fischzuchtgewässer, Anlagen der Geflügelintensivhaltung u. a. Orte werden regelmäßig (nur nach Aas?) abgesucht.

Bestand: Bis Mitte 19. Jh. vor allem in NW-Sachsen Bv [1223]. Zu Beginn der 1890er Jahre im S-Teil der Elsteraue bei Leipziger kein BP mehr, 1908 erloschen die Vorkommen im NW-Teil der Aue [481, 586]. Um die Jh.-Wende in Sachsen vermutlich als Bv fehlend [215, 349, 680]. 1914 Brut im „Bunitz-Wäldchen" E Eilenburg (A. VOIGT); 1924 Lossa/Kr. Wurzen 1 BP [1223]; in den 1920er Jahren wiederholt zur Brutzeit im Kr. Wurzen [636, 749]; 1934 Eschefeld/Kr. Geithain BV [1223]; 1938 Elster-Luppe-Aue bei Leipzig dicht jenseits der Bez.-Grenze 2 besetzte Nester [1057]; 1941 bei Markersdorf/Kr. Görlitz (Zittau, siehe [1223], ist falsch) 1 BP; 1943 Brut bei Gröditz/Kr. Riesa [1729]; 1948 zwischen Dahlen u. Wurzen 2–3 BP u. (ohne Jahr) bei Wermsdorf Kr. Oschatz 2 BP [1223]. In den 1950er Jahren ist N-Sachsen von Leipzig bis Riesa besiedelt [1463, 1729, 3618]; Ausbreitung nach S u. SE setzt ein: Nossen/Kr. Meißen 1 BP seit mind. 1952 (J. ARNOLD); im Kr. Altenburg erste BN 1953 Forst Leina u. 1956 Pahna-Forst [2218]; seit 1953 im NW-Teil des TG Moritzburg BV [2436]; 1958–61 SE Würschnitz/Kr. Kamenz 1 BP [3884]; 1960 je 1 Brut S Pirna [1677] u. W Grumbach/Kr. Freital (W. WAGNER); 1960 SSE Niesky Mischbrut mit Schwarzmilan [2632]. In den 1960er u. 1970er Jahren nur wenige Belege für die fortschreitende Ausbreitung; im besiedelten Gebiet stabilisiert u. verdichtet sich der Bestand [2443, 3071, 3454, 3618]: 1967 Kr. Geithain 1. BN [2443]; 1968 Kr. Hohenstein-E. Brut [2767]; 1969 Kr. Werdau u. 1970 Kr. Rochlitz je 1 BP [2895]; 1960–68 in den Kr. Bautzen u. Niesky mehrfach zur Brutzeit [2436]; 1975 Kr. Hainichen BV [3207]. Für den Bez. C ist die weitere Ausbreitung gut belegbar: 1981 Kr. Stollberg u. Kr. Glauchau je 1 BP (S. LENZ, H. MEYER); ab 1978 im Vogtland Sommerdaten, doch Kr. Plauen 1. BN erst 1989 (K.-H. MEYER, S. ERNST u. a.), wahrsch. Anzahl besetzter Brutreviere im gesamten Vogtland 1988 5–8 u. 1989 12–18 (ERNST 1993); ab 1981 Kr. Freiberg BV, doch erst 1986 BN (F. WERNER); ab 1982 S-Teil Kr. Zwickau BV (J. WOLLMERSTÄDT); ab 1983 Kr. Flöha BV (D. SAEMANN, M. TIETZ); 1986/87 N-Teil bzw. S-Teil Kr. Chemnitz je 1 BP (K. JUST, J. FRÖLICH); seit den 1970er Jahren zahlreiche Sommerdaten zwischen 500 u. 700 m ü. NN, doch bisher kein BN in diesen Höhenlagen. Bestand: 1988/89 im Bez. C 15–25 BP; 1978 im Bez. D 24–30 BP, davon Kr. Riesa 7, Kr. Großenhain 11, Kr. Kamenz mind. 6, Kr. Niesky 1–2, Kr. Bautzen u. Dresden je

1 BP [3558, 3884]; 1984 Bez. D mind. 60–70 BP, davon Kr. Riesa 17, Kr. Großenhain über 11 (P. REUSSE, D. USCHNER), Kr. Kamenz (1981) 12–15 [3884], Kr. Bautzen u. Niesky je 10–15 (FG Bautzen, FG Niesky), Kr. Freital 3–4 (B. KAFURKE, M. SCHINDLER), Kr. Dresden 4 (FG Radebeul), Kr. Dippoldiswalde 1 (B. KAFURKE) u. Kr. Pirna 1 BP (W.-D. GRÜNELT); 1979 im Bez. L 65–70 BP geschätzt [3604], davon Kr. Grimma, Oschatz, Wurzen 30–35 [3618], 1976 Raum Altenburg 9 BP [3454], 1985/86 allein Kr. Geithain 13 BP (J. FRANK), Kr. Eilenburg 10–12, Kr. Torgau 8–10, NW- bzw. S-Elsteraue bei Leipzig je 5 BP (vgl. GRÖSSLER 1993). Siedlungsdichte: Kr. Kamenz bei 38% Waldanteil 1,9 BP/100 km^2 [2884]; Kr. Riesa bei 3,5% Waldanteil 3,5 BP/100 km^2 (D. SCHNEIDER).

Brutbiologie: Von 333 Nestern aus dem Gesamtgebiet (Bez. L 177, Bez. D 129, Bez. C 27) auf Kiefer 60,7%, Eiche 20,1%, Erle 6,9%, Birke 3,3%, der Rest auf Pappel, Esche, Fichte, Linde, Ahorn, Lärche, Espe u. Rotbuche; in den Leipziger Auwäldern meist Eiche. Teilweise mehrjährige Nestbenutzung u. wiederholt enge Brutnachbarschaft (bis 150 m Nestabstand) mit Kolkrabe u. Schwarzmilan. Errechneter Brutbeginn meist 2. Apr.-Dekade. Keine Angaben zur Gelegegröße. Bruterfolg: 54×1, 91×2, 93×3, 7×4, M_{245} 2,2 juv./erfolgreiche Brut. Im Bez. D (n = 114) 14% u. im Bez. C (n = 14) 28% Totalverluste, meist durch menschliche Einwirkungen verursacht.

Wanderungen: Ankunft Ende Febr./Anfang März, nach milden Wintern frühestens ab 14. Febr. Im Bez. L 1964–72 M_9 05. 03., frühestens 23. 02. [2179, 2333, 2435, 2561, 2767, 3363]; 1951–85 Umgebung von Leipzig M_{32} 15. 03., frühestens 25. 02. (K. GRÖSSLER). Im Bez. C früheste Daten 20. 02. (B. SEIFERT) u. 22. 02. [3207]. In der Oberlausitz offenbar nicht vor Anfang März [2436, 3884]. Ansammlungen von R. im Frühjahr selten: 14. 03. 1981 Noitzsch/Kr. Eilenburg 15 (R. EHRING). Nach der Brutzeit 20 R. oder mehr ab Anfang Juli nicht ungewöhnlich, seit den 1980er Jahren auch in neubesiedelten Gebieten des Bez. C; oft mit Schwarzmilanen u. Mäusebussarden vergesellschaftet: Ende Aug. 1965 bei Riesa 27 R. u. 33 Schwarzmilane [2273]; 15. 09. 1974 bei Belgern/Kr. Torgau 40 R. (JUPPE); 09. 08. 1980 Burkartshain/Kr. Wurzen 35 R.; 1963–79 an Schlafplätzen bei Falkenhain/Kr. Wurzen zwischen 31. 07. u. 29. 10. max. 45 R. 1967 [3618]; 19. 08. 1987 Gerbisdorf/Kr. Delitzsch 39 (K. GRÖSSLER); 17. 08. 1986 bei Claußnitz/Kr. Chemnitz 25. u. 27. 06. 1987 mind. 35 R. u. 8–10 Schwarzmilane (W. WEISE u. a.), 04. 07. 1989 Neukirchen/Kr. Chemnitz 21 R. (J. FRÖLICH). Abzug meist im Sept.: 1953–85 bei Leipzig M_{26} 9. Okt., Spanne 02. 09.–07. 11. (K. GRÖSSLER). Der Wegzug ist Mitte Nov. beendet. Einzelvögel gelegentlich im Winter (ca. 20 Nachweise Dez./Jan.), 2 R. am 10. 01. 1909 Mörtitz/Kr. Eilenburg (O. GRIMM, A. THIEME). Wiederfunde in Sachsen erbrüteter R. in Spanien (5), S-Frankreich u. W-Deutschland (je 3), S-England u. N-Italien (je 1) entsprechend dem Zugverhalten der Art [4184].

W. KIRMSE, D. SCHNEIDER, K. JUST

Schwarzmilan – *Milvus migrans* (Bodd., 1783)

Sommervogel, Durchzügler
Unterart: *M. m. migrans* (Bodd., 1783)

Verbreitung: Bv der Niederungsgebiete, insbesondere der gewässerreichen Teile des Oberlausitzer Heide- u. Teichgebietes, der Ruhland-Königsbrücker Heiden, des Westlausitzer Hügellandes, der Düben-Dahlener Heide sowie der Flußauen von Weißer Elster, Pleiße, Mulde u. Elbe. Seit 1969 im N-Teil des Bez. C deutliche Tendenzen zur Ausbreitung [3207] u. seit Anfang der 1980er Jahre zahlreiche Sommerdaten unterhalb 400–500 m ü. NN; 1988 Kr. Werdau 1. BN (E. TYLL).

Lebensraum: Brütet an Waldrändern, in Waldresten u. Flurgehölzen, oft in enger Nachbarschaft zum Rotmilan. Reviergründung meist an Gewässer gebunden, doch kann der Nistplatz bis zu 4 km von diesen entfernt sein, z. B. in der Gohrischheide/Kr. Riesa (D. SCHNEIDER). In den Feldgebieten des Kr. Delitzsch einzelne Paare in Waldresten ohne Bezug zu Gewässern (K. GRÖSSLER). Zur Nahrungssuche an stehenden u. fließenden Gewässern, auch auf Feldfluren u. Müllplätzen sowie im Randbereich vor allem ländlicher Siedlungen.

Bestand: Offenbar sind langfristige erhebliche Bestandsschwankungen charakteristisch. Im 19. Jh. Bv in den Auewäldern der Elster von Pegau u. Groitzsch/Kr. Borna bis zur Saale [586]. Brutvorkommen um Altenburg erloschen gegen Ende des 19. Jh. [101, 237, 484]. In den 1880er u. 1890er Jahren Vorkommen in der Muldenaue bei Wurzen [172, 390]. Bis etwa Mitte 19. Jh. in der Oberlausitz regelmäßiger, wenn auch vereinzelter Bv [43, 61], später über Jahrzehnte fast völlig fehlend [1223]. In der NW-Elsteraue bei Leipzig vielleicht ständig als Bv vorhanden, zeitweise wohl nur jenseits der Landesgrenze [322, 327, 398, 586, 1057, 1382]. Um 1920 bei Eilenburg Gelegefund (BIRK 1917); in den 1920er Jahren Vorkommen bei Wurzen [615]; in den 1930er Jahren Wiederansiedlung südlich Leipzig, vielleicht im Zusammenhang mit dem Bau des Elster-ST [949, 1223]; im selben Zeitraum wieder Bruten bei Moritzburg u. Radeburg/ Kr. Dresden [870, 1223], Kr. Niesky BV [1258, 1642]. Bestand in der sächsischen Oberlausitz vor 1950 bis 10 BP, 1960–68 etwa 50–60 BP [2436]; Anfang 1980er Jahre im Bez. D 50–70 BP (MTB-Kartierung 1978–82): Kr. Niesky u. Bautzen je ca. 20 [2436], Kr. Kamenz 8–10 [4005], Kr. Großenhain 5–7 (FG Großenhain, S. Rau). Anfang 1980er Jahre im Bez. L 55–60 BP (MTB-Kartierung): Kr. Delitzsch 5–6, Elsteraue NW-Teil 3–4 u. S-Teil 5–6, Kr. Grimma, Oschatz u. Wurzen 15–20 [3618], Kr. Altenburg, Geithain u. Schmölln 2–3 BP, auf 80 km² optimalen Lebensraum beschränkt ([3071, 3454], Grössler 1993). Im Bez. C 1978–80 vermutlich 1 Paar bei Plauen (S. Ernst, K.-H. Meyer, M. Thoss), 1979 SE-Teil Kr. Hainichen BV (M. Tietz) u. NE Freiberg Nestbau (K. Hädecke), 1988 Kr. Werdau 1. erfolgreiche Brut (E. Tyll).

Brutbiologie: Von 212 Nestern auf Kiefer 58,5%, Eiche 31,1%, Erle 8,0%, Buche 1,4% u. Birke 0,9% ([2436, 3618, 4005] erg.). Brutbeginn Anfang Apr. bis Mitte Mai, meist 2./3. Apr.-Dekade; frühester errechneter Termin etwa 08. 04. ([4005], S. Rau) Gelegegröße 4×2 u. 10×3 Eier (M. Melde, S. Rau, J. Tamke). Brutgröße: 36×1, 65×2, 65×3, 7×4 juv., M_{173} 2,2 juv./erfolgreich brütendes Paar ([3618, 4005] erg.). Die juv. werden ab Ende Juni flügge. 1960 bei Niesky Mischbrut von S. u. Rotmilan mit 3 juv. [2632].

Wanderungen: Ankunft: 1960–68 Oberlausitz 10. 03.–05. 04., Mittel 28. 03. [2436]; 1950–82 Kr. Kamenz 19. 03.–07. 04., Mittel 31. 03. [4005]; 1947–82 Elbe–Röder-Gebiet bei Dresden 13. 03.–10. 04., Mittel 28. 03. (Beob.-Gr. Zschorna); 1948–87 NW-Sachsen 23. 03.–26. 04., M_{35} 05. 04. (K. Grössler). Heimzug bis Mai bemerkbar. Abzug aus dem Brutgebiet meist mit Flüggewerden der Jungen. Bei günstigem Nahrungsangebot im Sommer lokal Ansammlungen (vgl. auch Rotmilan), z. B.: 24. 07. u. 16. 08. 1960 SB Niederwartha 21 bzw. 52 S. [1846]; Feldgebiet bei Kreuma/ Kr. Delitzsch 22 S. 25. 08. 1984 (K. Grössler). Gelegentlich Zugtrupps: 06. 09. 1971 bei Chemnitz 26 (K. Just); 22. 08. 1982 Claußnitz/Kr. Chemnitz 35 (D. Schilde   u. a.);   04. 09. 1986   Halsbrücke/ Kr. Freiberg 34 Ex. (E. Kutschera). Letztbeobachtungen 1948–86 in NW-Sachsen 04. 08.–28. 09., M_{30} 26. 08. (K. Grössler). Selten einzelne Nachzügler bis Anfang Oktober: 01. 10. 1988 SB Niederwartha 1   (L. Müller);   NSG Zschorna   06. 10. 1977 (D. Synatzschke)   u.   07. 10. 1976   (R. Dietze, B. Katzer); 07. 10. 1983 N Leipzig (K. Grössler). Wiederfunde in Sachsen erbrüteter S.: 26. 08. 1938 Crést/Frankreich [1057]; 10. 08. 1956 W Lugoi/ Rumänien [1729]; 27. 12. 1978 Lome/Togo [3935].

R. Steffens, K. Grössler, K. Just

Seeadler – *Haliaeetus albicilla* (L., 1758)

Jahresvogel

Verbreitung: Seit 1966 Bv des sächsischen Anteils der Oberlausitzer Heide- u. Teichlandschaft, seit 1978 auch der Ruhland-Königsbrücker Heiden [3743, 3879]; dicht jenseits der Bez.-Grenze bereits 1955 ein Brutversuch [1353]. Rast u. Überwinterung vor allem an größeren Gewässern im Brutareal sowie Elblauf aufwärts bis Dresden; im übrigen Gebiet seltener Durchzügler, gelegentlich kurzfristiger Winteraufenthalt.

Lebensraum: Störungsarme Waldstücke in der Umgebung nahrungsreicher, künstlich angelegter u. heute größtenteils als Produktionsgewässer der Binnenfischerei genutzter Teichgebiete. Brut- u. Ruheplätze als wesentliche Bestandteile der Reviere in über 100jährigen, im Stadium beginnender oder fortgeschrittenen Zerfalls befindlichen Beständen von Kiefer, teils im Mischbestand mit Fichte sowie in naturnahen Erlenbeständen; bevorzugt werden Randbereiche zu Freiflächen wie Waldwiesen, Kahlschläge oder Kulturen [3743, 3779].

Bestand: Der S. war sehr wahrscheinlich bereits in der Vergangenheit Brutvogel in Sachsen. Eine 1551 bei Meißen stattgefundene (artlich ungesicherte) Adlerbrut [2] bezieht Heyder [1223] sicher berechtigt auf den S. Für vermeintliches Brüten im 19. Jh. [86, 256] fehlen Belege. Seit Beginn der 1920er Jahre vor allem im TG Rauden-Mönau (Bez. Cottbus) allwinterlich 1–2, max. 5 S. zunehmend, vor allem in den 1930er Jahren, auch Übersommerungen u. 1939 in der Reiherkolonie Weißkollm ein Nest [1105, 1223, 2195]. Den späteren Brutansiedlungen gingen ein- bis mehrjährige Übersommerungen voraus: 1955 S-Teil Kr. Hoyerswerda/Bez. Cottbus Brutversuch [1353]; 1956 Klitten/Kr. Niesky geringe Anzeichen für Brut [2195]; 1960 Tränke/Kr. Weißwasser erfolgreiche Brut [2195]; 19. 06. 1961 bei Milkel/ Kr. Bautzen 2 ad., 1 juv. (Familie?) zusammen [2195]; im Kr. Niesky Jan.–Mai 1965 zwischen Kreba u. Klitten u. März 1966 bei Petershain mehrfach 2 S. [2195]; 1966 bei Kamenz Brutversuch u. 1967 1. erfolgreiche Brut [3743]. Ab Mitte der 1970er Jahre Ausbreitung im Bez. D: 1977 2, 1978 4, 1980 6 BP [3879]; 1983 7, 1984 8, 1987–89 jeweils 10 BP (Nachtigall et al. 1995). Verluste: 1951–55 von 5 Totfunden 3 Fänge in Eisen [2195]; 1966–83 keine Verluste bekannt, lediglich 1 juv. (vermutlich in Sachsen erbrütet) 1979 im Bez. Cottbus in Eisen gefangen, doch später freigelassen [3879]; 11. 02. 1985 Kr. Niesky 1 S. schwer verletzt gefunden u. Winter 1986/87 im Kr. Weißwasser 1 juv. von 1986 aus dem Kr. Bautzen in Tellereisen gefangen.

Brutbiologie: Neststand 20×Kiefer, 5×Fichte u. 3×Erle, im Mittel 25 m hoch; Eiablage Anfang bis Mitte März, frühestens am 26. Febr.; durch Störung bedingte verspätete Eiablage am 2. Apr. u. zwischen 20. u. 25. Apr. [3879]. Brutgröße (1966–89): 32×1 u. 26×2 juv. nach FREUND (1991), davon 1989 1×2 juv. aus einer ursprünglichen Dreierbrut – am gleichen Brutplatz 1990 eine Dreierbrut komplett flügge geworden, M_{58} 1,5 juv./erfolgreiche Brut; Fortpflanzungsziffer (1966–86) einschließlich 29 erfolglosen Bruten M_{71} 0,9 juv./BP.

Wanderungen: Die Bv sind ortstreu u. ganzjährig im Brutgebiet; Jungadler meist bis Frühjahr des Folgejahres im Familienverband. Ende Aug. u. Sept. erste Durchzügler, wohl überwiegend dj. Vögel bzw. immat. Stücke; im TG Niederspree größte Ansammlungen bereits im Sept.: 1985 24 u. 1986 22 Ex. (S. BRUCHHOLZ). Besonders ab Ende Okt. erscheinen auch Altvögel bis zur Hälfte der Anzahl. Zug außerhalb des Brutareals vor allem Nov./Dez., wobei immat. S. überwiegen. Bis Anfang März in geringer Zahl Überwinterungen. Mitte März bis Mitte Apr. deutlicher Rückzug, unausgefärbte S. bis in den Mai. Bis 1966 in der Oberlausitz max. 5 S. an einem Ort [1105, 2195], ab Mitte der 1970er Jahre auch kleine Ansammlungen: 27.12.1979 TS Bautzen 4 ad., 3 immat. [3665]; 1982 u. 1983 Elbe bei Meißen 1×6 u. 1×9 Ex. (B. KATZER); Häufungen im Kr. Niesky, so 1982 bei Kreba 9 oder bis 11 Ex. bei Dauban (A. HOCHREIN) sind wohl im Zusammenhang mit den späteren Konzentrationen im TG Niederspree (s. o.) zu sehen. Im übrigen Gebiet läßt die Frequenz des Auftretens überwiegend einzelner S. von N nach S merklich nach: 1954–80 Elbe bei Torgau u. GT Torgau ca. 30 Nachweise, 1962–78 TG Wermsdorf/Kr. Oschatz ca. 20 [3618], danach in beiden Gebieten deutlich zunehmend: 1854–1965 NSG Eschefeld 12 [2940]; 1956–82 Bez. C 16 Beobachtungen ([3207] erg.), 1986–89 7, darunter 06.–09. 06. 1987 Gebiet NSG Großhartmannsdorf dort 1 immat. (KRONBACH et al. 1989, 1992, KRONBACH u. WEISE 1993).

W. FREUND

Schwalbenweihe – *Elanoides forficatus* (L., 1758)

Irrgast?

Eine um 1900 bei Seerhausen/Kr. Riesa erlegte S. kam später in das Mus. Chemnitz (HENKER 1923); Beleg im Mus. Chemnitz noch vorhanden. Die Herkunft des Vogels blieb unklar [2771]; vermutet wurde Entweichen aus Gefangenschaft [2663, 3525], doch DATHE (1979) hält ein Verdriften aus dem amerikanischen Brutgebiet für möglich.

D. SAEMANN

Wespenbussard – *Pernis apivorus* (L., 1758)

Sommervogel, Durchzügler
Unterart: *P. a. apivorus* (L., 1758)

Verbreitung: Bv hauptsächlich unterhalb 400 m ü. NN; bis 600 (700) m ü. NN mehrere BN [1223, 1634, 3114, 3485], zur Brutzeit auch bei 800 m ü. NN [728] u. als Ausnahme 1 Brut bei Johanngeorgenstadt/Kr. Schwarzenberg, 950 m ü. NN (BARTHEL [1729]).

Lebensraum: Bevorzugt reich gegliederte Landschaften u. besiedelt (oft in Gewässernähe) stark strukturierte Waldgebiete, Auenwälder, Flußtäler, Parks oder parkähnliche Bestände bis in die Randbereiche der Siedlungen; gelegentlich in Feldgehölzen mit Altholzanteil ab etwa 3 ha Fläche; ausgedehnte Waldgebiete werden auch im Inneren besiedelt, wenn Blößen u. Altersstruktur Randeffekte erzeugen.

Bestand: Späte Ankunft, Nestbau bei fortgeschrittener Belaubung u. häufiger Brutplatzwechsel erschweren die Bestandserfassung. 1978–82 Gesamtbestand etwa 150 BP: Bez. L 35–40 (EHRING 1985 a), Bez. C 15–25 ([3207] erg.) u. Bez. D 80–100 (MTB-Kartierung). Siedlungsdichte: Elbe-Röder-Gebiet bei Dresden 1968–79, 675 km^2, 15–22 BP bzw. 2,2–3,3 BP/100 km^2 [3764]; Kr. Altenburg 1969–74, 385 km^2, 1–3 BP [3071]; auf 610 km^2 der Kr. Altenburg, Geithain, Schmölln 1977/78 6 bzw. 3 BP [3454]; Kr. Grimma, Oschatz, Wurzen, 1268 km^2, 15–20 BP [3618]; Kr. Freital, 310 km^2, 3–5 BP (B. KAFURKE, R. STEFFENS); in den bergigen Lagen der Kr. Löbau, Pirna u. Dippoldiswalde nur Einzelbruten ([3558] erg.); Kr. Zittau, 256 km^2, wohl nur 1 BP [4090]. Eine ungleich höhere Dichte von etwa 1 BP/10 km^2 wird für den Nordteil des Kr. Kamenz angegeben u. für die übrigen Teile der Lausitzer Niederungen geschätzt bzw. vermutet [2690].

Brutbiologie: Neststand in der Waldrandzone oder an Lichtungen im Inneren größerer Wälder; minimaler Nestabstand 2–2,5 km [2283, 2690] u. gelegentlich nur 200 m von anderen Greifvogelnestern entfernt. Höhe des Neststandes meist 8–20 m; als Ausnahme Brut 3 m hoch in Fichte [3618]. Nistbäume im Gesamtgebiet (n = 209): Eiche 31% (in den Kr. Grimma, Oschatz u. Wurzen 55% [3618]), Fichte 23,5% (im Bez. C 48%), Kiefer 13%, Erle 11,5%, Buche 8,5%, Birke 7%, ferner Lärche, Linde, Ahorn, Hainbuche u. Strobe. Bis 7jährige Nestbenutzung ist belegt. Beginn der Eiablage 20. Mai–Mitte Juni. Gelegegröße 2, seltener nur 1 Ei: Elbe-Röder-Gebiet M_9 2,0 ([3764] erg.) u. Bez. C M_{11} 1,8 Eier/Gelege. 1991 Crimmitschau/Kr. Werdau 1 Brut mit 3 juv., die flügge wurden (E. TYLL)! Brutgröße in allen Regionen annähernd gleich:

M$_{197}$ 1,6 juv./erfolgreiche Brut: bei 15–20% Totalverlusten Fortpflanzungsziffer etwa 1,3 juv./BP
([3207, 3618, 3764], stark erg., GRÖSSLER 1993)
Jungvögel erst Anfang Aug. fl. u. Aufenthalt in
Nestnähe bis ins letzte Aug.-Drittel.

Wanderungen: Ankunft im Brutgebiet meist An-
fang/Mitte Mai; in der Oberlausitz öfters bereits
Mitte/Ende Apr. u. frühestens 11. bzw. 12. 04.
[2690]. Mittlere Ankunft 1950–85 in NW-Sachsen
M$_{23}$ 16. 05., nur 1mal bereits am 26. 04.
(K. GRÖSSLER); 1959–75 Bez. C mittlere Ankunft
15. 05. [3207]. Wegzug beginnt im Aug., Höhepunkt Ende Aug./Anfang Sept. (Abb. 8), gelegentlich größere Zugtrupps: 31. 08. 1978 SB Windischleuba 82 W. u. 02. 09. 1978 ebenda 32
(R. STEINBACH); 02. 09. 1978 Zwönitz/Kr. Aue ca.
50 (J. WOLLE); 05. 09. 1986 TS Malter 21
(B. KAFURKE); 06. 09. 1971 bei Chemnitz 44
(D. SAEMANN); 08. 09. 1970 SB Windischleuba 200
(S. KÄMPFER, R. STEINBACH) u. 09. 09. 1985 ebenda
118 (ROST et al. 1987). Letztbeobachtungen 1949–
86 in NW-Sachsen spätestens 4./5.Okt., M$_{29}$
3. Sept. (K. GRÖSSLER); im Bez. C spätestens
07.Okt. [3207]; noch spätere Daten [1223, 2690]
sind Ausnahmen oder nicht ganz zweifelsfrei. Aus
den Überwinterungsgebieten von in Sachsen erbrüteten W. liegen Wiederfunde aus Ghana (2) u. To-
go (1) vor [2663].

R. EHRING, J.-D. KNÖCHEL, K. GRÖSSLER

Rohrweihe – *Circus aeruginosus* (L., 1758)

Sommervogel, Durchzügler
Unterart: *C. a. aeruginosus* (L., 1758)

Verbreitung: Charakterart der Teichgebiete mit
Röhrichten im Flachland bzw. unterhalb 200 m
ü. NN. Seltener oder sporadischer Bv des Hügellandes bis 300 m ü. NN, doch nach 1980 auch
BN in höhergelegenen Gebieten: Wolfersgrün/
Kr. Zwickau, 400 m ü. NN (H. OLZMANN); Unter-
lauterbach/Kr. Auerbach, 420 m ü. NN (S. ERNST,
M. THOSS, THOSS 1988); NSG Burgteich, 430 m
ü. NN (E. FRÖHLICH, K.-H. MEYER). Als Durchzügler im gesamten Gebiet.

Lebensraum: Brutplätze befinden sich zumeist in
den wasserseitigen Röhrichten der Verlandungszonen von Fischteichen u. anderen größeren Standgewässern. Gelegentlich an röhrichtarmen Gewässern oder in kleinen (mit Gebüsch durchsetzten)
Land-Schilfbeständen, auch in Riedgrasgesellschaf-
ten, auf Ruderalflächen mit Brennessel, Ginster u.
Gebüsch [2530], zumal auf Teichdämmen u. Inseln.
Besonders seit den 1970er Jahren zunehmend Bruten in Futter- u. Getreideschlägen sowie in der Tagebaulandschaft S Leipzig; seit 1964 in den
Kr. Grimma, Oschatz u. Wurzen über 36 sogenannte Feldbruten [3618]; 1975–78 Großraum
Altenburg ca. 30% der Bruten in ausgekohltem

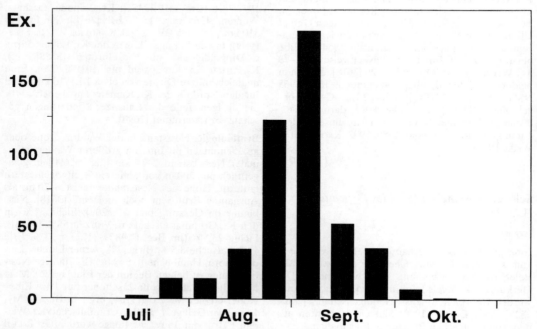

Abb. 8: Wegzugsbeobachtungen des Wespenbussards (Dekadensummen) im Bez. C 1955–82

Tagebaugelände [3454]. Nahrungsräume auf Feldern, Wiesen u. Weiden sowie in den Teichgebieten selbst; gelegentlich auf vegetationsarmen oder niedrig bewachsenen Flächen im Walde [2530].

Bestand: Bis Mitte des 19. Jh. unter Berücksichtigung damaliger Gewässerverteilung in der Oberlausitz u. in NW-Sachsen häufiger Bv [586, 1223]. Später Bestandsverminderung durch starken Jagddruck; z. B. 1920–23 im TG Moritzburg als Bv fehlend [539]. Seit etwa 1940 langsamer [1429], nach Unterschutzstellung 1954 kontinuierlicher Bestandsanstieg u. seit 1980 auch deutliche Ausbreitung nach S in zuvor nicht besiedelte Gebiete. Bestand um 1980 (MTB-Kartierung 1978–82, erg.): Bez. D ca. 250 BP, davon ca. 160 BP in den Kr. Kamenz, Bautzen u. Niesky; Bez. L 115–120 [4105]; Bez. C 1 BN. In den Folgejahren bis 1989 uneinheitliche Entwicklung. Bez. D: Oberlausitzer TG mehr oder weniger stabil, im E evtl. sogar leichter Anstieg (FG Niesky), Kr. Dresden u. Großenhain deutliche Abnahme; Bez. L: Rückgang in Teilbereichen, vor allem den Feldgebieten (GRÖSSLER 1993); Bez. C: Zunahme auf jährlich bis zu etwa 5 BP. Lokale Bestände: 1978–82 TG Moritzburg 16–18, 1985–89 8–13 BP (S. RAU); 1969–78 etwa 1 000 km^2 um Altenburg 10–20 BP [3071, 3454]; 1957–65 GT Torgau 10–15 BP [2177].

In manchen Teichgebieten BP-Konzentrationen: 1979–83 Breiter-T im NSG Zschorna, Röhricht 4,5 ha bzw. 1,6 km Saum, 2–9 BP (J. ULBRICHT); 1977–83 NSG Frauenteich, Röhricht 15 ha bzw. 4 km Saum, 3–6 BP, 1985 fehlend (S. RAU, J. ULBRICHT); 1978–79 Kleiner Spital-T/Kr. Großenhain, Röhricht 2,5 ha bzw. 1,5 km Saum, 5 BP (P. REUSSE).

Brutbiologie: Nestbaubeginn Mitte Apr. bis 1. Maidekade, frühestens 07. 04. [2530]. Neststand im NW-Teil des Bez. D (n = 182): ständig im Wasser stehend Röhricht 79%, nur während des Nestbaues im Wasser stehend 8%, auf trockenem Grund (Feldbruten u. ä.) 13% (S. RAU, J. ULBRICHT u. a.). Nester meist auf geknicktem alten Röhricht, auch auf Kaupen u. Bülten (bis 1,5 m über dem Wasserspiegel), selten in Weiden- u. auf Brombeerbüschen, z. T. auf Teichdämmen u. Inseln, bis ca. 3 m hoch über dem Wasserspiegel; max. 3,5 m hoch in Weide [3618]. Minimale Nestentfernungen 50–25 m (10 Fälle). Bruten in landwirtschaftlichen Kulturen haben in den 1970/80er Jahren zugenommen; dabei ersetzen Futterpflanzen und Getreide das Röhricht. Solche Vorkommen stellten zuvor nur einen geringen Anteil der Bruten, waren aber in fast allen von der R. besiedelten Teilen Sachsens zu verzeichnen, z. B. Oberlausitz ([3599],

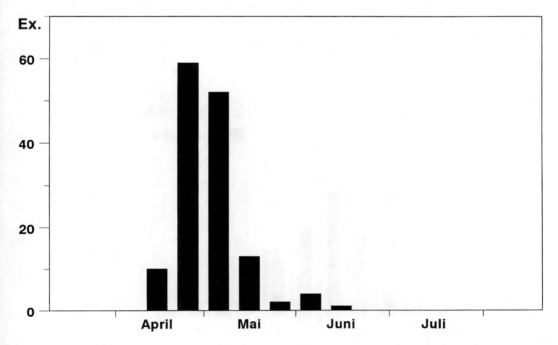

Abb. 9: Brutbeginn (Ablage 1. Ei) der Rohrweihe im Bez. D (Dekadensummen überwiegend aus Rückrechnung)

NACHTIGALL et al. 1995), Kr. Riesa u. Großenhain (P. REUSSE, D. SCHNEIDER), Kr. Freital (B. KAFURKE), Kr. Zittau [4090]; Bez. L (GRÖSSLER 1993); Kr. Werdau (E. TYLL). Beginn der Eiablage 10. 04.–20. 06. (errechnet), am häufigsten 3. Apr.-/ 1. Maidekade (Abb. 9). 1 Jahresbrut, bei frühem Gelegeverlust vermutlich Nachgelege. Gelegegröße u. Bruterfolg im Bez. D: 6×2, 36×3, 96×4, 119×5, 41×6, 9×7, 3×8, 1×9, M_{311} 4,6 Eier/Gelege; bis 1985 M_{476} 2,8 juv./BP bei einer Brutgröße von 3,3 juv./erfolgreich brütendes Paar, 1986–89 M_{84} 3,1 juv./erfolgreich brütendes Paar; 11×6 u. 2×7, am häufigsten 3 oder 4 juv. im Nest ([2530, 3097, 3599] u. M. MELDE, S. RAU, P. REUSSE, D. SCHNEIDER, J. ULBRICHT, M. Walter, FG Niesky u. a.). Im Kr. Altenburg M_{123} 2,7 juv./BP u. Brutgröße M_{127} 3,3 juv. [2218, 3071, 3454]. Bei höherem Anteil stärker gefährdeter Feldbruten ist der Bruterfolg regional geringer [3618, 4105]. NW-Teil Bez. D: Unter 271 Bruten 12 Bruten mit je 1 Nesthäkchen, von denen mind. 3 nicht überlebten, jedoch mind. 5 flügge wurden. Aus 128 Bruten (1978–83) 419 juv. mit orangebrauner, nur 2×1 juv. mit brauner (einzelne rötliche Flecken) Kopffärbung (S. RAU, J. ULBRICHT).

Wanderungen: Ankunft meist Ende März/Anfang Apr. [2530, 3599]; im Bez. D 1951–82 05. 03.– 08. 04., M_{32} 31. 03.; im Bez. L 15. 03.–22. 04., M_{34} 05. 04. (K. GRÖSSLER, [2218]); ausnahmsweise Febr. u. Anfang März ([117, 1223, 2530, 3207] erg.). Durchzug noch bis in den Mai; auffällig sind bis zu 17 R. Ende Mai 1982 bei Diethensdorf/

Kr. Chemnitz (W. WEISE). Mai–Juli vielerorts umherstreifende R.; besonders nach der Brutzeit in Feldgebieten lokale Ansammlungen, die ab Aug. schon zugbeeinflußt sind: Ende Aug. bis Mitte Sept. 1980 S-Teil Kr. Delitzsch, max. 3 ♂♂, 26 ♀♀ und juv. am 06. 09. (K. GRÖSSLER). Der Abzug setzt teilweise im Juli ein (Ringfunde), mit Höhepunkt Mitte Aug.–Anfang Sept., z. B. Bez. C (Abb. 10). Letztbeobachtungen zumeist Ende Sept., vereinzelt im Okt.: 1949–86 NW-Sachsen 09. 09.–18. 10., M_{31} 25. 09. (K. GRÖSSLER), was exakt früheren Ermittlungen [586] entspricht; in der Lausitz 24. 08.–07. 10. [2530]. Bei späten Daten (beispielsweise liegen für Bez. D aus Okt. 17 Beobachtungen vor), die bis 03. u. 19. Nov. reichen ([2530, 3618], P. BERNHARDT) fast ausschließlich Jungvögel. 23. u. 26. 12. 1984 Burgstädt/Kr. Chemnitz 1 immat., wahrscheinlich dieselbe R. tot gefunden am 03. 03. 1985 (R. BÖHME, D. SCHILDE). Wiederfunde in Sachsen beringter R.: Frankreich (10), ČS (6), Italien (6), W-Deutschland (4), Niederlande (2), Polen, Österreich, Schweiz, Spanien, Algerien, Marokko, Guinea-Bissao (je 1).

S. RAU, W. WEISE, S. MÜLLER

Kornweihe – *Circus cyaneus* (L., 1766)

Durchzügler, Wintergast (Sommervogel)
Unterart: *C. c. cyaneus* (L., 1766)

Vorkommen: Während beider Zugzeiten regelmäßiger Durchzügler bis in die Kammlagen des Ge-

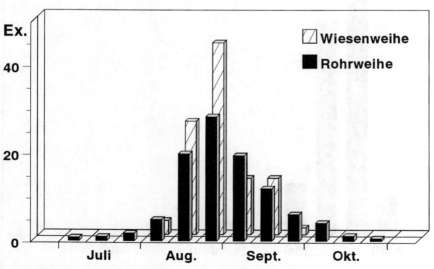

Abb. 10: Prozentuale Verteilung der Wegzugsbeobachtungen (Dekadensummen, ohne Ansammlungen) von Rohrweihe (n = 509) und Wiesenweihe (n = 62) im Bez. C 1955–82

birges; Überwinterungen witterungsbedingt beson-
ders im nordsächsischen Flachland. Bisher kein
Nachweis einer gelungenen Brut [586, 1223]; selbst
2 ausgemähte Feldbruten 1966 bei Görzig/
Kr. Großenhain u. Peritz/Kr. Riesa, die auf die
K. bezogen wurden [2530], waren wahrscheinlich
solche von Rohrweihen. Weitere Hinweise auf
BV: 1964 Monstab/Kr. Altenburg [2218]; 1978
Kr. Wurzen [3618]; 1967, 1979 u. 1980 Kr. Zittau
[4090]; 1986 Kr. Werdau Balz bis 09. Mai
(E. TYLL). Beobachtungen von Mai–Juli nicht selten, lassen aber den Schluß auf BV (noch) nicht zu
(vgl. [3618]).

Lebensraum: Großflächige baumarme Feldfluren
u. Grünland, besonders abgeerntete Rotklee-, Lu-
zerne- oder Futtergrasflächen. Im N-Teil des Ge-

Tabelle 37: Prozentuale Verteilung der von Sept.–
Apr. beobachteten Kornweihen.

	Bez. D (n = 956)	Bez. L (n = 510)	Bez. C (n = 267)	Kr. Grimma, Oschatz, Wurzen (n = 587 [3618])
Sept.	1,6	2,9	3,7	1,7
Okt.	12,6	18,6	33,7	8,7
Nov.	19,5	25,9	21,0	18,9
Dez.	21,6	13,3	8,6	23,8
Jan.	19,5	15,5	9,7	19,2
Febr.	9,0	9,8	4,1	14,8
März	10,9	7,5	8,2	7,5
Apr.	5,2	6,5	10,9	4,8

bietes auch Flußauen, Teichränder, Verlandungszonen sowie junge Rekultivierungsflächen der
Tagebaulandschaft.

Wanderungen: Der Heimzug ist in Gebieten mit
Überwinterern zumeist wenig auffällig, jedoch im
Bez. C im Apr. deutliches Zugmax. (W. WEISE).
Wegzug setzt deutlich 2. Sept.-Hälfte ein u. gipfelt
im Okt./Nov. Ein 2. Zughöhepunkt als Folge von
Kälteeinbrüchen ist von Ende Nov. bis Jan. möglich ([2287], Tabelle 37, Abb. 11). Bei reichem
Mäuseangebot Ansammlungen oder Winterkonzentrationen. So nächtigen 25. 12. 1983 bei Gre-
behna-Glesien/Kr. Delitzsch 4 ♂♂, 17 ♀- farbige K.
in Senken der Feldflur (G. KLAMMER). Solche Ansammlungen fehlen im Hügelland, hier max. 3 ♂♂,
4 ♀♀ am 14. 11. 1982 bei Garnsdorf/Kr. Chemnitz
(K. JUST). Auf den Kammhochflächen des Erzgebirges Aufenthaltsdauer im Herbst u. Überwinterung von den Schneeverhältnissen abhängig
(D. SAEMANN). ♂♂-Anteil im Herbst 25–30%, im
Laufe des Winters oft höher, z. B. 23. 02. 1983 bei
Wiedemar/Kr. Delitzsch 6 ♂♂, 1 ♀ (G. KLAMMER).
In nahrungsgünstigen Feldgebieten beziehen einzelne K. feste Winterreviere ([2530], K. GRÖSSLER).

W. WEISE, W. KIRMSE, R. DIETZE

Steppenweihe – *Circus macrourus*
(Gmel., 1771)

Seltener Gast

Vorkommen: Die S. erschien früher zu beiden Zugzeiten, die weitaus meisten als Jungvögel im

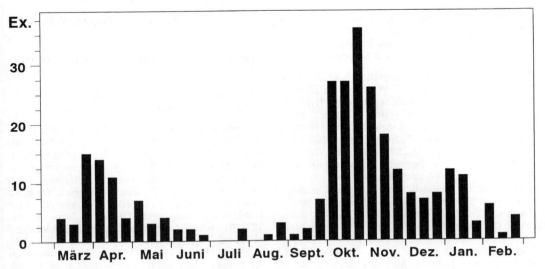

Abb. 11: Kornweihenbeobachtungen (Dekadensummen, ohne Ansammlungen) im Bez. C 1955–82

Herbst [1223]; invasionsartiges Auftreten Herbst 1897 u. 1901 [586, 1223]. Belege: 1847 Markranstädt/Kr. Leipzig juv. ♀ [366]; Spätherbst 1856 Umgebung Altenburg 2 ♀♀ [237, 2218]; 08. 09. 1866 Rußdorf-Blankenhain/Kr. Werdau juv., Beleg Mus. Altenburg [484, 2218]; 15. 05. 1898 Lippitsch-Milkel/Kr. Bautzen juv. ♀ [1090 b], Beleg Mus. Görlitz (ANSORGE 1987); 29. 08. 1923 Rödgen/Kr. Eilenburg ♀, Beleg Biologische Station Steckby [1868, 3062]; 08. 09. 1923 Dresden juv., Beleg Mus. Dresden [1223]; 24. 04. 1930 Strahwalde/Kr. Löbau 1 [1071, 1223]; 17. 05. 1931 Heiersdorf-Burgstädt/Kr. Chemnitz ♀ [1008 b]; 29. 11. 1937 Groitzsch/Kr. Borna ♀, Beleg Mus. Leipzig [3062]; Anfang Mai 1940 Schönau-Berzdorf/Kr. Görlitz 1 [1090 b, 1223]. Das Fehlen von Nachweisen in neuerer Zeit kann mit darin begründet sein, daß feldornithologisch juv. S. von juv. Wiesenweihen u. die ♀♀ von denen anderer Feldweihen schwierig zu unterscheiden sind bzw. die häufig verwendete Bestimmungsliteratur erst in neuerer Zeit diesbezüglich weiterentwickelt wurde. Lediglich S. WAURISCH glaubt, am 11. 10. 1968 bei Holscha/Kr. Bautzen 1 ♂ erkannt zu haben [2530].

W. WEISE, R. DIETZE

Wiesenweihe – *Circus pygargus* (L., 1758)

Sommervogel, Durchzügler

Verbreitung: Äußerst sporadischer Bv des Flachlandes; höchstgelegener Brutplatz bei Riechberg/Kr. Hainichen, ca. 380 m ü. NN. Frühjahr wie Herbst im gesamten Gebiet regelmäßiger, doch nicht häufiger Durchzügler.

Lebensraum: Bevorzugt ausgedehnte Feldgebiete mit Futterkulturen oder Getreide, Grünland der Flußauen sowie grasige Verlandungszonen der Gewässer. Im Spätsommer gern auf Stoppelfeldern.

Bestand: 18. 07. 1924 Grüngräbchen/Kr. Kamenz Nest mit drei flüggen juv. (P. WEISSMANTEL [2530]); zu Beginn der 1930er Jahre regelmäßige Brutvorkommen im „Schraden" (Bez. Cottbus) [973, 1223], hier zuletzt bei Ortrand/Kr. Senftenberg 2 Nester mit 3 bzw. 2 Eiern am 26. 06. 1932 (G. CREUTZ [2530]); 22. 07. 1959 bei Döbern/Kr. Bitterfeld 3 juv. beringt (K. KRITZLER); 23.–30. 08. 1959 bei Wolteritz/Kr. Delitzsch 3 juv. (K. GRÖSSLER), vielleicht mit vorigen identisch; 18. 06. 1960 Grethen/Kr. Grimma Brut mit 4 juv. in Roggenfeld, 20. 07. das BP mit 3 juv. im Brutrevier (K. KRITZLER); 30. 05. 1974 TG Bennewitz/Kr. Torgau Nest mit 1 Ei (JUPPE); 28. 06. 1975 Gehege-T Torgau Nest mit 2 juv. u. 2 tauben Eiern, letztere Mus. Leipzig, juv. am 25. 07. flügge (DAMM); 24. 06. 1979 Narsdorf/Kr. Geithain Nest

mit 4 Eiern in Naßwiese, 01. 07. brütend, 04. 07. verlassen (G. POTRATZ, H. SELBMANN); 1986 bei Riechberg/Kr. Hainichen 2 Paare, 17. 06. Nest mit 5 Eiern in Kümmelfeld, 24. 06. durch Wildschweine zerstört (J. REDMANN, D. HERGOTT). Das Verhalten während der Brutzeit beobachteter W. deutet in wenigen Fällen und überwiegend in unterschiedlichen Jahren auf BV oder Brutversuche in den Kr. Delitzsch, Borna, Wurzen, Oschatz, Großenhain, Bischofswerda, Meißen u. Freital.

Wanderungen: Ablauf des Durchzuges siehe Tabelle 38 u. Abb. 10.

Tabelle 38: Von 1950–82 beobachtete Wiesenweihen (Dekadensummen).

	1. Dekade	2. Dekade	3. Dekade
März	–	1	2
Apr.	3	9	10
Mai	14	13	5
Aug.	10	22	37
Sept.	10	9	3
Okt.	–	1	5

Märzdaten selten, doch für 1912 mit einem bei Holzhausen/Kr. Leipzig gefangenen ♀ [586] belegt; 29. 03. 1930 Gundorf/Kr. Leipzig ♂ [851]. Im Aug. gelegentlich „Familien", im Sept. überwiegend juv. u. Okt. nur juv. (D. FÖRSTER, K. GRÖSSLER, W. KIRMSE u. [2287]); 19. 11. 1978 Rodaer See 1 ♂ ungewöhnlich spät [3618]. Beobachtungen im Winter müssen als artlich ungesichert angesehen werden [1223, 2530].

W. WEISE, R. DIETZE, W. KIRMSE

Schlangenadler – *Circaetus gallicus* (Gmel., 1788)

Irrgast (früher Brutvogel, Durchzügler)
Unterart: *C. g. gallicus* (Gmel., 1788)

Vorkommen: Brut 1876 bei Schellenberg/Kr. Flöha, der Jungadler wurde aus dem Nest entnommen [144, 196]; seine Zweifel an dieser Mitteilung hat HEYDER [449, 1039] selbst widerlegt. Im 19. Jh. auch Bv in der nördl. Oberlausitz, doch kein BN aus heute sächsischem Gebiet: bis etwa 1880 Rietschener Heide/Kr. Weißwasser 1 BP [256]; Belege aus diesem Gebiet im Mus. Görlitz: 1874 Rietschen ♂ u. ♀, ferner undatiert Quolsdorf/Kr. Niesky ♀ (ANSORGE 1987). In den 1930er Jahren sind Bruten im TG Moritzburg sowie im Kr. Niesky nicht völlig auszuschließen [871, 988, 1223, 2195]. Bis 1937 in Sachsen mind. 11 datierte

Funde: Apr., Mai, Juni je 1, Aug. 4 und Okt. 4 [256, 988, 1223, 2195]. Danach nur wenige Beobachtungen: 26. 04. 1952 jenseits der Bez.-Grenze bei Maßlau/Kr. Merseburg 1 [1729], 23./ 24. 09. 1962 SB Windischleuba 1 juv. [2218], 07. 10. 1962 Euba/Kr. Chemnitz 1 [2263].

W. WEISE, W. KIRMSE

Fischadler – *Pandion haliaetus* (L., 1758)

Sommervogel, Durchzügler
Unterart: *P. h. haliaetus* (L., 1758)

Verbreitung: Sehr seltener, unregelmäßiger Bv des Oberlausitzer Heide- und Teichgebietes an der gegenwärtigen SW-Grenze des europäischen Artareals. 1987 Brutversuch bei Bennewitz/Kr. Torgau (W. KIRMSE). Durchzügler im gesamten Gebiet.

Lebensraum: Im Oberlausitzer Brutgebiet charakteristischer „Wechsel großer Wälder u. fischreicher Teichflächen" [2195]. Zur Zugzeit, vor allem im Herbst, Ansammlungen u. längerer Aufenthalt bevorzugt in Landschaften mit größeren Gewässern; einzelne F. kurzzeitig auch an kleinen Teichen.

Bestand: 1925 Grüngräbchen/Kr. Kamenz 2 juv. flügge [640, 1223]; 1934 Kreba/Kr. Niesky 2 juv. aus dem Nest entnommen oder vom Habicht geplündert, 1935 ebenda BV [2195]; 1947 Dauban/ Kr. Niesky Brut [2195]; 1955–63 TG Niederspree alljährlich Sommervorkommen, z. T. Familien mit noch nicht selbständigen Jungen, doch Brutplätze vermutlich im Bez. Cottbus [2195]; 1962–65 zwi-

schen Kreba u. Kleinradisch/Kr. Niesky beflogenes Nest, kein Bruterfolg [2195]; 1972–75 NSG Zschorna beflogenes Nest, jedoch keine Bruten (Beob.-Gr. Zschorna); 1978 Nestbau u. Kopula bei Oppitz/Kr. Bautzen (P. PREUSS); 1979 bei Schwepnitz/ Kr. Kamenz Nest auf Erle, sehr wahrscheinlich Brut, 1980 Revier aufgegeben (C. LINDNER); 1981–87 TG Döbra alljährlich Ansiedlungsversuche (W. GLEICHNER); 1980–84 Ansiedlungsversuche bei Neschwitz/Kr. Bautzen, 1982 erfolglose Brut (G. HEIDAN); 1989 TG Commerau Nestbau, doch keine Brut (W. SPANK). Neben diesen konkreten Brutversuchen bestand BV 1948–57 in den Kr. Kamenz u. Niesky [2195]. Seit 1980 häufen sich Sommervorkommen, z. B. in den TG Guttau u. Niederspree, an der TS Quitzdorf sowie im NSG Zschorna, die aber z. T. mit nicht allzuweit entfernten Brutvorkommen in Brandenburg im Zusammenang stehen können. Brutzeitvorkommen auch 1968 u. 1973/74 im TG Wermsdorf [3618]. Die für 1977 von KNOBLOCH [3558] erwähnte Brut fand im Bez. Cottbus statt (Wartha/Kr. Hoyerswerda).

Brutbiologie: Nester im Gegensatz zu benachbarten Vorkommen, wo Leitungsmasten eine große Rolle spielen, nur auf Bäumen, je einmal Fichte, Kiefer, Eiche u. Erle. Juv. die noch gefüttert wurden, erschienen im TG Niederspree zwischen 16. Aug. u. 02. Sept. [2195].

Wanderungen: Heimzug Mitte März bis Ende Mai; Höhepunkt überwiegend 1. u. 2. Apr.-Dekade (Abb. 12), so im E-Teil des Bez. L [3618] u. im Bez. C. Frü-

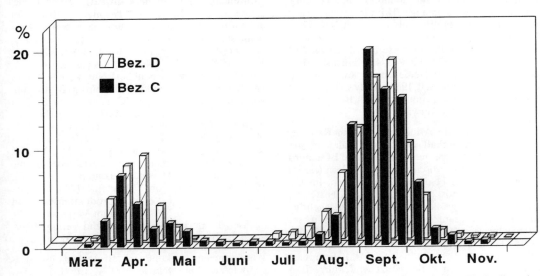

Abb. 12: Prozentuale Verteilung der Durchzugsbeobachtungen (Dekadensummen) des Fischadlers im Bez. C 1935–82 (n = 722 – einschließlich Sommergäste) und im Bez. D 1935–82 (n = 3 425 – ohne Brutzeitbeob.)

heste Daten: 28. 02. 1975 Luppa/Kr. Oschatz (J. SPÄNIG) u. ebenda 04. 03. 1975 [3618]; 02. 03. 1980 Skaska/Kr. Kamenz (A. NOACK); 03. 03. 1972 NSG Eschefeld (M. FEILOTTER); 04. 03. 1972 NSG Zschorna (J. ULBRICHT); 2 F. zusammen frühestens 07. 03. 1981 SB Windischleuba (R. STEINBACH). – Wegzug Ende Juli/Anfang Aug.–Ende Okt. mit deutlichem Gipfel in der 1. u. 2. Sept.-Dekade u. auffallendem Zug von Ende Aug. bis Ende Sept.; Zug ebbt im Okt. rasch ab, doch bis Ende Nov. einzelne Nachzügler [2195, 3618]. Winterdaten betreffen wohl kranke Stücke: 29. 12. 1987 Mulde bei Eilenburg (KNÄSCHE, SCHÄFER); 01. 01. 1910 TG Eschefeld [1223]; 10. 01. 1954 TG Biehla [2195]. Verhältnis Heim- zu Wegzug etwa 1 : 3 bis 1 : 4. Im Herbst gelegentlich größere Ansammlungen: TG Niederspree max. 27 F. 02. 09. 1960 [2195]; NSG Zschorna max. 18 F. Aug. 1961 (Beob.-Gr. Zschorna); in allen anderen Gebieten stets < 10 F. gleichzeitig anwesend. Bis zu 3 Wochen Aufenthalt in den Rastgebieten nicht selten. Im Frühjahr meist nur 1–3 F. kurzzeitig rastend; ungewöhnlich sind 23 F. Apr. 1958 im NSG Zschorna (Beob.-Gr. Zschorna). Durchzug schwedischer F. mind. 2mal belegt [1399, 1729].

W. GLEICHNER, G. KLEINSTÄUBER, K. GRÖSSLER

Baumfalke – *Falco subbuteo* L., 1758

Sommervogel, Durchzügler
Unterart: *F. s. subbuteo* L., 1758

Verbreitung: Im gesamten Gebiet Bv, dessen Dichte zum Gebirge hin abnimmt. Im Erzgebirge höchstgelegene ehemalige Brutplätze um 950 m ü. NN [1581] u. Jagdflüge bis 1 050 m ü. NN [1223]; bis 800 m ü. NN stabile Brutvorkommen, die selbst den Tiefstand der 1970er Jahre überdauerten [161, 456, 743, 1223, 2570, 3207, 3741]. Höchste Brutdichte am Rande der Heidegebiete sowie im Leipziger Auwaldgürtel. Seit 1960 als Bv aus dem Zittauer Gebirge verschwunden [4090]; Brutplätze im Elbsandsteingebirge verwaist.

Lebensraum: Lichte Altholzbestände in Randlage zur offenen Landschaft, gern in der Nähe von Gewässern. Brutreviere meist direkt am Bestandesrand von Kiefern-, Misch- oder Auwäldern ([3375], REUSSE 1993), in Feldgehölzlandschaften, im Gebirge auch in randständigen Altfichten. Nistet selten im Inneren größerer Waldungen; gelegentlich in offener Flur auf hohen Einzelbäumen u. seit Erstnachweisen 1973 u. 1975 [3071, 3375, 3414] in zunehmendem Maße auf Hochspannungsmasten (KRONBACH et al. 1987, 1989 u. 1992). Brutplätze auch in städtischen Parks. Nutzt wipfeldürre Bäume in Nestnähe (teilweise auch Gittermasten) zu Beuteübergabe, Ruhe u. Aussicht. Beuteerwerb über Freiflächen aller Art, vor allem über Kahl-

schlägen, Moorflächen u. Gewässern, nicht selten auch in Ortslagen.

Bestand: Um 1900 nirgends häufig, aber fast überall Bv [161, 215, 389, 586, 680, 1223]. Höhere Brutdichte um 1960: Bez. L ca. 50 BP, davon 32 Reviere mit BN, insgesamt 76 wenigstens teilweise beflogene Reviere [2218, 3062, 3244, 3375, 3618] u. Flächendichte bis zu 20 BP (1977 nur noch 4) pro 1 000 km^2 [3375]; Raum Chemnitz, ca. 1 250 km^2, 10–12 BP [1581], davon zwischen Burgstädt u. Mittweida allein 6 BP (W. WEISE); 1950 im Gebiet Rümpfwald/Kr. Glauchau 4 BP (H. HEFT); 1954 Kr. Altenburg, 345 km^2, 6–7 BP, 1959 3–4 u. dazwischen 1–2 Paare [2218]. Ende der 1960er Jahre im Flach- u. Hügelland massive Bestandsabnahme (Brutausfälle, vielfach nur Einzelvögel im Revier) mit Tiefpunkt um 1970 [2218, 2443, 3207, 3375, 3618, 3741], doch 1970 im N-Teil des Kr. Kamenz noch 15 BP (M. MELDE). Erholung des Bestandes in NW-Sachsen ab Beginn der 1970er Jahre: 1970 im Bez. L 5, 1976 10 u. 1978 15 BP [3375, 3604]; 1978 im Bez. D mind. 8 BP u. 3 beflogene Reviere [3358], 1986 von 15 bekannten und besetzten Revieren 9 mit BN (D. SCHNEIDER). Nach 1978 in allen 3 Bezirken je 10–15 Reviere, doch jahr- u. gebietsweise recht unterschiedlich besetzt; nur etwa 50% der Reviere werden langjährig bezogen. Vor allem im Bezirk D dazu weitere Vorkommen auf Truppenübungsplätzen.

Brutbiologie: Neststand 54 × Kiefer (besonders in den Heidegebieten E-Sachsens), je 12 × Fichte (Mittelgebirge) u. Eiche (Auwald), ferner Ulme, Esche, Erle u. Birke; bis 1988 mind. 8–10 Bruten auf Gittermasten. Bevorzugung neugebauter Krähennester; vor allem bei mangelhaftem Nestangebot werden Kunstnester angenommen (REUSSE 1993, [1581, 1791]). Höhe des Neststandes 9–25 m, auf Gittermasten auch höher. Nur wenige Daten zur Brutphänologie: 1981 bei Leipzig Brutbeginn von 2 BP 31. 05. u. 11. 06. (C. ROHDE); 1978–92 in 14 B.-Revieren mittlere Brutbeginne zwischen 03. u. 16. 06. (REUSSE 1993). Ausfliegen der juv. 3. Juli- bis 2. Aug.-Dekade. Reproduktion: erfolgreich brütende Paare 17 × 1, 50 × 2 u. 32 × 3 juv., M$_{99}$ 2,1 juv., dabei zeitliche u. regionale Unterschiede gering. 1976–82 im Bez. L von 69 Bruten 33 (47,8%), 1985/86 im Bez. D von 17 Bruten 5 (29,4%) ohne Erfolg (vgl. REUSSE 1993). Reproduktionsrate von M$_{69}$ 1,0 juv./BP in NW-Sachsen im Vergleich zu E-Sachsen u. Berlin [3740] auffallend gering. Brutausfälle oft witterungsbedingt, vgl. [1223].

Wanderungen: Ankunft im Brutgebiet überwiegend letzte Apr.-Dekade: Bez. C (n = 13) 22. 04. (W. WEISE), Bez. L (n = 8) 25. 04. (FG Leipzig). Frühe Ankunftsdaten: 04. 04. 1955 Biehla/Kr. Kamenz (M. MELDE), 11. 04. 1967 [3324]; 12. 04. 1981

Revier Rosental Leipzig das BP bereits im Revier (C. Rohde). Heimzug bis Mitte Mai. Ab- u. Wegzug Aug./Sept. ohne markanten Höhepunkt. Mittlere Letztbeobachtungen 1949–63 im Bez. L (n = 37) 17. 09. (K. Grössler, FG Leipzig). 1982 von 1 BP in Leipzig 1 ad., 1 juv. am 18. 09. u. am 19. 09. 1 ad. letztmalig beobachtet (C. Rohde). Okt.-Daten selten, doch in der 1. Dekade aus allen Regionen bekannt. Späteste Daten: 13. 10. 1964 [3324] u. 17. 10. 1971 (M. Thoss), beide aus SW-Sachsen. Daten von Nov.–März nicht zweifelsfrei. Wiederfunde nj. beringter B. in S-Frankreich, Italien (6), Malta und ČS [1581, 2663, 4090]; Umsiedlung in 20–200 km vom Geburtsort entfernte Gebiete wiederholt belegt [1223]. – Bei günstigem Nahrungsangebot jagen im Mai/Juni gelegentlich bis zu 11 B. gemeinsam in einem Gebiet ([2574] u. H. W. Lehmann); nach Ausfliegen der Jungen sind noch größere Ansammlungen möglich: 03. 09. 1949 Schuttdeponie u. Kläranlage Leipzig 13 (J. Fiebig, K. Grössler); 25. 08. u. 29. 08. 1951 ebenda 11 bzw. 17 B. (K. Grössler). Im NSG Niederspree um 1960 mehrfach bis 20 im Juli/Aug. (S. Bruchholz).

W. Kirmse, D. Schneider, W. Weise

Wanderfalke – *Falco peregrinus* Tunst., 1771

Ehemaliger Brutvogel, Durchzügler
Unterarten: *F. p. peregrinus* Tunst., 1771
    F. p. leucogenys Brehm, 1854 (nicht *F. p. calidus* Lath., 1790)

Verbreitung: Felsbrüter besiedelten bis 1972 vor allem das Elbsandsteingebirge u. in Zeiten höherer Bestandsdichte vereinzelt das Erzgebirge u. Zittauer Gebirge. Nördlich der Linie Chemnitz–Görlitz siedelten einige baumbrütende Paare. Ein aus historischer Zeit überliefertes Vorkommen im Vogtland [33] fand in jüngerer Zeit keinerlei Bestätigung.

Lebensraum: Felsbrüter benötigen steil aufragende Felswände von mind. 20 m Höhe oder über 10 m hohe Felsklippen in hohen Steilhängen; freier Anflug zu geeigneten Brutnischen u. Warten muß gewährleistet sein. Optimale Brutfelsen wie auch weniger geeignete Felsen (z. B. im Erzgebirge) wurden trotz Störungen und Verfolgung über Jahrzehnte besetzt. Innerhalb des Felsbrüterareals gab es keine Baumbrüter. Diese siedelten in abwechslungsreichen Wald- u. Wasserlandschaften (vor allem Kiefernheiden) des Flachlandes. Brutreviere in starkem, aufgelichtetem Kiefernaltholz am Rande von Verjüngungsflächen, Mooren oder größeren Gewässern.

Bestand: Vermutlich waren in Sachsen nie mehr als 20 BP vorhanden ([449, 568, 699, 1018, 1223,

1428, 1729, 1812, 2574] sowie K. u. G. Kleinstäuber); eine in historischer Zeit höhere BP-Zahl ist fraglich. Optimaler Bestand im Elbsandsteingebirge 8–10 BP bzw. 0,8 BP/10 km^2 [699, 1018]. Um 1930 außerhalb des Elbsandsteingebirges 5 gleichzeitig besetzte Felsbrüterreviere. Der Bestand der Baumbrüter-Population betrug max. 5 BP.

Bestandsübersicht Felsbrüterareal: Elbsandsteingebirge: Pfaffenstein bis 1942 beflogen; Zschirnsteine 2 BP, beflogen bis 1939; Katzstein 1950–55; Bielatalgebiet 2 BP bis 1955 bzw. 1967; Schrammsteingebiet 3 BP bis 1930, 1963 bzw. 1967; Winterberggebiet 2 BP bis 1935 bzw. 1972; Großer Zschand bis 1963; Polenztal 2 BP bis 1930 bzw. 1955; Basteigebiet 1957–68 (K. Kleinstäuber u. Mitarbeiter). Zittauer Gebirge: Um Oybin bis 1910, dann ab 1919 fast durchgängig bis 1965; Lausche 1915; Gebiet Johnsdorf 1915, 1928, 1932–39 u. 1946–47; bei Lückendorf 1953 [2778]. – Erzgebirge: TS Lehmmühle 1955–61, hier bereits früher beobachtet, doch kein BN [1223]; Natzschungtal bis 1962; Tal der Schwarzen Pockau bis 1964; Schwarzwassertal 1933 Brutversuch; Preßnitztal 1938 (K. u. G. Kleinstäuber).

Bestandsübersicht Baumbrüterareal: Sächsische Oberlausitz: bei Rothenburg/Kr. Niesky 1935; bei Kodersdorf/Kr. Niesky 1929–30; Görlitzer Heide 2 BP 1940–41 [1105]; Altbernsdorf/Kr. Görlitz bis 1940 [1105]; Königswartha/Kr. Bautzen ohne Jahreszahl; Kamenz 1926 [2574]; bei Neschwitz/Kr. Bautzen 1948–62 (G. Creutz, W. Makatsch, S. Waurisch), nach Heyder [1223] seit 1946; bei Steinbach/Kr. Niesky 1960–63 (Hoffmann). Übrige Gebiete: Laußnitzer Heide 1947–48, 1963 u. 1966 (F. Bäuerle, Gaitzsch); TG Moritzburg 1941–51 (P. Bernhardt, K. Burk); bei Glaubitz/Kr. Riesa 1 BP 1931 (P. Reinelt); Kleintrebnitzer Heide/Kr. Riesa 1941 [1729]; Dahlener Heide etwa von 1934–40 [1345], daß allerdings „immer 4 bis 5 Junge" ausflogen, beruht wohl auf einem Irrtum, 1939 wohl sicher 1 Brut; SE-Teil der Dübener Heide (früher nicht zu Sachsen gehörend) bis 1955 (H. Kinast). Um 1903 vermutlich Bv im TG Wermsdorf [1223]; bis etwa 1960 im TG Torgau häufig zur Brutzeit [3062]; um 1950 Brutzeitbeobachtungen im Gebiet Schkeuditz/Kr. Leipzig (W. Grote). Der einzige Hinweis auf einen Felsbrutplatz im Baumbrüterareal ist nicht mehr nachprüfbar: Brutversuch in Kalkbruch bei Ostrau-Lommatzsch/Kr. Döbeln 1937 [1223]. Bejagung, Störungen und illegale Entnahme von Jungvögeln durch Brieftaubenzüchter, Entnahme von Jungvögeln für die Falknerei u. zunehmende Störungen durch Tourismus (besonders Bergsteiger) verminderten bereits vor 1940 die Nachwuchsrate spürbar. 1929–38 im Elbsandsteingebirge bei 97 Bruten 109 ausgeflogene juv. bzw. 1,1 juv./BP (K. Klein-

STÄUBER). Nach KIRMSE u. KLEINSTÄUBER [3256] ist eine Nachwuchsrate von mind. 1,7 juv./BP erforderlich, um den Bestand zu erhalten. Bestandsentwicklung im Elbsandsteingebirge: 10 BP 1938, 8 BP 1954, 6 BP 1956–63, danach kontinuierliche Abnahme auf 1 BP 1969; 1954–64 wurden nur noch 16 juv. (0,2 juv./BP) flügge. Die Reproduktionsrate lag im Zittauer Gebirge bei 0,8, im Raum Neschwitz bei 0,6 und im Erzgebirge bei 0,2. Hauptursachen dieser Entwicklung waren die Schädigung der Embryonalentwicklung durch kontaminierte Pestizidrückstände sowie die durch Umweltschadstoffe bewirkte Dünnschaligkeit der Eier. Dünnschaligkeit wurde bereits 1955 exakt nachgewiesen (G. KLEINSTÄUBER) u. bis 1967 bestätigt (J. EBERT). Ab 1960 wurde immer häufigeres „Überbrüten" lebensuntüchtiger Gelege festgestellt. Der letzte Jungfalke flog 1964 aus; das letzte Brutrevier verwaiste 1972. Seitdem wurden in den ehemaligen Brutrevieren keine W. mehr festgestellt; anderslautende Mitteilungen hielten einer Überprüfung nicht stand. 1989 Beginn eines Wiederansiedlungsprojektes im Elbsandsteingebirge (AUGST 1993).

Brutbiologie: Nistplatzwahl u. Balz gegen Ende Febr., Gelege Mitte/Ende März. Gelegegröße: 1×1, 8×2, 13×3, 8×4, M_{40} 2,9 Eier/Gelege. Die Eizahl pro Gelege hat sich nicht wesentlich verringert. Nachgelege nur 3mal nachgewiesen, doch vermutlich häufiger vorgekommen. Jungenzahl: 16×1, 31×2, 31×3, 5×4, M_{83} 2,3 juv./erfolgreiche Brut. Bei entsprechendem Angebot geeigneter Brutnischen in den Felsen regelmäßiger Brutplatzwechsel; fehlen Ausweichplätze, dann auch jahrzehntelang am gleichen Brutstandort. Juv. werden bereits Anfang Juni flügge u. verlassen mit den ad. Anfang Aug. das Brutrevier. Altvögel oft im Sept./Okt. bis Nov. wieder im Brutrevier, dabei Herbstbalz u. mitunter Fixierung des Brutstandortes für das kommende Frühjahr. Nach Gelegeverlust wird das Brutrevier vorübergehend oder bis zur Herbstbalz verlassen.

Wanderungen: Altvögel u. ein Teil der Jungvögel überwintern in N-Böhmen, Vögel im 1. Jahr überwiegend in SW-Europa; 70% der Wiederfunde im Winter stammen aus Frankreich. Winteraufenthalt von aus N u. NE zugezogenen W. während der 1. Hälfte des 20. Jh. besonders im Flachland. In NW-Sachsen verteilen sich die Beobachtungen [586] wie folgt:

Sept. 9	Dez. 10	März 9
Okt. 10	Jan. 17	Apr. 6
Nov. 14	Febr. 8	Mai 1 Ex.

Sehr wahrscheinlich unter diesen Vögeln auch eine größere Anzahl *F. p. leucogenys*, doch nur 1 Beleg:

25. 02. 1917 Lützschena/Kr.Leipzig 1 ♀, Beleg Mus. Leipzig [923]. Im Mus. Dresden 1 ♀ juv. vom 23. 04. 1964 Oybin/Kr. Zittau „vermutlich Tundrawanderfalk" [3873]. Okt. 1956–Febr. 1959 alljährlich 1 W. bei Mühlau/Kr.Chemnitz, nach aufgesammelten Mauserfedern ebenfalls zu *leucogenys* gehörig (K. u. G. KLEINSTÄUBER). Ein Febr. 1983 im Hauptbahnhof Leipzig gefangener, Okt. 1982 in Litauen beringter Jungfalke, entspricht vom Gefieder her dem *leucogenys*-Typ. Nach 1970 hat die Anzahl überwinternder W. sehr stark abgenommen; pro Jahr meist nur noch 1–2 Meldungen.

G. KLEINSTÄUBER

Würgfalke – *Falco cherrug* Gray, 1834

Irrgast, 1997 Brutvogel
Unterart: *F. ch. cyanopus* Thienem., 1846

Vorkommen: Ein mögliches Brutvorkommen 16./ 17. Jh. im Elbsandsteingebirge ist nicht erwiesen [272, 1223]; hier jedoch 1997 eine Brut (U. AUGST). Die Angabe über ein Vorkommen im Kr. Niesky [35] wird von BAER [256] angezweifelt. Um 1873 bei Wurzen ein W. erlegt [172] u. 15. 11. 1888 ebenda ein W. im Eisen gefangen [172]; 20. 01. 1892 bei Oschatz ♀ juv. u. 04. 02. 1892 bei Wurzen ♀ juv. erlegt [193, 240, 390]. Die Artbestimmung eines dieser Vögel bestätigt SCHLEGEL [586], vermutlich jenes vom 04. 02. [1223]. 15. 11. 1908 Jahnishausen/Kr. Riesa ♀ ad. erlegt, kam in die Sammlung Tharandt [371]. 14. 09. 1981 NSG Zschorna 1 ♀ (P. FROMMHOLD), ein Gefangenschaftsflüchtling? – jedoch dahingehend keine Anzeichen erkennbar.

K. GRÖSSLER

Gerfalke – *Falco rusticolus* L., 1758

Irrgast

Vorkommen: 07. 12.1864 Sommerfeld (Engelsdorf)/Kr. Leipzig juv., Beleg befand sich im Zool. Mus. Leipzig ♀ [366, 458]. Mit unsicheren Angaben hat sich HEYDER auseinandergesetzt. Nach 1950 nur 4 Beobachtungen, die auf diese Art bezogen werden: 11. 02. 1956 Euldorf/Kr. Löbau 1 [2574]; 23. 01. 1965 Zipsendorf/Kr. Altendorf 1 [2218]; 27. 08. 1965 Schmannewitz/Kr. Oschatz 1 [2333]; Febr. 1962 Moritzburg/Kr. Dresden ([3048] geg.). Im Felde ist eine Artbestimmung oft schwierig, auch ist an entwichene Beizvögel zu denken (vgl. [2834]). Ein am 28. 02. 1971 am SB Radeburg/ Kr. Dresden beobachteter u. als G. angesprochener Großfalke war sehr wahrscheinlich ein in Moritzburg entwichenes Würgfalken-♀ [2824, 2834].

K. GRÖSSLER

Merlin – *Falco columbarius* L., 1758

Durchzügler, Wintergast
Unterart: *F. c. aesalon* Tunst., 1771

Vorkommen: Regelmäßig in geringer Zahl. Besetzt bei günstigem Nahrungsangebot Reviere, kurzzeitig auch während der Heimzugperiode: 07.–10. 04. 1959 Kläranlage Leipzig 1 Ex. im Schlichtkleid [3751]. In der Oberlausitz Häufung der Beobachtungen im Winter 1962/63 u. 1964/65 [2574], im NW-Teil Bez. L 1960/61, 1961/62, 1977/78 u. 1978/79 (FG Leipzig).

Lebensraum: Ausgedehnte freie Feldflächen mit möglichst wenig höherem Pflanzenwuchs. In der Oberlausitz [2574] sowie im Erzgebirge auch in der Kontaktzone zwischen Feldern bzw. Grünland u. Gehölzen sowie Waldungen; lokal relativ häufig in Flußauen beobachtet [3618]. Rast- u. Rupfplätze in der Feldflur auf kleinen Erdhügeln, Feldbaugeräten u. a.; gelegentlich auf Bäumen [2289]. Ziehende Vögel können überall angetroffen werden.

Wanderungen: Einzelne M. treffen bereits im Sept. ein: 04. 09. ohne Jahr ♂ juv., Beleg Mus. Leipzig [749]; 10. 09. 1975 SB Windischleuba 1 juv. (J. LEHNERT); 11. 09. 1952 Kläranlage Leipzig (K. GRÖSSLER); für 12. Sept. bereits 4 Nachweise. In E- u. S-Sachsen beginnen Einflüge etwas später. Merkbarer Durchzug im Okt./Nov.; Überwinterungen im Flachland normal, gebirgswärts infolge meist geschlossener Schneedecke im Dez./Jan. deutlich vermindertes Auftreten. Rückzug Febr.–Apr. gegen Monatsende nur noch einzelne Vögel: 24. 04. 1954 NSG Eschefeld [2940]; 29. 04. 1962 NSG Rohrbach (D. FÖRSTER); 26. 04. 1981 bei Burgstädt/Kr. Chemnitz (D. SCHILDE); 03. 05. 1982 bei Frauenhain/Kr. Riesa (P. REUSSE).
Fast stets werden einzelne, recht selten 2 M. zusammen angetroffen: 06. 01. 1979 bei Canitz (Kol-

lau)/Kr. Wurzen 3 Ex. [3618]. Anteil ad. ♂♂ im Bez. L stets gering; Angaben dazu im übrigen Gebiet widersprüchlich: Bez. L (n = 273) 63 ♂♂, 145 ♀♀; Bez. D (n = 214) 70 ♂♂, 25 ♀♀; Bez. C (n = 107) 27 ♂♂, 31 ♀♀. Vermutlich erscheinen überwiegend juv., worauf bereits HEYDER [1223] hinweist.

K. GRÖSSLER, W. GLEINICH, W. WEISE

Rotfußfalke – *Falco vespertinus* L., 1766

Durchzügler
Unterart: *F. v. vespertinus* L., 1766

Vorkommen: Im gesamten Gebiet bis in die Gebirgslagen nachgewiesen. Auffallend starke Einflüge 1927 [651, 666, 667, 1223] u. 1975 [3563], hingegen bei jenem von 1968 keine Nachweise in den Bez. D u. L [2631]. Hinweise auf Bruten: 1845 bei Niesky Brutversuch (TOBIAS 1847), der jedoch zeitlich sehr früh liegt. Anfang des 20. Jh. bei Dolsenhain/Kr. Geithain ♀ mit legereifem Ei erbeutet [449]. Alle übrigen Hinweise auf Brut entbehren der Beweiskraft [139, 1069, 2663, 3535].

Lebensraum: Abwechslungsreiche offene Landschaft, mit als Sitzwarte nutzbaren Einzelbäumen, Masten u. Freileitungen.

Wanderungen: Heimzug meist im Mai u. 1. Junidekade, Apr.-Daten selten. Früheste Beobachtungen: 31. 03. 1968 Limbach/Kr. Reichenbach 1 ♂ ad. (K. SCHICKER); 02. 04. 1974 SB Helmsdorf 1 ♀ nach NE ziehend (B. SEIFERT). Wegzug vereinzelt ab Juli, frühestens 01. 07. 1972 Plohn/Kr. Auerbach ♂ ad. (M. THOSS); deutlicher Zuggipfel im Sept., Anfang Okt. nur noch wenige Daten.

Übersicht der Beobachtungen zum Wegzug:

	Juli	Aug.	Sept.	Okt.
1. Dekade	1	5	27	1
2. Dekade	1	3	30	2
3. Dekade	2	17	12	–

Von 131 gemeldeten R. entfallen nur 30 auf den Heimzug. Im Sommer und Herbst überwiegen deutlich die Jungvögel, z. B. 1975 im Bez. L: 3 ♂♂ (davon 1 immat.), 4 ♀♀ und 20 dj. R. [3563]. Rastdauer im Herbst vermutlich bis 10 Tage, im Frühjahr meist nur kurzfristig, doch vom 25. 05.–06. 06. 1976 bei Netzschkau/Kr. Reichenbach 1 (E. FRÖHLICH). Meist einzelne R., im Herbst gelegentlich 2–3 zusammen, selten mehr: 04. 09. 1975 Hohendorf/Kr. Borna 1 u. 4 juv.; 20. 09. 1975 Mocherwitz/Kr. Delitzsch 5 juv. [3563].

W. WEISE, T. NADLER

Tabelle 39: Übersicht der Beobachtungen (Monatssummen) des Merlins in Sachsen

	Bez. L 1948–83	Bez. D 1921–83	Bez. C 1954–82
Sept.	10	5	9
Okt.	58	31	32
Nov.	42	45	23
Dez.	55	41	10
Jan.	56	44	7
Febr.	24	27	11
März	27	12	10
Apr.	11	8	5
Mai	–	1	–

Rötelfalke – *Falco naumanni* Fleischer, 1818

(Irrgast)

30. 08.1884 bei Schmannewitz/Kr. Oschatz 1 ♀ erlegt [127]; Belegstück nicht mehr vorhanden [1223]. Angaben über Brutvorkommen [251] sind unzutreffend [1069].

D. SAEMANN

Turmfalke – *Falco tinnunculus* L., 1758

Jahresvogel
Unterart: *F. t. tinnunculus* L., 1758

Verbreitung: Bv im gesamten Gebiet bis 900 m ü. NN [3207], jagende T. bis oberhalb 1 000 m ü. NN [2570]. Höchstgelegene Brutplätze um 850 m ü. NN bei Satzung/Kr. Marienberg (D. SAEMANN) u. um 900 m ü. NN bei Carlsfeld/Kr. Aue [3485].

Lebensraum: Besiedelt alle Naturräume u. Kleinlandschaften, in denen baum- u. strauchfreie Flächen wie Felder, Grün- u. Ödland oder Kahlschläge die Jagd auf Kleinsäuger besonders in der Brutzeit zulassen. Außerhalb der Brutzeit vorwiegend in Feldgebieten. Jagdgebiete können bis 5 km (vermutlich auch weiter) von den Brutplätzen entfernt sein. Nistet im Gebiet einzeln oder kolonieweise. Im 19. u. Anfang 20. Jh. wohl überwiegend Baumbrüter in Feldgehölzen und an Waldrändern

[256, 449, 579]; Baumbrüter-Anteil 1966 im Kr. Altenburg noch 38% [2218], bis 1970 im Bez. D etwa 20% (W. GLIEINICH), 1968 in Chemnitz 13% [2616], 1973–76 im Kr. Aue 28% [3485], ohne Zeitbezug im Kr. Zittau etwa 22% [4090]. Seit Anfang der 1970er Jahre landesweiter Rückgang der Baumbrüter [3207, 3618, 4105], die 1987/1988 vielerorts völlig fehlen. Felsbrüter (nach HEYDER [1223] die bevorzugte Nistweise) überwiegen derzeit mit 60% lediglich im Elbsandsteingebirge [3558]; in anderen Landesteilen Felsbruten nur noch gelegentlich, meist in Steinbrüchen [3558, 3618, 4090], jedoch nicht mehr im Erzgebirge. Vor 1925 in Leipzig bereits beachtlich viele Gebäudebrüter [586], heute die vielerorts ausschließliche Nistweise. Brutkonzentrationen in Großstädten vielfach verbunden mit veränderten Jagdgewohnheiten wie Spezialisierung auf Nestplünderei, Jagd auf Vögel bis Türkentaubengröße [1830, 2477, 3122] u. Beuteerwerb im gedeckten Raum (D. SAEMANN).

Bestand: Schätzwerte der Brutvogelkartierung 1978–82: Bez. D 400–750, Bez. L 500–800, Bez. C 450–500 BP. Bestandsschwankungen sind normal, längerfristige Trends aber kaum sichtbar; KÖCHER und KOPSCH [3618] berichten von Abnahme. Brutdichte in den Stadtkreisen deutlich höher als in Landkreisen (Tabelle 40).

Die Größe von Kolonien schwankt von Jahr zu Jahr erheblich: 1951–68 Gasometer Leipzig-Süd 4–

Tabelle 40: Brutdichte des Turmfalken in ausgewählten Stadt- und Landkreisen Sachsens

Gebiet	Größe (km²)	Quelle	Jahr	BP	BP/km²
Leipzig	144	[3996]	1975	ca. 200	1,4
		[4105]	1980–82	100–105	0,7
Chemnitz	129	[2616, 2988]	1967–73	50–75	0,4–0,6
Dresden	226			80–100	0,4–0,5
Zwickau	57	H. OLZMANN	1972–75	20–35	0,4–0,6
Görlitz	26		1964–69	3–5	0,1–0,2
Kr. Grimma, Wurzen	809	[3618]	1975	66	0,1
Kr. Altenburg	345	[2218]	1966	102–106	0,3
Kr. Aue	365	[3485]		40	0,1
Kr. Freiberg	310	F. WERNER	1975–82	20–35	0,1
Kr. Meißen	506			30–40	0,1
Kr. Freital	314			35–40	0,1
Kr. Pirna (Elbsandsteingebirge)	100			13	0,1
Kr. Bautzen	100		1963–69	1–5	0,05
Kr. Zittau	256	[2574]	vor 1970	40	0,2
			nach 1970	20–40	0,1–0,2

22 BP, Mittel 11,7 (E. Hummitzsch); 1977–82 Eisenbahnviadukt Muldenhütten/Kr. Freiberg 8–21 BP/Jahr, Mittel 12,3 (F. Werner), 1983 u. 1984 je 11 BP (J. Schulenburg).

Brutbiologie: Nester (gelegentlich auch kolonieweise) überwiegend an Bauwerken, in neuerer Zeit mind. 20 Bruten auf Gittermasten. Brütet auch auf in Betrieb befindlichen Tagebaugroßgeräten, die häufig ihren Standort wechseln. Baumbruten auf Kiefer (n = 53), Eiche (17), Fichte (8), Pappel (6), Erle (3), Lärche, Birke, Rotbuche, Hainbuche u. Weide (je 1). Brutbeginn (errechnet) im Bez. D:

	Apr.	Mai	Juni
1. Dekade	8	15	1
2. Dekade	14	13	–
3. Dekade	29	12	2

Angeblich fl. juv. bereits Ende März 1974 Burg Gnandstein/Kr. Geithain (R. Naumann). Gelegegröße: (4) 5–6 (7), ausnahmsweise 8 oder 9 Eier [3207, 3996]; 1959–75 im Bez. C M$_{34}$ 5,6 Eier/Gelege [3207]. Gelegentlich Spätbruten mit fl. juv. erst im Aug.; am 07. 08. 1967 in Netzschkau/Kr. Reichenbach Gelege mit 5 Eiern, die jedoch nicht mehr erbrütet wurden (H. Czerlinsky). 1962 in Kirche Oederan/Kr. Flöha vermutlich Zweitbrut: 3 juv. ausgeflogen 13. 06., 4 Eier am 15. 07. u. 3 juv. ausgeflogen 18. 08. (K.-H. Dittrich). 1988 Steinbach/Kr. Niesky 1 BP mit 9 juv. (R. Garack).

Wanderungen: Bei günstigem Nahrungsangebot im Spätsommer u. Herbst kleine Ansammlungen bis max. 25 T. in abgeernteten Feldgebieten. Wechselnde Anteile des Brutbestandes überwintern in unserem Gebiet; offenbar z. T. sukzessives Abwandern in strengen Wintern. Sächsische Brutfalken wurden in Ungarn, Italien bis Sizilien, S-Frankreich, Spanien u. NW-Afrika angetroffen. Über vermuteten Zuzug aus N u. NE während des Winterhalbjahres sind wir ungenügend unterrichtet.

G. Erdmann, W. Gleinich, F. Werner

Ordnung Galliformes – Hühnervögel

Moorschneehuhn – *Lagopus lagopus* (L., 1758)

Einbürgerungsversuche 1880 bei Schilbach/Kr. Klingenthal u. 1908 im östlichen Vogtland nahe der böhmisch-sächsischen Grenze verliefen erfolglos [1223, 3524].

D. Saemann

Birkhuhn – *Tetrao tetrix* L., 1758

Jahresvogel
Unterart: *T. t. tetrix* L., 1758

Verbreitung: Gegenwärtig nur noch in einigen grenznahen Bereichen des oberen Erzgebirges u. Vogtlandes regelmäßig besetzte Balzplätze. Im 19. Jh. mit Ausnahme waldarmer Ackerbaugegenden über das gesamte Territorium verbreitet (Karte 10). Höhenwärts brütete das B. bis 1 100 m ü. NN [1408] u. vermutlich in 1 150 m Höhe [2570].

Lebensraum: Heyder [1223] betont die Vorliebe für „natürlichen ungleichaltrigen Waldwuchs mit Blößen u. reicher Zwergstrauchvegetation und dessen Wechsel mit Moor, Wiese u. Feld". Von der Vielzahl nutzbarer Nahrungspflanzen haben Birke, Eberesche, Kiefer, Lärche, Weide, Heidel-, Rausch-, Moos- u. Preiselbeere, Wollgras, ferner Hafer u. Klee besondere Bedeutung. Heute bilden Hochmoore mit einem weiträumigen Umfeld von extensiv genutzten Bergwiesen u. „Kampfzonen" des begrenzenden Waldes die Lebensstätten des B., die in jüngster Zeit durch Umwandlung der Wiesen in Intensivgrünland, Trockenlegungen u. Einstellung des Haferanbaus weitere Einschränkungen erfuhren. Neuerdings behindert flächendeckende Vergrasung durch Reitgras die Besiedlung der Großkahlschläge in den Rauchschadensgebieten des Erzgebirges. In der Oberlausitzer Heidelandschaft befanden sich kurzlebige Sekundärhabitate vor allem auf anmoorigen Ödländereien (Kahlschläge, Brandflächen), die räumig mit Kiefernanflug, Birke u. Eberesche bestockt und völlig mit Heidekraut bedeckt waren (Lehmann [2208]).

Bruterfolg des Turmfalken:

		1	2	3	4	5	6	7	juv./erfolgr. brütendes Paar
Bez. D		4	7	24	40	46	16	1	M$_{219}$ 4,1
Bez. C	[3207]	1	8	22	33	39	8	3	M$_{114}$ 4,2
Bez. L	[3996]	25	78	160	158	150	70	8	M$_{649}$ 3,9

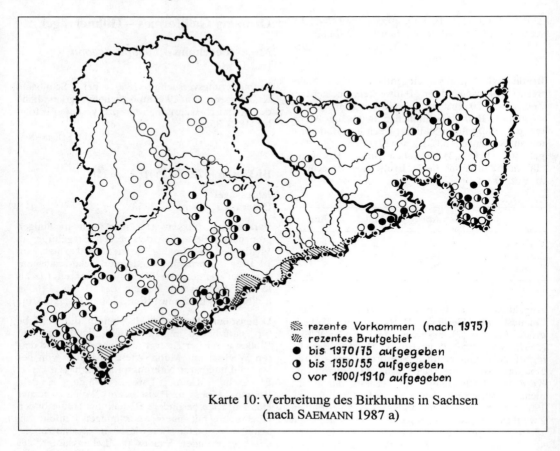

rezente Vorkommen (nach 1975)
rezentes Brutgebiet
● bis 1970/75 aufgegeben
◑ bis 1950/55 aufgegeben
○ vor 1900/1910 aufgegeben

Karte 10: Verbreitung des Birkhuhns in Sachsen
(nach SAEMANN 1987 a)

Bestand: Nach 1965 im Erz- und Elstergebirge sowie im oberen Vogtland 20 Vorkommensgebiete. Von diesen waren 1984 mind. 5 isolierte Vorkommen erloschen, auf 5 Balzplätzen insgesamt 10 ♂♂ und max. 10. ♀♀ Aus den übrigen Gebieten, in denen jedoch mit Wintervorkommen zu rechnen ist, fehlten neuere Nachrichten. Geschätzter Balzbestand 1984 max. 15–20 ♂♂ u. ebenso viele ♀♀ (SAEMANN 1987 a). Insgesamt ist anhaltender Arealschwund der Erzgebirgspopulation, dessen Zentrum auf tschechischer Seite liegt, nicht zu übersehen. Zwischenzeitlich letzte BN auf sächsischer Seite des Erzgebirges 1979 bei Hellendorf/ Kr. Pirna (G. MANKA), 1973 Fürstenau/Kr. Dippoldiswalde (D. BERNHARD), 1976 Satzung/Kr. Marienberg (W. GÜNTHER); nach 1986 deutlicher Bestandsaufschwung (STEFFENS 1985–87, erg.) und im Kr. Dippoldiswalde wieder mehrere BN (B. KAFURKE, P. DREHER u. a.). Zumindest zeitweilig war das B. in Sachsen häufig: vor 1900 balzten in der ausgedehnten Würschnitz-Niederung zwischen

Chemnitz u. Stollberg bis zu 100 ♂♂ [575]; „Ketten" von 50–70 Hühnern waren wintersüber keine Seltenheit [148, 161, 172, 178]; Tagesstrecken bis zu 40 Hühner [592] u. mind. 911 Abschüsse von 1831–1938 im Raum Zittau [1657] sprechen für gute Bestände. Dagegen um 1984 Balzgruppengröße nur max. 2–3 ♂♂ u. im Winter selten mehr als 10 B. zusammen. Der von HEYDER [1223, 1729], KNOBLOCH [1657], MENZEL [1909] u. FEILER [2208] gut dokumentierte Rückgang verlief in groben Zügen wie folgt: In NW-Sachsen verschwand das B. endgültig 1910–15: um 1910 im Forst Leina bei Altenburg [484]; letzte Nachweise im Kr. Grimma 1902, ein auf 1897 bei Klinga ausgesetzte B. zurückzuführender Bestand erlosch um 1910 [3618]; letzte Nachweise im Kr. Torgau 1907 bei Schildau [3618] u. 1912 bei Sitzenroda (PRESSLER); 1912 und 1913 im Kr. Döbeln je 1 B. geschossen [624]. Ab 1920 im übrigen Gebiet spürbarer Rückgang u. zwischen 1935 und 1955 erloschen zahlreiche Vorkommen für immer. Vorkommen in den sächsischen Teilen der Oberlausitzer Heidelandschaft sind für den Kr. Niesky bis 1965 belegt [2208], Hinweise auf gegenwärtige Vorkommen fehlen; vermutlich im Zusammenhang mit Flächenbränden im Bez. Cottbus steht der kurzzeitige Aufenthalt von ca. 10 B. Ende Apr. 1987 in der Neißeaue bei Nieder-Neundorf/Kr. Niesky (R. GARACK). Im Lausitzer Bergland u. Zittauer Gebirge seit 1930 starker Rückgang; Restbestände hielten sich im Kr. Zittau bis 1954 bei Lückendorf [1657], bis 1953 im Königsholz u. bis 1957 bei Hainewalde [4090]; im Kr. Löbau bis 1958 bei Ruppersdorf [1657]; im Kr. Sebnitz bis 1937 bei Lichtenhain (GRAF 1988) u. 1939 bei Dittersbach (GRAF 1986 a). 1954–57 im Elbsandsteingebirge (vor allem linkselbisch) noch besetzte Reviere [1802, 1428], doch seitdem nur ein fragwürdiger Rupfungsfund 1958 [1587] bzw. nur noch im Übergangsbereich zum Erzgebirge. In den 1930er Jahren verwaisten auch die meisten Balzplätze im Vogtland [1784, 2099], 1964/65 zwischen Posseck u. Tiefenbrunn/Kr. Oelsnitz 2 balzende ♂♂ (A. MÄHLER) u. Vorkommen zwischen Schönberg u. Landwüst/Kr. Oeslnitz (vgl. [1802]) sind bis 1970 nachweisbar.

Brutbiologie: Balz in Abhängigkeit von der Witterung ab Febr. möglich: 20.02.1887 Tobertitz/Kr. Plauen; 26.02.1885 Arnoldsgrün/Kr. Oelsnitz [139, 161]; neuere Beobachtungen bestätigen dies. Balz klingt bis Mitte Mai aus. Im Okt./Nov. gelegentlich Herbstbalz. Datierte Gelegefunde weisen auf Ablagebeginn nicht vor dem 1. Mai; Gelegefunde oft im Juni. Schlupfzeit 1. Juni- bis 1. Julidekade, am 05.07.1887 bereits flugfähige Jungvögel u. ab Sept. vereinte „Familienverbände". Gelegestärke: Ende 19. Jh.: 1×5, 3×6, 1×7, 2×8, 1×9, 2×10, je 1×11 u. 14, 2×15 u. (sicher von 2 ♀♀) 1×21 Eier (alle brutbiologischen Daten [139, 148, 161, 172, 178, 196, 240]); 1965–79 im Erzgebirge 1×7, 3×8, u. je 1×9 bzw. 10 Eier; Hennen führten bis zu 9 Junge (H. NESTLER, W. GÜNTHER).

Wanderungen: Von umherstreichenden Scharen wußten viele der älteren Beobachter zu berichten. Heute mögen Einzelbeobachtungen weitab regulärer Vorkommen des B. von dessen Strichaktivität zeugen (vgl. [3618] u. SCHÖLZEL 1985).

D. SAEMANN

Auerhuhn – *Tetrao urogallus* L., 1758

Jahresvogel
Unterart: *T. u. major* C. L. Brehm, 1831

Verbreitung: Nach 1970 nur noch in der Kammregion des oberen W-Erzgebirges zwischen 700 u. 900 (1 000) m ü. NN, doch in diesem Gebiet seit 1984 keine Hähne mehr festgestellt u. Brutvorkommen

sind somit vermutlich erloschen. Das A. besiedelte im 18. Jh. u. (bereits rückläufig) im 19. Jh. alle großen Waldgebiete Sachsens (Karte 11).

Lebensraum: Im Erzgebirge naturnahe mehrschichtige Fichtenwälder mit reicher Verjüngung, lichten Althölzern u. einem Deckungsgrad der Heidelbeere von mind. 10–15%. Die Nähe der mit Latsche bestockten Hochmoore sowie Beimischung von Kiefer und Buche werden bevorzugt. In der sächsischen Oberlausitz massereiche reife Kiefernbestände unterschiedlicher Sozietät bei stets starker Heidelbeerbedeckung ([3225] u. FEILER 1967). Die Felsregionen des Elbsandsteingebirges [2352] und des Zittauer Gebirges [1655, 2225] boten hinsichtlich Struktur u. artenreicher Bestockung ein Grenzflächenmosaik, das funktionell dem komplizierten Verhaltensmuster des A. während der Balz optimal entsprach [2915, 3024]. Viele sächsische Vorkommen scheinen nach heutigen Erkenntnissen durch das Vorhandensein der Kiefer wesentlich gefördert worden zu sein, doch mag in früheren Zeiten auch die Tanne als Winternahrung eine größere Rolle gespielt haben (SAEMANN 1987 a). Neben anthropogenen Einflüssen sind das Verschwinden der Tanne u. parallel dazu der Wandel des Baumartenbildes bei der Beurteilung der Rückgangsursachen zu berücksichtigen.

Bestand: Um 1 800 Gesamtbestand schätzungsweise 900–1 200 A., 1965 im W-Erzgebirge ca. 25 ♂♂ u. 42 ♀♀ (KRILL 1966). Um 1975 hat der Bestand mit max. 10–15 ♂♂ u. 15–24 ♀♀ (R. MÖCKEL, W. SCHNEIDENBACH) das kritische Stadium erreicht. Nachweislich verwaisten von 1975–83 die vermutlich letzten 3 Balzplätze von je 1–3 ♂♂ (R. MÖKKEL). Ehemalige Siedlungsdichte: Ende 19. Jh. im Revier Markersbach/Kr. Pirna auf 700 ha 50–60 A. als „Standwild" [178]; im Elbsandsteingebirge Durchmesser eines Balzareals von 12 ♂♂ 1 km, dabei Einzelbalzplätze 60–150 m voneinander entfernt u. Einstände 0,4–2 km vom Zentrum des Balzgebietes [2352]. 1967 beanspruchte 1 ♂ mit 5 ♀♀ ein Balzrevier von 9 ha [2915].
Seit Anfang 19. Jh. kontinuierlicher, mit Arealschwund verbundener Bestandsrückgang [1223, 1729], doch um 1900 in der Oberlausitzer Heidelandschaft lokale Zunahme [2429]. Der Rückgangsprozeß verlief in N-Sachsen von West nach Ost, im Mittelgebirgsraum in umgekehrter Richtung. Isolierte Vorkommen (z. B. Tharandter Wald und Dresdner Heide) erloschen zuerst [1223]. Die sächsischen Flachlandvorkommen des A. westlich der Elbe verwaisten vor 1880 [1223, 3618]. Letzte Nachweise in den ostsächsischen Heidegebieten 1873/74 auf „Würschnitzer Revier" in der Laußnitzer Heide [161], 1927 bei Weißig u. Schmeckwitz/Kr. Kamenz [690], 1939 bei Geißlitz/Kr. Bautzen

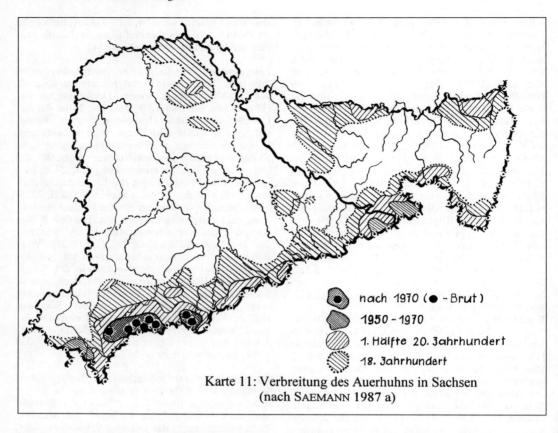

nach 1970 (● – Brut)

1950 – 1970

1. Hälfte 20. Jahrhundert

18. Jahrhundert

Karte 11: Verbreitung des Auerhuhns in Sachsen
(nach SAEMANN 1987 a)

[2429] u. 1953 bei Jänkendorf/Kr. Niesky [2429]. Im Kr. Niesky bestanden Restvorkommen zumindest bis in die 1970er Jahre: Frühjahr 1971 Niesky 1 gefangene Henne (STUBBE u. BRUCHHOLZ 1977), sonst keine konkreten Daten. Die Zentren dieser Vorkommen lagen jenseits der Bezirks- u. Staatsgrenze (vgl. [1909, 2429]); auf sächsischer Seite sind die Vorkommen erloschen (SAEMANN 1987 b). Eine erfolgreiche Brut 1973 nahe der Aufzuchtanlage des Wildforschungsgebietes Spree zeitigte eine Henne der Unterart *T. u. uralensis* oder *T. u. taczanowskii* (aus den Volieren entwichen) u. ist nicht als Wiedereinbürgerungserfolg zu werten (BRUCHHOLZ 1975). Im Lausitzer Bergland letztmalig 2 ♂♂ 1929 am Czorneboh [1223] u. am 01. 01. 1917 bei Herrnhut/Kr. Löbau 1 ♀ (L. BEKKER). Im Zittauer Gebirge nach 1950 kein BN mehr u. letzte Beobachtungen 1954 bei Waltersdorf, 1956 Oybin u. 1961–63 bei Lückendorf [1655, 2225]. Im Elbsandsteingebirge während der 1960er Jahre starker Rückgang der rechtselbischen Vorkommen [2352], die zwischen 1970 u. 1975 restlos erloschen (GRAF 1986 b); am 28. 09. 1969 nahe der Staatsgrenze 2 ♂♂ (D. LOSCHKE) u. 1970 vermut-

lich noch 5 A. [2857]. Am 30. 09. 1985 noch 2 ♀♀ bei Hinterhermsdorf/Kr. Sebnitz (W. BEHNISCH). Linkselbisch „stand" das A. 1957 noch bei Cunnersdorf [1454], wo G. MANKA am 25. 04. 1981 Blinddarmlosung fand. Bereits 1914 fehlte das A. im S-Teil des Kr. Dippoldiswalde [449]. Im Kr. Marienberg letzte Nachweise 1934 bei Neuwernsdorf-Neuhausen [1364], bei Reitzenhain 1957 letztmalig 1 Gelege u. Balz bis 1962 (W. GLÄSER), 1973 bei Rübenau 1 ♀ (W. GLÄSER), bei Satzung bis 1938 [1364] u. laut H. NESTLER sogar bis 1954 [1729]. Das Vorkommensgebiet im W-Erzgebirge hat seit 1900 erheblich an Ausdehnung eingebüßt. Vorkommen bei Irfersgrün u. Kichberg südl. Zwickau [247] oder bei Geyer [449] erloschen bis 1920, solche bei Jöhstadt nach 1933 [1364]. Anhaltender Arealschwund brachte zunächst die Vorkommen im Oberen Vogtland in Isolation u. seit etwa 1970 ist das A. aus dem Raum Bad Elster verschwunden; Mai 1970 in Bad Elster 1 „abnorme" Henne gefangen [2900]. In den 1970er Jahren geriet die Fichtelberg-Population des A. in Isolation, die Balzplätze verwaisten um 1980, ab 1984 wurden nur noch ♀♀ nachgewiesen (W. SCHMIEDEL). Die

Reduzierung von Gruppen- zu Einzelbalzplätzen, das Auftreten „abnormer" ♂♂ u. versprengter ♀♀ (z. B. [2150, 2900]) sind sichtbarer Ausdruck des Zusammenbruchs von Teilpopulationen. Eine einzelne Henne hielt sich 1960–66 in der Dübener Heide auf u. bebrütete 6 unbefruchtete Eier im Mai 1963 [2016, 2113, 2333, 2435]. Einzelbeobachtungen 1987–89 in der Oberlausitz (S. u. L. FÖRSTER, W. SPANK, NACHTIGALL et al. 1995).

Brutbiologie: Frühester Balzbeginn im Revier Markersbach am 19. 03. 1891 [240]; 1959–66 Balzbeginn im Elbsandsteingebirge nicht vor dem 1. Apr. [2352]. Gelegefunde im Mai; Legebeginn frühestens 25./26. 04. 1889 [178], witterungsbedingt noch im Juni [178]. Gelegegröße: Vor 1900 neben offenbar unvollständigen Gelegen mit 4–5 Eiern 4×7, 4×8 u. 1×9 Eier, im Elbsandsteingebirge angeblich bis 12 [139, 161, 172, 178, 196]; 9 Eier auch 1974 am Großen Rammelsberg (R. NAUMANN) u. 22. 05. 1927 südl. Steinbach/Kr. Annaberg (W. FLÖSSNER). Schlupfzeit meist Mitte Juni; 10. 06. 1887 bereits wachtelgroße juv. [172] u. 28. 07. bzw. 03. 08. 1889 noch sehr kleine Küken [178]. Aufzuchterfolg witterungsabhängig, dennoch führten ♀♀ 2×9 u. je 1×10 bzw. 11 juv. [172, 178]; 1980 im W-Erzgebirge 1×5 u. 2×8 juv. (R. GÜNTHER, W. SCHNEIDENBACH).

Wanderungen: ♂♂ standorttreu, ♀♀ mit größerem Aktionsradius, was sich in den vorliegenden Beobachtungen deutlich widerspiegelt.

D. SAEMANN, H. KNOBLOCH

Rackelhuhn – *Tetrao tetrix* x *Tetrao urogallus*

In Sachsen mind. 17mal nachgewiesen (wohl erlegt). Mit dem drastischen Rückgang der Waldhühner versiegte auch das Auftreten von R. bereits um 1900 [1223, 2949]. 1930 in der Görlitzer Heide 1 ♂ [748].

D. SAEMANN

Haselhuhn – *Tetrastes bonasia* (L., 1758)

Ehemaliger Brutvogel (Jahresvogel)
Unterart: *T. b. rupestris* (C. L. Brehm, 1831)

Verbreitung: Im 19. u. in der 1. Hälfte des 20. Jh. brütete das H. im Mittelgebirgsraum bis 800 [1223] bzw. 900 m ü. NN [787]. Für ehemalige Vorkommen im Flachland gibt es nur wenige konkrete Hinweise ([1223, 1352, 1735] – Karte 12).

Lebensraum: Nahrungsanalysen sächsisch-böhmischer H. [787] lassen den hohen Bedarf an Laubhölzern wie Eberesche, Birke, Erle, Weide, Aspe, Hasel, ferner an Ericaceen, Brom- u. Himbeere sowie verschiedenen Kräutern erkennen. Neben den genannten Gehölzen, die im Dickungs- und Stangenholzalter bevorzugt werden, gehören Deckung bietende Fichtengruppen unterschiedlichen Alters, eine gut ausgebildete Beerkrautschicht sowie lichte, sonnige Blößen u. Sandbadestellen zum Lebensraum, dessen Strukturen einen hohen inneren Grenzlinienanteil gewährleisten müssen. Pionierwald- u. Saumgesellschaften in Bachgründen, an Schneisen und Wegrändern, als Mittel- oder Niederwald bewirtschaftete Bauernwälder oder verwahrloste, ungepflegte Waldstücke mit vielartigem Gehölzaufwuchs boten auch in Sachsen dem H. Lebensbedingungen.

Bestand: Bis etwa 1900 waren große Teile der Mittelgebirgsregion besiedelt; das H. wurde in allen Revieren bejagt. Auffallender Bestandsrückgang hatte in den letzten Jahrzehnten des 19. Jh. eingesetzt [1223]. 1914 waren die Vorkommen im W-Erzgebirge und Vogtland bereits stark reduziert [410, 449]; letzte Beobachtung 1946 im Forst Hartmannsdorf S Zwickau [1729]. Im Zittauer Gebirge nach 1920 rasche Bestandsabnahme bis zum völligen Erlöschen 1929 bzw. 1935 [1071, 1735]. Im Lausitzer Bergland, Elbsandsteingebirge und angrenzenden Teilen des Osterzgebirges verschwand das H. als regelmäßiger Bv in den 1940er Jahren [996, 1352, 1428]. Ein Nestfund am Kottmar bei Löbau – 03. 06. 1955 4 Eier, später 6 [1503] – blieb der letzte BN; im gleichen Gebiet 1958 und 1959 wiederholt 1 ♀ (C. NEITSCH), eine weitere Beobachtung 1977 zweifelt NEITSCH an. Im Elbsandsteingebirge Einzelbeobachtungen bis in die 1970er Jahre: 24. 07. 1963 dicht jenseits der Landesgrenze bei Velky Senov (Großschönau) 1 H. (KLABNIK 1986); 04. 05. 1975 u. 15. 10. 1976 im Winterberggebiet beiderseits der Landesgrenze je 1 Beobachtung (D. GRAF); Sept. 1975 Kirnitzschgebiet 1 Beobachtung (G. STEINER); 30. 10. 1978 Wälder bei Cunnersdorf/Kr. Pirna 1 H. (R. LAUBE, J. SCHMIEDER). Hier sollen 1952 oder 1953 den auf einem Kahlschlag arbeitenden Forstarbeiterinnen 18–20 H. gefolgt sein [1352]. 17. 07. 1977 bei Holzhau/Kr. Brand.-E. 1 ♂ [3518, 3519]; seitdem keine gesicherten Hinweise. Jagdstrecken: 1846–1913 Zittauer Gebirge einschließlich heute tschechischer Gebiete 179 H. erlegt [1735]; 1817–1904 Forstrevier Ottendorf 62 H., davon 53 H. 1817–1843 überwiegend im Sebnitzer Wald (D. GRAF).

Brutbiologie: Gelegefunde im Mai, frühestens am 26. 04. 1889; 1×6, 3×8 u. je 1×9 bzw. 14 Eier; Führungszeit hauptsächlich im Juni u. flugfähige juv. ab Mitte Juni bis 1. Julidekade [148, 161, 178, 196, 240].

Wanderungen: Nach neueren Untersuchungen streng standorttreu, was Helm [148] bereits erkannt hatte.

D. SAEMANN, H. KNOBLOCH

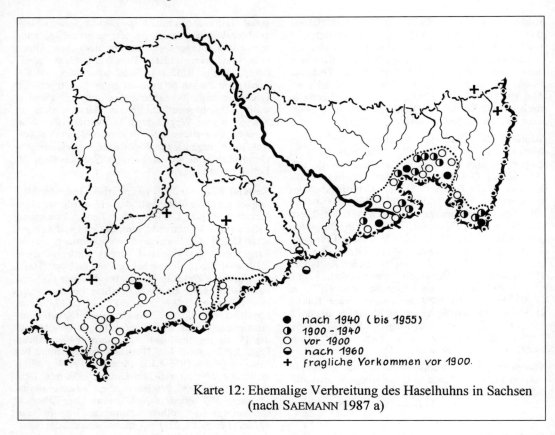

Karte 12: Ehemalige Verbreitung des Haselhuhns in Sachsen
(nach SAEMANN 1987 a)

Legend in the figure:
● nach 1940 (bis 1955)
◑ 1900 - 1940
○ vor 1900
⊖ nach 1960
+ fragliche Vorkommen vor 1900.

Rebhuhn – *Perdix perdix* (L., 1758)

Jahresvogel

Verbreitung: Außerhalb geschlossener Waldungen Bv bis in die hohen Gebirgslagen: am Fichtelberg bis etwa 1 100 m ü. NN [1223, 2570], zuletzt 1 balzendes ♂ am 12. 05. 1975 (D. SAEMANN, K. SCHEFF-LER, U. SCHUSTER). Seitdem nach ständigem Areal-schwund keine Nachweise aus den Hochlagen oberhalb 800 m ü. NN; im Bez. D nur noch bis 420 m ü. NN vorkommend (R. STEFFENS).

Lebensraum: Felder u. Grünland mit auflockern-den Strukturen wie Raine, Feldhecken, Gehölzre-ste, Gräben u. ungenutzte Flächen. Besiedelt auch Obstplantagen, gelegentlich Kleingärten u. Rand-zonen von Waldungen; dringt auf Ruderalflächen u. Ödland bis in die Städte vor. Habitatnutzung im Winter verändert: von 292 Winterbeobachtungen bei Schneeberg/Kr. Aue auf Wiesen 41%, in Gär-ten 13%, auf Bergbauhalden 10%, auf Stoppelfel-dern 9%, auf Sturzäckern 6%, auf Ödland 5%, auf Kartoffelfeldern u. in Feldgehölzen je 3%, auf Saa-ten u. Klee je 2%; bei hoher Schneelage an Mie-ten, Silos u. Feldscheunen (MÖCKEL 1985).

Bestand: Ehemals ein sehr häufiger Bv, wie Jagd-strecken von 90 400 im Winterhalbjahr 1935/36 oder 86 500 (1936/37) belegen [1223], jedoch schon Rückgang seit mindestens der Jahrhundertwende [z. B. 2813] durch Aufgabe der klassischen Dreifel-der-Wirtschaft und damit einhergehender Flurbe-reinigung. Starke Bestandsminderungen nach har-ten Wintern, Jagdstrecke 1939/40 dadurch z. B. nur 24 600 [1223]. Die grundlegende Umgestaltung der Landwirtschaft nach 1960 engte den Lebensraum des R. weiter ein und führte dazu, daß mancher-orts seine Habitatansprüche nicht mehr erfüllt sind. März 1976 im Bez. L 7 011 R., März 1985 nur 2 136 R. (KÖCHER u. LIEBER 1986); 1974 im Bez. D 6 200 R., 1982 nur 1 300 (ZETTL 1984). Winterbe-stand (Ex./km^2): 1957/58 Kr. Annaberg, 10 km^2 ca. 650 m ü. NN 11,0 [2742]; 1965 u. 1966 NE Leipzig, 10 km^2 offene Landschaft 2,3–3,3 u. 10 km^2 Schutzstreifengebiet 5,9–6,5 [2394]; 1976–83 Kr. Aue, 7,25 km^2 Abnahme von 8,4 im Winter

1978/79 auf 1,4 im Winter 1982/83 (MÖCKEL 1985). Konzentrationen im Winter lassen keine Rückschlüsse auf Brutdichte zu: Winter 1967/68 auf 40 ha Ruderalgelände am Stadtrand von Chemnitz max. 60 R., aber 1968 nur 4 BP u. 2 BP 1973 [2616, 4178], nach 1985 fehlend (D. SAEMANN). Hohe Abundanz von 3–10 BP/km^2 auch in der Tagebaufolgelandschaft je nach Entwicklungsstadium [3442]. In Optimalhabitaten der Oberlausitz 1967 bis 7 BP/km^2, mittlere Dichte in den 1960er Jahren 1–2 u. 1971 nur noch 0,5–1 BP/km^2 [2813]; 1975 bei Kamenz auf 42 ha „Unland" 3, 1976 noch 1 BP, danach fehlend [3786]; Kr. Zittau früher bis 4 BP/km^2, 1981/82 nur noch 0,5 [4090]. 1978–87 Kr. Delitzsch, ca. 35 km^2 Feldgebiete, 0,8–1,0 BP/km^2 (K. GRÖSSLER); 1971 u. 1974 im Raum Grimma 0,3 bzw. 0,2 BP/km^2 [3618]. Der Rückgang scheint gebirgswärts etwas später eingesetzt zu haben: 1968 bei Zwickau, 2,1 km^2 Feldflur, 6,6 u. 1977 1,0 BP/km^2 (B. SEIFERT); 1977–83 bei Schneeberg/Kr. Aue mittlere Dichte 2,2 bei max. 3,6 BP/km^2 (MÖCKEL 1985). In den Flußauen offenbar höhere Dichte als in flußfernen Fluren (vgl. [2616, 3618, 4090]); Muldenaue bei Zwickau 1976 (1,7 km^2) 4,7 u. 1978 (3,55 km^2) 3,1 BP/km^2 (B. SEIFERT); die Muldenaue N Glauchau ist noch Mitte der 1980er Jahre das bestbesiedelte Gebiet im Bez. C (H. FRITSCHE).

Brutbiologie: Nester an Böschungen, Grabenrändern, auf Schuttplätzen u. Kahlschlägen, meist durch höhere Pflanzen gut gedeckt [2813]. Gelegefunde in der Oberlausitz 13×Juni, 9×Juli, 2×Aug. [2813]; Spät- oder Nachgelege 17. 08. 1968 (9 Eier [3618]) u. 29. Aug. (7 Eier [2813]). Gelegestärke (6)–21 (23), M$_{61}$ 13,8 Eier; ein Gelege mit 31 Eiern sicher von 2 ♀♀ [3618]. In der Oberlausitz kamen von 39 Gelegen nur 23% zum Schlupf [2813]. Die Paare führen 1–18 kleine juv., M$_{171}$ 8,2 ([3618] erg.).

Tabelle 41: Mittlere Volkstärken des R. in A) Oberlausitz 1947–71 [2813], B) Bez. C 1968–75 ([2895, 3207] erg.), C) Schneeberg/Kr. Aue 1976–83 (MÖCKEL 1985), D) Kr. Zittau 1966–82 [4090]

	A	B	C	D
n	1180	368	288	320
Aug.	9,6	8,5	6,7	9,9
Sept.	9,2	11,1	7,3	5,7
Okt.	10,1	9,6	8,9	9,6
Nov.	10,7	9,4	7,1	10,9
Dez.	8,2	7,1	7,0	8,9
Jan.	9,0	8,6	7,0	11,0
Febr.	7,8	5,0	7,4	7,1
März	7,0	2,6	–	3,1

Mittlere Volkstärken von Aug.–Febr. 5,0–11,1 (Tabelle 41). Die geringen Werte im März belegen die Auflösung der Verbände; nur 2% aller Völker vereinen mehr als 20 R.

Wanderungen: Standvogel. Ein Verlassen schneereicher Gebirgslagen im Winter [178] kann nicht als erwiesen gelten.

R. MÖCKEL, H. ZETTL, L. HEINZE

Wachtel – *Coturnix coturnix* (L., 1758)

Sommervogel, Durchzügler
Unterart: *C. c. coturnix* (L., 1758)

Verbreitung: Vorkommen bei deutlicher Bindung an landwirtschaftliche Flächennutzung im gesamten Gebiet. Hinweis auf Brut 1982 bei Grumbach/Kr. Annaberg, ca. 750 m ü. NN (S. SCHLEGEL) u. 1967–73 mehrfach in Rübenau/Kr. Marienberg, ebenfalls um 750 m ü. NN (G. DITTRICH). Höchstgelegene Rufplätze 900 m ü. NN: 1928 Hirtstein bei Satzung/Kr. Marienberg [1223] u. 1964 Oberwiesenthal [2570].

Lebensraum: Offene, meist baumlose Landschaft. Im Flachland werden trockene, sandige Böden bevorzugt; im Erzgebirge auch in feuchten Wiesen u. in der Nähe von Teichen. Etwa 70% der rufenden W. in Getreidefeldern, regional 20–50% aller Rufer in Gerste. Im Erzgebirge etwa 25% auf Grasland, überwiegend in Mähwiesen. Kaum eine Feldfrucht wird völlig gemieden. Vor 1900 offenbar bevorzugt in Klee, wofür sich nach 1945 nur in der Oberlausitz Hinweise finden [2813]. Veränderte Sortenwahl u. Agrartechnologie sind bei der Einschätzung der Bestandsentwicklung zu berücksichtigen.

Bestand: Die Anzahl rufender W. schwankt von Jahr zu Jahr beträchtlich: 1961–82 im Bez. L 2–54 Rufer/Jahr, M$_{22}$ ca. 24; 1964–88 im Bez. C 3–65, M$_{25}$ 18,5 Rufer/Jahr bei steigender Tendenz im letzten Dezennium (Abb. 13). 1977–82 N-Teil Kr. Zittau 0,05–0,2 Rufer/km^2 [4090]. Zuweilen Konzentrationen rufender ♂♂, z.B. Juli/Aug. 1970 in Kleebeständen am Flugplatz Rothenburg/Kr. Niesky bis 12 Rufer [2813]. Die rufenden W. sind vermutlich zum größten Teil Durchzügler; BN gelingen nur zufällig u. erlauben keine Einschätzung des Brutbestandes. Bestandsabnahme nach 1960 ist nicht zu beweisen.

Brutbiologie: Gelegefunde (z. T. aus dem 19. Jh.) Mitte Juni–Aug.; ein Ei bereits 07. Mai, Gelege mit 10 Eiern noch 02. Sept.. Gelegestärke: 2×7, 1×8, 3×9, 2×10, 1×11, 2×12, 6×13 u. 2×15, M$_{19}$ 11,2 Eier; Neststandort 6×Klee, 2×Wiese, 2×Weizen, je 1×Hafer, Gemenge, verwachsener Feldweg ([161, 172, 178, 196, 240, 586, 680, 2813, 3618,

4090] erg.). Mehrere Beobachtungen von Jungvögeln im Juli; 20. 06. 1979 Claußnitz/Kr. Chemnitz 4 kleine juv. (W. WEISE); 21. 08. 1989 Berthelsdorf/ Kr. Löbau 1 BP mit 3 juv. (C. FUCHS); 11. 09. 1965 Knautnaundorf/Kr. Leipzig 1 ad. mit 7 juv. [2333]; 03. 10. 1987 Börnchen/Kr. Freital Riß eines nfl. juv. (M. SCHINDLER).

Wanderungen: Ankunft 1949–82 Bez. L 20. 04.– 25. 06., M$_{32}$ 17. 05. (FG Leipzig, K. GRÖSSLER); Ankunft in der Oberlausitz (p = 42) meist 2. Maihälfte, frühestens 30. 04. [2813]. Früheste Daten:

14. 04. 1891 [240], 14. 04. 1933 (M. WITT), 15. 04. 1971 (H. OLZMANN). Anzahl rufender W. im Juni/ Anfang Juli am höchsten, 2. Julihälfte rapide Abnahme; Anfang Sept. nur noch vereinzelt schlagende W., vermutlich breits auf dem Zuge befindliche Vögel, wie 06./07. 09. 1977 im Kr. Zittau [4090]. Wegzug ist Ende Sept. nahezu beendet (Abb. 14). Spätere Nachweise betreffen wohl Nachzügler: 15. 10. 1925 Leipzig-Gohlis 1 angeflogen (M. HERBERG); 25. 10. eine W. angeflogen [586]; 18. 11. 1959 Wetro/Kr. Bautzen 1 angeflogen [2813]; 24. 11. 1968 Klaffenbach/Kr. Chemnitz 1 gefangen

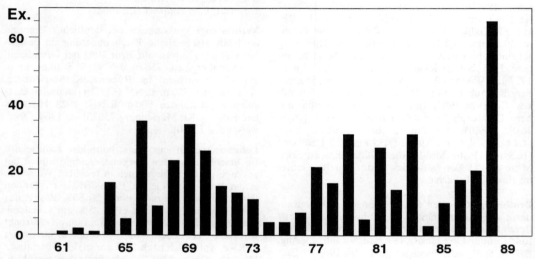

Abb. 13: Nachweishäufigkeit rufender Wachteln (Jahressummen) im Bez. C 1961–88

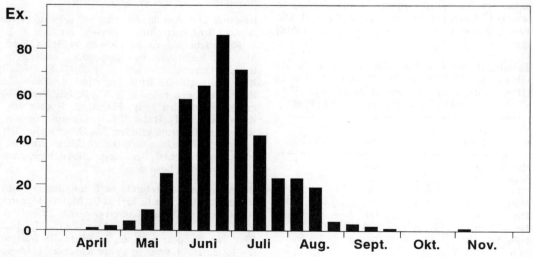

Abb. 14: Nachweishäufigkeit rufender Wachteln (Dekadensummen) im Bez. C 1961–88

(W. Günsche); G. Creutz erhielt 1 W. im Dez. [1223]. Gelegentlich schlagen nachts ziehende W. im Fluge, z. B.: über Niesky am 07. 06. u. 10. 07. [2813]; im Bez. C 31. 05. 1977 (M. Tietz), 31. 05. 1981 (S. Lenz); 15. 07. u. 13. 08. 1970 (W. Weise); über Leipzig (p = 8) zwischen 31. 05. u. 01. 07. (K. Grössler). Eine im Apr. bei Parma (Italien) beringte W. am 05. Juli bei Reichenbach [1729].

K. Grössler, G. Kleinstäuber

Fasan – *Phasianus colchicus* L., 1758

Jahresvogel (eingebürgert)
Unterarten: z. B. *Ph. c. colchicus* L., 1758, *Ph. c. torquatus* Gmel., 1789, *Ph. c. mongolicus* Brandt, 1844. Offenbar meist „Mischformen"; phänotypisch überwiegend Ringfasan.

Verbreitung: Seit 2. Hälfte 19. Jh. fest eingebürgert u. allgemein verbreitet; im Zittauer Gebirge bis 300 m ü. NN [4090], im Erzgebirge bis 400 m ü. NN. Vor 1940 infolge größerer Dichte Höhengrenze bei 700 m ü. NN [1223]. 1970–81 Vorkommen um 750 m ü. NN nur im Raum Deutscheinsiedel/Kr. Marienberg (U. Kolbe, V. Geyer, G. Ihle); Juli 1988 bei Satzung/Kr. Marienberg (um 850 m ü. NN) 1 ♂ (D. Saemann). Höchstgelegener Brutplatz 1980 bei Marktneukirchen/Kr. Klingenthal, 480 m ü. NN (R. Möckel).

Lebensraum: Extensiv oder nicht genutzte Splitterflächen in der Nähe landwirtschaftlicher Kulturen bilden, sofern mehrschichtiger Bewuchs ausreichend Deckung bietet, beliebte Einstände. Dazu zählen Röhrichte, Kläranlagen, Saumgesellschaften an Waldrändern (insbesondere Auwälder), Flurgehölze, Hecken, Ödland, städtische Ruderalflächen u. Anpflanzungen in Rekultivierungsgebieten, insbesondere aber deckungsreiche Fluß- u. Bachauen wowie Uferbereiche von Standgewässern. Als günstige Habitatverbesserung werden 7jährige Anpflanzungen angesehen [4153]. Meidet das Innere geschlossener Waldungen u. strukturlose Großflächen der Landwirtschaft [2616, 3062, 3618, 4090].

Bestand: In Sachsen ist höfische Fasanenhaltung seit 1479 verbürgt; in ihr sehen Heyder [1223] u. Niethammer [3524] die Anfänge der Einbürgerung. Vorkommen in „freier Wildbahn" seit 2. Hälfte 19. Jh. bekannt u. hegebedingt zwischen 1870 u. 1890 starke Ausbreitung [1223]. Auffallende Bestandsschwankungen wohl ebenfalls vom Hegeaufwand abhängig; in Kriegs- u. Nachkriegszeiten oft vollkommener Zusammenbruch der Bestände, insbesondere nach 1945 [1729, 1784, 2099, 2940]. Um 1960 erneut Aussetzungsversuche, anfangs in kleinen Stückzahlen, oft unkontrolliert u. in suboptimalen Gebieten. Während der 1960er

Jahre erreichten Aussetzungen vielerorts ein größeres Ausmaß (vgl. [2813]). Bei Aussetzungen in speziellen Bewirtschaftungsgebieten wurde seit einigen Jahren die vollständige Nutzung im 1. Jahr angestrebt [4153]. – Geringe Dichte der sächsischen „Wildpopulation": Kr. Grimma, Oschatz u. Wurzen, 1 268 km^2, weniger als 100 Paare [3618]; Milkwitz/Kr. Bautzen u. Oderwitz/Kr. Zittau ca. 1 BP/km^2 [3144, 4090]. Höhere Abundanzen wie 1–1,5 BP/10 ha GT Torgau [2177], 0,2–0,7 in Anpflanzungen Tagebaugebiet Kulkwitz [2320], 0,2–0,4 Pleißeauwald Leipzig [1949, 2549] oder 0,25 auf großstädtischer Ruderalfläche [2616, 4178] haben nur lokale Bedeutung, da Angabe „BP/10 ha" unreal. Im TG Limbach-O./Kr. Chemnitz 1985 auf etwa 1 km^2 Fläche Balz von 4–5 ♂♂, aber nur 1 ♀ anwesend (D. Saemann). Hegeabhängig sind 13 F./km^2 – Seifhennersdorf/Kr. Zittau [2813] – u. wohl auch mehr möglich. Besatzdichte um 1930 wesentlich höher als heute: vor 1940 Abschußquoten rückläufig von 92 000 auf 49 000 F. [1223]. Heute werden meist Einzelvögel registriert, in den Kr. Grimma, Oschatz u. Wurzen 59% [3618], im Bez. C. 82% aller Beobachtungen.

Brutbiologie: „Normales" Brutverhalten zeigen nur „Wildvögel", frisch ausgesetzte dagegen kaum [3144]. Von 67 Gelegen in der Oberlausitz 67% in landwirtschaftlichen Kulturen wie Klee, Luzerne, Gemenge, Futterroggen u. a., 33% in Hecken, Gebüsch, Remisen, Gehölzen, an Böschungen oder Gräben [2813]. Beginn der Eiablage Anfang Mai [586], gelegentlich ab 2. Apr.-Dekade: 01. 05. 1963 bereits 8 Eier [2099] u.- 15 Eier am 30. Apr. [2813]. Eiablage endet im Juli; 5 Eier noch am 07. Aug. u. Schlupfdaten zwischen 21. 05.–15. 08. [2813]. Gelegegröße: 1–19 Eier (n = 52) in der Oberlausitz, Mittelwerte 12,3 (Mai), 9,4 (Juni), 8,7 Eier/Gelege im Juli [2813]. Sporadische Gelegefunde aus anderen Gebieten: 4×8, 4×9, 1×10, 1×11, 4×12 u. 1×15 Eier [2099, 3618, 4090]. Anzahl juv. 3–11, M$_{35}$ 5,5 juv./♀[3618]. Von Anfang Sept.–Ende März zuweilen größere Ketten von 10–23 F. [3618, 3751].

Wanderungen: Nach der Aussetzung teilweise Abwanderung, bis 44 km belegt (Stubbe u. Waurisch 1977); sonst keine Strichaktivitäten.

D. Saemann

Ordnung Gruiformes – Rallen- und Kranichvögel

Kranich – *Grus grus* (L., 1758)

Sommervogel, Durchzügler
Unterart: *G. g. grus* (L., 1758)

Verbreitung: Alten Quellen zufolge ist ein Brutvorkommen 1574 bei Elterlein/Kr. Annaberg als verbürgt anzunehmen [1223, 1729, 2570]. Die rezenten Brutplätze im Oberlausitzer Heide- und Teichgebiet, in den Königsbrück-Ruhlander Heiden sowie in der Düben-Dahlener Heide [1223, 2591, 2668, 3026, 4058] liegen an der SW-Grenze des europäischen Brutareals.

Lebensraum: Brütet in Verlandungszonen an Wald grenzender Teiche, in Mooren bzw. Resten davon, sumpfigen Wäldern, Brüchen u. an moorigen Waldgewässern. Zur Brut genutzte Moore in der Oberlausitz haben z. T. nur 30 m Durchmesser [3512]. Nahrungssuche auf an Wald grenzenden Feldern und Wiesenflächen.

Bestand: Trotz beträchtlicher landschaftlicher Veränderungen in der Oberlausitz v. a. dank strengen Schutzes seit 1950 kein Bestandsrückgang [3026, 4058]; Vergleiche mit der Situation vor 1950 infolge unzureichender Bestandserfassung in der 1. Hälfte des 20. Jh. kaum möglich (vgl. [595, 619, 1223, 3026]). Bruten in der sächsischen Oberlausitz seit 1898 bekannt [3026]. 1950–71 Kr. Kamenz 2–5, Kr. Bautzen 1–5 u. Kr. Niesky 2–7 BP [3026]; 1979–81 in den 3 Kr. zusammen 17, 16 bzw. 19 BP [4058]; Bez. D 1986–89 mind. 20–25 BP, anhaltend leichter Bestandsanstieg (C. Schulze u. a.).
Bruchgebiete in der Dübener Heide im Kr. Eilenburg: 1889 wird der K. erwähnt (Thienemann 1881), 1892 Vorkommen (B. Schneider), 1900 hier 1 BP [352], ebenso 1936 u. 1937 (Sperling 1937). 1 BP auch 1953–55, ab 1956 2 BP [2668], in den folgenden Jahren 2–5 (1985) sowie 1986 u. 1987 jeweils 7, 1989 8 BP (BAG Artenschutz). Aus dem NE-Teil des Kr. Torgau liegen kaum Informationen vor. Bei Machern/Kr. Wurzen 1 Paar ohne Ansiedlung 15. 03.–06. 04. 1972 [3089].

Brutbiologie: Nestbau frühestens Ende März, meist ab Anfang Apr. [3026]. Nest auf Kaupen zwischen Seggen, Binsen oder Röhricht im flachen Wasser, seltener in lichtem Erlen- oder Birkenbruch, oft hoch aufgetürmt u. brütender K. weithin sichtbar [3026]. Legt meist 2 Eier. Gelegefunde gewöhnlich 26. 03.–20. 04.; Schlupfzeit Ende Apr.–Mitte Mai, gelegentlich später: 05. 06. 1955, 05. 06. 1958, noch 2 Eier am 08. 06. [3026] u. ad. auf 1 Ei brütend 20. 06. 1976 [3512]. Bei frühem Verlust Nachgelege. Bruterfolg: in der Oberlausitz 45×2, 49×1, 13×0, M_107 1,3 juv./BP, 2mal soll 1 BP je 3 juv. aufgezogen haben [3026]; im Bez. L 1986, 1987 u. 1989 M_22 1,3 juv./BP.

Wanderungen: Ankunft im Brutgebiet 02. 03.–02. 04. [352, 1223]; 1959–62 in der Oberlausitz bereits Ende Febr., frühestens 23. 02. 1962 [3026]; Dübener Heide 27. 02. 1961 [1880]. Noch frühere Daten wie 04. 02. 1967 Quolsdorf/Kr. Niesky 1 K. u. 06. 02. 1959 Niedergurig/Kr. Bautzen 4 können Überwinterer betreffen [3026]. „Zugerscheinungen" während dieser Zeit sind als Winterflucht zu werten: 08. 02. 1975 Gornsdorf/Kr. Stollberg 5 nach S (S. Weiss). Heimzug nur schwach ausgeprägt. Verhältnis Heim- zu Wegzug 1958–82 im Bez. C etwa 1 : 16 (135 : 2 170 Ex.). Heimzughöhepunkt im März, nur selten größere Gruppen ziehend: 10. 03. 1979 Lückendorf/Kr. Zittau 40 nach N [4090], 13. 03. 1981 Chemnitz-Glösa ca. 40 nach N (K. Just), 17. 03. 1961 Eich/Kr. Auerbach 25 nach NW (G. Glatz). Ansammlungen von max. 27 K. Apr./Mai in der Oberlausitz vermutlich Nichtbrüter [3026]; solche gelegentlich weitab der Brutgebiete: 06. 05. 1980 NSG Großhartmannsdorf 2 K. überhin (P. Kiekhöfel). Juni/Juli außerhalb der Brutgebiete nahezu keine Nachweise, nur 20. 07. 1982 Frankenstein/Kr. Flöha 3 nach S (M. Tietz). Ab Anfang Aug. Sammeln der Brutvögel durch Zusammenschluß mehrerer Familien; verweilen bis Einbruch des Winters im Brutgebiet [1522, 2748, 3026]. Herbstdurchzug beginnt mehr oder weniger deutlich Anfang Okt., selten bereits im Sept.: Ende Sept. 1966 Oberlausitz 30 nach S [3026]; 24. 09. 1980 Methau/Kr. Rochlitz 30 rasten (K. Taubert); 08. 09. 1956 Ellefeld/Kr. Auerbach 7 nach SW (G. Schönfuss). Am einzigen sächsischen Rastplatz im NSG Wildenhainer Bruch begann 1970 der Zuzug am 04. Okt. [2748]; deutlicher Anstieg der Zahlen im 1. Okt.-Drittel auch 1971 u. 1972 [3244]. Zughöhepunkte regional u. jahrweise unterschiedlich 2. Okt.- bis 1. Nov.-Dekade. In dieser Zeit auch die Höchstzahlen rastender K. am Schlafplatz in der Dübener Heide: 100 K. 18. 10. 1962 [1881], 192 K. 20. 10. 1970 [2748], 219 K. 3. Okt.-Dekade 1969 [3244]. Beer [2748] schätzt ein, daß vom 04. 10.–28. 11. 1970 etwa 1000 K. den Rastplatz frequentierten. Im übrigen Gebiet Mitte Nov.–Mitte Dez. eine als Kälteflucht zu wertende 2. Zugwelle; noch Dez. u. Anfang Jan. können größere Trupps durchziehen: 05. 12. 1980 Freiberg mind. 100 nach SW (A. Günther), 11.–13. 12. 1981 um Chemnitz 4 Trupps mit zusammen 200 K. nach WSW bzw. SW (W. Weise, K. Scheffler, W. Löffler), 24. 12. 1986 Leipzig 74 nach SSW (K. Grössler), 03. 01. 1985 Frankenstein/Kr. Flöha 100, 50 u. 75 K. nach ESE (M. Tietz). Aufenthalt im Winter vor 1974 eine Ausnahme [1223, 3026]; 1974/75 erfolgreiche Überwinterung mehrerer Familien in der Oberlausitz [3302]. Durchzug schwankt mengenmäßig von Jahr zu Jahr erheblich; 1974 wohl bisher der stärkste Durchzug: im Bez. L 2 200–2 400 [3334], im Bez. C vom 26. 10.–06. 11. etwa 1 200 K.; herausragender Zugtag 3. Nov. mit mind. 2 000 ziehenden K. in beiden Bezirken. Betreffs Regelmäßigkeit des Auftretens u. Nachweisdichte von

NW nach SE deutliches Gefälle [1223, 3618]. Im Kr. Zittau erst ab 1966 nur 5 Nachweise [4090]. Der Erzgebirgskamm wird wohl nur ausnahmsweise überflogen. Eine detaillierte Auswertung des Durchzuges analog Thüringen [4168] ist angeraten, zumal seit etwa 1950 stärkerer Durchzug als vor 1940 (vgl. [856, 991]) stattzufinden scheint.

D. SAEMANN, C. SCHNABEL, C. SCHULZE

Wasserralle – *Rallus aquaticus* L., 1758

Sommervogel, Durchzügler (Wintergast)
Unterart: *R. a. aquaticus* L., 1758

Verbreitung: Bv der Niederungen, besonders in den Teichgebieten der Oberlausitz. Am N-Rand des Erzgebirges oberhalb 200 m ü. NN nur wenige Brutplätze, von denen das NSG Großhartmannsdorf (491 m ü. NN) der höchstgelegene u. am regelmäßigsten besetzte ist. Im Kr. Zittau als Bv fehlend [4090].

Lebensraum: Üppiger, möglichst ausgedehnter Pflanzenwuchs im Flachwasserbereich unterschiedlich großer Gewässer. Bevorzugt mit Seggen-Kaupen durchsetzte Schilfbestände. Besiedelt auch Schilf-, Rohrkolben-, Binsen- u. Simsenbestände, mit Weiden u. Birkengebüsch durchsetztes Röhricht, an Teiche grenzende Erlenbrüche, ferner Weidendickichte, kleine Waldmoorflächen oder aufgelassene Torfstiche in geschlossenen Waldungen. Außerhalb der Brutzeit gern auf den Pflanzenzonen vorgelagerten Schlammflächen abgelassener Fischteiche.

Bestand: U. a. in Abhängigkeit von Wasserstand u. Dichte des Pflanzenwuchses schwanken lokale Bestände jährlich; zudem erschwert die heimliche Lebensweise der W. zuverlässige Bestandsschätzungen. 1975 im TG Wermsdorf 10–13 BP, 1974–77 am Göttwitzsee 5–8 BP [3618]; 1976–85 SB Windischleuba 1–4 BP; 1983 NSG Eschefeld 1–2 BP, 1981 SB Borna u. Restgrube Thräna 2–3 u. ebenda 7–12 BP 1983–85 (F. ROST, J. HAGEMANN); 1978–80 TG Haselbach unbesetzt, 1981–84 hier 2–4 BP (F. ROST, R. STEINBACH). 1951–66 in den TG Biehla-Weißig u. Döbra (265 ha Wasserfläche) jährlich ca. 18 BP, 1967–71 nach Verringerung der Vegetationsfläche von etwa 58 auf 6,2 ha 6–10 BP [2691], 1973–83 nur noch 2–6 BP. 1971–74 TG Moritzburg 10–18 BP (0,2–0,5 BP/10 ha Teichfläche), davon etwa 80% im NSG Frauenteich ([3252] ergä.). 04. 08. 1921 W-Teil NSG Großhartmannsdorf an 5 Stellen rufende W. [1223], seit 1965 meist nur 1 BP. Sporadische Brutvorkommen am N-Rand des Erzgebirges: 1981 Giegengrün/Kr. Zwickau (H. OLZMANN); 1982 zwischen Limbach-O. u. Hartmannsdorf/Kr. Chemnitz (U. HEIDENREICH, D. KRONBACH), hier mehrfach BV; Brutzeitaufenthalt auch

am Burg-T Schönfels/Kr. Zwickau (J. KUPFER, H. OLZMANN), im Römertal Steinpleis/Kr. Werdau (J. KUPFER), NSG Reuth [2099] u. NSG Burgteich, wo vor 1925 Bv [570].

Brutbiologie: Revierbesetzung ab Ende März. Nester überdacht u. gut gedeckt in dichter Vegetation über sumpfigem Boden oder flachem, meist 5–15 cm tiefem Wasser. Neststand Oberlausitz: 10×Seggenkaupen im Schilf, 3×reiner Schilfbestand, 2×Nachtschatten, je 1×in von Schilf umgebenem Süßgrashorst, reinem Rohrkolbenbestand, reinem Seggenbestand, Binsenbestand u. Rohrkolben-Schilf-Mischbestand [2691]. Geringster Abstand zweier Nester 11 m (H. HASSE). Früheste Gelegefunde 03. 05. 1974 (D. SPERLING) u. 10. 05. 1953 [2691]. Gelegestärke: in der Oberlausitz 1×5, 2×6, 7×7, 5×8, 7×9, 5×10, 4×11, 1×12, M_{32} 8,6 Eier ([2691] ergä.); Kr. Grimma, Oschatz u. Wurzen (meist TG Wermsdorf) M_{10} 7,0 Eier/Gelege [3618]. Nachgelege von Zweitbruten nicht abgrenzbar; späteste Funde frischer Gelege: 28. 06. 1964 [2691] u. 07. 07. 1980 (G. GAERTNER); an den höchstgelegenen Brutplätzen kleine pull. noch am 06. Aug. (H. OLZMANN) u. 21. 08. 1971 (P. KIEKHÖFEL).

Wanderungen: Exakte Ankunftsdaten sind kaum zu ermitteln. In der Oberlausitz (n = 22) erste Nachweise 10. 03.–23. 04., im Mittel am 04. 04. [2691]. Hauptdurchzug wohl im Apr.; 05. 05. 1972 TG Moritzburg 11 Ex. (J. ULBRICHT). Wegzug setzt gegen Ende Juli ein: 13. 07. 1933 Oberschöna/Kr. Freiberg 1 juv. tot [1223]. Hauptzug Mitte Aug.–Mitte Sept.; spätere Feststellungen nicht selten u. mehrfach Überwinterung. Zur Hauptzugzeit gelegentlich kleine Ansammlungen: 06. 09. 1936 TG Moritzburg 8 (P. FROMMHOLD) u. 20. 09. 1959 ebenda 16 W. 2 im Aug. beringte W. im Nov. in Frankreich u. im Mai in N-Italien erlegt [1948].

F. u. M. MELDE, D. SAEMANN, K. GRÖSSLER

Tüpfelralle – *Porzana porzana* (L., 1758)

Sommervogel, Durchzügler

Verbreitung: Sporadischer, lokal oft jahrelang völlig fehlender Bv des Flachlandes, vor allem der Oberlausitzer Teichgebiete. Obere Verbreitungsgrenze nach HEYDER [1223] bei 500 m, 1964 ausnahmsweise Brut an den Scheibenberger T/ Kr. Annaberg, ca. 600 m ü. NN [2010].

Lebensraum: Breite, in sumpfige Wiesen auslaufende Verlandungszonen von Teichen [1223]. Vorkommen setzen dichten Wuchs von Schilf, Rohrkolben u. Seggen voraus. Vorkommen auch an moorigen Waldteichen auf Schwimmrasen, in Torfstichen u. auf versumpften Wiesenflächen. Zur Zugzeit auch an kleinen Gewässern, Ausstichen, Klärteichen u. in Kläranlagen.

Bestand: Infolge Veränderung der als Brutplatz geeigneten Gebiete deutlicher Rückgang der Nachweise im Sommer; BN ohnehin selten. Brutzeitvorkommen bis 1950 von HEYDER [1223] dargestellt; nach 1950 solche nur an wenigen Orten. Kr. Niesky: 1965 Petershain, 1971 Kreba [2691]; 1986 NSG Niederspree 10 rufende T. (A. GEBAUER, M. WERNER); 1986–88 NSG Tauerwiesen 1–3 rufende und TS Quitzdorf Einzelfeststellungen (F. MENZEL, W. KLAUKE, J. TEICH). Kr. Bautzen: 1955 Caßlau, 1956 Quoos, 1966 Neschwitz, 1967 Holscha [2691]; 1974 u. 1979 Commerau (D. SPERLING). Kr. Kamenz: 1954 Grüngräbchen, TG Döbra-Weißig-Biehla 1954–57, 1967, 1969 [2691], 1974/75 (M. MELDE); 1965 Cunnersdorf (P. BURKHARDT). Kr. Dresden: NSG Frauenteich schon frühere Vorkommen, seit 1973 0–2 BP ([3252] erg.), Mitte 1980er Jahre ehem. Kutschke-T Moritzburg BV (P. HUMMITZSCH u. a.). Kr. Torgau: 1979 Neumühl-T Schildau [3618]; 1958 u. 1964 GT Torgau vermutlich je 1 BP [2113, 2177]. Kr. Eilenburg: 1964 u. 1966 Wildenhainer Bruch [2113, 2435]. Kr. Oschatz u. Grimma: TG Wermsdorf (Göttwitzsee) 1964, 1973–75 je 1 u. 1965 2 rufende T., 1977 Horstsee [2333, 2666, 3618]; 1967 NSG Rohrbach [2666]. Stadt u. Kr. Leipzig: 1960er Jahre Ausstich bei Prödel [3062], heute Kohleabbaugebiet; 1968 Papitzer Lachen [2767]; 1970 Sandgrube Rückmarsdorf [3244]; 1971 Elster-ST [3244]. Kr. Borna u. Altenburg: 1985 SB Borna (ROST et al. 1987); 1969/70 SB Windischleuba 1 bzw. 2–3 [3244], 1963 vermutlich 7 BP (FRIELING 1963); TG Haselbach regelmäßig vor 1919 [484], vermutlich auch in den 1950er Jahren [1836, 2015], 1969 u. 1970 1 bzw. 2 BP [3244]. Kr. Geithain: NSG Eschefeld mögliche Brutvorkommen 1910 [419], vor 1925 [586], 1971 u. evtl. in weiteren Jahren [2940]. Kr. Reichenbach: 1961 u. 1963 Sumpfwiese bei Limbach [2099]; 1952 u. 1953 NSG Reuth [1966, 2099]. Kr. Brand-E.: NSG Großhartmannsdorf 1912 [1223], 1965, 1981, 1988 (P. KIEKHÖFEL, K. LIEBSCHER). Kr. Annaberg: 1964 Scheibenberger T Brut [2010].

Brutbiologie: Balzrufe 3. Apr.-Dekade (frühestens 22. 04.) bis Ende Juli. Kleine juv. 10. 07. (W. TEUBERT) bis 04. 08. [365]; 30. 07. 1905 erst 9, später 12 juv. (P. WICHTRICH). Zweitbruten erscheinen möglich.

Wanderungen: Heimzug besonders im Apr., vereinzelt bereits im März: 12. u. 15. 03. [148, 196], mehrfach nach dem 20. 03.; ausnahmsweise am 23. 02. [197]. Ende des Heimzuges 1. Maidekade: 09. 05. [172, 346] u. 10. 05. [1784]. Sogenannter Frühwegzug schwer gegen unerkannte Brutvorkommen abgrenzbar u. für Juli mehrfach belegt [1570, 1729, 1891]. Wegzug hauptsächlich Aug./Sept.: 1955–86 im Aug. 76, Sept. 63 u. Okt. 27 T.

beobachtet. Späteste Nachweise: 31. 10. 1962 NSG Eschefeld 1 [2940], 31. 10. 1981 SB Windischleuba 1 (S. KÄMPFER), 02. 11. 1928 Ödernitzer T/Kr. Niesky 1 erlegt [2691]. Meist erscheinen Einzelvögel, seltener 2–5; 19. 09. 1947 GT Biehla/Kr. Kamenz 15 T. [2691].

F. u. M. MELDE, D. SAEMANN

Zwergralle – *Porzana pusilla* (Pall., 1776)

(Sommervogel ?)
Unterart: *P. p. intermedia* (Herm., 1804)

Die leichte Verwechselbarkeit der beiden kleinen Rallenarten u. ungenügende Übermittlung feldornithologischer Kennzeichen in vielen Bestimmungsbüchern beeinflussen den Aussagewert veröffentlichter Daten. Ein Belegstück liegt nicht vor. Nach HEYDER [1223] ist eine von HELD [168] verzeichnete Z. vermutlich richtig bestimmt gewesen. 22. (oder 27.) 09. 1936 TG Eschefeld 1 juv. [1729], 09. 04. 1939 ebenda 1 [1077], doch nach P. BECKER sicher ♂ von *P. parva* [2880]. Ende Apr. 1950 TG Haselbach 1 [1194]. 11. 04. 1966 Lehmausstiche Prödel/Kr. Leipzig 1 ♂ [2435]. 12. 05. 1971 Holscha/Kr. Bautzen 1 [2691]. 30. 06. 1974 GT Limbach-O./Kr. Chemnitz 1 [3207], nach D. SAEMANN Artbestimmung unsicher. Angaben bei HILDEBRANDT [484], nach LIEBE u. bei NIETHAMMER [973] – „Sachsen (pull. in Brehms Sammlung)" – sind nicht nachprüfbar.

K. GRÖSSLER

Kleinralle – *Porzana parva* (Scop., 1769)

Sommervogel, Durchzügler

Vorkommen: Beobachtungen gelingen nur selten, ein sicheres Ansprechen (s. Zwergralle) ist schwierig; bei der Beobachtung kleiner Rallen bleibt die Artbestimmung häufig offen. Nur wenige Hinweise auf Brut: In den 1840er Jahren (besonders 1842) TG Lohsa/Kr. Hoyerswerda (Bez. Cottbus) Brutvorkommen [86, 96, 256]; 22. 07. 1927 Caßlau/Kr. Bautzen 1 ad., juv. führend [644]; 1959 SB Windischleuba Brut möglich [1836]; 17./18. 06. 1962 GT Biehla/Kr. Kamenz 1 BP mit juv. [2691]; 08. 08. 1964 an den Tiefzügen im NSG Niederspree 6 K., wohl eine Familie [2691] u. bereits vor 1963 eine Brut (W. MAKATSCH); 1995 BN NSG Caßlauer Wiesenteiche (HEINZE 1996).

Wanderungen: Während beider Zugzeiten sowie im Sommer nur selten nachgewiesen: Apr. 17, Mai 8, Juni 6, Juli 4, Aug. 10 u. Sept. 6 Beobachtungen. Frühester Nachweis: 16. 03. 1866 Ludwigsdorf/Kr. Görlitz 1 ♀ erlegt, Beleg Mus. Görlitz (ANSORGE 1987). Artzugehörigkeit 1 ♀ vom 04. 11. 1951

TG Haselbach blieb offen (GRÖSSLER u. KALBE 1952). Mehrfach Funde an Drahtleitungen verunglückter K.; Belege in den Mus. Augustusburg, Dresden, Görlitz u. Leipzig.

M. u. F. MELDE, K. GRÖSSLER, D. SAEMANN

Wiesenralle – *Crex crex* (L., 1758)

Sommervogel, Durchzügler

Verbreitung: Sporadischer, im Bestand stark schwankender Bv, der gegenwärtig über weite Strecken fehlt. Bis etwa 1980 regelmäßigere Vorkommen in den Flußauen, im Vorland der Mittelgebirge sowie in deren unteren u. mittleren Lagen bis etwa 600 m ü. NN [1634, 2217, 2399, 2570, 2666, 2671, 2691, 2767, 2895, 3015, 3062, 3244, 3446, 3618, 4090]. Vor 1980 höhenwärts bis über 850 m ü. NN vorkommend ([1223, 3207] erg.), wofür seitdem die Bestätigung fehlt.

Lebensraum: Bevorzugt langhalmige Wiesen [1223] u. nicht näher zu definierende „Feuchtgebiete" [3688, 4090]. Die meist mit Trockenlegung beginnende Umgestaltung der Wiesen in hochproduktives Grünland u. dessen frühe Mahd bzw. Dauerbeweidung ab Mai führten zu erheblichem Lebensraumverlust. Als suboptimale Lebensräume werden Saatfelder (vor allem Gerste u. Weizen, seltener Hafer u. Raps), Grünfutterschläge (besonders Klee, Luzerne u. Gemenge), andere Kulturen dagegen nur ausnahmsweise besiedelt [2691, 3207, 3618, 3688, 4090]. Im Bez. C bis 1975 [3207] sowie im Bez. D (B. KAFURKE) etwa 50% der Ru-

fer in Wiesen, ab 1979 im Bez. C bei anhaltender Bestandsabnahme u. Aufgabe der meisten Rufplätze oberhalb 500 m ü. NN nur noch 20% (D. SAEMANN). Der Grad der Bodenfeuchtigkeit als bestandsregulierender Faktor wird unterschiedlich beurteilt [1223, 3618, 3688]; Vorkommen sind wohl überwiegend vom Vorhandensein zumindest lokaler Vernässung abhängig.

Bestand: Jährliche Bestandsschwankungen seit langem bekannt [586, 1223], sie überlagern die rund 100jährige Abnahme des einst „gemeinen Brutvogels" [197]. Die im Bez. C von 1965–88 gemeldeten Rufer deuten auf einen etwa 5jährigen Bestandswechsel-Rhythmus u. die Mittelwerte der 5-Jahres-Perioden auf Rückgang (Abb. 15). Entwicklung im übrigen Gebiet vermutlich ähnlich, zumal vielerorts 1976 als Jahr fast völligen Fehlens u. 1978 als Jahr mit hohem Bestand eingeschätzt worden sind. Vorliegende Siedlungsdichte-Angaben vor diesem Hintergrund inhomogen: 1971 bei Marienberg 4 Rufer auf max. 25 ha Grünland [3015]; 1975 im Kr. Pirna 5 Rufer auf 30 ha Feuchtwiese (FG Pirna); 1978 N-Teil Kr. Zwickau 17–18 Rufer auf 890 ha Getreide oder 1,9–2/km² [4003]; 1977–82 N-Teil Kr. Zittau 1–5 Rufer auf 58,7 km² Ackerland u. Wiesen, also unter 0,1/km² [4090]. Diese wenigen Werte belegen zwei vielfach bestätigte Erscheinungen: Konzentration mehrerer Rufer auf kleinen, wohl besonders geeigneten Flächen bzw. Bildung von Rufer-Gruppen; geringe großflächige Dichte.

Brutbiologie: Zufällige Gelegefunde (je 8×Klee bzw. Wiese) von Mitte Juni–Mitte Juli; Beginn der

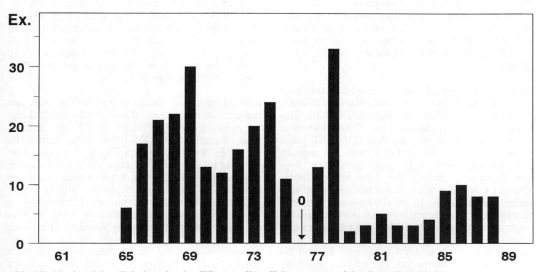
Abb. 15: Nachweishäufigkeit rufender Wiesenrallen (Jahressummen) im Bez. C 1965–88

Eiablage ab Mitte Mai: 14. 06. 1982 Kemnitz/ Kr. Löbau 1 ad. u. mind. 3 juv. (W. POICK); 19. 06. 1982 Oberwartha/Kr. Dresden 1 ad. u. mind. 2 juv. (W. WEGER). Gelegegröße: 3×6, 2×7, 7×8, 4×9, 5×10, 4×11, 1×12, M_{26} 8,8 Eier/Gelege ([148, 161, 172, 178, 586, 2666, 2691, 3446, 3688, 4090] erg.). Wenige meist ältere Angaben über Anzahl der juv. erlauben keine Rückschlüsse über den Bruterfolg, der gegenwärtig für viele Gebiete überhaupt fraglich ist. Ende der Brutzeit im Aug.: 06. 08. im Nest 4 Eier u. 3 pull. [172]; 01. 09. halbflügge juv. u. 02. bzw. 03. 09. noch nicht voll flugfähige juv. [161].

Wanderungen: Erste Rufer selten vor Mai u. nur im Flachland: 01. 04. 1953 [1338], 06. 04. [749], 10. 04. 1971 [3618], 20. 04. [148], 23. 04. [240], 26. 04. 1969 [3244]. Gebirgswärts verzögern sich Ankunft u. Max. der Rufaktivität um 2–4 Wochen [3207, 3688]. Letzte Rufer Mitte Aug., ausnahmsweise 03. 09. 1966 [3618]. Ständige Revierverschiebungen infolge Aufgabe u. Neugründung erlauben kaum Rückschlüsse auf Beginn des Wegzuges, der bei brutgestörten W. vermutlich im Juli einsetzt. Weg- u. Durchzug überwiegend Aug./Sept., seltener im Okt. [1223]. Spätfunde: 21. 10. [749], 25. 11. [393].

B. KAFURKE, D. SAEMANN

Teichralle – *Gallinula chloropus* (L., 1758)

Sommervogel (Jahresvogel), Durchzügler
Unterart: *G. c. chloropus* (L., 1758)

Verbreitung: Bv des Flach- u. Hügellandes bis 500 m ü. NN [1223], in abnehmender Dichte bis 610 m ü. NN regelmäßige Brutvorkommen [2428, 2569, 2570, 3207, 3609]. Höchstgelegene Brutplätze 1978 Oberwiesenthal/Kr. Annaberg, 840 m ü. NN u. 1977 Crottendorf/Kr. Annaberg, 685 m ü. NN [3609].

Lebensraum: Bewachsene Uferpartien stehender u. langsam fließender Gewässer, auch Kläranlagen, Tagebaurestlöcher, teilweise mit Müll verfüllte Gewässer u. in Ortschaften; im Stadtgebiet von Chemnitz zeitweise guter Bestand [2266, 2616]. Bevorzugt flaches, 30–60 cm tiefes Wasser u. dichten Bewuchs mit Schilf, Rohr- oder Igelkolben, Seggen, Pfeilkraut, Froschlöffel, Schwertlilie, Nachtschatten usw. oder auch zusammengedrückte vorjährige Rohrkolben- u. Schilfbestände; die freie Wasserfläche kann sehr klein sein. Ausreichend für Brutvorkommen sind auch am oder im Wasser stehendes dichtlaubiges Strauchwerk sowie die Kronen ins Wasser gestürzter Laubbäume. Nach 1950 – z. B. in der Oberlausitz (M. MELDE, P. HUMMITZSCH) u. im Kr. Altenburg [1836] – nicht mehr

so eng an Kleingewässer gebunden wie in früheren Zeiten [1223]. Mitte der 1970er Jahre im Erzgebirgsvorland oft an extrem vegetationsarmen Teichen.

Bestand: Anfang der 1950er Jahre drastischer Bestandsrückgang infolge zunehmender Entkrautung u. „Sanierung" von Fischteichen sowie später (ab 1960er Jahre) auch durch Beseitigung (Flurmelioration, Verfüllung) zahlreicher Kleingewässer (z. B. [2015, 2691, 4090]). Um 1970 im Bez. D vorübergehende Stabilisierung des Bestandes, seither weitere Abnahme bis zum Tiefstand um 1987 (R. STEFFENS). Im Bez. C um 1970 Zunahme [2895], Gesamtbestand 1974/75 max. 200 BP [3207], seitdem bis 1986 katastrophaler Rückgang um ca. 95% (SAEMANN 1989 a). Dagegen 1968–81 im Bez. L geringe Schwankungen um einen Bestand von jährlich 150–240 BP ([2767, 3244] erg.). Bestand u. dessen Veränderungen in Teilgebieten: TG im Kr. Kamenz (32 Teiche, 265 ha; 55 ha dichte Vegetation 1960 auf 6,6 ha 1971 reduziert) 1953 ca. 22, 1968 8, ab 1976 1 u. 1980 kein BP mehr ([2691] erg.); TG Moritzburg (28 Teiche, 425 ha) 1971–74 Rückgang von 13–17 auf 7–10 BP [3252], 1981/89 noch 2–4 BP (P. HUMMITZSCH); TG Haselbach (18 Teiche, 47 ha) Abnahme von 36 BP 1951 auf 7 BP 1960 [2015], 1978–84 (2–11 BP/Jahr) kein weiterer Rückgang (ROST 1988); 1958–65 GT Torgau (229 ha, davon 48 ha Vegetationsgürtel) 2–3 BP [2177]; 1979 Imnitzer Lachen (mehrere Kleingewässer) bei Zwenkau/Kr. Leipzig 18 BP (FG Groitzsch); Elster-FB keine Abnahme, 1988 hier 12 BP (K. GRÖSSLER, K. TUCHSCHERER); 1967–82 NSG Eschefeld 2–5 BP/Jahr ([2940] erg.); 1968/69 Stadtgebiet Chemnitz 15 Brutplätze [2616], davon 1983/84 nur noch 2–3 besetzt (D. SAEMANN). Hohe Verluste in Kältewintern, besonders auffällig 1917–19, 1922/23, 1928/29, 1935 u. 1941–44 [1223]; Rückgang bis 30% des Vorjahresbestandes [3618]. In der W-Lausitz keine Auswirkungen der Kältewinter 1955/56 u. 1962/63 [2691].

Brutbiologie: Brutreviere meist im Apr. bezogen, isoliert liegende Plätze oft später: Kläranlage Leipzig zwischen 08. 04. u. 02. 07. [3751]; 1963 Kläranlage Chemnitz späte Revierbesetzung Ende Mai als Folge des Kältewinters [2616]. Neststand vorwiegend im dichten Pflanzengewirr der Uferzonen, gelegentlich völlig frei an Schwemmholz oder auf kleinen Erhöhungen im Schlamm. Nester häufig auf festem Untergrund, seltener Schwimmnester an Zweigen uferständiger Sträucher oder im Wasser liegenden u. hängenden Zweigen. Extremer Nesthochstand 2 m (D. HEYDER); bis 1 m öfter beobachtet. Geringster Nestabstand zweier BP 35 m [2691]. Erste Vollgelege ab Anfang Apr., späteste Anfang Sept., Hauptbrutzeit Mai/Juni.

Übersicht zur Gelegegröße der Teichralle:

Eier/Gelege	4	5	6	7	8	9	10	11	
Bez. C u. L	3	10	8	22	12	13	1	1	M_{70} 7,1
Bez. D			5	11	8	10	10	6	M_{50} 8,5

Ausnahme: 13 Eier [1836]. Im Bez. C von 28 Gelegen 45% zerstört; Schlupfrate von 71 Eiern (11 Gelege) 91%. Kleine pull. frühestens Anfang Juni; späteste Funde 20. 09. 1959 TG Haselbach, 25. 09. 1955 NSG Rohrbach, 01. u. 07. 10. 1988 Elster-FB (K. Grössler). Von 16 kontrollierten BP 8 mit 1, 7 mit 2 u. 1 mit 3 Jahresbruten. Bruterfolg: Ad. führen 1–10 juv.; altersklassenabhängige Verluste hoch u. tatsächliche Nachwuchsrate unbekannt. Analog der Gelegegröße mittlere Jungenzahl führender Paare regional unterschiedlich: Bez. C u. L. M_{281} 4,1 u. Bez. D M_{53} 5,8 juv. (alle brutbiol. Daten aus Kartei Augustusburg u. [2691, 3618] erg.).

Wanderungen: Ankunft im Brutgebiet ab 1. Märzdekade: 1953–71 Oberlausitz M_{19} 28. 03., frühestens 09. 03. [2691]. Kleine Trupps während der Heimzugszeit selten: 12. 04. 1967 TG Döbra 12, 01. 05. 1971 TG Reichwalde/Kr. Weißwasser 17 [2691]. 14.–16. 05. 1975 NSG Großer Kranichsee, 950 m ü. NN, 1 wohl verspäteter Heimzügler [3609]. Wegzug ab Mitte Aug., spürbarer im Sept. u. bis Mitte Nov. anhaltend. Vor allem Sept./Okt. Ansammlungen bis 50 Ex., selten mehr: 23. 09. 1961 Kläranlage Chemnitz einschließlich 2 km Chemnitzfluß ca. 90 T. [2266]. In den 1970er Jahren Überwinterung an Fließgewässern nicht selten, nach 1980 deutlich weniger. 1976/77–78/79 Weiße Elster NW Leipzig bis Bezirksgrenze 90, 149 bzw. 179 überwinternde T. [3504]; an günstigen Stellen Konzentrationen: 18. 01. 1976 Elster-FB 35 T. (K. Grössler). Sächsische Bv ziehen bis Belgien, Frankreich u. Spanien.

M. Melde, J. Oertner, M. Thoss

Bleßralle – *Fulica atra* L., 1758

Jahresvogel
Unterart: *F. a. atra* L., 1758

Verbreitung: Bv vor allem des Flach- u. Hügellandes bis 500 m ü. NN [1223]. Seit Anfang der 1960er Jahre Besiedlung auch höher gelegener Gewässer bis 600 m ü. NN; höchstgelegener Brutplatz ist die TS Werda/Kr. Auerbach [4092].

Lebensraum: Standgewässer mit offener Wasserfläche u. mehr oder weniger gut entwickeltem Schilf-bzw. Röhrichtgürtel. Besiedelt isolierte Kleingewässer unter 0,5 ha Fläche nur ausnahmsweise; in Teichgebieten mit schmalen Teichdämmen regelmäßig auch auf noch kleineren Teichen. In neuerer Zeit zunehmend auf Gewässern mit sehr geringer oder fehlender Ufervegetation ähnlich der Teichralle.

Bestand: Deutliche Zunahme ab den 1950er Jahren [3062], im Vorland des Erzgebirges etwa ab 1970 ([3207, 4092] erg.), in den TG der Oberlausitz nach 1970 bis Anfang der 1980er Jahre verstärkt, danach Rückgang. Jährliche Bestandsschwankungen sind normal. Gewässerökologische Effekte als Folge intensivierter Teichwirtschaft einschließlich Futtermitteleinsatz u. Hausentenmast wirkten zeitweilig fördernd auf die Bestandsentwicklung [2176]. Beträchtliche Verluste in u. nach strengen Wintern. Brutbestand: 1970 Bez. L (etwa 85% erfaßt) 1079–1098 BP [2655]; 1978–82 Bez. D 1 500– 2 000 BP (MTB-Kartierung); 1968–70 Bez. C 90– 95 BP erfaßt [4092], in den 1980er Jahren über 200 BP (Saemann 1989a). Bestände einzelner Gebiete: 1958–70 GT Torgau 45–107 BP ([2177] erg.); 1970–77 Kr. Grimma u. TG Wermsdorf 174– 277 BP [3618]; 1961–70 Kr. Kamenz, 940 ha Wasserfläche, 120–290 BP, 1971–80 75–200 u. 1980/81 105 bzw. 140 BP ([2670] erg.); 1971–74 TG Moritzburg, ca. 425 ha Wasserfläche, 290–390 BP [3252]; NSG Zschorna, ca. 190 ha offene Wasserfläche, 1971–74 75–87, 1977 55–67, 1983 44–51 u. 1986–89 35–60 BP (Beob.-Gr. Zschorna); 1967–76 NSG Eschefeld, 85,6 ha, 30–88 BP, 1977–85 15–36 BP [2940, 3169, 3880]. Auf vielen Gewässern übertrifft die Anzahl versammelter Nichtbrüter den Brutbestand z. T. erheblich.

Brutbiologie: Ankunft im Brutgebiet witterungsbedingt ab Anfang Febr., überwiegend im März. Zuzug der BP kann 4–5 Wochen andauern u. endet gegen Anfang Mai [2670, 4092]. Nester bevorzugt in Schilf bzw. Röhricht; 1 Nest unter besetztem Rohrweihennest [3744]. In neuerer Zeit oft völlig freistehende oder an Ästen u. Zweigen befestigte, bis 25 m vom Ufer entfernte Nester; im Bez. C etwa ein Drittel aller Nester so angelegt ([4092] erg.). Nestbaubeginn frühestens Mitte März. Legebeginn bei Erstbruten ab Anfang Apr., bei Nach- u. Zweitgelegen bis Ende Juli ([2670, 4092] erg., Abb. 16). Legebeginn selten Ende März:

Ex.

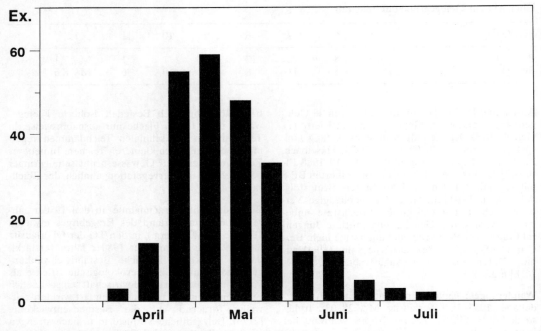

Abb. 16: Legebeginn Oberlausitzer Bleßhühner nach [2670]

31. 03. 1957 bei Wurzen mind. 1 Ei [1765]. Gelege-größe: ca. 45% der Gelege (n = 469) enthalten 7 oder 8, 28% 5 oder 6 u. 19% 9 oder 10 Eier. Geringere Eizahlen (3–4) betreffen Nach- oder unvollständige Gelege. 1 ♀ kann max. 13 Eier legen [1743]; ab 11 Eier können aber 2 ♀♀, bei noch größeren Gelegen bis max. 22 Eier auch mehr ♀♀ beteiligt sein [2670]. Mittlere Gelegegröße: Oberlausitz Erstgelege M_{397} 7,8 u. Nachgelege M_{42} 4,9 [2670]; TG Unterlauterbach/Kr. Auerbach Erstgelege M_{61} 7,0, Nachgelege M_7 6,3 [4092]; GT Torgau M_{21} 7,5 [2177]; Kr. Grimma, Oschatz, Wurzen M_{110} 7,5 [3618]; TG Moritzburg M_{91} 6,8 [3252]. Erste pull. (jeweils 2–4 Tage alt) in den ersten Maitagen, z. B. 05. 05. 1968 GT Torgau u. 05. 05. 1971 Schönauer Lachen/Leipzig (K. TUCHSCHERER), 04. 05. 1988 Leipzig-Lößnig (G. ERDMANN). Bruterfolg: Trotz großer Materialfülle (n = mind. 3750 Schofe) schwer interpretierbar, da Gelegeverluste (22,3% im TG Unterlauterbach [4092]) u. altersklassenabhängige Jungvogelabgänge (1–2 juv./BP während der Führungszeit [2177, 2670, 4092]) unberücksichtigt blieben. 8,7% der Paare führen 1, 59,6% zu gleichen Anteilen 2–4, 15,1% 5, 9,9% 6, 4,2% 7 u. 2,5% 8 oder mehr juv.; 10–12 juv. [2655] sind Ausnahmen. Mittlere Schofgröße: M_{3739} 3,7 juv./führendes Paar; regionale Unterschiede gering: Bez. C M_{227} 3,7 [4092]; NSG Zschorna M_{266} 3,8 [3072]; TG Moritzburg M_{538} 3,6 [3252]; höhere

Werte mit M_{422} 4,9 in der Oberlausitz [2670]; niedrigere Werte mit M_{258} 3,1 am GT Torgau [2177] u. M_{867} 3,2 im TG Haselbach (ROST 1988). Zusätzliche Angaben 1986–89 aus Bez. D: 65×1, 120×2, 80×3, 65×4, 43×5, 16×6, 11×7, 4×8, 1×9, M_{405} 3,1 juv./erfolgreiches BP, weisen auf verringerten Bruterfolg hin. Bei den Zahlen sind jährliche Unterschiede [2670] sowie langfristige Änderungen des Bruterfolges (ROST 1988) zu berücksichtigen.

Wanderungen: Heimzug unauffällig. Ab Juli auf größeren Gewässern Ansammlungen, wohl zunächst erfolglose Bv u. Nichtbrüter; Übergang zum eigentlichen Zug fließend. Deutlicher Zug im NSG Zschorna Mitte Aug.–Anfang. Sept., in den Bez. C u. L Ende Aug.–Anfang Okt. Zur Zugzeit im Bez. L 9 000–10 000 u. im Bez. C 2 000–3 000 B. Konzentrationen bis max. 2 000 B. jeweils auf größeren Gewässern. Max. am SB Niederwartha: 14. 10. 1984 4 500, 24. 11. 1985 >3 000, 12. 10. 1986 800, 16. 10. 1988 2 000, 1989 nur 100 (FG Radebeul). Bei einsetzender Vereisung teils Abzug, teils Ausweichen auf größere Flüsse und eisfrei bleibende Standgewässer (SB Niederwartha). Oberhalb 300 m ü. NN nur ausnahmsweise Überwinterung. Sächsische B. sind zumindest teilweise Zugvögel. Wiederfunde im Kr. Niesky markierter nfl. B. überwiegend in N-Italien u. Korsika [2214]. Überwinterungsgebiete, die über Zwischenrastplätze in der Schweiz erreicht werden, in SW-Europa bis N-Afrika [1223, 2214, 1777]. Auf Überwinterer aus E-Europa deuten nur wenige Wiederfunde [1777, 2214, 3934].

Tabelle 42: Mittwinterbestände der Bleßralle in Sachsen

Jahr	Bez. L	Bez. C	Bez. D	Summe
1969	587	23	1 117	1 727
1970	685	32	401	1 118
1971	990	98	95	1 183
1972	2 037	143	1 760	3 940
1973	1 729	212	1 804	3 745
1974	1 428	47	1 795	3 270
1975	1 428	1 029	3 452	5 909
1976	2 109	593	2 788	5 490
1977	2 814	138	4 478	7 430
1978	3 594	1 145	4 371	9 110
1979	4 413	162	4 534	9 109
1980	3 489	57	6 918	10 464
1981	2 392	92	4 413	6 897
1982	5 632	193	6 225	12 050
1983	2 777	147	976	3 902
1984	2 584	0	2 058	4 642
1985	2 142	4	648	2 794
1986	5 029	65	2 379	7 473
1987	944	84	1 185	2 213
1988	3 812	360	857	5 029
1989	–	–	–	6 204

G. ERDMANN, S. Ernst

Großtrappe – *Otis tarda* L., 1758

Jahresvogel
Unterart: *O. t. tarda* L., 1758

Verbreitung: Zeitlich ist die Aufspaltung des ehemals geschlossenen Brutareals in 4 Siedlungsräume, zwischen denen Verbindungen teilweise fortbestanden, heute nicht mehr fixierbar; die S-Grenze der Vorkommen folgte der Linie Großenhain – Riesa – Oschatz – Wurzen – Leipzig [551, 562, 1223]. 1.) Raum Großenhain, Riesa, Oschatz: Das wohl bekannteste, bereits von DÖBEL [15] für das frühe 18. Jh. erwähnte sächsische Brutgebiet [562, 1223]. Letzte BN um 1935 [1223] u. vermutlich 1953 [1287]; später nur Einzelnachweise, zuletzt 01. 07. 1957 zwischen Großenhain u. Nasseböhla 1 ♀ (R. DIETZE) sowie später noch weitere zwei Beobachtungen [2788]. 2.) Raum Wurzen, Eilenburg, Taucha/Kr. Leipzig: Einst recht guter Bestand, durch Abschuß u. Gelegeentnahme um 1900 arg dezimiert. In den 1880er Jahren noch bei Leip-

zig-Schönefeld [388, 586]; zeitweise u. lokal auch östlich der Mulde; bis gegen 1920 bei Pehritzsch/Kr. Eilenburg; vielleicht noch 1923 bei Nischwitz/Kr. Wurzen 2 Gelegefunde [615]; Kontrollen 1932 erfolglos, Vorkommen erloschen [822]; 1948 u. 1949 oder 1950 Thallwitz/Kr. Wurzen Gelegefunde [3618]. 3.) S-Teil Kr. Delitzsch u. W-Teil Kr. Eilenburg: Das bereits von Döbel [15] erwähnte Teilareal reichte früher weit nach W u. N, stand mit Raum Nr. 2 in Verbindung u. ist seit 1932 intensiv kontrolliert worden [822, 1871, 3472]. Begrenzung: im W Autobahn, im N Linie Klitschmar–Lissa–Selben–Brinnis, im E Linie Hohenprießnitz–Zschepplin–Rödgen u. im S Linie Glesien–Gerbisdorf–Kreuma–Krensitz–Gottscheina–Liemehna. Jahreszeitlich wechselnde Einstandsgebiete; Bruten nach 1950 im Raum Gerbisdorf, Werbelin, Lissa u. im Raum Priester, Kupsal. Ein Restbestand von 1 ♂, 2 ♀♀ (1989), Herbst 1993 Letztnachweis (Kadaverreste) im Brutgebiet (J. OERTNER). 4.) Raum Markranstädt bis Lützen u. Starsiedel/Kr. Weißenfels (Bez. Halle): Das Teilareal im W von Leipzig reichte früher weiter nach N [551, 586]; 1860 noch bei Schkeuditz brütend [366]. Vorkommen erlosch in den 1920er Jahren, doch sollen am 23. 05. 1923 bei Eythra/Kr. Leipzig 25 G. gestanden haben [586]. Spätere Vorkommen – auch jene SE Wellendorf/Kr. Merseburg (PLASCHKA 1968), die diesem Teilareal zuzuordnen sind – betreffen G., die ihren Brutgebieten ausgewichen sind. Gelegentlich überflogen G. die Auwaldgebiete W Leipzig (H. KRETZSCHMAR). Am 06. 04. 1978 zwischen Kötzschau/Kr. Merseburg u. Großlehna/Kr. Leipzig 4 G. (K. GRÖSSLER).

Lebensraum: Mehrere km^2 große Ackerflächen mit größeren Anteilen Dauergrünland (Wiesen, Grasvermehrung, Klee, Luzerne). Vorwiegend auf schweren Böden; meidet sandige Böden in den Heidegebieten, Flächen mit stärkerem Baumbewuchs u. stark verdrahtete Gebiete. Bevorzugt flaches, leicht welliges Gelände mit Senken (Trappendellen) als Sicht- u. Windschutz. Wintereinstände von Raps, Markstammkohl, Rosenkohl oder Ölrettich abhängig. Großfelderwirtschaft brachte nicht die erhoffte Verbesserung der Lebensbedingungen, da negative Einflüsse (hohe Bearbeitungsfrequenz mit Großtechnik, Einsatz von Pflanzenschutzmitteln) überwogen. In den letzten 30 Jahren blieben erfolgreiche Bruten Ausnahmen.

Bestand: Raum 1.): 1879 bei Großenhain Wintertrupps von 50 G. „normal" [110]: 1922–24 über 20 G. [1562]; 1941 NE Großenhain keine mehr, vielleicht noch im NW der Stadt [1104]. Raum 2.): Ehemals guter Bestand, verwertbare Zahlen liegen nicht vor; vor dem 20. 02.1895 bei Leipzig-Thekla

34 G. (Patzmann); 1950–79 an verschiedenen Orten wiederholt 1–2 G., 15.10.1966 bei Röcknitz/Kr. Wurzen 6 [3618]. Raum 3.): Im Gebiet Gerbisdorf, Wolteritz, Werbelin 1932–43 2–9 ♂♂, 12–17 ♀♀ (E. Bölke, Burckhardt, A. Kuhnert, Stelzer, Winkler, A. Zieger), 1939 einmal 41 G. (J. Fiebig); 1959–69 Rückgang von 38 auf 25 G. ([3244] u. A. Barth, H. Kretzschmar, K. Kritzler); 1970–78 10–16 ♂♂, 6–9 ♀♀-♂♂-Überschuß ungewöhnlich – ([3244] u. P. Hofmann, Höhne, H. Patze); 1979–89 weiterer Rückgang von 4 ♂♂, 5 ♀♀ auf 1 ♂, 2 ♀♀ (P. Hofmann, J. Schmidt). Gebiet Liemehna/Kr. Eilenburg 1965 3 ♂♂, 8 ♀♀ [2333], 1971 6 ♂♂, 2 ♀♀ u. 1972 5 ♂♂, 2 ♀♀ [3244]; seit längerer Zeit völlig aufgegeben. Im Wintereinstandsgebiet bei Krippehna/Kr. Eilenburg 1950–73 jährlich 5–24 G., 1974 3, 1975 4 u. 1977 letztmals 1 G. ([2333, 2767, 3244], A. Barth). Raum 4.): 20.12.1897 bei Lausen 18 (Zacharias), 17.03.1901 Groß-Miltitz nach Schönau 12 (Westphal), (17.09.1901) Knautnaundorf 7 (E. Hesse), 12.11.1909 Knauthain 10 (A. Marx) u. 08.09.1912 Lausen 8 (A. Marx, Starke); alle Angaben aus den Protokollbüchern des Orn. Ver. Leipzig. Ursachen des Rückgangs: 11 G. abgeschossen, 8 an Freileitungen verunglückt, 4 vom Fuchs gerissen, 3 vergiftet u. 1 mit Tellereisen gefangen ([3472] erg.); Hauptursache des Verschwindens ist das durch fortgesetzte Störungen verursachte Ausbleiben des Bruterfolges.

Brutbiologie: Balz witterungsabhängig Anfang März–Mitte Juni, meist auf übersichtlichem, großflächigem Dauergrünland; Gruppenbalz zu Beginn der Balzzeit. Ab Mitte Mai oft einzelne ♂♂ in der Nähe der brütenden ♀♀. Nester (flache Erdmulden ohne Nistmaterial) in frühwachsenden Kulturen wie Futterroggen (n = 7) oder Luzerne (n = 6); spätere Bruten auch in Rüben (n = 4), Kartoffel (n = 2) u. 2mal in Erbsenschlägen ([3472], P. Hofmann). 1958–82 Gelegefunde im Mai (22), Juni (10), Juli (7) u. Aug. (2); frühestens 10.05.1969, spätestes Gelege 11.08.1974 [3472]; nach älteren Quellen früheste Funde 30.04. [586] u. 3mal 1. Maidekade [161, 172, 196]. Gelegestärke: 1×1, 32×2, 2×3 Eier ([3472] erg.). Bruterfolg äußerst gering: Juni 1957 bei Gerbisdorf 3 pull., Juli 1962 u. 1964 ebenda je 1 immat. [3472]; 30.09.1967 bei Gottscheina 1 ♀ u. 2 juv. [2666]; 04.06.1973 1 juv. (ohne Quelle); 1974 bei Mocherwitz 2 pull. tot (ohne Quelle); 1975 bei Liemehna 2 juv. (Höhne); 1976 bei Mocherwitz 1 juv. (H. Ihbe); 11.06.1982 bei Mocherwitz 1 pull. getötet u. 10.09.1982 bei Krensitz 1 flugfähige immat. G. (P. Hofmann).

Wanderungen: Standvogel, der in schneereichen Wintern verstreicht u. bei früh einsetzendem Win-

ter oder bei anhaltender hoher Schneedecke nach W bis NW abzieht [3725], so im Winter 1969/70 (Hummel u. Berndt 1971) u. 1978/79 (Hummel 1983). Meist Einzelvögel dann auch in wenig geeignetem Gelände abseits der Brutgebiete [2788]. Bis zur Jh.-Wende einzelne Nachweise in den Kr. Rochlitz, Glauchau u. Werdau, am 24.10.1886 bei Glauchau 4 G. [148]; später nur noch 1 Nachweis am 01.04.1935 Königshain/Kr. Rochlitz 1 ♂ erlegt [1008 b]. 22.01.1979 bei Ammelsdorf/Kr. Dippoldiswalde Totfund (G. Eirich). Zum Vorkommen in der Oberlausitz siehe [2788].

P. Hofmann

Zwergtrappe – *Tetrax tetrax* (L., 1758)

Ehemals vermutlich Brutvogel
Unterart: *T. t. orientalis* (Hart., 1916)

Vorkommen: Zeitweilige sächsische Vorkommen im 19. Jh. sind spätestens 1910 endgültig erloschen. Einziger Hinweis auf Brut: „1891 bei Neumark (Weimar) u. bei Wiederitzsch (Leipzig) brütend gefunden" (Rey 1899?), offenbar 1 Gelege mit 4 Eiern. Weder Schlegel [586] noch Heyder [1223] nennen dieses, sondern laut Kunz [300] das Jahr 1901. Neben Kunz bezog sich vermutlich auch Hesse [366, 481] auf diesen Fund. Zwischen 1822 (vermutlich einige Jahre früher [1223]) u. 1909 in Sachsen mind. 9mal erlegt [586, 1223], zuletzt Sept. 1909 bei Bohra/Kr. Schmölln [484] u. 17.10.1905 bei Reichenbach 1 juv. [341]. Je 2 datierte Funde März, Sept., Okt. u. 1 im Dez. [484, 1223]. Neben undatierten Meldungen [586] nur eine Beobachtung aus der Brutzeit: 23.–25.05.1891 Altenbach/Kr. Wurzen 1 ♂, 1 ♀ [183], wohl nicht ganz zweifelsfrei (vgl. [3618]). Nicht ohne Grund (siehe [3062]) müssen auch 2 weitere Brutzeitdaten 1926 [749] u. 1953 [1301] als unreal u. falsch eingeschätzt werden. Eine auffallende Parallele zum nachweisbaren Auftreten der Z. in Sachsen ergibt sich für Schlesien u. die Oberlausitz: 1833–1905 etwa 20 Z. erlegt [347].

D. Saemann

Kragentrappe – *Chlamydotis undulata* (Jacquin, 1784)

Irrgast
Unterart: vermutlich *Ch. u. macqueenii* (Gray, 1832)

Vor 1836 bei Löbau 1 ♂ immat. erlegt [45, 1223].

D. Saemann

Ordnung Charadriiformes – Schnepfen-, Möwen- und Alkenvögel

Austernfischer – *Haematopus ostralegus* (L., 1758)

Durchzügler (Sommervogel)
Unterart: *H. o. ostralegus* (L., 1758)

Vorkommen: Seltener, nicht alljährlich auftretender Durchzügler; ausnahmsweise Wintergast. Bis 1908 nur 4 Nachweise, dann längere Zeit keine u. 1930–61 in 7 Jahren 11 Beobachtungen [1223]; nach 1962 ca. 70 Nachweise. Im Bez. C erstmals 1974, bis 1989 weitere 9 Beobachtungen. Überwiegend im Flachland, z. B. Einzugsbereiche der Elbe, der unteren Weißen Elster u. Teichgebiete der Oberlausitz. 1989 im Kreis Torgau Brutversuch (Gelege zerstört) in einem Kartoffelfeld (H. LEHMANN 1992).

Lebensraum: Rastet an flachen Gewässerufern oder auf Schlammflächen, gelegentlich an Feldteichen.

Wanderungen: Heimzug schwächer als Wegzug. Früheste Heimzugdaten: 09. 03. 1947 Elster-FB 1 (W. BUCHHEIM), 11. 03. 1981 ST Glauchau 1 (H. FRITSCHE); 13. 03. 1983 SB Niederwartha, dann elbabwärts 1 (P. HUMMITZSCH, SCHARNHORST u. KATZER 1988); Nachzügler bis Anfang Juni: 02. 06. 1982 Püchau/Kr. Wurzen (A. KERMES), 02. 06. 1987 Freitelsdorf/Kr. Großenhain 1 (B. KATZER), 06. u. 08. 06. 1970 Ullersdorf/Kr. Niesky 2 Ex. [3085]; 13. 06. 1965 Thräna/Kr. Borna 1 [2333]. Wegzugbeginn im Juli: 11. 07. 1934 Gauernitz/Kr. Meißen [954]; 16. 07. 1985 TG Niederspree 1 (F. FÖRSTER, R. HAGEN, S. RAU); 21. 07. 1976 Chemnitz-Ebersdorf [3395]. Zugdaten bis Ende Okt., selten später: 14. 12. 1969 Gohlis/Kr. Dresden [3085]; 27. 12. 1987 Falkenstein/Kr. Auerbach 1 Ex. (G. KULT); 31. 01. 1908 Wildenhain/Kr. Großenhain ♂, Beleg Mus. Dresden [1223]. Die Beobachtungen (p = 94) verteilen sich wie folgt:

März	3	Juli	7	Nov.	1
Apr.	10	Aug.	16	Dez.	2
Mai	5	Sept.	24	Jan.	2
Juni	9	Okt.	15	Febr.	–

Überwiegend rasten Einzelvögel, 8×2, 2×3 u. 4×4 A. zusammen. Rastdauer gewöhnlich nur 1 Tag, max. 14 Tage: TG Eschefeld 1 ad. 07.–20. 09. 1931 u. 1 juv. 30. 08.–12. 09. 1931 [727, 779]; NSG Zschorna 1 juv. 12.–26. 10. 1974 (R. DIETZE, J. ULBRICHT u. a.)

N. SCHLÖGEL, K. GRÖSSLER

Steppenkiebitz – *Chettusia gregaria* (Pall., 1771)

Irrgast

25. 09. 1967 Rodaer See/Kr. Grimma 1 (vermutlich diese Art) mit Kiebitzen vergesellschaftet [3062]; 10. 10. 1979 NSG Eschefeld 1 im Ruhekleid [3571]; 05. 09. 1982 TS Schömbach/Kr. Geithain 1 (EHRING 1987); 16. 09. 1990 bei Reinholdshain/Kr. Dippoldiswalde 1 (B. KAFURKE u. a.).

D. SAEMANN

Weißschwanzkiebitz – *Chettusia leucura* (Licht., 1823)

Irrgast

02. 05. 1976 TS Bautzen 1 [3250, 3369]; Belegfotos lagen H. DATHE vor [3369].

D. SAEMANN

Kiebitz – *Vanellus vanellus* (Licht., 1823)

Sommervogel, Durchzügler

Verbreitung: Bv offener Landschaften des gesamten Gebietes; meidet jedoch gewässerarme Lößgebiete (z. B. im Kr. Oschatz [3618]), worauf schon HEYDER [1223] hinwies. Höchstgelegene Brutplätze im W-Erzgebirge bei 850 m [3207, 3609], im E-Erzgebirge bei 750 m ü. NN (J. HENNERSDORF, R. STEFFENS).

Lebensraum: Charakterart ausgedehnter, feuchter Wiesen u. Wiesensümpfe, auch auf Feldern, Viehkoppeln u. trockenliegenden Teichböden [1223]. Nach 1950 infolge zunehmender Umgestaltung des Grünlandes überwiegend Bv auf unbestellten Feldern, solchen mit Jungsaat (besonders Gerste u. Hafer), noch kleinwüchsigen Hackfrüchten u. auf Sturzäckern: 1966–80 Kr. Zittau ca. 90% Feldbrüter [3278], 1960–82 im Bez. C ca. 78%. Auch im übrigen Gebiet überwiegen Feldbrüter [2782, 3618, 4105], daneben bewohnt der K. vernäßte u. trockenere Standorte mit beginnender Pflanzenbesiedlung u. oft in Nähe flacher Gewässer: unterschiedlichste Aufschlüsse im Gefolge von Tagebauen [1847, 2276, 2320, 3442] oder Staubecken u. Talsperren, Brachland, Klärteiche, Schlammabsatzbecken u. a. Voraussetzung für Brutvorkommen sind fehlende oder niedrige bzw. Fehlstellen in dichterer Bodenvegetation [2015]; die Nähe von Gehölzen wird weitgehend gemieden.

Bestand: Bereits vor 1950 Rückgang durch zunehmende Flurmeliorationen [1223]. Danach Stabilisierung des Bestandes; vielerorts Zunahme [2177, 2266, 2782, 3618, 4090], teilweise um 1950 als Bv fehlend [4090]. Beträchtliche lokale Bestandsschwankungen sind typisch (z. B. TG Moritzburg [445, 503, 1134]), Einbrüche nach strengen Wintern [1223]. Neuerlicher Bestandsrückgang seit den 1970er Jahren (besonders drastisch nach 1980) auch infolge auffallend geringen Bruterfolges der Feldbrüter ([4105] erg.; GRÖSSLER 1993). Großflächig geringe Dichte: 1977–82 N-Teil Kr. Zittau, 58,7 km², von 0,4 auf 0,92 BP/km² steigend, 1978 im gesamten Kreis 0,6 BP/km² [3728, 4090]; 1969–70 S-Teil Kr. Delitzsch, 160 km², 0,6 bzw. 0,7 BP/km² (K. GRÖSSLER); 1961–71 Kr. Kamenz, ca. 20 km² LN, 0,4–1,2 BP/km² [2782]; 1987 Kr. Freiberg, 15 km² LN, 0,4 BP/km² (J. SCHULENBURG). Höhere Dichte auf kleineren Flächen: „Nassau"/ Kr. Meißen, 6 km² Kontrollfläche, 1968–80 4,0 BP/km², 1986–89 0,5–2,5 BP/km² (D. SCHARNHORST); 1980 S-Teil Kr. Bautzen, 1,2 km², 6 Nester bzw. bzw. 5 BP/km² (R. REITZ). Diese Werte deuten auf Neigung zu geselligem bis kolonieartigem Brüten mit lokal sehr hoher Dichte: in Kläranlagen 5–16 BP/10 ha [2177, 2616, 2782]; in Tagebaugelände bis 4,5 BP/10 ha [3442]; auf Feld-Wiesen-Flächen in Teichnähe bis 4 BP/10 ha [2782]. Gesamtbrutbestand: 1978–82 (MTB-Rasterkartierung) Bez. C 400–800(?), Bez. D 500–1 000, Bez. L 320–450 BP [4105]; 1975 Bez. C ca. 120 BP [3207], viele Brutplätze nach 1980 verwaist.

Brutbiologie: Revierbesetzung unmittelbar nach Ankunft im Brutgebiet. In Feuchtwiesen Nester auf Bülten oder an trockenen Stellen; in der Feldflur flache Erdmulden, oft ohne eingetragene Halme. Nester zur Gewährleistung der Übersicht für den brütenden Vogel stets frei. In kolonieartigen Ansiedlungen oft geringer Nestabstand: Kläranlage Chemnitz 3 Gelege 11–18–18 m [2266]; Saatfelder am SB Helmsdorf 9–30–40–40 m [3412]. Gelege enthalten überwiegend 4 Eier: Bez. L (n = 269) 66,5% (K. GRÖSSLER), Kr. Zittau (n = 129) 91,5% [3728]; Oberlausitz (n = 197) 93,4% [2782]. Anteil der 3er-Gelege nur in Bez. L mit 18,6% sehr hoch (K. GRÖSSLER). Späte Nachgelege können nur 1 oder 2 enthalten. 5 [2782, 3728] oder 6 Eier [3618] im Gelege (evtl. von 2 ♀♀) sind Ausnahmen. Beginn der Eiablage: 21. 03. [3207], 26. 03. [2782], 30. 03. [3728]; Vollgelege 26. 03. u. 30. 03. (K. GRÖSSLER). Späte Gelegefunde 30. 06. mit 2 u. 02. 07. mit 3 Eiern (vgl. Tabelle 43); späte Schlupftermine: 05. 07. [3442], 10. 07. [2616]; 1 juv. 15- bis 18tägig noch am 01. Aug. (K. GRÖSSLER). In Feuchtgebieten wesentlich besserer Aufzuchterfolg als auf Feldern. 1 Jahresbrut, Nachgelege.

Wanderungen: Ankunft witterungsabhängig ab Anfang Febr., meistens Ende Febr./Anfang März ([2042, 2782, 3207, 3565, 3618, 4090], FRIELING

Tabelle 43: Gelegefunde Kiebitz (Dekadensummen). A – Bez. L (K. GRÖSSLER); B – Oberlausitz [2782]; C – Kr. Zittau [3728].

Dekade		A	B	C
März	3.	3	7	1
Apr.	1.	29	36	9
	2.	62	41	15
	3.	71	18	22
Mai	1.	37	8	24
	2.	27	9	4
	3.	23	8	5
Juni	1.	16	2	4
	2.	2	–	–
	3.	2	–	–
Juli	1.	1	–	–

1958). 1964–72 Ankunft im Bez. L 09. 02.–13. 03., M₉ 28. 02. [2179, 2333, 2435, 2561, 2767, 3363]; in E-Sachsen erste Heimzugbeobachtungen offenbar 7–10 Tage später. Einzelne Heimzügler (oder Überwinterer?) bereits 29. Jan. [2782, 3207]. Heimzughöhepunkt im März, Zug klingt im Apr. rasch ab. Zwischenzug ab Ende Mai/Anfang Juni merkbar ([2402] erg.); besonders im Flach- u. Hügelland ab Juni längerer Aufenthalt von Mausertrupps, oft über 100 Ex. Frühsommerzug geht nahtlos in den Wegzug über, der im Okt. kulminiert. Regional u. jahrweise sehr unterschiedliche Zugabläufe mit vielfältigen Wetterfluchterscheinungen während beider Zugzeiten. Daueraufenthalt großer Verbände im Herbst u. Frühwinter (vor allem unterhalb 300 m ü.NN festgestellt) wird erst durch Schneefall u. Frost beendet: Winter 1974/75 S-Teil Kr. Delitzsch 1. Jan.-Dekade 1560, 2. Jan.-Dekade 6 000, 3. Jan.-Dekade 83 K. (K. GRÖSSLER); Überwinterung 1974/75 auch im Kr. Wurzen [3618] u. NSG Eschefeld [3169]. Größte Rastgemeinschaften in NW-Sachsen: je nach Größe günstiger Rastplätze, z. B. trockene Schlammfläche, nicht selten bis zu 2 000 K.; seit Mitte der 1960er Jahre in den Kr. Grimma, Oschatz u. Wurzen lokal bis 4 000 K. [3618]. Dagegen 1952–71 in der Oberlausitz nur 1 mal 800 K., sonst max. 300 [2782]; im Kr. Zittau größte Trupps (max. 920 K. 1978) in der 1. Okt.-Dekade [4090]. Im Bez. C langes Verweilen von 500 K. erstmals 1974 [3207], Ende Okt. 1989 NSG Großhartmannsdorf 1 000 K. rastend (D. SAEMANN). Rastverbände oft mit Staren vergesellschaftet, im Herbst vor allem in NW-Sachsen auch mit Goldregenpfeifern, vereinzelt mit Kampfläufern u. selten mit anderen Limikolen. In Sachsen markierte nfl. K. in Spanien [3618], Italien, Korsika, Marokko, Frankreich u. Belgien wiedergefunden.

K. GRÖSSLER, G. KLEINSTÄUBER, G. RÖSSLER

Sandregenpfeifer – *Charadrius hiaticula*
L., 1758

Durchzügler
Unterarten: *Ch. h. hiaticula* L., 1758
  Ch. h. tundrae (Lowe, 1915)

Vorkommen: Regelmäßiger Durchzügler im Frühjahr u. Herbst. Heimzug deutlich schwächer als
Wegzug: 1959–75 Bez. C Frühjahr p = 27, n = 98 u.
Sommer/Herbst p = 158, n = 647 Ex. [3207]. Zeiten
des Vorkommens an verschiedenen Rastplätzen
recht einheitlich: NSG Zschorna (1932–85) 05. 03.–
03. 05., 28. 06., 20. 07.–07. 11. (HUMMITZSCH 1985,
erg.); SB Windischleuba (1953–86) 08. 03.–15. 04.,
05. 05.–22. 06., 05. 07.–29. 10. ([2554] erg.); SB
Helmsdorf (1963–86) 10. 03.–17. 06., 08. 07.–04. 11.
([3412] erg.); GT Torgau (1957–66) 16. 03.–15. 05.,
18. 08.–03. 11. [2402]; Kläranlage Leipzig (1966–88)
04. 04.–16. 06., 01. 07.–02. 11. ([3571] erg.). Durchzügler im März/Apr. u. Sommer vermutlich *Ch. h.
hiaticula*, solche im Mai/Juni u. der größte Teil der
Herbstzügler vermutlich *Ch. h. tundrae*; Belege
Mus. Dresden [3166] u. Sammlung H. DATHE.

Lebensraum: Rastet vorwiegend auf Schlammflächen abgelassener Teiche u. in Kläranlagen; etwas
abgetrocknete festere Stellen werden bevorzugt.
Im Herbst oft mit Alpen- u. Zwergstrandläufern,
gelegentlich anderen Limikolenarten (auch Flußre-
genpfeifern) vergesellschaftet.

Wanderung: Erste Heimzügler (Einzelvögel) Anfang März, zuweilen bei Schnee u. Frost: 05./
06. 03. 1967 NSG Zschorna [3085], 07. 03. 1928
TG Eschefeld [855], 08. 03. 1953 Elster-ST
(K. GRÖSSLER), 10. 03. 1977 SB Helmsdorf
(H. OLZMANN). März bis Mitte Apr. zeichnet sich
schwacher 1. Zuggipfel ab. Nach DATHE [1028] zwischen 20. 04. u. 06. 05. ein „Zugloch". Zweite, wesentlich stärkere Zugwelle Mitte Mai bis Anfang
Juni, z. B. 1963–76 SB Helmsdorf 196 Ex. vom
07. 05.–14. 06. [3412]. Dagegen im Elbe–Röder-Gebiet bei Dresden zwischen 04. 05. u. 27. 06. keine
Nachweise (P. HUMMITZSCH). Ziemlich regelmäßig
rasten 2 bis 4 S. zusammen, vermutlich bereits verpaarte Stücke [1028]. Rastdauer kurz, oft nur 1,
selten bis 7 Tage. Gelegentlich kleine Trupps: SB
Helmsdorf max. 18 [2895]; 15. 05. 1986 Kläranlage
Leipzig 11 ad. (K. GRÖSSLER). Ebenda 2 stark
mausernde S., vermutlich *Ch. h. tundrae*, am
24. 05. 1985 (K. GRÖSSLER). Wegzug setzt zögernd
Anfang/Mitte Juli ein u. gipfelt Sept. bis Anfang
Okt.; Einzelvögel 3. Junidekade schwer einzuordnen. Nach DATHE [1028] rastende ad. bis 16. Sept.
u. juv. ab 24. Aug., doch gelegentlich werden
diese Zeiten überschritten: je 1 juv. 09. 07. 1970
Frankenhain/Kr. Geithain (K. TUCHSCHERER), 15./
16. 07. 1962 Kläranlage Leipzig (K. GRÖSSLER,

K. TUCHSCHERER), 15. 07. 1972 u. 19. 07. 1973 SB
Windischleuba (D. FÖRSTER); ad. zuweilen später,
so 1 ad., 3 juv. 18. 10. 1964 GT Torgau (K. TUCH-
SCHERER) u. 1 ad., 1 juv. ebenda 26. 10. 1958
(K. GRÖSSLER). Der Mausermodus von *Ch. h. tundrae* erschwert im Herbst die Altersbestimmung
[3057]. Rastdauer im Herbst oft bis 10, ausnahmsweise 20 Tage [1028]. Größere Ansammlungen:
17. u. 23. 09. 1964 SB Windischleuba je 30
(K. GRÖSSLER, W. SYKORA), 19. 09. 1954 ebenda 35
(H. FRITSCHE) u. 23. 09. 1985 51 S. (HORST et al.
1987); 29. 06. 1970 Kläranlage Leipzig 32 [3751];
Aug./Sept. 1956 NSG Großhartmannsdorf bis zu 30
[1935]. Späte Nachzügler: 18. 11. 1951 Elster-ST 1
ad. [1729], 21./22. 11. 1953 ST Glauchau 1 [1729],
28. 11.1879 Großenhain 1 erlegt [110].
K. GRÖSSLER, K. HÄDECKE

Flußregenpfeifer – *Charadrius dubius*
Scop. 1786

Sommervogel, Durchzügler
Unterart: *C. d. curonicus* Gmel., 1789

Verbreitung: Bv des gesamten Gebietes, im Erzgebirge zwischen 500 u. 700 ü. NN noch zahlreiche
Brutplätze ([1893, 2041, 2076, 3107, 3178] u.
R. STEFFENS). Höchstgelegene Brutvorkommen: TS
Carlsfeld, 900 m ü. NN, 1964 Gelegefund [2048],
BV 1976 (R. MÖCKEL) u. 1978 (J. SCHMIDT), 01.–
03. 05. 1986 ca. 5 Paare balzend (D. SAEMANN);
30. 04. 1972 Grenzteich Satzung, 855 m ü. NN, 2 F.
[3178]; 10. 05. 1974 ehemalige Erzwäsche bei Tan-
nenbergsthal/Kr. Klingenthal, 830 m ü. NN, 2 F.
(M. THOSS).

Lebensraum: Ursprünglich Bewohner der Kies- u.
Schotterbänke aller größeren Flüsse außerhalb der
Mittelgebirgszone; bereits vor 1950 haben diese
Plätze an Bedeutung verloren [1223]. In neuerer
Zeit zunehmend an vegetationsarmen, künstlichen
Bodenaufschlüssen (nach HEYDER [1223] soge-
nannte Ausweichplätze) brütend. Genutzt werden
Ton- u. Kiesgruben, Steinbrüche, flache Abraum-
oder Müllhalden, Tagebaugelände, Kläranlagen,
abgelassene Fisch- u. Bergwerksteiche, Spülfelder,
Absatzbecken der Industrie, Uferzonen von TS,
SB usw., Bauplätze, Schwemm-, Naß- oder Silage-
stellen auf Feldern, sandige Flächen im Wald,
Kahlschläge im Kiefernforst, Flug- u. Exerzierplät-
ze etc.; extremer Brutplatz ist ein mit Kies be-
schichtetes Werkhallendach [3178, 3639]. Wassernähe bevorzugt, aber keine Bedingung. Brutplätze
bestehen oft nur kurze Zeit, was unstete Verbreitung bedingt; neu entstandene Plätze werden ver-
blüffend schnell besiedelt. Regional scheinbar unterschiedliche Habitatpräferenz [2782, 3178] ist
Ausdruck des jeweiligen Angebots. Schotter- u.

Kiesbänke werden im wesentlichen nur noch an Elbe, Mulde u. Neiße besiedelt [3618, 4105]; an anderen Flüssen nur kurzzeitig nach Hochwasser (z. B. [1627, 2266]). Außerhalb der Brutzeit gern auf größeren abgetrockneten Schlammflächen.

Bestand: Offenbar langfristige Zunahme. Siedlungsdichte: 1973–76 SB Helmsdorf, 18–35 ha besiedelbare Fläche, 4,0–6,0 BP/10 ha (auf Teilflächen bis 13,3) u. max. 14–15 BP 1976 [3412], 1982 3–4 BP [A. SIEBERT]; Tagebaugelände Kulkwitz/Kr. Leipzig 1,1–3,8 BP/10 ha [2320, 3442]; 1976 SB Radeburg I/Kr. Dresden auf 0,12 ha 5 BP [3520]; 1970 Blumental-T bei Kreba/Kr. Niesky, 18 ha, 4 BP u. 1971 Kirch-T Förstgen/Kr. Niesky, 4,23 ha, 2 BP [2782]. Überwiegend werden einzeln brütende Paare gefunden (siehe dagegen [3520]); 1980 Tagebaugelände Espenhain-Zwenkau S Leipzig 14 BP (W. STENGEL); Kr. Grimma, Oschatz u. Wurzen 40–50 BP, 1979 im Kr. Wurzen von 38 BP 34 an der Mulde [3618]. 1978–82 Bez. L 100–130 u. Bez. D 100–150 BP (Ergebnisse MTB-Kartierung); 40 BP 1975 Bez. C [3207] vermutlich zu niedrig.

Brutbiologie: Erste Nestmulden 3–15 Tage vor Beginn der Eiablage [3412]. Legebeginn frühestens ab 17. 04., ab 22. 04. häufiger ([1465, 2782, 3178] erg.); am SB Helmsdorf, einem nicht durch Überflutung gestörten Brutplatz, 1. Ei bei Erstgelegen (n = 31) 22. 04.–25. 05. u. bei Zweitgelegen (n = 3) 06. 06.–etwa 04. 07. [3412]. In Kläranlage Leipzig fl. juv. 2mal bereits 05. 06. [3243]. 1980–89 N Bautzen aufgefundene Vollgelege (n = 22) von 2. Apr.-bis 1. Julidekade mit Schwerpunkt 1./2. Maidekade (MELDE 1991). Gelegefunde u. Schlupf bis Ende Juli/Anfang Aug. [2782, 3178]; 2- bis 3tägige juv. noch am 11. Aug. [2076]. 1 Jahresbrut, Nachgelege; Zweitbruten (geschachtelt) selten belegt [1465, 2782]. Von 127 Gelegen ([2782, 3178, 3412, 3618] erg.) ca. 11% mit 3 Eiern; sehr selten 5 Eier: 1953 Mulde [1465], 1965 Freital (F. BAUER), 1972 Glauchau [3178], ausnahmsweise 7 Eier 1974 SB Helmsdorf [3412]. Geringste Abstände zweier Gelege 11, 13 u. 15 m [3520]. Bruterfolg: aus 136 Eiern (35 Gelege) schlüpften 73 juv. (53,7%), 2,1 juv./Gelege [3412] u. nach G. CREUTZ aus 85 Eiern 2,8 juv./Gelege; Zahlen über Jungvogelverluste liegen nicht vor.

Wanderungen: Erstbeobachtungen ab Mitte März: 10. 03. [1223, 3243], 12. 03. [1729], 13. 03. [3442], 14.03 [4090], 15. 03. [107], 16. 03. [851], 20. 03. [2782]; bei frühen Märzdaten ist Verwechslungsmöglichkeit mit Sandregenpfeifer zu bedenken. Mittlere Ankunft SB Helmsdorf M$_{12}$ 01. 04. [3412] u. Klärbeckengebiet Leipzig M$_{20}$ 31. 03./01. 04. [3243]; in der Oberlausitz nach [2782] deutlich später. Heimzug unauffällig, gelegentlich kleine Trupps bis 18 Ex. [2782, 3243]; 14. 04. 1979 Grün-

gräbchen/Kr. Kamenz 24 (G. ENGLER). Bald nach dem Flüggewerden der juv. verlassen die F. ihre engeren Brutgebiete u. streichen vermutlich ungerichtet umher. Wegzughöhepunkte im Juli u. auf geeigneten Flächen Ansammlungen von zunächst ad., später zunehmend juv. F., z. B. 1978 Gülleeinspülung Grubengelände Laue/Kr. Delitzsch 29 ad., 4 juv. am 15. 07., 18 ad., 11 juv. 22. 07. u. 2 ad., 16 juv. 12. 08. (K. GRÖSSLER). Größere Trupps selten: 30. 07. 1977 ebenda 60 (K. GRÖSSLER); 27. u. 30. 07. 1976 SB Windischleuba 113 bzw. 114 (R. STEINBACH). Alte ziehen vor den Jungen; Altersansprache im Sept. infolge Mauser der ad. schwierig (vgl. [3751]). Wegzug meist Sept. bereits beendet. Mittlere Letztbeobachtung SB Helmsdorf M$_{12}$ 08. 09. (H. OLZMANN), Leipzig M$_{19}$ 17. 09. [3243]; nach 10. Okt. nur wenige Daten: 16. 10. 1973 u. 22. 10. 1980 SB Windischleuba je 1 (R. STEINBACH); 18. 10. 1950 Großgrabe/Kr. Kamenz 3 [2782]; 22. 10. NSG Zschorna 2mal jeweils 3–5 [2782]; 02. 11. 1986 bei Bautzen (MELDE 1991); 04. 11. 1975 Stangengrün/Kr. Zwickau 1 (H. OLZMANN). Von in Sachsen erbrüteten F. 2 in Italien u. 1 in der Camargue wiedergefunden (LIEDEL 1985).

H. HOLUPIREK, G. CREUTZ, W. STENGEL

Seeregenpfeifer: – *Charadrius alexandrinus* L., 1758

Seltener Gast
Unterart: *Ch. a. alexandrinus* L., 1758

9 Beobachtungen: 19. 09. 1954 SB Windischleuba 1 [1446]; 25. 08. 1970 Hütten-T Berthelsdorf 1 (F. WERNER); 19. 05. 1972 SB Helmsdorf 1 [2895, 3412]; 27. 07. 1972 Lengenfeld/Kr. Reichenbach ♂ im Brutkleid [2895]; 03. 06. 1973 SB Helmsdorf 1 [3412]; 02. 07. 1975 SB Stöhna/Böhlen/Kr. Borna ♂ im Brutkleid (D. FÖRSTER, R. WEISS); 27. 05. 1976 SB Windischleuba 1 [3358]; 06.–08. 06. 1978 ebenda 1 „wohl ♂ im Brutkleid" [3897]; 08. 05. 1982 TG Döbra 1 [3994].

N. HÖSER, D. SAEMANN

Mornell – *Eudromias morinellus* (L., 1758)

Durchzügler

Vorkommen: Unregelmäßig festgestellter Durchzügler, vielleicht häufiger übersehen. Von mind. 30 Nachweisen bzw. Beobachtungen nur 3 im Frühjahr.

Lebensraum: Abgeerntete u. frisch gepflügte Felder, Rüben- u. Kartoffelschläge; nur ausnahmsweise auf Schlammflächen abgelassener Teiche. Alle Feststellungen betreffen das Flach- u. Hügelland.

Wanderungen: Heimzug tritt kaum in Erscheinung: 31. 03. 1968 Göttwitzsee/Kr. Grimma 1 [2767]; Apr. 1889 Mylau/Kr. Reichenbach 1 [247]; 21. 05. 1930 Klix/Kr.Bautzen 1 [1223]. Zeitlich etwas isoliert 1 M. im Prachtkleid 23. 07. 1972 NSG Großhartmannsdorf [2895], vermutlich schon auf dem Wegzug. Dieser wird in Sachsen vom 14. 08. [3309] bzw. 24. 08. [1385] sowie 10.10 [178] bzw. 25.10 [240] begrenzt. Zwischen Ende Aug. u. Anfang Okt. die meisten Daten; in dieser Zeit gelegentlich kleine Trupps: 28. 06. 1962 Sprotta/Kr. Eilenburg 16 [1916]; 31. 08. 1980 Burgstädt/Kr. Chemnitz 3 ad., 3 juv. [3711] u. 31. 08. 1985 ebenda 1 ad., 4 juv. (BÖHME 1987, KRONBACH et al. 1989); 15. 09. 1973 Gerbisdorf/Kr. Delitzsch 5 (H. KRETZSCHMAR) u. 16. 09. 1973 Mutschlena/Kr. Delitzsch 6 (H. ANSORGE); 26. 09.1835 Kesselsdorf/Kr. Freital von 10 M. 1 erlegt [42]. Rastdauer stets kurz, lediglich 25. 09.–04. 10. 1956 SB Windischleuba 1 [1539]. Die vielfach vorliegende Angabe „juv." schließt vermutlich ad. M. im Ruhekleid bzw. mausernde Vögel ein (vgl. [3057]). Unter max. 55 vom 03. 11.–03. 12. 1966 bei Niedergurig/Kr. Bautzen rastenden großen Regenpfeifern 16 (17. 11.) bzw. 13 (09. 11.) M. [3085] sind ungewöhnlich.

K. GRÖSSLER

Kiebitzregenpfeifer – *Pluvalis squatarola* (L., 1758)

Durchzügler

Vorkommen: Regelmäßiger Durchzügler im gesamten Gebiet. Wichtige Rastplätze im Herbst: TG Niederspree, TS Quitzdorf, NSG Zschorna, NSG Großhartmannsdorf, SB Helmsdorf, TG Wermsdorf, SB Windischleuba u. GT Torgau. Trotz vorhandener Rastmöglichkeiten Heimzug wenig auffällig; in der Oberlausitz nur 3 Beobachtungen in 43 Jahren [3085]; dagegen im Bez. L p = 49, n = 78 u. 1963–76 SB Helmsdorf [3412] p = 18, n = 26. Verhältnis Heim- zu Wegzug insgesamt nach Ex. im Bez. D etwa 1:400, im Kr. Grimma, Oschatz u. Wurzen 1:20 [3770].

Lebensraum: Bevorzugt ausgedehnte, vegetationsfreie Schlammflächen trocken liegender Teiche u. a. großer Standgewässer. Seltener u. kurzzeitig an schmalen Schlammrändern stehender Gewässer, an Kiesbänken, Flußufern, auch in kleineren Klär-

anlagen; gelegentlich auf Wiesen, Jungsaat oder frisch bearbeiteten Feldern. Neigt wenig zur Vergesellschaftung mit anderen Arten; in den Feldgebieten NW-Sachsens gelegentlich mit Trupps von Kiebitzen u. Goldregenpfeifern.

Wanderungen: Erste K. Ende März: 27. 03. 1955 SB Niederwartha 1 (G. ADAM); 28. 03. 1971 Lichtenberg/Kr. Brand-E. 1 unter Kiebitzen (G. KLEINSTÄUBER). Nachweise vor allem 3. Apr.-Dekade und Mai. Überwiegend rasten Vögel im Brutkleid; schlicht gefärbte bis Juni. Im Frühjahr geringe Neigung zur (meist kurzen) Rast; ausnahmsweise 04.–11. 04. 1958 bei Leipzig 1 [2112], Aufenthalt am SB Helmsdorf bis 6 Tage [3412]. Meist einzelne K., selten kleine Trupps: 16. 05. 1981 SB Windischleuba 5 (R. STEINBACH); 26. 04. 1936 TG Eschfeld 10–12 (1116). Späte Heimzug- von frühen Wegzugdaten schwer trennbar: 13. 06. 1965 Thräna/Kr. Borna 2 [2333]; 28. 06. 1976 TG Limbach-O. 1 (D. SAEMANN); 11. 07. 1966 Göttwitzsee 1 [2435]; 12. 07. 1972 u. 13. 07. 1973 SB Windischleuba [3052, 3244]. Auch im Aug. nur wenige Einzelvögel, erste Trupps in 3. Dekade: 22. 08. 1959 Elster-ST 15 [3763]; 24. 08. 1963 TG Petershain 14 [3085]. Hauptdurchzug Mitte Sept./Anfang Okt. Ab Sept. zunehmend juv. u. schlichtfarbene K.; einzelne im Brutkleid bis Ende Sept., 1 Ex. noch am 04. 10. 1980 NSG Zschorna (R. DAMME). Wiederholt Trupps von 10–15 K.; mehr als 35 K. zusammen selten: Sept. 1975 SB Helmsdorf max. 36 [3412]; 08. 10. 1963 SB Windischleuba 36 [2764]; 09. 10. 1960 NSG Zschorna 40 [3085] u. ebenso 10. 10. 1981 (H. u. P. KIEKHÖFEL); 19. 10. 1969 SB Windischleuba 41 [2764]. Rastdauer oft mehrere Tage; vermutlich auch bis 2 Wochen oder länger [1137]. Ausklingender schwacher Zug bis Ende Nov.; späteste Daten: 24. u. 26. 11. [854, 2402]; 30. 11. u. 03. 12. 1979 SB Windischleuba (R. STEINBACH); 01. 01. 1978 bei Gerbisdorf/Kr. Delitzsch 1 K. in Goldregenpfeifertrupp (P. HOFMANN).

K. GRÖSSLER, K. HÄDECKE, P. HUMMITZSCH

Goldregenpfeifer – *Pluvialis apricaria* (L., 1758)

Durchzügler

Vorkommen: Rastplätze vor allem in ausgedehnten Feldgebieten der Kr. Delitzsch u. Großenhain. Im

Vorkommen des Kiebitzregenpfeifers im Bez. L während des Heimzuges:

	März	Apr.		Mai			Juni	
Dekade	3.	1.	2.	3.	1.	2.	3.	1.	2.
Ex.	3	2	8	18	11	12	15	4	5

übrigen Gebiet – namentlich im Mittelgebirgsraum (vgl. [3412, 3207, 4090]) – mehr oder weniger unregelmäßig auftretender Durchzügler. In Sachsen erscheinende G. früher *P. a. altifrons* (BREHM, 1831) zugeordnet [1223]; neuerdings ohne Unterartengliederung [3057], aber mit geographischer Variation. Häufigkeitsverhältnis Heim- zu Wegzug nach HEYDER [1223] 1:3, in den ehemals nicht zu Sachsen gehörenden Hauptrastgebieten der Kr. Delitzsch u. Eilenburg etwa 1:23 (s. Abb. 17).

Lebensraum: Im Herbst auf abgeernteten Feldern, Ackerflächen u. auf Jungsaat; sucht gelegentlich größere Staugewässer auf, deren Böden längere Zeit trocken liegen [2112, 2402]. Fast stets mit Kiebitzen vergesellschaftet; seltener gesellen sich einzelne Kampfläufer, Alpenstrandläufer oder Kiebitzregenpfeifer hinzu.

Wanderungen: Beginn des Heimzuges zögernd Ende Febr./Anfang März: 20. 02. 1966 SB Windischleuba 1 [2328]; 27. 02. 1975 Feldgebiet Kr. Delitzsch 10 (A. RICHTER, K. WEISBACH); 01. 03. 1975 Feldgebiet im Kr. Wurzen 2 [3618]. Hauptzug Ende März/Anfang Apr. Im Frühjahr selten größere Trupps: 10. 03. 1957 Colmnitz/Kr. Riesa ca. 100 (P. FROMMHOLD); 24. 03. 1963 bei Krippehna/Kr. Eilenburg ca. 60 u. 31. 03.–03. 04. 1964 ebenda ca. 80 (A. BARTH); 05. 04. 1975 bei Groitzsch/Kr. Borna ca. 90 (H. KRUG). Einzelne Nachzügler bis 2. Maidekade: 16. 05. 1921 Herrnhut/Kr. Löbau

Rupfungsfund [579, 715]; 18. 05. 1974 Claußnitz/Kr. Chemnitz 1 (W. WEISE); 20. 05. 1921 NSG Großhartmannsdorf 1 [1223]. Zwischen 18. 05. u. 12. 07. 1981 bei Eckartsberg/Kr. Zittau 1 G. im Brutkleid [4090]. Anfang Apr. nur wenige G. im BK: 04. 04. 1970 von 48 nur 6, am 09. 04. 1975 von 28 nur 5 (K. GRÖSSLER); dagegen 29. 04. 1976 Kläranlage Leipzig 4 G., alle im BK [3751]. Die ersten Wegzügler ab Juli: 07. 07. 1974 SB Helmsdorf 2 [3412]; 11. 07. 1981 Krostitz/Kr. Delitzsch 1 (P. HOFMANN); 17. 07. 1936 TG Eschefeld [2940]; 19. 07. 1986 Satzung/Kr. Marienberg (850 m ü. NN) 1 unter Kiebitzen (D. SAEMANN). Hauptzug Okt./Nov., oft längere Rast u. Abzug erst bei Einsetzen stärkerer Fröste (Abb. 17). Überwinterungsversuche kommen vor: 02. 02. 1907 bei Leipzig 1 erlegt [391]; Winter 1974/75 im Raum Gerbisdorf-Werbelin/Kr. Delitzsch 184 G. 11. 01. u. 84 am 18. 01.; Winter 1977/78 ebenda 51 G. am 05. 02. u. 13 am 04. 03. (K. GRÖSSLER, P. HOFMANN). 1952–83 in den Feldgebieten des Kr. Delitzsch erste G. frühestens 11. 07., M₂₆ 22. 08.; die letzten G. zogen zwischen 07. 11. u. 04. 03. ab, M₂₆ 11. 12. (K. GRÖSSLER). Größere Ansammlungen nur in diesem Gebiet: 25. 10. 1972 330 (H. ANSORGE), 29. 10. 1977 ca. 500 (R. EHRING), 03. 11. 1973 384 (K. GRÖSSLER), 23. 11. 1974 530 (D. FÖRSTER), 30. 11. 1974 434 (K. GRÖSSLER), 16. 12. 1972 250 u. 11. 01. 1975 184 G. (K. GRÖSSLER). In anderen Feldgebieten wesentlich geringere Zahlen oder nur ausnahmsweise über 100 G.: 25./26. 11. 1960 bei

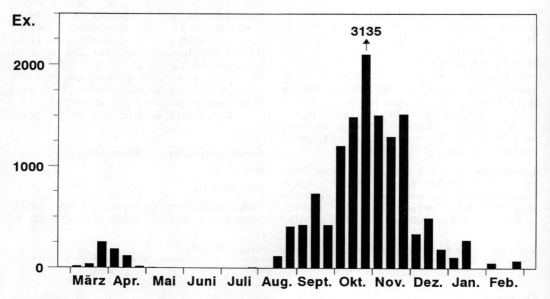

Abb. 17: Rastbeobachtungen des Goldregenpfeifers (Summe der Dekadenmaxima) in den Kr. Delitzsch u. Eilenburg 1961–82

Niedergurig/Kr. Bautzen bis 232 [3085]; im Kr. Großenhain max. 57 G. am 28. 11. 1981 (P. REUSSE). Größere Trupps gelegentlich auch auf dem Grund abgelassener Gewässer: 02. 10.–07. 10. 1960 NSG Zschorna 50 u. 18. 10.–06. 11. 1966 ebenda max. 100 (Beob.-Gr. Zschorna); 19. 11. 1960 Elster-ST 123 [2112]; 23. 11. 193 GT Torgau 115 [2402]. Wegzügler mausern meist („gescheckte" Kleider, Federfunde), aber Anfang Juli noch volle Brutkleider (vgl. [3412]) u. Übergangskleider (noch deutlich erkennbare schwarze Unterseitenzeichnung) bis Okt., z. B. 02. 10. 1982 von 101 G. noch 7 u. 23. 10. 1976 unter 176 nur 1 (K. GRÖSSLER).

K. GRÖSSLER, K. HÄDECKE

Gelegentlich längere Rast, vermutlich bis max. 3 Wochen [3358]. Auch im Herbst meist 1–2 S. zusammen, je 6 Ex. am 23. 08. 1970 NSG Zschorna [3085] u. 28./29. 08. 1976 TS Bautzen [3832]; 08. 09. 1985 SB Borna 7 (D. FÖRSTER); am 09. 09. 1985 SB Windischleuba 9 „juv." (ROST et al. 1987) u. 28. 08. 1976 ebenda 21 [3358]. Angaben zum Alter der beobachteten S. sind oft ungenau, denn viele dürften mausern u. das Ansprechen somit erschweren. DATHE [949] hielt Herbstzügler durchweg für Jungvögel. Ende Juli u. im Aug. mehrfach S. im Brutkleid u. mausernde ad. festgestellt [3317, 3751, 3832]. Nach GLUTZ [3242] zieht ein recht hoher Anteil ad. S. durch das Binnenland.

K. GRÖSSLER, K. HÄDECKE

Steinwälzer – *Arenaria interpres* (L., 1758)

Durchzügler
Unterart: *A. i. interpres* (L., 1758)

Vorkommen: Seit 1950 fast alljährlich nachweisbar. Bedeutendste Rastplätze: NSG Zschorna, NSG Großhartmannsdorf, SB Helmsdorf u. SB Windischleuba.

Lebensraum: Möglichst ausgedehnte, trocken liegende Schlammflächen u. steinige Uferzonen. Gern (z. B. in Kläranlagen) auf ausgetrockneten Schlammlagern mit Schollenbildung, die ein Umwenden von Schlammteilen ermöglichen [3361].

Wanderungen: Heimzug, nur schwach ausgeprägt, von Anfang Mai bis Mitte Juni mit Zugkonzentration in der 2. u. 3. Maidekade. Früheste Daten: 01. 05. [3447], 03.–05. 05. [2895]. Spätestes Heimzugdatum: 12. 06. 1982 SB Windischleuba 1 S. mausernd (R. STEINBACH). Im Frühjahr meist einzelne oder 2 Ex. zusammen; 27. 05. 1978 Gülle-Einspülung bei Laue/Kr. Delitzsch 4 [3362]; 18. 05. 1982 SB Windischleuba 6 (R. STEINBACH). Vögel im Brutkleid u. solche in der Mauser zahlenmäßig etwa gleich. Rastdauer kurz, gelegentlich 8 [2895] u. 9 Tage (HÖSER 1985). Verhältnis Heim- zu Wegzug etwas 1 : 4. Beginn des Wegzuges Ende Juli: 22. 07. [3085], 26. 07. [3207], 30. 07. [3618]. Markanter Zughöhepunkt Ende Aug./Anfang Sept.; Zug gegen Mitte Okt. beendet: 09.–19. 10. 1936 Elster-ST 1 [921, 949]; 01.–11. 10. 1981 NSG Zschorna 1 (Beob.-Gr. Zschorna).

Bekassine – *Gallinago gallinago* (L.; 1758)

Sommervogel, Durchzügler (Wintergast)
Unterart: *G. g. gallinago* (L.; 1758)

Verbreitung: Bis 1950 Bv „noch an vielen Stellen im Lande" [1223]. Nach 1970 regelmäßige Brutvorkommen im Oberlausitzer Heide- u. Teichgebiet, in der Dübener Heide sowie im W-Erzgebirge oberhalb 400 m u. im E-Erzgebirge oberhalb 600 m ü. NN (Karte 13); höchstgelegene Brutplätze bei 900–1 000 m ü. NN [2951]. Im übrigen Gebiet mehr oder weniger sporadischer Bv, großflächig völlig fehlend (z. B. [1634, 2782, 2951, 3618, 4090]). Während des Zuges im gesamten Gebiet.

Lebensraum: Offene u. locker mit Bäumen oder Gebüsch bestandene Feuchtgebiete, in denen freie, tiefgründige Naß- u. Schlickstellen vorhanden sind. Besiedelt werden sumpfige Wiesen u. Moore, Verlandungszonen von Teichen, Kläranlagen, Randzonen von Erlen- u. Birkenbrüchen, nasse Aufforstungsflächen (Fichte, Kiefer) im Kulturstadium u. bei Vorhandensein größerer Fehlstellen auch bis zum Jungwuchsstadium. Rastende Durchzügler suchen vielfach gedeckte Lebensräume auf, nicht selten aber auch offene Schlammflächen. Die B. neigt nicht zur Vergesellschaftung mit anderen Arten; auf Schlammflächen oft lockere Nahrungsgemeinschaften mit Wasser- u. Strandläufern, Kiebitzen, Krickenten u. anderen Arten.

Bestand: Im 19. Jh. mehrfach höherer Brutbestand als gegenwärtig. Der damals einsetzende Rückzug

Übersicht Beobachtungen zum Wegzug des Steinwälzers:

	Juli	Aug.			Sept.			Okt.		
Dekade	3.	1.	2.	3.	1.	2.	3.	1.	2.	3.
Ex.	4	6	6	64	56	17	12	5	2	1

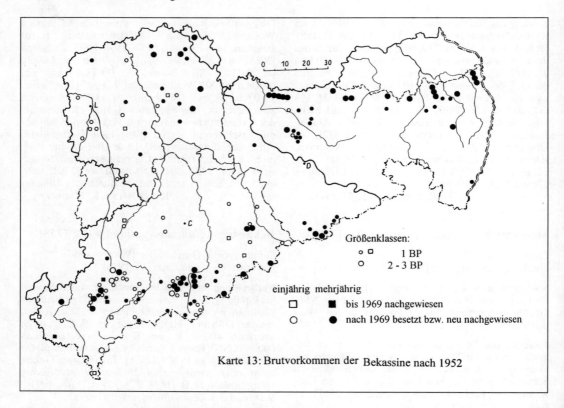

Karte 13: Brutvorkommen der Bekassine nach 1952

Größenklassen:
o ◻ 1 BP
o 2 - 3 BP

einjährig mehrjährig
◻ ◼ bis 1969 nachgewiesen
o ● nach 1969 besetzt bzw. neu nachgewiesen

[1223] vollzog sich in mehreren Phasen, welche stets mit Melioration u. Vorflutregulierung in Verbindung zu bringen waren. R. STEFFENS charakterisiert die Situation im Bez. D entsprechend den jeweiligen Meliorationsschwerpunkten wie folgt: bis 1965 Ausdünnung des Bestandes in Flußauen u. fruchtbaren Bereichen der Ackerebene u. des Ackerhügellandes, es entstehen erste Verbreitungslücken (vgl. [1223]); bis 1980 weitere Ausdehnung der Verbreitungslücken, Ausdünnung der Vorkommen in den gewässerreichen Niederungen u. Ausdünnung in den Hoch- bzw. Kammlagen. Dafür 2 markante Beispiele: bis etwa 1970 Rückgang des Brutbestandes im Kr. Kamenz um 75–80% [2782]; Elligastwiesen/Kr. Großenhain 1978 13–15 u. 1982 nur noch 3–5 BP (P. REUSSE, D. USCHNER). Bestand im Bez. D 1980 etwa 70–100 BP u. um 1988 ca. 40–70 BP, davon 15–30 im Kr. Niesky u. mind. 50% im Oberlausitzer Teichgebiet (R. STEFFENS). Im Bez. L in den 1950er Jahren über 100 BP, um 1970 etwa 60 u. 1980 25–30 BP; konstant blieben lediglich die Vorkommen im NSG Wildenhainer Bruch mit ca. 15 BP ([2668] erg.) u. mit je 1–3 BP in den NSG Presseler Teich/Zadlitzbruch u. Gebiet an der Winkelmühle/Kr. Eilenburg (K. HANDKE, J. SCHMIDT, K. WEISBACH). 1974/75 im Bez. C ca.

50 BP [3207], davon im Kr. Annaberg allein 35–40 [2951]; intensivere Erfassung in späteren Jahren lassen für 1974/75 jedoch 80–100 BP vermuten; 1989 etwa 45–65 BP, davon im Kr. Annaberg 20–25 (Bericht BAG Artenschutz). Auch unter Berücksichtigung jährlicher Schwankungen geht der Brutbestand weiter zurück. Wieder- oder Neuansiedlung erfolgten nur selten: 1961 Olbernhau/Kr. Marienberg [1771]; nach 1970 entstanden bei Deutscheinsiedel/Kr. Marienberg 2–3 neue Brutplätze (U. KOLBE). Viele Brutplätze nicht jedes Jahr besetzt; 1970–80 im Kr. Zwickau nur 3 von 11 Brutgebieten regelmäßig besetzt (H. OLZMANN). Siedlungsdichteangaben wenig sinnvoll, da überwiegend Einzelpaare (vgl. [2402]); andererseits werden 1,5–2,0 ha große Flächen von 1–2, max. 3–4 BP (H. OLZMANN) besiedelt: Feuchtwiesen bei Deutscheinsiedel 3 BP/10 ha (U. KOLBE); 1975–77 Kr. Kamenz, 42 ha „Unland", 0,2–0,5 BP/10 ha, 1978 fehlend [3786].

Brutbiologie: Bodennester gut gedeckt auf trokkenen Bülten oder Kaupen in feuchtem Gelände. 35 Gelegefunde zwischen 18. Apr. u. Ende Mai. 29 Vollgelege mit je 4 Eiern. Schlupftermine: 25.05. (K. WEISBACH), 29.05. u. 05.06. (K. HANDKE).

Flügge juv. Mitte Juni bis Mitte Juli. 1 Jahresbrut; Nestfunde auf mit nur 1 BP besetzter Wiese am 21. 05. u. 27. 07. könnten u. a. auf Ersatz- oder Zweitbrut hindeuten [2782].

Wanderungen: Erste B. witterungsbedingt ab Anfang März im Brutgebiet; am 03. 03. bereits 1 ♂ Balzflug (K. HANDKE). Die meisten B. treffen Mitte März bis Mitte Apr. ein, in Hochlagen um Tage verzögert. Durchzug nur wenig auffällig, da überwiegend Einzelvögel u. kleine Trupps; 10. 04. 1960 TG Petershain 100–300 [2783] sind eine Ausnahme. Zug endet Anfang–Mitte Mai. Zahlenverhältnis (Ex.) Heim- zu Wegzug im Bez. C etwa 1 : 5. Wegzug beginnt zögernd Anfang Juli, gipfelt gebiets- u. jahresweise unterschiedlich zwischen Ende Aug. u. Mitte Okt. u. klingt Nov./Dez. aus (vgl. Abb. 18). In der Hauptzugzeit nicht selten Ansammlungen von 100–150 B.; 27. 09. 1959 NSG Zschorna 200 [2782]; 18. 10. 1979 SB Windischleuba 250 (R. STEINBACH), 05. 10. 1973 ebenda 470 [3052]. An vielen Rastplätzen vermutlich längeres Verweilen, z. B. 11. 09.–13. 10. 1968 Kläranlage Leipzig ständig 140–150 [3571]. Nicht alljährlich versuchen jeweils 1–3 B. an verschiedenen Plätzen zu überwintern, z. T. auch in Höhenlagen von 500–600 m ü. NN. (vgl. [2951]; Jahresberichte 1983–89 Bez. C); bis 28. 01. 1956 am Elster-FB bis zu 24 B. (K. GRÖSSLER). Eine bei Kamenz nfl. beringte B. zog nach W bis Frankreich (PÖRNER 1985); von in Sachsen markierten B. unbekannter Herkunft wurden in Frankreich 9, Spanien 3, Italien 2, England, Marokko u. Rußland je 1 wiedergefunden ([1920,

2167, 2716] erg.), was den bekannten Zugzielen entspricht (vgl. PÖRNER 1987 a, 1989).

U. KOLBE, K. HANDKE, P. REUSSE

Doppelschnepfe – *Gallinago media* (Lath., 1787)

Durchzügler

Vorkommen: Schwierige Artdiagnose im Gelände schränkt den Aussagewert vorliegender Beobachtungen ein, zumal einige Beobachter selbst auf eigene Unsicherheiten verweisen. Folgende Belege sind noch vorhanden: Apr. 1984 TS Schömbach/ Kr. Altenburg (A. u. U. SITTEL), Sammlung K. GRÖSSLER; 29. 09. 1846 Deutsch Ossig/Kr. Görlitz ♂ [256] u. Apr. 1868 „Oberlausitz", beide Mus. Görlitz (ANSORGE 1987); 13. 10.1855 (nicht 03. 10. wie fälschlich in [1223] angegeben) Rußdorf bei Crimmitschau/Kr. Werdau [484], Mus. Altenburg. Ferner besaß SCHLEGEl [586] 4 D. aus dem Zeitraum 04. 09.–01. 10.; REY [149] erhielt 1 D. 27. 07. 1887 aus Leipzig u. erlegte 1 am 10. 09. 1904 bei Klinga/Kr. Grimma [586]. Ein vermeintlicher Beleg im Mus. Kamenz [4048] erwies sich als falsch bestimmt (REUSSE 1987). Starke Abnahme bereits 1870–90 im Raum Großenhain [100, 107] u. seitdem noch seltener geworden [1223]. Nach 1950 vermutlich nicht alljährlicher Durchzügler in sehr geringer Zahl.

Lebensraum: Im Gegensatz zur Bekassine häufiger in trockenem Gelände rastend.

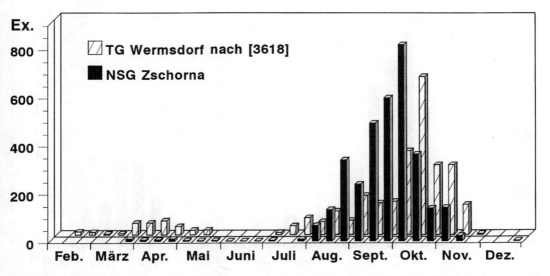

Abb. 18: Durchzugsbeobachtungen (Dekadensummen) der Bekassine 1968–82 im NSG Zschorna und 1959–76 im TG Wermsdorf

Wanderungen: Heimzug beginnt Anfang Apr. (02. 04. [120], 09. 04. [3085]) u. klingt Ende Mai/ Anfang Juni (späteste Daten 13. 06. [107, 690]) aus. Erste Rückzügler bereits Ende Juli: 24. 07. 1985 Kläranlage Leipzig 1 (K. GRÖSSLER), weitere frühe Daten 26. 07. [359] u. 27. 07. [149]. Hauptzug im Sept. u. mehrere Nachweise im Okt.; 21. 11. 1893 bei Ebendörfel/Kr. Bautzen 1 erlegt [240]. Jahreszeitlich späte Funde nach GLUTZ [3242] nicht ungewöhnlich. Das Zugbild entspricht dem bei HEYDER [1223].

K. GRÖSSLER

Zwergschnepfe – *Lymnocryptes minimus* (Brünn., 1764)

Durchzügler (Wintergast)

Vorkommen: Regelmäßiger Durchzügler während beider Zugperioden; in manchen Jahren stärkere Einflüge, z. B. 1955 [1729] u. 1978 (allein im Bez. C 131 Z. nachgewiesen). Nach Angaben bei DÖBEL [15] vermutete Brutvorkommen [272] sind unzureichend gesichert [1223]. Rastende Z. können überall angetroffen werden, höhenwärts bis etwa 900 m ü. NN. Gehäufte Nachweise aus größeren Teichgebieten u. von einigen anderen Rastplätzen infolge günstiger Rastmöglichkeiten u. hoher Beobachtungsintensität. Bis 1950 nur 3 sichere Heimzugdaten [1223]; danach zahlreiche Beobachtungen im Frühjahr (z. B. [1360, 1729, 1935, 2212, 2402, 2614, 2648, 4090]), doch Heimzug insgesamt schwächer als Wegzug: Bez. C 1 : 2,2 – Bez. L 1 : 2,9 – Bez. D

1 : 3,2. Heimzugbeginn von Überwinterung nicht exakt abgrenzbar.

Lebensraum: Schwach überflutete Randzonen von Gewässern, Quellbereiche in Feuchtwiesen, Viehweiden, Feuchtstellen in Grubengelände, Freiflächen in Schilf- oder Rohrkolbenbeständen. Kurzzeitig auch auf trockenerem Untergrund in Wiesen u. auf trocken liegenden, schütter überwachsenen Teichböden.

Wanderungen: Erste Heimzügler vermutlich Ende Febr.: 23. 02. 1956 Breitendorf/Kr. Löbau 1 [2782]; 24. 02. 1971 NSG Eschefeld 1 [2940]. Ab Mitte März deutlicher Zug, Max. Anfang Apr. u. Anfang Mai nur noch wenige Nachweise; Ausnahme: 26. 05. 1971 Kläranlage Leipzig 1 [3751]. Im Frühjahr nur selten bis 10 Z. zusammen; 17. 04. 1977 T nahe SB Windischleuba 17 auf 50 m² (R. STEINBACH). Einzelne Beobachtungen auch zwischen den Zugzeiten: 04. 07. 1971 NSG Eschefeld (S. KÄMPFER, W. KIRCHHOF); 14. 07. 1983 Paußnitz/ Kr. Riesa (W. TEUBERT); 28. 07. 1977 NSG Großhartmannsdorf (J. FISCHER); 13. 08. 1978 SB Windischleuba (H. BRÄUTIGAM); 15. 08. 1965 Leipzig-Dölitz [2333]; 15. 08. 1971 SB Windischleuba [2941]; 18. 08. 1869 Leipzig-Schleußig [366]. Ende Aug. setzt zögernd der Wegzug ein, deutlicher Durchzug Sept., Zughöhepunkte Okt./Nov.; Zugverlauf kann mehrgipfelig sein. Aufenthalt rastender Z. wird durch Frosteinbrüche (meist im Dez.) begrenzt; Häufung der Nachweise Ende Dez. im Bez. C (siehe Abb. 19) deutet auf Winterflucht. An geeigneten Stellen Überwinterung, entsprechende

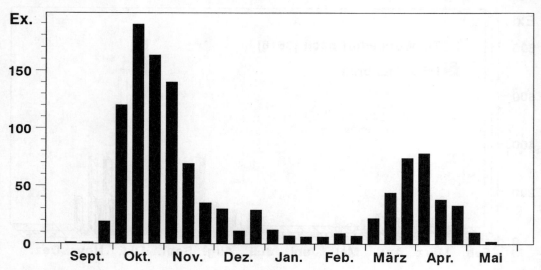

Abb. 19: Durchzugs- und Winterbeobachtungen (Dekadensummen) der Zwergschnepfe in Sachsen (Bez. C: n = 510, Bez. D: n = 192, Bez. L: n = 453)

„Versuche" oft nachgewiesen [1223, 1432, 1579, 1729, 2397, 2782, 2895, 3171, 3207, 3244, 3618, 3750, 4048]. Am 18. 02. 1978 SB Windischleuba 4 (R. STEINBACH) u. 22. 02. 1971 ebenda 5 [2941] können bereits Heimzügler gewesen sein. Längere Rastdauer im Herbst durch Kontrolle beringter Z. mehrfach nachgewiesen (D. KRONBACH); das bestätigen auch Beobachtungsserien: 26. 10. 1968 SB Windischleuba 12, 09. 11. 19, 19. 11. 18 u. 07. 12. 2 [2660, 2767]; 18. 10. 1977 Elligastwiesen Zabelitz/ Kr. Großenhain 30–35, 23. 10. 18 u. 04. 11. 8 [4048]. An selten zu beobachtenden größeren Trupps sei außerdem erwähnt: 22. 10. 1977 Thräna/ Kr. Borna 21 [3447]. Rastende Z. konzentrieren sich zuweilen auf engem Raum: 23. 10. 1971 SB Windischleuba 11 auf 20 m² (R. STEINBACH); 21. 10. 1978 TG Limbach-O. 8 auf 10 m² (D. KRONBACH). Rastplatztreue nach 1 u. 2 Zugperioden mehrfach nachgewiesen (D. KRONBACH). Eine bei Riesa beringte Z. in SW-Frankreich erlegt [1729].

D. KRONBACH, P. REUSSE, R. STEINBACH

Waldschnepfe – *Scolopax rusticola* (L., 1758)

Sommervogel, Durchzügler (Wintergast)

Verbreitung: In Abhängigkeit von größeren Waldgebieten Bv des Oberlausitzer Heide- u. Teichgebietes, der Ruhland–Königsbrücker, Dahlener u. Dübener Heiden, des Zittauer Gebirges, Lausitzer Berglandes, Elbsandstein- u. Erzgebirges; lokale Vorkommen in größeren Waldungen der Kr. Görlitz, Dresden, Meißen, Oschatz, Grimma u. Altenburg [1223, 1641, 1656, 1729, 2592, 2782, 3062, 3207, 3290, 3316, 3348, 3618, 4090]. Brut- und Vertikalverbreitung unzureichend bekannt; 1972 Nest mit 5 Eiern in 800 m ü. NN bei Rehefeld/ Kr. Dippoldiswalde (W. MORGENSTERN); balzende W. bis in Höhenlagen von 800–900 m ü. NN [1223, 3207]. Rastende Durchzügler im gesamten Gebiet.

Lebensraum: Bevorzugt mäßig feuchte bis wassergesättigte Bereiche in lichten, stark gegliederten u. mit Blößen durchsetzten Mischwäldern, reinen Kiefern- sowie Fichtenwäldern mit niederem, nicht zu dichtem Unterwuchs [3618, 3867, 4090]. Lokal wird lockerer Birkenbestand mit freien Flugflächen bevorzugt [4090]. Gelegentlich Bv in trokkener Birkenheide u. auf Bergwerkskippen mit Birken- u. Pappelbewuchs (G. CREUTZ). Zusammenhängende Bruchwälder werden weitgehend gemieden [3618], was auch für geschlossene, unterholzarme Forsten gilt. Im E-Erzgebirge bieten ungepflegt wirkende, stark rauchgeschädigte Kammwälder mit großen Blößen, lichten Stangen- u. Althölzern sowie zahlreichen Feuchtstellen Lebensräume, in denen die W. in bemerkenswerter

Dichte vorkommt (U. KOLBE). Besiedelte Waldflächen selten unter 1 000 ha; ausnahmsweise in größeren Feldgehölzen [3618]. Rast- u. Überwinterungshabitate ähneln den Bruthabitaten, doch zur Zugzeit nicht selten in Parks, Feldgehölzen, an Gewässern u. in Gärten größerer Ortschaften rastend; ausnahmsweise auch in Feldgebieten [3751].

Bestand: Unzureichende Kenntnis der Lebensweise (vgl. WADEWITZ 1977) erschwert genaue Angaben über Bestand und dessen Veränderungen. Seit Ende 19. Jh. bis etwa Mitte 20. Jh. Rückgang [449, 1223, 1656]; bis Mitte der 1960er Jahre unklare Bestandsentwicklung [3062, 3207], danach Stabilisierung u. teilweise Zunahme sowie räumliche Ausdehnung (z. B. 1977 Neuansiedlung bei Augustusburg/Kr. Flöha [3394]) des Bestandes, wohl auch als Folge verminderten Jagddruckes ([3618] u. WADEWITZ 1977). Bei Deutscheinsiedel/Kr. Marienberg deutliche Zunahme: 1969/70 2–4 u. 1981/ 82 8–9 balzfliegende W.; 1988 ebenda auf 600 ha Waldfläche 18 balzende W. u. 25. 04. 1989 10–12 balzfliegende ♂♂ (U. KOLBE). In den 1980er Jahren gebietsweise erneut Rückgang: 1978 Raum Straßgräbchen–Milstrich–Cunnersdorf/Kr. Kamenz 8, 1980 9, 1981 „weniger" u. 1982 nur 4 balzende ♂♂ (M. MELDE); 1961/62 zwischen Biehla u. Milstrich mind. 6 [2782]. Ende der 1980er Jahre auch im Erzgebirge deutliche Abnahme, vermutlich wegen zunehmender Bodenaustrocknung in den Rauchschadensgebieten (U. KOLBE, D. SAEMANN). Siedlungsdichte: 1970–74 Wermsdorfer Forst u. Waldgebiete im Kr. Grimma 13 bis max. 28 Brutreviere [3618]; 1982 Keulenberggebiet/Kr. Kamenz, 705 ha, Kiefern-Fichten-Bestände vorherrschend, 200–414 m ü. NN, 13 Reviere (12–44 ha groß) bzw. 1,8 balzende ♂♂/100 ha [3993] u. 1983 in einem auf 200 km² erweiterten Kontrollgebiet, 74,05 km² Wald, 0,9–4,4 balzende ♂♂/100 ha (ENGLER 1985); 1982/83 Raum Rechenberg–Bienenmühle/ Kr. Brand-E. auf 700 ha 2 u. 600 ha 1 balzendes ♂ (J. SCHULENBURG); 1969/70 Deutscheinsiedel, 500 ha, 0,6 ♂♂/100 ha u. 1981/82 etwa 1,6 ♂♂/100 ha (U. KOLBE). Anzahl vorhandener ♀♀ in allen Fällen unbekannt.

Brutbiologie: Balzflüge von März–Juli/Aug., frühestens 11. 03. 1975 Augustusburg (H. STÖTZER), spätestens 14. 07. 1962 Neudorf/Kr. Annaberg [2102] u. 17. 08. 1964 bei Raschau/Kr. Schwarzenberg, 800 m ü. NN [3290]. Nester meist gut gedeckt im Bodenbewuchs oder am Fuße eines Baumes (z. B. [2181, 1641]), 1 Nestfund in Birkenwäldchen [2592], 1 Nestfund frei in Nadelstreu eines Fichtenhochwaldes (R. OESER). Legebeginn ab 1. Apr.-Dekade: 09. 04. 1914 Eifund, 12. 04. 1916 Vollgelege [2782]. Vollgelege meist 4, einmal 5 Eier (G. CREUTZ). Pull. u. nfl. W. zwischen 06. 05. u.

13. 08., Jungenzahl führender W. M_{17} 2,5 (G. Creutz). Die zeitliche Verteilung brutbiologischer Daten deutet auf 2 Jahresbruten.

Wanderungen: Zug stark witterungsabhängig [3720, 3975], Zugverlauf u. -intensität von Unregelmäßigkeiten geprägt [1223]. Verhältnis Heim- zu Wegzug etwa 1:1,4 bzw. 1:2,2. Heimzug März/ Apr. mit Höhepunkt gegen Ende März; Febr.-Daten nicht sicher von Überwinterungen abgrenzbar. Ankunft oberhalb 650 m ü. NN 2–4 Wochen später als in den Vorgebirgslagen (U. Kolbe). Beginn des Wegzugs Ende Aug. bis Anfang/Mitte Sept.; Wegzughöhepunkt Ende Okt./Anfang Nov., Zug bis Anfang/Mitte Dez. kontinuierlich ausklingend [2782, 3207, 3975]; im Kr. Zittau nur bis Mitte Nov. [4090]. An frostfreien Feuchtstellen können wintersüber einzelne, selten 2 u. ausnahmsweise bis 5 W. zusammen ausharren; unterhalb 400 m ü. NN (max. bis 580 m) mehrfach nachgewiesen ([3618, 3207] erg.). Zwei bei Augustusburg beringte W. wurden im folgenden Winter in N-Frankreich erlegt [3949].

U. Kolbe, G. Creutz

Großer Brachvogel – *Numenius arquata* (L., 1758)

Sommervogel, Durchzügler (Wintergast)
Unterart: *N. a. arquata* L., 1758

Verbreitung: Bis zur Gegenwart vereinzelte Bruten im Riesa–Torgauer Elbtal, ehemals auch Bv im Rödergebiet (im Anschluß an die nördlich der Landesgrenze liegenden Vorkommen im „Ziegram" u. „Schraden") sowie im Oberlausitzer Heide- u. Teichgebiet. Regelmäßiger Durchzügler, in E-Sachsen in wesentlich geringerer Zahl als in NW-Sachsen; hier auch längere Zeit rastende Trupps, die in schnee- und frostarmen Wintern im Gebiet verweilen. Oberhalb 500 m ü. NN selten Rast, vereinzelt auf Wiesen der Kammlagen bis 900 m ü. NN [3207].

Lebensraum: Brütet(e) im Elbtal auf im Weidebetrieb genutzten Grünland; früher auch auf Grünland in Teichnähe. Rastende Durchzügler auf Saat- und Hackfruchtfeldern, kurzzeitig auch auf Schlammflächen abgelassener Teiche; Trupps, die längere Zeit rasten, schlafen auf Inseln in größeren Gewässern, nicht selten in Grubengelände.

Bestand: 1931 u. 1961 Bruten bei Königswartha/ Kr. Bautzen, vermutlich auch in anderen Jahren [759, 1223, 2782]; um 1930 in der Röder-Niederung bei Spansberg/Kr. Riesa Bv, 1931–35 bei Wülknitz/ Kr. Riesa 2 Gelegefunde [1223]; 1957 zwischen Kaschel u. Klitten/Kr. Niesky 1 Nestfund [2782] u. vor 1940 sporadischer Bv der Tauerwiesen bei Zimpel–Tauer/Kr. Niesky (M. Zieschang). Im El-

begebiet des Kr. Torgau wohl seit langem Bv, 1961 noch 2–3 BP (H. Lehmann), 1964 2 BP [2179], 1965–72 1–3 BP (H. Lehmann, D. Martin u. [3244]), 1974 4 BP, 1975–80 keine BN, 1981 u. 1987 je 1 BP (BAG Artenschutz, H. Lehmann, H. J. Gerstenberger); 1971 auch auf den Wiesen bei Melpitz 1 BP [3244]. 1969 bei Hohenheida/ Kr. Leipzig Brutversuch [3244].

Brutbiologie: Keine nennenswerten Daten.

Wanderungen: Heimzug nur schwach ausgeprägt; erste Heimzügler ab Ende Febr., Durchzug meist März–Apr., einzelne Nachzügler bis in den Mai. Überwiegend 1–3 Ex., selten kleine Trupps: 28. 03. 1980 Selben/Kr. Delitzsch 30 (P. Hofmann); 02. 04. 1988 Weigmannsdorf/Kr. Brand-E. 50 ziehend (M. Hengst); 03. 04. 1955 SB Windischleuba 17 (R. Steinbach). Wenige Junidaten leiten evtl. den Wegzug ein; ungewöhnlich sind 5 u. 10 Ex. am 16. 06. 1984 bei Helbigsdorf/Kr. Freital (M. Schindler, R. Steffens), auch 07. 06. 1984 Berthelsdorf/Kr. Brand-E. 1 (P. Kiekhöfel). Ab Ende Juli Durchzug, der von Aug. bis Okt. den Höhepunkt erreichen kann u. witterungsbedingt im Nov. oder Dez. ausklingt (Abb. 20). In NW-Sachsen mehrfach größere Trupps, die z. T. längere Zeit rasten: z. B. Gülle-Einspülung Laue/ Kr. Delitzsch Rast vom 30. 07.–08. 10., max. 50 Ex. am 27. 09. 1977 (K. Grössler); 26. 08. 1970 SB Windischleuba 56 (R. Steinbach); 01. 09. 1979 SB Borna 59 (F. Rost); 11. 09. 1965 GS Kulkwitz 58, Schlafgemeinschaft (K. Grössler); 23. 09. 1905 Muldenaue N Wurzen 83 (P. Wichtrich); 06. 10.– 09. 11. 1968 Kläranlage Leipzig, max. 76 am 28. 10. [3751]; 04. 11. 1978 SB Borna 66 (F. Rost); 20. 11. 1982 Felder bei Zwochau/Kr. Delitzsch 83 (P. Hofmann); 02. 12. 1980 Wiesen bei Selben/ Kr. Delitzsch 80 (P. Hofmann). In E-Sachsen Wegzug deutlich geringer, nur selten > 25 Ex. im Trupp: 30. 07. 1979 NSG Zschorna 26 (Beob.-Gr. Zschorna); 30. 07. 1975 TS Bautzen 40 [3317] u. 03. 11. 1981 ebenda 40 (Sperling 1985); 29. 08. 1962 bei Kamenz 30 [2782]; 12. 08.– 28. 11. 1977 bei Weßnitz/Kr. Großenhain Schlafgesellschaft, max. 48 (R. Dietze). Zughöhepunkt in der Oberlausitz Ende Aug. [2782], im Kr. Zittau Mitte Sept. [4090]. Im gesamten Gebiet seit den 1970er Jahren deutlich höhere Durchzüglerzahlen. Überwinterung in NW-Sachsen mehrfach nachgewiesen, z. B. 13. 11. 1974–20. 04. 1975 NSG Eschefeld 3 [3169]; Winter 1975/76 Grubengebiet Borna, max. 26 am 25. 01. u. 2 noch am 26. 02. (F. Rost); 23. 11. 1985–08. 03. 1986 Naßwiesen bei Rödgen/ Kr. Delitzsch max. 23 Ex. u. 25. 10. 1986– 22. 03. 1987 ebenda, max. 75 am 08. 11. u. 73 am 14. 11. (H. Uhlig).

F. Rost, G. Creutz, K. Hädecke

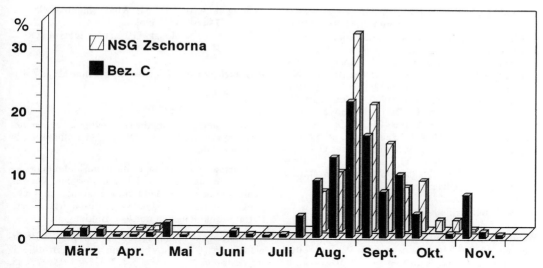

Abb. 20: Prozentuale Verteilung der Durchzugsbeobachtungen (Dekadensummen) des Brachvogels im Bez. C 1959–82 (n = 689) und im NSG Zschorna 1969–82 (n = 290)

Regenbrachvogel – *Numenius phaeopus* (L., 1758)

Durchzügler
Unterart: *N. p. phaeopus* L., 1758

Vorkommen: Durchzügler in geringer Zahl; im Frühjahr nicht alljährlich, im Herbst regelmäßig. Bis 1958 nur 20 Nachweise, die „kaum das rechte Häufigkeitsverhältnis ausdrücken" [1223, 1729]. Danach häufiger festgestellt: Bez. L (1952–82) über 100, Bez. D etwa 80 u. Bez. C (1967–89) 49 Beobachtungen.

Lebensraum: Die meisten Durchzügler überfliegen das Gebiet nur u. rasten nicht. Rastende R. nutzen Schlammflächen, Wiesen u. abgeerntete Felder, höhenwärts bis 850 m ü. NN, z. B. 19. 07. 1986 bei Satzung/Kr. Marienberg 1 R. auf gemähter Wiese (D. SAEMANN). Sehr selten Vergesellschaftung mit Großen Brachvögeln [3880].

Wanderungen: Heimzug Mitte Apr.–Mitte Mai, selten früher; 05. 04. 1982 Cöllnitz/Kr. Borna 1 (J. THIENEMANN); 07. 04. 1985 SB Windischleuba 1 (ROST et al. 1987). Hauptzug Ende Apr./Anfang Mai, in den mittleren Erzgebirgslagen erst 2./3. Maidekade. Wegzug setzt zögernd Ende Juni ein: 23. 06. 1973 NSG Eschefeld 1 [2940], 30. 06. 1976 SB Windischleuba 1 [3358]; Wegzug gipfelt gegen Ende Aug. [3596] u. endet gegen Ende Sept.: 26. 09. 1971 Groitzsch/Kr. Borna 1 (H. KRUG); ausnahmsweise 21. 10. 1975 SB Helmsdorf 1 überhinziehender R. (H. OLZMANN). Es ziehen überwie-

gend Einzelvögel, im Frühjahr max. 9 (07. 05. 1989 NSG Zschorna – B. KATZER), im Herbst bis 5 Ex., nur selten mehr: 27. 07. 1974 SB Helmsdorf 9 (B. SEIFERT); 10. 08. 1979 NSG Eschefeld 6 [3880]; 16. 08. 1970 NSG Frauenteich 8 (P. FROMMHOLD); 18. 08. 1920 NSG Großhartmannsdorf 10 [1223]; 02. 09. 1890 bei Zwickau 11 [196, 247]. Auch längere Rast einzelner R. ist selten: 25. 08.–08. 09. 1962 NSG Zschorna [3085]; 08.–12. 08. 1981 TG Niederspree (M. u. U. LEONHARDT).

K. GRÖSSLER, K. HÄDECKE

Uferschnepfe – *Limosa limosa* (L., 1758)

Durchzügler (ehemaliger Brutvogel)
Unterart: *L. l. limosa* L., 1758

Verbreitung: Die Brutvorkommen beschränkten sich auf die nordöstliche Oberlausitz. Obwohl Bv in der Elbaue im Kr. Wittenberg, fehlte die U. als Bv im Kr. Torgau [3062, 3244]. Regelmäßiger Durchzügler in geringer, gebirgswärts weiter reduzierter Anzahl.

Lebensraum: Feuchte bis nasse, zeitweise überschwemmte Wiesen mit nicht zu hohem u. dichtem Bewuchs, meist in der Nähe größerer Flüsse oder Teichgebiete. Bruten in der Oberlausitz vor allem auf trockenliegenden Teichböden [1223]. Zur Zugzeit an Teichrändern, auf Schlammflächen abgelassener Teiche u. an Feuchtstellen in Feldern oder Kläranlagen.

Bestand: 1923 u. 1924 nördlich der Gebietsgrenze bei Koblenz/Kr. Hoyerswerda je 1 BP [595, 619]; in den folgenden Jahren „brüteten fast ständig" 1 bis mehrere Paare im Gebiet Koblenz–Caminau/TG Königswartha [1223]. 1941 im TG Truppen 2 Gelege [1223] u. 1925 in der Spreeaue bei Briesing NE Niedergurig/Kr. Bautzen Bv [1223]. 1925 zur Brutzeit im TG Niederspree u. 1930 Gelegefund bei Görlitz [748]. 1951 wieder Bv im Kr Hoyerswerda bei Wittichenau [2782], 1968–70 erneut bei Koblenz [2683, 2774]. 1974 TS Bautzen vor deren Anstau Gelegefund [3832]. Außerhalb dieses Gebietes 01. 06.–Ende Juli 1912 TG Eschefeld 1 U. übersommernd [431]; 25. 04. 1969 bei Wolteritz/Kr. Delitzsch 1 balzendes Paar [3244].

Brutbiologie: Keine nennenswerten Daten

Wanderungen: Heimzug stärker ausgeprägt als Wegzug, 1949–82 Bez. L etwa 650 : 380 Ex. Selten ab Anfang März Einzelvögel: 05. 03. 1975 u. 07. 03. 1972 SB Windischleuba (R. STEINBACH). Beginn des Heimzuges meist nach dem 15. 03., Hauptzug Ende März bis Anfang Mai, einzelne U. bis in den Juni: 15. 06. SB Windischleuba; 17. 06. Bez. C [3207]. Überwiegend rasten Einzelvögel u. Trupps bis 5 U.; größere Trupps (selten > 20) Ende März–Mitte Apr.: 26.–28. 03. 1964 Elster-ST 19 [2113]; 07. 04. 1960 TG Königswartha 50, 10. 04. 1960 TG Kreba 30 u. 12. 04. 1967 TG Königswartha 20 [2782]; 14. 04. 1973 SB Windischleuba 18 [2554]. Wegzug setzt Ende Juni ein, wird Mitte Juli–Ende Aug. auffälliger u. endet gegen Mitte Sept.; Wegzugspanne im NSG Zschorna 12. 07.–13. 09. (HUMMITZSCH 1985). In vielen Limikolenrastgebieten oft längere Zeit gar keine Nachweise: SB Helmsdorf 1963–76 [3412], GT Torgau 1949–66 [2402], TG Haselbach [2015] u. NSG Eschefeld [2940]. Seit etwa 1967 im Bez. L jährlich 5–10 u. im Bez. C 2–5 Beobachtungen. Überwiegend rasten nur 1–2, selten mehr als 10 U.: 25. 07. 1974 SB Windischleuba 37 (R. STEINBACH), 28. 07. 1959 ebenda 14 [1635, 1788]; im NSG Zschorna max. 12 (HUMMITZSCH 1985). Längere Rastdauer oft vermutet, nur selten belegbar: 14. 07.–10. 09. 1979 SB Windischleuba 1 (R. STEINBACH u. a.); 26. 07.–21. 08. 1972 Kläranlage Leipzig 1 [3751]; 15. 08.–20. 10. 1970 SB Windischleuba 1 [2853]. Einzelne Nachzügler im Okt., späteste Fest-

stellungen 26. 10. 1972 SB Windischleuba [3051] u. 28. 11. 1973 ebenda [3596].
N. HÖSER, G. CREUTZ, K. HÄDECKE

Pfuhlschnepfe – *Limosa lapponica* (L., 1758)

Durchzügler
Unterart: *L. l. lapponica* L., 1758

Vorkommen: Im Frühjahr sehr selten u. nur in wenigen Jahren festgestellt. Wegzug fast alljährlich in geringer Zahl.

Lebensraum: Randzonen flach auslaufender Gewässer, Feuchtstellen in kurzrasigen Wiesen, Schlammflächen auf Feldern u. Kläranlagen. Gelegentlich mit Brachvögeln vergesellschaftet; zu anderen Limikolenarten nur lose Bindung.

Wanderungen: Heimzug sehr unauffällig; 7 Beobachtungen (8 Ex., soweit vermerkt im Brutkleid) im Zeitraum 15. 04.–13. 05. [1223, 1384, 1451, 3085, 3763], zeitlich isoliert 1 P. im Übergangskleid 01. 03. 1980 SB Windischleuba (S. KÄMPFER, R. STEINBACH). Wegzug zögernd ab Mitte Juli: 15. 07. 1981 Kulkwitz/Kr. Leipzig 1 im Brutkleid (D. FÖRSTER); 17. 07. 1968 NSG Zschorna 1 [3085]; 26. 07. 1953 SB Windischleuba 1 im Brutkleid (anwesend bis 02. 08.) u. 1 Ex. schlicht, am 28. 07. 4 P. (FRIELING 1955); 30. 07. 1987 Rückhaltebecken Stöhna 1 im Brutkleid (D. FÖRSTER). Überwiegend Einzelvögel, seltener 2–5, zur Hauptzugzeit auch mehr: 30. 08. 1976 SB Helmsdorf 26 [3412]; 04. 09. 1976 SB Windischleuba 17 [3358]; 10. 09. 1966 GS Großzössen 12 [2435]. Rastdauer kurz, gelegentlich wenige Tage, selten länger: 31. 08.–19. 09. 1976 SB Windischleuba 1–4 P. [3358]; 07. 10.–01. 11. 1969 NSG Großhartmannsdorf 1 [2895].
30. 08. 1988 Brünlos/Kr. Stollberg 3 Ex. tot unter Hochspannungsfreileitung (J. BRUNNER).
K. HÄDECKE, K. GRÖSSLER

Dunkler Wasserläufer – *Tringa erythropus* (Pall., 1764)

Durchzügler

Vorkommen: Während beider Zugzeiten regelmäßiger Durchzügler; oberhalb 500 m ü. NN nur sel-

Übersicht der Beobachtungen des Wegzuges der Pfuhlschnepfe in Sachsen (Dekadensummen):

	Juli			Aug.			Sept.			Okt.			Nov.		
Dekade	1.	2.	3.	1.	2.	3.	1.	2.	3.	1.	2.	3.	1.	2.	3.
Ex.		2	5	2	2	41	63	40	26	15	7	3	1		

ten festgestellt [2102, 2570]. Intensität des Auftretens jahrweise schwankend; stärkerer Durchzug z. B. 1956, 1958, 1963, 1965–67, 1980. Heimzug meist unauffällig u. stets viel schwächer als Wegzug: 1959–82 Bez. C Verhältnis Heim- zu Wegzug etwa 1 : 14,6 (n = 1 689 Ex.).

Lebensraum: Bevorzugt Flachwasserzonen, in denen watend, nicht selten auch schwimmend, Nahrung gesucht wird. Rastet auch an Rest- u. Stauwasserlachen auf Feldern oder abgelassenen Teichen sowie an Klärbecken mit dünnflüssigem Schlamm. Größere Schlammflächen ohne Wasserlachen werden kaum aufgesucht. Oft in loser Bindung mit anderen *Tringa*-Arten u. Kampfläufern.

Wanderungen: Einzelne Heimzügler frühestens Ende März: 20. 03. 1959 TG Ullersdorf [1888]; 23. 03. 1958 Elbe bei Gohlis/Kr. Dresden (P. FROMMHOLD); 23. 03. 1985 SB Windischleuba (ROST et al. 1987); 24. 03. 1912 Quolsdorf/Kr. Niesky 2 [466]; 24. 03. 1973 SB Windischleuba [3052]; 26. 03. 1964 Lübschütz/Kr. Wurzen [3618]. Heimzug setzt verstärkt Anfang Apr. ein ([427, 809, 2402, 3085] u. HUMMITZSCH 1985). Hauptzugzeit Ende Apr.–Mitte Mai; in der Oberlausitz Max. 1. Maidekade [3085]. Meist rasten weniger als 5, gelegentlich 10–20, selten mehr: 03. 05. 1982 SB Windischleuba 65 (R. STEINBACH); 29. 04. 1969 Neumühl-T Schildau/Kr. Torgau 26 [3618]. Einzelne D. im Juni leiten über zu schwachem Frühsommerzug Ende Juni–Juli mit bis zu 10 gleichzeitig anwesenden D. [2554, 3085]. Wegzug bis Okt./Anfang Nov., letzte Nachzügler 15.–25. 11. ([2402, 3052, 3085]

erg.); Wegzuggipfel Ende Aug./Anfang Sept. (Abb. 21) u. in manchen Jahren Okt. Mehrfach Zugtrupps von 10–30 Ex. (z. B. [1935, 3085] u. HUMMITZSCH 1985), gelegentlich größere Ansammlungen: 27./28. 08. 1973 SB Windischleuba ca. 100 [3052]; 28. 08.–05. 09. 1967 NSG Großhartmannsdorf 40–50 (G. IHLE, P. KIEKHÖFEL) u. 18. 08.–21. 10. 1956 ebenda max. 50 [1935]; 01. 09. 1978 Doktor-T Sachsendorf 43 [3618]. Höchste Zahlen lokal erst im Okt. (z. B. [2402, 3085]). Rastdauer im Frühjahr meist nur 1 Tag, im Herbst vermutlich häufiger mehrere Wochen. Heimzügler mausern oder sind bereits im Brutkleid (z. B. [3751]). Volle Brutkleider bei Wegzüglern bis Anfang Juli [3412]; in der Oberlausitz Ende Juni u. Juli von 24 D. 15 im Brutkleid [3085]; Vögel mit Brutkleidresten bis 20. Aug. (G. ENGLER, K. HOYER, R. REITZ).

N. HÖSER, K. HOYER, D. SAEMANN

Rotschenkel – *Tringa totanus* (L., 1758)

Durchzügler (ehemaliger, heute gelegentlicher Brutvogel)
Unterart: *T. t. totanus* L., 1758

Verbreitung: Ehemals Bv der Oberlausitzer Heide- u. Teichlandschaft, hier seit 1960 nur noch ausnahmsweise BN. Isolierte Brutvorkommen kurzzeitig an wenigen anderen Stellen im Lande. Im gesamten Gebiet regelmäßiger Durchzügler zu beiden Zugzeiten, jedoch in neuerer Zeit mit deutlich weniger Individuen.

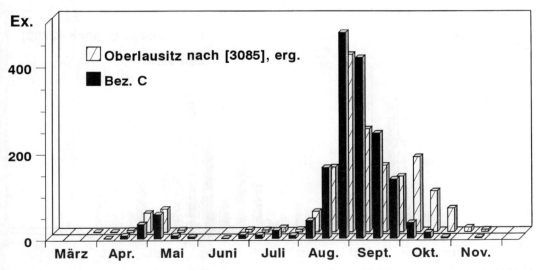

Abb. 21: Durchzugsbeobachtungen (Dekadensummen) des Dunklen Wasserläufers im Bez. C 1958–82 und in der Oberlausitz 1947–71

Lebensraum: Brütete in Feuchtwiesen der Flußauen, Randzonen von Teichen oder im Stauwurzelbereich von Flachland-Talsperren. Durchzügler rasten auf Schlammflächen, im Flachwasserbereich stehender Gewässer, ferner in Kläranlagen u. an Stauwasserlachen von Feldern oder Wiesen.

Bestand: Vor 1900 in der Lausitzer Niederung und angrenzenden TG stellenweise häufiger Bv: TG Königswartha etwa 50 BP [256]; 1. Hälfte 20. Jh. noch 15 Brutorte, z. B. auch TG Moritzburg besiedelt u. bis 1941 Nestfunde in den Kr. Kamenz, Bautzen u. Niesky [1223, 1729, 2782]. Die Bruthabitate wurden jedoch durch umfangreiche Meliorationsmaßnahmen restlos vernichtet. Letzte BN 1957 TG Lippitsch [1729], 1959 TG Niederspree [1729], 1973 TS Quitzdorf (F. MENZEL), 1974 TS Bautzen [3832], 1990 u. 1991 3–5 BP TS Quitzdorf (F. FÖRSTER, F. MENZEL). Einzelbruten ausnahmsweise 1912 TG Eschefeld [431], 1920 Zadlitzbruch/ Kr. Eilenburg, 13. 07. hier 1 ad. + 3 juv. (M. HERBERG); 1972 SB Helmsdorf Ansiedlungsversuch [3412] u. 1975 Flugplatz Pirna-Copitz BV (C. FEHSE).

Brutbiologie: Keine nennenswerten Daten.

Wanderungen: Durchzug insgesamt zahlenmäßig gering, Heimzug schwächer nachweisbar als Wegzug, z. B. am SB Windischleuba u. im NSG Zschorna; 1969–82 Bez. C Heim- zu Wegzug etwa 1 : 1,6 (n = 304 Ex.). Im Gegensatz dazu am GT Torgau [2402], am SB Helmsdorf [3412] und in der Oberlausitz [2782] Heimzug auffälliger. Frühestes Auf

treten Anfang März: 06. 03. 1975 bei Pirna 2 (C. FEHSE); 08. 03. 1928 TG Eschefeld 1 [2940]; 12. 03. 1972 Ringethal/Kr. Hainichen 1 (R. LEHMANN); 12. 03. 1972 Neumühl-T Schildau/Kr. Torgau 1 [3618]; sehr früh 2 R. 21. Febr. Müncher-T/ Kr. Grimma [749]. Hauptzug gewöhnlich zweigipfelig: Oberlausitz Mitte Apr. u. Anfang Mai [2782], ähnlich SB Windischleuba [2554] u. SB Helmsdorf [3412]; GT Torgau Anfang u. Ende Apr. [2402]; Bez. C Ende Apr. und Mitte Mai (Abb. 22). In W-Sachsen meist nur 1–5 R., selten mehr als 10 an einem Rastplatz: 27. 04. 1977 SB Helmsdorf 21 [3412]; 24. 05. 1964 NSG Eschefeld 13, evtl. Nichtbrüter [2940]. In der Oberlausitz mehrfach Trupps bis 22 R. [2782], max. 30–35 R. 29. 04. 1977 u. 15. 04. 1982 TG Döbra (M. MELDE). Einzelne Umherstreifende im Juni erschweren zeitliche Begrenzung des Heimzuges, zumal Ende Juni/Anfang Juli Wegzug einsetzt. Stärkster Durchzug im Aug./Sept. mit regional unterschiedlichem Zeitpunkt des Max. ([2402, 2782, 3207, 3618], HUMMITZSCH 1985); zwei Zuggipfel SB Windischleuba [2554] u. SB Helmsdorf [3412]: Ende Juli (wohl überwiegend ad.) u. Mitte bzw. Ende Aug. (meist juv.); in der Oberlausitz [2782] u. im TG Wermsdorf [3618] deutlicher 2. Zuggipfel erst Anfang Okt. festgestellt, wenn in den meisten Gebieten der Wegzug bereits beendet ist (vgl. [1635, 2554, 3207]). Einzelne Nachzügler im Nov.: 03. 11. 1928 TG Eschefeld [855]; 03. 11. 1979 SB Windischleuba (R. STEINBACH); 06. 11. 1966 NSG Zschorna [2782]; ausnahmsweise 15. 01. 1950 Kläranlage Leipzig [1729]. Auch im Herbst überwiegen

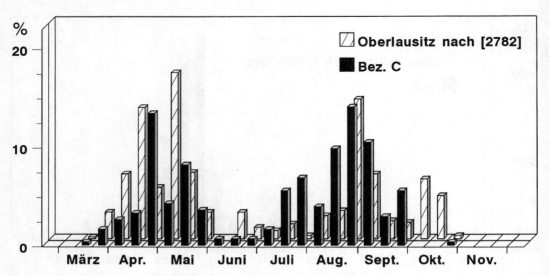

Abb. 22: Prozentuale Verteilung der Durchzugsbeobachtungen (Dekadensummen) des Rotschenkels im Bez. C 1958–82 (n = 307) und in der Oberlausitz 1947–71 (n = 594)

Einzelvögel u. kleine Trupps von <10 Ex., nur selten mehr [2782]; max. Truppgrößen: 29. 07. 1984 SB Helmsdorf 27 (H. OLZMANN); 27. 08. 1963 TG Neschwitz 40 [2782]; 28. 07. 1973 SB Windischleuba 32 [3052] u. 13. 08. 1979 ebenda 41 (R. STEINBACH). Rastdauer max. 2–8 Tage [2782], 21 Tage im Frühjahr [3618] u. 30 bzw. 34 Tage im Herbst (K. GRÖSSLER) sind Ausnahmen. Stärke des Durchzuges von Jahr zu Jahr schwankend. Ein bei Riesa am 07. 09. 1952 beringter juv. R. im gleichen Monat in W-Frankreich erlegt [1729].

N. HÖSER, G. CREUTZ, K. HÄDECKE

Grünschenkel – *Tringa nebularia* (Gunn., 1767)

Durchzügler

Vorkommen: Regelmäßiger Durchzügler in jahrweise schwankender Menge. Heimzug gewöhnlich deutlich schwächer nachweisbar als Wegzug: 1958–82 Bez. C Verhältnis etwa 1 : 9 (n = 2 812 Ex.); 1949–71 Oberlausitz (n = 1 264 Ex.) 1 : 3,6 [3085]; 1957–79 TG Wermsdorf (n = 358) 1 : 2,9 [3618]. Lokal sind abweichende Verhältnisse möglich, z. B. 1968–82 Teichgebiete der Röderaue im Kr. Riesa (n = 903) 2 : 1 (P. REUSSE u. a.), die belegen, daß die unterschiedliche Nachweishäufigkeit stark vom Rastplatzangebot beeinflußt wird, welches im Herbst meist wesentlich günstiger ist.

Lebensraum: Ähnlich dem des Dunklen Wasserläufers, doch ist der G. hinsichtlich Rastplatzgröße weniger anspruchsvoll. Rastet häufiger an kleinen Lachen, schmalen Uferstreifen, selbst an Silagepfützen in der Feldflur u. an befestigten Uferpartien. Besonders Einzelvögel nicht selten in loser Bindung zu anderen Limikolenarten.

Wanderungen: Vorkommen im März selten: 10. 03. 1973 Mulde bei Kollau/Kr. Wurzen 1 [3618]; 19. 03. 1965 SB Windischleuba 1 [2212]; 20. 03. 1969 ebenda 1 (R. STEINBACH); 24. 03. 1972 SB Helmsdorf 2 [3412]; 25. 03. 1940 Neiße bei Zittau 1 [4090]. Hauptdurchzug 3. Apr.–1. Maidekade (Abb. 23), größte Trupps in dieser Zeit: 07. 05. 1979 TG Kröbeln/Kr. Bad Liebenwerda 86 (P. REUSSE); 03. 05. 1981 TG Koselitz 51 (P. REUSSE); 03. 05. 1982 SB Windischleuba 46 (R. STEINBACH); 01. 05. 1976 Thräna/Kr. Borna 41 [3447]; 29. 04. 1969 NSG Eschefeld 30 [2940]. Heimzug 3. Maidekade beendet; wiederholt Nachweise im Juni. Anfang Juli beginnt Wegzug u. dauert bis Ende Okt. [2554, 3085, 3207, 3618, 3751], Nachzügler bis Mitte Nov.; späteste Daten: 18. 11. 1973 SB Windischleuba (R. STEINBACH); 05. 12. 1976 TG Kröbeln (G. LEONHARDT); 27. 01. 1961 Göttwitzsee [3618]. Am SB Windischleuba in Jahren stärkeren Durchzugs 3 Zugmaxima in 2. Junihälfte, 3. Aug.-Dekade u. 10.–15.Sept.; in diesen Zeiträumen größte Ansammlungen: 16. u. 28. 07. 1973 82 ([3052] erg.); 23. 08. 1970 35 u. 10. 09. 1969 40 G. (R. STEINBACH). Truppstärke in der Oberlausitz: 80% 1–5 Ex., max. 35 G. 26. 08. 1962 TG Drehna/Kr. Hoyerswerda u. 25. 08. 1963 TG Niederspree 20 [3085]. Sonst im gesamten Gebiet kaum Trupps mit 20 G.; am 15. 08. 1974 SB Helmsdorf tagsüber

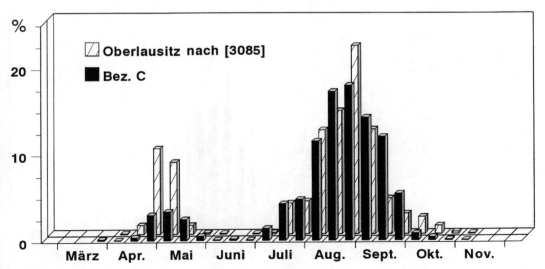

Abb. 23: Prozentuale Verteilung der Durchzugsbeobachtungen (Dekadensummen) des Grünschenkels im Bez. C 1958–82 (n = 2 812) und in der Oberlausitz 1947–71 (n = 1 264)

46 durchziehend [3412]. Rastdauer im Frühjahr meist kurz; Übersommerer u. einzelne Wegzügler können vermutlich bis zu 7 Wochen verweilen.

N. Höser, R. Bässler, D. Saemann

Waldwasserläufer – *Tringa ochropus* (L., 1758)

Sommervogel, Durchzügler (Wintergast)

Verbreitung: Brütete sporadisch u. vermutlich bisher nicht alljährlich in der Lausitzer Niederung, im W-Teil der Lausitzer Platte, im Mulde-Porphyr-Hügelland u. im E-Teil des Altenburger Lößgebietes; BV auch im unteren E-Erzgebirge. Alle auf Brut deutenden Nachweise unter 500 m ü. NN. Als Durchzügler in allen Landesteilen; einzelne W. bis in Höhenlagen von 900 m ü. NN rastend.

Lebensraum: Strukturreiche Misch- u. lichte Kiefernwälder (in letzteren z. T. Fichte im Zwischen- und Unterstand) mit Mooren, krautreichen Naßstellen, Tümpeln und flachen, verkrauteten Teichen; Bruchwald in Randlagen von TG. Neststand 1mal 10 m hoch in Fichte (M. Schrack). Durchzügler oft an schmalen, vegetationsreichen Schlamm- und Uferstreifen flachgründiger Fließ- u. Standgewässer; gern in Kläranlagen [2266, 3751].

Bestand: Auch in günstigen Jahren <10 BP; nach 1980 offenbar leichte Zunahme. Nur wenige BN: 1924 TG Moritzburg 4 Eier [449, 1223, 3374]; 31. 05. 1963 TG Petershain 2 juv. [1886]; 1960er Jahre Nieder-T Würschnitz/Kr. Großenhain 1 BP,

Gelegefund in Drosselnest (F. Knechtel); 1968 im TG Reichwalde/Kr. Weißwasser BV [2782]; 14. 06. 1970 TG Niederspree 1–2 juv. [2782]; 05.–14. 06. 1985 bei Großdittmannsdorf/Kr. Dresden Nestfund, später BP mit mind. 2 juv. (Schrack 1986), im selben Gebiet 1984 Brutzeitbeobachtungen, 1986 BV u. 1987 BP anwesend, aber offenbar durch Forstarbeiten vergrämt (M. Schrack); 23. 06. 1985 Forst Pahna/Kr. Altenburg ad. u. juv. (H. Bräutigam). Seit 1960 ferner ca. 15mal BV anhand sporadischer Singflüge oder Aufenthalt von 1–2 W. während der Brutzeit.

Brutbiologie: Keine nennenswerten Daten

Wanderungen: Zugzeiten vielerorts kaum trennbar, da nur geringe Neigung zur Truppbildung besteht u. W. übersommern u. überwintern. Heimzug vor allem 3. März- bis 1. Maidekade [1635, 2402, 2554, 2782, 3618, 3751]; bei milder Witterung bereits Ende Febr. kleine Ansammlungen möglich: 26. 02. 1977 SB Windischleuba 8 W. (R. Steinbach); 26. 02. 1961 TG Niedergurig/Kr. Bautzen 3 [2782]. Menge der Durchzügler jährlich u. gebietsweise sehr variabel, Verhältnis Heim- zu Wegzug: 1947–82 GT Torgau 1 : 0,9 bis 1 : 1,8 ([2402] erg.), ähnliches Verhältnis in der Oberlausitz [2782]; 1950–79 Kr. Grimma, Oschatz u. Wurzen ca. 1 : 2,1 [3618]; 1950–85 NSG Zschorna 1 : 3,9 (Beob.-Gr. Zschorna); 1958–82 Bez. C 1 : 6,9 (D. Saemann); bei Leipzig etwa 1 : 6,5 ([3751] erg.); 1953–68 SB Windischleuba 1 : 10,5 ([2554] erg.). Wegzug z. T. mehrgipfelig: 1. Zugwelle (meist ad.) im Juni [2782, 3412, 3751]; 2. Welle (überwiegend juv.) in

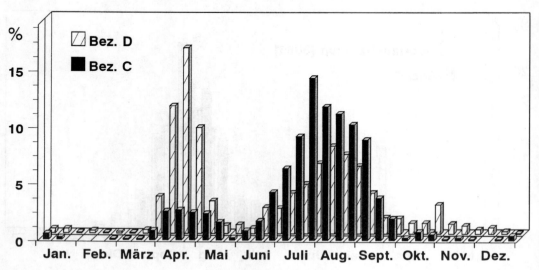

Abb. 24: Prozentuale Verteilung der Durchzugsbeobachtungen (Dekadensummen) des Waldwasserläufers im Bez. C 1958–82 (n = 951) und im Bez. D 1947–82 (n = 1 260)

W-Sachsen Ende Juli/Anfang Aug. [1635, 2554, 3618, 3751], in der Lausitz u. im Erzgebirgsvorland Anfang Aug. [2782, 3412] u. GT Torgau, NSG Zschorna u. TG Moritzburg Ende Aug. ([2402], HUMMITZSCH 1985). Überwiegend rasten Einzelvögel u. oft auch 2–3 W. gemeinsam, wesentlich seltener aber 4–10 (– 12); größere Ansammlungen sind Ausnahmen: max. 59 am 25. 08. 1976 SB Windischleuba (R. STEINBACH). Der Wegzug klingt im wesentlichen Ende Okt./Anfang Nov. aus (Abb. 24). Witterungsabhängig verharren im Flachland einzelne W. bis Mitte Jan., seltener auch den ganzen Winter über [3238, 3358] aus; 1947–71 in der Lausitz 10. 01.–20. 02. keine Nachweise [2782]; 1956–82 Bez. C 17. 01.–20. 02. ohne Nachweise (D. SAEMANN). Rastdauer im Frühjahr max. 6, während des Wegzuges bis 17 Tage [2402, 2782], vermutlich aber auch wesentlich länger.

N. HÖSER, G. CREUTZ, D. SAEMANN

Bruchwasserläufer – *Tringa glareola* (L., 1758)

Durchzügler

Vorkommen: Regelmäßiger Durchzügler im gesamten Gebiet. Rastet vor allem unterhalb 500 m ü. NN; Einzelvögel u. kleine Trupps gelegentlich bis 1 000 m ü. NN [1408, 2570]. Heimzug viel geringer als Wegzug, 1947–71 Oberlausitz 1 : 5,4 [3085]; 1954–82 Bez. C 1 : 6,3 ([3207] erg.); 1953–66 SB Windischleuba 1 : 6,1 ([1635] erg.); in Kläranlagen

mit 1 : 10 bis 1 : 25 noch auffälliger [2266, 3751], dagegen GT Torgau nahezu 1 : 1 [2402].

Lebensraum: Ausgedehnte frische Schlammflächen, auch größere Absetzbecken in Kläranlagen; bevorzugt schütter bewachsene, zeitweise flach überflutete Flächen. Gelegentlich an kurzlebigen Naßstellen in der Feldflur, vereinzelt an Tagebaugewässern. Gern gesellig, auch mit anderen Arten (z. B. [2402, 3085]).

Wanderungen: Erste Heimzügler letzte Märztage: 30. 03. 1952 Mulde bei Glauchau 1 [1729]; 31. 03. 1968 Groitzsch/Kr. Eilenburg 4 [3618]; 31. 03. 1972 Röderaue im Kr. Riesa 1 (L. NAUMANN). Ab Anfang Apr. setzt Heimzug deutlicher ein u. gipfelt 1./2. Maidekade ([1987, 2109, 2402, 3085, 3207, 3618), Abb. 25). Truppstärke während des Hauptzuges meist <30 Ex., selten bis 50 u. ausnahmsweise mehr: 03. 05. 1953 NSG Zschorna 150 (P. FROMMHOLD); 09. 05. 1955 TG Königswartha 150 [3085]; 14. 05. 1953 SB Windischleuba 80 (H. OLZMANN). Heimzug endet 1. Junidekade, einzelne B. auch später; ungewöhnlich sind 23 B. 19. 06. 1979 bei Treugeböhla/Kr. Großenhain (P. REUSSE). Wegzug beginnt 3. Junidekade. Hauptmasse der B. erscheint in 2 Zugwellen [2109, 3374], doch liegen die Gipfel an einzelnen Rastplätzen zeitlich verschieden oder verschmelzen zu einem ([2402, 3085, 3412, 3751], HUMMITZSCH 1985). 1. Zugwelle meist schwächer, doch gelegentlich hohe Zahlen: 06. 07. 1973 SB Windischleuba 151 (R. STEINBACH); 08. 07. 1953 Luppe-Aue W Leipzig 102

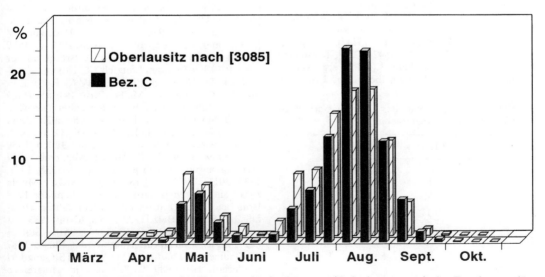

Abb. 25: Prozentuale Verteilung der Durchzugsbeobachtungen (Dekadensummen) des Bruchwasserläufers im Bez. C 1958–82 (n = 5 173) und in der Oberlausitz 1947–71 (n = 6 387)

[1729]. In Jahren mit nur 1 Zuggipfel Höchstzahlen Ende Juli/Anfang Aug.: 26.–28. 07. 1957 SB Windischleuba ca. 200 [1718, 2109] u. 03. 08. 1970 ebenda 191 (R. STEINBACH). 2. Zuggipfel gewöhnlich Mitte/Ende Aug.: 13.–16. 08. 1955 SB Windischleuba 150–160 u. 21. 08. 1973 ebenda ca. 200 (R. STEINBACH). An allen übrigen Rastplätzen nur selten mehr als 50 B. gleichzeitig (Quellen siehe oben). Wegzug endet im Sept., einzelne B. u. kleine Trupps bis Mitte Okt., Nachzügler sehr selten bis Nov.; späteste Beobachtung: 26. 11. 1973 SB Windischleuba 1 [3052].

N. HÖSER, D. SAEMANN

Teichwasserläufer – *Tringa stagnatilis* (Bechst., 1803)

Gelegentlicher Gast

Vorkommen: Nicht alljährlich fliegen T. ein, besonders 3. Apr.- bis 2. Maidekade (Tabelle 44); früheste Beobachtungen: 13. 04. 1932 TG Eschefeld 1 schlicht [839]; 21. 04. 1968 TG Koselitz 1 (D. KRIEBEL); 21. 04. 1978 Schwan-T Grüngräbchen/Kr. Kamenz 1 (M. MELDE). Im Juni nur 2 Feststellungen: 02. 06. 1973 NSG Frauenteich 1 (S. RAU, W. WEGER); 26. 06. 1979 SB Windischleuba 1 schlicht (R. STEINBACH). Sommervorkommen vom 11. 07.–Ende Aug., ausnahmsweise im Sept.: 30. 08. u. 06. 09. NSG Zschorna 1 (P. FROMMHOLD), 25.–29. 09. 1918 Gundorf/Kr. Leipzig 1 [481]. Überwiegend Einzelvögel, 2mal 2 T., je 3 am 01. 05. 1950 Elster-ST [1155] u. 02. 05. 1909 TG Haselbach [408]. Verweildauer meist nur kurz, selten mehrere Tage: 17.–21. 05. 1980 SB Windischleuba 1 (S. KÄMPFER, R. STEINBACH), 20.–30. 07. 1977 Thräna/Kr. Borna 1 [3447]. Gelegentlich mit Bruchwasserläufer [542, 1223], Rotschenkel [431, 839] u. Grünschenkel ([2402] erg.) vergesellschaftet. Im Mai können die T. das Brutkleid

Tabelle 44: Vorkommen des Teichwasserläufers (Dekadensummen Gesamtgebiet)

Dekade		Ex.		Ex.
1.	Apr.	–	Juli	–
2.		1		3
3.		5		5
1.	Mai	13	Aug.	3
2.		5		3
3.		1		5
1.	Juni	1	Sept.	1
2.		–		–
3.		1		1

tragen, der T. vom 13. Apr. u. alle Sommervögel waren schlicht gefärbt.

K. GRÖSSLER

Flußuferläufer – *Tringa hypoleucos* (L., 1758)

Sommervogel, Durchzügler

Verbreitung: Seltener, in manchen Jahren vermutlich fehlender Bv an der Mulde zwischen Wurzen u. Bad Düben [3618]. Sporadische Bruten an Neiße u. Elbe sowie an größeren Standgewässern. Höchstgelegener Brutplatz TS Eibenstock, ca. 540 m ü. NN.

Lebensraum: Brütet an Flußabschnitten mit geringer Fließgeschwindigkeit, an Altwässern u. Lachen sowie (bei meist reduziertem Wasserstand) an Talsperren u. Grubenseen (z. B. [1982, 2077, 2782]). Größere Kies- oder Schotterbänke u. Inseln begünstigen die Ansiedlung an Flüssen [1223, 1933]; es genügt aber auch ein relativ schmaler Spülsaum. Wichtig ist die Nähe Deckung bietenden Pflanzenwuchses mit Gebüsch, vor allem Weide, an TS Eibenstock Birke. Zur Zugzeit an Gewässern aller Art, auch solchen mit befestigten Uferzonen, ferner an Kläranlagen sowie an temporären Feuchtstellen; rastet auch im Kammgebiet des Erzgebirges.

Bestand: Ehemals Bv aller bedeutenderen Flüsse, doch kritische Wertung der Quellen erbrachte sichere BN nur von Neiße, Elbe, Mulde [1223] u. wahrscheinlich auch Weißer Elster [586, 1223]. An der Neiße letzte BN 1928 bei Rosenthal/Kr. Zittau [1071] u. 1935 bei Lodenau/Kr. Niesky (H. KRAMER), 1962/63 u. 1966 bei Noes u. Lodenau BV [2782], hier Brutzeitbeobachtungen 1988 u. 1989 (W. KLAUKE, F. MENZEL, J. TEICH). Bruten an der Elbe 1939 bei Dresden-Stetzsch (K. HOYER), ebenda 1981 (W. WEGER) u. 1976 hier BV (S. RAU); Elbinsel bei Gauernitz/Kr. Meißen Brut 1976 (S. RAU) u. 1982 Rehbocklache bei Scharfenberg/Kr. Meißen (D. SCHARNHORST); 1979 bei Schöna/Kr. Pirna Brut u. 1982 bei Weißig/Kr. Pirna BV (G. MANKA). Mulde zwischen Eilenburg u. Bad Düben 1939 1 BP, 1949–51 bis 7 BP, danach Abnahme, 1954 kein Nachweis, 1955/56 je 1 BP [1223, 1238, 1441, 1933, 3011], 1982 2 BP (SCHLÖGEL 1985 a). Mulde zwischen Wurzen u. Groitzsch/Kr. Eilenburg 1908 Brut bei Grubnitz u. in den 1940er Jahren ebenfalls bei Wurzen Balz [1223]; ab 1967 bis 1983 fast alljährlich 1–2, 1980 2–3 BP ([3244, 3618], SCHLÖGEL 1985 a). Einzelbruten abseits der Flüsse 1987 TS Bautzen (J. DEUNERT), hier u. an TS Quitzdorf wiederholt BV; 1989 TS Eibenstock erfolgreiche Brut (LAUTERBACH 1991). Längerer Brutzeitaufenthalt, z. T. mit Balzhandlungen, an anderen Orten selten registriert: 1965 Tongrube Torgau (SCHLÖGEL 1985 a); vor 1970 verschiedene Teichgebiete der Oberlausitz [2782]; 1987 Teich bei Trebus sowie 1989 Tauerwiesen-T/Kr. Niesky (W. KLAUKE, F. MENZEL, J. TEICH, A. WÜNSCHE). 1970, 1973 u. 1978 Freiberger Mulde bei Weißenborn (FISCHER u. HÄDECKE 1989); 1981 Speicher Hasenberg/ Kr. Zittau [4090].

Brutbiologie: Von Pflanzen überdachtes Bodennest meist an erhöhter, trockener Stelle in Wassernähe. Gelegefunde ab 1. Maidekade bis 10. Juni, Schlupf Ende Mai–Mitte Juni (SCHLÖGEL 1985 a); an TS Eibenstock juv. am 15./16. 06. 1989 geschlüpft (H. KREISCHE); M_{11} 2,6 juv./führendes Paar (SCHLÖGEL 1985 a).

Wanderungen: Heimzug (stets viel geringer als Wegzug) Mitte Apr.–Mitte Mai, selten bereits im März: 10. 03. 1972 SB Windischleuba 1 (R. STEINBACH); 11. 03. 1978 Elster-FB 1 (K. TUCHSCHERER); 18. 03. 1972 Leipzig-Schönau 1 (K. ZIMMERMANN); weitere Frühdaten 29. 03. (HUMMITZSCH 1985) u. Ende März [3618]. Ab Anfang Apr. erscheinen F. regelmäßiger, Hauptzug 1./2. Maidekade [2402, 2554, 2782, 3207, 3412, 3618, 4090]. Heimzug endet Anfang Juni, Mitte Juni außerhalb der Brutgebiete nur wenige Nachweise. Beginn des Wegzugs Ende Juni/Anfang Juli, Zughöhepunkt meist zwischen 3. Juli- u. 2. Aug.-Dekade (Abb. 26), an manchen Rastplätzen Ende Aug./Anfang Sept. ein 2. Zuggipfel; lokale Verschiebungen sind möglich (Quellen wie Heimzug, ferner [2266, 3751, 3763]). Adulte F. ziehen vor den juv., ♀♀ etwas eher als die ♂♂

[3691]. Während des Hauptzuges nicht selten 30–50 F. an einem Rastplatz (z. B. [2266, 4180]); am Elster-FB max. 79 F. 16. 08. 1958 (K. GRÖSSLER); 181 F. am 27. 07. 1973 SB Windischleuba [3052] sind eine Ausnahme. Wegzug endet Anfang/Mitte Okt., Einzelvögel bis Nov. u. gelegentlich Vorkommen im Winter [253, 931a, 1700, 2554, 3239, 3244, 3412, 3596]. Durchzügler kamen aus Finnland u. Schweden [1729]; im Gebiet markierte F. zogen nach Frankreich u. Italien [979, 1223, 3618], 1 Wiederfund in Ghana [2266]. Rastplatztreue nach 1–2 Jahren wiederholt nachgewiesen [1261, 2266].

K. GRÖSSLER, G. CREUTZ, F. WERNER

Terekwasserläufer – *Xenus cinereus* (Güldenst., 1774)

Seltener Gast

Vier Nachweise von Einzelvögeln: 01. 07. 1962 SB Windischleuba [1873]; 23.–27. 08. 1970 ebenda [2853]; 23. 05. 1971 Gehege-T Torgau [3062, 3244]; 21. 05. 1984 Poschwitzer T Windischleuba (HÖSER 1985).

N. HÖSER

Knutt – *Calidris canutus* (L., 1758)

Durchzügler
Unterart: *C. c. canutus* L., 1758

Vorkommen: Rastet auf dem Wegzug fast alljährlich im Gebiet, während des viel schwächer ausge-

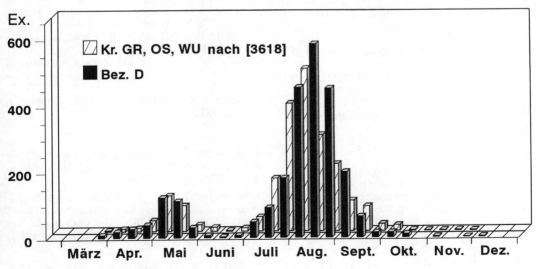

Abb. 26: Durchzugsbeobachtungen (Dekadensummen) des Flußuferläufers im Bez. D (1947–82) und in den Kreisen Grimma, Oschatz u. Wurzen (1950–79)

prägten Heimzuges nur gelegentlich. Hauptrast-
platz mit nahezu zwei Drittel aller sächsischen
Nachweise ist SB Windischleuba, wo seit 1953 der
K. in 26 von 33 Jahren nachgewiesen wurde; SB
Helmsdorf 1963–76 (ab 1971 jedes Jahr) 47 K. rastend [3412]; NSG Zschorna 1962–87 in 12 Jahren
19 Ex. festgestellt (Beob.-Gr. Zschorna).

Lebensraum: Frische Schlammflächen von Stauseen, Teichen, Kläranlagen; gelegentlich an Flußufern u. Feuchtstellen gewässernaher Felder.

Wanderungen: Heimzug Anfang Apr.–Anfang Juni, meist Einzelvögel: 04.–06. 04. 1973 Elster-ST
[3062]; 20. 04. 1983 SB Windischleuba (HÖSER
1985); 27. 04. 1982 ebenda (R. STEINBACH);
07. 05. 1962 TG Guttau 5 [3085]; 08.–10. 05. 1964
NSG Eschefeld [2940], evtl. derselbe 10. 05. 1964
SB Windischleuba (A. WEBER); 13. 05. 1975 Rodaer See/Kr. Grimma [3618]; 17./18. 05. 1933 NSG
Dippelsdorfer Teich 3 bzw. 4, davon je 1 im Brutkleid (P. FROMMHOLD); 29. 05. 1979 SB Helmsdorf 4
[4003]; 31. 05. u. 03. 06. 1973 sowie 04. 06. 1974
ebenda je 1 [3412]; 02. 06. 1984 SB Windischleuba
(D. FÖRSTER); 02.–04. 06. 1985 SB Windischleuba 1
(ROST et al. 1987); 10. 06. 1984 SB Helmsdorf 1
(H. OLZMANN). Ab 20. Apr. Vögel im Brutkleid,
schlicht gefärbte K. bis 18. Mai. Wegzug Mitte Juli
(16. 07. 1983 SB Windischleuba 1 im Brutkleid –
D. FÖRSTER) – Anfang Nov. ([2660, 3052], HUM-
MITZSCH 1985); Zughöhepunkt SB Windischleuba
u. SB Helmsdorf 1. Sept.-Dekade [3412, 3596]. Gelegentlich kleine Trupps bis 7 Ex. ([749, 1223, 1539,
4003] erg.), selten mehr: 08. 09. 1978 SB Helmsdorf
9 [4003]; 15.–17. 09. 1967 NSG Großhartmannsdorf
10 (P. KIEKHÖFEL); 27. 09. 1932 TG Moritzburg 10
[1223]; 29. 09. 1989 SB Helmsdorf 8 (H. OLZ-
MANN). Adulte K. bis 3. Okt., Vögel im Schlichtkleid bzw. juv. ab 1. Sept.; Rastdauer bis 21 Tage,
1978 SB Helmsdorf Daueraufenthalt vom 27. 08.–
01. 10. [4003].

N. HÖSER, K. HÄDECKE

Zwergstrandläufer – *Calidris minuta*
(Leisl., 1812)

Durchzügler

Vorkommen: Heimzug vor 1960 nur ausnahmsweise [1223, 1729], nach 1960 mehrfach, jedoch nicht
alljährlich festgestellt; insgesamt etwa 40 Beobachtungen von wenigen Orten. Wegzug regelmäßig, in
manchen Jahren (z. B. 1960, 1972, 1978) recht auffällig; in Teichgebieten oft nur wenige Nachweise,
da Rasthäufigkeit stark von den jeweiligen Bedingungen abhängig ist.

Lebensraum: Bevorzugt größere vegetationsfreie
oder -arme Schlammflächen; auch in Kläranlagen

u. an Gülle-Einspülungen auf Feldern. Im Herbst
oft mit Sandregenpfeifer u. Alpenstrandläufer vergesellschaftet.

Wanderungen: Heimzugbeginn Mitte Apr.:
17. 04. 1971 SB Windischleuba 2, die vermutlich bis
12. 05. verweilten [2491]; 21. 04. 1974 ebenda 2
„mausernd" [3238]; eine extrem frühe Beobachtung vom 20. 03. 1977 (L. NAUMANN). Leichte Häufung der Vorkommen u. kleine Trupps Mitte Mai–
Anfang Juni: 10. 05. 1989 TS Pöhl 29 (P. KRÄTSCH-
MER); 17. 05. 1933 NSG Dippelsdorfer Teich 8
(P. FROMMHOLD); 22. 05. 1976 SB Windischleuba 8,
21. 05. 1973 ebenda 9 [3358, 3052]; 03. 06. 1982
ebenda 12 (R. STEINBACH); Ende des Heimzuges
Mitte Juni: 14. 06. 1980 SB Helmsdorf 8, 15. 06.
noch 4 (A. SIEBERT); 15. 06. 1980 SB Borna 2
(D. FÖRSTER); 18. 06. 1977 SB Helmsdorf 1
(H. OLZMANN) u. ebenda 26. 06. 1976 mind. 1
[3412]. Vögel im Brutkleid überwiegen (vgl.
[3412]), seltener rasten mausernde Z.; 2 Z. noch
fast im Winterkleid am 01. 05. 1971 [2941]. Eine 1.
schwache Zugwelle – wohl überwiegend ad. im
Brutkleid [3412] – setzt Mitte Juli ein: 11. 07. 1977
SB Helmsdorf 3 (H. OLZMANN); 13. 07. 1980 ebenda 3 (A. SIEBERT) u. ausnahmsweise 1 Z. bereits 6.
Juli SB Windischleuba [2554]. Ausgehend von den
jeweiligen Rastbedingungen erreicht der Wegzug
zwischen 3. Aug.- u. 1. Okt-Dekade (meist im
Sept.) seinen Höhepunkt, letzte Nachzügler im
Nov. bis spätestens 10. Dez. ([2402, 2554, 2940,
3085, 3412, 3596, 3618, 3751] erg., HUMMITZSCH
1985); 29. 01. 1977 Kläranlage Leipzig frische Rupfung [3751]. Zieht u. rastet gern gesellig in Trupps
bis zu 40 Ex., in Jahren stärkeren Zuges auch
mehr; an wenigen Rastplätzen größere Ansammlungen: 1972 SB Windischleuba 104 am 02. 09. u.
115 am 15. 09. [3051]; 1978 SB Helmsdorf max. 175
am 06. 09. [4003].

K. HÄDECKE, K. GRÖSSLER

Temminckstrandläufer – *Calidris temminckii*
(Leisl., 1812)

Durchzügler

Vorkommen: Zu beiden Zugzeiten regelmäßig in
geringer Anzahl rastend. Heimzug lokal auffallender als Wegzug [3412, 3618].

Lebensraum: Bevorzugt Schlamm- u. Schlickflächen mit niederer, nicht bodenbedeckender Vegetation oder zumindest die Nähe Deckung bietenden Bewuchses. Neigt nicht zur Vergesellschaftung
mit anderen Limikolenarten.

Wanderungen: Heimzug im Mai [914, 990, 2554,
3085, 3412]; Beginn selten früher: 20. 04. 1911 TG
Moritzburg 1 [445]; 22. 04. 1979 Thräna/Kr. Borna

4 (D. Förster); 24. 04. 1971 SB Windischleuba 1 (R. Steinbach); 25. 04. 1976 SB Helmsdorf 2 [3394]. Heimzug endet 1. Junidekade, späteste Daten 08. 06. ([3412] u. R. Steinbach); 09. 06. [990]; 14. 06. (A. Siebert). Meist rasten 1–3, seltener bis 10 Ex.; größte Trupps im Mai: 08. 05. 1958 SB Windischleuba 11 [1787]; 14. 05. 1932 TG Eschefeld 14 [910]; 09. 05. 1975 SB Helmsdorf 14 u. 15. 05. 1975 ebenda 19 (H. Olzmann), hier max. 26 [3412]. Es überwiegen T. im Brutkleid. Wegzug beginnt zögernd im Juli u. endet Ende Sept., Nachzügler bis Mitte Okt.; Zeitspanne des Wegzuges: SB Windischleuba 01. 07.–07. 10. (R. Steinbach); Kläranlage Leipzig 12. 07.–12. 10. [3751]; NSG Eschefeld 24. 07.–23. 09. [2940]; SB Helmsdorf 10. 07.–28. 09. [3412]; NSG Zschorna 21. 07.–16. 10. (Hummitzsch 1985). Auch im Herbst überwiegen Einzelvögel u. Gruppen bis 5 T. (vgl. [3085, 3412]), Trupps von >10 sind selten: 29. 08. 1973 SB Windischleuba max. 17 [3052].

K. Hädecke, K. Grössler

Weißbürzelstrandläufer – Calidris fuscicollis (Vieill., 1819)

Irrgast

10.–12. 06. 1977 SB Helmsdorf 1 kleiner Strandläufer, von H. Olzmann als C. ruficollis im „fast völlig vermauserten Brutkleid" determiniert (vgl. [3394]); Diagnose nach K. Liedel, dem die ausführlichen Aufzeichnungen vorlagen, „sehr wahrscheinlich fuscicollis". Eine weitere Beobachtung: 17. 08. 1978 Röderwiesen zwischen Großenhain u. Rostig 1 (R. Dietze).

D. Saemann

Graubruststrandläufer – Calidris melanotos (Vieill., 1819)

Seltener Gast

Vorkommen: 17.–30. 09. 1961 SB Windischleuba 2, davon 1♀ Beleg Mus. Altenburg [1732, 1872]; 26. 09.–02. 10. 1961 Lossener Senke/Kr. Altenburg 1 ♂ gefangen [1732]; 08. 08. 1968 Kläranlage Leipzig 1 ad., enge Bindung zu Kampfläufern [2767, 3751]; 05. 09. 1970 SB Windischleuba 1 [2853]; 26. 09. 1973 NSG Eschefeld 1 [2940]; 10.–13. 05. 1982 Poschwitzer T Windischleuba 1 (Höser 1985); 25. 09.–05. 10. 1983 NSG Eschefeld 1 (Frieling 1987, erg.); 08.–19. 10. 1983 NSG Großhartmannsdorf 1, mit Alpenstrandläufern vergesellschaftet (P. Kiekhöfel, J. Schulenburg u. a.); 14.–23. 10. 1984 NSG Eschefeld 1 (Frieling 1987); 06. 09. 1986 Kulkwitzer Lachen/Kr. Leipzig 1 gefangen (Heyder 1987).

N. Höser

Alpenstrandläufer – Calidris alpina (L., 1758)

Durchzügler

Unterarten: C. a. alpina (L., 1758) – Durchzügler
C. a. schinzii (Brehm, 1822) – seltener Gast

Vorkommen: Alle überprüfbaren Belege, so 10 A. aus dem TG Moritzburg, gehören zu C. a. alpina [3991]. 1 A. aus dem TG Wilchwitz/Kr. Altenburg, Beleg Mus. Altenburg (N. Höser), hielt H. Hildebrandt [484] für C. a. schinzii.
Der A. rastet regelmäßig vor allem im Flach- u. Hügelland; während des Wegzuges über die Jahre durchschnittlich die häufigste Calidris-Art. Heimzug schwach, besonders in E-Sachsen kaum spürbar (vgl. [3085]), dagegen in SW-Sachsen mit etwa 7% der Gesamtbeobachtungen auffälliger.

Lebensraum: Schlammflächen in Teichgebieten u. Kläranlagen, seltener auf kiesigen Flächen, überschwemmten vegetationsarmen Ackerflächen oder verschlickten kurzrasigen Wiesen. Oft mit anderen Calidris-Arten vergesellschaftet.

Wanderungen: Heimzug Mitte März–Anfang Juni, meist in 2 Perioden [1223]. SB Windischleuba 1. Gipfel um 15. Apr., schächerer 2. Gipfel nach dem 05. Mai; Bez. C 1. Periode 17. 03.–30. 04. u. 2. Periode 09. 05.–03. 06. [3207]. Frühestes Eintreffen 05. 03. 1975 SB Windischleuba (R. Steinbach). Meist rasten 1–5 Ex. [1635, 2015, 3207, 3412, 3618, 3751], max. 35 A. 20. 04. 1969 SB Windischleuba (R. Steinbach); NSG Zschorna max. 30 (Hummitzsch 1985). Im Mai selten Trupps von >5 A.; ca. 50 am 09. 05. 1918 TG Eschefeld [1223]. März u. 1. Apr.-Dekade fast nur schlicht gefärbte, im Mai fast alle im Brutkleid. Winterkleider bis 18. Apr. (F. Frieling) bzw. 13. Mai (K. Grössler); A. im Schlichtkleid auch nach dem 25. Juni: 27. 06. 1956 SB Windischleuba (F. Frieling); 29. 06. 1971 NSG Eschefeld [2940]. Wegzug ab 1./2. Julidekade [1635, 3085, 3207, 3751]; 1. Zugwelle (überwiegend ad. im Brutkleid) gipfelt Ende Juli/Anfang Aug. [1635, 3207, 3412]. Max. der wesentlich stärkeren 2. Zugwelle (überwiegend schlicht gefärbte bzw. juv.) Ende Sept. oder um den 10. Okt. (vgl. [3085, 3207, 3412, 3618]), lokal auch erst Ende Okt. [2015, 3763] oder im Nov. [2940]. Einzelne ad. im Brutkleid bis Ende Sept. [3085, 3412, 3751], selten bis Mitte Okt. [3412]; mausernde ad. bis Anfang Nov. [3085.]
Meist rasten <50, in manchen Jahren auch >100 A., so im NSG Eschefeld [2940] u. NSG Zschorna (Hummitzsch 1985); ferner 08. 10. 1983 GT Torgau 100 (K. Grössler), 09. 10. 1960 TG Niederspree 100 [3085], 10. 10. 1975 NSG Großhartmannsdorf 140 (P. Kiekhöfel); SB Windischleuba gelegentlich

>200, max. 320 am 17. 09. 1973, ([2762, 3052] erg.). 1954, 1960, 1963, 1972 u. 1978 SB Windischleuba u. 1970, 1972, 1975, 1981 NSG Zschorna jeweils >100 A. längere Zeit anwesend, dagegen 1974 u. 1977 an beiden Rastplätzen auffallend geringer Bestand. In W-Sachsen treten größere Ansammlungen zeitlich später als in E-Sachsen auf: Zeitdifferenz zwischen NSG Zschorna u. SB Windischleuba 2–24, M_6 10 Tage. Letzte Wegzügler unterhalb 400 m ü. NN oft Mitte Nov., selten noch im Dez. [1223, 1729, 2940, 3618] u. ausnahmsweise Jan. [2112]; 1958/59 u. 1959/60 am Elster-ST Überwinterer [3763]; SB Windischleuba je 1–5 Überwinterer in 5 von 33 Jahren.

N. Höser, K. Hädecke

Sichelstrandläufer – *Calidris ferruginea* (Pont., 1763)

Durchzügler

Vorkommen: Regelmäßiger Durchzügler; Heimzug schwach, Wegzug jahrweise in sehr unterschiedlicher Anzahl. Jahre stärkeren Durchzuges folgen an den Hauptrastplätzen etwa im 2- bis 3jährigen Wechsel ([1446, 1635, 3412, 3751] erg.). Heimzug in SW-Sachsen (SB Windischleuba, SB Helmsdorf) auffälliger als weiter nördlich sowie in E-Sachsen. Hier nach 1950 nur 1 Heimzugbeobachtung 22. 04. 1957 2 NSG Zschorna (P. Frommhold); vor 1950 westlich der Elbe 1 Vorkommen [484], 1950–60 5 u. bis 1985 ca. 50 Heimzugdaten, davon 40 im Mai.

Lebensraum: Wie Alpenstrandläufer, doch weniger als dieser auf frischem Schlamm.

Wanderungen: Heimzug SB Windischleuba 22. 04.–04. 06. [3358], Erzgebirgsbecken 18. 04.–06. 06. ([3207, 3394]), erg.); extreme Frühdaten: 04. 04. u. 06. 04. 1950 Elster-ST je 1 sowie 08. 04. ebenda 2 [2290], 06. 04. 1960 Serbitz/Kr. Altenburg 1 [2015]. Meist rasten einzelne, seltener 2 S.; bei stärkerem Zug 1982 SB Windischleuba 1–5 Ex. (R. Steinbach) u. ebenda max. 10 im Brutkleid 05. 06. 1955 (Schubert 1956). Wegzug ab 2. Julidekade, frühestens 02. 07. 1973 SB Windischleuba (R. Steinbach). 1. Zugwelle (überwiegend ad.) schwach, nicht jedes Jahr spürbar. 2. Zugwelle (überwiegend juv.) stärker u. stets erkennbar, Zuggipfel 3. Aug.-/1. Sept.-Dekade, danach abklingend, Nachzügler bis 1. Okt.-Dekade ([2940, 3085, 3751], Hummitzsch 1985). Während des Zuggipfels auch größere Trupps: 01. 09. 1970 SB Windischleuba 61 (R. Steinbach), 07. 09. 1978 SB Helmsdorf 45 (H. Olzmann), 23. 08. 1970 Kläranlage Leipzig 23 [3751], 24./25. 08. 1928 TG Eschefeld 15 [675, 855].

1960–82 im Bez. C Wegzug 13. 07.–08. 10., von den 1043 erfaßten S. 35 ad. im Brutkleid 13. 07.–11. 08., 24 ad. mausernd 31. 07.–09. 09. und 984 juv. (Juli) Mitte Aug. bis 08. Okt. Nach dem 10. Okt. im gesamten Gebiet keine Nachweise; die Angabe TG Eschefeld bis 26. 11. 1899 [321] fand bis heute keine Bestätigung.

N. Höser, D. Saemann

Sanderling – *Calidris alba* (Pall., 1764)

Durchzügler

Vorkommen: 1894–1965 insgesamt nur 62 Beobachtungen [2100]; seit etwa 1960 alljährlich festgestellt: 1968–76 SB Helmsdorf 81 Daten [3412], 1953–77 SB Windischleuba in 14 Jahren 66 Daten [3596]; 1960–88 NSG Zschorna mind. 56 Ex. (Beob.-Gr. Zschorna). Heimzug schwach, im Verhältnis zum Wegzug etwa 1:7 mit deutlichen regionalen Unterschieden: NSG Zschorna nur 1 Heimzugbeobachtung mit 3 Ex. (P. Lorenz), dagegen SB Windischleuba 7 mit 17 Ex [3596], Bez. C 20 mit 42 Ex., davon SB Helmsdorf 12 mit 27 Ex. [3412].

Lebensraum: Ausgedehnte Schlammflächen mit abgetrockneten oder sandig-steinigen Partien (siehe auch Sandregenpfeifer).

Wanderungen: Heimzug Mai–Anfang Juni, Apr.-Daten selten: 04. 04. 1972 SB Helmsdorf 2 im Winterkleid [3412]; 25. 04. 1924 Müncher-T bei Grimma 1 [680]; 28.–30. 04. 1970 SB Borna 1 mausernd (D. Förster, F. Rost). Heimzughöhepunkt 2./3. Maidekade; meist Einzelvögel, selten kleine Trupps: SB Helmsdorf max. 6 [3412]; 16. 05. 1976 SB Windischleuba 9, davon 3 im Brutkleid [3358]. Letzte Heimzügler 11. 06. 1971 SB Helmsdorf 2, davon 1 im Brutkleid [2895]. Wegzug beginnt 3. Julidekade mit ad. im Brutkleid; 21. 07. 1979 TS Bautzen 1 [3832]; 27./28. 07. 1971 SB Windischleuba 1 [3244]; 27. 07. 1970 SB Helmsdorf 2 u. 29./30. 07. 1973 je 1 [3412]. Hauptzug (überwiegend juv. u. z. T. mausernde S., einzelne im Brutkleid bis Anfang Okt., Winterkleider ab Anfang Sept.) setzt Mitte/Ende Aug. ein, gipfelt im Sept. u. endet im Okt. (Abb. 27); späteste Vorkommen 27. 10. 1974 SB Windischleuba 1 [3238]; 28. 10. 1934 Elster-ST 1 [902]; 01. 11. 1931 TG Moritzburg 1 [788]. Oft rasten nur einzelne S., mehrfach 2–6: im NSG Zschorna max. 7 am 18. u. 28. 09. 1960 (Beob.-Gr. Zschorna); 03. 09. 1982 TS Bautzen 8 (Sperling 1985); 10. 09. 1972 SB Windischleuba 9 [3244]; SB Helmsdorf max. 14 [3412]. Rastdauer im Frühjahr kurz, im Herbst mehrfach 7–14 [2100, 3412] u. vermutlich bis max. 23 Tage [902].

K. Grössler, D. Saemann

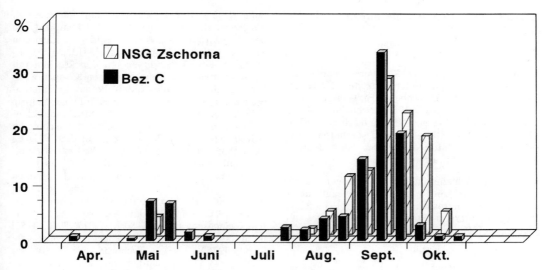

Abb. 27: Prozentuale Verteilung aller Beobachtungen (Individuensummen/Dekade) des Sanderlings im Bez. C 1967–82 (n = 259) und im NSG Zschorna 1969–82 (n = 98)

Grasläufer – *Tryngites subruficollis* (Vieill., 1819)

Irrgast

27. 09. 1985 NSG Zschorna 1 (UHLICH 1987).

D. SAEMANN

Sumpfläufer – *Limicola falcinellus* (Pont., 1763)

Durchzügler

Vorkommen: Seltener, nicht alljährlich nachgewiesener Durchzügler; ca. 80% aller Beobachtungen im Bez. L, besonders SB Windischleuba, wo der S. von 1953–77 in 13 Jahren festgestellt wurde [3596]. In einigen Jahren, vor allem Herbst 1970 mit 18 Ex., Häufung der Beobachtungen. 1976–89 im Bez. C keine Nachweise mehr.

Lebensraum: Stärker bewachsene Schlammflächen, auf denen der S. gern Deckung sucht; meist isoliert von anderen Arten.

Wanderungen: Im Frühjahr nur wenige Einzelvögel: 10. 05. 1986 SB Borna u. 10. 05. 1988 Stöhra (D. FÖRSTER), 22./23. 05. 1976 SB Windischleuba [3358], 22. 03. 1977 Grubenrestgewässer Thräna/ Kr. Borna [3447], 22. 05. 1980 SB Borna (F. ROST), 29. 05. 1939 NSG Zschorna [1040], 03. 06. 1968 Göttwitzsee [3618]. Im Mai u. teilweise im Aug. auch Vögel im Brutkleid. Wegzugbeginn frühestens nach Mitte Juli. Höhepunkt des Wegzuges Mitte Aug. bis Anfang. Sept., Mitte Sept. klingt Zug aus; späteste Beobachtungen: 23. 09. 1979 NSG Eschefeld [3880], 16. 10. 1935 ebenda [940], 15./ 16. 10. 1977 TG Haselbach [2015]. Während des Wegzuges überwiegend einzelne S., selten 2–3 u. 2mal 4 S. zusammen: 23. 08.–04. 09. 1969 Kläranlage Leipzig 1–4, vom 24.–30. 08. 3 ad. u. 1 juv. [3751]; 26. 08.–15. 09. 1970 SB Windischleuba erst 2, später 4, zuletzt noch 1 [2853]. Einzelvögel rasten selten längere Zeit: 20.–26. 08. 1933 Kläranlage Leipzig [1138], 02.–08. 09. 1974 NSG Zschorna (Beob.-Gr. Zschorna). Ein am 04. 09. 1960 in der Kläranlage Chemnitz beringter S. wurde 15. 03. 1964 bei La Rochelle/Frankreich tot gefunden [2293].

K. GRÖSSLER, D. SAEMANN

Dekadensummen der Beobachtungen des Wegzuges des Sumpfläufers:

	Juli		Aug.			Sept.		
Dekade	2.	3.	1.	2.	3.	1.	2.	3.
Ex.	1(2)	3	7	20	33	27	7	1

Kampfläufer – *Philomachus pugnax*
(L., 1758)

Durchzügler

Vorkommen: Im Flach- u. Hügelland regelmäßiger Durchzügler während beider Zugzeiten. Rastet im Lausitzer Bergland u. im oberen Erzgebirge selten; im Kr. Zittau erst nach 1960 beobachtet [4090]. Jahre starken Durchzuges: SB Windischleuba 1954, 1956, 1960, 1964, 1969–74; NSG Zschorna 1968, 1970, 1980. Seit Mitte der 1970er Jahre deutlich verringerte Anzahl rastender K.

Lebensraum: Schlammflächen der Stauseen, Teiche u. Kläranlagen; nicht selten auch auf überschwemmten kurzrasigen Wiesen. Mit Kiebitzen, Goldregenpfeifern u. Staren vergesellschaftet auf abgeernteten Feldern, frischen Saaten u. Äckern.

Wanderungen: Erste Heimzügler in der Oberlausitz Ende März, frühestens 17. 03. [2782]. Im übrigen Gebiet Heimzugbeginn um den 20. März, gelegentlich früher: 21. 02. 1974 Koselitz/Kr. Riesa 2 (P. REUSSE); SB Windischleuba in 7 von 30 Jahren vor dem 15. März, frühestens 26. 02.–01. 03. 1972 1 ♂ u. 26. 02. 1977 2 K. (R. STEINBACH); SB Helmsdorf frühestens 07. 03. 1972 [3412]. Ermittelte Heimzughöhepunkte in der Oberlausitz 3. Apr.-/ 1. Maidekade [2782], am N-Rand des Erzgebirges 1./2. Maidekade [3207, 3412]. SB Windischleuba u. NSG Eschefeld [855, 1635, 1986] 3–4 Zugwellen: 1.) oft undeutliche Welle um den 20. März, am auffälligsten 1960, meist 5–10 überwiegend schlichtfar-

bene K.; 2.) stärkere Zugwelle um den 20. Apr. mit 20–50 K., überwiegend ♂♂; 3.) Hauptzug um den 05. Mai mit 20–200 K., entspricht zeitlich den Max. in anderen Gebieten (vgl. [3412, 3618]); 4.) unregelmäßige Vorkommen um den 20. Mai mit 10–40 überwiegend schlichtfarbenen K. Auch westlich der Elbe kann die Apr.-Welle die dominierende sein, so 1976 mit 66 Ex. in Kläranlage Leipzig [3751] oder 1960, 1964/65 u. 1972 SB Windischleuba. Heimzug endet Anfang Juni u. überschneidet sich an bevorzugten Rastplätzen mit dem Wegzug [855, 1635, 1986, 3412, 3751]; 02. 06. 1980 SB Windischleuba noch 1 ♂, 54 ♀♀ (R. STEINBACH), zugleich Max. der 1980er Heimzugperiode. Ebenda >100 K. 1969, 1971 u. 1974, max. 210 am 06. 05. 1973 (R. STEINBACH); SB Helmsdorf max. 115 K. 13. 05. 1969 [2895]; an wenigen anderen Orten W-Sachsens max. 25–80 K. [2015, 2940, 3751] u. in den Oberlausitzer Teichgebieten max. 30–97 K. [2782]; NSG Zschorna max. 80 am 03. 05. 1953 [1384], seitdem nur max. 19 (HUMMITZSCH 1985, erg.). Lokal rasten in W-Sachsen Heimzügler ebenso zahlreich wie Wegzügler [1635, 1986, 2402, 2940], mancherorts [2015, 3412] oder zeitweilig (SB Windischleuba in 10 von 30 Jahren) sogar zahlreicher. In E-Sachsen Heimzug stets schwächer als Wegzug ([2782], HUMMITZSCH 1985), desgleichen in der Kläranlage Leipzig [3751]. Frühsommerzug 2. Junihälfte; SB Windischleuba Mitte Juni max. 15, meist ♂♂; an anderen Orten vereinzelt K. Am SB Windischleuba größere ♂♂-Ansammlungen Ende Juni/Anfang Juli seit 1963 [1986], die Entwicklung eines Mauserplatzes von

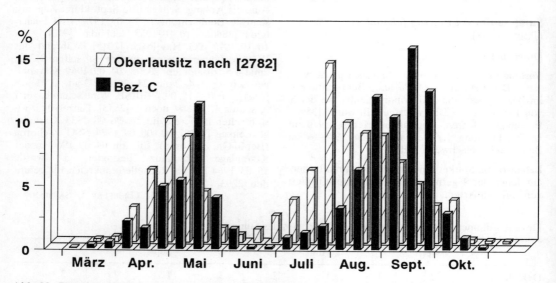

Abb. 28: Prozentuale Verteilung der Durchzugsbeobachtungen (Dekadensummen) des Kampfläufers im Bez. C 1958–82 (n = 2 495) und in der Oberlausitz 1947–71 (n = 4 745)

40–100 ♂♂ kulminiert 1973. Im Gesamtgebiet bis Mitte Juli nur ad. K.; Jungvögel erscheinen ab Mitte/Ende Juli, z. B. [2782]. Zwei deutliche Wegzuggipfel: 1.) frühe Zugwelle um den 25. Juli charakteristisch für die Oberlausitz [2782]; am SB Windischleuba dagegen unregelmäßig oder vom allmählichen Anwachsen der frühsommerlichen Rastbestände überlagert wie z. B. 1973: 25. 06. 47, 30. 06. 77, 13. 07. 132 (R. STEINBACH); 2.) Zugwelle mit Gipfel 3. Aug.–3. Sept.-Dekade (Abb. 28) endet Mitte/Ende Okt., einzelne Nachzügler im Nov., spätestens 05. 12. 1977 SB Windischleuba (in 6 von 30 Jahren), max. 279 am 21. 08. 1973 (R. STEINBACH); ausnahmsweise 220 K. 05./06. 09. 1965 Elster-FB (K. GRÖSSLER). Max. an anderen Rastplätzen: TG Niederspree 50 am 28. 09. 1969, sächsische Oberlausitz sonst nur kleine Trupps [2782]; NSG Zschorna 30–82, meist nur 4–20 (HUMMITZSCH 1985); 10.–15. 09. 1967 NSG Großhartmannsdorf 80 (P. KIEKHÖFEL); Kläranlage Leipzig am 07. 09. 1967 75, am 24. 08. 1968 74 und am 23. 08. 1969 70 [3751]. In der Oberlausitz überwiegen März bis Mitte Apr. die ♂♂, danach dominieren bis Anfang Juni die ♀♀ u. ab 2. Junidekade bis Mitte Juli wieder die ♂♂ [2782]; SB Helmsdorf ♂♂-Anteil im Mai etwa 20% [3412]. Prachtkleid-♂♂ von Ende März bis Mitte Aug. [2782]; deren Anteil SB Helmsdorf im Mai ca. 50% der ♂♂ [3412] u. SB Windischleuba um den 05. Mai <20% der ♂♂. Deutlich erkennbare Prachtkleidreste vereinzelt bis 10. Okt. (R. DIETZE, K. GRÖSSLER). Heimzügler verweilen selten >2–3, Wegzügler max. 8–29 Tage ([1986, 2402, 2782, 3751], R. DIETZE).

N. HÖSER

Säbelschnäbler – *Recurvirostra avosetta* (L., 1758)

Seltener Gast

Vorkommen: Etwa 32 Nachweise mit mehr als 50 Ex. (Tabelle 45).

Tabelle 45: Übersicht der Säbelschnäblerbeobachtungen (Gesamtgebiet, Dekadensummen)

	1. Dekade	2. Dekade	3. Dekade
Apr.	2	2	6
Mai	1	8	1
Juni	2	–	–
Juli	–	1	2
Aug.	–	–	3
Sept.	3	2	4
Okt.	7	4	3
Nov.	2	–	–

Lebensraum: Ausgedehnte freie Schlammflächen u. Flachwasserbereiche größere Gewässer.

Wanderungen: Heimzug Anfang Apr. bis 1. Junidekade; Eckdaten: 01. 04. 1984 Remse/Kr. Glauchau 1 überhin nach NE (R. BUSCHMANN); 07. 06. 1988 Würschnitz/Kr. Großenhain 1 (M. SCHRACK). Im Frühjahr meist Einzelvögel, max. 4 zusammen: 30. 04. 1989 TS Granzahl/Kr. Annaberg 4 (T. BARTHEL); 12. 05. 1973 TG Ullersdorf 1 u. 14. 05. 3 (G., M. u. U. LEONHARDT); 15. 05. 1970 SB Helmsdorf 3 u. 18. 05. noch 2 [3412]. Wegzug belegt vom 17. Juli [3447] bis 02. Nov. [2402]; überwiegend einzelne S., 1mal 2 [1987] u. 18. 10. 1982 NSG Zschorna 3 (F. FRITZSCHE). Rast im Frühjahr 1–5 Tage, im Herbst auch länger: 29. 08.–18. 09. 1956 SB Windischleuba 1 [1539], 28. 09.–16. 10. 1958 ebenda 2 [1987]; 19. 10.–01. 11. 1958 Elster-ST 1 [2560].

K. GRÖSSLER, T. NADLER

Stelzenläufer – *Himantopus himantopus* (L., 1758)

Seltener Gast
Unterart: *H. h. himantopus* (L., 1758)

Vorkommen: Erscheint unregelmäßig, zuweilen auch invasionsartig wie 1958 u. 1965 [2083] u. dann mehrfach in kleinen Trupps. Nachstehend alle Nachweise mit Ausnahme von 2 nicht näher datierten Feststellungen 1807 u. 1824 (vgl. [1223]): 18. 08. 1899 Scheibenberg/Kr. Annaberg 3 juv. erlegt [276, 385]; 22. 04. 1935 TG Eschefeld 7 [1223]; 22. 05. 1952 TG Moritzburg 1 [3048]; 11. 05. 1958 NSG Zschorna 5 [1970]; 11.–26. 05. 1958 SB Windischleuba u. TG Haselbach 1 bis max. 11, letztere 11.–14. 05. [1540, 1788, 2015]; 11. 05. 1958 TG Niedergurig 3 [1771]; 02. 04. 1960 (außergewöhnlich früh!) Elster-ST 1 [1612]; 07. 06. 1965 NSG Großhartmannsdorf 2 [2605]; 05./06. 08. 1965 Loßwiger See bei Torgau 2 [2333, 2402]; 20./21. 08. 1965 Beilrode/Kr. Torgau 1 [2140] u. 22.–28. 08. 1965 Loßwiger See 1 immat. [2402]; 05. 05. 1973 NSG Großhartmannsdorf 2 [3207]; 25. 05.–02. 06. 1975 Treugeböhla/Kr. Großenhain 1 (P. REUSSE u. a.); 23. 05. 1984 Döllnitzsee bei Wermsdorf/Kr. Oschatz 5, 26./27. 05. noch 2 bzw. 1 (H. GOLDSTEIN).

T. NADLER, K. GRÖSSLER

Thorswassertreter – *Phalaropus fulicarius* (L., 1758)

Seltener Gast

Vorkommen: 17. 11. 1937 TG Rohrbach 1 [1215, 1223]; 02.–04. 10. 1952 Elster-FB 1 [1270];

08. 08. 1961 SB Windischleuba 1 [1872]; 24. 06.–
02. 07. 1962 NSG Eschefeld 1 im Brutkleid [1992];
23. 10. 1965 NSG Großhartmannsdorf 1 (K. Liebscher); 01. 06. 1972 ebenda 2 im Brutkleid [2895];
24. 06. 1973 SB Windischleuba 1 im Brutkleid
[3052]; 03. 09. 1976 ebenda 1 ad. mausernd (N. Höser, R. Steinbach). Zwei artlich nicht sicher deter-
minierte Wassertreter – 08. 12. 1965 SB Helmsdorf
[3207] u. 13. 02. 1973 TS Quitzdorf [3085] – gehören vermutlich zu dieser Art.

R. Steinbach

Odinswassertreter – *Phalaropus lobatus* (L., 1758)

Durchzügler

Vorkommen: Seltener Durchzügler; nicht alljährlich, in einigen Jahren aber gehäuft: 1935 [908],
1952 [1729], 1968, 1970 u. 1971 [3007]. Auf dem
Heimzug etwa 20 u. auf dem Wegzug etwa 75 Ex.
nachgewiesen, besonders SB Windischleuba, SB
Helmsdorf, NSG Großhartmannsdorf.

Lebensraum: Flache Uferbereiche von Teichen
u. a. größeren stehenden Gewässern, gelegentlich
auf überschwemmten Wiesen u. in Kläranlagen.
Die meisten Beobachtungen betreffen schwimmende Vögel; im Fluge manchmal lose Bindung zu
anderen Limikolenarten.

Wanderungen: Heimzug Anfang Mai bis 2. Junidekade; Eckdaten: 01. 05. 1963 TG Haselbach 1
im Brutkleid (W. Kirchhof); 12. 06. 1973 SB
Windischleuba 2 ♀♀ Brutkleid [3052]. Die O. zumeist im Brutkleid, überwiegend einzelne Vögel;
02. 06. 1979 SB Helmsdorf 2 ♂♂, 2 ♀♀ (A. Siebert), dagegen 10. 05. 1975 NSG Großhartmannsdorf 1 schlicht (P. Kiekhöfel, K. Liebscher).
Den Wegzug eröffnen ♀♀, früheste Beobachtung
20./21. 06. 1971 SB Windischleuba 1 ♀ im Brutkleid [2941]. Hauptdurchzug Mitte Aug. bis
Mitte Sept., überwiegend juv. [1223, 3007]. Meist
rasten 1–2 Ex., 10. 09. 1976 SB Windischleuba 4
[3358]. Im Okt. noch insgesamt 8 Ex. beobachtet, spätestens 21.–26. 10. 1958 GT Torgau 1
[2402] u. 24.–26. 10. 1981 bie Zittau 1 [3875];
eine für die Art ungewöhnliche Spätbeobach-
tung: 14. 11. 1982 SB Windischleuba 1 ad. (N.
Höser, S. Kämpfer). Rastet meist nur kurze
Zeit; längeres Verweilen: 13.–24. 08. 1975 SB
Windischleuba 2 [3239]; 09.–26. 09. 1935 Elster-
ST 1 juv. [903, 908]. Ein 05. 09. 1959 NSG Großhartmannsdorf beringter O. war 13. 11. 1959 bei
Lesina/Italien [1935].

R. Steinbach

Triel – *Burhinus oedicnemus* (L., 1758)

Sommervogel, Durchzügler
Unterart: *B. o. oedicnemus* (L., 1758)

Verbreitung: Ehemals Bv nördlich von Leipzig im
Kr. Delitzsch, östlich von Taucha in den
Kr. Leipzig, Grimma, Oschatz u. Eilenburg, ferner
entlang der Mulde zwischen Wurzen u. Bad Dü-
ben, in Teilen der Dübener Heide u. bei Torgau.
Östlich der Elbe existierten Brutplätze in den
Kr. Meißen, Riesa, Großenhain, Kamenz, Bautzen,
Niesky u. Görlitz, wahrscheinlich auch bei Dres-
den – auf dem „Heller" sowie an der noch unregu-
lierten Elbe, z. B. „Ostragehege" [3040].

Lebensraum: 1.) Schotterbänke der Mulde, Elbe u.
Neiße ([335, 586, 1220] u. Wadewitz 1955 a u. b);
2.) Brachland, NE Leipzig „trockene, unbebaute
Hügel im weiten Ackerland" [222], in der Dübener
Heide u. bei Torgau dürftige Neuaufforstungen,
östlich der Elbe Ruderalstellen u. Tagebaugelände
[1242]; 3.) Geschiebebereiche: lehmige oder sandige Ackerflächen der Endmoränenzüge mit spät
wachsenden Kulturen wie Kartoffel, Sommergetreide oder Mais.

Bestand: Ursprüngliche Vorkommen von Heyder
[1223] umfassend dargestellt. In den 1920er Jahren
(Errichtung des Muldekraftwerkes) verschwand
der T. von den Schotterbänken zwischen Wurzen
u. Eilenburg [586, 749]; aus diesem Gebiet
>150 Eier im Mus. Leipzig [1220]. N Eilenburg
wenige BP in die 1950er Jahre (Wadewitz
1955 a u. b). Das wohl einst geschlossene Vorkommen von Zwochau/Kr. Delitzsch über Krostitz,
Mutschlena bis östlich von Taucha ist im Verlö-
schen: einst gut besetzte Brutgebiete bei Taucha
verwaisten Anfang der 1960er Jahre [3062]; im S-
Teil des Kr. Delitzsch lassen gelegentliche Beobachtungen vereinzelte Brutversuche bis in die Gegenwart vermuten, so 1987 erfolglose Brut bei
Gottscheina/Kr. Leipzig (Leipe 1990). Bereits vor
1940 erloschen die Vorkommen in den
Kr. Grimma u. Wurzen: 1935 bei Plagwitz/
Kr. Wurzen 1 BP [3618], 1930 Sehlis/Kr. Leipzig
Gelegefund [3618], 1927–29 bei Schildau/
Kr. Torgau wohl BV (M. Herberg), 1920 Belgers-
hain/Kr. Grimma Gelege [586], um 1900 Vorkommen bei Klinga u. Grethen/Gr. Grimma Gelege
[240, 349]. In der Dübener Heide (Raum Falkenberg, Kossa, Authausen, Roitzsch) 1965 letzter BN;
bis 1980 hier einzelne rufende T. (W.-D. Beer, P.
Hofmann, W. Kunze). 1961–64 Vorkommen im
Raum Torgau, Bennewitz, Weißnig [3062] u. 1968
letztmalig Rufer (J. Lehnert). Östlich der Elbe
BN 1937 bei Jessen NE Meißen 1 juv. [1223] u.
1927, 1938, 1940 auf der Tunnelhalde bei Nieder-
au/Kr. Meißen   Gelegefunde   (P. Frommhold,

K. Hoyer). Raum Oschatz, Riesa, Großenhain bis in die 1930er Jahre besetzt [1223]. In der nördlichen Oberlausitz bis gegen 1900 „der erste Charaktervogel des Thalsandes" [256], doch bereits vor 1910 bei Niesky verschwunden [1223, 2782]; 1939 im Tagebau Kleinsaubernitz/Kr. Bautzen Bv [1242], vielleicht auch noch 1950 u. 1955 (G. Creutz); 1930 bei Zodel/Kr. Görlitz 2 Gelegefunde [748]. Noch 1953–60 regelmäßige Feststellungen (meist Rufe) zur Brutzeit auf Kartoffeläckern SW Koitzsch/Kr. Kamenz u. im Grenzbereich NW Oßling/Kr. Kamenz – Braunkohlengrube Zeißholz/Kr. Hoyerswerda (H. Wagner). Das zuerst genannte Gebiet war nachweislich auch schon Anfang des 20. Jh. besiedelt (Weissmantel 1993). Bestandsschätzung nach der Größe der herbstlichen Ansammlungen: 100–150 BP vor 1900, 15–20 BP um 1950 u. vermutlich 1–2 BP 1987.

Brutbiologie: Balz Mitte/Ende Apr. bis in den Juni. Gelegefunde (stets 2 Eier) 15. 04.–20. 07.: Apr. 4, Mai 56, Juni 5 u. Juli 3 [1220]; die späten Funde deuten auf Nachgelege, Zweitbruten nicht nachgewiesen.

Wanderungen: Ankunft frühestens 27. März, 05. u. 07. Apr. [196, 240]. Nach Beendigung der Brutzeit Ansammlungen: vor 1900 bei Nünchritz/Kr. Riesa im Sept. 50–80 T. [172]; 1908 an der Mulde N Wurzen Ende Sept. max. 104 (P. Wichtrich, [586]); 01. 09. 1930 bei Delitzsch 12 (M. Herberg). Abzug im Okt.: 08. 10. 1908 an der Mulde (s. oben) noch 11 [586]. Einzelvögel bis spätestens 02. u. 07. Dez. [178, 336]. Ein 09. 08. 1959 bei Kleintrebnitz/Kr. Riesa beringter T. am 08. 11. 1959 bei Pabillonis/Italien erlegt. Außerhalb der Brutgebiete nur wenige Zugbeobachtungen [223, 240, 1223, 2782]; nur 2 Beobachtungen in jüngerer Zeit: 25. 05. 1986 Rübenfeld bei Crimmitschau/Kr. Werdau 1 (Tyll 1990); 03. 06. 1986 bei Hirschbach/Kr. Dippoldiswalde 1 (B. Kafurke).

T. Leipe, G. Creutz

Rotflügel-Brachschwalbe – *Glareola pratincola* (L., 1766)

Seltener Gast
Unterart: *G. p. pratincola* (L., 1766)

Vorkommen: 1816 Reinhardtsdorf/Kr. Pirna 1 erlegt, Beleg nicht mehr vorhanden [28, 449, 888, 4037]; 14. 06. 1959 SB Windischleuba 1 [1788]; 03. 06. 1962 Göttwitzsee/Kr. Grimma 1 [3062]; 29. 08. 1972 SB Helmsdorf 1 [2895, 3412]; 14. 09. 1975 Schlunzig/Kr. Glauchau 1 [3207]; 16./17. 07. 1978 Caminau/Kr. Bautzen 1 [3670]; 23. 09. 1983 Neuwürschnitz/Kr. Stollberg 1 (J. Schönfelder); 23. 04.–02. 05. 1989 TS Quitzdorf 1 (W. Klauke

u. a.). Übereinstimmend mit Nadler [4037] sind wohl nicht alle der aufgeführten B. mit letzter Sicherheit als *G. pratincola* angesprochen worden.

D. Saemann

Schwarzflügel-Brachschwalbe – *Glareola nordmanni* Nordm., 1842

Seltener Gast (Irrgast)

Siehe Nachsatz zu Rotflügel-Brachschwalbe. 28. 08. 1982 SB Windischleuba 1, als *G. nordmanni* angesprochen (Höser 1985).

D. Saemann

Rennvogel – *Cursorius cursor* (Lath., 1787)

Irrgast
Unterart: *C. c. cursor* (Lath., 1787)

Ende Aug. 1889 Freital-Potschappel 1 juv. [196]; 1889 Dippelsdorfer T 1 juv. [1223]; Sept. 1891 Großenhain 1 ad. [196]; 1894 Lampertswalde/Kr. Großenhain 1 [1223]. Belege nicht mehr vorhanden.

D. Saemann

Skua – *Stercorarius skua* (Brünn., 1764)

Irrgast
Unterart: *S. s. skua* (Brünn., 1764)

Vorkommen: Mitte Okt. 1964 bei Penig/Kr. Rochlitz Fund eines verluderten Ringvogels, erbrütet 1964 auf den nördl. Shetland-Inseln [2045]; 27. 03. 1971 SB Windischleuba 1 ♀ ad., Beleg Mus. Altenburg [2941]. 29. 09. 1948 TG Moritzburg 1 angeschossene [1223], die gegriffen und später angeblich dem Mus. Dresden übergeben wurde; dort nicht vorhanden (S. Eck). Weiterhin eine Beobachtung einer S. am 07. 11. 1937 TG Rohrbach [995].

J. Ulbricht, D. Saemann

Anmerkung zu den drei folgenden Arten: Gelegentlich, in manchen Jahren gehäuft, kommt es zu Einflügen von Raubmöwen, besonders Juli bis Okt. mit deutlicher Häufung der Beobachtungen (überwiegend juv.) Sept./Okt.; Vorkommen im Frühjahr sind Ausnahmen. Die Vögel können über bzw. auf Gewässern, aber auch in wasserfernen Feldgebieten angetroffen werden. Zumeist hat nur die kräftigere *S. pomarinus* Chancen, im Binnenland einige Zeit zu überleben [3886]. Mehrfach Funde entkräfteter oder toter Vögel. Die Bestimmung juv. Raubmöwen bereitet beträchtliche Schwierigkeiten; selbst Belegstücke wurden oft falsch bestimmt. Dies trifft für alle drei „kleineren" Arten, insbesondere für *S. parasiticus* u. *S. longicaudus* zu. In zurückliegender Zeit wurden

Raubmöwen überwiegend (doch meist irrtümlich [1117]) als *S. parasiticus* bestimmt. Eine Überprüfung sächsischer Belegstücke durch S. ECK erbrachte keinen Nachweis dieser Art, sondern nur solche von *S. longicaudus* (11 Belege). In den folgenden Übersichten kann demzufolge nicht jedes Vorkommen als artlich gesichert ausgewiesen werden.

Spatelraubmöwe – *Stercorarius pomarinus* (Temm., 1815)

Gelegentlicher Gast

Vorkommen: 06. 10. 1851 Russdorf bei Blankenhain/Kr. Werdau 1 erlegt [64], Beleg Mus. Altenburg [484], Flügel 350 u. 346 mm (N. HÖSER); 22. 09. 1886 Biehla/Kr. Kamenz 1 erlegt [148], Artbestimmung nicht mehr überprüfbar; 03. 09. 1887 Feldflur Adelsdorf bei Großenhain 1 juv. erlegt [161], Artbestimmung wie vorige; 30. 11. 1892 Kleinboblitz bei Bautzen 1 erlegt [240], Artbestimmung wie vorige; Okt. 1903 Nobitzer Hof-T bei Altenburg 1 juv. erschlagen, Beleg Mus. Altenburg [484], Flügel 357 u. 353 mm (N. HÖSER); 11. 10. 1916 GT Deutschbaselitz 2 [2097]; 06. 10. 1928 TG Eschefeld 1 ad., vermutlich dieser Art [675, 854]; am 19. 09. 1931 sah A. PFLUGBEIL 1 S. bei einem Chemnitzer Präparator [1729]; 02. 10. 1937 Heidenau/Kr. Pirna 1 juv. gefangen, Flügel 350 mm [968]; 10.–13. 07. 1938 Elster-ST 1 ad. [1032]; 30. 10. 1948 NSG Eschefeld 1 juv. [1140]; 14. 07. 1954 SB Windischleuba 1 im 2. Sommerkleid, S. oder *S. parasiticus* [1446, 2282]; 14. 08. 1955 ebenda 1 (immat.), vermutlich S. [1487]; 24.–27. 07. 1958 ebenda 1, spec. ? [1787]; Nov. 1961 TS Kriebstein 1 juv. erlegt, Flügel 340 mm [2407]; 14. 07. 1965 SB Windischleuba 1 ad. helle Phase [2212]; **1970:** 21. 06. NSG Großhartmannsdorf 1 subad. helle Phase [2212]; 23. 08. SB Windischleuba 1 ad. dunkle Phase [2853]; 14.–21. 11. Pleiße-ST Rötha 1 juv. [3062, 3244], **1973:** 22. 09. TS Saidenbach 1 immat. dunkle Phase [3207]; 22. 09. TG Limbach-O. 1 juv. [3207]. 23. 08. 1975 NSG Zschorna 1 juv. [3839]. **1976** stärkerer Raubmöwen-Einflug, überwiegend S. [3839]: 04. 09. SB Helmsdorf 2 juv. helle Phase u. 05. 09. ebenda 2 juv. dunkle Phase, vermutlich S. [3412]; 12. 09. ebenda 1 juv. [3412]; 26. 09. SB Windischleuba 1 juv. [3839]; 26. 09. TS Pöhl 1 immat. vermutlich S. [3394]; 26. 09. TS Quitzdorf 1 [3839]; 30. 09.–07. 10. NSG Zschorna 2 immat, 1 Ex. tot 07. 10., Flügel 363 mm [3839]; 09. 10. TS Pöhl Kadaver 1 immat., Flügel 360 mm [3394, 3839]; 07.–12. 10. NSG Eschefeld 1 immat. [3839, 3880]; 03.–08. 10. GT Torgau 1 juv. [3839]. 15./16. 09. 1977 SB Helmsdorf 1 juv. (H. OLZMANN, B. SEIFERT, A. SIE-

BERT). **1978:** 10. 07. SB Borna 1 ad. helle Phase (F. ROST); 26. 07. SB Windischleuba 1 ad. helle Phase (K.-H. FROMMOLT, R. STEINBACH); 23. 10. NSG Zschorna 1 juv. (J. ULBRICHT).

K. GRÖSSLER, D. SAEMANN

Schmarotzerraubmöwe – *Stercorarius parasiticus* (L., 1758)

Seltener Gast

Vorkommen: Okt. 1882 oder 1883 Brauna/Kr. Kamenz 1 Ex. nach 14tägigem Aufenthalt erlegt [148]; 17. 09. 1893 Groß-Seitschen bei Bautzen 1 erlegt [240]; 03. 10. 1910 Großenhain 1 gefangen, spec.? [392]; 19. 09. 1912 Falkenau/Kr. Flöha 1 juv., Flügel 325 mm [449, 1117]; 29. 10. 1926 Grüngräbchen/Kr. Kamenz Rupfungsreste, Flügel 326 mm [2097]; Juli 1929 Jeschütz/Kr. Bautzen 1 juv. erlegt, Flügel 320 mm, von W. MEISE bestimmt [736]; 18.–21. 07. 1954 Feldflur Hirschfeld/Kr. Leipzig 1 ad. helle Phase [1601, 1729]; 21. 07. 1957 NSG Großhartmannsdorf 1 juv., spec.? [1729]; 29. 07. 1958 Venusberg/Kr. Zschopau Kadaverfund, Flügel 325 mm [1729]. **1960:** 05. 06. GT Torgau 1 dunkle Phase [2402]; 31. 07. u. 04.–06. 08. NSG Zschorna 1, am 04. 09. mumifiziert gefunden [1785, 2602]; 07. 10. NSG Dippelsdorfer Teich T 1, spec.? [3179]. 08. 07. 1962 NSG Dippelsdorfer Teich 1, vermutlich diese Art [3179]; 14. 04. 1964 NSG Zschorna 1, spec.? [3179]; 02. 09. 1963 NSG Großhartmannsdorf 1 juv., vermutlich diese Art [3207]; 15. 05. 1967 Feldflur Taura/Kr. Chemnitz 1 ad. [2666]. **1971:** 14. 08. SB Helmsdorf 1 immat. „2. Herbst" [3412]; 25. 08. Röhrsdorf/Kr. Chemnitz 1 ad. dunkle Phase [2895]. **1976:** 03. 09. TS Bautzen 3 ad. ([3839] u. SPERLING 1985); 04. 09. NSG Großhartmannsdorf 1 dunkle Phase [3394]; 05. 09. Ullersdorf/Kr. Dresden 1 immat., spec.? [3839]; 05.–14. 09. Girbigsdorf/Kr. Görlitz 3 immat., spec.? [3839]; 09. 09. SB Helmsdorf 1 dunkle Phase, „2. Herbst" [3412]; 15. 10. 1977 NSG Zschorna 1 helle Phase (R. DIETZE); 12. 08. 1978 Elbe Dresden-Übigau 1 ad. (W. FINDEISEN); 30. 06. 1979 SB Borna 2 ad. helle Phase (D. FÖRSTER); 25. 09. 1981 TS Bautzen 1 ad. (SPERLING 1985); 06. 04. 1982 Lückendorf/Kr. Zittau Rißfund, Reste von K. BANZ bestimmt [4090]; 13. 07. 1983 NSG Zschorna 1 ad. (G. ENGLER). **1985:** 27. 06. GS Kulkwitz 2 ad., je 1 helle u. dunkle Phase (D. FÖRSTER); 09. 09. NSG Zschorna 1 immat. (B. KATZER); 07. 10. SB Borna 1 immat. (ROST et al. 1987). **1988:** 26. 06. SB Helmsdorf 1 ad. helle Phase (H. OLZMANN); 22./23. 10. NSG Zschorna 1 juv. (R. DIETZE). **1989:** 18. 07. Folbern/Kr. Großenhain 1 ad. helle Phase (R. DIETZE).

K. GRÖSSLER, D. SAEMANN

Falkenraubmöwe – *Stercorarius longicaudus* Vieill., 1819

Gelegentlicher Gast

Vorkommen: Okt. 1882 Deutsch Ossig/Kr. Görlitz 1 juv. [256], Beleg Mus. Görlitz (H. ANSORGE); 23. 09. 1909 Lausa bei Dresden 1 juv. dunkle Phase, Flügel 293 mm, von W. MEISE bestimmt [449, 736]; Beleg Mus. Dresden (S. ECK); Herbst 1909 Brockwitz/Kr. Meißen 1 juv., von W. MEISE bestimmt [449, 736]; 22. 09. 1912 Ulberndorf/ Kr. Dippoldiswalde 1 juv. dunkle Phase, Flügel 291 mm, Beleg Mus. Dresden (S. ECK; Datum korrigiert, im Schrifttum [427, 428, 449] 20. 09. 1911); 02. 09. 1916 Kamenz 1 juv., bestimmt von W. MEISE [1117, 1223]; 26. 08. 1924 Zodel/Kr. Görlitz 1 juv., Beleg Mus. Görlitz (S. ECK, H. ANSORGE), früher als *S. parasiticus* bestimmt [2097]; Ende Aug. 1931 Limbach-O./Kr. Chemnitz von 4 Ex. 1 juv. dunkle Phase erlegt, Flügel ca. 280 mm [780]; 13. 09. 1932 (corr. 15. 09.) Straßgräbchen/ Kr. Kamenz 1 juv. [825], Beleg (helle Phase) Mus. Dresden, Flügel 302 mm, ursprünglich als *S. parasiticus* bestimmt (S. ECK); 09. 09. 1935 Mutschen/ Kr. Delitzsch 1 juv. [925], Beleg Mus. Leipzig; 09. 09. 1938 Schönerstadt bei Flöha 1 juv. dunkle Phase [1117]; 28. 08. 1940 Feldgebiet bei Kötteritzsch/Kr. Grimma 1 juv. gefangen [1099], Beleg Mus. Leipzig (angeblich zur gleichen Zeit 1 weitere Raubmöwe bei Zschadraß/Kr. Grimma getötet); 18. 06. 1951 Lichtentanne/Kr. Zwickau 1 ad. helle Phase [1729]; Dez.(?) 1954 Kamenz 1, Flügel 328 mm [2097], nach großer Flügellänge vermutlich keine F. [3886]; 16. 10. 1955 Großgrabe/ Kr. Kamenz 1 juv. erlegt, Flügel 280 mm [2097]; Herbst 1956 Oberseifersdorf/Kr. Zittau 1 juv. [1562], Beleg (helle Phase) Mus. Dresden, Flügel 283 mm (S. ECK); 15. 06. 1958 Brunn bei Auerbach 1, vermutlich diese Art (W. HEIDER); 03. 09. 1960 Fichtelberg 1 flugunfähig, Übergangskleid juv./ad., Flügel 295 mm [3207]; 17. 07. 1960 NSG Zschorna 1 ad. [1785]; 31. 08. 1963 ebenda 1 juv., vermutlich diese Art [3179]; 18.–23. 09. 1967 Pleiße-ST Rötha 1 juv. [2666]; 07. oder 08. 10. 1970 Göttwitzsee 1 juv., Beleg Mus. Leipzig [3244]; 18. 10. 1974 Werbelin/Kr. Delitzsch 1 juv., vermutlich F. (K. GRÖSSLER). **1976:** 30. 07. SB Windischleuba 1 ad. helle Phase [3358]; 29. 08. NSG Zschorna 1, spec.? [3839]; 06. 09. Oederan/Kr. Flöha 1 juv. aus Trupp von 6 oder 7 geschossen, Beleg Mus. Augustusburg [3394], Flügel 315 mm (D. SAEMANN); 26. 09. SB Helmsdorf 1 juv., Flügel 284 mm [3412], Beleg Sammlung K. GRÖSSLER. 23. 09. 1979 NSG Zschorna 1 ad. (R. DIETZE); 13.–19. 10. 1982 Feldflur bei Frankenau/Kr. Rochlitz 1 immat. (W. WEISE, J. REDMANN, U. ZÖPHEL); 07.–19. 10. 1985 NSG Zschorna 1 immat. (Beob.-Gr. Zschorna).

K. GRÖSSLER, D. SAEMANN

Mantelmöwe – *Larus marinus* L., 1758

Seltener Gast

Vorkommen: 1853 Sohr-T bei Görlitz 1 einjährige M., Beleg Mus. Görlitz [256]; 27. 01. 1921 Wildenhain/Kr. Eilenburg ♀ juv. gefangen (SCHNEIDER 1922); 1926 Auensee Leipzig 1 [749]; 26. 02. 1929 Elbe bei Pirna 1 [1223]; 09. 11. 1942 Mulde bei Penig/Kr. Rochlitz 1 ad. tot gefunden [1112]; Mitte Dez. 1956 Waltersdorf/Kr. Zittau 1 M. im 4. Lebensjahr, Beleg Mus. Dresden [1561]; 27. 11.– 08. 12. 1961 TG Deutschbaselitz u. TG Döbra 1 juv. [2097]; 07. 05. 1966 SB Witznitz/Kr. Borna 1 ad. [2435]; 03. 12. 1967 SB Niederwartha 1 ad. [3179]; 25. 02. 1967 GT Torgau 1 juv. [2666]; 13. 10. 1973 TS Muldenberg 1 ad. [3207]; 02. 11. 1973 NSG Zschorna 1 immat. [3179], vielleicht dieselbe M. 17. 11. 1973 SB Niederwartha [3179]; 19. 08. 1974 NSG Großhartmannsdorf 1 subad. [3207]; 22. 08. 1976 SB Helmsdorf 1 juv. [3412]; 26. 11. 1983 SB Niederwartha 1 immat. (P. KIEKHÖFEL); 08. 11. 1985 bei Tegkwitz/ Kr. Altenburg 1 ad. (ROST et al. 1987). Bei weiteren Beobachtungen von juv. [1729] ist die Artzugehörigkeit nicht sicher [2097]; die Meldung in [2895] entfällt.

F. ROST, K. GRÖSSLER

Heringsmöwe – *Larus fuscus* L., 1758

Durchzügler

Unterarten: *L. f. fuscus* L., 1758
  L. f. intermedius Schiöler, 1922 oder
  L. f. graellsii A. E. Brehm, 1858

Anmerkung: Gelegentlich werden hellmantelige H. gemeldet, die im Felde jedoch nicht unterscheidbar sind; wahrscheinlicher ist das Auftreten von *L. f. intermedius*.

Vorkommen: Durchzügler in geringer Anzahl; fast ein Drittel aller Nachweise vom SB Windischleuba.

Lebensraum: Rastet bevorzugt an größeren Gewässern mit geringerer Wassertiefe, z. B. NSG Zschorna, GT Torgau u. Elbtal aufwärts bis Dresden, SB Windischleuba, SB Helmsdorf. Im Gegensatz zur Silbermöwe nur selten an Grubengewässern.

Wanderungen: Beginn des Heimzuges, von vereinzelten Wintervorkommen nicht deutlich abgrenzbar, Ende März, z. B. 31. 03. 1979 Mulde bei Canitz/Kr. Wurzen 2 ad. [3618]; deutlicherer Zug Anfang/Mitte Apr., Zuggipfel 1./2. Maidekade. Während des Heimzuges 35 ad. u. 10 immat. H. nachgewiesen, weitere 7 ad. u. 1 immat. im Juni. Beginn des Wegzuges Anfang/Mitte Juli:

03. 07. 1961 Rodenhain/Kr. Löbau 1 juv. [2097]; 13. 07. 1980 SB Windischleuba 1 immat. (R. STEINBACH); 15. 07. 1978 SB Helmsdorf 1 wohl 3jährige H. (B. SEIFERT). Gegen Ende Aug. Zunahme der Beobachtungen, 2 Zughöhepunkte gegen Mitte Sept. u. Mitte Okt., Nov./Dez. nur noch selten einzelne H.; im Elbe–Röder-Gebiet bei Dresden Anfang Jan. 2 ad., 1 immat. u. Anfang Febr. 3 ad. [3179]. Für die Wegzugsperiode wurden 42 ad. u. 51 immat. gemeldet. Rastdauer meist kurz, nicht selten nur durchziehende Ex. Etwa 2 Drittel aller Beobachtungen betreffen einzelne H., gelegentlich 2, selten 4 oder 6 zusammen; 20. 09. 1975 SB Windischleuba 5 ad., 2 juv. [3239]; 02. 10. 1963 GT Torgau 3 ad., 4 juv. u. 14. 10. 1962 ebenda 1 ad., 6 juv. [2402]; 12. 05. 1952 Holscha-Neschwitz/Kr. Bautzen 8 immat. [2097]. Vögel im Jugendkleid blieben in vorstehender Darstellung weitgehend unberücksichtigt.

F. ROST, K. GRÖSSLER, D. SAEMANN

Silbermöwe – *Larus argentatus* Pont., 1763

Brutvogel, Durchzügler, Wintergast
Unterart: Status (vor allem der Brutvögel) unklar
           L. a. argentatus Pont., 1763 – Durchzügler

Anmerkung: Nachweise gelbfüßiger S. *L. a. „omissus"* oder **Weißkopfmöwen** (*Larus cachinnans* Pallas, 1811), die neuerdings artlich von der S. getrennt werden [3886]: 10.–19. 04. 1978 SB Windischleuba 1 ad. (R. STEINBACH); 11. 02. 1979 SB Niederwartha 1 ad. (R. BÄSSLER); zwischen 24. 03. u. 01. 05. 1988 im Brutgebiet TS Quitzdorf wiederholt 1 ad. (P. MENZEL). An den seit 1981 im Bez. Cottbus bestehenden Brutplätzen [4137] sind gelbfüßige S. (*L. cachinnans*) auch während der Brutzeit beobachtet worden (FISCHER 1989). Gleiches gilt für TG Niederspree, wo 1987 von 2 der insgesamt 3 Paare je 1 Partner gelbfüßig war (S. RAU, R. STEFFENS). Neubearbeitung dringend erforderlich.

Verbreitung: Nach erstem Brutzeitaufenthalt 1985 wenige Brutversuche im N-Teil des Kr. Niesky (P. MENZEL, S. RAU, R. STEFFENS u. a.), 1986 TS Bautzen 1 Paar mit Territorialverhalten (D. SPERLING). In den Grubengebieten der Kr. Delitzsch, Leipzig u. Borna sind Bruten wahrscheinlich (vgl. KUHLIG u. HEINL 1984), ein BN steht noch aus. Als Durchzügler bis Ende der 1950er Jahre nur wenige Nachweise [1223, 1729]; danach zumindest gebietsweise ziemlich regelmäßiges Auftreten (z. B. [3179]); 1959–82 im Bez. C von 85 registrierten Großmöwen 17 ad. S.

Lebensraum: Brutplätze an großen, flachen Gewässern mit vegetationsarmen oder -losen Inseln u. Uferpartien. Auch Durchzügler meist an größeren

Gewässern u. regelmäßig in den Grubengebieten. Überwinterer vor allem an der Elbe, in mehreren Jahren auch am Elster-FB.

Bestand: TS Quitzdorf: 1985/86 im Mai je 1 Paar, keine Brut; 1987 1 BP, 2 Eier, später ausgehackt; 1988 1 Paar BV; 1989 mind. 1 Brutversuch, 10. u. 26. 05. brütend (F. MENZEL u. a.). TG Niederspree: 1986 mehrfach zur Brutzeit; 1987 3 Paare, davon 1 mit Nest, 3 Eier am 11. 06., später verlassen (S. RAU, R. STEFFENS u. a.); 1989 zur Brutzeit 2 ad. (A. WÜNSCHE). TS Bautzen: 1986 1 Paar mit Territorialverhalten (D. SPERLING). Aus dem Leipziger Raum keine konkreten Daten vorliegend, jedoch wahrscheinlich schon Anfang der 1980er Jahre Einzelbruten im Kr. Borna.

Brutbiologie: Keine nennenswerten Fakten.

Wanderungen: Heimzug (insgesamt ca. 20 ad., 1 immat.) Mitte März–Ende Mai, Beginn gegen Winteraufenthalt nicht abgrenzbar. 1. Zuggipfel (überwiegend ad.) Anfang/Mitte Apr., 2. Gipfel (meist immat.) Mitte Mai. Im Juni außerhalb der Brutgebiete selten festgestellt: 06. 06. 1982 SB Helmsdorf 2 ad. (H. OLZMANN); 14. 06. 1986 Kläranlage Leipzig 1 immat. (K. GRÖSSLER), an den Grubengewässern der Kr. Leipzig u. Borna mehrfach einzelne, meist ad. S. Wegzug vereinzelt ab Mitte Juli: 13. 07. 1975 u. 24. 07. 1960 SB Windischleuba je 1 juv. (R. STEINBACH); 14. 07. 1979 Elster-FB 2 juv. (K. GRÖSSLER). 1. Wegzughöhepunkt (vor allem ad.) gegen Anfang Aug., Ende Aug. nur wenige Nachweise meist immat. S.; 2. Höhepunkt Ende Okt.–Mitte Nov. (nur 20% ad.) u. geringe Nachweishäufung meist immat. S. Ende Dez. In dieser Zeit an Schlafplätzen im Kr. Borna bis 1988 max. 10 S., am 28. 12. 1989 SB Deutzen 26 (D. FÖRSTER). Im Herbst 37 als ad., 54 als immat. S. angesprochen; artlich unbestimmte juv. Großmöwen dürften das Verhältnis noch verändern. Rastdauer meist kurz; 03.–20. 08. 1968 NSG Zschorna 1 immat. [3179]; 23. 08.–21. 10. 1986 TG Limbach-O. 3 juv. (D. KRONBACH u. a.), die Bruten im Tierpark Chemnitz entstammen könnten. Selten erscheinen mehr als 4 S. zusammen: 03. 10. 1979 NSG Zschorna 3 ad., 2 immat. (D. SYNATZSCHKE); 28. 12. 1985 GS Kulkwitz 5 ad., 2 immat., 3 juv. (K. GRÖSSLER). Wintervorkommen: Seit Anfang der 1970er Jahre Elster-FB fast alljährlich (K. GRÖSSLER, K. TUCHSCHERER); seit Ende der 1970er Jahre an der Elbe im Bez. D. regelmäßig 1–4 (FG Radebeul), 28. 01. 1979 bei Dresden 6 immat. (D. PÜRSCHEL). Von den Wintervögeln waren 10 ad., 45 immat. S. 1 am 04. 06. 1985 in Estland und 12. 06. 1986 in Finnland nj. beringte S. wurden am 01. bzw. 04. 02. 1987 am Elster-FB kontrolliert (D. HEYDER).

D. SAEMANN, K. GRÖSSLER, F. ROST

Polarmöwe – *Larus glaucoides* Meyer, 1822

(Irrgast)

20.11.1965 SB Windischleuba 1 juv. [2282], doch kann die Beobachtung kaum als gesichert bewertet werden [3062, 3498]. Starke Variation der Gefiederfärbung juv. Großmöwen führt insbesondere bei der P. zu zahlreichen Fehldiagnosen [3886].

D. Saemann

Eismöwe – *Larus hyperboreus* Gunn., 1767

Irrgast

Ein angeblicher, doch verschollener Beleg [38, 605, 1223, 2097] u. 1 vage Beobachtung von der Elbe [1223] waren nicht geeignet, das Auftreten der E. in Sachsen als gesichert zu betrachten. Am 18.02.1979 Elbe in Dresden 1 im 1. Winterkleid [3723].

D. Saemann

Sturmmöwe – *Larus canus* L., 1758

Brutvogel, Durchzügler, Wintergast
Unterart: *L. c. canus* L., 1758

Verbreitung: Seit 1950 verstärkte Besiedlung des mitteleuropäischen Binnenlandes [2440]. Etwa 1945–47 erste Ansiedlung im Bitterfelder Braunkohlenrevier (Sperling 1970) u. hier seit 1952 anhaltende Zunahme (Kuhlig u. Heinl 1983, Zülikke 1955); 1982 allein am Mulde-ST Pouch/ Kr. Bitterfeld 52 BP (Kuhlig u. Heinl 1984) u. 1987 ebenda 115 BP (Pressenotiz). In den 1970er Jahren Ausbreitung bis in die Grubenbereiche im Kr. Delitzsch. Bereits Mitte der 1950er Jahre Bv in Kohlegruben zwischen Altenburg u. Zeitz, später auch in Tagebauen der Kr. Borna, Geithain u. Leipzig (Karte 14). Anzahl der Durchzügler nahm im gesamten Gebiet kontinuierlich zu; im Bez. C. 1959–62 56, 1967–74 179 u. 1975–82 337 S. registriert. Winter: stabile Bestände an der Elbe im Bez. D; seit 1984/85 Bez. L Massenvorkommen besonders an Grubenseen u. SB Windischleuba; Stadtgebiet Chemnitz Aufenthalt Jan./Febr. erstmals 1970, seit 1979 wiederholt bis zu 5 S. (D. Saemann).

Lebensraum: Bv in Tagebauen; 1978 u. 1981 je 1 erfolglose Brut in einem Teich bzw. in einer Lachmöwenkolonie; Bruten mehrfach in Kontakt zu solchen. Durchzügler meist an größeren Gewässern, hier auch Schlafgesellschaften. Nahrungssu-

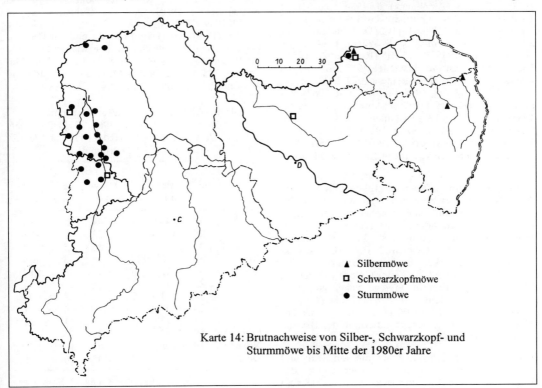

▲ Silbermöwe
◻ Schwarzkopfmöwe
● Sturmmöwe

Karte 14: Brutnachweise von Silber-, Schwarzkopf- und Sturmmöwe bis Mitte der 1980er Jahre

che auf Mülldeponien u. (besonders nach Gülleeinspülung) auf Feldern.

Bestand: Kr. Delitzsch: Grube „Paupitzsch" NW Laue 1971/72 Brutzeitbeobachtungen [3244], 1973 3 Gelege u. 1 BP GT Reibitz [4106], spätere Kontrollen nicht möglich. Kr. Leipzig: Tiefe Grube Markkleeberg-E 1981 3, 1982 2 BP (D. FÖRSTER), 1985 5 BP (K. GRÖSSLER); Zöbigker Markkleeberg-W 1975 u. 1977 je 1 BP (D. FÖRSTER), 4 Ex. 1982 [4106]; GS Kulkwitz 1967 BV [2320]; Grube SE Elster-ST Leipzig mind. seit 1983 ad. S. zur Brutzeit (D. FÖRSTER, K. GRÖSSLER, F. HOYER). Kr. Borna: 1978 Grube Stöhna-Böhlen 1 gestörte Brut (D. FÖRSTER); Grube Werben-S (z. T. Kr. Hohenmölsen) 1982 3 [4106], 1985 1 BP (ROST et al. 1987); Grube bei Peres 1982 9 [4106], 1985 8 BP (ROST et al. 1987); Grube S Pleiße-ST Rötha 1978, 1981/82 je 2 BP (D. FÖRSTER); SB Großzössen Juli 1974 u. 1981 juv., vermutlich in der Nähe erbrütet (D. FÖRSTER); SB Witznitz 1979 1 u. 1980 2 [4106], 1985 1 BP (ROST et al. 1987); SB Deutzen 1 juv. Juli 1974, 1981 1 BP, 1983 Brut gestört (D. FÖRSTER); Restloch Domsen-Großgrimma/Kr. Hohenmölsen 1982 2 [4106], 1985 1 BP (ROST et al. 1987), 1985 Restloch bei Lucka 3 BP (ROST et al. 1987); 1964/65 Tagebau Regis-Breitingen IV je 2 BP [2282], 1968 3 Gelege (A. WEBER) u. 1984 Regis-Br. I 1 BP (F. ROST). Kr. Geithain: Grube Borna-E bei Nenkersdorf Juli 1980 1 juv. (D. FÖRSTER), 1982 2 BP [4106], 1983 mind. 4 (S. WOLF), 1984 12 (G. SCHOLZ u. a.), 1985 10–11 BP (ROST et al. 1987). Kr. Altenburg: Grube Haselbach 1978 2 BP, im Juli jedoch 8 juv., erfolglose Bruten 1979 2 (R. STEINBACH), 1982 1 [4106], 1985 4 (ROST et al. 1987); Tagebau Zipsendorf-S (größter Anteil im Kr. Zeitz) 1955–61 ca. 12 BP, 1962 21 Gelege, 1964–66 3–4 BP [2282], 1967 6 BP (LENZER 1968); 1985 Tagebau Zechau 1 BP (ROST et al. 1987); 1981 SB Windischleuba 1 erfolglose Brut in Lachmöwenkolonie (R. STEINBACH).

Brutbiologie: Ankunft am Brutplatz und Balz im Apr.; Neststandort meist auf vegetationslosen Inseln, oft erhöht und mehrfach auf Rohren, Geräten, Abbaurippen oder Baumstumpf im Wasser. Vollgelege Mitte Mai bis Juni, frühestens 14. 05. 1982 Grube Werben 2 Eier (G. ANGERMANN). Gelegestärke: im Raum Bitterfeld 6×1, 14×2, 52×3, 4×4, M_{76} 2,7 Eier/Gelege (KUHLIG u. MEINL 1983); 6 Eier im Gelege sicher von 2 ♀♀ (LENZER 1968). Kleine pull. ab 23. Juni (D. FÖRSTER), bei Bitterfeld ab 06. 06.; fl. juv. frühestens 23. 07., Anfang Aug. bereits außerhalb der Brutgebiete (D. FÖRSTER).

Wanderungen: Synchrone Zunahme von Brut- und Wintervorkommen erschwert Abgrenzung der Zugzeiten. Heimzug im Bez. C (n = 318 Ex.)

27. 02.–20. 06., Hauptmasse 3. März- bis 2. Maidekade, ad. etwa 14 Tage früher als immat. (D. SAEMANN). Juni bis Mitte Sept. in größerer Entfernung von den Brutplätzen nur einzelne Nachweise (Tabelle 46). Beginn des Wegzuges (juv. vor den ad.) im Bezirk C 3. Sept.-/1. Okt.-Dekade, deutlicher Zug im Nov. mit Gipfel 3. Dekade, nochmaliger Anstieg gegen Ende Dez. deutet auf Winterflucht (D. SAEMANN); NSG Zschorna Wegzuggipfel Ende Okt./Anfang Nov., an der Elbe dagegen Ende Dez. [3179]: max. 27. 12. 1977 SB Niederwartha 110; 52 ad., 58 immat. (S. RAU, J. ULBRICHT), 05. 01. 1978 ebenda noch 67; 31 ad., 36 immat. (S. RAU). Mitte der 1970er Jahre im Elbtal bei Dresden Jan./Febr. 20–30 S., davon knapp 75% immat. [3179]; Überwinterung an anderen Orten selten (siehe Verbreitung). Seit dem Winter 1984/85 in W-Sachsen Masseneinflüge, die nicht mit Winterflucht erklärbar sind: 24. 12. 1984 SB Borna 133, 03. 01. 1985 GS Kulkwitz 800, 24. 12. 1985 SB Borna 545 S. (D. FÖRSTER); 23. 12. 1985 SB Borna ca. 1 000 u. 22. 12. 1985 SB Windischleuba 520 (ROST et al. 1987); 28. 12. 1985 GS Kulkwitz mind. 300, davon 135 ad., 50 juv. ausgezählt, 11. 01. 1986 ebenda 392 ad., 162 juv.; 26. 12. 1986 GS Kulkwitz > 1 200, ebenda am 04. 02. 1988 2 000, am 14. 02. 1988 mind. 400, davon 226 ad., 31 juv. ausgezählt (D. FÖRSTER; K. GRÖSSLER); 18. 01. 1989 GS Kulkwitz > 2 000; 28. 12. 1989 SB Borna 440 u. 18. 02. 1990 ebenda 4 000 S. (D. FÖRSTER). Im Frühjahr und zur Brutzeit bestehen Schlafgesellschaften überwiegend aus ad.: SB Witznitz Anfang Apr. ca. 88% ad., Anfang Mai nur ad., ST Rötha Juni – Mitte Juli nur ad. und ab Ende Juli zunehmend juv. (D. FÖRSTER).

Tabelle 46: Monatssummen altersbestimmter Sturmmöwen; A – Bez. L 1964–72 [2333, 2435, 2666, 2767, 3244], B – Elbe-Röder-Gebiet 1964–74 [3179], C – Bez. C 1959–82 (original).

	A		B		C	
	ad.	nicht ad.	ad.	nicht ad.	ad.	nicht ad.
Jan.	42	144	55	144	3	12
Febr.	28	122	41	122	3	5
März	46	68	55	188	13	29
Apr.	136	32	21	43	33	68
Mai	90	12	6	1	9	110
Juni	25	7	1	–	3	6
Juli	77	11	1	1	1	2
Aug.	25	27	–	6	4	4
Sept.	13	11	2	7	1	11
Okt.	18	50	6	38	3	15
Nov.	19	108	20	63	17	25
Dez.	28	119	97	242	16	11

K. GRÖSSLER, D. SAEMANN

Schwarzkopfmöwe – *Larus melanocephalus* Temm., 1820

Sporadischer Brutvogel, Durchzügler

Verbreitung: 1959 erstmalig beobachtet [1768], danach Apr. bis Okt. seltener, nicht alljährlich nachgewiesener Durchzügler. Seit 1980 mehrere Ansiedlungsversuche u. teilweise erfolgreiche Bruten, dabei auf den Raum Leipzig-Altenburg, NSG Zschorna u. TS Quitzdorf beschränkt (Karte 14).

Lebensraum: Zur Brutzeit in Kolonien der Lachmöwe bzw. in engem Kontakt zu diesen; Nistplätze in Koloniebereichen mit lückigem, niedrigem bis mäßig hohem Bewuchs.

Bestand: 01. 05.–03. 07. 1980 SB Windischleuba mind. 1 BP, 19. 05. Gelege mit 3 Eiern, 08./09. 06. geplündert; 18. 05. ein weiteres Revier im gleichen Kolonieteil; 2 ad., 2 immat. am 07. 05., 3 ad., 1 immat. am 27. 05. (STEINBACH 1982). 14. 05.–22. 06. 1985 Bereich TS Quitzdorf 1–2 S., davon 1 ad. territorial 14. 05. Neu-T Diehsa in Lachmöwenkolonie (S. RAU, R. STEFFENS, F. MENZEL u. a.). 11.–25. 05. 1986 Kulkwitzer Lachen/Kr. Leipzig 1 Paar mit Balz-, Territorial-, Nestbau- und Brutverhalten, vermutlich erfolglose Brut, 11. 06. letztmalig 1 ad. (HOYER 1988). NSG Zschorna: 01. 06. 1985 1 ad. (D. KELLER); 26./27. 04. u. 26. 06. 1986 1 Paar Balz (Beob.-Gr. Zschorna); ab 20. 04. 1987 1 Paar Balz, 26. 04. 3 ad., 19. 05. Nestfund 2 Eier, später 1 juv. flügge (R. DIETZE, D. USCHNER u. a.); 26. 03.–04. 06. 1988 1–4 S., meist 2 ad., wegen Niedrigwasser keine Brut; 1989 1 BP mit 2 juv., dazu im Juni 2 weitere S.; 1990 2 BP mit Gelegen zu je 2 Eiern, jeweils 1 juv. flügge geworden (Beob.-Gr. Zschorna). 11. 05. 1989 NSG Großhartmannsdorf 1 ad. mit Lachmöwen balzend (M. HENGST).

Brutbiologie: Keine weiteren Fakten.

Wanderungen: Ankunft am Brutplatz bisher frühestens 26. 03. (s. Bestand). Abseits der Brutansiedlungen Heimzug 1. Apr.- bis 3. Maidekade: 09./10. 04. 1981 NSG Großhartmannsdorf 1 immat. (P. KIEKHÖFEL); 25. 05. 1964 GT Torgau 1 ad. [2402]. Wegzug Anfang Juli–Mitte Okt.: 01.–04. 07. 1977 NSG Großhartmannsdorf 1 immat. [3394], 09. 07. 1972 Grube Paupitzsch/Kr. Delitzsch

1 ad. [3244]; 16. 10. 1966 NSG Zschorna 1 immat. [3179]. Es dominieren einzelne, ziehende S.

D. SAEMANN, R. STEINBACH, K. GRÖSSLER, R. DIETZE

Lachmöwe – *Larus ridibundus* L., 1766

Jahresvogel
Unterart: *L. r. ridibundus* L., 1766

Verbreitung: Bv im Flach- u. Hügelland mit Schwerpunkten des Vorkommens in der Lausitzer Niederung, Teichgebiete N Dresden u. Altenburger Land. Ende 19. Jh. Burkersdorf/Kr. Zittau eine sehr starke Kolonie [4090] u. kleine kurzlebige Ansiedlungen im Raum Grimma-Wurzen [3618]. Größere Ansiedlungen im Leipziger Gebiet entstanden erst nach 1950 im Zuge allgemeiner Zunahme; in deren weiterem Verlauf auch nach 1960 im unteren Erzgebirge bei 490 m ü. NN (NSG Großhartmannsdorf) u. 370 m ü. NN (TS Pirk) Kolonieneugründungen (Karte 15). Vor allem im E-Erzgebirge während der Brutzeit viele Nahrungsgäste, in geringerer Zahl auch im Zittauer Gebirge sowie im Mittelerzgebirge [1314, 1710, 1734, 2657, 2767, 2944, 4090]. Winteraufenthalt vor allem im Elbtal, am Elster-FB u. an größeren Flüssen innerhalb von Stadtgebieten; Häufigkeit u. Stetigkeit der Überwinterer nehmen zum Gebirge hin deutlich ab.

Lebensraum: Besiedelt Gewässer (weiträumige Teichkomplexe, Einzelteiche, Stauseen, Grubengewässer) in der offenen bis halboffenen Landschaft. Brutkolonien vorrangig auf Inseln u. in uferfernen Vegetationszonen, gelegentlich auch in Ufernähe. Nester meist von Flachwasser umgeben auf Kaupen, umgebrochenem Röhricht, schwimmenden Pflanzenteilen, Schwingdecken oder zwischen niedrigen emersen Wasserpflanzen; gelegentlich in vegetationslosen Bereichen auf festem Untergrund, in Tagebaugelände auf nacktem Substrat. In manchen Kolonien nicht wenige Nester bis 2 m hoch auf Bäumen, Gebüsch, Gerümpel, Schrotteilen oder Schwemmholz. Bei Teichrekonstruktion angelegte Inseln fördern Gründung von Kolonien oder deren Anwachsen, so 1966 NSG Dippelsdorfer Teich 200–300 BP u. 1969 4 500–5 000 BP [3179].

Nachweise der Schwarzkopfmöwe 1959–89 (Monatssummen ohne Beobachtungen in den Brutansiedlungen)

	März	Apr.	Mai	Juni	Juli	Aug.	Sept.	Okt.
ad.	1	4	8	–	3	–	–	1
nicht ad.	–	2	5	–	1	6	5	2

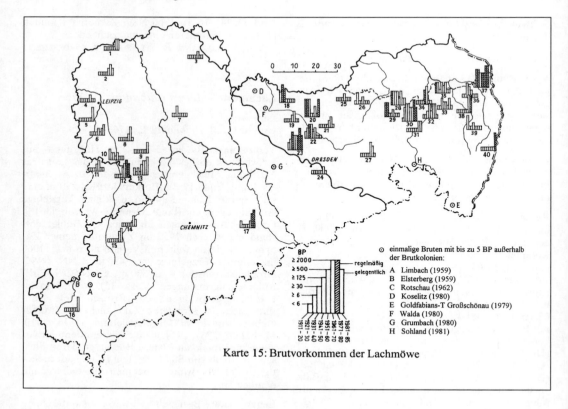

BP	
≥ 2000	regelmäßig
≥ 500	gelegentlich
≥ 125	
≥ 30	
≥ 6	
< 6	

⊙ einmalige Bruten mit bis zu 5 BP außerhalb
  der Brutkolonien:

A Limbach (1959)
B Elsterberg (1959)
C Rotschau (1962)
D Koselitz (1980)
E Goldfabians-T Großschönau (1979)
F Walda (1980)
G Grumbach (1980)
H Sohland (1981)

Karte 15: Brutvorkommen der Lachmöwe

Nahrungssuche besonders auf frisch gepflügten Feldern, kurzrasigen Wiesen, in Kläranlagen u. Mülldeponien. Oft Insektenfang auf u. über Wasserflächen sowie im freien Luftraum, z. B. tagsüber u. nachts (beleuchtete Gebäudekomplexe) über Städten. In Leipzig u. Dresden vor allem wintersüber seit einiger Zeit auf Rasenflächen, Märkten, Plätzen u. an Vogelfütterungen. Massenschlafplätze auf großen Wasserflächen: TS Quitzdorf [3281], GT Torgau [3244], SB Windischleuba; SB Niederwartha je nach Jahreszeit 1 000–10 000 L. [3179].

Bestand: 19. Jh. etwa 15 Kolonien [1959] mit insgesamt 1 000–3 000 BP. 20. Jh. ca. 50 Orte mit Brutkolonien; in Kriegs- u. Folgejahren zeitweiser Rückgang, Besiedlungshöhepunkt Mitte der 1970er Jahre (Tabelle 47, Karte 15). Nur 3 Kolonien bestehen (mit kurzen Unterbrechungen) seit dem 19. Jh.: NSG Eschefeld, NSG Dippelsdorfer Teich, NSG Niederspree. In den Jahren 1986–89 im Bez. D mind 7 000, 7 700, 7 400 u. 6 400 BP (RAU u. STEFFENS 1989, NACHTIGALL et al. 1995). Winterbestände: Elster-FB 1 000–4 000 (K. GRÖSSLER); Elbtal Schmilka-Heidenau ca. 500 (FG Pirna) u. Dresden-Coswig 1 000–2 500 (FG Radebeul); Altenburger Land 10–700, max. 2 500 (N. HÖSER);

an den Flüssen aufwärts bis Zittau, Freiberg, Chemnitz, Zwickau u. Plauen witterungsbedingt stark wechselnder Bestand u. wie im Elbe–Röder-Gebiet bei Dresden Abwanderung in längeren Starkfrostperioden ([3179, 4090] u. D. SAEMANN).

Brutbiologie: Besetzung der Brutkolonien Ende März bis Mitte Apr., selten bereits ab Mitte Febr., mitunter erst Ende Apr. ([1229, 2097, 3412, 4179] erg.); Konievergrößerung (vj. Ex.) bis in den Mai. In der Oberlausitz vor Brutplatzbesetzung Übernachtungsgesellschaften [2097, 3179]. Nestbau meist Mitte, selten vor Anfang Apr.; Ablage 1. Ei frühestens Anfang Apr., meist Ende Apr./Anfang Mai [2197], bei kaltem Frühjahrswetter deutlich verzögert; am SB Helmsdorf eine typische „Spätkolonie" [3412]. Ersatz- und Spätgelege bis Ende Juni/Anfang Juli [1229]. Innerhalb einer Kolonie sind Unterschiede von 3 Wochen in der Eiablage normal. Vollgelege 2–3, nicht selten auch 4 Eier; 5–6 Eier stammen vermutlich von 2 ♀♀ (vgl. Tabelle 48).

Die juv. schlüpfen Mitte/Ende Mai; 02. 05. 1979 ST Glauchau bereits pull. (H. FRITSCHE). Die meisten juv. werden Mitte Juni bis mitte Juli flügge; 3 juv. einer verspäteten Brut im NSG Großhartmannsdorf

Tabelle 47: Aus unvollständigen Angaben rekonstruierte Entwicklung des Brutbestandes der Lachmöwe in Sachsen von 1910–85. Es bedeuten BP – mittlere Anzahl BP/Jahr im Zeitabschnitt; mBP max. BP-Zahl im Zeitabschnitt; Kol – mittlere Anzahl im Zeitabschnitt existierender Brutkolonien; mKol-max. Anzahl Kolonien/Jahr im Zeitabschnitt; ? – sehr unsichere Zahlenangabe.

| Zeitabschnitt | Sachsen insg. | | | | Bez. D | | Bez. C | | Bez. L | |
	BP	mBP	Kol	mKol	BP	Kol	BP	Kol	BP	Kol
1911–20	2 000	2 200?	7,5	11	1 900	6,5	0,3	0,3	50	0,8
1921–30	3 000	3 500?	6,5	11	3 000	6,5	0	0	1	0
1931–40	3 500	4 500?	7,5	12	3 500	7,5	0	0	3	0,2
1941–45	2 500	3 500?	5,5	8	2 500	5,5	0	0	0	0
1946–50	900	1 200	4	5	900	4	0	0	0	0
1951–55	800	1 000?	4,5	7	800	4,5	0	0	5	0,2
1956–60	1 500	1 900	8,5	11	1 400	7	0,2	0	90	1,5
1961–65	2 700	3 500	10	12	2 400	7	2	0	300	3
1966–70	5 900	9 100	6,7	9	5 500	3	30	0,8	360	3
1971–75	8 700?	10 600	9,0	12	7 700	4,8	500	1,4	500	2,8
1976–80	8 400	9 600?	12,5	16	6 100	6,2	340	3,4	2 000	3
1981–85	8 000	8 400	14,7	18	5 700	6,4	1 230	3,7	1 100	4,6

Tabelle 48: Gelegegrößen in einigen sächsischen Brutkolonien. Es bedeuten GG – mittlere Gelegegröße; % juv. – Anteil der Nestlinge an Summe Eier + Nestlinge. Anmerkung: Zum Zähltermin bereits geschlüpfte u. im Nest befindliche juv. werden mit den Eiern zur Gelegegröße addiert. Da im NSG Zschorna am Zähltag 1987 juv. bereits das Nest verlassen hatten, wird im Sinne einer Näherung die Zahl der größeren juv. zur Nestlingszahl addiert.

| Gebiet | Zähl-termin | Zahl der Gelege mit folgender Eizahl: | | | | | | | GG | % juv. | Quelle |
		1	2	3	4	5	6	ges.			
Helmsdorf	1976	–	–	–	–	–	–	180	2,6[+)]		[3412]
Eschefeld	30. 04. 81	150	150	180	3	0	0	483	2,1	–	Frieling (1)
Eschefeld	12. 05. 85	146	256	343	38	7	0	790	2,4	5,0	Frieling (1)
Windisch-leuba	05. 06. 78	39	74	95	1	0	0	209	2,3	0,6	[3453]
Zschorna	25. 05. 83	287	385	488	42	3	1	1 206	2,3	1,5	R. Dietze, D. Uschner
Zschorna	21. 05. 84	278	358	482	41	12	0	1 171	2,3	5,7	dto.
Zschorna	22. 05. 85	390	379	380	32	6	1	1 188	2,1	8,4	dto.
Zschorna	21. 05. 86	494	631	710	88	9	1	1 933	2,2	20,4	dto.
Zschorna	19. 05. 87	347	384	389	76	5	2	1 206	2,2	14,9	dto.
Zschorna	02. 06. 88	217	301	257	3	1	0	779	2,1	0	dto., U. Dietze
Zschorna	21./22. 05. 89	555	643	719	31	2	0	1 950	2,1	7,5	dto., S. Ull-mann, C. Dietze
Dippelsdorf	09. 05. 81	–	–	–	–	–	–	658	2,1	0	FG Radebeul
Dippelsdorf	19. 05. 84	57	102	149	8	–	–	316	2,3	0	dto.
Dippelsdorf	11. 05. 85	325	313	186	3	–	–	827	1,8	0	dto.
Dippelsdorf	16. 05. 87	313	389	278	18	2	1	1 001	2,0	0	dto.
Dippelsdorf	14. 05. 88	134	194	275	14	1	0	618	2,3	0	dto.
Dippelsdorf	20. 05. 89	253	260	246	7	1	0	767	2,0	1,5	dto.
Frauenteich	06. 06. 87	60	106	157	3	0	0	326	2,3	0	dto.
Frauenteich	04. 06. 87	–	–	–	–	–	–	257	2,0	–	dto.
SB Görlitz	13. 05. 81	382	579	502	11	–	–	1 474	2,1	–	A. Gebauer

[+)] mit „Vollgelege" bezeichnet

erst 24.–31. Aug. (P. KIEKHÖFEL). Bruterfolg in nicht künstlich reduzierten Kolonien: 1960/61 SB Windischleuba 0,8–1,7 [2282] u. 1978/79 0,3–0,6 nfl./BP [3453]; ST Glauchau 0,7–1,4 juv./BP (H. FRITSCHE); SB Helmsdorf 0,7–1,4 juv./BP, 1976 pull.-Mortalität ca. 55% [3412]; 1983 NSG Zschorna 0,6–0,8 nfl./BP, davon ca 20% vor Verlassen der Kolonie tot (Beob.-Gr. Zschorna). Auflösung der Kolonien Mitte Juli bis Anfang Aug. [1778, 2097, 3179], nach groben Störungen auch später ([1229] u. N. HÖSER).

Wanderungen: Der Ende Febr. zögernd beginnende Heimzug gipfelt bereits Mitte/Ende März: max. Anzahl Elster-FB 2 000, SB Windischleuba 5 000, NSG Großhartmannsdorf 2 000, Elbtal Dresden–Coswig 5 000, NSG Zschorna 4 000. Gegen Mitte Apr., lokal bis in den Mai deutliche Abnahme; mitunter auch 2. Gipfel, der von immat. gebildet wird. Anteil immat. L. außerhalb von Kolonien im Mai am höchsten; TG Moritzburg um 60% [3179], Elster-FB 42,5 (Tabelle 49).

Tabelle 49: Anteil juv./immat. L. in % 1961–81 Elster-FB. n – Summe ausgezählter Tagesmaxima innerhalb eines Monats (K. GRÖSSLER). Anmerkung: Während der Brutzeit beeinflussen nahrungsuchende Brutvögel aus der Umgebung das Ergebnis.

	n	% immat.		n	% immat.
Jan.	6 247	23,8	Juli	9 091	23,8
Febr.	5 432	23,9	Aug.	17 550	31,1
März	7 162	17,5	Sept.	16 203	29,7
Apr.	3 835	24,8	Okt.	9 162	25,3
Mai	1 119	42,5	Nov.	10 710	21,4
Juni	2 127	21,6	Dez.	13 286	24,3

Wegzugbeginn im Juni; zuerst ziehen ad. ohne Bruterfolg u. immat., es folgen ad. mit Bruterfolg u. (mitunter verzögert) dj. Vögel. 1. Wegzuggipfel Mitte/Ende Aug. Vor 1970 mancherorts Mitte Aug. bis Mitte Sept. fast keine L. (z. B. [2097, 2767]). Überlagerung des Wegzuges verschiedener Populationen führt im Sept. oft zum Absinken der Durchzüglerzahlen. 2. Höhepunkt mit Max. von 3 500 L. Elster-FB, 8 500 SB Windischleuba, je 4 000 Elbtal Dresden-Coswig u. NSG Zschorna häufiger im Okt. In den Überwinterungsgebieten werden die Max. gewöhnlich von Nov. bis Jan. erreicht. Wiederfunde: Von in Sachsen nfl. beringten L. belegen 28 WF Ansiedlung am Geburtsort, 64 WF Ansiedlung in anderen, meist <100 km vom Geburtsort entfernten Kolonien; 155 WF belegen Wegzug im Verhältnis 3 : 1 nach WNW (Ostatlantikküste, südl. Nordsee, Ärmelkanal) bzw. SW (Schweiz, Oberitalien, Mittelmeerküste); 18 WF belegen Winterauf-

enthalt in der weiteren Heimatregion. Die räumliche Verteilung der Wiederfunde in Polen (168), dem Baltikum (117) u. in ČS (47) beringter L. zeigt unterschiedliche Zugwege auf: Zahlenverhältnis im Bez. L 45 : 98 : 1 u. im Bez. D 72 : 70 : 46. Darüber hinaus weite Streuung der BO in Sachsen gefundener Ringvögel: Thüringen, Sachsen-Anhalt, Brandenburg, Berlin, Mecklenburg-Vorpommern (25), Finnland (13), Niederlande (11), Schweiz (10), NW-Deutschland (5), Rußland (5), Belgien (4), Großbritannien (3), Italien (2) u. Schweden (1).

P. HUMMITZSCH, N. HÖSER, D. SAEMANN

Zwergmöwe – *Larus minutus* Pall., 1776

Durchzügler, Sommergast

Vorkommen: Regelmäßiger Durchzügler zu beiden Zugzeiten. Verhältnis Heim- zu Wegzug: 1959–82 Bez. C 506 : 210 Ex. (D. SAEMANN); 1978–82 NSG Zschorna 229 : 23, im Elbe–Röder-Gebiet bei Dresden insgesamt 465 : 176 Ex. [3179]; am SB Windischleuba überwiegen Wegzugbeobachtungen [3053]. Zunahme durchziehender Z. bereits um 1930–40 [1223], ferner in den 1960er Jahren u. im Bez. C schlagartig 1971/72. Nach 1960 mehrfach Sommervorkommen u. Übersommerung, z. B.: 13. 06.–04. 07. 1964 SB Windischleuba 1–3 Z. [2282] u. 02. 06.–30. 07. 1973 ebenda 1–9 immat. u. zeitweise 1–2 ad. [3052]; 20. 06.–14. 08. 1971 NSG Großhartmannsdorf 1–2 Z. [2895], hier in den 1980er Jahren häufiger übersommernd; 02. 06.– 09. 08. 1972 ST Glauchau 1 immat. [2895]; 08. 05.– 26. 06. 1965 TG Moritzurg 2 immat. [3179]; 1973 TS Quitzdorf 7 [3278]. Bis 1989 kein Hinweis auf Brutversuch.

Lebensraum: Zug nicht an Flußsysteme gebunden. Rastende Z. bevorzugt an nicht sehr tiefen Standgewässern u. flachen Randzonen größerer Wasserflächen. Lachmöwenkolonien wirken anziehend u. verleiten zur Rast; häufig zusammen mit Trauerseeschwalben, u. a. da gemeinsame Rastgebiete und große Ähnlichkeiten bei Nahrungserwerb und Zugzeiten.

Wanderungen: Heimzug: 1959–82 Bez. C 15. 04.– 30. 05.; 1964–82 NSG Zschorna 22. 04.–05. 06.; SB Windischleuba ab 3. Apr.-Dekade. Frühere Daten selten: 12. 03. 1936 Elster-ST Leipzig 1 (D. ILLGEN, W. MÜLLER, M. WITT), 18.–24. 03. 1977 SB Windischleuba 1 ad. Winterkleid [3597]; bis 20. Apr. insgesamt nur wenige Nachweise. Hauptdurchzug 3. Apr.- bis 2. Maidekade ([2895, 3053, 3179, 3207] erg.); in manchen Jahren (z. B. NSG Zschorna [3179]) ein 2. Zuggipfel 3. Maidekade. Die ad. ziehen vor den immat.; Anteil ad. Z. am Heimzug im Elbe-Röder-Gebiet 68% [3179], im Bez. C nur

26,4% (D. Saemann). Oft einzelne Z. u. kleine Trupps; vor 1958 ausnahmsweise >10 Z. zusammen [720, 1223, 1729], in neuerer Zeit auch große Zugtrupps: 27. 04. 1977 SB Windischleuba 90 ad., 22 immat. [2597]; 03. 05. 1980 NSG Zschorna 93 ad., 4 immat. (G. Engler, B. Katzer), bis 1975 max. 51 Ex. [3179]. Wegzug zögernd ab Mitte Juli, doch frühe Zugdaten – z. B. 04. 07. 1971 u. 10. 07. 1966 NSG Zschorna je 1 Z. [3179] – kaum von Übersommerern zu trennen. Wegzug NSG Zschorna 04. 08.–24. 11. [3179], Bez. C 03. 08.–23. 11. (D. Saemann). Zuggipfel Mitte/Ende Aug., Zug im Sept. rasch ausklingend. Während des Wegzuges überwiegend juv. (Tabelle 50): 1935–75 Elbe–Röder-Gebiet 17 ad., 159 juv. [3179]; 1959–82 Bez. C 8 ad., 202 juv. ([3207] erg.). Erste dj. Ex. SB Windischleuba 19. 07.–10. 08., M_{14} 30. 07. [3053]. Truppstärke gelegentlich >20 Ex.: 09. 08. 1973 SB Windischleuba 25 dj. [3053], 17. 08. 1972 ebenda 20 dj. [3051]; 17. 08. 1972 GT Torgau 28 dj. (G. Tuchscherer); 21. 08. 1972 Leipzig-Lößnig 40 dj. ziehend [3053]. Okt./Nov. allgemein nur wenige Vorkommen, doch SB Windischleuba Okt. insgesamt 8 ad., 22 juv. u. Nov. 9 ad., 44 juv. beobachtet (R. Steinbach). Beobachtungen von 1–2 Z. im Winter: Dez. mind. 7, Jan. 4, Febr. 1 ([1223, 2361, 2374, 3051, 3179, 3358] erg., Rost et al. 1987).

R. Steinbach, P. Hummitzsch, D. Saemann

Dünnschnabelmöwe – *Larus genei* Brème, 1839

Irrgast

Zwei Beobachtungen werden auf diese Art bezogen: 23. 05. 1971 SB Großzössen/Kr. Borna 1 ad. [3062]; 08. 07. 1984 NSG Großhartmannsdorf 1 immat. (P. Kiekhöfel), siehe auch Kronbach u. Weise (1987, 1992). Ein Nachweis (Fotodokumentation) 1995: 08.–11. 05. Tagebaurestloch Haselbach

bei Regis-Breitingen/Kr. Borna 2ad. (R. Steinbach, J. Steudtner, F. Rössger, S. Kämpfer, U. Burger u. a.).

D. Saemann

Schwalbenmöwe – *Xema sabini* (Sabine, 1819)

Irrgast

13. 10. 1963 Elster-FB 1 juv. [1877]; im Herbst 1963 stärkerer Einflug im Bereich der Deutschen Bucht [3886].

D. Saemann

Dreizehenmöwe – *Rissa tridactyla* (L., 1758)

Seltener Gast
Unterart: R. t. tridactyla (L., 1758)

Vorkommen: Erscheint unregelmäßig u. meist im Gefolge starker NW-Stürme; gehäuftes Auftreten 1957 u. 1962, dagegen 1969–74 nur 1 Nachweis. Insgesamt wurden im Gebiet ca. 80 D. angetroffen ([1223, 1729, 2334] erg.), überwiegend Einzelvögel., selten kleine Trupps: 20. 02.–02. 03. 1957 Elster-FB max. 6 ad., 1 juv. u. 17.–21. 02. 1962 ebenda max. 3 ad. [2334]; 04.–29. 11. 1984 TS Bautzen gleichzeitig max. 3 juv., insgesamt 4 D. (Sperling 1985, Melde u. Melde 1986). Auffallend oft Funde toter oder geschwächter Vögel; Rastdauer Febr./März bis 11 u. im Herbst bis 20 Tage nachgewiesen ([2334], Melde u. Melde 1986).

Lebensraum: Ins Binnenland verschlagene D. überwiegend an größeren Gewässern.

Wanderungen: Witterungsbedingt stärkstes Auftreten im Nov. u. Febr./März (Tabelle 51). Erste D. ab Anfang Sept.: 05. 09. 1901 Penna/Kr. Rochlitz 1 juv. [346]; 08. 09. 1976 SB Helmsdorf 1 ad. [3412]; 08./09. 09. 1978 SB Windischleuba 1 juv. (N. Höser, R. Steinbach).

Tabelle 50: Durchzug u. Altersstruktur der Zwergmöwe. A – SB Windischleuba 1973 [3053], B – GT Torgau 1957–66 [2402], C – Elbe–Röder-Gebiet u. NSG Zschorna 1935–75 [3179], D – Bez. C 1959–82 (original); Monatssummen ad. u. immat. (= alle nicht ad.) Ex.

	A		B		C		D	
	ad.	immat.	ad.	immat.	ad.	immat.	ad.	immat.
Apr.	–	2	4	5	67	10	42	26
Mai	11	39	6	13	173	105	128	354
Juni	–	23	–	1	–	–	–	94
Juli	4	18	1	–	–	–	–	35
Aug.	9	72	2	32	1	106	3	138
Sept.	2	9	–	22	11	41	–	45
Okt.	2	–	–	2	11	6	3	8
Nov.	–	–	–	6	4	6	2	1

Späte Vorkommen Ende Apr. bis Mitte Mai: 10.–15. 05. 1963 NSG Zschorna 1 ad. u. 11. 05. 1964 ebenda 2 ad. Übergangskleid (K. HOYER). Sommervorkommen galten bislang als unsicher [172, 749, 1729, 3886], neuerdings 3 Nachweise: 09. 07. 1982 TS Pöhl 1 immat. (D. SAEMANN); 16. 07. 1989 Zschopau 1 ad., Beleg Mus. Augustusburg (D. SAEMANN); 18. 07. 1989 Dresden 1 D. 2. Brut-Kleid mit britischem Ring, Beleg Mus. Dresden (S. ECK).

Tabelle 51: Auftreten (Monatssummen) u. Altersstruktur der Dreizehenmöwe (vgl. Zwergmöwe)

	ad.	immat.		ad.	immat.
Sept.	1	2	Febr.	17	5
Okt.	–	3	März	12	3
Nov.	2	15	Apr.	1	–
Dez.	3	3	Mai	4	–
Jan.	3	5	Juli	2	1

K. GRÖSSLER, P. HUMMITZSCH, D. SAEMANN

Trauerseeschwalbe – *Chlidonias niger* (L., 1758)

Sommervogel (ehemaliger Brutvogel), Durchzügler Unterart: *Ch. n. niger* (L., 1758)

Verbreitung: Ehemaliger Bv in der nördl. Oberlausitz sowie im TG Moritzburg; ein Vorkommen von ca. 12 BP 1881 bei Großenhain [1223] läßt sich anhand der Originalquelle [117] nicht zwingend ableiten. Bis Ende 19. Jh. häufig [256], doch unstet u. nur wenige Plätze längere Zeit besetzt. Im 20. Jh. sporadische Vorkommen an wenigen Stellen, nach 1960 nur noch im TG Niederspree; auch hier ab 1974 kein Bv mehr. Durchzügler im gesamten Gebiet, oberhalb 500 m ü. NN selten festgestellt.

Lebensraum: Größere Standgewässer geringer Wassertiefe mit Schwimmblattpflanzen, schwimmenden Pflanzenteilen, Schlamminseln etc. Auch zur Zugzeit bevorzugt an größeren Gewässern; nicht selten mit Zwergmöwen vergesellschaftet.

Bestand: Angaben aus dem 19. Jh. dürftig [256, 1223]. Brutvorkommen im 20. Jh.: TG Königswartha–Caminau–Commerau: seit mind. 1893 [308] recht wechselvolle Besetzung, 1925 ca. 20 u. 1930 ca. 40 BP [762], 1931/32 BV [2097]; für 1935, 1939 u. 1953 aus je einer Beobachtung abgeleiteter BV [2097] erscheint unbegründet, doch 1946 bei Commerau (nicht zu verwechseln mit Commerau NNE Bautzen, wofür oft die Bezeichnung Commerau/Klix verwendet wird) kleine Kolonie [2097] u. 1952

BV am Altteich Caminau [1729]. TG Niedergurig–Briesing bei Bautzen nur 1951 kleine Kolonie, alle Bruten gestört [1228]. TG Neschwitz–Holscha 1896, 1903 u. 1914 kleine Kolonie, 1926 alle Bruten gestört [449, 762, 2097]. TG Kreba 1946 3–4 u. 1947 8–10 BP [2097]. TG Niederspree vor der Jh.-Wende häufiger Bv [256], dann sehr wechselvoller Brutbestand mit max. 30 BP 1958/59 u. ca. 35 BP 1963 [2097]; 1967 vermutlich 30 BP u. 1969 5 Nestfunde (H. BIEBERSTEIN); ab 1974 kein BN mehr. TG Moritzburg zumind. 1899 Bv [449], 5–6 BP 1910 [445], 10–15 BP 1935 [3233] u. 1954 BV [1729, 3179].

Brutbiologie: Nester auf schwimmenden Unterlagen aus Laichkräutern, gemähtem Schilf u. Rohr oder Schlamm [762]. Eiablage wohl nicht vor Mitte Mai, infolge sehr hoher Verluste oft Nachgelege. 15. 05. 1967 TG Niederspree 1×3, 3×2 u. 3×1 Ei(er) im Nest, 4 Nester unbelegt (H. BIEBERSTEIN); 25. 05. 1925 TG Königswartha 10 Nester, z. T. mit 3 Eiern voll belegt u. 07. 06. 14 Nester mit Nachgelegen von 2–3 Eiern, 14. 07. noch 1 frisches Ei [619]; 17. 06. 1930 ebenda 2×2 u. 2×3 Eier [762].

Wanderungen: Heimzug meist ab Ende Apr., ausnahmsweise 03. 04. 1982 TG Pulsen 3 (M. WALTER); Erstbeobachtungen im Gesamtgebiet ab 2. Apr.-Dekade: 13. 04. [2097], 14. 04. [2402], 18. 04. [3179], ab 19. 04. mehrfach. Märzdaten [215] blieben unbestätigt. Mittlere Erstbeobachtungen: 1967–82 NSG Eschefeld M_{16} 28. 04. (F. FRIELING u. a.), 1953–80 SB Windischleuba M_{22} 01. 05. (R. STEINBACH); 1957–82 GT Torgau M_{22} 05. 05. ([2402] erg.). Zughöhepunkt 1./2. Maidekade; im Bez. C bisher deutliche Zuglücke 11./12. Mai zu verzeichnen (D. SAEMANN). Lokal in manchen Jahren Ende Mai/Anfang Juni 2. Zuggipfel, z. B. NSG Zschorna [3179]. Verhältnis Heim- zu Wegzug 1959–82 Bez. C (n = 5 326 Ex., überwiegend NSG Großhartmannsdorf) 8 : 1, im Mai 72,8% u. im Aug. nur 6,5% aller T. (D. SAEMANN); dagegen SB Windischleuba Mai 26,3% u. Aug. 28,8% [2282], NSG Eschefeld 30 bzw. 33,5% [1789] u. Oberlausitz 41,1% u. (Aug./Sept.) 43,1% [2097]. Fast stets nur kurzer Rastaufenthalt. Überwiegend Einzelvögel u. Trupps bis 50 Ex., seltener bis 100 T.; größte Zugverbände: 01. 05. 1973 SB Windischleuba 250 [3052], 03. 05. 1982 ebenda 120 (R. STEINBACH); 05. 05. 1961 NSG Großhartmannsdorf 200 [2776]. Beginn des Wegzuges nicht scharf abgrenzbar, da vielerorts im Juni 1–10 T. vorkommen können. Ab Mitte Juli leichter Anstieg der Zahlen; Wegzuggipfel 1./2. Aug.-Dekade, in manchen Jahren Anfang Sept. ein 2. Gipfel (Tabelle 52). Wegzug gegen Ende Sept. abgeschlossen, einzelne Nachweise bis Ende Okt., ausnahmsweise Nov.: je 1 T.

09. 11. 1960 NSG Großhartmannsdorf (P. KIEK-HÖFEL), 14. 11. 1959 TG Ullersdorf [1888]. Mittlere Letztbeobachtungen (Zeiträume wie Heimzug): NSG Eschefeld M_{14} 12. 09. (F. FRIELING u. a.), SB Windischleuba M_{23} 20. 09. (R. STEINBACH) u. GT Torgau M_{20} 29. 09. ([2402] erg.). Mauserbeginn ad. T. z. T. während der Brut [762], Vögel im Brutkleid noch am 16. u. 26. Aug. [2097]. Erste juv. erscheinen zwischen 13. 07. u. 12. 08. an den Rastplätzen.

Tabelle 52: Altersstruktur der Trauerseeschwalbe während der Wegzugperiode im Bez. L ([3010] erg.)

	Dekade	n	ad. (%)	juv. (%)
Juli	1.	32	100,0	–
	2.	66	88,2	11,8
	3.	144	57,2	42,8
Aug.	1.	312	44,2	55,8
	2.	469	18,5	81,5
	3.	203	13,3	86,7
Sept.	1.	269	9,7	90,3
	2.	57	10,5	89,5
	3.	14	–	100,0

K. TUCHSCHERER, K. GRÖSSLER, D. SAEMANN

Weißflügelseeschwalbe – *Chlidonias leucopterus* (Temm., 1815)

Durchzügler

Vorkommen: Bis 1950 nur wenige Beobachtungen [1223], seit Mitte der 1950er Jahre fast alljährlicher Durchzügler im Frühjahr. Wegzug dagegen sehr unauffällig (Übersicht), vielleicht auch gelegentlich Verwechslung mit schlichtfarbenen Trauerseeschwalben; mit dieser häufig vergesellschaftet.

Lebensraum: Bevorzugt größere Wasserflächen, nur gelegentlich auch an kleineren Gewässern. Bedeutendere Rastplätze sind SB Windischleuba, NSG Eschefeld, NSG Großhartmannsdorf u. NSG Zschorna.

Wanderungen: Der Heimzug konzentriert sich auf den Mai u. klingt im Juni aus. Zwei Apr.-Daten: 23. 04. 1968 Stolpen-T/Kr. Wurzen 1 [3618], 23.–25. 04. 1943 TG Eschefeld [1789]. Späteste Heimzügler: 22. 06. 1973 Trebsen/Kr. Grimma 1 [3618], 28. 06. 1957 Biehla/Kr. Kamenz 1 [2097]. Meist einzelne W., seltener in Gruppen bis 10 Ex.; max. Truppstärke: 10. 05. 1959 NSG Zschorna 16–17 [1970]; 19. 06. 1917 TG Moritzburg 10–12 [460, 471]; 10. u. 12. 05. 1959 SB Windischleuba 9–11 bzw. 15 W. [1789]. Alle Heimzügler trugen das

Brutkleid. Rastdauer meist kurz, gelegentlich 3–5 (evtl. 7) Tage. Sehr geringer Wegzug Anfang Aug. bis Mitte Sept.: 06. 08. 1933 NSG Großhartmannsdorf 2 [1223], 07. 08. 1970 NSG Eschefeld 1 juv. [2940]; 11. 09. 1967 Elster-ST Leipzig 1 [2666], 17. 09. 1967 SB Windischleuba 1 juv. [2660].

Übersicht Beobachtungen (Monatssummen) bis 1989:

	Apr.	Mai	Juni	Aug.	Sept.
Ex.	3	135	20	6	7

K. GRÖSSLER, T. NADLER, D. SAEMANN

Weißbartseeschwalbe – *Chlidonias hybridus* (Pall., 1811)

Seltener Gast
Unterart: *Ch. h. hybridus* (Pall., 1811)

Vorkommen: Wie Weißflügelseeschwalbe, doch weitaus seltener als diese u. fast nur einzelne, selten 2 W. zusammen. Bis Anfang Juni alle W. im Brutkleid, ab Mitte Juni ad. im Übergangskleid. Liste der Nachweise: 20./21. 04. 1962 NSG Zschorna 1 [1970, 3179]; 01.–07. 05. 1972 NSG Eschefeld 1 [2940], 01.–07. 05. 1987 NSG Eschefeld 1 (R. BANDORF, D. FÖRSTER, S. KÄMPFER, U. SITTEL, B. VOGEL, S. WOLF), 04./05. 05. 1979 ebenda 1 [3880]; 04.–10. 05. 1964 NSG Großhartmannsdorf 1 ([2067] erg.); 07. 05. 1983 SB Windischleuba 1 (R. STEINBACH), 13. 05. 1977 ebenda 1 [3394]; 14./15. 05. 1977 NSG Eschefeld u. SB Windischleuba 1 [3880]; 15. 05. u. 31. 05. 1989 NSG Großhartmannsdorf je 1 (P. KIEKHÖFEL bzw. M. HENGST); 17./18. 05. 1984 ebenda 1, später 2 (KRONBACH et al. 1987); 23. 05. 1985 SB Windischleuba 1 (ROST et al. 1987); 24. 05. 1988 NSG Großhartmannsdorf 1 (P. KIEKHÖFEL); 26. 05. 1984 SB Windischleuba 1 (R. STEINBACH); 28. 05. 1988 Mühl-T Unterlosa/Kr. Plauen 1 (KRONBACH et al. 1992); 31. 05. u. 02. 06. 1977 NSG Eschefeld je 1 [3880]; 03. 06. 1982 Kulkwitzer Lachen/Kr. Leipzig 2 ad. balzend (D. FÖRSTER); 09. 06. 1984 NSG Eschefeld 1 (FRIELING 1987); 18. 06. 1972 SB Windischleuba 1 Übergangskl. [3051]; 28. 06. 1987 NSG Großhartmannsdorf 1 ad. (P. KIEKHÖFEL); 19. 07. 1967 SB Windischleuba 1 ad. [2282]; 08.–12. 08. 1984 NSG Großhartmannsdorf 1 Übergangskl. (KRONBACH et al. 1987), 10. 08. 1981 ebenda 1 immat. (P. KIEKHÖFEL); 14. 09. 1962 GT Torgau 1 schlicht [2402]; 17. 09. 1988 erst Röderaue E Großenhain, dann NSG Zschorna 1 juv. (R. DIETZE); 01. 11. 1980 Elster-FB 1 immat. (K. GRÖSSLER, K. TUCHSCHERER).

K. GRÖSSLER, T. NADLER, D. SAEMANN

Lachseeschwalbe – *Gelochelidon nilotica* (Gm., 1789)

Sehr seltener Gast
Unterart: *G. n. nilotica* (Gm., 1789)

Angebliches Auftreten 1891/92 [240] zweifelt HEY-DER [449, 1223] an. 25. 06. 1939 TG Eschefeld 2 ad. [1029]; 24. 07. 1953 SB Windischleuba 1 (FRIELING 1955); 13. 06. 1957 TG Limbach-O./Kr. Chemnitz 1 [3207]; 10. 06. 1961 Hütten-T Berthelsdorf 1 (FI-SCHER u. HÄDECKE 1989); 25. 07. 1970 SB Windischleuba 1 ad. [2853].

T. NADLER

Raubseeschwalbe – *Hydroprogne caspia* (Pall., 1770)

Durchzügler
Unterart: *H. c. caspia* (Pall., 1770)

Vorkommen: Bis 1950 nur 3 u. 1951–58 weitere 5 Nachweise [1223, 1729]. Seitdem fast jedes Jahr festgestellt, in manchen Jahren – vor allem 1974, weniger auffällig auch 1966, 1967, 1970, 1972, 1977 – häufigeres Auftreten. Heimzug viel schwächer als Wegzug. Meistens erscheinen 1–3 R., im Herbst auch kleine Trupps: 12. 09. 1967 TG Moritzburg 7 (P. PFANDKE); 20.–22. 08. 1974 SB Windischleuba 8 ad., 1 juv. [3238]; 25. 08. 1971 NSG Zschorna 10 ad. [3179]; 20. 08.–03. 09. 1974 TS Quitzdorf max. 15 [3480]; 23. 09. 1979 SB Windischleuba 8 (HÖSER 1985); 23. 09. 1982 TS Bautzen 16 (SPER-LING 1985).

Lebensraum: Größere Wasserflächen wie SB Windischleuba, NSG Großhartmannsdorf, NSG Zschorna, TS Bautzen u. TS Quitzdorf. Rastet gewöhnlich nur sehr kurze Zeit an den Gewässern.

Wanderungen: Heimzug Mitte Apr. bis Mitte Juni mit folgenden Eckdaten: 05. 04. 1956 SB Windischleuba 1 [2282], 16. 04. 1963 NSG Zschorna 1 [3179]; 17. 04. 1975 Göttwitzsee 1 [2333]; 17. 06. 1959 GT Torgau 1 [2402], 18. 06. 1951 Malschwitz-Pließkowitz/Kr. Bautzen 2 [1230], 17./18. 06. 1951 SB Windischleuba 3 ad. bzw. 1 „subad." (R. STEINBACH). Bis auf letztgenannte R. alle Heimzügler als ad. angesprochen. Längere Rast vermutlich 1965 NSG Eschefeld: 21. u. 24. Apr. je 2 R. [2212, 2282]. Wegzug zögernd ab Juli: 01. 07. 1979 SB Windischleuba 1 (HÖSER 1985), 11. 07. 1980 ebenda 1 ad. (R. STEINBACH), 12. 07. 1970 ebenda 1 ad. [2852]. Stärkerer Zug 3. Aug.-Dekade u. Sept., Nachzügler bis Ende Okt.: 15.–17. 10. 1966 Rammenau/Kr. Bischofswerda max. 5 ad., 3 juv. [2699], 30./31. 10. 1966 Elster-ST Leipzig 1 ad. [2326]; Ausnahme: 09. 12. 1987 SB Niederwartha 1 juv., ermattet (T. KREHL, W. NACHTIGALL). Überwiegend ad., juv. werden

teilweise noch gefüttert; mit einer Ausnahme [2699] stets nur 1 juv. in Gesellschaft von 1, meist 2, mitunter auch mehreren ad. Die juv. R. erscheinen frühestens 07. Aug. (H. MEYER, D. SAEMANN), zumeist erst 2. Aug.-Dekade [2895, 3179, 3238].

Übersicht Beobachtungen (Monatssummen) der Raubseeschwalbe bis 1988:

	Apr.	Mai	Juni	Juli	Aug.	Sept.	Okt.
Ex.	11	15	8	9	57	106	11

K. GRÖSSLER, T. NADLER, K. TUCHSCHERER

Flußseeschwalbe – *Sterna hirundo* L., 1758

Sommervogel, Durchzügler
Unterart: *S. h. hirundo* L., 1758

Verbreitung: Bis gegen Ende 19. Jh. teilweise häufiger Bv an der Elbe zwischen Dresden u. Riesa, an der Mulde unterhalb Wurzen, in der Lausitzer Niederung, im TG Moritzburg u. vermutlich an den Rohrbacher T/Kr. Grimma [1223]. Anfang 20. Jh. waren nahezu alle Brutplätze verwaist, lediglich an der Mulde Bruten bis 1913 [586]. 1924 am Koblenzer T/Kr. Hoyerswerda (Bez. Cottbus) 2 Gelege u. 1925 TG Königswartha Brutverdacht [595]. Im Zusammenhang mit Neuansiedlungen im Bez. Cottbus [3778] seit 1975 dauerhafte Kolonieneubildung im Bereich der TS Quitzdorf [3480]; 1988 TS Bautzen 1 BP mit 1 juv. (D. SPERLING).

Lebensraum: Brütete an den Flüssen auf Kiesbänken u. vegetationsarmen Inseln; ebenso an TS Quitzdorf, doch hier zeitweilig Umsiedlung auf schwimmende Torfinseln u. ein Holzfloß. In den Teichgebieten oft enge Brutgemeinschaft mit Lachmöwen [1223]. Zur Zugzeit überwiegend an größeren Wasserflächen.

Bestand: Angaben aus dem 19. Jh. spärlich u. ungenau; wir verweisen daher auf Übersichten von SCHLEGEL [586] u. HEYDER [1223], zumal keine neuen Erkenntnisse vorliegen. Neuansiedlung im Bereich der TS Quitzdorf: 1975 ein Gelege (H. HASSE, D. NOACK); 1976 5 u. 1977 mind. 17 Gelege (H. HASSE, F. MENZEL); 1978 ca. 10 BP, 5 Gelege; 1979 ca. 18 BP; 1980 BV 1–3 Paare; 1981/82 kein BN, doch ad. F. anwesend, Brutausfall vermutlich durch Untergang der Torfinseln (F. MENZEL); seit 1983 auf Insel im Neuteich Diehsa nahe der TS Quitzdorf Koloniebildung: 1983 mind. 18 BP (F. MENZEL, E. KEILHOLZ); 1984 ca. 20 BP, 1985 ca. 35 BP, 32 Gelege am 05. 06.; 1986 ca. 50 BP, 6 belegte Nester 11. 05.; 1987 ca. 80 BP,

132 juv. beringt; 1988 88 BP, 182 juv. beringt; 1989 ca. 100 BP, 166 juv. beringt (alle Angaben F. MENZEL, W. KLAUKE, D. NOACK, J. TEICH).

Brutbiologie: Gelege im Mus. Leipzig datieren vom 08. 05.–05. 06., 05. 07. Gelege u. pull. [157]; frühester Gelegefund TS Quitzdorf 09. 05. 1989 (J. TEICH), in den Vorjahren 11. 05.–04. 07.; hier 3 pull. bereits 31. Mai. Vollgelege 4×2 u. 65×3 Eier.

Wanderungen: Frühdaten zwischen 25. 03.–08. 04. [161, 172, 178, 215, 240] fanden in neuerer Zeit keine Bestätigung. Heimzugbeginn gegen Ende Apr., nur selten früher: 12. 04. 1950 GT Deutschbaselitz 2 [2097]; 14. 04. 1939 TG Eschefeld 1 [2940], 16./17. 04. 1975 ebenda 3–4 [3514]; NSG Zschorna frühestens 18. 04. [3179]. Außerhalb der Brutgebiete von Mai bis Juli ziemlich gleichbleibende Zahl von „Sommergästen" (s. Übersicht); erhöhte Zahlen am Wegzug, der im Okt. endet. Spätbeobachtungen: 01. 11. 1959 Elster-ST Leipzig 1 [3763]; 01. 11. 1978 SB Windischleuba 1 (R. STEINBACH); 12. 11. 1963 NSG Zschorna 1 [3179]; 25.–27. 12. 1906 Leipzig-Möckern 1 [365]. Aug./Sept. erscheinen juv., die aber von mausernden ad. oft nicht unterschieden werden. Etwa 75% aller Beobachtungen betreffen Einzelvögel, gelegentlich rasten 2–7 F., selten mehr: 02. 09. 1962 GT Torgau 36 ad. u. juv. [2402]; 11. u. 28. 08. 1976 TS Bautzen 30 bzw. 40, vermutlich Bv aus der „Umgebung" [3832]. Rastdauer meist sehr kurz, gelegentlich mehrere Tage [2666, 3010].

T. NADLER, G. ERDMANN, D. SAEMANN, F. MENZEL

Küstenseeschwalbe – *Sterna paradisaea* Pont., 1763

Seltener Gast

Belege: 10. 10. 1927 bei Zwenkau/Kr. Leipzig ♂ juv., Beleg Mus. Leipzig [709, 749]; 08.–11. 09. 1935

Elster-ST Leipzig ♂ juv., Sammlung H. DATHE [909]; 01. 05. 1944 TG Moritzburg 1 erlegt [1223]. Weitere Nachweise: 01. 09. 1956 SB Windischleuba 1 [1539]; 02. 06. 1962 NSG Zschorna 1 ad. [3179]; 05. 07. 1964 ebenda 1 ad. [3179]; 13. 05. 1965 NSG Großhartmannsdorf 1 [2776]; 01. 05. 1975 NSG Zschorna 1 ad. [3179], 08. 05. 1977 ebenda 1 (R. DIETZE); 13. 06. 1979 bei Falkenhain/Kr. Wurzen 1 ad. [3618]; 30. 06. 1979 TG Kröbeln/Kr. Bad Liebenwerda 1 (P. REUSSE, V. WILHELMS); 01. 05. 1982 NSG Großhartmannsdorf 2 ad. (P. KIEKHÖFEL).

T. NADLER, K. GRÖSSLER

Zwergseeschwalbe – *Sterna albifrons* Pall., 1764

Durchzügler (ehemaliger Brutvogel)
Unterart: *S. a. albifrons* Pall., 1764

Vorkommen: Die dürftigen Angaben über Bruten an der Elbe zwischen Dresden u. Riesa hat HEYDER [1223] kritisch gesichtet: danach nur 1 BN 07. 07. 1892 Elbinsel bei Gauernitz/Kr. Meißen [240]; um 1900 Brutvorkommen erloschen. An der Mulde unterhalb Wurzen brüteten 1888/89 noch 5 bzw. 3 Paare [161, 170, 172]; unkonkrete Bruthinweise reichen bis 1911 [586] u. für den 20. 06. 1912 vermerkt H. PÖNITZ „wenig, früher 10 Paare". Durch Flußregulierungen u. Verschwinden der Sandbänke muß das Vorkommen um diese Zeit erloschen sein.

Lebensraum: Bewohnte an den Flüssen die gleichen Plätze wie die Flußseeschwalbe. Rastende Durchzügler gern an Gewässern mit kiesigen Uferzonen (z. B. Talsperren, Sandgruben), größere Flächen verleiten wohl eher zur Rast als kleine.

Wanderungen: Heimzügler frühestens Anfang Mai: 04. 05. 1962 Elster-ST Leipzig 1 [3010]; 07. 05. 1961 NSG Zschorna 1 [3179]; 08. 05. 1962 NSG Dippelsdorfer Teich 1 [3179]; 03. 06. 1989 NSG Zschorna 1

Übersicht Beobachtungen (Monatssummen) der Flußseeschwalbe außerhalb der Brutgebiete:

	Apr.	Mai	Juni	Juli	Aug.	Sept.	Okt.	Nov.
Ex.	25	55	47	56	89	74	16	3

Übersicht Beobachtungen (Monatssummen) der Zwergseeschwalbe bis 1989:

	Mai	Juni	Juli	Aug.	Sept.	Okt.	Nov.
Ex.	7	16	31	15	32	5	1

(R. DIETZE). Die meisten Beobachtungen Juli u. Sept.; Ende des Wegzuges Anfang Okt. (s. Übersicht). Spätdaten: 07. 10. 1954 NSG Eschefeld 1 [1729], 07. 10. 1954 SB Niederwartha 1 [3179]; 24. 10. 1961 TG Königswartha 3 [2097]; 11. 11. 1917 Bulleritz/Kr. Kamenz 1 [1223]. Einzelvögel u. ad. Z. überwiegen, bisher nur 2mal 3 Z. gleichzeitig beobachtet. Einzelne juv., z. T. in Begleitung von 1 ad., erscheinen vom 02. 07.–28./29. 08. [1872, 2097, 3179, 3618]. Rastet nur kurz, je 1mal 4 u. 6 Tage [3179, 3618].

K. GRÖSSLER

Brandseeschwalbe – *Sterna sandvicensis* Lath., 1787

Seltener Gast
Unterart: *S. s. sandvicensis* Lath., 1787

Belege: 14. 10. 1929 Borna 1 juv., 29. 06. 1929 njg. beringt N-Jütland/Dänemark, Beleg Mus. Dresden [298]; 15. 11. 1970 TG Kreba frische Rupfung [2682]. Weitere Nachweise: 15. 06. 1971 Schiedel-Zschornau/Kr. Kamenz 1 (M. MELDE); 22. 05. 1972 Sandgrube Rückmarsdorf/Kr. Leipzig 2 ad. [3061]; 16. 09. 1974 NSG Zschorna 1 juv. [3179]; 10. 08. 1985 SB Windischleuba 1 ad. (ROST et al. 1987), 08. 06. 1987 ebenda 1 ad. (D. FÖRSTER).

T. NADLER, K. GRÖSSLER

Tordalk – *Alca torda* L., 1758

Irrgast
Unterarten: *A. t. islandica* BREHM, 1831
            A. t. torda L., 1758

März 1891 Pegau/Kr. Borna 1 *A. t. islandica* „im 1. Winterkleid" [333], Beleg Mus. Dresden [1223]. 23. 01. 1940 Elster-FB 1 ♂ ad. *A. t. torda* tot gefunden, Beleg Mus. Leipzig [1115]. Winter 1939/40 (oder 1940/41) in Mosel/Kr. Zwickau 1 *A. t. torda* lebend gefangen, Beleg kam in das Naturkundemus. Zwickau [1346]. Im Winter 1939/40 fand ein Einflug ins Binnenland statt.

D. SAEMANN

Krabbentaucher – *Alle alle* (L., 1758)

Irrgast
Unterart: *A. a. alle* (L., 1758)

17. 06. 1979 Rothenthal/Kr. Marienberg 1 ad. im Brutkleid von Katze gefangen, Beleg Mus. Augustusburg [3886, 4003].

D. SAEMANN

Dickschnabellumme – *Uria lomvia* (L., 1758)

Irrgast
Unterart: *U. l. lomvia* (L., 1758)
06. 08. 1987 Leipzig-Probstheida 1 ermattet gefangen, Beleg Mus. Leipzig (MEYER u. THORWARTH 1988).

K. GRÖSSLER

Gryllteiste – *Cepphus grylle* (L., 1758)

Irrgast
Unterart: *C. g. grylle* (L., 1758)
Zwei Beobachtungen: 07./08. 03. 1942 Elster-FB 1 juv. [1239]; 10. 11. 1978 TS Saidenbach 1 ad. Ruhekleid [4003].

D. SAEMANN

Ordnung Columbiformes – Taubenvögel

Steppenhuhn – *Syrrhaptes paradoxus* (Pall., 1773)

Irrgast
Vorkommen: Im Verlauf zweier bis W-Europa reichender Invasionen erschien das S. auch in Sachsen. Vom Einflug 1863 nur 1 Nachweis: Juni 1864 bei Plauen [85]. 1888 im gesamten Territorium einschließlich der damals nicht zu Sachsen gehörenden Kr. Altenburg, Schmölln u. Niesky [160, 256, 484, 1223]. Der Masseneinfall mit Flügen bis 150 Ex. [160, 173] begann am 18. Apr. [172], kulminierte im 1. Maidrittel u. schwächte sich dann rasch ab; in geringer Anzahl bis Ende Nov. [1223]. Letzte Nachweise: Anfang Jan. 1889 bei Bautzen 1 ♂ tot gefunden [172]; 18. 01. 1889 bei Zimpel/Kr. Niesky 1 S. erlegt [256]. Von den nicht zahlreichen Belegstücken [1223] sind noch vorhanden: 26. 04. 1888 Leipzig-Paunsdorf ♀ u. 1888 oder 1889 Zittau ♂, beide im Mus. Dresden (R. HERTEL); 27. 04. 1888 Leipzig-Paunsdorf ♀ im Mus. Leipzig (W.-D. BEER); 05. 05. 1888 Reinhardtsdorf/Kr. Pirna 1 Ex. in Sammlung Forstakademie Tharandt [1223], doch Verbleib ungewiß; 20. 05. 1888 Netzschkau/Kr. Reichebach 1 Ex. in Mus. Burg Mylau (A. ILLIG); 1888 bei Brand-E. 1 Ex. im Mus. Freiberg (K. LIEBSCHER); im Mus. Altenburg befinden sich keine datierten Belege (N. HÖSER).

D. SAEMANN, K. GRÖSSLER

Hohltaube – *Columba oenas* L., 1758

Sommervogel, Durchzügler
Unterart: *C. o. oenas* L., 1758
Verbreitung: Bv von der Ebene bis ins Bergland. Obere Vorkommensgrenze im Fichtelberggebiet bei 900 m [3790], im übrigen E- u. W-Erzgebirge bei 820–840 m ü. NN.

Lebensraum: Brutvorkommen an Althölzer mit Schwarzspechthöhlen gebunden. Etwa 97% der BP nisten gegenwärtig in hochstämmigen 120- bis 250jährigen Rotbuchenbeständen; gelegentlich auch in Solitärbuchen oder Buchengruppen inmitten anderer (z. B. Fichte) Bestockung; im Elbsandsteingebirge nisten etwa 19% der Paare in Felsen [4066]. Kleinere Populationen auch in Hainbuchenbeständen (C. NEITSCH) u. in Erlen-Birken-Bruchwäldern ([2669] u. H. CZERLINSKY); ferner in Parks, z. B. Großer Garten u. Schloßpark Pillnitz in Dresden, Schloßpark Wechselburg/Kr. Rochlitz, Park Zabeltitz/Kr. Großenhain. Früher regelmäßig im Auenwald bei Leipzig [374, 586, 3062], in der Oberlausitz in Alteichen auf Teichdämmen u. in Kiefernforsten [256, 2927]. Zur Nahrungssuche u. besonders während der Zugzeit auf Feldern, gelegentlich mit Ringeltauben vergesellschaftet.

Bestand: 1982 Bez. D 207–263 BP, 0,3–0,4 BP/10 km^2 [4066]; 1969–77 Bez. C 75–82 (– 90) BP [3790], 1984 (intensive Nachsuche, evtl. auch Auswirkungen von Schutzmaßnahmen) 115–119 BP, ca. 0,2 BP/10 km^2 (R. MÖCKEL); 1981/82 Bez. L. 151–183 BP, 0,3–0,4 BP/10 km^2 ([3604, 3770] erg.). In den Bez. D u. C nisten 67% bzw. 88% des Bestandes im Mittelgebirge. Dichte (BP/10 km^2) schwankt auf Auswahlflächen beträchtlich: Kr. Grimma, Oschatz u. Wurzen, 1268 km^2, 0,7–1,0 [3770]; Kr. Aue, 365 km^2, 1977 0,9 u. 1982 durch Nisthilfen 1,2 (R. MÖCKEL); LSG Sächsische Schweiz, 368 km^2, 2,3–2,8 [4066]. Auf 10 km^2 Waldfläche bezogen in der Sächsischen Schweiz 3,9–4,7, im Friedewald u. TG Moritzburg 4,9–6,5, im E-Erzgebirge (Anteil Kr. Pirna) 2,2–2,7, in der Dresdner Heide 1,5 u. im Tharandter Wald 1,0–1,7 BP [4066]. Brutdichte in den oft kleinflächigen Buchenbeständen infolge Konzentration mehrerer BP z. T. extrem hoch: W-Erzgebirge max. 5 BP auf 3,3 ha [3790], Elbsandsteingebirge 5 BP auf 0,7 ha [4066]; Kammerforst bei Altenburg, 3 km^2 Waldfläche, 15–20 BP auf 15 ha Buchenaltholz (R. STEINBACH). Nach 1950 besonders im Flach- u. Hügelland lokal starker Bestandsrückgang: Auenwald bei Leipzig in den 1950er Jahren noch 10–12 BP, nach 1962 völlig verschwunden (K. GRÖSSLER); um 1960 in der Oberlausitzer Kiefernheide Zusammenbruch des Brutbestandes nach starkem Einschlag von Altkiefern [2927]. Bestände der Mittelgebirge derzeit stabil, durch Nistkästen lokal gefördert [3918]. Seit etwa 1980 Zunahme, dabei Wiederbesiedlung ehemals besetzter Bestockungen z. B. im Kr. Freital (R. STEFFENS) sowie Neuansiedlung, z. B. 1985 NW-Stadtrand Dresden 2 BP (J. SCHIMKAT) oder 1986 Quolsdorf/Kr. Niesky 1 BP (S. RAU u. a.). Die vielfach überalterten Rotbuchenbestände begünstigen u. gefährden gleichermaßen die Populationsentwicklung der H. [4066, 4188].

Brutbiologie: Brütet in Schwarzspechthöhlen u. lokal in Nistkästen, nur etwa 1% in natürlichen Baumhöhlen. In allen Regionen ist die Rotbuche wichtigster Höhlenbaum [3770, 3791, 4066]. Eiche u. Kiefer haben faktisch keine Bedeutung mehr [3770]. Im Elbsandsteingebirge auch Felsbrüter [4066]. Im W-Erzgebirge Legebeginn frühestens 13. 03. u. spätester Ausfliegetermin 30. 09.; bis zu 4 Jahresbruten, im Mittel 2,5/BP; Gelegestärke 2 Eier, unter 399 Bruten 1×3 Eier u. 1×3 juv. [3791]; auch im Elbsandsteingebirge 1 Brut mit 3 juv. (A. STURM). Bruterfolg: 1976–79 W-Erzgebirge 1,8 flügge juv./erfolgreiche Brut, 1,3 flügge juv./BP [3791]. Im niederschlagsreichen Sommer 1980 um 28% geringerer Bruterfolg bei 35,3% Totalverlusten [4148]. 1962–81 bei „Pillnitz"/Dresden 48 Nistkastenbruten 1,6 juv./erfolgreiche Brut u. 1,1 juv./Brut bei 29,2% Totalverlusten (H. JOKIEL, W. LANGE).

Wanderungen: Ankunft kaum vor dem 15. 02. [2927] (11. 02. 1989 Thiendorf/Kr. Großenhain 7 ziehend – R. DIETZE), meist Ende Febr. oder im März: Bad Elster/Kr. Oelsnitz M$_{13}$ 06. 03. (M. KÜNZEL), Bez. D M$_{19}$ 13. 03. (R. DIETZE u. a.); NW-Sachsen (n = 13) 16. 02.–28. 03. [586]. Oberlausitz 26. 02.–08. 04. u. M$_{36}$ 18. 03. [2927]. Schwacher Durchzug bis Mitte/Ende Apr., noch am 07. 05. 1972 bei Langenleuba-Oberhain/Kr. Geithain 22 H. [3244]. Ab Juli kleine Trupps abseits der Brutgebiete. Bei Bad Elster Ende Juni bis Ende Aug. „Zwischenzug" mit Median 19. 07. u. Wegzug von Anfang Sept. bis Ende Okt. mit Median 01. 10. (M. KÜNZEL). Vereinzelte Nachzügler im Nov., etwa 10 Nachweise Dez./Jan. Meist geringe Truppstärke: Bez. D M$_{38}$ 6,4 Ex., Bez. C M$_{56}$ 4,3 Ex.; bei Bad Elster Frühjahr M$_{162}$ 2,0 u. Herbst M$_{94}$ 2,7 Ex./Trupp (M. KÜNZEL). Größere Verbände sind selten: 27. 03. 1987 bei Melaune-Döbschütz/Kr. Görlitz 183 H. von 10.30–17.30 Uhr ziehend u. 06. 04. 1987 ebenda 140 rastend (G. GAERTNER); 16. 08. 1986 Diehsa/Kr. Niesky 350–400 auf Hochspannungsleitung (J. TEICH), 03. 09. 1961 bei Mutzschen/Kr. Grimma 57 [3770], 02. 09. 1951 Kläranlage Leipzig 60 (K. GRÖSSLER), 17. 10. 1971 Kr. Zittau 40 [4090]. Überwiegend ziehen artreine Trupps; bei Bad Elster durchschnittlich im Frühjahr mit 2,1% u. im Herbst mit 18,9% Ringeltauben-Anteilen (M. KÜNZEL)

R. MÖCKEL, A. STURM

Straßentaube – *Columba livia* Gm., 1789 f. *domestica*

Jahresvogel

Verbreitung: Gefilde des Flach- u. Hügellandes bis in die unteren Berglagen; im Erzgebirge u. Vogtland Bv bis 500 m ü. NN (–600 m ü. NN [3207]).

Fehlt als Bv dem Oberlausitzer Heide- u. Teichgebiet, den Heiden von Königsbrück, Ruhland, Dahlen u. Düben, waldreichen Gebieten der Sächsischen Schweiz sowie dem oberen Erzgebirge u. oberen Vogtland, obwohl ländliche Taubenhaltung selbst aus den Kammdörfern bekannt ist.

Lebensraum: Vorkommen an Ortschaften u. Einzelgebäude gebunden; Brutkonzentrationen in größeren Städten mit struktur- u. nischenreicher Bausubstanz. Besiedelt werden auch Kleinstädte u. Dörfer, wenn Industriebauten, Kirchen, Burgen, Brücken usw. Brutmöglichkeiten bieten; nistet stellenweise auch in Neubaugebieten [3462]. Nahrungsplätze an Fütterungen in den Städten, vor allem jedoch Anlagen der Getreidelagerung u. -verarbeitung, ferner auf Feldern, Ruderal- u. Müllplätzen. Im Plauenschen Grund bei Dresden teilweise Felsbrüter (R. STEFFENS); 1987 am Lilienstein 1 Felsbrut (J. EBERT). Kleine Populationen leben ständig in den großen Bahnhofshallen der Bezirksstädte; im Hauptbahnhof Leipzig z. T. nachtaktiv (G. ERDMANN).

Bestand: Aus Leipzig sind verwilderte Tauben mind. seit der Jh.-Wende bekannt. Noch 1925 hielt im Zentrum der Stadt ein Bürger 100 Paare auf dem Dachboden seines Hauses; 1931 auf einem zentralen Platz 500 S. u. 1939 sollen in Leipzig „etliche tausend" vorhanden gewesen sein (Leipz. Neueste Nachr. 21. 06. 1931 u. 18. 03. 1939 – W.-D. BEER). Im gesamten Gebiet Zunahme u. Ausbreitung vor allem nach 1950, nunmehr für viele Städte belegbar; stürmische Zunahme in Chemnitz erst nach 1965 [2616]. Bekämpfungsmaßnahmen in den 1970er Jahren blieben ohne durchgreifenden Erfolg. Populationsgrößen: Stadtgebiet Leipzig 7 000–9 000 BP, oberes Elbtal mit Riesa, Meißen, Dresden, Freital, Heidenau u. Pirna ca. 3 000 BP, Chemnitz 500–1 000 BP; in Kreisstädten wie Görlitz, Zittau, Bautzen, Grimma, Oschatz, Wurzen, Freiberg, Zwickau, Plauen oder Glauchau jeweils mind. 100–300 BP. An Einzelgebäuden siedeln gewöhnlich <10 BP (vgl. [3618, 4090]). Siedlungsdichte bei Neigung zu kolonieartigem Brüten stark von Struktur u. baulichem Zustand der Gebäude abhängig: Innenstadt Zittau 51,6 BP/10 ha [4090]; Altbauzone Leipzig 42,5 [3624], auf dem Boden eines Hauses nicht selten 30–40 BP (K. GRÖSSLER), dagegen Altbauwohngebiet Leipzig-Connewitz nur ca. 3 BP/10 ha [3445]; Zentrum u. Wohnblockzone Chemnitz 31,2 bzw. 3,3 BP/10 ha [2896], 1978 4,4 BP/10 ha [3462]. An Nahrungsplätzen, z. B. Siloanlagen, abgeerntete u. frisch bestellte Felder, z. T. hohe Konzentrationen: Felder nördl. Leipzig von Sept. bis Nov. ständig bis 1 000, mehrfach bis 5 000 u. selbst Mai/Juni hier bis zu 600 S. (K. GRÖSSLER)

Brutbiologie: Neststand ab etwa 3 m Höhe u. überwiegend regengeschützt auf Simsen, Konsolen, in Nischen, Blendwerk, Stahlträger- u. Holzbalkenkonstruktionen von Außen-, seltener Innenfassaden. Nester häufig in Dachkästen, auf Böden von Flach- u. Spitzdächern sowie in anderen Hohlräumen. Gelegegröße u. Jungenzahl: Zittau 2×1, 20×2, 3×3 Eier u. 5×1, 23×2 juv./Nest [4090]. Fortpflanzungsrate u. Anzahl der Jahresbruten unbekannt, vermutlich ganzjährig Bruten. In Chemnitz 20. 02. u. 18. 12. 1971 sowie 01. 12. 1983 Nestbau, 24. 12. 1971 brütend, 5. u. 26. 03. 1972 in 2 Nestern 1 bzw. 2 fast flügge juv. (D. SAEMANN), 09. 03. 1982 2 etwa 14tägige juv. (M. MÜLLER); in Leipzig 21. 03. knapp flügge juv., 13. 09. pull. im Nest, 06. 11. frisch gelegtes Ei (K. GRÖSSLER).

Wanderungen: Ausgeprägter Standvogel; regelmäßige Nahrungsflüge bis etwa 15 km Entfernung vom Brutplatz. Zielgerichtete Flüge von Trupps lassen Ortswechsel vermuten [3751].

D. SAEMANN, W.-D. BEER, G. ERDMANN, R. STEFFENS

Ringeltaube – *Columba palumbus* L., 1758

Sommervogel, Durchzügler
Unterart: *C. p. palumbus* L., 1758

Verbreitung: Ohne vertikale Begrenzung Bv im gesamten Gebiet [1223, 2570, 3207].

Lebensraum: Brütet in Gehölzen u. Wäldern aller Art, besonders in den Randbereichen zur offenen Flur. Nahrungssuche u. während des Zuges häufig auf Feldern. Erstbesiedlung von Ortschaften nicht exakt nachweisbar, doch seit Anfang 19. Jh. belegt [31]. In Ortslagen vielfach Gebäudebrüter; gegenwärtig auch Bv in baumarmen oder -freien Teilen der Großstädte. Großflächige vorwaldartige Bestockungen (besonders von Birke) bis einschließlich Stangenholzalter sowie Buchenbaumhölzer werden nicht oder nur sporadisch besiedelt.

Bestand: Tendenzen der Bestandsentwicklung nicht eindeutig u. kaum belegbar; regional Verminderung der Brutdichte in offener Flur bei gleichzeitiger Zunahme in Ortsrandlagen. Seit Anfang der 1970er Jahre spürbarer Rückgang in den Fichtenwäldern des Erzgebirges (D. SAEMANN); bei Frankenstein/Kr. Flöha auf 150 ha von 20 BP 1972 auf 7 BP 1977 (M. TIETZ). Vor 1970 zumindest lokal auch Zunahme, so im Auenwald bei Leipzig von 0,3 BP/10 ha 1958 [1949] auf 1,5–1,6 BP/10 ha 1966–68 [2183, 2549]; im Auenwald Laske 1962–64 gar 4–5 BP/10 ha [2171]. Gegenwärtig ist eine Abundanz von 1,5–5,0 BP/10 ha typisch für städtische Lebensräume wie Parks, Friedhöfe oder Villenviertel, z. B. in Zwickau (A. SIEBERT, R. WENZEL), Chemnitz [2896], Dresden (R. STEFFENS) u. Zittau [4090]. Im Siedlungsbereich teilweise noch höhere Werte: Parks in Zittau 6,8 u. 12 BP/10 ha [4090]; Vorortlage bei Grimma 11 BP auf ca. 2 ha [3770]. Die mittlere Siedlungsdichte auf Kontrollflächen unter 50 ha läßt im Bez. D. Habitatabhängigkeit erkennen: Flurgehölze u. Waldreste M_{13} 2,2; Laubholz-Kiefern-Mischbestockung (Baumholz) M_4 1,2; ungleichaltriger Laubmischwald im Hügel- u. Flachland M_{10} 1,1; Fichtenbaumholz M_{17} 0,6; Kiefernbaumholz M_7 0,3 u. Buchenbaumholz M_4 0,2 BP/10 ha (bearbeitet R. STEFFENS). Auf größeren inhomogen bestockten Kontrollflächen Abundanz deutlich unter 1 BP/10 ha: Kr. Aue 1966–70, 465 ha Waldfläche, 0,4 [2789]; Kammlagen Mittelerzgebirge 1982/83, 256 ha Wald, 0,4 (D. SAEMANN); Wittgendorfer Wald/Kr. Zittau 1979, 124 ha, 0,5 [4090]; Feldflur Oberseifersdorf/Kr. Zittau 1979–82, 56,2 ha mit 5,3% Feldgehölzanteil, 0,4 [4090]; Innenstadt Chemnitz 1969, 117 ha, 0,2 u. bebautes Stadtgebiet 1968, ca. 71 ha, 0,2 BP/10 ha [2615, 2616].

Brutbiologie: Neststand 1–25 m, an Gebäuden meist höher als auf Bäumen ([2927, 3488, 3770] erg.). Wahl der Nistbäume stark vom Angebot abhängig; unter >30 nachgewiesenen Baumarten überwiegen in den Heidegebieten Kiefer, im Erzgebirge Fichte u. in Ortslagen Laubholz (z. B. Linde). Im Laubwald werden, falls vorhanden, einzelne Fichten bevorzugt. Anteil Gebäudebruten in Chemnitz 8,9% [3488], in Görlitz u. Zittau noch höher (R. STEFFENS). Gebäudebruten meist an den Außenfassaden, nur selten in Gebäuden, z. B. Passagen [2656] oder Werkhallen (K. GRÖSSLER). Nester oft jahrelang benutzt ([3103] erg.), auch abwechselnd von R. u. Türkentaube [3122]. Nestbau u. Brutbeginn ab Apr., selten früher. Ablage 1. Ei vom 21. 03.–05. 09. belegt [2927, 3207, 3770]. Gelegestärke 2 Eier, im Bez. D. von 25 Gelegen je 1 × 1 u. 3 Eier; 1–3 Jahresbruten. Bruterfolg: 1972 in Chemnitz nur 22,4% erfolgreiche Bruten u. 0,5 flügge juv./BP [3488]; in Dresden von 130 Bruten 0,7 juv./angefangene Brut bei deutlicher Differenzierung im Verlauf der Brutzeit; 64,4% aller Bruten erlitten Totalverlust.

Späteste Bruten: fast fl. juv. im Nest 14. 09. 1968 (H. JOKIEL, W. LANGE), 15. 09. 1968 [2616]; nfl. R. am Boden 21. 09. 1958 (H. HASSE); 14tägige juv. 28. 09. 1985 (U. KIRCHHOF).

Wanderungen: Erstankunft witterungsabhängig ab Mitte Febr., selten Anfang Febr. u. dann evtl. Überwinterer betreffend. Mittlere Erstankunft Oberlausitz M_{47} 09. 03. [2927]; Umgebung Leipzig M_{32} 09. 03. (K. GRÖSSLER), Kr. Zittau M_{28} 16. 03. (FG Zittau), unteres Erzgebirge M_{16} 17. 03. [1223], Vogtland M_{31} 19. 03. (E. MÖCKEL), Kammlagen Erzgebirge z. T. noch später [812]. Durchzug vor allem Mitte März bis Mitte Apr., nicht selten in Trupps von 100–2 000 R.; mehrfach Zug noch im Mai, spätestens 25. 05. 1965 (H. WITTIG). Ab Juni in Feldgebieten Truppbildungen, zunächst max. 100 R., im Aug. bis 500 Ex. [2927, 3751]. Wegzug ab Sept., Gipfel Ende Sept. bis Mitte Okt. mit Zugverbänden bis zu 3 000 R. Sehr hohe Tageswerte ziehender R. im unteren Erzgebirge deuten auf Zugbündelung vor Überfliegen des Gebirgskammes: 01. 10. 1972 9 000 R. (H. GÖTHEL), 06. 10. 1976 12 000 (K. MÜLLER), 08. 10. 1978 20 000 (J. WOLLE). Ende Okt. klingt Zug deutlich ab, doch nicht selten Nachzügler im Nov., seltener bis Ende Dez./Anfang Jan. u. in dieser Zeit meist im Flachland ([2927, 3770, 4090] erg.). Mittlere Letztbeobachtung im Bez. C M_{27} 16. 10.; im Vogtland M_{24} 11. 10. (E. MÖCKEL). Winterdaten, vor allem Ortsbereiche tieferer Lagen ([3770] erg.), deuten auf Überwinterung einzelner R. hin; Trupps Mitte/Ende Jan. jedoch selten: 13. 01. 1974 Hohenprießnitz/Kr. Eilenburg 6 (G. ERDMANN), 21. 01. 1978 Poßdorf/Kr. Delitzsch 27 (K. GRÖSSLER). In Sachsen erbrütete R. ziehen im Herbst nach SW bis Spanien [2331, 2716, 2927, 3006].

S. ERNST, R. STEFFENS, G. ERDMANN

Turteltaube – *Streptopelia turtur* (L., 1758)

Sommervogel, Durchzügler
Unterart: *S. t. turtur* (L., 1758)

Verbreitung: Bv im gesamten Gebiet, doch Bestandsdichte regional sehr unterschiedlich: größte Dichte in den Heidegebieten N-Sachsens u. der

Übersicht zum Beginn der Eiablage (Monatssummen) u. zum Bruterfolg der Ringeltaube (Monatsmittel) in Dresden (U. KIRCHHOF u. a., vgl. auch KIRCHHOF 1994):

	März	Apr.	Mai	Juni	Juli	Aug.	Sept.
Ablage 1. Ei	1	52	35	27	6	9	–
juv./Brutversuch	0	0,4	0,8	0,7	1,7	1,4	–
% Totalverluste	100	80	60	63	17	28	–

Lausitzer Niederung; nach S mit zunehmender Höhenlage abnehmend; fehlt großflächig den Feldgebieten im Kr. Delitzsch. Während der Brutzeit im Erzgebirge zeitweilig bis 900 m ü. NN [2740, 3207, 3609], aber in diesen Höhenlagen bisher kein BN.

Lebensraum: Bevorzugt die Grenzbereiche von Wäldern zur offenen Flur u. im Inneren auch großer Waldflächen Randlagen von Kahlschlägen, Blößen, Schonungen oder Lichtungen. Randzonen Oberlausitzer Kiefernwälder werden bis ca. 1 km Tiefe besiedelt [2927]. Vorkommen ferner in Feldgehölzlandschaften, Gehölzen an Teichdämmen oder Verkehrswegen u. a. [2927, 3770]. Meidet weitgehend Ortschaften, gelegentlich in Parks. Vorkommen in den Kammlagen des Erzgebirges offenbar an die großen Rodungsinseln gebunden. Neuerdings lokal auch in Industrieanlagen, wo Freileitungen Sitz- u. Rufwarten bieten (N. SCHLÖGEL). Zur Zugzeit auf abgeernteten oder frisch bestellten Feldern.

Bestand: Unterliegt jährlich u. lokal erheblichen Schwankungen [1223, 2927, 3770]. Im Bez. C, wo die T. bis nach 1950 vielerorts fehlte [1223], seit Anfang der 1970er Jahre u. lokal bereits in den 1960er Jahren (R. STEFFENS) deutliche Zunahme sowie von E her Besiedlung neuer Gebiete, vorübergehend bis in die hohen Gebirgslagen [2740, 3207]. In der Oberlausitzer Heide- und Teichlandschaft auch vor 1950 häufig [2927]. Im ersten Viertel des 20. Jh. in NW-Sachsen auf größere Nadelholzgebiete beschränkt [586], in den 1950er Jahren Besiedlung kleinerer Feldgehölze im SE- u. E-Teil des Bez. L sowie zeitweise des Leipziger Auenwaldes. Siedlungsdichte: 1976–82 Waldgebiete der Kr. Oschatz u. Wurzen großflächig 0,1–0,5 BP/ 10 ha ([3770] erg.), was lokal höhere Dichte – z. B. bis 3,1 BP/10 ha Dahlener Heide (H. KOPSCH) – nicht ausschließt. Unter günstigen Umständen auf 10–30 ha großen Probeflächen im Bez. D 1–2 BP/ 10 ha (A. MAUME, H. KLUNKER, R. STEFFENS), doch großflächig deutlich < 0,5 BP/10 ha ([2927, 4090] erg.).

Brutbiologie: Neststand 2–8, meist 3–4 m hoch u. 0,5–1 m vom Stamm entfernt auf Seitenästen. Nistbäume: 20×Fichte, 15×Birke, je 11×Kiefer, Eiche, 6×Pappel, 4×Weide, ferner Traubenkirsche, Holunder, Hasel, Weißdorn u. Gebüsch ([2927] erg.). Gelege meist nach Mitte Mai; im Bez. L frühester Gelegefund 18. 05. 1968 [3770]; noch frühere Daten 22. 04. 1972 Kamenz [2927] u. 28. 04. 1974 Glauchau (H. KREISSIG). Späteste Gelege im Juli: 10. 07. 1934 Kr. Zittau [4090] u. 19. 07. 1975 im Kr. Wurzen [3770]. Eben flügge juv. spätestens 25./ 26. 8. 1964 in der Oberlausitz [2927]. Zwei Jahresbruten; offenbar sehr hohe Verlustquoten [2927].

Wanderungen: Ankunft überwiegend 1. Maidekade, nicht selten auch 3. Apr.-Dekade [2927, 3770, 4090]. Mittlere Erstankunft bei Leipzig M_8 05. 05. (K. GRÖSSLER); in der Oberlausitz M_{19} 05. 05. u. M_{12} 06. 05., doch nach 1950 allgemein früher, im Mittel 25. 04. [2927]. Früheste Ankunftsdaten: 11. 04. 1964 [2927], 14. 04. 1981 u. 17. 04. 1984 (W. WEISE), 18. 04. 1977 [4090]; 2 Märzdaten nach CREUTZ [2927] wenig wahrscheinlich. Deutlicher Zug im Mai, gegen Monatsende abklingend. Wegzug ab Ende Juli, Höhepunkt 2. Aug.-Hälfte; größere Trupps vereinzelt bis Ende Sept.; Anfang/ Mitte Okt. nur noch wenige Nachzügler [2927, 3770, 4090]. Späteste Beobachtungen: 26. 10. 1973 [3770]; 23. 11. 1969 bei Chemnitz 1 (J. FRÖLICH); völlig isoliert 13. 02. 1983 in Burgstädt/ Kr. Chemnitz bei Schneelage 1 T. (R. BÖHME, D. KRONBACH). Rastgemeinschaften im Herbst meist < 10 Ex.; größere Verbände (> 50 Ex.) sehr selten: 11. 08. 1968 Lampertswalde/Kr. Oschatz 76 [3770]; 02. u. 04. 09. 1983 Schöna/Kr. Eilenburg 113 bzw. 95 T. (N. SCHLÖGEL); 30. 09. 1979 Ullersdorf/ Kr. Dresden 70 (R. PÜRSCHEL). Gelegentlich auf Feldern mit anderen Taubenarten gemeinsame Nahrungssuche. 2 bei Riesa erbrütete T. wurden in Italien bzw. Griechenland erlegt [1223].

W. WEISE, N. SCHLÖGEL, G. CREUTZ

Türkentaube – *Streptopelia decaocto* (Friv., 1838)

Jahresvogel
Unterart: *S. d. decaocto* (Friv., 1838)

Verbreitung: Beginn der Einwanderung aus SE-Europa 1946–50 [1186, 1187, 1203, 1467, 1729]. Danach rasche Ausbreitung, lediglich im Vogtland erst ab 1956 [1729]. Seit Ende der 1950er Jahre ist das gesamte Gebiet besiedelt, doch blieben isoliert liegende oder von Wald umgebene kleinere Orte vielfach unbesiedelt: 1977 im Kr. Zwickau 11 von 39 Orten (H. OLZMANN), Kammdörfer im Kr. Marienberg noch 1989 (D. SAEMANN) u. höher gelegene Orte im Kr. Dippoldiswalde (R. STEFFENS). Höchstgelegene Brutplätze in Oberwiesenthal, ca. 930 m ü. NN [2570, 2757, 3086, 3207]; im Vogtland bis in die obersten Bereiche um 800 m ü. NN (S. ERNST).

Lebensraum: Die T. bevorzugt baumbestandene Ortslagen. Erstansiedlungen in größeren Städten, später Besiedlung von Dörfern u. kleinen Landgemeinden. Nahrungssuche überwiegend im Ortsbereich, besonders an Fütterungen aller Art; auf Feldern seltener. In neuerer Zeit auch Bruten abseits von Ortschaften an Waldrändern u. in Feldgehölzen [3100, 3642, 3767, 3770]; bereits 1957 eine Brut 2 km vom nächsten Ort entfernt im Tresenwald/

Kr. Wurzen (K. GRÖSSLER). Besonders Herbst u. Winter Konzentrationen an Getreidelagerplätzen, Mühlen, Tierzuchtanlagen, in Zoos sowie an Schlafplätzen im Ortsbereich.

Bestand: 1947 erste Ansiedlungen am Stadtrand von Chemnitz [1729], in Meerane/Kr. Werdau [1203] u. Oschatz [1186]; **1948** in Leipzig [1212]; **1949** in Großsteinberg/Kr. Grimma [1203], Dresden [1467], Oederan/Kr. Flöha [1729] u. vermutlich Oberlausitz [2927]. Ab 1950 starke Ausbreitung [1467, 1525, 1729, 2927]. Seit Ende der 1950er Jahre in den besiedelten Orten meist auffallende Bestandszunahme: 1958 in Böhlitz-Ehrenberg u. Rückmarsdorf/Kr. Leipzig 70 BP (F. MEYER), 1980 ca. 150 (G. ERDMANN); 1960 Leipzig-Marienbrunn 15 (R. Zöhe), 1980 50–55 BP (G. ERDMANN); 1968 im ca. 75 km² großen bebauten Teil des Stadtgebietes Chemnitz ca. 680 BP [2480], 1973 ca. 1 100 BP bei deutlichem Dichtegefälle: Innenstadt 3,1 u. Stadtrand 0,9 BP/10 ha [3122]. Siedlungsdichte habitatabhängig sehr variabel. In Chemnitz max. 106,3 BP/10 ha in 4,8 ha großem Park im Stadtzentrum, geringste Dichte von 0–0,7 BP/10 ha in Vororten u. Neubaugebieten [2615, 2616, 2896, 3122, 3488]. Auch im übrigen Gebiet gewöhnlich in Städten höhere Dichte als in Landgemeinden [2927, 3770, 4090] u. innerhalb der Städte Max. in Grünanlagen u. Gartenstadt: Parkpromenade Zittau 16,9 [4090], Gartenstadt in Dresden-Neustadt 14,1 (P. HUMMITZSCH) u. Grünanlage in Leipzig 7,2 BP/10 ha [3634]. Nach 1975 lokal deutlicher Bestandsrückgang, z.B. E-Teil Bez. L [3770] u. in Chemnitz (D. SAEMANN).

Brutbiologie: Die T. ist Baumbrüter, Wahl des Brutbaumes folgt weitgehend dem Angebot [3122]. In Chemnitz von 1107 Nestern 137 (12,7%) an Gebäuden u. anderen künstlichen Strukturen, jedoch habitatabhängig bis zu 46% Gebäudebruten während einer Brutsaison [3122]. Höhe des Neststandes 1,5–18 m, Baumbruten im Mittel 7,2 m, Gebäudebruten 11,6 m hoch [3122]. Nester innerhalb von Gebäuden selten [3122, 3770], dagegen eine Fülle ungewöhnlicher Neststandorte [2385, 2927, 3122, 3770, 4090, 4128]. ♂♂ ganzjährig rufaktiv (Balzrufe), kurze Unterbrechung etwa Ende Okt. bis Mitte Nov. u. in den Wintermonaten Ruffreu-

digkeit von der Witterung abhängig. Diese beeinflußt auch den Brutbeginn: Eiablage in Chemnitz 1971/72 ab Mitte Febr., deutlich gehäuft ab 3. Märzdekade [3122]. In der Oberlausitz bebrütete Gelege noch am 13. u. 22. 10. 1965 [2927]. Die letzten juv. verlassen Ende Okt. das Nest [1595, 2927, 3122]. 1971–74 in Chemnitz 14 Winterbruten nachgewiesen (Eiablage 3. Nov.- bis 1. Febr.-Dekade), davon 13 an Gebäuden, nur 1 verlief erfolgreich [3122]. Frühe Eiablage anderenorts am 13. 02. 1973 [3770] u. 23. 02. 1966 [2318]. Max. 4 erfolgreiche Bruten u. bis zu 8 Brutversuche im Jahr; höchste Verlustquote bei Frühbruten [3122]. In Chemnitz 64,1% Totalverluste, 0,5 juv./Brutversuch, 1,3 bis 1,5 juv./erfolgreiche Brut u. nur 0,9 bis 2,3 flügge juv./BP u. Jahr [3122, 3488].

Wanderungen: Überwiegend Standvogel, nur wenige Nachweise von Ab- oder Zuwanderung von >50 km [1828, 4090]. Truppbildung z.B. im Kr. Zittau Juli bis Apr. [4090]. Größte Ansammlungen an günstigen Nahrungs- oder Schlafplätzen im Nov. bzw. Jan./Febr.: 06. 11. 1982 abgeerntetes Maisfeld bei Leipzig-Mölkau 246 (K. GRÖSSLER); 06. 11. 1971 Wurzen-Grubnitz ca. 360 [3770]; 08. 11. 1972 Getreidelager Zwickau 500 (H. OLZMANN) u. 23. 11. 1973 ebenda 850 (B. SEIFERT). 20. 01. 1971 an einem Schlafplatz in Zwickau 350 (H. OLZMANN); Febr. 1971 Umgebung Busbahnhof Chemnitz 465 u. im Winter 1973/74 hier ca. 600 T. nächtigend [3122].

D. SAEMANN, G. ERDMANN, S. ERNST

Ordnung Cuculiformes – Kuckucksvögel

Kuckuck – *Cuculus canorus* L., 1758

Sommervogel, Durchzügler
Unterart: *C. c. canorus* L., 1758

Verbreitung: Ohne vertikale Einschränkung im gesamten Territorium verbreitet.

Lebensraum: Die Vielfalt regelmäßiger u. möglicher Wirtsvögel, von denen der K. brutbiologisch abhängig ist, erlaubt die Ausnutzung eines breiten Habitatspektrums. Hinsichtlich der Rufplätze u.

Übersicht zu Beginn der Eiablage (Monatssummen) u. Bruterfolg der Türkentaube (Monatsmittel) in Chemnitz [3122]:

	Jan.	Febr.	März	Apr.	Mai	Juni	Juli	Aug.	Sept.
Ablage 1. Ei	3	28	87	100	123	110	118	94	52
juv./Brutversuch	0	0,1	0,1	0,3	0,4	0,8	0,7	0,8	0,8
% Totalverlust	100	89	86	74	70	51	53	55	45

nahrungsökologisch auf Gehölze (Laub- wie Nadelholz) angewiesen. Bevorzugt Gebiete, in denen auf engem Raum Feld- u. Restgehölze, Baumgruppen, Gebüsch, Hecken, Wasserflächen, Röhrichte, Wiesen oder Ödland mosaikartig wechseln. Meidet baum- u. gehölzfreie Feldgebiete sowie dicht bebaute Ortslagen, letzteres auch während des Zuges. In geschlossenen Nadelwaldungen steigt die Abundanz mit zunehmender Auflichtung.

Bestand: Die ♂♂-Dichte (♀♀-Dichte kaum ermittelt [3917]) in der Dahlener Heide 1972–83 linear 0,8–1,6 sM/1 km [3770]; vergleichbare Werte in Dresdner Heide 1,2 (P. Hummitzsch), Teichrandzonen NSG Frauenteich 0,9–1,3 u. NSG Zschorna 1,1–1,2 sM/1 km (P. Hummitzsch); Kammwälder Erzgebirge 1982/83 0,6–1,5 sM/1 km (D. Saemann). Auf Kontrollflächen im Kr. Kamenz schwankt Reviergröße der ♂♂ zwischen 13 ha an Teichen (7,7 ♂♂/100 ha) u. mind. 94 ha in Ödland mit kargem Kiefern-Birken-Mischwald [3917]. Diese Variationsbreite ist kennzeichnend für andere Abundanzen: 1974 Laubwald im Elbe–Röder-Gebiet bei Dresden, 240 ha, 1,3; 1974 Restwald mit Kiefer, Fichte u. Laubholz, 230 ha, 1,3 (J. Hennersdorf); 1979 Dresdner Heide, einmalige Zählung 6,0 u. 1975–78 TG Moritzburg 1,6–4,0 (P. Hummitzsch). 2–4 sM/100 ha auch typisch für Oberlausitzer Teichgebiete [2923], dagegen 10 Ex./100 ha [2535] sicher eine Ausnahme. Großflächig ist die Abundanz zumeist geringer: 1977/78 im Kr. Kamenz auf 4200 ha 0,5–0,6 sM/100 ha [3917], 0,5 auch linkselbische Feldgehölzlandschaft N Dresden u. auf der von Laubwald zerschnittenen Wilsdruffer Hochfläche (P. Hummitzsch); 1981 Feldmark im Kr. Zittau auf 5 000 ha nur 0,2 [4090]; 1968 Stadtrandzone Chemnitz, 5 000 ha, 0,3–0,4 [2616]. 1979 in den Kammlagen des E-Erzgebirges auf 800 ha 0,6–0,8 (R. Steffens), dagegen in den Rauchschadensgebieten bei Deutscheinsiedel/Kr. Marienberg 1980–83 3,0–4,0 [4134]; aufgelichtete Fichtenwälder der oberen W-Erzgebirges 1982/83 0,5–1,0 u. im Bereich von Hochmooren lokal bis 3,0 sM/100 ha (D. Saemann). Trends der Bestandsentwicklung nicht eindeutig. Abgesehen von lokalen Veränderungen sind solche stärkeren Ausmaßes für die Flachlandregionen während der letzten 30 Jahre nicht belegbar (z. B. [3770]). Am N-Rand der Mittelgebirge zeichnet sich Rückgang ab [3207, 4090]; 1968–73 im Raum Chemnitz Abnahme um ca. 70 % [2988] u. Tiefstand 1980–82 (D. Saemann).

Brutbiologie: Eiablage Mai – Juni, deutlich gehäuft im Juni [2923, 3770, 3917]. Hauptlegezeit nach Makatsch [1334]: Umgebung von Leipzig 21. 05.–09. 06. u. Oberlausitz 08. 06.–11. 07. (vgl. auch [594]), was der Legezeit jeweils bevorzugter Wirtsvögel entspricht. Extremdaten (Wirt: Bachstelze):

25. 05. 1960 Chemnitz 1 juv. mind. 8tägig (F. Müller), Eiablage ca. 5. Mai; 15. 05. in der Oberlausitz Ei im Nest [2923]; 12. 09. 1976 Reitzenhain/Kr. Marienberg 1 ca. 3 wöchiger K. wird von Bachstelzen gefüttert (B. Zschoke), Eiablage 1. Aug.-Dekade (Wirt: Teichrohrsänger): 23. 08. 1970 noch 1 juv. K. im Nest [3770]; Verlandungszone bei Leipzig Eiablage 26. 05.–20. 07. (Dorsch 1985). Ende der Eiablage u. Ende der Rufzeit der ♂♂ vermutlich übereinstimmend. Im Bez. L letzte Rufer M$_{29}$ 6. Juli, extrem 23. 06. u. 21. 07. (K. Grössler); rufende ♂♂ im oberen Bergland bis 2. Julihälfte (D. Saemann), in der Oberlausitz bis Ende Juli [2923]; gelegentlich einzelne Rufer im Aug., z. B. 24. 08. [2923]. Flügge juv. hauptsächlich 3. Juni- bis 1. Aug.-Dekade. Bruterfolg nur einmal ermittelt: 20 fl. K. (45,5 %) aus 44 belegten Teichrohrsängernestern (Dorsch 1985). Besonderheiten: 2–3 Eier im Nest [586, 1334]; Fütterung von 2 K. durch 2 Bachstelzen, evtl. 1 Paar [2222].

Wirtsvögel: Neuere Materialsammlungen ab 1955 (n = 78 Kr. Grimmma, Oschatz, Wurzen [3770]; n = 260 Oberlausitz [2923]; n = 81 Bez. C) weichen in der Aussage z. T. erheblich von älteren Darstellungen [537, 586, 1223, 1334, 1729] ab, wohl überwiegend durch Bestandsveränderungen der Wirtsvögel verursacht. Im Gebiet bislang 41 Arten als Wirt bzw. Adoptiveltern nachgewiesen. Bachstelze: Oberlausitz 32,7 % [2923], E-Teil Bez. L 34,6 % [3770], Bez. C 38,8 %. Teichrohrsänger (wichtigster Wirtsvogel in Teichgebieten): Oberlausitz 24,6 % [2923], E-Teil Bez. L 34,6 % [3770]; lokal stark überwiegend [2940, 3244, 3442, 3850], vor 1925 im TG Haselbach bis zu 95 % [586], in Verlandungszonen bei Leipzig gar 100 % (Dorsch 1985). Neuntöter: Gegenwärtig unterhalb 600 m ü. NN etwa 10 %; im Raum Leipzig ehemals 76 % [586] u. auch anderenorts bedeutsam [445, 537]. Drosselrohrsänger: Wirtsvogel vor allem in der Oberlausitz [2923, 3770, 3850, 3917], früher bezweifelt [256, 347, 1729]. Gartenrotschwanz, Gartengrasmücke: Wichtige Wirtsvögel im gesamten Gebiet [537, 2309, 2597, 2023, 3770, 4090]. Schafstelze, Brachpieper, Dorn-, Sperber-, Klappergrasmücke, Sumpfrohrsänger, Hausrotschwanz: Weniger, oft lokal bedeutsame (z. B. Sumpfrohrsänger) Wirtsvögel [586, 2923, 3850]. Gebirgsstelze, Zaunkönig, Heckenbraunelle: Wirtsvögel vor allem in der Mittelgebirgsregion (vgl. [1835]); im Bez. C zusammen 23 %. Unklar ist die Bedeutung von Baum- u. Wiesenpieper, die kaum als Wirte genannt werden [586, 1729, 3850], doch vermutlich in den Kammlagen des Erzgebirges stärker parasitiert werden [4134]. Rotkehlchen: Selten aufgeführt [3386, 3770, 3850], soll aber neben dem Zaunkönig im Vogtland dominanter Kuckuckswirt sein [1784, 2099]. Seltene Wirtsvögel sind Heidelerche [2923], Schilfrohrsänger [2923, 3850], Mönchsgrasmücke [2265, 3850], Grauschnäpper [2923, 3850], Amsel [2923, 3770], Hänfling [1573, 2923]. Ausnahmeerscheinungen: Rauchschwalbe [2257], Grauammer [2923], Braunkehlchen (FG Freiberg), Star (1978 in Naturhöhle 1 juv. K. aufgezogen – W. LÖSCH), Zilpzalp (FG Freiberg). Seit 1950 als Wirt nicht wieder nachgewiesen: Rotkopfwürger [148], Fitis [749], Gelbspötter [586], Singdrossel [1334, 1729], Wacholderdrossel [506], Grünfink [586] u. Kernbeißer [586]. Fütternde Goldammern (vgl. [586]) am 21. 08. 1984 (W. BÖHM) waren wie fütternde Waldlaubsänger (J.-D. KNÖCHEL) oder Rohrammern (P. HUMMITZSCH) evtl. nur Adoptiveltern, wie CREUTZ [1961] beim Feldsperling nachgewiesen hat.

Wanderungen: Erstankunft allgemein letzte Apr.- oder 1. Maipentade, vielfach auch für das obere Bergland belegt. Erscheint selten vor dem 20. Apr., im 1. Apr.-Drittel nur ausnahmsweise [2923, 3770, 3917]; früheste Daten: 02. 04. 1978 (S. SCHLEGEL), 05. 04. 1980 (H. UHLICH), 08. 04. 1951 u. 1965 [2923]. Durchzug sicher noch in der 2. Maidekade [3917]. Wegzugbeginn unauffällig ab Juli, merkbarer Durchzug im Aug. u. Gipfel bereits Mitte des Monats; mehrere K. zusammen: 14. 08. 1977 u. 11. 08. 1973 Feldgebiete N Leipzig 10 bzw. 8 K. (K. GRÖSSLER); ähnliche Daten auch aus anderen Gebieten. Nach dem 20. Sept. gelegentlich noch Einzelvögel, wohl meist juv. [2923, 3770]; späteste Daten: 17. 10. 1982 Helmsdorf/ Kr. Zwickau 2 fliegend (J. KUPFER), 22. 10. 1966 1 juv. [2265], 29. Okt. Fund im Kr. Löbau [2923]. Eine bemerkenswerte Ansammlung: 10. 07. 1988 zwischen Übigau u. Strauch/Kr. Großenhain vertilgen 37 K. in einer Pappelallee massenhaft vorhandene Spinner-Raupen (R. DIETZE).

D. SAEMANN, P. HUMMITZSCH, K. GRÖSSLER

Ordnung Strigiformes – Eulenvögel

Schleiereule – *Tyto alba* (Scop., 1769)

Jahresvogel
Unterart: *T. a. guttata* Brehm, 1831

Verbreitung: Bv der Gefildezone, Dichtezentren in den reichsten mittelsächsischen Lößgebieten. Vorkommen in den Übergangsbereichen zur Heidelandschaft u. zu den Mittelgebirgen mehr oder weniger sporadisch. Höchstgelegene Brutorte im E-Erzgebirge bei 500 m ü. NN (FG Dippoldiswalde), im Mittelerzgebirge sporadische Bruten bis 650 m ü. NN [2569, 3207].

Lebensraum: Nistet in Ortschaften der waldarmen offenen Landschaft, nicht selten auch in mittelgro-

ßen Städten u. in den Randlagen von Großstädten; höherer Feldgehölzanteil u. Requisitenreichtum in bebauten Gebieten wirken durchaus dichtefördernd [3241]. Nahrungserwerb auf Grünland u. Feldfluren, besucht aber auch Gartenanlagen, Straßenränder u. andere mehr oder weniger gedeckte Landschaftsteile. Meidet geschlossene Waldgebiete.

Bestand: Nahrungsabhängig stark schwankend; nach schneereichen Wintern oft hohe Verluste, die im Folgejahr (z. B. 1950, 1960, 1963) zu geringem Brutbestand führen: z. B. 1963 im N-Teil des Bez. L nur 5 BP (E. HUMMITZSCH), im Kr. Altenburg Rückgang um 75–85% gegenüber 1962 [2442]. Normalbestand 1978–82: Bez. D ca. 100–140 BP, davon >50% im W-Teil des Bezirkes; Bez. L 100–130 BP; Bez. C 30–50 BP. Siedlungsdichte (BP/100 km²): 1947–69 NW- u. Zentralteil Bez. L, ca. 2 000 km² mit etwa 34 besiedelten Orten, 0,85 im „Normaljahr" 1958 u. 1,15 im mäusereichen „Optimaljahr" 1959 (E. HUMMITZSCH), 1971 (mäusereich) 0,9 BP/100 km² (J. LEHNERT); 1955–59 Kr. Altenburg, 345 km², 13,0–17,4 u. 1960 Kr. Schmölln, 224 km², 10,3 [2442]; 1978/79 N-Teil Bez. C, 2 Kontrollflächen je ca. 100 km², 4,7 bzw. 9,9 (R. FRANCKE); 1968–75 Elbe-Röder-Gebiet bei Dresden, 1100 km², 2,3–3,2 bei habitatabhängiger Variationsbreite von 2,0–6,1 BP/100 km² [3241]. Im Oberlausitzer Gefilde u. in der Östlichen Oberlausitz wesentlich lückenhafter verbreitet [3157]. Hier insgesamt 25–40 BP, davon Kr. Zittau 2–6, max. 7 BP [1813, 4090]; Elbsandsteingebirge etwa 2 BP (A. STURM); 1981 Kr. Dippoldiswalde Bv in Reinholdshain, Ruppendorf u. Pretzschendorf (FG Dippoldiswalde); unteres E-Erzgebirge (Anteil Bez. D) 7–12 BP (A. STURM, M. SCHINDLER). Nach 1970 deutlicher Rückgang im Bez. D [3558] u. im Bez. C, hier besonders seit 1985 Bestandsverlust von 80–90% (D. SAEMANN). Ursachen: Verschluß von Einflugöffnungen an Gebäuden, vermutlich auch Flurbereinigung u. Auswirkungen landwirtschaftlicher Ertragssteigerung.

Brutbiologie: Brutplätze in dunklen, hochgelegenen Räumen, überwiegend in den Spitzen („Zwiebeln") von Kirchtürmen, seltener in Taubenschlägen oder anderen Hohlräumen (auch Nistkästen, z. B. HARTUNG 1996) in Burgen, Schlössern, Gutsgebäuden, Scheunen, Wohnhäusern, Ruinen; 1 Baumbrut im Park von Linz/Kr. Großenhain [3157] u. 1956 Felsbrut in Steinbruch bei Pirna-Rottwerndorf [1569]. Eiablage abhängig vom Nahrungsangebot; Hauptlegezeit Ende Apr. bis Ende Juni, bei Zweit- oder Schachtelbruten in günstigen Jahren auch Mitte Juli bis Ende Aug., gelegentlich noch später. Früheste Eifunde: 28. 03. 1962 Liemehna/Kr. Eilenburg 3 Eier (E. HUMMITZSCH); späte Bruten z. B. 05. 11. 1988 Riesa bettelnde pull.

(P. Kneis) u. 07. 11. 1989 Leutewitz/Kr. Riesa 2 efl. (C. Pelz), extrem: 10. 12. 1955 Leipzig-Schönefeld 4 fl. juv. u. 19. 12. 1955 Liehmena 3 Eier (E. Hummitzsch). Gelegegröße: 1–16 Eier: Bez. C M_{70} 4,1 Eier/Gelege; Bez. L M_{170} 5,6 Eier/Gelege, darunter 1mal 18 Eier vermutlich von 2 ♀♀ (E. Hummitzsch); 1978–83 Bez. L M_{69} 5,7 Eier/Gelege (R. Bachmann, H. Krug, B. Holfter, S. Reimer). Bruterfolg: Erfolgreiche Bruten haben 1–10, am häufigsten (82%) 2–6 juv.; mittlere Jungenzahl: Bez. C M_{57} 3,7; Bez. D M_{196} 4,4 u. Bez. L M_{147} 4,4 juv./erfolgreiche Brut. Im Bez. L 1mal 18 pull. (E. Hummitzsch) u. M_{169} 3,8 juv./Brut; 1978–83 bei Bruten mit fast fl. juv. M_{80} 4,0 juv./Brut (R. Bachmann u. a. – siehe oben). Zweit- u. Schachtelbruten oft mit stärkeren Gelegen u. höherer Jungenzahl als Erstbruten. In ungünstigen Jahren Bruterfolg gering oder ausbleibend; 1965–81 Kr. Riesa in 6 Jahren je 2 Jahresbruten, in 2 Jahren keine erfolgreiche Brut. Im Bez. C nach 1985 bei weitgehendem Ausfall der Frühbruten nur sporadische Spätbruten.

Wanderungen: Adulte S. wandern kaum, wechseln aber nicht selten über geringe Distanz den Brutplatz. Dismigration juv. S. im Nahbereich; Fernfunde belegen häufigeren Abzug nach W u. SW bis in die Grenzgebiete zwischen Spanien und Frankreich [3003, 3241, 4011]; je 1 Fund Skagerrak [3956] u. 1280 km SE in Bulgarien [3766]. 3 in Sachsen erbrütete S. in Polen nachgewiesen, kehrten jedoch zurück, 2 davon nahe BO angetroffen (B. Holfter, H. Selbmann)

B. Holfter, D. Kronbach, C. Pelz

Zwergohreule – *Otus scops* (L., 1758)

Irrgast
Unterart: *O. s. scops* L., 1758

Vorkommen: Vermutlich vor 1840 Hirschfelde/Kr. Zittau 1 [256], evtl. 1827 schon in der Sammlung der Naturforsch. Ges. Görlitz [1223]; 30. 04. 1908 Klein-Neundorf/Kr. Görlitz 1 Z. [3157]. Beide Belege noch im Mus. Görlitz (Ansorge 1987). 2 Beobachtungen: 20./21. 10. 1955 NSG Lödlaer Bruch/Kr. Altenburg eine Feststellung [2442], die sich als nicht zweifelsfrei [2599] erwies. Dies könnte auch für eine Beobachtung vom 17. 10. 1920 bei Schwepnitz/Kr. Kamenz [3157] zutreffen (siehe auch Sperlingskauz).

D. Saemann

Uhu – *Bubo bubo* (L., 1758)

Jahresvogel
Unterart: *B. b. bubo* L., 1758

Verbreitung: Bv im Zittauer Gebirge um etwa 500 m ü. NN. Im Elbsandsteingebirge zwischen 200 u. 350 m, im Erzgebirge von 400–600 m u. im Vogtland nicht über 400 m ü. NN; seit 1980 im Erzgebirge wiederholt auch längerer Aufenthalt einzelner U. bis 800 m ü. NN, doch bisher kein BN in den Hochlagen. Während der 1980er Jahre Neuansiedlungen im Zittauer u. Elbsandsteingebirge, 1984 Besiedlung des Lausitzer Hügel- u. Berglandes, seit 1986 im unteren E-Erzgebirge bei 300 m ü. NN 1 BP (B. Kafurke) sowie im Elbtal bei Meißen (100 m ü. NN) 1 Revier besetzt (M. Wilhelm, Kneis 1992). Inzwischen (1995) Ansiedlung im Kr. Oschatz (Spänig 1997). Aus heutiger Sicht erscheinen die angezweifelten „Bruten" bei Klinga/Kr. Grimma, vom Kottmar bei Löbau u. evtl. sogar aus der Gohrischheide bei Riesa nicht so abwegig wie von Heyder [449] dargestellt, zumal um 1900 der U. im Moritzburger Gebiet noch Bv (Baumbrüter?) gewesen sein dürfte [3233]; in den großen Wäldern der Lausitzer Niederung wohl bis Mitte 19. Jh. Bv [3157].

Lebensraum: Der U. ist in Sachsen Felsbrüter, jedoch 1995 Baumbrut bei Oschatz (s. o.). Nestreviere gewöhnlich in felsigen, meist bewaldeten Flußtälern, vielfach in Randlage der Gebirgsmassive. Reviere in Steinbrüchen (14 von 23 Nestrevieren im Bez. D) bisher nur aus unteren Berglagen u. Hügelland bekannt. Jagdgebiete sind das dem Gebirge vorgelagerte Hügelland mit hohem Grünlandanteil, Uferzonen von Flüssen u. Talsperren sowie die meist landwirtschaftlich genutzten Hochflächen entlang der Täler. Allgemeiner Beutetiermangel [3466] zwingt vor allem im Erzgebirge zur Nahrungssuche im Ortsbereich (Mülldeponien), was zu hohen Verlusten führt.

Bestand: Zittauer Gebirge: Im 19. Jh. Bv des Hartauer, Waltersdorfer u. Oybiner Reviers, hier letztmalig 1887 [348], am Töpfer vermutlich bis 1906 [580]. 1946 Wiederbesiedlung des Gebietes u. seitdem 1–3 (4) BP, doch 1969–74 kein Hinweis auf Brut [3465, 3768]. Elbsandsteingebirge: Mit den letzten BN 1904 bei Mittelndorf u. 1906 bei Hohnstein/Kr. Sebnitz erlosch der Brutbestand; Aussetzungen 1927 ohne Erfolg [784]. 1933 wieder Bv [892] u. bis 1969 jährlich 1–4 BP, doch 1970 fehlend; nach mehrjährigem Tiefstand seit Ende der 1970er Jahre wieder 4–5 BP [449, 1018, 1232, 2762] u. ab Mitte 1980er Jahre 9 BP bzw. 1989 13 BP (J. Ebert u. a.). Erzgebirge: Heyder [449, 1223] u. März [2248] kannten keine Brutplätze im sächsischen Teil des Gebirges. Nach Einzelvorkommen 1957 [1515] u. 1968 [2684] 1 Neuansiedlung 1969 [2762] u. 2 1986 im E-Erzgebirge, weitere 1978, 1980 u. 1982 im Mittelerzgebirge u. bis 1982 auch im W-Erzgebirge. Vogtland: Bv bei Greiz/Bez. Gera bis etwa 1855 u. nach 1861 nochmals 1 Brut zwischen Plauen u. Elsterberg [101]. 1951 bei Plauen 1 rufender U., 1952 Totfund [1354] u. 1968 Fang in Habichtskorb [2762]. Vermutlich ab 1969, sicher seit 1970 im Elstertal 1 BP, seit 1974/75 2 BP [2762, 3207]. Oberlausitzer Hügel- u. Bergland: 1984–86 je 1 BP, 1987 1 Revier, 1988 4 Reviere, 1989 mind. 3 BP (BAG Artenschutz). Elbtal bei Meissen: Seit 1986 1 Revier, 1989 mind. 1 BP (NACHTIGALL et al. 1995, M. WILHELM). Verluste: 1948–71 außer Nestlingsverlusten 13 Totfunde [2762, 3464]. Hinzu kommen 1968–88 allein im Bez. C 17 tot oder verletzt gefundene sowie gefangene U. (D. SAEMANN).

Brutbiologie: Brutbeginn im Elbsandsteingebirge zwischen 15. u. 25. März, doch 28.02.1983 u. 12.02.1984 bereits brütend (J. EBERT). Gelegestärke nicht kontrolliert. 1933–71 in Sachsen von 110 BP an 11 Brutplätzen 52 Bruten, davon nur 28 (64%) erfolgreich; von 9×1, 24×2 u. 4×3 geschlüpften juv. flogen 46 aus [2762]. Brutgröße erfolgreicher Bruten 1,6 juv., Fortpflanzungsrate 0,4 juv., in der Sächsischen Schweiz nur 0,23 juv./Brutpaar [2762]. 1972–87 im Bez. D an 22 Brutplätzen 71 Bruten, 18×1 u. 20×2 juv. flogen aus (H. KNOBLOCH u.a.). Geringe Nachwuchsrate auch im Erzgebirge: 1969–83 im E-Erzgebirge 6 fl. juv., doch 1984–87 an 2 Plätzen 5 juv.; 1980–87 im Mittel- u. W-Erzgebirge meist kein Bruterfolg, 2× vermutlich 1 u. 2×3 juv. ausgeflogen. Günstige Verhältnisse im Vogtland mit etwa 1 juv./BP u. Jahr. Zusammenstellung für Sachsen 1972–89 siehe KNOBLOCH (1993).

Wanderungen: Die Bv sind ortstreu u. ganzjährig in ihrem Revier anwesend. Junghuhus halten sich teilweise bis Okt./Nov. am Erbrütungsort auf u. verstreichen anschließend. Je 1 juv. aus dem Zittauer bzw. Elbsandsteingebirge wanderten 70 km SE nach Turnov/CS. Im Mittelerzgebirge Fund eines in Niedersachsen ausgewilderten ♀. Gelegentliche Uhufunde im Flachland, z.B. 1891 Prießnitz/Kr. Geithain [586], 1927 Colditzer Forst/Kr. Grimma [749], 1930 Milkel/Kr. Bautzen [755], 1939 Mücka/Kr. Niesky (HERR 1940), 1969 Gröditzer Skala/Kr. Bautzen vermutlich 1 U. [3157], deuten zumindest auf größere Strichaktivität hin.

H. KNOBLOCH, J. EBERT, D. SAEMANN

Schnee-Eule – *Nyctea scandiaca* (L., 1758)

Seltener Gast

Von 1820–88 mind. 7 S. nachweisbar, deren Fundzeiten vom 07. Nov. bis 21. Febr. reichen [488, 1223]; ein Beleg – Winter 1858/59 Mannichswalde/Kr. Werdau – im Mus. Altenburg [484, 2442]. Beobachtungen nach 1900: Herbst 1902 Hohnstein/Kr. Sebnitz [1223]; 26.12.1930 Birkwitz/Kr. Pirna

[1223]; 19.01.1941 Zittau [4090]; 25.02.1947 Mylau/Kr. Reichenbach [1147]; 14.11.1954 Oberoderwitz/Kr. Löbau ([1337] vgl. auch [1729]); 26.11.1983 Wiedemar/Kr. Delitzsch 1 mit rotem Farbring am Fuß (D. KLAMMER). Die Beobachtung in [1271] evtl. unsicher.

D. SAEMANN, K. GRÖSSLER

Sperbereule – *Surnia ulula* (L., 1758)

Seltener Gast
Unterart: *S. u. ulula* L., 1758

Vorkommen: Außer einigen undatierten älteren Nachweisen [125, 161, 256, 586, 1223] erfolgten datierte Feststellungen von Okt. bis Jan.: Okt. 1834 Crimmitschau/Kr. Werdau [83]; Okt. 1881 Mülsen/Kr. Zwickau 3 S. [247]; 20.10.1832 bei Görlitz 1 [256]; 01.11.1914 bei Wurzen [586]; 10.11.1897 bei Torgau 1 S. (R. E. SCHREIBER, Prot. Orn. Ver. Leipzig vom 05.01.1898); Nov. 1886 Weidenhain/Kr. Torgau 1 (PIETSCH 1887); Nov. 1839 bei Görlitz 1 [256]; 14.12.1838 Kammerforst N Altenburg, Beleg Mus. Altenburg [484, 2442]; 02.01.1921 Luppe-Aue W Leipzig 1 beobachtet [586]; 14.01.1854 bei Görlitz [256], ein weiterer Fund vom 26.01.1824 aus der Görlitzer Heide betrifft heute polnisches Gebiet [256]; im Prot. Orn. Ver. Leipzig vom 29.11.1910 berichtet TEICHMANN über 1 S. bei Eilenburg; Beobachtung vom 13.10.1954 Grethen/Kr. Grimma [1433] kann nicht als Nachweis gewertet werden.

K. GRÖSSLER

Sperlingskauz – *Glaucidium passerinum* (L., 1758)

Jahresvogel
Unterart: *G. p. passerinum* L., 1758

Verbreitung: 1986 Bv des gesamten Mittelgebirgsgürtels mit Ausnahme des Lausitzer Berglandes; im Zittauer Gebirge bislang kein BN [3258, 4090]. Besonders in den 1980er Jahren ständige Ausweitung des Brutareals nordwärts bis in die Waldgebiete des Hügellandes: 1987 Lausitzer Bergland u. Hohwald 2–3 Rufplätze (BAG Artenschutz, H. KNOBLOCH); 1988 Beobachtung bei Steina (Information an D. SYNATZSCHKE), 1989 Keulenberggebiet bei Königsbrück/Kr. Kamenz, vermutlich Brut (G. ENGLER, F. MEISSNER); 1974 Tharandter Wald Erstnachweis [3195], danach weitere Beobachtungen (TONKO 1992) u. 1988 vermutlich Brut (R. STEFFENS); 1990 Rümpfwald NW Lichtenstein/Kr. Hohenstein-E. Brut (H. FRITSCHE u.a.); seit mind. 1985 im Werdauer Wald regelmäßige Vorkommen, max. 5 BP im Jahre 1989 (M. OLIAS, S. SCHÖNN). Somit Brutverbreitung vertikal von

250 m ü. NN im Elbsandsteingebirge [2018] u.
340 m ü. NN im Rümpfwald bis ca. 1000 m ü. NN
im Erzgebirge [3815], wo zwischen 600 u. 1000 m
ü. NN die Dichte am größten ist [3651].

Lebensraum: Zentrale Teile großer zusammenhängender Waldungen (Mindestgröße 800–1 000 ha),
in denen die Fichte dominiert. Beimischung von
Rotbuche, Birke, Eberesche, Bergahorn wird vom
S. akzeptiert, hoher Laubholzanteil jedoch bisher
gemieden [3410, 3651, 3815]. Unverzichtbare Elemente im Bruthabitat sind mind. 70- bis 80 jährige
höhlenreiche Baumbestände für Brut-, Freß-,
Schlafhöhlen u. Nahrungsdepots; Nistkästen bieten
meist keinen ausreichenden Ersatz. In allen Brutrevieren sind Bäche oder andere Wasserstellen
vorhanden. Reviergröße meist 3–4 km^2 [2018,
3209], nach Beobachtungen im Werdauer Wald nur
1 km^2 (M. OLIAS). Als optimal gelten oreale Fichtenwälder, in denen Baum- u. Stangenhölzer, Dickungen, Kahlschläge, Aufwuchs oder Moore ein
reich gegliedertes Habitatmosaik bilden. Ansiedlungen auch in gut strukturierten Wirtschaftswäldern tieferer Lagen, wenn Schläge kleinflächig gehalten werden u. der Feinddruck (Sperber,
Habicht, Waldkauz) gering bleibt. Der Brutplatz
im Rümpfwald weicht stark vom Habitatbild ab.

Bestand: Auffallende Diskrepanz zwischen Anzahl
der Funde vor 1960 [1223, 1512, 1729] u. seit 1963
[2018, 2351, 3123, 3297, 3815] korreliert mit der Intensivierung gezielter Nachsuche, Bestandszunahme wird vermutet [2821, 3195, 3210, 3396, 3558].
1980–83 Gesamtbestand (geschätzt) 90 ± 30 BP, davon ca. 10% Elbsandsteingebirge u. 85% Erzgebirge u. Vogtland. Trends der Bestandsentwicklung
unklar: der erwähnten Arealerweiterung steht Lebensraumverlust in den Kammlagen des Erzgebirges gegenüber. Siedlungsdichte: 1967–70 oberes W-
Erzgebirge auf 16 km^2 4 Reviere [3209]; 1989
Kr. Aue auf 34 u. 20 km^2 2,9 bzw. 3,0 Reviere/
10 km^2 [3651]; Elbsandsteingebirge 3,0 Reviere/
10 km^2 (AUGST 1994); 1988/89 Werdauer Wald auf
10 km^2 Waldfläche 4 bzw. 5 BP mit BN (M. OLI-
AS). Solch hohe Abundanzen sind vermutlich Ausdruck kurzzeitiger Populationsmaxima; ein Zentrum höchster Brutdichte mit 4 BP auf 2,5 km^2
1978 im W-Erzgebirge [3651] blieb von 1980–86
verwaist (S. ERNST, M. THOSS, D. SAEMANN). 1983
Kr. Brand-E. auf 26 km^2 4 Reviere, davon 3 BP
(1,54 BP/10 km^2) u. 1984 auf 22 km^2 1,82 Reviere/
10 km^2 (J. SCHULENBURG). 1979–86 im Elbsandsteingebirge linkselbisch (17 km^2) im Mittel 2 BP
u. rechtselbisch (50 km^2) kaum > 6 BP bzw. 1,2/
10 km^2 (G. GRÜNDEL, G. MANKA, A. STURM); 1989
hier insgesamt 13 besetzte Reviere, davon 5 mit
Brutnachweis (AUGST 1994). Mindestabstand zwischen 2 besetzten Bruthöhlen 410 m [3651].

Brutbiologie: Neststand (1965–86): 66 × Buntspechthöhlen, 2 Brutversuche in Nistkästen; 1989
erfolgreiche Nistkastenbrut bei Zwönitz/Kr. Aue
(FICKER 1990). Höhe der Bruthöhle 1,5–14 m, am
häufigsten 3–8 m über dem Boden. Bruthöhlen
(n = 66) in Fichte 52 × (78,8%), Kiefer 6 × (9,1%),
Eberesche 4 × (6,1%), Birke 2 × (3,0%), Tanne u.
Rotbuche je 1 × (je 1,5%). Beginn der Eiablage
witterungsabhängig, gewöhnlich letztes, frühestens
1. Apr.-Drittel, spätestens 1. Maidekade ([3209],
August 1993). Juv. sind folglich nur selten vor 20. Juni u. kaum nach dem 10. Juli flügge; Extremdaten
des Verlassens der Bruthöhle: 19. 06. 1982 Kr. Aue,
560 m ü. NN (R. MÖCKEL); 10.–12. 06. 1986 u. 11.–
13. 06. 1989 Kr. Zschopau, 530 m ü. NN (D. SAE-
MANN); 09. 06. 1990 Rümpfwald, 340 m ü. NN
(K. HÄNEL); 20. 07. 1980 Kr. Sebnitz 3 juv. efl.
(U. AUGST, G. GRÜNDEL). Juv. werden bis in den
Aug. geführt, z. B. 10. 08. 1976 NSG Schwarzwassertal 2 bettelnde juv. (D. SAEMANN). Nur wenige
Daten zur Gelegegröße: Elbsandsteingebirge 4–7,
M$_{13}$ 5,7 (AUGST 1993), bis zu 8 Eier nachgewiesen
[3109], 1988/89 im Werdauer Wald 1 Brut mit 9 Eiern (M. OLIAS). 1970–85 Brutgröße M$_{45}$ 3,3 juv./erfolgreiche Brut, 6 × 1, 8 × 2, 11 × 3, 10 × 4, 7 × 5, 2 × 6
u. 1 × 7 juv.; 1988/89 im Werdauer Wald unter 8
kontrollierten Bruten 2 × 7 u. 1 × 8 juv. ausgeflogen
(M. OLIAS); Elbsandsteingebirge 1–7 juv. geschlüpft, M$_{13}$ 4,7 u. 1–7 juv. ausgeflogen, M$_{13}$ 4,5
(AUGST 1993). Totalverluste 1965–85 im Erzgebirge
ca. 25% [3815]; im Elbsandsteingebirge ca. 15%
(G. MANKA).

Wanderungen: Keine Hinweise auf Ortsveränderungen über größere Entfernung. Ein als „außerhalb der Brutgebiete" eingeordneter Totfund vom
11. 04. 1968 bei Freital [2654, 3123] sollte nach
heutigen Erkenntnissen neu bedacht werden. Eine
Beobachtung vom 27. 04. 1941 bei Prausitz/
Kr. Riesa [1097] u. ein Rufer vom 20./21. 10. 1955
bei Altenburg (siehe Zwergohreule) sind kaum als
Nachweise anzuerkennen.

D. SAEMANN

Steinkauz – *Athene noctua* (Scop., 1769)

Jahresvogel
Unterart: *A. n. noctua* Scop., 1769

Verbreitung: Gegenwärtig (1985–89) seltener bis
sehr seltener, mehr oder weniger inselartig verbreiteter Bv der Gefildezone (SCHÖNN 1986). Vor 1970
auch Bv im Oberlausitzer Heide- u. Teichgebiet
[3157], im Erzgebirgsvorland einschließlich der unteren Gebirgslagen bis ca. 500 m ü. NN [1223] sowie im Vogtland [1784]; hier zwischen 1978 u. 1982
ein isoliertes Vorkommen in Bad Brambach/
Kr. Oelsnitz, ca. 550 m ü. NN (S. GONSCHOREK).

Zur Zeit in NW-Sachsen oberhalb 200–250 m ü. NN keine Brutvorkommen; im Kr. Zittau Bv bis 350 m ü. NN [4090].

Lebensraum: Klimatisch begünstigte offene bis halboffene Landschaften, deren Struktur sowohl ausreichend Tageseinstände u. Brutmöglichkeiten als auch Flächen mit ganzjährig niedriger Bodenvegetation für die artspezifische Bodenjagd bietet. Wald u. waldreiche Gebiete, z. B. Düben-Dahlener-Heide, werden gemieden; Vorkommen an lichten Waldrändern oder in Feldgehölzen gehören der Vergangenheit an. Brutplätze meist nur noch in Randlagen dörflicher Gemeinden mit Streuobstwiesen, alten Obstgärten, höhlenreichen Alleebäumen an Wegen u. Straßen, Kopfweiden, Baumgruppen u. bäuerlich genutzten älteren Gebäuden (z. B. Scheunen). Parkanlagen, Friedhöfe u. höhlenreiche Einzelbäume der Kultursteppe werden seltener bewohnt; das gilt im Gegensatz zu früher auch für Steinbrüche, Steilwände in Sand- oder Kiesgruben u. Gemäuer; Ruinen u. Trümmerfelder der Städte haben keine Bedeutung mehr.

Bestand: Schwankungen, vor allem als Folge strenger Winter, seit langem bekannt [1223, 2442]. Nach 1950 jedoch anhaltender Bestandsrückgang im gesamten Gebiet ([1729, 3062, 3157, 3207, 3770], SCHÖNN 1986). 1987 nur noch 13–15 BP u. je 4 Rufplätze bzw. Einzeltiere gemeldet (STEFFENS 1988), danach weiterer Rückgang. Ursachen des Bestandsverlustes sind vor allem Lebensraumveränderungen u. -zerstörungen durch Flurgestaltungsmaßnahmen (Ausräumung der Landschaft, Rodung alter Baumbestände u. Obstgehölze, veränderte Wirtschaftsformen in der Landwirtschaft), ferner erhöhte Verluste durch Straßen- u. Schienenverkehr, Technisierung vieler Bereiche sowie Feind- u. Konkurrenzdruck. Siedlungsdichte: 1950–60 Kr. Oschatz, 100 km^2 Kontrollfläche, 16–18 rufende (W. TEUBERT), 1978–81 ebenda 5–7 Rufer (SCHÖNN 1986); 1978–81 Dichtezentren im Kr. Schmölln 10–16 rufende /100 km^2, lokal max. 2 BP/km^2 (R. BACHMANN, S. SCHÖNN). Vergleichbare ältere Angaben kaum vorhanden: 1959 E Altenburg 5 BP auf 12 km^2, im gesamten Kreisgebiet (345 km^2) 1955 ca. 24 BP u. 1968 mind. 5 Paare [2442]; 1968–75 Elbe–Röder-Gebiet bei Dresden 0,3–0,9 erfaßte BP/100 km^2 [3241]; vor 1956 bei Wehlen/Kr. Pirna auf 20 km^2 12 Paare, wohl alle in Steinbrüchen [1428].

Brutbiologie: Bruthöhlen in Bäumen (besonders Apfel, Weide, Pappel, Linde, Eiche) sowie in Hohlräumen (Zwischenböden, Dachkästen) von Gebäuden. Baumbruten 60–70%, Gebäudebruten 20–25%, Rest andere Brutplätze wie Erdhöhlen, im Stroh u. a. Beginn der Eiablage Anfang Apr. bis Mitte Mai, meist Ende Apr./Anfang Mai. 1 Jahresbrut; bei Verlust des Erstgeleges zeitigen manche BP Nachgelege. Gelegegröße: 2×2, 9×3, 28×4, 17×5, 2×6, 1×7, M$_{59}$ 4,2 Eier/Gelege. Bruterfolg: M$_{60}$ 2,7 juv./erfolgreiche Brut, M$_{86}$ 1,9 juv./BP.

Wanderungen: Ortstreuer Standvogel. Jungvögel siedeln sich nahe (bis 15 km entfernt) vom Geburtsort an. Vor allem juv. S. streichen auch ungerichtet umher, doch nur ausnahmsweise über größere Entfernung.

S. SCHÖNN

Waldkauz – *Strix aluco* (L., 1758)

Jahresvogel
Unterart: *S. a. aluco* L., 1758

Verbreitung: Regelmäßiger Bv von der Ebene bis in die mittleren Lagen des Gebirges; in Feldgebieten (z. B. im Kr. Delitzsch) lokal fehlend. Im Erzgebirge oberhalb 450–650 m ü. NN nur geringe Dichte, höchstgelegene Brutplätze 800–850 m ü. NN [1223, 4035]; 1974 bei Johanngeorgenstadt BV bei 885 m ü. NN (R. MÖCKEL).

Lebensraum: Aufgelockerte Wälder unterschiedlicher Größe u. Bestockung, Randzonen geschlossener Waldgebiete, Feldgehölze in offener Landschaft sowie die gesamte Habitatvielfalt baumbestandener Ortslagen. Optimal sind höhlenreiche Bestände alter Laubhölzer (z. B. Linde, Kastanie), wie sie im Park- u. Gartenbereich von Siedlungen oft vorkommen. Gelegentlich auch in baumarmen Stadtzentren brütend. Meidet das Innere einförmiger großer Nadelwälder, läßt sich aber hier mit Hilfe von Nistkästen ansiedeln, oft zum Nachteil kleinerer Eulenarten (!) [3521, 3682].

Bestand: 1978–82 insgesamt ca. 1 700–2 500 BP. Siedlungsdichte: 1968–75 Elbe-Röder-Gebiet bei Dresden, 870 km^2, 16,7–19,0 BP/100 km^2, habitatabhängig deutlich differenziert: offene Landschaft mit geringem Feldgehölzanteil 6,7–8,9 BP/100 km^2, offene Landschaft mit hohem Feldgehölzanteil sowie Waldrandzonen 23,0–29,5 u. aufgelockerte Bebauungsgebiete 34,7–38,1 BP/100 km^2 [3241]. Weitere Angaben in BP/100 km^2: Kr. Freital, 314 km^2, ca. 15,9 (B. KAFURKE); Kr. Pirna, 521 km^2, über 13,4 (A. STURM); Kr. Zittau, 256 km^2, 5,9–7,8 [4090]; Kr. Altenburg, 345 km^2, 9,0–9,6 [2442]; Kr. Aue, 365 km^2, 11,8 [4035]; Leipzig, 144 km^2 Stadtgebiet, 17,4 (G. ERDMANN); Stadt Chemnitz, 130 km^2, 12–19 [2616, 3207] u. Stadtgebiet Zwickau, 57 km^2, 12–14 BP/100 km^2 (H. OLZMANN). Kleinere Kontrollgebiete mit oft noch höherer Abundanz bis 25 BP/100 km^2 (vgl. [3157]) sowie Extremwerte in Parks u. parkartigen Flußauen: Röder-Aue. 17,2 km^2, 69,8–87,2 (P. REUSSE); 1977–79

Grünfelder Park Waldenburg/Kr. Glauchau auf 1,2 km^2 je 3 BP mit juv. (H. Meyer); Großer Garten in Dresden auf 2,2 km^2 4–5 BP [3241].

Brutbiologie: Balzaktiv Jan. bis März; in Städten nicht selten auch Nov./Dez. (D. Saemann). Brütet in Naturhöhlen, Nistkästen u. in Gebäuden, seltener frei in Greifvogel-, Krähen- u. Kunstnestern [3157, 3207, 3241, 3770]; im Kr. Aue von 58 kontrollierten Bruten 9 frei (R. Möckel); ausnahmsweise Bruten in Fuchsbau u. an anderen Extremstandorten [3157]. Verteilung von 239 Nistplätzen: 90 × Naturhöhlen (Linde 34,4%, Eiche 23%, Rotbuche 17% u. a.), 76 × Nistkästen, 43 × Gebäude (Dachboden 41,9%, Taubenschlag 34,9% u. a.), 23 × Freibruten, 7 × Felsnischen. Beginn der Eiablage: Bez. C M$_{98}$ 10. 03., deutlich gehäuft 3. Febr.- bis 2. Märzdekade; Bez. D M$_{104}$ 20. 03., gehäuft 1. u. 3. Märzdekade. Eiablage von Mitte Apr. ab betrifft wohl überwiegend Ersatzgelege; solche in 4 Fällen 11–16 Tage nach Gelegeverlust (K. Kegel). In obenstehender Übersicht sind Extremdaten nicht enthalten: Brutbeginn um 26. 06. 1974 in Chemnitz (R. Francke) sowie je 1mal 3. Mai- u. 1. Junidekade; ferner fl. juv. bereits 18. 02. 1978 Gröditz/Kr. Riesa [4097] u. 01. 02. 1982 Dresden (E. Frauendorf, W. Gleinich u. a.). Gelegegröße: 11 × 1, 48 × 2, 75 × 3, 60 × 4, 24 × 5, 1 × 6, M$_{219}$ 3,2 Eier/Gelege. Bruterfolg im Gegensatz zur Schleiereule durch vielfältigeres Nahrungsspektrum des W. weniger stark schwankend; 78 × 1, 222 × 2, 144 × 3, 77 × 4, 13 × 5, 2 × 6, M$_{536}$ 2,5 juv. /erfolgreiche Brut. Regionale Unterschiede gering: Kr. Grimma, Oschatz u. Wurzen M$_{62}$ 2,3 [3770]; Kr. Aue M$_{33}$ 2,4 (R. Möckel); Bez. C M$_{137}$ 2,7 (D. Saemann); Oberlausitz M$_{80}$ 2,8 [3157]; Elbe–Röder-Gebiet bei Dresden M$_{48}$ 2,9 juv. [3241]. Regional u. in Abhängigkeit von der Nistweise bis 80% Totalverluste; deshalb im Kr. Aue nur 0,5 juv./ Brut in Naturhöhlen (n = 10), 1,4 juv./Brut in (n = 31) Nistkästen, 1,7 juv. bei 9 Freibruten u. 1,9 juv. bei 8 Gebäudebruten (R. Möckel). Im Kr. Meißen 8 mal Gelegeverlust durch Dünnschaligkeit (B. Katzer, K. Kegel).

Wanderungen: Standvogel. Rückmeldungen markierter W. belegen sowohl Ortstreue als auch Umherstreifen bzw. Umsiedlung bis 30 km. Ein W. wanderte aus 180 km SE zu [3057].

D. Saemann, W. Gleinich, S. Müller

Habichtskauz – *Strix uralensis* (Pall., 1771)

Irrgast

Vor 1823 bei Hirschfelde/Kr. Zittau juv. erlegt [35, 36, 37, 38, 111, 513, 605], Beleg nicht mehr vorhanden. Eine angebliche Beobachtung im Elbsandsteingebirge [1587] kann nicht anerkannt werden.

K. Grössler

Waldohreule – *Asio otus* (L., 1758)

Jahresvogel
Unterart: *A. o. otus* L., 1758

Verbreitung: Bv des gesamten Gebietes bis ca. 800 m ü. NN [1729, 2569, 2895, 3047], doch in waldreichen Lagen oberhalb 500–700 m ü. NN in verringerter Stetigkeit u. Dichte. Höchstgelegener Brutplatz bei Satzung/Kr. Marienberg, ca. 830 m ü. NN [2895], Brutzeitbeobachtungen bis 1000 m ü. NN [2570].

Lebensraum: Besiedelt vorrangig Feldgehölze u. Waldränder in der Nähe von Acker- u. Grünland; deutliche Bevorzugung von Nadelgehölzen ab Stangenholzalter, die oft schon als Beimischung von Einzelbäumen oder kleinen Baumgruppen akzeptiert werden. Im Flach- u. Hügelland auch in reinem Laubwald ([586] erg.) u. in der Oberlausitz in Weidendickichten von Sumpfwiesen sowie an Teichrändern [3157]. Bruten in geschlossenen Waldgebieten an größere Freiflächen gebunden; Ränder von Großkahlschlägen in den Rauchschadensgebieten des Erzgebirges werden rasch besiedelt (U. Kolbe). Brütet selten in Ortschaften; in Chemnitz Bv der Stadtrandzone u. in einigen Parkanlagen [2616, 2895]. Winteransammlungen dagegen häufiger in Ortslagen, meist unweit der Nahrungsgebiete in Nadelholz, seltener frei in Laubbäumen [2032, 2060, 2999, 3241, 3575, 3821].

Bestand: Beträchtliche jährliche Bestandsschwankungen abhängig vom Massenwechsel der Kleinsäuger und von der Härte der Winter; hohe Bestandsdichte z. B. 1967, 1971, 1972, 1978, 1979 u. 1981 ([2442, 2666, 2895] erg.): 1972 S- u. W-Teil Kr. Chemnitz, ca. 250 km^2, 18,4 BP/100 km^2, allein Rabensteiner Höhenzug auf 10 km^2 Waldfläche 16 BP [2895]; 1967 Stadtgebiet Chemnitz, 129 km^2, 9,3 [2616] u. ebenda 17,8 BP/100 km^2 1972 [2895]. 1968–75 Elbe–Röder-Gebiet bei Dresden, 870 km^2,

Übersicht Brutbeginn (errechnet in Dekadensummen) des Waldkauzes:

	Jan.			Febr.			März			Apr.			Mai		
Dekade	1.	2.	3.	1.	2.	3.	1.	2.	3.	1.	2.	3.	1.	2.	3.
n			1	3	4	21	47	52	35	24	10	2	2		

10,9–14,6 BP/100 km^2 ohne belegbare Bestands-schwankungen, in offener Landschaft mit hohem Feldgehölzanteil 30,4–32,9 BP/100 km^2 [3241]. An-gaben aus weiteren >50 km^2 großen Kontroll-flächen bestätigen die Werte: Raum Königsbrück/ Kr. Kamenz 11,8 (G. ENGLER), Raum Freital 10,0 (B. KAFURKE), Kr. Altenburg ca. 21,0 u. Kr. Schmölln 10,7 BP/100 km^2 [2442]: Brutkonzen-trationen in der Feld–Wald-Landschaft der unteren Berglagen erreichen im Bez. C Werte von 1,6–2,5 BP/km^2 [2895, 3207]; im Rauchschadgebiet bei Deutscheinsiedel 0,4–0,7 BP/km^2 bei von 1973–82 steigender Tendenz (U. KOLBE) und zwischen Zinn-wald u. Fürstenau/Kr. Dippoldiswalde 1979 ca. 0,9 BP/km^2 (R. STEFFENS); Laub-Nadel-Mischwald im Forst Leina/Kr. Altenburg 0,62 BP/km^2, in 1–1,2 km^2 großen Restwäldern max. 4 BP/km^2 u. Kleinstgehölze bis zu 5 BP/km^2 [2442]. Geringster Nestabstand 50 m. In den 1970er Jahren im Flach-land u. Teilen des Hügellandes spürbarer Bestands-rückgang ([3157, 3770], S. KRÜGER, M. MELDE), der in den 1980er Jahren anhält.

Brutbiologie: Brütet bevorzugt in Krähennestern (n = 187), seltener in Nestern von Greifvögeln (n = 29), die im Bergland stärker genutzt werden. Gelegentlich Bruten in Nestern des Eichelhähers (n = 4), der Elster (n = 2) u. je 1mal Ringeltaube, Drossel u. Eichhornkobel; 5 BN in Kunstnestern. Neststand (n = 121): Nadelbäume 76,9%, im Flach-land meist Kiefer, im Bergland Fichte; Laubbäume 23,1%. Höhe des Neststandes meist >10 m, Ex-treme 3–20 m. Beginn der Eiablage 3. Märzdeka-de, bei günstiger Witterung auch ab Anfang März; ausnahmsweise im Febr. [3018]. Gelegegröße: 8×3, 26×4, 15×5, 9×6, 2×7, M$_{60}$ 4,5 Eier/Gelege. Schlupf frühestens 2. Märzhälfte u. spätestens An-fang Juli, am häufigsten Mitte Apr. bis Mitte Mai. 1 Jahresbrut; Zweitbruten nicht sicher nachgewie-sen, doch sind solche bei Spätbruten zu vermuten: 13. 08. 1967 Gostemitz – Gotha/Kr. Eilenburg 1 BP mit 4 juv. [3770]. Brutgröße: 5×1, 43×2, 67×3, 62×4, 21×5, 7×6, M$_{205}$ 3,4 juv./erfolgreiche Brut; bei fast 50% aller Gelege schlüpfen 1–2 Eier nicht.

Wanderungen: Ad. W. überwiegend standorttreu. Vor allem juv. W. verstreichen ungerichtet (selten >100 km), können aber auch nach W u. SW (Fernfunde bis SW-Frankreich) abziehen [1223, 1729, 1777, 2572, 2716, 3006, 3157]. Im Nov./Dez., seltener bereits ab Okt. sammeln sich W. unbe-kannter Herkunft an oft jahrelang benutzten Ein-standsplätzen. Vermutlich handelt es sich dabei um zugezogene Wintergäste: Fund einer in Lettland beringten W. [3575]. Auflösung der Winterverbän-de im März, wenn viele Brutreviere bereits besetzt sind. Die Anzahl der überwinternden W. schwankt witterungsbedingt stark; im strengen Winter 1978/

79 Bez. L >1 000 W. an 48 Plätzen [3821]. Pro Ein-stand meist <50 Ex. [1051, 2999, 3821], ausnahms-weise >100 W.: 24. 02. 1979 Großenhain, am Kup-ferberg 121 W. (R. DIETZE); 03. 03. 1979 Nischwitz/ Kr. Wurzen ca. 130 [3770].

B. KAFURKE, U. KOLBE, J. SCHMIDT

Sumpfohreule – *Asio flammeus* (Pont., 1763)

Brutvogel, Durchzügler, Wintergast
Unterart: *A. f. flammeus* Pont., 1763

Verbreitung: Unregelmäßiger, oft jahrelang fehlen-der u. sehr seltener Bv der Niederungen [1223]; nach 1950 nur 4 BN. Als Durchzügler u. Winter-gast von Mäusegradationen abhängig, doch bleiben Vorkommen der S. trotz Feldmausgradationen oft aus ([172, 586] erg.). Oberhalb 400–500 m ü. NN nur wenige Nachweise ([3207] erg.)

Lebensraum: Offene, möglichst baumlose u. ge-büscharme Naßwiesen in Gewässernähe. Zur Zug-zeit auf Äckern, Luzerne- u. Kleefeldern, Kahl-schlägen, in Wiesenauen u. an Gewässerrändern. Im Winter Rastgesellschaften in Büschen; verge-sellschaftet mit Waldohreulen auch an anderen Einstandsplätzen, selbst solchen im Stadtgebiet [3770, 3821].

Bestand: In den 1840er Jahren „ständiger" Bv der Elster-Niederungen am Stadtrand von Leipzig [388]. In den 1880er Jahren Bv im Muldegebiet bei Wurzen [172], hier auch 1925, 1928 u. 1931 [616, 786], 1903 eine Brut am Müncher-T bei Grimma [309] u. bei Oschatz [314]. Ende 19. Jh. bei Prehna/ Kr. Schmölln Nestfund [101], in den Tauerwiesen bei Zimpel/Kr. Niesky 3 Nestfunde [256], bei Frie-sen/Kr. Reichenbach angeblich Bv [139] u. vermut-lich auch bei Großenhain [139]. 1934 Wilsdruff/ Kr. Freital Brut [1223]; 1946 NSG Frauenteich Fund eines (vermutlichen) Eies der S. [3048]. Nach 1950 je 1 Brut 1959 bei Mücka/Kr. Niesky [1546], 1959 bei Wöllnau/Kr. Eilenburg (O. WADEWITZ), 1972 u. 1973 bei Königswartha–Caminau/Kr. Baut-zen [3126, 3157].

Brutbiologie: Bodenbrüter. Gelegefunde vom 05. u. 11. Apr. [309, 786] bis 30 Juni (W. MÜLLER). 1 Vollgelege mit 8 Eiern, aus denen 4 juv. schlüpften [786]; 1mal 8 juv. [314]. Schlüpfende juv. 26. Apr., 30. Mai bereits 2 fl. juv. (O. WADEWITZ) u. 08. Aug. noch 3 „efl." S. [3157].

Wanderungen: Die ersten S. sehr selten vor An-fang/Mitte Sept.: 31. Aug. [586]; 1960–82 im Bez. C frühestens 14./15. 08. 1959 NSG Großhartmanns-dorf [1935]; 04. 08. 1978 NE Großenhain [3558]. Höchste Zahl von Beobachtungen Okt./Nov. bis Febr., deutliche Verminderung März/Apr., letzte

Nachweise Mai [63, 1223, 2442, 3062, 3241, 3770]; 1930–80 im Bez. L Aug./Sept. je 2, Okt. 7, Nov. 16, Dez. 18, Jan. 24, Febr. 51, März 23, Apr. 9 u. Mai 2 Beobachtungen. Jahre gehäuften Auftretens: 1906/ 07, 1910/11 (E. REY, P. WICHTRICH), 1930/31 [734, 735, 746], 1933/34 [1079], 1955/56 (K. GRÖSSLER), 1978/79 ([3770] u. G. CREUTZ, W. FREUND, R. GEILER, H. KNOBLOCH). An den Rastplätzen meist 1–3, gelegentlich bis 30, ausnahmsweise mehr S.: 28. 01. 1979 Mulden-Aue N Wurzen 37 [3770] u. 16. 10. 1928 ebenda 40 (W. SALZMANN), Febr. 1928 im gleichen Gebiet 50–60 [749]; Tongrube Liebertwolkwitz/Kr. Leipzig max. 67 [956, 1038]; Winter 1955/56 sollen im Tresenwald bei Machern/ Kr. Wurzen 100 genächtigt haben [3770] u. Okt. 1949 Muldegebiet bei Canitz/Kr. Wurzen 200–300 (E. HUMMITZSCH). Wintereinstände oft längere Zeit während einer Periode u. auch mehrere Jahre lang besetzt [3056]. Zwei Okt. in Lettland beringte S. waren Nov. bzw. Febr. in der Oberlausitz (G. CREUTZ); eine im Kr. Niesky erbrütete S. nach 2 Jahren (Nov.) auf der Insel Gotland/Schweden [3157].

G. CREUTZ, K. GRÖSSLER, D. SAEMANN

Rauhfußkauz – *Aegolius funereus* (L., 1758)

Jahresvogel
Unterart: *A. f. funereus* L., 1758

Verbreitung: Bv des gesamten Mittelgebirgsgürtels, ferner seit mind. 1982 im Werdauer Wald (L. MODES, S. SCHÖNN, M. OLIAS u. a.), 1986 im Tharandter Wald (M. SCHINDLER), 1985 (Rufnachweise ab 1982) im NW-Lausitzer Hügelland S Kamenz (ENGLER 1986) u. 1988/89 Bruten bei Strauch/ Kr. Großenhain (D. USCHNER, R. DIETZE). Beobachtungen zur Brutzeit lassen im Hügel- u. Flachland weitere Brutplätze vermuten [1223, 1729, 2713, 2895, 3157, 3558, 3770]. Vertikal reichen die Vorkommen von unter 200 m im Kr. Großenhain bis etwa 960 m ü. NN im Erzgebirge (Karte 16).

Lebensraum: Besiedelt geschlossene Wälder mit Fichten- oder Fichten–Kiefer-Dominanz von 90–100% dort, wo Altholz, Dickungen u. Blößen kleinflächig wechseln. Die vom R. bewohnten Waldteile sind für den Waldkauz als möglichem Freßfeind u. Nistplatzkonkurrent oft suboptimal bis pessimal, doch ist enge Brutnachbarschaft bei-

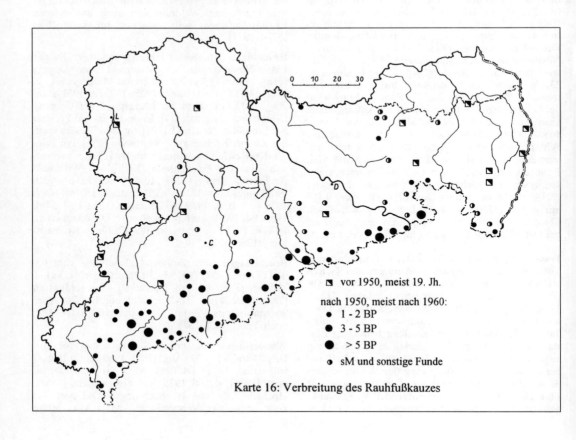

vor 1950, meist 19. Jh.

nach 1950, meist nach 1960:
● 1 - 2 BP
● 3 - 5 BP
● > 5 BP
○ sM und sonstige Funde

Karte 16: Verbreitung des Rauhfußkauzes

der Arten (30 m Nestabstand) bekannt (ERNST u. THOSS 1985). Bruten in Schwarzspechthöhlen überwiegend in 120- bis 250jährigen Rotbuchen, die im Nadelholz einzeln oder gruppiert, in größeren Buchenbeständen (>3 ha) meist randnah stehen. Zu starke Präsenz von 5–20 ha großen Buchenbeständen kann trotz guter Nistmöglichkeiten zu Verbreitungslücken führen [4035]. Mitunter Bv in 2–3 km^2 großen Restwäldern oder bis 150 m vom Wald entfernt an Straßenbäumen (ERNST u. THOSS 1985). Ansiedlung mittels Nistkästen in Spirkenhochmoor [2917, 2987] sowie in mind. 60jährigen Fichtenbeständen. Brütet auch in extrem rauchgeschädigten Fichtengebieten mit nur geringen Nadelholzresten, z. B. S-Teil Kr. Brand-E. (J. SCHULENBURG).

Bestand: 1975–86 Elbsandsteingebirge meist >10, max. 20–25 BP 1979 (A. STURM, G. MANKA, G. GRÜNDEL, U. AUGST u. a.); 1982–84 Lausitzer Bergland (Hohwald) 1–2 BP [4170]; 1952–84 Zittauer Gebirge 1–3 BP [1457, 3157, 4090]; Bestand in Erzgebirge u. Vogtland nur auf Teilflächen ermittelt oder geschätzt [2713, 2987, 3815]. Siedlungsdichte (BP/10 km^2): 1973–82 W-Erzgebirge u. Vogtland, 300 km^2, meist von 0,4 u. max. 0,8 1978 (ERNST u. THOSS 1985); 1977–78 Kr. Aue auf 172 km^2 0,8 bzw. 1,1 [4035]; 1984–86 S-Teil Kr. Brand-E. auf 72 km^2 nach mehrjähriger Depression 0,9–2,1 u. 2,5 (J. SCHULENBURG). Im Erzgebirge optimale Reviergröße 5,3–7,2 km^2 [3409]; Abstand der Bruthöhlen meist >1 km, minimal 30 u. 150 m (J. SCHULENBURG). Elbsandsteingebirge: 1975–85 um Rosenthal/Kr. Pirna auf 77 km^2 meist 0,8–1,0 BP/10 km^2, 1982 nur 0,1 u. max. 1,4 BP/ 10 km^2 1979 (A. STURM, G. MANKA), was der Dichte um 1950 [1428, 2364] entspricht. Generell ist Wechsel von schwach besiedelten Gebieten mit Konzentrationsräumen typisch: 1979 bei Rosenthal auf 17 km^2 3,5 BP bzw. 4,7 Reviere [3815]; 1975 W-Erzgebirge u. Vogtland auf 25 km^2 2,4 BP/10 km^2 Wald (ERNST u. THOSS 1985).
Bestandsveränderungen kaum belegbar. Bis ins 19. Jh. zurückreichende Nachrichten vom Brüten oder Hinweise darauf hat HEYDER [1223] sorgsam geordnet. Sie umreißen grob das aktuelle Brutgebiet: Zittauer Gebirge [168], Elbsandsteingebirge

[213, 1223], W-Erzgebirge [161] u. besonders Vogtland [213], schließlich Rußdorf bei Crimmitschau [1223], was auf den Werdauer Wald deutet. Von 1900–29 fehlen jegliche Brutzeitdaten, die auch ab 1930 rar blieben [1223] u. erst ab 1950 deutlich zunehmen [1729]. Nach M. F. v. UECHTRITZ u. R. TOBIAS (zit. in [3157]) könnte der R. vor 1850 Bv in den Kiefernheiden der Oberlausitzer Niederung gewesen sein.

Brutbiologie: Bruten in Schwarzspechthöhlen oder Nistkästen, selten in ausgefaulten Baumhöhlen. Im Elbsandsteingebirge von 112 Bruten 99,1% in Rotbuche, 0,9% in Kiefer (A. STURM, G. MANKA); W-Erzgebirge/Vogtland von 132 Bruten 42,4% in Nistkästen, 30,3% Buche, 22% Fichte, 2,3% Kiefer, je 1,5% Weißtanne u. Eberesche (S. ERNST, M. THOSS). Lokal kann der Anteil an Nistkastenbruten >60% betragen [3815]. Beginn der Balz selten Jan. (Elbsandsteingebirge), meist Febr. u. Höhepunkt im März; ledige rufen noch im Mai bis Mitte Juni. 1 Jahresbrut; vermutlich häufiger Nachgelege. 1977 bei Unterlauterbach/Kr. Auerbach Zweitbrut mit Legebeginn am 26. Juni (ERNST u. THOSS 1985). Beginn der Eiablage 1. Märzdekade bis Anfang Juli [3815], in tieferen Lagen deutlich früher als in Hochlagen: Elbsandsteingebirge (n = 45) März 50%, Apr. 45%, Rest später (A. STURM, G. MANKA); W-Erzgebirge u. Vogtland (n = 64) März 28%, Apr. 41% Rest später (S. ERNST, M. THOSS). Jahreweise untersch. Brutbeginn [4035]. Gelegegröße: 3×2, 19×3, 29×4, 47×5, 23×6, 1×8, M$_{122}$ 4,6 Eier/Gelege. Jungenzahl: meist 3–5, auch 1, 2 oder 6 juv. bei jährlich u. regional stark schwankenden Teil- u. Totalverlusten durch Syngenophagie (vgl. Tabelle 53).

Wanderungen: Regional asynchron verlaufende jährliche Dichteschwankungen u. eine Vielzahl von Nachweisen außerhalb bekannter Brutgebiete deuten auf höhere Mobilität als oft angenommen. Bei ♀♀ ist Ortstreue u. Ortswechsel bis 61 km nachgewiesen (ERNST u. THOSS 1985). Ein 1985 im Kr. Klingenthal nj. beringtes ♀ wurde 1990 225 km WNW im Kr. Göttingen (Niedersachsen) als Bv kontrolliert (ERNST 1992). Nachweise im Flach- u. Hügelland außerhalb der Brutzeit sind nicht zwingend auf wandernde R. zu beziehen, was für ältere

Tabelle 53: Bruterfolg des Rauhfußkauzes in A – Elbsandsteingebirge (A. STURM, G. MANKA), B – Erzgebirge u. Vogtland [3815], C – W-Erzgebirge u. Vogtland (ERNST u. THOSS 1985), D – Kr. Aue [4035]

	A	B	C	D
a (juv. max. 20tägig)	M$_{17}$ 3,8	M$_{65}$ 3,9		
b (fl. juv./erfolgreiche Brut)	M$_{24}$ 3,1	M$_{73}$ 3,0	M$_{64}$ 3,1	M$_{31}$ 2,8
c (fl. juv./BP)	M$_{36}$ 2,5	M$_{161}$ 1,8	M$_{93}$ 2,0	M$_{48}$ 1,8

[1223, 2442, 3157] u. neuere Daten gilt: Okt. 1969 Weißig/Kr. Kamenz [3157]; 07. 10. 1981 Dahlen/ Kr. Oschatz (ohne Beobachter); 13. 03. 1980 Colditzer Forst/Kr. Grimma [3770]; 14. 02. 1988 Mahdel/Kr. Herzberg im Bez. Cottbus (U. ROSS- NER). 1 Fernfund: 16. 05. 1979 Ehrenfrieders- dorf/Kr. Zschopau nj. beringt (H. KÖHLER) – 16. 04. 1980 Braunschweig, 247 km NW, tot gefun- den [3708].

A. STURM, M. THOSS

Ordnung Caprimulgiformes – Schwalm- vögel

Ziegenmelker – *Caprimulgus europaeus* (L., 1758)

Sommervogel
Unterart: *C. e. europaeus* L., 1758

Verbreitung: Charakterart der gesamten Oberlau- sitzer Heidelandschaft sowie der Dahlener u. Dü- bener Heide. Inselartige u. teils unregelmäßige

Brutvorkommen in größeren Waldgebieten mit Ausnahme des Erzgebirges; für Vorkommen in dessen Höhenlagen bis 900 m ü. NN [1223] gibt es seit Ende der 1950er Jahre keine Bestätigung [3207]. Höchstgelegene Brutplätze gegenwärtig bei 450 m ü. NN auf dem Rabensteiner Höhenzug W Chemnitz (Karte 17).

Lebensraum: Lichte Wälder mit Blößen, An- u. Aufwuchsflächen, Altholzinseln u. Überhältern (Singwarten). Bevorzugt Kiefernbestände auf nährstoffarmen trockenen Böden (Sand). Brut- plätze an vegetationsfreien bzw. -armen, teils stei- nigen, in jedem Falle aber wärmebegünstigten Stel- len von Blößen, lückigen Schonungen u. selbst stark aufgelockerten Stangen- oder Baumhölzern (vgl. [2488, 3770]). Fichten- u. Laubwälder stellen suboptimale Lebensräume dar. Aktuelle Nachwei- se aus Laubwaldrevieren fehlen, doch Ende 19. Jh. solche aus der Gegend von Dresden u. Zittau be- kannt [240]; am S-Hang des Großen Winterberges (Sächsische Schweiz) an einer steinigen u. spärlich bewachsenen Blöße im reinen Buchenwald [2488].

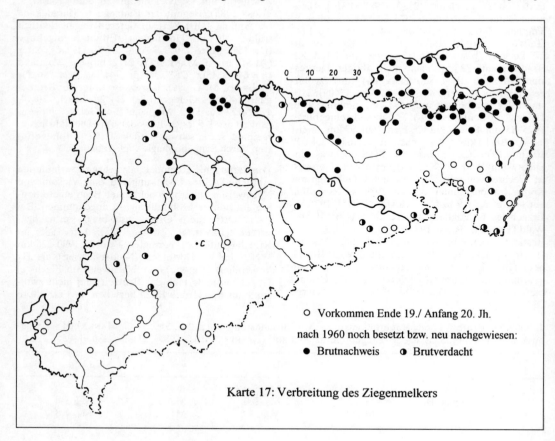

O Vorkommen Ende 19./ Anfang 20. Jh.

nach 1960 noch besetzt bzw. neu nachgewiesen:

● Brutnachweis   ◑ Brutverdacht

Karte 17: Verbreitung des Ziegenmelkers

Bestand: Bez. D in zurückliegenden günstigen Jahren ca. 1 000 BP, gegenwärtig wahrscheinlich nur noch 300–500 BP, davon 90% in den Heidegebieten; W-Sachsen ca. 100–150 BP, vor allem in der Dahlener u. Dübener Heide. Rapide Abnahme während der 1. Hälfte des 20. Jh. [1223], von anderen Autoren [3770] widersprüchlich beurteilt. Nach 1950 auch im Hauptverbreitungsgebiet Rückgang [2991], der z. B. bei Biehla/Kr. Kamenz 1965–72 ca. 50% betrug (M. MELDE). Schwankungen u. Abnahme des Bestandes nicht klar unterscheidbar [4090], doch ist künftig durch Vergrasung u. Verbuschung vieler Brutplätze infolge Eutrophierung mit weiterer drastischer Abnahme zu rechnen. Suboptimale Brutgebiete in SW-Sachsen schon länger verwaist: seit etwa 1930 im Vogtland keine Brut [1784, 2099]; im oberen Erzgebirge lediglich 1 sM 11. 05. 1971 Fichtelberg [3207]. Siedlungsdichte: 1961–64 Forstrevier Neschwitz/Kr. Bautzen, 350 ha, 9,7–10,3 BP/100 ha, dabei Konzentrationen von 3 BP auf 16 ha, 4 sM auf 21 ha u. 3 Paare auf 15,5 ha, 5 Paare auch auf 45 ha 15jähriger Kiefernschonung [2269]. Somit max. Abundanz 20 Paare/100 ha [2269], doch hält SCHLEGEL [2991] in späteren Jahren nur noch 5–10 Paare/100 ha für möglich. Innerhalb größerer Gebiete oft mehrere Paare an bestimmten Plätzen konzentriert, was auch für die isolierten Vorkommen typisch ist. Großflächig geringe Dichte: 1983 Dahlener Heide, 8500 ha mit 12% Laubholzanteil, 0,2 sM/100 ha u. 1983 S-Teil Dübener Heide, 4730 ha mit 14% Laubholz, 0,1 sM/100 ha. (H. LÖCHER).

Brutbiologie: Gelege auf Nadelstreu, auch im Fichtengebiet bevorzugt auf Kiefernnadeln. Minimalgröße des Nestbereichs: 0,5×0,5 m Freifläche an Kiefernstubben inmitten 0,5 m hohen Grases (D. USCHNER). Angeblich „frisches Ei auf Laubboden im Klosterwalde"/Kr. Zittau [240]. Grundsätzlich 2 Eier; häufig 2 (geschachtelte) Jahresbruten. Früheste Gelegefunde 18. 05. 1958 bei Mücka/Kr. Niesky [2991] u. 12. Mai ohne Jahr [3189]. Brutbeginn in der Oberlausitz meist 1. Juniwoche [2488], doch 1 fast flügger juv. 17. 06. 1970 bei Mücka [2991] deutet auf Brutbeginn 1. Maidekade. Gelege der Zweitbruten vor allem im Juli; 31. 08. 1969 im Friedewald NW Moritzburg/Kr. Dresden hudert 1 ad. 1 juv. Z. (P. PFANDKE). Nachwuchsrate (n = 24) minimal 1,2 u. maximal 2,3 juv./BP [2488]; Bez. D in neuerer Zeit 1,4 juv. (2×0, 5×1, 7×2) je angefangene Brut. Ältere [161, 172, 178, 196, 240] u. jüngere Quellen [2991, 3770, 4090] bestätigen die vorstehenden brutbiologischen Fakten.

Wanderungen: Ankunft erste Mai-, seltener letzte Apr.-Tage, z. B. 1961–67 Oberlausitz 25. 04.–09. 05. [2488]; früheste Ankunftsdaten: 09. 04. 1892 [240], 09. 04. 1959 [2991], 11. 04. 1887 [172], 14. 04. 1979

[3770]. Durchzug besonders im Mai. Wegzug: Noch vor dem 31. Aug. sind die Oberlausitzer Brutreviere verlassen [2488], wobei juv. der 1. Brut ab Mitte Juli, die der 2. Brut ab Mitte Aug. abziehen. Durchzug offenbar nicht aus Sachsen stammender Z. auch im Sept. [586, 2488] mit Höhepunkt gegen Mitte des Monats; in dieser Zeit zuweilen Ansammlungen: 20. 09. 1974 bei Raschau/Kr. Schwarzenberg 7–10 Z. [3656]. Zug endet 2. Okt.-Dekade [1223, 2488]; 10. 11. 1962 bei Kreba/Kr. Niesky 1 Z. frisch tot [2991]. Während des Wegzuges teilweise hohe Verluste auf Straßen ([2112, 2155, 2264, 2991, 3656] erg.).

D. SAEMANN, H. LÖCHER, R. STEFFENS

Ordnung Apodiformes – Schwirrflügler

Mauersegler – *Apus apus* (L., 1758)

Sommervogel, Durchzügler
Unterart: *A. a. apus* (L., 1758)

Verbreitung: Wohl keiner Stadt als Brutvogel fehlend, habitatbedingt aber manchen Dörfern. Höchstgelegene Brutplätze in Oberwiesenthal um 950 m ü. NN [2570]. Wetterabhängige Nahrungsflüge oft über dem gesamten Erzgebirgskamm; zyklonale Wetterflüge führen zu lokalen Massenansammlungen, besonders über größeren Gewässern.

Lebensraum: Überwiegend Gebäudebrüter in Städten. Bevorzugt mehrstöckige ältere Bauten von mind. 8–10 m Höhe u. mit Möglichkeiten zu kolonieartigem Brüten [586, 2616, 3184, 3770, 4090]. In Dörfern sind Nistplätze meist auf Einzelgebäude beschränkt. Felsbrutplätze an hohen E-, S- u. W-exponierten Wänden von Steinbrüchen u. natürlichen Reliefformen. Baumbrüter bevorzugten vermutlich Laubholz. Brütet auch in Starennistkästen, im oberen Erzgebirge auch in solchen an Bäumen (R. FLATH).

Bestand: „Zunahme im Laufe der letzten Jahrhunderte" [1223] ist so pauschal nicht beweisbar. Intensiver Industrie- u. Wohnungsbau im Stil der Gründerzeit schuf erst nach 1870 sehr günstige Brutmöglichkeiten. Die um 1900 entstandenen Wohnblockzonen in den Städten (vgl. [2616]) weisen noch heute die höchste Abundanz auf: 1979 Leipzig, 42,8 ha, 10,7 BP/10 ha [3634]; 1969 Chemnitz, 117 ha Innenstadt, 7,3 BP/10 ha, davon 56,7 ha Wohnblockzone mit 12,2 BP/10 ha [2615]. Kleinflächig kann die Dichte 25–30 BP/10 ha betragen (H. SCHÖNHEINZ), was kolonieartigem Nisten (Koloniegröße selten > 15–20 BP) gleichkommt. In Neubaugebieten oft fehlend; bei entsprechender Bauweise wie in Chemnitz bis 5 BP/10 ha [2896, 3462]. BP-Zahlen für ganze Ortschaften u. Einzelobjekte variabel, z. T. schwankend u. stark von baulichem Zustand bzw. Struktur der Gebäude abhängig [3184, 3445, 3770, 4090]. Rekonstruktion u. Werterhaltung der Bausubstanz schränken die Brutmöglichkeiten vielfach drastisch ein. Bestandsentwicklung der Felsbrüter – Populationen unklar; 1978–82 im Elbsandsteingebirge 33–53 derartige Brutplätze (A. STURM). Baumbrüter gegenwärtig in Sachsen fraglich; letzter Hinweis auf 1 BP 1972 aus Pockau/Kr. Marienberg (H. OLZMANN). BAER [256] erwähnt diese Nistweise für die Oberlausitz; 1919 letzte diesbezügliche Nachricht [3184].

Brutbiologie: Neststand in Höhlungen mit engem Eingang; nur ausnahmsweise 4–6 m [3184, 3770], gewöhnlich 8–15 m oder noch höher über dem Boden. Beginn der Eiablage in Annaberg-B. (n = 8) 29. Mai bis 12. Juni [3594]; Brutbeginn im Bez. D 20. Mai bis 3. Juni (K. RICHTER). Jungvögel Ende Juli/Anfang Aug. flügge [3594]. Witterungsbedingt können sich Brutbeginn u. wohl auch Nestlingsdauer verzögern; letztere währte wiederholt bis in die 2. Aug.-Dekade u. in manchen Jahren (z. B. 1967 in Chemnitz [2616]) auch gehäuft. Ausnahmsweise werden juv. erst im Sept. flügge: 08. 09. 1967 Borstendorf/Kr. Flöha letzter juv. flügge [2666]; 08. 09. 1979 Annaberg-B. 1 Paar fütternd (R. FLATH); 01. 09. 1958 Dresden 1 juv. max. 28 Tage alt [1521]. Gelegegröße: 12×1, 65×2, 26×3, M_{103} 2,1 Eier/Gelege. Jungenzahl: 12×1, 57×2, 23×3, M_{92} 2,1 juv. im Nest.

Wanderungen: Mittlere Erstbeobachtungen in Leipzig 1885–1942 am 23. Apr. u. 1949–82 am 24. Apr., Extreme 11. Apr. u. 04. Mai [4106]. In diesem Bereich liegen alle lokalen u. regionalen Mittelwertberechnungen nach 1950: 27./28. Apr. Elbe–Röder-Gebiet bei Dresden (D. KELLER) u. Oberlausitz [3184]; 29./30. Apr. Dresden-Radebeul (D. KELLER) u. Chemnitz (2616); 01. Mai Zittau [4090]; 02. Mai Elbsandsteingebirge (A. STURM); 02.–05. Mai Kr. Annaberg [2570, 3594]; 05.–18. Mai Geising/Kr. Dippoldiswalde (B. STRAUSS). Demnach Erstbeobachtung zum Gebirge hin verzögert; lokal abweichende Mittelwerte: 1949–82 Biehla/Kr. Kamenz mittlere Erstankunft 03. Mai (M. MELDE), Rochlitz 04. Mai [3286]. Der Wegzug scheint gegenüber früher verzögert: mittlere Letztbeobachtungen 1885–1942 in Leipzig 23. Aug., Extreme 27. 07.–16. 09.; 1949–82 am 03. Sept., Extreme 05. 08.–30. 09. [4106]. Abzug der Hauptmasse nach HEYDER [1223] ab Mitte Juli, besonders letztes Monatsdrittel [586]. In Chemnitz 1970–75 Abzug der Brutvögel zwischen 06. u. 21. Aug. [3207]. Auffallend ist geschlossener, doch selten restloser Abzug der Brutpopulationen ganzer Städte [3770]. Letztes Aug.- u. 1. Sept.-Drittel regelmäßiger u. oft sehr auffälliger Durchzug [3207, 4090], z. B. 27. 08. 1977 Großhartmannsdorf/Kr. Brand-E. ca. 2 000 nach SW (FG Freiberg). Ab Mitte Sept. nur noch wenige Nachzügler, Okt.-Daten selten: 07. 10. 1974 (S. RAU), 08. 10. 1967 [2715], 09. 10. 1978 (H. STOHN), 23. 10. 1972 [4106].

D. SAEMANN, R. FLATH, K. RICHTER

Alpensegler – *Tachymarptis melba* (L., 1758)

Irrgast

24. 11. 1939 Dresden-Cotta Totfund [1059]. Ein Beleg mit diesen Daten befindet sich nicht im Mus. Dresden, sondern nur ein aufgestellter A. mit der Fundortangabe Dresden-Briesnitz. Dieser wurde 1943 von LIPPERT dem Museum überlassen (S. ECK). Höchstwahrscheinlich betreffen jedoch alle Angaben denselben Vogel, zumal sich Dresden-Briesnitz unmittelbar benachbart von D.-Cotta befindet. Weiterhin eine Beobachtung am 06. 06. 1974, Czorneboh-Gipfel 1 fliegend [3184].

D. SAEMANN

Ordnung Coraciiformes – Rackenvögel

Eisvogel – *Alcedo atthis* L., 1758

Jahresvogel
Unterart: *A. a. ispida* L., 1758

Verbreitung: Lückenhaft verbreiteter Bv des Flach- u. Hügellandes mit deutlicher Ausdünnung des Bestandes oberhalb 300 m ü. NN. Nur in Jahren höherer Populationsdichte reichen einzelne Brutzeitvorkommen bis in die mittleren Berglagen, z. B. 1974 bei Neustadt/Kr. Sebnitz, 425 m ü. NN, BN [3359] oder 1981/82 bei Lengefeld/Kr. Marienberg, ca. 420 m ü. NN, BV (D. SAEMANN); 1972/73 bei Arnsfeld/Kr. Annaberg, um 550 m ü. NN, sehr wahrscheinlich Brut (W. DICK). Brutvorkommen bei 700–750 m ü. NN [1223, 2839] nicht mehr überprüfbar u. in den letzten Jahrzenten nicht bestätigt. Außerhalb der Brutzeit (besonders Spätsommer, Herbst) Vorkommen an Gewässern aller Naturräume möglich ([3246] erg.), auch in Höhenlagen von ca. 700 m ü. NN wie z. B. TS Cranzahl [2570] oder Fürstenau/Kr. Dippoldiswalde 29. 09. 1975 (R. STEFFENS).

Lebensraum: Fließ- u. Standgewässer mit gutem Kleinfischbestand bzw. -besatz: Bäche, Flüsse, Stauseen sowie Restlöcher von Kies-, Lehm-, Tagebaugruben u. Steinbrüchen. Über dem Wasser hängende Äste u. Zweige oder andere Sitzwarten begünstigen ein Vorkommen; gleiches gilt für zum Graben der Brutröhren geeignete Steilwände. Brutstätten direkt am Wasser oder bis 2 km von diesem entfernt. Gebirgswärts zunehmender Mangel an potentiellen Brutplätzen; außerdem führt in neuerer Zeit immissionsbedingte Versauerung vieler Bachläufe zu Nahrungsmangel (vgl. BRETTFELD 1987).

Bestand: Gesamtbestand 1978–82 ca. 200–300 BP, davon Bez. D ca. 50%, Bez. L 35 u. Bez. C 15% (MTB-Kartierung). Vor allem durch hohe Verluste in Perioden strengen Frostes Brutbestand stark schwankend. Nach hartem Winter 1954/55 fehlte der E. noch 1958 in Sachsen völlig [1223]. Nach dem Extremwinter 1962/63 verschwand der E. im Bez. C [3207] u. in den Kr. Grimma, Oschatz u. Wurzen [3770] völlig, nur in der Oberlausitz noch ganz vereinzelter Bv [3246]; erst 1966 TG Wermsdorf vermutlich 1 Brut [3770], 1968 Bez. C 1 BP mit 2 Bruten [2895], 1968 Elbe–Röder-Gebiet bei Dresden bereits wieder 4–5 Brutplätze besetzt (FG Radebeul). Nach Winter 1969/70 erneute Bestandsminderung, danach rasche Zunahme infolge mehrerer günstiger Jahre: 1973 Oberlausitz schätzungsweise 150–250 BP [3246], wobei aus den Kr. Görlitz, Löbau, Zittau u. Sebnitz keine BN vorlagen, doch hat der E. zwischenzeitlich an mehreren Plätzen in diesen Kreisen gebrütet ([3359, 4090], C. NEITSCH, W. POICK, C. SCHLUCKWERDER); 1975 Elbe–Röder-Gebiet 12–13 BP (FG Radebeul); 1975 Kr. Grimma, Oschatz, Wurzen 23–30 BP

[3770]; 1975 Bez. C ca. 25 BP [3207]; 1978 Kr. Borna, Altenburg 5–8 BP (FG Borna, FG Altenburg). In den Kr. Dippoldiswalde, Schwarzenberg, Aue u. Klingenthal weder BN noch BV während der letzten 20 Jahre, für den Kr. Dippoldiswalde erst nach 1989 wieder BN an mind. 2 Stellen (B. KAFURKE, K. KELCH, M. SCHINDLER, J. FRIEDRICH u. a.). Nach Winter 1978/79 wieder deutlich geringerer Bestand, der sich bis 1982/83 erholt hat. Die Winter 1984/85 bis 1986/87 führen zu ähnlicher Situation wie Mitte der 1960er Jahre: 1984 Bez. C noch mind. 2 BP u. Kr. Borna 4 BP – 1985 in beiden Gebieten kein BP; 1984 Elbe–Röder-Gebiet 2–3 BP – 1985 noch 1 BP; 1986 im gesamten Bez. D lediglich an 2 Stellen Brutzeitbeobachtungen, ab 1987 Erholung des Bestandes mit 5 Stellen mit BV bzw. Brutzeitbeobachtung, 1989 bereits 8 (vgl. NACHTIGALL et al. 1995). Bez. C 1989 wieder 2 BN sowie weitere Brutzeitbeobachtungen (KRONBACH u. WEISE 1993). Witterungsbedingte Bestandsschwankungen werden von generellem Rückgang infolge Verschmutzung u. Ausbau vieler Gewässer überlagert.

Brutbiologie: Brutröhren vorrangig in Uferabbrüchen von Fließgewässern sowie in Steilwänden von Kies-, Lehm-, Baugruben u. anderen Erdaufschlüssen. Unter 305 Brutplätzen 21 in Wurzeltellern umgestürzter Bäume, 9 in künstlichen Nisthilfen, ausnahmsweise in Blindrohr einer Brückenmauer (W. POICK) u. altem Brückenpfeiler [3246]. Niströhren im Bez. D (n = 35) 0,3–6,0 m hoch ange-

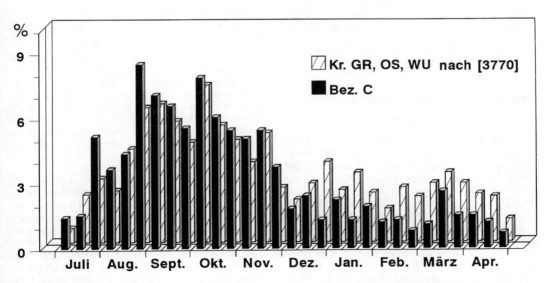

Abb. 29: Prozentuale Verteilung der Nachweise des Eisvogels (Dekadensummen) außerhalb der Hauptbrutzeit im Bez. C 1963–86 (n = 994) und in den Kreisen Grimma, Oschatz u. Wurzen 1950–80 (n = 1632)

legt; in der Oberlausitz M_{77} 3,75 m [3246], ausnahmsweise 20 m (S. RAU, G. DRECHSEL). Sehr niedrig angelegte u. dadurch extrem gefährdete Röhren sind teilweise Ausdruck von Nistplatzmangel. Höhlenbau März/Apr., frühestens 12. u. 14. März (R. BÖHME, G. WOLF). Nachweise noch nicht flugfähiger juv. vom 1. Mai (FG Radebeul) bis 12. Sept. [4139]. Brutgröße: 6×2, 8×3, 12×4, 13×5, 17×6, 9×7, M_{65} 4,8 juv./Nest ([3246, 3770], erg. mit Daten aus Bez. D u. L); im Bez. C 1. Brut M_5 6,4 u. 2. Brut M_5 4,8 juv./Brut. Meist 2, gelegentlich 3 Jahresbruten [4139], teilweise geschachtelt.

Wanderungen: Jungvögel nach Verlassen der Bruthöhle noch kurze Zeit geschlossen im Brutrevier [4007]. Ab Anfang Juli erscheinen E. (offenbar überwiegend juv. [3246]) an Gewässern weitab der Brutplätze. Bis Ende Aug./Anfang Sept. mehr oder weniger kontinuierliche Zunahme an Nichtbrutgewässern (Abb. 39), zweiter Höhepunkt Anfang Okt., danach bis Anfang Dez. deutlicher Rückgang ([2839, 3246, 3770] erg., Kartei Bez. C). Unterschiedliche Beobachtungsfrequenz resultiert aus der Bestandsentwicklung gegen Ende u. nach der Brutzeit sowie aus echten Strich- u. Zugbewegungen, die aus Nachweisen weitab von Gewässern ableitbar sind. Winterbestand pegelt sich im 1. Dez.-Drittel ein u. zeigt (vermutlich rein mortalitätsbedingt) bis Ende Febr. leicht sinkende Tendenz. Heimzug kaum bemerkbar; erhöhte Beobachtungsfrequenz im 2. Märzdrittel ([3770], Kartei Bez. C) kann aus vermehrter Aktivität während der Balz u. Revierbesetzung resultieren. Von in Sachsen markierten E. liegen neben Regionalfunden aus benachbarten Gewässersystemen Fernfunde aus Jütland, Nordbaden, Belgien, Niederlande u. Mittelitalien vor [1223, 1777, 2839, 3770, 3935].
R. STEFFENS, G. ERDMANN, D. SAEMANN

Bienenfresser – *Merops apiaster* L., 1758

Seltener Gast (gelegentlich Brutvogel)

Vorkommen: Ältere u. teils undatierte oder fragliche Beobachtungen (vgl. [35, 61, 256, 1223]) sowie ein angezweifeltes Vorkommen 1955 an der Mulde [1583, 3062] bleiben unberücksichtigt. 1 Beleg: 19. 10. 1883 bei Dresden 1 ♂ erlegt, kam in das Mus. Dresden [220, 442]. Im 20. Jh. folgende Vorkommen: Trotz der Bruten 1973–77 im Raum Zeitz-Weißenfels ([3598], hier auch Literaturübersicht) zunächst auf sächsischem Gebiet keine Hinweise auf Brut. 1987 am 06. 06. 3 Ex. in Kalkgrube bei Kunnersdorf/Kr. Görlitz (O. MEFFERT, M. TÖPFER), 1 Paar Röhre grabend in Kiesgrube Kr. Pirna (FG Pirna); 1988 wahrscheinlich Brutvorkommen an der Mulde bei Eilenburg (Mitt. Bisamfänger an

D. HEIDECKE); 1989 5 ad. mit 2 besetzten Röhren in Abbauwand (Ziegelei) bei Grimma (B. HOLFTER, W. KÖCHER) u. 2 BP mit 4 bzw. 2 juv. in Sandgrube bei Löbau (W. POICK); 1990 Brutversuch (Störung) am gleichen Ort bei Grimma (W. KÖCHER u. a.) sowie 6 ad. mit 1 erfolgreicher Brut (4 juv.) in Sandgrube bei Bautzen (J. DEUNERT u. a.). Sonstige Beobachtungen: 27. 08. 1933 Großwaltersdorf/Kr. Flöha 1 [818]; 31. 05. 1959 SB Windischleuba 7 [1788]; 26. 07. 1964 Pahna-Forst/Kr. Altenburg Rufe [2179]; 20. 05. 1968 Niedergurig/Kr. Bautzen 6 [2743]; 09. 05. 1969 zwischen Rhäsa u. Wolkau/Kr. Meißen 1 [2676]; 10. 08. 1969 Zittau 1 (S. KÖHLER); 28. 08. 1970 Drausendorf/Kr. Zittau 6 [2720]; 28. 08. 1973 Horstsee bei Wermsdorf/Kr. Oschatz 1 u. wohl derselbe später bei Colditz/Kr. Grimma [3770]; 06. 06. 1976 Oberrödern/Kr. Großenhain 2 (R. DIETZE); 30. 07. 1981 bei St.Egidien/Kr. Hohenstein-E. 1 (A. STIEFEL); 20. 09. 1981 SB Helmsdorf 4 (L. MODES); 03. 06. 1984 TS Saidenbach 10–12 (P. u. H. KIEKHÖFEL); 13. 05. 1988 bei Neuwürschnitz/Kr. Stollberg 1 (E. FUCHS); 17. 09. 1989 bei Annaberg-B. 1 (H. HOLUPIREK).
T. NADLER, G. ERDMANN, D. SAEMANN

Blauracke – *Coracias garrulus* L., 1758

(Sommervogel), Durchzügler
Unterart: *C. g. garrulus* L., 1758

Verbreitung: Ehemaliger Bv der Oberlausitzer Heidegebiete in den Kr. Niesky, Bautzen u. Kamenz [406, 1223, 1850, 1852], ferner am S-Rand der Dübener Heide [1531, 1690] u. möglicherweise auch in der Dahlener Heide [3770]. Außerhalb dieses Areals nur wenige glaubhafte Hinweise auf Brut: 1846 Remse/Kr. Glauchau [178, 1223], 1905–10 Machern/Kr. Wurzen [3770], um 1885 Spitzkunnersdorf/Kr. Zittau [4090] u.. Ende 19. Jh. Oberneundorf-Ludwigsdorf/Kr. Görlitz [256], 1885 Brößnitz/Kr. Großenhain [139]. Die Angabe Zoblitz/Kr. Löbau bei Creutz [1850] ist falsch, denn laut [748] ist Zoblitz bei Lodenau/Kr. Niesky gemeint (D. SAEMANN).

Lebensraum: Bewohnte Waldränder u. lichte Gehölze mit hohem Altholzanteil auf leichten, sandigen Böden, lokal auch in feuchteren Bereichen eiszeitlicher Talsenken. Charakterart der trockenen Kiefernheiden; brütete auch an mit Eichen bestandenen Teichdämmen, in Alleen, Parks u. selbst nahe bei oder in abgelegenen Heidedörfern. Nahrungssuche auf Feldern, Wiesen, Kahlschlägen u. Blößen nahe den Brutplätzen. Benutzt Draht-Freileitungen gern als Sitzwarte. Zur Zugzeit in der offenen Landschaft.

Bestand: 1900 im Bez. D mind. 150 Brutplätze, 1940 ca. 100, 1950 ca. 40, 1963 gegen 20 u. etwa 1970 völliges Verschwinden als Bv ([3427, 3430], erg. G. CREUTZ). Letzte BN im Kr. Kamenz 1961 Weißig u. 1969 Steina, im Kr. Bautzen 1958 Ruhetal-Neudorf (Spree) u. Lömischau-Kleinsaubernitz, im Kr. Niesky 1963 Jahmen-Klitten, 1966 Dürrbach u. 1969 Zschernske-Kreba [3430]. Am S-Rand der Dübener Heide 1934 bei Gruna/Kr. Eilenburg letzte Brut [1690], weitere Angaben um 1918/19 [1531] betreffen den Kr. Bitterfeld.

Brutbiologie: Nur wenige gebietsbezogene Funde erlauben keine spezifische Darstellung; die sächsischen Daten sind in [1852] eingearbeitet.

Wanderungen: Ankunft Anfang bis Mitte Mai, Durchzug bis Mitte Juni. Frühe Ankunftsdaten 15. 04. 1887 Tobertitz/Kr. Plauen [161], 01. 04. 1937 Neschwitz/Kr. Bautzen [1015]. Im Juni gelegentlich 2 B. zusammen, was auf umherstreichende Nichtbrüter hinweist; sonst während des Zuges nur Einzelstücke. Wegzug wesentlich schwächer als Heimzug, konzentriert Ende Aug./Anfang Sept.; späte Nachzügler: 05. 10. 1930 Schildau/Kr. Torgau 1 (M. HERBERG), 07. 11. 1887 Skassa/Kr. Großenhain 1 [166]; eine Beobachtung im Dez. beruht auf Irrtum [624]. Ein Fernfund: 18. 07. 1965 Dürrbach/Kr. Niesky beringt – 25. 09. 1967 Griechenland gefunden [2716].

Trotz Zusammenbrechens des ostdeutschen Brutbestandes weiterhin Durchzugsbeobachtungen, z. B.: 18. 06. 1987 bei Reichenbach/Kr. Freiberg 1 (T. HERGOTT), 22. 05. 1989 Herlasgrün/Kr. Plauen (S. SCHALLER).

G. CREUTZ, G. ERDMANN, D. SAEMANN

Wiedehopf – *Upupa epops* L., 1758

(Sommervogel), Durchzügler
Unterart: *U. e. epops* L., 1758

Verbreitung: Brutvorkommen in den 1980er Jahren vermutlich restlos erloschen, möglicherweise noch einzelne Brutpaare auf Truppenübungsplätzen. Bereits im 18. Jh. gewaltiger Rückgang der damals im Flach- u. Hügelland weit verbreiteten Art [586, 1223, 3102]. Hauptvorkommensgebiete waren die Oberlausitz einschließlich Elbtal, weniger ausge-

prägt auch das untere Muldenauen-Gebiet, die Randzonen der Düben-Dahlener Heide sowie die Randbereiche der Elster-Luppe-Auen bei Leipzig. In all diesen Gebieten nach 1950 nur noch wenige BP in jährlich stark wechselnder Anzahl. 1956 bei Lunzenau/Kr. Rochlitz BV [1729]. Höchstgelegener Brutplatz angeblich Raschau/Kr. Schwarzenberg, um 500 m ü. NN, wo der W. 1932 gebrütet haben soll [1061]. Um 1935 Brutnachweis bei Bärenstein/Kr. Dippoldiswalde ca. 450 m ü. NN (E. BERTHOLD).

Bestand: Nach lokal leichter Zunahme um 1950 [1182, 1729] u. in der Oberlausitz etwa zwischen 1950 u. 1965 ([3102] erg.) erfolgen die letzten Brutnachweise im Bez. D bis 1970 ([3102] erg.), während im Bez. L Bruthinweise bis 1979 reichen [3062, 3770]. Letzte BN u. BV in E-Sachsen: **Kr. Sebnitz** 1954 Flur Lichtenhain Brutzeitbeobachtung [1428, 1729]; **Kr. Pirna** 1948 Jessen u. 1950 Graupa [1182]; **Kr. Dresden** Steinbach 1957 (U. LEONHARDT), Moritzburg Ende der 1950er Jahre (P. FROMMHOLD, G. JÄGER), Radeburg 1970 (F. WOLF); **Stadt Dresden** Hellerau etwa 1960 (H. RUDIES); **Kr. Meißen** Oberau/Niederau u. Coswig um 1950 (K. BURK, G. CREUTZ), evtl. Weinböhla 1965 (B. KATZER); **Kr. Großenhain** 1957, 1959, 1960 Zschorna/Dobra (G. LEONHARDT, R. DIETZE), um 1965 Rödern (F. KNECHTEL); **Kr. Kamenz** 1957 Gebiet Biehla-Wießig 2 BP [1729, 3102], 1967 Königsbrücker Heide (P. FROMMHOLD, P. PFANDKE), hier wohl auch noch später; **Kr. Niesky** 1956 Dauban, Niesky u. Petershain, 1958 Steinölsa, 1959 Niederspree 2 BP, 1960 Kreba, 1962 Dürrbach, 1965 Neudorf [3102]; aus allen anderen Gebieten der Oberlausitz war der W. bereits vor 1948 verschwunden (vgl. [3102]). Im Bez. L letzte Brutvorkommen oder Hinweise darauf: **Kr. Leipzig** etwa 1952 Burghausen [1188, 1729]; **Kr. Grimma** 1950 bei Naunhof vielleicht Brut [1188]; 1977 Trebsen BV, 1978/79 Muldenaue zwischen Grimma u. Förstgen Brutzeitbeobachtungen [3770]; **Kr. Oschatz** 1954 Laas, 1955 Ockritz [1729], 1972 u. 1975 S-Rand Dahlener Heide Brutzeitbeobachtungen [3770]; **Kr. Wurzen** 1955 bei Canitz u. hier bis 1959 Brut wahrscheinlich [3062, 3770]; **Kr. Eilenburg** 1952 u. 1953 N Eilenburg Brut (K. GRÖSSLER), 1957 Wildenhainer Bruch Brut u. bis 1960 zur Brutzeit anwesend [2668] u. 1964 BV

Übersicht Beobachtungen (Dekadensummen) der Blauracke 1955–82 in den Bez. L u. C ([3572, 3770], ERDMANN 1989 a):

	Mai			Juni			Juli			Aug.			Sept.	
	1.	2.	3.	1.	2.	3.	1.	2.	3.	1.	2.	3.	1.	2
Dekade														
Ex.	2	4	5	14	11	7	4	4	–	–	1	4	4	1

[2179]; **Kr. Torgau** 1965 u. 1977 bei Seydewitz Brut, 1965, 1966 u. 1972 Beilrode [2333, 3244], 1972 Döbrichau [3244], 1974 GT Torgau (K. TUCH-SCHERER).

Brutbiologie: Neststand in der Oberlausitz überwiegend (n = 46) in ausgefaulten Baumhöhlen oder in Spechthöhlen (Apfel, Birne, Birke, Buche, Eiche, Kiefer, Linde, Pappel, Weide), ferner in Holzstapeln (6), Nistkästen (4), unter Steinhaufen (5), unter Dächern (4) u. je 1 in Kabelkanal, unter Langholz, im Zugloch eines Stalles u. unter Diele eines Wohnhauses [3102]; Höhe bis ca. 12 m [3102]. Vollgelege 1./2.Maidekade; Zweitbruten im gleichen Nest 3 mal nachgewiesen [3102]. Jungenzahl: 4×2, 8×3, 9×4, 6×5, 10×6, 1×7, 2×8, M$_{40}$ 4,5 juv./Brut [3102].

Wanderungen: Heimzug auffälliger als Wegzug (Tabelle 54), in den 1980er Jahren deutlich verminderter Durchzug. Ankunft in der Oberlausitz frühestens 24. u. 26. März, normalerweise im 2. Apr.-Drittel [3102]. Durchzügler (n = 82) 1950–82 im Bez. C 28. 03.–05. 06. u. während des Wegzuges (n = 41) vom 07. 07.–01. 10. ([3207] erg.). Hauptwegzugzeit Aug. bis Anfang Sept., nach 10. Okt. nur wenige Nachzügler: 14. 10. 1967 Leipzig-Mokkau 1 (K. GRÖSSLER), 15. 10. 1981 Drausendorf/ Kr. Zittau 1 [4090], 03. 11. 1955 [3102], 25. 11. 1975 Biehla/Kr. Kamenz 1 [3183, 3479]. Gewöhnlich Einzelzieher mit geringer Rastneigung, gelegentlich 2, sehr selten 3 W. zusammen: 24. 04. 1931 Imnitz/Kr. Leipzig 3 (W. SCHNEIDER), 03. 05. 1971 Groitzsch/Kr. Borna 3 (H. Krug), 19. 04. 1905 bei Burghausen/Kr. Leipzig (Brutgebiet!) 4 W. (E. HESSE). Je 1 in der Oberlausitz njg. beringter W. in Spanien [980] bzw. Griechenland [1729] erlegt.

Tabelle 54: Durchzugsbeobachtungen (Dekadensummen) des Wiedehopfes 1893–82 in den Bez. L u. C (zusammengestellt von K. GRÖSSLER).

Heimzug		Wegzug		
Dekade	Beobachtung	Dekade		Beobachtung
Apr.	1.	11	Juli	1.	1
	2.	49		2.	1
	3.	36		3.	11
Mai	1.	51	Aug.	1.	23
	2.	14		2.	14
	3.	13		3.	18
Juni	1.	12	Sept.	1.	2
	2.	–		2.	5
	3.	–		3.	2
			Okt.	1.	3

H. MENZEL, K. GRÖSSLER, D. SAEMANN

Ordnung Piciformes – Spechtvögel

Grünspecht – *Picus viridis* L., 1758

Jahresvogel
Unterart: *P. v. viridis* L., 1758

Verbreitung: Bv im gesamten Flach- u. Hügelland. Oberhalb 300 m ü. NN deutlich geringere Dichte; sporadische Brutvorkommen bis 700 m ü. NN [2570, 3207].

Lebensraum: Brutvorkommen an starkstämmiges Laubholz gebunden. Besiedelt in Laub- u. Mischwäldern die Randzonen zur freien Flur oder zu Ortslagen, zusammenhängende Gehölzlandschaften mit hohem inneren Grenzlinienanteil, Auenwälder, Baumbestände an Bach- u. Flußläufen, Parks, Friedhöfe u. laubholzreiche Gebiete in Ortschaften, teilweise auch mit Obstgärten u. ortsnahe Laubholzalleen. Im Kr. Grimma 50% der BP im Auengebiet der Mulde [3770], im Bez. L die Hälfte des Brutbestandes im Bereich der Elsteraue nebst zugehörigen Waldresten [4105]. Meidet das Innere größerer Waldflächen u. fehlt in ausgedehnten Nadelholzforsten ebenso wie baumarmen Feld- u. Wiesenfluren. Außerhalb der Brutzeit oft in Städten u. Dörfern, auch an Gebäuden.

Bestand: Schwankt stark in Abhängigkeit von Winterverlusten. Nach langen schneereichen Wintern kann der G. als Bv auch großflächig nahezu völlig fehlen. In der Oberlausitz 1954 u. 1965/66 Jahre mit geringem Bestand [3158]; 1950–88 im Gebiet Elster-FB zwischen 1 u. 7 BP je Jahr (K. GRÖSSLER, K. TUCHSCHERER). Oberhalb 400 m ü. NN in den letzten Jahrzehnten als Bv verschwunden: bei Olbernhau/Kr. Marienberg seit 1955 [1634], bei Deutscheinsiedel/Kr. Marienberg nach Winter 1969/70 (U. KOLBE) u. bei Annaberg-B. seit 1972 (W. DICK). Gesamtbestand: 1978–82 Bez. D. ca. 250–430 BP (Ergebnisse MTB-Kartierung) u. Bez. L 110–150 BP [4105], Bez. C keine Angaben. Flächenbezogene Bestände: Kr. Freital, 314 km^2, 15–25 BP (R. STEFFENS); Kr. Zittau, 256 km^2, 10–15 BP (FG Zittau), laut [4090] nur 5–10 BP; auf 60 km^2 bei Biehla/Kr. Kamenz, davon 32 km^2 besiedelbar, 0–10 BP (MELDE 1985); 1974–78 Elbe-Röder-Gebiet bei Dresden, 675 km^2, 80–100 BP, in Optimalgebieten bei günstigen Voraussetzungen max. 2,0–5,5 BP/km^2, sonst in „Normalhabitaten" 0,3–1,2 BP/km^2, 1,1–1,5 in Eichen-Hangwald mit Buche, Hainbuche u. Linde, 0,9–2,1 in Kiefernforst mit 20% Laubholz u. 1,4–2,3 BP/km^2 in Großpark (HUMMITZSCH 1987). 1968 Stadtgebiet Chemnitz, 130 km^2, 8–10 BP [2616], 1973–75 mind. 16 (–20) besetzte Reviere auf 42 km^2 (0,4–0,5 BP/km^2) besiedelbarer Fläche [3207], 1981–85 nur max. 8–10 u. nach 1985 auf gleicher Fläche max. 5 besetzte

Reviere (D. SAEMANN). 1974/75 Zwickau, 5 km² Stadtgebiet 0,4–0,6 u. 6 km² Stadtrandzone 0,8 BP/km², auf 9 km² zwischen Zwickau u. Werdau 0,4 BP/km² [3394]; oberes E-Erzgebirge auf 7 km² 1 BP (U. KOLBE). Hohe Abundanzwerte von 0,3–0,4 BP/10 ha in Chemnitz [2896] oder im Leipziger Auwald [2549] sind nicht repräsentativ (Kleinflächeneffekt!).

Brutbiologie: Balzrufe im Kr. Kamenz frühestens ab 03. 01., 1949–82 M_{28} 19. 02. (MELDE 1985); in Chemnitz frühestens ab Ende Dez., z. B. 26. 12. 1988, regelmäßig ab Anfang März bis Mitte Mai u. dann abrupt abbrechend (D. SAEMANN). Bau der Bruthöhlen März bis Ende Apr.; von 122 Höhlen in Buche 29 (24%), Weide, Eiche je 18 (15%), Obstbäume 9 (7%), Erle, Pappel je 7 (6%), Birke 5 (4%), in anderen Baumarten (23%) (z. B. 2 mal Kiefer). Höhe der Nisthöhle über dem Boden 1,4 bis 12m, Bez. C M_{22} 4,4 m u. Kr. Kamenz M_{15} 4,3 m. Ausgeflogene juv. G. registriert vom 10. 06.–28. 07., ausnahmsweise 6 juv. bereits 15. u. 19. 05. 1971 (H. MEYER). Jungenzahl: 7×2, 8×3, 2×4 u. 3×6 juv.

Wanderungen: Standvogel, Ortstreue mehrfach belegt. Streicht außerhalb der Brutzeit umher, wobei Gebiete frequentiert werden, die der G. zur Brutzeit meidet.

G. ERDMANN, P. HUMMITZSCH, U. KOLBE

Grauspecht – *Picus canus* Gm., 1788

Jahresvogel
Unterart: *P. c. canus* Gm., 1788

Verbreitung: Etwa durch N-Sachsen verläuft die N-Grenze des mitteleuropäischen Verbreitungsareals [3600]. Vorkommenszentren im Elbsandsteingebirge, unteren Erzgebirge u. Erzgebirgsvorland. Die vertikale Verbreitungsgrenze bei etwa 900 m ü. NN entspricht im Erzgebirge derjenigen von Rotbuchenbeständen [2773, 4012]; Rufplätze in der hochmontanen Fichtenregion [4012] bedürfen der Bestätigung. Weniger konstante Vorkommen im Elstergebirge [4012], Lausitzer Bergland [3158] u. Zittauer Gebirge [4090]. Regelmäßige Vorkommen aber auch, z.T. inselartig, in vielen Waldgebieten des Hügellandes u. der Ebene: Elbe–Röder-Gebiet bei Dresden (HUMMITZSCH 1988), Waldungen in den Kr. Altenburg, Leipzig, Grimma, Oschatz, Wurzen u. in den Bruchgebieten der Dübener Heide [2548, 2846, 3604, 3770, 4105]. Dagegen nur vereinzelter Bv in den Ruhland–Königsbrücker Heiden (G. ENGLER, MELDE 1985), im Oberlausitzer Heide- u. Teichgebiet [1526, 3158] u. im Oberlausitzer Hügelland [3158, 4027]. Waldarme Teile der

Gefildezone u. des Leipziger Landes sowie reine Nadelwaldgebiete der Ebene u. des Gebirges sind großflächig unbesiedelt.

Lebensraum: Bewohnt vor allem Laub- u. Laubmischwälder, insbesondere bei Vorhandensein von Rotbuchenbeständen, ferner solche mit Eiche, Linde, Ahorn, Esche, Erle u. a. sowie laubholzreiche Ortslagen. Der strengen Bindung an diese Waldtypen entspricht die oft inselartige Verbreitung; in den Vorkommenszentren sind dies die Hangwälder der Flußtäler. Unterhalb 400 m ü. NN teilt die G. den Lebensraum oftmals mit dem Grünspecht, ist aber im Inneren größerer Wälder häufiger, in Ortslagen seltener als der Grünspecht.

Bestand: Siedlungsdichte (BP/km²): 1974–78 Elbe-Röder-Gebiet auf 122 km² Wald großräumig 0,13–0,19 BP/km², dabei Moritzburger Wald, 3,3 km² Kiefer mit 20–50% Laubholz, 0,6–0,7 u. „Junge Heide", 260 ha gleicher Waldtyp, 0,7–1,0 BP/km² (HUMMITZSCH 1988). Tharandter Wald, 6622 ha Fichte, Kiefer, 15% Hart- u. 7% Weichlaubholz, 0,3 (R. STEFFENS). 1972–77 Breitenau–Hellendorf/Kr. Pirna, 800 ha Fichte mit 10% Laubholz, 0,38 (D. LOSCHKE). Höchste Brutdichte: Weißeritztalhänge/Kr. Freital 3 BP auf 44 ha (R. STEFFENS). 1967–78 im Stadtgebiet Chemnitz, 42 km² besiedelbare Fläche, 0,12–0,17 ([2616] erg.) Auf 100 km² Gebietsfläche bezogen im Elbe-Röder-Gebiet 2,5–4,0 u. im Stadtgebiet Chemnitz 3,8–5,6 BP; in den Kr. Grimma, Oschatz u. Wurzen Ende der 1970er Jahre max. 1,0–1,3 [3770] bei ca. 35 BP 1980–82 im gesamten Bez. L [4105]. Brutbestand, territoriale Verbreitung u. damit nördliche Verbreitungsgrenze schwanken über längere Zeiträume auffällig [1729, 2846]. Zunahme der Bestände in den 1950er Jahren mit Vordringen in niedere Lagen; dort nach Mitte der 1960er Jahre geringer Rückgang mit mäßigen Bestandsschwankungen. Seit Anfang der 1980er Jahre im Erzgebirge drastischer Rückgang u. seit 1985 hier in vielen einst gut besetzten Gebieten fehlend (D. SAEMANN), dagegen im ostelbischen Gefilde u. in der Lausitzer Niederung in dieser Zeit Zunahme der Nachweishäufigkeit (R. STEFFENS u. a.)

Brutbiologie: Höhlenbau zwischen 15. 04.–14.5.; Höhe über dem Boden 0,8–13 m. Bruthöhlen meist in Rotbuche, mehrfach in Eiche, Linde, Weide, Birke u. je 1mal Ahorn, Ulme, Roßkastanie, Robinie, Apfel- u. Götterbaum. Gelegefunde 26. 04., 20. 05. u. 09. 06. Im Kr. Zschopau 1966 ein Mischbrut mit Buntspecht [2284]. 3–6 Jungvögel, in der Bruthöhle 03. 06.–09. 07. u. außerhalb derselben 25. 06.–23. 07. beobachtet. Im Bez. L fl. juv. bereits Ende Mai (G. ERDMANN) u. noch am 15. 08. [3770].

Wanderungen: Auftreten abseits der Brutgebiete zeugt von Mobilität zumindest eines Teiles der Population außerhalb der Brutzeit. Belegdaten zur Altersbeteiligung u. Entfernung beim Umherstreifen fehlen.

H. HOLUPIREK, P. HUMMITZSCH, G. ERDMANN

Schwarzspecht – *Dryocopus martius* (L., 1758)

Jahresvogel
Unterart: *D. m. martius* (L., 1758)

Verbreitung: Bv nahezu des gesamten Gebietes; im Mittelsächsischen Lößgebiet N u. NW Leipzig selten, in der Lommatzscher Pflege u. im W-Teil des Altenburger Lößgebietes fehlend. Bruten in hochstämmigen Rotbuchen bis zu deren Höhengrenze, die im W-Erzgebirge bei etwa 820 m ü. NN liegt; Höhlen (Schlafhöhlen?) in Fichten bis 980 m ü. NN [3483]; juv. S. bis 1 040 m ü. NN [1408].

Lebensraum: Bevorzugt ausgedehnte Nadelwaldungen mit möglichst gleichmäßig verteilten kleinflächigen Altbuchenbeständen u. lichten Bereichen ([3483, 3770, 4090], HUMMITZSCH 1987). Besiedelt auch größere Mischwälder, seltener dagegen reinen Laubwald sowie offenes Gelände mit höherem Anteil an Restwäldern u. Gehölzen. Brutreviere überwiegend in Rotbuchen-Altholz, Nahrungssuche vor allem im Nadelholz. Einzelne S. suchen gelegentlich die Peripherie von Städten auf [3062, 3483, 2616]; außerhalb der Brutzeit auch mehrfach in baumarmen Feldgebieten u. Grubengelände [3062, 3770].

Bestand: Deutlicher Bestandanstieg um 1900 [344], Tiefstand nach HEYDER [1223] um 1940–50, besonders auffällig im Erzgebirge. Danach wieder langfristig Bestandszunahme (Beispiele in HUMMITZSCH 1987), doch nach strengen Wintern wie 1962/63 sind empfindliche Bestandseinbußen möglich [1223, 3770]. Gelegentlich täuschen witterungsbedingte Bestandsausfälle wie 1979 im Kr. Aue (es brüteten nur 3 Paare im Gegensatz zu 21–22 in den Vorjahren [3791]) Bestandsrückgang vor. Von Bestandszunahme zeugt auch die Ausdehnung von Brutvorkommen auf laubholzbeherrschte Waldreste N u. W Dresden in den 1980er Jahren. Siedlungsdichte: Fichten–Kiefern-Forst mit geringem Laubholzanteil 0,1 BP/km^2, Kiefern–Fichten-Forst mit 10–50% Laubholz 0,2–0,5 BP/km^2, Rotbuche mit geringem Kiefernanteil 0,8 BP/km^2 u. großflächig auf inhomogenen Waldstandorten 0,17–0,34 in günstigen bzw. 0,03–0,07 BP/km^2 in ungünstigen Jahren ([4090], HUMMITZSCH 1987, M. MELDE, R. STEFFENS). Auf die Waldfläche bezogene Abundanz: 1977/78 Kr. Aue, 171,5 km^2 Waldfläche, 10,8 BP/100 km^2 [3643]; 1982 LSG Sächsische Schweiz, 217 km^2 Waldfläche, 11,5–13,8 BP/

100 km^2 [4066]; 1970–80 Kr. Grimma, Oschatz u. Wurzen, 240,4 km^2 Waldfläche, 10,4–11,2 BP/100 km^2 [3770]; nach 1974 Elbe–Röder-Gebiet bei Dresden, 122 km^2 Waldfläche, 32,0–37,7 BP/100 km^2 (HUMMITZSCH 1987). Großflächige Bestandsschätzungen: 1979–82 Bez. C, 4966 km^2, 100–120 BP (Ergebnisse MTB-Kartierung): Kr. Zittau, 256 km^2, 10–15 BP [4090]; Kr. Riesa, 368 km^2, 6–10 BP (D. SCHNEIDER).

Brutbiologie: Zum Höhlenbau genutzte Baumarten: LSG Sächsische Schweiz (n = 310) 99% Rotbuche [4066], Westerzgebirge (n = 203) 91,1% Rotbuche, 7,9% Fichte [3483]; Elbe–Röder-Gebiet (n = 215) 80,5% Rotbuche, 5,6% Kiefer, 4,2% Erle, je 2,8% Birke u. Pappel, 1,9% Fichte (HUMMITZSCH 1987 erg., W.-R. RUDAT, S. RAU); Kr. Grimma, Oschatz, Wurzen (n = 99) 59,6% Rotbuche, 22,2% Kiefer, 9,1% Fichte [3770]. Selten auch Höhlen in anderen Baumarten: Eiche, Lärche, Linde, Tanne, Weide, Weymouthskiefer; eine Höhle in „Lichtmast" [1850]. Ablage 1.Ei im W-Erzgebirge, 400–820 m ü. NN, 09. 04.–Anfang Mai, M$_{36}$ 19. 04., spätere Bruten wohl Nachgelege, Brutbeginn spätestens 24. 05. [3483]. Legebeginn im Elbe–Röder-Gebiet, unter 200 m ü. NN, 10. 04.–12. 05. (W.-R. RUDAT, S. RAU). Gelegegröße: 1×1, 4×2, 9×3, 15×4, M$_{39}$ 3,3 Eier/Gelege (Gesamtgebiet). 1977/78 W-Erzgebirge von 39 Bruten 74,4% erfolgreich [3483]; 1978–85 im Elbe–Röder-Gebiet von 116 Bruten 91,4% erfolgreich (W.-R. RUDAT, S. RAU). Anzahl der juv./BP im Gesamtgebiet: 10×1, 25×2, 82×3, 35×4, M$_{152}$ 2,9 Geschlechterverhältnis ($\male\male : \female\female$) der Nestlinge: Elbe–Röder-Gebiet (n = 161) 1 : 1,1 u. W-Erzgebirge (n = 94) 1,3 : 1.

Wanderungen: Familienverbände lösen sich Mitte bis Ende Juli auf, juv. streichen bis Anfang Nov. in der Umgebung des Brutrevieres umher. Größere Ortsveränderungen sind nicht bekannt.

R. MÖCKEL, P. HUMMITZSCH, S. RAU, G. ERDMANN

Buntspecht – *Dendrocopos major* (L., 1758)

Jahresvogel
Unterarten: *D. m. major* (L., 1758) – gelegentlicher Wintergast
   D. m. pinetorum (Brehm, 1831) – Jahresvogel

Verbreitung: Bv im gesamten Gebiet bis 1 000 ü. NN [3207], in höheren Lagen deutlich geringere Dichte. 1980 am Fichtelberg 1 Höhle 1080 ü. NN (D. SAEMANN); Aufenthalt im Winter bis in Höhen von mind. 900 ü. NN ([353] erg.) .

Lebensraum: Bewohnt alle Waldtypen, insbesondere Laub- u. Mischwald bis hin zu kleinen Waldresten u. laubholzreichen Parkanlagen. Bodenfeuchtigkeit, älteres Weichholz, auch einzelne Birken als Mischbaumart in Nadelholzforsten wirken begünstigend auf Ansiedlungen. Im reinen Nadelholz geringere Dichte, deshalb in höheren Berglagen oft in oder nahe bei Rotbuchenbeständen; aufgelockerte Fichtenbestände der Rauchschadensgebiete mit deutlich höherer Abundanz als in vitalen Fichtenmonokulturen. In Ortschaften u. Städten aller Größenordnungen weit verbreitet; brütet hier auch in Kleinparks, Alleen, Baumgruppen u. sogar Einzelbäumen ([2896] u. K. GRÖSSLER). Außerhalb der Brutzeit auch in baumarmen Feldgebieten; im Winter gern an Futterstellen.

Bestand: Häufigste Spechtart, jährliche Bestandsschwankungen meist gering. Großräumige Bestandsschätzungen: 1974–77 Elbe-Röder-Gebiet bei Dresden, 675 km^2, 645–980 BP (HUMMITZSCH 1988); Kr. Freiberg, 314 km^2, 300–400 BP (R. STEFFENS); Kr. Zittau, 256 km^2, 150–200 BP [4090]; Umgebung Biehla/Kr. Kamenz, 60 km^2, 63–73 BP (MELDE 1985). 1968 Stadtgebiet Chemnitz, 130 km^2, mind. 70 BP [2616], 1975–86 ebenda 95–120 BP (D. SAEMANN). Habitatbezogene Siedlungsdichte (BP/10 ha): Bez. D Laubmischwälder, Flachland bis mittlere Berglagen 0,5–2,2, M$_{17}$ 1,5 ([2299], P. HUMMITZSCH, R. STEFFENS u. a.); Großpark 0,7–0,9; Kiefernforst mit 20–50% Laubholz 0,4–1,7 u. mit < 20% Laubholz 0,1–0,5 ([3158], HUMMITZSCH 1988, MELDE 1985, R. PÜRSCHEL); Weinaupark Zittau (35 ha) 1,7 u. Wittgendorfer Wald (124 ha, 79% Fichte) 0,4 [4090]; Bez. L: Elster-Luppen-Auwald Leipzig 0,4–2,6 (bei den hohen Werten verdient großflächiges Ulmensterben Beachtung!); Eichen-Buchenwald 0,9; Feldgehölz mit 75% Traubeneiche 0,9; aufgeforstetes Kippengelände mit überwiegend Birke 1,1 [1649, 2183, 2549, 3770, 3808]. Auf bepflanzter Hochhalde, 280 ha, ca. 40 Jahre nach Erstaufforstung 2 BP [4073]. Bez. C: Im Stadtgebiet Chemnitz Gartenstadt 0,4, Kleinpark 0,9–1,5, Großpark 1,5–1,7 u. Friedhof 0,6 [2896, 3207]; in Fichtenforsten ca. 0,5 u. oberhalb 800 m ü.NN 0,05–0,1 BP/10 ha (D. SAEMANN, B. SEIFFERT). Lokal manchmal hohe Brutdichte: 3–5 besetzte Höhlen auf 3–4,5 ha ([3158] J. DEUNERT), 12 Höhlen auf 30 ha (S. MÜLLER) u. 3 besetzte Höhlen im Abstand von 15–15–13 m (J. ULBRICHT).

Brutbiologie: Trommeln witterungsbedingt ab Jan., selten ab Mitte Dez., z. B. 18. 12. 1976 Chemnitz (D. SAEMANN); intensives Trommeln März bis Mai, vereinzelt Juni/Juli, ausnahmsweise Aug. bis Okt. (K. GRÖSSLER, D. SAEMANN). Höhlenbau März bis Anfang Apr.; selten später, z. B. 22. 04. 1984 (D. SAEMANN). Bevorzugte Brutbäume: Kr. Grimma, Oschatz u. Wurzen (n = 140) Kiefer 30%,

Fichte 26%, Eiche 12% [3770]; Elbe-Röder-Gebiet (n = 120) Kiefer 27% , Birke 25%, Fichte 11% (HUMMITZSCH 1987); Stadtgebiet Chemnitz (n = 80) Birke 40%, Erle 16%, Rotbuche 10% (D. SAEMANN); höhere Lagen im Bez. C (n = 75) Fichte 27%, Eberesche 19%, Buche 17% (Kartei Augustusburg); Bez. D insgesamt (n = 500) Birke 26%, Kiefer 23%, Fichte 16%. Bruthöhlen auch in zahlreichen anderen Baumarten, in Tagebaugelände mehrfach in Holzmasten; Bruten in Nistkästen selten ([256, 3158], HUMMITZSCH 1987). Höhe der Bruthöhle über dem Boden (n = 474): 0,15–1,0 m 12%, 1–2 m 26%, 2–5 m 37%, 5–10 m 22%, 10–20 m 2%. Höhe wohl teilweise von der Baumart abhängig: im Bez. C Rotbuche M$_{10}$ 7,3 u. Fichte/ Eberesche M$_{30}$ 3,7 m (S. ERNST). Beginn der Eiablage (rechnerisch): im Bez. D überwiegend 1. Maihälfte; Bez. C (n = 74) 80,8% 1./2. Maidekade (S. ERNST); in Chemnitz (n = 34) 3. Apr.-Drittel 35% u. 1. Maidekade 53% (D. SAEMANN). Eiablage ausnahmsweise 1. Apr.-Hälfte 1976 (G. JÄGER); oberhalb 700–800 m ü. NN kaum vor Mitte Mai u. öfters Anfang Juni. 31. 07. 1978 Wildenau/ Kr. Auerbach noch juv. in Höhle (H. KREISCHE). Vollgelege: 5×4, 4×5, 5×6 Eier (MELDE 1985, J. DEUNERT). Anzahl der Jungvögel: 4×1, 6×2, 23×3, 15×4, 13×5, 7×6, 1×7, M$_{69}$ 3,8 juv. ([3770] erg.). Gelegentlich sehr enge Brutnachbarschaft mit Kleinspecht [3315]; frisch gezimmerte Höhlen in Chemnitz mehrfach vom Star okkupiert (D. SAEMANN).

Wanderungen: Einheimisch *D. m. pinetorum* sind überwiegend ortstreu u. wurden nahe dem Geburtstort mehrfach bis zu 6 u. 7 Jahre angetroffen; einzelne B. verstreichen bis zu 60 km NNW bzw. NE u. max. 90 km SW [1523, 1777, 2103, 2716, 3006, 3040, 3770]. Hinweise auf Einflüge von *D. m. major* finden sich für viele Jahre [703, 708, 719, 1223, 3158], indessen existieren nur wenige Belege, die zeitlich vom 10. Okt. bis 17. Apr. begrenzt werden [703, 708, 1223, 3233]. Im finnischen Evasionsjahr 1968 beringte H. HASSE am 31. Juli bei Mükka/Kr. Niesky 1 dj.B., der 1972 u. 1973 in S-Finnland, 1200 km NE, als ♂ an der Bruthöhle kontrolliert wurde [2946].

P. HUMMITZSCH, S. ERNST, G. ERDMANN

Blutspecht – *Dendrocopos syriacus* (Hemprich u. Ehrenberg, 1833)

(Irrgast ?)

Eine Beobachtung vom 06. 10. 1972–Wildenhainer Bruch ♂ [3062] – erscheint nicht ausreichend dokumentiert.

D. SAEMANN

Mittelspecht – *Dendrocopos medius*
(L., 1758)

Jahresvogel
Unterart: *D. m. medius* (L., 1758)

Verbreitung: Fester Brutbestand in den Auwäldern der Elster u. Pleiße N Altenburg bis NW Leipzig sowie der Großen Röder zwischen Zabeltitz/ Kr. Großenhain u. Pulsen/Kr. Riesa. Lokale Brutvorkommen kurzzeitig oder mit längeren Unterbrechungen im Bereich der Mulde von Glauchau bis Wurzen, um Dresden, in der Oberlausitz u. bei Lommatzsch; vor 1950 auch am Unterlauf der Zschopau.

Lebensraum: Die anspruchsvolle Art brütet nur in Laubwald mit hohem Anteil an Alteichen u. stärkerem Unterwuchs. Auch außerhalb der Brutzeit an Laubholz gebunden, meidet jedoch Feldgehölze. Keine gesicherten Nachweise aus Nadelforsten des Berglandes.

Bestand: Bez. L max. 20 BP, jährlich stark schwankend: 1979–84 Elster-Luppe-Auwald NW Leipzig 1–4 BP, Elster-Pleiße -Auwald S Leipzig 2–10 BP, nicht alljährlich BN [2548, 2549, 3604, 4105]. Zu diesem Zeitpunkt Brutbestand weiter südlich – Kr. Schmölln u. schließlich Döbeln [4105] – offenbar nur lückenhaft erfaßt oder seitdem Zunahme, denn 1985/86 im Pleiße-Whyra-Gebiet relativ viele Reviere: Kammerforst 1–2, Forst Pahna 4–7, Stökkigt 1–3, Forst Leina 6–8, 1985 außerdem Deutsches Holz u. bei Rüdigsdorf/Kr. Geithain je 1 u. 1986 im Streitwald mind. 4 Reviere (ROST et al. 1987, 1989). Im Bereich der mittleren Mulde 1930 Brut bei Lubschütz/Kr. Wurzen u. Anwesenheit zur Brutzeit 1929–36 (H. LINDNER); 1936 zur Brutzeit bei Colditz/Kr. Grimma [1223], dto. 1972 [2943], 1968 im Forst Glasten/Kr. Grimma [3770]; 1952/53 u. 1956 Brutzeitdaten Park Machern/ Kr. Wurzen (W. SCHNEIDER). An der Zwickauer Mulde 15. 05. 1983 Grünfelder Park Waldenburg/ Kr. Glauchau ♂ u. 1984 BV, danach offenbar fehlend, jedoch 1989–91 wieder Beobachtungen (H. MEYER, EDELMANN); 1989 Harthwald bei Dänkritz/Kr. Werdau 1 BN (E. TYLL). Bis Anfang der 1930er Jahre zwischen Lauenhain u. Tanneberg/ Kr. Hainichen mehrere ♂♂ [1223], seitdem nicht mehr bestätigt. Bez. D: Regelmäßiger Bv der Röderaue unterhalb Zabeltitz, hier 1950/60er Jahre ca. 3 BP (P. REUSSE) u. 1981–89 (2 BN 1982) mind. 1–5 BP (R. DIETZE, P. REUSSE, M. WALTER, R. STEFFENS); unregelmäßige Brutvorkommen (je 1 BP) 1967/68, 1973/74 u. 1978 Dresdner Heide (H. J. FRAUENFELDER), ferner 1978 bei Leuben/ Kr. Meißen u. hier in weiteren der 1970er Jahre BV (N. HÄRTNER); sporadischer Bv 1900 u. 1923/24 bei Bautzen [1223], Ende der 1950er Jahre bei

Zschornau/Kr. Kamenz (MELDE 1985), 1980 Weistropp/Kr. Meißen (W. WEGER), 1985 Förstgen u. Kreba/Kr. Niesky (W. KLAUKE, R. KRAUSE, J. TEICH) sowie 1986 (1 BP) u. 1988/89 (je 2 BP, davon 1 BN) Groß Radisch/Kr. Niesky, 1989 NSG Monumentshügel Ullersdorf/Kr. Niesky Brutverdacht (F. MENZEL); Brutverdacht bestand für Herwigsdorf/Kr. Löbau u. Neschwitz/Kr. Bautzen [3158], Dresden-Pillnitz [1241], 1969 Dresdner Heide (P. LORENZ) u. 1952 Dresden-Briesnitz [1240]. Außerhalb der bekannten Brutgebiete gelegentlich – teilweise auch in Brutzeitnähe – meist kurzzeitig in Laubwaldgebieten; Beobachtungen in Fichtenwäldern der montanen oder orealen Stufen (vgl. [3060]) beruhen sicherlich auf Verwechslung mit Buntspechten im Jugendkleid.

Brutbiologie: Balzrufende M. März/Apr. Bruthöhlen vorwiegend in Alteichen, meist in starken Seitenästen u. Einfluglöcher an der Unterseite der Äste, 2–20 m über dem Boden. Gelegentlich Bruthöhlen in Wildapfel, Erle, Esche, Ulme, Birke, Kirschbaum, Bergahorn. Aus einem Gelege mit 6 Eiern schlüpften 6 juv. (H.-J. FRAUENFELDER). Fl. juv. bisher nur zwischen Anfang u. Ende Juni beobachtet.

Wanderungen: Standvogel. Streicht vermutlich umher u. sucht kurzzeitig auch weniger arttypische Lebensräume auf.

P. HUMMITZSCH, G. ERDMANN, D. SAEMANN

Weißrückenspecht – *Dendrocopos leucotos*
(Bechst., 1803)

Irrgast

HEYDER [1223] nennt keinen sicheren Nachweis, was für die folgenden Jahrzehnte bestätigt werden muß [1729, 3498]. Eine weitere Beobachtung vom 02. 11. 1988 Kleinolbersdorf/Kr. Chemnitz 1 ♀ (SAEMANN 1990).

D. SAEMANN

Kleinspecht – *Dendrocopos minor* (L., 1758)

Jahresvogel
Unterarten: *D. m. hortorum* (Brehm, 1931) – Jahresvogel
            D. m. minor (L., 1758) – gelegentlicher Gast?

Verbreitung: Bv des Flach- u. Hügellandes, nur vereinzelt oberhalb 400 ü. NN. Höchstgelegene Brutplätze bei Annaberg-B. um 600 ü. NN u. bei Rehefeld/Kr. Dippoldiswalde 730 ü. NN (B. HERKLOTZ u. a.), im Herbst bis 900 ü. NN.

Lebensraum: Laub- u. Mischwald. Bevorzugt Erlen- u. Birkenbruchwälder, alte Obstkulturen sowie Ufergehölze an Stand- u. Fließgewässern. Besiedelt in Ortschaften Parks, Friedhöfe, Gärten u. Alleen. Brütet auch in Feldgehölzen. Seit den 1960er Jahren außerhalb der Brutzeit oft auf Ruderalgelände an abgetrockneten Stengeln verschiedener Hochstauden ([2383, 2616] erg.).

Bestand: 1978–82 Bez. D, 6738 km², ca. 280–500 BP u. Bez. L, 4966 km², 150–200 BP (Ergebnisse MTB-Kartierung). 1974–77 Elbe-Röder-Gebiet bei Dresden, 675 km², 45–75 BP (HUMMITZSCH 1988); Kr. Zittau, 256 km², 10–20 BP [4090]; 1964–82 im Kr. Kamenz auf 60 km², davon 32 km² besiedelbar, 4–8 BP (M. MELDE); 1961–80 Kr. Grimma, Oschatz u. Wurzen, 1276 km², 24 konstante u. 56 unregelmäßig besetzte Reviere [3770]; 1968 Stadtgebiet Chemnitz 12 BP [2616], 1973–84 ebenda 16–20 Reviere besetzt u. bis 1988 kein Bestandsrückgang (D. SAEMANN). Lokal stärkere Bestandsschwankungen, gebietsweise auch Rückgang durch Habitatverluste; langfristige Untersuchungen zur Bestandsentwicklung fehlen.

Brutbiologie: Trommelnde K. 22. Febr. bis 03. Juni, Max. Apr. u. im gleichen Monat meist Höhlenbau. Bruthöhlen (n = 188) bevorzugt in Erle (22,4%), Birke (15,4%), Apfelbaum (12,8%), Pappel (10,1%) u. Weide (8,0%), der Rest in 14 weiteren Laubholzarten, je 1 Höhle in Kiefer u. in Fichte ([3158, 3315, 3511, 3770, 4090] erg. u. HUMMITZSCH 1988). Höhe der Bruthöhlen 1–15 m über dem Boden, M_{44} 4,6 m. Brutgemeinschaft im gleichen Baum 4 mal mit Star u. einmal mit Buntspecht. Ablage 1. Ei meist im Mai, Extremdaten etwa 21. Apr. (M. BERGER) u. um den 10. Juni (N. HÖSER). 3×3, 2×4 u. 2×5 ausgeflogene Jungvögel.

Wanderungen: Deutliche Strich- (Zug-?) Aktivität 3. Aug.- bis 2. Okt.-Dekade (D. SAEMANN). In diese Zeit fallen die meisten Beobachtungen im Gebirge oberhalb 400 ü. NN. Hier u. im Stadtgebiet Chemnitz Jan./Febr. auffallender Mangel an Beobachtungen; läßt sich im Bez. D nicht bestätigen. Gelegentlich besetzt der K. „Winterreviere", z. B. 1 ♀ 11. 11.–20. 12. 1977 in Grimma [3770]. Standorttreue bis 2 Jahre belegt ([1777] erg.). Einflüge von *D. m. minor* aus NE werden vermutet [1223], sind jedoch nicht belegt [3600].

S. ERNST, P. HUMMITZSCH, G. ERDMANN

Dreizehenspecht – *Picoides tridactylus* (L., 1758)

Irrgast
Unterart: *P. t. alpinus* C. L. Brehm, 1831

Vor 1823 Hirschfelde/Kr. Zittau ♀ [35,1001]. Beleg im Mus. Görlitz nicht mehr vorhanden (vgl. AN-

SORGE 1987); 1891 bei Präparator RIEDEL in Zwickau ♀ ad. [187], das kurz vorher bei Schwarzenberg erbeutet worden war [1001], Beleg Mus. Dresden (S. ECK); ohne genaue Orts- u.. Datumsangabe zweimal in Leipzig vorgekommen [1001, 1223]. Eine Beobachtung 12. 10. 1920 Radeberg/Kr. Dresden zweifelhaft [1223].

D. SAEMANN

Wendehals – *Jynx torquilla* L., 1758

Sommervogel, Durchzügler
Unterart: *J. t. torquilla* L., 1758

Verbreitung: Vor 1970 Bv im gesamten Gebiet bis 500 ü.NN, bevorzugt in den Heide- u. Teichgebieten sowie im Dresdner Elbtal. Höchstgelegene Brutplätze bei 600–650 m ü.NN [1223] noch bis 1974 bei Marienberg (G. REICHEL) u. 1978 bei Oelsen im E-Erzgebirge (D. LOSCHKE) bestätigt; angeblich Brut am Pöhlberg in 700 m ü.NN [2814]. Reviermarkierende W. 1982 bei 750 m ü.NN (U. KOLBE). 1978 bei Johanngeorgenstadt ca. 760 m (R. BARTHEL) u. 18.07.1976 Fichtelberg etwa 1080 m ü.NN (R. FLATH). Während der 1980er Jahre mehr oder weniger sporadischer Bv in den Optimalgebieten, darüber hinaus großflächig fehlend.

Lebensraum: Trockene, sonnigwarme Kiefernwälder mit grasbewachsenen Blößen [3158, 3770]; Waldsäume mit hohem Laubholzanteil [748, 4090]; südexponierte Hänge mit alten Obstbäumen (P. HUMMITZSCH); Auwald [101,586]. Entscheidend für Brutansiedlungen sind wärmebegünstigte Standorte, reiches Höhlenangebot (Naturhöhlen oder Nistkästen) u. hohe Dichte kleiner Ameisenarten magerer Böden. Teilweise bieten Parks, Friedhöfe, Gärten, Flur- u. Restgehölze, Alleen u. Kippenbepflanzungen für Einzelpaare Existenzgrundlagen [347, 748, 1863, 2024, 2367, 3158].

Bestand: Rückgang des Brutbestandes seit etwa 1900 [1223, 2367, 3426], nur lokal von kurzzeitigen Bestandszunahmen u. a. als Folge erhöhten Nistkastenangebotes überlagert [2024, 2404, 3158, 3770, 4090]. Seit Mitte der 1960er Jahre allerorts rapider Rückgang: Bez. C ab 1970 fast alle Brutplätze verwaist, 1976–82 nur 5 Bruten registriert, 1986 Wolkenburg/Kr. Glauchau 1 BV (J. HERING) u. 1989 Mannichswalde/Kr. Werdau 1 BN (E. TYLL); Auengebiete bei Leipzig als Brutgebiet Mitte der 1960er Jahre aufgegeben (K. GRÖSSLER); seit 1970 in den Kr. Grimma, Oschatz, Wurzen nur noch sporadische Vorkommen [3770]; 1980–82 Bez. L kaum mehr als 45–50 BP bei deutlicher Konzentration auf die Heidegebiete u. den Kr. Altenburg [4105], doch 1985/86 im Pleiße-Wyhra-Gebiet (ca. 1 200 km² der Kr. Altenburg, Borna, Geithain, Schmölln) nur noch 5 bzw. 2 Reviere gemeldet

(Rost et al. 1987, 1989); Elbe-Röder-Gebiet bei Dresden Anfang der 1970er Jahre 15–30 BP, Ende des Dezenniums kaum mehr als 10 BP (Hummitzsch 1988); Bez. D Anfang der 1980er Jahre < 50 BP, dabei viele ehemalige Brutgebiete restlos verwaist [3834]. Siedlungsdichte: Um 1960 bei Neschwitz/Kr. Bautzen je nach Besiedlungsdichte 2–15 ha Forstfläche/BP [1863]; in der Oberlausitz durchschnittlich 0,5–2,0 BP/10 ha. Nistkastenflächen im Raum Dresden: 1955–63 Sebnitzer Wald, 360 ha Nadel-Laubmischwald, mittlere Dichte 0,5 BP/100 ha [2024], hier 1969 nochmals 3 Bruten [3834]; 1960–63 hintere Sächsische Schweiz, 1 100 ha Fichten-Kiefernwald 1 BP [2024]; 400 ha des gleichen Waldtyps bei Kurort Hartha/Kr. Freital nur 1958 u. 1966 je 1 BP [2404]; 1971 bei Pulsnitz/Kr. Bischofswerda 2 BP in 57 ha großem Gehölz [3127]; 1973 letzte Brut Borsberg Dresden Pillnitz (H. Jokiel in [3834]).

Brutbiologie: Nutzungsrelation Naturhöhlen/Nistkästen unklar; Brutkontrollen überwiegend in Nistkästen ([1863, 3158, 3770], Melde 1985, Hummitzsch 1988). Benutzte Naturhöhlen nur 1,5–2,5 (–4) m über dem Boden; je 1 Brut in Wasserpumpe (H. Hasse) u. Mauerloch (G. Engler). Ablage 1. Ei: Bez. D (n = 52) 05. 05.–05. 07, Max. 2./3. Maidekade; unteres Erzgebirge im Bez. C (n = 21) 15. 05.–21. 06., Max. 3. Mai-/1. Junidekade; ähnliche Zeiten in NW-Sachsen [586, 3770]. Schlegel [749] nennt Gelegefunde vom 19./20. 04., was evtl. zu Zeiten häufigeren Vorkommens des W. öfters eintrat; auf Eiablage im Apr. deutet 1 futtertragender W. vom 12. 05. 1978 (N. Härtner). Gewöhnlich 1 Jahresbrut; Zweitbruten nicht alljährlich, meist geschachtelt u. mind. 11mal belegt [1523, 1746, 3158]. Gelegegröße: Bez. D meist 8–10, max. 12, M_{164} 8,4 Eier, dabei im Mai begonnene Gelege M_{29} 9,3 u. im Juni begonnene Gelege M_8 7,6 Eier; Bez. C 7–12, M_{32} 9,3 Eier/Gelege. Auffallend geringer Schlupferfolg. Anzahl juv. im Nest: Bez. D meist 5–9, max. 11, M_{127} 6,3 juv.; Bez. C max. 10, M_{88} 6,9 juv.; Bez. L max. 12, 1969–72 M_{64} 6,9 juv. [3244], im Raum Grimma, Oschatz, Wurzen M_{55} 6,8 juv. [3770]. Nachwuchsrate mit 4,8 juv./BP bei 168 Bruten (P. Hummitzsch) bzw. 5,4 bei 49 Bruten (D. Saemann) noch geringer u. offenbar wie beim Ziegenmelker hohe postnidale Verluste auf Verkehrswegen.

Wanderungen: Mittlere Erstbeobachtung 1952–82 Bez. D 21. 04., dabei 1952–68 17. 04. u. 1969–82 25. 4.; den 21. 04. nannte bereits Baer [256]. Ankunft im übrigen Gebiet ebenfalls 2. Hälfte Apr., seltener vor dem 15. 04., zuweilen Mitte/Ende März: 13. 03. 1988 (50 cm Schneelage) Freiberg 1 Ex. (A. Günther), 25. 03. 1889 [178], 25. 03. 1961 (W. Fischer), 27. 03. 1953 [3158], 31. 03. [586],

01. 04. 1913 [445], 05. 04. [748] u. selbst bei Olbernhau/Kr. Marienberg vor 1960 am 02., 07. u. 10. 04. [1634]. Beginn des unauffällig verlaufenden Wegzuges vermutlich Ende Juli [3770]. Höhepunkt des Wegzuges 3. Aug.-/1. Sept.-Dekade, im letzten Sept.-Drittel Wegzug weitgehend beendet. Okt.-Daten nicht selten, die spätesten sind: 19. 10. 1974 Annaberg-B. 1 juv. (R. Flath), 24. 10. 1887 [161, 1223]. Auf Registrierfangplatz Augustusburg/Kr. Flöha 1 juv. 16. 09.–03. 10. 1976 verweilend (D. Saemann). Beringungen ergaben 24 Wiederfunde am BO, 2 Umsiedlungen in den Folgejahren, 2mal Abwanderungen nach SSE über die ČS bis nach Italien u. 1mal Abwanderung nach SW bis München [1110, 1523, 1777, 1920, 2167, 3128, 3158].

D. Saemann, P. Hummitzsch

Ordnung Passeriformes – Sperlingsvögel

Kalanderlerche – *Melanocorypha calandra* (L., 1766)

(Irrgast)
Unterart: *M. c. calandra* (L., 1766)

Im Mus. Görlitz 1 ♂, das vor Aug. 1889 bei Bautzen gefangen wurde; erkennbare Gefiederschäden lassen Käfighaltung vermuten ([256, 1223] Ansorge, 1987).

D. Saemann

Ohrenlerche – *Eremophila alpestris* (L., 1758)

Durchzügler, Wintergast
Unterart: *E. a. flava* (Gmel., 1789)

Vorkommen: Bis Mitte 20. Jh. sehr spärliches Auftreten: 1810 als Wintervogel genannt (Ch. F. Ludwig [1223]); März 1823 bei Altenburg 2 erlegt [103, 484]; Anfang Dez. 1824 bei Herrnhut/Kr. Löbau „einige" erbeutet [35]; weitere O. wurden gefangen: März 1886 bei Ebersbach/Kr. Zittau 3 [148, 1223], März 1922 bei Annaberg-B. 1 [576, 1223], Mitte Dez. 1923 Gehringswalde/Kr. Zschopau 1 [576], Anfang Febr. 1924 bei Leipzig 1 [576]; 23. 02. 1924 Dresden-Gohlis 23 beobachtet [571]. Erst ab 1954 zunächst einzelne Nachweise [1729], seit 1956 kontinuierliches Auftreten mit erheblichen Mengenschwankungen. Nach schwachen Einflügen 1958/59 bis Winter 1961/62 ab 1963 bis 1978 regelmäßiges Auftreten. Mengenmäßig gipfeln die Einflüge Anfang der 1970er Jahre und flauen seit Ende dieses Dezenniums stark ab, doch landesweit kein völlig synchroner Verlauf ([2472, 3207, 3267, 3543, 3770], Eifler u. Hofmann 1985; Schlögel 1985 a). 1954–1982 im Gesamtgebiet mind.

20 000 Ex. registriert; meist in Trupps bis 50 Ex., seltener in Schwärmen bis max. 500 Ex., z. B. 07. 01. 1979 bei Brandis/Kr. Wurzen (A. KERMES). Starke Einflüge Winter 1969/70 im Bez. C [2979] und in der Oberlausitz [3267]; Winter 1978/79 besonders im Bez. L ([3770], SCHLÖGEL 1985 a).

Lebensraum: Offene Feldflur, Ruderalstellen und Ödland, auch inmitten der Großstadt [2158, 2383, 2472]. Im Gegensatz zur Schneeammer oberhalb 500–600 m ü. NN nur geringes Auftreten [2472]. Bevorzugte Rastplätze sind abgeerntete Klee-, Hackfrucht- und Kohlfelder, die im Winter unbestellt bleiben. Auch auf Sturzäckern, Getreide- und Rapssaaten, an Strohdiemen und Mistplätzen. Bei Schneelage vor allem auf Flächen mit herausragenden Fruchtständen bevorzugter Nahrungspflanzen [2472, 2805]. Rastdauer und Überwinterung werden vom Nahrungsangebot bestimmt.

Wanderungen: Eckdaten des Auftretens im Gebiet: 06. 10. 1973 bei Auerbach 60 auf Kartoffelfeld (M. THOSS), 05. 04. 1980 bei Freiberg 8 Ex. (K. HÄDECKE); 16. 09. 1972 [2472] wohl unzutreffend. Okt. bis 2. Nov.-Drittel nur wenige Daten meist ziehender O.; deutlicher Einflug ab 3. Dekade Nov. und zahlenmäßig stärkstes Auftreten Ende Dez. bis Mitte Jan. Heimzug bereits Mitte Febr. bis etwa 15. März, danach nur noch ausnahmsweise (Abb. 30). Die meisten O. rasten im Winter nur kurzzeitig, doch langer Aufenthalt von 3–5 Wochen am gleichen Ort wiederholt belegt ([2860, 2979, 3770], SCHLÖGEL 1985 a).

R. PÄTZOLD, D. SAEMANN, N. SCHLÖGEL

Heidelerche – *Lullula arborea* (L., 1758)

Sommervogel, Durchzügler
Unterart: *L. a. arborea* (L., 1758)

Verbreitung: Brutvorkommen konzentrieren sich auf die Heidewälder des Tieflandes [3267, 3770] sowie auf entsprechende Lebensräume nördlich und nordöstlich von Dresden. Außerhalb dieses Areals im Anschluß an das Thüringer Schiefergebirge sowie inselartig vor allem in der Sächsischen Schweiz und im Elstergebirge. Ansonsten nur sporadische Vorkommen, höhenwärts bis 600 (700) m ü. NN: 1983 Nestfund S Klingenthal, 550 m ü. NN (M. MÖNNIG); 16. 08. 1984 S Bad Brambach/Kr. Oelsnitz, 680 m ü. NN, ad. u. juv. auf Kahlschlag (J. SCHULENBURG, U. ZÖPHEL). Ehemals bis 1 000 m ü. NN [1223], zuletzt 19.–22. 05. 1958 NE-Hang Fichtelberg 2–3 sM, 1050 m ü. NN (D. SAEMANN).

Lebensraum: Bevorzugt trockene, sandige Böden. Hier besiedelt sie regelmäßig Kahlschläge mit noch lückiger Bodenvegetation, Kiefernkulturen bis 0,5 m Höhe bei max. Deckungsgrad von 60% sowie lichten Pionierwald auf Tagebaurestflächen und Truppenübungsplätzen, mit Bevorzugung der an Baumkulissen und Waldränder angrenzenden Gebiete. Auf schwereren, wechselfeuchten Böden sporadischer Bv in Fichten-, Fichten-Kiefern- oder Fichten-Lärchen-Kulturen ähnlicher Struktur. Neu entstandene Kahlschläge werden bei Dresden durchschnittlich nach 3 Jahren besiedelt. Die H. ist Bewohner großer Waldflächen; Bruten auf LN

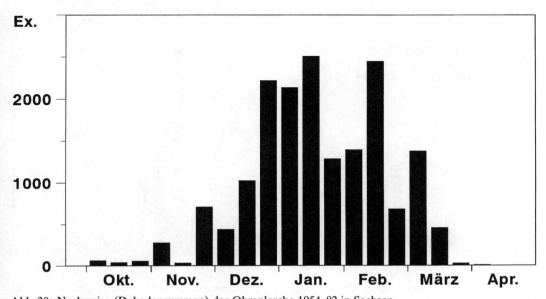

Abb. 30: Nachweise (Dekadensummen) der Ohrenlerche 1954–82 in Sachsen

nicht bekannt, doch gelegentlich sM im Übergangsbereich zur Feldflur.

Bestand: Vorkommen und Siedlungsdichte sukzes-
sionsbedingt unstet und variabel. Höchste Abundanz auf 2–6 ha großen Flächen: Kiefernschonungen in „Junger Heide" bei Dresden 1980–1985,
2,3–5,3 BP/10 ha (PÄTZOLD 1986, SCHIMKAT 1992); 3
bzw. 4 sM auch auf 250 bzw. 400 m langem Kahlschlag im Forst Hartmannsdorf/Kr. Zwickau 1984
(H. OLZMANN). Großflächig geringe Dichte: „Junge Heide" 1980–1982, 80 ha, 0,5 (R. PÄTZOLD); Kiefernforst mit Kahlschlägen und Schonungen Kreis
Hoyerswerda 1967–1970, 50,5 ha, 0,7 (S. KRÜGER);
Kiefern- und Mischwald bei Moritzburg/
Kr. Dresden 1974–1982, 2 750 ha, 0,07 (D. KELLER);
Dresdener Heide 1974, 300 ha, 0,13 (D. KELLER);
Dübener Heide N Doberschütz/Kr. Eilenburg
1982, 8 800 ha, 0,03 BP/10 ha (J. SCHMIDT, K. WEIS-
BACH); Kammerforst/Kr. Altenburg 1978–1980, auf
900 ha Kiefern- und Mischwald 1 BP (R. STEIN-
BACH). Bestandsabnahme seit etwa 1850 [1223]. Ab
1950 im Erzgebirge und dessen Vorland weiterer
Rückgang bis zum fast völligen Erlöschen der Vorkommen Mitte der 1970er Jahre [3207], dagegen
kontinuierliche Brutzeitdaten 1963–1984 im Elstergebirge (H. FRANKE, S. GONSCHOREK). In der Dahlener Heide zu Beginn der 1950er Jahre wahrscheinlich Zunahme [3770]. Seit Mitte der 1970er
Jahre außerhalb des rechtselbischen Hauptbrutge-
bietes wieder etwas häufiger, doch Bestände stark
schwankend: linkselbisches Waldgebiet des Elbsandsteingebirges 1976 9, 1978/79 0, 1980 1 und

1981 8 BP (A. STURM). Nach 1985 im Gesamtgebiet erneut starker Rückgang.

Brutbiologie: 2 Jahresbruten. 1. Ei der 1. Brut bei
Dresden 28. 03. –17. 04. (R. PÄTZOLD), in der
Oberlausitz 02.–14. 04. (S. KRÜGER). Eiablagebe-
ginn der 2. Brut Ende Mai/Mitte Juni, 12–18 Tage
nach Nestverlassen der juv. der 1. Brut. Gelegegröße 3–5, meist 4 Eier (n = 13, R. PÄTZOLD), Oberlausitz M_{29} = 3,6 Eier [3267]; ausnahmsweise 6
Eier: 14. 06. 1958 Biehla/Kr. Kamenz (M. MELDE),
17. 05. 1983 ehemaliger Tagebau Spreetal/Kr. Hoyerswerda (S. KRÜGER). Meist 4, seltener 5 juv. im
Nest, so z. B. 10. 07. 1965 Kr. Hoyerswerda 5 ca.
8tägige juv. (S. KRÜGER) und 12. 05. 1982 N Bad
Brambach 5 ca. 3tägige juv. (S. GONSCHOREK); oft
nur 3 juv. im Nest [3770].

Wanderungen: Ankunft am Brutplatz etwa
25. 02. –18. 03. , in der Oberlausitz 1958–1977 im
Mittel 13. März [3267]. Frühere Daten: 21. 02. 1961
Biehla/Kr. Kamenz [3267], 21. 02. 1981 Annaberg-B. (S. SCHLEGEL), 20. 02. Dresden [2704],
15. 02. 1984 Freital (M. SCHINDLER), 11. 02. 1983
Wittgendorf/Kr. Zittau (G. HOFMANN) und 10. 02.
1966 [2435] im Bez. L, 05. 02. 1975 Döben/
Kr. Grimma 7 H. [3770] leiten zu Winteraufenthalt
über. Wegzug auffallender als Heimzug (Abb. 31);
Beginn 2. Sept.-Dekade, Höhepunkt 1. Okt.-Drit-
tel, ausklingend im Nov./Dez. [2148, 2179, 2333,
2767, 3770]. Jan.-Daten selten: 05. 01. 1967 Elster –
FB Leipzig 2 (K. GRÖSSLER), 20. 01. 1983 und
30. 01. 1976 im Kr. Zwickau 9 bzw. 2 H. (H. OLZ-

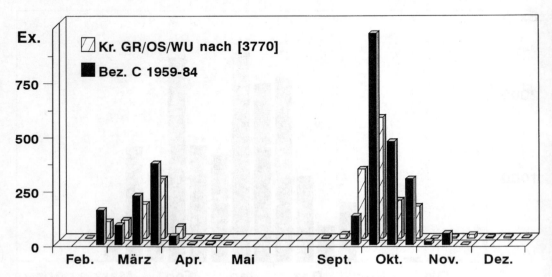

Abb. 31: Durchzugsbeobachtungen der Heidelerche (Dekadensummen) im Bez. C sowie in den
Kr. Grimma, Oschatz und Wurzen

MANN); 25. 01. 1960 Hohenprießnitz/Kr. Eilenburg
29 [2112]. Überwinterung: 20. 12. 1975–21. 02. 1976
Heyda/Kr. Wurzen ständig 4 H. [3770]. Stärke der
Zugtrupps 2–30, max. 100–150 Ex. [3267, 3770].

R. Pätzold, S. Gonschorek, D. Saemann

Haubenlerche – *Galerida cristata* (L., 1758)

Jahresvogel
Unterart: *G. c. cristata* (L., 1758)

Verbreitung: Nach 1980 regelmäßige Vorkommen
nur noch unterhalb 300 m ü. NN und vor allem in
NW-Sachsen (Karte 18). Im Lößhügelland trotz
großer Ortsdichte Verbreitungslücken von über
100 km², z. B. im Altenburger Ackerhügelland und
im Erzgebirgsvorland. Vom 16. Jh. bis 1. Drittel
20. Jh. auch in den Gebirgslagen bis 600 m ü. NN
Bv, im Winter bis 750 m ü. NN [1223, 2570].
Höchstgelegene Brutzeitbeobachtung 28. 06. 1929
Jöhstadt/Kr. Annaberg, 800 m ü. NN [728].

Lebensraum: Auf leichte, trockene, sich schnell er-
wärmende Böden mit spärlicher Vegetation von
weniger als 50% Flächendeckung angewiesen.

Nahrungsangebot vorausgesetzt, finden sich Brutplätze auf Schutt-, Öd-, Ruderalflächen, Sport-
und Truppenübungsplätzen, Baustellen, in Bergbaugebieten, Kiesgruben, Industrie- und Eisen-
bahngelände sowie an Landwirtschaftsbetrieben
(z. B. Großviehhaltung), doch überwiegend im
Siedlungsbereich [2704, 3267, 3770, 4105]. In den
Städten nach 1945 Charaktervogel der Trümmerfelder und innerstädtischen Ruderalflächen, nach
deren Schwinden in Neubaugebieten bis zur Ausbildung einer dichten Grasnarbe auf den Freiflächen [2616, 2471, 2383]. Besiedelt südlich Leipzig
schwach bewachsene Tagebaukippen [1217, 1419,
1847], max. dann, wenn Bewuchsstadium beginnender Wiesengesellschaft auftritt [3442]; in den
1980er Jahren hier nur noch in geringer Zahl
[4105].

Bestand: Mitte 16. Jh. und Anfang 19. Jh. Ausbreitung, seit Beginn 20. Jh. Rückgang [1223]; in
NW-Sachsen bis etwa 1925 noch überall häufig
[586]. Sprunghafte Zunahme in vielen Städten
nach 1945. Bis Mitte der 1950er Jahre und um
1960 auch in vielen Dörfern max. Dichte infolge
kurzzeitiger Vergrößerung ländlicher Ruderalflä-

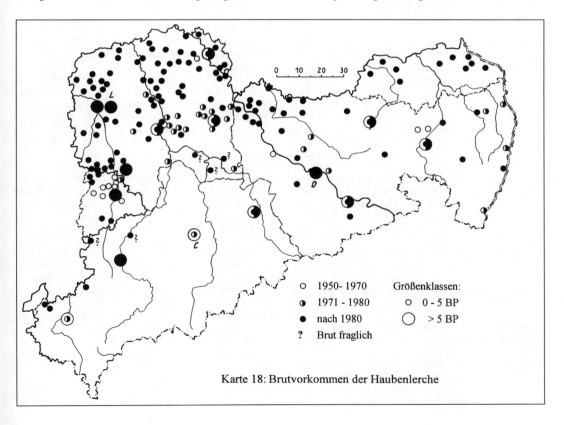

0   10   20   30

○	1950- 1970
◑	1971 - 1980
●	nach 1980
?	Brut fraglich

Größenklassen:
○ 0 - 5 BP
◯ > 5 BP

Karte 18: Brutvorkommen der Haubenlerche

chen. Seit 1960 rapider Rückgang, zunächst im Erzgebirge und Vorland [3207], in den 1970er Jahren im gesamten Gebiet. Vor 1965 in vielen Dörfern des Bez. L 2–3 BP, gegenwärtig 0–1 [3770]. Seit 1975 in Landgemeinden E-Sachsens nahezu fehlend. Nach 1985 S Leipzig inselartig verteilter Brutbestand in Städten und in der Tagebauzone. Siedlungsdichte: Stadtgebiet im SE Dresdens 1974–1976, 4000 ha, 0,09 – 0,1 (D. KELLER); Stadtrandgebiet Dresden 1973–1976, 400 ha, 0,08–0,13, 1977 0,05 BP/10 ha, 1978 nur 1 sM, 1979 0, 1980 1 BP und 1981 kein BP (L. MÜLLER). Neubaugebiete: Altenburg-Nord 1981–1982, 85 ha, 0,71 (N. HÖSER); Chemnitz 1972, 36,2 und 32 ha, 0,3 bzw. 0,6 [2896]; Dresden 1974–1976 1,6–4,3 BP/ 10 ha (D. KELLER). Altbauwohngebiet Leipzig 1975, 200 ha, 1 BP, 1977 und 1979 fehlend [3445]. Tagebauhänge Kulkwitz bei Leipzig 1963–1968, 25–55 ha, 0,3–0,9 BP/10 ha [2320, 3442]. Kleinflächig in den 1960er Jahren oft viel höhere Dichte, heute meist fehlend: Stadtrand Altenburg 1962, 6,3 ha (ca. 100 m breit), 8,0, 1969 3,2, 1981 1,6 BP/ 10 ha (N. HÖSER); Lehmgrube bei Dresden 1955 und 1962, 13 ha, 4,0 BP/10 ha [1973]; Moto-Cross-Gelände bei Torgau vor 1962 1,6–3,3, ab 1962 fehlend [2177]; Kiesgrube im Kr. Altenburg 1967, 2,5 ha, 3 BP, 1975 fehlend (N. HÖSER).

Brutbiologie: Nester meist in weniger als 0,1 m hoher Vegetation, seltener auf Kahlflächen; gelegentlich Bruten auf Flachdächern, so 1912 in Altenburg (HILDEBRANDT und SEMMLER, 1975) und 1950er Jahre in Leipzig (K. GRÖSSLER); solche Bruten dürften jedoch meist unentdeckt bleiben. Gelegegröße 2–6, am häufigsten 3 und 4 Eier; 1962–1972 Oberlausitz $M_{129} = 4,0$ Eier/Gelege [3267]; im Raum Dresden dominieren ab 1975 3er-Gelege (PÄTZOLD 1986). In der Regel 2 Jahresbruten; Nachweise von Drittbruten und bis zu 4 Nachgelegen in der Oberlausitz ([3267] erg.). Vollgelege frühestens 27. und 29.03.1966 in der Oberlausitz (S. KRÜGER) und 05.04.1967 Dresden [2704]; spätestens am 28.07. in Hoyerswerda [3267]. In der Oberlausitz ein Nest mit 9tägigen juv. noch am 18.08.1966 [3267]. Bruterfolg: 111 pulli aus 239 Eiern, 64 juv. wurden flügge (S. KRÜGER). Im Bez. L Gelege ab Mitte Apr.; 2×3 und 5×4 juv. im Nest ([3770] erg.); 20.08.1977 Falkenhain/ Kr. Wurzen Fütterung von juv. [3770]. Sonst nur Einzeldaten.

Wanderungen: Standvogel. Winterliche Ansammlungen selten mehr als 10 Ex. Winterüber in der Oberlausitz auch in Orten, in denen die H. sonst nicht brütet [3267]. Winter 1965/66 Güterbahnhof Uhyst/Kr. Hoyerswerda max. 76 Ex. [3267] ist ungewöhnlich.

R. PÄTZOLD, N. HÖSER, D. SAEMANN

Feldlerche – *Alauda arvensis* L., 1758

Sommervogel; Durchzügler, Wintergast
Unterart: *A. a. arvensis* L., 1758

Verbreitung: Bv im gesamten Gebiet; am Fichtelberg Nestfund 1975 in 1100 m ü. NN (R. FLATH, H. HOLUPIREK).

Lebensraum: Offene, gehölzarme Fluren mit niedriger, vom Vogel zu Beginn der Brutzeit überschaubarer Vegetation, die 30–80% der Bodenfläche bedecken kann: Felder, Grünland, Öd- und Ruderalflächen, Kahlschläge und Forstkulturen sofern sie groß genug sind bzw. am Waldrand liegen. Erstbesiedler auf schwach bewachsenen Tagebauhängen mit steigender Dichte bis zur Reitgras-Gesellschaft, Abnahme mit dem Aufkommen von Gehölzwuchs [1419, 1499, 1500, 1847, 3442]. In geringer Dichte auch auf immissionsbedingten Waldblößen im Erzgebirge. In einförmiger Feldflur wirken flächengliedernde Strukturen wie Raine, Feldwege oder Gebüsch dichtefördernd. Auf LN 1. Brut bevorzugt in Wintergetreide, 2. Brut in Mais, Leguminosen und Hackfrüchten. Bruten gelegentlich auf Grünstreifen zwischen Apfelkulturen (W. GLEINICH, A. SIEBERT).

Bestand: Seit Ende der 1960er Jahre auf LN infolge zunehmender Intensivierung der Pflanzenproduktion allgemeiner Bestandsrückgang. Bis 1965 in Wintergetreide und Leguminosen etwa 10 BP/ 10 ha [1831, 3115], danach rückläufig und seit etwa 1970 in optimalen Habitaten mit 3–6 BP/10 ha etwa gleichbleibender Bestand (R. PÄTZOLD). Je nach Biotoptyp bzw. Fruchtart sowie Lage und Größe der Flächen z.T. erhebliche Dichtedifferenzierungen. In Winter- und Sommergetreide sowie Gemenge und Rotklee 1975–82, M_{12} 30,0 (7,4–63,9)ha, 5,8 (3,4–10,3) BP/10 ha (G. EIFLER u.a.); Extremwerte mit 3,4 BP/10 ha 1977 in Gemenge- und Kleeschlag (50 ha) bei Breitenau/Kr. Pirna (D. LOSCHKE) und 10,3 BP/10 ha 1981 in Sommergerste (36,2 ha) bei Oberseifersdorf/Kr. Zittau (G. EIFLER), in Mais (7,4 ha) 1982 8,1 BP/10 ha (G. EIFLER); in Gemüsekulturen mit Futtergetreide als Zwischenfrucht (68, 32 und 30 ha) im Elbtal bei Dresden-Mickten 1977–82 im Mittel nur 0,6 BP/ 10 ha (L. MÜLLER), möglicherweise infolge ständiger intensiver Bearbeitung. Abundanz auf verschiedenen Grünlandtypen ebenfalls sehr variabel, jedoch im Mittel deutlich niedriger als auf Ackerland: 1964–82, M_{12} 25,6 (9,5–65,0) ha, 1,9 (0,8–5,1) BP/10 ha (D. KELLER, H. KERN u.a.), Intensivweiden und Naßwiesen liegen dabei an der Untergrenze – in Kleinseggenriedern (68,5 ha) im Dubringer Moor konnte die F. bei 1970 durchgeführten Siedlungsdichteuntersuchungen überhaupt nicht als Brutvogel nachgewiesen werden

(G. CREUTZ). Bergwiesen scheinen im Durchschnitt höhere Abundanzwerte aufzuweisen: M_4 36,2 (15,2–54) ha, 4,4 (3,3–5,2) BP/10 ha ([2507] u. a.); ungewöhnlich hohe Dichte mit 14 BP/10 ha 1972 auf extensiv genutztem Grasland (20 ha) am SB Helmsdorf, 1976 hier noch 5 BP/10 ha [3412]. Die Neigung der F. zur bevorzugten Besiedlung von Randzonen und Feldrainen beeinflußt die Siedlungsdichteangaben erheblich: bei Eckartsberg/ Kr. Zittau in Kartoffelfeld (63,9 ha) mit geringem Feldrainanteil 1982 3,0 BP/10 ha, mit hohem Feldrainanteil (32,0 ha) 1981 7,3 BP/10 ha (G. EIFLER); u. a. auch deshalb großflächig ermittelte Abundanzen deutlich niedriger als oben angegeben: M_8 195 (94–470) ha, 1,5 (0,3–3,5) BP/10 ha (R. BÄSSLER, H. OLZMANN u. a.). Andererseits auf kleinen Flächen z. T. deutlich höhere Werte: 4,8 ha große an Fichtenkulturen und Offenland angrenzende Wiese bei Wittgendorf/Kr. Zittau 1981 8,4 BP/10 ha (G. HOFMANN), 7,7 ha große an Feldflur angrenzende isolierte Pappelpflanzung, Tagebau Kulkwitz, 1963–1967 im Mittel 12,7 (6,5–18,2) BP/10 ha (DORSCH 1988), 6,5 ha große Zweizahn-Gesellschaft auf Teichboden im 2. Trockenjahr, SB Windischleuba, 1964 17,1 BP/10 ha (N. HÖSER). Möglicherweise ist die oben angeführte hohe Abundanz am SB Helmsdorf ebenfalls mit auf solche Randeffekte zurückzuführen. In Sand- und Lehmgruben, auf Bergbaukippen u. a. Ödländereien 1955–1980, M_{10} (7,2–146) ha, 2,8 (0,6–5,5) BP/10 ha ([1847] u. a.), dabei maximale Dichte mit 4–7 BP/10 ha bei gut entwickelter Bodenvegetation kurz vor bzw. zu Beginn des Vorwaldstadiums (DORSCH 1988). In Kippenpflanzungen (An- und Aufwuchs) 1963–1967, 21–27,5 ha, 0,5 (0,4–0,7) BP/10 ha [2320]; ähnlich niedrige Werte auch auf Rauchschadblößen (mit Jungwaldanteilen) im Osterzgebirge 1980–1986, M_3 20,2 (12,2–35) ha, 1,0 (0,7–1,6) BP/ 10 ha (U. ZÖPHEL), 100 und 310 ha , 0,4 BP/10 ha ([4134], R. STEFFENS); dagegen an Offenland angrenzende Kiefernkulturen, M_3 28,7 (10,1–50)ha, 2,3 (0,9–4,6) BP/10 ha (S. KRÜGER u. a.).

Brutbiologie: 2 Jahresbruten. Ablage 1. Ei Anfang Apr.–1. Julidekade, Mittel 1. Brut 14. Apr. und 2. Brut 2. Juli (R. PÄTZOLD). Früher Legebeginn: 02. 04. 1982 Wahnsdorf/Kr. Dresden (R. PÄTZOLD); etwa 05. 04. 1978 SB Helmsdorf (B. SEIFERT). Späte Gelegefunde: 15. 07. 1978 Spreetal (S. KRÜGER) und 29. 07. 1973 Friedewald/Kr. Dresden (S. RAU); 31. 08. 1980 im Kr. Dresden Nest mit 4 juv., Legebeginn ca. 12. 08. (D. KELLER u. a.). Gelegegröße: Gesamtgebiet M_{125} 3,8 Eier/Gelege, im einzelnen 1×1, 4×2, 39×3, 59×4, 20×5 und 2×6 Eier. Anzahl der juv. im Nest: M_{89} 3,53, 11×2, 30×3, 39×4, 8×5 und 1×6 juv. Über die Höhe der Brutverluste liegen nur Angaben aus dem Elbtal bei Dresden-Mickten vor. Aus 132 Eiern (Nichtgemüsekultu-

ren) schlüpften 78 Junge, wovon 51 das Nest verließen. In den Gemüsefeldern konnten Bruterfolge nur in Möhren-, Porree-, Petersilien- und Tomatenkulturen nachgewiesen werden, während in den oft stärker besiedelten Kopfsalat-, Blumenkohl- und Selleriekulturen keine Bruten hochkamen (L. MÜLLER).

Wanderungen: Ankunft am Brutplatz meistens 2. Febr.- bis 1. Märzdekade; schneefreie Teilflächen erforderlich. Im Flachland wohl öfters Ankunft ab Anfang Febr. [2435, 3363, 3770], im Kr. Rochlitz M_{10} 13. 02. [3286].
Bei ungünstigem Wetter nicht selten Rückzug nach SW [2798], manchmal noch im Apr. [2627]. Durchzug fremder Vögel wohl ebenfalls noch bis Ende Apr. (K. GRÖSSLER). Wegzug ab Mitte Sept., Höhepunkt 1./2. Okt.-Dekade, ausklingend Nov./Dez., zuweilen als Winterflucht. Truppstärke ziehender F. überwiegend bis 50 Ex., doch nicht selten größere Massenzug: 08. 10. 1978 SB Helmsdorf in 3 Stunden ca. 4 600 (B. SEIFERT); 20. 10. 1976 auf abgeerntetem Sonnenblumenfeld im Kr. Zittau ca. 10 000 (G. EIFLER); 18. 11. 1972 bei Windischleuba in 4 Stunden 3 800 (R. STEINBACH); viele andere Daten, z. B. [3770]. Überwinterung wohl alljährlich, besonders im Flachland und bei milder Witterung; an Tagebauhängen mit hoher Stetigkeit von über 30% [3442]. Am 24. 01. 1976 bei Windischleuba 2 300 F. (R. STEINBACH).

R. PÄTZOLD, N. HÖSER, D. SAEMANN, R. STEFFENS

Uferschwalbe – *Riparia riparia* (L., 1758)

Sommervogel, Durchzügler
Unterart: *R. r. riparia* (L., 1758)

Verbreitung: Brutvorkommen überwiegend an Gebiete mit Geschiebedecksand, Sandlöß und sandigem Löß sowie Auenlehm gebunden. In W-Sachsen Dichtezentrum an der Mulde; dichteste Besiedlung in E-Sachsen im Kr. Niesky (Karte 19). Höchstgelegene Brutplätze bei 350 und 380 m ü. NN [637, 2902], doch diese wie viele andere vor 1960, z. T. noch früher erloschen [346, 363, 637, 793, 1098, 1317, 1729].

Lebensraum: Brutröhren meist in Steilwänden mäßig bindiger Böden, deren Körnigkeit, Dichte und weitgehend fehlende Durchwurzelung Grabtätigkeit der U. zuläßt. Typische Koloniestandorte sind Uferabbrüche an Prallhängen von Flüssen u. Standgewässern. Kolonien 1–6 m über Wasserspiegel und meist 0,5–1(2) m unter Oberkante. Nur selten in stärker von gröberem Kies durchsetzten Wänden [1317] und selten über Kaolin. Wenige Kolonien („Perlenschnüre") in Sandschwemmstreifen des feinen lößhaltigen Auenlehms oder Lößlehms. Anlage der Brutröhren in Sandgruben und

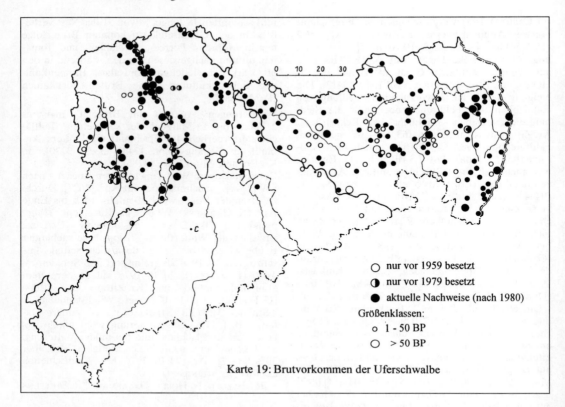

○ nur vor 1959 besetzt

◑ nur vor 1979 besetzt

● aktuelle Nachweise (nach 1980)

Größenklassen:

o 1 - 50 BP

○ > 50 BP

Karte 19: Brutvorkommen der Uferschwalbe

Tagebauen vor allem in pleistozän geprägten Sedimenten, bereits ab 0,3 m über den am Hangfuß lagernden Geröllschichten ([1317, 4103], HILDEBRANDT u. SEMMLER 1975). Außerdem in Steilwänden von Erdstoffdeponien der Teichrekonstruktion (F. MENZEL) sowie 1 Kolonie in Geröllhalde dicht über Geröllschicht ([1317] erg.) Lage der Kolonien von der Nähe geeigneter Nahrungsräume unabhängig. Nach der Brutzeit Massenschlafplätze in Röhricht, oft in Gesellschaft mit Rauchschwalben.

Bestand: Bez. L um 1900 etwa 45 Kolonien (Kol.) bekannt [637], 1952/53 ca. 45 Kol., 1 115–1 298 BP [1317], 1971/72 auf 15 % größerer Fläche ca. 48 Kol., 2 007–2 134 BP [3700]; Anteil großer Kolonien (> 100 BP) seit 1900 von 8 auf 13 % gestiegen, Anteil kleiner Kol. (< 20 BP) von 60 auf 51 % gesunken. Diese Tendenz widerspiegelt gewachsenes Angebot großer Sandgruben und Tagebaue, bei gleichzeitigem Verlust frischer Steilufer infolge Ausbau vieler Flüsse. Ähnliche Verhältnisse in E-Sachsen (MELDE 1987); hier (ohne Kr. Niesky und Görlitz) um 1930 ca. 56 Kol., 535–800 BP [793] und 1940 von ca. 40 Kol. in Sandgruben noch 8 sowie 2 neue vorhanden, insgesamt ca. 115 BP

[1098]. Aktueller Brutbestand im Bez. D 2 000–3 000 BP, auf Teilflächen ermittelt (Kol./BP): Kr. Zittau 1980–1986 4/35, 2/32, 5/39, 3/17–19, 4/mind. 24, 5/ca. 30, 3/14 (EIFLER und HOFMANN 1985, erg.); Kr. Görlitz um 1930 bei Ludwigsdorf „häufig" [748], 1937–1970 Döbschütz/Melaune 35–100 BP und 1978/79 130 bzw. 10 Röhren (MELDE 1987); Kr. Löbau 1954–1985 Sandgrube Georgewitz 2–15 BP, im Kr.-gebiet wohl mehrere kleine Kol. (MELDE 1987); Kr. Niesky 1988 mind. 8/930–1230 und 1989 mind. 9/1000–1300 BP (F. MENZEL, J. TEICH, A. WÜNSCHE); Kr. Bischofswerda 1931 noch 8/ca. 150 BP [793], 1977 Wiederbesiedlung mit 3 BP und 1979–1983 1–3/50–110 [4103]; Kr. Bautzen seit 1931 (MELDE 1987) Sandgrube Kleinsaubernitz und hier 1987 ca. 120 Röhren (J. TEICH), 1916–1979 Kaolingrube Caminau mit zuletzt 250–260 Röhren und 1980 erloschen (MELDE 1987), 1967–1980 TS Bautzen 4–25 BP (D. SPERLING), 1984 etwa 2 km SE TS Bautzen ca. 20 BP (D. SAEMANN), 1976/77 Sandentnahme Lieske 15 bzw. 31 Röhren (W. SPANK); Kr. Kamenz 1982 Laußnitzer Heide 2 BP (D. OPITZ), 1977–1980 Sandgrube Cunnersdorf 6–20 BP (M. MELDE); Kr. Sebnitz 1983 Dittersbach ca. 8 BP (R. PÜRSCHEL); Kr. Dresden 1987 Kiesgrube Ottendorf-

Okrilla 217 BP (D. Opitz); Kr. Meißen 1966 Zehren 10–15 BP u. 1989 Naundorf ca. 10 BP (B. Katzer u. a.); Kr. Großenhain 1981 Zschorna 17 Röhren (D. Opitz); Kr. Riesa ab 1982 Platitz 5–6 BP (K. Lipinski), 1977–1981 Kiesgrube Zeithain 40–20 BP (D. Schneider), Kr. Pirna 1982 Kiesgrube Pratzschwitz 21–50 BP (W.-D. Grünelt). In Abhängigkeit von der Flußdynamik (Uferabbrüche) und dem Abbaugeschehen (Abgrabungen und Aufschüttungen) erhebliche Bestandsschwankungen, die nicht selten als drastischer Rückgang interpretiert werden [637, 1098, 3011]. Längerfristig gesehen wurden Lebensraumeinschränkungen (insbesondere Flußausbau) in den meisten Fällen jedoch durch entsprechenden künstlichen Ersatz (z. B. Sand- und Kohlegruben) kompensiert, so daß in NW-Sachsen der Brutbestand seit ca. 100 Jahren als stabil gelten kann [3700], in NO-Sachsen möglicherweise sogar zugenommen hat (vgl. Anmerkung R. Zimmermann in [793]). Lediglich im mittleren Sachsen (insbesondere Elbtal) auffallender Bestandsverlust [793, 1223] durch Uferversteinung und Aufgabe von Steinbrüchen, die auch durch einige in jüngerer Zeit eröffnete Kies- und Sandgruben nicht kompensiert werden können (vgl. Karte 19). In NW-Sachsen Mitte der 1980er Jahre 20–25% der Kol. an Flußufern, am dichtesten und ebenso häufig wie um 1900 an der Mulde unterhalb Wurzen bis Bad Düben; um 1952 besonders der Flußabschnitt N Eilenburg [1317]. Einige Uferbereiche der Mulde seit >100 Jahren besiedelt [3770]. Daneben nur an der Neiße noch größere Zahl Ansiedlungen an Flußufern. An Freiberger Mulde 1956 letzte BN [1729]; an Zwickauer Mulde zunächst 1917 Ende der Besiedlung [346, 363], doch seit 1968–1971 [3207] Steilufer und Sandgruben zwischen Penig und Colditz erneut besiedelt: 1978–1986 (Max. 1982) 3–8 Kol., 62–305 BP (H. Selbmann). Nur 1971 an Mulde bei Glauchau 4 BP [3207]. Am Rande der Verbreitung auch bei Altenburg auffällige Bestandsschwankung: 1965–1967 in 4 Sandgruben 40–135 BP, 1978 alle – auch jene seit ca. 1900 besiedelte von Knau (Koepert 1901) – erloschen (N. Höser). Nach 1960 größte Kolonien NW-Sachsens im Kr. Wurzen: 1975 Mulde bei Canitz 350 BP [3700], 1979 bei Püchau 300 BP [3909]. In E-Sachsen 1976 und 1989 Kiesgrube Schäferberg W Niesky je 350 BP (Melde 1987, erg.), 1984 Sandgrube Kollm/Kr. Niesky 350–400 Röhren (Melde 1987). Unmittelbar an unser Bezugsgebiet angrenzend, bei Mortka/Kr. Hoyerswerda 1977 ca. 1000 beflogene Röhren (Melde 1987).

Brutbiologie: Röhrenbau etwa ab 05. Mai, spätestens ab Anfang Juni. Besiedlung der Kol. erst Ende Juni abgeschlossen; ca. 10% der Sandgruben werden erst 2. Hälfte der Brutperiode besiedelt [3700]. Etwa 60% der BP einer Kol. zeitigen 2 Jahresbruten (H. Selbmann); zuweilen entfallen Zweitbruten gänzlich ([4103], H. Selbmann). Schlupf Erstbrut ab Ende Mai [1317], erste fl. juv. 11. 06. –18. 07. (H. Selbmann). Letzte juv. von Zweitbruten Ende Aug. fl., bei Rochlitz einige nach dem 02. 09. 1984 (H. Selbmann). Bei ungestörtem Brutverlauf viele Kol. um den 15. Aug. verlassen [1317]. Gelegegröße: 4–6 (7), M_{27} 4,7 Eier [1317, 3770]. Nach Kontrollfängen etwa 4 fl. juv./BP, bei ungünstiger Witterung nur 2 (H. Selbmann). Anteil beflogener Röhren in den Kol. sehr unterschiedlich: E-Sachsen M_{51} 49% vorhandener Röhren beflogen [793]; in W-Sachsen (n = 27) Mai 29%, Juni 36%, Juli 23% und Aug. 18% [1317], aber 1979 bei Wurzen M_{10} 67% der Röhren besetzt [3909]. 1981 Wiederau/Kr. Rochlitz 5 BP in vorgegrabenen Röhren, im Folgejahr fehlend (H. Selbmann).

Wanderungen: Ankunft am Brutplatz Ende Apr./Anfang Mai; bei Rochlitz frühestens 15. 04. 1981 (H. Selbmann), in der Oberlausitz 8 Daten 04.–08. Apr. und extrem früh 20. 03. 1979 bzw. 26. 03. 1974 (Melde 1987), E-Teil Bez. L frühestens 03. 04. 1965 [3770]. Hauptmasse im Frühjahr Mitte Mai; in dieser Zeit (etwa 05.–25. 05.) an manchen Gewässern oft 100–200 U., max. 500 U. 10. 05. 1978 SB Windischleuba (H. Bräutigam) und 350 U. 16. 05. 1968 Geyerscher T./Kr. Annaberg (H. Holupirek). Juni/Juli Trupps bis 20 U., jedoch weitab der Brutgebiete nahezu fehlend. Ende Juli Truppgröße 30–50 U., Mitte Aug. an vielen Gewässern stark steigende Zahlen. Wegzug am SB Windischleuba zweigipflig: ca. 20.–25. 08. (Verlassen der Kol.) und etwa 10. 09. (Zuzug); hier am 04. 09. 1979 infolge Zugüberlappung 3500 U. (R. Steinbach). In der Oberlausitz max. 500 U. 16. 08. 1964 TG Commerau (Melde 1987). Wegzug bis Ende Sept. abgeschlossen, Nachzügler bis Mitte Okt.; späteste Daten: 21. 10. 1974 [3207], 30./31. 10. 1966 [2328], 06. Nov. [1317].

N. Höser, S. Schubert, D. Saemann, R. Steffens

Rauchschwalbe – *Hirundo rustica* L., 1758

Sommervogel, Durchzügler
Unterart: *H. r. rustica* L., 1758

Verbreitung: Im gesamten Gebiet – regelmäßig bis 950 m ü. NN [2570, 3207] – Bv der Ortschaften, insbesondere solcher ländlichen Charakters.

Lebensraum: Nester gewöhnlich in Innenräumen von Gebäuden, auch in bewirtschafteten Einzelgehöften; Hausgrundstücke bzw. Gehöfte mit Nutzviehhaltung deutlich stärker besiedelt als andere [2689, 3788]. Höchste Siedlungsdichte in Dörfern, geringere Dichte in Außenbezirken von Städten, selten in Stadtzentren. Besiedelt vor allem Stallungen (Rinder- und Schweineställe bevorzugt), seltener Scheunen, Hausflure, Wartehäuschen, Lagerhallen, Werkstätten etc. Seit etwa 1970 im Bez. C Nester zunehmend an äußeren Gebäudestrukturen unter Vordächern, offen überdachten bzw. überbauten Hausein- und Treppenaufgängen, Tordurchfahrten usw. (D. SAEMANN). Gelegentlich auch unter flußquerenden Brücken (R. STEFFENS, R. DIETZE). Nahrungssuche über Gewässern, Wiesen, Viehweiden, oft mit anderen Schwalbenarten und Mauerseglern vergesellschaftet. Ab Mitte Juli Massenschlafplätze, oft gemeinsam mit Uferschwalben, in Röhricht an Gewässern. Schlafplätze auch im Weidendickicht einer Kläranlage [2616]; im Kr. Zittau auf ungeernteten Kartoffelschlägen nächtigend (EIFLER und HOFMANN 1985).

Bestand: Allgemeiner Strukturwandel in den Dörfern bewirkt Bestandsrückgang, der schon vor 1950 [1223] einsetzte, zahlenmäßig auch wegen sehr unterschiedlicher Besiedlung von Ort zu Ort nicht belegbar ist ([3207, 3770], EIFLER und HOFMANN 1985, MELDE 1987). Siedlungsdichteangaben (BP/10 ha) variieren stark, da entweder auf „direkte Dorfflur" oder auf „Ortsflur" bezogen: Kr. Zittau 1978 Wittgendorf direkte Dorfflur 31,4 und Ortsflur 16,4, Ortsflur Oberseifersdorf 16,5, Eckartsberg 10,5, Drausendorf 4,6, Waltersdorf 4,0 (EIFLER und HOFMANN 1985); 1969 Langenleuba-Oberhain/Kr. Geithain, 108 ha direkte Dorfflur, 25,0 [3957]; 1962 Windischleuba/Kr. Altenburg, 30 ha direkte Dorfflur, 45,7 (N. HÖSER); Chemnitz-Ebersdorf, 28,5 ha, 4,9 [2896]. In Siedlungen ohne Landwirtschaft bzw. städtischen Charakters deutlich geringere Abundanz: Pirna-Südvorstadt, 45,5 ha, 3,5 BP/10 ha (U.-J. BARTLING, H. COLLMAR); Großschönau und Oybin/Kr. Zittau, 14,5 und 14,2 ha, 1981 bzw. 1983 je 1 BP, Zittau-Nord, Zittau-Südvorstadt, Zittau-Zentrum, 9,5–13 ha, M_3 0,9 (0–2 BP) (EIFLER und HOFMANN 1985); Altenburg auf 10 km² 1982 ca. 0,36 BP/10 ha [2896], 1969 im Stadtzentrum Chemnitz, 117 ha, fehlend [2615], 1985/86 mind. 1 BP (D. SAEMANN).

Brutbiologie: Höhe des Neststandes meist 2–3 m, in Tharandt aber an Außenwand eines Gebäudes unter Erker in 15 m Höhe (R. STEFFENS). Nester im Inneren von Gebäuden auf Lampen, Installationen, Simsen und Konsolen; ähnliche Standorte (stets überdacht) auch an äußeren Gebäudestrukturen. 1974 Schloßteichpark Chemnitz Nest unter eiserner Fußgängerbrücke 1,2 m über Wasser, 2 erfolgreiche Bruten (D. SAEMANN). Nestbau ab Mitte April, z. B. 20. 04. 1964 Falkenhain/Kr. Wurzen [3770]. Legebeginn Erstbrut frühestens 04. Mai (Windischleuba, 160 m ü. NN), 15. Mai (Chemnitz, 300 m ü. NN) und 19. Mai (Annaberg-B., 600 m ü. NN); frühestes Vollgelege Oberlausitz, Raum

Zittau, am 24. Mai (MELDE 1987). Legebeginn Zweitbruten ab 02. Juli, Chemnitz und 11. Juli, Annaberg-B.; Eiablage bei seltenen Drittbruten Ende Aug./Anfang Sept., juv. erst im Okt. flügge: 1974 mehrfach im Bez. C [3207]. In der Leipziger Tieflandsbucht, 100–200 m ü. NN, Schlupf der Erstbruten (n = 452) frühestens 16.–20. Mai, überwiegend (41%) 11.–20. Juni, Schlupf Zweitbruten (n = 295) am häufigsten (28%) 16.–25. Juli [4120]. Gelegegröße: 29×4, 32×5, 4×6, M_{65} 4,6 Eier/Gelege ([3770, 3494], MELDE 1987, Kartei Bez. C); Nachgelege meist 4 Eier [3770]. Jungenzahl: Bez. L Erstbruten M_{452} 4,1 und Zweitbruten M_{295} 3,7 juv./ Brut (N. HÖSER, Einzelwerte in [4120]). Mittlere Nestlingszahl in anderen Regionen ähnlich: 1956–1973 Oberlausitz M_{371} 4,2 juv. ([2252] korr.); jährliche Unterschiede der mittleren Jungenzahl 3,6–4,4 [1800, 2252], 1959 Ullersdorf/Kr. Niesky M_{22} 5,0 [1727]. 7 juv. im Nest mehrfach notiert, 1×8 juv. bei einer Zweitbrut [3770].

Wanderungen: Erstankunft 1953–1982 Raum Altenburg M_{30} 6. Apr.; auch in anderen Regionen überwiegend 1. Apr.-Dekade [3207, 3770]. 1947–1985 Oberlausitz Erstankunft 22. 03.–08. 04. , M_{36} 31. 03./01. 04. , dabei 08. 03. 1975 und 15. 03. 1972 als Extreme nicht enthalten (MELDE 1987). Märzdaten in anderen Gebieten ab 21. 03. [2570]. Im Frühjahr Ansammlungen meist wetterbedingt, nicht selten mehrere hundert R. über Gewässern; 21. 04. 1970 TG Biehla-Weißig 3 000–4 000 R. (MELDE 1987). Ab Aug. Schwärme bis 3 000 und Schlafgemeinschaften bis zu 30 000 R.: 26. 08. 1967 SB Windischleuba 17 000 (D. TRENKMANN), 25.–28. 08. 1978 NSG Eschefeld ca. 20 000 (S. LEISCHNIG, F. ROST), 30. 08. 1979 Grube Großzössen/Kr. Borna 20 000 (F. ROST), 15. 08. 1985 Arnsdorf-Holzmühle/Kr. Görlitz 30 000 (G. GAERTNER), 12. 09. 1977 TG Biehla min. 30 000 (MELDE 1987). 1959 am Schlafplatz NSG Eschefeld 3 Nachweise von weiter südlich bis Chemnitz erbrüteten R. [2940]; 1974 Anteil dj. R. 83% und am Schlafplatz 2% Uferschwalben (D. STREMKE). In der Oberlausitz am Schlafplatz gelegentlich mit Bach- und Schafstelze vergesellschaftet (MELDE 1987). Am Mittelgebirgsrand nur kleine Schlafgesellschaften: Kr. Zittau max. 1500 (EIFLER und HOFMANN 1985), Chemnitz max. 5000 [2616]. Sept./Okt. im gesamten Gebiet oft eindrucksvoller Direktzug; letzte Beobachtungen nicht selten bis Ende Okt., einzelne Nachzügler bis Mitte Nov., besonders im „Katastrophenherbst" 1974: 17. 11. [3207], 11. 11. (MELDE 1987), 04. 11. [3770]. Späteste Beobachtung: 30. 11. 1978 (EIFLER und HOFMANN 1985). Wegzug heimischer Bv nach SW bis S, seltener nach SE und Durchzug schwedischer R. mehrfach belegt (MELDE 1987).

D. SAEMANN, N. HÖSER, S. SCHUBERT

Mehlschwalbe – *Delichon urbica* (L., 1758)

Sommervogel, Durchzügler
Unterart: *D. u. urbica* (L., 1758)

Verbreitung: Im gesamten Gebiet bis 970 m ü. NN Bv der Ortschaften, lokal an isolierten Einzelgebäuden und an größeren Brücken. Konzentration der Brutbestände im Lößgefilde, wo bei größter Ortsdichte fast alle Dörfer von der M. besiedelt sind und die meisten großen Kolonien vorkommen. Größere Städte sehr unterschiedlich besiedelt: nach 1970 regional in Neubaugebieten starke Ansiedlungen, z. B. Wurzen [3770], Pirna (A. Sturm), Bautzen (D. Sperling), Zittau (Eifler u. Hofmann 1985); in Freiberg seit 1967, dagegen in Chemnitz erstmals 1973 und stets nur wenige Einzelpaare [3207] und im Gegensatz zu Dresden auch an strukturreichen Altbauten der Innenstadt weitgehend fehlend (D. Saemann).

Lebensraum: Bevorzugt bäuerliche Gehöfte, deren Bauweise offenbar die günstigsten Voraussetzungen zum Nestbau bieten. Bindige Böden (z. B. feuchter Auen- und Lößlehm) sind anscheinend Voraussetzung für höhere Brutdichte. Im Gebiet nur ausnahmsweise Felsbrüter [875, 1622]. Nahrungssuche vor allem über Feuchthabitaten; bei günstigem Wetter bis 1 km um den Brutplatz, bei regnerisch-kühlem Wetter auch an 3–6 km vom Brutplatz entfernten Gewässern (D. Stremke nach Farbmarkierungen). Außerhalb der Brutzeit meist an Gewässern, oft gemeinsamer Aufenthalt mit Rauchschwalben bis zur Abenddämmerung, doch im Gegensatz zu dieser nicht im Röhricht übernachtend; schlafen bis zum Wegzug in den Nestern (D. Stremke, N. Höser, D. Trenkmann).

Bestand: Seit 1960 keine landesweit gleichgerichtete längerfristige Bestandsveränderung nachweisbar. Koloniegründungen (z. B. in Neubaugebieten) stehen Rückgänge durch Nutzungsänderung sowie Rekonstruktion vieler Gebäude in Dörfern gegenüber: Windischleuba/Kr. Altenburg, ca. 30 ha, 1962–1964 162, 139, 135 BP, 1968 131 BP, 1974 110 BP, 1977 93 und 1982 78 BP (N. Höser). In Gebieten geringerer Brutdichte sind Bestände mehr oder weniger instabil und neigen wohl eher zum Rückgang: Biehla/Kr. Kamenz 1966–1970 33-43-29-20-27 BP [2689], 1971–1982 Rückgang auf ein Viertel und 1981 auf ca. 100 km² (MTB 4650) nur noch 10–20 BP (M. Melde). Populationen einzelner Dörfer normalerweise stabil: Pähnitz/Kr. Altenburg 1962/63 91–71 BP, 1978 ca. 80, 1982/83 ca. 105/124 BP (N. Höser); Frohburg/Kr. Geithain 1978–1982 136/158/150/139/148 BP (J. Berger); Altmannsgrün/Kr. Auerbach 1969–1975 25/23/47/47/42/33/22 BP und 1970–1975 Rempesgrün/Kr. Auerbach 14/32/39/45/61/50 BP [3045].

Flächenbezogene Dichteangaben variieren sehr stark infolge unterschiedlicher Koloniegröße und Anzahl der meist verstreut vorhandenen Einzelnester. Nach 1960 Koloniegrößen (BP einer Gebäudeseite oder eines Gehöftes) max. um 100 BP: 1980 Bockwitz/Kr. Grimma ca. 100 BP [3770]; 1982 Pähnitz 95 BP (N. Höser); 1981 Augustusbrücke in Dresden 110 BP in ca. 160 Nestern (S. Schubert); 1981–1983 Dresdener Kathedrale etwa 80/70/50 BP in > 200 Nestern (S. Schubert); 1968 nahe TS Quitzdorf Koloniegründung, 1973 ca. 100 und 1980 329 Nester, 1984 trotz Verblendung der Dachtraufen noch ca. 200 BP (F. Menzel in Melde 1987). Mittlere Koloniegröße 1962–1982 Windischleuba 4,9 BP, ca. 3% der BP in Einzelnestern (N. Höser); 1978 Kr. Zittau 2–7 BP je Kolonie, 16,9% einzeln brütende Paare (Eifler und Hofmann 1985). Abundanz: 1982 Primmelwitz/Kr. Altenburg, 2,5 ha, 85 BP (N. Höser); 1979–1981 Goes/Kr. Pirna, 7,9 ha, 1,65–2,28 BP/10 ha und 1979/80 Südvorstadt Pirna, 45,9 ha, 0,17 – 0,28 BP/10 ha (U.-J. Bartling und H. Collmar); 1978 in 4 Dörfern des Kr. Zittau 1,9–13,7 BP/10 ha, Neubaugebiet Zittau-N 26,9 BP/10 ha (Eifler und Hofmann 1985); 1972 Chemnitz-Ebersdorf, 28,5 ha, 7,7 [2616]; Vogtland 1,4–4,5 BP/10 ha bebauter Fläche [3045].

Brutbiologie: Nester an Außenwänden, meist unter Dachtraufen oder -überständen; auch unter waagerechten, gekrümmten oder schrägen Mauerkanten, die das Nest oben abschließen (Fensterbänke u. -stürze, Balkone, Mauerstrukturen an Tordurchfahrten und Passagen, Fassadenstruktur etc.). Nester an Mauerwerk aus Stein und an Holz, nur selten an lehmigem Gemäuer. Höhe des Neststandes 2–20 m, E- und S-Seite von Gebäuden sowie Innenseiten von Gehöften offenbar bevorzugt. Wenige Kolonien an Steinbrücken: Augustusbrücke Dresden (s. oben); Elbbrücke Pirna 1891 viele BP [240], 1920–1930 ca. 100 BP [1622], 1980er Jahre 25–40 BP (A. Sturm); 1982 Muldenbrücke Wechselburg/Kr. Rochlitz ca. 20 BP (N. Höser); 1937 Eisenbahnviadukt Hetzdorf/Kr. Flöha 2 BP [1223]. Nestbau frühestens 12. Mai [3770] und bis Mitte Juli möglich. Legebeginn etwa ab 20. Mai (A. Sturm), im Bez. C 27. 05.–31. 08. ; 1 BP mit 2 juv. 20. 05. 1969 [3770] erscheint extrem früh. 1974 Raum Altenburg, Borna, Geithain Schlupf der Erstbruten (n = 238) ab 06.–10. Juni und zu 77,8% 15.–30. Juni; von den Zweitbruten (n = 67) schlüpften 38,8% 01.–05. Aug. und 98,5% vor dem 15. Aug. (D. Stremke). Verteilung der Schlupftermine im Bez. L teilweise 3gipfelig [4120], doch Drittbruten nicht bewiesen. 1974 Altenburger Löß-Ackerhügelland 238 Erst-, 67 Zweitbruten (D. Stremke), 1965–1971 Rohrbach/Kr. Grimma 233 Erst-, 70 Zweitbruten (W. Oehlert). Gelegegröße: Oberlausitz 3×2, 23×3, 69×4, 16×5, M$_{111}$

3,9 Eier/Gelege ([4146], MELDE 1987); aus anderen Gebieten kaum Angaben. Anzahl Nestlinge (ca. 14tägig) im Raum Altenburg, Borna, Geithain: Erstbruten 1–6, M_{273} 3,6 juv./Brut und Zweitbruten 1–4, M_{171} 2,7 juv./Brut (D. STREMKE); weitere Angaben aus dem Bez. L [3770, 4120] und sporadische Daten aus Bez. D liegen innerhalb der Variationsbreite. Brutzeit endet oft erst im Sept., letzte Bruten im Okt. flügge: 01. 10. 1967 Rohrbach (W. OEHLERT), 04. 10. 1956 Althen/Kr. Leipzig [3770]; 04. 10. 1974 Bärenstein/Kr. Annaberg juv. noch im Nest [3207]; 25. 10. 1982 Meißen (B. KATZER), etwa 27./28. 10. 1971 in Dresden 1 juv. unbekannter Herkunft [3019].

Wanderungen: Ankunft überwiegend Ende Apr./ Anfang Mai. Extrem frühe Daten: 25. 03. [1223], 03. 04. [3363], 05. 04. (MELDE 1987), 06. 04. [586], 08. 04. (Elbtal 3mal, Oberlausitz 2mal, Frohburg); Kr. Zittau und Bez. C frühestens 15. 04. ([2570, 3207], EIFLER und HOFMANN 1985). Ab Aug. an Gewässern größere Ansammlungen; SB Windischleuba das Max. von 4000 M. 28. 08. 1978 (H. BRÄUTIGAM). Wegzug von ungerichtetem Zug dj. M. kaum abgrenzbar. Wegzug Ende Sept. abgeschlossen, doch in allen Regionen Nachzügler bis Mitte Okt.; Letztbeobachtungen: 15. 10. [3363, 3770], 22. 10. ([3957], EIFLER und HOFMANN 1985), 25. 10. (MELDE 1987), 28. 10. 1955 und 1970 Freital – M. SCHINDLER), 07. 11. [3363], 10. 11. 1971 [3019]. Ca. 10–15% der nj. M. kehren im Folgejahr an den Geburtsort zurück, nesttreu sind 3% (n = 300) der vj. Bv, von diesen besetzen viele ein < 5 m vom vorjähr. Brutnest entferntes Nest (D. STREMKE).

N. HÖSER, S. SCHUBERT, D. SAEMANN

Rötelschwalbe – *Cecropis daurica* (Laxmann 1769)

Seltener Gast
Unterart: *C. d. rufula* (Temm., 1835)

Vorkommen: 3 Beobachtungen: 08. 05. 1984 Stauteich bei Leipzig-Lößnig 2 R. unter 300 Schwalben [4076], und bereits 06. 05. 1984 Schönauer Lachen Leipzig-West vermutlich 1 (D. HEYDER [gleiche Quelle]), 25./26. 09. 1990 Stadtgebiet Freiberg 1 (A. GÜNTHER).

D. SAEMANN

Schafstelze – *Motacilla flava* L., 1758

Sommervogel, Durchzügler
Unterarten: *M. f. flava* L., 1758 – Sommervogel, Durchzügler
　　　　　 M. f. thunbergi Billb., 1828 – Durchzügler

Verbreitung: Regelmäßiger Bv der gewässerreichen Niederung sowie der Flußauen unterhalb 200 m ü. NN. Längs der Flußtäler und auf Höhenrücken zwischen den Tälern sporadische Vorkommen bis etwa 400 m ü. NN ([1223, 1729, 3062, 3207, 3770], EIFLER und HOFMANN 1985); im Bez. C bestanden mehrere solcher hochgelegenen Brutgebiete bis Ende der 1970er Jahre [2666, 2767, 2895]. Ein isoliertes Brutgebiet mit Zentrum NSG Großhartmannsdorf, 490 m ü. NN, mit 2–10 BP vor 1950 und meist nur 1 BP 1951–1972 [1223, 1729, 2895], seitdem erloschen. Ausnahmen: 1965 bei Hammerbrücke/Kr. Klingenthal, 650 m ü. NN, Brut [2661]; in gleicher Höhenlage zur Brutzeit 1978 bei Hirschsprung/Kr. Dippoldiswalde (H. JOKIEL); 1980 Härtensdorf/Kr. Zwickau, 430 m ü. NN, BP mit 3 juv. (H. OLZMANN); 1982 Helbigsdorf/Kr. Brand-E., ca. 480 m ü. NN futtertragende ad. (P. KIEKHÖFEL, E. KUTSCHERA); 10.–14. 05. 1976 NSG Großer Kranichsee, ca. 900 m ü. NN, 1 S., am 12. Mai Gesang [3394].

Lebensraum: Offene kurzrasige Flächen mit max. 80–90% Deckungsgrad [2015] und relativ niedrigen Sitzwarten wie Koppelpfähle, Sträucher, Gebüschgruppen oder Hochstauden. Vor 1950 bevorzugt „auf feuchten Wiesen und ihnen benachbartem Gelände" [1223]; das heute vorherrschende Intensivgrünland wird gemieden. Nach 1950 weiträumig vor allem auf LN (Kartoffel, Raps, Klee, Getreide, Gemüse), daneben auf feuchten und trockenen Weiden/Wiesen, auf Ödland, Ruderalflächen, Teichböden, in Kläranlagen, aufgelassenen Kiesgruben, Tagebaugelände (vor allem in lückigen Ruderalgesellschaften), gelegentlich auf Kahlschlägen und Brandflächen; in den Oberlausitzer Kohlegruben vor 1960 als Bv offenbar noch fehlend [1242, 1653]. Grenzlinien (Gewässerufer, Gräben, Fließe, Raine, Weg- und Straßenränder, Dunghaufen) begünstigen die Ansiedlung (z. B. [3770]). Den scheinbaren Habitatwechsel zum Feldbrüter [1207, 1500, 1654, 1703, 3453, 3770] begründet BEER [2082] mit veränderter Wiesennutzung.

Bestand: 1978–1982 Bez. D und L je 1000–1500 BP, Bez. C max 30 BP (Ergebnisse MTB-Kartierung). In den 1980er Jahren vielerorts deutliche Abnahme: Oberlausitz (CREUTZ 1985 b); Bez. C Bestands- und Arealverlust seit den 1970er Jahren, 1988 nur im Raum Meerane/Kr. Werdau 8–10 BP (M. OLIAS), sonst sporadische Vorkommen im N-Teil des Bez., meist an Dunghaufen; Kläranlage N Leipzig, ca. 12 ha, 1967–1970, M_4 7,1 und 1971–1980, M_{10} 2,2 BP [3751]; 1950–1958 TG Haselbach 2–3 BP [2015], 1979–1984 nur 1981 1 BP (F. ROST); 1960 Flur Biehla/Kr. Kamenz 25 BP, 1984 max. 5 BP (M. MELDE). Siedlungsdichte:

1978/79 Mähwiese SB Windischleuba, 41 ha, 6–7 BP [3453], Feld- und Wiesenflächen im Elbtal bei Dresden, TG Moritzburg und Flur Ullersdorf/Kr. Dresden, M_{10} 85,2 (30–130) ha, 0,24 (max. 1,4) BP/10 ha, stellenweise in manchen Jahren fehlend (H.-J. KUHNE, L. MÜLLER u. a.); Werte belegen Bestandsrückgang auf Wiesen/Weiden und zunehmende Besiedlung der Feldflur, im Elbtal vor allem Gemüsekulturen. 1968 Feldflur zwischen Claußnitz/Kr. Chemnitz und Altmittweida/Kr. Hainichen, 1 200 ha, max. 0,1 BP/10 ha [2767], dagegen 1973 Futterschlag im selben Gebiet, 57 ha, vermutlich 0,7 BP/10 ha (W. WEISE). Kulturabhängige Verteilung der BP auch im E-Teil Bez. L [3770]. 1958–1965 Gebiet GT Torgau auf trockenem Teichboden, 6,9 ha, 1–3 und M_8 1,9 BP, Feuchtwiese und Seggenried, 13,2 ha, unregelmäßig 1 und nur 1965 Molinia-Caltha-Wiese (17,5 ha) 1 und Feuchtwiese (6,3 ha) 1 BP [2177]. 1963–1972 auf natürlich bewachsenen Flächen des Tagebau Kulkwitz (25–37 ha) vegetationsabhängig 0,4–4,1 BP/10 ha [3442], in Anpflanzungen (21 ha, 3–4 Jahre alt) 2,3, später fehlend (DORSCH 1988); 1957 Tagebau Lobstädt, 8 ha Kahlschlag-Gesellschaft, 2 BP [1654]; 1958 Hochhalde Espenhain, 144 ha, 4 BP, 1959/60 und 1982 fehlend [1847, 4073].

Brutbiologie: Nest in natürlichen oder selbstgefertigten Bodenmulden, gern an Böschungen, Feldrainen, Weg- oder Straßenrändern. Neststand im Bez. D: Grasland, Getreide, Dunghaufen je 5, Steinhaufen 1; im Elbtal Gemüse 14 und Grasland 1 (W. FINDEISEN, L. MÜLLER). Ablage 1. Ei (rechnerisch) etwa 25. Apr. bis 03. Juli; fütternde bis 29. 05. 1966 [3770] bis Ende 1. Aug.-Dekade [3514, 3751]. Gelegegröße: 8×4, 10×5, 4×6, M_{22} 4,8 Eier. Anzahl juv. im Nest: 2×2, 4×3, 7×4, 6×5, 3×6, M_{22} 4,2 (div. Quellen). Vermutlich bei einem Teil der BP reguläre Zweitbruten.

Wanderungen: Ankunft selten vor Anfang Apr.: Oberlausitz 26. 03. 1983, 18. 03. 1963, 31. 03. 1958 (CREUTZ 1985 b); Bez. C 26. 03. 1976 (W. MAGER); Bez. L 27. 03. 1968 [2767]. Frühjahrsdurchzug kulminiert 3. Apr.-/1. Maidekade; Zug klingt bis Ende Mai aus, wobei sich vor allem im Mai der Durchzug der beiden Unterarten überlagert: *M. f. thunbergi* frühestens 22. 04. 1978 [3770], 25. 04. 1953 [1729], 26. 04. 1985 (ROST et al. 1987) und spätestens 23. 05. [1223], 24. 05. 1977 [3447], 26. 05. 1974 [3207]. Wegzugbeginn im Aug., selten Ende Juli: 29. 07. 1978 SB Helmsdorf 4 nach SW ziehend (B. SEIFERT). Höhepunkt des Herbstzuges Ende Aug. und im Sept., Spätzügler nicht selten bis Ende Okt. ([3363, 3770, 3207], erg., B. KATZER, G. HOFMANN); spätere Daten wie 11. 11. 1956 [1729] und 19. 12. 1970 (wohl ein krankes Ex. betreffend [3363]) sind Ausnahmen, außerdem 10.–31. 12.

1979 1 SB Windischleuba (H. BRÄUTIGAMM u.a.). Größe der Rastgemeinschaften im Frühjahr meist < 50 Ex., doch 05. 05. 1978 NSG Eschefeld 120 [3880] und 17. 04. 1976 Thränaer Lachen 200 [3447]. Im Herbst z. T. große Ansammlungen, vor allem an Schlafplätzen: 10. 09. 1979 SB Windischleuba max. 950 (R. STEINBACH), 23./24. 09. 1979 Felder am NSG Eschefeld 800–1 000 [3880], 24. 09. 1978 Stolpen-T. Heyda/Kr. Wurzen (Schlafplatz) 370 [3770], an Oberlausitzer Schlafplätzen 14. 09. 1958 bei Kolbitz ca. 800 u. max. 800 auch 23. 09. 1973 Niedergurig/Kr. Bautzen (CREUTZ 1985 b). Wiederfunde in Sachsen beringter S. belegen Weg- und Heimzug über Schweiz, Italien, Spanien, Algerien und als Winterquartier Mali ([2761, 3770], CREUTZ 1985 b).

Vor 1950 von *M. f. thunbergi* nur wenige Nachweise [1223], 1951–1986 in mind. 30 Jahren festgestellt: W-Sachsen mind. 56 Beobachtungen, 201 Ex., E-Sachsen mind. 11/131 Ex. Erscheint meist einzeln oder in kleinen Trupps von < 10 (–20) Ex., auch mit *M. f. flava* vergesellschaftet. Mehr als 20 Ex. selten: 09. 05. 1976 SB Windischleuba 40 [3358], 09. 05. 1984 Neu-T. Kalkreuth/Kr. Großenhain ca. 50 und 13. 05. 1984 ebenda 24 (R. DIETZE), 18. 05. 1986 Neundorf/Kr. Plauen ca. 35 (D. SAEMANN), 22. 05. 1967 Coswig/Kr. Meißen ca. 30 (R. BÄSSLER). Herbstzug nicht nachweisbar, lediglich je 1 ♂ 01. 09. 1957 und 29. 08. 1959 NSG Eschefeld [2940].

D. SAEMANN, F. MELDE, K. HÄDECKE

Gebirgsstelze – *Motacilla cinerea* Tunstall, 1771

Sommervogel, Durchzügler
Unterart: *M. c. cinerea* Tunstall, 1771

Verbreitung: Bei deutlicher Bindung an Fließgewässer Bv des gesamten Gebietes. Schwerpunkt des Vorkommens in der Mittelgebirgsregion, im Flachland teilweise erhebliche Verbreitungslücken. Im Erzgebirge keine obere Verbreitungsgrenze.

Lebensraum: Fließgewässer und ihre Randzonen, vor allem flachgründige Abschnitte rasch fließender Bäche mit aus dem Wasser ragenden Steinen und reicher vertikaler Uferstruktur (Felsen, Trockenmauern, Gebäude, Kaskaden, Bäume usw.) und kleinflächigem Wechsel von Licht und Schatten. Auch schnell fließende tiefere Bäche mit mehr geröll-, sand- oder schlammbänkigem Bett können dicht besiedelt sein, wenn die Habitatstruktur durch Kunstbauten (Wehre, Mühlen, Brücken etc.) bereichert ist. Suboptimal sind lange Bachstrecken in offener Landschaft, < 1 m breite Bäche sowie langsam fließende und stehende Gewässer. Sie werden allenfalls punktförmig an Wehren, Mauern,

Teichüberläufen u. a. besiedelt, außerhalb der Brutzeit aber häufiger aufgesucht. Einzelvorkommen an zahlreichen weiteren Örtlichkeiten. In der Sächsischen Schweiz u. a. auch am Ende von Sandsteinschluchten, wo von Wasser überrieselte Felspartien zweier Grotten weit und breit die einzigen „Gewässer" sind und jährlich je 1 BP aufweisen (AUGST 1988).

Bestand: Um 1980 Bez. D 550–770 (8,1–11,4 BP/100 km^2), Bez. C 600–800 (10,0–13,3 BP/100 km^2), Bez. L ca. 120 (etwa 2,4 BP/100 km^2). Brutdichte flächenbezogen in der Mittelgebirgsregion 30–60 BP/100 km^2, in der Gefildezone um 15 BP/100 km^2, im Raum Altenburg-Grimma 4–5 BP/100 km^2 und Raum Großenhain-Riesa < 2 BP/100 km^2. 1969–1984 an meist 3–11, max. 21 km langen Teststrecken nicht zu kleiner rasch fließender Bäche des Gebirges und gebirgsnaher Gefilderegionen 0,5–1,8 BP/km Bachlauf (W.-D. GRÜNELT, K. HÄDECKE, B. KAFURKE, W. KÖCHER, W. und R. MÖKKEL, S. MÜLLER, J. RAIKA, J. REDMANN, N. und T. STAUDE, R. STEFFENS, A. STURM). Höhere Werte an kurzen Bachstrecken möglich, über längere Abschnitte selten: 8 km Oberlauf Freiberger Mulde, 2,5 BP/km um 1980 (E. KUTSCHERA). An Bächen mit regelmäßigen Wasseramselvorkommen (Gesamtgefälle ≥ 5%, mittlerer Abfluß ≥ 0,4 m^3/s) meist über 1 BP/km, im Elbsandsteingebirge durchschnittlich 1,2 BP/km. An kleineren Bächen (mittlerer Abfluß ≤ 0,2 m^2/s) bewirkt starkes Gesamtgefälle (> 25%) oft eine Besiedlungsdichte von > 1 BP/km; 1979 an 3 km Oberlauf Rote Weißeritz 1,7 BP/km (R. STEFFENS). Trotz starker Was-

serverschmutzung 1982 an 2,35 km der Biela im Ort Königstein 1,5 BP/km (A. STURM); 1968 Stadtgebiet Chemnitz, 130 km^2, an durchweg stark belasteten Fließgewässern und Teichen 16 BP [2616]. Jährliche Bestandsschwankungen normal. Langfristige Bestandsschwankungen im Flachland der Oberlausitz und W-Sachsens: Zunahme seit Ende 19. Jh. [256, 586, 1223], langsamer Rückzug seit Anfang der 1960er Jahre (vgl. CREUTZ 1985 b). Vor 1960 N Kamenz in allen Dörfern mit Wasserläufen mind. 1 BP, ab 1975 keines mehr (M. MELDE); in den Kr. Leipzig, Delitzsch, Eilenburg und Torgau fehlen BN um 1980 [3604] und sind auch in neuerer Zeit eine Ausnahmeerscheinung.

Brutbiologie: Nester im unmittelbaren Uferbereich, viel seltener und max. 0,5 km abseits der Gewässer. Neststand überwiegend 0,4 – 0,5 m hoch in Halbhöhlen von Felsen, Brücken, Mauerwerk etc., oft an Böschungen und Gräben unter überhängenden Pflanzen oder im Wurzelwerk, ferner in Nisthilfen und Holzstapeln. Legebeginn in günstigen Lagen und witterungsabhängig Ende März/Anfang Apr.; frühestens 20. 03. 1981 (J. REDMANN); im Gebirge kaum vor Mitte Apr. 2 Jahresbruten; gelegentlich Drittbruten (z. T. geschachtelt [2705]), die sich bis Mitte Aug. hinziehen können (Abb. 32). Gelegegröße (Gesamtgebiet): 5×3, 18×4, 77×5, 81×6, 1×7, M_{182} 5,27 Eier/Gelege. Anzahl Nestlinge: 3×1, 11×2, 34×3, 85×4, 137×5, 82×6, 1×7, M_{353} 4,67 juv./Brut. Nachwuchsrate etwa 2,5 fl. juv./BP (L. KÜCHLER, J. REDMANN). Kuckuckswirt. Material: Karteien Bez. C u. D, H. JOKIEL, W. NACHTIGALL, B. ZIMMERMANN u. a.

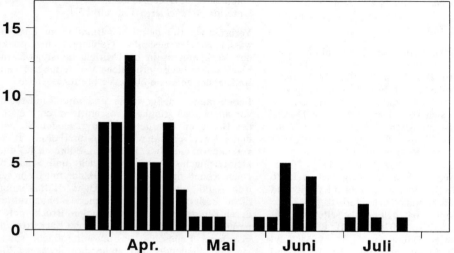

Abb. 32: Brutphänologie (Ablage 1. Ei – rückgerechnet) der Gebirgsstelze im Bez. D (Pentadensummen)

Wanderungen: Ankunft ab Ende Febr., von Überwinterern kaum zu trennen. Brutreviere Mitte/Ende März weitgehend besetzt, vor allem im Gebirge teilweise auch später. Ab Juli deutliche Strichaktivität vor allem dj. G. und dann öfters Aufenthalt weitab der Brutgebiete, z. B. an Wasserlachen auf Waldwegen oder Holzausformplätzen. Die Masse hat das Gebiet Anfang Okt. verlassen, doch verweilen regelmäßig einzelne G. bis Ende Okt./Anfang Nov.; fast alljährlich Überwinterungsversuche an eisfreien Flußabschnitten, Kläranlagen, Parkteichen etc., höhenwärts bis 440 m ü. NN [1579] nachgewiesen. In Sachsen beringte G. wurden in Frankreich und Spanien wiedergefunden [3946].

A. STURM, J. REDMANN, S. MÜLLER

Bachstelze – *Motacilla alba* L., 1758

Sommervogel (auch überwinternd), Durchzügler
Unterarten: *M. a. alba* L., 1758
M. a. yarrellii Gould., – Trauerbachstelze, seltener Gast

Verbreitung: Bv des gesamten Gebietes, höhenwärts ohne Einschränkung.

Lebensraum: Nistplätze (z. B. flache Gebäude, Stapelware) und freie unbewachsene Stellen sind die wichtigsten Voraussetzungen für Brutvorkommen der B. Besiedelt demzufolge mit Ausnahme einförmiger geschlossener Waldungen nahezu alle Habitate. Bevorzugt werden ländliche Siedlungen und Gewässernähe, Brücken, Stallungen, Industrieanlagen, Lagerplätze, Landstraßen mit gestapelten Schneezäunen usw., innerstädtische kompakte Bebauung wird hingegen weitestgehend gemieden [2616, 2896, 3445, 3634]. Nistet vereinzelt auf größeren Kahlschlägen auch inmitten ausgedehnter Waldungen; im Elbsandsteingebirge auch auf Felsplateaus (A. STURM). Sofern entsprechende Brutplätze vorhanden sind, Erstbesiedler von Tagebauhängen, hier Bv bis zur Ausbildung einer geschlossenen Ruderalvegetation ([3442], DORSCH 1988); Nahrungsgast in allen offenen und halboffenen Habitaten, bevorzugt an Schlammbänken eutropher Gewässer, in Kläranlagen und an Klärteichen; Schlafplätze in Weidendickicht.

Bestand: Veränderungen langfristig nicht belegbar. Siedlungsdichte: Dörfer, Wohnsiedlungen Kr. Zittau und Stadtrand Chemnitz, M_{10} 18,2 (9,5–31,2) ha, 0,6 (0,0–1,4) BP/10 ha ([2896], G. HOFMANN u. a.), 15 Auendörfern Kr. Altenburg, 6–36 ha, 0,8–6,3 BP/10 ha (N. HÖSER); Feldflur Kr. Zittau, Dresden u. a., M_{12} 97,8 (54–286) ha, 0,12 (0,0 – 0,4) BP/10 ha (G. EIFLER, R. PÜRSCHEL u. a.). Teichgebiete, M_4 102,1 (11,5–325)ha, 0,22 (0,0–1,6) BP/10 ha ([2177, 3896, 3916] u. a.); Tagebauhänge Kulkwitz/Kr. Leipzig, M_8 31,9 (25–37) ha, 0,6 (0,0 – 0,8) BP/10 ha [3442], Halden des Steinkohlebergbaus Zwickau M_9 9,6 (4,2–14,3 ha), 0,5 (0–1,2) BP/10 ha (R. WENZEL u. a.); Ruderalflächen Chemnitz, M_3 24,1 (9,5–40 ha), 0,2 BP/10 ha [4178], Kläranlage Chemnitz, 20 ha, 2,5 BP/10 ha

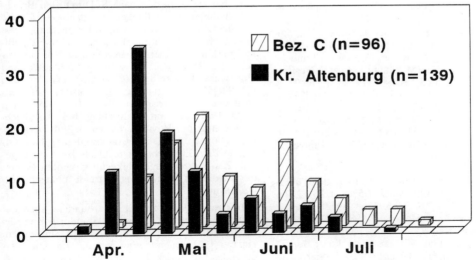

Prozent Bruten

Abb. 33: Brutphänologie (Ablage 1. Ei – rückgerechnet) der Bachstelze im Kr. Altenburg u. im Bez. C (Dekadensummen)

[2616]. Wesentlich höhere Werte auf optimal strukturierten Kleinflächen, z. B. auf Lagerplatz für Betonfertigteile N Bautzen auf 1,8 ha 1978–1981 2–5 BP [3982]. Lineare Besiedlungsdichte an Gebirgsbächen 0,1–0,6 BP/km, z. B. im Elbsandsteingebirge: 1975 an 18 km Polenz 0,6 und 1977 an 28 km Kirnitzsch 0,2 BP/km (A. STURM). 1982 an 16 km Pleiße im Hügelland bei Altenburg 1,1 BP/km (N. HÖSER). Feldflur bei Altenburg 1962–1980 entlang der Straßen in Stapeln von Schneeschutzzäunen auf 31–41 km 0,5 – 0,7 BP/km (N. HÖSER).

Brutbiologie: Neststand meist 1–3, max. 22 m hoch (CREUTZ 1985) in Mauernischen, Dachkonstruktionen vor Gebäuden u. ä. Örtlichkeiten oder anderen künstlichen Strukturen, seltener ebenerdig, in Felsspalten, Baumhöhlen oder frei in dichten Koniferen und in Blumenkästen, gern auch in Stahlkonstruktionen von Kränen u. a. Maschinen (CREUTZ 1985 b), gelegentlich Bruten auf laufenden Baggern (D. TRENKMANN). 2 Jahresbruten; Drittbruten: W-Lausitz 6 Nachweise (M. MELDE), bei Bautzen [3982], 1981, 1985 und 1986 Nachweise bei Auerbach/Kr. Stollberg, um 500 m ü. NN (S. WEISS). Legebeginn 1. Apr.-Dekade: Oberlausitz 04. 04. 1957 und 08. 04. 1967 Gelegefunde (CREUTZ 1985 b), 07. 04. 1957 GT Weißig/Kr. Kamenz, 1. Ei (M. MELDE); Ablage 1. Ei bei Altenburg 14. 04.–23. 07. (D. TRENKMANN), Bez. C 19. 04.–07. 08. ; Dichtemittel Bez. C deutlich später (Abb. 33). Spät- bzw. Drittbruten bis Ende Aug.: 04./05. 08. 1976 Gelenau/Kr. Zschopau Nestbau, ab 25. 08. Fütterungen (K. SCHEFFLER); ca. 10. 08. 1985 Auerbach/Kr. Stollberg Schlupf, 23. 08. Beginn des Ausfliegens (S. WEISS). Gelegegrößen: 7×3, 21×4, 55×5, 61×6, 4×7, M_{148} 5,2 Eier/Gelege, dabei E-Teil Bez. L M_{17} 4,6 [3770], Oberlausitz M_{73} 5,1 (CREUTZ 1985 b), nach F. MELDE M_{64} 5,6, Bez. C M_{58} 5,6. Unterschiede zwischen 1. und 2. Jahresbrut gering (S. WEISS). Je einmal 9 und 12 Eier, sicher von 2 ♀♀ (M. MELDE). Anzahl Nestlinge: 3×1, 9×2, 26×3, 31×4, 71×5, 51×6, 3×7, M_{194} 4,6 juv./Nest, E-Teil Bez. L M_{62} 4,4 [3770], Oberlausitz M_{57} 4,6 (CREUTZ 1985 b, korr.), Bez. C M_{75} 5,0 (vor allem S. WEISS, erg.); im Bez. L M_{204} 4,5, davon Erstbruten M_{109} 4,6 und spätere Bruten M_{24} 4,4 (N. HÖSER). Insgesamt ca. 20% Totalverluste. Häufiger Kuckuckswirt.

Wanderungen: Ankunft ab 3. Febr.-Dekade, überwiegend Anfang/Mitte März ([586, 1223, 2570, 2616, 3062, 3197, 3207, 3286, 3363, 3957], CREUTZ 1985 b, EIFLER und HOFMANN 1985); Daten vor 20. Febr. (z. B. CREUTZ 1985 b) kaum von Überwinterung zu trennen. Mittlere Erstankunft Bez. D M_{86} 10./11. 03. (F. MELDE). Brutreviere ab 2. Märzdekade besetzt. Heimzügler-Ansammlungen (z. B. durch Zugstau) Mitte/Ende März: je 300

B. 23. 03. 1969 SB Windischleuba (N. HÖSER) und GT Weißig 24. 03. 1964 (M. MELDE); 16. 03. 1969 Elbwiesen bei Bad Schandau 300–500 B. [2527]. Ab Mitte Juli bis Mitte Sept. an vielen Gewässern (Teiche, Kläranlagen, Schlammufer) tagsüber bis zu 200 und an Schlafplätzen max. 300 B.; 18. 09. 1971 SB Windischleuba 450 (R. STEINBACH). Wegzug endet Nov./Dez.; Überwinterer vor 1950 selten [1223], seit etwa 1960 besonders im Flachland viele Nachweise ([1557, 2376], viele neuere Daten). 1963–1981 am SB Windischleuba alljährlich Winteraufenthalt. Sächsische B. ziehen nach SW-Europa und NW-Afrika. 02. 05. 1986 1 ♂♀ *M. a. yarrellii* auf Aschespülhalde Hirschfelde/Kr. Zittau (G. u. K. HOFMANN).

N. HÖSER, F. MELDE, D. SAEMANN, R. STEFFENS

Spornpieper – *Anthus [novaeseelandiae] richardi* Vieill., 1818

Seltener Gast

2 Beobachtungen: 03. 12. 1910 Niederoderwitz/Kr. Zittau 1 (KRAMER [579]); 19. 10. 1968 Markersdorf/Kr. Chemnitz 1 (WEISE [2741]).

D. SAEMANN

Brachpieper – *Anthus campestris* (L., 1758)

Sommervogel, Durchzügler
Unterart: *A. c. campestris* (L., 1758)

Verbreitung: Brutvogel vor allem des Nordsächsischen Flachlandes. Im Bereich der Heidesande bei Dresden u. Graupa reichen bzw. reichten die Vorkommen am weitesten nach S. Durch den Braunkohlenabbau Ansiedlungen in der Gefildezone deutlich gefördert (S Leipzig) oder überhaupt erst ermöglicht (S Görlitz), ohne die 200 m-Höhenlinie merklich zu überschreiten (Karte 20). Höchstgelegene Brutplätze bei Munzig/Kr. Meißen und Tagebaurand Berzdorf/Kr. Görlitz etwa 250 m ü. NN ([572], R. BERNDT, H. RÖNSCH). Fehlt als Brutvogel im gesamten Bez. C, jedoch am 23. 06. 1981 1 ♂ auf Kahlschlag bei Rohrbach/Kr. Oelsnitz mit Revierverhalten (J. SCHULENBURG, U. ZÖPHEL). Auch im Braunkohlentagebau Olbersdorf/Kr. Zittau bisher nicht als Bv nachgewiesen. Zur Zugzeit regelmäßig im gesamten Gebiet bis zur oberen Grenze des Getreideanbaus bei etwa 700 m ü. NN.

Lebensraum: Bevorzugt leichte, sandige, auch devastierte Böden sonnenwarmer Standorte mit spärlicher, lückiger Vegetation. Benötigt Singwarten. HEYDER [1223] nennt besonders die Tal- und Heidesande. Im Bezirk L weit über 50% der Brutzeitfeststellungen aus der Bergbaufolgelandschaft, etwa 27% von Ruderal-, Acker- und Kurzgras-

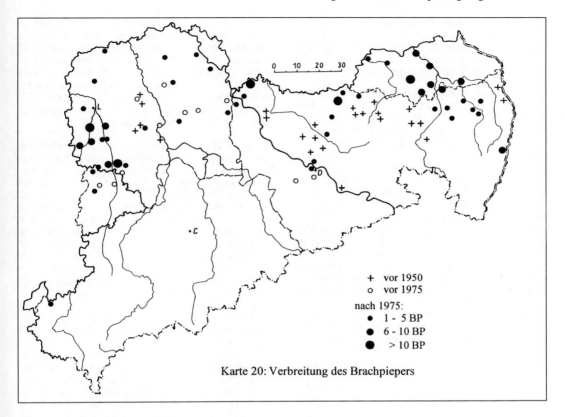

+   vor 1950
o   vor 1975
nach 1975:
●   1 - 5 BP
●   6 - 10 BP
●   > 10 BP

Karte 20: Verbreitung des Brachpiepers

flächen (H. DORSCH). Im Bez. D werden neben Braunkohlentagebauen vor allem Truppenübungsplätze, Brandflächen, Kahlschläge und Kiefernkulturen (bis etwa 6-jährig) in Heidegebieten besiedelt. Einzelvorkommen in Sand-, Kies-, Tongruben, auf Brach- und Ödland und Flughäfen. Rastplätze sind neben den genannten Stellen auch abgeerntete und frisch bestellte Felder [2606].

Bestand: Bei nahezu unveränderter Verbreitung in den letzten Jahren allgemeiner Bestandsrückgang. Abgesehen von Braunkohlentagebauen sowie Truppenübungsplätzen in den Heidegebieten nur noch seltener, sporadisch verbreiteter Brutvogel ([3062, 3770, 4105] u. a.), Sande und Schotter der Flußtäler heute meist verwaist, z. B. die Muldeufer zwischen Eilenburg und Bad Düben [3011], deutlicher Rückgang der Durchzugszahlen ([3207] u. a.). Der B. ist brutorttreu, doch werden auch gut besetzte Reviere infolge Zunahme der Vegetation meist nach 6–8 Jahren aufgegeben. Teilweise hohe Brutdichten in der Bergbaufolgelandschaft: 2–3 ha Reviergröße in optimalen Habitaten der Leipzig-Bornaer sowie Lausitzer Bergbaugebiete [3630], dagegen ermittelte DITTMANN [620] Reviergrößen

von 9–15 ha! Hohe Brutdichte meist kurzlebig. Siedlungsdichte: Tagebau Kulkwitz, Pioniervegetation, 30 ha, 1,2–1,3; lückige Ruderalvegetation, 34 ha, 0,6–0,9 BP/10 ha; die anschließenden Sukzessionsetappen mit geschlossener Bodenvegetation und Pioniergehölzen werden nicht mehr besiedelt (DORSCH [3442], 1988). Nach KALBE [1500] im gleichen Lebensraum auf 8 u. 10 ha 2,5 u. 4,0 BP, in Schonung (11 ha) fehlend. Hochhalde Espenhain, 144–181 ha, 1958 2, 1959 0, 1960 2 BP [1847], 1982 aufgrund der fortgeschrittenen Vegetationsentwicklung fehlend [4073]. Tagebau Spreetal bei Hoyerswerda, 54 ha, 2,4, davon auf 27 ha 3,7 BP/10 ha [3630]. Aufgeforstete Kippenflächen bei Lauchhammer 1968–70, 50 ha, 0,8 – 0,6 BP/10 ha [3020]. Weitere, selten > 10 ha große Siedlungsflächen beherbergen 1 (–2) BP [z. B. 1703, 1973, 3770].

Brutbiologie: Nest stets bodenständig unter Grasstauden oder überhängenden Kiefernzweigen. 2 Jahresbruten möglich [3630]. Im Lausitzer Brutgebiet 1. Ei frühestens 15. 05. (S. KRÜGER), meist erst ab 3. Maidekade. Spätester Gelegefund (Nachgelege, 2 Eier) 21. 07. 1982 (S. KRÜGER). Fl. Jungvögel ab Mitte Juni. Fütterung fl. juv. noch am 29. 08. 1979 (D. FÖRSTER) und Anfang Sept. (D. PANNACH). Gelegegröße: 5 mal 3 (davon 3 im Juli), 14 mal 4, 2 mal 5 Eier, M_{21} 3,85 (KRÜGER [3630]); 44% der gelegten Eier ergaben fl. juv [3630].

Wanderungen: Ankunft frühestens 1. Apr.-Drittel: 07. 04. 1920 bei Dresden 15 [572], 10. 04. 1960 Kr. Wurzen ([3770]), 11. 04. 1934 Freital (H. RICHTER), 12. 04. 1981 Kr. Hohenstein-E. (S. LENZ). Hauptzugzeit 3. Apr.–1. Maidekade. Heimzug vereinzelt bis Anfang Juni. Im Frühjahr Truppstärke selten mehr als 1–2 Ex., nach RINNHOFER [2660] max. 8, 13. 04. 1975 NSG Dippelsdorfer Teich 10 (R. BÄSSLER, B. GEIDEL); dagegen vor 1960 z. B. 25 am 27. 04. 1957 und 15 am 29. 04. 1956 bei Claußnitz/Kr. Chemnitz (H. FRITSCHE), 27. 04. 1924 Heller bei Dresden mind. 150 (DITTMANN [572]). Wegzug vereinzelt im Juli (S. KRÜGER), spürbar ab Anfang Aug., Höhepunkt 3. Aug./1.Sept.-Dekade und ausklingend bis Ende Sept.. Okt.-Daten selten: 03. 10. 1963 Bez. Leipzig (B. HOFMANN), 04. 10. 1975 im Kr. Brand-E. (E. KUTSCHERA) und 07. 10. 1983 im Kr. Stollberg (J. SCHÖNFELDER) je 1 B. Truppstärke im Herbst ebenfalls meist < 10 B.; etwa 50% [2606] bzw. 35% (B. KAFURKE) aller Beobachtungen betreffen Einzelvögel. Trupps bis 35 Ex. im Bez. C mehrfach (z. B. [2606, 3412]), auch nach 1960. Mind. 40 B. 28. 08. 1982 bei Großenhain (R. DIETZE).

H. DORSCH, S. KRÜGER, D. SAEMANN,
R. STEFFENS

Baumpieper – *Anthus trivialis* (L., 1758)

Sommervogel, Durchzügler
Unterart: *A. t. trivialis* (L., 1758)

Verbreitung: Bv des gesamten Gebietes ohne vertikale Begrenzung.

Lebensraum: Lichte Nadel-, Misch- und Laubwälder mit mehr oder weniger deutlich ausgeprägter Krautschicht (z. B. Gräser, Beerkraut), Feldgehölze und Baumgruppen der offenen Landschaft sowie mit Büschen oder Gehölzaufwuchs durchsetzte Wiesen, Weiden, Ödland, Kippen und Halden. Bebaute Gebiete einschließlich Parks und Grünanlagen werden weitestgehend gemieden. Bevorzugt Bestandsränder, Blößen, Aufforstungsflächen mit Überhältern und besiedelt strukturarme Kahlschläge, Wiesen, Moore oder Tagebau- und Haldengelände meist erst dann, wenn einige mind. mannshohe Gehölzvorwüchse vorhanden sind; in Tagebauen können Masten u. ä. Gehölzaufwuchs ersetzen [3442]. Schlagweiser Hochwald und die starke Auflichtung in den Rauchschadengebieten begünstigen den B., für den Bestockun-

gen ab Dickungsalter unattraktiv sind; geschlossene Stangenhölzer werden nicht besiedelt, Althölzer im allgemeinen nur bei einem Bestokkungsgrad < 0,5 bzw. in Bestockungslücken. Bestände von Lichtbaumarten (z. B. Birke, Kiefer) sind attraktiver für den B. als Schattbaumarten (z. B. Fichte). Rastet zur Zugzeit in offenem oder halboffenem Gelände; tagsüber gern in Strauchwerk oder in der Krautschicht.

Bestand: Häufigste Pieperart, mit rückläufiger Tendenz in den 1980er Jahren. Großflächige Siedlungsdichte in der Gemarkung Seegeritz/Kr. Leipzig, 286 ha Offenland mit 1,5% Gehölzanteil, 1955–1960 0,3–0,5 BP/10 ha (aus [1703] errechnet), in Wäldern des Hügel- und Berglandes (überwiegend Fichte, alle Altersklassen): 1979 Wittgendorfer Wald, 123,8 ha, 1,1 (EIFLER und HOFMANN 1985); 1985 Revier Bärenstein/Kr. Dippoldiswalde, 56,9 ha, 0,8 (DORNBUSCH 1988); 1975/76 Kahleberg-Gebiet, 310 ha, 0,6 (R. STEFFENS), mit fortschreitender Entwaldung 1979/80 1,3 und 1985/86 1,1 BP/10 ha (R. STEFFENS, U. ZÖPHEL); 1980–1983 Deutscheinsiedel, ca. 500 ha, ca. 2,6 (aus [4134] errechnet); 1982/83 Erzgebirgskamm zwischen Rübenau und Fichtelberg, M_4 64 (46,5–91,5) ha, 2,4 (2,0–3,1) BP/10 ha (D. SAEMANN), 1985 Revier Altenberg/Kr. Dippoldiswalde, 106,7 ha, 2,2 (DORNBUSCH 1988). Letztgenannte Werte alle begünstigt durch Kammlage mit immissionsbedingt großflächig starken Auflichtungen (vgl. Tabelle 55), die natürlicherweise sonst nur nahe der Waldgrenze bzw. im Zerfallsstadium von Fichtenbestockungen vorstellbar sind. Habitatsabhängig erhebliche Differenzierungen. Fichtenbaumhölzer: M_{17} 11,9 (7,8–17,9) ha, 0,1 (0–1,6) BP/10 ha ([3526], G. HOFMANN u. a.), jedoch durch Immissionen überwiegend entnadelte Bestockungen, M_6 4,9 ha, 7,3 [4134]. Kiefer-Stangen- u. Baumhölzer: M_7 14,6 (3,2–30) ha, 1,4 (0,0–3,2) BP/10 ha ([4061], G. CREUTZ). Laub-Nadel-Mischwälder (kieferdominiert): M_{34} 22,8 (10,6–48)ha, 0,8 (0,0–1,8) BP/10 ha (P. HUMMITZSCH, A. MAUME, H. KLUNKER u. a.); Buchenwälder im Immissionsgebiet bei Deutscheinsiedel/Kr. Marienberg, M_3 13,0 ha, 2,4 BP/10 ha [4134], dagegen Buchen- u. Laubmischwälder in unteren Berglagen bzw. Hügelland, M_{16} 13,2 (6,0–30,0) ha, 0,2 (0,0–1,1) BP/10 ha (G. HOFMANN, R. STEFFENS u. a.); Laubmisch-Waldrest bei Zwickau, 9 ha, 3,3 (H. OLZMANN); NSG Elster-Pleiße-Auwald 1958/59 (70,7 ha) 2,8/2,0 [1949], 1966–1968 (80,6 ha) 0,9–0,5 [2549], 1985–88 (80,6 ha) 0,2–0,1 BP/10 ha (ERDMANN 1989 b), Rückgang vor allem durch Zuwachsen kriegsbedingter Waldlücken. Blößen, An- und Aufwuchs in Fichtengebieten: M_{17} 7,9 (3,5–16,1) ha, 4,4 (2,6–8,1) BP/10 ha ([4134], G. HOFMANN, R. STEFFENS u. a.). In Braunkohletagebauen reicht nach DORSCH ([3442], 1988) die Dichte von 0,8–1,4 BP/10 ha in vegetationsarmen Bereichen, bis max. 12 BP/10 ha zu Beginn des Vorwaldes bzw. 13 BP/10 ha in 12–17 jährigen Aufforstungen. Im Tagebau Kulkwitz, natürlich bewachsene Hänge 1963–72, M_8 31,9 (25–37) ha, 2,4 (0,8–5,6) BP/10 ha, Anpflanzungen 1963–82, 21 ha, M_{11} 5,4 (2,6–7,6) BP/10 ha ([3442], DORSCH 1988); Tagebau S Leipzig, 8–11 ha, 3–12,5 BP/10 ha [1500]; Hochhalde Espenhain 1958–60 und 1982, 144–181 ha, 1,7–2,5 BP/10 ha [1847, 4043]; Hochhalde Witznitz, 7 ha, 1979–81 5,7–1,4 BP/10 ha [3808]. Halden der Steinkohlenreviere: Lugau-Oelsnitz 1,1–2,7 (S. LENZ) und 1969 um Zwickau, M_9 10,8 (4,5–17,2) ha, 1,3 (0,0–5,5) BP/10 ha (R. WENZEL u. a.). Auf einer Unlandfläche bei Biehla/Kr. Kamenz, 42 ha, 1975–79 M_5 0,6 (0,0–1,2) [3786]; in mittelalten Kiefern-Birkenbestockungen des NSG Zadlitzbruch, 35,1 ha, 1966 5,4 und 1967 4,3 BP/10 ha (REINL 1968), in bezüglich Alter und Baumarten ähnlichen Bestockungen der Postelwitzer Steinbrüche/Kr. Pirna 1980 dagegen fehlend (D. LOSCHKE). NSG Fürstenauer Heide (Hochmoorest, 7,5 ha, Karpatenbirke im Stangenholzalter) 1981 8 BP/10 ha (R. STEFFENS). Abundanz kleinflächig z. T. noch höher. Wäldchen (2,6) ha am GT Torgau max. 3 BP [2177]; Kahlschlag (3,18 ha) im Kr. Zittau 4 BP; Feldgehölz bei Dresden (0,9 ha) 3 BP (S. RAU).

Brutbiologie: Im Bez. D Nester am häufigsten unter Grasbüscheln (ca. 60%) oder Heidelbeersträu-

chern (ca. 30%). Beginn der Eiablage frühestens Mitte Apr. (26. 04. 1989 4 Eier, 04. 05. 4 juv. – W. SPANK), späteste Bruten beginnen Ende Juli (Abb. 34). Wohl regelmäßig zwei Jahresbruten. Gelegegröße: 7×3, 30×4, 42×5, 22×6, 2×7, M_{103} 4,8 Eier; Jungenzahl im Nest: 1×1, 4×2, 14×3, 32×4, 16×5, 5×6, 1×7, M_{73} 4,1 juv./Brut (Originaldaten Bez. D u. C, [2159, 3770], M. HÖRENZ u. a.). Spätbruten werden im Aug. flügge ([3770], KRÜGER 1987).

Wanderungen: Erstankunft in allen Regionen frühestens Anfang Apr., überwiegend 2. Dekade; Märzdaten selten: 27. 03. 1964 Chemnitz (G. RINNHOFER); 26./27. März Leipziger Ebene [568]. Heimzug wenig auffallend. Im unteren Erzgebirge Anfang Mai noch deutlicher Zug [1223]. Wegzug ab Anfang Aug.; 20. 07. 1973 bei Zwickau 1 nach SW ziehender B. (H. OLZMANN). Mitte Aug. deutlicher Zug wohl ausschließlich juv. B.; 15. 08. 1970 bei Börln/Kr. Oschatz 30–40 B. auf Luzernenfeld [3770]. Ad. B. ($\male\male$) beginnen am Erzgebirgskamm frühestens Mitte Juli mit der Großgefiedermauser (D. SAEMANN); 2. Wegzuggipfel Ende Sept. (vgl. [1223, 3770]) wohl überwiegend von ad. verursacht. Wegzug klingt bis Mitte Okt. aus; Letztbeobachtungen: Bez. C 24. 10. (J. SCHÖNFELDER), Bez. D 19. 10. (B. KAFURKE); völlig aus dem Rahmen fallen 25 B. vom 26. 11. 1978 (Druckfehler?) E Voigtshain/Kr. Wurzen [3770].

D. SAEMANN, S. KRÜGER, R. STEFFENS

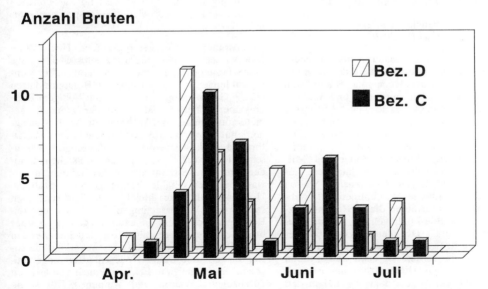

Abb. 34: Brutphänologie (Ablage 1. Ei – rückgerechnet) des Baumpiepers in den Bez. C und D (Dekadensummen)

Tabelle 55: Präsenz und mittlere Abundanz des Baumpiepers auf Siedlungsdichte-Probeflächen in Sachsen

Biotoptypen	Anzahl Unter-suchungen	Präsenz		Mittlere Dichte
	n	+	–	BP/10 ha
Fichtenwälder und -forste in Hoch- und Kammlagen	33	33	0	1,6
übrige Fichtenwälder und -forste	46	17	29	0,9
Kiefernforste	11	7	4	1,4
Laub-Nadel-Mischbestockungen	34	17	17	0,8
Buchenwälder Hoch- und Kammlagen	5	5	0	2,6
Buchenwälder, Eichen-Buchenwälder, Eichen-Hainbuchenwälder untere Berglagen und Hügelland	16	3	13	0,2
NSG Elster-Pleiße-Auwald	9	9	0	0,8[1]
übrige Auwälder	21	8	13	0,5[2]
Laubbaum-Jungforste und Pionierwald	34	31	3	3,5
Ödland außerhalb der Siedlungen	21	18	3	1,8
Ödland und Ruderalflächen in Siedlungs- und Siedlungsrandlage	10	0	10	0,0
Waldreste/Flurgehölze	61	35	26	4,2
Agrargebiete (z. T. mit kleinen Flurgehölzen)	16	8	8	0,3
Intensiv-Obstanlagen	9	2	7	0,4
Parks, Friedhöfe u. a. Grünanlagen	39	0	39	0,0
Bebauungsgebiete aller Art	43	0	43	0,0

[1] höhere Dichte durch kriegsbedingte Blößen
[2] höhere Dichte infolge teilweiser Waldrandlage

Wiesenpieper – *Anthus pratensis* (L.,1758)

Sommervogel, Durchzügler, Wintergast
Unterart: *A. p. pratensis* (L.,1758)

Verbreitung: Bei grobem Raster nahezu flächen-deckend verbreitet, hohe Stetigkeit der Brutvor-kommen aber nur in den Hoch- und Kammlagen des Erzgebirges; in den mittleren und unteren Lagen bereits lückenhaft; desgleichen im Elsterge-birge und Lausitzer Bergland; im Elbsandsteinge-birge und Zittauer Gebirge nur sporadisch. Die reinen Ackerbaugebiete des Hügellandes (Leipzi-ger Land, Altenburg- Zeitzer Lößhügelland, Mit-telsächsisches Lößhügelland, Oberlausitzer Ge-filde, Teile der Östlichen Oberlausitz) weisen ebenfalls nur sporadische Vorkommen auf, wäh-rend die übrigen Naturräume dieser Region (Erz-gebirgsbecken, Mulde-Lößhügelland, nordsächsi-sches Platten- und Hügelland, Großenhainer Pflege, Westlausitzer Hügel- und Bergland) in ih-rer Besiedlung durch den W. etwa den unteren Berglagen entsprechen. Hier einzuordnen ist auch die Dahlen-Dübener Heide, dagegen sind in den Königsbrück-Ruhlander Heiden und im Oberlau-sitzer Heide- und Teichgebiet, sieht man einmal von wenigen Mooren bzw. Verlandungsbereichen ab, Brutzeitnachweise wieder ausgesprochen spär-lich (Karte 21).

Lebensraum: Im Erzgebirge offene Hochmoore, Moorwiesen, quellige Talgründe, selbst Kahlschläge und Schonungen am Rande oder inmitten der Fich-tenwaldungen sowie die trockenen Borstgrasmatten [1223]. Gegenwärtig werden die mit Wolligem Reit-gras überwucherten Waldblößen der Immissionsge-biete zunehmend vom W. besiedelt. Wichtig schei-nen gut strukturierte Bodenvegetation (horst-förmige Strukturen: Borst- und Pfeifengras, Rasen-schmiele, Grasland mit kleinen Fehlstellen, Stau-denfluren) und Sitzwarten, die das Gelände nur et-was überragen (Pfähle, Zäune, gerodete Stubben, Holzreste, Maulwurfshügel, Gehölzaufwuchs) zu sein. Solche Voraussetzungen sind in den unteren Berglagen vor allem in extensiv genutzten oder brachliegenden Quellmulden u. a. feuchten Senken z. T. mit Wiesenböschungen zum Ackerland hin so-wie für befristete Zeit bei Wiesenaufforstungen ge-geben. Im Hügel- und Flachland auch von Gräben durchzogene Wiesen und Weiden [3770] sowie Flachmoore mit Kleinseggenrieden (G. CREUTZ, F. MENZEL). Sukzessionsflächen in Bergbaugebie-

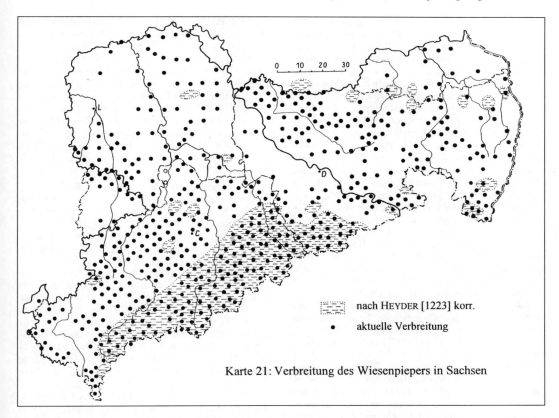

nach HEYDER [1223] korr.

● aktuelle Verbreitung

Karte 21: Verbreitung des Wiesenpiepers in Sachsen

ten werden nur vereinzelt besiedelt ([4105] KRÜGER 1987, R. WENZEL) bzw. erst, nachdem zur Befestigung von Böschungen Gras eingesät wurde ([4073], R. WENZEL). Durchzügler rasten oft auf Feldern u. Ödland; Überwinterer stärker an Feuchtstellen gebunden, aber auch auf Ruderalstandorten u. an Dunghaufen der Feldflur.

Bestand: HEYDER [1223] nimmt an, daß „... die Brutplätze des Wiesenpiepers in der sächsischen Niederung durch Trockenlegung der Sauerwiesen beträchtlich vermindert worden sind, ...“. Den gleichen Effekt dürfte die von BERNHARDT (1992) beschriebene Melioration der kleinen Hohlformen des Hügellandes und der unteren Berglagen gehabt haben, so daß viele Beobachter der ersten Hälfte unseres Jahrhunderts die Art in den genannten Regionen nicht oder nur sehr vereinzelt als Brutvogel nachweisen konnten ([526, 1223] u. a.). In der überwiegend agrarisch genutzten Landschaft nach 1970 deutlicher Habitatverlust durch Flurbereinigung, Hydromelioration u. ä. Der daraus gefolgerte starke Rückgang ([3062, 3207, 4105] u. a.) ist nur unzureichend belegt. Zumindest für die unteren Berglagen und Teile des

Hügellandes scheint die Besiedlung heute eher dichter zu sein als zu HEYDERS Zeiten (vgl. Karte 21) und kann nicht allein aus intensiverer Nachsuche erklärt werden. Für den Kr. Großenhain ist nach 1970 kein Bestandsverlust ersichtlich (R. DIETZE), in den Kr. Grimma, Oschatz und Wurzen trat der W. früher als Brutvogel kaum in Erscheinung, wurde 1980 aber an 23 Plätzen mit mind. 36 Sängern bzw. BP notiert [3770]. EIFLER u. HOFMANN (1985) geben für den Kr. Zittau einen gegenüber 1950 nicht veränderten Bestand von 4–20 BP an, im Ergebnis einer Feinrasterkartierung 1986–89 wurden jedoch 50–100 BP nachgewiesen, wobei Neuansiedlungen und Dichteerhöhungen belegt sind (EIFLER et al.). Eine Bestandszunahme kann ferner aus den Beobachtungsberichten 1981–88 der FG Ornithologie Freital (B. KAFURKE) abgeleitet werden. Auch im Elstergebirge ist der W. aus älteren Quellen (F. HELLER, H. FRANKE) für die erste Hälfte unseres Jahrhunderts nur als Durchzügler belegt, brütet z. Zt. aber inselartig mit 20–40 BP (S. GONSCHOREK). Die Ursache wird u. a. in der sich nach 1960 verändernden Grünlandbewirtschaftung gesehen, in deren Ergebnis nicht alle vermoorten Talgründe dauerhaft entwässert und modern bewirtschaftet werden konnten und sich so zu Wiesenpieper-Lebensräumen entwickelten (S. GONSCHOREK). Dieser Fakt dürfte für viele Bereiche des Hügellandes in analoger Weise zutreffen, so daß daraus zumindest zeitweilig ein Gegengewicht zu den o. a. Habitatverlusten entstanden ist. Für das Tiefland fehlen vergleichbare Angaben. Hier möglicherweise anhaltender Bestandsrückgang. NSG Dubringer Moor 1932 30 BP, 1966–88 2–10 BP je nach Wasserstand in den Kleinseggenrieden (G. CREUTZ, E. MÄDLER). In den immissionsbeeinflußten Kammlagen des Erzgebirges Zunahme durch Habitatserweiterung infolge großflächiger Bestockungsauflösung: 1975/76 Kahleberggebiet/Kr. Dippoldiswalde, 310 ha, 0 BP, 1979/80 10 u. 1985/86 27 BP (R. STEFFENS, U. ZÖPHEL). Siedlungsdichte auf immisionsbedingten Blößen u. Anwuchs: M_{13} 54,5 (12,2–125) ha, 0,9 (0,0–5,2) BP/10 ha (U. ZÖPHEL, R. STEFFENS). Höchste Werte mit 5,0 BP/10 ha in 7jähriger Blaufichten-Kultur bei Deutscheinsiedel/Kr. Marienberg (U. ZÖPHEL) bzw. 1–2 Jahre nach Totalabtrieb der Fichten bei Satzung/Kr. Marienberg (D. SAEMANN), in beiden Fällen wohl wegen des optimalen Sitzwartenangebotes (Jungfichten bzw. Holzreste/Stubben). Hochmoore und Wiesengelände: S Satzung max. 5,0 BP/10 ha ([3207] erg.); bei Deutscheinsiedel 1980–83, M_4 5,8 ha, 2,5 BP/10 ha [4134]; 1964 Mittelgebirgswiese im Vogtland, 54 ha, 3,7 u. 1965 nach Meliration 2,0 [2507]; 80 ha inhomogenes Gelände am SB Helmsdorf 2,9 u. auf 50 ha Ödland mit 20% eingestreuten Wiesenflächen 2,2 BP/10 ha, dabei 1976 auf 21 ha reinem Wiesengelände 5,2 [3412]. In den Kleinseggenwiesen des NSG Dubringer Moor 1970 auf 68,5 ha 1,5 BP/10 ha (G. CREUTZ) und 1988 auf 25 ha 2,8 BP/10 ha (E. MÄDLER). Vergleichbare Flächen sowie Naßwiesen am GT Torgau 1958–65 nicht besiedelt [2176]. Dies gilt aufgrund des sporadischen Vorkommens auch für die meisten anderen untersuchten Offenlandhabitate des Hügel- und Flachlandes. Darüber hinaus folgende Angaben: Acker- und Grünland N Dippelsdorfer Teich/Kr. Dresden, 94 ha, 1975 0, 1977 1 BP (R. BÄSSLER). Kippen und Halden: Hochhalde Espenhain, 144–181 ha, 1958–60 fehlend, nach Mitte der 1970er Jahre erfolgter Böschungsabflachung und Graseinsaat am Nordhang 1982 16 BP, ca. 5 BP/10 ha [1847, 4073]; Steinkohlenhalden Zwickau 1969 auf 3 von 9 Teilflächen, M_3 10,5 (6,5–13) ha, 1,7 (1,4–2,2) BP/10 ha, ebenfalls auf natürlich bzw. durch Einsaat vergrasten Flächen (R. WENZEL u. a.) Ruderalflächen: Chemnitz, 23 ha, 1970 u. 1973 je 1 BP [4178]. Stadtgebiet Chemnitz, ca. 4250 ha, 1968 mind. 15 BP, 1989 max. 2 ([2616] erg.). Unter günstigen Bedingungen können 6–8 BP auf 5 ha (R. GEISSLER) oder 4 bzw. 3 BP auf 2 bzw. 4,5 ha (R. BÄSSLER) nisten.

Brutbiologie: Nest stets gut versteckt, überwiegend unter Grasbüscheln; gern an Böschungen u. Gräben. Beginn der Eiablage SB Helmsdorf 11. 04. bis 14. 07. [3412]; in diesem Bereich liegen alle übrigen Beobachtungen. Wohl regelmäßig 2 Jahresbruten. Fütternde ad. in der Oberlausitz nur vereinzelt im Juli (KRÜGER 1987), im Erzgebirge regelmäßig bis Ende Juli/Anfang Aug. u. Beginn der Handschwingenmauser ad. W. frühestens 14. Juli (D. SAEMANN). Gelegegröße: 4×3, 17×4, 28×5, 1×6, M_{50} 4,5 Eier. Jungenzahlen im Nest: 6×2, 8×3, 23×4, 20×5, M_{57} 4,0 juv./Brut (Bez. D, Bez. C u. [3770]).

Wanderungen: Ankunft frühestens Ende Febr., z. B. SB Helmsdorf 26. 02. [3412], Kr. Auerbach 27. 02. (E. MÖCKEL), meist jedoch 1. Märzhälfte; Ende März Brutplätze besetzt, zum gleichen Zeitpunkt 1. Heimzuggipfel. Mitte/Ende Apr. 2. Zughöhepunkt u. Heimzug Anfang Mai ausklingend; späteste Daten: 02. 05. [3442], 04. 05. [3751]. Truppstärke im Frühjahr meist < 25 Ex.; größere Ansammlungen vor allem bei Zugstau möglich: 16. 03. 1969 Elbwiesen Krippen-Prossen/Kr. Pirna ca. 1 000 [2527]; 17. 04. 1976 Thränaer Lachen max. 400 [3447]; 22. 04. 1956 GT Großgrabe/Kr. Kamenz ca. 200 (M. MELDE). Wegzug Sept. bis Nov., vereinzelt ab Mitte Aug., z. B. 16. 08. 1969 Tagebau Kulkwitz [3442]. Wegzughöhepunkt 1. Okt.-Dekade ([3770], EIFLER u. HOFMANN 1985), doch bis Ende Okt. nicht selten größere Ansammlungen bis zu 300 W.; auf den Großkahlschlägen des Erzgebirgskammes Sept./Okt. Massenansammlungen von 300–500 W./km² (D. SAEMANN). Dez. bis Mitte Febr. besonders unterhalb 300–400 m ü. NN mehr oder weniger regelmäßig Winteraufenthalt, nicht selten 50–60 Ex.; 13. 01. 1974 SB Niederwartha 150 (F. BAUER u. a.).

D. SAEMANN, E. MÖCKEL, S. KRÜGER, R. STEFFENS

Rotkehlpieper – *Anthus cervinus* (Pall., 1811)

Durchzügler
Unterart: *A. c. rufogularis* C. L. Brehm, 1824

Vorkommen: Vor 1950 ausgesprochene Seltenheit [1223], seit den 1970er Jahren regelmäßiger Durchzügler, der im gesamten Gebiet erwartet werden kann. 85% aller R.-Beobachtungen stammen aus dem Bez. L; im Gebirge oberhalb 550 m ü. NN kein Nachweis. Bis einschließlich 1984 mind. 140 Beobachtungen mit 287–290 Ex., von denen ca. 75% auf den Heimzug entfallen. Jahre gehäuften Vorkommens waren z. B. 1953 [1729], 1971 u. 1976 [3008, 3318].

Lebensraum: Rastet bevorzugt auf feuchten Wiesen, an Teichrändern u. Gräben mit lichter Krautschicht. Während des Wegzuges auch gern auf abgeernteten Feldern u. Ödland.

Wanderungen: Der Heimzug gipfelt deutlich in der 1./2. Maidekade und ist vom 24. 04.–01. 06. bestätigt. Extrem frühe Daten–18. 03. 1927 Gundorfer Lachen 1 [634], 08. 04. 1970 Filzteich Schneeberg/ Kr. Aue, 545 m ü. NN 1 (R. MÖCKEL), 17. 04. 1960 Belgershain/Kr. Grimma 6 [2550] – bedürfen wohl des exakten Beleges, 1 Julidatum – 10. 07. 1966 NSG Zschorna 1 ad. im Brutkleid (P. LORENZ, D. ROST) gilt dagegen als sicher. Max. Truppstärke im Frühjahr: 08. 05. 1976 Thränaer Lachen 11 u. SB Windischleuba 22, ebenda am 09. 05. 1976 13 R. [3318]. Dagegen im Herbst max. 5 R. am 13. 09. 1959 NSG Zschorna (P. FROMMHOLD) u. 14. 09. 1973 SB Windischleuba [3008]. Höhepunkt des Wegzuges 2. Sept.- bis 1. Okt.-Dekade. Wegzug-Extremdaten sind 24. 08. 1981 TS Schömbach/ Kr. Geithain 1 (A. SITTEL); 23. 11. 1981 Gröba bei Riesa 1 ♀ ad. gefangen (W. TEUBERT). Der R. tritt im Herbst überwiegend als Einzelzieher auf.

R. STEINBACH, D. SAEMANN

Wasserpieper – *Anthus spinoletta* (L., 1758)

Durchzügler, Wintergast
Unterarten: *A. s. spinoletta* L., 1758 – Bergpieper
Durchzügler, Wintergast
A. s. littoralis (C. L. Brehm, 1823) –
Felsenpieper
Seltener Gast

Vorkommen: Vom Bergpieper ist kein sicherer Hinweis auf Brut bekannt [1223]. Späte Heimzügler zeigen oft territoriales Balzverhalten und Gesang, besonders bei milder Witterung (R. STEINBACH), was nicht als Brutverdacht gewertet werden kann: 20. 05. 1973 SB Windischleuba 1 ad. Brutkleid [3214], 20. 05. 1977 SB Falkenhain/Kr. Wurzen 1 ad. Brutkleid (ST. LEISCHNIG [3770]), 18. 05. 1984 Deutscheinsiedel/Kr. Marienberg 1 ad. Brutkleid (KOLBE 1985), 28. 05.–26. 06. 1992 u. 08. 07. 1993 jeweils 1 ♂ mit Balzflug am Südhang des Fichtelberges (KRONBACH u. WEISE 1994). Auf mögliche Brutversuche im Erzgebirge ist zu achten! Als Durchzügler und Wintergast ist *A. s. spinoletta* seit Anfang des 20. Jh. besonders im Raum Leipzig bestätigt [1223] u. nach 1950 in größerer Menge [3214]. Regelmäßig aufgesuchte Rastplätze sind SB Windischleuba, Flut- und Klärbecken von Leipzig, Raum Borna mit TG Haselbach, GT Torgau u. östlich der Elbe lediglich das NSG Zschorna. Im übrigen Gebiet mehr oder weniger sporadische Vorkommen; kaum oberhalb 600 m ü. NN [3207, 3214, 3770, 3961 u. a.]. In E-Sachsen scheinen sich die Vorkommen auf die nördliche Oberlausitz zu konzentrieren ([3522], KRÜGER 1987).

Lebensraum: Flache Spülsäume von Gewässern, nicht zu trockene Schlammflächen, flach überschwemmte Wiesen in Gewässernähe, gelegentlich auf Feldern. Überwinterer an nicht vereisten Wasserstellen, Flußufern, Entwässerungsgräben, Silos, Aschespülflächen, zuweilen an Dunghaufen in Dörfern [3214].

Wanderungen: Die ersten B. erscheinen vereinzelt nach dem 20. Sept., ausnahmsweise schon früher: 02. 09. 1982 SB Windischleuba 1 (R. STEINBACH), 09. 09. 1933 bei Leipzig 1 (H. KUMERLOEVE [1729]); in der Oberlausitz nicht vor dem 16. Okt. (KRÜGER 1987). Im Okt. verdichten sich die Nachweise, doch nur selten große Trupps: SB Windischleuba 09. 10. 1978 30, 11. 10. 1978 40 B. (R. STEINBACH). An diesem wichtigen Rastplatz oft beachtliche Ansammlungen: 26. 11. 1983 260, 21. u. 30. 12. 1983 noch 170 bzw. 130 (R. STEINBACH), 08. 11. 1978 am Schlafplatz 125 [3961]. Der Wegzug erfolgt hier in drei Wellen Mitte/Ende Okt., Ende Nov. u. Mitte/ Ende Dez., die letzte Wegzugwelle in manchen Jahren wetterbedingt fehlend. In milden Wintern bis zu 30 Überwinterer, sonst nur einzelne Ex. (R. STEINBACH). Beginn des Heimzuges in tiefen Lagen bei milder Witterung bereits im Februar: 12. 02. 1977 SB Windischleuba 20 (H. BRÄUTIGAM), 27. 02. 1972 Grube Witznitz/Kr. Borna 21 (D. FÖRSTER). Höhepunkt des Heimzuges Ende März bis Mitte Apr., max. Anzahl 27 am 05. 04. 1978 SB Windischleuba (R. STEINBACH). Die Menge der rastenden Vögel schwankt von Jahr zu Jahr erheblich.

Am Rastplatz Windischleuba bisher nur *A. s. spinoletta* nachgewiesen [3214]. Auf *A. s. littoralis* bezieht sich eine Beobachtung vom 23. 10. 1905 bei Klinga/Kr. Grimma (REY [391]), was SCHLEGEL [586] und HEYDER [1223] bezweifeln. HEYDER erwähnt einen Beleg im Mus. Dresden: 08. 10. 1894 Elbe bei Dresden 1 ♂ (leg.: SCHWARZE, det.: W. MEISE [1223]). Aus neuerer Zeit kein exakt bestimmter Fund, lediglich 5 Beobachtungen: 28. 03. 1954 TG Haselbach (HEYMER & WOLF 1958, auch [2015]); 10. 05. 1965 Göttwitzsee 1 (SCHILDE & WEISE [2062]); 16. 04. 1977 TG Haselbach 1 (S. KÄMPFER, R. STEINBACH); 17. 10. 1971 TS Poppengrün/Kr. Auerbach 6 u. 1 *A. s. spinoletta* (G. SCHÖNFUSS, M. THOSS); 13. 11. 1971 TS Muldenberg 1 (E. MÖCKEL).

R. STEINBACH, D. SAEMANN

Neuntöter – *Lanius collurio* L., 1758

Sommervogel, Durchzügler
Unterart: *L. c. collurio* L., 1758

Verbreitung: Bv aller Naturräume; bis 1950 bereits in Höhenlagen um 500 m ü. NN sehr zerstreute Brutvorkommen, deren höchstgelegene R. HEYDER um 700 m angab [1223]. Gegenwärtig fehlt die Art im Zittauer Gebirge oberhalb 500 m ü. NN als Bv (EIFLER u. HOFMANN 1985). Im Erzgebirge dagegen BN bis 900 m ü. NN: 1957 Zinnwald-Georgenfeld/Kr. Dippoldiswalde, 865 m (MÜNSTER 1958). 1973 bei Satzung/Kr. Marienberg erstmals 1 BP, später regelmäßiger Bv, 1989/90 hier 2–4 BP zwischen 840 u. 900 m ü. NN (D. SAEMANN); 1969 am Fichtelberg 880 m [3086]; Beobachtungen einzelner N. bis über 1000 m ü. NN ([1223, 2570, 3086] erg.).

Lebensraum: Sonnig gelegenes, offenes bis halboffenes, grenzstrukturreiches und störungsarmes Gelände mit reichem Vorkommen größerer Insektenarten. Besiedlung solcher Habitate z. T. schon bei nur geringer Ausdehnung (Waldblößen zwischen 0,5 und 1 ha – S. RAU). Brutvorkommen bedingen das Vorhandensein zumindest einzelner Büsche oder niedriger Bäume mit reicher Verzweigung als Nestträger und Sitzwarten; Ersatzstrukturen für erstere können Abfallholz- und Reisighaufen oder auch Brennesselbestände sein, Sitzwarten auch auf Pfählen, Masten, Leitungsdrähten, Zäunen u. a. Charakterart der Feldgehölz- und Heckenlandschaften; nach 1970 verstärkte Besiedlung von Kahlschlägen, An- u. Aufwuchsflächen, auch der Hoch- und Kammlagen des Erzgebirges. Im Flach- und Hügelland z. T. auch noch in Dickungen (besonders Kiefern- und Eichenbestockungen) sowie Rändern u. sehr lichten Bereichen von Stangen- und Baumhölzern. Kommt auch an feuchten bis nassen Standorten (Moore, Weidichte, Teichränder, Röhrichte) vor, wenn o. g. Voraussetzungen gegeben sind. In der Bergbaufolgelandschaft sporadisch in jungen Vorwald- und Aufforstungsstadien ([4073], DORSCH 1988). 1973–1977 im Elbe-Röder-Gebiet von 365 Brutplätzen 63% Hecken-/Gebüschhabitate, 21% An- u. Aufwuchsflächen (meist Kiefer), 16% Blößen mit Haufen von Abfallholz. Nur 70 Plätze in mind. 3 Jahren genutzt (S. RAU). Im Kr. Wurzen 1958–1980 von 260 Brutplätzen 33% Feldgehölze und Waldränder, 28% Gebüsche, an Wegen, Ödland, 22% am Rande von Kieferndickungen und auf Kahlschlägen mit Reisighaufen (Dahlener Heide), 14% Teichumgebung/Brücken und 3% Hecken bzw. Gärten der Ortslagen [3770].

Bestand: Im 19. u. 20. Jh. häufigste Würgerart; multifaktoriell bedingte starke Bestandsschwankungen örtlich, zeitlich u. in ihrer Dynamik asynchron verlaufend ([31, 59, 86, 197, 680, 1223, 3770], MÜNSTER 1958). Seit wenigen Jahrzehnten großräumig langfristige Abnahme durch Verlust u. Qualitätsminderung von Lebensräumen ([1223, 3207, 3770] EIFLER u. HOFMANN 1985, MÜNSTER 1958).

Dabei Aufgabe vieler Brutplätze im Stadtrandbereich (S. RAU) und regional Bestandseinbußen um bis zu 80–90% ([2988], M. MELDE), die in vergleichbarer Größenordnung aber auch schon zu Beginn des 20 Jh. zumindest zeitweilig registriert wurden [586] und mit der damaligen 1. Phase der Flurmelioration zusammenhängen könnten. Bedingt durch die Nutzungsstruktur der offenen Landschaft Besiedelung vor allem linear orientiert: 1,8 km Bahnstrecke im Kr. Freiberg 5 BP (K. HÄDECKE); 1 km Bahnstrecke Frankenstein/Kr. Flöha, 2 BP [3417]; 1978–1982 auf 4 km Waldrand „Deutsches Holz"/Kr. Altenburg 10–18, M_5 14 BP (R. STEINBACH); 1953/54 4 km Autobahn N Leipzig, 5–6 BP (G. ERDMANN); 1980–1983 1,2 km Uferhölzstreifen (etwa 10jähriges Laubholz) TS Bautzen, 4 BP (D. SPERLING). Daraus lassen sich unter Beachtung der effektiv genutzten Fläche Dichtewerte von 2–9 BP/10 ha ableiten, was auch analogen primär flächenbezogenen Erhebungen auf optimal strukturierten, meist aber nur noch kleinflächig vorhandenen Biotopen entspricht: 12,6 ha Gehölze/Gebüsche/Wiesen GT Torgau, 1958–1965 3,2–6,5 BP/10 ha [2177], 25 ha Sanddornfläche bei Thräna/Kr. Borna, 3,6 BP/10 ha (R. STEINBACH), 8,6 ha gehölzreiche Bachaue bei Limbach/Kr. Freital, 3,5 BP/10 ha (R. STEFFENS), 4,8 ha an Offenland angrenzender Kahlschlag im Wittgendorfer Wald/Kr. Zittau, 4,2 BP/10 ha (G. HOFMANN), 6,0 ha gebüschreiches Grünland, Stölpchen/Kr. Großenhain, 5,0 BP/10 ha (G. LEONHARDT). Insgesamt mittlere Siedlungsdichte, unter Berücksichtigung suboptimaler Bereiche und Beachtung des Teilsiedlerstatus auf kleinen Flächen jedoch deutlich niedriger: auf 5–70 ha großen Fläche (Bez. D 30, Bez. C 6, Bez. L 4) M_{40} 1,6 (0,2–6,5) BP/10 ha und auf größeren Flächen auf Grund eines zunehmenden Anteils nicht besiedelbarer Bereiche weiter sinkend: 200–1600 ha, M_{12} 0,18 (0,01–1,6) BP/10 ha ([1703], R. BÖHME, D. LOSCHKE, M. MELDE, A. OERTEL, A. PRESCHER, R. REITZ, R. STEINBACH, M. TIETZ, W. UNGER). Großflächige Abundanz (BP/km^2): 1975 Elbe-Röder-Gebiet, 175 km^2, 0,7 u. 1976 0,6 (S. RAU, FG Radebeul, FG Großdittmannsdorf); 1982 Kr. Zittau, 256 km^2, 0,4–0,6, auf Teilfläche (88 km^2) N-Teil des Kreises 0,6–0,8 (EIFLER u. HOFMANN 1985, erg.). 1979 Kr. Pirna, 521 km^2, 0,07 – 0,12 BP/km^2 (G. MANKA, FG Pirna).

Brutbiologie: Neststand meist im inneren Zweigbereich von strauchförmigen Gehölzen und jungen Bäumen oder Ersatzstrukturen, auch in freistehenden Einzelobjekten; selten im Röhricht (ZIMMERMANN u. HOFFMANN 1939, HOFFMANN 1955, [3770]), Brennesselbeständen oder am Boden. Etwa 80% der Nester (n > 500) zwischen 0,5 und 2 m Höhe, im Bez. D M_{313} 1,3 m u. Bez. C

M$_{240}$ 1,2 m; höherer Neststand in 5–10 m selten (z. B. [3770]). Im Bez. D 50% der Nester (n > 500) in Wildrosen, Brombeere, Abfallholzhaufen u. 25% in Weißdorn, Fichte, Holunder, Eiche u. Schwarzdorn; in den Kr. Flöha u. Zschopau im Bez. C von 241 Nestern 85% in Wildrose, Weiß- u. Schwarzdorn, Brombeere (W. UNGER); Nester auch in >30 weiteren Gehölz- u. Pflanzenarten. Nestbau ab Anfang Mai; Beginn der Eiablage frühestens 2. Maidekade (13. 05. 74 W. NEUMANN, 5× 14. 05.), im Bez. D meist Mitte/Ende Mai (Abb.35), im Bez. C Ende Mai/Mitte Juni, bei Nachgelegen auch noch im Juli bis Anfang Aug. (20. 09. 1970, ♀ füttert 2 fl. juv. – S. RAU, 27. 09. 1953, bettelnde fl. juv. – M. MELDE). 1 Jahresbrut, nach Gelege- u. seltener nach Jungenverlust Ersatzbruten; eine Zweit- (Schachtel-)Brut [2791]; 1 BP betreut 2 Gelege (MÜNSTER 1958). Gelegegröße: bis etwa 1985 im Gesamtgebiet 5×2, 20×3, 117×4, 277×5, 250×6, 19×7 Eier, M$_{688}$ (Bez. D 356, Bez. C 200, Bez. L 159) 5,2 Eier/ Gelege. Um die Jahrhundertwende bei Leipzig M$_{122}$ 5,0 (E. REY in [568]), nach W. MAKATSCH in Nordwestsachsen 5,5 und in der Oberlausitz 5,8, hier ermittelte W. MÜNSTER aus 70 Erstgelegen außerdem 5,7 Eier/Gelege (MÜNSTER 1958). Bisher 1 Gelege mit 8 Eiern nachgewiesen (25. 05. 1971 Bruch Deuben/Wurzen – SCHRÖPER). Jungenzahl (ältere nj. u. fl. juv.) Gesamtgebiet: 18×1, 50×2, 86×3, 124×4, 143×5, 87×6, 13×7, M$_{521}$ 4,2 juv./Brut. Verlustrate jährlich zwischen

15 u. 90% schwankend (C. FEHSE, F. URBAN, W. UNGER). Als Kuckuckswirt früher lokal bedeutsam [445, 537, 586], W. MAKATSCH in MÜNSTER 1958), heute weniger frequentiert (siehe bei Kuckuck); in Vorkommensgebieten der Sperbergrasmücke wird diese dem Neuntöter als Wirt vorgezogen (F. URBAN).

Wanderungen: Erstbeobachtungen meist 1. Mai-, seltener 3. Apr.- oder 2. Maidrittel; extreme Frühdaten: 09. 04. 1974 Radgendorf/Kr. Zittau 1 ♂ (G. EIFLER), 11. 04. 1952 Volkersdorf/Kr. Dresden 1 [1338]. Reviere überwiegend 2. Maihälfte besetzt; wenig auffallender Heimzug bis Anfang Juni. Familien verbleiben unterschiedlich lange im Brutrevier, Mitte Juli – Mitte Aug. Auflösung; viele Brutreviere bedingt durch Ersatzbruten bis Anfang Aug. besetzt. Beginn des Wegzuges im Aug., Höhepunkt gegen Ende dieses Monats, ad. ziehen offenbar vor den juv.; Anfang bis Mitte Sept. deutlich weniger (vorwiegend ♀♀ u. juv.), Mitte Sept. bis Ende Okt. zunehmend nur noch unregelmäßige Feststellungen. Letztbeobachtungen im Nov.: 01. 11. 1985 1 Großhennersdorf/Kr. Zittau (H. JAUCH); 12. 11. 1975 1 ♂ Ohorn/Kr. Bischofswerda (W. FREUND); 05. bis 15. 11. 1977 1 ♂ Steina/ Kr. Kamenz (A. PRESCHER). Ringfunde belegen Weg- und Heimzug östlich des Mittelmeeres entlang, Winterquartier im Kongogebiet, Ansiedlerstreuung 1 bis 7 km, Brut- und Geburtsortstreue.

S. RAU, J. D. KNÖCHEL, A. KERMES

Prozent Bruten

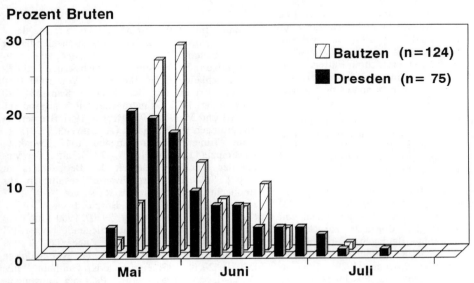

Abb. 35: Brutphänologie (Ablage 1. Ei – rückgerechnet) des Neuntöters bei Dresden und Bautzen (Pentadensummen)

Schwarzstirnwürger – *Lanius minor* Gmel., 1788

Ehemaliger Brutvogel (Sommervogel) und Durchzügler, heute seltener Gast
Unterart: *L. m. minor* Gmel., 1788

Verbreitung: Die Brutverbreitung des S. erstreckte sich auf das Nordsächsische Flachland, die sächsische Gefildezone und das Vogtland. HEYDER [1223] sah die vertikale Verbreitungsgrenze bei 400 m ü. NN, die nur im Vogtland erreicht wurde. Als Gast auch im Bergland (siehe Wanderungen).

Lebensraum: Offene, wärmebegünstigte Kulturlandschaft mit weitläufigen Obstgärten, Parks, Alleen, Feldgehölzen, Baumgruppen, Dornensträuchern [31, 35, 59, 86, 161, 197, 256]; sogar am Rande von Nadelwäldern [86]; an Stangenholz, Wochenendgrundstück und Wiesen angrenzender Kahlschlag mit 1–2 m hohem, z. T. lückigem Gebüsch [3073].

Bestand: Erhebliche Schwankungen in geschichtlicher Zeit. Mitte 19. Jh. häufiger Bv; entsprechende Nachweise vor allem im Raum Niesky – Görlitz – Löbau, im Elbtal um Dresden u. Meißen, in der Umgebung von Großenhain, in vielen Gegenden des heutigen Bez. L u. in der Umgebung von Plauen ([31, 35, 59, 86, 100, 101, 107, 117, 139, 161, 172, 178, 197, 256, 388, 484, 586], CREUTZ 1986). Bestand brach in 2. Hälfte 19. Jh. nahezu restlos zusammen [1223]. Im 20. Jh. nur noch wenige sporadische Brutvorkommen: 1909/10 bei Plauen [422], 1923 Zöschau/Kr. Oschatz BV [547, 3770], 1927/28 Königswartha/Kr. Bautzen BV [1223]; 1931–1935 bei Wülknitz/Kr. Großenhain mehrfach zur Brutzeit beobachtet [1223]; Juni 1969 bei Birkwitz/Kr. Pirna 1 (wahrsch. ♂) u. 1 Bastard (wahrsch. ♀ – *L. collurio × L. minor*), die sich an Fütterung der juv. einer Brut, bei der nur ein *L. collurio* – ♀ agierte, beteiligten und wovon später der Bastard tot gefunden wurde [2653, 2985, 3039, 3073].

Brutbiologie: Neststand (z. T. hoch) in Pappeln, Eichen, Birnbäumen, Dornensträuchern; 4–6 Eier [161, 256, 406], Vollgelege 01. 06. 1881, 15. 06. 1884 [406], gerade geschlüpfte juv. 20. 06. 1888 [172], fast fl. juv. 03. 07. 1881 [117].

Wanderungen: Aufenthalt Ende Apr./Anfang Mai bis Ende Aug./Anfang Sep. [59, 197, 256, 1223]. Mit dem Verschwinden als Bv ging auch die Zahl der Durchzügler drastisch zurück. Ab 1950 nur noch wenige Beobachtungen einzelner S.: 23. 04. 1950 Biehla/Kr. Kamenz (M. MELDE); 01. 05. 1953 Reuth/Kr. Zwickau [1729]. 1953 im Kr. Bautzen bei Caminau u. Puschwitz u. zwischen 1953–1956 bei Tetta u. Maltitz, 11. 08. 1959 Milkel/Kr. Bautzen (CREUTZ 1986); 09. 05. 1960

Kläranlage Leipzig [3062] 05. 05. 1963 Geisingberg (REICHEL); 27. 04. 1967 Miltitz/Kr. Kamenz (M. MELDE); 15. 08. 1968 NSG Eschefeld [2940]; 14. 06. 1969 Rackwitz/Kr. Leipzig [3751]; 13. 05. 1970 Schildau/Kr. Torgau [3062]; 19. 05. 1971 Tagebau Borna-Ost [3363]; Ende Juni 1971/72 Waldbardau/Kr. Grimma mehrfach 1–2 [3770]; 17. 06. 1973 Frauenhain/Kr. Riesa (P. REUSSE); 27. 07. 1975 Bullendorf/Kr. Geithain [3770]; 13. 05. 1980 Geisingberg (E. STRAUSS). 26. 08. 1959 1 dj. Lugsteinhof/Kr. Dippoldiswalde [1761] sollte mangels näherer Angaben zur Beobachtung nicht berücksichtigt werden.

D. SAEMANN, S. RAU

Rotkopfwürger – *Lanius senator* L., 1758

Durchzügler; ehemaliger Brutvogel (Sommervogel)
Unterart: *L. s. senator* L., 1758

Verbreitung: Wie Schwarzstirnwürger. Höhenwärts nach HEYDER [1223] ebenfalls bis 400 m ü. NN, im Kr. Freital etwa 450 m ü. NN [1817]. Während der Zugzeiten auch im Kammgebiet des Erzgebirges bis 850 m ü. NN.

Lebensraum: Trockene, sonnige Lagen mit Sträuchern, Hecken und lichten Baumbeständen, vorzugsweise Obstwiesen, Alleen, Gärten und kleine Feldgehölze. Wichtig erscheinen geeignete Jagdgebiete, wie sie heute meist fehlende insektenreiche, extensiv genutzte Offenländereien und Viehtriften boten.

Bestand: Im 19. Jh. war der R. die seltenste der 4 *Lanius*-Arten, gehörte aber trotz unterschiedlicher lokaler Bestandsfluktuationen [101, 484] zu den regelmäßigen Brutvögeln des sächsischen Hügel- und Flachlandes [256, 586, 1223]. Von 1900–1950 wurden Bruten aus den Kreisen Kamenz–1920 Schwepnitz, 1925 Grüngräbchen (P. WEISSMANTEL [1223]) und Meißen–1930 Brut u. 1931 Brutzeitbeobachtungen bei Hühndorf (A. DIETRICH [730]) bekannt. Einer weiteren Angabe, 1947 Zwenkau/Kr. Leipzig (J. RIEDEL [1167, 1729]), haftet der Makel der Unglaubwürdigkeit des Beobachters an [3062]. Spätere „Brutnachweise" resultieren aus Beobachtungen ad. mit juv. R., so am 16. 07. 1958 Hochhalde Espenhain/Kr. Borna 1 ad., 1 juv. (W.-D. BEER [1729, 1847]), 29. 07. 1960 Quohren/Kr. Freital 2 ad., 3 unsicher fliegende juv. [1817] und, wohl schon auf dem Zuge, 06. 08. 1960 Schlema/Kr. Aue 1 ad., 3 juv. (P. NEUKIRCHNER [3207]), 20. 08. 1961 Eschefeld/Kr. Geithain 1 juv. (K. GRÖSSLER). 1959 baute 1 Paar bei Langenleuba-Oberhain/Kr. Geithain 3 m hoch in Apfel u. Kirsche 2 Nester, brütete aber nicht (A. SITTEL

[1759]). Beobachtungen 26. 06.–01. 07. 1959 bei Zschortau/Kr. Delitzsch (G. ERDMANN [1977]) sowie 29. 06. 1960 bei Niesky (H. HASSE [1644]) deuten auf mögliche Brutversuche. Seit 1961 fehlen Hinweise auf Bruten.

Brutbiologie: Neststand 2,5–8 m hoch in Obstbäumen [97, 139, 148, 161], Kirsche und Apfel je 3 m [1759], „Dornenstrauch" [196], Gelegegröße: 5–6 (z. B. [256]). Anzahl juv. 3–5 (z. B. [97, 730]), 20. 06. 1887 „fast flügge" und 18. 08. 1887 „ausfliegend" (R. RÖBER [161]), was in letzterem Fall auf ein erfolgreich bebrütetes Nachgelege deutet. 1 Jahresbrut.

Wanderungen: Durchziehende bzw. umherstreichende R. von Mitte Apr. (20. 04. 1974 – R. SCHIPKE) bis Mitte Sep. (12. u. 15. 09. 1967 [3042], 15. 09. 1976 – P. KIEKHÖFEL; 06. 10. 1972 [3087] erscheint nicht zweifelsfrei). Die vorliegenden Daten dokumentieren auch hier den Niedergang der Art in Sachsen:

1953–58	1959–64	1965–70	1971–76	1977–82	1983–88
26	23	20	16	7	2

S. RAU, D. SAEMANN

Raubwürger – *Lanius excubitor* L., 1758

Jahresvogel, Wintergast, Durchzügler?
Unterart: *L. e. excubitor* L., 1758

Verbreitung: Im wesentlichen Brutvogel des Flach- und Hügellandes, vielerorts mit geringer Beständigkeit und im Hügelland zumindest zeitweilig erheblichen Verbreitungslücken (vgl. [1223]). Nach 1950 deutliche Erweiterung des Brutareals im Hügelland [1729] und inselartige Besiedlung des Berglandes [2672]. Um 1970 innerhalb weniger Jahre Aufgabe des im Bergland hinzugewonnenen Areals [HOLUPIREK 1988], jedoch nach 1980 Brutnachweise oberhalb 500 m ü. NN im Elstergebirge (S. GONSCHOREK) und Beginn der Besiedlung vom Waldsterben betroffener Flächen in den Kammlagen des Erzgebirges (U. KOLBE). Brutplätze meist unter 200 m ü. NN, maximal nach HEYDER [1223] bis 300 m, nach HOLUPIREK [2672] bis 650 und aktuell um 800 m ü. NN (U. KOLBE). Als Durchzügler und Gast im gesamten Gebiet.

Lebensraum: Halboffenes bis offenes Gelände, in überwiegend ebener oder muldenförmig geneigter Lage, mit reichem Vorkommen an Großinsekten und kleineren Wirbeltieren (besonders Feld- und Erdmäuse) als bevorzugte Nahrung sowie Gehölzen als Nestträger und Warten; letztgenannte Funktion können auch künstliche Strukturen übernehmen, z. B. Leitungsdrähte in größerer Höhe. Im Gegensatz zum Neuntöter werden weiträumigere Habitate benötigt, wobei der Gebüschanteil eine untergeordnete Rolle spielt (andere Nestanlage). Die genannten Voraussetzungen erfüllen vor allem Gebiete mit reicher Verzahnung von Wäldern und Agrarflächen, Teichen, Stauweihern, Mooren, Moorwiesen und Verlandungszonen sowie Gehölzen, Baumgruppen und Einzelbäumen [1223], wie sie in den Heide- und Teichgebieten des Flachlandes weit verbreitet, zum Hügel- und vor allem Bergland hin aber immer seltener und erst in höheren Berglagen, soweit diese ausreichend große Offenlandbereiche aufweisen, wieder etwas häufiger auftreten. Den Lebensraumansprüchen des R. entspricht in besonderem Maße auch das Habitatmosaik großer Truppenübungsplätze (z. B. Königsbrücker Heide, Gohrischheide). Bemerkenswert ist ferner die Besiedlung von Bergbaufolgelandschaften (F. ROST), Kiefernheidewäldern mit Kahlschlägen und Kulturflächen (CREUTZ 1986) sowie in jüngster Zeit mit Bestockungsresten und Einzelbäumen sowie Jungwald durchsetzten immissionsbedingten Großkahlschlägen auf dem Erzgebirgskamm. Über längere Zeit und auch in feldmausärmeren Jahren besetzte Brutreviere zeichnen sich durch große Habitatmannigfaltigkeit und vielseitiges, gepuffertes Beutetieraufkommen aus (z. B. NSG Frauenteich/Kr. Dresden; Tauerwiesen Förstgen/Kr. Niesky; NSG Lugteich u. Umgebung/Kr. Kamenz). Ein Gegenstück dazu ist ein pflaumenbaumbestandener Fahrweg durch ausgeräumte Ackerflur (Görzig/Kr. Großenhain – G. JÄGER). Außerhalb der Brutzeit vorzugsweise in sitzwartenreicher Feldflur. Im Winter verstärkt auch in strukturarmen Feldgebieten sowie siedlungsnahen Bereichen (z. T. Ausweiten der Winterreviere bei Nahrungsverknappung, teilweise Nutzung punktuell reich vorhandenen Nahrungsangebotes). Schlafplätze wurden in Feldgehölzen und in Waldsäumen nachgewiesen (EIFLER u. HOFMANN 1985).

Bestand: 1978/79 jährlich um 130 BP (MTB-Brutvogelkartierung, erg.); unmittelbar danach rapider Rückgang, nach 1982 nur noch ca. 20 BP (ohne nicht kontrollierbare Gebiete)! Der R. war in den vergangenen 150 Jahren nie ausgesprochen häufig; Bestandesschwankungen und unstetes Auftreten sind für diesen Zeitraum typisch, haben sich jedoch offenbar in neuer Zeit verschärft. Im Bez. D zwischen 1950 und 1980 relativ stabiler und hoher Brutbestand mit mehr oder weniger deutlichen Gipfeln jeweils um Mitte der 1950er, 1960er und 1970er Jahre. Im Elbe-Röder-Gebiet bei Dresden für die 1970er Jahre deutliche Beziehungen zum Massenwechsel der Feldmaus – S. RAU (vgl. auch [3770]). Der Bez. C weist nur in günstigen Zeiten (vergleichsweise geringe) Brutbestände auf, z. B. auch zwischen Mitte der 1950er und Mitte der 1970er Jahre ([2672], HOLUPIREK 1988). Bestandsdichte: 50 km² Feldgehölzlandschaft Elbe-Röder-Gebiet/Kr. Dresden –1975/76 10 BP = 0,2 BP/km², nach 1982 0 BP (S. RAU, FG Radebeul u. Großdittmannsdorf); 20 km² Feldgehölzlandschaft zwischen Zabeltitz und Oelsnitz/Kr. Großenhain–1978 5 BP = 0,25 BP/km², nach 1981 0 BP (P. REUSSE). 800 km² im Süden des Bez. L 1984 17 BP = 0,02 BP/km², 1985 7 BP = 0,01 BP/km² (F. ROST).

Brutbiologie: Nester zumeist in Wipfelnähe auf Bäumen am Rand von Gehölzen bzw. Wäldern/Forsten, in Alleen und Baumreihen, selten in Einzelbäumen, Hecken und Büschen. Häufig in Wipfeln von Kiefern (Stangen-, schlechtwüchsiges Baumholz). Nestträger je 22×Kiefer und Eiche, 5×Fichte, 3×Pflaume, je 2×Schlehe und Apfel, je 1×Birke, Hainbuche, Traubenkirsche, Pappel und Stechfichte. Höhe des Neststandes 2 bis 20 m. Ablage des 1. Eies (nur Bez. D): Extrema vor dem 17. 04. 1964 (M. MELDE) und 20. 06. 1975 (T. NADLER; wohl Ersatzbrut); 17×2. Apr.–2. Maidekade, 4×3. Mai–2. Junidekade, Häufung in 2. Apr.-Dekade. Eine Jahresbrut, Ersatzbruten. Gelegegröße: 3×5, 2×6 Eier (RICHTER u. GÖHLER, R. MÖCKEL u. W. WENDLER, C. NEITSCH, T. NADLER, K. RICHTER). Jungenzahl (ältere nj. u. fl. juv.): 10×1, 31×2, 31×3, 21×4, 12×5, 5×6, 3×7, 2×8,

M_{114} 3,3 juv./Brut. Auffallend häufig tritt die Wacholderdrossel als Brutnachbar auf.

Wanderungen: Im Juli/Aug. zerstreuen sich die Vögel aus den Brutrevieren in die Umgebung. Zuzug ab (Mitte)Ende Sept. (Biehla/Kr. Kamenz 1954–1979 zwischen 08. 09. und 18. 11., M. MELDE), Masse Okt./Nov.; Bildung von Winterrevieren. Abwanderung meist Mitte/Ende März/Mitte Apr. (Abb. 36). Im Bergland werden nicht alljährlich besetzte (suboptimale?) Wintereinstandsgebiete von Nov./Dez. bis Febr./März(/Apr.) frequentiert. Größe der Winterreviere abhängig von Vorhandensein und Erreichbarkeit der Nahrung, 1×70 bis 120, 1×10 bis 40, max. 450 ha (G. EIFLER; EIFLER u. HOFMANN 1985). Von 1981/82 bis 1984/85 extrem wenige Wintervorkommen, danach leichte Zunahme. Zuzug aus nördlicheren Gebieten ist als sicher anzunehmen, jedoch nicht durch entsprechende Ringfunde belegt; für das Auftreten „östlicher Formen" fehlen Nachweise ([197, 256, 586] beziehen sich auf individuelle Variationen; vgl. PANOW 1983, S. 163). Keine eindeutigen Angaben zum Raum-Zeit-Verhalten ansässiger Brutvögel.

S. RAU, K. HÄDECKE, R. STEFFENS

Seidenschwanz – *Bombycilla garrulus* (L., 1758)

Durchzügler, Wintergast
Unterart: *B. g. garrulus* (L., 1758)

Vorkommen: „Der S besucht als typischer Wintergast Sachsen wohl alljährlich, doch in der Menge

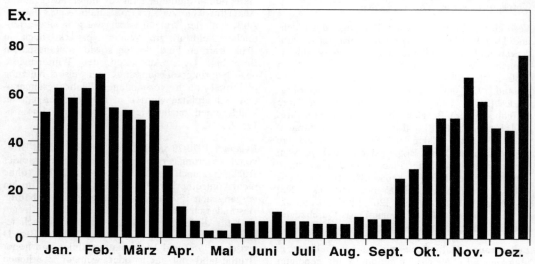

Abb. 36: Nachweise (Dekadensummen) des Raubwürgers 1960–82 im Bez. C (vom 01. 04.–31. 07. ohne BP u. fl. juv.)

sehr wechselnd und wenig einheitlich in der Art des Auftretens und Verweilens." Diese Einschätzung von HEYDER [1223] trifft noch immer zu (vgl. auch Abb. 37). Das alljährliche Auftreten ist für den Bez. C erwiesen (Datenreihe 1959–89 [3207] erg.), in anderen (kleineren) Regionen jedoch Beobachtungslücken: Oberlausitz 1980/81, 1982/83, 1983/84 (CREUTZ 1987 b); Kreise Grimma, Oschatz u. Wurzen 1950/51, 1951/52, 1952/53, 1954/55, 1955/56, 1956/57, 1960/61, 1969/70, 1977/78, 1978/79 [3770]. Nach den Masseneinflügen 1948/49 und 1953/54 [1729], wobei letzterer in Ostsachsen kaum spürbar war (CREUTZ 1987 b), verdient vor allem das Invasionsjahr 1965/66 hervorgehoben zu werden, welches für alle Teile Sachsens Spitzenwerte erbrachte ([2388, 3062, 3770] CREUTZ 1987 b, P. FUHRMANN u. a.). Erwähnenswert sind ferner noch relativ starke Einflüge 1958/59 (vor allem in der Lausitz), 1963/64 (wohl im gesamten Gebiet), 1970/71 und 1975/76 (beide Male in den Kr. Grimma, Oschatz und Wurzen [3770] nicht nachweisbar), wohingegen die von CREUTZ [1481] beschriebene Invasion 1957/58 in den sächsischen Beobachtungsdaten nur wenig hervortritt. Mittelfristig ist eine Beobachtungshäufung ab Ende der 1950er bis Mitte der 1970er Jahre erkennbar, während in den darauffolgenden 10 Jahren (ausgenommen 1981/82) die Daten recht spärlich fließen. Erst 1985/86, 1988/89 und 1989/90 wurden wieder stärkere Einflüge registriert (Kartei Dresden, KRONBACH et al. 1992 u. 1993). Anzahl, Aufenthalt und Verweildauer der S. hängen vor allem von früchtetragenden Gehölzen, besonders der Beeren-

tracht der Eberesche (*Sorbus aucuparia*) ab. Deren Häufigkeit im Gebirge erklärt das mengenmäßig auffallende Vorkommen des S. in den höheren Lagen Sachsens [1223, 1729, 2388], so Flüge von 500–1000 S. während der Invasion 1948/49 (R. BARTHEL in [1273]) oder ca. 2000 Durchzügler am 14.11.1965 bei Johanngeorgenstadt (M. LANG in [2388]). Im Flach- und Hügelland Truppstärken von max. 200–300 Ex. (CREUTZ 1987 b u. a.) aber, wahrscheinlich überwiegend wegen der günstigeren Winterwitterungs- u. -ernährungsbedingungen, wesentlich höherer Anteil Beobachtungen von Jan. bis Apr.: Bez. D u. L ca. 30% ([3770], CREUTZ 1987 b u. a.), Bez. C aber nur ca. 7% ([3207] u. a.). Insbesondere im Elbtal bei Dresden starke Bindung an Mistel (*Viscum album*).

Lebensraum: Innerstädtische Parks, Friedhöfe, Alleen u. a. Grünanlagen; Dörfer und Siedlungsrandbereiche; Flurgehölze, Feldhecken u. Waldränder; mit entsprechenden beeren- bzw. früchtetragenden Pflanzenarten wie Mistel, Eberesche, Weißdorn, Heckenrose, Schneeball, Obstgehölze usw. ([3770] u. a.).

Wanderungen: Selten erfolgt die Ankunft der ersten S. vor Nov.; früheste Daten: 17./18.10.1965 im Raum Oschatz-Wurzen [3770], 17.10.1972 Oberlausitz (H. MENZEL), 18.10.1960 Großenhain (R. DIETZE), 20.10.1965 Erzgebirgskamm im Kr. Marienberg (H. NESTLER in [2203]). Höhepunkt der Einflüge meist Nov./Dez.. Rückzug in die Brutgebiete ist besonders im März und in der 1. Apr.-Hälfte angezeigt worden, mitunter in Flü-

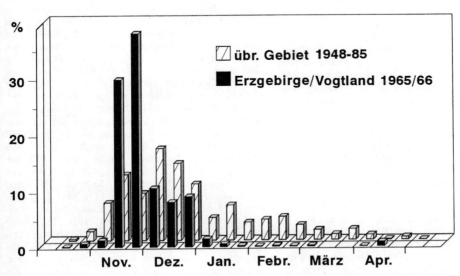

Abb. 37: Einflüge (Dekadensummen) des Seidenschwanzes 1965/66 im Erzgebirge/Vogtland [2388] und im übrigen Gebiet ([3770], CREUTZ 1987 b, R. DIETZE, P. FUHRMANN, M. SCHINDLER u. a.) 1948–85

gen von mehr als 100 S. (Abb. 37). Obwohl HEY-
DER [1223, 1729] keine Mai-, Juni- und Julidaten
erwähnt, liegen solche doch vereinzelt vor:
02. 05. 1966 Schlegel/Kr. Zittau 4 S. [2323], 04. 05.
1964 1 Chemnitz [2059], 06. 05. 1937 1 frischtotes ♀
Zschorna/Kr. Großenhain (K. HOYER), 09. 05. 1971
Oberlausitz [2931], 1 rufender S. 05. 06. 1977 Ortsrand von Ellefeld/Kr. Auerbach (FG Auerbach),
08. u. 09. 06. 1947 (F. BÄUERLE), 15. 07. 1948
(P. BERNHARDT), 10. 06. 1949 10–15 S. u. 17. 07.
1951 (P. WACHWITZ) alle Moritzburg/Kr. Dresden.

D. SAEMANN, R. STEFFENS

Wasseramsel – *Cinclus cinclus* (L., 1758)

Jahresvogel
Unterart: *C. c. aquaticus* Bechstein, 1803

Verbreitung: Die W. ist Brutvogel an Fließgewässern des Erzgebirges, Vogtlands und der Sächsischen Schweiz, mit teilweiser Ausstrahlung in das
Mulde-Lößhügelland, das Mittelsächsische Lößhügelland, die Dresdner Elbtalweitung und das
Westlausitzer Hügel- und Bergland; im Westerzgebirge nur sporadisch, im Erzgebirgsbecken fehlend. Vertikal erstrecken sich Brutvorkommen
von 150 bis 830 (930) m ü. NN ([1223, 1729], R.
STEFFENS). Die aktuell höchstgelegenen Brutplätze
befinden sich im Osterzgebirge bei Seyde/
Kr. Dippoldiswalde ca. 650 m ü. NN (B. HER-
KLOTZ) und im Mittelerzgebirge bei Tellerhäuser/
Kr. Annaberg ca. 930 m ü. NN (GÜNTHER 1992).
Am weitesten gegen das Hügelland vorgescho-
ben sind Mittweida u. Berbersdorf/Kr. Hainichen (J. REDMANN), Nossen, Mertitz u.
Gauernitz/Kr. Meißen (A. GÜNTHER, B. KATZER,
R. STEFFENS), Dresden-Klotzsche (P. HUM-
MITZSCH). Außerhalb der Brutzeit nur geringfügige
Arealerweiterung zum Berg- und Flachland hin
und an einigen sonst nicht besiedelten Fließge-
wässern, insbesondere wenn diese in kalten Win-
tern auf Grund von Abwassereinleitung eisfrei
bleiben.

Lebensraum: Die W. bevorzugt raschfließende,
klare, stein- und blockreiche Gebirgsbäche, mit einzelnen aus dem Wasser ragenden Sitzsteinen und
lichter aus Laubbäumen und Gebüsch bestehender
Ufervegetation. Zur Nestanlage werden schroffe
Uferböschungen, Felsen, Ufermauern, Brücken
o. ä. mit Simsen u. Höhlungen bzw. aus dem Wasser aufragende Felsblöcke benötigt, an Stellen, die
möglichst direkt über dem Wasser liegen. Ruheplätze an Bachabschnitten mit Sichtschutz, efl. juv.
u. mausernde ad. suchen gern Deckung in Pest-
wurzbeständen. Siedlungsbereiche bzw. angrenzende belebte Straßen werden toleriert, sofern keine
direkte Störung im Bach- bzw. Flußbettbereich

oder in unmittelbarer Umgebung des Brutplatzes
erfolgt. Gewässerregulierungen mindern die Le-
bensraumqualität erheblich. Ebenfalls gemieden
bzw. nur in Anteilen toleriert werden gehölzfreie
Gewässerstrecken sowie solche, die dicht und ausschließlich von Nadelwald gesäumt sind. Am
Oberlauf der Bäche endet die Besiedlung durch W.
bei ca. 1 m Bachbreite und < 0,2 m³/s Wassermenge,
am Unterlauf wird sie natürlicherweise durch zunehmend ruhige Fließstrecken begrenzt. Kleine
Bäche werden gern im Mündungsbereich größerer
Fließgewässer genutzt. Unterschreitet an sonst
optimalen Bächen im Mai/Juni die Wassermenge
0,1 m³/s (z. B. infolge Trink- und Brauchwasserab-
leitung), so wird häufig der Nestbau abgebrochen,
nicht selten auch das Gelege verlassen oder das
Nest geplündert, insbesondere wenn die unmittelbare Umgebung des Nestes trocken fällt [2839,
3415]. Optimal scheint eine neutrale bis schwach
saure Gewässerreaktion zu sein, sinkt der pH-Wert
unter 5, so geht das Nahrungsangebot so weit zurück, daß solche Bachstrecken nicht mehr besiedelt werden können (BRETTFELD 1987, STEFFENS
1989). Hinsichtlich Saprobienindex bevorzugt die
W. Gewässer der Güteklassen I–II (gering – mäßig
verschmutzt), an Stauwehren mit Tosbecken oder
anschließender steiniger Bachstrecke toleriert sie
teilweise auch noch stark verunreinigte Bereiche
(Belüftungseffekt).

Bestand: Gegenwärtig (1988) 130–170 BP, davon
im Bez. C. 70–90 (A. GÜNTHER) und im Bez. D.
60–80 (R. STEFFENS), im Bez. L. keine Brutvorkommen. Der Bestand und die Bestandsentwicklung nach Flußgebieten: Weiße Elster: Nach HEY-
DER [1223] nur Restvorkommen an der Trieb, bis
1972 Bestandszunahme auf ca. 20 BP [2839], Ende
der 1980er Jahre noch 8–12 (E. FRÖHLICH erg.). Im
Kr. Oelsnitz ab 1990 Anbringen von Nisthilfen u.
Zunahme von ca. 5 auf >15 BP (GONSCHOREK
1995). Zwickauer Mulde: In den 1930–1940er
Jahren wohl 15–20 BP [2089], um 1970 4–6 [2839],
gegenwärtig 7–10 (A. GÜNTHER). Zschopau/Flöha:
Größtes und neben der Sächsischen Schweiz sta-
bilstes sächsisches Vorkommen mit 30–35 BP
(W. UNGER, [2089, 2839]), gegenwärtig 40–50
(D. SAEMANN). Freiberger Mulde: Um 1970 4–6
[2839], 1983 23–32, 1988 13–17 BP (A. GÜNTHER
u. a.). Triebisch, Ketzerbach, Saubach, Prießnitz:
unregelmäßig besiedelt, 1963–77 0 [3415], gegenwärtig 4–6 BP (B. HUMMITZSCH). Wei-
ßeritzn: 1924–28 20–26 BP [684]. 1950 (Teilgebiet)
9 [1264], 1959 (Teilgebiet) 6–7 (G. KLEINSTÄUBER),
1967 1, 1972 4, 1977 7 [3415], 1988 17–20 BP (B.
KAFURKE, R. STEFFENS u. a.). Lockwitz, Müglitz,
Gottleuba/Bahra: 1963 0, 1975 5–7 [3415], 1988
mind. 8–10 BP (B. KAFURKE, R. STEFFENS). Sächsische Schweiz (einschl. Wesenitz): 1925 12–16 BP

[573], um 1940 25–30 (CREUTZ 1986), 1975/77 25–30 [3415], gegenwärtig mindestens gleicher Bestand. Starke witterungsbedingte Bestandsschwankungen, z. B. nach dem kalten Winter 1962/63 nur noch an einigen Gewässern wenige BP [2089, 2839, 3415]. Die Wiederbesiedlung nach solchen Ereignissen sowie die Bestandsdynamik insgesamt ist in den einzelnen Flußgebieten auf Grund der relativen Isolation ihrer Populationen unterschiedlich (vgl. z. B. Weiße Elster und Weißeritzen). Trotz des gegenwärtig höheren Gesamtbestandes als beispielsweise vor 10–15 Jahren nimmt die Gefährdung der W. ständig zu. Bereits im vorigen Jahrhundert begannen infolge von Flußregulierungen und Gewässerverunreinigungen Ausdünnung der Bestände und Arealeinschränkungen zum Hügelland hin. In dieser Zeit verschwand die Wasseramsel als Brutvogel an Pleiße, Chemnitz, Neiße und Zwickauer Mulde ab Hartenstein [1223, 2089, 3574]. Letztmaliges Brüten wurde 1934 an der Röder bei Seifersdorf/Kr. Dresden (G. HOFFMANN), 1952 u. 1954 an der Pulsnitz bei Gräfenhain/Kr. Kamenz (P. WEISSMANTEL [1729]) nachgewiesen und etwa zur gleichen Zeit auch an der Spree bei Bautzen und dem Löbauer Wasser bei Löbau angenommen [3574]. Um 1970 waren die Vorkommen an der Zwönitz erloschen, Wiederbesiedlung des Unterlaufes ab 1992 (GÜNTHER 1992). Sauere Niederschläge gefährden die Vorkommen an Bächen mit hochgradig durch Fichte bestockten Einzugsgebieten. Aus diesem Grund sind die Oberläufe von Roter und Wilder Weißeritz, Schwarzer Pockau und Zwickauer Mulde heute wasseramselfrei bzw. nur sporadisch besiedelt, die aktuelle vertikale Verbreitungsgrenze wird dadurch z. T. 100–150 m herabgesetzt. Optimale Verhältnisse findet die Wasseramsel in Sachsen nur noch in relativ sauberen Bächen und Flüssen aus gemischten Einzugsgebieten (Wälder, Wiesen, Felder) mittlerer

und unterer Berglagen sowie an Fließstrecken unterhalb von Talsperren (Abwasser- und pH-Pufferung) vor, sofern bei letzteren Wasserführung und Gewässermorphologie den Ansprüchen der Art noch genügen.

Brutbiologie: Der Neststandort variiert nach Brutgebieten. Dabei scheinen Traditionen eine Rolle zu spielen. CZERLINSKY [1865, 2839] fand z. B. an der Trieb bei Jocketa/Kr. Plauen mehrfach auf Wasser liegenden Steinen u. Felsbrocken aufgesetzte Nester, wie sie auch JOST (1967) für die Rhön beschreibt. Im übrigen Sachsen wurde lediglich 1 weiterer Fall dieser Nistweise von der Bobritzsch bekannt [3457]. In [2839] findet sich außerdem 1 Foto mit einem auf einen Pfahl aufgesetzten Nest. Die Nistplatzhöhe schwankt zwischen 0,2 (R. STEFFENS) u. 6 m [1865] und beträgt an den Weißeritzen im Mittel (n = 76) 1,6 m. Die Mehrzahl der Nester, an den Weißeritzen 89%, befinden sich direkt über dem Wasser. Ablage des 1. Eies 06. 03. (1993) bis 05. 06., CZERLINSKY [1865] fand jedoch auch noch Gelege im Juli. An den Weißeritzen 1. Brut 06. 03.–14. 05., M_{74} 13. 04. , 2. Brut 02. 05.–05. 06. , M_{30} 19. 05. (Abb. 38) Der Brutbeginn schwankt stark in Abhängigkeit von Witterung und Höhenlage, je 100 m Höhenzunahme an den Weißeritzen knapp 9 Tage Verzögerung, jedoch je nach Brutrevier stark schwankend (in engen Tälern und Schluchten relativ später), deutliche Schwankungen auch in Abhängigkeit von der Populationsdynamik. Anteil Zweitbruten regional unterschiedlich, an den Weißeritzen (1965–89) 31% und nur ausnahmsweise über 400 m ü. NN. Gelegegrößen (Gesamtgebiet), 1. Brut: 6×3, 25×4, 41×5, 6×6 Eier, M_{78} 4,6; 2. Brut: 2×3, 19×4, 14×5 Eier, M_{35} 4,3; 1987 u. 1988 an der Freiberger Mulde und ihren Zuflüssen wesentlich höhere Werte: 3×4, 25×5, 10×6 Eier, M_{36} 5,2 (A. GÜNTHER u. a.). Zum Zeitpunkt der Beringung wurden im Gesamtgebiet 7×1, 8×2, 21×3, 38×4, 55×5, 9×6 juv., M_{138} 4,1 nachgewiesen. Im Vergleich zwischen den Weißeritzen (1965–89) sowie der Freiberger Mulde und ihren Zuflüssen (1986–89) ergeben sich je angefangene Brut/erfolgreiche Brut/BP 3,3/4,0/4,2 bzw. 2,8/4,4/4,1 juv. (R. STEFFENS, A. GÜNTHER u. a.), damit führen unterschiedliche ökologische Bedingungen durch entsprechendes Reproduktionsverhalten zu nahezu dem gleichen Fortpflanzungserfolg. Unter Berücksichtigung nicht brütender ad. wurden an den Weißeritzen 1,7 juv./Ex. fl. Zwischen optimalen und suboptimalen Brutrevieren zeigen sich mit 2,7 zu 1,1 juv./Ex. erhebliche Unterschiede, die hauptsächlich durch die Sicherheit des Brutplatzes sowie die Häufigkeit von Zweitbruten bzw. Brut- und Brutpartnerausfall bedingt sind und die Bestandsentwicklung regulieren.

Tabelle 56: Neststandorte der Wasseramsel in zwei sächsischen Brutgebieten

	Elbsandsteingebirge	Weißeritzen, Osterzgebirge
an Felsen	28	7
in Uferhöhlen	–	4
unter Wasserfällen	–	12
davon künstliche Wehre	–	5
im Mauerwerk	5	24
unter Brücken	2	24
in tunnelähnlichen Bauten	–	17
Summe	35	88

Anz. Bruten

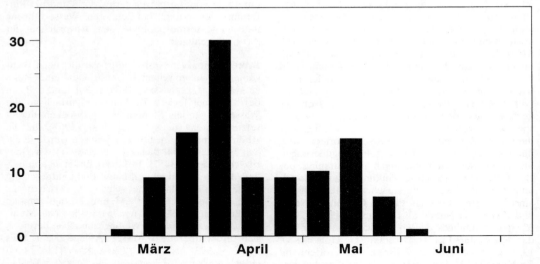

Abb. 38: Brutphänologie (Ablage 1. Ei – rückgerechnet) der Wasseramsel im Kr. Freital (Dekadensummen)

Wanderungen: Sehr ortstreu, optimale Reviere werden ganzjährig und häufig auf Lebenszeit bewohnt. Teilweise Winterflucht und dann auch an stärker verunreinigten, aber eisfreien Gewässern [z. B. 1865], mitunter auch getrenntes Brut- und Mauserrevier [1386]. Jungvögel siedeln sich meist im gleichen Flußsystem an, was unter unseren Bedingungen bis zu 20 km Entfernung (Luftlinie) vom Brutort umfaßt (W. UNGER [2089]). Gelegentlich werden auch größere Strecken zurückgelegt ([2839], E. BERTHOLD, J. REDMANN u. a.) und dabei auch Wasserscheiden überflogen. ♀♀ sind offenbar wanderwilliger als ♂♂. Ein juv. an der Wilden Weißeritz beringtes Ex. wurde 144 km westlich kontrolliert [3415]. Das Umherstreifen einzelner Vögel auch relativ weit außerhalb des aktuellen Brutgebietes belegen z. B.: Dez. 1979 je 1 Ex. bei Löbau (W. POICK), 13. 11. 1988 1 Ex. bei Ludwigsdorf/Kr. Görlitz (M. STRIESE, O. MEFFERT), 08. 11. 1972 und vom 26. 12. 1981–30. 01. 1983 mehrfach 1 Ex., vom 17. 01.–07. 03. 1982 sogar 2 Ex. bei Gräfenhain/Kr. Kamenz (G. ENGLER), 6 Einzelbeobachtungen an Zuflüssen der Mulde im Kr. Grimma von 1953–1980 [3770], 1 Ex. 1952 bei Windischleuba/Kr. Altenberg (W. KIRCHHOF). Nestbau Anfang Mai 1983 an der Sprotte bei Nöbdenitz/Kr. Schmölln (R. BACHMANN) zeigt, daß gelegentlich auch hier noch Brutversuche stattfinden können.

R. STEFFENS

Zaunkönig – *Troglodytes troglodytes* (L., 1758)

Jahresvogel, Sommervogel, Wintergast
Unterart: *T. t. troglodytes* (L., 1758)

Verbreitung: Der Z. ist im gesamten Gebiet verbreitet, vertikal bis 1050 [2569], wahrscheinlich bis 1200 m ü. NN [3207].

Lebensraum: Zur Brutzeit in Wäldern aller Art, besonders Vorliebe für mehrschichtige Bestockungen feuchter Standorte mit strukturreicher Strauch- und Krautschicht, Steilhänge und Schluchten, fels- und blockreiche Partien, Bach- und Flußufer, Uferabbrüche, Windwurf- und -bruchflächen (Wurzelteller, Totholz) sowie Erlenbrüche. Ähnlich attraktiv sind für den Z. verwilderte Parks und Gärten mit alten Gemäuern, Brücken und Wassergräben. Darüber hinaus besiedelt er auch Kahlschläge mit Reisighaufen sowie Flurgehölze. Ganz bzw. weitestgehend gemieden werden gehölzarme Agrar- und Siedlungsgebiete, Wälder und Gehölze trockener Standorte, Ödländereien und Kippen, gewässerferne monotone (trockene) Kiefern- und Fichtenforste. Im Winter in den Uferzonen von Bächen, Flüssen, Seen und Teichen, an Kläranlagen, in Weidichten, Röhrichten, Gärten, ja sogar in Gewächshäusern, Kellern sowie Wohn- und Gewerberäumen.

Bestand: Häufiger Brutvogel mit starken, in erster Linie durch strenge Winter hervorgerufenen Bestandsschwankungen. Nach dem Kältewinter 1962/63 in und um Falkenhain/Kr. Wurzen z. B. nur noch 1/4, und nach einem solchen zu Jahresbeginn 1979 in der Umgebung von Döbern/Kr. Grimma nur noch 1/3 des normalen Brutbestandes [3770], desgleichen bei Biehla/Kr. Kamenz 1987, nach mehrmaligen strengen Wintern (MELDE 1990). Siedlungsdichte Hügelland/untere Berglagen, fichtendominierte Bestockungen gemischter Altersklassen bei Hohenstein-Ernstthal und Wittgendorfer Wald/Kr. Zittau, 360 u. 124 ha, je 1 BP/10 ha (W. GRUNER, G. HOFMANN); Kiefern – Laubbaum – Mischbestockung bei Moritzburg/Kr. Dresden, 115 ha, 0,9 BP/10 ha (P. HUMMITZSCH); Laubmischwälder der Talhänge, 18–33 ha, M_6 2,2 (0,8–3,9 BP/10 ha (G. HOFMANN, R. STEFFENS); Fichtenforste der Hoch- und Kammlagen im Mittel- und Osterzgebirge, 47–107 ha, M_7 0,4 (0,2–0,9) BP/10 ha (G. DORNBUSCH, D. SAEMANN, U. ZÖPHEL); Auwald Leipzig, 70,7 u. 80,6 ha, M_9 0,6 (0,5–0,8) BP/10 ha (BEER [1949], ERDMANN [2549] u. 1989); kieferndominierte Waldgebiete um Biehla, Kr. Kamenz, ca. 2 000 ha, 0,2 BP/10 ha (M. MELDE). Damit hat der Z. in Wäldern des unteren Berglandes und des Hügellandes seine größte Dichte, die vor allem auf eine Häufung der von ihm bevorzugten Örtlichkeiten (Bachtälchen, Steilhänge, unterholzreiche Bestockungen) zurückzuführen ist. Dem scheinen Siedlungsdichteermittlungen in mittelalten und alten Fichtenforsten dieser Region zu widersprechen: Tharandter Wald, 9,1–17,9 ha, M_{15} 0,2 (0,0–3,3) BP/10 ha (WENZEL [3526], S. KRAUSE), Wittgendorfer Wald, 7,8–12,5 ha, M_6 0,5 (0,0–3,5) BP/10 ha (G. HOFMANN), doch erfolgte die Auswahl

solcher Flächen im Interesse ihrer Homogenität häufig gerade unter Verzicht auf die vom Z. bevorzugten Waldteile, so daß hier – wie generell – vor Fehlinterpretationen gewarnt werden muß. Geringere Dichte im Kammlagenbereich möglicherweise auch immissionsbedingt (Bestockungsauflichtung, Vergrasung), in extrem geschädigten Bereichen (Bestockungsauflösung) des Osterzgebirges, 73–310 ha, nur noch M_4 0,1 (0,0–0,1) BP/10 ha (KOLBE [4134], R. STEFFENS, U. ZÖPHEL). In meist nur kleinflächig oder linear ausgeprägten Flächen der Optimalhabitate z. T. wesentlich höhere Dichte, z. B. auf 1,3 ha Fichtenaufwuchs/Dickung an der Zwickauer Mulde 3 sM [4034], 2,8 ha verwilderter Park in Dresden 3 BP (R. STEFFENS), Park Neschwitz, 5,6 ha, 4 BP (G. CREUTZ); im Kr. Zittau an 3 verschiedenen Örtlichkeiten 1,7, 1,9 und 2,0 sM/1000 m (EIFLER u. HOFMANN 1985), an der Zwickauer Mulde 1,4–4,5 sM/1000 m (H. OLZMANN, S. ERNST u. a.), im Rabenauer Grund auf 3,3 km 11 sM, im Tharandter Wald an einem Zufluß des Wernersbaches 4 sM auf 400 m (R. STEFFENS). Gesamtübersicht der Präsenz des Z. auf Siedlungsdichte – Probeflächen in Sachsen siehe Tabelle 57. Auf diversen Flächen in der Oberlausitz ähnliche Werte (PANNACH 1990 b). Zwischenzeitliche Untersuchungen (1994) in Erlenbrüchen der Dübener Heide 5,5 u. 6,5 BP/10 ha (J. HUTH).

Brutbiologie: Nestbaubeginn frühestens Mitte März, Nester in Wurzeltellern umgestürzter Bäume, im Wurzelwerk von Uferböschungen, in Hang- und Steilwandkehlen, in Mauer- und Felsnischen (hier auch gern unter Farnbüschen und herabhängenden vorjährigen Wedeln), unter Brücken, in künstlichen Halbhöhlen, Stockausschlägen, Efeu,

Tabelle 57: Präsenz und mittlere Abundanz des Zaunkönigs auf Siedlungsdichte-Probeflächen in Sachsen

Biotoptypen	Anzahl Untersuchungen	Präsenz		Mittlere Dichte
	n	+	–	BP/10 ha
Fichtenwälder und -forste in Hoch- und Kammlagen	32	18	14	0,3
Fichtenforste unterer Lagen, Hügelland	26	8	18	0,5
Kiefern- und Kiefer-Laubbaum-Forste	10	4	6	0,2
Buchenwälder	7	4	3	1,1
Laubmischwälder Hügelland	14	12	2	1,6
Auwälder	20	15	5	0,6
Ödland, Pionierwald, Laubbaum-Jungforste	30	2	28	0,02
Waldreste/Flurgehölze	14	6	8	0,8
Agrargebiete (z. T. mit kleinen Flurgehölzen)	14	4	10	0,07
Bebauungsgebiete (ohne Parks und Friedhöfe)	24	0	24	0,0
Parks/Friedhöfe	20	4	16	0,5

Reisighaufen, jungen Fichten u. a. Nest muß freien Anflug gestatten, deshalb nur selten am Boden oder unmittelbar über dem Wasser, meistens 0,5–3 m, selten bis 5 m hoch (PANNACH 1990 b u. a.), Extremfall: 18 m hoch in einem Habichtsnest (K. GEDEON). Ablage des 1. Eies im Tiefland frühestens 1. Apr.-Hälfte (15. 05. 1981, 6 fl. juv.; 21. 04. 1974, 6 Eier – M. MELDE), in Chemnitz frühestens 25. 04. (M. MÜLLER), oberhalb 500 m ü. NN nicht vor dem 01. 05. (D. SAEMANN); 2 Jahresbruten: 1. Brut Eiablage hauptsächlich Ende Apr.–Ende Mai, 2. Brut Mitte Juni–Mitte Juli, selten später. Einzelne Daten bis Mitte Aug.: 01. 09. 1951, 5 nackte juv. (M. MELDE), 05. 09. 1978, fl. juv. (K. GEDEON) 12. 09., 1 fl. juv., das noch gefüttert wird (M. SCHINDLER). Gelegegröße: 2×3, 4×4, 11×5, 36×6, 24×7, 1×9 Eier (21. 05. 1980 bei Grimma – B. HOLFTER), M_{78} (C 41, D 29, L 8) 6,0 Eier/Gelege; Jungenzahl: 1×2, 4×3, 15×4, 17×5, 37×6, 15×7, 1×8 juv., M_{90} (C 43, D 24, L 23) 5,5 juv./Brut. Bei Zweitbruten und Nachgelegen oft reduzierte Eizahl. Totalverluste ca. 10%. Kuckuckswirt.

Wanderungen: Auf dem Registrierfangplatz Augustusburg 1975–80 deutlicher Durchzug im Herbst ab letztem Sept.-Drittel, Höhepunkt in der 2. Okt.-Dekade (D. SAEMANN). Ab Okt. auch entsprechende Nachweise in den Überwinterungsgebieten, z. B. Hafenlache Leipzig von Ende Okt. bis Anfang Apr. (DORSCH 1985), Kläranlage Chemnitz 1966 Okt. bis 20. 11. 5, 24. 11. ca. 25, 1. und 2. Dez.-Drittel ca. 30, Jan. 10, ab Anf. März 1 (D. SAEMANN), 16. 11. 1975 Zwickauer Mulde bei Waldenburg 24 Z. auf 8 km Flußlauf (H. FRITSCHE). Fernwegzug mehrfach belegt (z. B. [1223, 2716, 3770]). Heimzug wenig auffallend.

P. LORENZ, P. HUMMITZSCH, D. SAEMANN,
R. STEFFENS

Alpenbraunelle – *Prunella collaris* (Scop., 1769)

Seltener Gast
Unterart: *P. c. collaris* (Scop., 1769)

Vorkommen: 3 Beobachtungen: 02. 11. 1884 Beobachtung 1 A. durch K. KREZSCHMAR auf dem Töpfer im Zittauer Gebirge nahe der Gaststätte [139]; 1938 fing ein Vogelsteller in Geyer/Kr. Annaberg, vermutlich in der Binge, 1 A., die über längere Zeit in der Sammlung B. STOPPS und später der Grundschule Geyer dokumentiert war; 26. 12. 1976 bis 08. 03. 1977 hielt sich 1 A. (wahrscheinlich diesj. ♂) auf dem Fichtelberggipfel (1214 m ü. NN) und an dessen Gebäuden auf (DICK u. HOLUPIREK [3350]).

H. HOLUPIREK

Heckenbraunelle – *Prunella modularis* (L., 1758)

Sommervogel, z. T. Jahresvogel, Durchzügler, Wintergast
Unterart: *P. m. modularis* (L., 1758)

Verbreitung: Brutvogel im gesamten Gebiet mit Schwerpunkt in den Fichtenforsten der sächsischen Mittelgebirge. In wald- und gehölzarmen Teilen des Lößgefildes sowie im Tiefland z. T. nur lückig. Hier möglicherweise im vorigen Jh. zeitweilig und gebietsweise fehlend [256, 586]. Vertikal bis 1200 m ü. NN.

Lebensraum: Als Gebüschbrüter liebt die H. vor allem Nadelholz, bei deutlicher Bevorzugung der Fichte im Dickungsalter. Ältere wie auch jüngere Koniferenbestände, bis hin zu Kahlschlägen, werden in weit geringerer Dichte besiedelt und vor allem dann, wenn Bruchholz (Wipfel), Reisighaufen oder kleine Dickungskomplexe eingestreut sind. Darüber hinaus in unterholzreichen Laubwäldern, Feldgehölzen, gebüschreichen Gewässerufern, Friedhöfen und Parks. Auf dem Durchzug auch in der Feldflur. Im Winter fehlt sie in den Mittelgebirgswäldern. Überwinterer vor allem im Siedlungsbereich, an Gewässerufern, im Röhricht, auf Ruderalflächen, in Kläranlagen und an Winterfütterungen.

Bestand: Infolge künstlicher Ausbreitung der Fichte und möglicherweise auch aus klimatischen Gründen (vgl. GLUTZ v. BLOTZHEIM u. BAUER 1985) beträchtliche räumliche Ausweitung des Brutvorkommens [1223] und in den 1960er Jahren markante Besiedlung von Ortschaften [2615]. In jüngster Zeit wieder rückläufige Tendenz (MÜLLER 1989, MELDE 1990, DORSCH 1994, SAEMANN 1994, R. STEFFENS). Siedlungsdichte in Fichtenforsten gemischter Altersklassen (38–310 ha), M_{12} 2,2 (1,4–4,8) BP/10 ha (G. HOFMANN, D. SAEMANN, R. STEFFENS u. a.), Baumholz, M_{19} 0,7 (0,0–2,0) BP/10 ha (WENZEL [3526], G. HOFMANN, S. KRAUSE u. a.), Stangenholz, M_5 2,5 (1,0–3,5) BP/10 ha (DORNBUSCH 1988, U. ZÖPHEL u. a.), Dickung/schw. Stangenholz, M_{21} 6,9 (5,5–12,9) BP/10 ha (KOLBE [4134], R. STEFFENS u. a.) – maximal 4 sM auf 2,09 ha (MÖCKEL [4034], Blöße/Anwuchs/Aufwuchs, M_{15} 0,6 (0,0–2,2) BP/10 ha (G. EIFLER, U. ZÖPHEL u. a.); Laubmischwälder Hügelland/untere Berglagen (17,6–33,0 ha), M_7 1,1 (0,0–2,2) BP/10 ha (R. STEFFENS u. a.); Waldreste/Flurgehölze (2,9–9,0 ha), M_{18} 1,7 (0,0–5,9) BP/10 ha (C. FEHSE, R. WENZEL u. a.); Parks/Friedhöfe (0,9–30,7 ha), M_{54} 1,9 (0,0–10,7) BP/10 ha (MÜLLER 1989, SAEMANN [2615, 2616, 2896] u. a.). Alle übrigen untersuchten Biotope sind nur sehr dünn oder gar nur sporadisch besiedelt (vgl. Tabelle 58). Das gilt ins-

Tabelle 58: Präsenz und mittlere Abundanz der Heckenbraunelle auf Siedlungsdichte-Probeflächen in Sachsen

Biotoptypen/Gebiet	Anzahl Unter- suchungen	Präsenz		Mittlere Dichte
	n	+	–	BP/10 ha
Fichtenwälder und -forste	58	45	13	2,2
Kiefern- und Kiefer-Laubbaum-Forste	17	7	10	0,2
Buchenwälder	7	2	5	0,2
Laubmischwälder Hügelland	17	13	4	1,1
Auwälder	19	–	19	0,0
Laubbaum-Jungforste und Pionierwald	16	11	5	0,5
Ödland und Ruderalflächen	15	3	12	0,1
Waldreste/Flurgehölze	18	14	4	1,7
Agrargebiete (z. T. mit kleinen Flurgehölzen)	17	4	13	0,04
Bebauungsgebiete (ohne Parks und Friedhöfe)	27	3	24	0,1
Parks/Friedhöfe	54	39	15	1,9
Lausitzer Niederung (verschiedene Biotope)	12	1	11	0,03

besondere für Ödland und Ruderalflächen (z. B. [1973, 2616]). Auch in Kippenaufforstungen brütet die H. erst nach relativ langer Vegetationsentwicklung (DORSCH 1988, ROST [3808]). Sie fehlte auf allen Siedlungsdichte-Probeflächen der Auwälder ([1949, 2549], ERDMANN 1989b, G. CREUTZ), lediglich Leipzig/Rosental (Siedlungsdichteuntersuchung 1974 von K. TUCHSCHERER) bildet da eine Ausnahme, doch ist hier die Vegetation parkgestalterisch überprägt. Bemerkenswert sind ferner ihre geringe Dichte in Kiefernforsten wie auch insgesamt die spärlichen Nachweise im Lausitzer Tiefland. Hier ist außerdem für die Umgebung von Biehla/Kr. Kamenz nach Angaben von M. MELDE noch eine Dichte von ca. 0,1 BP/10 ha (bezogen auf 40 km^2 Gesamtfläche) bzw. ca. 0,2 (bezogen auf die Waldfläche) zu ergänzen, wobei auch hier die Ansiedlung meist im Zusammenhang mit eingestreuten jungen Fichten steht, in denen sich das Nest befindet.

Brutbiologie: Nester wurden gefunden 104× in Fichte, 12× in anderen Koniferen, 2× in Buche, 1× in Efeu, 37× in verschiedenen Laubsträuchern u. Stockausschlägen, 19× in Reisighaufen und abgebrochenen Fichtenwipfeln, 8× in Wurzelteller von Windwürfen, 4× unmittelbar am Boden ([2903,

2970] u. a.). Die Nesthöhe betrug 47×0–0,5 m, 75×0,6–1,0 m, 24×1,1–1,5 m, 9×1,6–2,0 m, 3×2,1– 2,5 m und 1×2,6–3,0 m (HÖRENZ 1990 u. a.). Gelegefunde von Mitte Apr. (z. B. 17. 04. 1957, 4 Eier M. MELDE) bis Mitte Juli (z. B. 13. 07. 1983, 4 Eier G. EIFLER, 05. 08. 1980, 4 juv. ca. 6 Tage D. SAEMANN), Juni/Julidaten betreffen Nachgelege u. 2. Brut. Gelegegrößen: 6×3, 89×4, 140×5, 18×6 Eier, M$_{253}$ 4,7. Jungenzahl: 4×2, 13×3, 46×4, 19×5, 2×6 Junge, M$_{88}$ 3,8. Von 15 durchgehend beobachteten Bruten mit 68 Eiern waren 7 mit 22 fl. juv. erfolgreich (R. DAMME, H. JOKIEL, M. MELDE u. a.); von 106 Eiern 31 unbefruchtet, von 70 Bruten 50% Totalverlust ([2947], R. HELBIG u. a.).

Wanderungen: Erstbeobachtungen 1974–82 von Anfang März (02. 03. 1977 Schmölen/Kr. Wurzen [3903], 02. 03. 1978 Mandauufer bei Zittau G. HOFMANN, D. SPITTLER) bis Anfang April mit Schwerpunkt in der letzten Märzdekade (Bez. D.) bzw. letzte März-, erste Apr.-Dekade [3903]. Letztbeobachtungen 1947–82 Anfang Okt. bis Mitte Nov. (15. 11. 1960 bei Biehla/Kr. Kamenz, M. MELDE; 18. 11. 1955 Oybin/Kr. Zittau, H. KNOBLOCH). HEYDER [1223] notierte mit dem 24. 11. 1938 und 25. 11. 1936 noch spätere Termine. Durchzug im Frühjahr bis 15. 05. mit Gipfel zwischen 26. 03.

Rechnerisch ermittelte Ablage des 1. Eies der Heckenbraunelle:

April			Mai			Juni			Juli		
I	II	III	I	II	III	I	II	III	I	II	III
–	15	27	26	15	9	7	5	1	3	1	–

und 05. 04., und einem 2., schwächeren, zwischen 11.–15. 04.; im Herbst ab 2. Aug.-Hälfte mit Kulminationspunkt im letzten Sept.-Drittel und Abflauen im Okt., aber wohl erst Mitte/Ende Nov. restlos ausklingend (D. SAEMANN). Nach HÖRENZ (1990) in der Oberlausitz 2. Höhepunkt Mitte bis Ende Okt.. Aus Beringungsauswertungen für den Bez. L (1968–72) ermittelt DORSCH [2933] als Hauptfangzeit im Frühjahr 10. 04.–05. 05. und im Herbst 25. 09.–31. 10., mit Letztfängen vom 01.–06. 12.. H. ziehen meist einzeln, manchmal 2–3, max. 35 Ex. (HÖRENZ 1990). Regelmäßig in geringer Zahl in Siedlungen des Flach- und Hügellandes überwinternd, mit Schwerpunkt in den Flußauen ([586, 1223, 3062, 3903], EIFLER u. HOFMANN 1985); im Raum Leipzig nach 1980 jedoch nur noch selten (K. GRÖSSLER). Nach SAEMANN [2615] seit 1959 regelmäßig in Chemnitz und mit auffallender Zunahme seit 1965. In der Umgebung von Biehla/Kr. Kamenz keine Nachweise (M. MELDE).

R. STEFFENS, D. SAEMANN

Rohrschwirl – *Locustella luscinioides* (Savi, 1824)

Sommervogel, Durchzügler
Unterart: *L. l. luscinioides* (Savi, 1824)

Verbreitung: Zu HEYDERS Zeiten keine Nachweise [1223, 1729], doch schon unweit der sächsischen Grenze bei Lohsa/Kr. Hoyerswerda am 07. 06. 1938 1–2 sM (BERNDT 1938). Erste Beobachtungen in Sachsen Ende der 1950er/Anfang der 1960er Jahre [1926, 2550]; heute unregelmäßiger Sommervogel an verschiedenen Teichen u. a. Stillgewässern des Flachlandes: z. B. GT Torgau, Bennewitzer Teiche/Kr. Torgau, Eschefelder Teiche/Kr. Geithain, Wildenhainer Bruch/Kr. Eilenburg, Lehmaussteiche Deuben/Kr. Wurzen im Bez. L sowie Niederspreer Teiche, Krebaer Teiche, Tauerwiesen-Teich/Kr. Niesky, Königswarthaer Teiche, Necherner Teiche/Kr. Bautzen, Moritzburger Teiche/Kr. Dresden, Dammühlenteich/Kr. Großenhain; sichere Brutnachweise nur 1970–73 im TG Reichwalde/Kr. Weißwasser, unmittelbar an unser Bezugsterritorium angrenzend [2669, 2945] und 1983 in den Bennewitzer Teichen/Kr. Torgau [4186] sowie 1978 ein futtertragender ad. an den Kodersdorfer Teichen (H. MEISSNER). Einzelnachweise zur Brut- und Durchzugszeit darüber hinaus an zahlreichen anderen Standgewässern, deren höchstgelegene mit ca. 300 m ü. NN die Limbacher Teiche im Bez. C sind.

Lebensraum: Singende Rohrschwirle bevorzugen die ausgedehnten Verlandungszonen der Teiche. Sie halten sich in Gebieten mit mehrjährigen Schilfbeständen, die durch andere Sumpfpflanzen, z. B. Rohrkolben, Großseggen, Binsen und freie Wasserstellen oder auch Weidenbüsche unterbrochen sind, auf. Auch reine Phragmites- oder Typha-Bestände wurden nicht völlig gemieden. Allerdings muß zur Aufenthaltszeit Flachwasser vorhanden sein. Durchzügler wurden auch in anderer Sumpfvegetation (Brennesseln) oder in dichten Buschkomplexen an Gewässern beobachtet bzw. gefangen.

Bestand: Die ersten Beobachtungen des R. in Sachsen waren: 21. 07. 1957 in der Muldenaue nördl. Eilenburg 1 sM [2550], 03. 09. 1961 in Machern/Kr. Wurzen [1926] sowie 25. 08. u. 28. 08. 1963 am SB Windischleuba [1987] je 1 Fängling; im Bez. L. Erstnachweise sM außerdem: GT Torgau 1965 [2333], Zadlitzbruch 1966 (REINL 1968), Pleiße-ST Rötha 1966, Haselbacher Teiche 1968, Wildenhainer Bruch 1969, Eschefelder Teiche 1971, Deuben 1972, Rohrbacher Teiche 1973 [3363, 3903]. Brutzeitnachweise in der Oberlausitz seit Anfang der 1960er Jahre, im TG Kreba/Kr. Niesky erstmals 1966 [2669]; im Elbe-Röder-Gebiet erstmals 1970 am Viertelteich/Kr. Großenhain und 1972 am Frauenteich/Kr. Dresden [3215]; im Bez. C ab 1973 wenige Durchzugsdaten, insbesondere TG Limbach/Kr. Hohenstein-E. (D. SAEMANN). Besonders zahlreiche Beobachtungen gelangen in den Jahren 1977–81, in dieser Zeit wurden jährlich in Sachsen mindestens 10–20 sM verhört. Der aktuelle Brutbestand (über längere Zeit besetzte Reviere) wird für den Bez. L auf 3–5 BP ([4105], GRÖSSLER 1993) geschätzt, für den Bez. D ist größenordnungsmäßig mindestens mit dem Doppelten zu rechnen. In einigen Gebieten wurden gleichzeitig bis zu 3 sM: GT Torgau, Wildenhainer Bruch [3363] und 4 sM: Tauerwiesen 1982 u. 83 (J. TEICH) festgestellt. HASSE [2945] fand 1971–73 im TG Reichwalde sogar 5–7 ♂♂, von denen nur 2–5 verpaart waren. Genauere Dichteangaben liegen nicht vor.

Brutbiologie: Nest in Bülten von Teichsimse (Scirpus lacustris) bzw. Sumpfsegge (Carex acutiformis). Angaben zu drei Bruten: 01. 06. 1970, 3 Eier und 2 eben geschlüpfte juv.; 10. 06. 1983, 2 fl. juv. im Nest und weitere wahrscheinlich schon außerhalb; 18. 06. 1978, futtertragender ad. ([2669, 4186], H. MEISSNER). Nachweis von Zweitbruten [2945].

Wanderungen: Die ersten sM werden bei uns Ende Apr. bemerkt, Extremdaten sind der 22. 04. 1978 Eschefelder Teiche (H. BRÄUTIGAM, S. KÄMPFER u. F. ROST) u. Frauenteich/Kr. Dresden (R. DIETZE) sowie der 24. 04. 1983 Bennewitzer Teiche [4186]; Schwerpunkt der Gesangsnachweise Anfang Mai bis Mitte Juni (Abb. 39). Die letzten Sänger werden im Aug. notiert: 08. 08. 1971 Hafenlache Leipzig [3363], 13. 08. 1973 SB Windischleuba [3052]. Nach Fangergebnissen der Beringer u. a. Beobachtungen

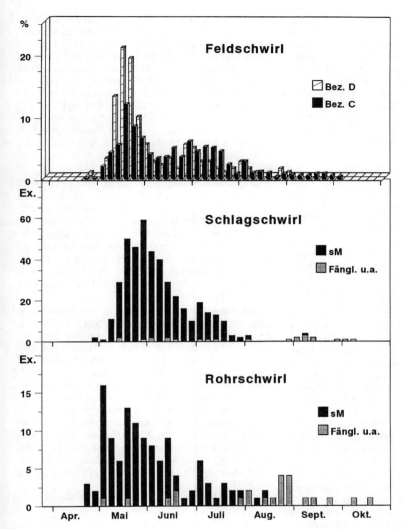

Abb. 39: Nachweise (Pentadensummen) von Feld-, Schlag- u. Rohrschwirl in den Bez. C u. D bzw. in Sachsen

beginnt der Wegzug schon Mitte/Ende Juli und erreicht seinen Höhepunkt im Aug., klingt im Sept. ab und ist mit letzten Daten für Okt. belegt: 07. 10. 1978 (F. Rost), 16. 10. 1966 [2328].

K. Tuchscherer, R. Steffens

Schlagschwirl – *Locustella fluviatilis* (Wolf, 1810)

Sommervogel, Durchzügler

Verbreitung: Ende des 19. Jh. bis Ende 1930er Jahre sporadisch im Flach- und Hügelland, insbeson-

dere in Nord- und Ostsachsen [586, 1223]. Im Laufe der Westexpansion des S. in den 1960er und 1970er Jahren Wiederbesiedlung der meisten früheren und Neubesiedlung zahlreicher weiterer Örtlichkeiten im Flach- und Hügelland ([2767, 2842, 2895, 3207, 3215, 3394, 3903], R. Dietze, B. Kafurke, F. Menzel, D. Sperling, M. Walter u. a.) und darüber hinaus auch bis in mittlere und höhere Berglagen, z. B. mehrere Jahre Singplätze bei Annaberg und im Oelsengrund/Kr. Pirna um 500 m ü. NN (Holupirek 1988, D. Loschke), bei Neuhausen/Kr. Marienberg um 600 [3207], Schellerhau 20. 07. 1966 u. Kalter Brunnen 27. 06. 1979, beide Kr. Dippoldiswalde, um 750 m ü. NN ([2891], R. STEFFENS), so daß der S., wenn auch vielerorts nur sehr sporadisch, heute nahezu in ganz Sachsen angetroffen werden kann. Sein Brüten ist allerdings bisher nur an wenigen Örtlichkeiten sicher nachgewiesen worden: bei Bautzen 1981 u. 1987 sowie Nechern/Kr. Bautzen 1987, 1989 u. 1990 (DEUNERT u. REITZ 1988, DEUNERT 1990) und bei Schmorkau/Kr. Oschatz (SCHÖNN 1987); bei Ullersdorf/Kr. Dresden 1982 und bei Schönfels/Kr. Zwickau 1987 je 1 futtertragender ad. (R. DAMME, C. HÄSSLER).

Lebensraum: Bach- und Flußauen, Ränder von Teichen und Stauseen, versumpfte Wiesensenken, Kläranlagen; mit üppiger Krautschicht aus Brennnessel, Klebkraut, Mädesüß, Springkraut u.a. Hochstauden, diversen Gräsern (Knaulgras, Rasenschmiele, Waldzwenke u. a.), Feuchtgebüschen (Grauweiden, Traubenkirsche, Faulbaum) oder anderem Strauchwerk (Heckenrose, Brombeere, Himbeere); Baumschicht nicht erforderlich, Flächen jedoch oft locker von Erle, Esche, Weide, Birke u. a. überstanden bzw. solche Bestockungen einschließlich der o. a. Kraut- und Strauchschicht als Säume zu Feldern, Wiesen, hochliegenden Teichen u. Gräben ausgebildet (SCHÖNN 1987, DEUNERT 1990 u. a.). Solche dem S. zusagende Biotope können auch in feuchten unterholzreichen Stadtparks, auf Lichtungen von Auenwäldern sowie im Randbereich von Fichten-, Kiefern- und Laubbaum-Schonungen gegeben sein ([373], H.-P. DIECKHOFF, R. DIETZE, D. SAEMANN u. a.).

Bestand: Ältere Nachweise liegen in Sachsen unter anderem vor für 1875/76 von der Göltzsch im Vogtland [101], 1885 aus der Großhenhainer Gegend [139], 1887 bei Torgau [189], 1901 u. 1902 Saubachgrund bei Dresden [296], 1901 Großhennersdorf/Kr. Löbau [426], 1907–09, 1916–18, 1920–23 sowie 1925, 1926, 1928 u. 1932 bei Leipzig [358, 373, 389, 481, 586, 1660], 1920 Spitzkunnersdorfer Wasser/Kr. Zittau [579], 1923 Zöschau/Kr. Oschatz [586], 1929 Großhartmannsdorf/Kr. Brand-E. [1223], 1930 Pochebach/Kr. Zittau [1071], 1931 Großer Spitalteich bei Großenhain (P. REINELT), 1937 u. 1938 bei Moritzburg ([988], P. FROMMHOLD). In den 1940er und 1950er Jahren nur sehr wenige Beobachtungen (z. B. 02. 07. 1940 frische Rupfung im Königsholz/Kr. Zittau [1223]). Danach am 29. 05. 1962 1 sM bei Weißig/Kr. Kamenz (M. MELDE), 13.–21. 07. 1962 1 sM Kläranlage Chemnitz (F. MÜLLER), 12. 07. 2 u. 16. 07. 1963 1 sM bei Adorf/Kr. Oelsnitz [3207], 25. 05. 1965 bei Schlegel/Kr. Zittau u. 06.–08. 06. 1965 Weinaupark Zittau je 1 sM (EIFLER u. HOFMANN 1985), 07. 06. 1965 Lenz/Kr. Großenhain 1 sM (R. DIETZE), 17. 07. 1965 bei Naunhof sowie

15. 05. 1966 u. 15. 05. 1967 bei Machern/Kr. Wurzen je 1 sM [3903], 15. 05. 1967 1 sM bei Niederspree/Kr. Niesky (F. MENZEL), 09. 05. 1970 1 sM im Saubachgrund bei Dresden. Ab 1972 im Gesamtgebiet jährlich zwischen 40–60 sM. An den meisten Plätzen werden 1–2 sM registriert: TS Bautzen 1980 auf 30 ha bis zu 7 sM (J. DEUNERT), im TG Pulsen/Kr. Riesa 1981 4 sM (M. WALTER), im TG Nechern 1988 bis zu 8 sM (R. REITZ), an der Kleinen Triebisch bei Helbigsdorf/Kr. Freital auf 8,5 ha von Mitte Mai bis Anfang Juni 5, später nur noch 3 sM (STEFFENS 1986 a, erg.).

Brutbiologie: Nest 0–0,4 m hoch, 4× in Brennnessel, 1× in Brombeere ([296], DEUNERT 1990, SCHÖNN 1987); Ablage des 1. Eies (rechnerisch) 21., 22., 26., 28. 05. (DEUNERT 1990) und 01. 07. (SCHÖNN 1987), was gut mit der Gesangsaktivität (Abb. 38) übereinstimmt und wovon letztgenannter Termin ein Nachgelege betreffen könnte; am 04. 07. 1982 u. am 07. 07. 1981 futtertragende ad. (R. DAMME, DEUNERT u. REITZ 1988) ordnen sich dazwischen ein; 3×4 u. 2×5 Eier, 1×2, 1×3, 1×4 u. 2×5 juv..

Wanderungen: Ankunft im Mai, selten schon Ende Apr.: 27. 04. 1983 Förstgen/Kr. Niesky (J. TEICH), 27. 04. 1988 Mohorn/Kr. Freital (A. SIMON); die Nachweishäufigkeit sM gipfelt in der 2. Maihälfte und sinkt ab Juni als Ausdruck des abklingenden Durchzuges aber auch nachlassender Gesangsaktivität ständig ab (Abb. 38); Gesangsnachweise enden überwiegend Mitte Juli; spätestens Mitte Aug.: 05.–07. 08. [547], 09. 08. (SCHÖNN 1987), 12. 08. [749], ausnahmsweise noch am 12. 09. 1963 1 Gesangsnachweis am SB Windischleuba [1987]; mittels Fang Durchzug im Aug./Sept. belegt ([540, 3207, 3903], DEUNERT 1990), diesbezüglich späteste Nachweise 07. 10. 1978 u. 15. 10. 1979 (H. LÖCHER in [3909]).

R. STEFFENS, K. TUCHSCHERER, D. SAEMANN

Feldschwirl – *Locustella naevia* (Bodd., 1783)

Sommervogel, Durchzügler
Unterart: *L. n. naevia* (Bodd., 1783)

Verbreitung: HEYDER [1223] beschränkte die Brutverbreitung auf das Flach- und untere Hügelland. Gegenwärtig im gesamten Gebiet lückig verbreiteter Sommervogel, in der lokal hoher Dichte besonders die Gebirgslagen besiedelt: im Kahleberggebiet/Kr. Dippoldiswalde bis 850 m (U. ZÖPHEL), bei Deutscheinsiedel bis 750 m (KOLBE [4134]), bei Satzung/Kr. Marienberg bis 890 m (D. SAEMANN), am Fichtelberg bis 1060 m ü. NN (H. HOLUPIREK). Frühere Nachweise in diesen Regionen sind als Durchzug gewertet worden – wie z. B. 2 sM Fichtelberg 30. 05.–02. 06. 1951 [1197, 1223, 1408, 2570].

Lebensraum: Bewohner feuchter oder trockener, meist gut besonnter Fluren, in deren Krautschicht Gräser vorherrschen. Die Dichte der Bodenvegetation muß laufende Fortbewegung am Boden zulassen, daneben benötigt die Art Singwarten (feste Pflanzenstengel, niedriges Strauchwerk). Einzelne höhere Bäume werden akzeptiert. Eine solche Habitatstruktur bieten Verlandungszonen, Teichrand-, Saum- und Vorwaldgesellschaften, naturnahe gebüschbestandene Wiesen, Ruderalflächen, Anpflanzungen in Rekultivierungsgebieten, Forstkulturen und Aufwuchsflächen von Laub- und Nadelholz und besonders immissionsbedingte vergraste (*Calamagrostis villosa*) Kahlflächen mit Reisigwällen, Dickungsresten, Ebereschen- und Birkenvorwald sowie Pflanzungen fremdländischer Koniferen in den Hoch- und Kammlagen des Erzgebirges. Getreide- (bes. Roggen) und Rapsfelder werden im Gegensatz zu früheren Jahrzehnten [586, 1223] kaum noch besiedelt [4105], jedoch während des Wegzuges gern aufgesucht (J. SCHULENBURG).

Bestand: Charakteristisch für die Art sind langfristige Mengenschwankungen sowie jahrweise unterschiedlich starkes Auftreten [1223, 3903]. Nach 1950, auffallend in den 1960er Jahren, starke Bestandszunahme [3207, 3903]. Während in dieser Zeit auch das Erzgebirge besiedelt wird [1408, 1714, 1784, 1935, 1969, 2570, 3207], scheint die Zunahme östl. der Elbe später einzusetzen ([3040, 3048, 3215, 3233], EIFLER u. HOFMANN 1985), im Kreis Niesky erst nach 1980: Tauerwiesen 1982–85 1, 3, 4, 1 sM, mind. 11 sM 04. 07. 1986 (J. TEICH). Wenige Siedlungsdichte-Angaben belegen allgemein geringe Dichte im Flach- und Hügelland: zwischen Pirk und Dröda/Kr. Plauen, 100 ha, 1982 4 sM (K.-H. MEYER), Grünaer Wald/Kr. Chemnitz, 1000 ha, 1981–86 1–8 sM (J. FRÖLICH, D. SAEMANN), bei Biehla/Kr. Kamenz, ca. 2000 ha, bis 1982 2–5 sM (M. MELDE). Lokal und kleinflächig höhere Abundanzen: westlich der TS Bautzen, 35 ha, 1981 2,0 (J. DEUNERT), Tauerwiesen/Kr. Niesky, ca. 120 ha, 1986 0,9 (J. TEICH), Feuchtwiese am GT Torgau, 13,2 ha, 1960 sowie 1962–65 0,8–2,3, ebenso Wäldchen mit Gebüschen, 12,6 ha, 1963–65 0,8–1,6 BP/10 ha [2177], Calamagrostis – Kahlschlagsgesellschaft, Tagebau Kulkwitz, 1972 1,2–3,3 [3442]. Dichteste Besiedlung in den Hoch- und Kammlagen des Erzgebirges vor allem seit Mitte der 1980er Jahre: Satzung/Kr. Marienberg, 200 ha, 1986 10 sM (D. SAEMANN), Deutscheinsiedel/Kr. Marienberg 1980–83 in laubholzreichem Aufwuchs auf durchschnittlich 6,4 ha großen Probeflächen 1,5 BP/10 ha [4134], ebenda 1988/89 auf 520 bzw. 680 ha besiedelbare Fläche 1,5 u. 1,5 sM bzw. 1,2 u. 1,3 BP/10 ha, kleinflächig sogar 9 sM/5,3 ha u. 4 sM/3,5 ha (U. KOLBE). In diesem Zusammenhang sind auch die aus Abb.39 hervorgehenden unterschiedlichen Relationen zwischen Hügel- und Flachland (Bez. D) sowie Bergland (Bez. C) in Bezug auf Frühjahrsdurchzug und Brutzeitbeobachtungen bemerkenswert.

Brutbiologie: Balz am 08./09. 05. 1981 (J. DEUNERT), Kopula am 16. 05. 1982 (J. KUPFER) u. 25. 05. 1989 (U. KOLBE), Vollgelege, 6 Eier, am 30. 05. 1985 (F. ROST) und Ausfliegetermine 21. 06. 1981, 26. 06. 1986 (J. KUPFER), 03./04. 07. 1982 (E. TYLL) und 12. 07. 1970 (SCHRÖPER in [3903]) belegen Beginn der Eiablage im letzten Mai-/1. Junidrittel. Obwohl Zweitbruten für Sachsen bisher nicht nachgewiesen sind, legen die zweigipflige Gesangskurve (Abb.39) sowie gehäufte Nestfunde in der entsprechenden Zeit solche in günstigen Jahren nahe. Mit ihnen ist ab Ende Juni zu rechnen: 1. Ei 26. 06. 1979 (K. RICHTER), 24. 06. 1976 (S. SCHLEGEL), Vollgelege 09. 07. 1985 (F. ROST), 10. 07. 1972 (SCHRÖPER in [3903]). Die Jungen dieser Bruten werden ab letztem Julidrittel flügge: 20. 07. 1976 (S. SCHLEGEL), 24./25. 07. 1981 (J. DEUNERT), 30. 07. 1984 (C. HÄSSLER), vermutlich auch noch im Aug. H. GÖTHEL fing 1 juv. mit deutlichen Schnabelwülsten am 31. 08. 1979, 22. 08. 1992 Satzung 1 efl. juv. (D. SAEMANN, H.-G. SEIDEL). Mit der Annahme regelmäßiger Bruten im Aug. läßt sich die bis Mitte des Monats anhaltende Gesangsaktivität sinnvoll einordnen. Letzte Sänger 20. 08. (B. KAFURKE), 21. 08. (G. EIFLER), 23. 08. (J. SCHULENBURG). Gelegegröße: 1×4, 3×5, 2×6, 1×7, M_7 5,4; Anzahl juv. im Nest: 3×4, 6×5, 1×6, 1×7, M_{11} 5,0.

Wanderungen: Ankunft im Mai, selten im letzten Apr.-Drittel, frühestens 24. 04. 1930 Dresden-Lockwitz (MARTIN 1930), 24. 04. 1972 Altenhain/Kr. Grimma (J. LEHNERT in [3903]), 24. 04. 1981 Venusberg/Kr. Zschopau, bei –5 °C 1 gefangen (H. GÖTHEL). Der Heimzug gipfelt zu Beginn der 2. Maihälfte und klingt wohl erst Anfang Juni aus. Wegzug wenig auffallend, Beginn unklar, von Mitte Aug. bis Ende Sept. zeichnet sich kein Höhepunkt ab (Abb. 39). Letzte Wegzügler Anfang Okt.: südlich Freiberg 01. 10. 1980, 02. 10. 1984 (J. SCHULENBURG), HEYDER [449] nennt den 04. 10. 1894.

D. SAEMANN

Schilfrohrsänger – *Acrocephalus schoenobaenus* (L., 1758)

Sommervogel, Durchzügler

Verbreitung: Teichgebiete des Flachlandes, insbesondere der Lausitz, gegenwärtig aber auch hier nur lückenhaft verbreitet. Brutvorkommen kaum höher als 200 m ü. NN [1223]. Solche um 280 m ü. NN bei Großhennersdorf/Kr. Löbau und Burkersdorf/Kr. Zittau wurden später infolge Trockenlegung der Teiche aufgegeben [256, 579, 1223], noch heute am Großen Teich Großhennersdorf aber gelegentlich Brutzeitbeobachtungen (W. POICK). Im Bez. C vor allem am Großhartmannsdorfer Großteich/Kr. Brand-E. (490 m ü. NN) immer wieder sM, z. B. 1922, 1923, 1934, 1953, 1954, 1962, 1966, 1974/75, 1977 [1223, 1729, 3207, 3904], doch erst 1985 1. Brutnachweis für Bez. C am Hauptteich Hartmannsdorf/ Kr. Zwickau in 430 m ü. NN und hier auch 1986 ein BP (KUPFER 1989 u. 1990).

Lebensraum: Breite Verlandungszonen großer Teiche oder auch stark bis völlig verlandete kleinere Teiche und Sümpfe, bevorzugt wird die landseitige Übergangszone vom Schilf zum Gebüsch bzw. zu Seggenriedern oder Pfeifengras-Gesellschaften mit eingestreuten Erlen, Weiden u. a. Feuchtgebüschen. Kommt auch in Ruderalgesellschaften auf feuchtem bis trockenem Untergrund mit eingestreuten Gebüschen vor und bleibt dort oft unerkannt. Früher mitunter heute ausnahmsweise in Getreidefeldern, aber meist in der Nähe von Teichen [449, 586], G. JÄGER. HANTZSCH [308] beobachtete sein Brüten auf einem Friedhof in Königswartha/Kr. Bautzen. Während des Zuges auch in gebüschreichen Hochstaudenfluren, am Stadtrand, in Kläranlagen u. ä. Örtlichkeiten, dann auch an Teichen, an denen er nicht brütet sowie im Gebirge.

Bestand: Gegenwärtig überwiegend seltener Brutvogel, der nur in wenigen Gebieten regelmäßig brütet. Um 1980 insgesamt etwa 70–90 BP. Mittelfristig starke Bestandsschwankungen: Vor der Jahrhundertwende allgemein verbreiteter und häufiger BV in der Lausitz [256, 308], nach der Jahrhundertwende scheinbar schon viel spärlicher [406], SCHLEGEL [465] bezeichnet ihn 1917 für den Leipziger Raum als wesentlich seltener im Vergleich zu den anderen Rohrsängerarten, mit dem Hinweis, daß er früher häufiger gewesen wäre und jetzt nur vereinzelt an sumpfigen Stellen mit Weidengebüsch brüte. Dagegen 1929/1930 in der gleichen Region ungewöhnlich häufig, im Gegensatz zu den anderen Rohrsängerarten (DATHE et. al. [775, 851]). HEYDER [1223] sieht einen scharfen Rückgang im Vergleich zu den Angaben BAERS [256] und HANTZSCHS [308]. Offensichtlich auch nach 1960 nochmals relativ günstige Bestandssituation. TUCHSCHERER [2177] konnte von 1958 bis 1965 eine Vervierfachung der sM für den GT Torgau nachweisen, wobei die Dichte 1961, 1964 u. 1965 sogar die des Teichrohrsängers übertraf. Um 1961 auch häufigste Rohrsängerart im Wildenhainer Bruch [2668]. Danach rapider Rückgang, in den Kr. Grimma/Oschatz/Wurzen von max. 12–15 (z. B. 1962) auf 0–1 sM 1980/81 [3903]. Auf dem Re-

gistrierfangplatz 1966–1977 in der Leipziger Hafenlache ab 1970 nur noch ca. 5% der Fänglinge im Vergleich zu den 1960er Jahren (DORSCH 1985). Ähnliche Ergebnisse für das TG Niedergurig (H. ZÄHR). Sicher haben dazu in den gleichen Zeitraum fallende umfangreiche Hydromeliorations- und Teichentlandungsmaßnahmen beigetragen, in deren Ergebnis die vom S. beanspruchten ausgedehnten Verlandungszonen bzw. Sümpfe stark reduziert wurden und wofür er im Gegensatz zum Teichrohrsänger kaum Alternativen findet. Gestützt wird diese Auffassung u.a. auch durch immer noch gute Bestände bzw. viel weniger drastischen Rückgang an Örtlichkeiten, wo solche Lebensräume im Berichtszeitraum erhalten geblieben sind (z. B. Tauerwiesen, Wildenhainer Bruch). Siedlungsdichteangaben liegen nur wenige vor: am Großen Biwatsch bei Königswartha/Kr. Bautzen auf ca. 11,5 ha Verlandungszone 1924–1932 3–4 BP [800]; am GT Torgau 1958 bis 1965 bezogen auf die Verlandungszone: 19,7 ha, 4–22 BP. M_8 6,2 BP/ 10 ha; 9,7 ha, 9–25 BP, M_8 14,8 BP/10 ha; 2,8 ha, 2–14 BP, M_8 23,5 BP/10 ha [2177]; Dubringer Moor/Kr. Hoyerswerda auf 91,5 ha Verlandungszone 1970 6 BP (G. CREUTZ); Tauerwiesen/Kr. Niesky auf ca. 40 ha: 1986–88 20–25 sM, 1989 alle am Hansteich, ca. 10 ha, 6–10 sM (J. TEICH, F. MENZEL u. a.); Dippelsdorfer Teich/Kr. Dresden auf ca. 7 ha besiedelbare Fläche 1987 9, 1988 4, 1989 7 sM (W. LIEBSCHER, P. FUHRMANN, G. DRECHSEL); Wildenhainer Bruch im Ostteil 1980 4 u. 1983 9 sM (HOFMANN et al. 1989). Mehr als 4 sM außerdem aus den zurückliegenden Jahrzehnten: Rohrbacher Teiche/Kr. Grimma 1963 5; Mühlteich Burkartshain/Kr. Wurzen 1956 11, 1957 9; 1958 5, 1963 4; Neumühlteich Schildau/Kr. Torgau: 1956 6, 1961 mind. 4, 1962 6; Horstsee Wermsdorf/Kr. Oschatz 1964 6; Großteich Kühren/Kr. Wurzen 1958 6 [3903]; Eschefelder Teiche/Kr. Geithain 1969 10, 1970 6 u. 11, 1971 6; SB Windischleuba/Kr. Altenburg 1970 14 [3369].

Brutbiologie: Nest niedrig in Schilfbruch, auf Weidenstubben, in Schilf/Brombeergebüsch, Brennessel u.ä., meist auf dem Trockenen, auch an Abflußgräben ([586] u. a.); 1. Gelege um Mitte Mai, frühestens 16. 05., und fl. juv. ab Mitte Juni, frühestens 10. 06. , [557]. Aktuelle Daten für die Lausitz auch: 16. 06. 1963 Nest mit 1 Ei, das am 20. 06. 4 Eier enthielt (S. KRÜGER), 30. 06. 1973, Nest mit 4 juv. u. 19. 07. 1978, Nest mit nur wenige Tage alten juv. (R. SCHIPKE), fl. juv. 25. 06. 1977 (M. MELDE) u. 25. 06. 1978 (H. ZÄHR), alle aus [4062]; fl. juv. außerdem am 28. 07. 1979 bei Dresden (R. BÄSSLER); am Hauptteich Hartmannsdorf/ Kr. Zwickau am 05./06. 07. 1985 ♂ Singflug, ♀ Nestbau, 11. 07. 3 Eier, Vollgelege 5 Eier, 25. 07. Schlupf, 26. 07. 5 pull, 04. 08. fast fl., 06. 08. Nest leer, 11. 08. letztmalig futtertrag. ad. (J. KUPFER in KRONBACH et al. 1989). Damit bedürfen bisher als früher Durchzug betrachtete Nachweise sM im Juli (Bez. C [1223, 3207, 3394]) einer differenzierteren Wertung! Am 15. 06. 1968 fand H. ZÄHR außerdem einen ca. 10 Tage alten Kuckuck im Nest des S. und erbrachte damit den nach MAKATSCH [1334] noch ausstehenden Nachweis dieser Art als Wirtsvogel.

Wanderungen: Erste Beobachtungen im Frühjahr zwischen 10. und 23. Apr., frühestens 05. 04. 1964 (H. ZÄHR), im Bez. L u. D M_{32} 16. 04. Hauptdurchzug im Flachland Mitte Apr. bis Anfang Mai, im Bez. C (Abb. 40) erst Anfang bis Mitte Mai. Nach SCHLEGEL [586] Ankunft 13. 04.–06. 05. , meist Mitte Apr.; ♂♂ 10–14 Tage früher als ♀♀ (HÖSER 1989 c). Die S. halten sich dann oft bis Mitte/Ende Mai, selten länger, in zusagenden Gebieten auf, singen und behaupten ein Revier, verschwinden dann aber meist. Im Sommer beginnt ab Ende Juli der Wegzug, wobei die Mehrzahl in der 2. Aug.-Hälfte [2933] bis Anfang Sept. durchziehen [1973]. Die letzten S. werden zwischen Mitte Sept. und Anfang Okt. beobachtet, im Bez. L M_{17} 26. 09., spätestens 30. 10. 1966 [2328] und 17. 10. 1980 (DORSCH 1985).

R. STEFFENS, H. DORSCH, D. SPERLING

Hinweise auf Bruten aus zurückliegender Zeit erscheinen nicht ausreichend gesichert, da Verwechslungen mit dem Schilfrohrsänger naheliegen (z. B. [390]) bzw. zumindest das Bruthabitat ungewöhnlich ist [1139]. Trotzdem ist bemerkenswert, daß sich entsprechende Vermutungen und Befunde für die Oberlausitzer Teichgebiete mehrfach wiederholen (vgl. auch [256, 1223] u. a.).

Lebensraum: Nachweise von durchziehenden S. ausschließlich in Wasserrandhabitaten, dabei sowohl im Röhricht als auch in Weidicht und Unkrautgesellschaften.

Wanderungen: Auf dem Heimzug meist zwischen 21. 04. u. 05. 05., frühestens 14. 04. 1922 [540] und 15. 04. 1959 [1788], spätestens 12. 05. 1912 [1223], M_{25} 27. 04. Im Herbst besonders zwischen 12. 08. u. 24. 09. zu beobachten, frühestens 20. 07. 1907 [373], spätestens 17. 10. 1858 (J. KRATZSCH), 20. 10. 1974 (D. FÖRSTER), 20. 10. 1988 (H. OLZMANN), M_{64} 31. 08. ; meist Einzelexemplare. Früher scheint der S. regelmäßig auf dem Durchzug anzutreffen gewesen zu sein, nach 1972 nur noch wenige Nachweise, wobei die Feststellungen deutlich später liegen M_{12} 19. 09.

H. DORSCH, D. SPERLING

Seggenrohrsänger – *Acrocephalus paludicola* (Vieill., 1817)

Durchzügler, ehemaliger Brutvogel?

Vorkommen: Seltener und nicht alljährlich nachgewiesener Durchzügler in Verlandungsgebieten.

Buschrohrsänger – *Acrocephalus dumetorum* Blyth, 1849

Irrgast

1 Nachweis: 18. 08. 1984 Remsal/Kr. Altenburg 1 B. gefangen [4077]. Über Determinationsschwie-

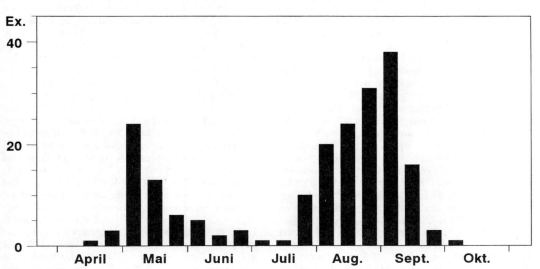

Abb. 40: Durchzugsbeobachtungen (Dekadensummen) des Schilfrohrsängers 1959–82 im Bez. C

rigkeiten und Variationsbreite im Zusammenhang mit der Arterkennung von Rohrsängern anhand morphologischer und metrischer Daten ist hier nicht zu befinden.

D. SAEMANN

Sumpfrohrsänger – *Acrocephalus palustris* (Bechst., 1798)

Sommervogel, Durchzügler

Verbreitung: Bis Mitte des vorigen Jh. wahrscheinlich auf Flußauen mit Uferbüschen und Stauden beschränkt, in der Folgezeit Überbrückung von Verbreitungsschranken durch Besiedlung von Getreidekulturen sowie Ausweitung des Brutareals bis ca. 500 m ü. NN [1223]. In den 1970er Jahren weitestgehende Räumung der Getreidekulturen, ohne daß sich das Verbreitungsbild wesentlich ändert, da Hochstaudenfluren entsprechenden Ersatz bieten. Heute häufiger Brutvogel in der offenen Landschaft bis etwa 600 m ü. NN [2570, 3207].

Lebensraum: Dichte, überwiegend 60–120 cm hohe Krautvegetation mit regelmäßiger vertikaler Halmstruktur und deckenden horizontalen Pflanzenteilen, in der aber noch genügend Bewegungsraum vorhanden ist. Dem entsprachen in historischer Zeit offensichtlich nur die Staudenfluren und Weidichte der Flußauen. Mit der Intensivierung der Ackerkultur, seit Mitte des vorigen Jh., genügten jedoch auch Getreide, insbesondere Winterroggen, durch größere Halmlänge und Dichte sowie der Anbau von Raps zunehmend diesen Anforderungen. In den 1970er Jahren schließlich gingen der Roggen- und zeitweilig auch der Rapsanbau stark zurück. Durch verstärkten Herbizideinsatz wurden die Getreidekulturen unkrautfrei gehalten und kaum mehr vom S. besiedelt (Mangel an horizontalen Strukturen), obwohl HEYDER [1223] auch Nester aus reinen (unkrautfreien) Feldern bekannt waren. Gleichzeitig entstanden weit über ihre frühere Verbreitung hinausgehende Hochstaudenfluren (durch Stickstoffeintrag sowie Nutzungsaufgabe bzw. Einschränkung), die vor allem nun das Lebensraumpotential für den S. darstellen. Die letztgenannte Entwicklung wurde von KÖCHER und KOPSCH [3903] überzeugend dokumentiert, wonach von 1958 bis 1970 von 94 sM 57% und anschließend bis 1981 von 428 sM nur 6% die Feldflur betrafen. Heute besiedelt der S. vor allem entsprechende Biotope der Fluß- und Bachtäler, Entwässerungsgräben, Quellgebiete u.a. Feuchtstellen, an Feldrainen, Bahndämmen und Gehölzrändern sowie auf Ruderalflächen (auch in Siedlungen!). Bevorzugt werden dabei Brennesseldickichte, aber auch Bestände von Mädesüß, Wasserdost, Rainfarn, Goldrute, Beifuß, Riesenknöterich,

durchwachsene Schilf-, Himbeer- und Brombeerflächen u. a. gern genutzt. Landwirtschaftliche Kulturen werden nicht völlig gemieden. Gelegentlich gibt es auch Nachweise an Waldrändern, waldrandnahen verwachsenen Kahlschlägen, ja sogar aus städtischen Grünanlagen (z. B. [3634]). Einzelne lichte Büsche (insbes. Weiden) als Singewarten wirken besiedlungsfördernd, geschlossener Busch- und Baumbestand wird nicht besiedelt.

Bestand: Die Zunahme im 20. Jh. mit Arealerweiterung zum Bergland hin wurde von HEYDER [1223] ausführlich beschrieben. Diese Tendenz hielt in den 1970er Jahren offenbar an [2570, 3207], obwohl es zwischenzeitlich auch Phasen geringer Nachweishäufigkeit gab, z. B. in den 1950er Jahren in der Gegend von Biehla/Kr. Kamenz (M. MELDE in [4062]). In den Kr. Grimma/Oschatz/Wurzen wurden im Vergleich zu 1958–63: 1964–69 150%, 1970–75 460% und 1976–81 690% sM od. BP festgestellt [3903], in der Leipziger Hafenlache 1975–77 fast 8 mal soviel S. gefangen wie 1966–68. Dabei ist allerdings zu beachten, daß das jetzige Verteilungsmuster sowohl die Beobachtungs- als auch Fangeffizienz erhöht, und ob die jetzt punktuell einmal hohe Dichte den Verlust auf der Fläche ausgleicht, können nur entsprechend methodisch abgesicherte großräumige Erhebungen klären, die aber rückblickend nicht verfügbar sind. Zumindest regional, z. B. in reinen Ackerbaugebieten, dürften auch Bestandseinbußen eingetreten sein, wie sie z. B. EIFLER und HOFMANN (1985) für den Kr. Zittau, mit besonderer Betonung des Zittauer und Oderwitzer Beckens, feststellten. Aus der Beringungsübersicht für Sachsen von 1969–92 (DORSCH 1994) ist längerfristig keine Tendenz ableitbar. Siedlungsdichte in Feldkulturen: Mitte der 1960er Jahre in Raps, ca. 10 u. 25 ha, 3,0 u. 4,8 (G. EIFLER, D. SAEMANN), in Roggen, ca. 20 ha, 2,5 (G. EIFLER); um 1980, 55–65 ha, überwiegend Winterweizen, Hackfrucht, Weideland, M_5 0,1 (0,0–0,3) BP/10 ha (G. EIFLER); in staudenreichem Wiesengelände, z.T. mit Gebüsch, 17,2 – ca. 100 ha, M_4 1,7 (1,2–2,7) BP/10 ha (H. FRITSCHE, R. BÄSSLER u.a.); in bzw. an Flurgehölzen, 1,3–9,0 ha, M_{14} 2,8 (0,0–20,0) BP/10 ha (STEFFENS 1986 a, H. OLZMANN u. a.). Hohe Dichtewerte vor allem linear an Gewässerrändern und ruderalen Säumen: 0,7–3,5 km, M_{12} 13,8 (5,0–20,0) BP/km ([3903, 4062] R. BÄSSLER u.a.). Auf optimal strukturierten Standorten (Ruderalflora, Verlandungsvegetation) kleinflächig (1,5–9,5 ha) M_{10} 13,1 (11,6–33,3) BP/10 ha ([4178], DORSCH 1985, B. SEIFERT u.a.), im Extremfall sogar 5 sM auf 0,2 ha ruderale Hochstauden [2383] und 15 sM auf 1,2 ha Brennesselflur [3442]. In der Kläranlage Chemnitz, 20,0 ha, 7,5 [2616], in einer ehemaligen Lehmgrube bei Dresden, 13,0 ha, 1955 2,3 u. 1962

7,7 BP/10 ha [1973]. Ansonsten in diesen Biotopen und insbesondere auf größeren Flächen (8,0–35 ha) M_{15} 4,0 (1,1–6,3) BP/10 ha ([3808, 4062, 4178], Rost 1989 b u. a.). Aus der Feinrasterkartierung des Kr. Zittau 1985–1989 läßt sich ein Brutbestand von 230 bis 550 BP abschätzen, was 0,9–2,2 BP/ 100 ha entspricht (G. Eifler et al. 1996).

Brutbiologie: Nester 0,2–1,1 m hoch, M_{21} 0,5, an mehreren Pflanzenstengeln angehängt; meist an Brennessel, aber auch anderen habitatsbestimmenden Hochstauden, ferner Schilf, Himbeere, Brombeere, Weide; heute nur noch selten in Raps, Roggen, Winterweizen u. ä. Feldkulturen. Vollgelege

zwischen 26. 05. u. 28. 06., M_{23} 11. 06. [465], nach Zimmermann [557] meist zwischen 05. u. 20. 06., frühestens 16. 05.; fast 3/4 aller Bruten (n = 125) in der 3. Mai-/1. Junidekade (Abb. 41); einzelne Spätbruten (Nachgelege, Zweitbruten?) können noch bis Ende Juli/Anfang Aug. nachgewiesen werden: 29. 07. , bebrütete Eier [586], 18. 08., ad. füttern juv. (J. Lehnert). Gelegegröße: 11×3, 43×4, 56×5, 3×6 Eier, M_{119} 4,5 (Bez. L M_{31} 4,2, Bez. D M_{35} 4,5, Bez. C M_{58} 4,6). Wie beim Teich- u. Drosselrohrsänger also auch beim S. im Bez. L niedrigere Gelegegröße. 2×2, 13×3, 10×4, 7×5, 1×6 juv., M_{33} 3,8. Von 22 [465] bzw. 27 Nestern (Kartei Bez. L) waren jeweils 3 vom Kuckuck parasitiert.

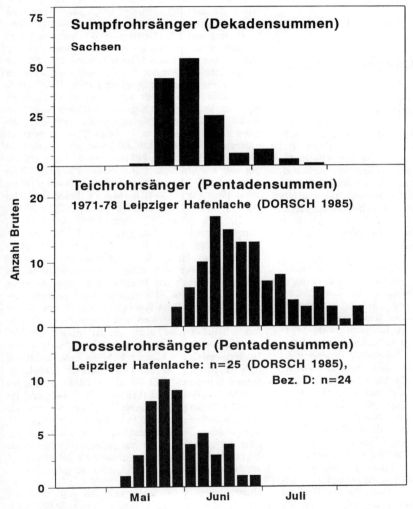

Abb. 41: Brutphänologie (Ablage 1. Ei – rückgerechnet) von Sumpf-, Teich- und Drosselrohrsänger in Sachsen bzw. in ausgewählten Gebieten

Wanderungen: Erste Feststellungen meist zwischen 05. u. 20. 05., im Erzgebirge aber erst Ende Mai/ Anfang Juni [2570], Bez. L M$_{23}$ 12. 05., Kr. Rochlitz M$_{10}$ 14. 05. [3286], bei Löbau M$_{19}$ 15. 05. [4062], Chemnitz M$_6$ 19. 05. [2616]; frühestens 26. 04. 1973 [4062], 28. 04. [1223] u. 28. 04. 1970 [3172]. Ad. u. juv. verlassen die Brutgebiete bereits Ende Juli/Anfang Aug. (DORSCH 1985). Der Durchzug setzt Mitte Juli ein und klingt bereits ab Mitte Aug. aus [2933], letzte Durchzügler meist zwischen 25. 08. u. 10. 09., in 12 von 23 Jahren auch noch einzelne bis Ende Sept., Fang spätestens am 08. 10. 1970 [2862]. Von 23 Brutvögeln konnten 3 (13%) in den Folgejahren wieder im Brutgebiet (Hafenlache Leipzig) festgestellt werden (DORSCH 1985).

H. DORSCH, D. SPERLING, R. STEFFENS

Teichrohrsänger – *Acrocephalus scirpaceus* (Herm., 1804)

Sommervogel, Durchzügler
Unterart: *A. s. scirpaceus* (Herm., 1804)

Verbreitung: Häufiger Brutvogel in den an Fischteichen u. a. Feuchtgebieten reichen Teilen des Flachlandes sowie entsprechenden Sekundärbiotopen in der Bergbaufolgelandschaft. Im Ackerhügelland mangels geeigneter Lebensräume z. T. fehlend oder sehr sporadisch. Oberhalb 300 m ü. NN nur noch wenige Vorkommen. Die höchstgelegenen Brutplätze bei 500 m ü. NN [1223] liegen deutlich unter der vertikalen Verbreitungsgrenze von Schilf (*Phragmites australis*).

Lebensraum: Besiedelt ausschließlich Wasserrandzonen und Feuchtstellen mit Schilf- und Rohrbeständen. Optimale Bruthabitate sind dichte mehrjährige, überwiegend aus Schilf bestehende Röhrichtkomplexe, mit einer Knickschicht im unteren Drittel. Lücken im Röhricht wirken bestandsfördernd, ebenso ein geringmächtiger Unterwuchs anderer Pflanzen (*Solanum, Glyceria* u. a.) oder einzelne Büsche. Die Siedlungsdichte ist bezogen auf die Röhrichtfläche wesentlich höher, wenn sich an diese Zone Gebüsch oder Hochstaudenvegetation anschließt. Auch Schilfflächen kleinster Ausdehnung (< 100 m^2) werden besiedelt – selbst bei angrenzendem Baumbestand – vorausgesetzt, das Schilf weist eine normale Halmdichte und -stärke auf. Abseits von Röhrichten sind Bruten äußerst selten. Zum Bergland hin bleiben ansonsten geeignet erscheinende Röhrichte z. T. unbesiedelt. Außerhalb der unmittelbaren Brutzeit auch in der Buschvegetation. Im Mai, wenn die Röhrichte noch nicht hochgewachsen sind, dort häufiger als im Herbst.

Bestand: Neben dem Sumpfrohrsänger der häufigste Rohrsänger, im Röhricht die weitaus dominierende Vogelart, in seinen landseitigen Randbereichen neben Rohrammer und Sumpfrohrsänger sowie in früherer Zeit dem Schilfrohrsänger. Jährliche Schwankungen bis zu ±50% des Normalbestandes [2177, 3896, 3916]. In den 1970er Jahren regional Rückgang der Brutpopulation auf schätzungsweise 1/4 [3903] und der Fangergebnisse am Registrierfangplatz in der Leipziger Hafenlache auf 37% (DORSCH 1985), leichter Rückgang wird auch für die Oberlausitz vermerkt. Ursachen waren vermutlich Reduzierung der Röhrichtflächen – im TG Haselbach z. B. von ca. 15 auf 5,5 ha u. sM von ca. 130 auf 39–50 ([2015], ROST 1989 a) – sowie Entwässerung – in der Leipziger Hafenlache z. B. Rückgang der Brutpopulation infolge Austrocknung auf 1/5 (DORSCH 1985). Räumlich und zeitlich differenziert auch starke Beeinflussung durch Kuckuck. Nach 1980 scheinbar Trendwende (ROST 1989 a, DORSCH 1994). Siedlungsdichte in Röhrichten außerdem langfristig stabil ([800, 2015, 2177, 3896, 3916], ROST 1989 a) sowie Habitatentwertung insgesamt durch Nachwachsen und Umverteilung (Bergbaufolgelandschaft, Nutzungsaufgabe an Naßwiesen u. ä.) beim T. wohl weniger gravierend als zunächst angenommen. Siedlungsdichte neben anderen Faktoren (s. o.) stark abhängig von der Größe der Röhrichte: Flächen < 2 ha M$_{25}$ 104 (47–275) BP/10 ha ([4062], DORSCH 1985, ROST 1989 a u. a.); 2–10 ha M$_{22}$ 24 (8–58) BP/10 ha ([2177], ROST 1989 a u. a.); 11–23 ha M$_{22}$ 8 (3–25) BP/10 ha ([800, 2177, 3896, 3916], REINL 1968). Darin kommt die Neigung des T. zu dichtem Brüten sowie seine Bevorzugung von Randbereichen zum Ausdruck. Darüber hinaus ist zu beachten, daß bei sehr kleinen bzw. sehr schmalen Röhrichten auch die Randbereiche angrenzender Biotope (Gehölze, Hochstauden) mit genutzt werden, also nur auf das Röhricht bezogen eine zu hohe Dichte ermittelt wird und bei großen Röhrichten möglicherweise nicht alle BP erfaßt werden. An der generellen Aussage ändert das aber nichts. Im Extremfall auf kleinen Flächen sogar noch höhere Werte: z. B. im TG Haselbach/Kr. Altenburg/ Borna Schilfhorst mit 70 BP/ha (ROST 1989), im Tagebau Kulkwitz auf 0,16 ha 5 BP [3442] und im TG Niedergurig/Kr. Bautzen in einem 6–8 m breiten Schilfstreifen auf 56 m Länge 5 Nester [4062]. Bei günstiger linearer Ausprägung wie bei Fischteichen oft gegeben, auch auf größerer Fläche hohe Dichte: z. B. 1979 47 Sänger auf 3 ha Schilfbestand am Neumühlteich bei Schildau/Kr. Torgau [3903].

Brutbiologie: Nester 234× in Schilf, 69× in Rohrkolben, 1× in Seggenbülte (DORSCH 1985) bzw. 114× in Schilf, 13× in Rohrkolben, 4× in Schilf/ Rohrkolben, 4× in Bittersüßem Nachtschatten,

2× in Waldsimse, je 1× in Segge und Brennessel [4062]. D. SPERLING fand außerdem ein Nest an fingerdicken Trieben einer jungen Erle und M. MELDE am Rande einer Fichtendickung im dürren Geäst in 1,9 m Höhe [4062]. Nesthöhe in Rohrkolben, M_{61} 45,6 (10–140) cm, im Schilf, M_{209} 71,3 (20–140) cm (DORSCH 1985, F. ROST), hier im Laufe der Brutsaison von M_{14} 60,4 cm (Anfang Juni) auf M_{23} 82,9 cm (ab Mitte Juli) steigend (DORSCH 1985). Nester werden an 2–8 Halmen, in der Leipziger Hafenlache M_{200} 4,1 mit einer Halmstärke von 1–5 mm, befestigt ([4062], DORSCH 1985, F. ROST u. a.). Nestabstände im Durchschnitt 21,2 m, minimal 6 m (DORSCH 1985), im Extremfall (M. MELDE in [4062]) 0,5 m. Ablage des 1. Eies ab Ende Mai: 26. 05. (DORSCH 1985), 01. 06. 1969 Vollgelege (M. MELDE in [4062]), Ausnahme 20. 05. [3207] – noch frühere Termine legen Verwechselungen mit Drosselrohrsänger nahe; mittlerer Legebeginn (ohne Zweitbruten) in der Leipziger Hafenlache 1971–77 M_{99} 20. 06. (15.–23. 06.), ohne Nachgelege 10. 06. (DORSCH 1985), im Kr. Borna M_{16} 12. 06. (F. ROST); SCHLEGEL [465] fand Gelege zwischen dem 28. 05. u. 02. 07., M_{14} 09. 06.; Vollgelege sind noch für den 07. 08. (DORSCH 1985) u. 08. 08. [557] nachgewiesen (Abb. 41); juv. im Nest bis Mitte Sept.: 11. 09. 1977, 2 juv. im Nest [4062], 19. 09. 1971, Nest mit 4 fl. juv. (D. FÖRSTER). Gelege ab Ende Juli betreffen überwiegend Zweitbruten, deren Anteil in der Hafenlache Leipzig etwa 12% betrug (DORSCH 1985). Gelegegröße (Gesamtgebiet): 15×2, 106×3, 270×4, 56×5 Eier, M_{447} 3,8 (Bez. L M_{268} 3,8, Bez. D M_{170} 3,9, Bez. C M_9 4,3), im Bez. L in jüngster Zeit möglicherweise niedrigere Werte, M_{160} 3,6 ([3903] DORSCH 1985, F. ROST) als um 1920; M_{108} 3,9 [465, 557]. M_8 3,0 (D. KRONBACH), M_{43} 3,1 (DORSCH 1985), M_{13} 3,4 (F. ROST) juv./erfolgreiche Brut. Nesterfolg 46,2% (n = 39, F. ROST) u. 17,5% (n = 246, DORSCH 1985). In der Leipziger Hafenlache auch insgesamt sehr niedrige Nachwuchsrate mit 1,8 fl. juv./Brutpaar. Hier wurden u. a. von 246 Nestern 45,5% vom Kuckuck ausgeraubt und weitere 19,5% von diesem mit Eiern belegt (DORSCH 1985). In den Kr. Grimma/Wurzen/Oschatz waren von 96 Bruten 17 (17,7%) vom Kuckuck parasitiert [3902], im Kr. Borna von 53 nur 2 (F. ROST).

Wanderungen: Erstbeobachtungen im Flachland Ende Apr./Anfang Mai, Oberlausitz M_{34} 29. 04. [4062], Bez. L M_{30} 01. 05., früheste Daten: 15. 04. 1921 [1071], 18. 04. 1960 [4062]; Schwerpunkt der Ankunft in den Brutgebieten in der ersten Maihälfte, ♂♂ bis zu 2 Wochen vor den ♀♀; Durchzug noch bis Anfang Juni. Im Sommer verlassen die Brutvögel ohne Zweitbrut im Aug. das Brutgebiet (♂♂ vor den ♀♀). Die Jungvögel ziehen im Alter von 45 bis 60 Tagen ab, d. h. zwischen

Mitte Aug. und Ende Sept.. Die letzten T. werden meist Mitte Okt. beobachtet, M_{19} 12. 10., spätestens am 12. 11. 1978 gefangen (W. GROTE). Die Rückkehrrate der Brutvögel betrug im nächsten Jahr 16%, von diesen kamen im darauffolgenden Jahr 54% zurück, während von den Jungvögeln nur 5% ins Erbrütungsgebiet zurückkehrten (DORSCH 1985). Umsiedlungen von Brutvögeln in getrennte Gebiete wurden 2× nachgewiesen. Die Ansiedlung der T. am Erbrütungsort und in Entfernung von 4–6 km ist mehrfach belegt, aber auch Ansiedlungen in 30 km (Schkeuditz–Rohrbach) und 60 km Entfernung (je 1× Leipzig–Köthen und umgekehrt). Beringungsergebnisse belegen außerdem Abzug nach W bis SW und Durchzug aus Polen.

H. DORSCH, D. SPERLING, R. STEFFENS

Drosselrohrsänger - *Acrocephalus arundinaceus* (L., 1758)

Sommervogel, Durchzügler
Unterart: *A. a. arundinaceus* (L., 1758)

Verbreitung: Hauptvorkommen in den Teichgebieten der Oberlausitzer Niederungen bis hin zum Moritzburger und Zschornaer Teichgebiet sowie an den Teichen Nordwestsachsens. Nur einzelne Fundorte über 200 m ü. NN [1223]. In den zurückliegenden 40 Jahren kommen hinzu bzw. wurden bestätigt: Großhennersdorf/Kr. Löbau bis Ende der 1960er Jahre [4062], Eichgrabener Teiche/Kr. Zittau 1951–1953 Brutnachweise, seit 1971 jährlich 1–2 BP, Schloßteich Hörnitz/Kr. Zittau 1954 1 BP (EIFLER u. HOFMANN 1985), NSG Großhartmannsdorf 1953 2 sM u. Nestfund [1729], 1966, 1974/75, 1977/78 jeweils sM [3207, 3394], Klärteiche Zug/Kr. Brand-E. 1971 1 BP [3207], Ziegelei Neukirchen/Kr. Chemnitz langjährig besetzt, 1974 2 BP [3207], Filzteich Niedercrinitz/Kr. Zwickau 1964 1 BP [3207], NSG Waschteich Reuth 1951 u. 1953 je 1 Brut, 1962 futtertrag. ad. [2099], Stollenbrunnenteich Neundorf/Kr. Plauen 1959 Brut [1784]. Der Großhartmannsdorfer Großteich ist mit 490 m ü. NN zugleich der höchstgelegene Brutplatz in Sachsen.

Lebensraum: Zur Brutzeit Verlandungszonen stehender Gewässer, insbesondere der Teiche. Bevorzugt werden die wasserseitigen Schilf- und Rohrkolbenbestände mit kräftigen, nicht zu dicht stehenden Halmen und geringem Verfilzungsgrad. Dabei ist besonders das Vorhandensein aufrechtstehender vorjähriger Halme wichtig, da der D. schon im Mai sein Nest baut, wenn das junge Schilf und Rohr noch nicht zum Aufhängen des Nestes geeignet ist (DORSCH 1985). Locker mit Feuchtgebüschen durchsetzte Verlandungszonen werden nicht gemieden. Gelegentlich auch in Großseggenbeständen, doch bleibt fraglich, ob in solchen auch gebrütet wird. Brutzeitbeobachtungen an fließenden Gewässern oder Altwässern werden von HEYDER [1223] erwähnt und sind bezüglich Altwässer an der Mulde unterhalb Eilenburg sowie der Elbe im Kr. Torgau auch heute noch (bzw. wieder) aktuell (S. STRAUBE u. a.). Auf dem Zug auch an vielen Gewässern, an denen er nicht brütet, aber auch weitab von Gewässern in gebüsch- und hochstaudenreichen Biotopen sowie am Rande von Feldgehölzen. Gelegentlich auch in Städten (z. B. 07. 05. 1980 Totfund als Verkehrsopfer in Zittau – H. KNOBLOCH).

Bestand: Der D. nimmt in Sachsen deutlich von W nach E zu. Um 1980 insgesamt 300–350 BP: Bez. L 50–60 (GRÖSSLER 1993), Bez. D 250–280, Bez. C 0–2. In den 1970er Jahren drastischer Bestandsrückgang in NW Sachsen, z. B. GT Torgau: 1958–1965 17–28, 1980 4 sM; Haselbacher Teiche/Kr. Altenburg u. Borna: 1954 ca. 60, 1969 ca. 30–40, 1970 25, 1978 8, 1979 6 u. 1980 2 sM; Rohrbacher Teiche/Kr. Wurzen 1905 ca. 30, 1949–1960 im Durchschnitt 7, 1980 1 sM; Stolpenteich/Kr. Wurzen 1960er Jahre 3–7 sM, seit 1979 erloschen [3903, 3939]. In den Oberlausitzer Teichgebieten ebenfalls Rückgang, aber nicht so stark und vor allem in den Randbereichen [4062]. Eine wesentliche Ursache darf in der Beseitigung von Wasserröhrichten im Zuge der Teichmelioration, chemischer Röhrichtbekämpfung sowie Verschlechterung der Röhrichtqualität infolge Hypertrophierung gesehen werden. Gleichzeitig wäre das eine Erklärung für stabile Bestands- und Fangergebnisse von 1971–1977 in der Leipziger Hafenlache (DORSCH 1985), wo diese Faktoren nicht wirkten. Solche Einzelbeispiele reichen aber für Verallgemeinerungen nicht aus! Gegen Ende der 1980er Jahre deutet sich aus Bestandserfassungen (Kartei Bez. D, MELDE 1990) und Beringungsauswertungen (DORSCH 1994) wieder eine leichte Bestandszunahme an. Siedlungsdichte (bezogen auf die Verlandungszone): Großer Biwatsch/Kr. Bautzen ca. 11,5 ha, 1924–1933 8–10 BP [800]; GT Torgau 1958–1965, 19,7 ha, M_8 4,5 (3,0–6,6) BP/10 ha, 9,7 ha, M_8 7,1 (3,1–9,3) BP/10 ha, 2,8 ha, M_8 8,6 (3,8–15,4) BP/10 ha [2177] – damit sind am GT Torgau jährliche Bestands- und von der Flächengröße abhängige Dichteschwankungen beim D. deutlich niedriger als bei Teich- und Schilfrohrsänger; Leipziger Hafenlache, 2,0 ha, M_7 16,4 (10–20) BP/10 ha (DORSCH 1985); TG Haselbach/Kr. Altenburg u. Borna 1955, ca. 15 ha, 35 BP/10 ha, max. auf ca. 0,8 ha 9 sM [2015], 1978, 5,5 ha, 15,1, max. 58,5 BP/10 ha [3939] – die hohe Dichte im TG Haselbach infolge schmaler Schilfstreifen und exterritorialer Nahrungssuche, was sinngemäß

sicher auch für andere o. a. kleine Flächen gilt; Biehlaer Großteich/Kr. Kamenz, ca. 7–15 ha, 1969–1978 M_{10} 2,8 (0,0–6 ,7) BP/10 ha [3896, 3916]; Dubringer Moor/Kr. Hoyerswerda, 41,5 ha, 1970 0,5 BP/10 ha (G. CREUTZ). TG Königswartha/Kr. Bautzen, ca. 28 ha, 1989 23 sM (HEINE u. NOWAK 1990), TG Niederspree, ca. 19 ha, 1989 21 sM (A. WÜNSCHE). Auf 2 500 m röhrichtbewachsene Uferzone am Dippelsdorfer Teich/Kr. Dresden-Land 1974–1981 2–11 sM (R. BÄSSLER).

Brutbiologie: Nester in der Oberlausitz 137× in Schilf u. 2× in Rohrkolben (M. MELDE in [4062]), in der Leipziger Hafenlache 7× in Schilf u. 11× in Rohrkolben (DORSCH 1985); außerdem 4×in Mischbestand Schilf/Rohrkolben, 2× in Weide (1,6 u. 2,5 m hoch) und am 05. 06. 1977 im TG Niedergurig/Kr. Bautzen 3 Nester im Abstand von 20–25 m in Holunderbüschen (M. MELDE, H. ZÄHR in [4062]). Nesthöhe in der Leipziger Hafenlache ca. 0,20–0,80 m, in Rohrkolben M_{11} 45,8 cm, in Schilf M_7 66,6 cm, zu Beginn der Brutzeit vorwiegend Besiedlung von Rohrkolben, da sich hier alte Rohrhorste besser für die Nestanlage eigneten (DORSCH 1985). Ablage des 1. Eies zwischen dem 13. 05. u. 19. 06. (Abb. 41), R. BÄSSLER beobachtete jedoch bereits am 10. 06. 1984 fl. juv. im NSG Dippelsdorfer Teich, H. ZÄHR fand noch am 19. 07. 1980 2 juv. im Nest und M. MELDE beobachtete am 03. 07. 1955 noch Nestbau ([4062] erg., DORSCH 1985); Gelegegröße: 4×2, 12×3, 73×4, 113×5, 15×6 Eier, M_{229} 4,5 ([3903, 4062] DORSCH 1985), im Bez. D überwiegen die Fünfer-, im Bez. L die Vierergelege. Sechsergelege gibt es derzeit nur im Bez. D, früher aber auch bei Leipzig [465, 557]. Daraus resultiert eine deutlich verschiedene mittlere Gelegestärke von M_{179} 4,7 im Bez. D zu M_{50} 4,1 im Bez. L, die möglicherweise ein Hinweis auf weitere Ursachen für die unterschiedliche Bestandssituation in den beiden Regionen ist. Anzahl juv.: 4×2, 8×3, 12×4, 8×5, M_{32} 3,8. Der D. ist seltener Wirtsvogel für den Kuckuck (siehe dort).

Wanderungen: Erstbeobachtungen in den Lausitzer Teichgebieten von 1947–1980 Mitte Apr. bis Anfang Mai, M_{34} 25. 04. [4062], frühester Termin 11. 04. 1932 (FG Radebeul), 12. 04. 1980 (M. MELDE); bei Leipzig 1958–1982 M_{15} 04. 05. (D. FÖRSTER), frühester Termin 18. 04. [586], 21. 04. (D. FÖRSTER). Das Brutgebiet verlassen die ad. in der Hafenlache Leipzig im Mittel bis Ende der 1. Julidekade, ♂♂ M_9 07. 07., ♀♀ M_{11} 10. 07., die juv. bleiben bis Ende der 2. Julidekade, M_{10} 21. 07. (DORSCH 1985); H. ZÄHR konnte jedoch Brutvögel aus dem TG Niedergurig/Kr. Bautzen noch bis Mitte Aug., spätestens 17. 08. 1972 u. 18. 08. 1973 fangen [4062]. Letztbeobachtung in der Oberlausitz 1956–1980 im Mittel M_{10} 14. 09.

[4062], spätestens 07. 10. 1956 (M. MELDE), letztgenanntes Datum auch für Bez. L: 07. 10. 1956 (K. GRÖSSLER), 07. 10. 1967 (D. FÖRSTER).

F. ROST, D. SPERLING, R. STEFFENS

Gelbspötter – *Hippolais icterina* (Vieill., 1817)

Sommervogel, Durchzügler
Unterart: *H. i. icterina* (Vieill., 1817)

Verbreitung: Brutvorkommen nahezu in ganz Sachsen, mit Ausnahme großer zusammenhängender (Nadel-)Waldgebiete sowie Kammlagen der Mittelgebirge. Bevorzugt werden Bach- und Flußauen sowie Teich- und Siedlungsgebiete. Zum Bergland hin starke Ausdünnung, höchstgelegene Brutnachweise im Kr. Zittau bei 400 m ü. NN (EIFLER u. HOFMANN 1985), im Osterzgebirge (Kr. Dippoldiswalde) bei 550 m ü. NN (R. STEFFENS) und im Mittelerzgebirge (Kr. Annaberg) bis 650 m ü. NN ([2570] u. a.), Brutzeitdaten sM bis 900 m ü. NN [1223, 2579, 3207]. Am 22. 05. 1975 1 sM bei Oberwiesenthal in 1000 m ü. NN (H. HOLUPIREK) könnte noch Durchzug sein. Fehlt vielen Kammdörfern, insbesondere im Westerzgebirge, wo diese durch ausgedehnte Fichtenwälder von den Vorkommen in tieferen Lagen isoliert sind und so eine echte Verbreitungslücke gegeben zu sein scheint. In den großen Nadelwäldern auch als Durchzügler nur selten.

Lebensraum: Lichte, gebüschreiche Laubgehölze oder Mischbestände mit hohem Laubbaumanteil. Bevorzugt werden diskontinuierliche Bestockungen mit 2 bis 4 m hoher Strauchschicht und nur lockerem Kronenschluß, wie sie in idealer Weise in vielen Parks, Friedhöfen, Obstgärten u. ä. Grünanlagen sowie in Flurgehölzen gegeben sind, von denen feuchte, fließgewässer- und teichrandbegleitende Ausbildungen dem G. besonders liegen. Bemerkenswert ist auch seine Vorliebe für jüngere Pappelpflanzungen mit schwarzem Holunder u. ä. Gehölzen im Unterstand. Von den eigentlichen Wäldern wird nur der Auwald besiedelt und auch dieser weit unregelmäßiger und in geringerer Dichte als die o. a. Biotope (vgl. Tabelle 59). Alle übrigen Angaben zu Wäldern beziehen sich meist auf Randzonen oder o. a. Biotopen entsprechende Bereiche. Die Angaben zum Lebensraum lassen sich gut durch eine Auswertung der Brut- bzw. Singplätze in den Kr. Grimma/Oschatz/Wurzen untermauern. Von 549 Beobachtungen entfielen danach 235 auf Parks und Gärten, 158 auf Laubgehölze an Teichen und Bächen, 114 auf Flurgehölze, 24 auf bewachsene Halden und nur 18 auf Waldränder.

Bestand: Abgesehen von kurzzeitigen erheblichen Schwankungen (z. B. [3808], ERDMANN 1989 b) Bestandsentwicklung während der letzten Jahrzehnte ohne erkennbare Trends (vgl. auch [3903]). Lokaler Rückgang, wie z. B. in Leipziger Grünanlagen [3062], ist meist Ausdruck massiver Eingriffe in die Gebüschzonen städtischer Parks und Friedhöfe. Siedlungsdichte: Auenwälder, 8,2–80,6 ha, M_{20} 0,6 (0,0–1,2) BP/10 ha (ERDMANN 1989 b u. a.); Waldreste/Flurgehölze, 1,3–12,6 ha, M_{32} 2,3 (0,0–15,3) BP/10 ha, darunter in Feuchtgebüschen an

Tabelle 59: Präsenz und mittlere Abundanz des Gelbspötters auf Siedlungsdichte-Probeflächen in Sachsen

Biotoptypen	Anzahl Untersuchungen	Präsenz		Mittlere Dichte
	n	+	–	BP/10 ha
Nadelwälder und -forste	68	0	68	0
Laub-, Nadel-, Mischbestockungen	12	1	11	0,03
Buchenwälder	7	0	7	0
Laubmischwälder Hügelland	11	3	8	0,2
Auwälder	20	10	10	0,6
Ödland, Pionierwald, Laubbaum-Jungforste (ohne Kippenaufforstungen)	46	9	37	0,1
Kippenaufforstungen im Süden von Leipzig	17	16	1	3,5
Waldreste/Flurgehölze	32	22	10	2,3
Agrargebiete (z.T. mit kleinen Flurgehölzen)	29	16	13	0,3
City, Wohnblock- u. Neubaugebiete	18	5	13	0,09
Gartenstadt, ländliche Siedlungen u. ä.	28	26	2	1,5
Parks, Friedhöfe u. a. Grünanlagen	63	59	4	3,0

Fließgewässern und Teichen mit M_{11} 4,4 BP/10 ha deutlich höhere Werte (TUCHSCHERER [2177] u. a.), das gilt auch für größere Gehölzflächen ganzer Teichgebiete: TG Haselbach, 30 ha, M_4 3,7 (3,0–5,4) BP/10 ha (ROST 1989 b); pappeldominierte Kippenaufforstungen im S von Leipzig, 7,5– 180 ha, M_{17} 3,5 (0,0–18,5) BP/10 ha (DORSCH 1988 u. a.). Parks, Friedhöfe u. a. Grünanlagen, 0,9– 35 ha, M_{63} 3,0 (0,0–16,1) BP/10 ha (MÜLLER 1989, P. HUMMITZSCH u. a.); Gartenstadt und ländliche Siedlung, 9,5–61 ha, M_{28} 1,5 (0,0–2,8) BP/10 ha (SAEMANN [2896], P. HUMMITZSCH u. a.); in den übrigen Biotopen nicht oder nur sporadisch (vgl. Tabelle 59). Dem Siedlungsverhalten des G. entsprechend deutliche Randeffekte, z. B. auf ca. 500 m Teichdamm (ca. 2,2 ha) des GT Torgau bis zu 5 BP [2177], auf 1200 m Ufergehölze der TS Bautzen 6 sM (D. SPERLING in CREUTZ 1987 a).

Brutbiologie: 1 Jahresbrut, zuweilen Nachgelege. Nester 41× in Holunder, 15× in Flieder, 6× in Pflaume, 5× in Apfel, je 4× in Birne und Weide sowie in weiteren 23 Gehölzen zu je 1–3×; auf die Vorliebe für Holunder und Flieder als Nistgehölze verweist bereits SCHLEGEL [586]; Nesthöhe 0,7–6 m, M_{88} 2,5 m. Eiablage von Mitte Mai bis Mitte Juli mit Schwerpunkt Ende Mai bis Mitte Juni (Abb. 42); frühester Termin: 10. 05. Vollgelege (W. SCHNEIDER [586]), spätester Termin: 14. 07. 1. Ei (Kartei Bez. C) bzw. 24. 07. 4er Gelege (G. ENGLER), was mehrfach verzeichneten Nestfunden mit juv. Mitte Aug. [586, 3909] entspricht; noch am 02. 09. 1956 wird fl. juv. gefüttert

(B. PRASSE in CREUTZ 1987 a). Gelegegröße: 2×3, 28×4, 41×5, 4×6 Eier, M_{75} 4,6, im Juli deutlich niedriger als im Juni (CREUTZ 1987 a). Anzahl Nestlinge: 5×2, 10×3, 18×4, 23×5, 2×6, M_{58} 4,1; Anzahl fl. juv.: M_{11} 2,6; im Bez. C etwa 42% Totalverluste, in der Oberlausitz 50 bzw. 33% (CREUTZ 1987 a).

Wanderungen: Ankunft überwiegend 1. Maidekade mit einer Verzögerung zum Bergland hin von 7–12 Tagen. Kr. Grimma, Oschatz und Wurzen meist 1. Maidekade, frühestens 02. 05. 1958 und 1978 [3903], im übrigen Bez. L früheste Daten 01. 05. 1967 [2561] u. 1971 [3363], nach SCHLEGEL [586] auch 30. 04. Bei Biehla/Kr. Kamenz 1947–82 27×1. u. 7×2. Maidekade (M. MELDE); im Elbe-Röder-Gebiet bei Dresden 1963–82 15×1. u. 2×2. Maidekade (FG Radebeul); im Kr. Zittau 1968–82 7×1. u. 5×2. Maidekade (FG Zittau); früheste Daten im Bez. D 27. 04. 1949 (B. PRASSE), 28. 04. 1898 u. 1906 (KRAMER [1071]). Im Kr. Rochlitz 1962–72, M_{10} 08. 05., frühestens 05. 05. [3286]; Chemnitz, M_7 12. 05., frühestens 05. 05. 1968 [2616]; Kr. Annaberg, M_8 14. 05., frühestens 08. 05. [2570]. Ankunft unteres Erzgebirge, M_{24} 11. 05., frühestens 28. 04. [1223]. Noch frühere Ankunft (20. 04. 1973 Schönau/Kr. Auerbach [3207]) nicht zweifelsfrei. Durchzug bis Ende Mai/Anfang Juni (HASSE [1643]). Wegzug unauffällig, hauptsächlich Aug.; nach Registrierfang Augustusburg 1976–80 (20 Fänglinge) 24. 07.–09. 09., mit schwachem Gipfel (n = 5) 30. 07.–03. 08. (D. SAEMANN). Weg- und Durchzug bis 20. 09. nahezu beendet; Spätdaten 20. 09. 1966 (H. KOPSCH in [3903]), 20. 09. 1987

Anz. Bruten

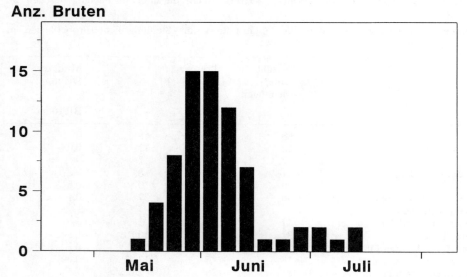

Abb. 42: Brutphänologie (Ablage 1. Ei – rückgerechnet) des Gelbspötters im Bez. C (n = 43) u. im Bez. D (n = 28)

(D. KRONBACH), 24. 09. 1964 (SAEMANN [2616]), 27. 09. 1987 (D. KRONBACH), 08. 10. (BÖHME [249]) u. 17. 10. (HÖPFNER [161]).

R. BÄSSLER, D. SAEMANN, R. STEFFENS

Gartengrasmücke – *Sylvia borin* (Bodd., 1783)

Sommervogel, Durchzügler
Unterart: *S. b. borin* (Bodd., 1783)

Verbreitung: Die G. ist im gesamten Gebiet verbreitet, in den Kammlagen des Erzgebirges jedoch nur in geringer Dichte. Höchstgelegene Brutplätze bei 900 bis 950 m ü. NN [1223], mehrfach sM bis 1000 m ü. NN [3207].

Lebensraum: Mönchs-, Garten-, Klapper- und Dorngrasmücke besetzen unterschiedliche Nischen im Übergangsbereich zwischen Wald, Offenland und Siedlung. Die Ansprüche aller 4 Arten werden an reich strukturierten Waldrändern mit Saumgebüschen erfüllt. Wichtig für die Ansiedlung der G. scheinen dichte Strukturen (Sträucher, Aufwuchs, Stockausschläge, Brennessel) in einer bodennahen Schicht bis ca. 1,5 m Höhe und eine vertikale Gesamtausdehnung der Gehölze von mindestens 2 m, optimal 4–6 m, zu sein. Eine lichte Baumschicht ist ebenfalls förderlich bzw. wird toleriert. Werden Überschirmung bzw. Schlußgrad der Gehölze so groß, daß die bodennahe Schicht ausdunkelt, geht die Siedlungsdichte rasch zurück. Die G. vermittelt zwischen offener Landschaft sowie Wald und steht diesbezüglich zwischen Dorn- und Mönchsgrasmücke, was auch durch die zeitliche Reihenfolge der Ansiedlung der 3 Arten auf Kahlschlägen bzw. bei Kippenbepflanzungen (vgl. DORSCH 1988) belegt wird. Dementsprechend werden Gehölzstreifen und Waldreste in offener Landschaft, Wald- und Bestandesränder, horst- und kulissenartig aufgebaute Wälder, lichte Kiefernforste mit Laubbaum-Unterstand sowie Parks, Laubbaum- und Kiefernbestockungen im Dickungs- und beginnenden Stangenholzalter sowie Fichtendickungen bevorzugt. Naturnahe Auewälder und Laubmischwälder des Hügellandes weisen in ihrem Reifestadium nur geringe Besiedlung, meist vom Rand her, auf. Dicht geschlossene, einschichtige Laub- und Nadelbaumforste werden ab Stangenholzalter gemieden. Das gleiche gilt für gehölzarme innerstädtische Bereiche sowie Alt- und Neubau-Wohnblockzonen.

Bestand: Erhebliche jährliche bzw. kurzperiodische Bestandsschwankungen, jedoch ohne erkennbaren langfristigen Entwicklungstrend; regional in den 1980er Jahren Rückgang (ERDMANN 1989 b, SAEMANN 1994, H.-J. GÖRNER), landesweit jedoch bis-

her nicht belegt; in den 1970er Jahren häufigste Grasmückenart, möglicherweise Ende der 1980er Jahre von der Mönchsgrasmücke übertroffen. Häufigste Grasmückenart an Waldrändern und in Flurgehölzen, in lichten Kiefernforsten mit Laubbaum-Unterstand (vgl. [3903] u. Tabelle 60) sowie in Nadel- und Laubbaum-Jungforsten sowie Vorwäldern; nach der Klappergrasmücke zweithäufigste Grasmückenart in ländlichen Siedlungen; gleichauf mit der Mönchsgrasmücke an 1. Stelle in Parks u. Friedhöfen sowie an 2. Stelle in der Gartenstadt, doch dürften sich in diesen (und möglicherweise in weiteren) Habitaten in jüngster Zeit in der Regel die Verhältnisse zugunsten der Mönchsgrasmücke verändert haben. Siedlungsdichte in Nadelbaumforsten gemischten Alters im Wittgendorfer Wald/ Kr. Zittau (123,8 ha, 25% Jungbestände) 1,9 (EIFLER u. HOFMANN 1985) und im Tharandter Wald/ Kr. Freital (57 ha, 75% Jungbestände) 2,1 BP/10 ha (R. STEFFENS), in Hoch- und Kammlagen des Erzgebirges in vergleichbaren Bestockungen weit niedrigere Werte: 11–310 ha, M_{18} 0,2 (0,0–1,5) BP/ 10 ha (DORNBUSCH 1988, D. SAEMANN, U. ZÖPHEL u. a.); höchste Dichte in Fichtendickungen: z. B. auf 3,5 u. 4,2 ha 3 u. 2 BP sowie in den lichteren Kiefernforsten im schwachen Stangenholz: z. B. 4,4 ha, 4 BP (R. STEFFENS), in jüngeren od. älteren Bestockungen nur noch sporadisch bzw. randlich; in lichten Kiefernforsten mit Laubbaum-Unterstand, 5,5–48 ha, M_{35} 2,0 (0,0–5,6) BP/10 ha (P. HUMMITZSCH, A. MAUME, H. KLUNKER u. a.); in Laub- u. Laubmischwäldern, 8,2–80,6 ha, M_{43} 1,2 (0,0–5,0) BP/10 ha ([1949], ERDMANN 1989 b, G. HOFMANN, R. STEFFENS u.a.); in pappeldominierten unterholzreichen Kippenaufforstungen, unterholzreichen Vorwäldern u. ä. Laubbaum-Jungwäldern, 7,5–180 ha, M_{24} 2,0 (0,0–6,3) BP/10 ha, maximal 19 BP/10 ha (DORSCH 1988 u. a.); in Restwäldern, 10,1–55,5 ha, M_{15} 1,9 (0,0–9,1) BP/10 ha (C. FEHSE, P. HUMMITZSCH, W. WEGER u. a.); in Waldresten u. Flurgehölzen 0,9–12,6 ha, M_{71} 4,3 (0,0–23,5) BP/ 10 ha ([2177], C. FEHSE, R. DAMME u. a.); in Parks, Friedhöfen u. ä. Grünanlagen, 0,9–30,7 ha, M_{63} 2,3 (0,0–14,3) BP/10 ha ([2896], MÜLLER 1989, P. HUMMITZSCH u. a.); in ländlichen Siedlungen u. Gartenstadt, 2,8–31,2 ha, M_{20} 0,7 (0,0–3,6) BP/10 ha ([2896], EIFLER u. HOFMANN 1985, P. HUMMITZSCH u. a.). Lineare Siedlungsdichte, auf 2–10 km, M_4 2,0 (1,1–3,3) sM/km [3903], EIFLER u. HOFMANN 1985), am SB Windischleuba auf 1,5 km 1984 bis 1986 M_3 4,2 (2,7–5,3) BP/km (R. STEINBACH), an der TS Bautzen auf 1,2 km 4 BP (D. SPERLING).

Brutbiologie: Nester in Gebüsch u. ä. Strukturen, auf über 25 verschiedenen Pflanzenarten (n = 165), deren Anteil vom gebietsspezifischen Angebot beeinflußt wird, im Bez. D (n = 115) deutliche Bevorzugung von Brombeere (28%) u. Himbeere (26%), ferner Fichte (14%) u. Brennessel (8%), in Chemnitz (n = 50) Pfeifenstrauch (14%), Holunder, Himbeere u. Buche (je 10%), Brombeere, Fichte u. Brennessel (je 8%), im Bez. L werden Holunder, Stockausschläge u. Dornensträucher, außerdem Hopfen u. Brennessel, am häufigsten genannt. Nesthöhe 0,1–2,2 m, M_{139} 0,7 (Bez. D M_{92} 0,6, Bez. C M_{47} 0,9), ausnahmsweise 3,0 m in Holunder (J. DEUNERT). Ablage des 1. Eies von Anfang Mai bis Mitte Juli (Abb. 43), mit Schwerpunkt Mitte Mai bis Anfang Juni (besonders 3. Maidekade); frühester Termin: 06. 05. 1968 Gelege mit 5 Eiern (M. MELDE), 29. 05. 1981 5 juv. 6 Tage alt (F. URBAN), spätester Termin: 25. 07. 1919 Gelege [3002], 26. 07. 1974 Gelege mit 3 bebrüteten Eiern (D. SAEMANN), 05. 08. 1976 Nest mit 2 eben geschlüpften juv. u. 1 Ei (M. SCHRACK), 10. 08. 1973 fast fl. juv. [3002]. Nachweise im Juli neben Nachgelegen möglicherweise auch Zweitbruten (vgl. aber SCHNEIDER [3002]). Gelegegröße: 14×3, 54×4, 65×5, 1×6 Eier, M_{134} 4,4 (Bez. D M_{105} 4,4, Bez. L M_{66} 4,5, Bez. C M_{66} 4,6); Anzahl Nestlinge: 2×1, 10×2, 31×3, 61×4, 10×5, 1×6, M_{115} 3,6 (Bez. D M_{81} 4,2, Bez. C M_{62} 4,4, Bez. L M_{53} 3,8). Bei 20 durchgängig kontrollierten Bruten im Bez. D 27% Verluste (geplündert, taube Eier, verlassene Gelege), im Bez. C von 41 Bruten 42% Totalverluste. Regelmäßig Kuckuckswirt im gesamten Gebiet. Material: Karteien Bez. C, D, L, [3903], H. JOKIEL, M. MELDE, R. STEINBACH, F. URBAN u. a..

Wanderungen: Erste Nachweise im Frühjahr im allgemeinen Ende Apr. bis Anfang Mai, frühestens 07. 04. 1967 (EIFLER u. HOFMANN 1985); 1958–83 für den gesamten Bez. D im Durchschnitt 30. 04., 1956–82 für den Bez. C im Mittel 06. 05.; Unterschiede zwischen Einzelgebieten zufällig, da die Erstnachweise in den einzelnen Jahren regellos zwischen diesen wechseln. Die Schwierigkeit, die G. unmittelbar nach der Ankunft nachzuweisen, äußert sich z. B. darin, daß unter Verwendung des jeweils frühesten jährlichen Termins für den Bez. D ein gegenüber den regionalen Durchschnittswerten um 4–7 Tage früherer Mittelwert zustande kommt. Das läßt erwarten, daß auch die Bezirkswerte C u. D gegenüber den tatsächlichen Ankunftsterminen mehr oder weniger verspätet sind. Wegzug Aug./Sept.. In der Leipziger Hafenlache Zuzug fremder G. hauptsächlich zwischen 20. 07. u. 20. 08., Durchzug Mitte Sept. weitgehend abgeschlossen, letzte Fänge am 26. u. 30. 09. (DORSCH 1985). Registrierfang NSG Döbener Wald/

Tabelle 60: Präsenz und mittlere Abundanz der Garten-, Mönchs-, Klapper- und Dorngrasmücke auf Siedlungsdichte-Probeflächen in Sachsen

Biotoptypen	Anzahl Untersuchungen	Gartengrasmücke			Mönchsgrasmücke			Klappergrasmücke			Dorngrasmücke		
		Präsenz		Mittl. Dichte	Präsenz		Mittl. Dichte	Präsenz		Mittl. Dichte	Präsenz		Mittl. Dichte
	n	+	−	BP/ 10 ha	+	−	BP/ 10 ha	+	−	BP/ 10 ha	+	−	BP/ 10 ha
Fichtenwälder und -forste	68	30	38	0,4	27	41	0,4	23	45	0,2	5	63	0,04
Kiefernforste	17	8	9	0,8	4	13	0,4	2	15	0,1	3	15	0,2
Nadel-Laubbaum-Mischbestockungen	35	30	5	2,0	23	12	1,4	2	33	0,04	1	34	0,06
Buchenwälder	8	4	4	1,0	5	3	2,1	1	7	0,1	7	1	0,1
Laubmischwälder Hügelland	13	11	2	1,6	13	0	2,7	1	12	0,05	0	13	0,0
Auwälder	23	20	3	1,1	23	0	4,0	6	17	0,1	14	9	0,7
Restwald, Waldreste, Flurgehölze	91	72	19	2,9	41	50	1,3	43	48	0,5	80	11	2,5
Laubbaum-Jungforst und Vorwälder	24	22	2	2,0	14	10	1,1	4	20	0,05	15	9	0,8
Ödland, Ruderalflächen u. ä.	33	8	25	0,3	1	32	0,01	6	27	0,07	32	1	2,0
Agrargebiete (mit Flurgehölzanteilen)	50	18	32	0,2	9	41	0,09	22	28	0,08	37	13	0,6
Siedlungsgebiete (ohne Parks u. ä.)	48	11	37	0,1	11	37	0,1	35	13	0,5	2	46	0,02
Parks, Friedhöfe u. ä. Grünanlagen	63	42	21	2,3	41	22	2,3	54	9	2,2	5	48	0,09

Kr. Grimma 1979–82 Höhepunkt Durchzug 1. Aug.-Hälfte [3903], Registrierfangplatz bei Lödla/Kr. Altenburg 1966–80 Median 26. 08. (Höser u. Oeler 1987). Letztbeobachtung im Bez. C 26. 09. 1976 (W. Dick, H. Holupirek), letzte Fänglinge auf dem Registrierfangplatz Augustusburg (1976–80) 23. 09. 1979 bis 14. 10. 1978 (D. Saemann); im Bez. D 27. 09. 1978 (W. Berndt), 02. 10. 1986 (G. Engler; im Bez. L. auch 08. 10. 1982 (BG Grimma), 17. 10. 1974 (S. Leischnig) und vom gleichen Beobachter auch 10. 11. 1979. Die extrem frühen und späten Werte sind nicht immer ganz zweifelsfrei.

R. Steffens, F. Hoyer, D. Saemann, F. Melde

Mönchsgrasmücke – *Sylvia atricapilla* (L., 1758)

Brutvogel, Durchzügler, seltener Wintergast
Unterart: *S. a. atricapilla* (L., 1758)

Verbreitung: Die M. ist im gesamten Gebiet verbreitet. Im Bergland früher bis 1100 [1223], in jüngerer Zeit bis 1050 m ü. NN [3086] nachgewiesen.

Lebensraum: Beansprucht vertikal ausreichend entwickelte und gut strukturierte Gehölze. Im Gegensatz zur Gartengrasmücke scheinen bodennahe Strukturen weniger wichtig zu sein, dagegen sind eine Baumschicht bzw. zumindest einige ca. 6 m Höhe übersteigende Strukturen unabdingbar. Von allen Grasmücken zeigt die M. die stärkste Präferenz für Wald und besiedelt Neuanpflanzungen auf Kippen in der zeitlichen Reihenfolge dieser Arten zuletzt (Dorsch 1988). Naturnahe Auewälder und ihnen strukturell vergleichbare andere Laubmischwälder und Parks, kulissenartig aufgebaute Wälder sowie Wald- und Bestandesränder werden bevorzugt, einschichtige Nadel- und Laubbaumforste gemieden bzw. im Aufwuchs und Dickungsstadium nur an den Rändern zu älteren Bestockungen und bei Schirm aus z. B. Birkenvorwüchsen (Vertikalstruktur) besiedelt. In der offenen Landschaft tritt die M. zurück, sobald die Bestockungen ihren waldartigen Charakter verlieren. In jüngeren Gehölzstreifen fehlt sie völlig. Weitestgehend gemieden werden auch Kleingärten, die gehölzarmen innerstädtischen Bereiche, Alt- u. Neubau-Wohnblockzonen sowie ländliche Siedlungen, sofern nicht ältere Laubbauminseln vorhanden sind.

Bestand: Nach Holupirek [2579] bis in die 1960er Jahre im hohen Mittelerzgebirge wesentlich seltener als Dorn-, Garten- und Klappergrasmücke, anderenorts, z. B. Leipziger Auwaldbezirke [586, 1949, 2549], wesentlich häufiger. Infolge stetiger Bestandszunahme in den zurückliegenden 3 Jahrzehnten (vgl. z. B. Dorsch 1985, Erdmann 1989 b),

z. T. auch unterstützt durch stärkere Ausprägung der ihre Besiedlung begünstigenden Strukturen, in den 1970er und 1980er Jahren landesweit nach der Gartengrasmücke die zweithäufigste, gegenwärtig möglicherweise sogar häufigste Grasmückenart. Deutliche Dominanz gegenüber den anderen Arten in Laub- und Laubmischwäldern, aber besonders in Auewäldern; gleichauf mit der Gartengrasmücke an 1. Stelle in Fichtenforsten sowie in Parks u. auf Friedhöfen; in der Gartenstadt beide Arten an 2. Stelle; deutlich seltener als die Gartengrasmücke in Agrargebieten, ländlichen Siedlungen, an Waldrändern und in Flurgehölzen, im Jungwald, auf Ödland und Ruderalflächen sowie in lichten Kiefernforsten mit Laubbaum-Unterstand (vgl. [3903] u. Tabelle 60). In jüngster Zeit z. T. (z. B. in Gartenstadt, Parks) Veränderung der Verhältnisse zugunsten der M.. Die Siedlungsdichte in Nadelbaumforsten gemischten Alters des Flach- und Hügellandes, 16,7–123,8 ha, M_{11} 0,8 (0,0–1,5) BP/10 ha ([4061], Eifler u. Hofmann 1985, R. Steffens u. a.) und in vergleichbaren Fichtenbestockungen der Hoch- und Kammlagen des Erzgebirges, 11–330 ha, mit M_{18} 0,3 (0,0–1,4) BP/10 ha (Dornbusch 1988, D. Saemann, U. Zöphel) ist weit weniger differenziert als bei der Gartengrasmücke; in lichten Kiefernforsten mit Laubbaum-Unterstand, 5,5–48 ha, M_{35} 1,4 (0,0–5,5) BP/10 ha (P. Hummitzsch, A. Maume, H. Klunker u. a.); in Buchenwäldern, 8,2–17,7 ha, M_8 2,1 (0,0–4,1) BP/10 ha (G. Hofmann, P. Hummitzsch, J. Schimkat u. a.); in Laubmischwäldern des Hügellandes, 10–33 ha, M_{13} 2,7 (0,8–6,7) BP/10 ha (P. Hummitzsch, R. Steffens u. a.); in Auewäldern, 8,2–80,6 ha, M_{23} 4,0 (1,6–11,4) BP/10 ha ([1949], Erdmann 1989 b u. a.); in pappeldominierten unterholzreichen Kippenaufforstungen, unterholzreichen Vorwäldern u. a. Laubbaum-Jungwäldern, 7,5–180 ha, M_{24} 1,1 (0,0–4,9) BP/10 ha, an günstigen Stellen bis 11 BP/10 ha (Dorsch 1988 u. a.); in Restwäldern, Waldresten und Flurgehölzen, 0,9–55,5 ha, M_{91} 1,3 (0,0–8,6) BP/10 ha ([2177, 2299], R. Damme, C. Fehse u. a.); in Parks, Friedhöfen u. ä. Grünanlagen, 2,8–30,7 ha, M_{63} 2,3 (0,0–10,7) BP/19 ha ([2896], Müller 1989, P. Hummitzsch u. a.); in der Gartenstadt 2,8–31,2 ha, M_{14} 0,7 (0,0–2,4) BP/10 ha ([2896], P. Hummitzsch u. a.). Lineare Siedlungsdichte, 1,5–10 km, M_6 1,4 (0,5–3,2) sM/km ([3903], Eifler u. Hofmann 1985).

Brutbiologie: Nester in Gebüsch bzw. Unterholz auf über 20 verschiedenen Pflanzenarten (n = 125), deren Anteil je nach gebietsspezifischem Angebot variiert. Im Bez. D (n = 77) dominiert Fichte mit 34%, gefolgt von Buche, Holunder, Brombeere u. Brennessel mit je ca. 10%, in Chemnitz (n = 48) Holunder u. Pfeifenstrauch mit je 23%, Ribes mit 10% und Fichte sowie Gras/Holz mit je 6%, für

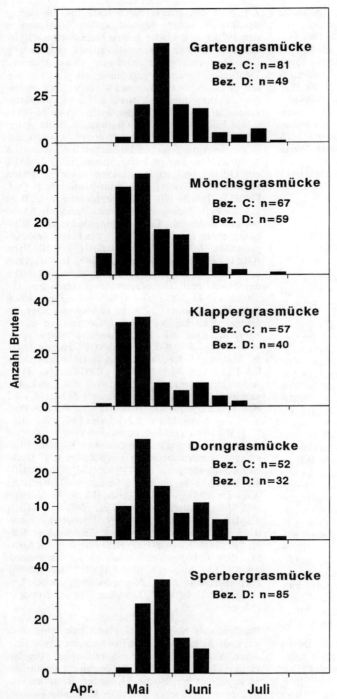

Abb. 43: Brutphänologie (Ablage 1. Ei – rückgerechnet) von Garten-, Mönchs-, Klapper-, Dorn- und Sperbergrasmücke (Dekadensummen)

den Bez. L werden vor allem Holunder, Stockausschläge von Ulme, Hainbuche, Linde u. ä. sowie junge Fichten u. diverse Büsche benannt. Besonders in älteren Nadel- u. Laubbaumbeständen ist die Bevorzugung einzelner unterdrückter Fichten der Strauchschicht augenscheinlich. Nesthöhe 0,1–2,5 m, M$_{143}$ 1,0 (Bez. D M$_{94}$ 1,0, Bez. C M$_{49}$ 0,9). Ablage des 1. Eies von Ende Apr. bis Ende Juli, mit Schwerpunkt in der 1. u. 2. Maidekade (Abb. 43); frühester Termin: 28. 04. 1981 2 Eier, 01. 05. 5 Eier (M. SCHINDLER), spätester Termin: 19. 08. 1980 fl. juv. (R. BÄSSLER). Nachweise im Juni und Juli neben Nachgelegen auch Zweitbruten. Gelegegröße: 2×2, 3×3, 30×4, 93×5, 8×6 Eier, M$_{141}$ 4,7 (Bez. C u. L M$_{90}$ 4,6, Bez. D M$_{82}$ 4,8); Anzahl Nestlinge: 1×1, 4×2, 12×3, 42×4, 62×5, 1×6, M$_{122}$ 4,3 (Bez. C M$_{49}$ 4,4, Bez. L M$_{32}$ 4,1, Bez. D M$_{56}$ 4,6). Im Bez. C von 49 Bruten 41% Totalverlust, im Bez. D bei 21 durchgängig kontrollierten Bruten 40% Verluste, in städtischen Grünanlagen (n = 15) jedoch 73% infolge Gehölzpflege während der Brutzeit (U. KIRCHHOFF u. a.). Material: Karteien Bez. C, D, L, [3903], H. JOKIEL, M. MELDE u. a..

Wanderungen: Die ersten Meldungen im Frühjahr vom 01. 03. 1968 (F. ZETSCHE), 15. 03. 1975 (V. LÖSCHNER) u. 18. 03. 1979 (R. BÄSSLER) bis Ende Apr./Anfang Mai deuten auf starke jährliche Schwankungen hin, die in mehreren Gebieten ähnlich liegen und damit wahrscheinlich nicht nachweisbedingt sind. Um den 15. 04., als den Mittelwert 1958–1983 für den Bez. D, gruppieren sich mehrere Teilgebiete, Bez. C 1956–82 M$_{22}$ 23. 04., in den Kr. Grimma, Oschatz u. Wurzen 4× 1. Apr.-, 5× 2. Apr.-, 11× 3. Apr.- u. 3× 1. Maidekade [3903]. Der Wegzug beginnt Anfang Aug. – Höhepunkt bei Registrierfang 1979–82 im NSG Döbener Wald Ende Aug./Anfang Sept. [3903], Median bei Lödla/Kr. Altenburg 1966–80 05. 09. (HÖSER u. OELER 1987) – und ist auch im Okt. noch spürbar, einige Ex. sogar im Nov.: z. B. 19. 11. 1977 (N. DIESSNER, A. FIEDLER), 29. 11. 1964 SB Windischleuba 1 ♀ (D. FÖRSTER). An Winterbeobachtungen liegen vor: 06. u. 20. 12. 1968 1 ♂ Stausee Rötha/Kr. Borna (D. FÖRSTER), 28. 12. 1968 Clausnitz/Kr. Chemnitz (SCHILDE 1969), 11. 01. bis 02. 03. 1970 1 ♂ an vier Beobachtungstagen im Großen Garten in Dresden [2924], 23. 12. 1970 1 ♂ am Elbufer bei Pirna (W.-D. GRÜNELT), 26. 12. 1971 Klaffenbach/Kr. Chemnitz [2859], 16. 02. 1975 1 ♂ und 1 ♀ in Dresden (N. DIESSNER u. A. FIEDLER), 31. 01. 1978 bei Hohenstädt/Kr. Grimma 1 ♂ (W. KÖCHER), 05.–11. 12. 1981 1 ♂ in Grimma (W. KÖCHER), 01. 12. 1986 1 ♀ Gärten am Südfriedhof Leipzig (K. GRÖSSLER). Dadurch Abgrenzung zu Weg- und Heimzug z. T. nicht eindeutig.

R. STEFFENS, D. SAEMANN, F. HOYER, F. MELDE

Klappergrasmücke – *Sylvia curruca* (L., 1758)

Sommervogel, Durchzügler
Unterart: *S. c. curruca* (L., 1758)

Verbreitung: Die K. ist im gesamten Gebiet verbreitet, im Bergland bis 1000 m ü. NN [1223, 3207].

Lebensraum: In den Habitatansprüchen ist die K. schwieriger einzuordnen als die anderen Grasmückenarten. Sie kommt in der offenen Landschaft und am Waldrand in ähnlichen Habitaten vor wie die Dorngrasmücke, bevorzugt aber die Grenzflächen kompakterer Büsche sowie horizontal mehr oder weniger geschlossene Dickichte und ist nicht so empfindlich gegen eine gewisse Überschirmung durch Bäume. Die K. dringt regelmäßig bis in die Kernzonen größerer Nadelwaldgebiete vor und nutzt hier vor allem die Ränder von Dickungen und schwachen Stangenhölzern der Baumart Fichte; nach KÖCHER u. KOPSCH [3903] sowie MENZEL 1989, aber auch in Kieferndickungen, ferner im Hochmoor-Kiefernwald der Kammlagen (R. STEFFENS u. a.). Bemerkenswert ist ihre hohe Präsenz im menschlichen Siedlungsbereich, wie Parks, Friedhöfe, Kleingärten u. Gartenstadt, wo sie Anpflanzungen von Beerensträuchern, niedrige Koniferen, Schneebeere u. a. Ziersträucher, Kunsthecken sowie verwilderte Ecken mit Brombeere u. ä. bewohnt. Im Gegensatz zu Garten- und Mönchsgrasmücke werden auch Neu- und Altbau-Wohnblockzonen besiedelt, sobald entsprechende, nicht selten nur aus 3–4 Büschen bestehende Anpflanzungen vorhanden sind.

Bestand: Deutlich seltener als Garten-, Mönchs- u. Dorngrasmücke, in Siedlungen jedoch häufigste Grasmückenart; in Parks, Friedhöfen u. ä. Grünanlagen höchste und annähernd gleiche Dichte wie Garten- u. Mönchsgrasmücke; regelmäßige Vorkommen auch in Agrargebieten, Restwald, Waldresten u. Flurgehölzen sowie Fichtenwäldern u. -forsten. In den übrigen Biotoptypen, vor allem aber in Laub- und Laubmischwäldern, nur sporadisch (vgl. Tabelle 60, ferner [3903]). Nachweise im Leipziger Auewaldgebiet sind auf Siedlungsrandlagen zurückzuführen. Erhebliche Bestandsschwankungen, längerfristig kein Trend erkennbar (DORSCH 1985 u. 1994). Siedlungsdichte in Nadelbaumforsten gemischten Alters im Wittgendorfer Wald/Kr. Zittau (123,8 ha, 25% Jungbestände) 0,7 (EIFLER u. HOFMANN 1985) und im Tharandter Wald/Kr. Freital (57 ha, 75% Jungbestände) 1,4 BP/10 ha (R. STEFFENS), in vergleichbaren Fichtenbestockungen der Hoch- und Kammlagen des Erzgebirges, 11–310 ha, M$_{16}$ 0,1 (0,0–0,4) BP/10 ha (DORNBUSCH 1988, D. SAEMANN, U. ZÖPHEL u. a.); höchste Dichte in Dickungen u. schwachen Stangenhölzern der Baumart Fichte: 3,5–7,7 ha, M_6 3,2 (1,3–6,0) BP/10 ha (G. HOFMANN, R. STEFFENS); in Restwäldern, 10,1–55,5 ha, M_{15} 0,2 (0,0–0,9) BP/ 10 ha (C. FEHSE, P. HUMMITZSCH, W. WEGER u. a.); in Waldresten u. Flurgehölzen, 0,9–12,6 ha, M_{71} 1,0 (0,0–9,1) BP/10 ha ([2177], C. FEHSE, R. DAMME u. a.); in Parks, Friedhöfen u. a. Grünanlagen, 0,9– 30,7 ha, M_{63} 2,2 (0,0–17,9) BP/10 ha ([2896], MÜLLER 1989, L. MÜLLER u. a.); 1960 bis 1976 in ca. 20– 30 Leipziger Kleingartenanlagen von ca. 2–5 ha Größe, M_8 1,7 (0,6–2,3) BP/10 ha [2492], in den nachfolgenden 10 Jahren im Mittel 4,3 BP/10 ha (W. SENGENBERGER). Ähnlich hohe Werte in einer Kleingartenanlage (8 ha) im Stadtgebiet Altenburg, wo 1970 bis 1972 4,6 u. 3 BP registriert wurden (R. STEINBACH) sowie für Kleingärten in Zwikkau-Planitz 1968 6 BP/10 ha u. 1975 4 BP/10 ha (H. OLZMANN). In der Gartenstadt u. in ländlichen Siedlungen, 2,8–31,2 ha, M_{21} 1,5 (0,0–3,6) BP/ 10 ha, in Windischleuba/Kr. Altenburg (Dorf einschließlich Park und Pleißeaue) auf 100 ha 1970 bis 1986 M_{11} 1,1 (0,6–1,5) (R. STEINBACH); in der Alt- u. Neubau-Wohnblockzone, 6,0–20 ha, M_{20} 0,3 (0,0–2,0) BP/10 ha ([3445], W. WEGER u. a.).

Brutbiologie: Nester auf über 20 verschiedenen Pflanzenarten (n = 114), von denen im Gesamtterritorium 18% auf Fichte, je 12% auf Liguster u. Brombeere, 10% auf Stachelbeere u. 9% auf Schneebeere entfallen. Die Anteile sind jedoch sehr gebietsspezifisch. So dominieren in der offenen Landschaft Brombeere, Himbeere, Schlehe u. Weißdorn, im Wald Fichte, in Gärten Stachel- und Johannisbeere sowie im Siedlungsraum Koniferen, Liguster-, Schneebeer- und Kreuzdornhecken, so daß kaum von einer echten Bevorzugung bestimmter Gehölze gesprochen werden kann. Nesthöhe 0,3–2,2 m, M_{128} 1,1, ausnahmsweise 4 m in Efeuwand (B. PRASSE). Ablage des 1. Eies von Ende Apr./Anfang Mai bis Anfang Juli, Schwerpunkt 1. u. 2. Maidekade (Abb. 43); frühester Termin: 20. 04. 1968 Nestbau (FG Auerbach), spätester Termin: z. B. 22. 07. 1974 Nest mit 4 juv. (G. LÜSSEL). Ab Mitte Juni neben Nachgelegen Zweitbruten, im Bez. D läßt 2. Nachweisgipfel um diese Zeit höheren Anteil Zweitbruten als bei Mönchsu. Gartengrasmücke vermuten. Gelegegröße: 1×3, 47×4, 52×5, 12×6 Eier, M_{112} 4,7 (Bez. C u. D M_{121} 4,8, Bez. L M_{37} 4,5); Anzahl juv. im Nest: 1×1, 2×2, 10×3, 34×4, 56×5, 4×6, M_{97} 4,4 (Bez. C M_{46} 4,5, Bez. D M_{71} 4,4, Bez. L M_{17} 3,8). Im Bez. D bei 25 durchgängig kontrollierten Bruten 25% Verluste, in städtischen Grünanlagen (n = 10) infolge Gehölzpflege während der Brutzeit 81% (U. KIRCHHOFF u.a.), im Bez. C (n = 31) 35% Totalverluste.
Material: Karteien Bez. C, D, L, [3903], H. JOKIEL, M. MELDE, R. STEINBACH, F. URBAN u. a..

Wanderungen: Erstbeobachtungen ziemlich regelmäßig in der 2. Apr.-Hälfte, frühester Termin: 02. 04. 1982 (EIFLER u. HOFMANN 1985), 05. 04. 1965 (H. KOPSCH), 06. 04. 1974 (R. STEINBACH). Im Bez. D 1958–1983 Erstbeobachtung im Mittel am 17. 04., im Bez. C 1965–1979 am 20. 04., in den Kr. Grimma, Oschatz u. Wurzen 1×1., 13×2. u. 12×3. Apr.-Dekade [3903]. Der Wegzug erfolgt im wesentlichen im Aug./Sept., Höhepunkt bei Registrierfang 1978–82 im NSG Döbener Wald um den 20. 08. [3903], Median bei Lödla/ Kr. Altenburg 1966–80 ebenfalls 20. 08. (HÖSER u. OELER 1987). Einzelne Beobachtungen in der Regel noch bis Anfang Okt. Je 1 Ex. am 17. 11. 1965 SB Windischleuba (D. FÖRSTER) u. Elster-ST (R. WEISS) sowie 1 sM am 11. 12. 1948 bei Zittau [1145] sind Ausnahmeerscheinungen.

R. STEFFENS, D. SAEMANN, F. HOYER, F. MELDE

Dorngrasmücke – *Sylvia communis* Lath., 1887

Sommervogel, Durchzügler
Unterart: *S. c. communis* Lath., 1787

Verbreitung: Wenn auch habitatsbedingt lückig, so doch im gesamten Gebiet verbreiteter Brutvogel. Im Gebirge regelmäßig bis zu 900 m ü. NN am Hirtstein (H. HOLUPIREK, D. SAEMANN) und Aschberg (S. ERNST), nach HEYDER [1223] auch auf dem Fichtelberggipfel (1214 m ü. NN), doch hier seit 1970 nur bis 1100 m ü. NN bestätigt (H. HOLUPIREK, D. SAEMANN).

Lebensraum: Brutvogel der offenen Landschaft, wie Grün- und Ackerland mit Hecken und Laubholzgebüschen, Ruderalstandorte, verwachsene Gräben, Feldraine, Bahndämme, bewachsene Kippen und Halden, Ränder der Verlandezonen offener Gewässer. Voraussetzung für die Besiedlung ist eine gut ausgebildete Kraut- und niedrige Strauchschicht aus Brom- und Himbeere, Brennessel, Rainfarn, Mädesüß u. ä., wobei lediglich sehr lückiger Baumbestand geduldet wird. Neuanpflanzungen auf Kippen werden schon in den ersten Jahren besiedelt, jedoch noch vor Dickungsschluß wieder verlassen (DORSCH 1988). In geschlossenen Wäldern selten, nur auf größeren, mit Laubholzanflug durchsetzten Blößen und Anwuchsflächen; bei Fichtenforsten auch hier meist nur in der Waldrandzone. Ortschaften und Gartenanlagen sind ebenfalls meist nur im Übergangsbereich zum Offenland besiedelt. Zeitweilig bieten durch Waldeinschlag entstandene Tagebauvorfelder und Rekultivierungsflächen gute Ansiedlungsbedingungen. Vorkommen heute vielfach inselartig oder linear an Straßen und Gleisanlagen [z. B. 3417].

Auf dem Zug auch in Mais- und verkrauteten Kohl-, Rüben- und Kartoffelschlägen.

Bestand: Während HEYDER [1223] und HOLUPIREK [2579] die D. noch als häufigste Grasmücke bezeichnen und BEER [1703] sie in der Ortsflur Seegeritz bei Leipzig als häufigste von 50 Arten fand, hat sich die Situation bis zur Gegenwart wesentlich geändert. Ab 1968 starker Rückgang des Brutbestandes mit Tiefstand um 1973–75 [3062, 3207], von DORSCH (1985) auch für Durchzügler eindrucksvoll belegt. Rückgang im Stadtgebiet Chemnitz 1968–73 ca. 40%, mit Aufgabe aller innerstädtischen Brutplätze auf den zahlreich vorhandenen Ruderalflächen [2383, 2471, 2616, 2988]. Seit Mitte der 1970er Jahre Erholung des Bestandes, wobei insbesondere in Feldfluren infolge Reduzierung des Habitatangebotes frühere Bestandszahlen großflächig nicht mehr erreicht werden. Das völlige Verschwinden der D. nach Zerstörung der benötigten Habitatsstrukturen durch Melioration bzw. Beweidung belegen FUCHS [2507] u. STEFFENS (1986 a). Trotzdem ist die D. in Agrargebieten sowie auf Ödland u. Ruderalflächen weiterhin die häufigste, sowie in Restwald, Waldresten u. Flurgehölzen die zweithäufigste Grasmückenart (vgl. Tabelle 60). Da diese Lebensräume in Sachsen über 60% der Landesfläche einnehmen, erreicht sie damit annähernd die Bestandszahlen von Garten- und Mönchsgrasmücke, so daß aktuell zwischen diesen 3 Arten keine eindeutige Häufigkeitsrangfolge feststellbar ist. Großflächige Siedlungsdichte: auf der Hochhalde Espenhain/Kr. Borna, 144–149 ha, 1958 bis 1960 0,1, 0,1 u. 0,8 BP/10 ha [1847], in der Gemeindeflur Seegeritz bei Leipzig, 286 ha, 1955–1960 M_8 1,0 (0,7–1,3) BP/10 ha [1703], in der Umgebung von Döben/Kr. Grimma, 350 ha, 1976 nur 0,1 sM/10 ha, 1979 in den Hohburger Bergen/Kr. Wurzen, 400 ha, 0,2 sM/10 ha [3903], 1978 im Kr. Zwickau in der Muldeaue auf 120 ha bereits wieder 1,2 BP/10 ha (B. SEIFERT), insgesamt in Agrargebieten, 10,6–286 ha, M_{50} 0,6 (0,0–2,8) BP/10 ha ([2507], H.-J. KUHNE, L. MÜLLER u.a.); Restwälder, 10,1–55,5 ha, M_{15} 1,7 (0,0–9,1) BP/10 ha (C. FEHSE, P. HUMMITZSCH, W. WEGER u.a.); Waldreste u. Flurgehölze, 0,9–12,6 ha, M_{71} 3,7 (0,0–18,2) BP/10 ha ([2177], C. FEHSE, R. DAMME u.a.); Ödland u. Ruderalflächen, 2,5–42 ha, M_{29} 3,4 (0,0–19,2) BP/10 ha ([1847, 1973, 2615, 2616, 3442, 3786] u.a.); Kahlschläge, 3,5–35 ha, M_{13} 1,2 (0,0–11,0) BP/10 ha (EIFLER u. HOFMANN 1985 u.a.). Hohe Abundanzen der D. im Leipziger Auewald 1958 u. 1959 von 2,2 u. 3,5 BP/10 ha [1949] sind mit kriegsbedingten Bestandslücken u. Kahlschlägen zu erklären. Lineare Siedlungsdichte: 1,2–9,0 km, M_8 1,9 (0,9–3,8) sM/10 km ([3903], EIFLER u. HOFMANN 1985 u.a.), 3,5 km am Elster-FB Leipzig, 2,8 BP/km (F. Hoyer), 1,3 km

Ufer der TS Quitzdorf, 6 und 1,2 km Ufer der TS Bautzen, 6 u. 8 BP (MENZEL 1989).

Brutbiologie: Nester gut gedeckt in der Kraut- und Strauchschicht, bevorzugt (38%) in Brom- u. Himbeere (n = 98). Neststandhöhe 0,1–0,8 m (n = 38), selten darüber, so 2×1 m (S. KRÜGER, H. PUSCH) und je 1× 1,7 u. 3,0 m (K. GEDEON), ausnahmsweise am Boden. 1. Ei (n = 84) vom 30. 04.–23. 07., 1× 3. Apr.-, 10× 1. Mai-, 30× 2. Mai-, 16× 3. Mai-, 8× 1. Juni-, 11× 2. Juni-, 6× 3. Juni-, 1× 1. Juli-, u. 1× 3. Julidekade (Abb. 43); oberhalb 500 m ü. NN wohl nicht vor Mitte Mai. Letzte Bruten sind Ende Juli/Anfang Aug. flügge. Nachgelege werden offenbar regelmäßig gezeitigt. Zweitbruten sind nicht exakt nachgewiesen, erscheinen aber möglich. Gelegegröße: 1×3, 28×4, 65×5, 12×6 Eier, M_{106} 4,7; juv. im Nest: 2×1, 8×2, 11×3, 38×4, 45×5, 10×6 Junge, M_{114} 4,3. Totalverluste ca. 21%. Material: Karteien Bez. C, D, L, [3903], M. HÖRENZ, F. URBAN u.a..

Wanderungen: Ankunft im letzten Apr.-Drittel, selten bereits ab Mitte Apr.. In höheren Gebirgslagen verzögert sich die Ankunft oft um 14 Tage. In Chemnitz 1955–1968 M_{11} 25. 04. , frühestens 19. 04. 1964 [2616], Kr. Annaberg vor 1970 M_3 28. 04. [2570], Kr. Rochlitz 1962–1972 M_{11} 26. 04. , frühestens 21. 04. [3286]. Im Bez. D 1960–1981 M_{22} 22. 04. , in 5 Jahren Ankunft vor dem 20. 04., frühestens am 13. 04. 1981 (L. MÜLLER); davon völlig isoliert stehendes Extremdatum 29. 03. 1974 (D. SPERLING). Im Bez. L früheste Daten 15./16. 04. 1967, 17. 04. 1964 und 17. 04. 1968 (D. FÖRSTER, L. GEORGI, R. WEISS). Ankunft der Masse Anfang Mai, bis Mitte Mai sind die meisten Reviere besetzt. Wegzug Mitte Juli beginnend (DORSCH 1985), hauptsächlich Aug. bis 1. Sept.-Dekade ([2933, 3903], DORSCH 1985); an günstigen Rastplätzen regelmäßig bis zum 2. Sept.-Drittel einzelne [2616]. Später nur noch ausnahmsweise: 23. 09. 1979 (D. SAEMANN), 01. 10. 1954 (EIFLER u. HOFMANN 1985), 03. 10. 1955 [1729], 02. 10. u. 06. 10. [1223], 07. 10. 1978 (K. GEDEON).

B. KAFURKE, D. SAEMANN, F. HOYER, R. STEFFENS

Weißbartgrasmücke – *Sylvia cantillans* (Pall., 1764)

Seltener Gast (Irrgast)
Unterart: *S. c. cantillans* (Pall., 1764)

Vorkommen: 2 Nachweise: 10.–13. 06. 1984 in gebüschreicher Flur bei Venusberg/Kr. Zschopau 1 sM, Belegfoto (B. und. R. SCHREITER, H. REICHEL); 21. 05. 1986 Kleingärten bei Miltitz/Kr. Leipzig 1 gefangen, 22. 05. beringt freigelassen (HEYDER 1987).

D. SAEMANN

Orpheusgrasmücke – *Sylvia hortensis* (Gmel., 1789)

Seltener Gast (Irrgast)

Vorkommen: 1 Beobachtung: 19. 08. 1984 Hermsdorf/Kr. Dippoldiswalde 1 ♂ (K. TUCHSCHERER).

D. SAEMANN

Sperbergrasmücke – *Sylvia nisoria* (Bechst., 1795)

Sommervogel, Durchzügler
Unterart: *S. n. nisoria* (Bechst., 1795)

Verbreitung: Gegenwärtig lückenhaft verbreiteter Brutvogel des Tieflandes und Ackerhügellandes der Bez. D u. L, mit trocken-warmer, kontinental beeinflußter Klimaausprägung. Regionale Schwerpunkte sind die Neißeaue nördlich Görlitz bis Kreisgrenze Niesky und der Südteil des Kr. Niesky mit Schwarzem Schöps und TS Quitzdorf, die Umgebung von Bautzen mit Spreeaue, TS Bautzen u. Löbauer Wasser, die Elbaue u. Randbereiche bei Dresden, Meißen, Riesa u. Torgau, die Torgau-Dübener Niederung und die Muldeaue nördl. Grimma bis Landesgrenze sowie die Elster- u. Pleißeaue westl. u. südl. Leipzig (GRÖSSLER [3604] u. 1993, GROTE [1996]), MENZEL [1907] u. 1989 u. a.). Oberhalb 200 m ü. NN rasch nachlassende Brut- und Brutzeitnachweise, von denen Possendorf und Babisnau/Kr. Freital (B. KAFURKE, M. SCHINDLER) Rosenhainer Berg/Kr. Löbau (J. BENITZ, C. SCHLUCKWERDER), Paulsdorfer Spitzberg/Kr. Görlitz (H. ANsorge) sowie Rachlau/Kr. Bautzen (R. REITZ) um 300 m ü. NN liegen, Quohrener Kipse/Kr. Freital [2322] sowie Berghänge und -kuppen bei Seifhennersdorf, Scheibe und Oberseifersdorf/Kr. Zittau (G. EIFLER, H. ANDERS) teilweise bereits 400 m ü. NN überschreiten. Höchstgelegene Funde zwischen 500 u. 600 m ü. NN: 30. 05. bis Anfang Juli 1977 1 sM sowie Nestfund mit Eischalenresten, welche möglicherweise von der S. stammen, südl. Oelsen/Kr. Pirna (D. LOSCHKE); 22. 05., 30. 05. u. 31. 05. 1982 1 sM bzw. Balzflüge bei Wiesenbad/Kr. Annaberg (W. DICK in HOLUPIREK 1988); von 1985 bis 1989 1 BP bzw. besetztes Revier, 1985 u. 1989 mit Brutnachweis, nördl. Großolbersdorf/Kr. Zschopau (H. WITTIG u. a. in KRONBACH u. WEISE 1993). Außerdem von 1887 bis 1894 mehrfach Nachweise am Großen Winterberg/Kr. Pirna [1223] und 1993 Entdeckung einer kleinen Brutpopulation bei Mildenau/Kr. Annaberg (SCHLEGEL u. DICK 1996).

Lebensraum: Am stärksten an offenes Gelände gebundene Grasmückenart mit der höchsten Präferenz für Dornengebüsche (Brombeere, Hundsrose, Schlehe, Weißdorn, Himbeere, Sanddorn, Robinie), bevorzugt sonnige Plätze mit größeren Komplexen bzw. mehreren Gruppen der genannten Sträucher oder zumindest entsprechenden Saumgebüschen an Flurgehölzen und Waldrändern, stets mit einigen höheren Strukturen (Singwarten) durch aufstrebende Gehölze, Einzelbäume oder Baumgruppen. Solche Bedingungen finden sich im Flachland vor allem an Gehölz-, Weg-, Teich- und Waldrändern, an den Ufern der TS Bautzen und Quitzdorf sowie einigen Fließgewässern, auf verwachsenen Teich- und Bahndämmen, Öd- und „Unland"flächen, Tagebaurandgebieten, Kippenbepflanzungen mit Sanddorn u. ä. sowie meist randnahen Kiefernkulturen, die von Brombeere durchwachsen sind. Im Elbtal besonders auf dem Gelände ehemaliger Weinberge u. a. wärmebegünstigten, meist aufgelassenen Flächen, im Ackerhügelland auf kargen Kuppen mit Gesteinsdurchragungen und alten Steinbrüchen sowie Altobstanlagen. Gebirgswärts ausschließlich auf Südhängen. Die klimatische Gunst der Standorte wird häufig durch das Auftreten von Hopfen untermauert. Das Verbreitungsgebiet suggeriert eine Bevorzugung der Gewässernähe (vgl. z. B. [586], MENZEL 1989), doch dürften dafür in erster Linie wiederum klimatische Effekte (geschützte, trocken-warme Fluß- und Bachauen sowie Geländesenken) und Strukturvorteile (flächenhafte Stockausschläge nach Abholzung des künftigen Stauraumes sowie Uferschutzpflanzungen nach Einstau z. B. an den TS Bautzen u. Quitzdorf, fließgewässerbegleitende sowie Teichdamm- u. Ufergehölze) den Ausschlag geben.

Bestand: Bez. D 150–250 BP (Brutvogelkartierung 1978–82); Bez. L 45–50 BP (GRÖSSLER 1993), wahrscheinlich aber 50–100 BP (R. STEFFENS), im Bez. C lediglich Einzelangaben zu 6 Örtlichkeiten, neben den o. a.: 21. u. 03. 06. 1967 bei Mühlsen St. Jacob/Kr. Zwickau (G. STEMMLER [2666]), 1969 angeblich Nestfund bei Steinpleis/Kr. Werdau (C. HÄSSLER), 10. 06. 1971 bei Remse/Kr. Glauchau (P. BEYER, H. DIX [2895]), 18. 05. bis 04. 06. 1981 1 unverpaartes ♂ Chemnitz–Glösa (K. GEDEON u. a.). Auf die schwankende Häufigkeit der S., die sich aus der Nähe zur Arealgrenze ergibt, weist bereits HEYDER [1223] hin. Zusätzlich wird dieser Eindruck durch rasche natürliche und wirtschaftlich bedingte Veränderungen vieler von der S. besiedelten Habitate noch verstärkt. Nach zahlreichen Nachweisen in den 1920er Jahren und völligem Fehlen in den 1930er und 1940er Jahren kann MENZEL [1907] für den Zeitraum von 1958–63 wieder ein verstärktes Auftreten der S. in der Oberlausitz melden, um 1960 auch erste Brutnachweise bei Biehla/Kr. Kamenz (M. MELDE) und seit 1973 wieder Brutvogel im Kr. Zittau (EIFLER u. HOFMANN 1985). Über Anstieg von 5 auf 13 BP von

1958 bis 1964 am GT Torgau berichtet auch TUCH-SCHERER [2177]. Gegen Ende des Beobachtungs-zeitraumes sind die Angaben widersprüchlich. M. MELDE (in MENZEL 1989) registriert neuerlichen Rückgang bei Biehla, solcher scheint sich auch westlich u. östlich von Leipzig sowie am GT Torgau vollzogen zu haben (G. ERDMANN u. a.). Andererseits häufen sich aber die Angaben aus dem unteren Osterzgebirge und dem Mittelerzgebirge erst in den 1980er Jahren und im Kr. Zittau regelmäßig Brutnachweise ab 1985 (G. EIFLER, B. KAFURKE u. a.), was aber auch mit verzögerter Nachweisführung zusammenhängen kann. Über die Siedlungsdichte der S. ist nur wenig bekannt. Meist erlaubt die Größe entsprechender Habitate nur die Ansiedlung einzelner Paare. Unter günstigen ökologischen Verhältnissen kann es jedoch zu Brutkonzentrationen kommen. An der TS Quitzdorf werden jährlich ca. 5–8 BP angetroffen, wobei nur Teilabschnitte des Ufers für die Besiedlung geeignet sind (F. MENZEL). Nach D. SPERLING brüten in einem 1200 m langen Gehölzstreifen am Westufer der TS Bautzen 1980–85 jährlich 4 BP, die sich räumlich sogar noch konzentrieren, so daß der Revierabstand nur ca. 40–60 m beträgt. Am gesamten Westufer der Vor- und Hauptsperre Bautzen ermittelte J. DEUNERT 1985 12 BP, am Spreeufer fand er auf 400 m Länge aufgelockerter Dornenhecke 3 BP, G. MITTELSTEDT auf ca. 11 ha an einem südexponierten Hang bei Gauernitz/Kr. Meißen jährlich 5–6 BP, MELDE [3786] auf einer „Unland"fläche (ca. 42) ha bei Biehla/Kr. Kamenz 1975–79 2–5 BP. TUCHSCHERER [2177] registrierte am GT Torgau auf 12,6 ha Gehölzfläche 1–10, M_8 4,4 BP, R. STEINBACH im N des Kr. Altenburg auf ca. 100 ha der Kippe Rositz 1986 9 Sänger, auf Kippenflächen bei Thräna (ohne Flächenangabe) 1980–83 auch 4,0 BP/10 ha und bei Haselbach auf 2,5 km Kippenlänge 1980/81 6 Sänger.

Brutbiologie: Von 91 Nestern befanden sich im Bez. D 85 (!) im Dornengebüsch, davon 35× Brombeere, 19× Hundsrose, 12× Schlehe, 10× Weißdorn, 9× Himbeere. Auch SCHLEGEL [586] betont die Bevorzugung von Dornenhecken sowie von Hopfen durchwucherter und umsponnener Gebüsche. Ferner auch Gebüsche von Feldahorn, Ulme, Robinie, Weide, Hartriegel, Schneebeere, Schneeball, Haselnuß, Ginster, Faulbaum, Distel, Reisig mit Brennessel ([586], MENZEL 1989). Nesthöhe 0,2–1,9, M_{67} 0,9 m, ausnahmsweise 2,5 m in Weißdorn (J. DEUNERT) u. 3,0 m in Schlehe (F. MENZEL). Ablage des 1. Eies im Bez. D 2×1., 26×2. u. 35×3. Mai-, 13×1. u. 9×2. Junidekade (Abb. 43). Vor dem 10. 05. wurde nur eine Brut begonnen (09. 06. 1990 fl. juv. – R.DIETZE), am 10./11. 05. jedoch mehrfach, z.B. 15. 05. 1986 5 Eier (U. KOCH). Außergewöhnlich ist die Beobachtung

1 ad., der am 22. 08. 1974 seine 4 nebeneinander auf einem Zweig sitzenden juv. füttert (A. STROHBACH). In Nordwestsachsen Vollgelege vom 23. 05. bis 16. 06. [476], jedoch auch schon am 08. 05., 18. 05. und noch am 21. 06. [586], am 31. 05. 1981 SE Leipzig 1 BP mit fl. juv. (A. BARTH); Gelegegröße: 3×3, 14×4, 21×5, 9×6 Eier, M_{47} 4,8 (D 43, L 4); Anzahl Nestlinge: 2×1, 5×2, 19×3, 26×4, 27×5, 14×6, M_{93} (D 73, L 18, C 2) 4,2. Bei 40 durchgängig kontrollierten Gelegen 25% Verluste (geplündert, taube Eier). Wohl meistens (nicht immer gemeldet) Brutnachbarschaft zum Neuntöter, minimaler Nestabstand beider Arten im gleichen Strauch 2 m (H. ZÄHR); ca. 5% der gefundenen Nester vom Kuckuck parasitiert. Material: [1907, 3903], MENZEL (1989), J. DEUNERT, O. HEINZE, R. REITZ, D. SPERLING u. a.

Wanderungen: Mittlerer Termin des Erstnachweises im Brutgebiet um den 10. 05. ([586, 3903], MENZEL 1989 u. a.). Da aber z. T. schon in der 1., regelmäßig in der 2. Maidekade mit dem Brüten begonnen wird, muß die tatsächliche Ankunft zumindest bei einem Teil der Brutvögel schon Tage früher liegen, woraus ähnlich wie bei der Gartengrasmücke zu vermuten ist, daß die Art aufgrund unauffälligen Verhaltens zunächst übersehen wird. Ein sehr frühes Datum von KÄMPFE, 15. 04. bei Augustusburg, wird von HEYDER [1223] angezweifelt, ansonsten frühester Termin 21. 04. 1897 [586] u. 21. 04. 1983 (B. SANDER), außerdem 30. 04. 1963 (G. RINNHOFER), 01. 05. 1977 1 ♂ SB Windischleuba (R. STEINBACH [3596]) u. 03. 05. 1930 (R. MARTIN). Sehr spärlich sind auch die Informationen zum Wegzug, da mit dem Selbständigwerden der juv. nahezu alle Informationen erlöschen. Für den Bez. D sind die spätesten Beobachtungen: 27. 07. 1985 1 Ex. bei Weixdorf/Kr. Dresden (P. HUMMITZSCH), 07. 08. 1974 1 ad. ♂ Kleindittmannsdorf/Kr. Bischofswerda (H. J. FRAUENFELDER), 19. 08. 1973 1 diesj. beringt bei Seifhennersdorf/Kr. Zittau (G. LÜSSEL), 22. 08. 1974 1 ad. u. 4 fl. juv. bei Hirschfeld/Kr. Zittau (A. STROHBACH); für den Bez. L ist der 29. 08. 1970 mit 1 Beobachtung am SB Windischleuba belegt (R. STEINBACH); für den Bez. C wurde der Wegzug aus 7 Beobachtungsdaten ([3207] erg.) vom 02. 08. bis 25. 09. ermittelt.

R. STEFFENS, W. WEGER, D. SAEMANN, F. HOYER

Fitis – *Phylloscopus trochilus* (L., 1758)

Sommervogel; Durchzügler

Unterarten: *Ph. t. trochilus* (L., 1758) – Sommervogel, Durchzügler

Ph. t. acredula (L., 1758) – Durchzügler

Verbreitung: Im gesamten Gebiet, einschließlich Gipfellagen der Mittelgebirge, verbreiteter Brutvogel.

Lebensraum: Lichte, durchsonnte und vergraste Jungforste sowie Vorwälder, Waldränder und Flurgehölze. Eine geringe Überschirmung durch ältere Bäume wird toleriert, so daß der F. auch in Kiefern-Althölzern mit Unterstand bzw. Verjüngungspartien und in Kiefer-Laubbaum-Mischbestockungen (Laubbäume überwiegend im Zwischen- und Unterstand) hohe Dichten erreicht sowie in lichten Auewaldpartien, auf Friedhöfen und in Parks häufig präsent ist. Die Habitatswahl ähnelt der der Gartengrasmücke, doch benötigt der F. kein dichtes bodennahes Gebüsch aber eine entsprechende Krautschicht. Deshalb werden Ödland u. Kahlschläge bzw. Jungforste u. Vorwälder vom F. zeitlich eher besiedelt, (sofern einige Vorwüchse vorhanden sind) und weitere Biotope (vgl. Tab. 60 u. 61) von beiden Arten differenziert genutzt. Bemerkenswert ist ferner seine Vorliebe für vergraste Birken-Vorwälder, in denen er in allen Altersstufen zu den eudominanten Brutvogelarten zählt. Wird der Kronenschluß des Jungwaldes bzw. die Überschirmung so dicht, daß die Krautschicht ausdunkelt, sind wichtige Voraussetzungen für die Ansiedlung nicht mehr gegeben. Dementsprechend fehlt der F. in dicht geschlossenen, älteren Nadel- u. Laubbaumforsten (bei Fichte ab Stangenholzalter, bei Lichtbaumarten z. T. erst später oder überhaupt nicht). Gleiches gilt, abgesehen von Friedhöfen, Parks u. a. stärker begrünten Bereichen sowie Orts- und Waldrandlagen, auch für Siedlungsgebiete.

Bestand: Häufigste Laubsängerart in Sachsen, wird lediglich in Laub- und Laubmischwäldern sowie in Siedlungsgebieten (einschließlich Parks, Friedhöfe u. ä. Grünanlagen) in der Dichte des Vorkommens von Zilpzalp u. Waldlaubsänger bzw. Zilpzalp übertroffen (vgl. Tabelle 61). Möglicherweise ist der Zilpzalp auch in Fichtenforsten der unteren Berglagen und des Hügellandes dem F. ebenbürtig. Trotz erheblicher kurzfristiger u. regionaler Schwankungen kein genereller Bestandstrend er-

Tabelle 61: Präsenz und mittlere Abundanz von Fitis, Zilpzalp und Waldlaubsänger auf Siedlungsdichte-Probeflächen in Sachsen

Biotoptypen	Anzahl Untersuchungen	Fitis Präsenz		Fitis Mittl. Dichte	Zilpzalp Präsenz		Zilpzalp Mittl. Dichte	Waldlaubsänger Präsenz		Waldlaubsänger Mittl. Dichte
	n	+	−	BP/10 ha	+	−	BP/10 ha	+	−	BP/10 ha
Fichtenwälder u. -forste	72	45	27	1,1	32	40	0,6	6	64	0,08[1]
Kiefernforste	12	11	1	2,7	7	5	1,4	2	10	0,1[1]
Nadel-Laubbaum-Misch-bestockungen	34	30	4	6,2	29	5	2,4	32	2	1,8
Buchenwälder	7	1	6	0,2	3	4	1,1	7	0	2,3
Laubmischwälder Hügelland	6	2	4	0,2	6	0	1,0	6	0	2,4
Auwälder	20	19	1	1,5	21	0	2,7	13	7	0,7
Restwald, Waldreste, Flurgehölze	73	59	14	4,1	32	41	2,9	17	56	0,6
Laubbaum-Jungforste und Vorwälder	32	32	0	8,5	21	11	1,8	14	18	0,5
Ödland, Ruderalflächen u. ä.	33	13	20	0,5	1	32	0,02	0	33	0,0
Agrargebiete (mit Flurgehölzanteilen)	16	11	5	0,2	6	10	0,08	4	12	0,03
Siedlungsgebiete (ohne Parks u. ä.)	42	1	41	0,07[2]	7	35	0,1	1	41	0,01[2]
Parks, Friedhöfe u. a. Grünanlagen	39	22	17	1,4	30	9	4,0	4	35	0,3[2]

[1] nur bei Laubbaumbeimischung
[2] nur Waldgrundstücke bzw. Waldparks

kennbar. Siedlungsdichte in Fichtenforsten gemischten Alters, bei Normalverteilung der Altersklassen, 11–310 ha, M_{20} 0,9 (0,0–2,8) BP/10 ha (DORNBUSCH 1988, D. SAEMANN, U. ZÖPHEL u. a.), bei Überwiegen von Jungforsten (Tharandter Wald, 56 ha) 7,9 BP/10 ha (R. STEFFENS); in Kiefernforsten gemischter Altersklassen insgesamt größere Stetigkeit u. Dichte: 12,7–30,0 ha, M_6 2,5 (0,8–5,5) BP/10 ha ([4061], G. CREUTZ u. a.), da bei dieser Lichtbaumart auch viele ältere Bestockungen für die Besiedlung durch den F. geeignet sind; in Kiefer-Laubbaum-Mischbeständen, 5,5–48 ha, M_{32} 7,0 (0,0–14,5) BP/10 ha (J. SCHIMKAT, A. MAUME, H. KLUNKER u. a.); in Buchenwäldern sowie Laubmischwäldern des Hügellandes nur sporadisch an lichten Stellen bzw. am Waldrand; im Leipziger Auwald durch kriegsbedingte Einwirkungen zunächst auf 70,7 ha 3,1 u. 3,2 [1949], später, nach Heranwachsen des Jungwaldes auf 80,6 ha nur noch 0,2 – 0,6 BP/10 ha (ERDMANN 1989 b); in Restwäldern, 11–35 ha, M_{13} 2,2 (0,0–4,5) BP/10 ha; in Waldresten u. Flurgehölzen, 1,3–12,6 ha, M_{61} 6,8 (0,0–13,3) BP/10 ha ([2177], EIFLER u. HOFMANN 1985, C. FEHSE, R. WENZEL u. a.), maximal 3–4 BP/ha (DORSCH 1985); in Agrargebieten, 10,6–286 ha, M_{16} 0,2 (0,0 – 0,8) BP/10 ha ([1703], EIFLER u. HOFMANN 1985 u. a.); in Parks u. auf Friedhöfen, 2,7–30,7 ha, M_{39} 1,4 (0,0–6,1) BP/10 ha ([2896], MÜLLER 1989, R. WENZEL u. a.), ansonsten in Siedlungsgebieten nur sporadisch. Höchste Siedlungsdichte im Nadel- u. Laubbaumjungforst sowie im Vorwald: 2,6–180 ha, M_{63} 8,9 (1,7–27,1) BP/10 ha ([4134], DORSCH 1988, F. ROST, R. STEFFENS u. a.), maximal in Fichtendickung 9 sM auf 3 ha (R. PÜRSCHEL), in Kieferndickung 6–10 sM auf 5,3 ha (MELDE 1992) u. in Kippenaufforstungen 3,9 BP/ha (DORSCH 1988); nur geringe Dichte auf Waldblößen, Anwuchsflächen sowie Ödländereien u. Ruderalflächen: 3,2–149 ha, M_{42} 0,4 (0,0–2,3) BP/10 ha ([1847, 2616, 3442, 3786], EIFLER u. HOFMANN 1985 u. a.). Keine höhenstufenabhängige Differenzierung. Für gemischte Altersklassen sowie Jungwald ermittelte Werte in Hoch- und Kammlagen (z. B. [4134], D. SAEMANN) ordnen sich gut in anderenorts erzielte Ergebnisse ein. Das gilt auch für Hochmoore: z. B. NSG Georgenfelder Hochmoor, 15 ha, moorkieferndominiert, 6,7 u. 8,7 BP/10 ha (R. STEFFENS, U. ZÖPHEL) und NSG Fürstenauer Heide sowie Hochmoore bei Deutscheinsiedel, 5,5–7,7 ha, M_7 16,9 (14,7–17,5) BP/10 ha ([4134], R. STEFFENS u. a.) entsprechen den Werten für Nadel- u. Laubbaumjungforste bzw. Vorwälder.

Brutbiologie: Neststand gewöhnlich in der Bodenvegetation, oft in deutlicher Beziehung zu Strauchwerk od. Jungbäumen, abweichend davon 0,30 m hoch in Birke/Himbeere (M. SCHRACK) sowie 1,45 m hoch in Baumläufer-Nistkasten (LEISCHNIG [3781]). Ablage des 1. Eies von Anfang Mai bis Ende Juni/Anfang Juli, mit Schwerpunkt 2. Maidekade (Abb. 44); frühester Termin: 01./02. 05. 1978 Großenhain (R. DIETZE), 02. 05. Annaberg (S. SCHLEGEL), 06. 05. 1979 Börln/Kr. Oschatz, ad. brütet [3903], spätester Termin: 05. 07. 1981 bei Bautzen, Nest mit 5 juv. (J. DEUNERT), 07. 07. 1976 bei Thammenhain/Kr. Wurzen, Nest mit 3 juv. [3903], 13. 07. 1957 bei Biehla/Kr. Kamenz, Nest mit 4 Eiern (M. MELDE); Juni/Juli-Nachweise neben Nachgelegen auch mögliche Zweitbruten; ungewöhnliche Neststandorte sowie sehr frühe und sehr späte Bruten außerdem nicht zweifelsfrei, da auch Mischbruten (Zilpzalp ♀ × Fitis ♂) vorkommen (vgl. ZIMMERMANN 1994), die ad. i. d. R. aber nicht gefangen wurden. Gelegegröße: 3×3, 7×4, 34×5, 48×6, 17×7, 1×8 Eier (06. 06. 1968 Biehla/Kr. Kamenz – M. MELDE), M_{110} 5,7, deutliche regionale Differenzierung: Oberlausitz M_{47} 6,0, übriges Territorium M_{63} 5,5, 3 bzw. 4 Eier i. d. R. Nachgelege; Anzahl Nestlinge: 4×3, 12×4, 37×5, 39×6, 9×7, M_{99} 5,4, auch hier deutliche regionale Unterschiede: Bez. D M_{57} 5,6, übriges Territorium M_{42} 5,0. Bei 25 durchgängig kontrollierten Bruten im Bez. C 24% Totalverluste. Material: Karteien Bez. C u. D, [3930], MENZEL (1992), P. FUHRMANN, M. MELDE u. a..

Wanderungen: Erste Nachweise im Frühjahr Ende März bis Mitte Apr., frühestens am 13. 03. 1963 Chemnitz (C. LOMMATZSCH), 20. 03. 1977 Eckartsberg/Kr. Zittau (EIFLER u. HOFMANN 1985); in den Kr. Grimma, Oschatz u. Wurzen 3× 2. März-, 18× 1. Apr.- u. 4× 2. Apr.-Dekade [3903]; im langjährigen Mittel zwischen dem 06. 04. (Biehla/Kr. Kamenz), 07. 04. (Bez. L, Elbe-Röder-Gebiet, Löbau), 08. u. 09. 04. (Kr. Niesky), 10. 04. (Chemnitz, Rochlitz, Zwickau) und 16. 04. (Herrenhut/Kr. Löbau) ([2616, 2933, 3286], MELDE 1992, MENZEL 1992, P. FUHRMANN u. a.); gegenüber früher (vgl. HEYDER [1223] u. a.) im Durchschnitt 2–3 Tage eher. Der Durchzug hält mindestens bis Ende 3. Maidekade an, die ♂♂ erscheinen 10–14 Tage vor den ♀♀ (D. SAEMANN). Der Wegzug beginnt im Juli und verläuft zweigipfelig mit je einem Max. Ende Juli/Anfang Aug. (Brutvögel) u. Ende Aug./Anfang Sept. (Durchzügler), danach gleichmäßiger Abfall bis 1. Okt.-Dekade [3903], DORSCH 1985, D. SAEMANN). Letztbeobachtungen regelmäßig bis Mitte Okt., einmal 29. 10. 1977 Naunhof/Kr. Wurzen [3903], 30. 10. 1977 Elbe–Röder-Gebiet (P. FUHRMANN), 08. 11. 1986 frische Rupfung bei Bautzen (MENZEL 1992). Zum Durchzug des *Ph. t. acredula* liegen mangels spezieller Untersuchungen keine über die Feststellungen von HEYDER [1223] hinausgehenden Erkenntnisse vor.

R. STEFFENS, D. SAEMANN

Zilpzalp – *Pylloscopus collybita* (Vieill., 1817)

Sommervogel, Durchzügler
Unterarten: *Ph. c. collybita* (Vieill., 1817) Sommervogel, Durchzügler
Ph. c. abietinus (Nilss., 1819) Durchzügler

Verbreitung: Brutvogel im gesamten Gebiet, in den Hoch- und Kammlagen jedoch in deutlich geringerer Dichte. Nach BERGE [353] früher bis oberhalb 1200, HEYDER [1223] fand ihn bis über 1100, aktuell wohl nur bis ca. 900 m ü. NN (D. SAEMANN).

Lebensraum: Vertikal in lichte Baum- sowie Strauchschicht gegliederte Bestockungen, wie sie insbesondere in Auewäldern, in Kiefer-Laubbaum-Mischbestockungen (Laubbäume überwiegend im Zwischen- und Unterstand), in Restwäldern, Waldresten u. Flurgehölzen sowie in Parks u. auf Friedhöfen gegeben sind. Die von HEYDER [1223] genannte Vorliebe für Nadelholzdickungen kann zumindest seit 1960 nicht bestätigt werden. Der Z. besiedelt ferner Waldränder, Kiefern-Althölzer mit Unterstand bzw. Verjüngungspartien, sonstige lichte Laubmischwälder mit Unterstand, Verjüngungspartien von Fichten- u. Buchenbestockungen mit lichtem Altholzschirm, Fichten- u. Kiefernaufwuchs mit Birkenschirm bzw. Birkenvorwald im Stangen- u. Baumholzalter mit Strauchschicht sowie zahlreiche weitere ähnlich strukturierte Bestockungen, von denen pappeldominierte Kippenaufforstungen mit entsprechendem Unterstand noch besonders erwähnt werden sollen (DORSCH 1988). Gemieden werden dicht geschlossene einschichtige Nadel- u. Laubbaumforste, baumloses Offenland, baum- u. gehölzarme innerstädtische Bereiche sowie Alt- u. Neubauwohnblockzonen. Habitatswahl insgesamt ähnlich der Mönchsgrasmücke, doch ist der Z. hinsichtlich vertikaler Gliederung des Lebensraumes (oft reicht 1 Baum über entsprechenden Gebüschen zur Ansiedlung) weniger anspruchsvoll als diese und mag keine zu dichte Überschirmung, weshalb er z. B. in Kiefernforsten, Restwäldern, Flurgehölzen u. auf Friedhöfen häufiger, in Buchen- und Eichen-Buchenwäldern in der Regel aber seltener vorkommt (vgl. auch Tab. 60 u. 61).

Bestand: Häufige Brutvogelart, in Sachsen jedoch deutlich seltener als der Fitis. Landesweite Hochrechnungen über alle Biotoptypen auf der Grundlage von Tabelle 61 ergeben um 40–50% niedrigere Werte. Gleiche Größenordnungen bei Zählungen verschiedener Teststrecken in den Kr. Grimma, Oschatz u. Wurzen [3903]. Häufigste Laubsängerart in Auwäldern sowie in Parks u. auf Friedhöfen, desgleichen auch in laubbaumdominierten Restwäldern, jedoch nicht in Waldresten u. in Flurgehölzen; häufiger als der Fitis in der Regel in allen älteren, vertikal gegliederten Laub- u. Laubmischwäldern. Mittel- u. langfristig kein Trend in der Bestandsentwicklung erkennbar. Siedlungsdichte in Nadelbaumforsten des Flach- und Hügellandes (gemischtes Alter, Normalverteilung der Altersklassen), 12,7–123,8 ha, M_8 1,6 (0,0–2,4) BP/10 ha ([4061], EIFLER u. HOFMANN 1985, G. CREUTZ u. a.), in Fichtenforsten gemischten Alters der Hoch- u. Kammlagen deutlich niedrigere Werte: 11–310 ha, M_{18} 0,3 (0,0–1,3) BP/10 ha (DORNBUSCH 1988, D. SAEMANN, U. ZÖPHEL u. a.); in lichten Kiefernbeständen mit Laubbaum-Unterstand, 5,5–48 ha, M_{32} 2,7 (0,0–4,4) BP/10 ha (J. SCHIMKAT, P. HUMMITZSCH u. a.); in Buchen- sowie Eichen-Buchenwäldern, 8,2–33 ha, M_{13} 1,1 (0,0–4,5) BP/10 ha (EIFLER u. HOFMANN 1985, J. SCHIMKAT, R. STEFFENS); in Auewäldern, 8,2–80,6 ha, M_{20} 2,7 (0,7–5,0) BP/10 ha ([1949], ERDMANN 1989 b u. a.); in Restwäldern, 11–35 ha, M_{13} 3,1 (1,1–6,7) BP/10 ha, in Waldresten u. Flurgehölzen, 1,3–12,6 ha, M_{61} 2,5 (0,0–12,9) BP/10 ha ([2177], EIFLER u. HOFMANN 1985, C. FEHSE, R. WENZEL u. a.); in Parks u. auf Friedhöfen, 2,7–30,7 ha, M_{39} 4,0 (0,0–17,8) BP/10 ha ([2896], MÜLLER 1989, R. WENZEL u. a.); in Nadel- u. Laubbaum-Jungforsten u. Vorwäldern nur in Dickungen u. schwachem Stangenholz, bei Überschirmung durch Vorwüchse (Pappel, Birke) u. an Rändern zu älteren Bestockungen, 3,4–180 ha, M_{35} 2,2 (0,0–10,8) BP/10 ha ([4134], DORSCH 1988, F. ROST, R. STEFFENS u. a.), auch hier in entsprechenden Bestockungen der Hoch- und Kammlagen weit niedrigere Werte und in Hochmoor-Kiefern- sowie -Birkenbestockungen nur sporadisch, was auch für die übrigen in Tabelle 61 angeführten Biotoptypen gilt.

Brutbiologie: Neststand am bzw. niedrig über dem Boden, auf dem Johannisfriedhof Dresden-Tolkewitz 26% in Efeu, 19% in Koniferen, 11% in Himbeere, Brombeere u. ä.; 0,0 (39%) bis 1,3, M_{53} 0,2 m hoch (B. ZIMMERMANN, W. LANGE), maximal 1,8 m hoch in Heckenkirsche unter Verwendung eines Gartengrasmückennestes (J. SCHIMKAT). Ablage des 1. Eies (Abb. 44) vom 19.04. (1981 – J. DEUNERT) bis Anfang Aug. (4 juv. zwischen 23. u. 25.08. 1980 bei Großenhain geschlüpft – R. DIETZE), mit Schwerpunkt 3. Apr.- u. 1. Maidekade (Bez. D) bzw. 1. u. 2. Maidekade (Bez. C); Nachweise ab Juni Nachgelege und Zweitbruten, die im Bez. D Mitte Juni eine gewisse Häufung zeigen, auf dem Johannisfriedhof in Dresden aber bis zu 50% der erfolgreich brütenden Paare umfassen (ZIMMERMANN 1994). Gelegegröße im Gesamtgebiet: 1×2, 8×3, 13×4, 46×5, 112×6, 7×7 Eier, M_{187} 5,5, in der Oberlausitz M_{52} 5,7 u. im Elbtal

bei Dresden M_{57} 5,3; Nachgelege u. Zweitbruten 1×2, 4×3, 6×4, 3×5 Eier, M_{14} 3,5. Anzahl Nestlinge: 7×2, 18×3, 25×4, 50×5, 72×6, 5×7, M_{177} 5,0, darunter im Bez. C M_{59} 4,5, bei Dresden M_{54} 4,9, in der Oberlausitz M_{47} 5,3. Bei 51 durchgängig kontrollierten Bruten im Bez. C 20%, im Bez. D bei 46 Bruten 24% Totalverluste.
Material: Karteien Bez. C u. D, MENZEL (1992), P. FUHRMANN, M. MELDE, B. ZIMMERMANN u. a..

Wanderungen: Erste Nachweise im Frühjahr Mitte März bis Anfang Apr., frühestens 04. 03. 1976 bei Löbau (C. SCHLUCKWERDER), 05. 03. 1961 Chemnitz (SAEMANN [2616]), mehrere Beobachtungen um

den 10. 03. (DORSCH 1985, MENZEL 1992, P. FUHRMANN u. a.); in den Kr. Grimma, Oschatz u. Wurzen 1×1., 4×2., 14×3. März- u. 6×1. Apr.-Dekade [3903]; im langjährigen Mittel 27. 03. Chemnitz [2616] u. Biehla/Kr. Kamenz (M. MELDE), 28. 03. Rochlitz [3286] u. Zwickau (H. OLZMANN), 30. 03. Elbe–Röder-Gebiet (P. FUHRMANN), 31. 03. Kr. Niesky u. 04. 04. Herrnhut/Kr. Löbau (MENZEL 1992); gegenüber HEYDER [1223] 2–10 Tage früher und an die frühen Daten von SCHLEGEL [586] angenähert. Durchzug im Frühjahr nach Ergebnissen auf dem Registrierfangplatz Augustusburg zweigipfelig: Ende März/Anfang Apr. u. 3. Apr.-Dekade sowie bis Mitte Mai nachweisbar

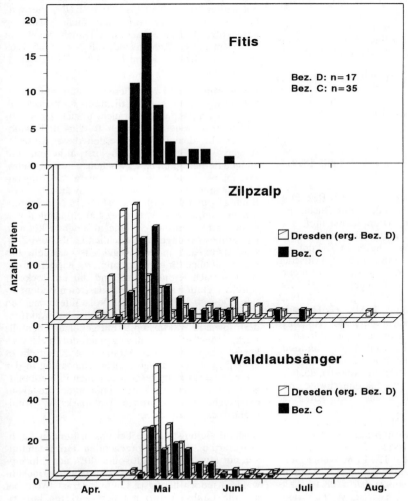

Abb. 44: Brutphänologie (Ablage 1. Ei – Pentadensumme rückgerechnet) von Fitis, Zilpzalp und Waldlaubsänger in den Bez. C und D

(D. Saemann). Wegzug ab Juli, bei Augustusburg mit Zuggipfel der Brutvögel Anfang Aug. sowie der Durchzügler Ende Sept./Anfang Okt.. Zweigipfeligkeit deutet sich auch bei den Registrierfängen in der Leipziger Hafenlache (Dorsch 1985) sowie im Döbener Wald [3903] an, das Maximum der Durchzügler liegt jedoch zeitlich früher (Mitte Sept.). Ende Okt. klingt der Durchzug aus, späteste Nachweise singender Ex. 12. 11. 1978 bei Herrnhut (L. Becker) u. 21. 11. 1970 Auerbach (M. Thoss). Außerdem je 1 Z. am 09. 12. 1978 Auerbach (H. Böttcher), am 16. 12. 1992 in Leipzig-Mockau u. am 01. 12. 1984 in Krostitz/Kr. Delitzsch (K. Grössler). Eine unsichere Beobachtung am 31. 12. 1964 in der Neißeaue bei Lodenau/ Kr. Niesky (Menzel 1992) ist der bisher einzige Hinweis auf Überwinterung.

Zum Durchzug von *Ph. c. abietinus* liegen mangels spezieller Untersuchungen keine über die Feststellungen von Heyder [1223] hinausgehenden Erkenntnisse vor.

R. Steffens, D. Saemann

Berglaubsänger – *Phylloscopus bonelli* (Vieill., 1819)

Seltener Gast
Unterart: vermutlich *Ph. b. bonelli* (Vieill., 1819) – kein Beleg

Vorkommen: Besonders seit 1980 in den Bez. D u. C mehrfach in Laubmischwäldern mit Buche, Eiche, Ahorn und anderen Arten beobachtet, was auf mögliche Expansion hindeutet. Außer einem Tondokument keine Belege, die es in Zukunft zu sichern gilt. Unter Beachtung äußerst kritischer Artdiagnose ist die weitere Entwicklung aufmerksam zu verfolgen. Beobachtungen: 19. 05. 1958 Hetzdorf/Kr. Flöha 1 sM [1729], 01. 06. 1972 bei Petershain/Kr. Niesky 1 sM (L. Helbig), 02. 05. 1973 Friedhof Großenhain 1 sM (R. Dietze), 18. 05.–02. 06. 1980 Borsberg bei Dresden, Laubwald mit Buche und Ahorn, 1 sM, Tondokument vorhanden (H. Jokiel u. a.), 27. 06. 1980 Königsfeld/Kr. Rochlitz 1 sM (H. Selbmann), 23. 06.– 08. 07. 1980 Brutversuch in Laubmischwald mit vorwiegend Eiche und Buche bei Amerika/ Kr. Rochlitz: 25. 06. Balz 2 Vögel, 28. 06. zerstörtes Nest, 08. 07. auch 2. Nest zerstört (H. Selbmann), 06. 07. 1981 Tännichtgrund bei Dresden-Pillnitz 1 sM (N. Diessner, G. Mittelstedt), 31. 05. 1982 Borsberg erneut 1 sM (W. Weger) und Mai/Juni 1983 Buchenaltholz bei Wilthen/ Kr. Bautzen 1 sM (M. Lorenz), 07. u. 08. 06. 1988 bei Lengefeld/Kr. Marienberg 1 sM (J. Kube), 27. 07. 1988 1 sM in Freital (B. Kafurke).

D. Saemann

Waldlaubsänger – *Phylloscopus sibilatrix* (Bechst., 1793)

Sommervogel, Durchzügler

Verbreitung: Brutvogel im gesamten Gebiet, habitatsbedingt jedoch mit unregelmäßiger, z. T. lückenhafter Verteilung sowie mit Ausnahme der höchsten Lagen des Erzgebirges. Möglicherweise hat sich die vertikale Verbreitungsgrenze im 20. Jh. zurückverlagert: Nach Berge [353] bis 1 000 m, nach Heyder [1223] bis 850 m ü. NN, aktuell im Osterzgebirge bis 800 m (R. Steffens, U. Zöphel), im Mittelerzgebirge bis 700 m [2570] bzw. 750 m ü. NN (D. Saemann). Damit wird im Mittelerzgebirge die Höhenverbreitung von Rotbuchenbeständen (850 bis 900 m ü. NN), vermutlich als Folge starker Vergrasung, nicht vollständig ausgenutzt. Einzelbeobachtungen auch bei 900 m ü. NN im reinen Fichtenwald, z. B. am 25. 06. 1969 im NSG Großer Kranichsee 2 sM (S. Ernst, M. Thoss).

Lebensraum: Vertikal gegliederte Laub- und Laubmischwälder mit relativ dichtem Kronenschluß, nur gering ausgeprägter Strauch- u. lückiger Krautschicht bzw. vegetationsfreien Boden- u. Fallaubpartien. In idealer Weise werden diese Anforderungen von Buchenstangen- u. -althölzen mit einigen tiefbeasteten bzw. zwischenständigen Baumexemplaren Laubbaumbestockungen mit Buchenbeimischung (z. B. Eichen-Buchenwälder) sowie Baumgruppen der Roteiche erfüllt. In Nadelbaumforsten kommt der W. nur bei Laubholzanteil vor, wobei schon einzelne Bäume ausreichen können. Kiefernbestockungen mit reichlich Laubbaum-Zwischenstand sind in der Regel gut besiedelt, das gleich gilt auch für pappeldominierte Kippenaufforstungen nach Kronenschluß und mit nur lockerer Buschvegetation sowie vegetationsfreien Bodenpartien (Dorsch 1988); in lichten Vorwäldern dagegen kaum vorkommend, in Auewäldern, an Waldrändern sowie in Waldresten u. Flurgehölzen ebenfalls stark zurücktretend, wohl wegen der dort meist stärkeren Ausprägung der Strauch- u. Krautschicht [3903]; fehlt demzufolge nahezu vollständig in der offenen Landschaft, desgleichen auch in Siedlungsgebieten, wo sich sein Vorkommen in der Regel auf entsprechend strukturierte Waldparks u. Waldgrundstücke beschränkt.

Bestand: Seltenste der 3 bei uns brütenden Laubsängerarten, nach entsprechenden Hochrechnungen nur etwa 20% des Fitis- und 40% des Zilpzalpbestandes. In Buchen- sowie Eichen-Buchenwäldern jedoch häufigste Laubsängerart. Wohl bei uns die Laubsängerart mit den stärksten kurzfristigen Bestandsschwankungen (vgl. [3903] u. a.). Langjährige Beringungsauswertungen (Dorsch

1994) sowie Siedlungsdichteuntersuchungen (ERD-MANN 1989 b) weisen steigende W.-Anteile auf, stärkeres Aufkommen der Buche in Eichen- sowie Kiefernbestockungen erlauben ähnliche Deutungen, doch gibt es auch Siedlungsdichteuntersuchungen mit eher gegenläufiger Tendenz (z. B. NSG Weißeritztalhänge), und die Buche ist als bestandsbildende Baumart in den letzten Jahrzehnten eher zurückgedrängt worden, so daß insgesamt auch beim W. wohl kein mittel- bzw. langfristiger Trend erkennbar ist. Siedlungsdichte in Kiefer-Laubbaum-Mischbestockungen, 5,5–48 ha, M_{32} 1,9 (0,0–4,4) BP/10 ha (J. SCHIMKAT, P. HUMMITZSCH u. a.), in Buchen- u. Eichen-Buchenwäldern, 8,2–33 ha, M_{14} 2,4 (1,0–4,5) BP/10 ha (EIFLER u. HOFMANN 1985, MENZEL 1992, J. SCHIMKAT, R. STEFFENS u. a.), in Auewäldern, Restwäldern, Waldresten u. Flurgehölzen, 1,3–80,6 ha, M_{94} 0,6 (0,0–5,7) BP/10 ha ([1949, 2177], EIFLER u. HOFMANN 1985, ERDMANN 1989 b u. a.); bemerkenswert sind die Vorkommen in pappeldominierten Kippenaufforstungen im S. von Leipzig, die dort im Stangenholzalter der Baumschicht auftreten: 21 ha, M_7 1,6 (0,6–2,4)BP/10 ha, max. 1 sM/ha (DORSCH 1988). In allen übrigen Lebensräumen nicht vorkommend oder nur sporadisch, sofern für den W. typische Habitatselemente eingeschlossen sind (vgl. auch Tabelle 61).

Brutbiologie: Nester am Boden, in Gras, zwischen Zwergsträuchern und kriechenden Brombeerranken, völlig frei in Fallaub, an Wurzeln oder einem Stück Holz u. ä.. Ablage des 1. Eies vom 05. 05. (2× bei Dresden – H. JOKIEL) bis Anfang Juli (22. 07. 1981 bei Bautzen Nest mit 4 juv., ca. 2 Tage alt – J. DEUNERT), Schwerpunkt bei Dresden 1.-3. Maidekade (H. JOKIEL), bei Chemnitz 2. Mai-1. Junidekade (Abb. 44), zum Bergland hin je nach Bezugsraum 10 (D. SAEMANN) bis 14 Tage (H. JOKIEL) verzögert. Im Flach- und Hügelland Nachweise ab Mitte Juni Nachgelege. O. a. Nestfund von J. DEUNERT am 22. 07. 1981 möglicherweise sogar Zweitbrut, der exakte Nachweis konnte bisher jedoch noch nicht erbracht werden. Gelegegröße: 1×3, 15×4, 37×5, 77×6, 47×7, 4×8 Eier, M_{181} 5,8; deutliche Differenzierung z. B. zwischen Dresden mit Überwiegen von 6er und 7er Gelegen, M_{77} 6,4 (H. JOKIEL) und Chemnitz mit Überwiegen von 5er und 6er Gelegen, M_{76} 5,6. Anzahl Nestlinge: 2×2, 7×3, 27×4, 83×5, 132×6, 49×7, 2×8, M_{302} 5,6; hier Differenz zwischen Dresden M_{73} 5,8 und Chemnitz M_{71} 5,4 zwar nicht mehr so groß, aber immer noch nachweisbar. Bei Nachgelegen bzw. Zweitbruten 1×3, 3×5 und 1×6 juv. (H. JOKIEL, J. DEUNERT, D. SAEMANN u. a.). Im Bez. C bei 66 kontrollierten Bruten 18% Totalverluste, bei Dresden Schlupfrate (n = 18) 79% u. Jungenverluste (n = 16) 26% (JOKIEL 1986).

Wanderungen: Erste Nachweise im Frühjahr Mitte Apr. bis Anfang Mai, frühestens 12. 04. 1981 Dornreichenbach/Kr. Wurzen (H. KOPSCH in [3903]), 13. 04. 1981 bei Niesky (MENZEL 1992) und Lobsdorf/Kr. Hohenstein-E. (H. MEYER), sehr frühe Feststellungen stammen vom 24. 03. 1968 bei Reudnitz/Kr. Oschatz [3903] und vom 01. 04. 1971 Thoßfell/Kr. Plauen (G. WOLF), die Verwechslungen nahelegen. Erstnachweise in den Kr. Grimma, Oschatz und Wurzen neben dem o. a. Märzdatum 3× 2. und 16× 3. Apr.- sowie 2× 1. Maidekade; im langjährigen Mittel: 21. 04. Kr. Niesky (MENZEL 1992), 23. 04. Zwickau (H. OLZMANN) und Biehla/Kr. Kamenz (M. MELDE), 24. 04. Löbau (C. SCHLUCKWERDER), 25. 04. Rochlitz [3286], 28. 04. Zittau (EIFLER u. HOFMANN 1985) und 30. 04. Herrnhut/Kr. Löbau (L. BECKER). Auch hier gegenüber den älteren Angaben meist etwas früher. Durchzug mindestens noch bis Mitte Mai [1223]. Der Wegzug setzt meist unbemerkt nach Flüggewerden der juv. im Juli ein, spürbarer Durchzug vor allem im Aug. und im 1. Sept.-Drittel ausklingend. Späteste Beobachtungen am 16. 09. 1984 bei Wilthen/Kr. Bautzen (M. HÖRENZ), am 17. 09. 1976 im NSG Döbener Wald [3903] und am 20. 09. 1977 im Elbe-Röder-Gebiet (P. FUHRMANN).

R. STEFFENS, D. SAEMANN

Grüner Laubsänger – *Phylloscopus trochiloides* (Sundevall, 1837)

Seltener Gast
Unterart: *Ph. t. viridanus* Blyth, 1843

Vorkommen: 04. 07. 1966 Oberlauf Große Pyra/Kr. Klingenthal 1 sM [2280]; am 16. 06. 1968 1 sM Bärenfangwände/Sächsische Schweiz (K. u. P. FROMMHOLD); 05. 06.–02. 07. 1972 Wilzschmühle/Kr. Klingenthal 1 sM (S. ERNST, H. KREISCHE, M. THOSS u. a. [2895]); 21. 05. 1982 1 sM S Landwüst/Kr. Klingenthal (S. GONSCHOREK); ab 08. 06. 1985 Zwota/Kr. Klingenthal 1 sM (M. KÜNZEL), am 16. 06. gesammelt (R. MÖCKEL, H. SCHMIDT), Beleg Mus. Augustusburg. Nachweishäufung 1988: 22. u. 23. 05. bei Bergen (R. ENGLER) u. 19. 06. bei Ellefeld (G. KULT, M. THOSS), beides Kr. Auerbach, 14. u. 15. 06. bei Erlbach/Kr. Klingenthal (S. ERNST, M. KÜNZEL), 19. 09. bei Nossen/Kr. Meißen (S. FRÖHNER). Siehe auch ERNST (1989).

D. SAEMANN, R. STEFFENS

Gelbbrauenlaubsänger – *Phylloscopus inornatus* (Blyth, 1842)

Seltener Gast (Irrgast)
Unterart: *Ph. i. inornatus* (Blyth, 1842)

Vorkommen: 14. 04. 1952 im Tal der Wilden Weißeritz bei Tharandt 1 (RICHTER [1340]), die Beschreibung beseitigt nicht alle Zweifel, von HEY-
DER [1729] aber anerkannt. Drei neuere
Feststellungen: 10. 11. 1957 GT Torgau 1 [3062],
vom Beobachter im vorliegenden Tagebuch beschrieben; 03. 11. 1981 Leipzig-Mölkau 1 gefangen
und von J. LEHNERT u. K. GRÖSSLER eingehend untersucht; 01. 11. 1986 Brodau/Kr. Delitzsch 1, der
arttypisch im Gezweig eines Laubbaumes aufwärts
kletterte (K. GRÖSSLER).

K. GRÖSSLER

Dunkler Laubsänger – *Phylloscopus fuscatus*
(Blyth, 1842)

Irrgast
Unterart: *Ph. f. fuscatus* (Blyth, 1842)

Vorkommen: Fang eines ad. ♂ am 03. 10. 1987 bei
Großschirma/Kr. Freiberg, Beleg Mus. Dresden
(HERGOTT u. ECK 1988).

D. SAEMANN

Wintergoldhähnchen – *Regulus regulus*
(L., 1758)

Jahresvogel; Durchzügler und Wintergast
Unterart: *R. r. regulus* (L., 1758)

Verbreitung: Beide Regulus-Arten folgen dem
Vorkommen der Fichte vom Gebirge, dem Hauptverbreitungsgebiet, bis in die Ebene (vgl. [3903,
3604]). Das W. ist dabei im sächsischen Hügel- und
Flachland besser in der Lage auch fichtenarme
Kiefer-Laubbaum- u. Kiefernbestockungen zu be-
siedeln, woraus sich ein geschlosseneres Verbreitungsbild als beim Sommergoldhähnchen ergibt.
(P. HUMMITZSCH, R. STEFFENS). Vor 1970 auf den
höchsten Gipfeln [1223, 2570], gegenwärtig kaum
oberhalb 1000 m ü. NN und zwischen 800 und
1000 m stark reduziert oder lokal in den Waldgebieten fehlend.

Lebensraum: Infolge starker Bindung an die Fichte
Brutvorkommen meist nur dort, wo diese Baumart
wenigstens horst- oder gruppenweise in der Baumschicht oder im Unterstand vertreten ist: Nadel-
und Mischwälder, Restwälder, größere Feldgehölze, Friedhöfe, Waldparks und selbst ausgedehnte,
stark begrünte Villenviertel, z. B. in Chemnitz
[2896]. Kommt zur Brutzeit auch in reinen Kiefernforsten des Westlausitzer Berg- und Hügellandes sowie der Lausitzer Heidegebiete vor (S. RAU,
P. HUMMITZSCH), exakte Brutnachweise stehen hier
jedoch noch aus. Fichtenforste werden ab Dik-
kungsalter besiedelt, ab Stangenholz mit normaler

Abundanz, höchste Dichte in gutwüchsigem Baumholz bes. in Randlage zu jüngeren Beständen. Beide Arten reagieren empfindlich auf Reduktion der
Nadelmasse infolge Rauchschaden. Stark bis extrem geschädigte Bestände (0–3 Nadelgeneratio-
nen) werden weitgehend gemieden; Einzelvorkommen an „resistentere" Fichten gebunden, oder, wie
im Osterzgebirge, bei großflächig fehlender Baumschicht nur noch in Dickungen (KOLBE [4134]), die
mit weiterem Schadfortschritt auch verlassen werden (R. STEFFENS). In Waldgebieten der Niederung
Abundanz großflächig von der Häufigkeit der
Fichte abhängig [3903]. Während der Zugzeiten
auch weitab von Koniferenbeständen rastend;
Überwinterung dagegen an Fichte gebunden, doch
können die Fichtenbestände im Tageslauf auch
verlassen werden.

Bestand: Deutlich negative Auswirkungen kalter
Winter ([3903], S. KRAUSE), die aber rasch wieder
ausgeglichen werden [3903]. Allgemeiner Rückgang mit zunehmendem Schadfortschritt in den
Fichtenwäldern, sehr drastisch oberhalb 800 m
ü. NN im Ost- und Mittelerzgebirge, z. B. im Kah-
leberggebiet/Kr. Dippoldiswalde, auf 310 ha 1975/
76 37, 1979/80 5 und 1985/86 0 BP (R. STEFFENS,
U. ZÖPHEL), bei Deutscheinsiedel ähnlicher Trend
[4134]. Die höchste Dichte und Stetigkeit erreicht
das W. in Fichtenforsten der mittleren und unteren
Berglagen, wobei zwischen größeren Gebietsaus-
schnitten mit gemischten Altersklassen, 57–360 ha,
M_3 3,8 (3,5–4,6) BP/10 ha (EIFLER u. HOFMANN
1985, W. GRUNER, R. STEFFENS) und Einzelflächen-
untersuchungen in den Stangen- und Baumholz, 9,1–
18,0 ha, M_{13} 3,8 (0,6–10,5) BP/10 ha ([3526], DORN-
BUSCH 1988, G. HOFMANN, S. KRAUSE) lediglich in
der Streubreite Unterschiede bestehen. Dickungen
werden dagegen viel unregelmäßiger und in geringerer Dichte besiedelt, 3,5–4,7 ha M_3 1,7 (0,0–
3,6) BP/10 ha (R. STEFFENS), M_6 1,6 [4134]. Hohe
Siedlungsdichte teilweise auch noch in Hochlagen,
z. B. bei Rechenberg-Bienenmühle 1986 auf 68 ha
Fichtenforsten gemischten Alters 3,1 BP/10 ha
(U. ZÖPHEL), in den Kammlagen ist sie ansonsten
jedoch deutlich niedriger 47–310 ha, M_5 1,1 (0,3–
1,4) BP/10 ha (D. SAEMANN, R. STEFFENS), wobei
sowohl die Höhenlage als auch der Schädigungs-
grad der Fichte von Einfluß zu sein scheinen. In
dieser Hinsicht nehmen weitere von J. SCHULEN-
BURG und U. ZÖPHEL 1984 bis 1987 durchgeführte
Untersuchungen eine Zwischenstellung ein, bezüglich der Höhenlage auch die Angaben von FEHSE
[2658]. Im Hügelland kann die Abundanz des W.,
sofern es sich um reine Fichtenforste handelt bzw.
die Fichte in Mischforsten mit Kiefer dominiert,
ebenfalls noch relativ hoch sein: z. B. 34 und
6,3 ha, 3,8 und 4,8 (P. HUMMITZSCH). In den übrigen Nadelbaumforsten des Hügel- und Flachlan-

des ergeben sich dagegen weit niedrigere Werte: 10,0–48,0 ha, M_9 0,5 (0,0–1,7) BP/10 ha ([4061], G. CREUTZ, R. DAMME u. a.). Bei Streckenzählungen in der Dahlener Heide 1970–1980 sowie im Thümmlitzwald/Kr. Grimma 1982 ca. 0,5–2,0 sM/ km [3903].

Brutbiologie: Gesang oft ab Anfang Febr., Hauptsangeszeit März bis Mitte Apr.. Wenige Nestfunde (n = 13) 1,2 m [3613] und 3–20 m hoch in Fichte (Karteien Bez. C und D sowie [3909], EIFLER u. HOFMANN, 1985). 1. Ei ab Anfang Apr.: 8 legebereite ♀♀ (Gewicht 6,9–8,4 g) bei Augustusburg/ Kr. Flöha 1976–80 zwischen 05. 04. und 15. 05. gefangen (D. SAEMANN). 1×9 Eier (EIFLER u. HOFMANN, 1985) und 1×8 juv. im Nest, 22. 06. 1977 flügge [3613]. Fütterungen ausgeflogener juv. (meist 3–6) in 1. Junidekade sowie Mitte Juli bis Mitte Aug. (z. B. [3903]) deuten auf zwei Jahresbruten.

Wanderungen: Familienverbände der Zweitbruten lösen sich im Aug. bis Mitte Sept. auf. Zu diesem Zeitpunkt Abschluß der Vollmauser der ad., Ende Sept. auch der Jugendteilmauser. Vermutlich wandert im Sept., vielleicht auch noch früher, ein Teil der Brutvögel ab. Registrierfang Augustusburg 1976–80 Anstieg der Fangzahlen von Ende Juli bis Ende Okt., doch erst ab 3. Sept.-Dekade sprunghafter Anstieg der Wiederfänge, was auf Herausbildung der Wintertrupps deutet (D. SAEMANN 1987 c). Massenzug aus E und NE Okt. bis Mitte Nov., Herkunft wohl hauptsächlich Rußland, Polen und Finnland – aber auch Schweden und Norwegen. Truppgröße der Überwinterungsgemeinschaften im Mittel 10 Ind. [3903], max. bis 50. Winteraufenthalt im Erzgebirge seit 1975 deutlich reduziert. Heimzug unauffällig Mitte Febr. bis Ende März, später werden kaum noch Trupps angetroffen. Das Zugverhalten der sächsischen Brutvögel ist weitgehend unbekannt.

D. SAEMANN, R. STEFFENS

Sommergoldhähnchen – *Regulus ignicapillus* (Temm., 1820)

Sommervogel; Durchzügler
Unterart: *R. i. ignicapillus* (Temm., 1820)

Verbreitung: Bei strenger Bindung an die Fichte ähnlich Wintergoldhähnchen verbreitet, in den Heidewäldern der Lausitz jedoch nur sporadisch.

Lebensraum: Wie Wintergoldhähnchen. Stärker als dieses nutzt das S. während der Brutzeit zur Nahrungssuche auch Laubholz (Birke, Espe, Salweide, Eberesche im Gebirge). Lokal sehr hohe Abundanz hat darin möglicherweise ihre Ursache (ho-

her innerer Grenzlinienwert zwischen Fichtenbaumholz und Laubholzbeimischung). Fichtenforste werden erst ab beginnendem Stangenholzalter besiedelt. In reinen Kiefernforsten keine Brutzeitnachweise.

Bestand: Das S. ist seltener als das Wintergoldhähnchen und nimmt zum Flachland, als auch zu den Kammlagen hin weit rascher ab als dieses, ist wahrscheinlich auch empfindlicher gegen Immissionsschäden an Fichte, zumal die weniger geschädigten Dickungen den Habitatsansprüchen des S. nicht genügen. Die Siedlungsdichte beträgt in immissionsbeeinflußten, aber nicht extrem geschädigten Hoch- und Kammlagen sowie mittleren Berglagen, 47–310 ha, M_7 0,3 (0,2–0,4) BP/10 ha (DORNBUSCH 1988, D. SAEMANN, R. STEFFENS u. a.), in Fichtenforsten gemischten Alters der unteren Berglagen (Grunaer Wald, Tharandter Wald) etwa 1,0 und 1,2 (W. GRUNER, R. STEFFENS), im Stangen- und Baumholz, Tharandter Wald, 9,4–18,0 ha, M_{15} 1,1 (0,6–2,9) BP/10 ha ([3526], S. KRAUSE), lokal mitunter weit höhere Abundanzen, z. B. bei Augustusburg 11 sM auf 1 km Zählstrecke = ca. 5,5 BP/ 10 ha (D. SAEMANN), im Hügelland bei Hinzutreten von Kiefer deutlich niedrigere Werte, z. B. Wittgendorfer Wald (124 ha) 0,6 (EIFLER u. HOFMANN 1985), Dresdener Heide (34 ha) 0,3 BP/10 ha (P. HUMMITZSCH); Villenviertel Chemnitz-Glösa (25,1 ha) 1,2 BP/10 ha [2896]. Daraus ergeben sich folgende Häufigkeitsrelationen zum Wintergoldhähnchen: immissionsbeeinflußte Hoch- und Kammlagen sowie mittlere Lagen, 1 : 2,5–1 : 20, im Mittel 1 : 5; Fichtenforste untere Berglagen und Hügelland 1 : 1,5–1 : 3,5, im Mittel 1 : 2,6; Fichtenforste mit Kiefernbeimischung 1 : 7 und 1 : 13; Kiefernforste mit Fichtenbeimischung des Hügel- und Flachlandes 1 : >20. Auf einzelnen Flächen kann die Siedlungsdichte des S. jedoch auch die des Wintergoldhähnchens übertreffen [3526, 2896] oder in gleichen Größenordnungen liegen [3903].

Brutbiologie: Hauptsangeszeit Mitte Apr. bis Mitte Mai. Neststand 12mal Fichte, 1mal Blaufichte (Städtischer Friedhof Chemnitz, 11. 05. 1969 Nestbau – D. SAEMANN) und 1mal Kiefer (Oelsnitz/ Kr. Stollberg, Nestfund 18. 05. 1980 – S. LENZ). Höhe Neststand (n = 16 [2001] erg.) 7,8 m, im einzelnen 1,2 (KUPFER [4138]) – 15 m. 1. Ei ab Ende Apr.: 2 legebereite ♀♀ (Gewicht je 7,8 g) bei Augustusburg 28. 04. und 10. 05. 1980 gefangen (D. SAEMANN). Zwei Bruten vermutlich eines Paares Legebeginn 03. 05. und ca. 10. 06. [4022, 4138]. Frage der Zweitbruten unklar; Brutzyklus allgemein 10–20 Tage später als beim Wintergoldhähnchen. 08. 08. 1979 Hohburger Berge/Kr. Wurzen Nest, in dem offenbar noch gebrütet wurde

(S. Leischnig [3903]) und Junge im 1. Jugendkleid bei Augustusburg 1979/80 bis Mitte Sept. (D. Saemann). Gelegestärke: 1×9 Eier, doch wie bei 2. Brut nur 5 juv. flügge [4022, 4138]; 1×7 Eier (S. Lenz). Juv. im Nest: 2×5 [4022], 1×6 Forst Lucka/Kr. Altenburg, 13. 06. 1970 beringt (D. Trenkmann, R. Wabnik), 1×9 Gornsdorf/Kr. Stollberg 09. 07. 1968 beringt (A. Pflugbeil), 1×8 fl. juv. am 19. 08. 1950 bei Biehla/Kr. Kamenz (M. Melde).

Wanderungen: Ankunft frühestens im Febr.: 16. 02. 1974 Eich/Kr. Auerbach 1 sM (FG Auerbach) bzw. 1./2. Märzdekade: 07. 03. 1980 bei Wermsdorf, 13. 03. 1977 bei Dahlen/Kr. Oschatz [3903], regelmäßig Ende März bis Mitte Apr., Durchzug vereinzelt noch bis Mitte Mai nachweisbar ([3903], R. Steffens). Beim Zug unauffällig, zuweilen auch „Massenzug": 11. 04. 1978 Augustusburg zahlreiche rastende S. in Wald und Gartenstadt (D. Saemann). Im Gegensatz zum Wintergoldhähnchen keine Truppbildung; maximal bis zu 5 S. in losem Kontakt. Wegzug nach Auflösung der Familien ohne erkennbaren Höhepunkt von Ende Juli bis Ende Okt. in gleichbleibender Stärke (Summe von 5 Jahren bei Augustusburg – D. Sae-

mann), doch von Jahr zu Jahr phänologisch unterschiedlich ablaufend. Wegzug vermutlich unter ständigem Abflauen bis Dez., womit Vielzahl von Nov.- und Dez.-Daten (die bisher schon als „Winter"daten gedeutet wurden) erklärbar wird (z. B. [2333, 2112, 1223, 3903], Kartei C). Echte Winterdaten sind dagegen selten: 04. 01. 1976 NSG Zschorna (R. Dietze), 11. 01. 1959 Elster-FB Leipzig 1 [2112], 24. 01. 1980 Forst Trebsen 2 sM (F. Fehse in [3903]). Manches spricht dafür, o. a. frühes Ankunftsdatum vom 16. 02. 1974 auch hier einzuordnen.

D. Saemann, R. Steffens

Grauschnäpper – *Muscicapa striata* (Pall., 1764)

Sommervogel, Durchzügler
Unterart: *M. s. striata* (Pall., 1764)

Verbreitung: Im Gesamtgebiet bis ca. 500 m ü. NN regelmäßig verbreiteter Brutvogel, allerdings nur in geringer Dichte. Oberhalb 500 m ü. NN nur noch sporadische Vorkommen. Höchstgelegene Brutplätze am Pöhlberg/Kr. Annaberg bis 700 m

Tabelle 62: Präsenz und mittlere Abundanz von Grau- u. Trauerschnäpper sowie Gartenrotschwanz auf Siedlungsdichte-Probeflächen in Sachsen (Zahlen in Klammern unter Berücksichtigung von Nistkästen)

Biotoptypen	Anzahl Untersuchungen	Grauschnäpper			Trauerschnäpper			Gartenrotschwanz		
		Präsenz		Mittl. Dichte	Präsenz		Mittl. Dichte	Präsenz		Mittl. Dichte
	n	+	–	BP/ 10 ha	+	–	BP/ 10 ha	+	–	BP/ 10 ha
Fichtenwälder und -forste	54	9	45	0,04	0 (9)	54 (45)	0,0 (0,1)	10	44	0,1
Kiefernforste	6	0	6	0,0	0 (3)	6 (3)	0,0 (0,1)	5 (5)	1 (1)	0,8 (1,1)
Nadel-Laubbaum-Mischbestände	34	15	19	0,6	18 (24)	9 (10)	0,5 (0,8)	6 (6)	28 (28)	0,2 (0,2)
Buchenwälder	8	5	3	1,1	4	4	1,0	3	5	0,7
Laubmischwälder Hügelland	5	5	0	1,8	5	0	1,7	2	3	0,3
Auwälder	20	11	9	0,7	16 (18)	2 (2)	1,9 (2,0)	18 (18)	2 (2)	1,1 (1,1)
Restwald, Waldreste, Flurgehölze	64	21	43	0,6	4	60	0,3	5	59	0,1
Laubbaum-Jungforst und Vorwälder	33	11	23	0,5	1	32	0,03	5	28	0,5
Ödland, Ruderalflächen u. ä.	33	2	31	0,02	1	32	0,01	3	30	0,03
Siedlungsgebiete (ohne Parks u. ä.)	41	13	28	0,1	0 (8)	41 (33)	0,0 (0,1)	? (17)	? (24)	? (0,3)
Parks, Friedhöfe u. ä. Grünanlagen	41	25	16	1,4	? (15)	? (26)	? (1,8)	? (32)	? (9)	? (2,4)

ü. NN (W. DICK u. H. NESTLER in [2570]), am Geisingberg/Kr. Dippoldiswalde bis 750 m ü. NN (E. STRAUSS, R. STEFFENS), mehrfach Brutverdacht bei Neuhausen/Kr. Marienberg bei ca. 800 m ü. NN ([3207], U. ZÖPHEL). Nach der Brutzeit auch am Aschberg/Kr. Klingenthal bis max. 900 m ü. NN (S. ERNST).

Lebensraum: Baumhölzer bzw. Baumgruppen mit genügend Freiraum zwischen bzw. unter den Baumkronen sowie nur lückiger Strauch- und Krautschicht. Diese Voraussetzungen werden offenbar in idealer Weise in Randbereichen bzw. an Auflichtungen von Buchen- und Eichen-Buchenwäldern sowie Parks und Friedhöfen erfüllt (vgl. Tabelle 62), was auch für pappeldominierte Kippenaufforstungen mit lichtem Unterholz gilt, die ab dem 12. Jahr nach der Pflanzung besiedelt werden (DORSCH 1988). Auewälder und Nadel-Laubbaum-Mischbestockungen sowie Waldreste und Flurgehölze scheinen dagegen bereits suboptimal zu sein, möglicherweise wegen zu stark ausgeprägter Zwischen- und Krautschicht. Ferner werden Gartenstadt und dörfliche Bebauung besiedelt, während das Vorkommen in Fichtenforsten eher sporadisch ist. Bemerkenswerterweise wird der G. in unseren Breiten nur selten in Kiefern-Heidewäldern angetroffen (vgl. [3903, 3973], Tabelle 62), was möglicherweise früher anders war (R. ZIMMERMANN in [1223]).

Bestand: Bis in die 1920er Jahre offenbar häufigste Schnäpperart in Sachsen [256, 586], später durch Bestandsrückgang und gleichzeitig Zunahme des Trauerschnäppers von diesem überflügelt [3973]. Gegenwärtig kein eindeutiger Trend, da sich Angaben über Bestandszu- (Leipziger Auewald, Weißeritztalhänge) und -abnahme (Chemnitz, Kurpark Bad Düben) die Waage halten (MÜLLER 1989, ERDMANN 1989 b, SAEMANN 1994, R. STEFFENS). Siedlungsdichte in Eichen-Buchenwäldern, 18–33 ha, M_5 1,8 (1,1–3,3) BP/10 ha (R. STEFFENS); in Buchenwäldern, 8,2–17,7 ha, M_9 1,1 (0,0–3,3) BP/10 ha (EIFLER u. HOFMANN 1985, J. SCHIMKAT u. a.); in Auewäldern, 8,2–80,6 ha, M_{28} 0,7 (0,0–2,4) BP/10 ha (ERDMANN 1989 u. a.); in Nadel-Laubbaum-Mischbestockungen, 5,5–55,5 ha, M_{34} 0,6 (0,0–1,8) BP/10 ha (J. SCHIMKAT, P. HUMMITZSCH u. a.); in Restwald, Waldresten und Flurgehölzen, 1,3–30,0 ha, M_{64} 0,6 (0,0–4,3) BP/10 ha (G. HOFMANN, H. OLZMANN, R. WENZEL u. a.), maximal 2 sM auf ca. 2,2 ha Teichdamm ([2177]); in pappeldominierten Kippenaufforstungen, 21 ha, im 15. bis 24. Jahr nach der Pflanzung, M_5 2,5 (1,1–3,9) BP/10 ha, kleinflächig maximal 1,5 sM/ha (DORSCH 1988); in Parks, auf Friedhöfen u. ä. Grünanlagen, 2,7–30,7 ha, M_{41} 1,4 (0,0–7,4) BP/10 ha ([2106, 2896], MÜLLER 1989 u. a.), maximal 6 BP auf 5,6 ha im

Park Neschwitz im Zeitraum 1958–62 (G. CREUTZ); in der Gartenstadt und in ländlichen Siedlungen, 2,8–31,2 ha, M_{14} 0,4 (0,0–1,4) BP/10 ha ([2896], EIFLER u. HOFMANN 1985, P. HUMMITZSCH u. a.).

Brutbiologie: Neststand sehr variabel, in Gebäudenischen, auf Gesimsen, im Obstspalier, in Kletterranken von Efeu und wildem Wein, halboffenen Nistkästen, natürlichen Halbhöhlen (ausgefaulte Astlöcher, Rindenspalten), Ast- und Stammabbrüchen, Astquirlen usw., auch in Nestern von Schwalben, Singdrossel, Amsel und Buchfink [3973]; im Bez. C 28× in Bäumen (Lärche, Fichte, Rotbuche, Roßkastanie, Trauerweide, Ahorn, Pappel, Birke, Erle, Linde, Eberesche, Süßkirsche), 21× an Gebäuden, 2× an Felsen (M. THOSS, W. UNGER) und je 1× freistehend in Rosenstrauch (G. BEYER) und Holunder (H. HOLUPIREK); in den Kr. Grimma, Oschatz und Wurzen 14× in Bäumen, 13× an Schuppen oder Lauben, je 6× in defekten Nistkästen und an Felswänden, 4× in Weinspalier und 1× in Mehlschwalbennest [3903]; einmal bestand 1 Nest nur aus Putzwolle (H. KÖHLER). Nesthöhe 1–12, meist zwischen 2–4 m [3973], 0,6–10 m [3903], im Bez. C 1,3–8, M_{33} 3,7 m. Ablage des 1. Eies von Mitte Mai bis Ende Juli (Abb. 45), gelegentlich auch noch im Aug., mit Schwerpunkt in der 3. Mai- und 1. Junidekade (Bez. C 69% bei n = 32, Bez. D 61% bei n = 52); frühester Termin: 17. 05. (H. JOKIEL, S. WEISS), jedoch auch schon am 09. 06. 1988 juv. ausgeflogen (J. DEUNERT); spätester Termin: Ausfliegen der juv. Mitte Sept. [3207], ad. mit fl. juv. noch 18. 09. (H. SCHÖLZEL in [3973]). Erheblicher Anteil im Juli begonnener Bruten (Bez. C 16%) wohl überwiegend (?) Nachgelege. Zweitbruten mehrfach nachgewiesen (C. SCHLUCKWERDER, W. UNGER, S. WEISS u. a.), im Elbtal bei Dresden regelmäßig (R. PÄTZOLD, R. STEFFENS). Gelegegröße: 16×3, 35×4, 49×5, 2×6 und 1×7 Eier, M_{103} (C 18, D 81, L 4) 4,3; juv. im Nest: 5×1, 13×2, 43×3, 56×4, 42×5, 3×6, 2×7 (D 130, L 34), im Gesamtgebiet M_{204} 3,8, darunter in Neschwitz vor dem 21. 06. M_{54} 4,1, danach M_{23} 3,0 juv./Brut. Material: [3903, 3973], Karteien Bez. C und Bez. D, H. JOKIEL u. a..

Wanderungen: Ankunft im Frühjahr Ende Apr. bis Mitte Mai; frühester Termin in Zittau 15. 04. 1979 (K. HOFMANN), im Kr. Annaberg 25. 04. 1961 [2570] und im oberen Westerzgebirge 01. 05. 1977 (S. ERNST, B. FLEISCHER); im Mittel: Elbtal bei Dresden M_8 03. 05. (G. CREUTZ in [1223]), Oberlausitz M_{64} 06. 05. (G. CREUTZ u. a.), Bez. Leipzig und Erzgebirgsvorland/Unteres Erzgebirge M_{30} 07. 05. (Karteien Bez. C, Bez. L), Oberes Westerzgebirge M_{17} 10. 05. (S. ERNST u. a.); ungewöhnlich frühe Beobachtung am 02. 04. 1973 bei Döbern/Kr. Grimma (G. FEHSE in [3903]); Durchzug noch

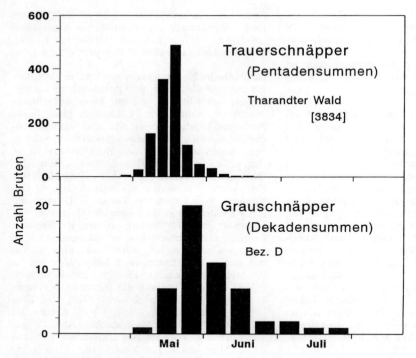

Abb. 45: Brutphänologie (Ablage 1. Ei – rückgerechnet) von Trauer- u. Grauschnäpper

bis Ende Mai/Anfang Juni [1223]. Der Wegzug setzt vermutlich schon im Juli ein, kulminiert in der 2. Aug.-Hälfte und klingt Ende Sept. aus; 14 Okt.-Daten, letzte Feststellungen 01. 11. 1981 Steina/Kr. Kamenz (W. Thieme in [3973]) und 19. 11. 1977 Fuchshain/Kr. Grimma (K. Grössler in [3903]).

S. Ernst, G. Creutz, J. D. Knöchel, R. Steffens

Trauerschnäpper – *Ficedula hypoleuca* (Pall., 1764)

Sommervogel, Durchzügler
Unterart: *F. h. hypoleuca* (Pall., 1764)

Verbreitung: Im Gesamtgebiet verbreiteter Brutvogel, in Abhängigkeit vom Habitat- und Nistkastenangebot jedoch sehr ungleichmäßig. Höchstgelegene Brutplätze an die Vertikalverbreitung der Rotbuche gebunden und im West- sowie Osterzgebirge bis ca. 800 m ü. NN (E. Möckel, E. Strauss u. a.) sowie im Mittelerzgebirge bis 850 m ü. NN (D. Saemann) nachgewiesen. Auf dem Durchzug auch bis 900 bzw. 1000 m ü. NN ([3207] u. a.).

Lebensraum: Höhlenreiche Laub-, Laubmisch- und Laub-Nadel-Mischwälder, bei entsprechendem

Nistkastenangebot auch Parks, Gärten, Gartenstadt und ländliche Siedlungen sowie Kiefern- und Fichtenforste. Optimalhabitate scheinen lichte Aue-, Eichen-Hainbuchen-, Eichen-Buchen- und Buchenwälder zu sein. Ihnen am ehesten vergleichbar sind Parks, in denen bei entsprechendem Nistkastenbesatz höchste Dichten (s. u.) erreicht werden. Lichte Kiefernforste werden bei hohem Nistkastenanteil auch gut besiedelt, in dichtgeschlossenen Fichtenbaum- und -stangenhölzern sind jedoch i. d. R. nur die Weg- und Bestandsränder für den T. geeignet. Nur suboptimal scheinen auch Kiefernbestockungen mit dichtem Laubbaum-Zwischen- und -Unterstand zu sein, besonders wenn letzterer den freien Anflug der Nisthöhlen behindert [3903]. Insgesamt ist in dieser Hinsicht der T. möglicherweise aber nicht so anspruchsvoll wie der Grauschnäpper (vgl. auch Tabelle 62).

Bestand: Noch um die Jahrhundertwende außerhalb höhlenreicher Laubmischwälder nicht oder nur sehr selten als Brutvogel nachgewiesen [256, 586, 1223], seit etwa 1925 haben Vogelschutzmaßnahmen zu einer sprunghaften Vermehrung des T. geführt [3973], in deren Ergebnis er zur häufigsten Schnäpperart wurde. Ab Anfang der 1960er Jahre

([3834], B. PRASSE) bzw. in den 1970er Jahren ([3973] u. a.) Bestandsrückgang, der vor allem zum Bergland hin (Forsthaus Lückendorf, Sebnitzer Wald, Tharandter Wald – vgl. [3834, 3973]) wirksam wurde, in entsprechenden Nistkastenrevieren 50–100% der Ansiedlungen betraf und zumindest regional dazu geführt hat, daß der T.-Bestand wieder ähnlich niedrig ist wie der des Grauschnäppers (Quadratkilometer-Rasterkartierung   Kr. Zittau 1985–89 – EIFLER et al. 1996). Im Hügel- und Flachland dagegen kein bzw. nur geringfügiger Rückgang ([3834] – Abb.3, [3903], EIFLER u. HOFMANN 1985) – wobei allerdings die Beobachtungsreihen z. T. erst spät einsetzen und relativ kurz sind – und in den 1980er Jahren sogar Bestandszunahme (MÜLLER 1989, ERDMANN 1989 b). Durch hohes Angebot an Nistkästen konnte in den 1940er bis 1960er Jahren die Siedlungsdichte in Parks bis auf 23 (Neschwitz, 5,6 ha – G. CREUTZ), 27 (Forstgarten Tharandt, 11,2 ha – R. STEFFENS), ja sogar bis auf 43–49 BP/10 ha [1133, 1311] gesteigert werden, in Kiefernforsten des Revieres Neschwitz bis auf 15–16 BP/10 ha [1044, 3973]; in für die Ansiedlung des T. wesentlich weniger geeigneten fichtendominierten Bestockungen (Sebnitzer Wald, Tharandter Wald, Wittgendorfer Wald, Hospitalwald Freiberg) dagegen nur 2,6–5,6 BP/10 ha ([3834], EIFLER u. HOFMANN 1985, F. WERNER). Siedlungsdichte in nicht oder nur unwesentlich durch Nistkastenangebot beeinflußten Auewäldern, 8,2–80,6 ha, M_{15} 1,9 (0,0–3,6) BP/10 ha (ERDMANN 1989 b u. a.), in Eichen-Buchenwäldern des Hügellandes ähnliche Dichtewerte, 18–33 ha, M_5 1,7 (0,6–3,1) BP/10 ha (R. STEFFENS); in bewirtschafteten Buchenwäldern durch weniger ausgewogenes Höhlenangebot dagegen unsteter: 8,2–17,7 ha, M_9 1,0 (0,0–2,3) BP/10 ha (EIFLER u. HOFMANN 1985, D. LOSCHKE u. a.), in Nadel-Laub-Mischbestockungen deutlich seltener, 5,5–55,5 ha, M_{25} 0,5 (0,0–1,8) BP/10 ha (P. HUMMITZSCH, J. SCHIMKAT u. a.) und in Restwäldern und Flurgehölzen nur sporadisch. Bei durchschnittlichem Nistkastenangebot in Parks und auf Friedhöfen etwa die gleichen Dichtewerte wie in den o. a. Laub- und Laubmischwäldern (vgl. Tabelle 62), in der Gartenstadt und in dörflichen Siedlungen, 2,8–28,5 ha, M_{14} 0,8 (0,0–3,5) BP/10 ha ([2896], EIFLER u. HOFMANN 1985, P. HUMMITZSCH u. a.).

Brutbiologie: Nach CREUTZ [3973] gegenwärtig in der Oberlausitz höchstens 5% der Bruten in Naturhöhlen; im gesamten Bezugsterritorium entsprechend dem Anteil von Laubmischwäldern mit für den T. geeigneten Naturhöhlen wahrscheinlich ca. 10%; erfaßt bisher nur 17: je 4×Eiche und Buche, 3× Birke, 2× Weide und Erle, je 1× Apfel- und Birnbaum; 1,5 m bis 5 m, M_{14} 3,3 m hoch ([3973] erg.). Nach BAER [256] auch ein freistehendes Nest. Ablage des 1. Eies rund 8 Tage nach Nestbaube-ginn (n = 7) und frühestens am 24. 04. 1964 (HUMMITZSCH [2012]) und 25. 04. 1979 (W. THIEME in [3973]), spätestens am 18. 06. 1967 (K. WAGNER in [3834]) und 19. 06. 1917 (STOLZ [466]); im Mittel (1955 bis 1974) im Tharandter Wald am 15./16. 05. [3834] und im Bez. C am 19. 05. (1955–1980), in höheren Berglagen weitere ca. 5 Tage später. Bei Leipzig, Dresden und Tharandt (Abb. 45) beginnen rund die Hälfte der Vögel in der 1. Maihälfte zu brüten, im Bez. C nur 18,5% ([1023, 1311, 3834], Kartei Bez. C). Im Juni werden nur noch 3,3 (Tharandt) bis 7,4% (Bez. C) aller Bruten begonnen. CREUTZ [1311] konnte bei seinen umfangreichen Untersuchungen bei Dresden nur 14 Nachweise von Nachgelegen beringter Weibchen erbringen, die alle ihr Erstgelege noch während der ersten 8 Bruttage aufgegeben hatten; Zweitbrutnachweise gibt es nicht. Gelegegröße aus allen verfügbaren Quellen ([1023, 1311, 3189, 3884, 3903], Kartei Bez. C, F. WERNER u. a.): 18×2, 43×3, 174×4, 535×5, 1232×6, 767×7, 96×8, 11×9 und 2×10 Eier, M_{2878} 6,0. Noch größere Gelege (11 und 12 Eier) entstehen durch Zusammenlegen zweier Weibchen (z. B. [1311]). Schwankungen im Mittelwert von M_{241} 5,4 (Wittgendorfer Wald/Kr. Zittau) bis M_{114} 6,4 [3189]; nur bei Dresden und Grimma überwogen leicht die 7er, sonst die 6er Gelege. Die 14 Nachgelege bei Dresden wiesen im Mittel 4,9 Eier/Gelege auf. Insgesamt befanden sich im Mittel M_{3424} 4,9 und max. 8 (40× = 1,2%) juv. im Nest([1023, 1311, 3973, 3903] u. a.). Im Revier Neschwitz sank von Ende Mai bis Anfang Juli die mittlere juv.-Zahl von 5,3 auf 3,2 je Brut [3973]. Pro erfolgreiche Brut verließen das Nest M_{187} 4,6 (Freiberg, F. WERNER) bis M_{494} 5,3 juv. (Dresden, CREUTZ [1311]). Die Nachwuchsrate (fl. juv./Brut) betrug durchschnittlich im Tharandter Wald 4,6, im Wittgendorfer Wald/Kr. Zittau, 4,3, im Hospitalwald Freiberg 4,0, bei Dresden 3,8 und im Forstgarten Tharandt 3,1 ([1311, 3834], F. WERNER). Die Gelegegröße war dabei von untergeordneter Bedeutung, da in Gebieten mit stärkeren Gelegen der Anteil tauber Eier größer war und insgesamt die Zahl der Nestplünderungen den Ausschlag gab, in deren Ergebnis die Verluste (taube Eier, tote Junge, geplünderte Bruten) im Tharandter Forstgarten 51%, in Dresden-Pillnitz 40%, im Tharandter Wald 24% und im Wittgendorfer Wald (mardersichere Nistkästen) 20% betrugen [3834]. Es ist damit zu rechnen, daß diese Ergebnisse wesentlich von denen in Naturhöhlen abweichen, über die jedoch nahezu keine Informationen verfügbar sind. Zahlreiche Nachweise von Polygamie. Mehrfach T.-Bruten mit Tannen- und Kohlmeisenjungen, wahrscheinlich im Zusammenhang mit Überbauen von Meisennestern. Außerdem auch Zusammenlegen mit Gartenrotschwanz (G. CREUTZ). Mischehen mit Halsbandschnäpper siehe dort.

Wanderungen: Früheste Ankunft am 06. 04. 1978 (U. Dietze u. A. Ebermann in [3363] und 10. 04. 1977 (G. Eifler in [3973]); im Mittel im Bez. L. M₉ 15. 04. [2113, 2333, 2435, 2666, 2767, 3363], im Oberlausitzer Heide- und Teichland M₃₉ 20. 04. [3973], im Elbtal bei Dresden M₁₇ und im Kreis Rochlitz M₁₅ 21. 04. [1311, 3197], im Lausitzer Hügel- und Bergland M₅₅ sowie in unteren Lagen des Erzgebirges M₁₇ 25./26. 04. ([3973], Kartei Bez. C), im oberen Westerzgebirge M₁₇ 28. 04. (S. Ernst u. a.). Höhepunkt des Durchzuges auf dem Registrierfangplatz Augustusburg 1976 bis 1982 in der 2. Maipentade (54,5%; n = 33), wobei der Zug am 15. 05. noch nicht abgeschlossen war (D. Saemann). Frühestens ab 21. 04. (H. Holupirek) und überwiegend in der 1. Maidekade (69,2%; n = 39) wurden im Bez. C „schwarze" Männchen beobachtet, die auch rege singen, doch dann weiterziehen. Die Beteiligung solcher Männchen an einer Brut wurde bisher 5× gemeldet: Reichenbach 1932 [882], Herrnhut/Kr. Löbau 1958 (L. Becker in [3973]), Dahlen/Kr. Oschatz 1965 (H. Keller in [3903]), Marienberg 1976 (G. Zapf) und Rodewisch/Kr. Auerbach 1985 (H. Kreische). Nach Creutz [3973] brüten sonst nur Vögel der Farbstufen VII und VI sowie ausnahmsweise V und IV bei uns. Die Masse der Brutvögel (vor allem der juv.) verläßt uns offenbar schon im Juli, und im Aug. erscheinen vermutlich Durchzügler aus dem Norden und Osten. Hauptdurchzug im Herbst 1976 bis 1980 bei Augustusburg vom 14. 08. bis 02. 09. (63,8%; n = 149) und vor allem zwischen 19. und 23. 08. (22,1%), wobei im Juli ausschließlich juv. erschienen (D. Saemann); auf dem Fangplatz in Döben/Kr. Grimma, Hauptdurchzug 1980 bis 1982 erst vom 24. 08. bis 07. 09. und vor allem zwischen 03. und 07. 09.; Letztbeobachtungen am 28. 10. 1967 (D. Förster in [2561]) und 16. 11. 1972 (H. Olzmann).

S. Ernst, G. Creutz, R. Steffens

Halsbandschnäpper – *Ficedula albicollis* (Temm., 1815)

Unregelmäßiger Brutvogel, Durchzügler und Gast

Verbreitung: Als sporadischer Brutvogel bisher nur an wenigen Stellen des Berg- und Hügellandes im Bez. D, Brutzeit- und Durchzugsbeobachtungen auch aus dem Bez. C und L, im Bergland bis 800 m ü. NN, wo D. Saemann am 31. 05. 1983 1 sM im NSG Zweibach beobachtete.

Lebensraum: Buchen-Baumhölzer, Laubmischwälder, Laub-Nadel-Mischbestockungen, lichte Kiefern-Baum- und -Stangenhölzer, Waldreste, Waldparks sowie an Wald angrenzende Obstgärten und Kleingartenanlagen. In den Wäldern der Sächsischen Schweiz werden klimatisch begünstigte Kuppenlagen mit viel Sonneneinstrahlung und aufgelockerter gut strukturierter parkähnlicher Vegetation bevorzugt, die vor allem am Großen Winterberg gegeben sind und in verschiedenen Bergkuppen der Oberlausitz Parallelen finden (Augst 1995). Solche Reviere sind dann oft mehrjährig besetzt bzw. es gelingen dort auch in größeren Zeitabständen immer wieder Beobachtungen, z. B. Oybin/Kr. Zittau 1940 und 1958, Monumentshügel bei Ullersdorf/Kr. Niesky 1955, 1958, 1983, Rotstein/Kr. Löbau 1962–66, Großer Winterberg/Kr. Pirna 1962–66, 1968, 1988 und 1990–92. Künstliche Nisthöhlen scheinen die Ansiedlung des H. zu begünstigen, doch ist er an solchen auch leichter zu beobachten.

Bestand: Erster gesicherter Brutnachweis 1940 in Oybin/Kr. Zittau, wo am 28. 06. und 09. 07. die Brut in einem Nistkasten gefüttert und am 31. 07. letztmalig 1 Junges beobachtet wird (G. Sieg in [1105]). Seither bis einschließlich 1989 12 weitere Brutnachweise: 1958 Monumentshügel Ullersdorf/Kr. Niesky Gelege, aber keine juv. (F. Menzel in [1889]); 1962–66 Rotstein/Kr. Löbau 1962, 1964 und 1966 erfolgreiche Brut, 1963 und 1965 nur Gelege (Münster [1826] und Creutz [3973]); 1964 Großer Winterberg/Kr. Pirna erfolgreiche Brut [2643]; 1969 Hirschewald bei Hinterhermsdorf/Kr. Sebnitz ad. füttern kleine juv., Brut nicht erfolgreich (K. Augst); 1974 Hasenberg bei Sebnitz juv. in Nistkasten werden gefüttert (H. Friedrich); 1975 Silberteich Seifhennersdorf/Kr. Zittau 4 juv. in Nistkasten (G. Lüssel); 1980 Feldgehölz bei Steina erfolgreiche Brut (W. Thieme); 1983 erfolgreiche Nistkastenbrut in Kiefernstangenholz am Ostufer TS Quitzdorf (J. Teich u. a.). Neben den für den Rotstein nachgewiesenen mehrjährigen Bruten ist solches auch für den Großen Winterberg von 1962–68 und 1988–92 anzunehmen (Augst 1995) und galt vielleicht auch für den Monumentshügel in der 2. Hälfte der 1950er Jahre. Folgende längere Aufenthalte im Frühjahr, die zumindest teilweise auch Bruten bzw. Brutversuche vermuten lassen bzw. zumindest Ansiedlungsversuche darstellen, wurden außerdem festgestellt: 15.–24. 05. 1927 1 sM Schloßteich Moritzburg/Kr. Dresden, ebenda 07. 05.–05. 06. 1928, zeitweilig sogar 2 ♂♂ und unweit davon in Radebeul-Oberlößnitz vom 27. 05.–07. 06. 1928 [658]; 10.–25. 05. 1955 Bad Gottleuba/Kr. Pirna (R. Schelcher in [1729]); 23. 05.–05. 06. 1958 Oybin, 04.–06. 05. sowie 12. und 13. 05. 1959 Bachgrund bei Lückendorf/Kr. Zittau, ebenda 09. sowie 11.–19. 05. 1960 (H. Knobloch, G. Mauersberger in [2224]); 24. 04. und 10. 05. 1960 Spreealtwässer bei Halbendorf/Kr. Bautzen (W. Scholz in [3973]); Anfang bis 20. 05. (H. Schölzel u. a.) sowie 19. 06. 1976 (D. Synatzschke) lichter Laubwald bei Pulsnitz/Kr. Bischofswerda; Mai 1970 einige Wochen in Dresden-Klotzsche (H. Dedek); 17. 05.–02. 06. 1970 Heinrichsberg bei Herrnhut/ Kr. Löbau (L. Becker u. a.); 04.–06. 06. 1972 Borsberg/Kr. Dresden (H. Jokiel); ca. 3 Wochen im Mai/Juni 1987 am Ortsrand von Gohrisch/Kr. Pirna (A. Herold). Aus den Bez. C und L liegen aus jüngerer Zeit (bis 1989) bzw. von Heyder [1223] anerkannt lediglich 11 bzw. 3 Einzelbeobachtungen vor, die wohl allesamt am ehesten dem Durchzug (s. u.) zuzuordnen sind. Außerdem vom 02. 06. bis Ende Juni 1991 1 ♂ im Leipziger Auwald und an gleicher Stelle nochmals vom 16. 05.–24. 05. 1992 (Güttner u. Erdmann 1994) sowie 1994 Brut im Nistkasten, Oberwartha/Kr. Dresden (G. Mittelstedt u. a.).

Brutbiologie: Alle Bruten im Bez. D bisher in Nistkästen, nur 1991 Kleinspechthöhle in Hainbuche (Augst 1995). Brutzeit von Anfang Mai bis Mitte Juli, von 7 Bruten, bei denen der zeitliche Ablauf hinreichend bekannt war, dürfte die Ablage des 1. Eies 5× in der Zeit vom 9.–15. Mai, 1× in der 3. Mai- und 1× in der 1. Junidekade erfolgt sein. Es wurden 1×5, 2×6, 1×7 Eier festgestellt sowie 1×3–4, 2×4, 1×5–6, 2×6 und 1×7 juv. flügge. Bei den nachgewiesenen Bruten handelte es sich wahrscheinlich überwiegend um Mischpaare von H. ♂♂ bzw. Bastard ♂♂ [1826] mit Trauerschnäpper ♀♀. Das läßt sich damit begründen, daß die über die Verbreitungsgrenze hinaus vordringenden H. ♂♂ dort i. d. R. nur auf Trauerschnäpper ♀♀ treffen. Andererseits ist der umgekehrte Fall, daß H. ♀♀ das gleiche tun und dort auf Trauerschnäpper ♂♂ treffen, oder gelegentlich auch auf ein H. ♂, viel schwerer nachzuweisen.

Wanderungen: Nachweise vom 18. 04. 1968 (L. Becker in [3973]) bis 31. 07. 1940 (G. Sieg in [1105]). Die als Ankunfts- bzw. Durchzugsdaten zu wertenden Beobachtungen verteilen sich folgendermaßen:

	April			Mai			Juni
Dekade	I	II	III	I	II	III	I
Bez. C	–	1	4	3	1	2	–
Bez. D	–	1	3	4	4	2	–
Bez. L	–	–	–	–	–	3	–
	–	2	7	7	5	7	–

G. Creutz, D. Saemann, R. Steffens

Zwergschnäpper – *Ficedula parva* (Bechst., 1794)

Sommervogel, Durchzügler
Unterart: *F. p. parva* (Bechst., 1794)

Verbreitung: Regelmäßige Vorkommen seit 1970 im Elbsandsteingebirge (Sturm 1986) und im Erzgebirge [3501]. Bruten sind bis 680 m – Beerheide/ Kr. Auerbach 1986 (U. Kreische) –, singende Männchen wiederholt bis 800 m ü. NN nachgewiesen [3501]. Zerstreute Vorkommen, besonders nach Mitte der 1970er Jahre, auch im übrigen Gebiet mit gewisser Häufung im Elbtal bei Dresden, im nordsächsischen Platten- und Hügelland sowie in bzw. bei Leipzig, auch hier Bruten z. B. [3510]. Karte 22.

Lebensraum: Laub- und Laub-Nadel-Mischwald unterschiedlicher Zusammensetzung. Bevorzugt werden einschichtige, seltener zwei- bis mehrschichtige mittelalte bis Altbestände auf frischen, nährstoffreichen Böden und mit hohem Kronenschluß der Baumschicht (vgl. u. a. Sturm 1986). Die Vorkommen reichen von reinen Buchen- und Buchen-Fichten-Beständen im Gebirge bis hin zu artenreichen Laubmischwäldern der Talhänge und des Auwaldes sowie Parks und Gärten. Im Elbsandsteingebirge besiedelt der Z. auch mit Fichte bestockte Gründe und Schluchten, sofern etwas Buche, Ahorn o. ä. beigemischt ist (Sturm 1986).

Bestand: Um die Jahrhundertwende war das Vorkommen des Z. – abgesehen von angeblichen Bruten im Leipziger Raum [139, 148] und Sommeraufenthalt bei Riesa [139], beides von Heyder [1223] skeptisch beurteilt – auf den äußersten SE Sachsens beschränkt: Großer Winterberg 1885–1889 und 1899 mit Brutnachweisen 1887/88 (E. Wünsche in [1223, 2646, 3973]) und Nordseite der Lausche bei Zittau 1912 1 sM (Hoffmann [413]). In der Folgezeit bis 1960 kein klares Bild: auffallend ab 1940 einige Brutzeitdaten im Raum Herrnhut-Zittau [3973] sowie im Erzgebirge [1537, 1666, 1729], während solche aus NW-Sachsen [1148], insbesondere eine Brut im Leipziger Auwald (Kästner [1129]), trotz des Beleges eines ad. ♂ von Schkeuditz ca. 15. 05. 1932 (Dathe [772]) wenig überzeugend auf die Faunisten [1223, 3062] wirkten. Mit dem Brutnachweis von Jonsdorf/ Kr. Zittau – ♀ füttert fl. juv., 15. 07. 1961 (Prasse [1917]) – beginnt eine markante Bestandsentwicklung, verbunden mit Arealausweitung [2467, 3280, 3501, 3510, 3608, 3635, 3644, 3684, 3751, 3903, 3973], Eifler und Hofmann 1985, Sturm 1986). Seit 1970 stabilisieren sich die Vorkommen im Erzgebirge und in der Sächsischen Schweiz. Ab 1976 wird die Ausdehnung der Brutzeitdaten auf NW-

Sachsen beobachtet, mit Brut in Oschatz 1978 [3510] und Brutversuch in Leipzig 1983 (W. STENGEL, D. FÖRSTER) sowie der Vorstoß im Elbtal bis Dresden (Karte 22). Die Größe des Bestandes läßt sich nicht angeben. Sporadische, oft kurzzeitige Vorkommen und überwiegend isolierte Reviere erlauben auch keine Hinweise auf die Siedlungsdichte. Lediglich im NSG Goldberg (16 ha Bu-

chenwald) 3 sM 02.–24. 06. 1983 und bis 10. 07. noch 2 sM (E. MÖCKEL), am Großen Winterberg, Sächsische Schweiz, auf ca. 80 ha Buchen- und Buchen-Fichten-Bestockung am 28. 05. 1989 5 sM (R. STEFFENS). Von 81 altersdefinierten Männchen waren 45 (55,6%) rotkehlig, und von den an Bruten beteiligten Männchen stehen 6 rotkehligen nur 1 weißkehliges gegenüber.

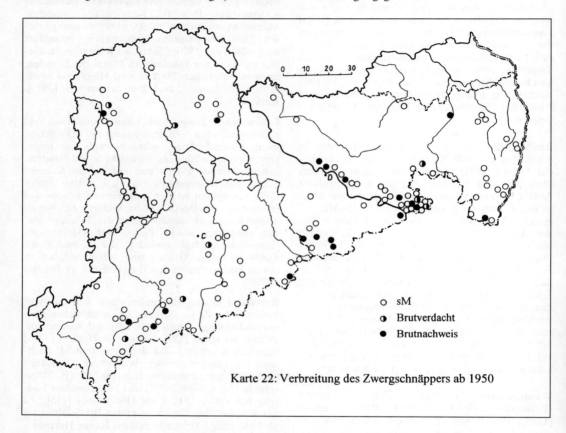

sM
Brutverdacht
Brutnachweis

Karte 22: Verbreitung des Zwergschnäppers ab 1950

Tabelle 63: Nachweise des Zwergschnäppers in Sachsen 1900–1985 (Brut – sichere und wahrscheinliche Bruten, sM – singende Männchen, DZ – sonstige)

Zeit	Dresden			Chemnitz			Leipzig		
	Brut	sM	DZ	Brut	sM	DZ	Brut	sM	DZ
1900–1960	–	4	7	–	4	3	1	1	2
1961–1965	1	3	1	–	–	–	–	1	3
1966–1970	–	8	–	1	4	1	–	–	3
1971–1975	3	10	–	1	10	1	–	1	3
1976–1980	4	25	2	2	13	2	2	11	–
1981–1985	4	17	–	2	13	–	1	7	2
1961–1985	12	63	3	6	40	4	3	20	11

Brutbiologie: Von 9 Nestern 2 in Nistkästen, 3 in Rotbuche, je 1 in Bergulme, Birke, Fichte und abgestorbener Hainbuche, 1,2–9 m hoch. Gelegestärke: 2×4 und 1×5 Eier. Jungenzahl: 4×3, 4×4 und 1×5 Junge, M₉ 3,7. Die Brutzeit liegt im Juni und Juli. Jungvögel schlüpfen kaum vor dem 15.–20. 06. , der 30. 06. 1978 [3510] ist der früheste belegte Ausfliegetermin. Dagegen am 04. 08. 1979 [3635] fast fl. juv. noch im Nest. Zwischen beiden Terminen wiederholt fl. Junge und Fütterungen außerhalb des Nestes registriert. Völlig abweichend davon 7 Eier in Nistkasten am 08. 05. 1971 (Nachgelege am 11. 06. mit 4 Eiern, am 03. 07. noch 3 tote juv. im Nistkasten) auf dem Heidefriedhof Dresden (W. Kreissig †), was, sofern man Verwechslung mit anderen Arten ausschließt, nur bei extrem früher Ankunft des Z. (s. u.) möglich sein könnte.

Wanderungen: Die ersten sM i. d. R. ab 2. Maipentade (Abb. 46). Ihre Zahl nimmt bis Ende Mai zu, danach läßt die Gesangsintensität der Männchen brütender Paare wahrscheinlich nach und viele unverpaarte sind bereits abgewandert. In der 2. Julihälfte klingt der Gesang aus. Nur S. Seifert hörte singende Z. im Aug. und K. Augst einen am 05. 09. 1980 (Sturm 1986). Im Juli scheint der Wegzug einzusetzen, wird aber erst Mitte Aug. bis Mitte Sept. deutlich. Im Frühjahr und Herbst abweichende Extremdaten: sM 16.–22. 04. 1966 Hirschfelde/ Kr. Zittau (G. Eifler in [3608]), 2× 25. 04. – 1970 Koselitz/Kr. Großenhain (D. Kriebel) und 1983 Straßgräbchen/Kr. Kamenz (M. Melde); 16. 10. 1966 Leipzig-Schladitz (Grössler [3751], 02. 11. 1932 Liebertwolkwitz (Schneider [897]).

D. Saemann, G. Creutz

Schwarzkehlchen – *Saxicola torquata* (L., 1766)

Unregelmäßiger Brutvogel, Durchzügler und Gast Unterart: *S. t. rubicola* (L., 1766)

Verbreitung: Sachsen liegt dicht jenseits der NE-Grenze des mitteleuropäischen Verbreitungsgebietes, deshalb tragen Brutansiedlungen, soweit sich das zurückverfolgen läßt, nur zeitweiligen Charakter und wechseln mit mehr oder weniger langen Perioden ohne entsprechende Nachweise bzw. nur sehr seltenen Durchzugsbeobachtungen. Nahezu alle älteren sowie der weitaus größte Teil der jüngeren Brut- und Brutzeitbeobachtungen stammen aus Niederungsgebieten und Flußtälern unter 200 m ü. NN. Ältere Angaben bei Chemnitz, Freiberg und Tobertitz/Kr. Plauen, die zwischen 300 und 400 m ü. NN einzuordnen wären, hält Heyder [1223] für unsicher. Herausragend ist ein Brutnachweis von F. A. Wobst [1729] am Südhang des Hohen Hahnes/Kr. Sebnitz bei über 400 m ü. NN. Einzelne sM am 07. 06. 1976 am Fichtelberg bei 1050 m ü. NN [3394], am 23. 05. 1988 im NSG Halbmeiler Wiesen bei 900 m ü. NN (M. Thoss) und vom 24. 05.–29. 06. 1988 bei Hammerbrücke/ Kr. Klingenthal bei 650 m ü. NN (E. Möckel, H. Kreische, M. Thoss) sind möglicherweise Indizien für Veränderungen in der bisher für Sachsen dokumentierten Vertikalverbreitung.

Lebensraum: Locker bis spärlich mit Strauchwerk oder Gehölzanflug bewachsenes Ödland oder Ruderalgelände wie Bahndämme, Straßen- und Wegränder, Ränder von Lehm- und Sandgruben sowie Kippen. Früher wohl mehr an entsprechen-

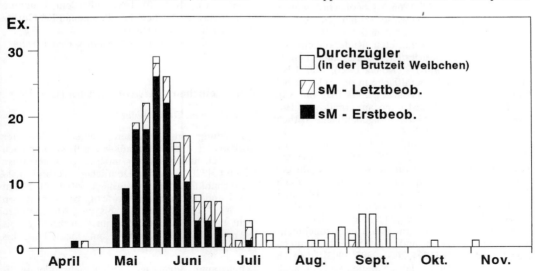

Abb. 46: Nachweise des Zwergschnäppers (Pentadensummen) in Sachsen

den Örtlichkeiten in Flußtälern, dabei im Gegensatz zum Braunkehlchen stärker die trockenen und leicht erwärmbaren Lagen der Gehänge oder Talterrassen nutzend [1223]. In der Krautschicht finden sich nicht selten Stauden von Rainfarn, Beifuß, Johanniskraut und Hornklee. Die Funktion der Büsche bzw. niedrigen Bäume können auch lückige Kiefern-, Fichten- und Laubbaumaufforstungen im An- und Aufwuchsstadium übernehmen. Vor 1900 bei Niesky auf teilweise entwässerten und forstlich kultivierten Moorheiden [256].

Bestand: Nach HEYDER [1223] um die Jahrhundertwende kein ganz seltener Brutvogel im Elbtal bei Bad Schandau bis Meißen sowie an der Freiberger und Vereinigten Mulde zwischen Döbeln und Grimma. Ferner ausgangs des vorigen Jh. bei Niesky [256], Großenhain und möglicherweise an weiteren Örtlichkeiten ähnliche Befunde. Entsprechende Vorkommen hielten sich am längsten im Elbtal bei Dresden, wo mindestens bis 1923 Bruten stattfanden. Einzelne ♂♂ zur Brutzeit noch am 21. 05. 1929, 14. 05. 1931 und 24. 05. 1942 bei Rohrbach/Kr. Grimma sowie mehrere Tage hindurch bis zum 25. 07. 1931 bei Chemnitz [1223, 3903]. In bezug auf Bruten klafft dann mehr als 25 Jahre eine Lücke, die erst durch Beobachtung eines Paares beim Nestbau am 08. und 10. 04. 1955 an der Neiße bei Zittau [1370] sowie den bereits oben angeführten Brutnachweis von F. A. WOBST im Jahre 1956 geschlossen wird [1729]. 1960–62 1 BP mit erfolgreichen Bruten an einer Straßenböschung östlich Steinölsa/Kr. Niesky [1663, 1694, 2250], 1967 gleicher Befund bei Dornreichenbach/Kr. Wurzen [2355, 2449], wobei an diesem Platz bereits vom 05.–08. 05. 1966 1 ♂ beobachtet wurde. 1968–78 keine Brutnachweise, seither jedoch an 6 verschiedenen Plätzen: 1979 und 80 1 BP mit fl. juv. auf einer aufgeschütteten Ruderalfläche im Kraftwerk Hagenwerder/Kr. Görlitz, hier bereits im Mai 1978 1 ♂ und 1 ♀ (KOBER 1985); 1982 1 BP mit 4 efl. juv. auf Ruderalfläche in der Feldflur bei Görzig/Kr. Riesa (W. TEUBERT); 1984 1 BP mit 3 fl. juv. auf einem Ödlandstreifen am Rande der Böschung einer rekultivierten Tagebaufläche östlich Groitzsch/Kr. Borna (H. KRUG); 1986 1 BP mit mehreren fl. juv. an Wegrand nördlich See/Kr. Niesky (F. MENZEL u. a.); 1987–89 1 BP, 1987 mit 2 Bruten, 1988 und 89 jeweils 1 Brutnachweis in 6–7jähriger Erlen-Kiefernpflanzung mit viel Rainfarn südlich der TS Quitzdorf (F. MENZEL u. a.); 1988 1 BP mit 3 fl. juv. an Kippenrand nordwestlich Mumsdorf/Kr. Altenburg (K.-H. ZWEIER). Die Wiederansiedlung des S. geht einher mit gleichzeitig zunehmenden Durchzugsdaten und Brutzeitbeobachtungen einzelner sM (z. B. [1794, 2666, 2895, 3903]), die sich ebenfalls in den 1980er Jahren häufen und z. T. auch Vorboten weiterer Brutansiedlungen ab 1990 sind.

Brutbiologie: Nester gut versteckt unter Grasbüschel, Zugang über kurzen Tunnel gebogener Grashalme [2250, 2449], mit Vorliebe an Böschungen, 2 Gelege vom 22. 04. und 30. 04. enthielten 6 und 5 Eier [256, 172]. 6×5, 1×6 juv./Brut ([1694, 1729, 2250, 2449] F. MENZEL u. a.), 2×2, 3×3, 1×4, 1×5 fl. juv./Brut ([2250], KOBER 1985, F. FÖRSTER, H. KRUG, W. TEUBERT, K. H. ZWEIER); wahrscheinlich regelmäßig 2 Bruten, Ablage des 1. Eies 2. Apr.–1. Maidekade (n = 7) und 3. Mai–1. Julidekade (n = 8). Die Brutgebiete werden unmittelbar nach dem Flüggewerden der juv. verlassen.

Wanderungen: Durchzug im Frühjahr ab Anfang März: 03. 03. 1910 [449] und 04. 03. 1961 [1794] mit Schwerpunkt Mitte – Ende März und bei wenigen Beobachtungen Anfang Apr., vom 09.–22. 04. nur 1 Nachweis nicht brutverdächtiger Ex., dann jedoch wieder mehr, mit größter Nachweishäufigkeit im Mai, immerhin aber auch noch einigen Beobachtungen im Juni (vgl. auch Abschnitte Verbreitung und Bestand). Zur Beobachtung gelangen fast ausschließlich ♂♂, bei denen vor allem im Mai und Juni meist nicht mehr zwischen echtem Durchzug und Herumstreichen lediger Ex. zu trennen ist. Vom Wegzug liegen nur wenige Daten vor, z. B. 07. 08. 1976 1 dj. [3903], 26. 08. 1954 1 ad. [1729], 17. 09. 1982 1 ♀ [3903]. Die letzte Beobachtung von 2 Ex. gelang am 22. 09. 1973 [3446]. Seit einigen Jahren mehrfach Winterbeobachtungen: 12. 12. 1981 bei Plauen 1 ♂ [3981], 22. 12. 1974 1 ♂ und 22. 02. 1975 1 ♀ bei Mutzschen/Kr. Grimma [3903], 15. 01. 1978 1 ♂ und 1 ♀ [3627] und 12. 02. 1979 1 ♀ bei Zwenkau sowie 13. und 19. 02. 1979 1 ♂ bei Großdeuben/Kr. Leipzig (H. KRUG u. a.), ab 21. 01. 1989 außerdem 1 immat. über mehrere Wochen bei Prachenau/Kr. Görlitz (F. MENZEL, G. GAERTNER).

K. GRÖSSLER, D. SAEMANN, R. STEFFENS

Braunkehlchen – *Saxicola rubetra* (L., 1758)

Sommervogel, Durchzügler

Verbreitung: Im gesamten Gebiet verbreiteter Brutvogel, jedoch unterhalb 400 m ü. NN nur noch sporadisch und besonders im Bez. L gebietsweise fehlend [3207, 4105]. Deutlicher Verbreitungsschwerpunkt in den Gebirgslagen oberhalb 500 m ü. NN und hier auch gegenwärtig, wie bereits von HEYDER [1223] dargestellt, bis zur Wiesengrenze recht häufig; Brutnachweise im Osterzgebirge bis 880 m ü. NN (B. KATZER), am Fichtelberg bis 1150 m ü. NN (R. FLATH).

Lebensraum: Bevorzugt werden mehr oder weniger feuchte Wiesen (Staunässezonen, Gewässernähe) mit geringer Bewirtschaftungsintensität besiedelt, die Sitzwarten in Form einzelner kleinerer Bäume und Sträucher, Koppelpfähle, Hochstauden, Schilf o. ä. aufweisen. Daneben auch trockene Wiesen und Ödland entsprechender Struktur, Randzonen freier Moore ([1223, 3207] R. FLATH, D. LOSCHKE) sowie in neuerer Zeit in zunehmendem Maße auf großen Kahlschlägen und Anwuchsflächen in Rauchschadensgebieten ([4134], STEFFENS 1989 u. a.). In intensiv bewirtschafteten Gebieten findet die Art nur noch sporadisch Ansiedlungsbedingungen in ungenutzten Randzonen von Wiesen, an Weg- und Grabenrändern. Auf dem Zug werden besonders Mais-, Kohl-, Rüben-, Kartoffel- und Kleeschläge als Rasthabitate genutzt, dann auch ausnahmsweise mitten im Wald (D. SAEMANN) und in Siedlungen (B. KAFURKE).

Bestand: Der bereits von HEYDER [1223] für die ehemals häufige Art festgestellte Rückgang hat sich seit Mitte der 1960er Jahre bedeutend verstärkt. Bis zur Gegenwart ist eine rapide Bestandsverminderung in weiten Teilen des Flach- und Hügellandes bis in Höhenlagen von 500 m ü. NN zu verzeichnen, deren Ursachen in der Umwandlung der Bruthabitate durch Melioration und der Intensivierung der Nutzungsformen des Grünlandes liegen (EIFLER u. HOFMANN 1985, [2942, 3207]). Bestandsangaben für größere Gebiete zeigen ein deutliches Häufigkeitsgefälle zum Flachland hin: Oberes Osterzgebirge, Raum Altenberg 1980 auf 30 km^2 60–80 BP (R. STEFFENS) und Raum Hellendorf–Oelsen–Breitenau 1976/77 auf 25 km^2 35–40 BP (D. LOSCHKE), Kr. Zittau, 256 km^2, 40–80 BP (EIFLER u. HOFMANN 1985), Kr. Grimma, Oschatz und Wurzen 1 268 km^2, ca. 25 BP (KÖCHER u. KOPSCH [3903]). Für den gesamten Bez. L gibt GRÖSSLER [4105] für 1980–1982 106–169 sM an, wobei Nachweise für 4 MTB fehlten und nur das MTB Regis-Breitingen die mit Abstand höchste Anzahl von 11–20 sM aufwies. Siedlungsdichte auf Feuchtwiesen, 3–15 ha, im Erzgebirge (360–700 m ü. NN), M_9 5,0 (2,0–10,0) BP/10 ha ([2507], R. FLATH, B. KAFURKE, H. OLZMANN, M. TIETZ); maximal fand G. SACHER bei Glösa/Kr. Chemnitz 2 BP auf 1,5 ha (300–320 m ü. NN). Für das Hochmoor Satzung/Kr. Marienberg, (850 m ü. NN) ermittelte D. SAEMANN 6,0–8,0 BP/10 ha. 4 Kahlflächen im Rauchschadengebiet Deutscheinsiedel/Kr. Marienberg (720–830 m ü. NN) wiesen eine durchschnittliche Abundanz von 1,0 auf [4134]. Auch im Flachland können optimale Feuchtwiesen lokal hohe Werte erreichen. So siedelten auf 3 ha extensiv genutzter Feuchtwiese im LSG Spreeniederung/Kr. Bautzen, 1981/82 8 bzw. 7 BP (J. DEUNERT). In der Regel liegt die Siedlungsdichte jedoch deutlich niedriger: Feuchtwiese Kr. Zittau 10,1 ha 1,0 (EIFLER u. HOFMANN 1985), Wiese bei

Biehla/Kr. Kamenz, 20 ha 1,0 (M. MELDE); 2 Feldfluren 65,1 ha und 56,2 ha 0,2–0,5 (EIFLER u. HOFMANN 1985); 2 „Unland"flächen bei Biehla/Kr. Kamenz, 0,0–0,5 ([3786], M. MELDE).

Brutbiologie: Neststand gut gedeckt am Boden unter Grasbüscheln, Stauden u. ä. in Wiesenflächen. Ablage des 1. Eies von der 1. Maidekade (frühestens 07. 05. – W. GRUNER und 09. 05. – J. DEUNERT) bis Anfang Juli; überwiegend 2. und 3. Maidekade (Abb. 47), oberhalb 600 m ü. NN 3. Mai- und 1. Junidekade. Ab Mitte Juni begonnene Bruten betreffen wohl Nachgelege oder Zweitbruten. Letztere konnten GRÄNITZ (1955) – 14. 06. die juv. der 1. Brut ausgeflogen, 27. 06. Nest der 2. Brut mit 5 Eiern –, R. FLATH – 08. 06. 1977 ♀ und 6 nj. der 1. Brut beringt, 18. 07. Nest der 2. Brut mit 5 eben geschlüpften juv., am 26. 07. die nj. beringt und Wiederfang des ♀ – und H. SACHER nachweisen. Auf weitere Zweitbruten weisende Daten: 19. 06. 1979 Niederwiesa/Kr. Flöha 7 fast fl. nj., ♂ füttert, ♀ baut neues Nest (K. GEDEON), 04. 07. 1981 Nest mit 6 Eiern (W. TEUBERT), 05. 07. 1970 Nest mit 5 Eiern (E. STRAUSS), 14. 07. 1978 mind. 3 nj. im Nest (G. GAERTNER), noch am 11. 08. 1990 3 efl. juv. (R. DIETZE) u. am 20. 08. 1983 ♂♀ + 4 juv. im Familienverband (R. DAMME, R. PÜRSCHEL). Gelegegröße: 1×3, 10×4, 76×5, 166×6, 39×7, M_{292} 5,8 Eier (C 356, D 32, L 4). Jungenzahl: 2×1, 4×2, 12×3, 43×4, 87×5, 133×6, 27×7, M_{308} 5,3 Junge/Brut (C 249, D 39, L 20). Totalverlustrate im Bez. C 37,5% [3207], lokal können in Abhängigkeit vom Bewirtschaftungszeitpunkt 100% Totalverluste eintreten: LSG Spreeniederung/Kr. Bautzen, 1983 bei 10 BP kein einziger Bruterfolg (J. DEUNERT). Material: Karteien Bez. C u. D, R. DIETZE, W. POICK, R. REITZ u. a.

Wanderungen: Ankunft ab Mitte Apr. ausnahmsweise eher. Im Bez. D 1967–1983 1× 1. Apr.-, 10× 2. Apr.-, 6× 3. Apr.-Dekade; in den Kr. Grimma, Oschatz und Wurzen 1961–1981 1× 1. Apr.-, 1× 2. Apr.-, 13× 3. Apr.-Dekade und 6× 1. Maidekade [3903]. HEYDER [1223] nennt als früheste Daten 21. 03. 1900, 06. 04. und 08. 04.; in neuerer Zeit frühestens 17. 03. 1983 (J. SCHIMKAT – unsichere Beob.), 04. 04. 1976 (S. LEISCHNIG in [3903]); 07. 04. 1967 (G. EIFLER) und im Bez. C 12. 04. 1968 (S. HUMMEL). Der Heimzug erreicht in der 1. Maidekade seinen Höhepunkt und klingt bis Ende Mai aus. Abzug aus den Brutgebieten bereits ab Anfang Juli, bis Ende Juli/Anfang Aug. sind die meisten Brutgebiete verlassen. Ab der 2. Aug.-Dekade setzt verstärkter Durchzug ein, der Ende Aug. bis Mitte Sept. seinen Höhepunkt erreicht und Ende Sept. beendet ist (Abb. 47). Danach erfolgen nur noch gelegentlich Einzelbeobachtungen im Verlauf

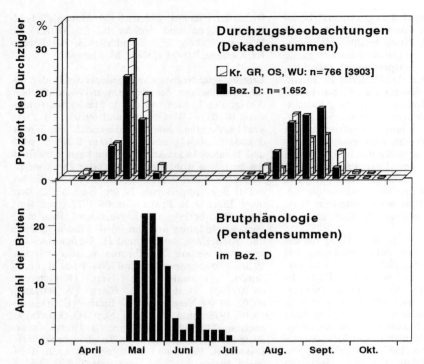

Abb. 47: Durchzugsbeobachtungen und Brutphänologie (Ablage 1. Ei – rückgerechnet) des Braunkehlchens

des Okt. Späteste Daten sind der 03. 11. 1914 [1223] und der 04. 11. 1980 (H. BIEBER). Auf dem Zug meist in kleineren, lockeren Trupps, oft gemeinsam mit Steinschmätzern. Beim Wegzug gelegentlich auch größere Trupps: 13. 08. 1976 ca. 25 (A. HIPPNER), 22. 08. 1971 ca. 20 (H. KOPSCH in [3903]), 09. 09. 1984 21 (B. KAFURKE), 13. 09. 1984 32 (M. SCHINDLER).

B. KAFURKE, R. FLATH

Gartenrotschwanz – *Phoenicurus phoenicurus* (L., 1758)

Sommervogel, Durchzügler
Unterart: *Ph. ph. phoenicurus* (L., 1758)

Verbreitung: Im Gesamtgebiet verbreiteter Brutvogel, gegenwärtig allerdings nur in geringer Dichte. Brutnachweise bis in die Kammlagen der Mittelgebirge, im Erzgebirge bis 1 200 m ü. NN [3207].

Lebensraum: Lichte, vertikal gegliederte (zumindest einige Aststummel als Sitzwarten) Baumbestände, bevorzugt Parkanlagen und Friedhöfe, Schrebergärten mit hochstämmigen älteren Obstbäumen sowie die Gartenstadt. Auf Grund der Anpassungsfähigkeit des G. ist sein Vorkommen dabei nicht an Nistkästen gebunden, kann durch solche aber gefördert werden. Der G. dringt in Städten z. T. bis in die Wohnblockzone vor. Außerhalb der Siedlungen vor allem in der Kiefernheide sowie in Laub- u. Laubmischwäldern. Im Leipziger Auewald möglicherweise durch Stadtrandlage überrepräsentiert. Die Laubmischwälder des Hügellandes werden gegenwärtig fast nur in sonnigtrockenen, schütter bewachsenen Südhangbereichen besiedelt, Fichtenforste und Buchenwälder im Hügelland und in den unteren Berglagen weitestgehend gemieden, in den Hoch- und Kammlagen aber als Bruthabitat angenommen, da sie hier viel lichter sind. Aus diesem Grund wirkte sich auch die 1. Phase der Immissionsschäden (Bestokkungsauflichtung) im Erzgebirge besiedlungsfördernd aus. Des weiteren brütet der G. in älteren, an Kiefernheide angrenzenden Birken-Vorwäldern. In allen übrigen Habitaten kommt er nur sporadisch vor (Tabelle 62).

Bestand: Bis in die 1950er Jahre sehr häufiger Brutvogel in Sachsen, dann allmählicher und ab 1965 verstärkter Rückgang, teilweise Bestandserholung gegen Ende der 1970er Jahre ([3207, 3834, 3903] u. a.). Seither weiterer Rückgang, in dessen Ergebnis der G. z. B. im nördlichen Teil des Kreises Kamenz klassische Lebensräume (Kiefernwälder) nicht mehr besiedelt und nur noch gelegentlich in Ortschaften verhört wird (MELDE 1994) sowie regional weit seltener geworden ist als z. B. Grau- und Trauerschnäpper (km² – Rasterkartierung 1985–89 im Kr. Zittau – EIFLER et al. 1996). 1960–67 in Leipziger Kleingartenanlagen noch 12,9–19,8 BP/10 ha, gegen Ende des Beobachtungszeitraumes jedoch bereits um 25–35% weniger (SENGENBERGER [2492]), in einem vergleichbaren Zwickauer Gebiet (10 ha) 1968 9, 1974 1 und 1975 3–4 BP (H. OLZMANN); im städtischen Friedhof Chemnitz (30,7 ha) 1964 21, 1972 6 und 1988 2 BP ([2059, 2896], H.-J. GÖRNER), im Kurpark Bad Düben (10 ha) 1974–76 4–5, 1984–86 je 1 BP (MÜLLER 1989); auf einer Probefläche im NSG Zadlitzbruch 1966/67 je 13 BP, gegenwärtig 4 BP (REINL 1968, J. HUTH); auf 25 km Wegstrecke in der Dahlener Heide 1970/71 6 und 9, 1973–82 0–2 sM [3903]; ebenfalls spürbarer, insgesamt jedoch weit schwächerer Rückgang im Leipziger Auewald (70,7 und 80,6 ha): 1958/59 1,6, 1966–68 1,2, 1985–88 1,0 BP/10 ha ([1949, 2549], ERDMANN 1989 b). Siedlungsdichte in Fichtenwäldern und -forsten der Hoch- und Kammlagen, 10,4–310 ha, M_{31} 0,2 (0,0–0,7) BP/10 ha (DORNBUSCH 1988, D. SAEMANN, U. ZÖPHEL u. a.), Buchenwälder der gleichen Region, 8,2–13,0 ha, M_7 2,1 (0,0–3,0) BP/10 ha ([4134] K. HOFMANN, D. LOSCHKE u. a.); Kiefernforste, 12,7–30,0 ha, M_6 1,1 (0,0–3,9) BP/10 ha (G. CREUTZ, D. LOSCHKE u. a.); südexponierter Eichen–Linden-Hangwald im Hügelland, 26 ha, 0,4 und 1,2 BP/10 ha (R. STEFFENS); Auewälder, 8,2–80,6 ha, M_{20} 1,1 (0,0–2,5) BP/10 ha (ERDMANN 1989 b, G. CREUTZ u. a.); Parks, Friedhöfe u. ä. Grünanlagen, 2,7–30,7 ha, M_{41} 2,4 (0,0–6,8) BP/10 ha ([2896], MÜLLER 1989 u. a.), maximal 3 BP auf 2,7 ha 1965 im Johannisfriedhof Leipzig [2106] und 10 BP auf 5,6 ha im Zeitraum von 1958–62 im Park Neschwitz (G. CREUTZ); Gartenstadt, 2,8–31,2 ha, M_8 1,6 (0,0–2,5) BP/10 ha ([2896], P. HUMMITZSCH u. a.), ländliche Siedlungen, 10,0–28,5 ha, M_6 0,9 (0,0–5,0) BP/10 ha ([2896], EIFLER u. HOFMANN 1985 u. a.).

Brutbiologie: Sehr anpassungsfähiger Höhlen- und Halbhöhlenbrüter. Neststand in Mauerlöchern und -nischen, Trockenmauern, Holzstapeln, Baumhöhlen, Nistkästen, auch am Boden [2059] und dort vor allem unter Reisighaufen und in Erdhöhlen [4028], aber auch völlig frei [3903], ferner je 1× unter Deckel einer Blechbüchse, in einem Amselnest, welches auf dem Dach einer unbesetzten Halbhöhle stand und in einer kleinen, sehr dichten Zypresse [256, 4028]. Baumhöhlenbruten vor allem in

Obst- und Parkbäumen nachgewiesen, entsprechend den Hauptlebensräumen des G. [4028]. Nesthöhe 0,0–7,0, M_{159} 2,9 m ([4028], Kartei Bez. C). Ablage des 1. Eies Ende Apr. bis Ende Juni mit Schwerpunkt 1. u. 2. Maidekade (Abb. 48); frühester Termin 24. 04. 1961, spätester Termin 26. 06. 1969, beides Tharandter Wald (K. WAGNER in [3834]), außerdem 15. 07. 1953 3 Eier (G. ERDMANN), 11. 07. 1961 Gelege, 17. 07. 1982 juv. im Nest und 21. 07. 1963 efl. juv. (G. ERDMANN, H. KELLER, H. KOPSCH in [3903]). Im Juni begonnene Bruten Nachgelege und Zweitbruten, letztere mehrfach nachgewiesen bzw. glaubhaft gemacht [1482, 1709, 2059, 3834, 4028]. Gelegegröße: 1×2, 4×3, 8×4, 49×5, 51×6, 155×7, 10×8 Eier, M_{319} (C 55, D 254, L 10) 6,3, dabei im Tharandter Wald M_{105} 6,6 [3834] gegenüber M_{214} 6,1 im übrigen Territorium; Anzahl Nestlinge: 1×1, 12×2, 21×3, 42×4, 76×5, 104×6, 94×7, 15×8, M_{365} 5,6 juv./ Brut, regionale Unterschiede von 5,5–5,9 ausschließlich von der Verlustrate bestimmt, die im Tharandter Wald 20% betrug und im fünfjährigen Mittel zwischen 13 und 30% schwankte [3834]. Wie beim Trauerschnäpper auch hier keine Vergleichswerte für Naturhöhlen. Vom G. sind Schachtelbruten und Bigamie nachgewiesen [1482, 1709, 4028]. Er ist gelegentlich Kuckuckswirt [3903] und steht in dieser Hinsicht in der Oberlausitz nach Bachstelze und Teichrohrsänger sogar an 3. Stelle [2923, 4028]. Material: [3903, 4028] Karteien Bez. C u. D, H. JOKIEL, W. LANGE u. a..

Wanderungen: Erstbeobachtungen im Frühjahr Ende März bis Anfang Mai, mit Schwerpunkt in der 1. und 2. Apr.-Dekade (Kr. Grimma, Oschatz und Wurzen – [3903]) bzw. 2. und 3. Apr.-Dekade (Oberlausitz – [4028], Kartei Bez. C), frühester Termin bei Leipzig 18. 03. [586], in den Kr. Grimma, Oschatz und Wurzen, 23. 03. 1959 und 1974 (W. EICHSTÄDT, W. KÖCHER in [3903]), im Kr. Zittau, 28. 03. 1967 (EIFLER und HOFMANN 1985), bei Oederan/Kr. Flöha, 03. 04. [1223]; mittlere Erstankunft im Elbtal bei Dresden (11 Jahre) und im Kr. Rochlitz (15 Jahre), 13. 04. [1223], 3197] bei Oederan vor 1950 (n = 23) 17. 04. [1223], im Erzgebirgsvorland und Unterem Erzgebirge, 1966–82, 20. 04. (Kartei Bez. C), bei Eibenstock in 600 m ü. NN 28. 04. [1223], seit Ende der 1960er Jahre durchschnittlich etwas später als vorher ([3207] u. a.). Wegzug meist unauffällig, wahrscheinlich ab Juli bis Anfang Okt., mit Schwerpunkt des Durchzuges im Sept., z. B. vermerkte SCHLEGEL [586] je 1× am 15. und am 16. September starke Herbstzugbewegungen und M. MELDE [4028] beobachtete am 27. 09. 1948 35 Ex. in einer Kiefernschonung bei Skaska/Kr. Kamenz. Letztbeobachtung im Bez. C 25. 10. 1974 [2616], bei Wittgendorf/Kr. Zittau 30. 10. 1982 (G. HOFMANN),

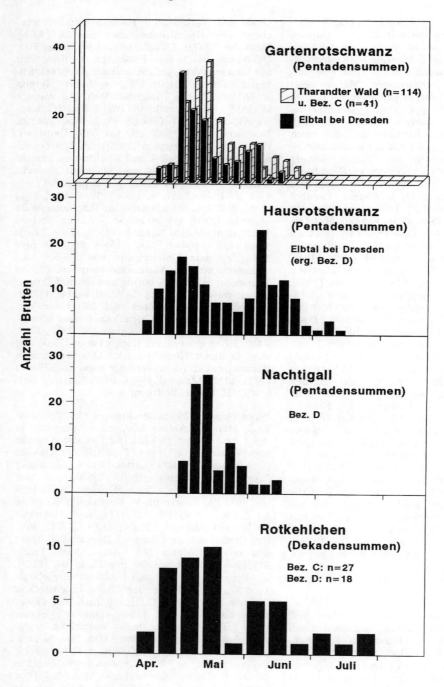

Abb. 48: Brutphänologie (Ablage 1. Ei – rückgerechnet) von Garten- und Hausrotschwanz, Nachtigall sowie Rotkehlchen

in den Kr. Grimma, Oschatz und Wurzen 20. 11. 1977 und 23. 12. 1970 (S. LEISCHNIG, J. LEHNERT in [3903]), außerdem 25. 11. in der Umgebung von Leipzig [327], bei Pirna 1 ♂ von Mitte Dez. 1961 bis 26. 01. 1962 [1974].

R. STEFFENS, H. MENZEL, G. RICHTER

Hausrotschwanz – *Phoenicurus ochruros* (Gmel., 1774)

Sommervogel, Durchzügler
Unterart: *Ph. o. gibraltariensis* (Gmel., 1789)

Verbreitung: Brutvogel im Gesamtgebiet, der entsprechenden Örtlichkeiten wie Wetterstationen, Gaststätten, Wanderhütten, Steinbrüchen und Blockhalden bis in die Gipfellagen der Mittelgebirge folgt und in den siedlungsarmen Heide- und Bergwaldgebieten nur lückig verbreitet ist.

Lebensraum: Bebauungsgebiete, wie Industrieanlagen, Wohnblocks und Repräsentativbauten, Einzelhäuser, Stallanlagen, Schuppen, Lagerplätze, Bauschutt- u. Mülldeponien Felsreviere, Block- und Ruinenfelder sowie Steinbrüche, mit entsprechendem Anteil vegetationsfreier bzw. vegetationsarmer Oberflächen sowie nur lockerem bzw. auch fehlendem Baum- und Strauchwuchs. In Sachsen bewohnt der H. vor allem menschliche Siedlungen, von denen Industrie- und Stallanlagen sowie Gartenstadt, Stadtrandbereiche und Dörfer bevorzugt werden, wahrscheinlich wegen eines besseren Nistplatz-, Sitzwarten- und Nahrungsangebotes. Darüber hinaus hat der H. in den Felsrevieren des Elbsandstein- und Zittauer Gebirges bedeutende Vorkommen, während Steinbrüche sowie Kiesgruben solche nur punktuell ergänzen. Er bewohnt außerdem Braunkohlentagebaue, sofern entsprechende Bauten, Geräte oder Baumaterialien arttypische Brutplätze bieten (DORSCH [3442]). In Wäldern ist er auf Lichtungen mit zumindest Einzelbebauung angewiesen. Waldhütten und isolierte Einzelfelsen im Wald werden erst bzw. verstärkt nach Kahlschlägen besiedelt. Auf immissionsbedingten Großkahlschlägen fand KOLBE [4134] den Hausrotschwanz bis zu 4 km entfernt von solchen Objekten, was Bruten auf Holzausformungsplätzen sowie in zu Wällen aufgetürmten Holzresten und Reisig nahelegt.

Bestand: In Sachsen schon länger seßhaft als im norddeutschen Flachland [1223], inwieweit dabei Nordwestsachsen eine Zwischenstellung einnimmt [586], ist heute nicht mehr nachvollziehbar. In jüngerer Zeit räumlich und zeitlich erheblich Bestandsschwankungen. Nach 1945 wahrscheinlich durch die Ruinenfelder in Großstädten gefördert, nach Neuaufbau und Abriß alter Gebäude um 1968 aber völliges Verschwinden aus der City und

Teilen der Wohnblockzone von Chemnitz (SAEMANN [2616]). Um 1980 offensichtlich vielerorts weit bessere Bestandssituation ([3449, 3634], EIFLER und HOFMANN 1985, P. HUMMITZSCH u. a.) als 1968–72 für Chemnitz ermittelt [2615, 2616, 2896], was auch im direkten Vergleich der Jahre 1971 und 1979 mit 2 bzw. 8 BP auf 25 ha in Wittgendorf/ Kr. Zittau sichtbar wird (G. HOFMANN). Dagegen ergeben Bestandsschätzungen im Kr. Zittau in der 2. Hälfte der 1980er Jahre bereits wieder um 60–80% niedrigere Werte, doch sind hier auch methodische Probleme zu beachten (Siedlungsdichtehochrechnung bei EIFLER und HOFMANN 1985 bzw. Bestandsschätzung je km^2 – Raster 1986–89 bei EIFLER et al. 1996). Aus den Vogelberingungsergebnissen 1969–92 (DORSCH 1994) läßt sich möglicherweise längerfristig eine gewisse Bestandszunahme ableiten, die nach SAEMANN (1994) für Chemnitz auffallend ist und für eine große (117 ha) innerstädtische Kontrollfläche mit 0,4 (1969) und 1,1 BP/10 ha (1992) belegt wird. Insgesamt aber zu wenig direkte Vergleichswerte, insbesondere aus der 2. Hälfte der 1980er Jahre, um für ganz Sachsen eine klare Aussage treffen zu können. Siedlungsdichte erheblich vom Beobachtungszeitraum beeinflußt (s. o.), i. d. R. jedoch in City, Wohnblockzone und Neubaugebieten, 6,0–200 ha, M_{17} 0,5 (0,0–1,4) BP/10 ha ([2615, 2616, 2896, 3445], D. KELLER u. a.) deutlich niedriger als in Gartenstadt, 9,5–31,2 ha, M_{10} 2,4 (1,3–4,4) BP/ 10 ha ([2896], P. HUMMITZSCH u. a.) und ländlichen Siedlungen, 6,0–28,5 ha, M_{15} 3,7 (1,5–7,7) BP/10 ha ([2896, 3449], G. HOFMANN, L. MÜLLER u. a.). Davon abweichend im Stadtzentrum von Zittau, 9,5 ha, 1982 4,2 (G. HOFMANN), im Neubaugebiet Zittau-Nord, 13,0 ha, 1982 7,7 (B. PRASSE, S. HÖNTSCH) und in Villenviertel Chemnitz-Glösa, 31,2 ha, 1972 0,0 BP/10 ha [2896]. Neben dem Beobachtungsjahr ist hier die Spezifik der Bebauung (Zittau-Stadtzentrum), die Einbeziehung einer Gärtnerei (Zittau-Nord) und die dichte Gehölzvegetation (Chemnitz-Glösa) zu beachten. Ähnliches gilt für ein Mischgebiet (NB, WBZ, GS) in Dresden-Süd, 20 ha, 1975–82, M_8 2,0 (1,5–2,5) BP/10 ha (W. WEGER). Darüber hinaus in einer Lehmgrube mit Trümmerschutt am Stadtrand von Dresden, 13,0 ha, 1955 und 1962 4,6 und 3,1 BP/10 ha [1973], maximal auf einer 1,8 ha großen Lagerfläche für Betonfertigteile 1981 und 1982 je 4 BP [3982]. Im Elbsandsteingebirge in Felsrevieren und im Bereich von Steinbruchwänden mit lichten Kiefernbestockungen bzw. Birkenvorwald, 12,0–16,7 ha, M_3 2,0 (1,2–4,2) BP/10 ha (D. LOSCHKE).

Brutbiologie: Nester in Fels- und Mauernischen, Rüstlöchern, Holzstapeln, schadhaften Dachkästen, Luftschächten, unter Toreinfahrten, auf Simsen, Balken u. ä.; in der Oberlausitz dabei 278× in und 93× an Gebäuden; außerdem 25× in Halbhöhlen, 12× in Futterhäuschen, 6× auf Dächern von Nistkästen, 5× in Meisennistkästen und 1× in Buntspechthöhle; 20× in Nestern von Rauchschwalbe, 4× von Amsel, 3× von Mehlschwalbe, ferner auf Lampen, Reisigbesen und Schneeschippe, in liegender Orgelpfeife sowie in Gipsmodell ([4028] u. a.); Nesthöhe 0,5–10 m, M$_{591}$ 2,8; 3× auch am Boden: unter Kabelabdeckstein (S. KRÜGER), zwischen Steinen (L. HENSEL), zwischen Brennesseln (FRANK 1987); 1× in 18 m Höhe in Mauerseglernistkasten (J. DEUNERT) und in mindestens 20 m Höhe in einem Lüftungsschacht (P. BURKHARDT). Ablage des 1. Eies von Mitte Apr. bis Mitte Juli mit Schwerpunkt 1. und 2. Maidekade, frühester Termin ca. 16. 04. 1986 (06. 05. 3 juv. ca. 5 Tage alt in Dresden – U. KIRCHHOFF), 18. 04. mehrfach; spätester Termin 10. 07. 1978 (Miltitz bei Leipzig 1. Ei der 3. Brut [3607]), ca. 11. 07. 1976 (Dresden-Bühlau 03. 08. 4 juv. 7 Tage alt – H. JOKIEL), ca. 23. 07. 1977 (am 15. 08. Nest mit 3 juv. ca. 7 Tage alt – B. HOLFTER in [3903]); regelmäßig Zweitbruten ab Anfang Juni (Abb. 48), auch Dritt- und Schachtelbruten ([3607, 3903, 4028], R. BARTHEL u. a.). Gelegegröße: 2×2, 10×3, 54×4, 186×5, 33×6, 2×7 und 4×8 Eier, M$_{291}$ 5,0 (Bez. C M$_{62}$ 4,8, Bez. D M$_{199}$ 5,1, Bez. L M$_{30}$ 4,9); Anzahl Nestlinge: 6×1, 33×2, 107×3, 190×4, 339×5, 53×6, 3×7, 1×8, M$_{720}$ 4,4 juv./Brut. Insgesamt sehr niedrige Verluste und ohne erkennbare regionale Differenzierung der Brutergebnisse. Dadurch Erst- und Zweitbruten im jahreszeitlichen Ablauf des Brutgeschehens deutlich erkennbar und nahezu ebenbürtig (Abb. 48). Material: Karteien Bez. C u. D, [3607, 3903, 4028], J. DEUNERT, U. KIRCHHOFF, W. LANGE, F. URBAN u. a..

Wanderungen: Erstbeobachtungen im Frühjahr ab Mitte März, frühestens am 08. 03. 1977 (LINDNER in [3903]) und im langjährigen Mittel am 27. 03. ([4028], Kartei Bez. C), dabei ohne nennenswerte regionale und vertikale Differenzierung, was auch für die Brutphänologie gilt. Umherstreichen, wohl vor allem von Jungvögeln, schon Ende Juni und Juli ([3903], DORSCH 1985), eigentlicher Weg- und Durchzug Ende Aug. bis Ende Okt., einige Beobachtungen aber auch noch im Nov.. 13 Dez.-, 12 Jan.- und 8 Febr.-Daten deuten auf gelegentliche Überwinterungsversuche hin. Dafür sprechen auch die Beobachtung eines ♂ von Herbst 1961 bis 22. 02. 1962 in Oberwinkel/Kr. Glauchau [2043] und eines ♀ von Dez. 1967 bis März 1968 in Mükka/Kr. Niesky [3567]. Isolierte Einzelnachweise von Mitte bis Ende Febr. [586, 4028] sind deshalb wohl eher hier als unter früher Erstbeobachtung einzuordnen.

R. STEFFENS, H. MENZEL, G. RICHTER

Nachtigall – *Luscinia megarhynchos* C. L. Brehm, 1831

Sommervogel, Durchzügler
Unterart: *L. m. megarhynchos* C. L. Brehm, 1831

Verbreitung: In der 1. Hälfte des 20. Jh. wahrscheinlich nur in der Elster- und Pleißeaue bei Leipzig sowie im Tieflandsanteil der Mulde, Elbe und Neiße regelmäßiger Brutvogel; im übrigen Tiefland und angrenzenden Hügelland nur sporadisch und bis max. 200 m ü. NN; regional, z. B. in der Lausitzer Niederung, auch über längere Zeiträume völlig fehlend [586, 1223, 3573]. Gegenwärtig im gesamten Tiefland und angrenzenden Lößhügelland verbreitet, in den Heidegebieten der Oberlausitz außerhalb der Flußauen und Teichgebiete habitatsbedingt aber nur lückenhaft. An der Neiße inzwischen Brutvorkommen bis nahe Zittau und an der Elbe flußaufwärts bis Pirna. Oberhalb 200 m ü. NN nur noch wenige Brutnachweise, deren höchstgelegene um 300 m ü. NN 1966 für Chemnitz [2237], 1967–69 bei Zwickau [3326] und 1986 für Possendorf/Kr. Freital (M. SCHINDLER) erfolgten (Karte 23). Neben weiteren Brutzeitbeobachtungen in ähnlicher Höhenlage vom 22. 06. bis 02. 07. 1964 auch 1 sM in Lauta bei Marienberg (H. WITTIG in [2809]), welches mit 600 m ü. NN zugleich der höchstgelegene Nachweis in Sachsen ist. Das Verbreitungsbild zeigt insgesamt deutliche Präferenz der N. für trocken-warme Lagen (Leipziger Land, Flußauen), was auch in einer bevorzugten Besiedlung von Südhangbereichen zum Ausdruck kommt (BÄSSLER und RAU 1985) sowie im Meiden der feucht-kühlen staunassen Lößlehme des höher gelegenen Hügellandes (HÖSER 1987). Bemerkenswert ist ferner die Vorliebe der N. für gewässernahe Bereiche (Flußauen, Teichgebiete, Stauseen).

Lebensraum: Laubbaum-Gehölze mit lückiger, gruppenweise aufgelockerter oder saumartig angrenzender Baumschicht, mit dichtem Strauchraum sowie mit Wechsel von vegetationsfreien Fallaubzonen und mehr oder weniger dichter Bodenvegetation. Solche Voraussetzungen bieten vor allem Randbereiche von Auwäldern und Auwaldreste, Hangwälder mit Gebüschsäumen, unterholzreiche, pappeldominierte Kippenaufforstungen, Ufer- und Feldgehölze, üppig bewachsene Teich- und Bahndämme, aufgelassene Steinbrüche, verwilderte Parks und Gärten, Friedhöfe, verwachsene Klärbecken und Ruderalgelände. Gelegentlich kommt die N. auch in Obstplantagen und Baumschulen, in lichten Kiefern- oder Fichtenbeständen mit reichlich Laubbaum-Unterwuchs sowie in trockenem Kiefern-Fichten-Birken-Mischwald vor. Gesangsregistrierungen in Kiefernaufwuchs betreffen wohl vor allem Durchzügler sowie

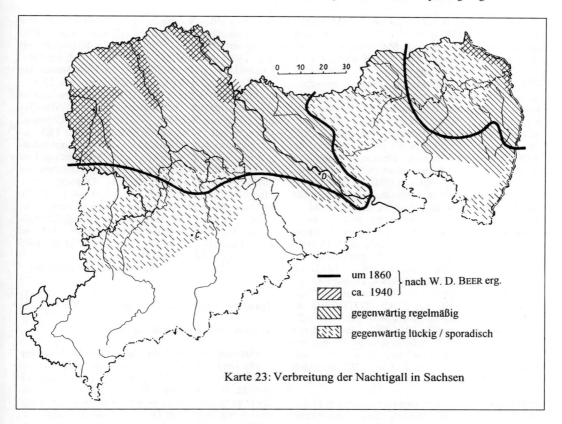

Karte 23: Verbreitung der Nachtigall in Sachsen

um 1860 ⎫
ca. 1940 ⎬ nach W. D. BEER erg.

gegenwärtig regelmäßig

gegenwärtig lückig / sporadisch

Ankömmlinge, die noch keine belaubten Sträucher vorfinden.

Bestand: Kurzzeitig stark schwankend, mit Rückgang seit dem 19. Jh., der bis in die 1920er und 1930er Jahre anhält ([586, 1223, 3573], BÄSSLER und RAU 1985). In dieser Zeit dürfte der sächsische Gesamtbestand kaum 100 BP überschritten haben. Seit 1947 Wiederbesiedlung bzw. Südostexpansion im Raum Altenburg-Schmölln, bei der in einem Zeitraum von 35 Jahren im Lößhügelland das Brüten bis in Höhenlagen von 200 bis 250 m ü. NN beobachtet werden konnte (HÖSER 1987). Ab Ende der 1950er Jahre Vordringen ins und in den 1960er Jahren erste Brutnachweise im Erzgebirgsvorland [2809]. Im Elbtal bei Dresden nach mehr als 20 Jahren, in denen die N. aber wahrscheinlich nicht völlig fehlte, wieder einige Nachweise in den 1940er Jahren und besonders in den 1950er Jahren. Mitte der 1960er Jahre deutlicher Anstieg der registrierten sM und seither stark schwankender, vermutlich aber insgesamt leicht zunehmender Bestand, mit Spitzenjahren 1966, 1973, 1974 und 1978 sowie Tiefpunkten 1967, 1970,

1971 und 1979 (BÄSSLER und RAU 1985). An der Mulde im Kr. Wurzen sowie im elbnahen Bereich des Kreises Oschatz bereits in den 1950er Jahren dichte Besiedlung [3903]. Das gilt auch für den GT Torgau, an dem sich der Bestand bis 1965 weiter stabilisierte [2177]. Ab Mitte der 1950er Jahre in den Kr. Grimma, Oschatz und Wurzen auch zunehmend außerhalb der Elb- und Muldeaue (Fischteiche, Bachtälchen, Guts- und Stadtparks, Feldgehölze) und um 1980 ca. 130–160 BP [3903]. Analoge Entwicklungen fanden ebenfalls in der Oberlausitz statt [1801, 3573], sind auch für das übrige Flach- und Hügelland anzunehmen und ergeben für den Zeitraum 1978–82 (Meßtischblattkartierung) einen geschätzten Gesamtbestand von ca. 1 000 BP. Höchste großflächige Dichte nach wie vor im Raum Leipzig, wo auf ca. 130 km² (MTB 4640) mit ca. 100 BP (G. ERDMANN, GRÖSSLER 1993) gerechnet wird, dagegen im Altenburger Land nur 50–60 BP auf 330 km² Fläche (HÖSER 1987). Auf 300 ha gebüschreichem Gelände am Kraftwerk Regis/Kr. Borna ermittelte W. SYKORA 1986 12 Reviere (HÖSER 1987), auf 150 ha Spreeaue bei Niedergurig/Kr. Bautzen H. ZÄHR zwischen

1967 und 1978 einen von 7 sM auf 14 sM ansteigenden Bestand [3573]. In der Neißeaue wurden zwischen Rothenburg und Steinbach/Kr. Niesky bei einmaliger Zählung 1971 11 sM und 1979 21 sM auf ca. 10–12 km angetroffen (F. MENZEL in [3573]), in der Döllnitzaue sangen zwischen Oschatz und Kreisgrenze zu Riesa 1978 auf ca. 8 km max. 22 N. (C. SCHILLER in [3903]). Die Siedlungsdichte auf Probeflächen im geschlossenen Auewald (8,2–80,6 ha) ist mit M_{12} 0,2 (0,0–1,1) BP/ 10 ha (ERDMANN 1989 b u. a.) relativ niedrig, da die N. Randzonen bevorzugt. Dementsprechend in Auwaldresten (8,6–19,3 ha) deutlich höhere Werte: M_{10} 1,1 (0,0–3,0) BP/10 ha ([2291], H. KLUNKER, A. MAUME u. a.), was in noch stärkerem Maße für parkartig aufgelockerte Auwälder bzw. Auwäldern nahestehende Parks gilt: 10–45 ha, M_{19} 2,1 (1,0– 6,0) BP/10 ha (MÜLLER 1989, R. DIETZE, F. MENZEL u. a.); relativ hohe Dichtewerte auch in NW-sächsischen pappeldominierten Kippenaufforstungen im Stangen- und Baumholzalter: 9,2–21 ha, M_{11} 1,4 (0,2–2,8) BP/10 ha ([3808], DORSCH 1988). Maximalwerte wurden am GT Torgau auf dem Teichdamm mit 5 BP auf 2,2 ha [2177] sowie im Ufergehölz der TS Bautzen mit 4–7 BP auf 1,2– 4 ha (J. DEUNERT) erzielt. Das entspricht mittleren Reviergrößen von 0,3 – 0,6 ha, welche sich gut mit der Mindestgröße eines Gehölzes decken, das nach HÖSER (1987) gerade noch von 1 BP besiedelt wird.

Brutbiologie: Nest am Boden oder bis 0,4 m Höhe, mit Vorliebe in Brennessel, Stockausschlägen, Efeu, Hopfen, Himbeere und Brombeere, aber auch in Schilf und Reisighaufen; ausnahmsweise 0,8 m hoch in Pappelquirl direkt am Bach (B. KATZER), 1,2 m hoch in Stockausschlag (J. DEUNERT) und 2 m hoch in Hainbuche (R. PÄTZOLD). Ablage des 1. Eies meist in der 1. Maihälfte, in geringem Anteil auch noch später (Abb. 48). SCHLEGEL [586] fand Vollgelege zwischen dem 08. 05. und 15. 06. Am 12. 05. 1957 wurde bei Leckwitz/Kr. Oschatz bereits gebrütet (K. LIPINSKI in [3903]), in der Oberlausitz am 26. 05. 1988 4 juv. ca. 8 Tage alt (J. DEUNERT) und am 20. 05. schlüpfende juv. beobachtet [3573]. Noch mehrfach fl. juv. bis Mitte Juli und ausnahmsweise am 27. 07. 1975 noch ein ad. mit Futter bei Dahlen (KELLER in [3903]), welche auf späte Nachgelege bzw. Zweitbruten hinweisen. Gelegegröße: 2×3, 17×4, 50×5, 7×6 Eier, M_{76} 4,8; Anzahl juv. im Nest: 3×1, 7×2, 13×3, 24×4, 32×5, 2×6, M_{81} 4,0. Bei 49 vollständig kontrollierten Gelegen 38% Verluste (Plünderung, verlassene Gelege, taube Eier). Material: [3903], Kartei Bez. D, J. DEUNERT, H. ZÄHR u. a..

Wanderungen: Erste Nachweise im Frühjahr Ende Apr. bis Anfang Mai, frühestens am 14. 04. 1953

Rodewisch/Kr. Auerbach, (G. SCHÖNFUSS) und 1982 Falkenhain/Kr. Wurzen (H. KOPSCH in [3903]) sowie am 15. 04. 1979 bei Dresden (BÄSSLER und RAU 1985). Nach SCHLEGEL [586] bei Leipzig Erstnachweise vom 15. 04.–28. 04. und im Mittel am 22. 04. , in der Oberlausitz frühestens am 17. 04. und im Mittel am 27. 04. [3573], in der letzten Apr.-Dekade im Mittel auch im Elbe–Röder-Gebiet (BÄSSLER und RAU 1985), in den Kr. Grimma, Oschatz und Wurzen in der Mehrzahl der Fälle jedoch erst in der 1. Maidekade [3903]; Hauptdurchzug in der ersten Maihälfte, Ende Mai/Anfang Juni ausklingend (Kartei Bez. C, EIFLER und HOFMANN 1985). Wegzug ab Juli ([3573], DORSCH 1985), Hauptdurchzug wahrscheinlich im Aug. [1223, 3903]. Letztnachweise in der Regel Anfang Sept., spätestens am 10. 09. 1980 Registrierfangplatz Döbener Wald/Kr. Grimma [3903], 16. 09. 1933 bei Hirschfelde/Kr. Zittau (B. PRASSE) und 21. 09. 1975 Schladitz bei Leipzig [3751].

R. STEFFENS, P. HUMMITZSCH

Sprosser – *Luscinia luscinia* (L., 1758)

Seltener Brutvogel?, Durchzügler

Vorkommen: In der 1. Hälfte des 19. Jh. Nachweise bei Dresden und vor allem in der Neißeaue unterhalb von Görlitz [1223], wo der S. möglicherweise sogar Brutvogel war [3573], bis Mitte des 20. Jh. dann nur noch wenige sichere Angaben: z. B. 1900/ 1901 Umgebung von Dresden (BÄSSLER und RAU 1985), Apr. 1923 Leipzig-Connewitz [586, 3062], Ende Mai, Anfang Juni 1926 bei Görlitz [748]. Am 22. 05. 1949 und am 02. 06. 1952 beobachtete B. PRASSE je 1 sM im Weinaupark bzw. in Eckartsberg bei Zittau [1729], vom 28. 05.–09. 06. 1952 außerdem 1 sM im Hospitalwald bei Freiberg [1435]. Seitdem steigende Zahl an Nachweisen: 1950–59 5, 1960–69 15, 1970–79 21, 1980–89 mindestens 29, von denen je ca. 50% auf Fänglinge bzw. sM entfallen, so daß sowohl das Argument der höheren Effizienz heutiger Fangmethoden als auch der Unsicherheit von Gesangsnachweisen an diesem Ergebnis grundsätzlich nichts ändern. Die Nachweise deuten darauf hin, daß neuerdings fast ganz Sachsen, bis hin zu den unteren Berglagen, als Durchzugsgebiet in Frage kommt. Das Hauptnachweisgebiet liegt dabei im Frühjahr in der Oberlausitz ([3537], BÄSSLER und RAU 1985), während für den Wegzug vor allem das untere Erzgebirge und Mittelsachsen Funde beisteuern. Letzteres dürfte aber vor allem mit den hier laufenden Registrierfang-Programmen zusammenhängen. Brutnachweise fehlen bisher, doch lassen der Fang zweier Ex. und das Verhören eines sM vom 13. 05.–02. 06. 1959 im Park Petershain/Kr. Niesky sowie das Verhören eines nicht völlig sicher angesprochenen sM am 04. 05. 1961 und der Fang eines dj. am 13. 07. 1961 am gleichen Ort (HASSE u. MENZEL [1801]) ein seltenes Brüten möglich erscheinen, dessen endgültiger Beweis erst nach dem Bezugszeitraum 1995 am Westufer der TS Bautzen gelingt (J. DEUNERT).

Lebensraum: Im Frühjahr in der Oberlausitz vor allem in sumpfigen Erlendickichten [256], im Erlenbruch bzw. in feuchten Gebüschflächen mit Erle, Weide, Holunder, z. T. mit Brennessel und Röhricht ([2901], R. DIETZE, P. FROMMHOLD, M. SCHRACK u. a.). Auf dem Durchzug im Bez. C in dichtbewachsenem unterholzreichen Gelände mit beerentragenden Sträuchern wie Himbeere, Brombeere, Faulbaum u. Traubenholunder (D. SAEMANN).

Wanderungen: Durchzug und Rast im Frühjahr vom 29. 04. (G. u. K. HOFMANN) bis 09. 06. [1435]. Erstbeobachtungen für die Oberlausitz nach TOBIAS [86] zwischen dem 06. u. 20. 05. , im Mittel 17. 05., nach CREUTZ [3573] zwischen dem 20. 04. u. 22. 05., im Mittel 11. 05. Durchzug im Herbst vom 11. 08. bis 06. 09. (D. SAEMANN), von 15 Nachweisen entfallen je 7 auf die 2. u. 3. Aug.-Dekade sowie 3 auf die 1. Sept.-Dekade ([3903, 3573], D. SAEMANN).

P. HUMMITZSCH, D. SAEMANN, R. STEFFENS

Blaukehlchen – *Luscinia svecica* (L., 1758)

Ehemaliger Brutvogel, Durchzügler
Unterarten: *L. s. cyanecula* (Meisn., 1804) ehemaliger Brutvogel, Durchzügler
L. s. svecica (L., 1758) Durchzügler

Verbreitung: Ehemals Brutvogel in den größeren Flußauen, doch schon um die Jahrhundertwende als solcher nur noch spärlich in der Elsteraue bei Leipzig, in der Neißeaue bei Rothenburg/ Kr. Niesky, wahrscheinlich auch an der Elbe sowie sporadisch in Teichgebieten anzutreffen [1223]. Als Durchzügler ebenfalls vor allem in den Flußauen und Teichgebieten, rastende Vögel aber auch im Bergland, z. B. am 24. 03. 1956 Tellerhäuser/ Kr. Annaberg ca. 1 000 m ü. NN [1408].

Lebensraum: Bruthabitate sind wohl vor allem mit Röhricht durchzogene ausgedehnte Weidichte, die auch schütter bewachsene oder freie Rohbodenflächen und Flachwasserbereiche einschließen. An Rastplätzen bevorzugt Nahrungssuche auf nackten, schlammigen Bodenpartien unter Strauchwerk (D. SAEMANN). Rasthabitate deshalb besonders im Uferbereich stehender und fließender Gewässer, Kläranlagen und sonstigen gebüschbewachsenen Feuchtgebieten, seltener in Gärten oder in offener Feldflur, im Herbst auch gern in Kartoffel- und Rübenfeldern [586, 1223, 3573]. In den Kr. Grimma, Oschatz und Wurzen 22× in Verlandungszonen von Teichen, 2× an Bächen, 2× in Bruchwald und je 1× in Gärten und Feldflur [3903].

Bestand: Rückgang im Zusammenhang mit Flußregulierungen mindestens seit Mitte des 19. Jh. Ehemaliges Brüten vor allem aus 3 Flußgebieten nachgewiesen bzw. wahrscheinlich. 1. Elster- und Pleißeaue: nach BREHM (1824) war das B. Brutvogel bei Haselbach/Kr. Altenburg, von 1880 bis 1895 Brutnachweise an mehreren Stellen bei Leipzig [138, 139, 243], 1906 noch an den Gundorfer Lachen [365], wo es nach H. KUMERLOEVE bis etwa 1931 ausgehalten haben soll [1729]. 2. Neißeaue: Anfang des 19. Jh. bei Görlitz (KRETZSCHMAR in [1223]), vor 1898 noch häufig an der Neiße bei Rothenburg [256], 1909 trotz gründlicher Suche nur noch außerhalb unseres Bezugsterritoriums bei Muskau [466]; 3. Elbaue: E. WÜNSCHE versicherte HEYDER, daß das B. ehedem auch im Weidicht der alten Elbdämme bei Schmilka gebrütet habe [1223]. Über die damalige Situation im Kr. Torgau sind wir leider nicht unterrichtet, doch bestand hier am GT Torgau noch 1959 und 1962 Brutverdacht, da in beiden Jahren 1 sM bis weit in den Mai hinein verhört wurde [2177]. Darüber hinaus im 20. Jh. nur noch wenige brutverdächtige Hinweise: Nach VIETINGHOFF-RIESCH hat sich im Juni–Juli 1928 so häufig ein Pärchen im Garten seines Bruders in Milkwitz/Kr. Bautzen gezeigt, daß er vom Brüten überzeugt war [690], P. WEISSMANTEL (zitiert in [1729]) versicherte, das B. am Kaupenteich bei Milstrich/Kr. Kamenz 1955 beim Nestbau beobachtet zu haben (allerdings wird die gleiche Beobachtung bei CREUTZ [3573] unter Sprosser zitiert), außerdem am 14. und 23. 05. 1923 nahe dem Wiesenteich Königswartha/Kr. Bautzen 1 sM. Weitere Brutangaben z. B. bei Saupsdorf/ Kr. Sebnitz und Grimma sind nach HEYDER [1223, 1729] unzutreffend, was wohl auch für die von HORNIG (1931) zurückgeht, wonach das B. 1900 zwischen Wittgendorf und Drausendorf/Kr. Zittau gebrütet haben soll, gelten dürfte. Seit Anfang der 1970er Jahre ist auch die Zahl der jährlichen Durchzügler stark rückläufig. Im Bez. C reduzierte sie sich z. B. auf die Hälfte (D. SAEMANN), in den Kr. Grimma, Oschatz und Wurzen nach 1972 auf ein Drittel [3903] und nach der Beringungsstatistik wurden gar 1969–72 mehr als doppelt so viel B. gefangen als in der gesamten nachfolgenden Zeit bis einschließlich 1989 (DORSCH 1994). Seither jedoch wieder Zunahme der Durchzügler und sogar einzelne Brutnachweise: 1991 futtertragender ad. am Otterbach in der Königsbrücker Heide (S. HEROLD), 1994 ♂♀ mit fl. juv. NSG Eschefeld (H. BRÄUTIGAMM u. a.), 1995 futtertragendes ♀ Weißes Lug – Zschernske/Kr. Niesky (D. WEIS).

Brutbiologie: Außer der Mitteilung von BAER [256], bei Rothenburg/Kr. Niesky am 30. 06. ausgeflogene Jungvögel und balzende ♂♂ angetroffen zu haben, liegen aus Sachsen keine brutbiologischen Daten vor.

Wanderungen: Hauptdurchzug im Frühjahr Ende März bis Ende Apr. mit Schwerpunkt in der 1. Apr.-Dekade (Abb. 49), frühester Termin 08. 03. [161], 12. 03. 1950 Freital (SCHILLING), 12. 03. 1951 bei Bautzen (G. HÖPPNER in [3573]) und 13. 03. bei Leipzig [586], spätester Termin 04. 05. 1971, aber auch der 23. 05. 1976 sowie der 22. und 23. 05. 1977 (alles Kartei Bez. C). Herbstdurchzug wurde für den 02. 08. [3573] bis 17. 10. [3207] nachgewiesen, im Kr. Zittau auch noch der 26. 10. 1981 sowie am 09. und 10. 11. 1981 1 ♀ (EIFLER und HOFMANN 1985, erg.), mit Schwerpunkt in der 2. Aug.- bis 1. Sept.-Dekade; dabei in der Oberlausitz ♂♂ nur in der Zeit vom 02. 08. bis 07. 09. , während der Durchzug von ♀♀ und diesj. wesentlich länger beobachtet wurde.

Rotsterniges Blaukehlchen – *L. s. svecica*
Der Durchzug dieser Unterart ist für Sachsen mehrfach belegt [1223, 1729], die o. a. späten Frühjahrsdurchzügler für den Bez. C sind wahrscheinlich alle dieser Unterart zuzuordnen, doch bereitet die Determination im Einzelfall nach wie vor Schwierigkeiten. Ein relativ früher Fang eines R. gelang DORSCH (1985) am 19. 04. 1963 in der Leipziger Hafenlache. Hingegen können die 3 Sichtbeobachtungen in CREUTZ [3573]: 24. 03. 1963,

05. 04. 1966 u. 09. 04. 1960 nicht als dieser Unterart zugehörig anerkannt werden.

D. SAEMANN, R. STEFFENS

Rotkehlchen – *Erithacus rubecula* L., 1758

Sommervogel, Durchzügler, Wintergast
Unterart: *E. r. rubecula* L., 1758

Verbreitung: Das R. ist als Brutvogel flächendeckend verbreitet, mit habitatbedingten regionalen Dichteunterschieden und deutlicher Ausdünnung in den absoluten Kammlagen des Erzgebirges. Auf dem Durchzug ebenfalls im gesamten Gebiet, als Überwinterer aber vor allem in den unteren Lagen und im Flachland.

Lebensraum: Wälder, Gehölze und Parks aller Art, sofern eine Strauchschicht bzw. ihr entsprechende Requisiten nicht völlig fehlen und der Boden einen gewissen Anteil vegetationsfreier Stellen aufweist. Bevorzugt werden äußere und innere Randbereiche von Mischbestockungen mit partiell dichtem Unterholz, Fußwegen sowie Feuchtstellen mit verrottendem Holz und Fallaub besiedelt. Solche Voraussetzungen sind vor allem in Bachtälchen und an Hangfüßen gegeben. Darüber hinaus entsprechen Eichen-Buchenwälder und Eichen-Hainbuchenwälder sowie Waldparks und Landschaftsgärten (vgl. Tabelle 64) den Lebensraumansprüchen des R. am besten. In Fichtenforsten ist das R. sporadisch ab Aufwuchs-, regelmäßig ab

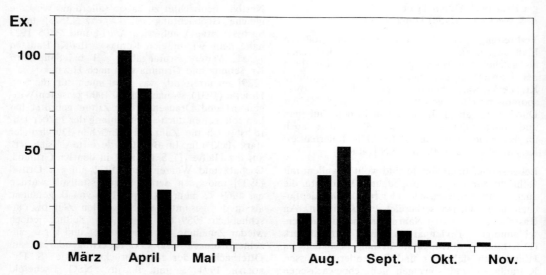

Abb. 49: Durchzugsbeobachtungen (Dekadensummen) des Blaukehlchens 1959–82, Bez. C: n = 123 (Kartei C), Bez. D: n = 260 ([3573], Kartei D, R. BÄSSLER u. a.), Bez. L: n = 57 [2435, 3903]

Tabelle 64: Präsenz und mittlere Abundanz des Rotkehlchens auf Siedlungsdichte-Probeflächen in Sachsen

Biotoptypen	Anzahl Unter-suchungen	Präsenz		Mittlere Dichte
	n	+	–	BP/10 ha
Fichtenwälder und -forste in Hoch- und Kammlagen	39	36	3	1,2
übrige Fichtenwälder und -forste	47	40	7	3,8
Kiefern-Heidewälder und -forste	15	12	3	1,2
Nadel-Laubbaum-Mischbestockungen – expon. Kuppen	3	3	0	1,9
Nadel-Laubbaum-Mischbestockungen – übrige	34	34	0	6,8
Eichen-Buchen- und Buchenwälder – unterholzarm	5	4	1	2,5
Eichen-Buchen- und Buchenwälder – übrige	16	16	0	7,0
Auwälder	20	20	0	2,4
Waldreste > 5 ha	8	8	0	8,4
Flurgehölze < 5 ha	18	10	8	2,7
Laubbaum-Jungforste und Vorwälder	38	27	11	1,7
Ödland, Ruderalflächen u. ä.	33	2	31	0,02
Agrargebiete (mit Flurgehölzanteilen)	16	7	11	0,03
Waldparks, Landschaftsparks u. ä.	11	11	0	8,1
übrige Parks, Friedhöfe und Grünanlagen	30	12	18	0,9

Dickungsstadium anzutreffen, im schwachen Stangenholz hat es sein Optimum, bewohnt aber auch völlig unterholzfreie, dicht geschlossene Baumhölzer in angemessener Dichte, wo ihm Aststummel und Baumstubben als Singwarten und Jagdansitz dienen. Analog, insgesamt aber in geringerer Dichte ist die Besiedlung von Kiefernforsten. Dagegen werden Kippenaufforstungen in der Regel erst in relativ späteren Altersstufen angenommen (DORSCH 1988), was zumindest teilweise mit der verzögerten Bodenentwicklung zusammenhängen dürfte. Exponierte Kuppen und trockene Standorte sind für das R. suboptimal. Gleiches gilt auch für Buchen-Hallenwälder mangels einer entsprechenden Strauchschicht. Ebenfalls hier einzuordnen sind Auewälder, wofür einerseits eine nicht arttypischen Ausprägung der Strauchschicht, andererseits meist zu dichte Bodenvegetation die Ursache sein mögen. Nur sporadisch besiedelt werden innerstädtische Zonen, das gilt in besonderem Maße für den bebauten Bereich, aber auch für die „gepflegten" unterholzarmen Grünanlagen. In der offenen Landschaft tritt das R. ebenfalls zurück. Feldgehölze sind zwar reich an besiedlungsfördernden Saumbiotopen, doch ist die starke Vergrasung und Verkrautung besiedlungshemmend. Auf dem Durchzug viel stärker auch im besiedelten Bereich und in der offenen Landschaft, im Winter vor allem in Parks, Gärten u. a. Grünanlagen sowie in Gewässernähe ([586, 2616, 3903] u. a.).

Bestand: Starke kurzfristige Bestandsschwankungen können Siedlungsdichteangaben erheblich beeinflussen, vor allem nach strengen Wintern oftmals deutlich niedrigere Werte. Ein längerfristiger Bestandstrend ist nicht erkennbar. Siedlungsdichte in Optimalhabitaten im Mittel 6,8–8,4 BP/10 ha, in suboptimalen Habitaten bzw. Habitatsausprägungen 0,9 bis 2,5 BP/10 ha (Tabelle 64), maximal in Waldpark (Forstbotanischer Garten Tharandt, 11,2 ha) 14,3 BP/10 ha (R. STEFFENS), jedoch auch in 1,8 ha großem Auwäldchen 5 BP (REINHARDT in [3903]). In Fichtenwäldern und -forsten der Hoch- und Kammlagen mit im Mittel 1,2 BP/10 ha nur knapp 1 Drittel der Dichte wie in vergleichbaren Bestockungen tieferer Lagen, was mit der starken Vergrasung der lichten Bestände im Kammlagenbereich erklärt werden kann, die sich durch Immissionseinwirkungen tendenziell noch verstärkt hat. Besiedlungsdichte in den einzelnen Fichten-Wuchsklassen der mittleren und unteren Berglagen: Blöße, An- und Aufwuchs, 3,6–16,1 ha, M_{11} 1,0 (0,0–2,8) BP/10 ha; Dickung und schwaches Stangenholz, 3,5–7,7 ha, M_{11} 7,6 (4,9–16,4) BP/10 ha; starkes Stangen- und Baumholz, 7,8–17,2 ha, M_{20} 3,3 (0,0–9,5) BP/10 ha ([3526], S. KRAUSE, R. STEFFENS u. a.). Im Unterschied dazu in Kippenaufforstungen und Laubbaum-Vorwäldern: im An- und Aufwuchsstadium (n = 15) keine Besiedlung, in Dickung und Stangenholz, 7,2–180 ha, M_{20} 1,4 (0,0–3,4) BP/10 ha sowie im Baumholz, 9,2–

35,1 ha, M$_5$ 4,9 (4,3–5,5) BP/10 ha ([3808, 4073], DORSCH 1988, D. LOSCHKE u. a.). Völlig unbesiedelt blieben je einmal 1 Birken-Stangenholz infolge totaler Vergrasung, 1 Buchen-Baumholz wegen fehlender Ansitz- und Singplätze, 1 Fichten-Baumholz ohne sichtbaren Grund (R. STEFFENS, [3526]). Ungeklärt ist auch, warum das R. nicht bzw. nur in sehr geringer Dichte in den Ufergehölzen des GT Torgau und der Haselbacher Teiche brütete ([2177], ROST 1989 b), obwohl vergleichbare Lebensräume sonst gut besetzt sind und die Nachtigall mit ähnlichen Lebensraumansprüchen gut vertreten war. Möglicherweise sind solche Befunde sehr aufschlußreich für Differentialdiagnosen.

Brutbiologie: Nester meist am Boden in Nischen unter Grasbüschel, Wurzeln u. ä., an Böschungen, in Wurzeltellern, Trockenmauern, Reisighaufen, Efeu usw., außerdem 5× Baumhöhlen, 15× Nistkästen und 3× in Halbhöhlen. Die Anpassungsfähigkeit der Art zeigen auch Bruten in Astquirl einer Fichte, Rasenmäher und Ofenrohr. Von 30 nicht am Boden errichteten Nestern verteilten sich 28 ziemlich gleichmäßig in bis zu 3 m Höhe, je 1 Nest befand sich in 3,7 m Höhe in einem Dohlennistkasten (G. HOFMANN) und in 4,0 m Höhe in einer Holzbeton-Nisthöhle (W. DICK). Ablage des 1. Eies von ca. 15. 04. (11. 05. 1989 6 ca. 11 Tage alte juv. in Nistkasten, H. JOKIEL, 24. 04. 1981 ad. brütet auf 6 Eiern [3903]) bis 23. 07. (17. 08. 1985 3 juv. 8 Tage alt, H. JOKIEL, 24. 08. 1969 1 BP mit 4 fl. juv. H. KELLER in [3903]), mit Schwerpunkt in der 3. Apr.-Dekade (Bez. D) bzw. 1. und 2. Maidekade (Bez. C). Juni- und Julidaten stammen aus Nachgelegen und Zweitbruten (Abb. 48). Drittbruten erscheinen möglich, wurden jedoch bisher für Sachsen nicht nachgewiesen. Gelegegröße: 1×2, 6×3, 10×4, 14×5, 20×6, 23×7, 1×8 Eier, M$_{75}$ (C 21, D 40, L 14) 5,6. Anzahl Junge: 1×1, 4×2, 10×3, 14×4, 20×5, 13×6, 8×7, M$_{70}$ (C 16, D 43, L 11) 4,7. Bei 42 vollständig kontrollierten Bruten 21% Verluste. Material: Karteien Bez. C und D, [3903] EIFLER und HOFMANN 1985, H. JOKIEL, B. ZIMMERMANN, R. BÄSSLER u. a..

Wanderungen: Erstnachweise im Frühjahr in der Regel von Anfang März bis Anfang Apr., mit Schwerpunkt in der 2./3. Märzdekade, frühester Termin am 13. 02. 1972 in Auerbach (M. THOSS), doch ist in solchen Fällen die Trennung von Überwinterern schwierig. Im langjährigen Mittel Erstankunft im Kr. Zittau und in der Westlausitz am 25. 03. (G. HOFMANN, W. THIEME) sowie im Raum Leipzig und Riesa am 23. 03. ([812], W. THIEME), am Erzgebirgsnordrand am 27. 03. [1223] und bei Eibenstock um 600 m ü. NN am 05. 04. [812]. In jüngerer Zeit für den Bez. C bzw. Kr. Zwickau M$_{10}$ jeweils 20. 03. (H. OLZMANN, Kartei Bez. C), wo-

bei aber nicht entschieden werden kann, ob es sich dabei um eine echte Verfrühung des Heimzuges oder nur um einen stärkeren Einfluß von Überwinterern auf das Ergebnis handelt. Auf dem Registrierfangplatz bei Augustusburg 1976–1980 Durchzug von Mitte März bis Mitte Mai mit 1. Gipfel Ende März/Anfang Apr. und Hauptgipfel Mitte Apr., wobei der Gesamtzeitraum möglicherweise noch nicht vollständig erfaßt wurde. In der 1. Aug.-Hälfte zunächst Wegzug der Jungvögel der Brutpopulation, der Mitte Sept. abgeschlossen ist; ab Mitte Aug. Beginn des Durchzuges von juv. und ab Mitte Sept. von ad., mit Zuggipfel in der letzten Aug.- und ersten Okt.-Dekade (SAEMANN [3814]). Am 07. 10. 1968 z. B. mindestens 110 Ex. auf dem 31 ha großen Chemnitzer Hauptfriedhof (G. RINN-HOFER). Bis Mitte Nov. klingt der Durchzug aus, und es verbleiben nur noch die Überwinterer, deren Zahl möglicherweise im Ansteigen begriffen ist [3903]. Bis heute ist für unseren Raum nicht geklärt, ob und in welchem Maße unsere Brutpopulation Anteil an der Überwinterung hat.

R. STEFFENS, D. SAEMANN, W. THIEME

Steinschmätzer – *Oenanthe oenanthe* (L., 1758)

Sommervogel, Durchzügler
Unterart: *Oe. oe. oenanthe* (L., 1758)

Verbreitung: Als Brutvogel vor allem in den klimatisch begünstigten und an artgemäßen Lebensräumen reicheren Niederungen und Flußauen Nord- und besonders Nordwestsachsens; im reinen Gefilde nur sporadischer Brutvogel, was noch deutlicher für das Bergland gilt. HEYDER [1223] berichtet über Brutzeitbeobachtungen bis in 1050 m ü. NN, in den 1960er Jahren Brutnachweise auf Bergbauhalden bis 700 m ü. NN [2570, 3207], nach Mitte der 1970er Jahre nur noch bis 400 m ü. NN (D. SAEMANN), Anfang bis Mitte der 1980er Jahre jedoch auch jährlich 1 Brutnachweis an immissionsbedingtem Großkahlschlag bei Deutscheinsiedel/Kr. Marienberg in 700–800 m ü. NN (KOLBE [4134] erg.). Auf dem Durchzug im gesamten Gebiet.

Lebensraum: Offenes, übersichtliches Gelände mit fehlender oder nur sehr lockerer bzw. randlicher Baum- und Strauchschicht, mit einem Mindestanteil unbewachsenem Boden oder lückiger bzw. kurzwüchsiger Krautschicht auf lockerem, nicht zu grobkörnigen Substrat, mit einzelnen Sitzwarten sowie als Brut- und Schlafplatz geeigneten Höhlungen (vgl. KNEIS [3901] u. a.). Solche Voraussetzungen erfüllen heute vor allem Braunkohlentagebaue, Kies- u. Sandgruben sowie ihre Randbereiche, frühe Sukzessionsstadien der Bergbaufolge-flächen, Erdaufschlüsse im Zusammenhang mit Neubautätigkeit, Steinbrüche, Erd-, Bauschutt- u. Mülldeponien, Kahlschläge in der Kiefernheide sowie Schienenstränge der Eisenbahnen. Wichtige Nistplatzrequisiten sind dabei Ablagerungen von Schrott u. Baumaterialien, Steinhaufen, Hohlräume unter Eisenbahnschwellen, Holzstapel, Reisighaufen, gerodete Stubben sowie Rasenplaggen von Pflugstreifen. Nach 1945 waren auch Trümmerfelder der Großstädte beliebte Brutplätze und überwiegend wohl noch früher auch die an Feldwegen, Lesesteinhaufen, kleinen Abgrabungen u. a. vegetationsfreien bzw. schütter bewachsenen Stellen reicher ausgestatteten Feldfluren, Brachen u. Heiden. THIELEMANN (1954) erwähnt den S. für Anfang der 1950er Jahre noch als Brutvogel in den Weinbergen Radebeuls/Kr. Dresden. Je nach Angebot regional sehr unterschiedliche Anteile der Bruthabitate: z. B. in den Kr. Altenburg u. Borna 83% Bergbaugelände u. ä. Abgrabungen, 12% Feldflur u. 5% Kahlschläge (W. STENGEL), dagegen in den Kr. Grimma, Oschatz u. Wurzen 42% Bergbaugelände u. ä., 22% Kahlschläge, 15% Muldenaue u. 10% Feldflur [3903]. Erzbergbauhalden bei Schlema/Kr. Aue waren vor allem auf der S- u. SE-Seite besiedelt (P. NEUKIRCHNER). Auf dem Durchzug ist der S. an Feldwegen u. Lesesteinhaufen, auf frisch gerodeten Kartoffel- u. Rübenschlägen, auf Äckern u. Wintersaaten, an öden Gewässerufern u. ä. Örtlichkeiten eine auffällige Erscheinung ([3903], EIFLER u. HOFMANN 1985, MENZEL 1986 u. a.).

Bestand: Kurzfristig stark schwankend und mindestens seit der Jahrhundertwende rückläufig [466, 1223], was auch für die jüngste Vergangenheit bestätigt werden kann [3062, 3207, 3901, 3903]. Dabei nach Biotoptypen differenzierte Wertung erforderlich. Im Agrarraum Rückgang seit mindestens der 2. Hälfte des vorigen Jahrhunderts durch Biotopverluste bzw. -entwertungen im Zusammenhang mit der Intensivierung der Landwirtschaft und der Aufgabe der bäuerlichen Baustoffgewinnung, wobei die Flurbereinigung und Großraumwirtschaft in den 1960er bis 1980er Jahren diese Tendenz verschärften und regional zum völligen Erlöschen der Brutvorkommen in der Feldflur führten (W. STENGEL u. a.). Sicher im 19. Jh. auch durch Aufforstung in Heidegebieten Bestandseinbußen, doch entstanden hier durch die Kahlschlagwirtschaft immer wieder neue Lebensräume ([256, 1908] u. a.), die zur regionalen Förderung des S. im Zusammenhang mit starken Holzeinschlägen nach dem 1. u. 2. Weltkrieg geführt haben dürften. In den 1970er und 1980er Jahren kam dann auf den Kahlschlägen noch die Anlage von Pflugstreifen als besiedlungsfördernd hinzu, so daß KÖCHER u. KOPSCH [3903]

für diesen Biotoptyp zu einer positiven Bilanz kamen. Mit dem neuerlichen Übergang zur naturnahen, kahlschlaglosen Wirtschaft im Walde sind diese Bedingungen aber nicht mehr gegeben. Ebenfalls bereits im vorigen Jahrhundert entstand ein verstärktes Angebot an Sekundärlebensräumen für den S.. Doch dürften diese überwiegend punktuellen, linearen oder kleinflächigen Habitate wohl in keiner Zeit den großflächigen Lebensraumverlust ausgeglichen haben. Bemerkenswert war dabei die teilweise sehr dichte Besiedlung von Gleiskörpern (z. B. LIEBE 1876), die heute in Sachsen außerhalb von Grubenbahnen nur noch eine untergeordnete Rolle spielen (z. B. [3903]), da die Brutplätze unter den Schwellen nur noch z. T. vorhanden [3901], vor allem aber die älteren Bahndämme inzwischen mehr oder weniger zugewachsen sind. Auch die Geschichte der Biotope auf Abgrabungen aller Art ist wechselvoll. In den Gründerjahren war hier Hochkonjunktur, nach der Jahrhundertwende aber Flaute, worauf möglicherweise auch der Hinweis auf nur noch spärliche Vorkommen in der Lausitz [466] mit zurückzuführen ist. Welche Auswirkungen in dem Zusammenhang die verstärkte Straßenbautätigkeit (z. B. Autobahnen) in den 1930er Jahren gehabt hat, ist nicht belegt. Nach 1945 war vor allem die Besiedlung der Trümmerfelder in den Großstädten ein Phänomen, welches im Erzgebirge in den 1950er Jahren durch jenes der Bergbauhalden abgelöst wurde. Auch hier verschwand der S. in den 1970er Jahren aber wieder weitestgehend als Brutvogel, nachdem in den 1960er Jahren der Steinkohlen- und Erzbergbau eingestellt bzw. stark eingeschränkt und Rekultivierungsmaßnahmen wirksam wurden ([3207] u. a.). Die bedeutendsten Brutvorkommen mit auch langfristig stabiler Entwicklung besitzt der S. heute im Bereich der Braunkohlentagebaue und ihrer Folgelandschaften, doch werden veränderte energiewirtschaftliche Zielsetzungen und ökologische Erfordernisse auch hier in absehbarer Zeit zu Einschränkungen führen, die durch verstärkte Bau- und Abbautätigkeit in anderen Bereichen nicht oder nur vorübergehend ausgeglichen werden können. Der S. wird deshalb in Sachsen weiter zurückgehen und in absehbarer Zeit wahrscheinlich zu den vom Aussterben bedrohten Vogelarten gehören, zumal er auch durch Aufgabe von Truppenübungsplätzen weitere Rückzugsgebiete verliert. Gesamtbestand um 1980 (Meßtischblattkartierung) 500–700 BP, wobei 250–350 auf den Bez. L (GRÖSSLER [4105] u. 1993 erg.), 200–300 BP auf den Bez. D (R. STEFFENS) u. 30–50 BP auf den Bez. C (nach SAEMANN [3207] Mitte der 1970er Jahre sogar nur 10–15 BP) entfallen; inzwischen im Erzgebirge und Erzgebirgsvorland weiterer Rückgang. Höchste Dichte in den Braunkohlerevieren im Süden von Leipzig, wo je MTB 21–

50 BP geschätzt wurden, was aufgrund der teilweisen Unzugänglichkeit des Geländes aber eher zu niedrig ist. Siedlungsdichteuntersuchungen liegen im Bezugsterritorium nur für Sekundärlebensräume vor. In einer Lehmgrube südlich von Dresden, 13 ha, 1955 u. 1962 2,1 u. 1,6 BP/10 ha [1973], im Haldengebiet nördlich Freiberg, ca. 150 ha, 1964 0,7, 1968 0,3 u. 1971–74 0,1–0,2 BP/10 ha (K. HÄDECKE u. a.), 1969 auf Steinkohlenhalden bei Zwickau, 4,5–17,2 ha, M_9 0,6(0,0–2,3)BP/10 ha (R. WENZEL u. a.), auf natürlich bewachsenen Tagebauhängen bei Leipzig, 25–37 ha, M_8 2,5 (0,8–3,4)BP/10 ha [3442], auf 23 und 40 ha großen Ruderalflächen in Chemnitz 1970 u. 1973 0,3–0,9 BP/10 ha [4178], auf kleineren Flächen (5–10 ha) auch 4–5 BP/10 ha ([1500], DORSCH 1988). Außerdem auf 2 km Haldenlänge in Schlema/Kr. Aue 1963 6 BP (P. NEUKIRCHNER), was ähnlichen Dichtewerten entsprechen dürfte.

Brutbiologie: Nester in Höhlungen von Steinhaufen, Betonteilen, Haldenmaterial, Bauschutt, Schrott u. Trockenmauern, in Erdhöhlen sowie Holz- u. Baumaterialstapeln, unter Eisenbahnschwellen, Reisighaufen sowie Rasenplaggen auf Pflugstreifen begründeter Kiefernkulturen; ferner in Dachpappenresten, Kabeltrommeln, herumliegenden Rohrteilen und in Kabelkanälen ([586, 3901], MENZEL 1986, P. NEUKIRCHNER u. a.), ausnahmsweise wohl auch in Baumhöhlen [118]. Früher häufig in Kaninchenbauen ([586], MENZEL 1986), doch sind dafür nur noch selten Voraussetzungen gegeben. Nesthöhe naturgemäß meist nahe 0 m, doch ist der S. auch in dieser Hinsicht sehr anpassungsfähig: in Holzstapeln z. B. zwischen 0,4 u. 2,5 m (MENZEL 1986) und in einer Tongrube auf einem Sims in 10 m Höhe (G. MANKA). SCHLEGEL [586] fand die Gelege vom 02. 05. bis 25. 05. Am 15. 05. 1966 Nest mit 4 juv. im beringungsfähigen Alter bei Leipzig (H. u. I. DORSCH in [3901]) und am 05. 05. 1974 futtertragender ad. bei Grethen/Kr. Grimma (W. KÖCHER in [3903]) belegen gelegentlich noch früheren Brutbeginn. Außerdem eine nicht unbedeutende Zahl an Bruten im Juni/Juli, an denen neben Nachgelegen auch ein gewisser Anteil Zweitbruten beteiligt ist [3901]. Das Ende der Brutperiode umreißen 1 Vollgelege mit 4 Eiern am 18. 07. 1967 bei Dorfchemnitz/Kr. Stollberg (G. SILBERMANN) sowie Nester mit fast fl. juv. bzw. efl. juv. vom 04. 08. bis 17. 08. ([3901, 3903], W. POICK u. a.). Gelegegröße 5–7 Eier [586], Nachgelege und Zweitbruten auch 4 Eier (G. SILBERMANN u. a.); Anzahl Nestlinge: 8×2, 18×3, 15×4, 7×5, 6×6, M_{54} 3,7 juv./Brut. Material: [3903], Karteien: Bez. C, D u. L, u. a.

Wanderungen: Erstbeobachtungen im Frühjahr Ende März bis Mitte Apr. [586], frühestens

23. 03. 1923 bei Moritzburg/Kr. Dresden (E. MAYR) u. 23. 03. 1980 Steinpleis/Kr. Werdau (J. KUPFER), im Mittel in der Oberlausitz am 17. 04. (MENZEL 1986) und im Bez. L am 19. 04. (D. FÖRSTER). Eintreffen unserer Brutvögel am Brutplatz meist im 1. Apr.-Drittel [1223] bzw. bei Schlema/Kr. Aue in der 2. Apr.-Hälfte (P. NEUKIRCHNER), Hauptdurchzug jedoch in der 1. u. 2. Maidekade ([3903], D. SCHILDE u. a.) und Ausklingen des Durchzuges Anfang Juni. Wegzug der Brutvögel ab Ende Juli (P. NEUKIRCHNER) mit Schwerpunkt in der 3. Aug.-Dekade [3207, 3903], Hauptdurchzug im Herbst Mitte [3903] bis Ende [3207] Sept. und bis Mitte Okt. ausklingend. Dadurch sowohl im Frühjahr als auch im Herbst zweigipfeliges Erscheinungsbild. Letztbeobachtungen im Herbst am 08. 11. 1970 bei Großböhla/Kr. Oschatz (H. KOPSCH in [3903]), 13. 11. 1983 bei Kömmlitz/Kr. Borna (ROST 1986) u. am 16. 11. 1979 bei Dresden (R. DAMME). Ungewöhnlich ist 1 ♀ am 10. 01. 1988 bei Reichenberg/Kr. Dresden (R. BÄSSLER), das gilt auch für die bei SCHLEGEL [586] angeführten sehr frühen Beobachtungsdaten vom 01. u. 08. 03. Im Frühjahr werden zumeist nur Einzeltiere oder kleine Gruppen bis 5 Ex. beobachtet, am 27. 04. 1968 aber z. B. 15 Ex. bei Zschorlau/Kr. Aue (R. MÖCKEL), im Herbst neben Einzelvögeln auch häufiger kleine Gruppen und Maximal 30–35 Ex. (G. EIFLER, F. GÜNTHER, H. MEYER u. a.).

R. STEFFENS, K. HÄDECKE, W. STENGEL

Steinrötel – *Monticola saxatilis* (L., 1766)

Ehemaliger Brutvogel

Vor 1850 Brutvogel im Zittauer Gebirge [579], möglicherweise im 19. Jh. auch an weiteren Örtlichkeiten (z. B. Basaltkuppe des Stolpen/Kr. Sebnitz [139]). Angaben zu Bruten im Muldetal bei Rochlitz (1885), Weinberggelände bei Lindenau/Kr. Dresden (1887 und 1891) und Blösaer Tal bei Bautzen (1887), die in den Jahresberichten der ornithologischen Beobachtungsstationen im Königreich Sachsen enthalten sind [139, 161, 196], werden von HEYDER [1223] aus verschiedenen Gründen bezweifelt. Seit der Jahrhundertwende fehlt jeder Hinweis auf den S. für Sachsen ([1223, 3062, 3207] u. a.).

R. STEFFENS

Misteldrossel – *Turdus viscivorus* L., 1758

Sommervogel, Durchzügler, in geringer Zahl überwinternd
Unterart: *T. v. viscivorus* L., 1758

Verbreitung: In Nadelwäldern regelmäßiger Brutvogel, fehlt den waldarmen Gebieten des Leipziger

Landes, des Altenburg-Zeitzer Lößhügellandes und der Lommatzscher Pflege; unter 300 m ü. NN infolge Zurückweichen der Fichte generell nur sporadisch verbreitet, aber wieder regelmäßiger in den Kiefernforsten der Lausitz sowie der Dahlener und Dübener Heide, doch mit geringerer Stetigkeit als in den Fichtenbestockungen des Berglandes. Höchstgelegener Ort mit Brutnachweis bei 1 120 m ü. NN (H. HOLUPIREK), Brutzeitbeobachtungen bis 1 214 m ü. NN (HEYDER [1223]).

Lebensraum: Durch Kahlschläge und Schneisen aufgelockerter Nadelwald und Nadel-Laubmischwald, sehr selten im reinen Laubwald, kurzzeitig auch im Erlenbruch [2668], doch in solchen Habitaten wohl nicht brütend. Optimal ist der Waldrand mit angrenzenden kurzgrasigen Wiesen und Weiden; zur Nahrungssuche auch auf Saatflächen, vegetationslosen Äckern und abgelassenen Teichflächen, im Winter und Frühjahr Konzentration auf schneefreien Südhängen, Quellwiesen, Bachtälern und Flußauen. Ansiedlungen in Parkanlagen von Ortschaften sind selten, z. B. am Stadtrand von Chemnitz [2616] und Lauter/Kr. Aue (R. MÖCKEL), Hetzdorf/Kr. Freiberg (W. WAGNER). Bewohnt im Rauchschadensgebiet des Osterzgebirges auch entnadelte Althölzer ([4134] u. a.).

Bestand: Jährlich erhebliche Schwankungen und z. T. nach kalten Wintern deutlich seltener. Bei Biehla/Kr. Kamenz, zwischen 1972 und 1982 9, 9, 11, 8, 7, 9, 5, 5, 4, 4, 6 BP, was auf leichten Rückgang schließen läßt, auch in verschiedenen Nadel-Laubbaum-Mischbestockungen der unteren Berglagen in jüngerer Zeit scheinbar unsteter (R. STEFFENS). Andernorts (EIFLER et al. 1996, SAEMANN 1994 u. a.) jedoch kein Trend erkennbar. In Immissionsgebieten der Hoch- und Kammlagen des Erzgebirges zunächst infolge Bestockungsauflichtung bzw. Holzeinschlag Bestandszunahme: bei Deutscheinsiedel/Kr. Marienberg, auf ca. 500 ha erst 4–6, dann 8–10 BP [4134], im Kahleberggebiet/Kr. Dippoldiswalde, 1975/76 5 und 1979/80 7 BP (R. STEFFENS). Mit weiterem Schadfortschritt (Abtrieb aller Stangen- und Baumhölzer) aber wieder Rückgang und schließlich nur noch sporadisch. Um 1980 (Meßtischblattkartierung) im Bezugsterritorium ca. 3 000–4 000 BP, von denen ca. 75% auf den Bez. C, aber nur ca. 3% auf den Bez. L. entfallen. Mittlere Siedlungsdichte in Fichtenwäldern und -forsten 0,2–0,4 BP/10 ha. Dies gilt sowohl für größere Untersuchungsgebiete: 310–775 ha, M_6 0,26 (0,1–0,4) BP/10 ha ([2789, 3108, 4134], R. STEFFENS), als auch für mittlere Flächen: 27–150 ha, M_{15} 0,32 (0,1–0,9) BP/10 ha (EIFLER und HOFMANN 1985, DORNBUSCH 1988, D. SAEMANN, U. ZÖPHEL u. a.) und wird auch auf Siedlungsdichteprobeflächen im Fichtenstangen- und -baumholz

bestätigt: 9,1–23,4 ha, M_{22} 0,28 (0,0–1,8) BP/10 ha ([3526], G. HOFMANN, S. KRAUSE u. a.). Etwas höhere Werte in Laubbaum-Restwäldern mit Fichtenanteil: 26–55,5 ha, M_5 0,47 (0,3 – 0,8) BP/10 ha ([2299] C. FEHSE, R. STEFFENS). Dagegen großräumige Siedlungsdichte in Kiefernforsten der Lausitzer Niederung (ca. 2 000 ha) und der Dübener Heide (ca. 4 000 ha) mit 0,02 – 0,06 BP/10 ha (J. HUTH, M. MELDE) wesentlich niedriger, was auch durch KÖCHER und KOPSCH [3903] sowie GRÖSSLER (1993) bestätigt wird und schließlich auch dadurch, daß die M. im Bez. D. auf 18 Siedlungsdichte-Probeflächen von 9–48 ha in Kiefern- und Kiefern-Laubbaumbestockungen nur 1× angetroffen wurde ([4061], C. CREUTZ, P. HUMMITZSCH, D. LOSCHKE u. a.).

Brutbiologie: Neststand im Mittelgebirge: 46× Fichte, 19× Kiefer, 3× Birke, je 1× Lärche und Holunder; im Flachland: 17× Kiefer, 3× Birke, 2× Fichte und 1× Birnbaum; 3–18 m hoch, selten darunter (mind. 1,20 m). – Gesang bei milder Witterung ab Dez., z. B. 09. 12. 1975 (W. DICK), 24. 12. 1888 [172], 31. 12. 1982 (R. u. W. MÖCKEL), 1982/83 ab Dez. auch sM im Tharandter Wald (M. GROSSMANN). Im Kr. Zwickau vernahm H. OLZMANN regelmäßig Gesang zwischen 09. 03. und 10. 06. (1965–75), bei Zwota/Kr. Klingenthal M. KÜNZEL (1972–83) zwischen 01. 03. und 28. 05., nur ausnahmsweise im Juni (spätester Nachweis am 29. 06. 1974). 2 Jahresbruten, Verteilung des Legebeginns auf Dekaden (vgl. Abb. 50); frühester Legebeginn: ca. 24. 03. (U. CONRAD, M. MELDE). Von Nestern mit Jungvögeln in der 1. Julidekade berichten MEYER & HELM [161]; S. LEISCHNIG sah noch am 04. 08. 1978 die Fütterung von 4 juv. [3903]. – Gelegegröße: 5×3, 20×4, 3×5 Eier, M_{28} 3,9 Eier/Gelege; Brutgröße: 1×1, 4×2, 10×3, 10×4, 1×5 juv. M_{26} 3,2 juv./Brut; von 21 ab Gelegestadium durchbeobachteten Bruten waren 14 erfolglos. Die M. ist Einzelbrüter, ein Nestfund in einer Wacholderdrosselkolonie (REY [349]); Nahrungsflüge bis zu einer Entfernung von 1 500 m vom Brutplatz nachgewiesen (R. MÖCKEL).

Wanderungen: Erstbeobachtungen im Vogtland vom 08. 02.–19. 03. , M_{15} 26. 02., (M. KÜNZEL), bei Oederan/Kr. Flöha Mittelwert 25. 02. [1223], im Kr. Annaberg mit 20. 02.–30. 03., M_8 12. 03. [2570] recht spät. Durchzug bis Mitte Apr., z. B. 90 Ex. am 02. 04. 1971 bei Zschorlau/Kr. Aue (R. MÖCKEL), 50 Ex. am 04. 04. 1886 bei Großenhain [148], 50 Ex. am 19. 04. 1975 bei Zwota (M. KÜNZEL). Hauptdurchzug im März bzw. von Mitte Aug. bis Ende Okt. (Abb. 51). Ab Juli Zusammenschluß zu größeren Verbänden möglich, z. B. 12. 07. 1973 30 Ex. (R. MÖCKEL), 21. 07. 1960 50 Ex. [3903], 23. 08. 1981 160 Ex. (M. KÜNZEL), 25. 08. 1889 50 Ex. [178], 14. 09. 1970 100 Ex.

(S. ERNST). Es dominieren jedoch kleine Trupps, mittlere Truppgröße im März 2,3, von Aug. bis Okt. 5,4 (M. KÜNZEL, R. MÖCKEL). Letztbeobachtungen im Gebiet vom 06. 10.–12. 11., M_{10} 24. 10. (M. KÜNZEL), im Kr. Annaberg 27. 10.–18. 11., M_7 30. 10. [2570]. 1976/77 im Gesamtgebiet auffällig häufig überwinternd (im Bez. C in diesem Winter 74% aller Dez.- und Jan.-Nachweise), 1982/83 blie-

ben M. im oberen Vogtland bis Ende Jan. (M. KÜNZEL). Winternachweise bis 750 m ü. NN (G. IHLE). Überwinterer sind meist Einzelvögel (in den Kr. Grimma, Oschatz und Wurzen 27×1, 12×2, 2×3 und 2×9 Ex., [3903]), nur selten Trupps bis 10 Ex. (M. MELDE), zuweilen mit anderen Drosselarten vergesellschaftet.

R. MÖCKEL, M. MELDE, R. STEFFENS

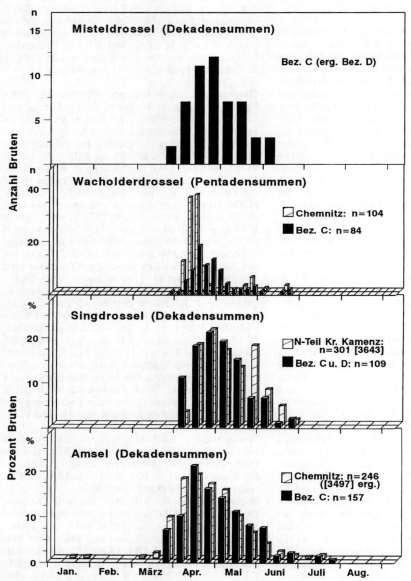

Abb. 50: Brutphänologie (Ablage 1. Ei – rückgerechnet) von Mistel-, Wacholder- u. Singdrossel sowie Amsel

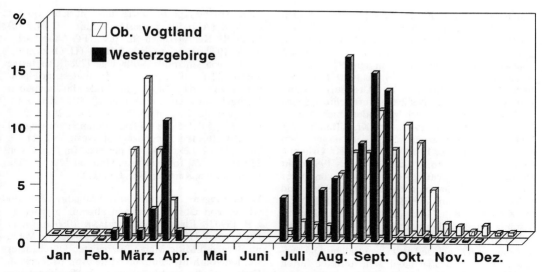

Abb. 51: Prozentuale Verteilung der Durchzugsbeobachtungen der Misteldrossel (Dekadensummen) im Oberen Vogtland (n = 7 199) und im Westerzgebirge (n = 1 481)

Wacholderdrossel – *Turdus pilaris* L., 1758

Sommervogel, Durchzügler, Wintergast

Verbreitung: Die im 19. Jh. aus NE-Europa eingewanderte W. erreichte um etwa 1820 das heutige Sachsen. Wichtige Stationen waren nach HEYDER [1804]: um 1820 bei Delitzsch (J. F. NAUMANN), 1832 im Raum Görlitz (R. TOBIAS), 1854 „schon seit einigen Dezennien" in der Lößnitz bei Dresden (A. DEHNE), 1851 bereits 5–6 Jahre in der Umgebung von Crimmitschau/Kr. Werdau (F. SCHACH) und 1847 bei Eibenstock/Kr. Aue (C. A. HAAKE); außerdem 1841 und 1842 erstmals Bruten bei Langenleuba/Kr. Altenburg, 1848 Kleintauschwitz/Kr. Schmölln und 1850 Rußdorf/Kr. Werdau (HÖSER 1989 a). Danach wohl rasch allgemeine Ausbreitung [1223], so daß die W. heute Brutvogel in ganz Sachsen ist, allerdings mit Schwerpunkt im Mittelgebirgsgürtel und seinem Vorland und zunehmender Ausdünnung zum reinen Lößgefilde und Tiefland hin, wo ihr Vorkommen zumeist an Flußauen, Teichgruppen u. ä. Feuchtgebiete gebunden ist und im Leipziger Land, in der Lommatzscher Pflege sowie im Sächsisch-Niederlausitzer Heideland teilweise auch größere Lücken aufweist. Höhenwärts regelmäßig bis 950, nicht selten aber auch bis 1 100 m ü. NN [1223, 2570].

Lebensraum: Als Baumbrüter der offenen Landschaft bevorzugt die W. die Nähe feuchter, kurzrasiger Wiesen, die maximal bis 1 000 m vom Brutplatz entfernt sind [2984] und worin auch die von SAEMANN [2984] nachgewiesene Präferenz für Ge-

wässernähe ihre Begründung findet. Demzufolge im Hügel- und Flachland vorwiegend in Flußauen, an Teichgruppen u. ä. Feuchtgebieten, während Höhenrücken und Riedelgebiete nur suboptimal sind, die bei Bestandszu- bzw. -abnahme später besiedelt und auch früher wieder aufgegeben werden (HÖSER 1989 a). Nistgehölze sind dabei in der Regel Laubbaumbestockungen, Ufergehölze, Auwaldreste und Feldgehölze sowie Baumbestände der Ortsrandlagen, Friedhöfe, Parks und Alleen. Im Gebirge auch an den Rändern der Nadelwälder und naturgemäß weniger an Auen gebunden. Das Innere geschlossener Waldungen wird in allen Regionen gemieden. Seit den 1960er Jahren in verschiedenen Gebieten stärkere Hinwendung zu den Ortslagen (z. B. [1604]). Die von SAEMANN [2984, 3207] für Chemnitz geschilderten Verhältnisse der Besiedlung städtischer Lebensräume sind für andere sächsische Großstädte (z. B. Leipzig, Dresden) bisher nicht bzw. nicht in dem Maße nachweisbar. HÖSER (1989 a) ist außerdem der Meinung, daß im ländlichen Raum auch schon früher in siedlungsnahen Gehölzen gebrütet wurde und dies heute durch Gehölzbeseitigung in offener Landschaft nur stärker auffällt bzw. erzwungen wird und nicht als Urbanisierungstendenz gewertet werden kann.

Bestand: Erhebliche kurzzeitige und mittelfristige Schwankungen. Nach der ersten Expansionswelle wohl schon um die Jahrhundertwende wieder deutlicher Rückgang und vielerorts nur spärliche Beobachtungen zwischen (1920) 1930 und 1950 (1960) ([2239, 3903], HÖSER 1989 a u. a.). Kolonien in Optimalhabitaten, z. B. bei Oederan [1223], aber auch über den gesamten Zeitraum besetzt. In den (1950er) 1960er Jahren wieder deutliche Bestandszunahme in Sachsen, zeitgleich mit der 2. Expansionswelle in Westeuropa und in den 1970er Jahren erneut Rückgang ([2984], EIFLER und HOFMANN 1985, HÖSER 1989 a), der im Altenburger Land 1986 vorerst seinen Tiefststand erreichte (HÖSER 1989 a), in Chemnitz zumindest nicht weiter fortsetzte (SAEMANN 1994), im Kr. Zittau in der 2. Hälfte der 1980er Jahre wieder ausgeglichen wurde (EIFLER et al. 1996) und in den Kr. Grimma, Oschatz und Wurzen in dieser Form bis 1981 nicht nachweisbar war [3903]. Abweichend davon in der Lausitzer Niederung vor allem in den 1940er und 1950er Jahren häufigere Brutnachweise (M. MELDE, KRÜGER 1986). Geschätzter aktueller Gesamtbestand (Meßtischblattkartierung 1978–82) 6000–10000 BP, von denen reichlich 70% auf den Bez. C und nur ca. 8% auf den Bez. L entfallen. Die zwischen Berg- und Flachland sehr differenzierten Verhältnisse kommen auch in folgenden, pro 100 km^2 berechneten Werten zum Ausdruck: Erzgebirge und Teile des Erzgebirgsvorlandes 100–400 ([2984], MTB-Kartierung), Südlausitz 40–80 (EIFLER und HOFMANN 1985), Altenburger Land 30–60 (HÖSER 1989 a), Nordsächsisches Platten- und Hügelland 2–3 [3903], Sächsisch-Niederlausitzer Heideland 0,5–2 BP (MTB-Kartierung); im Altenburger Land außerdem auf ca. 25 km^2 1967–75 47–79 BP und 1978–86 9–32 BP sowie pro km Bach- bzw. Flußaue 1963–77 M_{18} 3,1 und 1978–86 M_{22} 1,3 BP (HÖSER 1989 a). Kleinflächige Siedlungsdichte in Gehölzen wenig aussagefähig, da nicht selten auf 0,5–1 ha Kolonien von 10–30 BP existieren, deren Bruthabitat aber mehr oder weniger große Nahrungsräume der Umgebung einschließt. Unter Berücksichtigung dieser ermittelte SAEMANN [2984] für ausgewählte Brutkolonien in Chemnitz 3,3–4,7 BP/10 ha, später [3207] werden diese Angaben auf 0,4–8,0 BP/10 ha erweitert.

Brutbiologie: Überwiegend Koloniebrüter, nur 17,1 bzw. 23,3% der Ansiedlungen Einzelbruten; Koloniegröße im Mittel 3,6–8,4 BP ([2984], HÖSER 1989 a), maximal 30 BP (K. HOFMANN, M. MELDE), in der Kläranlage Chemnitz-Heinersdorf bis 48 BP [2984]. Die Wahl der Nistbäume entspricht im Altenburger Land etwa dem standorttypischen Angebot (HÖSER 1989 a), Laubbäume werden in Chemnitz Koniferen jedoch eindeutig vorgezogen [2984], zum Bergland hin zunehmender Anteil Fichte, die in Kammlagen, wohl auch mangels ausreichender Alternativen, dominieren kann (R. STEFFENS); bei Biehla/Kr. Kamenz wurde die Kiefer als Nistbaum bevorzugt (M. MELDE). Neststand meist 3–10 m hoch, minimal 1,5 (C. SCHLUCKWERDER), maximal 22 m, M_{250} 7,2 m. Ablage des 1. Eies von Ende

März/Anfang Apr. bis Mitte Juni, mit Schwerpunkt im Apr. (Abb. 50); frühester Termin: 30. 04. 1970 Ellefeld/ Kr. Auerbach fl. juv. (FG Auerbach), 07. 04. 1972 Zwickau ad. brütet (H. OLZMANN), 05. 04. 1965 Chemnitz Vollgelege [2984]; spätester Termin 22. 06. 1982 (Bez. C). Zumindest im Flach- und Hügelland bei Brutbeginn Ende Mai/Juni neben Nachgelegen auch Zweitbruten ([2984, 3903] u. a.). Gelegegröße: 2×2, 6×3, 11×4, 42×5, 28×6, 2×7 Eier, M_{91} 5,0; Gelege < 5 Eier stammen vorwiegend aus Zweitbruten. Jungenzahl im Nest: 3×2, 11×3, 20×3, 35×4, 12×5, M_{81} 4,5 juv/Brut. Im Bez. C von 22 Bruten 32% Totalverluste. Material: [2984, 3903], KRÜGER 1986, Karteien Bez. C und D.

Wanderungen: Ankunft im Frühjahr, die oft schwer von Überwinterungen abgrenzbar ist (vgl. z. B. [3903], EIFLER und HOFMANN 1985 u. a.) im Flach- und Hügelland Ende Febr./Anfang März, im Bergland Mitte März. Die meisten Durchzügler werden von Mitte März bis Mitte Apr. beobachtet. Ende Apr. bis spätestens Anfang Mai klingt der Durchzug aus. Im Aug. werden bereits wieder Trupps bis zu 50 Ex. beobachtet, welche als (ziehende?) Familienverbände einheimischer Kolonien [2570] gedeutet werden können. Der eigentliche Durchzug beginnt dann im Sept. und führt ab Mitte Okt. zum Teil zu erheblichen Rastbeständen, die in Abhängigkeit vom Nahrungs- (Beeren-) Angebot sowie von der Witterung zum Teil längere Zeit verweilen und regional den ganzen Winter überdauern können ([1223, 2570, 3903], EIFLER und HOFMANN 1985 u. a.). Die Stärke der Einflüge kann von Jahr zu Jahr erheblich schwanken. Nach Erschöpfung der Beerennahrung bleiben meist nur wenige Vögel zurück [2570]. Einzelne W. überwintern auch trotz Dauerfrost und Schneelage im Bereich menschlicher Siedlungen und nutzen dann das dortige Nahrungspotential [2884, 3903]. Truppstärke der Durchzügler in der Regel bis 100 Ex., gelegentlich aber auch Ansammlungen bis zu 1000 Ex. (EIFLER und HOFMANN 1985, KRÜGER 1986); maximal wurden beobachtet: vom 15.–20. 12. 1960 2000 bei Milkwitz und Luppdubrau/ Kr. Bautzen (G. CREUTZ in KRÜGER 1986), 03. 02. 1983 3000 Eubaer Höhe bei Chemnitz (D. SAEMANN), 06. 01. 1980 ca. 5000 bei Schmölen/ Kr. Wurzen (S. BAUCH in [3903]), 15. 12. 1974 6000–7000 Muldenwiesen von Wurzen bis Canitz (W. MÜNCH in [3903]). Vor allem im Herbst und z. T. im Winter mit Rotdrossel vergesellschaftet. Im Bez. D bestanden entsprechende Zug- bzw. Rastgesellschaften (n = 6293) aus 62% W., 33,6% Rotdrosseln, 3,2% Singdrosseln, 0,8% Amseln und 0,4% Misteldrosseln. Den Mischverbänden können außerdem bis zu 7% Stare beigesellt sein (M. MELDE, R. PÜRSCHEL).

R. STEFFENS, M. MELDE, D. SAEMANN

Naumanndrossel – *Turdus naumanni* Temm., 1820

Seltener Gast
Unterart: *T. n. eunomus* Temm., 1831

Nach STRESEMANN u. THOMSEN (1954) ältester von NAUMANN untersuchter Beleg von November 1804 Fundort nicht Dessau, sondern Dresden. Ein ♂ mit Fundort Nossen/Kr. Meißen befindet sich im Mus. Dresden [117, 1223]. Eine neue Beobachtung am 15. 12. 1987 Crimmitschau/Kr. Werdau (E. TYLL).
D. SAEMANN, R. STEFFENS

Bechsteindrossel – *Turdus ruficollis* Pall., 1776

Seltener Gast
Unterart: *T. r. ruficollis* Pall., 1776

Mitte Okt. 1836 1 dj. bei Radeberg/Kr. Dresden gefangen [60, 197], HEYDER [1223] hat den Beleg im Mus. Dresden selbst gesehen.
D. SAEMANN

Singdrossel – *Turdus philomelos* C. L. Brehm, 1831

Sommervogel, Durchzügler, Wintergast
Unterart: *T. ph. philomelos* C. L. Brehm, 1831

Verbreitung: Die S. ist im gesamten Gebiet verbreitet, einschließlich der Gipfellagen des Erzgebirges.

Lebensraum: Bevorzugt analog der Amsel unterholzreiche Baumbestände mit vegetationsfreien bzw. kurzrasigen Bodenpartien u. ä., ist jedoch nicht so anpassungsfähig und weniger weit in den urbanen Bereich vorgedrungen wie diese. Sie fehlt demzufolge meist in City, Wohnblock- und Neubaugebieten sowie auf Kahlschlägen, Ödland und Ruderalflächen bzw. kommt in letzteren nur vor, sofern bereits ausgeprägtere Gehölzpartien vorhanden sind. Sie besiedelt deshalb Jungforste in der Regel auch erst nach der Amsel (DORSCH 1988, R. STEFFENS). Auch in Agrargebieten und ländlichen Siedlungen tritt die S. wegen ihrer höheren Anforderungen an den Gehölzbestand stärker zurück, kann in größeren Waldresten und Flurgehölzen auf Grund von Randeffekten jedoch beachtliche Dichtewerte erreichen (Tabelle 65).

Tabelle 65: Präsenz und mittlere Abundanz von Amsel und Singdrossel auf Siedlungsdichte-Probeflächen in Sachsen

Biotoptypen	Anzahl Untersuchungen n	Amsel Präsenz +	–	Mittl. Dichte BP/10 ha	Singdrossel Präsenz +	–	Mittl. Dichte BP/10 ha
Fichtenwälder und -forste	72	54	18	0,9	53	19	0,8
Kiefernforste	13	9	4	0,8	10	3	1,1
Nadel-Laubbaum-Mischbestockungen	34	34	–	5,6	34	–	3,9
Buchen-Hallenwälder	5	1	4	0,2	–	5	–
Laubmischwälder Hügelland	6	6	–	5,3	6	–	2,8
Auwälder	21	21	–	3,6	21	–	1,8
Restwald, Waldreste, Flurgehölze	69	62	7	9,3	35	34	4,6
Laubbaum-Jungforste und Vorwälder	34	30	4	2,2	23	11	0,8
Ödland, Ruderalflächen u. ä.	32	19	13	0,5	7	25	0,08
Agrargebiete (mit Flurgehölzanteilen)	16	12	4	0,3	9	7	0,04
City, Wohnblock- und Neubaugebiete	17	16	1	2,4	–	–	–
Gartenstadt und dörfliche Siedlungen	23	23	–	11,5	19	4	1,5
Parks, Friedhöfe u. a. Grünanlagen	38	38	–	13,8	23	15	3,0

Bemerkenswert ist ferner eine Bevorzugung der Randbereiche von Fichtenforsten im schwachen Stangenholzalter.

Bestand: Unter den Drosseln nach der Amsel häufigste Brutvogelart in Sachsen. Wie diese zunächst Waldvogel und dann Vordringen in Städte u. a. Siedlungen, allerdings zeitlich etwas später (um die Jahrhundertwende) und zögerlicher [1223], in den 1950er Jahren gar rückläufig [1729], dann aber wieder Zunahme [3903]. Rückgang der Siedlungsbrüter gibt auch KRÜGER (1986) für die Oberlausitz an. In den letzten 2 Jahrzehnten jedoch in den meisten Gebieten kein erkennbarer Bestandstrend ([3903], EIFLER und HOFMANN 1985, EIFLER et al 1996, SAEMANN 1994 u. a.). Die Siedlungsdichteunterschiede sind in vergleichbaren Habitaten nicht so groß wie bei der Amsel (Tabelle 65). In Nadelwäldern und -forsten sind beide Arten etwa gleich häufig, in Kiefernforsten scheint die S. sogar etwas häufiger zu sein. Das gilt auch für Fichte im schwachen Stangenholz: M_5 6,3 (4,7–7,6) BP/10 ha (R. STEFFENS). Ansonsten ist das Dichteverhältnis zwischen S. und Amsel in Nadel-Laubbaum-Mischbestockungen etwa 1:1,5, in Laubmischwäldern sowie Waldresten und Flurgehölzen etwa 1:2, in Agrargebieten etwa 1:7, in Stadtgebieten etwa 1:10–1:15 und in ländlichen Siedlungen etwa 1:20. Bei gebietstypischer Kombination der Hauptlebensräume resultiert daraus großräumig eine etwa gleiche Dichte beider Arten in den Heidegebieten des Tieflandes – wie sie MELDE [3643] auch für den Nordostteil des Kr. Kamenz nachgewiesen hat –, eine etwas höhere Dichte der Amsel in den Hoch- und Kammlagen sowie deutliche Dominanz der Amsel im Hügelland, den Flußauen und unteren Berglagen.

Brutbiologie: Nester an Gebäuden u. ä. künstlichen Strukturen sowie am Boden weit seltener als bei der Amsel und anteilmäßig ohne Bedeutung. Im Vergleich zu dieser stärkere Präferenz für Koniferen (insbesondere Fichte): Nordostteil des Kr. Kamenz 89 (60)% [3643], Hohburger Berge, Dahlener Heide, Wermsdorfer Forst 62 (33)% (S. LEISCHNIG und N. SCHLÖGEL in [3903]), Chemnitz 56 (49)% (Kartei Bez. C), Städtischer Friedhof und Urnenhain Chemnitz 78 (42)% [2059], Stadt- und Landkreis Dresden 46 (29)%, im Stadtgebiet Dresden mangels entsprechender Gehölze jedoch nur 21 (5)% (Kartei Bez. D). Mittlere Höhe Neststand im Gegensatz zur Amsel vom Wald in Richtung Siedlung sinkend: Hohburger Berge, Dahlener Heide, Wermsdorfer Forst M_{232} 3,0, Nordostteil Kr. Kamenz M_{317} 2,4, Stadt- und Landkreis Dresden M_{48} 2,2, Chemnitz M_{106} 2,1. Ursache dafür ist, daß die für die S. optimalen Strukturen im Wald (z. B. Fichte schwaches Stangenholz)

höher sind als die in Parks (z. B. Sträucher und Hecken). Bei Amsel wäre in vergleichbaren Habitaten mit einem ähnlichen Trend zu rechnen, doch wird das durch die innerstädtischen und Gebäudebruten, die bei der S. keine Rolle spielen, überlagert. Generell in vergleichbaren Habitaten mittlerer Neststand, bei S. etwas höher als bei der Amsel (im Nordostteil des Kr. Kamenz um 0,4 m, in Dresden ohne Gebäudebruten um 0,6 m), da die Amsel im Vergleich zur S. häufiger zwischen 0–1 m brütet: Nordostteil des Kr. Kamenz 17:4%, in Dresden (ohne Gebäudebruten) 27:13% (Quellen s. o.). Ablage des 1. Eies von Anfang Apr. bis Ende Juni, mit Schwerpunkt 1. April- bis 2. Maidekade (Karteien Bez. C u. D). Zweit- und Nachbruten Ende Mai und Juni, die jedoch nur bei MELDE [3643] ein zweigipfliges Verteilungsmuster ergeben (Abb. 50). Früheste Bruten: 22. 04. 1989 4–5 nackte juv. (B. ZIMMERMANN), 06. 04. 1967 Falkenhain Gelege mit 2 Eiern [3903], späteste Bruten: 22. 07. 1978 3 juv. im Nest (J.-D. KNÖCHEL), 13. 08. 1974 fl. juv. (H. Olzmann), damit deutlich kürzere Brutperiode als bei der Amsel. Gelegegröße: 3×2, 39×3, 233×4, 169×5, 3×6, 1×7 Eier, M_{488} 4,3. Ähnlich wie bei der Amsel kaum regionale, aber geringere jahreszeitliche Differenzierung: Apr. M_{166} 4,1, Mai M_{189} 4,5, Juni M_{52} 4,1. Jungenzahl im Nest: 1×1, 7×2, 22×3, 76×4, 39×5, 1×6, M_{146} 4,0 juv./Brut ([3643, 4903] Karteien Bez. C u. D). Von 45 durchgängig kontrollierten Bruten im Stadt- und Landkreis Dresden 44% Totalverluste (Kartei Bez. D).

Wanderungen: Erstbeobachtung Ende Febr./Anf. März; frühestens am 09. 02. 1975 Claußnitz/Kr. Chemnitz (W. WEISE), 10. 02. 1980 Grethen/Kr. Grimma (W. KÖCHER in [3903]) und 12. 02. 1974 Sosa/Kr. Aue (R. MÖCKEL), spätestens um den 15.–18. 03.; im Mittel in der Oberlausitz (1959–82) M_{24} 07. 03. (KRÜGER 1986), im Bez. C (1965–83) M_{19} 01. 03. (D. SAEMANN), Zwickau (1966–75) M_{10} 07. 03. (H. OLZMANN), Kr. Annaberg M_8 07. 03. [2570]. Dagegen früher bei Oederan/Kr. Flöha M_{32} 14. 03. [1223], in der Südlausitz 18. 03. [1071] und bei Eibenstock 23. 03. [498], was möglicherweise auf gewisse Veränderungen im Zugverhalten hindeutet. In den Kr. Grimma, Oschatz und Wurzen Erstbeobachtung 4× 3. Febr.-; 9× 1., 7× 2. und 3× 3. Märzdekade [3903]; rastende Trupps vor allem Mitte März–Mitte Apr., mit Schwerpunkt 3. Märzdekade und Ende Apr. ausklingend; Truppstärke meist >10 – <50 ([3903], R. PÜRSCHEL u. a.); ausnahmsweise im März auf der Winterflucht auch 80, 200 und 500 S., vergesellschaftet mit Wacholder- und Rotdrossel (H. ZÄHR in KRÜGER 1986). Wegzug ab Mitte Aug., Durchzug vor allem Ende Sept.–Ende Okt., mit Truppstärken bis zu >100 Ex. und wenigen Nachweisen bis Mitte

Nov. ([3207, 3903] u.a.).; am 08.12.1970 noch 50 Ex. Pobershau/Kr. Marienberg (K. ZAPF). Nach MAKATSCH [581] um Bautzen öfters überwinternd, was von HEYDER [1223] kritisch bewertet wird. Auch heute ist das Überwintern immer noch eine sehr seltene Erscheinung, doch ist eine leichte Zunahme in den zurückliegenden 3 Jahrzehnten (ca. 50 Beobachtungen vor allem im Hügel- und Flachland) zu verzeichnen, die in einigen Fällen auch bereits die Abgrenzung zu Erst- und Letztnachweisen erschwert.

R. STEFFENS, M. MELDE

Rotdrossel – *Turdus iliacus* L., 1766

Durchzügler, Wintergast, ausnahmsweise Brutvogel
Unterart: *T. i. iliacus* L., 1766

Vorkommen: Im gesamten Gebiet regelmäßiger und häufiger Durchzügler sowie seltener Wintergast. 2 Brutversuche: 1975 im Frauenbachtal bei Neuhausen/Kr. Marienberg, in ca. 30jährigem 2 bis 3 ha großen Fichtenwaldrest bei 650 m ü.NN, auf Randfichte (D. u. V. GEYER in [3207]) sowie 1981 im Wittgendorfer Wald/Kr. Zittau, in altem Laubholzmischbestand vor allem aus Eiche und Birke mit teilweise ausgeprägter Strauchschicht/Hasel bei 380 m ü.NN, 4 m hoch auf Eiche (HOFMANN 1985). Im ersten Fall registrierten die Beobachter die Anwesenheit des Paares von Mitte Apr. bis Ende Juni, wobei zwischen 10. und 21.05. sogar 2 sM auftraten. Die Brut verlief offenbar negativ, doch sind leider keine näheren Untersuchungen angestellt worden. Im zweiten Fall wurde das Nest von G. HOFMANN am 30.05. gefunden, beinhaltete am 07.06. 1 Ei und war am 13.06. wieder leer. Außerdem 1 sM bis 11.06.1966 in Erlensumpf im NSG Wildenhainer Bruch (REINL 1968).

Lebensraum: Zur Zugzeit im Herbst vor allem in Feldgehölzen und an Wald- und Straßenrändern mit Ebereschen und Weißdorn; doch nach VIETINGHOFF [690] bei Massenauftreten der Forleule auch in Kiefernheiden. Im Frühjahr dann mehr auf Wiesen und an Wiesen und Teiche grenzenden Gehölzen.

Wanderungen: Überwiegend – vor allem im Herbst – Nachtzieher und dann oft vergesellschaftet mit Singdrosseln. Am Tage besonders im Winter in Gemeinschaft von Wacholderdrosseln, wobei letztere fast immer dominieren. Der Einfall beginnt frühestens am 10.09. (1960 150 Ex. – D. SAEMANN und 1889 Totfund – HÖPPNER in [178]) und ausnahmsweise (falls keine Übersommerer) schon am 01.09. (1963, 1 Ex. mit gebrochenem Unterschnabel Satzung/Kr. Marienberg – H. NESTLER in [2814], 24.08. (1974, 1 Ex. Grumbach/Kr. Hohenstein-E. – H. MEYER) oder sogar 21.08. (1968, 1 Ex. sowie 4 Ex. am 02.09. gefangen bei Hainichen/Kr. Eilenburg – G. SCHULZE in [2767]) jedoch im Mittel 1964–72 im Bez. L M$_9$ 30.09. [2113,

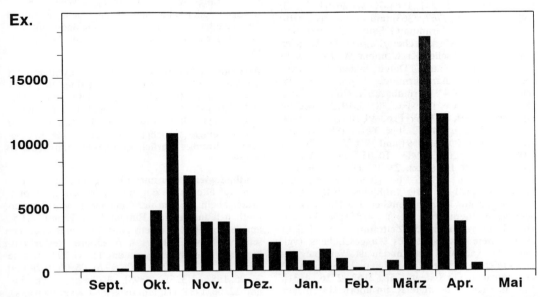

Abb. 52: Durchzugsbeobachtungen (Dekadensummen) der Rotdrossel in Sachsen ([2113, 2333, 2435, 2666, 2767, 3363, 3903], EIFLER u. HOFMANN 1985, Kartei Bez. C, R. PÜRSCHEL, M. SCHINDLER u.a.)

2333, 2435, 2666, 2767, 3363], im Bez. C 1957–82 am M_{26} 05. 10. (allein 12× zwischen 05. und 07. 10. – Kartei Bez. C) und in der Oberlausitz M_{35} 11. 10. (M. MELDE). Hauptdurchzug in den Bez. L und D in der 3. Okt.- und im Bez. C in der 1. Nov.-Dekade, mit kleineren Truppstärken (max. 200 bis 400 Ex.) als im Frühjahr (Abb. 52). HEYDER [1223] und NICKEL [3202] zählten jedoch am 01. 11. 1932 2 450 bzw. am 29. 10. 1969 675 ziehende R. in einer Stunde. Spätestens in der 2. Dez.-Dekade läßt der Zug dann wieder deutlich nach, und je nach Beerenangebot verweilen dann Trupps noch eventuell bis in den Jan. hinein und länger. Doch sind echte Überwinterungen selten, und der Tiefpunkt ist in den beiden letzten Febr.-Dekaden zu verzeichnen. Unter Einbeziehung sämtlicher Quellen ([2113, 2333, 2435, 2666, 2767, 3363, 3903], EIFLER & HOFMANN 1985, Kartei Bez. C und Material FG Freital) beträgt der Anteil der Dez.-Beobachtungen 8% (6 748 Ex.) und der der Jan.- und Febr.-Beobachtungen 5,8% (4 885 Ex.) des Gesamtdurchzuges, wobei im Bez. C allein auf Jan./Febr. 1977 2 100 Ex. (61,1% aller Beobachtungen in dieser Zeit) entfallen. Der Rückzug beginnt in der 1. und erreicht seinen Höhepunkt in der 3. Märzdekade mit Maximaltruppstärken von zweitausend (26. 03. 1972 Herwigsdorf/Kr. Löbau, W. POICK), sechstausend (24. 03. 1970, Biehla/Kr. Kamenz, M. MELDE) und einigen Tausend (29. 03. 1970, Claußnitz/Kr. Chemnitz, W. WEISE in [2895]). Er ist im Mittel beendet in der Oberlausitz M_{35} 16., (M. MELDE), im Bez. C 1963–82 M_{20} 22., (Kartei Bez. C) und im Bez. L 1964–72 M_9 26. 04. [2113, 2333, 2435, 2666, 2767, 3363] und spätestens am 10. (1975, Döben/Kr. Grimma G. FEHSE in [3903]) und 13. 05. (1970, Markkleeberg/Leipzig D. FÖRSTER und 1971, Nimbschen/Kr. Grimma W. KÖCHER in [3363]). Noch spätere Daten lassen Übersommerung oder Brüten vermuten: 4 bzw. 10 Ex. 25. und 26. 05. 1974 Grumbach/Kr. Hohenstein-E. (H. MEYER) sowie je 1 Ex. 20. 05. 1972 Zwickau (B. SEIFERT), 04. 06. 1969 Prödel/Leipzig (D. FÖRSTER in [3363]), 04. 05. bis 09. 06. 1957 Biehla/Kr. Kamenz (MELDE 1959) und 19. 07. 1959 Torgau [3062]. Außerdem 1987 16. 05. bei Coswig/Kr. Meißen (R. BÄSSLER), 23. 05. TG Niederspree (M. STRIESE) u. 08. 06. bei Kemnitz/Kr. Löbau (W. POICK) je 1 sM. Die Frühjahrs- (März/Apr.) überwiegen nur leicht gegenüber den Herbstbeobachtungen (Sept. bis Dez.): 40 844 : 38 734, auf Grund des viel kürzeren Zeitraumes im Frühjahr aber höhere Intensität des Zuggeschehens (vgl. Abb. 52). Nach den Ringfunden ist Weiterzug bis Frankreich (6), Italien (4), Belgien (1), Spanien (1) und Portugal (1) belegt [752, 2167, 2716, 4131]. Eine in Sachsen beringte R. im übernächsten Jahr (Ende Mai) in Grusinien wiedergefunden.

S. ERNST, M. MELDE

Weißbrauendrossel – *Turdus obscurus* Gmel., 1789

Seltener Gast

Bei Struppen/Kr. Pirna 1 W. VON RABE geschossen und 1845 in einer Sektionsversammlung der Dresdener „Isis" vorgelegt [50, 1223]; am 06. 04. 1963 Zschornau/Kr. Kamenz unter rd. 100 Wacholderdrosseln 1 W. längere Zeit aus ca. 30 m Entfernung mit Fernglas (15×50) beobachtet (M. MELDE).

D. SAEMANN, R. STEFFENS

Ringdrossel – *Turdus torquatus* L., 1758

Unregelmäßiger Brutvogel, Durchzügler
Unterarten: *T. t. torquatus* L., 1758 – Durchzügler
T. t. alpestris (C. L. Brehm, 1831) – Brutvogel

Verbreitung: Bv auf kleiner Fläche am Fichtelberg oberhalb 1 000 m ü. NN; ab 1981 auch Nachweise jenseits der Staatsgrenze. Einzelvögel am 05. 08. 1976 SW Satzung/Kr. Marienberg, 850 m ü. NN (D. SAEMANN) u. 21. 08. 1982 SE Carlsfeld/Kr. Aue, 920 m ü. NN (R. MÖCKEL) könnten von der Fichtelbergpopulation stammen.

Lebensraum: Brutplätze in teils dichten, teils lückigen Fichtendickungen sowie im Fichtenbaumholz, das in dieser Höhenlage nur von geringem Wuchs ist. Nahrungssuche auf kurzrasigen Wiesen, Kahlschlägen oder ähnlichen Freiflächen. Rastende Durchzügler meist in offenem Gelände mit Gebüsch oder in der Nähe von Wald- und Gehölzrändern.

Bestand: Anhaltspunkte für Bruten existieren für die Jahre 1903–1905, 1913/14, 1921 oder 1922 [305, 318, 317, 449, 1091, 1153, 1223, 1359], 1968, 1970–1972; ab 1975 bis 1988 fast alljährlich Brutnachweise ([3251, 3895] erg.). Für die Zeit vor 1903 gibt es einige unsichere Hinweise. Der Brutbestand schwankt jährlich geringfügig um etwa 10 Paare.

Brutbiologie: Nester nur in Fichte: in jüngeren 1,6–3 m, auf älteren bis 6 m hoch und gern in Wipfelbruchgabeln. Beginn der Eiablage 1. Mai- bis vermutlich 1. Junidekade: Einmal das 1. Ei am 14. 05.; am 28. 05. 1975 in einem Nest Eier und eben geschlüpfte juv. (J. LOOSE). 6 andere Nester enthielten 3 Eier bzw. 3 juv. am 11. 06. 1977 und je 5 juv. am 22. 05. 1975, 07. 06. 1976, 06. 06. 1979 und 21. 05. 1983 ([3251, 3895], J. GEORGI). Fl. juv. am 12. 06. 1981 (H. HOLUPIREK, J. KRETZSCHMAR), 22. 06. 1984 (H. KREISCHE), 22. 06. 1985, 08. und 09. 06. 1988 (H. HOLUPIREK). Ein „junges, blutkieliges Stück" am 23. 07. 1904 [1091]. 14 Jahre ohne Hinweise auf Zweitbruten rechtfertigen die Annahme, daß solche im Erzgebirge ausbleiben.

Wanderungen: Ankunft im Brutgebiet etwa zwischen Mitte Apr. und Anfang Mai, stets erst nach zumindest stellenweisem Ausapern. Bereits im Juli gelingen am Fichtelberg meist keine Beobachtungen mehr. Ausnahmen: 2. Hälfte Aug. 1921 oder 1922 6–7 R. [1359]; nach J. KRETZSCHMAR mehrfach R. 1. Aug.-Hälfte, Ende Sept. und je 1 Ex. 18., 19. und 20. 10. 1981. Letztere können jedoch Durchzügler gewesen sein. H. GÄBLER beobachtete R. „bis Mitte Nov." – Heimzug deutlich stärker ausgeprägt als Wegzug [2558, 3452], im Verhältnis etwa 4 : 1. Ältere Beobachtungen stammen überwiegend aus dem Herbst, was wohl mit der Jagd zu erklären ist. Von W nach E besteht eine auffällige Abnahme der Durchzugsfrequenzen: im Bez. C etwa 200, Bez. L ca 70 und Bez. D lediglich zwischen 20 und 30 Ex. beobachtet. Hauptdurchzug im Apr., mit Häufung in dessen 2. Hälfte; vor dem 01. Apr. nur wenige Daten: 12. 03. 1974 Bad Brambach/Kr. Oelsnitz 1 (K. HANDTKE), 14. und 20. 03. 1954 Schmochtitz/Kr. Bautzen 1 [1367], 24. 03. 1972 Ehrenfriedersdorf/Kr. Zschopau 1 (H. KÖHLER), 28. 03. 1981 Satzung/Kr. Marienberg 1 ♂ (K. GEDEON), 30. 03. 1975 Chemnitz 1 ♀ (D. SAEMANN), 30. 03. 1980 Wittgendorf/Kr. Zittau 1 ♂ [3758], 31. 03. 1924 Schneeberg/Kr. Aue mind. 1 (F. HEILFURTH). Letzte Heimzugbeobachtungen im Mai: 18. 05. 1975 Schlettau/Kr. Annaberg 1 (R. FLATH), 21. 05. 1956 Taucha/Kr. Leipzig 1 [1449]. Wegzug von Anfang Okt. bis Mitte Nov.: 01. 10. 1978 NSG Großhartmannsdorf 1 (P. KIEKHÖFEL); 15. 11. 1969 SB Windischleuba 1 ♂ [2764], 20. 11. 1980 Zittau 1 ♀ (EIFLER und HOFMANN 1985). Spätherbst- und Winteraufenthalt ist wiederholt belegt: Einzelvögel am 08. 12. 1973 Auerbach/Kr. Stollberg (S. WEISS), 26. 12. 1979 Raschau/Kr. Schwarzenberg (J. ANGER), 03. 01. 1923 Rochlitzer Berg [555], 05. 01. 1974 Rübenau/Kr. Marienberg 1 Ex. fangen (G. DITTRICH), 18. 01. 1968 Zoo Leipzig [2767], 29. 01. 1977 Lautengrund bei Marienberg (K. ZAPF). Meist rasten Einzelvögel oder kleine Trupps bis 10 Ex., selten mehr: 13. 04. 1963 am Fichtelberg ca. 20 (U. SCHUSTER), 26. 04. 1981 bei Satzung/Kr. Marienberg 9 ♂♂ und 3 ♀♀ (H. STRASSBURG). Truppstärke und Anzahl beobachteter Ex. steigen mit zunehmender Höhenlage [3452]. Rastdauer gewöhnlich kurz, im Frühjahr max. 10, im Herbst bis zu 14 Tage [3903]. Durchzügler sind wohl überwiegend *T. t. torquatus* zuzuordnen, 1 ad. ♂ vom Fichtelberg, geschossen 10. 06. 1904 [1223] gehörte zu *T. t. alpestris*, was auch auf die gegenwärtigen Brutvögel zutreffen dürfte.

H. HOLUPIREK, K. GRÖSSLER, M. MELDE

Amsel – *Turdus merula* L., 1758

Jahresvogel, Sommervogel, Durchzügler, Wintergast
Unterart: *T. m. merula* L., 1758

Verbreitung: Die A. ist im gesamten Gebiet verbreitet.

Lebensraum: Bevorzugt Mosaik unterholzreicher Baumbestände und offenerer Bereiche, vegetationsfreier bzw. kurzrasiger Bodenpartien sowie feuchter schattiger Standorte mit verrottendem Laub u. a. Pflanzenresten. Diese Voraussetzungen sind vor allem in Parks und Gartenstadt gegeben sowie außerhalb des urbanen Bereiches in Laubmisch- und Laub-Nadelmischwäldern, in Randbereichen zu Jungwäldern (Dickung/schwaches Stangenholz), an Waldrändern, in Bachtälchen sowie Uferbereichen von Stand- und Fließgewässern. Darüber hinaus zeichnet sich die A. durch ein hohes Anpassungsvermögen aus, was u. a. in der regelmäßigen Besiedlung von City sowie Wohnblockzone und Neubaugebieten (Gebäudebruten), Kahlschlägen, Ödland und Ruderalflächen zum Ausdruck kommt. In der offenen Landschaft reichen oft schon wenige Bäume und Büsche sowie einzelne Gebäude zur Ansiedlung aus, in der Sächsischen Schweiz bewirken Felsbruten eine Erhöhung der Abundanz in ansonsten nur dünn besiedelten Nadelbaumbestockungen (D. LOSCHKE). In unterholzfreien (bzw. -armen) sogenannten Buchen-Hallenwäldern kommt die A. allerdings nicht bzw. nur sporadisch vor (vgl. Tabelle 65).

Bestand: Die Einwanderung seit dem siebenten Jahrzehnt des vorigen Jahrhunderts in sächsische Städte und nach gewissem Zeitabstand auch in kleinere Orte hat der A. zu einer beträchtlichen Zunahme verholfen [1223]. Sicher ist damit auch eine Besiedlung suboptimaler Offenlandbereiche (z. B. kleine Gehölzgruppen) und möglicherweise auch eine solche stärkere von Laub- sowie Laubmischwäldern einhergegangen, denn als ursprünglicher Waldvogel wird sie vor allem mit Fichten- und fichtenbeteiligten Mischwäldern in Verbindung gebracht [86, 1223], in denen sie aber heute meist viel seltener ist. Inzwischen scheinen sich seit Jahrzehnten stabile Verhältnisse eingestellt zu haben. Zumindest ist längerfristig kein Bestandstrend erkennbar ([3903], EIFLER und HOFMANN 1985, EIFLER et al. 1996, SAEMANN 1994 u. a.), abgesehen von kurzzeitigen erheblichen Populationsschwankungen durch Winterverluste u. ä. ([3903] u. a.). Mittlere Siedlungsdichte in Nadelwäldern und -forsten relativ niedrig: M_{85} 0,9 (0,0–4,7) BP/10 ha ([3526, 4061], D. SAEMANN, U. ZÖPHEL u. a.), in Fichtenforsten der Kammlagen des Osterzgebirges großräumig z. T. auch nur 0,2–0,4 BP/10 ha

(DORNBUSCH 1988, R. STEFFENS u. a.), in fichtendominierten Bestockungen des Wittgendorfer Waldes (315–390 m ü. NN, 128,3 ha) dagegen 4,2 BP/10 ha (G. HOFMANN), woran Waldrandlagen und Laubbaum-Beimischungen sicher mit Anteil haben. Generell höhere Werte in Fichten-Jungforsten (Dickung/schwaches Stangenholz) M_{11} 4,9 (0,0–14,6) BP/10 ha, maximal 3 sM auf 2,1 ha (R. STEFFENS u. a.), in Laubbaum-Jungforsten und Vorwäldern nur M_{34} 2,2 (0,0–6,6) BP/10 ha ([3808, 4073], REINL 1968 u. a.). Hauptgrund für die geringeren Abundanzwerte in den Laubbaum-Jungbeständen dürfte unzureichende Strauchraumausprägung und Vergrasung, auf Kippen auch erst beginnende Bodenbildung sein. Sind auf Kippen und Halden durch Bodenmelioration und strukturreiche Pflanzungen diese besiedlungshemmenden Faktoren gemildert, so können dem Fichten-Jungforst vergleichbare Dichten auftreten M_{18} 4,6 (1,4–6,6) BP/10 ha (DORSCH 1988, R. WENZEL u. a.). Auf Kahlschlägen sowie im An- und Aufwuchs nur M_{17} 0,3 (0,0–1,4) BP/10 ha (G. EIFLER, U. ZÖPHEL u. a.), analoge Dichten auch auf Ödland, Ruderalflächen u. ä. (vgl. Tabelle 65). In unterholzreichen Laub-Nadel- und Laubmischbestockungen M_{61} 4,5 (1,2–14,4) BP/10 ha (ERDMANN 1989 b, P. HUMMITZSCH u. a.). Die im Vergleich mit den Laubmischwäldern des Hügellandes deutlich niedrigeren Abundanzen im Auewald (vgl. Tabelle 65) dürften dabei mit stärkerer Ausprägung der Krautschicht und möglicherweise auch nur suboptimalem Strauchraum zusammenhängen. Auf Grund von Randeffekten deutlich höhere Dichtewerte in Waldresten und Flurgehölzen: M_{69} 9,3 (0,0–20,1) BP/10 ha ([3903], W.-D. GRÜNELT, S. RAU u. a.), maximal 6 sM auf 3,0 ha (G. EIFLER). Solche Randeffekte sind auch für die stets kleinen Probeflächen in den o. a. Fichten-Jungforsten zu beachten. Noch höhere Siedlungsdichte in Parks, Kleingärten und Gartenstadt M_{63} 13,7 (4,4–35,6) BP/10 ha ([2059, 2896], W. WEGER u. a.) maximal 10 sM in einem 2,8 ha großen Kleinpark und 3 gleichzeitig besetzte Nester in einem 0,2 ha großen Wohngrundstück in Dresden (R. STEFFENS); ferner in dörflichen Siedlungen M_6 8,1 (3,6–17,2) BP/10 ha ([2896], G. HOFMANN u. a.), in City, Wohnblock und Neubaugebieten M_{17} 2,4 (0,0–10,3) BP/10 ha ([2515, 3445, 3634] u. a.). In Intensiv-Obstanlagen M_3 1,7 (1,4–2,3) BP/10 ha (R. WENZEL u. a.) aber auch 5 BP auf ca. 2,4 ha (J. WEISE).

Brutbiologie: Nistplatzwahl äußerst variabel und stark vom örtlichen Angebot abhängig; in Chemnitz und Dresden 24 bzw. 23% an oder in künstlichen Strukturen ([3497], Kartei Bez. D): City, Neubauviertel und Wohnblockzone 61%, Gartenstadt und Vororte 30%, Kleinparks 12% und Großparks u. ä. 2% [3497]; analoge Brutplätze sind Felsbän-

der und -nischen in Steinbrüchen sowie den Sandsteinformationen der Sächsischen Schweiz. Unter den natürlichen Brutplätzen dominieren Laubgehölze in den zentralen Wohngebieten und Kleinparks von Chemnitz [3497], bei entsprechendem Koniferenanteil ist jedoch eine Präferenz für verschiedene Nadelgehölze zu erkennen: Städt. Friedhof und Urnenhain Chemnitz 69%, darunter Thuja 31% [2059], Nordostteil Kr. Kamenz 56%, darunter Fichte 34% [3643]; im Stadt- und Landkreis Dresden nur 22% und im Stadtgebiet von Dresden unter 10% der Nestfunde in Koniferen (Kartei Bez. D). Im Nordostteil des Kr. Kamenz außerdem von 333 Nestern 30 in Wurzelballen umgestürzter Bäume, 15 in Reisighaufen, 10 an Hauswand und 5 Bodennester, 1 Nest befand sich auf einer einzelnen Seggenkaupe, knapp 10 cm über dem Wasser und etwa 5 m vom Ufer eines Teiches entfernt [3643]. Weitere Angaben zu einzelnen Nistplätzen siehe auch KRÜGER (1986). Neststand 0–15 m hoch mit Schwerpunkt (40–50%) zwischen 1–2 m, erheblichem Anteil (15–20%) < 1 m und nur 10–15% >3 m ([3643], Kartei Bez. D); die mittlere Höhe nimmt vom Wald in Richtung Siedlung zu: Nordostteil Kr. Kamenz M_{270} 2,0 m [3643], Stadt- und Landkreis Dresden M_{89} 2,3 m (Kartei Bez. D), Kleinparks und Wohnblockzone Chemnitz M_{85} 2,8 m [3497]. Ursache dafür sind der Anteil Gebäudebruten, die i. d. R. durchschnittlich in größerer Höhe stattfinden (Kartei Bez. D) sowie die spezifischen Habitatbedingungen in innerstädtischen Kleinparks u. a. Gehölzen [3497]. Hier in Abhängigkeit vom Belaubungszustand außerdem im März M_{21} 3,8 m und im Mai M_{29} 2,1 m [3497]. Ablage des 1. Eies von Anfang März bis Mitte Juli, mit Schwerpunkt im Apr. [3497, 3643], regelmäßig 2 Bruten sind durch 2. Gipfel im Mai (Kartei Bez. D, [3643]) angedeutet bzw. durch differenzierten Brutbeginn und hohen Anteil Ersatzbruten verschleiert [3497]. Ein kleiner Pik im Juli ([3497, 3643], Kartei Bez. D) schließt Drittbruten ein (Abb. 50). Früheste Bruten: 07. 03. 1977 4 fl. juv. Chemnitz-Hilbersdorf (K. GEDEON), 03. 03. 1972 und 1977 Vollgelege (EIFLER und HOFMANN 1985); späteste Bruten: 11. 09. 1980 Nest mit 4 Eiern, aus denen am 13. 09. die juv. schlüpften (G. EIFLER und D. SPITTLER in KRÜGER 1986), am 04. 10. 1984 Nestbau in Chemnitz, am 06. 10. 1 Ei 0,2 m Nest, danach aufgegeben (D. KRONBACH). SAEMANN [3497] beschreibt eine Winterbrut am Busbahnhof Chemnitz, bei der am 08. 01. 1975 das frischgebaute Nest und vom 04. 02.–14. 02. Fütterung beobachtet wurde. Später sind die juv. aber wahrscheinlich verhungert. Am gleichen Ort auch am 12. 01. und 18. 01. 1974 Nestbau [3497]. Gelegegröße: 3×1, 6×2, 110×3, 332×4, 231×5, 8×6, 1×7 Eier, M_{691} 4,2, kaum regionale, jedoch deutliche jahreszeitliche Differenzierung: Febr./März M_{16} 3,8, Apr. M_{310} 4,0, Mai M_{218} 4,5, Juni M_{94} 4,3 und Juli M_{13} 3,9; Jungenzahl im Nest: 6×1, 29×2, 63×3, 116×4, 65×5, 1×6, M_{270} 3,7 juv./Brut. Von 307 Bruten im Bez. C 58% Totalverluste. Der Bruterfolg steigt von 19% im März über 37% im Apr. und 45% im Mai auf 58% im Juni und 73% im Juli (D. SAEMANN/Kartei Bez. C).

Wanderungen: Da die A. bei uns Sommer- und Jahresvogel sowie Durchzügler und Wintergast ist und sich bei hoher Schneelage z. T. in Siedlungsgebieten konzentriert, sind die Verhältnisse recht unübersichtlich. Ab Ende Juli bis Anfang Febr. Ansammlungen bis zu 50 Ex. an Nahrungsplätzen wie Obstanlagen, beerentragende Gehölze, Mülldeponien u. ä. ([3903], R. STEFFENS), in Chemnitz bevorzugte Überwinterungsbiotope Parks, Gärten, Friedhöfe und sonstige Gehölze im Stadtbereich, hier z. T. erhebliche Ansammlungen von Okt.–Dez. lassen Zuzug vermuten [2616]. In der Leipziger Hafenlache begann 1971–77 starker Zuzug in der 2. Sept.-Hälfte, der bis in den Okt. hinein anhielt (DORSCH 1985). Vor allem in Koniferenbeständen von Parks und Friedhöfen bzw. siedlungsnahen Waldrändern, ferner aber auch in Schlehengebüsch und Schilf Schlafplätze, an denen sich im Herbst max. 100–300 A. ansammeln [2059, 3903] und die über Jahrzehnte beibehalten werden sollen [2120]. ♂♂-Überschuß im Winter legt vor allem Wegzug von dj. und ♀♀ nahe, für dj. ist das für Sachsen bzw. die Oberlausitz mehrfach belegt [1223, 1777, 2417], außerdem als Zeitraum Aug. bis Okt. und als Überwinterungsgebiet der Südwesten Europas. Über eine am 13. 01. 1979 im Winterquartier in England beringte und am 10. 06. 1979 in Pöhla/Kr. Schwarzenberg wiedergefundene A. berichtet OESER [3657].

R. STEFFENS, M. MELDE, D. SAEMANN

Bartmeise – *Panurus biarmicus* (L., 1758)

Seit 1959 seltener Gast, nach 1990 sporadisch Brutvogel, Durchzügler, Wintergast
Unterart: *P. b. biarmicus* (L., 1758)

Vorkommen: Vor 1959 nur für 1865 und 1885 unsichere Feststellungen bei Löbau [148, 449, 1223]. Seither folgende Nachweise: 06. 05. 1959 1 ♂ SB Windischleuba [1788, 2550], später angezweifelt [3062]; 31. 08. 1969 1 ♀-farbig NSG Großhartmannsdorf (P. KIEKHÖFEL in [2895]), 16. 10. 1971 3 B. am GT Torgau (L. GEORGI in [3062]), 23. 10. 1971 1 ♂♀ am Göttwitzsee/Kr. Grimma (BORNACK in [3363, 3903]), 30. 11. 1974 1 ♂♀ Tschernitz-Teich/Kr. Kamenz [3590], 08. 02.– 05. 03. 1975 1–4 B. SB Windischleuba [3239], 07. 06. 1976 1 ♂ TG Niedergurig (H. ZÄHR in

BLÜMEL 1990 b), 01. 10. 1978 4 ♂♂ und 4 ♀♀ im Schilf des Göttwitzsees nach S ziehend (A. LÜTGE in [3903]), 22. und 23. 10. 1978 1 dj. ♂ am SB Helmsdorf (B. SEIFERT in [4003]), 05. 11. 1978 1 ♂ SB Windischleuba (D. FÖRSTER, A. WEBER), 06. 11. 1978 3 ♂♂ und 2 ♀♀ auf Dunghaufen bei Kurort Hartha/Kr. Freital (A. GOERS und R. SCHNEIDER), 01. 02. 1981 etwa 20 B. südl. Trebsen/Kr. Grimma (K.-G. WEBER in [3903]), 26. 10. 1985 Restloch Großzössen 1 ♂♀ (ROST et al. 1987). Je 1 Ex. am 30. 09. 1984 bei Torgau (H. LÖCHER) und am 29. 10. 1988 in Kulkwitz/Kr. Leipzig (H. DORSCH) beringt. Nur wenige km nördlich unseres Bezugsterritoriums, im NSG Dubringer Moor, 1982–85 jährlich mehrere Beobachtungen und 1983 Nestfund mit juv. (K.-H. KOWAR). Nach stärkeren Einflügen ab 1990 in den Folgejahren auch an weiteren Örtlichkeiten in Sachsen Brutnachweise, z. B. 1992 Nestfund GT Torgau (F. RÖSSGER) sowie ad. während der Brutzeit u. mit fl. juv.: 1994/95 Kulkwitzer Lachen/Kr. Leipzig (F. HOYER), 1995 NSG Eschefelder Teiche (H. BRÄUTIGAM) u. 1996 NSG Litzenteich (O. HEINZE). Außerdem inzwischen > 100 B. an Kulkwitzer Lachen gefangen u. beringt (D. HEYDER).

R. STEFFENS

Schwanzmeise – *Aegithalos caudatus* (L., 1758)

Jahresvogel, Durchzügler, Wintergast

Verbreitung: In allen Naturräumen des Tieflandes, der Lößregion und der unteren Berglagen, bevorzugt jedoch in feuchtgebietsreichen Landschaften (z. B. Dübener Heide, Oberlausitzer Heide- und Teichgebiet), Fluß- und Bachauen sowie im Vorland der Mittelgebirge. Im gewässerarmen Gefilde (z. B. Delitzscher Land, Altenburg-Zeitzer Lößhügelland, Mittelsächsisches Lößhügelland, Großenhainer Pflege, Zittauer Becken) zumindest zeitweilig Verbreitungslücken. Bergwärts am liebsten den Flußtälern folgend [1223]. Bereits um 400 m ü. NN werden die Bruten immer spärlicher und solche oberhalb 600 m ü. NN zu Ausnahmen: Bruchberg bei Olbernhau/Kr. Marienberg, mind. 600 m ü. NN 1952 juv. [1634], Pöhlberg bei Annaberg 1959 Nest mit juv. bei 660 m ü. NN [2570] und 1960 bei 680 m ü. NN [2168], Schloßgarten von Schönberg/ Kr. Oelsnitz 1983 Nestfund ebenfalls bei 680 m ü. NN (J. SCHULENBURG). Mehrfach Brutzeitbeobachtungen außerdem bei 780 m ü. NN, z. B. 18. 06. 1983 bei Rübenau (D. SAEMANN) und 12. 05. 1985 bei Seiffen/Kr. Marienberg (J. SCHULENBURG). Außerdem am 05. 04. 1985 2 Sch. bei Neuhausen/Kr. Marienberg, in 820 m ü. NN (J. SCHULENBURG).

Lebensraum: In erster Linie feuchte, reich strukturierte Mischwälder (z. B. Brüche, Auwälder), aber auch andere Wälder, Parks, Friedhöfe, Teichdämme, Ufergehölze, größere Gartenkomplexe u. ä. Das Nest steht gern in – meist niedrigen – Fichtengruppen oder Einzelfichten. Unterholzfreie Fichten- und Kiefernmonokulturen werden in der Regel gemieden oder nur im Randbereich zu Jungbeständen besiedelt. Außerhalb der Fortpflanzungszeit auch in Baumbeständen der Dörfer und Städte, in Alleen und dgl..

Bestand: Starke räumliche und zeitliche Schwankungen (z. B. [2880]); Mitte der 1960er Jahre in NW-Sachsen auf Siedlungsdichte-Probeflächen im NSG Elster-Pleiße Auwald und NSG Zadlitzbruch in mehreren BP nachgewiesen ([2549], REINL 1968), auf denen sie heute nicht mehr vorkommt (ERDMANN 1989, J. HUTH), im TG Kreba auf 150 ha 1958 12 BP, seit 1985 nur noch 2–3 BP (R. KRAUSE in BLÜMEL 1990 b); in den Kr. Grimma, Oschatz und Wurzen außerdem 1976–82 geringere Anzahl und Stärke der im Herbst und Winter umherstreifenden Trupps als 1958 bis 1975 [3903]. Ob darin ein genereller Bestandsrückgang zum Ausdruck kommt, ist fraglich, denn auch im Nordteil des Kr. Kamenz waren die Bestandszahlen in der 2. Hälfte der 1970er und 1980er Jahre niedrig, Anfang der 1970er und in der 1. Hälfte der 1980er Jahre aber hoch ([2880], MELDE 1990), so daß es sich auch um zufällig in Hoch- und Tiefphasen mittelfristiger Schwankungen fallende Erscheinungen handeln kann. Im Kr. Zittau (EIFLER und HOFMANN 1985, EIFLER et al. 1996) sowie in Chemnitz (SAEMANN 1994) scheint zumindest kein längerfristiger Trend erkennbar zu sein. Großräumige Dichte gering, im Kr. Zittau 0,1–0,2 BP/100 ha (EIFLER und HOFMANN 1985, EIFLER et al. 1996), für Stadt- und Landkreis Leipzig ähnliche Werte (StUFA Leipzig 1995), in Chemnitz mit 0,06–0,08 BP/100 ha noch deutlich niedriger [2616]. Höhere Werte vor allem bei entsprechendem Gewässer- sowie Naß- und Auwaldanteil: in der Dübener Heide 0,5–0,8 BP/100 ha (Rasterkartierung 1994, J. HUTH u. a.), im Oberlausitzer Heide- und Teichgebiet insgesamt mindestens 0,6, in Teichgebieten mindestens 1,0 BP/100 ha (Rasterkartierung 1993–95, D. WEIS u. a.), ähnliche Werte bei Biehla/Weißig im Kr. Kamenz mit M_{15} 0,6 und erheblicher Schwankung von 0,2–1,7 BP/ 100 ha (MELDE 1990), bei Bestandserfassung in der nordwestl. Leipziger Aue 1995 1,1 BP/100 ha (R. EHRING u. a.) und im Königsholz/Kr. Zittau, 1982 0,7 BP/100 ha (EIFLER und HOFMANN 1985). In das Gesamtbild ordnen sich auch 1–5 BP im Tal der Freiberger Mulde zwischen Rechenberg-B. und Lichtenberg ein (J. SCHULENBURG). Auf Siedlungsdichte-Probeflächen in Waldhabitaten unter Be-

rücksichtigung aller Flächen (mit und ohne Sch.-Vorkommen) ergeben sich folgende Werte pro 100 ha: Fichtenwälder und -forste M_{72} 0,1, Kiefern- und Laub-Nadelmischbestockungen M_{47} 0,9, Laub- und Laubmischwälder des Hügel- und Berglandes M_{20} 1,4, Auwälder und Aue-Parks M_{24} 2,9. Die höchsten Dichtewerte wurden mit 2 und 3 BP auf 35 ha 1966 und 67 im NSG Zadlitzbruch (REINL 1968) M_6 1,0 (0–2) BP auf 10 ha 1974–76 und 1984–86 im Kurpark Bad Düben/Kr. Eilenburg (MÜLLER 1989) und in Leipzig-Rosental mit 4 BP auf 29 ha 1974 (K. TUCHSCHERER) ermittelt. Am 24. 05. 1970 fand C. LOMMATZSCH in der Kläranlage Chemnitz 2 mit juv. besetzte Nester im Abstand von nur 150 m.

Brutbiologie: Schwarmauflösung und Reviergründung nach bereits vorher erfolgter Verpaarung ab 1. Märzdekade, nach SCHLEGEL [586] im klimabegünstigten NW-Sachsen bereits an milden Januartagen. Die letzten schwachen Trupps sieht man in der 1. Apr.-Dekade. Nestbau bzw. Transport von Nistmaterial zwischen 14. 03. und 20. 05., in NW-Sachsen bereits im Febr. begonnene und vollendete Nester [586] bzw. am 01. 03. 1972 [3903]. Nester auf Fichte (55×), Kiefer (31×), Eiche (13×), Birke (11×), Erle (9×), Pappel (6×), Holunder und Wacholder (je 5×), Weide und Apfelbaum (je 4×), Weiß- bzw. Rotdorn und Schlehe (je 3×), Esche, Eibe und Ulme (je 2×), Tanne, Hainbuche, Lebensbaum, Stechfichte, Pflaume, Rotbuche und Schneebeere (je 1×). 13×wird „Unterholz und Gerank" wie Hopfen und Efeu angegeben. Neststandort bis zu 20 m hoch: im Bez. C M_{58} 4,6 m; im N des Kr. Kamenz M_{91} 6,7 [2880], in den Kr. Grimma, Oschatz und Wurzen M_{28} ca. 7,0 und im Kr. Zittau waren die Nester durchschnittlich 5,7 m hoch angelegt. Bodennester fanden MELDE [2880] und MARTIN [3385], ersterer auch ein Nest 2,20 m hoch im Wurfboden einer umgestürzten Birke. Vollgelege zwischen 03. 04. und 23. 06. Gelegegröße: evtl. sogar 14 Eier (SCHLEGEL [586]), sonst 4×6 (Vollgelege ?), 1×7, 1×8, 5×9, 14×10, 10×11, 9×12 und 10×13 Eier, M_{54} 10,6; Jungvögel im Nest zwischen 26. 04. und 13.6., Anzahl der juv. im Nest: 1×2, 1×3, 4×4, 1×5, 5×6, 7×7, 5×8, 3×9, 7×10, 5×11, 1×12, 1×13, M_{41} 7,9. Junge außerhalb des Nestes zwischen 04. 05. und 22. 07. Zweitbruten nicht nachgewiesen, doch deuten späte Gelege und Junge darauf hin. Auffallend viele Nester werden zerstört.

Wanderungen: Bereits Ende Juni/Anfang Juli sieht man die ersten Trupps (Jugendschwärme). Ab Anfang Okt. nimmt die Stärke der Verbände zu, überschreitet aber 30–40 Vögel wohl nur ausnahmsweise: W. KIERSKI beobachtete etwa 200 Sch. [749], K. HOFMANN ca. 150 Sch. am 04. 02. 1973 bei Wittgendorf/Kr. Zittau (EIFLER u. HOFMANN 1985), W.-D. BEER über 100 Sch. am 29. 08. 1965 im Wildenhainer Bruch. Sie lösen sich etwa ab 1. Märzdrittel auf, die letzten sind bis in die 2. Apr.-Dekade hinein zu sehen. Die Gesellschaften verlassen offensichtlich das engere Gebiet nur unwesentlich, denn die wenigen Wiederfunde deuten auf Ortstreue unserer Brutvögel. Ein von H. DORSCH am 22. 04. 1979 in Rohrbach-Belgershain/Kr. Grimma beringtes ad. ♀ wurde am 06. 05. 1980 6 km N tot gefunden [3903]. Daran, daß Zuzug von Angehörigen der östl. Unterart *A. c. caudatus* (L.) erfolgt, „kann kaum ein Zweifel bestehen" (HEYDER [1223]), doch gibt es dafür bisher nur wenige Hin- bzw. Nachweise: Zwischen Mitte Okt. und Ende Nov. 1956 beobachtete MELDE [2880] täglich größere Flüge (zwischen 50 und 300 Vögeln je Trupp), die auch weite freie Flächen in W-Richtung passierten; am 22. 10. 1980 fing D. SAEMANN auf dem Registrierfangplatz Augustusburg/Kr. Flöha 4 S., die sicher als *A. c. caudatus* bestimmt wurden. Über das zahlenmäßige Verhältnis der Weißköpfe zu den Streifenköpfen stellten STRESEMANN (1919), HILDEBRANDT (1919) und SCHLEGEL (1921) Untersuchungen an Bälgen an. Bei allen drei Autoren überwogen, unter Anerkennung von Mischphasen, die Weißköpfe. Im Kr. Zittau dominieren im Winter diese ebenfalls (EIFLER und HOFMANN 1985). Im Bez. C aus den Jahren 1967–89 für die Spanne zwischen 16. 08. und 15. 03. Angaben zu 272 Weißköpfen und zu 166 Streifenköpfen, während der Fortpflanzungszeit 15 Mischpaare, aber zum zahlenmäßigen Verhältnis der beiden Kleider zueinander nur unzureichende Hinweise. Im Bez. L waren von 22 BP bei 6 BP beide Partner weißköpfig, bei 3 BP beide Partner streifenköpfig und 13 BP Mischpaare (F. HOYER, N. SCHLÖGEL). Ebenfalls bei Brutvögeln zählte MELDE [2880] in der Westlausitz zwischen 1955 und 1972 147 Weißkopfpaare, 22 Mischpaare und 1 Paar aus 2 streifenköpfigen Partnern. Vielleicht unbemerkter Zuzug kann das Verhältnis im Winter weiter zugunsten der Weißköpfe verschieben.

H. HOLUPIREK, N. SCHLÖGEL, R. STEFFENS

Beutelmeise – *Remiz pendulinus* (L., 1758)

Sommervogel, Durchzügler
Unterart: *R. p. pendulinus* (L., 1758)

Verbreitung: Die B. nistet gegenwärtig in wechselnder Dichte im Flach- und Hügelland und punktuell auch an entsprechenden Örtlichkeiten der unteren Berglagen. Am geschlossensten besiedelt sind die Teichgebiete der Oberlausitz und die Flußauen von Neiße, Röder, Elbe, Mulde, Pleiße und Weißer Elster, letztere vor allem dort, wo sie durch Altwässer, Teiche, Stauseen u. ä. ergänzt werden. Neben dem Bergland größere Verbreitungslücken vor allem im gewässerarmen Lößhügelland (Karte 24), in NW-Sachsen und in der Westlausitz Bearbeitungslücken. Höchstgelegene Nistplätze Oberer Mühlteich Unterlosa/Kr. Plauen (ca. 420 m ü. NN – S. ERNST) und NSG Großhartmannsdorfer Großteich (491 m ü. NN – P. KIEKHÖFEL u. a.).

Lebensraum: Die Nester befinden sich vorwiegend in den mit Schilf, Rohrkolben und Laubgehölzen bewachsenen Ufer- und Verlandungszonen der Gewässer, so an Teichen, Stauseen und Altwässern der Flüsse, in Kiesgruben, Lehm-, Ton- und Moorausstichen und Restlöchern der Kohletagebaue, auch in röhrichtlosen, ruderalen (Brennesseln u. a.) flußbegleitenden Gehölzgruppen der Auen (Elbe, Röder, Zwickauer Mulde, Pleiße u. a.). Nestfunde an isolierten kl. röhrichtlosen Teichen im Grünland sind Ausnahmen auf dem Gipfel der Besiedlungswelle (z. B. 1982 an 0,1 ha Teich bei Taubenheim/Kr. Meißen – J. KEGEL). Seit ca. 1985 verstärkt Ansiedlung in flußferneren, bis ca. 500 m vom Gewässer entfernten Gehölzen (bei Altenburg, Glauchau, Dresden-Tolkewitz). Zur Zugzeit halten sich Trupps vorwiegend in Röhrichten und ähnlichen Ufersäumen auf, auch in pappelreichen Saumgehölzen und Maisfeldern der Auen.

Bestand: Nach einzelnen Nistversuchen um 1875 und 1935 [904, 1223] gab es 1955–1958 in den ost- und westsächsischen TG erste Durchzügler-Trupps, in der nördl. Oberlausitz mehrere Nestanfänge [1729, 1956, 2401] und 1959 die erste erfolgreiche Brut in der Neiße-Aue bei Ludwigsdorf/Kr. Görlitz [1687, 1768]. 1960 Nestfund bei Königswartha/Kr. Bautzen, 1961 Bruten bzw. Nestbau an fünf weiteren Örtlichkeiten der Teichlausitz [1956]. 1962 im Elbtal bei Weßnig/Kr. Torgau und Mulde bei Löbnitz/Kr. Delitzsch [1809, 2401], 1965 im S Elbtal bei Pirna (Birkwitzer Graben, [3040]) sowie im W Mulde bei Wurzen [3903], Weiße Elster bei Prödel/Kr. Leipzig [2401] und 1966 Pleiße (TG Haselbach, W. KIRCHHOF), 1967 außerdem Brutnachweis Vierteich Freitelsdorf/Kr. Großenhain [3215]. Geringer Bestand (Oberlausitz 21 Brutnachweise/ 96 Nester bis 1964 [1956], Bez. L 6 Bruten/28 Nester bis 1967 [2401]) und Durchzug Ende der 1960er Jahre rückläufig. Verstärktes Wegzügler-Auftreten ab 1970 (z. B. 30. 09. 1970 ca. 25 B. am Dippelsdorfer Teich, B. GEIDEL), ab 1971 regelmäßige Truppstärken von 4 und mehr B. am SB Windischleuba und im NSG Eschefeld [3363]. 1974 mehrere neue Brutplätze: z. B. Muldeaue bei Püchau und Stolpenteich Heyde/Kr. Wurzen, NSG Rohrbacher Teiche [3903], TG Moritzburg [3048] bzw. Beginn regelmäßiger Ansiedlung (z. B. Imnitzer Lachen/Kr. Leipzig, H. KRUG u. a.). Danach z. T. wieder rückläufige Entwicklung. Mit starkem Wegzug 1978 begann eine weitere Ausbreitungswelle, in deren Verlauf mehr oder weniger alle geeigneten Teichgebiete und Flußauen besetzt wurden (vgl. z. B. HAGEMANN u. ROST 1985). In dieser Zeit erweiterte die B. ihr Areal 1981 ins Erzgebirgsbecken (H. FRITSCHE), 1983 in den Kr. Zittau (H. KNOBLOCH), 1984 ins Untere Erzgebirge (K. HÄDECKE, A. GÜNTHER) und 1988 ins Vogtland (S. ERNST). Starke Zunahme des sächsischen Bestandes: 1979 ca. 30–40 Brutnester, 1985/86 ca. 200–250. S Leipzig, in den Flußgebieten der Elster, Pleiße und Wyhra wurden 1979 nur 3, 1982 jedoch 75 Brutnester gefunden (HAGEMANN und ROST 1985). Größere lokale Bestände: Bez. D: 1985 TG Kreba Westteiche 5–8, Klitten 5, Guttau 5–10, 1986 TG Niederspree 10–12, Moritzburg 20–25, Elbe Niederwartha–Meißen 10, Elbtal Birkwitz/ Pratzschwitz/Kr. Pirna 14–18 Brutreviere (RAU und STEFFENS 1989 u. a.), 1987 TG Königswartha 8 BP und 11 ♂♂-Reviere (V. HEINE, E. NOWAK); Bez. C: 1982/87 Muldeaue bei Glauchau 4–6 Brutnester (H. FRITSCHE); Bez. L: 1982 Imnitzer Lachen 11 Brutnester (H. KRUG u. a.), 1987 TG Haselbach

12, 1983 Bruchwald Borna 6, 1984/87 TG Rohrbach 6–8 Brutreviere (HAGEMANN und ROST 1985, H. DORSCH u. a.). Siedlungsdichte 1982 in den o. a. Gebieten S Leipzig: 15–70 ha, M_4 1,5 (1,0–2,0) Brutreviere/10 ha und M_4 3,9 (3,0–6,0) Brutnester/ 10 ha (HAGEMANN und ROST 1985, G. FRÖHLICH u. a.), im Bez. D 1985–87 am Birkwitzer Graben, 6 ha, 5–6 Brutreviere (W. HERSCHMANN) u. 1986 auf 2 km Elbufer im Kr. Riesa 5 BP und 3 ♂♂-Reviere (P. KNEIS).

Brutbiologie: Ankunft im Brutgebiet und Nestbaubeginn ab Anfang Apr., im Elbe–Röder-Gebiet Mitte Apr., bei Pirna ab 15.–20. 04. , im Erzgebirgsbecken im letzten Apr.-Drittel. Mitte Apr. bis Ende Mai S Leipzig und bei Pirna relativ gleichmäßige Ansiedlungsrate; späteste Ansiedlung umherstreifender B. Ende Juni (HAGEMANN und ROST 1985). Nestbauzeit bei Pirna und S Leipzig im Mittel 16 Tage (6–25 bzw. 8–27 Tage; n = 29 bzw. 23; W. HERSCHMANN, HAGEMANN und ROST 1985). Letzte Brutnester bis ca. 25. 06. vollendet. Lokal gehäuft abnorme Brutnester (2 Einflugröhren, Doppelnester), S Leipzig 5% (HAGEMANN und ROST 1985). S Leipzig, im Kr. Bautzen und Erzge

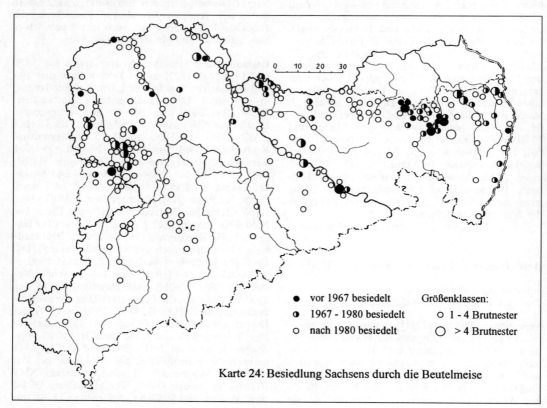

	Größenklassen:
● vor 1967 besiedelt	
◐ 1967 - 1980 besiedelt	○ 1 - 4 Brutnester
○ nach 1980 besiedelt	◯ > 4 Brutnester

Karte 24: Besiedlung Sachsens durch die Beutelmeise

birgsbecken ist mind. jedes zweite gefundene Nest ein Brutnest (55%; n = 529), bei Pirna und im Elbe–Röder-Gebiet sind nur 32% Brutnester (n = 155). S Leipzig gibt es 1,8–3,8 Nester pro Brutrevier (n = 31), davon 1,3–2,5 Brutnester, wobei die höheren Werte optimale Habitate in Flußauen betreffen (HAGEMANN und ROST 1985). Höhe des Nestes über Boden/Wasser 0,5–15 m, max. 21 m, M_{403} 6,4 m, S Leipzig M_{140} 7,9 m über Boden und M_{37} 4,4 m über Wasser, bei Pirna in beiden Fällen M_{36} bzw. M_{18} 8,8 m (HAGEMANN und ROST 1985, W. HERSCHMANN). Nistbäume (n = 916) sind Birken (54%), Weiden (36%), Pappeln (4%),

Erlen (3%), Espen (2%), Eichen, Ulmen, Traubenkirsche, Robinie, Linde. Häufigkeitsverhältnis Birke/Weide stark vom lokalen Angebot abhängig: in Flußauen bevorzugt Weiden (z. B. bei Glauchau – H. FRITSCHE, bei Pirna 95% – W. HERSCHMANN), in Teichgebieten bevorzugt Birke (Lausitzer Teichgebiete 78–83% [2096]), im Nordteil des Kr. Bautzen mit 19% auch erheblicher Erlenanteil [3686]. Ablage 1. Ei im Bez. D Ende Apr. bis Mitte Juni, mit Höhepunkt 1./2. Maidekade u. nochmal gewisse Häufung Mitte Juni (Abb. 53). Schlupf der juv. ab 11. 05. (TG Moritzburg – G. JÄGER [3048]) und 14. 05. (bei Pirna), in den ostsächs. TG

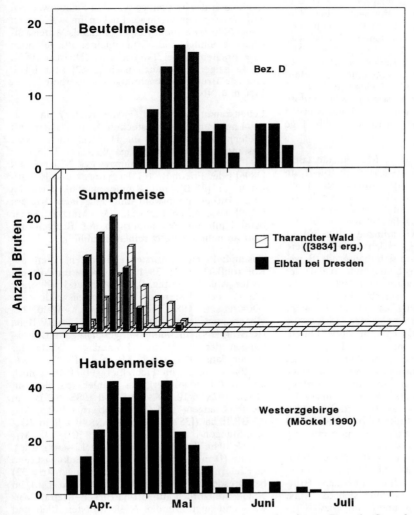

Abb. 53: Brutphänologie (Ablage 1. Ei – rückgerechnet) von Beutel-, Sumpf- u. Haubenmeise (Pentadensummen)

22. 05.–21. 06. (G. Creutz), im TG Niedergurig/
Kr. Bautzen 28. 05.–04. 07. (n = 11, H. Zähr).
Nestlingsdauer 16–26 Tage, im Mittel 20 Tage
(n = 15, W. Herschmann). Flüggewerden in den
ostsächs. TG 05. 06.–04. 08. (G. Creutz), spätestens bis 08. 08. [2254, 2437], bei Pirna 06. 06.–
29. 07. (W. Herschmann), bei Glauchau bis 27. 07.
(H. Fritsche). Gelegegröße bei Pirna: 2×2, 6×3,
3×4, 8×5, 5×6 und 1×8 Eier, M_{25} 4,5
(W. Herschmann), in der Lausitz 3–8, M_{13} 5 Eier/
Gelege (G. Creutz). Anzahl der juv.: 6×1, 0×2,
8×3, 17×4, 18×5, 12×6, 10×7, 2×8, 1×9, M_{74} 4,7
juv./Brut, erhebliche regionale Differenzierung: bei
Pirna M_{18} 3,4 (W. Herschmann), Oberlausitz M_{31}
4,2 (G. Creutz), südlich Leipzig M_{46} 5,2 (Hagemann und Rost 1985). 54% der sächsischen Bruten ergeben fl. juv. (n = 104), bei Pirna schlüpften
aus 104 Eiern 71 juv., von denen 52 ausflogen
(W. Herschmann). In Polygamie baut ♂ bis 5 Nester, die z.T. zweimal errichtet werden (z.B.
[2438]). Nachweis eines ♀ in Polyandrie: unvollen-
detes (2 Eier) und folgendes Gelege (5 Eier – 3
juv.) mit 2 ♂♂ (W. Herschmann). Röhrichtlose
Brutreviere werden kurz nach dem Flüggewerden
der juv. verlassen, ansonsten Brutnest bis 14 Tage
Familien-Schlafplatz.

Wanderungen: Heimzug ab 3. Märzdekade (Bez.
L), wenig auffällig, selten erste B. noch früher, im
Kr. Glauchau ab Anfang Apr.. Masse der Heimzügler erscheint im Bez. L 01.–20. 04. , Gipfel ca.
12. 04. ([2401, 3596], Hagemann und Rost 1985),
im Bez. C im letzten Apr.-Drittel und bis 05. 05.
(U. Schuster). Im Bez. C Heimzug erst seit 1981
erkennbar. Ab Mitte Juli werden die Brutreviere
verlassen. Ende Aug. halten sich mausernde B. wenig auffällig in Röhrichtgebieten auf, so daß der
Wegzug zweigipfelig erscheint. Umherstreifen der
Brutpopulation (meist juv.) ergibt Gipfel 21. 07.–
10. 08. Eigentlicher Wegzug bzw. Durchzug (mehr
ad.) ab Anf. Sept., im Bez. C ab ca. 15. 09. Die
Masse zieht ca. 21. 09.–10. 10. durch, wobei Durchzug im Bez. C ca. 26. 09. und im Bez. L ca. 30. 09.
gipfelt und in beiden Gebieten mit dem Okt. endet
([2401, 3207, 3596], Hagemann und Rost 1985,
D. Saemann). Nachweise im Nov. und bis Anfang
Dez. sind selten. Truppstärke beim Heimzug bis
10, meist 1–3 B., im Juli/Aug. bis Familiengröße,
beim Wegzug im Elbe–Röder-Gebiet bis 25, im
Bez. C bis 40 Vögel. Infolge Arealerweiterung
stieg die im Sept./Okt. festgestellte Truppstärke
von max. 16 B. [2401] auf über 100 B. (SB Windischleuba, wo am Schlafplatz bis 60 B. erschienen,
R. Steinbach). Mit Entstehen der westsächs. Brutpopulation seit ca. 1980 verfrühte sich das Max.
des Wegzuges in den Bez. L und C um 9 bzw. 8 Tage (alter Gipfel 09. 10., bzw. 04. 10. [3596], D. Saemann). Diese Verschiebung und der zugleich ent-

standene Sommergipfel deuteten sich im zuerst ins
Areal einbezogenen NW-Sachsen schon 1967 an
[2401]. Ein Nachweis im Winter: 20. 02. 75 3 B. im
Tagebau Großzössen/Kr. Borna (F. Rost).
N. Höser, G. Creutz, G. Fröhlich, D. Saemann,
R. Steffens

Haubenmeise – *Parus cristatus* L., 1758

Jahresvogel
Unterart: *P. c. mitratus* C. L. Brehm, 1831

Verbreitung: Ihrer Bindung an Nadelwald entsprechend weit verbreitet, insbesondere in den Kiefernheiden des Tieflandes und den Fichtenwäldern
und -forsten der Gebirge. Lücken im waldarmen
Lößgefilde (vor allem Leipziger Land, Mittelsächsisches Lößhügelland, Großenhainer Pflege) noch
ausgeprägter als bei Tannenmeise (Nicolai 1993),
im Leipziger Land auch nach [3062] sehr lokal.
Höchste Brutzeitbeobachtungen wiederholt bis zu
1150 m ü. NN.

Lebensraum: Nadelwald (Fichte, Kiefer), und Nadel–Laubbaum-Mischbestockungen (vor allem mit
Kiefer). Offenbar neigt die H. mehr zu jüngeren
Beständen (45–60 Jahre nach Wenzel [3526]) als
die Tannenmeise. Ausnahmsweise Villenviertel
[2896] oder Friedhöfe (G. Rinnhofer und F. Neubauer in [2660]) mit Koniferenanteil, auch im
Erlen–Birken-Sumpfwald mit einzelnen Kiefern
[2668] bzw. Erlenbruchwald (M. Melde). Sogar
beim Umherstreifen außerhalb der Brutzeit nur
ganz ausnahmsweise in reinem Laubholz.

Bestand: In Fichtenforsten gemischten Alters auf
Kontrollflächen von 38–124 ha Größe im Wittgendorfer Wald/Kr. Zittau, 0,7 (Eifler und Hofmann
1985), bei Bärenstein/Kr. Dippoldiswalde 1,1
(Dornbusch 1988), im Tharandter Wald bei
Überwiegen von Jungbeständen 1,6 BP/10 ha
(R. Steffens); in immissionsgeschädigten Bestok-
kungen der Hoch- und Kammlagen Mitte der
1980er Jahre 0,0 – 0,7, M_{11} 0,4 (D. Saemann,
U. Zöphel u. a.); im Fichtelberggebiet 1975 noch
0,5–1,0 (D. Saemann), im Kahleberggebiet auf
310 ha 1975/76 10, 1979/80 5 und 1985/86 1 BP; in
Fichten-Stangen- und -Baumhölzern 0,0–2,8, M_{24}
0,7 BP/10 ha ([3526], G. Hofmann u. a.), in Kie-
fern-Stangen- und -Baumhölzern 0,0–3,3, M_{11}
0,9 BP/10 ha ([4061], G. Creutz, D. Loschke u. a.),
gleiche (!) mittlere Dichte und Schwankungsbreite
in Kiefern-Laubbaum-Mischbestockungen (n = 32)
bei Dresden (P. Hummitzsch, J. Schimkat u. a.), im
NSG Zadlitzbruch auf 35,1 ha Birken–Kiefern-Vor-
wald und angrenzenden Kiefernforsten 1966 und
67 je 7 BP (Reinl 1968); unterschiedliche Bestände bei Freiberg (28 und 23 ha) und Villenviertel

bei Chemnitz (25,1 ha) je 1 BP (FG Freiberg, [2896]). Auf ganz ähnliche Werte läßt sich für das Westerzgebirge [2786], auf etwas niedrigere für das Oberlausitzer Teichgebiet ([694], MELDE 1990) schließen. Die meisten Autoren bestätigen übereinstimmend eine geringere Dichte der H. gegenüber der Tannenmeise. Aus vorliegenden Siedlungsdichteuntersuchungen errechnet sich das Häufigkeitsverhältnis für Fichtenwälder und -forste gemischten Alters mit 1 : 3, im Baum- und starken Baumgeholz mit 1 : 5, im schwachen bis mittleren Stangenholz mit 1 : 1,2, für Kiefernbestockungen mit 1 : 2,3, in Kiefern-Laubbaum-Mischbestockungen bei Dresden wurde die H. jedoch doppelt so häufig angetroffen wie die Tannenmeise (1 : 0,4). In einem 1952–78 kontrollierten Nistkastenrevier des Tharandter Waldes ging die H. seit Beginn der Registrierungen bis 1960 ständig zurück, ihr Anteil am Nistkastenbesatz betrug seither nur noch etwa 1/10 des Ausgangswertes [3834]. SAEMANN [2615] vermerkt eine rapide Abnahme in Chemnitz seit 1960. Sie hat hier entweder später eingesetzt oder er konnte nur noch das Ende der schon länger andauernden Entwicklung verfolgen [3834]. Im nordsächsischen Platten- und Hügelland in den 1970er Jahren kein Trend erkennbar [3903], hingegen anhaltend rückläufig im Westerzgebirge 1974–1987 (MÖCKEL 1990 a). Auf 4 gleichen Probeflächen in Fichtenforsten des Tharandter Waldes 1967 4 und 1986 0 BP ([3526], S. KRAUSE), Ursache hier möglicherweise komplex (allgemeiner Rückgang, Älterwerden der Bestockungen, vorausgegangener kalter Winter). Unter Beachtung aller Rückgangserscheinungen Immissionseinfluß nicht so drastisch wie bei der Tannenmeise, was auch durch 4 BP auf 14,3 ha stark immissionsgeschädigter mittelalter Fichten-Kiefern-Bestockung im Zittauer Gebirge (G. HOFMANN) und vergleichende Auswertungen des Nistkastenbestandes 1974–87 im Westerzgebirge (MÖCKEL 1990 a) belegt wird. Hauptgrund darf im nahrungsökologischen Bereich (vgl. DORNBUSCH 1988 und MÖCKEL 1990 a) gesehen werden, vielleicht auch in der Bevorzugung von Stangenhölzern durch die H., welche zunächst weniger geschädigt sind. Im Gegensatz dazu stellte KOLBE [4134] im Immissionsgebiet bei Deutscheinsiedel/Kr. Marienberg, ein Verschwinden der H. weit vor der Tannenmeise fest, doch könnte das auch auf die allgemein rückläufige Tendenz der H. zurückzuführen sein.

Brutbiologie: Im Westerzgebirge (550 bis 750, teilweise bis 950 m ü. NN) aus den Jahren 1968–1979 [R. MÖCKEL] Neststand: Von 52 Höhlen (ohne Nistkästen) fanden sich 22 in Fichte (Spechteinhiebe!), 12 in Eberesche (Forststraßenbäume!), 5 in Rotbuche, 4 in Birke, 5 in Baumstubben versch. Holzarten, je 1 in Kiefer, Erle, Zaunsäule und unter Stein. Die Höhe schwankt zwischen 0 und 14 m, von 52 Höhlen befanden sich 33 zwischen 0,10 und 2 m; Brutzeit: 1. Ei zwischen 01. 04. und 01. 06., im Mittel aus 179 Erstbruten am 27. 04., meist zwischen 14. 04. und 10. 05.; Gelegegröße/ Bruterfolg: 184 Gelege (auch in Nistkästen) im Mittel 5,5, darunter einmal 8 und zweimal 9 Eier, 172 Gelege zwischen 4 und 7; aus 141 Nistkastenbruten flogen 531 Junge aus (3,8 juv./BP, 4,9 juv./erfolgr. Brut), aus 41 anderen Bruten 149 Junge (3,6 juv./BP, 4,55 juv./erfolgr. Brut); Zweitbruten: Unter 184 Bruten 5 (= 2,7%), Ablage des 1. Eies am 05. 06. 1971, 06. 06. 1976, 17. 06. 1976, 17. 06. 1976, 25. 06. 1976 (vgl. Abb. 53). Im Tharandter Wald (350–400 m ü. NN) wiesen 66 Nistkastengelege (1955–1974) zwischen 4 (2×) und 8 (4×), im Mittel 6,4 Eier auf, davon waren 51 Gelege (77,3%) 6er und 7er Gelege. Die Ablage des 1. Eies zwischen 01. 04. und 04. 06., meist zwischen 15. 04. und 10. 05. erfolgte nahezu im gleichen Zeitraum wie im Erzgebirge (s. o.). Je Brut im Mittel 5,1 juv., Eiverluste: 1,1, Jungenverluste: 0,3 [3834]. Im Abtwald bei Gornsdorf/Kr. Stollberg Gelegegröße M_{28} 5,4 und Jungenzahl M_{27} 5,1/Brut (G. ALBRECHT). KRÄTZIG [1044] berechnete für 1936 in Neschwitz eine Durchschnittszahl von 6 Jungen pro Gelege; KÖCHER und KOPSCH [3903] ermittelten M_{33} 4,9 juv./BP. MENZEL [2147] berechnete M_{26} 5,8 juv./BP! Einzelangaben aus anderen Gebieten sprengen diesen Rahmen nicht. Die dominierende Rolle der Fichte als Brutbaum wird sicherlich in den Heidegebieten von Kiefer (und Birke) übernommen. Als weitere Baumarten werden Espe (D. MEYER, B. SEIFERT), Pflaumenbaum (W. ULLMANN, W. HÜBLER), Linde (G. TYLL) und Weide (S. ERNST, M. MELDE, M. THOSS) genannt. H. KOTTE fand ein Nest im unteren Teil eines Mäusebussardhorstes (MÄRZ 1957), R. DIETZE eines in einem Hexenbesen; nach D. ARNOLD benutzte die H. ein altes (Mistel-)Drosselnest und brütete unter Reisig, unter Müll und in Wildscheuche [3903]. Efl. juv. bis 10. 08. [3957]. Brutplatzbesetzung nach Fangergebnissen in der Regel in der 1. Apr.-Hälfte (D. SAEMANN).

Wanderungen: Ortstreu, was auch die von KÖCHER und KOPSCH [3903] und von D. SAEMANN ausgewerteten Beringungen bestätigen. Streifereien nach der Brutzeit wohl meist nur über wenige Kilometer. Eine nj. Beringte wurde im Juli des nächsten Jahres 6 km SW tot gefunden [2716]. Nach Beringungen im Nimbschener Forst/Kr. Grimma wurden selbst im Winter Entfernungen zwischen zwei Futterstellen von 350 m nicht überbrückt (W. KÖCHER). MISSBACH [1431] fand an fabelhaftem Meisenzug zwischen 26. 09. und 03. 10. 1955 bei Oderwitz/Zittau auch H. beteiligt (wie weit?); ähnliches sah R. STEINBACH (in [3239]). Da sich *P. c.*

cristatus L. ähnlich verhält, ist das Erscheinen von Angehörigen dieser Unterart wohl kaum zu erwarten.

H. HOLUPIREK, R. STEFFENS

Sumpfmeise – *Parus palustris* L., 1758

Jahresvogel
Unterart: *P. p. palustris* L., 1758

Verbreitung: Die S. ist Brutvogel in ganz Sachsen, wenn auch teilweise (z. B. Nadelwaldgebiete der Niederungen und des Erzgebirges) und zeitweise (z. B. 1980er Jahre) recht lückenhaft. Der Bestandsrückgang hat vor allem im waldarmen Lößgefilde (z. B. Mittelsächsisches Lößhügelland) und generell in Westsachsen (Westerzgebirge, Vogtland, Erzgebirgsbecken, Leipziger Land) zu Verbreitungslücken geführt bzw. diese erweitert. Vorkommensschwerpunkte sind die Laubmischwälder des Hügellandes und die Flußtäler, denen die S. nach HEYDER [1223] gebirgswärts bis zu Höhenlagen von ca. 700 m ü. NN folgt. Diese Höhengrenze gilt für das Osterzgebirge noch heute (z. B. 02. 06. 1979 bei Rehefeld, 25. 06. 1979 bei Altenberg/Kr. Dippoldiswalde eine Familie – R. STEFFENS, 1983 Brut bei Rechenberg-B./Kr. Brand-E. – J. SCHULENBURG), kann für das Zittauer Gebirge auf 660 m ü. NN präzisiert werden (EIFLER und HOFMANN 1985), bedarf aber für das Mittel- und Westerzgebirge der erneuten Bestätigung [3207].

Lebensraum: Bevorzugt werden reich strukturierte Laubmischwälder feuchter Standorte. In den unteren Lagen des Osterzgebirges waren das insbesondere buchen- und edellaubholzreiche Bestockungen an Schatthängen, in Tälern und in Gründen (R. STEFFENS), andernorts (z. B. Lausitzer Niederung) auch bruch- und vorwaldartige Bestände aus Erle, Birke und Aspe (BLÜMEL 1987, M. MELDE). Inwiefern dabei die Baumartenkombination oder der Standort entscheidend ist bzw. Nistplatzkonkurrenz mitwirkt, bleibt ungeklärt. Offensichtlich ist nur, daß reine Buchen-, Eichen- und Eichen–Hainbuchen-Wälder sowie Hartholzauen bereits weniger regelmäßig besiedelt werden, was in noch stärkerem Maße für Laubbauminseln im Nadelwald, für Waldreste und Gehölze in der offenen Landschaft und für städtische Habitate gilt. Von letzteren entsprechen nach SAEMANN [2616] nur Parks ab 2 ha Größe, Friedhöfe, Gartenstadt und Stadtrandbereiche den Ansprüchen der S.. Für vorwaldartige Bestockungen (Aspe, Birke u. ä.) gilt das etwa ab starkem Stangenholz. Vor allem hier und in anderen Weichlaubholzbeständen (z. B. Erlen- und Birkensümpfe, Erlenbachwald) kommt es zu Lebensraumüberschneidungen mit der Weidenmeise und zu Konkurrenzverhalten (z. B. Annektion von durch W. gezimmerte Nisthöhlen – [2074]

u. a.). Reine Fichtenforste werden gemieden (D. SAEMANN). Im Hügel- und Flachland gelegentlich auch in reinen Nadelholzrevieren ([3903], N. SCHLÖGEL), was aber noch genauerer Habitatsanalyse bedarf. Außerhalb der Brutzeit in Gehölzen aller Art, in Röhrichten, Ruderalflächen, Siedlungen, Gärten und an Winterfütterungen.

Bestand: Siedlungsdichte in den meisten Habitaten < 1 BP/10 ha, nur in wenigen Fällen > 2 BP/10 ha, maximal 2 BP in einem 6 ha großen Mischwald bei Mücka/Kr. Niesky (BLÜMEL 1987) und 3 BP auf einer 12 ha großen Vorwaldfläche bei Postelwitz/Kr. Pirna (D. LOSCHKE). Im einzelnen ergeben sich folgende Werte: Laubmischwälder Hügelland: 0,0–2,6, M_{16} 1,4 BP/10 ha, darunter Schatthänge und Gründe: 1,7–2,6, M_5 2,2, Eichen- und Eichen-Hainbuchen-Wälder: 0,0–1,4, M_4 0,7 (R. STEFFENS u. a.). In allen übrigen Lebensräumen nur sporadisch, z. B. in der Hartholzaue nur in 8 von 26 Untersuchungen und ausschließlich vor 1970, M_{26} 0,1 BP/10 ha (ERDMANN 1989 b u. a.), in Buchenwäldern auf 9 Probeflächen mit insgesamt 117 ha 5 BP. M_9 0,4 (D. LOSCHKE u. a.), in Parks und auf Friedhöfen in 11 von 38 Probeflächen, M_{38} 0,4 BP/10 ha ([2059, 2896] u. a.), in Nadel–Laubbaum-Mischbestockungen in 14 von 34 Untersuchungen M_{34} 0,3 BP/10 ha (P. HUMMITZSCH, J. SCHIMKAT u. a.). Meisennistkästen scheinen keinen bzw. nur geringfügigen Einfluß auf die Siedlungsdichte zu haben. Zahlreiche Beobachter registrieren Bestandsrückgang seit ca. 1970 (z. B. [3062, 3207], E. STRAUSS). Nach W. KÖCHER in [3909]) gab es im Forst Nimbschen 1973 mind. 5–7, 1975 mind. 5 und 1981 noch 1 BP. Im Gebiet Biehla/Weißig/Kr. Kamenz registrierte M. MELDE 1975 bis 79 4–8, M_5 7,4, 1980–89 aber nur noch 0–2, M_{10} 0,6 BP. In den Laubmischwäldern des Weißeritztales bei Tharandt/Kr. Freital wurden auf gleicher Zählstrecke 1975 5, 1982 5, 1988 aber nur 2 sM angetroffen (R. STEFFENS). Bemerkenswert ist, daß langfristig und kontinuierlich durchgeführte Nistkastenkontrollen (z. B. [2024], K. WAGNER, H. JOKIEL) für die S. keinen Bestandstrend erkennen lassen, wohl aber periodische Bestandsschwankungen bis zu 1:10, die zwischen den einzelnen Beobachtungsgebieten nicht synchron verlaufen.

Brutbiologie: Natürliche Neststandorte waren Spechthöhlen, Baumstümpfe, Astlöcher und Baumspalten in: 4× Birke, je 3× Apfel, Buche, Erle und Ahorn, 2× Weide, je 1× Linde, Kastanie, Eberesche, Birke, Fichte. 2 Nester befanden sich in Mauerlöchern. Die Höhe des Nistplatzes betrug 0,5–10 m, M_{17} 3,0 m. Regional beträchtliche Unterschiede: im unteren Osterzgebirge z. B. zu 70% in Hartlaubholz und durchschnittlich 3,9 m hoch, in anderen Gebieten (z. B. Lausitzer Niederung) aber überwiegend in Weichlaubholz und durchschnittlich 2,3 m hoch. Hier vor allem in Birken- und Erlenstümpfen sowie mehrfach in Höhlen, die durch Weidenmeise angelegt und anschließend durch Sumpfmeise annektiert wurden (z. B. [2074]). Ablage 1. Ei (Abb. 53) im Tharandter Wald (n = 32) 15. 04. bis 07. 05. mit Schwerpunkt in der 3. Apr.-Dekade [3834], im Elbtal bei Graupa/Kr. Pirna (n = 67) 03. 04. bis 23. 04. und 1× 06. 05. mit Schwerpunkt in der 2. Apr.-Dekade (H. JOKIEL). Lausitzer Niederung (BLÜMEL 1987) und Nordsächsisches Platten- und Hügelland [3903] liegen erwartungsgemäß etwas später als das Elbtal, aber noch weit vor dem Tharandter Wald. In der Lausitz Anteil der Zweitbruten ca. 7% und dadurch Eiablage bis 2. Junidekade. Zweitbrut auch bei Großdittmannsdorf/Kr. Dresden (M. SCHRACK). Ähnliche Befunde aus anderen Gebieten (insbesondere Elbtal) liegen nicht vor, möglicherweise aber nur mangels ausreichender Spätkontrollen. Die Gelege enthielten im Tharandter Wald 6×6, 5×7, 13×8, 7×9 und 1×10 Eier, M$_{32}$ 7,8, im Elbtal bei Graupa 1×5, 1×6, 4×7, 14×8, 17×9, 5×10 und 1×11 Eier, M$_{43}$ 8,5, in der Lausitz 3×5, 3×6, 9×7, 15×8, 11×9, 7×10, 2×11 und 2×12 Eier, M$_{52}$ 8,3 und im Abtwald bei Gornsdorf/Kr. Stollberg 1×3, 3×4, 4×5, 5×6, 1×7, M$_{14}$ 5,1 Eier (G. ALBRECHT). Je Brut wurden durchschnittlich im Nordsächsischen Platten- und Hügelland 6,9, in der Lausitz 7,9, im Elbtal bei Graupa 7,8 und im Abtwald 5,1 juv. registriert. Davon wurden im Elbtal 6,5 je erfolgreiche Brut und 6,0 je angefangene Brut flügge, im Tharandter Wald 6,1 je angefangene Brut. UNGER [2284] fand eine Mischbrut mit Tannenmeise.

Wanderungen: Die meisten Wiederfunde beringter S. belegen hohe Ortstreue. Maximal wurde eine Entfernung vom Beringungsort von 50 km festgestellt. Ein Nachweis aus 120 km Entfernung vom Beringungsort in einem Wanderfalkengewölle läßt eher auf eine entsprechende Wanderstrecke des Greifvogels schließen ([3903], BLÜMEL 1987).

R. STEFFENS

Weidenmeise – *Parus montanus* Conrad, 1827

Jahresvogel
Unterart: *P. m. salicarius* C. L. Brehm, 1831

Verbreitung: Bewohnt, wenn auch nicht gleichmäßig, das gesamte Gebiet, mit Schwerpunkt im Bergland sowie den Heide- und Teichgebieten des Tieflandes und mit größeren Lücken im Leipziger Land sowie dem Mittelsächsischen Lößhügelland. Den Verlauf des Erkenntnisprozesses seit der Anerkennung der Art um die Jahrhundertwende spiegeln insbesondere die Arbeiten von HEYDER [449, 527, 1223], ZIMMERMANN und KÖHLER [694], KRAMER [740, 963], DATHE [808] und GERBER [1088] wider. Dort ersichtliche „Verbreitungslücken" haben sich am Ende nur sehr bedingt bestätigt [1729] und können nur für das Lößgefilde, insbesondere westlich der Elbe bis einschließlich Leipziger Land, als sicher gelten. Möglicherweise sind Funde aus den 1950er Jahren [1729] aber auch schon Gebietsgewinnen bzw. der Bestandszunahme geschuldet, wie sie später ECK und FEILER [3040, 3048, 3233] für den Dresdener Raum und besonders SCHLÖGEL [3503] für den Kr. Wurzen dokumentieren. In NW-Sachsen werden dabei vor allem wald- und gewässerreichere Teile der Mittleren Mulde, der Elster und Pleiße, der Düben-Dahlener Heide und der Elbaue bei Torgau besiedelt (SCHLÖGEL 1987), in denen die W. z. T. aber ebenfalls schon früher, wenn auch nicht brütend und nur sehr vereinzelt, nachgewiesen wurde [484, 898]. Aus dem Kr. Delitzsch fehlen bisher jegliche Angaben. Höchstgelegener Ort mit Brutzeitbeobachtung (Balzpfiffe!) am 29. 04. 1978 auf dem Gipfel (1214 m ü. NN) des Fichtelberges (H. HOLUPIREK). Gleichartige Feststellungen ebenda um 1000 m ü. NN sind nicht selten. Im Bez. C unterhalb 400 m ü. NN augenscheinlich in geringerer Dichte (G. REICHEL).

Lebensraum: Im Erzgebirge i. d. R. in undurchforsteten Fichten-Stangenhölzern mit Ebereschen-, Birken- oder Salweidenzwischenwuchs [527] bzw. in Vorwaldbestockungen aufgelassener Moorwiesen, an Teichufern, auf Halden des historischen Bergbaus u. ä. In mittleren und unteren Berglagen gern den Erlensäumen der Bäche und Flüsse folgend. Im Hügelland ebenfalls mit Birke u. a. Weichlaubhölzern durchsetzte Wälder, im Tiefland vor allem in Erlen- und Birkenbrüchen und in entsprechenden Naßwäldern der Teichränder ([694, 3389], BLÜMEL 1987). Ferner besiedelt die W. Teichdämme, Waldränder, Feld- und Ufergehölze, Gehölzstreifen, Steinbruchwäldchen u. a., seltener das Innere größerer Waldkomplexe (z. B. Oberwiesenthal). Mehr an feuchten, im Zuge der Bestandszunahme aber auch an trockeneren (suboptimalen) Standorten. Außerhalb der Fortpflanzungszeit auch anderwärts, im Winter zuweilen an Fütterungen.

Bestand: Erste Brutnachweis im Bez. L etwa ab 1949 (Nitzschka/Wurzen, E. HELLER in [3503]), später auch bei Gruna/Eilenburg [2074] und Borna (K. URBAN in SCHLÖGEL 1987). Ausbreitung bzw. Verdichtung des Vorkommens im Bez. L in 3 Wellen: 1949/57, 1959/62, 1965 bis heute (SCHLÖGEL 1987). SAEMANN [2988] deutet neue Fundorte in Chemnitz ebenfalls als Zunahme. Auf 35,1 ha besiedelbare Fläche im NSG Zadlitzbruch 1966/67 0 BP (REINL 1968), 1994 10 BP (J. HUTH). Im

Oberlausitzer Heide- und Teichgebiet in den 1920er Jahren 0,7–1,5 BP/km^2 [694], 1975/76 im Nordteil des Kr. Kamenz in vergleichbarem Habitat aber 2,2–3,6 [3389]. Für das letztgenannte Gebiet registriert MELDE (1990) neuerdings wieder Bestandsrückgang, doch kann dies auch Folge mehrerer kalter Winter seit Mitte der 1980er Jahre sein. In der Dahlener Heide auf 8 km^2 Kiefernwald 9 BP (S. LEISCHNIG). Das entspricht unter Beachtung der für die W. nicht geeigneten Flächen den Werten im Nordteil des Kr. Kamenz. Eine großräumige Siedlungsdichte von M$_{22}$ 0,1 BP/10 ha ergibt sich auch für Fichtenbestockungen des Berglandes (D. SAEMANN, R. STEFFENS, U. ZÖPHEL u. a.), in Feldgehölzlandschaft am Nordufer des Frauenteiches auf 118 ha 14 BP (P. HUMMITZSCH), bei Ullersdorf (beides Kr. Dresden) auf 30 ha 2 BP (R. DAMME), in typischen W.-Habitaten (Vorwälder, Jungwüchse mit Weichlaubholz, Brüche) M$_{14}$ 2,0 (1,0–3,8) BP/10 ha ([4134], BLÜMEL 1987, J. HUTH, N. SCHLÖGEL u. a.), das bestätigen auch Angaben von SAEMANN [2896] mit 2,5 BP/10 ha bei Augustusburg/Kr. Flöha und bis zu 3,5 BP/10 ha in Gebirgslagen. An entsprechenden Örtlichkeiten im Kr. Annaberg (Dörfel-Frohnau – Schlettau) balzpfeifende ♂♂ manchmal nur etwa 100 m voneinander entfernt (H. HOLUPIREK), im Kleinradischer Torfmoor/Kr. Niesky am 26. 05. 1966 4 mit juv. besetzte Höhlen, von denen 3 nur jeweils 25 m voneinander entfernt waren (R. KRAUSE in BLÜMEL 1987). Ansonsten oft nur 1 BP/Untersuchungsfläche: z. B. 8 ha Fichtenforst bei Breitenbrunn/Kr. Schwarzenberg [2658], Kirchbachtal (74 ha) und Ortslage Reinsberg (65,5 ha), Kr. Freiberg (FG Freiberg), Küchwaldpark Chemnitz (23,5 ha) [2896], woraus deshalb nur begrenzt auf die Siedlungsdichte der W. geschlossen werden kann.

Brutbiologie: Höhlen in Birke (70×), Erle (30×), Weide (21×), Eberesche (13×), Kiefer (9×), Kirsche (6×), Fichte (5×), Ahorn, Eiche und Espe (je 3×), Esche und Pappel (je 2×), je einmal in Hainbuche, Hasel, Traubenkirsche, Tanne, Ulme, Apfel, Rotbuche. Stämme meist morsch. Bisher ca. 60 Nachweise von Nistkastenbruten. R. KRAUSE (in BLÜMEL 1987) fand am 25. 04. 1959 in einem Feldgehölz zwischen Quolsdorf und Hännichen/Kr. Niesky, eine W.-Brut mit 5 Eiern, später 5 juv. in 0,5 m Höhe in einem Goldammernest, nachdem die Nisthöhle zerstört worden war. Tiefe der Bruthöhle bis 9 m, M$_{75}$ 2,2 m. Höhlenbau vereinzelt bereits im Febr., Nestbau Ende März [3903], ansonsten – wohl in höheren Lagen – zwischen 02. 04. und 09. 05. (n = 21). Vollgelege (n = 24) zwischen 25. 04. und 30. 05.; Ablage des ersten Eies einmal am 19.4. (SCHLÖGEL [3503]), ein andermal am 23.4. (D. SAEMANN), in der Oberlausitz vom 11. 04. bis 10. 05., mit Schwerpunkt in der 3. Apr.-Dekade

(R. KRAUSE in BLÜMEL 1987). Gelegegröße nach MELDE [3389] und BLÜMEL (1987) in der Oberlausitz 5×6, 5×7, 5×8, 7×9, 2×10 Eier, M$_{24}$ 7,8, im Bez. C 5 bis 9, M$_{29}$ 7,1. Ein 14er Gelege (1 ♀?) wurde vom Trauerschnäpper überbaut (A. PFLUGBEIL). Junge in der Höhle bzw. Fütterungen (n = 68) zwischen 09. 05. (SCHLÖGEL [3503]) und 23. 06. Jungenzahl 4–10, M$_{69}$ 6,5. Junge außerhalb der Höhle (n = 28) zwischen 26. 05. und 03. 08. MARX [547] sah 1922 ein BP beim Füttern am 15./ 16., 22./23. und 29./30. 07. Beobachtung von Kopulation am 04. 05. (H. HOLUPIREK), Schlupf am 11. 05. (J. THIEME), Ausflug am 16. 05. (MELDE [3389]), 01. 06. (S. BIEDERMANN) und 13. 06. (M. THOSS). 1 BP W. fütterte in einem Nistkasten 1 juv. W. und 6 juv. Tannenmeisen (H. GÖTHEL).

Wanderungen: Weitgehend ortstreu. Die BP entfernen sich nicht weiter als ca. 3 km vom Brutort (G. REICHEL, N. SCHLÖGEL). Die Streifereien der Jungvögel nach der Brutzeit streuen wohl ebenfalls nur über wenige Kilometer. Bis Okt. 1982 markierte 19 Vögel belegen Standorttreue innerhalb eines Jahres [3903], was auch durch zahlreiche weitere Wiederfunde (z. B. R. KRAUSE, H. SCHÖLZEL in BLÜMEL 1987) bestätigt wird. Da bei skandinavischen W., P. m. borealis Selys-Longchamps, Zug festgestellt wurde (EHRENROTH 1973), könnten möglicherweise Vögel dieser Unterart erscheinen.

R. DAMME, H. HOLUPIREK, N. SCHLÖGEL, R. STEFFENS

Blaumeise – *Parus caeruleus* L., 1758

Jahresvogel, Sommervogel, Durchzügler, Wintergast
Unterart: *P. c. caeruleus* L., 1758

Verbreitung: Die B. ist nahezu im gesamten Bezugsterritorium verbreitet. Lediglich in reinen Nadelwald- (insbesondere Fichten-)gebieten bleibt ihr Vorkommen auf Siedlungen und Flußtäler beschränkt. Im Zittauer Gebirge erreicht sie mit 790 m ü. NN die absoluten Gipfellagen und bleibt im Osterzgebirge mit 850 m ü. NN nur wenig darunter. Im Mittelerzgebirge (Fichtelberggebiet) regelmäßig bis 900/950 m ü. NN, hier höchstgelegener Brutplatz mit 1000 m ü. NN 1982 am Pfahlberg (D. SAEMANN).

Lebensraum: Die B. meidet reine, dicht geschlossene Nadelbaumbestände bzw. besiedelt diese nur randlich unter Einbeziehung anderer Bestockungsteile in das Brutrevier, z. B. an mit Ebereschen und Birken bestandenen Forststraßen und -wegen sowie bei Laubbaum-Beimischung. Ansonsten ist sie in den gleichen Habitaten anzutreffen wie die Kohlmeise, bevorzugt gegenüber dieser aber strukturreichere und schattigere Partien und tritt außerhalb der Brutzeit regelmäßiger als jene auf Ruderalflächen, in Feldhecken und in Schilfbeständen auf.

Bestand: In Laub- und Laubmischwäldern sowie ähnlich strukturierten Parks und Friedhöfen beträgt die natürliche Siedlungsdichte 0,6–12,9, M_{77} 4,3 BP/10 ha, darunter in Auwäldern aber nur M_{20} 2,7 ([2471], ERDMANN 1989 b, R. STEFFENS u. a.). Auch für ländliche Siedlungen, Villenviertel und Gartenstadt: 1,6–5,4, M_9 3,4 ([2896], EIFLER und HOFMANN 1985, P. HUMMITZSCH). In einem höhlenreichen Kleinpark 21,4 BP/10 ha (R. STEFFENS), die

sonst nur bei hohem Nistkastenangebot in Parks, z. B. 12 BP auf 5,6 ha im Park Neschwitz (G. CREUTZ, R. SCHLEGEL) bzw. in Kleingärten: 7,3–19,3, M_9 13,1 BP/10 ha [2492] erreicht werden. In Wohnblockzonen und Neubaugebieten 0,0–2,1 BP/10 ha ([2896, 3445], EIFLER und HOFMANN 1985). Das Dichteverhältnis von B. zu Kohlmeise beträgt im Durchschnitt in Buchenwäldern 1 : 2, in Auewäldern 1 : 1,7, in Laubmischwäldern des Hügellandes und Kiefer–Laubbaum-Mischbestockungen 1 : 1,4, in Siedlungen und Kleingartenanlagen 1 : 1,2 und in Parks annähernd 1 : 1. Damit erreicht die B. als nach der Kohlmeise häufigste Meisenart auch in optimalen Lebensräumen nur annähernd

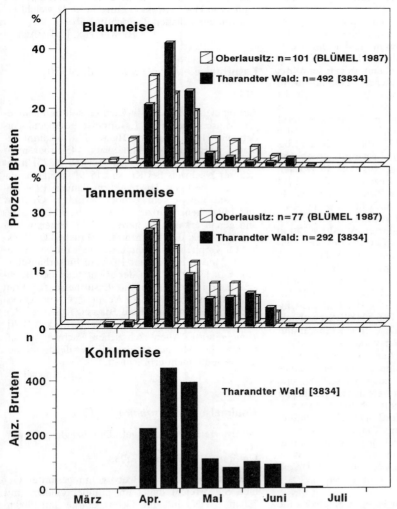

Abb. 54: Brutphänologie (Ablage 1. Ei – rückgerechnet) von Blau-, Tannen- u. Kohlmeise (Dekadensummen)

deren Dichte. Auf Einzelflächen kann sie diese aber übersteigen, was bei Laub- und Laubmischwäldern sowie Parks und Friedhöfen auf 19 von 73 Probeflächen zutraf. In einigen Fällen waren das dicht geschlossene Schlucht- bzw. Schatthang-Laubwälder, die möglicherweise der B. mehr zusagen als der Kohlmeise und damit deren Konkurrenzdruck verringern. Z. B. in edellaubholzreichen Laubmischwäldern des Plauenschen Grundes bei Dresden über mehrere Jahre Dichteverhältnis 2:1 (G. STEFFENS). Wie bei den anderen Meisenarten erhebliche jährliche Bestandsschwankungen, nicht selten alternierend zur Kohlmeise (Nistplatzkonkurrenz). Ein langfristiger Trend ist nicht erkennbar, auch nicht aus Nistkastenkontrollergebnissen.

Brutbiologie: Neben Nistkästen nutzt die B. zur Nestanlage Baumhöhlen unterschiedlichster Art (z. B. Astlöcher, Weidenmeisen- und Kleinspechthöhlen), ausgefaulte Stubben, Höhlungen unter Wurzelanläufen, Mehlschwalbennester, Eisenrohre, Hohlbetonmasten, Mauernischen, Höhlungen in Sandsteinfelsen usw. (BLÜMEL 1987 u. a.). Sie ist dabei nicht so variabel wie die Kohlmeise. 1985 im TG Guttau außerdem Brut in Beutelmeisennest (SPERLING 1986). Gesamtzeitraum der Ablage des 1. Eies (Abb. 54) vom 03. 04. (1989, H. JOKIEL) bis 02. 07. (1971, K. WAGNER). Insgesamt erhebliche jährliche (witterungsbedingt bis zu 4 Wochen [3834]) und regionale Differenzierung: z. B. 1. Brut im Elbtal bei Graupa/Kr. Pirna 03. 04.–29. 04., M$_{160}$ 20. 04. (H. JOKIEL), in Chemnitz 11. 04.– 05. 05. [3207], im Tharandter Wald 13. 04. –15. 05., M$_{406}$ 28. 04., im Wittgendorfer Wald/Kr. Zittau 19. 04.–13. 05., M$_{33}$ 02. 05. ([3834] erg.). Im Tharandter Wald 9% Zweitbruten mit Ablage 1. Ei von ca. 20. 05. bis 02. 07., im Elbtal bei Dresden 14% Zweitbruten (R. DAMME), in der Oberlausitz 2% u. 16% (BLÜMEL 1987). Gelegegröße: 3–15 Eier, Elbtal bei Graupa M$_{126}$ 10,9 (H. JOKIEL), Umgebung von Bautzen M$_{44}$ 10,6 [3189], Ebersbach/Kr. Löbau M$_{34}$ 9,9 (H.-P. DIECKHOFF), Tharandter Wald M$_{441}$ 9,7, Wittgendorfer Wald M$_{51}$ 7,7 [3834]. Bez. C M$_{149}$ 8,9, mit ähnlicher Schwankungsbreite des Mittelwertes von Gebiet zu Gebiet (Kartei Bez. C). In einem Fall fanden W. STÖCKEL und R. PÜRSCHEL sogar 16 bebrütete Eier. Anzahl der juv. je Brut 2–13, durchschnittlich im Wittgendorfer Wald 7,2 [3834], im Nordsächsischen Platten- und Hügelland 9,0 [4017], im Tharandter Wald 9,1 [3834], im Bez. C 7,9 (Kartei Bez. C). Je angefangene Brut wurden flügge: im Wittgendorfer Wald 6,4 juv. [3834], bei Ebersbach 6,8 juv. (H.-P. DIECKHOFF), im Tharandter Wald 7,4 juv. [3834].

Wanderungen: Beringungen belegen einerseits die überwiegende Ortstreue der B. und die Ansiedlung von juv. im Brutgebiet ([2167, 2716] u. a.), andererseits weisen Wiederfunde aus der Schweiz, Südfrankreich und Oberitalien nach, daß insbesondere ein Teil der juv. im Herbst nach Südwesten abwandert, während gleichzeitig Zu- bzw. Durchzug aus dem Nordosten (Polen, Lettland) erfolgt ([1223, 1729, 4017], BLÜMEL 1987, H. GÖTHEL u. a.). Übereinstimmend damit in manchen Jahren von Sept. bis Nov. wandernde Trupps von bis zu 60 Ex. in W bzw. SW-Richtung (z. B. [4017], EIFLER und HOFMANN 1985). In der Leipziger Hafenlache stellte DORSCH (1985) anhand von Beringung und Wiederfangquoten vor allem zwischen Mitte und Ende Sept. eine starke Durchzugsphase fest. Eine am 14. 03. 1986 in Tegelen/Niederlande beringte und am 05. 05. 1988 in Ulberndorf/Kr. Dippoldiswalde von H.-J. SCHURIG kontrollierte B. weicht etwas von der üblichen Zugrichtung ab.

R. STEFFENS, H. BLÜMEL

Lasurmeise – *Paras cyanus* Pall., 1770

Irrgast

Auf einer Meisenhütte in Sachsen soll unter anderen Meisen auch eine Lasurmeise gefangen worden sein [1223], was von BREHM [29] bekannt gemacht wurde, nach REICHENBACH [45] aber nicht sicher ist. Ein weiterer nach HEYDER [1223] nicht sicherer Nachweis bei KRAMER [579]. J. FIEBIG versichert (briefl. an HEYDER), im Januar 1934 gemeinsam mit seinem Bruder zwischen Gundorf und Lützschena/Leipzig 2 Lasurmeisen beobachtet und genau erkannt zu haben [1223]. Einen weiteren Nachweis der Lasurmeise erbrachte D. BLESSIG für Goppeln/Kr. Freital, wo sie 1 Ex. unter anderen Meisen im Februar 1972 am Futterhäuschen sah. ECK [3040] ist von der Richtigkeit der Beobachtung überzeugt, da die Lasurmeise für Frau BLESSIG vom Petersburger Vogelmarkt eine geläufige Erscheinung und Frau BLESSIG früher zu den besten ornithologischen Beobachtern des Baltikums gehörte. Allen sächsischen Nachweisen haftet aber der Mangel an, daß ein zweifelsfreier Beleg bis heute nicht erbracht ist.

R. STEFFENS

Kohlmeise – *Parus major* L., 1758

Jahresvogel, Sommervogel, Durchzügler, Wintergast
Unterart: *P. m. major* L., 1758

Verbreitung: Die K. ist Brutvogel im gesamten Gebiet. Sie erreicht dabei im Zittauer Gebirge mit 790 m ü. NN und im Osterzgebirge mit 900 m ü. NN die absoluten Gipfellagen, im Mittelerzgebirge regelmäßig bis 1000 m ü. NN, 1981 Brut bei 1 130 m ü. NN (J. KRETZSCHMAR) und am 01. 05. 1976 sowie mehrfach 1983–86 Beobachtungen zur Brutzeit am Fichtelberg bei 1 200 m ü. NN (H. HOLUPIREK).

Lebensraum: Die K. brütet in Wäldern aller Art, in Flurgehölzen, Gärten, Parks und Friedhöfen. Als Gebäudebrüter auch in der Innenstadt und in Neubaugebieten, vorzugsweise in der Nähe von Kleinparks oder anderen Baumgruppen ([2616] u. a.). Der schlagweise Hochwald wird ab Ende Dickung/Anfang schwaches Stangenholz besiedelt (DORSCH 1988, R. STEFFENS), bei Anbringen von Meisennistkästen schon einige Jahre früher (DORSCH). Außerhalb der Brutzeit in ähnlichen Habitaten mit Konzentration an Futterstellen.

Bestand: Auf Grund der hohen Anpassungsfähigkeit an Lebensräume und Nistplatz häufigste Meisenart in Sachsen. In Fichtenwäldern und -forsten gemischten Alters natürliche Siedlungsdichte großräumig 0,2–0,9, M_{15} 0,5 BP/10 ha (D. SAEMANN, R. STEFFENS, U. ZÖPHEL u. a.), im Mittel auf Probeflächen in Stangen- und Baumholz M_{15} 1,0 (z. B. [3526]), doch dürften in manchen Fällen einige nicht erfaßte künstliche Nisthöhlen das Ergebnis noch beeinflussen. In Nistkastenrevieren bis zu 8 BP/10 ha (z. B. G. HOFMANN), auf kleinen Einzelflächen möglicherweise noch höhere Dichten. In monotonen Kiefernforsten ebenfalls Werte um 0,5 BP/10 ha (G. CREUTZ), jedoch auch 1,2 und 3,8 [4061] und sogar 6,6 BP/10 ha in der Sächsischen Schweiz (D. LOSCHKE), was auf die höhere Variabilität von Kiefernbestockungen, Laubbaumbeimischungen (z. B. Birke) und Höhlenreichtum (z. B. Sandsteinfelsen) zurückzuführen ist. In Nistkastenrevieren bis 10 BP/10 ha (G. CREUTZ). In Laub- und Laubmischwäldern sowie ähnlich strukturierten Parks und Friedhöfen beträgt die natürliche Siedlungsdichte 2,1–10,8, M_{77} 5,8 BP/10 ha ([2471], ERDMANN 1989 b, R. STEFFENS u. a.). Mittlere Dichtewerte gelten auch für ländliche Siedlungen, Villenviertel und Gartenstadt: 2,8–8,3, M_{10} 4,5 ([2896], EIFLER und HOFMANN 1985, P. HUMMITZSCH u. a.). In einem höhlenreichen Kleinpark auch 14 BP/10 ha (R. STEFFENS). Bei hohem Nistkastenangebot wurden im Tharandter Forstbotanischen Garten bis zu 24 BP auf 11,2 ha (R. STEFFENS) und im Neschwitzer Park sogar bis zu 18 BP auf 5,6 ha Fläche (G. CREUTZ, R. SCHLEGEL) angetroffen, entsprechende Flächen in Kleingärten wiesen 9,6–26,2, M_9 15,4 BP/10 ha auf [2492]. In Wohnblockzonen und Neubaugebieten je nach Durchgrünungsgrad 0,0–2,1 BP/10 ha ([2896, 3445], EIFLER und HOFMANN 1985). Der Bestand der K. schwankt jährlich und längerperiodisch erheblich, in Nistkastenrevieren z. B. bis zu 300% ([3834] EIFLER und HOFMANN 1985, BLÜMEL 1987 u. a.). Be-

sonders starken Einfluß haben kalte Winter, ferner die Witterung während der Aufzuchtperiode, möglicherweise auch dichteregulierende periodische Fluktuationen. Langjährige Nistkastenkontrollen scheinen verschiedentlich eine Dichtezunahme zu belegen (z. B. [3834], EIFLER und HOFMANN 1985), Untersuchungen in nistkastenfreien bzw. -armen Vergleichsfällen (z. B. ERDMANN 1989 b) führten jedoch zu keinem entsprechenden Resultat.

Brutbiologie: Nester abgesehen von Nistkästen in Spechthöhlen, Astlöchern, Baumspalten, Erdlöchern, Holzstapeln, Briefkästen, Mauernischen, Höhlungen von Sandsteinfelsen, Hohlbetonmasten, Stahlrohren, Stiefel, Ofenrohr usw. (BLÜMEL 1987), je 1× auch freistehend in Eichelhäher- [1820] bzw. Singdrosselnest [2939]. Ablage des 1. Eies vom 01. 04. (1990, SCHUBERT in SCHRACK 1992) bis 10. 07. (1965, K. WAGNER) festgestellt (Abb. 54). Wie bei der Blaumeise erhebliche jährliche und regionale Differenzierung: 1. Brut im Elbtal bei Graupa/Kr. Pirna 02. 04.–08. 05., M_{450} 22. 04. (H. JOKIEL), im Tharandter Wald 10. 04. – 15. 05., M_{1200} 29. 04., im Wittgendorfer Wald/ Kr. Zittau 16. 04.–24. 05., M_{514} 04. 05. ([3834] erg.), in Chemnitz 20. 04.–20. 05. [3207]. Im milden Winter 1988/89 sogar Nestfunde mit 7 bzw. 8 Eiern am 23. 01. in der Laußnitzer Heide (D. OPITZ) sowie am 05. 02. mit 7 Eiern und am 12. 02. mit 6 Eiern in der Radeburger Heide (SCHRACK 1992). Im Herwigsdorfer Wald/Kr. Löbau 36% (W. POICK), im Wittgendorfer Wald 31% (K. HOFMANN) und im Tharandter Wald 22% (K. WAGNER) Zweitbruten, im Nordsächsischen Platten- und Hügelland ebenfalls 20–30% [4017]. Ablage des 1. Eies bei Zweitbruten im Wittgendorfer Wald 17. 05.–03. 07. und im Tharandter Wald ca. 15. 05.–10. 07. Gelegegröße 2–16 Eier, Umgebung von Bautzen M_{75} 10,8 [3189], Elbtal bei Graupa M_{404} 9,4 (H. JOKIEL), Tharandter Wald M_{1272} 8,9, Herwigsdorfer Wald/ Kr. Löbau M_{250} 8,7 (W. POICK), bei Ebersbach/ Kr. Löbau M_{224} 7,8 (H.-P. DIECKHOFF), Wittgendorfer Wald M_{791} 6,9; Kartei Bez. C M_{226} 7,4 (6,8– 9,3). Anzahl der Jungen je Brut 1–13, im Mittel bei Ebersbach 5,8, im Wittgendorfer Wald 6,3, im Nordsächsischen Platten- und Hügelland 7,1, im Tharandter Wald 7,4 und Kartei Bez. C 6,9 (6,6– 7,7). Je angefangene Brut wurden flügge: bei Ebersbach 5,1, im Herwigsdorfer Wald 5,7, im Wittgendorfer Wald 6,2 und im Tharandter Wald 6,6 juv.

Wanderungen: Bei der K. verhält es sich ähnlich wie bei der Blaumeise. Möglicherweise ist das Zugverhalten etwas stärker ausgeprägt und in Bezug auf Sachsen weniger nach Süden gerichtet. Fernfunde der abwandernden K. liegen hauptsächlich aus Frankreich, nur einmal aus der Schweiz (J. ANKE), aber auch aus Bristol/Großbritannien bzw.

Mecklenburg vor. Zuwandernde K. stammen neben Polen vor allem aus dem Nordwesten Ruß-
lands, ([1223, 1729], BLÜMEL 1987 u. a.). Bemerkenswert ist eine am 30. 05. 1967 in Vöhringen/
Schwaben juv. beringte K., die am 05. 05. 1968
in Saupsdorf/Kr. Sebnitz wiedergefunden wurde
[2836] und damit genau entgegengesetzt zur üblichen Richtung gewandert ist.

R. STEFFENS, H. BLÜMEL

Tannenmeise – *Parus ater* (L., 1758)

Jahresvogel, Durchzügler
Unterart: *P. a. ater* (L., 1758)

Verbreitung: Bis in die Kammlagen des Erzgebirges [1223, 2570] verbreiteter Brutvogel aller Nadelwälder. Unterhalb 300 m ü. NN infolge Zurückweichen der Wälder Ausdünnung des Verbreitungs-
bildes. Größere Lücken im waldarmen Lößgefilde
(vor allem im Leipziger Land und im mittelsächsischen Lößhügelland), aber in den Kiefernforsten
der Lausitz sowie der Düben-Dahlener Heide wieder häufig.

Lebensraum: Die T. ist an Nadelbäume gebunden,
mit relativ großer Plastizität bezüglich Vitalität,
Ausdehnung und Vergesellschaftung solcher Bestände. Bevorzugt werden großflächige Fichtenwälder bzw. -forste, gefolgt von analogen Kiefern-
Fichten- und schließlich reinen Kiefernrevieren. In
immissionsgeschädigten Fichtenbestockungen ist
die T. seltener, verläßt sie aber erst dann gänzlich,
wenn die letzten Bäume bzw. Baumgruppen absterben. Ebenfalls in nur geringerer Dichte werden
Laub-Nadel-Mischwälder besiedelt sowie Konife-
rengruppen in reinen Laubwäldern, in Parks und
auf Friedhöfen. Ausnahmsweise auch Bruten im
reinen Laubwald. Möglicherweise aber nur, wenn
er, wie bei EIFLER und HOFMANN (1985), von Nadelwald (Fichte) umgeben ist. Im Altersklassen-
wald kommt die T. ab Übergang von der Dickung
zum schwachen Stangenholz (Alter ca. 20 Jahre)
vor (R. MÖCKEL, R. STEFFENS), in der offenen
Landschaft in fichtenbestandenen Waldresten ab
ca. 2 ha Größe (R. STEFFENS). Nach SAEMANN
[2616] sind in Chemnitz Brutvorkommen an mindestens 50jährige Fichtenbestände >4 ha gebunden. Auch außerhalb der Brutzeit in Nadelholzbe-
ständen, ohne jedoch andere Wälder ganz zu
meiden. Während des Zuges überqueren T. selbst
baumarme Feldflur, nutzen aber möglichst
„Waldbrücken" (in Invasionsjahren auch über/
durch Stadtzentren; E. MÖCKEL, D. SAEMANN,
M. THOSS, S. RAU).

Bestand: In Fichtenforsten gemischten Alters auf
Kontrollflächen von 38–124 ha Größe im Wittgen-

dorfer Wald/Kr. Zittau 4,0 (EIFLER und HOFMANN
1985), bei Bärenstein/Kr. Dippoldiswalde 3,9
(DORNBUSCH 1988), im Tharandter Wald bei Überwiegen von Jungbeständen aber 2,3 BP/10 ha
(R. STEFFENS). In entsprechenden Bestockungen
der Hoch- und Kammlagen Mitte der 1980er Jahre
immissionsbedingt nur 0,3 bis 1,4, M_{12} 0,9 BP/10 ha
(D. SAEMANN, U. ZÖPHEL u. a.). Im Fichtelberggebiet 1975 jedoch noch 2,0–3,0 BP/10 ha (D. SAE-
MANN), im Kahleberggebiet auf 310 ha z. B. 1975/
76 0,8, 1979/80 0,1 und 1985/86 0,0 BP/10 ha
(R. STEFFENS u. a.). Die höchste Siedlungsdichte
weisen geschlossene Fichten-Stangen- und -Baum-
hölzer auf, mit 2,0–8,5, M_6 5,9 BP/10 ha im Wittgendorfer Wald (G. HOFMANN) und 2,5–6,5, M_9
3,6 BP/10 ha im Tharandter Wald, aber nur 1,1 und
1,7 BP/10 ha an dessen Rand [3526]. Bereits in
schwachen Stangenhölzern können mitunter
Dichten von 3–4 BP/10 ha nachgewiesen werden
(R. STEFFENS). In immissionsgeschädigten Fichten-
Stangen- und -Baumhölzern der Hoch- und
Kammlagen außerdem 0,0 (R. STEFFENS), 0,7
(G. HOFMANN), 1,1 (DORNBUSCH 1988), 1,3 (U. ZÖ-
PHEL) und M_6 2,0 [4134], siehe dazu auch STEFFENS
(1989). In Kiefern-Stangen- und -Baumhölzern
(meist mit Fichtenanteil) der Sächsischen Schweiz
und der Lausitzer Niederung ergeben sich Werte
von 0,0–3,2, M_6 2,1 BP/10 ha ([4061], D. LOSCHKE
u. a.), in Kiefern-Laubbaum-Mischbestockungen
der Dresdener Heide und des Friedewaldes wurden hingegen nur noch mittlere Abundanzen von
M_{32} 0,4 BP/10 ha (P. HUMMITZSCH u. a.) ermittelt,
was auch den von BLÜMEL (1987) für Nistkastenreviere in solchen Habitaten ermittelten Werten entspricht. Angaben aus den Kreisen Grimma,
Oschatz und Wurzen [4017] bestätigen bei entsprechender Interpretation ebenfalls die genannten
Größenordnungen. Hingegen sind 5 sM in einem
17,8 ha großen alten Rotbuchenbestand (EIFLER
und HOFMANN 1985) bemerkenswert. Allerdings ist
dabei zu beachten, daß vier Reviere in unmittelbarer Nähe angrenzender Fichtenforste lagen und
sich nur das 5. in größerer Entfernung zu diesen
befand. Der Anteil der durch die T. besetzten Nistkästen beträgt in Fichtengebieten 2% im Wittgendorfer Wald (G. HOFMANN – BLÜMEL 1987 ist hier
irreführend) und 27% im Westerzgebirge (R. MÖK-
KEL). Für Kiefernreviere lassen sich aus BLÜMEL
(1987) und [4017] Werte von ca. 2–14% ableiten.
Die Schwankungen dürften im wesentlichen vom
natürlichen Nistplatzangebot, der Nistplatzkonkurrenz u. a. die Siedlungsdichte der T. regulierenden
Faktoren abhängen. In welchem Maße Nistkästen
die Abundanz der T. beeinflussen, ist schwer zu sagen. Zumindest für die oben angeführten Sied-
lungsdichteergebnisse aus dem Wittgendorfer und
dem Tharandter Wald bleibt ihr Einfluß gering, da

nachweislich <10% der registrierten T. in Nistkästen brüteten. Hingegen ist in brutplatzarmen Stangenhölzern, z. B. [4017], wo 5 bzw. 6 BP in einem 10 ha großen und ca. 50 Jahre alten Fichtenbestand in Nistkästen brüteten, eine solche Wirkung zu erwarten, möglicherweise auch bei einigen Spitzenwerten von BLÜMEL (1987). Bemerkenswert ist jedoch, daß maximale Siedlungsdichten der T. (s. o.) sowohl auf Nistkasten- als auch nistkastenfreien Flächen vorkommen, so daß dieser Faktor, von speziellen Situationen abgesehen, wohl von untergeordneter Bedeutung ist. Der Bestand der T. schwankt jährlich, insbesondere in Abhängigkeit von der Winterwitterung, möglicherweise aber auch durch periodische Fluktuationen; im Tharandter Wald z. B. zwischen 1,2 und 10 Bruten/100 Nistkästen [2404, 3834], im Westerzgebirge 1974, 1977 und 1980 hohe Bestände mit 27,3, 23,5 und 23,3 und 1975, 1979, 1984 und 1987 niedrige Bestände mit 13,4, 10,3, 7,2 und 8,6 Bruten/100 Nistkästen (MÖCKEL 1990 a). Auf gleichen Probeflächen im Tharandter Wald 1986 gegenüber 1967 nur 55% der Siedlungsdichte ([3526], S. KRAUSE), wobei im kalten Winter 1985/86 die Hauptursache gesehen wird. Die langfristige Bestandsentwicklung scheint regional unterschiedlich zu sein. Der für Ost- und Mittelerzgebirge durch Siedlungsdichteuntersuchungen belegte Rückgang in den immissionsgeschädigten Fichtengebieten (s. o.) wird im Westerzgebirge durch den Nistkastenbesatz von durchschnittlichen 19,6% (1974–81) und 11,4% (1982–87) sowie 1987/88 2,7% Winternachweise an 2 Futterplätzen im Wald im Vergleich zu 8,1% 1972/73 bestätigt (MÖCKEL 1990 a). Im Stadtgebiet von Chemnitz bemerkte SAEMANN [2616] seit 1960 Rückgang. Gleiches vermutet W. KÖCHER (in [4017]) für den Südteil des Kr. Grimma seit 1978. Demgegenüber lassen langjährige Nistkastenkontrollen und wiederholte Siedlungsdichteuntersuchungen im unteren Osterzgebirge sowie in der Lausitz bis Anfang der 1980er Jahre ([3834], BLÜMEL 1987, R. STEFFENS u. a.) keinen Trend erkennen. Seit Mitte der 1980er Jahre jedoch leichter Rückgang im Nordteil des Kr. Kamenz (MELDE 1990) und deutlich niedrigerer Bestand bei der Rasterkartierung 1985–89 im Kr. Zittau (EIFLER et al. 1996), gegenüber EIFLER und HOFMANN (1985). Bei allen Aussagen nach 1985 ist jedoch der Einfluß mehrerer kalter Winter mit zu bedenken.

Brutbiologie: Naturbruten: Im Westerzgebirge (n = 80) 40,0% in Baumhöhlen (23× Fichte, 4× Eberesche, 2× Rotbuche, je 1× Kiefer und Birke), 36,3% im Erdboden und 20,0% in Felsnischen/ Mauerwerk, weiterhin je 1× Baumstubben, Holzzaunsäule, alter Ofen (Schutt). Die Nestlagen reichten von 0,5 m unter bis 7 m (Median 0,4 m) über dem Erdboden (R. MÖCKEL). Nach der Bez.-

Kartei C kommen auf 6 Bruten in Baumhöhlen (je 2× Fichte, Eberesche, je 1× Rotbuche, Linde) 14 in Erdhöhlen sowie je 1 in Baumstubben und Laternenmast. Auch in den Kr. Grimma, Oschatz und Wurzen ist der Anteil der Bruten in Erdhöhlen hoch (28 Bruten im/am Boden zu 18 in Bäumen, [4017]). Erste Frühjahrsrufe ab Mitte Jan., wobei M. MELDE (Oberlausitz) als Mittel aus 19 Jahren den 22. 02. (Extreme: 19. 01. 1959, 18. 03. 1981) ermittelte. Im Bez. C Gesang von Anfang Febr.– Mitte Juli (H. OLZMANN, D. SAEMANN). Die früheste Brut begann im Tharandter Wald am 29. 03. (Median 22. 04., [3834]) in der Oberlausitz in der 1. Apr.- mit Schwerpunkt 2./3. Apr.-Dekade (BLÜMEL 1987), im Westerzgebirge am 06. 04. (Median 1. Brut 05. 05. , 2. Brut 17. 06.; R. MÖCKEL). Eine 2. Brut tätigten im Tharandter Wald (1955–74) im Mittel 37,7%, im Westerzgebirge (1974–1987) 36,6% aller BP (Extreme: 2,9% 1975, 44,4% 1976); in der Oberlausitz ähnliche Werte, sofern man die 2. Brut etwa ab 10. 05. ansetzt (Abb. 54). Die späteste Brut endete Anfang Sept. (26. 08. 1980: 6 nj. 8 Tage alt, R. MÖCKEL), wobei 3 Jahresbruten nicht belegt sind, aber 3 Gelege mit mind. einer erfolglosen Brut. Brutergebnis: Im Westerzgebirge wurden in Naturhöhlen M_{16} 7,6 Eier/Brut abgelegt und M_{55} 5,9 juv./erfolgreiche Brut flügge; in Nistkästen dagegen im Westerzgebirge M_{1154} 8,2 Eier/Brut bzw. M_{984} 7,0 juv./erfolgreiche Brut und M_{1249} 5,6 juv./begonnene Brut (R. MÖCKEL), im Abtwald bei Gornsdorf/Kr. Stollberg M_{202} 7,1 Eier und M_{201} 6,8 juv. je Brut (G. ALBRECHT), im Tharandter Wald M_{253} 8,8 Eier und 7,0 juv. je Brut und im Wittgendorfer Wald M_{33} 7,8 Eier und 7,3 juv. je Brut [3834]. In der Oberlausitz betrug die mittlere Gelegegröße M_{48} 8,2 (dabei 20,5% Zweitbruten) und die mittlere Brutgröße M_{50} 7,7 (BLÜMEL 1987). Für Kiefernwälder ermittelten KÖCHER und KOPSCH [4017] eine mittlere Brutgröße von M_{185} 7,5 juv. in Nistkästen. Gelegentlich Mischbruten mit anderen Meisenarten, insbes. Hauben- und Kohlmeise.

Wanderungen: Jährl. Durchzug von März–Apr. und (Aug.) Sept.–Nov. in wechselnder Intensität. Invasionsartiger Durchzug z. B. vom 06. 09.– 12. 10. 1969 (H. GÖTHEL, W. GÜNSCHE). Bei Auerbach/Kr. Stollberg zogen allein am 05. 10. 1969 von 6–11 Uhr etwa 2 000 T. in Trupps von 20–60 Ex. durch (G. ALBRECHT). In einem fichtenbestockten Feldgehölz bei Brünlos/Kr. Stollberg fing G. SILBERMANN von 1974–1983 im Sept./Okt. 68, 22, 13, 14, 11, 4, 16, 33, 2 und 6 Ex./Einsatz, d. h., Invasionen 1974 und 1981 (Herkunft nach Ringfunden je 1× Litauen und Lettland). Um Bad Elster/ Kr. Oelsnitz ermittelte M. KÜNZEL Invasionen in den Jahren 1972, 1974, 1981 und 1983 (regelmäßige Zählungen). Am SB Windischleuba/ Kr. Altenburg auch im Herbst 1975 starker Durchzug (z. B. am 02. 11. in 4 Stunden 590 Ex. nach SW, [3239]), während KÖCHER und KOPSCH [4017] auffälligen Durchzug durch die Kr. Grimma, Oschatz und Wurzen in den Jahren 1978, 1980 und 1981 (max. 40 Ex./Trupp) feststellten. Im Vogtland begann der Durchzug (mehrjährige Mittelwerte) im Herbst am   07. 08., erreichte seinen Höhepunkt Ende Sept./Anfang Okt. (Median 22. 09.) und endete am 07. 11. Im Frühjahr begann er am 20. 03. (Median 07. 04.) und endete am 18. 04. Im Herbst zogen die T. in (oft artreinen) Verbänden von 10–25 Ex. (in Invasionsjahren 30–60, max. 260 Ex. am 23. 09. 1981). Von 1973–1986 zählte M. KÜNZEL im Herbst 15 440, im Frühjahr nur 737 ziehende T.. Heimische T. durchstreifen ab Mitte Juni als Familienverband, später vergesellschaftet mit anderen Meisen, Goldhähnchen, Kleibern und Baumläufern die Umgebung ihres Geburts- oder Brutortes. Jungvögel ziehen z. T. bis Westeuropa (Ringfunde 3× Frankreich, je 1× Spanien und Niederlande).

R. MÖCKEL, R. STEFFENS

Kleiber – *Sitta europaea* L., 1758

Jahresvogel
Unterart: *S. e. caesia* Wolf, 1810

Verbreitung: Im gesamten Gebiet verbreitet, im waldarmen Lößgefilde, in reinen Kiefern-Heidegebieten und besonders in den Fichtenwäldern und -forsten des Berglandes habitatsbedingt seltener. Verbreitung in Hoch- und Kammlagen an Buchenvorkommen bzw. Laubbaumpflanzungen (Eberesche, Esche, Bergahorn) in Ortschaften bzw. an Waldstraßen gebunden und deshalb bei 800–850 m ü. NN ausklingend. Höchstgelegene Brutplätze

bzw. Brutzeitbeobachtungen im Osterzgebirge (Kr. Dippoldiswalde) bei 820 m ü. NN (Geisingberg, Kahleberggebiet/Rehefelder Straße, Hemmschuh – R. STEFFENS, E. STRAUSS, G. DORNBUSCH), im Mittelerzgebirge (Kr. Annaberg) Oberwiesenthal (900 m ü. NN – H. HOLUPIREK), Tellerhäuser (930 m ü. NN – J. ANGER), Taufichtig/Pfahlmoor (um 1000 m ü. NN – J. ANGER), im Westerzgebirge Kottenheide/Kr. Klingenthal (800 m ü. NN – FG Auerbach). Außerdem am 12. 05. 1983 Balzrufe am Südhang des Fichtelberges in 1150 m ü. NN (D. SAEMANN).

Lebensraum: Vorrangig in höhlenreichen, nicht zu dichten Altholzbeständen mit hohem Laubbaumanteil, fehlendem bis lückigem Unterholz und einer Größe ab 2 ha [2616], besonders häufig in entsprechenden Auwäldern, Parks und Hangwäldern (ausgewachsene Mittelwälder). Geringere Siedlungsdichte in Wäldern mit sehr hohem Deckungsgrad. In Nadelforsten mit wenigen Laubbäumen bzw. Laubbaumpflanzungen an Waldstraßen, isolierten Restgehölzen sowie in Gartenstadt und ländlichen Siedlungen nur sporadisch. In reinen Fichtenforsten und in jüngeren Altersklassen (bis Stangenholz) fehlend, ebenso in City, Wohnblockzone und Neubaugebieten (Tabelle 66).

Bestand: Großräumige Dichte in Chemnitz (Bestandserfassung 1968, 130 km^2) 80–100 BP [2616], im Stadt- und Landkreis Leipzig (Rasterkartierung 1991–93, 574 km^2) 800–900 BP (StUFA Leipzig 1995), im Kr. Zittau (Rasterkartierung 1985–89, 256 km^2) 300–500 BP (G. EIFLER u. a.), in der Dübener Heide (Rasterkartierung 1994, 42 km^2) 150–190 (EIFLER et al. 1996). Im Nordteil des Kr. Kamenz (Bestandserfassung 1979–89, 18 km^2)

Tabelle 66: Präsenz und mittlere Abundanz des Kleibers auf Siedlungsdichte-Probeflächen in Sachsen

Biotoptypen	Anzahl Unter- suchungen	Präsenz		Mittler Dichte
	n	+	–	BP/10 ha
Fichtenwälder und -forste	64	5	59	0,04 [1]
Kiefernforste	10 (11) [2]	1 (2) [2]	9	0.08 (0,4) [2]
Nadel-Laubbaum-Mischbestockungen	34	27	7	1,1
Buchenwälder	9	9	0	4,3
Laubmischwälder Hügelland	14	14	0	4,1
Auwälder	30	29	1	2,8
Vorwälder (Stangen- und Baumholz)	8	7	1	0,9
Waldreste und Flurgehölze	54	8	46	1,4
Parks, Friedhöfe u. a. Grünanlagen	40	26	14	2,1
Bebauungsgebiete (ohne Parks u. ä.)	39	4	35	0,04

[1]) Nur bei Laubbaum-Beimischungen bzw. Laubbäumen an Waldstraßen
[2]) einschließlich Siedlungsdichte-Probefläche in der Sächsischen Schweiz mit Felsbruten des K.

mit 11–20 BP (Melde 1990) ähnliche Werte. Dagegen in der Dübener Heide (Rasterkartierung 1994, 42 km²) bei vergleichbarer Landschaftsausstattung mit 150–190 BP (J. Huth u. a.) deutlich höhere Dichte, was zumindest teilweise in der günstigen Bestandssituation des K. Anfang der 1990er Jahre (s. u.) eine Erklärung finden könnte. Die Siedlungsdichte auf Probeflächen in für den K. typischen Laubbaumbestockungen schwankt im allgemeinen zwischen 2 und 10 BP/10 ha. Für Laub- und Laubmischwälder des Hügel- und Berglandes ergeben sich dabei M_{23} 4,2 (0,6–9,6) BP/10 ha (G. Hofmann, J. Schimkat, R. Steffens u. a.). In Auewäldern M_{30} 2,8 (0,0–7,8) BP/10 ha (Erdmann 1989 b, G. Creutz, R. Schlegel u. a.). Die relativ niedrige Dichte im Auwald wird vor allem vom NSG Elster-Pleiße-Auwald geprägt und könnte auf überwiegend unterholzreiche suboptimale Bestockungen und Jungwaldanteile zurückzuführen sein. In Waldresten/Flurgehölzen mit M_{54} 1,4 (0,0–5,7) BP/10 ha (Steffens 1986 a, W.-D. Grünelt u. a.) ebenfalls relativ niedrige Werte, da vor allem viele kleinere Gehölze (z. B. [2177]) nicht besiedelt werden. Das gleiche gilt auch für Vorwälder mit M_8 0,9 (0,0–2,2) BP/10 ha (Reinl 1968, D. Loschke, F. Rost), die i. d. R. nicht die für den K. optimale Baumholz-Dimensionen erreichen. Auf Siedlungsdichte-Probeflächen in Fichten- und Kiefernforsten i. d. R. fehlend. In kieferndominierten Bestockungen des Großen Bärenstein/Kr. Pirna (16,7 ha) jedoch 5 BP, da der K. hier u. a. in Höhlungen der Sandsteinfelsen brütet (D. Loschke). An den Greifensteinen/Kr. Annaberg zumindest

Einbeziehung von Granitfelsen ins Nahrungsrevier (Holupirek 1993). In Nadel-Laubbaum-Mischbestockungen M_{34} 1,1 (0,9–9,1) BP/10 ha ([2299], P. Hummitzsch, J. Schimkat u. a.). In Parks, Friedhöfen u. a. Grünanlagen M_{40} 2,1 (0,0–9,0) BP/10 ha ([2896], Müller 1989, R. Wenzel u. a.). Hier fehlt der K. meist in Kleinparks u. ä. Grünanlagen, eine Tendenz, die sich in Richtung Gartenstadt und ländliche Siedlungen noch stärker ausprägt und hier nur noch Dichtewerte von M_{21} 0,1 (0,0–0,8) BP/10 ha zuläßt ([2896], G. Hofmann, W. Weger u. a.). Der Anteil der Nistkastenbruten ist gering ([3834, 4017], Blümel 1990 c) und hat nur ausnahmsweise Einfluß auf die Siedlungsdichte. Durch Nistkästen läßt sich der K. jedoch in jüngeren Bestockungen ansiedeln (S. Gonschorek). Erhebliche jährliche Bestandsschwankungen, die nicht oder nur bedingt mit Winterkälte zusammenhängen ([4017], Blümel 1990 c). Langfristige Trends sind nach Aussage der meisten Beobachter (z. B. [4017], Melde 1990, Saemann 1994, Eifler und Hofmann 1985, Eifler et al. 1996) nicht erkennbar. Im NSG Weißeritztalhänge bei Siedlungsdichteuntersuchungen 1991/92 jedoch nahezu doppelte Dichte wie 1975/76 (R. Steffens), bei gleichzeitig deutlichem Rückgang (Nistplatzkonkurrenz!) der Kohlmeise. Ebenfalls deutlich höhere Dichtewerte Ende der 1980er, Anfang der 1990er Jahre in Laubmisch- und Kiefer-Laubmischbestockungen bei Dresden (J. Schimkat) sowie 1994 im NSG Zadlitzbruch (J. Huth), nur angedeutet bei Müller 1989 für den Kurpark Bad Düben und bei Erdmann (1989 b) für den Elster-Pleiße-Auwald.

Anz. Bruten

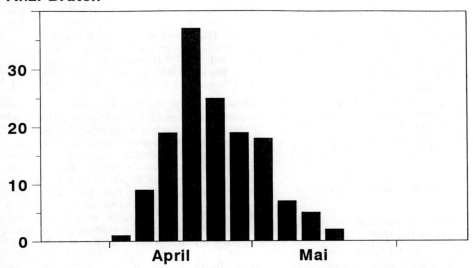

Abb. 55: Brutphänologie (Ablage 1. Ei – rückgerechnet) des Kleibers im Bez. D (Pentadensummen)

Brutbiologie: Natürliche Bruthöhlen waren 19× in Eiche, je 11× in Kiefer, Erle und Buche, 8× in Birke, 4× in Kastanie, je 3× in Weide und Fichte sowie je 1× in Ahorn, Hainbuche, Linde, Esche, Hauswand und Mauer. Darüber hinaus wird in der Sächsischen Schweiz regelmäßig in Sandsteinhöhlungen gebrütet (D. LOSCHKE, U. AUGST). Die Höhe natürlicher Nisthöhlen schwankt zwischen 0,5–15 m, M_{45} 4,6. Meist in geringem Umfang in Meisennistkästen, aber auch in solchen, die für Rauhfuß- und Waldkauz angebracht wurden. Nistkasten-Nutzungsgrad im Sebnitzer Wald: 0,8% im Nadelwald, 3,1% im Auewald und 9,8% im Eichen-Hainbuchenwald [2024]. Ähnliche Werte bei [4017], z. T. noch niedrigere bei BLÜMEL (1990 c), im Park Bad Brambach/Kr. Oelsnitz jedoch von jährlich 1–2 BP 50% (n = 10 Jahre) in Nistkästen (S. GONSCHOREK). M. MELDE registrierte im Gebiet Biehla/Weißig/Kr. Kamenz zwischen 1948 und 1974 Gesangsbeginn vom 01. 02.–22. 03. Die Ablage des 1. Eies erfolgte frühestens Ende März/Anfang Apr. (07. 05. 1986 fast fl. juv. in Dresden – U. KIRCHHOFF, 05./06. 04. mehrfach 1. Ei bei Graupa/Kr. Pirna – H. JOKIEL) und spätestens am 17. 05. [3834] mit Schwerpunkt (>70%) in der 2. und 3. Apr.-Dekade (Abb. 55). L. BECKER (in BLÜMEL 1990 c) fand noch am 18. 07. 1958 ein bebrütetes Gelege mit 5 Eiern, GUGISCH in [4017] stellte am 22. 07. 1971 bei Schmannewitz 1 BP mit fl. juv. fest, was auf 2. Bruten oder Nachgelege schließen läßt. Vollgelege enthielten: 4×3, 5×4, 9×5, 22×6, 27×7, 23×8, 4×9 und 1×11 Eier, M_{95} 6,6. Nestjunge: 2×1, 8×2, 13×3, 19×4, 14×5, 31×6, 35×7, 26×8, 3×9, 1×10, M_{152} 5,7 je erfolgreiche, 5,4 je angefangene Brut ([3834, 4017] H. JOKIEL u. a.).

Wanderungen: Im Winter i. d. R. in den Brutgebieten [2616], z. T. jedoch weniger im Bergwald (C. FEHSE) und mehr in Ortschaften [1634] bzw. an Fensterfutterhäusern [2616]. 128 wiedergefangene Ex. [177, 2617, 3040] belegen die starke Ortstreue eines Teiles der K.. Der andere Teil streicht offensichtlich besonders im Sept., ferner im Okt. und Nov., in geringem Umfang aber auch im Aug. und Dez., umher (max. Fundentfernung 3,5 km ESE vom Beringungsort, [1523, 1777]). Ortstreue belegen auch KÖCHER und KOPSCH [4017].

P. HUMMITZSCH, R. STEFFENS

Mauerläufer – *Tichodroma muraria* (L., 1766)

Ehemaliger Brutvogel, seltener Gast
Unterart: *T. m. muraria* (L., 1766)

Vorkommen: HEYDER [1223] lagen vom Sommer 1834 bis zum Jahr 1901 etwa 25 Beobachtungen, vor allem aus den damals noch betriebenen Postel-witzer Steinbrüchen (Sächsische Schweiz) vor. Fast alle Feststellungen stammten aus dem Winterhalbjahr, und die Vögel erschienen i. d. R. mit Sturm und Rauhreif, also bei Wetterumschwung. Die meisten Beobachtungen stammten von dem Waldwärter E. WÜNSCHE [161, 172, 177, 178, 196, 240, 244, 340]. 1890 beobachteten die Steinbrecher und E. WÜNSCHE auch 1 ♂♀ im Frühjahr und Frühsommer, welche im Juni täglich 4 bis 5× – um Nahrung zu suchen – in die Bruchwände kamen und mit dieser dann in die höher gelegenen Sandsteinfelsen der Schrammsteine flogen. WÜNSCHE war deshalb vom Brüten überzeugt. Nach 1901 nur noch wenige Nachweise: Mitte August 1919 will SCHREITMÜLLER [521] 1 M. in einem Steinbruch bei Wehlen/Kr. Pirna beobachtet haben, auf Grund der in anderem Zusammenhang nachgewiesenen Unzuverlässigkeit SCHREITMÜLLERS erkennt HEYDER [1223] die Beobachtung aber nicht an. Am 15. 11. 1926 1 M. in den Weißen Brüchen zwischen Rathen und Wehlen [929], schließlich 1961 nochmals 3 Beobachtungen (18. 02., 26. 03. und 08. 12.) im Rathener Gebiet [1760, 1985, 2101] und am 19. 02. 1984 1 Nachweis an den Felsen des Neuen Wildensteins/Kr. Pirna (AUGST 1985). Außerhalb der Sächsischen Schweiz 1 Überwinterung am Schloß Augustusburg/Kr. Flöha, wo die Art vom 06. 12. 1961 bis 03. 04. 1962 beobachtet wurde [1993].

U. AUGST, D. SAEMANN

Waldbaumläufer – *Certhia familiaris* L., 1758

Jahresvogel
Unterart: *C. f. macrodactyla* C. L. Brehm, 1831

Verbreitung: Der W. ist in allen Teilen Sachsens anzutreffen, jedoch in Kammlagen mit wesentlich geringer Dichte und im waldarmen Lößgefilde z. T. sogar nur lückig verbreitet. Aktuelle Brutnachweise bei 800 m ü. NN (Carlsfeld/Kr. Aue – M. THOSS und J. WOLLMERSTÄDT, Kottenheide/Kr. Klingenthal – E. MÖCKEL), sM bis 1050 m ü. NN (D. SAEMANN).

Lebensraum: Wälder aller Art, sofern genügend Altholz vorhanden ist. Der schlagweise Hochwald (Fichte) wird ab starkem Stangenholz besiedelt. Im Gegensatz zum Gartenbaumläufer ist eine Vorliebe für ausgedehnte Wälder zu erkennen. Lichte Bestände werden dabei bevorzugt, alte abgestorbene bzw. absterbende Bäume fördern die Besiedlung (Nistplätze), möglicherweise auch Immissionswirkungen im Frühstadium (Auflichtung). Optimal scheinen Fichtenbestockungen der unteren und mittleren Berglagen sowie submontane Buchen- und Eichen-Buchenwälder zu sein. Gut besiedelt werden auch montane Buchenwälder, Nadel-Laubbaum-Mischbestockungen sowie Kiefernforste. In Eichen-Hainbuchenwäldern und Auewäldern hat der W. deutlich geringere Abundanz und ist in isolierten Waldresten bzw. Flurgehölzen ausgesprochen selten. Hier sporadisch besetzte Brutreviere erst ab einer zusammenhängenden Gehölzfläche von >7 ha und unverpaarte sM kurzzeitig in solchen >1 ha (R. STEFFENS). Neben Wäldern werden auch große Parks besiedelt, insbesondere bei entsprechendem Koniferenanteil und zum Bergland hin. Sehr selten auch in innerstädtischen, parkartigen Baumbeständen bzw. Gärten mit alten Bäumen (vgl. auch Tab. 67).

Bestand: Großräumige Dichte in Chemnitz (130 km^2) 15–20 BP [2616], im Stadt- und Landkreis Leipzig (Rasterkartierung 1991–93, 574 km^2) unter 100 BP (StUFA Leipzig 1995), im Kr. Zittau (Rasterkartierung 1985–89, 256 km^2) 120–230 BP (EIFLER et al. 1996), in der Dübener Heide (Rasterkartierung 1994, 42 km^2) 70–115 BP (J. HUTH u. a.), im Nordteil des Kr. Kamenz (Bestandserfassung 1982, 18 km^2) 30 BP (M. MELDE). Auf Siedlungsdichte-Probeflächen in Fichtenwäldern und -forsten gemischter Altersklassen der Hoch- und Kammlagen M_{14} 0,3 (0,0–0,7) BP/10 ha (DORNBUSCH 1988, D. SAEMANN, U. ZÖPHEL u. a.), in mittleren Berglagen (56 ha) 1,1 (DORNBUSCH 1988), in unteren Berglagen und im Hügelland (64 und 124 ha) 0,7 und 0,9 (EIFLER und HOFMANN 1985, R. STEFFENS); in Fichtenbaumhölzern M_{19} 1,1 (0,0–2,9) BP/10 ha ([3526], G. HOFMANN u. a.); in Kiefernbaumhölzern M_{11} 0,6 (0,0–2,4) BP/10 ha ([4061], G. CREUTZ, D. LOSCHKE u. a.); in montanen Buchenwäldern M_3 0,8 (0,0–1,2) BP/10 ha (D. LOSCHKE, B. PRASSE, R. STEFFENS); in Eichen-Buchen- und Buchenwäldern des Hügellandes M_{10} 1,6 (0,0–3,3) BP/10 ha; in Eichen-Hainbuchenwäldern M_8 0,5 (0,0–1,7) BP/10 ha (J. SCHIMKAT, G. HOFMANN, R. STEFFENS u. a.); in Auewäldern M_{20} 0,2 (0,0–0,7) BP/10 ha (ERDMANN 1989 b u. a.). Auf 54 Probeflächen in Waldresten und Flurgehölzen wurde lediglich 1× im NSG Wesenitzhang bei Zatzschke (7,1 ha) der W. in 1 BP angetroffen (W.-D. GRÜNELT), auf 41 Flächen in Parks, Friedhöfen u. a. Grünanlagen 4 positive Befunde: Küchwaldpark Chemnitz 1973 auf 23,5 ha 4 BP [2896] und 1978 auf 80 ha 8 BP (D. SAEMANN), Leipziger Rosental 1974 auf 28,8 ha 4 BP (K. TUCHSCHERER), Park Neschwitz 1970 auf 5,6 ha 1 BP (G. CREUTZ). Langfristige Zu- oder Abnahme des W. sind nicht erkennbar, wohl aber erhebliche kurzzeitige, wahrscheinlich meist witterungsbedingte, Bestandesschwankungen. Nach dem kalten Winter 1985/86 ermittelte S. KRAUSE auf den von WENZEL [3526] untersuchten Probeflächen z. B. nur noch 1/5 der damaligen Brutdichte, im Ergebnis der Rasterkartierung 1985–89 im Kr. Zittau auch deutlich niedrigerer Bestand infolge mehrerer kalter Winter (EIFLER et al. 1996). Nach HEFT [4008]

kann mittels Spezialnistkästen die Brutdichte erheblich gesteigert werden (1979 im Vergleich zu 1966 etwa die doppelte Anzahl erfolgreicher Bruten bei gleichzeitiger Steigerung des Nistkastenangebotes auf 222%).

Brutbiologie: Natürliche Nistplätze waren 44× hinter abgesprungener Baumrinde, 31× an menschlichen Bauwerken (meist Dachgiebel von Waldhütten), 17× Spechthöhlen, 15× Baumspalten, 10× Baumstümpfe, 5× Wipfelbrüche, 3× Wurzelteller von Windwürfen, 3× Greifvogelnester, 3× Holzstöße, 1× unter einem Stein. Als Brutbäume kamen 37× Fichte, 20× Kiefer, 8× Eiche, 7× Birke, 5× Buche, 4× Erle, 2× Kirsche und je 1× Lärche, Robinie, Linde und Weide vor, was in etwa dem Anteil dieser Baumarten an der Gesamtwaldfläche in Sachsen entspricht, so daß keine Bevorzugung von Baumarten erkennbar ist. Nistplätze zwischen 0 bis 12 m über dem Boden, M_{118} 1,8 m. Ablage des 1. Eies von Ende März (30. 03. 1988 Nest mit 3, später 5 Eiern – H. JOKIEL) bis Mitte Juni (18. 07. 1970 2 juv. ca. 13 Tage alt – K. HOFMANN), bei Dresden mit Schwerpunkt in der 1. und 2. Apr.-Dekade, in der Oberlausitz 2. und 3. Apr.-Dekade (BLÜMEL 1990 a), im Bez. C jedoch Ende Apr./Anfang Mai. Ab Mitte Mai nachweislich Zweitbruten. Untersuchungen zur Gesangsaktivität (Abb. 56) zeigen in Übereinstimmung damit je einen Gesangsgipfel Ende März und in der 1./2. Maidekade, wobei der ausgeprägtere 2. Gipfel hauptsächlich durch Sänger aus Lagen von mehr als 700 m ü. NN zustande kommt, die vermutlich nur 1× im Jahr brüten (ERNST 1987). In der Oberlausitz Anteil Zweitbruten ca. 21% (BLÜMEL 1990a), bei Löbau von 10 kontrollierten BP 5 mit Zweitbruten (W. POICK). Gelegegröße: 1×2, 4×3, 16×4, 28×5, 39×6, 6×7 Eier, M_{94} 5,3, möglicherweise zwischen Niederungen und Bergland Unterschiede (z. B. Niederungen der Bez. L und D M_{27} 5,5 [4017], M. MELDE; im Bez. C aber M_{22} 5,0); Anzahl der Jungen: 1×1, 5×2, 7×3, 12×4, 18×5, 15×6, 6×7, 1×8, M_{65} 4,8. Im Bezirk C waren 10 von 109 Eiern taub, 9 von 33 Bruten waren erfolglos, je erfolgreiche Brut flogen 4,1 und je angefangene Brut 3,0 Junge aus (S. ERNST). Von 265 Bruten in Nisthilfen verliefen 62 erfolglos, in 19 Fällen durch Überbauen, in 9 durch Marder, in 7 durch Specht und in 4 durch Nässe [4008].

Wanderungen: Wiederfunde beringter W. (z. B. in [4017]) stammen ausschließlich vom Beringungsort und seiner unmittelbaren Umgebung. Fänge auf einem Registrierfangplatz bei Augustusburg von 1976–1980 deuten zumindest eine Bewegung im Herbst an. 49 Herbstfänge (davon 53% in den beiden letzten Sept.-Dekaden) mit 26 Wiederfängen stehen nur 21 Frühjahrsfänge mit jedoch 22 Wie-

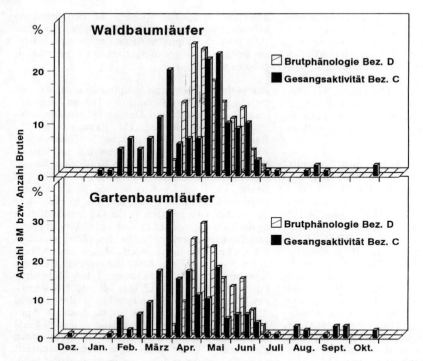

Abb. 56: Gesangsaktivität (Anzahl singender Männchen) und Brutphänologie (Ablage 1. Ei – rückgerechnet) von Wald- u. Gartenbaumläufer (Dekadensummen)

derfängen gegenüber (D. SAEMANN). Das könnte auf eine Abwanderung der Jungvögel im Herbst bzw. auf Durchzug östlicher Populationen (wahrscheinlich ebenfalls Jungvögel) hinweisen, was schon HEYDER [1223] vermutete. Auch hier bedarf es der Bestätigung durch weitere Untersuchungen.

R. STEFFENS, S. ERNST

Gartenbaumläufer – *Certhia brachydactyla*
C. L. Brehm. 1820

Jahresvogel
Unterart: *C. b. brachydactyla* C. L. Brehm 1820

Verbreitung: Hauptverbreitungsgebiet des G. sind die Flußauen der Niederungen sowie die Laubmischwälder des Hügellandes. Zum Gebirge hin klingt das regelmäßige Vorkommen mit der Vertikalgrenze der submontanen Eichen-Buchenwälder in ca. 350 bis 400 m ü. NN aus. Höher gelegene Brutzeitbeobachtungen beschränken sich auf wenige Einzelstandorte. Höchstgelegene Brutnachweise im Vogtland Bad Brambach/Kr. Oelsnitz (560 m ü. NN – S. GONSCHOREK), im Mittelerzgebirge bei Annaberg (560 m ü. NN – J. und S. SCHLEGEL,

R. STEFFENS), im Osterzgebirge bei Grillenburg/ Kr. Freital (400 m ü. NN – R. STEFFENS), im Zittauer Gebirge Lückendorf (460 m ü. NN – G. und K. HOFMANN), Brutverdacht im Vogtland außerdem bei Klingenthal und Erlbach (600 m ü. NN – S. ERNST, E. MÖCKEL). Brutzeitbeobachtungen in noch höheren Lagen (z. B. HEYDER [1223]) bedürfen der erneuten Bestätigung. In der Mehrzahl der Fälle dürfte es sich dabei um Gesang unverpaarter Männchen handeln, die die vertikale Verbreitungsgrenze des G. markieren und mit nur geringer Revierbindung z. T. auch weitab von den typischen Habitaten der Art singen. Auch Waldbaumläufer mit Mischgesang sind zu beachten.

Lebensraum: Altholzreiche Laub- und Laubmischwälder des Hügel- und Flachlandes sowie der unteren Berglagen, insbesondere wenn grobrindige Baumarten wie Eiche, Ulme, Linde, Esche entsprechenden Anteil an der Bestockung haben; Laubbaumparks ähnlicher Baumartenzusammensetzung und Struktur, Laubbaumbestockungen und alte Obstgärten in Ortsrandlage, mit Vorliebe auch in altholzreichen Erlensümpfen und -brüchen, ferner Kiefernbestände mit entsprechendem Laubbaumanteil; früher (bzw. in Zeiten höheren Bestands?)

auch sporadisch in montanen Buchenwäldern [1223]; ausnahmsweise auch in Fichtenforsten [1223], wobei allerdings vom Brutplatz noch nicht auf das gesamte Brutrevier geschlossen werden kann, in dem nach gegenwärtigen Erfahrungen alternative Bestockungsanteile vorhanden sein müssen. Im Gegensatz zum Waldbaumläufer werden Übergangsbereiche vom Wald zur offenen Landschaft bevorzugt besiedelt, z. B. Teichdämme und -ränder, kulissenartige Bestände in und am Rande von Flußauen, Restwälder in der offenen Landschaft, ländliche Parks u. ä.. Viele kleine, isolierte Flurgehölze erfüllen aber trotzdem nicht die Habitatsanforderungen des G..

Bestand: Großräumige Dichte in Chemnitz (130 km^2) 7–10 BP [2616], im Stadt- und Landkreis Leipzig (Rasterkartierung 1991–93, 574 km^2) 700–800 BP (G. ERDMANN u. a.), im Kreis Zittau (256 km^2) 1982 100–170 (EIFLER und HOFMANN 1985) 1985–89 (Rasterkartierung) 15–35 BP (EIFLER et al. 1996), in der Dübener Heide (Rasterkartierung 1994, 42 km^2) 110–150 (J. HUTH u. a.), im Nordteil des Kr. Kamenz (Bestandserfassung 1982, 18 km^2) 51 BP (M. MELDE), in der nordwestl. Leipziger Aue (Bestandserfassung 1994, 13,5 km^2) 30 BP (R. EHRING u. a.). Auf Siedlungsdichteprobeflächen in Fichtenforsten, montanen Buchenwäldern und Kiefernforsten keine Nachweise. Hingegen in Kiefer–Laubbaum-Mischbestockungen M$_{35}$ 0,7 (0,0–2,9) BP/10 ha (P. HUMMITZSCH, J. SCHIMKAT

u. a.); in Eichen–Buchen- und Buchenwäldern des Hügellandes M$_{10}$ 1,2 (0,0–3,3) BP/10 ha, in Eichen-Hainbuchenwäldern M$_8$ 1,7 (0,8–4,2) BP/10 ha (G. HOFMANN, J. SCHIMKAT, R. STEFFENS u. a.); optimale Dichte in Erlenbrüchen M$_4$ 3,0 (2,5–4,3) BP/10 ha (J. HUTH, R. KRAUSE u. a.) und gleichzeitig hier Waldbaumläufer fehlend (vgl. Tab. 67); im geschlossenen Auwald hingegen nur M$_{20}$ 0,5 (0,0–1,9) BP/10 ha (ERDMANN 1989 b u. a.), was die Vorliebe des G. für Randstrukturen und unterholzarme Bereiche unterstreicht; in Waldresten und Flurgehölzen M$_{54}$ 0,8, mit sehr breiter Streuung (0,0–5,0 BP), optimal waren dabei NSG Wesenitzhang bei Zatzschke (7,1 ha) 2 und 3 BP (C. FEHSE und W.-D. GRÜNELT) sowie Schöpsufer bei Kreba/Kr. Niesky (6 ha) mit 2–3 BP (R. KRAUSE in BLÜMEL 1990 a). Ebenfalls je nach Lage, Größe und Bestockungsaufbau sehr differenzierte Besiedlung von Parks: M$_{40}$ 0,4 (0,0–2,0) BP/10 ha, optimale Werte: Kurpark Bad Düben (10,0 ha), M$_6$ 1,7 (MÜLLER 1989), Weinaupark Zittau (35 ha) 1,7 (EIFLER und HOFMANN 1985), Stadtwald Zwickau (1977 20 ha, 1978 65 ha) 1,5 und 1,4 (B. SEIFERT), Grünfelder Park Waldenburg/Kr. Glauchau, (120 ha) 0,8 BP/10 ha (H. MEYER). Besonders gut besiedelt sind nach KÖCHER und KOPSCH [4017] die Umgebung von Waldteichen sowie die Muldenaue. Im NSG Döbener Wald (139 ha) nach F. und G. FEHSE ca. 15 BP. Hinsichtlich der Häufigkeitsrelationen zwischen Wald- und Gartenbaumläufer dominiert ersterer nahezu 100% im Gebirge. In

Tabelle 67: Präsenz und mittlere Abundanz von Wald- und Gartenbaumläufer auf Siedlungsdichte-Probeflächen in Sachsen

Biotoptypen	Anzahl Untersuchungen	Waldbaumläufer			Gartenbaumläufer		
		Präsenz		Mittl. Dichte	Präsenz		Mittl. Dichte
	n	+	–	BP/10 ha	+	–	BP/10 ha
Fichtenwälder und -forste in Hoch- und Kammlagen	20	12	8	0,3	0	20	0
Fichtenforste mittlere und untere Lagen	22	17	5	1,0	0	22	0
Kiefernforste	11	6	5	0,6	0	11	0
Kiefer-Laubbaum-Mischbestockungen	35	21	14	0,7	26	9	0,7
montane Buchenwälder	3	2	1	0,8	0	3	0
submontane Buchen- und Eichen–Buchenwälder	10	9	1	1,6	9	1	1,2
colline Eichen- und Eichen–Hainbuchenwälder	8	4	4	0,5	8	0	1,7
Auwälder	20	10	10	0,2	13	7	0,5
Erlenbrüche	4	0	4	0	4	0	3,0
Waldreste, Flurgehölze	54	1	53	0,08	13	31	0,8
Parks, Friedhöfe	40	3	37	0,2	11	29	0,4

den submontanen Eichen-Buchen- sowie Buchen-wäldern ergibt sich ein Verhältnis von ca. 1,3:1, in den Kiefer–Laubbaum-Mischbestockungen ca. 1:1, in den eichenreichen Laubmischwäldern des Hügellandes sowie den Flußauen dagegen ca. 1:3, in Restwäldern und Flurgehölzen der gleichen Region sogar 1:10. Damit überwiegt der Garten-baumläufer im Hügel- und Flachland, wo sich für die Kr. Grimma, Oschatz und Wurzen [4017], das Elbe-Röder-Gebiet (R. Pürschel), die Dübener Heide (J. Huth u. a.) sowie das Gebiet Biehla-Weißig (M. Melde) etwa ein Gesamtverhältnis von 1:1,5 bis 1:2 abzeichnet. Auch hier sind jedoch regionale Unterschiede zu beachten. Bei-spielsweise ist im Norden des Kr. Niesky, mit aus-gedehnten Kiefern-Heidewäldern, der Waldbaum-läufer häufiger als der Gartenbaumläufer (F. Men-zel). Ferner im Stadt- und Landkreis Leipzig 1:8, im Kr. Zittau nach 1985 aber 10:1 (G. Eifler u. a.). Im Bereich der Lebensraumüberschneidung i. d. R. nicht beide Arten zugleich häufig, sondern räumlich und zeitlich wechselnd, was als zwischen-artliche Konkurrenz gedeutet werden kann (vgl. auch [2616]). Ähnlich wie beim Waldbaumläufer treten witterungsbedingt starke Bestandsschwan-kungen auf, im Kr. Zittau 1985–89 nur noch 1/5 des Bestandes von 1982 (s. o.). Über längerfristige Entwicklungen gibt es anscheinend unterschiedli-che Beobachtungen. Saemann [3207] sowie Gröss-ler und Tuchscherer [3062] vermerken für die Bez. C bzw. L Mitte der 1970er Jahre „… seit 15 Jahren …" bzw. „… in den letzten Jahren …" Bestandesrückgang, Köcher und Kopsch [4017] können für die Kr. Grimma, Oschatz und Wurzen im gleichen Bezugszeitraum keinen Rückgang fest-stellen. Auch die langjährigen Siedlungsdichteun-tersuchungen im Leipziger Auewald (Erdmann 1989 b) sowie Bestandserfassung im Gebiet Biehla/ Weißig (M. Melde) und in weiteren Gebieten des Bez. D (R. Steffens) erlauben keine solche Aus-sage. Möglicherweise beziehen sich die Angaben von Saemann bzw. Tuchscherer und Grössler überwiegend auf suboptimale Lebensräume.

Brutbiologie: Natürliche Nistplätze waren 33× hin-ter abgesprungener Rinde, 25× an menschlichen Bauwerken, 5× Baumstümpfe, 5× Baumspalten, 4× Spechthöhlen, 3× Greifvogelnester sowie je 1× Felsspalten und Wurzelteller von Wind-würfen. Im Vergleich zum Waldbaumläufer fällt ein geringerer Anteil von Spechthöhlen, Baum-spalten, Wipfelbrüchen und ähnlichen Örtlich-keiten auf, jedoch ein höherer Anteil an menschli-chen Bauwerken. Dabei 8× Mauerspalten, die bei Waldbaumläufer überhaupt nicht nachgewiesen wurden. Als Brutbäume kamen 11× Kiefer, 8× Ei-che, 3× Robinie, je 2× Erle, Pappel und Fichte, je 1× Ulme, Esche, Linde, Buche und Apfel vor. Das

widerspiegelt in etwa die Baumartenanteile in den vom G. bevorzugten Habitaten, zusätzlich aber eine gewisse Vorliebe für grobrindige Bäume. Nist-plätze zwischen 0,3 und 12,0 m über dem Boden, M_{48} 2,9 m. Ablage des 1. Eies von Ende März (efl. juv. am 02. 05. 1980 – Köcher und Kopsch [4017]) bis Mitte Juni (Gelege mit 3 Eiern, am 06. 07. 1988 2 juv. ca. 4 Tage alt – H. Jokiel), mit je einem Schwerpunkt Mitte Apr. und Ende Mai/Anfang Ju-ni, was gut übereinstimmt mit je 1 Gesangsmaxi-mum Ende März bzw. Mitte Mai (Abb. 56, Ernst 1987) und den regelmäßig stattfindenden 2 Jahres-bruten entspricht. Gelegestärke: 2×3, 2×4, 11×5, 26×6, 9×7 Eier, M_{50} 5,8; Anzahl der Jungen: 1×2, 5×3, 5×4, 12×5, 13×6, 4×7 M_{53} 4,8. Eine regio-nale Differenzierung war vom Datenumfang her nicht möglich.

Wanderungen: Von beiden Baumläuferarten ist das gemeinsame Auftreten mit Meisentrupps im Herbst und Winter bekannt. Die wenigen vorlie-genden Wiederfunde beim G. (z. B. [4017]) stam-men jedoch ausschließlich vom Beringungsort und seiner unmittelbaren Umgebung. Der Registrier-fang von 1976–80 bei Augustusburg/Kr. Flöha, er-brachte keine Nachweie (D. Saemann). Wahr-scheinlich ist die Art sehr ortstreu, was jedoch der Bestätigung durch intensivere Untersuchungen be-darf.

R. Steffens, S. Ernst

Grauammer – *Miliaria calandra* (L., 1758)

Jahresvogel
Unterart: *M. c. calandra* L., 1758

Verbreitung: In der ersten Hälfte des 20. Jh. in al-len Gefildelandschaften Sachsens, mit einer gewis-sen Vorliebe für die besseren Bodenklassen und mehr zerstreuten Vorkommen in den sandigen Landstrichen. Zum Bergland hin war die G. bis in Höhenlagen von 300–450 m ü. NN gemein und wurde an nicht wenigen Stellen sogar noch in 500–650 m ü. NN angetroffen [1223]. Noch im Juni 1968 1 sM in der Nähe des Haberfeldes/Kr. Dippoldis-walde, bei 700 m ü. NN (R. Steffens). Ab 1970 merklicher Rückgang [3207, 4017], 1975 vertikale Verbreitungsgrenze im Bez. C bereits auf 200–250 m ü. NN gesunken [3207]. Besonders ein-schneidende Verluste nach 1978 und seither in vie-len Gebieten nicht mehr bzw. nur noch sporadisch nachgewiesen. Aktuell nur noch Verbreitungsin-seln im Leipziger Land, im Riesa-Torgauer Elbtal sowie in Teilbereichen des Lausitzer Heidelandes, der Großenhainer Pflege sowie der Östlichen Oberlausitz (Karte 25). Hier höchstgelegene Brut-plätze bei 250–300 m ü. NN [3992].

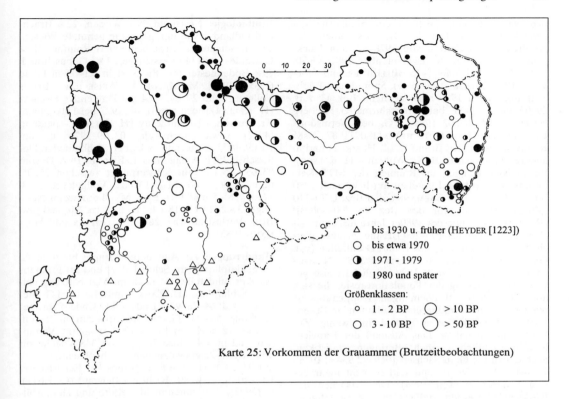

bis 1930 u. früher (HEYDER [1223])
bis etwa 1970
1971 - 1979
1980 und später

Größenklassen:
1 - 2 BP   > 10 BP
3 - 10 BP   > 50 BP

Karte 25: Vorkommen der Grauammer (Brutzeitbeobachtungen)

Lebensraum: Offene Feldflur sowohl im Acker- als auch im Grünland. Die Nähe großer Feldgehölze oder Wälder wird gemieden. Nach GLIEMANN [2856] i.d.R. mehr als 100 m von geschlossenen Waldungen entfernt. Auch nicht in Windschutzstreifen mit hohem Pappelanteil und dichtem Kronenschluß (W. WEISE). In der Südlausitz am häufigsten in der Übergangszone Wiese/Weide bzw. Graben/Feldrain zum Ackerland. Es werden auch Ödländereien, Flächen mit Strauchwuchs, Kiesgruben, Abraumkippen und -halden, mit Phragmites bestandene Feuchtwiesen sowie Brandflächen [3522] als Bruthabitat genutzt. Maßgeblich für die Besiedlung sind Landstraßen, Feldraine und Bahndämme, wenn der Wasserbedarf gesichert ist und Büsche, Koppelpfähle, Leitungsmasten und Freileitungen, hohe Stauden, Lesesteinhaufen oder große Einzelsteine als Singwarten einen freien Überblick über das Revier gestatten. Nach der Brutzeit an ähnlichen Orten mit nahrungsreichen Stoppelfeldern, Kleebrachen, Gemüse- und Hackfruchtschlägen. Bei geschlossener Schneedecke an Strohdiemen, Felddungstapeln und Getreidelagern [2856]. In sehr schneereichen und kalten Wintern auch in Ortschaften. Außerhalb der Brutzeit Schlafgemeinschaften in Schilfhorsten, auf Stoppelfeldern, in kleinen Gebüschgruppen und sogar in Kieferndickungen (R. KRAUSE).

Bestand: Bis in die 1960er Jahre hinein häufiger Brutvogel, dann Rückgang so schnell und vollständig, wie bei keiner anderen Singvogelart. In den Kr. Wurzen und Grimma 1977/78 noch vorhandene kleine Populationen von 5–11 ♂♂ verschwanden z.B. schlagartig im nächsten Jahr [4017] und seit 1983 gibt es im Kr. Wurzen keine Brutnachweise mehr (H. KOPSCH). 1977 um Hohentanne/Kr. Freiberg, noch mind. 10 sM, 1978 4 sM und danach keine Feststellungen mehr (D. HERGOTT). 1963 in der Gemeindeflur Windischleuba (14,2 km²) noch 28 sM, 1983 fehlend (HÖSER 1989b). Im gesamten Raum S Leipzig, dem aktuellen Hauptverbreitungsgebiet (800 km²) 1984 noch 17 und 1985 10 BP (ROST 1989d). 1976 letztmalig 1 sM zur Brutzeit im Kr. Freital (Helbigsdorfer Flur – R. STEFFENS), bei Niedergurig (150 ha) 1971 8 sM, 1979 0 (H. ZÄHR), zwischen Kreba und Mücka/Kr. Niesky, (3 km) 1956 12 sM, 1979 1 sM und 1980 0 (R. KRAUSE), bei Kemnitz/Kr. Löbau 1972 9–11 sM und 1979 nur noch 1 sM (W. POICK), bei Oberseifersdorf/Kr. Zittau, 1955 6 sM (L. BECKER) und 1978–82 2 sM (G. EIFLER) – alle in [3992]. Ähnlich wie S Leipzig auch in der Südlausitz um 1980 kein Totalverlust des Brutvorkommens: im Nordteil des Kr. Zittau von 1978–82 kein Rückgang, im gesamten Kreisgebiet aber 1982 35–70, 1986 15–30 und 1989 5–15 BP (EIFLER und HOFMANN 1985, EIFLER et al. 1996). Sporadische Beobachtungen nach 1980 auch noch im Bez. C: z. B. 29. 06. 1983 1 sM bei Großschirma/Kr. Freiberg (D. HERGOTT), 05. 02. 1984 2 G. bei Wermsdorf/Kr. Glauchau (H. FRITSCHE), 11. 07. 1987 1 sM Kleinwaltersdorf/Kr. Brand-E. (T. HERGOTT) und in anderen Gebieten (z. B. Kr. Wurzen – H. KOPSCH). Bestandsschätzungen im Rahmen der MTB-Kartierung der Brutvögel ergeben um bzw. nach 1980 für den Bez. C 0 (D. SAEMANN), den Bez. L 70–110 ([4015] erg.) und für den Bez. D 200–300 BP (R. STEFFENS). Ende der 1980er Jahre insgesamt sicher nicht mehr als 100–200 BP, die zu etwa gleichen Anteilen auf die Bez. L und D entfallen (vgl. GRÖSSLER 1993, RAU u. STEFFENS 1989, NACHTIGALL et al. 1995). Nach 1989 möglicherweise gewisse Stabilisierung der Populationsreste, die sich aber vor allem auf ehemaligen Truppenübungsplätzen und im Randbereich auslaufender Braunkohletagebaue befinden und damit wenig Zukunftschancen haben. Das Ausmaß der Entwicklung verdeutlichen auch Beringungsstatistiken, nach denen die G. in Sachsen 1969–72 934×, 1973–76 141×, 1978–79 8× und seither nicht mehr beringt wurde (DORSCH 1994). Die Ursachen des Rückganges werden vielfach in der Beseitigung von Feldrainen, Bäumen u. Flurgehölzen, in der Großraumwirtschaft sowie dem Biozideinsatz gesehen ([3992, 4017] u. a.). Der vielerorts zu verzeichnende plötzliche Bestandszusammenbruch um 1980 ist damit aber nicht zu erklären. In weiten Gebieten der Bez. C und D fehlt die G. inzwischen auch im Winter, obgleich sie im Bez. C auch früher in dieser Zeit kaum notiert wurde. Großräumige Siedlungsdichte in ehemals gut besetzten Gebieten von 500–12 000 ha Größe M_9 0,4 (0,1–0,6) BP/100 ha ([2856, 3992] EIFLER und HOFMANN 1985, ROST 1989 d), herausragend dabei Ortsflur Windischleuba (1420 ha) mit 2,0 BP/100 ha im Jahre 1963 (HÖSER 1989 b); auf mittleren Flächen (150–600 ha) M_8 3,6 (1,3–8,1) BP/100 ha ([1703], W. WEISE, H. ZÄHR); auf Teilflächen < 100 ha 0,3 BP/10 ha (G. ENGLER) ca. 1 BP/10 ha (G. EIFLER) und auf einer „Unland"fläche (42 ha) bei Biehla/Kr. Kamenz, 1975–79 M_6 2,2 (1,4–3,3) BP/10 ha [3786]. Lineare Dichte M_8 2,3 (0,3–4,0) BP/km (R. KRAUSE, L. BECKER, C. SCHLUCKWERDER, W. TEUBERT u. a. in [3992]), bei Falkenhain/Kr. Wurzen 1969 im Mittel noch 1,0 (W. KOPSCH in [4017]), herausragend am 19. 07. 1974 zwischen Lobsdorf und St. Egidien/Kr. Hohenstein-E. auf 2,5 km Obstbaumchaussee 17 sM (H. WIEGAND).

Brutbiologie: Neststand 29× Wiesen, 22× Brach- und Ödland sowie unregelmäßig genutzte Wiesen, 23× Besenginster, Brombeere und Rainfarn, 10× Getreide- und Futterschläge, 1× Gebüschrand; 79× Bodennester und 8× Nest in 0,1–0,8 m Höhe ([2856, 3992], M. MELDE, W. WEISE u. a.). Erstes Vollgelege am 29. 04. 1964 bei Dahlen/Kr. Oschatz (H. KELLER), noch am 31. 08. 1977 bei Falkenhain/Kr. Wurzen, 1 BP mit 2 juv. (H. KOPSCH) – beide in [4017] sowie noch am 03. 09. 1970 u. am 16. 09. 1972 fütternde ad. bei Schladitz/Kr. Delitzsch [3751]; Ablage des 1. Eies im Bez. D vom 03. 05. –15. 07., mit Schwerpunkt zwischen 25. 05. und 20. 06. und M_{36} 13. 06.; Vollgelege: 2×3, 14×4, 26×5 und 1×6 Eier, M_{43} 4,6; Anzahl Nestlinge: 3×2, 14×3, 18×4, 20×5, 1×6, M_{56} 4,0 juv./Brut. Verlustrate (n = 26) 46% (EIFLER und HOFMANN 1985).

Wanderungen: Ab Aug. bereits Trupps bis zu 60 G. an Schlafplätzen im Schilf [4017] und im Frühjahr bis Apr. und teilweise noch im Mai Nutzung solcher Schlafplätze. H. ZÄHR ermittelte im TG Niedergurig 1964–78 von Ende Okt.–Ende Febr. regelmäßig 50–350 G. an Schlafplätzen im Schilf, G. CREUTZ noch am 15. 04. 1959 etwa 100. Vereinzelt sind im Okt. lose Trupps von 3–8 Vögeln mit deutlichen Zugbewegungen zu beobachten, z. B. am 07. 10. 1981 11 solche Trupps bei Eckartsberg/Kr. Zittau, in westl. Richtung fliegend (G. EIFLER in [3992]). Mit zunehmender Kälte und Herausbilden einer geschlossenen Schneedecke verlassen die G. Lagen über 250 m ü. NN. Mehrfach Winterkonzentrationen von 40–100 Ex. an Nahrungsplätzen (Mieten, Getreidelager), gelegentlich aber auch noch mehr, z. B. am 24. 02. 1976 ca. 300 östl. Thammenhain/Kr. Wurzen [4017] und an einem Getreidelager bei Kamenz bis 350 [2856]. Durch Ringfunde in der Oberlausitz Umherstreifen bis zu 60 km vom Beringungsort belegt (H. ZÄHR u. a.). Bisher keine Fernfunde.

G. EIFLER, D. SAEMANN, R. STEFFENS

Goldammer – *Emberiza citrinella* L., 1758

Jahresvogel, Durchzügler, Wintergast
Unterart: *E. c. citrinella* L., 1758

Verbreitung: Im Gesamtgebiet verbreitet, nach Rückgang in den 1970er Jahren im gehölzarmen Gefilde z. T. nur lückig ([3207], ROST 1989 m d), desgleichen in den Nadelwaldgebieten der Kammlagen. Nach HEYDER [1223] bis in die Gipfelzone des Fichtelberges (> 1200 m ü. NN), gegenwärtig aber nur bis 1080 m ü. NN [2570] bzw. am 02. 06. 1979 bei 1130 m ü. NN 1 sM (H. HOLUPIREK).

Lebensraum: Lockere Gebüschvegetation mit gut ausgeprägter Krautschicht sowie Randbereiche zu mittelhoher Vegetation. Solche Voraussetzungen sind vor allem an Feldrainen, sobald sie einige Büsche bzw. höhere Stauden aufweisen, an Feldhekken, an Bahndämmen mit Gehölzanflug, in Wiesentälern mit (jüngeren) Bachrandgehölzen, an Wald- und Flurgehölzrändern, auf Kahlschlägen mit Buschgruppen, in vergrasten bzw. verkrauteten (verbuschten) Forstkulturen vor Dickungsschluß sowie auf Ödländereien, Ruderalflächen u. ä. gegeben. Die Vorliebe fürs Offenland kommt ferner darin zum Ausdruck, daß die G. viel regelmäßiger und in höherer Dichte Kahlschläge und Jungwälder in Waldrandnähe als solche im Inneren großer Nadelwaldgebiete besiedelt. Auch Städte und Dörfer bewohnt sie in der Regel nur in ihren ruderalen Randzonen zum Offenland. In Bergbaugebieten werden natürlich bewachsene Kippen sowie Kippenaufforstungen wegen der spezifischen Anforderungen an die Boden- bzw. bodennahe Vegetation relativ spät (DORSCH 1988) und möglicherweise nahrungsbedingt auch viel unsteter besiedelt als z. B. entsprechende Flächen auf gewachsenem Boden im Grubenvorfeld (ROST 1989 d). Außerhalb der Brutzeit in ähnlichen Habitaten sowie auf verunkrauteten Hackfrucht- und Gemüseschlägen, auf abgeernteten Feldern und Kleebrachen; im Winter an Dung-, Silage- und Strohlagerstätten, Tierproduktionsanlagen, Getreide- und Mischfutterlagern – dann auch regelmäßig an entsprechenden Örtlichkeiten in Dörfern; Schlafgemeinschaften in dichten Kiefern- und Fichtenschonungen, Hecken, Schlehen- und Weißdornbüschen sowie im Schilf [3992].

Bestand: Großräumige Dichte im Kr. Zittau (256 km^2) 1982 (Bestandsschätzung) 1 000–2 000 BP (EIFLER und HOFMANN 1985), 1989 (Rasterkartierung 1985–89) 500–1 100 BP (EIFLER et al. 1996); Chemnitz (130 km^2) 1967/68 etwa 120, 1972/73 nur noch 5–10 BP [2988]; Stadt- und Landkreis Leipzig (Rasterkartierung 1991–93, 574 km^2) 400–500 BP (StUFA Leipzig 1995); Raum S Leipzig (Bestandserfassung 1984, 800 km^2) 174 BP (ROST 1989 d), Ortsflur Windischleuba/Kr. Altenburg (Bestandserfassung 1963 und 1983, 14,2 km^2) 87 und 14 BP (HÖSER 1989 b), Presseler Heidewald und Moorgebiet (Dübener Heide, Rasterkartierung 1994, 42 km^2) 160–190 BP (J. HUTH u. a.). Siedlungsdichte Ende der 1970er, Anfang der 1980er Jahre in schlagweise bewirtschafteten Fichtenforsten (alle Altersklassen) der Hoch- und Kammlagen des Erzgebirges M$_{19}$ 0,08 (0,0–0,4) BP/10 ha (D. SAEMANN, U. ZÖPHEL u. a.). In unteren Berglagen (Tharandter Wald) bei Überwiegen von Jungbeständen (40,6 ha) 1,2 und bei ausgeglichener Altersstruktur (120 ha) 0,4 BP/10 ha (R. STEFFENS),

im Wittgendorfer Wald/Kr. Zittau (124 ha) bei ähnlicher Höhenlage und Bestockung, aber mehr Waldrandlagen, 1,9 BP/10 ha (EIFLER und HOFMANN 1985). Auf Kahlschlägen und Fichtenkulturen in Hoch- und Kammlagen wiederum nur M$_7$ 0,1 BP/10 ha (R. STEFFENS, U. ZÖPHEL), jedoch in laubgehölzdominierten Aufwuchsflächen (Eberesche, Birke, Hirschholunder), im NSG Georgenfelder Hochmoor (Moorkiefernwald und Birkenvorwald) und im NSG Fürstenauer Heide (Birkenvorwald) auch M$_8$ 3,1 (2,2–7,3) BP/10 ha ([4134], R. STEFFENS, U. ZÖPHEL). Auf Kahlschlägen und Aufwuchsflächen im Tharandter Wald M$_6$ 2,1 (0,0–3,9) BP/10 ha (R. STEFFENS), im Kr. Zittau (Wittgendorfer Wald, Burkersdorfer Forst) infolge Randlage wieder deutlich höhere Werte: M$_3$ 7,2 (6,3–9,9) BP/10 ha [3992]; maximal sogar auf 4 ha 7 BP (G. HOFMANN), im Zittauer Gebirge (Johnsberg, 653 m ü. NN) jedoch nur 1 BP auf 23,5 ha (G. EIFLER). In Kiefernforsten des Hügel- und Tieflandes M$_6$ 0,3 (0,0–0,9) BP/10 ha ([4061], G. CREUTZ, D. LOSCHKE u. a.), östlich Sachsendorf/Kr. Wurzen/Oschatz auf 2 km^2 1981 15 sM [4017]. Da Laub- und Mischwälder i. d. R. nicht schlagweise bewirtschaftet werden, außerhalb von Waldrandzonen (s. u.) nur selten Besiedlungsmöglichkeiten; jedoch im NSG Elster-Pleiße-Auwald aus Kriegsfolgen und Nachkriegseinwirkungen 1958/59 auf 70 ha noch 16 und 10 BP [1949]. Ödländereien, Ruderalflächen, Kippenaufforstungen, natürlich bewachsene Kippen u. a. Vorwälder weisen mit M$_{66}$ 1,3 (0,0–7,4) BP/10 ha ([1847, 3442, 3786, 4073], REINL 1968, DORSCH 1988, B. SEIFERT, R. WENZEL u. a.) eine größere Streubreite und niedrigere mittlere Dichte der Besiedlung durch G. auf, als die ihnen vegetationskundlich verwandten Kahlschläge und Jungforste. In der ackerbaulich geprägten Ortsflur Seegeritz/Kr. Leipzig (286 ha) 1955–60 M$_6$ 0,3 (0,0–0,8) BP/10 ha [1703], auf von den Habitatsanteilen vergleichbaren Flächen in Gefildelandschaften des Bez. D um 1980 M$_{10}$ 0,4 (0,0–1,1) BP/10 ha ([3992], R. BÄSSLER, R. STEFFENS u. a.). Die Vorliebe der G. für Randlinien kommt auch deutlich in einer Auswertung der Besiedlungsdichte von Flurgehölzen, Waldresten und Restwäldern nach Größenklassen zum Ausdruck: 10–60 ha, M$_{30}$ 2,8 (0,6–7,0) BP/10 ha, 5–9 ha, M$_{17}$ 6,7 (2,4–10,0) BP/10 ha, 1,3–4,5 ha, M$_{44}$ 11,6 (0,0–18,2) BP/10 ha ([2177, 2299, 4017], G. CREUTZ, S. RAU, R. WENZEL u. a.). Früher eine der häufigsten Singvogelarten, ohne erkennbaren Bestandstrend [1223, 2570, 3992, 4017]. Seit etwa Mitte der 1960er Jahre und besonders um 1970 starker Rückgang, der vor allem die offene Feldflur betraf, offensichtlich aber räumlich und zeitlich differenziert ist: in Chemnitz 1968–73 Rückgang um etwa 95 % [2988], bei Falkenstein/Kr. Flöha, ebenfalls um 95%, aber im Zeitraum 1978–81 (M. TIETZ), im Gebiet Windischleuba/Kr. Altenburg 1983 nur noch 16% des Bestandes von 1963 (HÖSER 1989 b), bei Bautzen erfolgte ein Rückgang von 1960 bis 1980 von mindestens 50% (H. ZÄHR in [3992]), eine Größenordnung, die für weitere Gefildelandschaften im Bez. D gelten dürfte (R. STEFFENS). In Westsachsen nach 1981 gewisse Stabilisierung (D. SAEMANN, G. ERDMANN), in der Südlausitz in den 1980er Jahren aber noch Rückgang um ca. 50% (s. o.), so daß sich gewisse Parallelen zur Grauammer (siehe dort) abzuzeichnen scheinen. Der starke Rückgang ist auch auf Siedlungsdichteprobeflächen erkennbar (z. B. [1847, 1949, 2549, 4073], ERDMANN 1989 b, REINL 1968, STEFFENS 1986 a, J. HUTH), doch ist er hier vielfach von anderen Faktoren überlagert (natürliche Vegetationsentwicklung, Weideschäden usw.). Z. B. im NSG Auewald Laske, einem von Offenland umgebenen Restwald (33,6 ha), ist der durch G. CREUTZ und R. SCHLEGEL registrierte Schwund von 8–14 sM (1962–65) auf 4 sM (1970) jedoch eindeutig. Deutlicher Rückgang auch in Anzahl und Stärke der Winterschwärme ([4017], D. SAEMANN).

Brutbiologie: Neststand am Boden unter Gras und Kräutern, unter dichter einjähriger Naturverjüngung von Eiche, unter Rainfarn; kurz über dem Boden in Brennesseln, Heckenrose, Ginster, Brombeere, Himbeere, Weißdorn, Schlehe, Jungfichten ([1795, 3992, 4017] u. a.). Nesthöhe 48× am Boden, 67×0,1–3 m und ausnahmsweise 4 m hoch

(GÜNSCHE 1957), M_{116} 0,9 m. Ablage des 1. Eies (Abb. 57) ab 05. 04. (10. 05. 1965 Nest mit 5 Eiern – G. EIFLER, 23. 04. 1974 Nest mit 3–4tägigen juv. – K. TAUBERT), mit Schwerpunkt im Mai [3992]. Nicht selten Brutbeginn im Aug., vereinzelt auch noch im Sept. [1795, 3992], 20. 09. 1908 Nest mit 3 schwach bebrüteten Eiern im Erzgebirge (Orn. Mber. 17, 1909, 177). Wohl regelmäßig zwei Jahresbruten, Drittbruten nicht belegt. Vollgelege: 6×2, 36×3, 112×4, 50×5, 5×6, 1×7 (23. 05. 1981 Schönfels/Kr. Zwickau – J. KUPFER), M_{210} 3,6 Eier. Zahl der Nestlinge: 11×1, 12×2, 47×3, 73×4, 14×5, 1×6, M_{158} 3,4 juv/Brut. 53–50% Totalverluste ([1795, 3992], D. SAEMANN).

Wanderungen: Ab Aug. kleine Trupps (Familienverbände?), ab Okt./Nov. und vor allem von Dez. bis Febr. größere Winteransammlungen bis zu 400 Ex. (z. B. 11. 12. 1983 bis Mitte Jan. 1984 östl. Stenn/Kr. Zwickau – H. OLZMANN), 450 Ex. (z. B. 26. 12. 1967 Bortwitz/Kr. Wurzen – H. KOPSCH in [4017]), 200–600 Ex. (1976–84 allwinterlich zwischen 12. 12. bis Mitte Jan. bei Annaberg-B. – W. DICK). Die meisten Wiederfunde beringter G. belegen hohe Ortstreue [1523, 1777, 2167, 4017], doch von Sept. bis Anfang Nov. kleine Verbände in zumeist SW-Richtung [1223, 1795], auch Wiederfunde aus >20 km mit SW/NO-Orientierung (L. GLIEMANN, H. HASSE, W. LANGE, H. ZÄHR in [2167, 3992]). Eine am 21. 02. 1974 bei Löbau von J. BLINK beringte und am 12. 07. 1974 im Gebiet Oulu/Finnland gefundene G. belegt Überwinterung

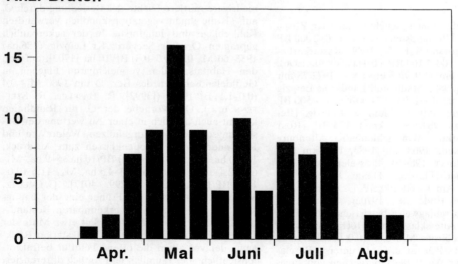

Abb. 57: Brutphänologie (Ablage 1. Ei – rückgerechnet) der Goldammer im Bez. C (n = 77) u. im Bez. D (n = 12)

nordischer Vögel in Sachsen. Ein ad ♂ von H. Zähr am 28. 01. 1965 bei Nidergurig/ Kr. Bautzen wurde am 23. 11. 1967 im Gebiet Turgau/Schweiz gefunden und ist ein weiterer Beleg dafür, daß nordische Gäste in verschiedenen Jahren unterschiedlich weit ziehen oder einheimische G. in verschiedenen Jahren Stand- oder Zugvögel sein können. Der Anteil der Zugvögel an der Population bleibt weiterhin unklar [1795, 3992].

G. Eifler, D. Saemann, R. Steffens

Zaunammer – *Emberiza cirlus* L., 1766

Irrgast

Rühl [824] teilt mit, daß er am 02. 04. 1952 1 sM nahe des Rossendorfer Teiches/Kr. Dresden, angetroffen hat, dem sich beim Abflug ein zweites zugesellte. Diese Beobachtung wird von Heyder [1223] als Artnachweis für Sachsen anerkannt.

R. Steffens

Zippammer – *Emberiza cia* L., 1766

(Irrgast)
Unterart: *E. c. cia* L., 1766

Henker [540, 575] erwähnt den Fang von zwei Z. im Sept.ˉ 1921 bei Chemnitz, die er aber nicht selbst gesehen hat und die Heyder [1223] deshalb anzweifelt.

R. Steffens

Ortolan – *Emberiza hortulana* L., 1758

Sommervogel, Durchzügler

Verbreitung: Räumlich und zeitlich sehr unstet. Wahrscheinlich zu Beginn des 18. Jh. bei Dresden [12] sowie Ende des 18./Anfang des 19. Jh. in der Lausitzer Niederung ([31, 38], Leske 1789) nicht selten. In der ersten Hälfte des 19. Jh. offensichtlich bei Dresden fehlend [33, 47] und auch in der preußischen Oberlausitz nur in den sandigen Gegenden der Lausitzer Niederung gemein [86]. Ab Mitte des 19. Jh. zunehmende Besiedlung des Görlitzer Raumes u. a. Lößgebiete [86, 256], um die Jahrhundertwende wieder im Raum Dresden–Meißen–Lommatzsch nachgewiesen [569, 603] sowie seither Bestandszunahme [466, 748] und Gebietsgewinne. Mitte der 1920er Jahre, beginnend mit den Kr. Döbeln, Grimma und Wurzen, Besiedlung des Bez. L [1218, 1990], ab Mitte der 1930er Jahre auch im nördlichsten Teil des Bez. C [1223]. Auf dem Höhepunkt dieser Entwicklung 1955–58 war der O. in allen Agrarräumen des Tieflandes, der Flußauen und der Lößregion (mit Ausnahme des

Erzgebirgsbeckens) heimisch [1729, 1990], ebenfalls an mehreren Orten im Elbsandsteingebirge und im angrenzenden Lausitzer Bergland [1428], jedoch zum Bergland hin sehr rasch ausklingend und nur im Osterzgebirge mehrfach im Juni bis 400 m ü. NN (Oederan/Kr. Flöha, Freiberg) nachgewiesen. Verschiedentlich im Juni/Juli auch in noch höheren Lagen, z. B.: 1950 bei Frauenstein/ Kr. Brand-E. (524 m ü. NN), 1944 bei Bärenstein/ Kr. Dippoldiswalde (555 m ü. NN), 1968 Marienberg und Cranzahl/Kr. Annaberg (650 m ü. NN), 1946 an der Paßstraße zwischen Frauenstein und Hermsdorf im Osterzgebirge (650–700 m ü. NN) 13 sM und 1934 mehrfach 1 sM am Roten Vorwerk bei Oberwiesenthal/Kr. Annaberg (ca. 950 m ü. NN) [1223, 1729, 3207], doch waren solche Örtlichkeiten meist nur kurzzeitig besetzt und wohl nur in den seltensten Fällen zugleich Brutplätze. Nach 1960 wieder Bestandsrückgang und westlich der Elbe Gebietsverluste. Im Bez. C 1970 letztmalig an zwei Stellen im Kr. Rochlitz (Hauptbrutgebiet) Brutzeitbeobachtungen [3207], angeblicher Brutnachweis 1972 bei Limbach-O./ Kr. Hohenstein-E. wurde später verworfen (D. Saemann). Gegenwärtig außerhalb der Düben-Dahlener Heide und des Riesa-Torgauer Elbtals auch im Bez. L nur noch sporadisch (z. B. Rost 1989 d). Im Bez. D vor allem ostelbisch verbreitet, neben der Elsterwerda-Herzberger Elsterniederung und der Großenhainer Pflege in einer breiten Übergangszone zwischen Heideland und Gefilde sowie im Neißetal (Karte 26). Im Kr. Freital letztmalig 1963 zur Brutzeit (B. Kafurke). Höchstgelegener aktueller Brutplatz in 350–380 m ü. NN bei Schlegel/Kr. Zittau [3992].

Lebensraum: Der O. bevorzugt die reicher gegliederte Agrarlandschaft im wärmebegünstigten Flach- und Hügelland und mit leichteren (trockenwarmen) Böden. Er besiedelt in Sachsen deshalb vor allem trockene, warme, wasserzügige Lößlehm-, sandige Lehm- und lehmige Sandböden mit Singwarten in ausreichender Zahl und gutem Sichtschutz. Singwarten findet man häufig an sonnigen Wald- und Feldgehölzrändern in Eichen, Linden und Birken. Ebenfalls gern besiedelt werden Landstraßen oder Feldwege mit Obstbäumen oder Alleen bzw. Ränder von Kahlschlägen in Feldnähe. Kleinere Feldhecken oder einzelne Baumgruppen in der Feldflur nutzt der O. nur ausnahmsweise als Bruthabitat. Allen Brutorten ist gemeinsam, daß sie sich am Rande von Getreide- oder Futterschlägen befinden. Die Bodenbedeckung der Felder scheint dabei eine wesentliche Rolle zu spielen. Dafür spricht die bevorzugte Besiedlung von Winterweizen- und Wintergerstenschlägen [3992] sowie das Ausweichen auf Saaterbsen u. ä., nachdem Wildkräuterfluren in Getreidefeldern durch Herbi-

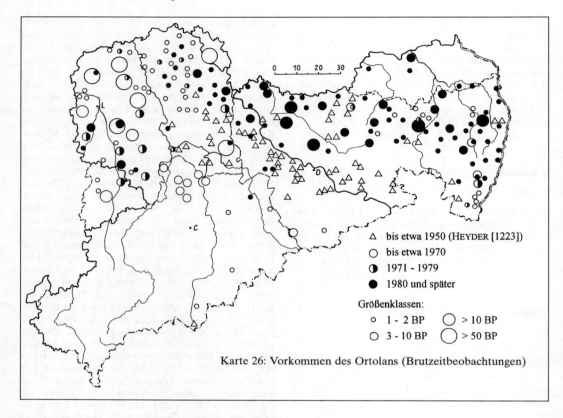

Karte 26: Vorkommen des Ortolans (Brutzeitbeobachtungen)

△ bis etwa 1950 (HEYDER [1223])
○ bis etwa 1970
◑ 1971 - 1979
● 1980 und später

Größenklassen:
○ 1 - 2 BP   ◯ > 10 BP
○ 3 - 10 BP   ◯ > 50 BP

zideinsatz verschwunden sind [4017]. Nach Beendigung der Brutperiode findet der O. u. a. in Hackfruchtschlägen Mauserplätze, zur Zugzeit in ähnlichen Habitaten wie zur Brut, insgesamt zum Zug- und Mauseraufenthalt aber nur spärliche Beobachtungen [3992].

Bestand: Dem unsteten Verhalten der Art entsprechen erhebliche kurzzeitige (vgl. z. B. [4017]) und längerfristige (s. o.) Bestandsschwankungen. Auf dem Höhepunkt der Besiedlung 1956–58 im Bez. C kaum über 10 BP (D. SAEMANN), im Bez. L 300–500 BP (errechnet aus [1218, 1990]) und im gesamten Bezugsgebiet schätzungsweise >1 000 BP (R. STEFFENS). Bereits 1969–72 im Bez. L nur noch 60–90 BP [3363], wobei der Erfassungsgrad sicher nicht so vollständig war wie in den 1950er Jahren. Im Rahmen der MTB-Kartierung 1978–82 ergeben Bestandsschätzungen für den Bez. C 0, den Bez. L 30–50 BP ([4105] erg.) und für den Bez. D 130–200 BP (R. STEFFENS). Im Kr. Zittau sank der Bestand von 13 sM 1966 auf 2 sM 1982 (EIFLER und HOFMANN 1985). In den 1980er Jahren im Bez. L möglicherweise weiterer Rückgang (ROST 1989 d, GRÖSSLER 1993), im Bez. D aber wieder gewisse

Stabilisierung (RAU und STEFFENS 1989, NACHTIGALL et al. 1995). Die Ursachen der starken Bestandsschwankungen bleiben bisher weitestgehend ungeklärt. Beim Rückgang in den 1960er und 1970er Jahren waren aber sicher Flurbereinigung (Gehölzrodung, Beseitigung von Feldrainen) sowie verstärkter Biozideinsatz mit beteiligt. Nach EIFLER [3589] verschwanden Anfang Juni 1977 z. B. alle O. aus einem regelmäßigen Brutgebiet in der Südlausitz, nachdem sämtliche Straßenränder mehrmals mit Totalherbiziden behandelt worden waren. Zur Siedlungsdichte des O. gibt es nur wenige Hinweise. G. EIFLER registrierte 1965–82 auf 1735 ha landwirtschaftlicher Nutzfläche 1–13 sM, mit örtlichen Konzentrationen von 7 sM auf ca. 50 ha. W. POICK (in [3992]) fand bei Kemnitz/Kr. Löbau 1972 auf 100 ha 5 sM und 1977 auf einem dreiseitig von Wald umgebenen Feld auf 50 ha 5 sM. In den 1950er Jahren wurden nicht selten 1–2 sM je km Landstraße nachgewiesen (vgl. z. B. [1990]), was in etwa den Dichtewerten von EIFLER und POICK an Konzentrationspunkten in der Südlausitz entspricht. KUNZE (1954) fand 1952 bei Laußig/Kr. Eilenburg in einem Kornfeld auf 400 m Randlänge in Waldrandnähe 4 Nester.

Brutbiologie: Neststand 24× Wintergetreide, 7× Sommergetreide, 4× Feldfutter (Luzerne, Lupine, Klee, Gemenge), 2× Rüben, 1× Erbsen, 7× Straßen- und Grabenböschung bzw. Ruderalflächen ([1990, 3992, 4017], KUNZE 1954, WITT 1941). Ablage des 1. Eies zwischen 08. 05. und 19. 06., erstes Vollgelege 13. 05. 1981 (G. EIFLER), am 22. 08. 1971 1 ad. mit efl. juv. (H. KOPSCH in [4017]). Vollgelege: 1×2, 2×3, 9×4, 12×5, 1×6 Eier, M_{25} 4,4; 4×4, 3×5, 1×6 juv..

Wanderungen: Heimzug und Ankunft im Brutgebiet in der 3. Apr.- bis 2. Maidekade, mit einem Gipfel in der 1. Maidekade. Westlausitz (1948–1978) Median 29. 04. (M. MELDE); Südlausitz (1965–1982) Median 03. 05. (EIFLER und HOFMANN 1985); Bez. C (1959–1982) Median 01. 05. (D. SAEMANN); Früheste Beobachtung am 17. 04. 1983 2 ♂ und 1 ♀ bei Crimmitschau/Kr. Werdau (E. TYLL) und am 18. 04. 1981 1 O. nördl. Köhra/Kr. Grimma (K. GRÖSSLER in [4017]). Einzelne Durchzügler bis Ende Mai. Im Frühjahr sind Zugtrupps selten, maximal 5 ♂♂ und 4 ♀♀ bei Grumbach/Kr. Hohenstein-E. am 30. 04. 1980 (H. MEYER). Die ♂♂ erscheinen in der Regel 4–5 Tage früher als die ♀♀. Ab Mitte Juli geringe Beobachtungszahlen. Der Wegzug verläuft noch unauffälliger und wird vom 20. 08. bis 07. 09. begrenzt. Hier Trupps von 2–4 häufiger.

G. EIFLER, D. SAEMANN, R. STEFFENS

Rohrammer – *Emberiza schoeniclus* L., 1758

Sommervogel, Durchzügler, Wintergast
Unterart: *E. sch. schoeniclus* L., 1758

Verbreitung: In den Feuchtgebieten des Tief- und Hügellandes sowie der unteren Berglagen, in Flußauen und Bergbaufolgelandschaften mehr oder weniger geschlossenes Verbreitungsbild und häufiger Brutvogel, in gewässerarmen Teilen des Lößgefildes nur lückenhaft, im Bergland mit zunehmender Höhenlage nur Verbreitungsinseln und punktuelle Vorkommen. Höchstgelegene Fundpunkte im Zittauer Gebirge und Lausitzer Bergland bei 360 m ü. NN (Goldfabiansteich/Kr. Zittau 359 m ü. NN – G. EIFLER, Ochsenteich/Kr. Sebnitz 360 m ü. NN – L. HERLT), im Osterzgebirge bei 400–500 m ü. NN (Talsperre Gottleuba 450 m ü. NN – H. STOHN, Talsperre Malter 410 m ü. NN – B. KAFURKE, NSG Großhartmannsdorfer Großteich 491 m ü. NN – [1223]), im Mittelerzgebirge bei 600 m ü. NN (Schlettauer Teiche 575 m ü. NN, Scheibenberger Teiche 600 m ü. NN, beides Kr. Annaberg – [2570], W. DICK, H. HOLUPIREK), im Elstergebirge 550–600 m ü. NN (südl. Bergen/Kr. Oelsnitz am 11. 06. 1994 1 futtertrag. ♂ – S. GONSCHOREK).

Lebensraum: Uferbereiche von Standgewässern (Teiche, Stauseen, Tagebaurestlöcher, Kläranlagen, Güllebecken u. ä.) und Fließgewässern (Flüsse, Bäche, Grabensysteme), Verlandungszonen, Niedermoore, Naßwiesen u. a. Vernässungsbereiche. Typisch für die Ansiedlung sind eine dichte Krautschicht und einzelne höhere Strukturen (Ufergehölze, Feuchtgebüsche in Naßwiesen, Baumfragmente in Kampfzone der Nieder- und Zwischenmoore, Hochstauden, Schilfhorste) als Singwarten. In diesem Sinne gern genutzt werden auch der Übergangsbereich von Röhrichten zu Seggenriedern (Auflösungszone der Röhrichte) sowie Lichtungen in Erlen- und Birkenbrüchen. Schmale Ufersäume mit direkt angrenzendem Wald sind nur suboptimal, geschlossene Gebüsch- sowie Schilfzonen werden gemieden, in letzteren aber mit Vorliebe durch einzelne Büsche oder Gehölzgruppen verursachte Auflichtungen besiedelt. In Bergbaugebieten zählt die R. mit zu den ersten Besiedlern feuchter Grubensohlen [3442], sie bewohnt hier aber auch in geringer Dichte trockene vegetationsarme Abschnitte (mit einzelnen Büschen, Stauden, Grashorsten) und später mit hoher Stetigkeit die Landreitgrasgesellschaft mit geschlossener Bodenvegetation und lockerem Busch- bzw. Jungwaldbestand (DORSCH 1988, ROST 1989 c); auch am Rande von betonierten Entwässerungsstrecken im Tagebauvorfeld, in ruderalen Goldruten- und Brennesselbeständen (ROST 1989 c). Für die Plastizität der Art sprechen ferner Brutvorkommen in Fichtenschonungen mit Birke, Ahorn und Ebereschenbeimischung auf gewässerfernem (>1 km) trockenem Standort [3224], in feldnahen Eichen- und Lärchenschonungen [4017] sowie Brutnachweise in Getreidefeldern [3853, 4017]. Außerhalb der Brutzeit auf Feldern, Wiesen, Waldlichtungen, Ruderalplätzen, in Maisschlägen, an Bahndämmen, Straßenrändern und abgelassenen Teichen. Nächtigung in Schilf- und Rohrbeständen bzw. Fichten- und Kiefernschonungen, (R. KRAUSE, H. ZÄHR).

Bestand: Großräumige Dichte im Presseler Heidewald und Moorgebiet (Dübener Heide, 42 km^2) 90–100 BP (J. HUTH), in bergbaugeprägter Landschaft S Leipzig (120 km^2) 124 BP (ROST 1989 c), im Stadt- und Landkreis Leipzig (574 km^2) 280–330 BP (StUFA Leipzig 1995), zwischen Burgstädt und Mittweida (Mulde-Lößhügelland, 50 km^2) ca 15 BP [3224], im Kr. Zittau (256 km^2)10–25 BP (G. EIFLER u. a.) und in Chemnitz (130 km^2) 5 BP [2616]. Siedlungsdichte in Teichgebieten u. ä. Gewässern, 22–229 ha, M_{30} 2,2 (0,3–6,2) BP/10 ha ([800, 2015, 2177, 3896, 3916], REINL 1968, ROST 1989 c, J. SCHULENBURG u. a.). In Verlandungszonen Dichte neben der Habitatsstruktur stark von der Flächengröße (Randeffekte) abhängig: 11–

150 ha, M_{21} 5,6 (0,9–14,0) BP/10 ha, 5–10 ha, M_{19} 13,0 (7,2–26,0) BP/10 ha, 0,5–4,6 ha, M_{21} 37,8 (9,1–96,2) BP/10 ha [800, 2015, 2177, 3896, 3916, 3453, 3992], DORSCH 1985, ROST 1989c u. a.), im NSG Eschefelder Teiche im Juni 1977 54 sM, auf 4,5 ha Phragmitetum bezogen 120 sM/10 ha (N. HÖSER in [3880]), was durch stark lineare Ausprägung der Röhrichte, optimalen Gehölzanteil und angrenzendes Offenland, die allesamt siedlungsbegünstigend sind, erklärt werden kann (R. STEFFENS). Außerhalb der Röhrichtrandbereiche wesentlich geringere Dichte: in Seggenwiesen und Übergangsbereichen zu Erlenbrüchen (42–69 ha) M_3 0,4 (0,2–0,7) BP/10 ha ([2177], G. CREUTZ), auf natürlich bewachsenen Kippenflächen (25–37 ha) M_8 1,6 (0,3–5,2) BP/10 ha [3442], wobei die Dichte mit zunehmender Vegetationsentwicklung steigt und in der Landreitgrasgesellschaft 4–7 sM/10 ha betragen kann (DORSCH 1988). Ähnliche kleinflächige Dichtewerte auch in Ufergehölzen der TS Bautzen [3992], Erlen–Weiden-Jungwald mit Rohrglanzgras auf einer Hochkippe bei Luckau/Kr. Altenburg und in Zweizahn-Gesellschaft SB Windischleuba, 2,5–7 ha, M_4 6,1 (4,3–8,3) BP/10 ha ([3453], N. HÖSER). Wie bei den meisten Singvogelarten erhebliche kurzzeitige Bestandsschwankungen. Durch Teichentlandungen Habitatsverluste: z. B. am Krebaer Teich/Kr. Niesky 1975 21 und nach der Entlandung 1978 nur noch 4 BP [3992], im TG Haselbach 1954 25–26 BP [2015], 1979–84 aber nur noch 10–13 BP (ROST 1989c), am Biehlaer Großteich, Kr. Kamenz hingegen vor und nach der Entlandung etwa die gleiche niedrige Siedlungsdichte [3896, 3916]. Weitere Habitatseinbußen auch durch Entwässerung von Naßwiesen. Andererseits jedoch auch neue Lebensräume in Uferbereichen von Stauseen und Grubengewässern, im Bereich früher Sukzessionsstadien und junger Pflanzungen von Kippen und Halden, in Kiesgruben u. ä. Im Hügelland Neubesiedlung bestimmter Biotope (Grabenböschungen, Naßwiesen, feldnahe Nadel- und Laubholzschonungen [3224, 4017]). Möglicherweise dadurch ausgeglichene Bilanz, zumindest aber kein Rückgang der R. erkennbar. Zum Bergland hin entsteht sogar der Eindruck einer gewissen Zunahme ([2616, 3207], R. STEFFENS), doch kann das auch Ergebnis besserer Nachforschung sein, wie das bezüglich des Brutbestandes im Kr. Zittau von 3–8 BP 1982 (EIFLER und HOFMANN 1985) und 10–25 BP 1989 (EIFLER et al. 1996) vermutet wird.

Brutbiologie: Nester in Seggenbülten, geknicktem Rohr und Schilf, Sandrohr- und Rohrglanzgrashorsten, Brennessel und Zweizahn, Weiden- und Himbeergestrüpp, 4× junge Fichte (M. MELDE), 2× Roggen [3853, 4017], 1× Erbsenfeld [4017], 1× unter Ampferstaude (H. ZÄHR), in feuchten Tagebausohlen auch in minimalem Pflanzenwuchs und an schwelender Kohlewand [3442]. Nest am Boden oder bis 0,6 m hoch, ausnahmsweise 1,2 m (R. SCHIPKE in [3992]). Brutzeitraum von Mitte Apr. (21. 04. Gelege – H.-J. KUHNE) bis Ende Aug. (27. 08. 1967 1 BP mit efl. juv. bei Falkenhain/Kr. Wurzen – H. KOPSCH in [4017]). Zeitliche Verteilung der Gelege: Apr. 23,9%, Mai 52,9%, Juni 19,9%, Juli 2,0%, Aug. 1,3%. Gelegegröße: 5×2, 12×3, 20×4, 99×5, 9×6 Eier, M_{145} 4,7; juv. pro Nest M_{113} 3,8. In der Oberlausitz (n = 116) Schlupferfolg 77,5% und Bruterfolg 53,6% bezogen auf die Eizahl [3992].

Wanderungen: Erstbeobachtungen im Frühjahr, meist ♂♂, ab Mitte Febr.: 12. 02. [3207], 17. 02. 1974 (F. HEINICKE) 23. 02. 1966 (P. KIEKHÖFEL), 29. 02. [3224]; im Mittel bei Limbach-O./Kr. Chemnitz M_{10} 02. 03. (D. KRONBACH), im Kr. Zittau M_9 21. 03. Febr.-Beobachtungen sind nicht immer sauber von Überwinterungen zu trennen. H. ZÄHR ermittelte bei Niedergurig/Kr. Bautzen die Erstankunft der Brutvögel anhand von Ringträgern mit 14. 03. 1974 bis 12. 04. 1970 und M_{12} 25. 03. (in [3992]), auch im Nordsächsischen Platten- und Hügelland Erstankunft anhand sM überwiegend in der 2. und 3. Märzdekade [4017]. Hauptdurchzug bei Limbach-O. Mitte März bis Anfang Apr., oft in großer Anzahl: z. B. 15. 03. 1980 200, 04. 04. 1982 150; Durchzug Mitte Apr. ausklingend ([3207], D. KRONBACH). Wegzug ab Sept. mit Höhepunkt Ende Sept. bis Mitte Okt. ([4017], D. KRONBACH), maximale Konzentration 200 R., SB Windischleuba 30. 09.–01. 10. 1967 (D. TRENKMANN, N. HÖSER). Außerhalb der Brutzeit gern vergesellschaftet mit Blut- und Berghänfling, Goldammer, Grünfink, Feldsperling, Buchfink, Bergfink (F. MENZEL u. a.). In Röhrichten Schlafgemeinschaften (z. B. 14. 11. 1960 bei Kreba 100 – R. KRAUSE). Vor allem im Hügel- und Flachland regelmäßig Überwinterungen. Anhand von Beringungen Brutpopulationen bisher nur als Zugvögel nachgewiesen und Überwinterer nur als nord- und nordosteuropäische Gäste (H. ZÄHR in [3992]).

H. BLÜMEL, N. HÖSER, R. STEFFENS

Kappenammer – *Emberiza melanocephala* Scop., 1769

Irrgast

Nach HEYDER [1223] 2 Nachweise: 1 ♂ in der Gegend von Leipzig geschossen (MEYER 1822), 1 ♂ am 03. 09. 1877 tot auf dem Bahnhof Zwickau (wahrscheinlich angeflogen) aufgefunden [269], welches lange im Besitz von J. RIEDEL war und später in das Mus. Dresden kam.

R. STEFFENS

Zwergammer – *Emberiza pusilla* Pall., 1776

Irrgast

Bisher 3 Beobachtungen: Am 12. 03. 1978 1 Z. am Schönfelser Burgteich/Kr. Zwickau (J. KUPFER), welche trotz guter Beobachtungsmöglichkeiten (2–3 m Fluchtdistanz) und Fotobeleg nach SAEMANN [3498] nicht zweifelsfrei ist. Gleiches gilt wohl auch für eine Beobachtung am 18. 04. 1984 im Höhlholz Neuwürschnitz/Kr. Stollberg (J. SCHÖNFELDER). Am 12. 09. 1992 Fang und Beringung 1 Z. an den Dürrbacher Teichen/Kr. Niesky (W. KLAUKE, J. TEICH), deren Bestimmung als sicher gilt.

R. STEFFENS

Waldammer – *Emberiza rustica* Pall., 1776

Irrgast
Unterart: *E. r. rustica* Pall., 1776

Ein am 02. 04. 1844 bei Schönhaide/Kr. Schmölln erbeutetes ♂ befindet sich heute im Mus. Berlin [1223, 3062].

R. STEFFENS

Schneeammer – *Plectrophenax nivalis* (L., 1758)

Durchzügler, Wintergast
Unterart: *P. n. nivalis* (L., 1758)

Vorkommen: Bis 1950 kannte HEYDER [1223] 42 datierte Angaben einzelner S. und kleiner Flüge, lediglich am 15. 02. 1940 bei Spitzkunnersdorf/Kr. Zittau 80–100 Ex. (K. GENTZ in [1223]). 1951–1955 nur 3 Daten: 09. 11. 1952 Raschau/Kr. Schwarzenberg 2 (R. OESER in [2607]), Anfang Dez. 1952 Ebersbach/Kr. Zittau 4 und 11. 01. 1955 ebenda 2 Ex. [1494]. 1956–1959 zunächst im Bez. L alljährlich im Nov. einzelne S., max. 4 am 21. 11. 1956 Stadtrand Leipzig [3543]. In W-Sachsen Zunahme der Beobachtungen ab 1960 [2607, 2767, 3543]; regelmäßiges Auftreten in der Oberlausitz erst ab 1963 [3992] und im Kr. Zittau nach 1973 (EIFLER und HOFMANN 1985). Starker Anstieg der Beobachtungs- und Individuenzahlen ab Winter 1969/70 mit Höhepunkten der Einflüge von 1971–1978 [2895, 3205, 3207, 3363, 3730, 4017], in der Oberlausitz auch noch im Winter 1980/81 [3992], als in W-Sachsen schon deutlicher Rückgang eingesetzt hatte (G. ERDMANN). Auch während der großen Einflüge westlich einer Linie Leipzig–Chemnitz geringeres Auftreten als im übrigen Gebiet. 1973–1976 sehr hohe Konzentrationen im Mittelerzgebirge: 17. 02. 1973 Gelenau/Kr. Zschopau 500–600 (H. GÖTHEL), 18. 02. ca. 800 (D. SCHWIND); 04.–14. 01. 1974 im Kr. Zschopau mind. 500–600 (D. ARNOLD, H. GÖTHEL; H. REICHEL, E. UHLIG); im Kr. Marienberg 13.–

14. 01. 1974 Lauterbach mind. 600 (W. RÖSCH), 02. 02. 1974 Rübenau ca. 500 (R. GRÄNITZ), 03. 03. 1975 Kammhochfläche bei Satzung, 850 m ü. NN, ca. 1000 (H. NESTLER in [3207]); 07. 03. 1976 Venusberg/Kr. Zschopau 350 Ex. (K. SCHEFFLER). Truppgröße im übrigen Gebiet viel geringer: Bez. L max. 105 Ex. am 15. 12. 1973 Pleiße – ST Rötha (D. FÖRSTER in [3730]); Oberlausitz max. 300 am 10. 12. 1981 Schmochtitz/Kr. Bautzen [3992]; Bez. C 20 mal Trupps mit mehr als 100 Ex., davon 5 über 500 Ex. In allen Regionen überwiegen Beobachtungen von Einzelvögeln oder Trupps von 2–5 Ex. Mehrwöchiger und auch mehrmonatiger Aufenthalt an einem Ort [3730] spricht für reguläre Überwinterung.

Lebensraum: Offene Feldflur. Feldflächen werden Wiesen oder Ruderalgelände vorgezogen [3205]. Hält sich vor allem an Stellen mit niedriger Vegetation auf; bei Schneelage bevorzugt an freigewehten oder aperen Abschnitten. Möglicherweise wirken diese in Mittelgebirgslagen konzentrationsfördernd. Entsprechende Nachweise bis über 900 m ü. NN [3207, 4162]. Häufiger beobachtet an Dunghaufen und auf mit Dung bestreuten Feldern (EIFLER und HOFMANN 1985), an Gewässerrändern und in Grubengelände [3062, 3363].

Wanderungen: Früheste Beobachtung im Herbst am 20. 10. 1961 bei Schkeuditz/Kr. Leipzig [3543, 3730]. Nur wenige Nachweise im letzten Okt.-Drittel, doch bereits Trupps möglich: 25. 10. 1974 Wittgendorf/Kr. Zittau 30 Ex. (E. SCHMIDT). Im Nov. allmähliche Zunahme der Beobachtungen und Überflug ziehender S. meist nach SW, seltener nach S. Höhepunkt des Auftretens etwa von Mitte Dez. bis Anfang Febr. und in dieser Zeit wiederholt längerer Aufenthalt. In E-Sachsen auffallend niedriger Bestand im Jan. ([3992], EIFLER und HOFMANN 1985), doch sind 60–80 S. am 08.–09. 01. 1966 im Kr. Bischofswerda [2274] im Diagramm bei EIFLER [3992] unberücksichtigt geblieben. Zuweilen noch Anfang März sehr hohe Zahlen (s. oben!), doch bis Monatsmitte sind meist alle Ammern abgezogen. Späteste Beobachtungen: 06. 04. 1888 Kubschütz/Kr. Bautzen 1 [172], 31. 03. 1964 bei Schneeberg/Kr. Aue 1 [2055], 26. 03. 1973 Gelenau 1 nach langem Aufenthalt (D. SCHWIND), 25. 03. 1973 Lauterbach 4 (W. RÖSCH). 04. 05. 1982 frische Rupfung bei Bautzen (J. DEUNERT in [4107]).

G. ERDMANN, D. SAEMANN

Spornammer – *Calcarius lapponicus* (L., 1758)

Seltener Wintergast
Unterart: *C. l. lapponicus* (L., 1758)

Vorkommen: Schwierigkeiten beim Ansprechen der Art und ungenügende Kenntnis des Verhaltens derselben lassen Zweifel an der Richtigkeit der Artbestimmung in mehreren Fällen angebracht erscheinen ([328, 1223, 1925, 2550, 3062, 3177, 3992, 4017] u. a.). Auf wenige Angaben über einzelne Ex. in der Zeit vor 1970 (z. B. [1490]) folgen in den 1970er und 1980er Jahren etwa 20 Beobachtungen, die auf S. bezogen und meist für den Zeitraum von Dez. bis Febr. gemeldet werden. Früheste Daten: 29. 10. 1972 TS Muldenberg 2 ♀-farbige Ex. [2895]; 25. 11. bis Mitte Dez. 1984 NSG Eschefeld 1 Ex. (S. Kämpfer und R. Steinbach); späteste Beobachtungen: 06. 04. 1986 Jahnsdorf/Kr. Stollberg 1 ♂ ad. im fast vollständigen Brutkleid (H. Walther), von dem Farbdias D. Saemann vorlagen; 08. 04. 1978 bei Meißen 1 ♀-farbiges Ex. [3992]. Größere Trupps sehr selten: 10. 03. 1974 Krippehna/Kr. Eilenburg 8 Ex. (D. Förster), 27. 02. 1970 bei Halsbach/Kr. Freiberg 10 Ex., darunter 2 ♂♂ „fast im Brutkleid" (J. Fischer in [2895]). S. Kämpfer und R. Steinbach sprachen außerdem am 09. 02. 1970 14 Ex. nahe dem SB Windischleuba als S. an. Gelegentlich vergesellschaftet mit Schneeammern und Feldlerchen, meist auf Stoppelfeldern, Klee- oder Luzerneschlägen oder auf Ruderalgelände.

G. Erdmann, G. Eifler, D. Saemann

Buchfink – *Fringilla coelebs* L., 1758

Jahresvogel, Sommervogel, Durchzügler, Wintergast

Unterarten: F. c. hortensis C. L. Brehm, 1831 – Jahresvogel, Sommervogel
F. c. coelebs L., 1758 – Durchzügler, Wintergast

Verbreitung: Einer der am gleichmäßigsten verbreiteten und häufigsten Brutvögel, bis in die Gipfelregion der höchsten Berge (1200 m ü. NN).

Lebensraum: Wälder aller Art, Feldgehölze, baumbestandene Landstraßen, parkartiges Gelände und Gärten [3189], Straßenbäume der Wohnblockzone [2616]. Im schlagweisen Hochwald ab Dickungsphase (R. Steffens), in Kippenaufforstungen mit raschwüchsigen Laubbaumarten (Pappel, Erle) ab deren 5. Jahr und bis zur 16jährigen Pflanzung zunehmend (Dorsch 1988). Zur Ansiedlung genügen bereits einige Bäume oder höhere Sträucher, eine stabile Besiedlung erfolgt i. d. R. aber erst in entsprechenden Flächen ab 0,5–1 ha Größe ([2616], Eifler 1990). Optimal scheinen nicht zu dichte Baumbestockungen mit gut entwickeltem unteren Kronenbereich (als Singe- bzw. Sitzwarten genügen aber auch schon Aststummel), mit Freiräumen unterhalb der Kronen und deutlichen Anteilen an

vegetationsfreiem Boden zu sein (Dorsch 1988 erg.). Diese Voraussetzungen erfüllen in Sachsen Fichtenforste ab Stangenholzalter am besten, können aber auf Einzelflächen auch in vielen anderen Wald- und Parkbiotopen gegeben sein (s. u.). Buchen-Hallenwälder sind offensichtlich viel ungünstiger, desgleichen auch Bestockungen mit dichter Strauch- und Krautschicht sowie innerstädtische kleine Parkanlagen. Höchste Brutdichte auf Grund von Randeffekten in Feldgehölzen und ländlichen Parks < 5 ha sowie in entsprechenden unterholzarmen Laubmisch-Altholzinseln mit mittlerem Kronenschluß ([2177], N. Höser, G. Creutz). Außerhalb der Brutzeit vor allem auf abgeernteten bzw. verunkrauteten Feldern, an Wald- und Gehölzrändern, Strohdiemen, Großviehanlagen, Müllplätzen, Winterfütterungen und dgl.

Bestand: Auf größeren Flächen gemischter Biotope: Innenstadt Chemnitz (117 ha, 90% dichte Bebauung), 0,4 BP/10 ha [2615], Ortsflur Seegeritz (286 ha, 90% Acker- und Grünland), M_6 0,2 (0,1–0,3) BP/10 ha [1703], Dt. Holz und Pahnaer Forst/Kr. Altenburg (450 ha Laub-(Nadel-)Mischbestockung) 5,4 BP/10 ha (N. Höser), Fichtenwälder und -forste des Berg- und Hügellandes (47–124 ha – alle Altersklassen) M_8 13,6 (8,7–19,3) BP/10 ha (Eifler und Hofmann 1985, Dornbusch 1988, D. Saemann u. a.). In Fichtenforsten keine Unterschiede nach Höhenlage erkennbar, jedoch deutliche Dichtedifferenzierung nach Altersklassen: Stangen- und Baumholz M_{29} 13,4 (9,8–19,9) BP/10 ha ([3526, 4134], G. Hofmann, S. Krause u. a.); Dickung und schwaches Stangenholz M_{31} 5,6 (1,7–17,1) BP/10 ha ([4134], R. Steffens u. a.), durch Randeffekte auch 4 BP auf 1,3 ha [4034]; Kahlschläge sowie An- und Aufwuchs M_{14} 1,0 (0,0–3,5) BP/10 ha (G. Eifler, G. Hofmann, U. Zöphel u. a.) – Besiedlung hier an Randbereiche, einzelne Gehölzgruppen und Überhälter gebunden. Möglicherweise haben im Bergland Immissionseinwirkungen zunächst besiedlungsfördernd (lichtere Bestockungen) gewirkt. Extrem geschädigte Fichtenforste weisen jedoch infolge Bestockungsauflösung, vielleicht auch wegen sehr starker Vergrasung, geringere Siedlungsdichten auf: M_6 3,9 (3,6–5,5) BP/10 ha (Dornbusch 1988, R. Steffens, U. Zöphel u. a.), nach Abtrieb der besonders geschädigten Stangen- und Baumhölzer im Kahlberggebiet/Kr. Dippoldiswalde (310 ha) nur noch 1,7 BP/10 ha (R. Steffens, U. Zöphel) – entspricht den normalen Dichtewerten für Jungwald (Blöße – schwaches Stangenholz). Geringere Dichtewerte können auch in monotonen, mittelalten Fichtenforsten armer Standorte sowie außerhalb des Fichten-Wuchsgebietes (Dt. Holz, Pahnaer Forst) auftreten: M_6 5,2 (3,1–8,7) BP/10 ha ([3526], N. Höser, R. Steffens, U. Zöphel). Den Fichtenforsten am nächsten kommt die Siedlungsdichte in Buchen-, Eichen-Buchen- und Eichen-Hainbuchenwäldern: in Buchenwäldern M_{11} 10,4 (3,6–15,0) BP/10 ha – randlinienreiche Bestockungen bzw. solche mit tiefansetzendem Kronenraum (plenterartig, aber ohne Strauchschicht) M_5 13,1 (12,4–15,0) BP/10 ha [4134], K. HOFMANN u.a.), in reinen „Hallenwäldern" 3,6 und 4,9 BP/10 ha (D. LOSCHKE, R. STEFFENS); in Eichen–Buchen- und Eichen–Hainbuchenwäldern M_{15} 9,2 (5,8–11,1) BP/10 ha ([4017], R. STEFFENS u.a.), hier in Waldrandlage max. 13 BP auf 3,6 ha (N. HÖSER). In Auwäldern mittlere Abundanz des B.: M_{30} 6,0 (3,3–17,6) BP/10 ha, doch deutliche Unterschiede zwischen NSG Elster–Pleiße-Auwald M_9 4,5 (3,3–7,2) ([1449, 2549], ERDMANN 1989 b) sowie NSG Auwald Laske und NSG Auwald Guttau M_{14} 13,2 (7,0–17,6) BP/10 ha (G. CREUTZ, R. SCHLEGEL). Im ersteren Fall dürften die unterholz- bzw. jungwaldreichen Bestockungen (Kriegsfolgen) dichtemindernd wirken, bei letzteren die Lage in der Feldflur dichtefördernd. Doch ist bei Auwäldern der Lausitzer Niederung auch zu beachten, daß sie den Eichen–Hainbuchenwäldern sehr nahestehen (HEMPEL und SCHIEMENZ 1986). In Laubbaum-Jungforsten und Vorwäldern den Fichten-Jungwäldern vergleichbare Werte: M_{34} 4,3 (0,0–11,7) BP/10 ha ([3808, 4073], REINL 1968, DORSCH 1988, R. WENZEL u.a.); mittlere Dichtewerte auch in Kiefernforsten und Kie-

fer–Laubbaum-Mischbestockungen: M_{44} 6,1 (2,8–10,4) BP/10 ha ([4061], G. CREUTZ, P. HUMMITZSCH, A. MAUME u.a.). In Waldresten und Flurgehölzen M_{59} 9,0 (0,0–24,0) BP/10 ha (R. BÄSSLER, H. OLZMANN, R. STEFFENS u.a.). Hier wirken i.d.R. dichte Strauch- und Krautschicht sowie Randeffekte gegensätzlich u. letztere sind erst bei Flächengrößen < 5 ha deutlich dichtefördernd: M_{41} 16,7 (0,0–29,0) BP/10 ha (G. EIFLER, S. RAU u.a.) – max. 8 sM auf 2,2 ha Teichdamm [2177] bzw. 3 sM auf 0,4 ha Feldgehölz (EIFLER 1990). Auf landwirtschaftlichen Nutzflächen (Gehölzanteil 0–5%), M_{16} 0,3 (0,0–1,1) BP/10 ha ([1703, 2507], G. EIFLER, R. BÄSSLER u.a.), auf Ödländereien, Ruderalflächen u.ä. nur sporadisch. In Parks und Grünanlagen M_{46} 6,8 (0,0–24,0) BP/10 ha mit folgenden Differenzierungsmöglichkeiten: innerstädtische Parks < 10 ha und Grünanlagen M_{10} 3,6 (0,0–6,2) ([2615, 2616, 2896], EIFLER und HOFMANN 1985), Friedhöfe und Urnenhaine M_{18} 5,1 (3,2–12,1) BP/10 ha ([2059, 2106, 2896], H.-J. KUHNE, A. SIEBERT u.a.), Landschafts- und Waldparks M_{15} 9,3 (6,0–15,9) BP/10 ha ([2896], EIFLER und HOFMANN 1985, MÜLLER 1989, K. TUCHSCHERER u.a.), ländliche Parks < 5 ha M_5 22,4 (20,0–25,2) BP/10 ha (G. CREUTZ, N. HÖSER, R. SCHLEGEL). In ländlichen Siedlungen und Dörfern M_7 4,3 (1,0–6,3) BP/10 ha ([2896, 3449], N. HÖSER, G. HOFMANN u.a.), in der Gartenstadt M_{16} 3,0 (0,8–7,2) BP/10 ha ([2896], P. HUMMITZSCH,

Tabelle 68: Präsenz und mittlere Abundanz von Buchfink und Kernbeißer auf Siedlungsdichte-Probeflächen in Sachsen

| Biotoptypen | Anzahl Untersuchungen | Buchfink | | Mittl. Dichte | Kernbeißer | | Mittl. Dichte |
| | | Präsenz | | | Präsenz | | |
	n	+	–	BP/10 ha	+	–	BP/1 0 ha
Fichtenwälder und -forste	39	39	–	12,6	11	28	0,3
Kiefernforste	10	10	–	5,6	–	10	–
Nadel–Laubbaum-Mischbestockungen	34	34	–	6,2	25	9	1,0
Buchenwälder	8	8	–	8,8	4	4	0,9
Laubmischwälder Hügelland	13	13	–	9,4	13	0	2,9
Auwälder	30	30	–	6,0	23	7	0,7
Laubbaum-Jungforste und Vorwälder	33	31	2	4,3	9	24	0,2
Ödland, Ruderalflächen u.ä.	32	5	27	0,08	1	31	0,01
Waldreste, Flurgehölze	52	50	2	9,0	11	41	1,8
Agrargebiete (mit Flurgehölzanteilen)	16	11	5	0,3	3	13	0,03
Parks, Friedhöfe u.a. Grünanlagen	46	46	–	6,8	17	29	0,8
City, Wohnblock- und Neubaugebiete	17	5	12	0,08	–	–	–
Gartenstadt und dörfliche Siedlungen	22	22	–	3,3	6	16	0,2

E. PAUSE), in Kleingärten M_8 3,9 (2,7–4,8) BP/ 10 ha [2492], in dicht bebauten Stadtzentren, Wohnblockzonen und Neubaugebieten nur sporadisch. In den Abundanzwerten treten jährliche Schwankungen bis zu ca. 50% auf; Einbußen durch den strengen Winter 1962/63 nach [2177] <20%, nach mehreren kalten Wintern 1985–88 jedoch Dichtewerte in vergleichbaren Habitaten ca. 45% niedriger (DORNBUSCH 1988, J. SCHULENBURG, U. ZÖPHEL) als Anfang der 1980er Jahre ([4134], EIFLER und HOFMANN 1985, D. SAEMANN). Langfristige Bestandsänderungen sind nicht nachweisbar, im städtischen Friedhof Chemnitz z. B. 1964 12, 1972 14, 1983 10 und 1988 10 BP ([2059, 2896], H.-J. GÖRNER), im Kurpark Bad Düben 1974–76 und 1984–86 jeweils 10–11 BP (MÜLLER 1989).

Brutbiologie: Die meisten Brutreviere sind Ende März besetzt. Nester auf Fichte (58×), Birke (21×), Kiefer (21×), Holunder (20×), Eiche (18×), Erle (13×), Weide (12×), Apfelbaum (9×), Buche (5×), Pappel (5×), Linde (5×), Lebensbaum (4×), außerdem in Roßkastanie, Birnbaum, Flieder, Rhododendron, Sauerkirsche, Ahorn, Blaufichte, Lärche, Hainbuche, Rotdorn, Wacholder, Esche, Ulme. Die Anspruchslosigkeit des B. schließt wohl eine Bevorzugung bestimmter Baumarten aus, und

die Neststandorte bilden ein Spiegelbild ihrer Häufigkeit und Verteilung. So wurde z. B. die Kiefer im Bez. C nur einmal als Nistbaum bekannt. Unter den Straucharten wird jedoch eine Bevorzugung des Schwarzen Holunder sichtbar, wohl wegen seiner Wuchshöhe und Wuchsform bzw. Art der Verzweigung (vgl. auch EIFLER 1990). Nesthöhe zwischen 0,2 und 16 m, in der Oberlausitz die meisten Nester zwischen 1,8 und 2,5 m (EIFLER 1990); im Durchschnitt im Bez. C M_{52} 4,2 m, im Bez. L M_{15} 3,3 m, im Bez. D M_{72} 3,5 m, doch werden höher angelegte Nester wohl weniger gefunden. MAKATSCH [3189] fand bei Uhyst/Kr. Hoyerswerda 1 Nest am Boden unter einem Holzstoß, L. BECKER (in EIFLER 1990) am 03. 07. 1993 1 ♀ auf 3 Eiern (ohne Nest) in der Stockachsel einer Fichte. Nestbau zwischen 07. 04. und 12. 07. [4017]. Ablage des 1. Eies im Bez. D von Anfang Apr. bis Ende Juni mit Schwerpunkt in der 1. Maihälfte (Abb. 58). Gelegegröße: 51×4, 94×5, 10×6 Eier, M_{155} 4,7, in der Oberlausitz außerdem 1×2 und 6×3 Eier (EIFLER 1990). Eier zwischen 06. 04. und 27. 06., Junge zwischen 25. 04. und 31. 07. Anzahl juv. im Nest: 5×1, 17×2, 37×3, 57×4, 59×5, 7×6, M_{182} 3,6, 8 hierin nicht enthaltene wahrscheinliche Zweitbruten hatten 3×1, 2×3, 1×4, 1×5 Junge, im Mittel 2,5 juv. (N. HÖSER, W. KIRCHHOF, D. TRENK-

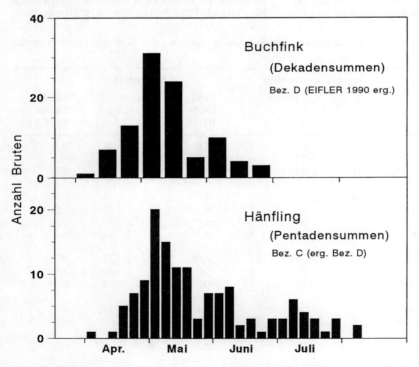

Abb. 58: Brutphänologie (Ablage 1. Ei – rückgerechnet) von Buchfink u. Hänfling

MANN). Bei 31 in der Südlausitz kontrollierten Bruten 35,5% Totalverluste (EIFLER 1990). M. MELDE beobachtete Nestbau noch am 09. 08.; beim Kammort Carlsfeld/Kr. Aue fütterte ein ♀ fl. Junge noch am 19. 08. (1973; F. HEINICKE). – Mischbruten mit Bergfink siehe dort.

Wanderungen: Wintervögel frequentieren vor allem Feldfluren und Ruderalflächen der niederen Lagen, aber auch die Ortsbereiche, selbst die hoch liegenden (z. B. Oberwiesenthal, [353]). Winterschwärme max. 1 400 B. in Ackerunkräutern bei Bennewitz/Kr. Wurzen am 23. 12. 1981 (MÜNCH in [4017]). Bei ungünstiger Witterung auch Abzug. Im Winter überwiegen die ♂♂, (60–80%, R. STEFFENS), doch nimmt der Anteil der ♀♀ kontinuierlich zu, beträgt nach SAEMANN [3207] nach Befunden im Bez. C jedoch (noch?) unter 25%. Heimzug Febr. bis Mitte Apr., sich je nach Wetterlage auch länger hinziehend. HEYDER [1223] fand noch am 12. 05. 1935 einen Schwarm von mind. 100 ♂♂ bei Grünhainichen/Lengefeld, was jedoch nicht nur für das Gebirge gilt. Die ♀♀ kommen 2–3 Wochen später an [1223]. D. SAEMANN ermittelte am Registrierfangplatz Augustusburg 1978 für ♂♂ (n = 58) den 31. 03., für ♀♀ (n = 72) den 02. 04., insgesamt für die Jahre 1976–1980 (n = 234) den 03. 04. als Median. Schwarmbildung ab Aug. [1223], und am 22. 08. 1963 bereits 1 B. in der Schweiz beringt, der am 07. 08. 1967 in Lüttnitz/Kr. Oschatz wiedergefunden wurde [2761]. Der (Durch-)Zug kulminiert Mitte Okt. D. SAEMANN (s. o.) fand als Median aus den Jahren 1976–1980 den 06. 10., den Zuggipfel jedoch zwischen 08. und 13. 10. Aus Beobachtungen 1970–1979 am SB Windischleuba max. Durchzug im Herbst am 18. 10. 1979 von 7–11 Uhr 12 500 B. nach W-SW ziehend, bis 15.30 Uhr weitere 5 000 (R. STEINBACH). Ebenda am 23. 03. 1980 1 500 in 1 Std. nach W (Winterflucht?), R. STEINBACH. Doch liegt die Truppstärke im allgemeinen weit niedriger. Häufig vergesellschaftet mit anderen Finken, Ammern, Lerchen. Die Wintergebiete sächs. Vögel liegen vor allem in W- und SW-Europa, doch wurden auch einige in N-Italien und in der Schweiz gefunden. Auf die Herkunft unserer Wintergäste weisen Wiederfunde aus Karelien und der Region Kaliningrad hin. Inzwischen ist auch die Überwinterung einheimischer ♂♂ und ♀♀ durch Wiederfund von Ringvögeln belegt ([1777, 2167, 4017], EIFLER 1990).

H. HOLUPIREK, W.-D. GRÜNELT, N. HÖSER, R. STEFFENS

Bergfink – *Fringilla montifringilla* L., 1758

Durchzügler, Wintergast; ausnahmsweise Brutvogel

Vorkommen: Regelmäßiger Wintergast und Durchzügler im gesamten Gebiet. 4 nicht völlig sichere Brutnachweise von LIEBERS und BÖHME [178] und MARKERT [195] zwischen 1888 und 1892 bei Markersbach/Kr. Schwarzenberg, Scheibenberg/Kr. Annaberg und Schmiedefeld/Kr. Bischofswerda, zwischen etwa 300 und 600 m ü. NN – zusammenfassend dargestellt von HEYDER [1223]. Davon zweimal Mischpaare zwischen Bergfink ♀♀ und Buchfink ♂♂. Die Nester befanden sich 3 mal auf Fichten und 1 mal auf Birke und davon mind. 3 am Waldrand oder in Waldrandnähe. Eizahl: 1×4 und 1×6. Jungenzahl: 1×5. In allen Nestern schlüpften die pull. in der letzten Maidekade. Außerdem nach HEINRICH [1493] und A. SCHWIND in [3207] am 24. 07. 1947 bei Ebersbach/Kr. Löbau, bzw. am 19. 06. 1975 bei Thum/Kr. Zschopau, jeweils 1 Paar mit 4 Jungen.

Lebensraum: Zur Zugzeit hauptsächlich in offenem Gelände (frisch bestellte oder Stoppeläcker, Wiesen und Ruderalflächen) und seltener in Wäldern (Buche, Fichte, Eberesche). Im Winter mehr in den Ortschaften (Fütterungen, landwirtschaftliche Betriebe).

Wanderungen: Im Frühjahr, wo es häufig zu Stauerscheinungen kommt, zumindest im Bez. C auffälliger als im Herbst (Abb. 59), wo die Vögel zwar in kleineren Trupps, aber ununterbrochener überhinziehen. Während im Bez. C die Frühjahrs- (März/Apr.) gegenüber den Herbst- (Sept. bis Nov.) Beobachtungen dominieren: n = 64 168 : 5 752; p = 305 : 209 (1959 bis 1982), ist es im Bez. L umgekehrt: n = 10 806 : 16 128; p = 387 : 505 (1958 bis 1982, nach [2333, 2435, 2666, 2767, 3363, 4017]). Die Oberlausitz mit entsprechendem Berg-, Hügel- und Tieflandanteilen, nimmt eine Zwischenstellung ein (EIFLER 1990). Der Herbstzug beginnt frühestens am 17. 09. (1968, R. WEISS und 1983, [4017]) und im 26jährigen Mittel (1957–1982, Bez. C) am 03. 10. (allein 7 × am 07. 10.). Noch frühere Feststellungen von Einzelvögeln beziehen sich sicher auf Übersommerer: je 1 Männchen am 01. 09. 1974 und 03. 09. 1971 bei Voigtsgrün/Kr. Zwickau-L (H. OLZMANN) bzw. Claußnitz/Kr. Chemnitz (W. WEISE). Hauptdurchzug im Bez. C in den beiden ersten Okt.-Dekaden, im Bez. L eine Dekade später und in der Oberlausitz sogar erst Anf. Nov. (EIFLER 1990). Im Nov. klingt der Zug im Bez. C aus und sind im Bez. L deutlich weniger B. zu beobachten, in der Oberlausitz gilt das für Anf.–Mitte Dez. Max. Truppstärke im Herbst: 500 Ex., am 20. 10. 1955 aber auch mehrere tausend in einem Sonnenblumenfeld (G. CREUTZ in EIFLER 1990). Während im Bez. C nur wenige überwintern (Dez. bis Febr.): n = 1 654; p = 135 (= 2,3% des Gesamtdurchzuges 1959 bis 1982), deckt sich in der Niederung im Bez. L die Anzahl der Überwinterer ungefähr mit der des gesamten übrigen Durchzugs: n = 25 363; p = 633 (= 48,5%, 1958 bis 1982). Die Oberlausitz nimmt wiederum eine Zwischenstellung ein. Große Winteransammlungen gab es allerdings am 03. 12. 1955 (800 bis 1 000 Ex.) und 23. 01. 1956 (1 000 Ex.) auch bei Weißbach/Kr. Zschopau (H. GÖTHEL in [1729]), während im Bez. L die stärksten Schwärme (1 000 Ex.) in der 1. und 3. Dez.-Dekade 1966 beobachtet wurden. Der Heimzug beginnt im März und kulminiert im Bez. L in der 3. März-, in der Oberlausitz in der 1. Apr.- und im Bez. C in den beiden ersten Apr.-Dekaden mit Maximaltruppstärken (Zugstau) von 10 000 (06. 04. 1968, Annaberg-B. – S. SCHLEGEL), wobei aber nicht sicher ist, ob es sich nur um B. handelte [2767], 2 000 bis 5 000 (15. 04. 1954 sowie 05. und 19. 04. 1956, Weißbach/Kr. Zschopau, H. GÖTHEL in [1729]) sowie 2 000 Ex. am Schlafplatz (28. 03. 1982, Hohnbach/Kr. Grimma, S. MÜLLER und KAUFMANN in [4017]). Ende des Heimzuges im 19jährigen Mittel (1964 bis 1982, Bez. C) am 28. 04. und spätestens am 16. 05. (1980, E. SCHWARZE – ca. 12 Ex.!). Noch spätere Daten verweisen auf übersommernde oder brutverdächtige Tiere: jeweils 1 ♂ am 22. 05. (1982, Wittgendorf/Kr. Zittau, EIFLER u. HOFMANN 1985), 22. bis 31. 05. (1977, Thammenhain/Kr. Wurzen, NELLE und LEISCHNIG in [4017]), 31. 05. (1977, Dankritz/Kr. Werdau, B. SEIFERT in

[3394]), 02. 06. (1976, Chemnitz [3207]), 15. 06. (1892, Crostewitz/Leipzig [194]), 04. 07. (1916, Dippelsdorf/Dresden, H. MAYHOFF in [1223]) und 24. 07. (1896, Königswartha/Kr. Bautzen, [1223]) – oder auf kranke: 17. 05. (1977, Augustusburg/ Kr. Flöha – 1 ♂ mit federfreien Partien, D. SAEMANN) und 07. 06. (1956, Röderau/Kr. Riesa – 1 ♂ in Verwesung, W. TEUBERT in [2007]). Außerdem 3 Rupfungsfunde: Juni 1956 bei Plauen ([1445] – angeblich Jungvogel) und Juni/Juli 1955 und 1956 bei Herrnhut/Kr. Löbau ([1372, 1425]). Des weiteren veröffentlichte HEINRICH [1493] eine ganze Anzahl von Brutzeitfeststellungen zwischen 1941 und 1957 bei Ebersbach/Kr. Löbau. Auf dem Zug fast stets vergesellschaftet mit Buchfinken, doch treten, besonders im Frühjahr, auch reine Schwärme auf. Kontroll- und Wiederfänge aus bzw. in Westdeutschland (7), ČR (1), Schweiz (3), den Niederlanden (1), Belgien (3), Frankreich (15), Italien (22), Österreich (1) und Rumänien (1) zeigen den weiteren Zugverlauf und solche aus bzw. in Dänemark (1), Schweden (1), Finnland (1) und Rußland (8 – östlich bis Komi-Permiatskier Distrikt) das Herkunftsgebiet (EIFLER u. HOFMANN 1985, [2007, 2167, 2716, 4057]). Dabei ist interessant, daß 3 in Sachsen beringte Vögel zwischen Febr. und Apr. des darauffolgenden bzw. übernächsten Jahres bei Krasnodar und in Grusinien wiedergefunden wurden und offenbar einen anderen Zugweg gewählt hatten.

S. ERNST

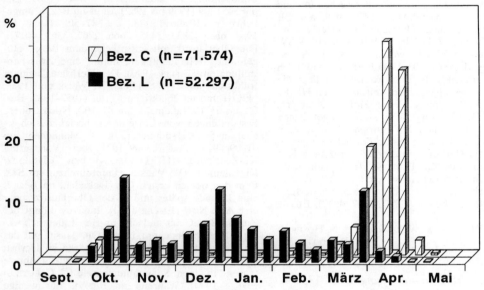

Abb. 59: Prozentuale Verteilung der Durchzugs- und Winterbeobachtungen des Bergfinken im Bez. C 1959–82 u. im Bez. L 1958–82 (Dekadensummen)

Zitronengirlitz – *Serinus citrinella* (Pall., 1764)

Irrgast; Gefangenschaftsflüchtling?

Unterart: *S. c. citrinella* (Pall., 1764)

Vorkommen: Undatierter Fund von Olbersdorf/ Kr. Zittau im Sammlungsverzeichnis von Behms [166, 1223]; 02.–15. 10. 1903 Botanischer Garten Leipzig 1 singend [327]; 1927 Großhartmannsdorf 1 [1223], Beleg Mus. Freiberg (K. Liebscher). Beide Z. lassen entwichene Käfigvögel vermuten. 23. 02. 1943 Groitzsch/Kr. Borna 2 ♂♂ und 2 ♀♀ gefangen, davon je 1 ♂ und ♀ im Mus. Leipzig [1114]; 27. 11. 1966 NSG Eschefeld 1 Ex. [2550], auf dessen nicht artgemäße Beschreibung bereits hingewiesen worden ist [3062]. Nach Beringungsunterlagen der Vogelwarte Radolfzell (R. Schlenker brfl.) fing M. Lang 4 km SE des Auersberges am 28. 08. 1959 neben zahlreichen Erlenzeisigen 4 Z., einen weiteren am 15. 09. 1959. Artbestimmung von R. Heyder bestätigt, Farbdias im Mus. Augustusburg. Eine Publikation erfolgte damals nicht; die von R. Heyder geäußerten Zweifel an der Herkunft der Vögel bestanden wohl zu unrecht.

D. Saemann

Girlitz – *Serinus serinus* (L., 1766)

Sommervogel (Jahresvogel), Durchzügler (Wintergast)

Verbreitung: Der G. bezog Sachsen 1850–1890 in sein Areal ein, wobei die Senke zwischen Zittauer und Isergebirge sowie der Elbedurchbruch die wahrscheinlichen Einfallspforten aus Nordböhmen waren [1223]. Dementsprechend zuerst in der Südlausitz (1842/43 bei Herrnhut – H. B. Möschler in [1223], 1851 Zittau und Herrnhut [59]) und im elbnahen Raum (1852 seit einigen Jahren als Brutvogel bei Dresden [67], 1854 Saupsdorf/Kr. Sebnitz, [197]). Um 1860 Besiedlung des Altenburger Ackerhügellandes, wahrscheinlich von Thüringen aus (1856 erstmalig im Altenburger Ostkreis – H. Kratzsch in [586]), nach 1870 in den unteren Lagen des Ost- und Mittelerzgebirges, nach 1880 auch in höheren Lagen (z. B. Annaberg-B., Markersbach) sowie im Westerzgebirge [1223]. Relativ späte Angaben für das sächsische Vogtland sowie die Tieflandbezirke Nord- und Nordwestsachsens. Möglicherweise z. T. auch Beobachtungslücken: z. B. schon 1870 Brutvogel in Greiz/Thüringen unmittelbar an der Grenze zum sächsischen Vogtland (Hildebrandt und Semmler 1975) sowie berechtigte Zweifel Schlegels [586] an der Jahreszahl 1890/91 für Leipzig. Heute tritt die G. in größerer Siedlungsdichte und regelmäßigeren Vorkommen landesweit in artgemäßen Lebensräumen bis 600 m

ü. NN auf. Hauptverbreitung in größeren Städten des Hügel- und Flachlandes. In der Südlausitz sowie im Elbtal bei Dresden werden dabei relativ mehr Dörfer besiedelt und größere Dichten erreicht als im Nordsächsischen Platten- und Hügelland [4017] sowie im Altenburger Land [3899]. Hier wie auch in einigen Gebirgskreisen (Auerbach, Klingenthal, Aue, Pirna) sowie in siedlungsarmen Räumen des Sächsisch-Niederlausitzer Heidelandes z. T. nur lückenhaft verbreitet. Einzelne Brutvorkommen bis über 900 m ü. NN (Oberwiesenthal/Kr. Annaberg). Neuerdings sogar in den Rodungsinseln einiger isolierter erzgebirg. Kammdörfer wie Reitzenhain (750 m) und Rübenau (ca. 700 m)/Kr. Marienberg (D. Saemann), seit 1973 auch in Deutscheinsiedel/Kr. Marienberg (U. Kolbe), doch nach W. Grummt und R. Heyder im Juni 1956 auch schon sM in Tellerhäuser (940 m) am Fichtelberg [1729].

Lebensraum: Der G. besiedelt Ortschaften mit hohen, locker verteilten Laub- und Nadelbäumen, vor allem sonnenexponierte Hänge (bei Altenburg 81% des Bestandes [3899]) und koniferenreiches Gelände, z. B. Friedhöfe, Gärten, Parks. Typischer Bewohner der Stadtrandlandschaft (Chemnitz, Leipzig, Zittau), der Gartenstadt (Dresden), weniger dicht an siedlungsnahen Waldrändern sowie Gehölzgruppen. Nachweise fernab von Ortschaften sind sehr selten, z. B. 1970 verlassene Brut am Waldrand nahe Filzteich bei Schneeberg/Kr. Aue (R. Möckel); je 1 sM 1976–79 Kahlschlagrand am Fichtenforst im Deutschen Holz/Kr. Altenburg (R. Steinbach) und Mai 1988 in lockerem Lärchen-Jungeichen-Bestand im Pahnaforst/Kr. Altenburg (N. Höser); 2 G. 05. 06. 1975 Torfstich im Forst Hartmannsdorf/Kr. Zwickau (H. Olzmann). Überwinterung in ruderalen städtischen Bereichen, die reichlich Sämereien bieten (Artemisia, Atriplex): Müllkippen, Kläranlagen, Bahndämme, Bauplätze, Gartenbau- und Industriegelände [2469]; Durchzügler auch auf Hackfruchtäckern.

Bestand: Großräumige Dichte in Chemnitz (Bestandserfassung 1968, 130 km^2) 150–180 BP [2616], im Stadt- und Landkreis Leipzig (Rasterkartierung 1991–93, 574 km^2) 1 000–1 500 BP (StUFA Leipzig 1995), im Kr. Zittau (Bestandsschätzung 1982, Rasterkartierung 1985–89, 256 km^2) 500–1 000 BP (Eifler und Hofmann 1985, Eifler et al. 1996), in der Dübener Heide (Rasterkartierung 1994, 42 km^2) 4 BP (J. Huth u. a.), in Altenburg (Bestandserfassung 1972/73, 10 km^2) 45–51 sM (R. Steinbach), in Borna (Bestandserfassung 1966, 5 km^2) 18 sM (N. Höser); 1982 im Raum Altenburg (625 km^2) insgesamt nur 43 sM, darunter in Altenburg 16 sM und nur in 14 von 245 erfaßten Dörfern weitere 18 Brutreviere [3899]. Auf Siedlungsdichte-Probeflächen in Parks, Friedhöfen u. a. Grünanlagen mittlere Dichte M_{49} 1,7 BP/10 ha, darunter auf Friedhöfen M_{18} 2,6 (0,0–12,2) BP/10 ha ([2059, 2106, 2896], A. SIEBERT u. a.) mit max. 4 BP auf 3,3 ha in Radebeul/Dresden 1978/79 (H.-J. KUHNE) sowie in Landschafts- und Waldparks M_{16} 1,6 (0,0–6,7) BP/10 ha ([2896], MÜLLER 1989, R. STEFFENS u. a.) mit max. 5 BP auf 7,5 ha in Dresden (P. HUMMITZSCH); in der Gartenstadt und in dörflichen Siedlungen M_{25} 1,3 (0,0–5,7) BP/10 ha ([2896], EIFLER und HOFMANN 1985, W. WEGER u. a.) mit max. 10 BP auf 17,5 ha in Wittgendorf/Kr. Zittau 1979 (G. HOFMANN) und 11 BP auf 23 ha in Dresden 1979/80 (P. HUMMITZSCH); in siedlungsnahen Intensiv-Obstanlagen bei Zwickau (22 ha) 1,8–2,3 BP/10 ha (A. SIEBERT u. a.), bei Dresden (2,4–8,0 ha) M_6 4,7 (0,0–18,2) BP/10 ha mit max. 4 sM auf 2,4 ha 1986 (J. WEISE). In allen anderen Biotoptypen nur sporadische Vorkommen (vgl. Tabelle 69). Jährliche Bestandsschwankungen bis um das 2–3fache. Seit Anfang der 1960er bis Mitte/Ende 1970er Jahre Bestandszunahme, 1963–68 etwa Verdoppelung in Chemnitz [2616], in Grimma Zunahme von 2–5 BP 1973/77 auf 10–15 BP 1979/83 (W. KÖCHER in [4017]). Danach wieder Rückgang des Brutbestandes – in Altenburg 1982 z. B. nur noch ca. ein Viertel von 1972/73 ([3899], R. STEINBACH), in Falkenstein/Kr. Auerbach, 1975 17 sM, später kaum halb so viel – der in West-Sachsen (Chemnitz) bis Ende der 1980er Jahre anhält (SAEMANN 1994), andernorts (Dresden, Zittau, Leipzig) aber wohl keine bleibenden Auswirkungen gehabt hat. Im Kurpark Bad Düben 1974–76 2–3 und 1984–86 3–4 BP. Seit 1960 auch Zunahme überwinternder Bestände [2469], gefolgt vom Rückgang nach 1975: so fehlte der G. winterüber 1955/56 bei Altenburg und Meuselwitz (W. KIRCHHOF), 1972–76 in Altenburg Zunahme von ca. 40 auf ca. 220 Überwinterer (R. STEINBACH, D. TRENKMANN); 1980–83 in Dresden max. Schwarmstärke auf ca. 10% vermindert (L. MÜLLER), im Bez. C nach 1980 kaum noch Winterdaten.

Brutbiologie: Nester (n = 58) meist auf Koniferen und Obstgehölzen, so Fichte (21%), Birne (17%), Blaufichte (15%). Neststand 1–15 m hoch, M_{56} 4,3. Städtische Brutreviere in Altenburg werden 2–4 Wochen vor umgebenden dörflichen besetzt (R. STEINBACH, N. HÖSER). Ablage der ersten Eies: bei Altenburg ab 24. 04., für Zweitbrut ab 03. 06. (R. STEINBACH); im Bez. C ab Anfang Mai, meist im 3. Maidrittel, für Nachgelege (Zweitbruten) bis Ende Juli/Anfang Aug. Nestbau noch am 22. 07. 1974 (R. REITZ). Letztes Vollgelege, 5 Eier, 29. 07. 1980 Dresden (L. MÜLLER). Früheste nj. G. 14. 05. 1972 Dresden (R. STEFFENS), späteste: 7 am 21. 08. 1981 Schmölen/Kr. Wurzen, [4017]. Fütte-

rung fl. juv. oft bis Ende Aug., spätestens 15. 09. 1974 Auerbach (M. THOSS) und 19. 09. 1948 Biehla/Kr. Kamenz, (M. MELDE). Gelegegröße: 8×3, 19×4, 12×5 Eier, M_{39} 4,1. Juv. im Nest: 1×1, 4×2, 11×3, 21×4, 4×5, 1×7, M_{42} 3,6 juv. Ausgeflogene juv. M_{10} 2,7. 2 Jahresbruten, in höheren Lagen wohl nur eine.

Wanderungen: Schwärme in den Städten beginnen sich schon bei Frostmilderung im Jan./Febr. aufzulösen. Bis März meist umherstreifende Überwinterer, die seit ca. 1970 in höheren Lagen kaum noch ortsfest sind. Früheste Heimzügler 03. 03. 1986 Bautzen (J. DEUNERT), 15. 03. 1965 in Naundorf/Kr. Grimma [4017], im Mittel bei Biehla/Kr. Kamenz (1948–82) 10. 04., (M. MELDE), bei Herrnhut/Kr. Löbau (1950–89) 12. 04. (L. BECKER). Ankunft der Masse in 1. Apr.-Dekade, bei Dresden–Radebeul max. 60 im Trupp 23. 04. 1976 (R. BÄSSLER). Heimzug bei Altenburg bis ca. 10. Mai. Wegzug Mitte Sept. bis Anfang Nov., Masse der Wegzügler bei Altenburg 01.–20. Okt., im Bez. C 21. 09.–20. 10.; bei Zittau Trupps von mehr als 6 G. 11. 04.–30. 04. und 11. 09.–20. 10. (FG Zittau, G. HOFMANN), bei Altenburg im Apr. bis 20 und im Okt. bis 40 G. im Trupp (S. KÄMPFER, R. STEINBACH). Schwarmbildung im Dresdener Elbtal ab Juni (meist juv.), max. 80 am 21. 07. 1977 und 70 am 26. 08. 1980 (L. MÜLLER). Winteraufenthalt sächsischer Zugvögel bzw. Durchzügler vor allem Italien und Frankreich, Herkunft in Sachsen überwinternder G. bisher unzureichend geklärt, Durchzug (Überwinterung?) russischer (Reg. Kaliningrad) und polnischer Vögel (Reg. Włocławek) ist belegt ([1777, 1920, 2167, 3950], PÖRNER 1987b u. a.).

N. HÖSER, D. SAEMANN, R. STEFFENS

Grünfink – *Carduelis chloris* (L., 1758)

Jahresvogel, Sommervogel, Durchzügler, Wintergast
Unterart: *C. c. chloris* (L., 1758)

Verbreitung: Im gesamten Gebiet Brutvogel vor allem der Siedlungsräume, höhenwärts bis max. 1 100 m ü. NN [2570].

Lebensraum: Bevorzugt die Grenzbereiche von Offenland zu Wald, Feldgehölzen, Baumalleen und menschlichen Siedlungen mit aufgelockerten Gebüschzonen bzw. Koniferenjungwüchsen, Obstgärten sowie Ruderalfluren. In Städten neben der Randzone vor allem in vertikal stark gegliederten Gehölzbeständen der Parks, Friedhöfe (Koniferen!) und Gartenstadt, aber auch in Wohnblockzonen sowie Stadtzentren und Neubaugebieten mit nur minimalen bzw. niedrigen Baum- und Gehölzbeständen und z. T. Ersatzbrutplätzen an Gebäuden (Blumenkästen, Futterhäuschen u. ä.). Gegenwärtig nicht überall Brutvogel ortsferner, lichter Waldreste, Feldgehölze, Waldränder und Lichtungen. Im gehölzarmen Offenland sowie im Inneren großer (jungwaldarmer) Waldgebiete (Fichtenforste der Mittelgebirge, Kiefernforste des Tieflandes) z. T. auch fehlend, grundsätzlich gilt das für Buchen-Hallenwälder. Laubbaum-Kippenaufforstungen werden ab 11. Jahr der Pflanzung unregelmäßig und in geringer Dichte besiedelt (DORSCH 1988). Außerhalb der Brutzeit gern auf Ruderalflächen, verunkrauteten Feldern, Bahndämmen und Kahlschlägen; Massenschlafplätze im nordsächsischen Platten- und Hügelland vorwiegend feldnahe Kieferndickungen [4017]; häufig an Winterfütterungen in Städten und Dörfern.

Bestand: Meist nur kleinflächige Ausprägung der Optimalhabitate, Randeffekte und Neigung zu geselligem Brüten führen zu sehr differenzierten Siedlungsdichten, z. B. 9 gleichzeitige Bruten in einem 5×40 m großen Fichtengehölz 1960 bei Kreba/Kr. Niesky (R. KRAUSE in [3970]). Generell hohe Werte im Bereich menschlicher Siedlungen: Innenstadt Chemnitz (117 ha) 5,5 BP/10 ha [2615]; innerstädtische Parks und Grünanlagen (< 10 ha) M_9 24,5 (8,7–66,8) BP/10 ha ([2616, 2896] u. a.) mit max. 6 BP auf 0,9 ha 1968 in Chemnitz [2615]; Friedhöfe M_{18} 12,1 (3,0–45,5) BP/10 ha ([2059, 2106, 2896], A. SIEBERT u. a.) mit max. 15 BP auf 3,3 ha 1978 in Radebeul bei Dresden (H.-J. KUHNE); Landschafts- und Waldparks (> 10 ha) M_{14} 2,6 (0,9–17,9) BP/10 ha ([2896], MÜLLER 1989, K. TUCHSCHERER u. a.) mit max. 20 BP auf 11,2 ha 1968 im Forstgarten (Koniferen!) Tharandt/Kr. Freital (R. STEFFENS); ländliche Parks (< 6 ha) M_8 10,1 (4,0–21,4) BP/10 ha ([3970] u. a.) mit max. 12 BP auf 5,6 ha im Park Neschwitz/Kr. Bautzen in den 1960er Jahren (G. CREUTZ); Gartenstadt M_{15} 6,9 (3,1–25,4) BP/10 ha ([2896], P. HUMMITZSCH, W. WEGER u. a.) mit max. 8 BP auf 2,8 ha 1967 in Chemnitz [2816]; dörfliche Siedlungen M_6 4,4 (0,0–8,0) BP/10 ha (EIFLER und HOFMANN 1985 u. a.); City, Wohnblockzonen und Neubaugebiete M_{17} 1,5 (0,0–8,0) BP/10 ha ([2615, 2896, 3445, 3634] u. a.). Wesentlich niedrigere Siedlungsdichte im gehölzarmen Offenland: Ortsflur Seegeritz/Kr. Leipzig (286 ha) 1955–60 M_6 0,2 (0,0–0,3) BP/10 ha [1703], unter Einbeziehung jüngerer Untersuchungen an anderen Orten M_{18} 0,1 (0,0–0,7) BP/10 ha ([2507], EIFLER und HOFMANN 1985 u. a.). In Fichtenforsten gemischten Alters der Hoch- und Kammlagen (47–310 ha) M_8 0,1 (0,0–0,3) BP/10 ha (DORNBUSCH 1988, D. SAEMANN u. a.), in unteren Lagen sowie Hügelland (56 und 124 ha) aber 0,9 und 1,1 BP/10 ha (R. STEFFENS, G. HOFMANN), hier (im Tharandter Wald) auf 5

von 11 Probeflächen im Stangen- und Baumholz 0,7–2,9 BP/10 ha und M_{11} 0,9 [3526], in Dickung und schwachem Stangenholz M_{13} 2,2 (1,1–15,0) BP/10 ha (G. HOFMANN, R. STEFFENS) mit max. 2 sM auf 1,3 ha [4034]. Abgesehen von Buchenwäldern und (zufälligerweise?) Kiefernforsten in allen anderen Wäldern mittlere Dichten von 0,4–0,8 BP/10 ha (vgl. Tabelle 69), in Auewäldern sowie Eichen-Buchenwäldern des Hügellandes, Mitte der 1960/1970er Jahre aber noch M_{21} 1,4 ([2549], R. SCHLEGEL). Vorkommen in Wäldern i. d. R. an innere und äußere Randlinien gebunden. Diese Randeffekte führen bei Waldresten und Flurgehölzen zu ähnlich hohen Dichtewerten wie im urbanen Bereich, M_{53} 4,9 (0,0–65) BP/10 ha ([2177] R. WENZEL u. a.) mit max. 5 BP auf 0,77 ha Fichtenschonung 1972 [3970], jedoch insgesamt geringere Stetigkeit. Außerdem in Laubbaum-Kippenaufforstungen M_7 0,4 (0,0–1,5) BP/10 ha (DORSCH 1988). Bestand kurzfristig erheblich schwankend. Seit Mitte der 1960er Jahre in der Oberlausitz [3970] und Mitte der 1970er Jahre im Nordsächsischen Platten- und Hügelland Bestandsrückgang, der für ganz Sachsen gilt und auch durch Siedlungsdichteerhebungen belegt ist: z. B. auf entsprechenden Probeflächen im Leipziger Auwald 1966–68 6–12 [2549] und 1985–88 0–2 BP (ERDMANN 1989 b), im NSG Auwald Laske 1963/64 10–14 und 1970 4 BP (G. CREUTZ, R. SCHLEGEL), im Tharandter Wald 1967 3 [3562], und 1986 0 BP (S. KRAUSE), im NSG Weißeritztalhänge 1975/76 5 und 1991/92 0 BP (R. STEFFENS), im NSG Zadlitzbruch 1966/67 3–4 (REINL 1968) und 1994 0 BP (J. HUTH), auf dem Friedhof Radebeul-Ost 1978–82 15, 11, 7, 7, 8 BP (H.-J. KUHNE), in Chemnitz 1992 auf 4 Probeflächen gegenüber 1968/72 Rückgang um 67,7–95,5 %, wobei hier zusätzlicher Einfluß von Prädatoren registriert wurde (SAEMANN 1994).

Brutbiologie: Gesangsbeginn ab Ende Jan./Anf. Febr. [3970, 4017], im Stadtbereich auch schon Anf. Jan.: z. B. 06. 01. 1974 Chemnitz 7 sM (D. SAEMANN), 05. 01. 1975 Niesky (F. MENZEL in [3970], Balzflüge ab Febr. [3970] und Ende März [4017]. Gelegefunde i. d. R. ab Apr., selten schon im März. Extrem früher Brutbeginn vor allem in Städten: ausfliegende juv. 15. 04. 1976 Auerbach; ausgeflogene juv. 16. 04. 1977 Auerbach (beide H. KREISCHE), 29. 04. 1958 Chemnitz (D. SAEMANN). Späte Ausfliegetermine: 09. 09. 1967 Chemnitz (D. SAEMANN), 12. 09. 1974 Leukersdorf/Kr. Stollberg (C. LEICHSENRING); am 03. 09. 1954 kaum geschlüpfte juv. bei Biehla/Kr. Kamenz (M. MELDE in [3970]; 1977 „Winterbrut" in Schmölen/Kr. Wurzen: 12. 02. fertiges Nest/1 Ei, 13. 03. 1 juv. fliegt aus (S. BAUCH in [4017]). Im Bez. D Gelegefunde 16 % Apr., 37 % Mai, 27 % Juni, 16 % Juli und 3 % Aug. Zwei Jahresbruten, gelegentlich 3 durch Beringung belegt [1709]. Nistgehölze sehr variabel, besonders 1. Brut gern in dichten Auswüchsen (Wasserreiser) und natürlichen Höhlungen (Halbhöhlen) an Baumstämmen, in dichten (beschnittenen) Hecken, bei entsprechendem Angebot jedoch meist in Nadelgehölzen. Deshalb Koniferenanteil im Bez. D (n = 240) 40%, darunter 60× Fichte, aber nur 3× Kiefer ([3970] erg.). In Neubaugebieten auch Blumenkästen und Futterhäuschen, im Chemnitzer Hauptbahnhof in Stahlkonstruktion der Bahnsteighalle [2616]. Höhe Neststand meist 2–6 m [3971], minimal 0,5 m (z. B. S. DANKHOFF), bemerkenswert ist dabei, daß in der Oberlausitz 1,5–3 m [3970], in Chemnitz aber 2–5 m (D. SAEMANN) dominieren (Begründung siehe Amsel). R. KRAUSE fand außerdem je 1 Nest in 15 und 20 m Höhe derselben Kiefer und D. SAEMANN in 10 und 12 m Höhe im Hauptbahnhof Chemnitz sowie 16 m Höhe an einem Wohnhausfenster (alle in [3971]). Gelegegröße: 5×3, 40×4, 83×5, 17×6 Eier M_{145} 4,8, darunter Bez. D M_{93} 4,9 und Bez. C M_{48} 4,5; in der Oberlausitz von 4,5 (März/Apr.) auf 4,8 (im Mai) steigend und dann wieder über 4,6 (Juni/Juli) auf 3,5 (Aug.) absinkend [3970]. Anzahl juv.: 6×1, 12×2, 23×3, 46×4, 32×5, 3×6, M_{123} 3,8 juv/Nest, im Kr. Altenburg 1. Brut M_{27} 3,9, 2. Brut M_8 3,4 (N. HÖSER, H. WALTHER), Anzahl ausgeflogene juv. je erfolgreiche Brut M_{14} 3,0, im Bez. C ca. 40% Totalverluste (D. SAEMANN).

Wanderungen: Schwarmbildung von Ende Juli bis Anfang Mai [4017]; in der Oberlausitz von Okt. bis März bis 300 Ex. und selten darüber (H. BLÜMEL), in Chemnitz namentlich im Sept./Okt. bis 500 Ex. [2616], max. bis 1 000 Ex. im Kr. Zittau: Dez./Jan. 1956/57 Neiße bei Drausendorf (S. KÖHLER), Dez./Jan. 1980/81 stark verunkrautetes, nicht abgeerntetes Krautfeld bei Eckartsberg (G. EIFLER). Höchste Konzentration der Rast- bzw. Überwinterungsbestände von Ende Okt. bis Anfang Jan. [4017] bzw. Dez. bis Febr. (EIFLER und HOFMANN 1985). Beringungs- und Wiederfundergebnisse identifizieren sächsische Wintervögel sowohl als einheimische G. als auch als N- und NE-europäische Gäste. Ein erheblicher Anteil sächsischer Brutvögel führt außerdem Strich- und Zugbewegungen durch, die bis Italien, Frankreich und Spanien reichen. Ein und dieselben Tiere können dabei jahreweise sehr stark wechselndes Verhalten zeigen (Sommer- bzw. Jahresvogel). Ebenfalls aus Beringungs- und Wiederfundergebnissen ist mit der Ankunft heimziehender Vögel in ihrem sächsischen Brutgebiet von Ende Febr. bis Ende Apr. und mit ihrem Wegzug von Sept. bis Okt. zu rechnen ([1033, 1920, 2167, 2716, 3970, 3971, 4131] u. a.). Entsprechend interpretierbare Ergebnisse aus Feldbeobachtungen liegen nicht vor.

R. STEFFENS, H. BLÜMEL, D. SAEMANN

Stieglitz – *Carduelis carduelis* (L., 1758)

Jahresvogel, Sommervogel, Durchzügler (Wintergast)
Unterart: *C. c. carduelis* (L., 1758)

Verbreitung: Vor 1950 nur im Lößhügelland regelmäßiger und z. T. häufiger Brutvogel [586], auf den leichten Böden im Norden und Osten sowie im Bergland fehlend bzw. rar und maximal bis 680 m ü. NN [1223]. Heute nahezu im gesamten Gebiet und höhenwärts bis über 800 m ü. NN. Habitatsbedingt kommt der S. in den Waldlandschaften und insbesondere in den Kammlagen des Erzgebirges nur lückenhaft vor. Er brütet aber regelmäßig in einigen Kammdörfern (Zinnwald, Rübenau, Kühnhaide, Reitzenhain, Satzung), vermutlich auch in 900 m ü. NN und höher (Junidaten in Oberwiesenthal/Kr. Annaberg [2570], H. HOLUPIREK).

Lebensraum: Vor 1960 (1970) überwiegend Brutvogel an alleeartigen Landstraßen, in Obstgärten sowie in Feld- und Auengehölzen mit Hochstaudensäumen, nach 1970 vor allem in Ortschaften mit hohen Laub- und Obstbäumen. Die meisten Dörfer sind jetzt durchweg besiedelt, Städte vor allem in der Randzone, im Parkbereich und in ähnlichem, locker laubbaumbestocktem Gelände, zunehmend auch in der Innenstadt und an verkehrsreichen Straßen [2948]. Wie der Girlitz den geschlossenen Wald meidend, im Gegensatz zu diesem aber nicht (oder kaum) in Koniferengehölzen der Friedhöfe und regelmäßiger in Dörfern, siedlungsfernen Flurgehölzen sowie Laubbaum-Kippenaufforstungen und Pioniergehölzen im Ödland (vgl. Tabelle 69). Außerhalb der Brutzeit Nahrungssuche an samenreichen Birken und Erlen, in Hochstaudenfluren der Naßwiesen [2177], in Teichgebieten (z. B. Zweizahnbestände), Ruderalgelände, Ödland und an Tagebauhängen [3442], heute weniger an Ackerrändern.

Bestand: Großräumige Dichte in Chemnitz (Bestandserfassung 1968, 130 km²) mindestens 46 BP, im Stadt- und Landkreis Leipzig (Rasterkartierung 1991–93, 574 km²) 2 000–2 300 BP (StUFA Leipzig 1995), im Kr. Zittau (Bestandsschätzung 1982, Rasterkartierung 1985, 256 km²) 150–300 BP (EIFLER u. HOFMANN 1985, EIFLER et al. 1996), in der Dübener Heide (Rasterkartierung 1994, 42 km²) 22–24 BP (J. HUTH u. a.). Damit wird auf heute höherem Bestandsniveau die differenzierte regionale Häufigkeitseinschätzung früherer Zeiten ([579, 586, 1223] u. a.) bestätigt, und der S. ist nur im Stadt- und Landkreis Leipzig (sowie in der Dübener Heide mangels urbaner Lebensräume) häufiger als der Girlitz. Auf Siedlungsdichteprobeflächen in städtischen und ländlichen Parks M_{35} 1,5 (0,0–10,7) BP/10 ha (EIFLER und HOFMANN 1985,

Tabelle 69: Präsenz und mittlere Abundanz von Grünfink, Girlitz, Stieglitz und Hänfling auf Siedlungsdichte-Probeflächen in Sachsen

Biotoptypen	Anzahl Untersuchungen	Grünfink Präsenz		Mittl. Dichte	Girlitz Präsenz		Mittl. Dichte	Stieglitz Präsenz		Mittl. Dichte	Hänfling Präsenz		Mittl. Dichte
	n	+	−	BP/10 ha	+	−	BP/10 ha	+	−	BP/10 ha	+	−	BP/10 ha
Fichtenwälder und -forste	39	14	25	0,3	3	36	0,03	1	38	0,00	12	27	0,1
Kiefernforste	10	−	10	−	−	10	−	−	10	−	1	9	0,1
Nadel-Laubbaum-Mischbestockungen	34	20	14	0,6	3	31	0,2[1]	1	33	0,02	2	32	0,03
Buchenwälder	8	−	8	−	−	8	−	−	8	−	−	8	−
Laubmischwälder Hügelland	13	5	8	0,8	1	12	0,05	2	11	0,09	−	13	−
Auwälder	30	22	8	0,6	7	23	0,07	1	29	0,01	−	30	−
Laubbaum-Jungforst und Vorwälder	33	14	19	0,4	−	−	−	7	26	0,2	7	26	0,1
Ödland, Ruderalflächen u. ä.	32	10	22	0,5	1	31	0,02	3	29	0,06	19	13	1,4
Waldreste und Flurgehölze	52	39	12	4,7	4	48	0,2[1]	29	23	1,0	7	45	0,3
Agrargebiete (mit Flurgehölzanteil)	16	7	8	0,1	2	14	0,01	5	11	0,05	10	6	0,1
Parks, Friedhöfe u. a. Grünanlagen	46	46	−	8,4	27	19	1,6	14	32	0,7	8	38	0,2
City, Wohnblock- und Neubaugebiete	17	14	3	1,5	2	15	0,03	1	16	0,01	1	16	0,01
Gartenstadt und dörfliche Siedlungen	22	22	−	6,3	16	6	1,1	18	4	0,9	5	17	0,2
Intensiv-Obstanlagen	9	5	4	1,3	7	2	2,7	3	9	0,5	5	4	2,5

1) nur Randlagen zu menschlichen Siedlungen

MÜLLER 1989, K. TUCHSCHERER u. a.) mit max. 8 BP auf 7 ha 1982/83 in Meuselwitz/Kr. Altenburg (N. HÖSER); auf städtischen Friedhöfen nur sporadisch, im ländlichen Bereich (Altkaditz/Dresden) von 1977–82 aber auch hier ständig 1–2 BP auf 2,8 ha (L. MÜLLER); in der Gartenstadt M_{16} 0,6 (0,0–1,3) BP/10 ha ([2896], P. HUMMITZSCH, W. WEGER u. a.); in Dörfern M_{12} 1,6 (0,0–5,3) BP/10 ha (EIFLER und HOFMANN 1985, N. HÖSER u. a.) mit max. 9 BP auf 17,5 ha 1979 in Wittgendorf, Kr. Zittau (G. HOFMANN); in Auengehölzen M_{50} 1,9 (0,0–13,2) BP/10 ha ([2177], DORSCH 1985, N. HÖSER u. a.), hier am GT Torgau 1964 auf 2,2 ha Teichdamm 5 BP [2177]; in Laubbaum-Kippenaufforstungen ab dem 9. Jahr der Pflanzung Brutvogel und M_8 0,6 (0,0–1,4) BP/10 ha (DORSCH 1988). Jährliche Bestandsschwankungen um 100%. Nach 1950 deutliche Bestandszunahme [1729] mit Höherverlagerung der vertikalen Verbreitungsgrenze (s. o.). In der Südlausitz in den 1920er Jahren keine alltägliche Erscheinung, bis 1945 recht vereinzelt und gegenwärtig in allen Landgemeinden bis 450 m ü. NN ([579], EIFLER und HOFMANN 1985); im Erzgebirge und Vorland bis 1950 sporadischer, später vielerorts regelmäßiger Brutvogel, bereits 1947 in Oederan/Kr. Flöha häufiger auftretend [1223] und später regelmäßig brütend [2948]; in Chemnitz seit den 1950er Jahren in die Stadt vordringend [2616], noch 1972 in den untersuchten Parkanlagen und Friedhöfen fehlend und ab 1975/ 76 Besiedlung des innerstädtischen Bereiches (D. SAEMANN), zugleich zunehmende Überwinterungen, namentlich auf Ruderalflächen [2383], am GT Torgau von 1958–64 Bestandszunahme von 4 auf 16 BP [2177]. Seit Ende der 1970er/Anfang der 1980er Jahre stagniert der Bestand und geht teilweise sogar zurück ([4017], EIFLER und HOFMANN 1985 u. a.). z. B. in Satzung/Kr. Marienberg (ca. 800 m ü. NN, 25 ha) 1973 5 BP, 1985–87 aber nur noch 1–2 (D. SAEMANN), an der Kleinen Triebisch/Kr. Freital (8,5 ha) 1977/78 3 und 1984/85 0 BP (STEFFENS 1986 a); Schwarmstärke im Elbe-Röder-Gebiet bis 1980 50–60, später aber nur noch 10–15 (L. MÜLLER); seit Ende der 1970er Jahre auch deutlicher Rückgang der Beringungen (DORSCH 1994). Aus Siedlungsdichteuntersuchungen im Kurpark Bad Düben/Kr. Eilenburg (10 ha) keine Tendenz erkennbar: 1974–76 2–3, 1984–86 2–4 BP (MÜLLER 1989), für Chemnitz immer noch positive Bilanz (SAEMANN 1994).

Brutbiologie: Nester (n = 133) in äußeren Ästen von Birn- und Apfelbäumen (30 bzw. 28%), Eichen (10%, außerhalb von Gärten ca. 80%, neben Erlen, N. HÖSER, vgl. [2177]), Ahorn (6%), Roßkastanien (5%) usw., 1–10 m hoch (0,4 m im Weißdorn, M. MELDE) M_{96} 4,3 m. Ein Nest am Gemäuer im Efeu (L. MÜLLER). Gelegegröße: 15×4,

14×5, 3×6, M_{32} 4,6 Eier. Juv. M_{63} 4,4 im Nest und M_{45} 3,6 ausgeflogene pro Nest. Eiablage beginnt im Hügelland in der 2. Maidekade [4017], bei Altenburg ab 08. 05. (N. HÖSER), im wärmeren Elbe-Röder-Gebiet im Apr. (frühestens 21. 03. 1981 Nestbau, 09. 04. 3 Eier; L. MÜLLER), im Bez. C ab 15. Mai, meist in der 3. Maidekade und sehr stark abhängig vom Grad der Belaubung (D. SAEMANN). Nach Beobachtung efl. juv. ist Eiablage bis ca. 10. 08. anzunehmen, im Bez. C bis in 3. Julidekade (20. 08. 1974 Leukersdorf/Kr. Stollberg 3 juv. verlassen Nest, C. LEICHSENRING). Fütterung efl. juv. bei Zittau bis 11. 09. 1972 (G. HOFMANN), im Bez. C bis 2. Aug.-Dekade. 2 Jahresbruten; im höher gelegenen Bez. C Zweitbruten nicht exakt nachgewiesen, aber regelmäßig Nachgelege.

Wanderungen: Ankunft meist ab 1. Märzdrittel. Revierverhalten (Gesang) an den Brutplätzen im Elbtal bei Dresden frühestens ab Ende Febr., in übrigen Gebieten erst im Apr., in höheren Lagen Anfang Mai spürbar. Bis dahin streifen die Brutvögel, oft mit anderen Arten vergesellschaftet, unstet umher. Truppgrößen von mehr als 100 S. im März sind selten (max. 600 am 16. 03. 1974 bei Jahnsdorf und Thalheim/Kr. Stollberg, B. KRAJEWSKI). Auflösung der Trupps im Apr., letzte Heimzügler bis Mitte Mai (01. 05. 1977 SB Helmsdorf 120 [3412]; 17. 05. 1973 Polenztal/Kr. Sebnitz 17 ad., A. STURM). Ab Juni kl. Familientrupps, die bei Dresden Mitte Juni, im übrigen Gebiet im Juli mehr als Familiengröße erreichen und sich bis Ende Aug./Anfang Sept. (nach der 2. Brut) zu größeren artreinen Verbänden zusammenschließen. Diese nehmen mit dem Wegzug ab, so daß größte Trupps im Bez. C bis Anfang Sept. (max. 23. 08. 1967 Chemnitz/Heinersdorf 200, C. LOMMATZSCH), in den Bez. D und L im Sept. und Okt. auftreten (max. 27. 09. 1981 Pochewiesen/ Kr. Zittau ca. 500, G. HUMMITZSCH; 05. 10. 1973 SB Windischleuba 450, R. STEINBACH). Reger Durchzug bis Nov.. Im Bez. C Truppstärken rastender und ziehender S. von 2–25, selten mehr, bei Altenburg Sept.–Nov. 40–200. Winterliche Schwärme sind meist unterhalb 400 m ü. NN anzutreffen, im Mittel 10–30 S. im Bez. D, 50–100 S. im Bez. L, max. 08.–12. 12. 1965 auf Mohnfeld bei Belgershain/Kr. Grimma 200–500, W. OEHLERT. Winteraufenthalt sächsischer Zugvögel bzw. Durchzügler überwiegend Spanien und Frankreich, in Sachsen überwinternde Vögel neben einheimischen, umherstreichenden S., Durchzug (Winteraufenthalt?) polnischer (Reg. Wrocław) und russischer (Reg. Kaliningrad) Vögel belegt ([1777, 1920, 2167, 2716, 3950], DORSCH 1985 u. a.).

N. HÖSER, D. SAEMANN, K. RICHTER, R. STEFFENS

Erlenzeisig – *Carduelis spinus* (L., 1758)

Brutvogel, Durchzügler, Wintergast

Verbreitung: Hauptbrutgebiete sind die Fichtenwälder des gesamten Mittelgebirgsgürtels oberhalb 300–400 m ü. NN. Zeitweise und in geringerer Dichte auch Bv größerer Wälder des Hügel- und Flachlandes, wofür zahlreiche Hinweise aus allen Regionen vorliegen.

Lebensraum: Brutvorkommen sind weitgehend an die Fichte gebunden, deren Fruktifikation die Brutdichte maßgeblich beeinflußt. Auch in den Heidegebieten und Kiefernwäldern vielfach nur dort, wo auch Fichten vorkommen [4017]. Bevorzugt werden Bestandsränder junger bis alter Fichtenbaumhölzer in der Nähe von Wiesen oder nahen Bachgründen mit Erlen; auch innerhalb großer Waldgebiete vor allem an Grenzlinien mit Baumholz. In Gärten, Parks und Friedhöfen sind Einzelbruten nahezu überall möglich, z. B. 1955 in Riesa [4017], 1963 Weißig/Kr. Kamenz (M. MELDE), 1964 Chemnitz [2059] und Dresden [3040], 1974 Tharandt/Kr. Freital (R. LEHMANN), 1975 Zwickau (H. OLZMANN) und Grumbach/Kr. Hohenstein-E. [3207] und 1982 Riesa-Gröba [4017] und Freiberg (A. GÜNTHER). Vielfach dienen dann fremdländische Fichtenarten als Ersatz für die heimische Fichte. Aufenthalt zur Brutzeit ist auch im Laubholz möglich, aber Bruten nicht erwiesen. Familientrupps im Sommer sehr oft auf gemähten und ungemähten Wiesen. Im Herbst und Winter vor allem in Erlen- und Birkenbeständen, auch auf verunkrauteten Feldern, Ruderalflächen und besonders während des Rückzuges im März sehr häufig an Futterstellen in Ortschaften.

Bestand: Langfristige Bestandsveränderungen nicht bekannt, doch jährlich stark wechselnde Anzahl Bv, Durchzügler und Wintergäste. Fehlt als Bv im Mittelgebirge in keinem Jahr völlig, doch Brutdichte sehr variabel: Kammwälder im Kr. Marienberg 1981 ca. 2 BP/10 ha, 1982 0,2 und 0,9, 1983 0,6 und 1,1 und 1987 unter 0,1 BP/10 ha (D. SAEMANN); 1985 bei Bärenstein und Altenberg/Kr. Dippoldiswalde, 0,9 und 0,6 BP/10 ha (DORNBUSCH 1988); 1972 Kammgebiet bei Carlsfeld/Kr. Aue und 1985 Fichtelberggebiet mind. 3–5 BP/10 ha, dabei deutliche Neigung zu geselligem Brüten (D. SAEMANN). Großflächig übersteigt die Brutdichte in Fichtenwäldern und -forsten der unteren Berglagen sowie im Mittelgebirge 1 BP/10 ha meist nicht (vgl. auch EIFLER und HOFMANN 1985). Höhere Dichte zuweilen auch im Flachland wie 1982 im Forst Colditz/ Kr. Grimma [4017], gewöhnlich jedoch nur sporadische Vorkommen ([1223, 1729, 2666, 2767, 3363, 4017], PANNACH 1990 a).

Brutbiologie: Bereits ab Anfang Febr. treten E. paarweise auf. Infolge reger Gesangstätigkeit März/Apr. sind Bv und Wintergäste nur schwer zu unterscheiden. ♂♂ mit Balzflug, Nistmaterial sammelnde ♀♀ und solche mit Brutfleck deuten auf Brut. Beginn der Brutzeit mehrfach sehr zeitig: 21. 03. 1975 Forst Ortmannsdorf/Kr. Zwickau 2 ♂♂ Balzflug (H. OLZMANN); Ende März 1982 Villenviertel in Freiberg 1 BP, ♀ sammelt Nistmaterial und am 04. 05. hier 4 efl. juv. (A. GÜNTHER); 29. 04. 1972 bei Thalheim/Kr. Stollberg 1 BP + 3 efl. juv. (G. SILBERMANN); 28. 03. 1978 bei Augustusburg/Kr. Flöha 1 ♀ (14,8 g) legebereit, von 20 ♀♀ zwischen 24. 03. und 04. 05. hatten 9 einen Brutfleck und 02.–05. 05. 3 efl. juv. gefangen (D. SAEMANN); Ende Apr. 1964 Heidefriedhof Dresden 2 Nestfunde, in 1 brütet das ♀, im anderen 4 juv. (H. KREISSIG [3040]); 09. 04. 1966 bei Langenau/Kr. Brand-E. fertiges Nest (F. WERNER). Balzflüge vielfach bis Ende 2. Julidekade, spätestens 02. 08. 1980 Fichtelberg 1 ♂ Balzflug (H. HOLUPIREK). Legebeginn 3. Dekade März bis Mitte (Ende?) Juli: 20. 08. 1977 Beerheide/ Kr. Auerbach, 4 juv. verlassen Nest beim Fällen einer Fichte (H. KREISCHE); 25.–29. 08. 1977 Wünschendorf/Kr. Marienberg ♂ füttert 1 efl. juv. (W. BÖHME). Nicht einzuordnen sind mehrere sM 12. und 17. 09. 1982 bei Klingenthal (S. ERNST). Nur 6 Nestfunde auf Fichte, 4–18 m hoch ([3234, 4017] erg.), 2 auf anderen Fichtenarten 5 und 6 m hoch (H. KREISSIG [3040]).

Wanderungen: Zugverhalten der Bv unbekannt. 20–30 E. schon am 01. 06. 1959 am Monumentshügel/Kr. Niesky von NE nach SW fliegend (F. MENZEL in PANNACH 1990 a). Sommerliche Schwarmbildung („Frühsommerzug"? – vgl. WEBER 1959) im Mittelgebirge von der Brutdichte abhängig. 04. 07. 1981 NSG Zechengrund ca. 500 (U. SCHUSTER) und 29. 07. 1985 Aschbergwiesen max. 300 (S. ERNST); sonst im Juli mehrfach bis 70 Ex., am häufigsten kleine Trupps bis 15 Ex. und Familien – z. T. auch im Hügel- und Flachland [4017], z. B. 27. 07. 1951 60–70 Kläranlage Leipzig (K. GRÖSSLER). Stets handelt es sich um Gruppen von ad. und juv., die häufig noch gefüttert werden. Im Aug. keine großen Ansammlungen, viele E. vermutlich abgezogen. Nach Fängen bei Augustusburg 1978 verblieben Bv bis Abschluß der Handschwingenmauser (etwa 20. 09.) im Brutgebiet (D. SAEMANN). Ab 3. Dekade Sept. setzt deutlich der Durch- und Zuzug ein: bei Biehla/Kr. Kamenz in der Regel 3. Sept.-Dekade, ausnahmsweise 07. 09. 1955, in manchen Jahren erst 1. Okt.-Drittel (M. MELDE); im Raum Zittau im 1. Okt.-Drittel (EIFLER und HOFMANN 1985); im Raum Grimma, Oschatz und Wurzen zögernd Ende Sept. und massiert ab Anfang Okt. [4017]. Allgemeiner Zughöhepunkt im Okt., bis Mitte Nov. stark abflauend. Jahrweise sehr zahlreicher Überwinterer, dessen Rückzug im Febr. einsetzt und sich bis Ende Apr. hinzieht: 22. 04. 1973 in Chemnitz 1 Trupp von 80 Ex. (D. SAEMANN). Kleine Gruppen sind Ende Apr./ Anfang Mai nicht von potentiellen Bv zu trennen. Ansammlungen von 1 000 und mehr E. besonders zu Beginn des Herbstzuges und im Frühjahr: 30. 09. 1984 Zellwald/Kr. Freiberg „mehrere tausend" (K. HÄDECKE), 03. 10. 1956 bei Biehla 2 000 am Schlafplatz in Fichten (M. MELDE); 24. 03. 1970 bei Biehla überall große Flüge, manche mehr als 1 000 E. (M. MELDE), 26. 03.–09. 04. 1972 Heinzewald/Kr. Marienberg, fallende Fichtensamen, Schwärme bis zu 1 000 Ex. (M. NEUBERT). Die über ganz Europa streuenden Wiederfunde (z. B. [1223, 1399, 1523, 1729, 1777, 1920, 2167, 2417, 2716, 2761, 3006] und viele unveröff.) bedürfen aus sächsischer Sicht einer gründlichen Auswertung.

D. SAEMANN

Birkenzeisig – *Carduelis flammea* (L., 1758)

Jahresvogel, Sommervogel, Durchzügler, Wintergast
Unterarten: *C. f. cabaret* (P. L. S. Müll., 1776) – Jahresvogel, Sommervogel
C. f. flammea (L., 1758) – Durchzügler, Wintergast

Verbreitung: 1985 erstreckt sich das durch Nestfunde belegbare Siedlungsgebiet von *C. f. cabaret* auf den gesamten Erzgebirgsraum und das Vogtland, im E bis Bielatal/Kr. Pirna, im W bis Oelsnitz (Karte 27). Deutlich verminderte Dichte im Erzgebirgsvorland abwärts bis 200 m ü. NN. Nördlichster BN 1985 bei Nobitz/Kr. Altenburg (ROST et al. 1987). Fänge von *C. f. cabaret* bereits 1971/72 in Mücka/Kr. Niesky [2864]. Auf weitere Ausbreitung deuten: 1981 efl. juv. Ebersbach/Kr. Löbau (H.-P. DIECKHOFF); 1984 singende B. in Freital (B. KAFURKE), Dresden (R. STEFFENS), Zittau (D. SANDER) und bei Schmannewitz/Kr. Oschatz (S. SCHÖNN); 1985 erneut in Dresden, ferner in Niederspree   ad.   futtertragend   (H. KREISCHE,

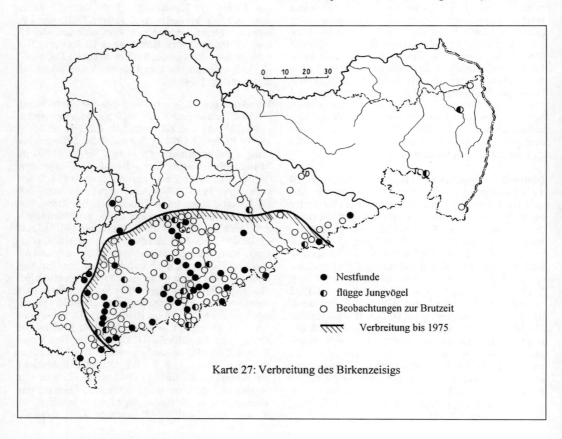

● Nestfunde
◐ flügge Jungvögel
○ Beobachtungen zur Brutzeit
〰 Verbreitung bis 1975

Karte 27: Verbreitung des Birkenzeisigs

M. THOSS) u. in Mücka (beides Kr. Niesky) ad. mit fl. juv. (D. NOACK), 1985 auch an mehreren Orten im Kr. Zittau (M. und G. LÜSSEL, D. SANDER). Die Einwanderung in Sachsen fügt sich großräumig in die Ausbreitung in Europa ein (ERNST 1988). Die Entwicklung in Sachsen nach 1985 ist noch nicht ausreichend dokumentiert.

Lebensraum: Bv bevorzugen in den Kammlagen des Westerzgebirges die mit Bergkiefern und Fichten bestandenen Hochmoore. Im birkenreicheren Osterzgebirge üben auf vergleichbaren Standorten Birkenbestockungen offenbar einen noch höheren Besiedlungsreiz aus. In den tieferen Lagen bewohnt der B. neben Vorwäldern aus Birke, Weide, Erle, Esche, Eberesche und Espe vor allem Fichtenschonungen und -stangenhölzer, Parks, parkähnliche Waldstücke, Friedhöfe und Gärten. Nach der Brutzeit bevorzugt auf Unkrautflächen und in Birken, was auch auf *C. f. flammea* zutrifft.

Bestand: Zwischen 1882 und 1907 im heutigen Brutareal 4 vermutete Bruten [1223, 2866], von denen 1 Jungvogel [240] eindeutig zu *C. f. flammea* gehört (ECK 1985). Beginn der Einwanderung von *C. f. cabaret* in den 1960er Jahren: 25. 10. 1968 Klaffenbach/Kr. Chemnitz 4 gefangen (W. GÜNSCHE); 1969 Brutzeitbeobachtungen in Hochmooren bei Satzung und Carlsfeld [2895]; 1970 Nestfunde im NSG Mothäuser Heide [2630] und Park in Annaberg-B. [2841] und je 1 sM bei Georgen-

feld und im Georgenfelder Hochmoor/Kr. Dippoldiswalde [2734]. Großflächige Siedlungsdichte im Kahleberggebiet/Kr. Dippoldiswalde (310 ha – immissionsbedingtes Auflösungsstadium der Fichtenforste–1979/80 5 BP und 1985/86 6 BP (R. STEFFENS, U. ZÖPHEL); hohe Dichte in den mit Bergkiefer bewachsenen Hochmooren: NSG Kriegswiese bei Satzung max. 5–8 BP/10 ha [3207]; NSG Großer Kranichsee bei Carlsfeld 1974/75 ca. 50 BP, 16,7 BP/10 ha [3235], doch seit 1987 hier fast verschwunden. Im NSG Fürstenauer Heide (Birkenmoor) 1975 4 (J. HENNERSDORF) und 1981 10–14 BP (R. STEFFENS) auf 7,4 ha. Im NSG Georgenfelder Hochmoor (Latschenmoor) 1979 2–3 und 1985 4–6 BP auf 12,5 ha (R. STEFFENS), Friedhof in Chemnitz, 30,7 ha, 1973–75 0,6 BP/ 10 ha [3207]. In Abhängigkeit vom Nahrungsangebot allgemein starke Bestandesschwankungen.

Brutbiologie: 147 Nestfunde 1970–1988 in 31 Baum- und Straucharten, von denen Fichte (19,7%), Birke (18,4%) und Bergkiefer (10,2%) dominieren. Nester 0,5–13 m über dem Boden, M_{128} 4,2. Legebeginn frühestens 16. 04. 1978 Auerbach (H. KREISCHE), spätestens 05. 08. 1976 NSG Gr. Kranichsee, 900 m ü. NN (H. KREISCHE); Gipfel des Legebeginns (38,2%) 1. und 2. Maidekade. 2 Jahresbruten möglich, doch bisher nicht belegt. Für regelmäßige Zweitbruten sprechen die Länge der Brutperiode und die Maxima der Fluggesangsaktivität in der 1.–3. Mai- und 2. Juli- bis 1. Aug.-

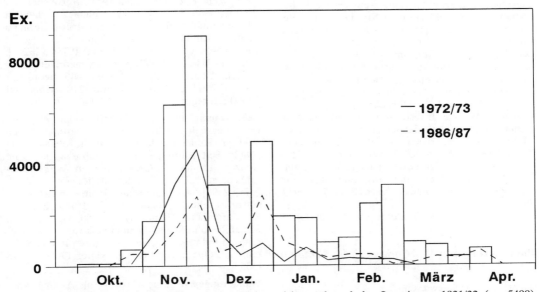

Abb. 60: Nachweise (Dekadensummen) des Birkenzeisigs während der Invasionen 1931/32 (n = 5499), 1965/66 (n = 2311), 1972/73 (n = 13.533), 1977/78 (n = 5356) und 1986/87 (n = 12.791), nach ([767, 769, 783, 2332, 2435, 3065, 3363, 3997, 4017, 4093], ERNST u. KULT 1989, Kartei Bez. C)

Dekade. Gelegegröße: 3×3, 16×4, 11×5, 2×6 und 1×7 Eier, M_{33} 4,5. Nahezu 50% aller Bruten gehen verloren. Jungenzahl erfolgreicher Bruten M_{46} 3,9 juv.; Fortpflanzungsziffer M_{89} max. 2,0 juv./BP, dabei bis 20. 05. begonnene Bruten M_{53} 1,6, spätere M_{36} 2,7 juv./BP.

Wanderungen: Brutreviere werden meist im Apr., selten bereits im März [3235], oft noch im Mai oder Juni bezogen. Abzug der Bv je nach Nahrungsangebot bereits kurz nach Ausfliegen der juv. oder im Aug./Sept.. Nur ein Teil der Population scheint in tieferen Lagen des Brutgebietes zu überwintern. Brutortstreue sowie Abwanderung von Bv nach S, SW oder W (ČR, Nordösterreich, Westdeutschland) sind vielfach belegt, Zuwanderung der Alpenform von der Atlantikküste (Niederlande) nur einmal (ERNST 1990). – Auftreten von *C. f. flammea*: 2. Hälfte 19. Jh. 7 und 1. Hälfte 20. Jh. 6 größere Invasionen [1223], weitere 1953 [1729, 4017], 1965 ([2333, 2435], Kartei Bez. C), 1972 [3065, 3363, 3997, 4017], 1977 [4093, 4017] und 1986 (ERNST und KULT 1989). Hierzu bemerkt schon HEYDER [1223] treffend, daß Masseneinfälle weder oft, noch in gleichen Zeitabständen erfolgen und die Art wohl in keinem Winter fehle. Das läßt sich bis zur Gegenwart bestätigen, doch fallen kleinere Einflüge und wohl auch örtlich begrenzte (z.B. EIFLER und HOFMANN 1985) weniger auf. *C. f. flammea* erscheint kaum vor Mitte Okt., meist erst im Nov., nach SCHLEGEL [586] frühestens 13. 10. Ein B. 09. 10. 1982 im Kr. Zittau [4090] ist wohl eher zu *C. f. cabaret* zu zählen; ein extrem frühes Datum – 13. 09. 1981 (ECK 1985) – bedarf der Bestätigung. Durchzugsgipfel in den einzelnen Invasionen Mitte Nov.–Ende Dez. (Abb. 60). Nach dem Gipfel rasche Abnahme und wohl kaum nennenswerte Überwinterung, doch Beginn des Rückzuges ab Mitte Jan. möglich. Heimzug unauffällig, im Apr. allmählich ausklingend. Rückzuggipfel 1987 im Vogtland 1. Dekade Apr. (S. ERNST, G. KULT). Wenige Invasoren verweilen bis Mai, vielleicht auch noch länger. Max. Truppstärke: 24. 12. 1986 Auerbach 900 (E. MÖCKEL); 24. 01. 1954 Lübschütz/Wurzen 1000 [1729]; 18. 02. 1978 Stroga/Kr. Großenhain 1500 (R. DIETZE). Herkunftsgebiete der Invasionsvögel sind Rußland, Finnland und Schweden [1777, 3949, 3997, 4093].

S. ERNST, P. HOFMANN, R. STEFFENS

Polarbirkenzeisig – *Carduelis hornemanni* (Holboell, 1843)

Nicht sicher nachgewiesen

Vorkommen: HEYDER [1223] erwähnt die Art nicht, sondern lediglich den als Dickschnabelbirkenzeisig benannten *C. flammea, var. holboelli.* HEYDER erwähnt 2 Belege im Mus. Dresden und beruft sich auf SCHLEGEL [586], HANDMANN [783], DATHE [881] und NIETHAMMER [936]. Letzterer behandelt neben *C. f. holboelli* auch *C. f. exilipes*, kann aber für diese Form ebenfalls keine Nachweise aus Sachsen beisteuern. Angesichts der zur Zeit intensiv diskutierten taxonomischen Stellung der verschiedenen Birkenzeisig-Formen und deren Bestimmungsschwierigkeiten (vgl. ECK 1985, 1987) ist es nicht gerechtfertigt, „Sichtnachweise" als ausreichend determiniert gelten zu lassen. Die Fänge 1972 in Mücka/Kr. Niesky – 1 ad ♂ 14. 11., 1 diesjähr. ♂ und 1 ad. ♀ am 20. 11. [2864] – können P. gewesen sein, doch reichen die mitgeteilten Maße und Merkmale für eine sichere Artdiagnose nicht aus. Künftig sind Belege weißbürzeliger Birkenzeisige zu sichern und nach Möglichkeit durch das Mus. Dresden zu prüfen.

D. SAEMANN

Berghänfling – *Carduelis flavirostris* (L., 1758)

Wintergast, teilweise Durchzügler
Unterart: *C. f. flavirostris* (L., 1758)

Vorkommen: Vor 1950 wenig häufiger Wintergast [1223], danach schwache Zunahme [1729] und besonders seit dem Winter 1961/62 (vgl. z.B. [2608]) wird Sachsen, im NW beginnend, als Überwinterungsgebiet genutzt. Etwa 1969/70 erreichen die Einflüge einen Höhepunkt, danach erheblich schwankende Zahlen der jährlich überwinternden B. Starke Einflüge im Bez. L Winter 1972/73 [3363] und im Bez. C Winter 1973/74 und 1974/75 [3207]. Seit dem Winter 1976/77 deutlich niedrigere Zahlen. Im Zeitraum 1971–1975 ca. 445 Beob. mit über 27000 Ex., 1976–1980 nur 210 Beob. mit 10500 Ex. registriert.

Lebensraum: Offene Landschaft, dabei bevorzugter Aufenthalt auf Stoppeläckern, verunkrauteten Feldern, Ruderalflächen und in Tagebaugelände [3442]. Seit Mitte der 1960er Jahre auch lokale Konzentrationen in Ortschaften an Winterfütterungen, auf „Unland" oder Mülldeponien [2383, 2471, 2608]. Aufenthalt im Gebirge meist unter 600 m, selten höher: 03. 03. 1975 Satzung/Kr. Marienberg, 850 m ü. NN, ca. 50 (H. NESTLER). Schlafplätze in Schilf, dichtem Gebüsch, in Koniferen und teilweise auf Gebäudesimsen in den Städten, z.B. Opernhaus Leipzig, Winter 1966/67–1975 [3062].

Wanderungen: Einflug verstärkt ab Anfang Nov., selten vor der 3. Okt.-Dekade und frühestens 28. 08. 1965 7 B. bei Schlegel/Kr. Zittau (EIFLER u. HOFMANN 1985); 26. 09. 1983 NSG Großhartmannsdorf ca. 30 (J. Schulenburg); 07. 10. 1953 Biehla/Kr. Kamenz 6 (M. Melde); 08. 10. 1977 Authausen/Kr. Eilenburg 2 (P. Hofmann). Ein gewisser Durchzug ist bis Ende Nov. spürbar. Höchste Zahlen im Jan. (Abb. 61) deuten an, daß die endgültigen Überwinterungsgebiete erreicht sind. In diesen verbleiben die B. in teils großen Schwärmen oft längere Zeit, so Ende Dez. 1973–10. 03. 1974 Stoppelfeld bei Zwickau max. 1 000–1 500 (H. Olzmann). Typisch sind aber auch häufige Ortswechsel bis 20 km und Schwarmauflösungen, besonders bei Wetterveränderungen. Bereits Mitte Jan. bis Anfang Febr. setzt Rückzug ein, der sich bis Ende März hinzieht; späteste Daten: 17. 04. 1974 Chemnitz-Markersdorf 1 (R. Morgenstern), Oper Leipzig 2. Apr.-Dekade 1967 16 [2666] und 12. 04. 1977 1 (L. Georgi), 12. 04. 1977 SB Windischleuba 2–5 Ex. seit 09. 01. [3597], Anfang Mai 1965 1 bei Großenhain (R. Dietze in Deunert 1989); 15. 05. 1975 1 ausgefärbtes ♂ 3 km NE Falkenhain/Kr. Wurzen auf Waldweg in Pfütze badend [4017] ist hinsichtlich Datum und Ort ungewöhnlich. Große Schwärme werden vor allem von Nov. bis Ende Febr. beobachtet: 01. 11. 1980 Werbelin/Kr. Delitzsch 1 200 auf Kleebrache (K. Grössler) 09. 01. 1977 Voigtshain/Kr. Wurzen 2 000 (H. Kopsch in [4017]), Jan. 1975 SB Windischleuba 2 000 [3238]; 24. 12. 1973–Mitte Jan. 1974 bei Zwickau max. 1 500 (H. Olzmann – s. oben!); Ende Nov. 1975 SB Windischleuba max.

1 000 [3239]; 26. 12. 1972–01. 01. 1973 zwischen Rötha und Böhlen/Kr. Borna 500–1 000 (J. Synatschke). Schwarmgröße jedoch allgemein viel geringer: bei 85 % aller Beobachtungen (n = 1130) unter 50 Ex., im einzelnen 11 % Einzelvögel, 20 % 2–5, 13 % 6–10, 19 % 11–20 und 22 % 20–50 Ex. Höchste Zahlen am Schlafplatz Opernhaus Leipzig von Jan.–Mitte März mit 300–1 000 Ex., max. 12. 03. 1968 1 348 [2666, 2767, 3363], K. Grössler). Insbesondere einzelne B. schließen sich gern Gesellschaften von Bluthänflingen, Grünfinken oder Feldsperlingen an. Nach Beringungsergebnissen aus dem Bez. L (1964–1971 wurden 1015 B. markiert) erfolgen die Einflüge stets aus NNW – N und der Abzug in die gleiche Richtung (Bub u. De Vries 1973).

H. Dorsch

Hänfling – *Carduelis cannabina* (L., 1758)

Jahresvogel, Sommervogel, Durchzügler, Wintergast
Unterart: *C. c. cannabina* (L., 1758)

Verbreitung: Bei gegenüber früher stark geminderter Dichte im gesamten Gebiet Brutvogel, höhenwärts regelmäßig bis 1 100 m ü. NN [1223, 2570, 3086], gelegentlich auch darüber [1408, 3207]. Waldabtrieb auf dem Fichtelberg läßt Bruten bis auf den Gipfel (1 214 m ü. NN) erwarten. Im Win-

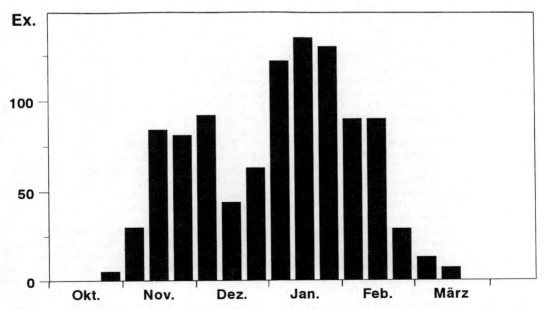

Abb. 61: Anzahl der Beringungen (Dekadensummen) des Berghänflings auf 3 Fangplätzen im Bez. L im Zeitraum 1964/65 bis 1970/71 (nach Bub 1985)

ter regelmäßig nur in den tieferen Lagen unterhalb 400 m ü. NN, vor allem in den Randzonen der Städte [2383] und auf verunkrauteten Feldern ([4017], EIFLER und HOFMANN 1985).

Lebensraum: Traditionell Brutvogel des offenen und halboffenen Kulturlandes mit aufgelockertem Gebüschwuchs, artenreichen Feldrainen, verunkrauteten Ackerrandstreifen, Hochstauden, Wiesen und Ruderalflächen. Entsprechende Voraussetzungen bieten heute vor allem Randlagen von Städten und Dörfern, Obstanlagen und Nutzgärten, sonnige staudenreiche Kahlschläge und Jungwälder (insbes. Fichte u. a. Koniferen) bis Aufwuchsstadium, natürlich bewachsene Bergbaugebiete sowie Steinbrüche, Kies- und Sandgruben beim Übergang vom Offenland (Kahlschlaggesellschaft) zum Vorwaldstadium [1500, 1847, 3442], Kippenaufforstungen nach Aufkommen einer entsprechenden Krautschicht aber noch vor Dickungsschluß (DORSCH 1988), ferner ungepflegte Straßenränder sowie Eisenbahn- und Autobahndämme, Friedhöfe, Parks und Baumschulen – letztere vor allem wenn Koniferengehölze mit offenen Beeten abwechseln. Da die Lebensraumansprüche des H. heute i. d. R. nur kleinflächig erfüllt sind, ist er in den meisten flächenhaften Natur- und Kulturbiotopen nur sporadisch anzutreffen. Lediglich in Ödländereien, in Intensivobstanlagen und Nutzgärten (nicht Ziergärten!) tritt er regelmäßiger und in größerer Dichte auf. Gegenüber den anderen *Carduelis*-Arten bevorzugt er stärker das wildkräuterreiche Offenland mit geringerem, notfalls auch fehlendem Gehölzwuchs und nur wenigen höheren Strukturen. Er ist deshalb im Ödland und in Agrargebieten die häufigste und in Intensivobstanlagen neben dem Girlitz die häufigste dieser Arten (Tabelle 69). Im Nordsächsischen Platten- und Hügelland wurden BP bzw. sM 231× in Kiefern- und 29× in Fichtenschonungen, 145× in Gärten und 101× in der Feldflur angetroffen [4017].

Bestand: Großräumige Dichte im Stadt- und Landkreis Leipzig (Rasterkartierung 1991–93, 574 km²) 1 000–1 200 BP (StUFA Leipzig 1995); im Kr. Zittau (256 km²) Bestandsschätzung 1982 200–300 BP (EIFLER und HOFMANN 1985), Rasterkartierung 1985–89 90–170 BP (EIFLER et al. 1996); in der Dübener Heide (Rasterkartierung 1994, 42 km²) 45–50 BP (J. HUTH u. a.). Siedlungsdichte in Leipziger Kleingartenanlagen 1960–67 M_8 4,4 (2,5–7,9) BP/10 ha [2492]. Auf Siedlungsdichteprobeflächen in Intensiv-Obstanlagen M_9 2,5 (0,0–16,7) BP/10 ha (A. SIEBERT u. a.) mit max. 4 BP auf 2,4 ha 1986 bei Borthen/Kr. Freital (J. WEISE); auf Ödländereien M_{32} 1,4 (0,0–9,2) BP/10 ha ([1500, 1847, 3442, 3786, 4178] u. a.) mit max. 12 BP auf 13 ha 1955 in einer stillgelegten Lehmgrube bei

Dresden [1973]; in dörflichen Siedlungen M_7 0,7 (0,0–1,5) BP/10 ha ([2896], G. HOFMANN, N. HÖSER u. a.). In allen übrigen Biotopen mittlere Dichte ≤ 0,3 BP/10 ha (vgl. Tabelle 69). In Einzelfällen und kleinflächig deutlich höhere Werte: 8,5 ha Urnenhain, Friedhof Chemnitz 1964 2 BP [2059], 3,1 ha 8jährige Kiefernschonung Deutsches Holz/ Kr. Altenburg 2 BP, 1,7 ha Sanddorngebüsch Tagebau Thräna/Kr. Borna 2 BP (beides N. HÖSER), 0,3 ha Kiefernschonung 4–8 Jahre und Teichrandgebüsch Moritzburg/Kr. Dresden 1964–68 6–10 BP (S. RAU), 0,02 ha Fichtenschonung bei Bautzen 3 BP (J. DEUNERT), 50 m Hecke geköpfter Pappeln in Langenleuba-Oberhain/Kr. Geithain 1961 6 Nester [3957]. Bemerkenswert auch 4 Nester in 2,2 ha Raps und 2 Nester in 1,5 ha Weizen auf zusammengestellten Garben im feuchten Sommer 1957 (N. HÖSER). Brutvorkommen sehr unstet. In manchen Jahren und mancherorts wird gesellig gebrütet, doch kann die Art im Jahr darauf an gleicher Stelle fehlen. Mitunter werden solche Gebiete auch während der Brutsaison geräumt, wenn die ersten Bruten alle erfolglos verlaufen (D. SAEMANN). Anscheinend hohe Dichte vor der Jahrhundertwende ([161, 247] u. a.) und danach spürbarer Rückgang [1223] sowie wieder langsame Zunahme in den 1940er und 1950er Jahren [1729]. Die Zunahme in den 1950er bis Anfang der 1960er Jahre bestätigen auch Siedlungsdichteuntersuchungen von BEER [1703] in der Ortsflur Seegeritz/Kr. Leipzig, wo auf ca. 286 ha 1955/56 1–3, 1957/58 4–5 und 1959/60 6–7 BP nachgewiesen wurden sowie von TUCHSCHERER [2177], der am GT Torgau, ca. 325 ha, 1958/59 3–4, 1960–62 9–10, 1963–65 aber nur noch 1–5 sM fand. Mit den letzten Werten deutet sich bereits ein neuerlicher, sehr drastischer Rückgang an, der wiederum auch durch quantitative Erhebungen belegt ist: Kleingartenanlagen Leipzig 1960 7,9, 1967 2,5 BP/10 ha [2492], Unlandfläche bei Biehla/Kr. Kamenz 1975 21, 1979 10 BP [3786], Kiefernschonung mit Teichrandgebüsch (s. oben!) 1964–68 6–10, 1969/70 ca. 5, 1971/72 ca. 3, 1973–76 2, ab 1977 0 BP – doch ist hier auch das Älterwerden des Gehölzes zu beachten. Dieser Rückgang hält noch immer an, z. B. in Chemnitz (SAEMANN 1994), im Kr. Zittau (s. oben!) und hat dazu geführt, daß der B. heute vielerorts nur noch sporadisch brütet.

Brutbiologie: Neststand im Bez. C (n = 113) 69% in Koniferen, darunter 47× Fichte, 16× Lebensbaum, 14× andere „Zier"koniferen und 13 weitere Straucharten (D. SAEMANN); in der Oberlausitz (n = 112) 45% in Nadelgehölzen, darunter 17× Kiefer, 9× Lebensbaum, 8× Fichte, (DEUNERT 1989); bei Biehla/Kr. Kamenz (n = 50) 10× Ginster, 7× Wacholder, 6× Weißdorn, 5× Fichte, 3× Maulbeere, je 2× Eiche, Rotbuche, Holunder,

Geißblatt sowie 11 weitere Pflanzenarten bzw. Örtlichkeiten, insgesamt aber nur 30% Koniferen (M. MELDE); im Kr. Altenburg in dichtem Gebüsch (bevorzugt Schlehe, Weißdorn) in jungen Koniferen, in Sandreitgras-Büscheln und früher auf den Feldern in zusammengestellten Ölsaat- und Getreidegarben (N. HÖSER); auch in Strohmieten [4017], ferner Reisighaufen, Schilfkaupen (H. RÖNSCH) und Knöterich (M. MELDE), gelegentlich am Boden (D. SAEMANN) und ausnahmsweise an Gebäuden [2336] sowie in Hohlräumen zwischen gelagerten Betonteilen (DEUNERT 1989). Höhe Neststand im Bez. C 0–2,5, M_{104} 1,2 m; in der Oberlausitz 0,0–3,0 m (DEUNERT 1989), max. 6,3 m hoch in Kiefer [4030]. Eiablage im Bez. C ab Mitte Apr. (Abb. 58), ausnahmsweise auch noch früher – etwa 05. 04. 1974 Lobsdorf/Kr. Hohenstein-E. (HARTIG), im Bez. D 10. 04. 1977 4 Eier (L. MÜLLER), 11. 04. 1966 3 Eier (M. SCHRACK), im Nordsächsischen Platten- und Hügelland am 20. 04. 1977 brütend bzw. am 26. 04. 1957 4 Eier (H. KOPSCH, W. EICHSTÄDT in [4017]). Letzte Bruten beginnen Ende Juli/Anfang Aug.: 1. Ei etwa 04. 08. 1981 Claußnitz/Kr. Chemnitz (W. WEISE), 05. 08. 1985 Zittau (H. GRÜLLICH), 06. 08. 1937 Zschopau (W. UNGER), 05. 09. 1957 Falkenhain/Kr. Wurzen 1 BP mit ausgeflogenen juv. (H. KOPSCH in [4017]); 2 Jahresbruten, Drittbruten nicht belegt, jedoch wahrscheinlich (DEUNERT 1989). Gelegegröße: 7×3, 37×4, 105×5, 28×6, 2×7 Eier, M_{180} 4,9, nach DEUNERT (1989) deutliche jahreszeitliche Differenzierung: Apr. 3,8, Mai u. Juni 5,0, Juli 4,3, Aug. 4,0; Jungenzahl 1×1, 6×2, 14×3, 56×4, 84×5, 14×6, 3×7, M_{178} 4,5 juv./Nest ([4017], Kartei C, N. HÖSER, M. MELDE, W. KIRCHHOF, D. TRENKMANN u. a.).

Wanderungen: Im März oft deutlicher Durchzug (D. SAEMANN), Ankunft an den Brutplätzen Mitte März bis Anfang Apr., hier Erstbeobachtungen bei Biehla/Kr. Kamenz (1947–82) M_{35} 14. 03. (M. MELDE), im Kr. Zittau (1935–82) M_{47} 31. 03. (G. EIFLER, G. HOFMANN u. a.), im oberen Bergland gewöhnlich nicht vor Mitte Apr. (D. SAEMANN), bei Annaberg 1959–61 allerdings 18. 02.–01. 03. (W. DICK in [2570]), doch könnte das auch umherstreifende Überwinterer betreffen (D. SAEMANN). Ab Juli Schwarmbildung von Jungvögeln, von Mitte Sept. bis Mitte Okt. verläßt ein großer Teil das Brutgebiet (EIFLER und HOFMANN 1985); Herbstdurchzug vor allem im Okt./Nov. (D. SAEMANN), in Chemnitz auf städtischem Ruderalgelände 1967–73 Abundanz Ende Dez. bis Ende Febr. am größten [2383, 2471], was für echte Überwinterung spricht (D. SAEMANN). Truppstärke bei durchschnittlich 50 Ex., jedoch bereits im Juli größere Schwärme: z. B. 12. 07. 1985 bei Satzung/Kr. Marienberg, 850 m ü. NN, 200 und 80 auf verschiedenen Wiesen (D. SAEMANN); im Winter in den Bez. C und D ebenfalls bis 200: z. B. 06. 02. 1977 Schönfels/Kr. Zwickau (H. OLZMANN), 17. 02. 1978 Ebersbach/Kr. Großenhain (G. und U. LEONHARDT), außerdem am 04. 03. 1984 400 bei Bautzen (D. SPERLING); in NW-Sachsen aber auch deutlich mehr: z. B. 05. 02. 1978 Kühren/Kr. Wurzen 700 (H. KOPSCH in [4017]), 23. 01. 1977 Pähnitz/Kr. Altenburg 1 400 (R. STEINBACH). Auflösung der Winterschwärme ab Mitte Febr. bis Apr., jedoch noch am 11. 05. 1969 ca. 200 bei Windischleuba (D. TRENKMANN). Vergesellschaftung wurde mit Berghänfling, Buch- und Bergfink, Birkenzeisig, Grünfink, Stieglitz, Girlitz, Gimpel, Goldammer und Feldlerche beobachtet. Einheimische H. Stand-, Strich- und Zugvögel, wovon letztere vor allem in Italien, Frankreich und Spanien nachgewiesen wurden. Außerdem Wintergäste aus dem Norden bzw. Nordosten ([1920, 2156, 2375, 3950, 4017] u. a.).

R. PÄTZOLD, N. HÖSER, D. SAEMANN, R. STEFFENS

Karmingimpel – *Carpodacus erythrinus* (Pall., 1770)

Sommergast, ab 1990 Sommervogel
Unterart: *C. e. erythrinus* (Pall., 1770)

Vorkommen: Bereits um 1800 erreichte ein Vorstoß des K. den Raum Zittau, wovon 2 gesammelte rote ♂♂ aus der Neißeaue bei Hirschfelde künden [1000, 1223, 1650]. Im Verlaufe erneuter W-Expansion [4015] drang der K. wiederum aus SE nach Sachsen vor. Die Nachweise von 1977–1989 konzentrieren sich auf die Lausitz und das Erzgebirge: 20. 05. 1977 Wittgendorf/Kr. Zittau 1 sM immat. (EIFLER und HOFMANN 1985, bei [3608] falsches Datum); 28.–29. 05. 1978 Großhennersdorf/Kr. Löbau 1 sM immat. [3608]; 02. 06. 1979 TG Limbach-O. 1 sM immat. [4015, 4054]; 10. 05. 1980 Ehrenfriedersdorf/Kr. Zschopau 1 ♂ ad. [4054]; 16. 05. 1980 Grillenburger Teiche/Kr. Freital 1 sM immat. (R. STEFFENS); 31. 05.–06. 06. 1981 Geyersdorf/Kr. Annaberg 1 sM immat. [4054]; 08. 06. 1982 Stadtpark Plauen 1 sM [4054]; 28. 06. 1982 NSG Zechengrund, ca. 1 000 m ü. NN, 2 sM immat. u. 1 weiterer K. [4054]; 16. und 17. 06. 1983 ebenda 1 sM ad. bzw. 1 sM immat. und 02. 06. 1984 erneut 1 sM ad. (H. HOLUPIREK – bzw. HOLUPIREK 1988); 01. 07. 1984 Hafterteich/Kr. Dippoldiswalde 1 sM ad. (R. STEFFENS); 24. 05. 1985 Augustusburg/Kr. Flöha 1 sM (D. SAEMANN); 04. 05. 1985 Quolsdorf/Kr. Niesky 1 Ex. (A. WÜNSCHE); 29. 05. 1985 Wartha/Kr. Bautzen 1 sM mehrere Tage (W. KLAUKE u. a.); 11. 06. 1986 Thalheim/Kr. Stollberg 1 sM (U. KOLBE); 31. 05. 1987 Dippoldiswalde-Ortsrand 1 sM immat.

(B. Kafurke); 25. 05. 1987 bei Zodel/Kr. Görlitz 1 Ex. und 30. 05. 1987 Kodersdorfer T./Kr. Niesky 1 sM (B. Sander). 24. 05. 1988 Reinholdshain/Kr. Dippoldiswalde 1 sM immat. (G. Peter); 04. 06. 1988 Muldenwiesen bei Hammerbrücke, Kr. Klingenthal 1 sM immat. (H. Kreische, G. Kult); 25. 06. 1988 1 sM immat. Grubenrandzone Espenhain/Kr. Borna (K. Grössler); 25. 05. 1989 Steinbach/Kr. Dresden 1 sM (P. Fuhrmann); 26. 05. 1989 Elligastwiesen/Kr. Großenhain 1 sM immat. (R. Steffens u. a.); 01. 06. 1989 Talsperre Malter/Kr. Dippoldiswalde 1 sM immat. (B. Kafurke); Juni 1987 u. 03.–20. 06. 1989 Oybin/Kr. Zittau 1 sM (G. u. K. Hofmann). 1990 bei Markersbach/Kr. Schwarzenberg, 3 fast fl. juv. im Nest (J. Georgi) – leitet über zu mehreren Brutnachweisen in den 1990er Jahren (Bez. C und D).

D. Saemann

Hakengimpel – *Pinicola enucleator* (L., 1758)

Irrgast
Unterart: *P. e. enucleator* (L., 1758)

Vorkommen: Heyder [1223] konnte keinen datierten sächsischen Nachweis ermitteln. Als verbürgt gelten ein Masseneinfall im Winter 1821/22, der sich „bis in die Lausitz, besonders das Zittauer Gebirge, erstreckte"; 1 ♂ 1833 aus Eibenstock/Kr. Aue, im Mus. Dresden; 1876 laut R. Peck [256] auf der Landeskrone bei Görlitz; letzte Nachricht aus dem 19. Jh. stammt von Markert [210], der den H. im Winter 1892/93 für Scheibenberg/Kr. Annaberg angibt. Aus jüngster Zeit nur eine, wohl auch nicht ganz sichere Beobachtung: 19. 02. 1972 Oederan/Kr. Flöha 1 ♀-farbiges Ex. (R. Heyder in [2895]).

D. Saemann

Kiefernkreuzschnabel – *Loxia pytyopsittacus* Borkh., 1793

Seltener Gast

Vorkommen: Die hochgradige Ähnlichkeit des K. mit dem Fichtenkreuzschnabel (vgl. Eck 1981) läßt bei Feldbeobachtungen kaum eine sichere „Art"-Diagnose zu. Heyder [1223] hat „mit Mühe das gelegentliche Vorkommen der Art erhärtet", stützte sich dabei vor allem auf Dathe [1111] und eigene Beobachtungen, kannte jedoch keine Belegstücke. Ein solches befindet sich, von S. Eck nachbestimmt, im Mus. Augustusburg: 02. 07. 1967 Venusberg/Kr. Zschopau 1 ♂ ad.; von 3 K. war das ♂ und 1 juv. gefangen worden (H. Göthel, K. Scheffler [2666]). H. Hasse fing am 05. 11. 1972 in Mücka/Kr. Niesky 1 ♀ und sah am 19. 11. 1972 ebenda 1 ♂ und 1 ♀ [2863]. Die übrigen Beobachtungen [1223, 1665, 1729, 2113, 2179, 2666, 2895, 3048, 3062, 3207, 3233] sind streng genommen nicht als Nachweise zu werten.

D. Saemann

Fichtenkreuzschnabel – *Loxia curvirostra* L., 1758

Brutvogel, Jahresgast
Unterart: *L. c. curvirostra* L., 1758

Verbreitung: Ständiger Bv in teils sehr geringer Dichte nur im Kammbereich des oberen Berglandes zwischen 800 und 1200 m ü. NN. In den übrigen Gebieten zeitlich und mengenmäßig sehr unregelmäßig auftretender Bv, zur Ebene hin in deutlich verminderter Anzahl. Ausgesprochene Brutjahre wie 1975 und 1977/78 führen zu hoher Brutdichte auch in vielen Waldgebieten oberhalb 300–400 m ü. NN. Im Flachland seltener, sporadischer Bv, kaum Nachweise: 1984 Nestfund im Forst Colditz/Kr. Grimma 200 m ü. NN [4154]; je 1 ♀ mit Nistmaterial 1949 bei Biehla/Kr. Kamenz (M. Melde) und 1977 in der Dahlener Heide [3675]; 25. 06. 1963 ♂♀ füttern mind. 3 fl. juv. bei Kreba/Kr. Niesky (H. Hasse, R. Krause in Pfützner 1989). Als Durchzügler im gesamten Gebiet, doch im NW (Bez. L) auffallend reduziert (vgl. [3062, 3363, 4017]).

Lebensraum: Von 15 Nestfunden entfallen 9 auf ausgedehnte Fichtenwälder und 2 auf ein Moorkieferngehölz des oberen Berglandes, 4 auf Kiefern- bzw. Kiefern-Fichtenforste der unteren Berglagen und des Hügellandes. Bevorzugt werden Randpartien jüngerer, lichter Bestände sowie lichte, naturverjüngte Althölzer der Fichte. 1978 hohe Brutdichte in einem altfichtenreichen Villenviertel von Augustusburg/Kr. Flöha, 420 m ü. NN (D. Saemann). Umherstreifende F. auch in Mischwäldern, Gärten, Parks, Friedhöfen und sonstigen Gehölzen, sofern einige Koniferen (selbst Lärchen oder Stroben) vorhanden sind. Selten in reinem Laubwald: 29.–31. 05. 1982 W Freital ca. 60 in Eichenwald Knospen und Raupen des Eichenwicklers fressend (R. Steffens). Mitunter in größerer Anzahl an Gebäuden zwecks Aufnahme von Mörtel.

Bestand: Abhängig vom Zapfenbehang der Fichte und von der Stärke der Einflüge vor der Zapfenreife. Jahre höherer Brutdichte waren in den letzten 3 Jahrzehnten 1954/55, 1967/68, 1972, 1974/75, 1977/78, 1980 und 1984/85. Die Siedlungsdichte, ermittelt nach singenden und balzfliegenden ♂♂, ist in Normaljahren gering: 1979 Wittgendorfer Wald/Kr. Zittau 0,2 BP/10 ha und 1980 Gebirgskamm bei Waltersdorf/Kr. Zittau 0,7 (Eifler und Hofmann 1985); 1982/83 Erzgebirgskamm zwischen Fichtelberg und Rübenau/Kr. Marienberg 0,2–0,4 BP/

10 ha (D. SAEMANN), gleiche Werte 1985 bei Bärenstein und Altenberg/Kr. Dippoldiswalde (DORNBUSCH 1988). In Brutjahren lokal wesentlich höhere Dichte: 09.–12. 03. 1977 SW Satzung/Kr. Marienberg ca. 5 BP/10 ha bei deutlicher Konzentration von je 1–2 Paaren in ca. 1 ha großen Altholzbeständen (D. SAEMANN); 23. 04. 1972 S Carlsfeld/Kr. Aue und NSG Großer Kranichsee 1–2 BP/10 ha (D. SAEMANN) und 06. 04. 1974 ebenda bis 20 sM/km Kammweg (H. KREISCHE, M. THOSS); 02. 02. 1977 Fichtelberg, besonders NSG Schönjungferngrund 1–2 BP/10 ha (D. SAEMANN). So markant der F. in Brutjahren vielerorts ist, kann er lokal dennoch fehlen.

Brutbiologie: Von den 15 Nestern ([161, 172, 811, 1124, 1408, 1729, 1784, 2570, 2666, 2895, 4154] erg.) 8 auf Fichte, je 2 auf Kiefer und Latschenkiefer, 1 auf Strobe. Die Höhe des Neststandes: 2×2,5 m in Latsche, sonst 7–15 m, meist im Kronenbereich. Gelegegröße: 4×4 Eier; Jungenzahl im Nest: 3×3, 2×4 und 1×5 juv. Altvögel führten 16×1, 9×2, 8×3, 4×4 und 1×5 juv., M_{38} 2,1 juv. Hauptbrutzeit im Erzgebirge Febr. bis Apr., teilweise nur Jan. und mind. bis Aug. Die gründliche Auswertung des geringen Materials bestätigt HEYDERS [1729] Hinweis, daß relativ viele Bruten außerhalb der eigentlichen Wintermonate erfolgen. Da ♀♀ mit Nistmaterial auch 24. 10. 1936 [1223], 30. 11. 1929 [718] und 19. 12. 1976 (W. RÖSCH) angetroffen wurden, kann wohl ganzjährig mit Bruten gerechnet werden, was durch Beobachtungen singender und balzender ♂♂, Fütterung unselbständiger juv. sowie Fänge von ♀♀ mit Brutfleck bestätigt wird.

Wanderungen: Da nj. F. in Sachsen noch nicht markiert wurden und zur Brutzeit gefangene ad. F. nicht unbedingt Bv sein müssen, kann über das Zugverhalten „sächsischer Bv" nichts ausgesagt werden. Wiederfunde im Gebiet markierter Vögel streuen in bekannter Weise vor allem nach W bis S und E bis N [1920, 2167, 2761, 3006, 3950], eine Auswertung wäre sehr erwünscht. Lange „Ortstreue" ist einmal nachgewiesen: dj. ♀ 26. 12. 1971 Johanngeorgenstadt/Kr. Schwarzenberg – tot 06. 07. 1974 Neuhausen/Kr. Marienberg (R. BARTHEL). Mehrere Nachweise von im Sommer meist als immat. beringten F. im Laufe des folgenden Jahres, das gewöhnlich ein Brutjahr war. Sommerliche, oft als Invasion bezeichnete Einflüge sind vielfach dargestellt und erfolgten z. B. 1929 [718], 1942 [1124], 1953 [1272], 1956 [1476], 1962/63 [1882, 2432], 1966 [2213], 1967 [2666]; den späterhin folgenden Einflügen, z. B. 1968, 1972, 1976/77, 1979, 1984 und 1986, ist keine oder nur lokale Aufmerksamkeit (z. B. [4017]) gewidmet worden. Die Einflüge beginnen z. T. bereits Ende Apr., meist je-

doch im Mai und können von Juni–Aug. sowie im Okt. ihren Höhepunkt erreichen. Gehäufter Winteraufenthalt ist stets ein Zeichen für zu erwartende höhere Brutdichte.

S. ERNST, D. SAEMANN, R. STEFFENS

Bindenkreuzschnabel – *Loxia leucoptera* Gmel., 1789

Irrgast
Unterart: *L. l. bifasciata* C. L. Brehm, 1827

Vorkommen: Im 19. Jh. vermutlich mehrfach größere Einflüge; HEYDER [1223] nennt die Jahre 1826, 1845 und 1889, einzelne B. auch in anderen Jahren. Von den damals erlangten Belegstücken sind wohl keine mehr vorhanden, und eine sichere Bestimmung bei der Verwechslung mit *Loxia curvirostra* var. *rubrifasciata* (vgl. MAUERSBERGER 1976, ECK 1981) den von den Vogelstellern (vgl. [3748]) übermittelten Fakten kaum zuzugestehen. Das gilt prinzipiell auch für die wenigen Funde aus dem 20. Jh.: 01. 09. 1935 Lengenfeld/Kr. Reichenbach 1 ♂ juv. [913]; Mitte Sept. 1956 bei Wilkau-Haßlau/Kr. Zwickau 2 ♀♀ gefangen [1729]; kurz vor 16. 02. 1957 Markneukirchen/Kr. Klingenthal 1 gefangen [1784]; Mitte Juli 1957 bei Jugelsdorf/Kr. Oelsnitz 3 Ex. beobachtet (E. REIDEL in [1784]); 03. 11. 1963 Klaffenbach/Kr. Chemnitz 1 ♂ juv. [1999]; 12. 05. 1971 Helmsgrün/Kr. Plauen 1 ♂ [3207]; 20. 07. 1963 S Ottendorf/Kr. Sebnitz 1 juv. [1931].

D. SAEMANN

Kernbeißer – *Coccothraustes coccothraustes* (L. 1758)

Jahresvogel, Sommervogel, Durchzügler, Wintergast
Unterart: *C. c. coccothraustes* (L., 1758)

Verbreitung: Während HEYDER [1223] die Vertikalgrenze des allgemeinen Brütens noch bei etwa 400 m ü. NN angibt, kommt der K. im Ost- und Mittelerzgebirge in jüngerer Zeit bis 600 m ü. NN regelmäßig vor ([2570], D. LOSCHKE u. a.). Seit Mitte der 1970er Jahre während der Brutzeit auch Sichtbeobachtungen in ausgedehnten Nadelwaldgebieten (z. B. Tharandter Wald – R. STEFFENS). Seit 1981 in Buchenwäldern bei Deutscheinsiedel/Kr. Marienberg bis zu 800 m ü. NN [4134]; 1982 erste Brutnachweise in lichten, immissionsgeschädigten Fichtenforsten der Kammlagen und zwar am 12. 06. Nestfund im Seifenmoor bei Altenberg/Kr. Dippoldiswalde in 760 m ü. NN (R. STEFFENS) und am 08. 07. nur ca. 1 km südlich am Kahleberg bei 800 m ü. NN 1 ad., der efl. juv. füttert (B. KAT-

ZER) sowie Brutzeitbeobachtungen im Fichtelberggebiet bei 1 000 m ü. NN (D. SAEMANN). Demnach ist der K. jetzt flächendeckend verbreitet, allerdings in habitatbedingt sehr differenzierter Dichte. Lückenhaft ist sein Vorkommen vor allem in den noch dicht geschlossenen Kammwäldern des Westerzgebirges, im Leipziger Land, im Lößgefilde zwischen Meißen, Oschatz, Riesa und Großenhain sowie in der östlichen Oberlausitz.

Lebensraum: Bevorzugt werden lichte und vertikal gegliederte (Strauchschicht) Laub- bzw. Laubmischbestockungen mit nur lückiger Bodenvegetation, wie sie vor allem als Eichen-Hainbuchen- und Eichen-Buchenwälder sowie ihnen nahestehenden Parks im Hügel- und Flachland vorkommen. Nicht selten zum Brüten genutzt werden ebenfalls Pappelanpflanzungen und Birkenvorwälder, Obstplantagen und größere Gehölze (Waldreste); in Dörfern, Gartenstadt und Kleinparks meist nur noch sporadisch. Auch Buchen-Hallenwälder sind bereits suboptimal. Fichten- und Kieferforste werden gelegentlich und meist nur vom Rand her besiedelt, wobei Laubbaum-Beimischung ein stärkeres Vordringen in das Waldesinnere begünstigt [4017]. Bemerkenswert ist die seit einigen Jahren zu beobachtende Besiedlung lichter (immissionsgeschädigter) Fichtenforste (s. o.). Dicht geschlossene, im Waldesinneren liegende Fichten- und Kiefernbestände werden jedoch weiterhin gemieden. Auf dem Durchzug in ähnlichen Habitaten, im Winter je nach Witterung und Nahrungsangebot ebenfalls in Laubmischwäldern, besonders aber in Parks und durchgrünten Bereichen der Siedlungen mit Winterfütterungen.

Bestand: Großräumige Dichte im Stadt- und Landkreis Leipzig (Rasterkartierung 1991–93, 574 km^2) 250–300 BP (StUFA Leipzig 1995), im Kr. Zittau (256 km^2) 1982 (Bestandsschätzung) 30–50 BP (EIFLER und HOFMANN 1985) 1989 (Rasterkartierung) 130–190 BP (EIFLER et al. 1996); in der Dübener Heide (Rasterkartierung 1994, 42 km^2) 40–60 BP (J. HUTH u. a.). In optimalen Lebensräumen Siedlungsdichte im allgemeinen zwischen 2 und 4 BP/10 ha, gelegentlich auch 7,3 BP/10 ha (R. SCHLEGEL, R. STEFFENS). Im einzelnen ergeben sich folgende Werte: Laubmischwälder des Hügellandes M_{13} 2,9 (0,9–5,8) BP/10 ha, (J. SCHIMKAT, R. STEFFENS u. a.); bei Auwäldern wieder deutliche Differenzierung zwischen Leipzig M_{16} 0,3 (0,0–0,7) BP/10 ha [1949, 2183, 2549], ERDMANN 1989 b) und Lausitz M_{14} 2,3 (0,0–7,3) BP/10 ha, max. 14 BP auf 19,3 ha (G. CREUTZ, R. SCHLEGEL); Buchenwälder M_{12} 1,1 (0,0–4,1) BP/10 ha (D. LOSCHKE, G. HOFMANN, J. SCHIMKAT u. a.), in höheren Berglagen aber erst nach 1980 [4134]; Nadel-Laubbaum-Mischbestockungen M_{34} 1,0 (0,0–3,6) BP/10 ha

(P. HUMMITZSCH, A. MAUME, H. KLUNKER, J. SCHIMKAT u. a.); Fichtenforste gemischten Alters seit 1980 M_{39} 0,3 (0,0–1,0) BP/10 ha (DORNBUSCH 1988, G. HOFMANN, D. SAEMANN, U. ZÖPHEL u. a.); Waldreste und Flurgehölze M_{52} 1,8 (0,0–4,4) BP/10 ha (C. FEHSE, R. WENZEL u. a.), max. 2 BP auf 4,5 ha (S. RAU); pappeldominierte Kippenaufforstungen im Stangenholzalter M_5 1,2 (0,5–1,5) BP/10 ha (DORSCH 1988); Parks, Friedhöfe u. a. Grünanlagen M_{48} 0,8 (0,0–7,1) BP/10 ha ([2059, 2896], MÜLLER 1989, B. SEIFERT u. a.), max. 2 BP auf 2,8 ha in Dresden (R. STEFFENS) und 1 BP in Kleinstpark von 0,9 ha [2616]; in Intensiv-Obstanlagen bei Zwickau 1972–74 fehlend (A. SIEBERT u. a.), bei Borthen/Kr. Freital 1986/87 M_6 4,3 (0,0–20,1) BP/ 10 ha, max. 5 BP auf 2,4 ha (J. WEISE). In den Siedlungsdichte-Probeflächen der übrigen Lebensräume nur sporadisch oder fehlend (Tabelle 68). Das Auftreten des K. ist sehr unstet [2616, 3908, 4017], KRÜGER 1990 u. a.). Neigung zu geselligem Brüten kann vorübergehend zu kleinflächig hoher Dichte führen: z. B. 1981 5 BP auf 1 ha Jungbuchenbestand bei Kleinwaltersdorf/Kr. Freiberg (A. GÜNTHER). Langfristig deutliche Bestandszunahme, auf die schon HEYDER [1223] verweist, die sich in den 1960er Jahren fortsetzt [2616, 3207] und in deren Ergebnis Sachsen nahezu flächendeckend und bis in die Kammlagen der Mittelgebirge besiedelt wurde (s. o.). Auf entsprechenden Siedlungsdichte-Probeflächen z. B. im NSG Elster-Pleiße-Auwald 1958/59 1 [1949], 1966–68 2–4 [2549] und 1985–88 4–6 BP (ERDMANN 1989 b), im NSG Zadlitzbruch 1966/67 0 (REINL 1968) und 1994 2 BP (J. HUTH), in der Jungen Heide bei Dresden 1967–70 0–2 und 1971–77 3–5 BP (P. HUMMITZSCH) sowie im NSG Weißeritztalhänge 1975/76 14 und 1991/92 18 BP (R. STEFFENS).

Brutbiologie: Neststand: 31× Birke, 16× Eiche, 13× Buche, je 10× Fichte, Apfel und Hainbuche, 6× Kiefer, 5× Linde, 4× Holunder, je 3× Roßkastanie und Weißdorn sowie weitere 11 Gehölzarten; Höhe Neststand: 1,5–20 m, M_{66} 6,1. Brutbeginn ab Mitte Apr.: 16. 04. 1965 1 K. brütet bei Dahlen/Kr. Oschatz (H. LÖCHER), 13. 05. 1978 1 efl. juv. bei Dänkritz/Kr. Werdau (B. SEIFERT). Die meisten Gelege werden in der 1. Maihälfte gefunden, im Juni/Juli Nachgelege. Mehrfach Ende Juli/ Anf. Aug. efl. juv. spätestens am 17. 08. 1980 (H. KOPSCH in [4017]) und ausnahmsweise noch Anf. Okt. 1973 in Königstein/Kr. Pirna [3070]. Zweitbruten erscheinen deshalb möglich, wurden bisher aber nicht nachgewiesen. Gelegegröße: 4×4, 17×5, 8×6, 1×7 Eier, M_{30} 5,2; Juv. im Nest: 4×2, 13×4, 11×5, 6×6, M_{47} 4,0.

Wanderungen: Der Heimzug setzt bereits im Febr. ein und ist Mitte März bis Mitte Apr. eine auffällige Erscheinung ([2199, 3207], KRÜGER 1991). Ende März/Anf. Apr. Erstnachweise in den Brutgebieten [4017], Zugerscheinungen noch bis Ende Apr., vereinzelt auch Anfang Mai. Gelegentliche Trupps Mitte und Ende Mai sind wohl eher als gemeinsame Nahrungsflüge gesellig oder noch nicht brütender K. zu deuten: z. B. 14. 05. 1979 NSG Döbener Wald seit mehreren Tagen ca. 25 (W. KÖCHER in [4017]), 27. 05. 1927 ein größerer Flug in Kiefernaltholz (A. v. VIETINGHOFF in [1223]). Ab Juli Schwarmbildung [1223] und schon am 06. 07. 1977 im Park Börln/Kr. Oschatz ca. 120 [4017]. Wegzug ab Aug., z. B. Kläranlage Chemnitz am 09. 08. 1970 deutlicher Durchzug von NE nach SW (D. SAEMANN), auffällig ab Sept. bis Nov.. Truppstärke im Frühjahr gering, im Bez. D fast 80% der Beobachtungen 1–2 K., max. 60 am 22. 03. 1980 Großdittmannsdorf/Kr. Dresden (M. SCHRACK), 28. 03. 1964 70 im Park Neschwitz/Kr. Bautzen (G. CREUTZ), 07. 04. 1985 ca. 100 verteilt im Steinbachtal bei Neukirchen/Kr. Freiberg (K. HÄDECKE). Im Bez. D im Herbst etwa 60% der Beobachtungen 1–2 K. sowie 40% in Familienverbänden von 3–10 Ex. und größeren Trupps – z. B. 01. 11. 1947 Moritzburg/Kr. Dresden 100 (P. BERNHARDT). Im Winter bis zu 200, z. B. 31. 12. 1979 Waltersdorf/Kr. Pirna (D. LOSCHKE), 15. 01. 1948 Moritzburg (P. BERNHARDT). Einheimische Kernbeißer sind Zug-, Strich- und Standvögel, wobei erstere vor allem durch Ringfunde aus Italien und Südfrankreich belegt sind. Bei ein und demselben Vogel kann das Zugverhalten jährlich stark wechseln. Es kommen Umsiedlungen über größere Strecken vor und scheinbar auch Zurückbleiben im Winterquartier bzw. auf der Zugroute ([3949] u. a.). Ähnlich wie beim Buchfink ist das Zugverhalten bei ♂♂ weniger ausgeprägt als bei ♀♀ und dj. K.-♂♂ überwiegen deshalb im Winter. Neben Überwinterern außerdem Wintergäste aus N und NE-Europa ([1223, 1920, 2167, 2199, 2716, 3006, 3908, 3549, 4017] u. a.).

R. STEFFENS, S. KRÜGER, S. BAUCH

Gimpel – *Pyrrhula pyrrhula* (L., 1758)

Jahresvogel; Durchzügler, Wintergast
Unterarten: unklar, vgl. ECK (1985)

Verbreitung: Bv vor allem des Berg- und Hügellandes oberhalb 200–300 m ü. NN [2569]. Um 1920 in NW-Sachsen kaum Bv [586, 587, 749]; heute konzentrieren sich die Vorkommen im Bez. L auf die größeren Waldgebiete des Hügellandes sowie die Dahlener Heide [2179, 2333, 2435, 2666, 2767, 3604, 3957, 4017], während aus den übrigen Gebieten des Bez. L nur wenige Brutzeitdaten vorliegen:

1967 Leipzig-Mockau Brut [3544] und Connewitzer Wald Leipzig 1 ♂ im Juli [2666], Brutzeitbeobachtungen 1971 Leipzig-Möckern [3363], 1964–1966, 1969 und 1978–82 Dübener Heide ([2179, 2333, 2435] erg.), doch fehlen BN aus den nördl. Waldgebieten bis Ende der 1980er Jahre ([3604], GRÖSSLER 1993). Im Bez. D wohl auch in den meisten Waldgebieten des Flachlandes sporadischer Bv, wie das schon HEYDER [1223] einschätzte, doch in der Gohrischheide und den waldarmen Gefilden zwischen Meißen, Großenhain, Riesa und Oschatz sowie um Bautzen und z. T. auch in der östlichen Oberlausitz fehlend bzw. nur sehr lückenhaft (R. STEFFENS).

Lebensraum: Im Bergland vorwiegend in Fichtenaufwuchs mit Laubholzbeimischung, ab 2–3 m Bestandshöhe. Auch im Fichtenbaumholz mit Verjüngungshorsten sowie im Grenzbereich von Altholz und Dickungen. Bewohnt im Flachland bevorzugt lichte Kiefern- und Fichtenalthölzer mit Fichten in der Strauchschicht [4017]. Viel seltener auch in Laubwaldgebieten sowohl mit als auch ohne Nadelgehölze [4017], z. B. in Parks oder Gärten [2616]. Im Winter viel stärker an lichte Laubholzbestände gebunden und den eigentlichen Brutgebieten meist fehlend, sehr gern in entsprechenden Gehölzen der Dörfer und Stadtrandzonen, seltener auf Ruderalflächen.

Bestand: Um 1920 westlich der Elbe „eine Art mit fast rein montanem Verbreitungscharakter" [1223]. Infolge weniger, oft angezweifelter Brutzeitmeldungen aus den Kr. Oschatz, Grimma, Leipzig, Borna, Rochlitz, Döbeln und Glauchau vor 1940 gehörten diese Gebiete für HEYDER [1223] „wohl nicht zum regelrecht bezogenen Brutgebiet". In den 1940er Jahren im Gebirge deutliche Zunahme, vielerorts Besiedlung von Parks und Gärten (z. B. [1784, 2099, 2616]) und Ausbreitung bis ins Flachland. Hier Mitte der 1960er Jahre Höhepunkt der Besiedlung [4017]. Nach 1970 auch im Gebirge mehr oder weniger deutlicher Rückgang. Siedlungsdichte großflächig kaum über 0,5 BP/10 ha, so in Fichtenforsten gemischten Alters des Hügel- und Berglandes auf Kontrollflächen von 47–310 ha Größe M_{12} 0,3 (0,0–0,7) BP/10 ha (z. B. EIFLER und HOFMANN 1985, D. SAEMANN), bei Überwiegen von Jungbeständen jedoch M_5 1,1 (0,0–1,4) BP/10 ha (R. STEFFENS); Stadtwald Zwickau 1976. 200 ha, 0,3 (B. SEIFERT); Heidefriedhof Dresden ca. 1960–1983, 70 ha, 0,3–0,4 (L. MÜLLER); 1973 bei Satzung/Kr. Marienberg 12.–14. 06. keine Beobachtung, 15.–21. 05. ohne Lockvogel an 1 Punkt 14 ♂♂ und 2 ♀♀ gefangen, dann bis 24. 06. keine Fänge (D. SAEMANN). Auch auf kleineren Kontrollflächen kaum über 1 BP/10 ha: Friedhof in Chemnitz, 30,7 ha, 1964 0,6 [2059] und 1972 1,6 [2896]; Friedhof Zwickau 1968–1970, 10,6 ha, 0,9 (A. Siebert, R. Wenzel); Villenviertel Chemnitz 1972, 25,1 ha, 0,8 [2896]; Park überwiegend Laubholz, Chemnitz 1972, 23,5 ha, 0,4 [2896]; Forstbotanischer Garten Tharandt/Kr. Freital, 11,2 ha, ca. 1960–1983 0,9–1,8 BP/10 ha (L. Müller). Fehlte bei Siedlungsdichteuntersuchungen im einförmigen Fichtenbaumholz im Tharandter Wald [3526], in entsprechenden Kiefernforsten der Lausitz ([4061] u. a.), im Auwald bei Leipzig ([1949, 2549] u. Erdmann 1989 b) sowie in Laubmischwäldern des Hügellandes (R. Steffens u. a.). H. Göthel fand bei Venusberg/Kr. Zschopau 1960–1973 auf 15 ha max. 0,5 BP/10 ha; Fichtenbaumholz mit Naturverjüngung im Forst Hartmannsdorf/Kr. Zwickau 1973 1,5 (H. Olzmann); lokal aber auch höhere Werte möglich, z. B. Dickungsinsel im Baumholz bei Augustusburg/Kr. Flöha 1976–1980 2–3 BP/10 ha (D. Saemann), Forstbotanischer Garten Tharandt 1967 4 BP auf 11,2 ha (R. Steffens).

Brutbiologie: Beginn der Brutzeit ab Ende März/ Anfang Apr. möglich. Nestbau: 25. 03. 1973 Chemnitz (D. Saemann), 06./07. 04. 1977 Augustusburg/ Kr. Flöha und 1. Ei am 09. 04. (D. Saemann); 08. 04. 1973 Ellefeld/Kr. Auerbach (M. Thoss); fertiges Nest 09. 04. 1972 Chemnitz (R. Morgenstern). Nestbau noch am 22. 07. 1978 (H. Kreische). Brutbeginn meist 3. Apr.-/1. Maidrittel. Neststand: Bez. C (n = 65) 80% Koniferen, 20% in Laubholz, etwa 55% aller Nester in Fichte, die auch anderenorts am häufigsten genutzt wird. Höhe des Neststandes: Bez. C von 50 Nestern 0,8–3,5 m, 86% bis 2 m über dem Boden. Selten höherer Neststand: 5 m in Birnbaum (G. Silbermann) und an Gebäude (S. Schlegel), 10 m Laufkran [2858]. Nicht selten sind Bruten in Spalier [3544] oder rankenden Gehölzen an Hauswänden, z. B. in Efeu. Eiablage frühestens 09. 04. (s. o.), 15. 04. 1972 Chemnitz 4 Eier (R. Morgenstern); 4 stark bebrütete Eier 10. 04. 1922 Holzhausen/ Kr. Leipzig [1236] unwahrscheinlich. Letzte Gelegefunde 1. Aug.-Drittel, am 14. 08. 1978 Auerbach/ Kr. Stollberg 2 juv. eben geschlüpft (S. Weiss). Juv. führende G. wiederholt bis Ende Aug., 13. 09. 1973 Moritzburg/Kr. Dresden 3 efl. juv. (L. Müller); 14. 09. 1979 Großdittmannsdorf/Kr. Dresden 4 fast fl. juv. im Nest (M. Schrack); 19. 09. 1978 Augustusburg 2 juv. mit noch wachsendem Großgefieder gefangen (D. Saemann). Junge im vollen Jugendkleid bis Ende Sept., im Teiljugendkleid bis Ende Okt.. Gelegegröße: Bez. C 2×3, 15×4, 17×5 und 4×6, M$_{38}$ 4,6 Eier/Gelege. Jungenzahl im Nest: Bez. C 1–6, M$_{40}$ 4,0 juv./Nest. Geführt werden 1–5 juv., M$_{22}$ 2,4/Familie. Bis Ende Mai kommen kaum juv. zum Ausfliegen, erst die Spätbruten verlaufen erfolgreicher. Zweitbruten sind durch Beringung nicht nachgewiesen.

Wanderungen: Zugverhalten der Bv unklar, Wegzug in ein Winterquartier findet vermutlich nicht statt. Bei Augustusburg von 1976–1980 etwa ab 10. Okt. deutlich gehäuftes Auftreten mit Abschluß der Handschwingenmauser um diese Zeit; schwächerer Vorgipfel der Fangzahlen um den 20. 09. (D. Saemann). Ab Sept. auch Beginn des Winteraufenthaltes in Gebieten mit geringem oder fehlendem Brutbestand [2333, 2561, 2767, 3363, 4017], mancherorts auch erst ab Ende Okt. ([2663], Eifler und Hofmann 1985). Truppgröße im Winter gewöhnlich unter 25 Ex., größere Ansammlungen bis 70 und sogar 100 Ex. selten, doch geht aus den Meldungen nicht hervor, ob es sich um geschlossene Schwärme oder lockere Ansammlungen handelt. Winteraufenthalt endet Ende März bis Mitte Apr.. Auftreten von *P. p. pyrrhula* nicht alljährlich und bei Venusberg/Kr. Zschopau nicht vor Ende Okt. (H. Göthel) und mind. bis Mitte Apr. Nur wenige sichere Nachweise. Bei Augustusburg 1 ♂ 27. 03. 1980 und 1 ♀ 16. 04. 1980 gefangen (D. Saemann). Ringfunde von *P. p. pyrrhula* betreffen Schweden und die Gegend von Petersburg (R. Barthel; H. Göthel).

H. Göthel, D. Saemann

Steinsperling – *Petronia petronia* (L., 1766)

Ehemals seltener Gast
Unterart: *P. p. petronia* (L., 1766)

Vorkommen: 2 Nachweise, die jedoch Rückschlüsse auf ehemalige Brutvorkommen nicht zulassen. Zwischen 1824 und 1827 erhielt J. G. Krezschmar [36, 1223] aus der Gegend von Zittau 1 S.; Juni 1896 Porphyrbrüche bei Paditz/ Kr. Altenburg 1 erlegt (Koepert 1901, [484]).

D. Saemann

Haussperling – *Passer domesticus* (L., 1758)

Jahresvogel
Unterart: *P. d. domesticus* (L., 1758)

Verbreitung: Im gesamten Gebiet Brutvogel, durch die enge Bindung an menschliche Siedlungen jedoch mit starker regionaler Dichtedifferenzierung zwischen Siedlungs- und Industrieballungen einerseits und Waldlandschaften andererseits. Folgt Ortschaften, Gehöften u. a. bewohnten bzw. bewirtschafteten Einzelobjekten im Erzgebirge bis 1 000 m ü. NN [1223]. Sperlingsfreie Orte [1443, 1484] sind gegenwärtig nicht bekannt, Einzelanwesen im Wald bleiben aber z. T. unbesiedelt [4074]. Auch bisher keine Brutnachweise von den Gebäudekomplexen der höchsten Gipfel (Auersberg 1 018, Fichtelberg 1214 m ü. NN), jedoch vom Fichtelberg Brutzeitbeobachtungen (S. Schlegel).

Lebensraum: Charaktervogel bebauter Bereiche sowie unmittelbar angrenzender Parks, Friedhöfe u. a. Grünanlagen. In Chemnitz bis 250 m [2616], bei Limbach/Kr. Freital bis 500 m (STEFFENS 1986) von Gebäuden entfernt brütend. Bevorzugt werden Plätze, wo Bausubstanz und Nahrungsangebot kolonieartiges Brüten erlauben. Dies sind z. B. innerstädtische Bereiche mit Märkten und Imbißeinrichtungen, Großgaststätten und Versorgungstrakte (Küchen) von Großbetrieben, Getreidespeicher sowie Mühlen und Brotwerke, Kleintierhaltungen in der Gartenstadt bzw. in Siedlungsrandbereichen, Bauernhöfe, Großanlagen der Tier- (Milch-, Eier-)produktion sowie Vermarktungsstationen im ländlichen Bereich. Auch längere Zeit (dauerhaft?) im Inneren von Gebäuden lebend (z. B. Markt- und Bahnhofshallen, Getreidesilos, Großviehanlagen). Außerhalb der Brutzeit Aufenthalt gern in deckungs- und windschutzbietendem Buschwerk. Von hier aus Nahrungsflüge zu ortsnahen Feldern bzw. Straßen, Plätzen, Gärten, Parks u. a.. Im Herbst und Winter Massenschlafplätze in Sträuchern und Hecken, in Bäumen, an Gebäuden, in Stallanlagen, in verlassenen Gebäuden.

Bestand: Häufigster Bv bebauter Bereiche, mit einer mittleren Dichte von 20–40 BP/10 ha (Tabelle 70), max. 81,5 BP/10 ha in der alten City Leipzig [3634] und 81,2 BP/10 ha in Windischleuba/Kr. Altenburg (N. HÖSER). In der neuen City von Leipzig mit 10,3 BP/10 ha [3634] und Chemnitz mit 20,0 BP/10 ha [2615] wesentlich niedrigere Werte, desgleichen auch in Chemnitzer Neubau-Wohnblocks der 1960/70er Jahre M_3 24,1 (21,6–26,5) BP/10 ha [2869]. Niedrige Abundanz auch in Bergdörfern bzw. Urlaubersiedlungen, z. B. Waltersdorf 7 BP/10 ha und Oybin (beides Kr. Zittau) 10,5 BP/10 ha (B. PRASSE und G. HOFMANN). In Parks, Friedhöfen u. a. Grünanlagen M_{46} 4,5 (0,0–9,3) BP/10 ha ([2059, 2106, 2616, 2896] MÜLLER 1989, P. HUMMITZSCH u. a.), im Park Poschwitz/Kr. Altenburg in der Nähe eines Getreidesilos auch 13 BP auf 4,4 ha (N. HÖSER); in Leipziger Kleingartenanlagen 1960–67 M_8 10,2 (5,6–19,1) BP/10 ha [2492]. Bei entsprechendem Ressourcenangebot und auf Grund der Neigung des H. zu kolonieartigem Brüten kleinflächig noch weit höhere Dichten möglich, z. B. Windischleuba im Bereich einer Mühle auf 1,3 ha 28 BP und bei Annaberg im Gelände eines Gutshofes mit Rinder- und Schweinestall auf 2 ha 1968–71 35–72, M_4 48 BP [3817]. Bestand insgesamt stabil, z. T. in Dörfern infolge Rückgang bzw. Verlagerung von Tierhaltungen, Umbau von Stallanlagen zu Garagen, Sanierung von Bausubstanz sowie Rodung von Hecken jedoch Rückgang (G. HOFMANN,

Tabelle 70: Präsenz und mittlere Abundanz von Haus- und Feldsperling auf Siedlungsdichte-Probeflächen in Sachsen (in Klammern Flächen ohne Nistkästen)

Biotoptypen	Anzahl Untersu- chungen n	Haussperling Präsenz +	−	Mittl. Dichte BP/10 ha	Feldsperling Präsenz +	−	Mittl. Dichte BP/10 ha
Auwälder	26 (17)	4 (1)[1]	22 (16)	0,09 (0,01)[1]	20 (12)	6 (5)	2,5 (2,1)
Ödland und Kippenaufforstungen	65	6[1]	59	0,02[1]	10[2]	55	0,4[2]
Waldränder, Waldreste und Flurgehölze	63 (54)	3 (1)[1]	60 (53)	0,9 (0,2)[1]	28 (23)	35 (31)	2,3 (2,2)
Agrargebiete (mit Flurgehölzanteilen)	26	–	26	–	14	12	0,2
Kleingartenanlagen	8	8	–	10,2	8[3]	–	25,4[3]
Parks und Friedhöfe	38	36	2	4,4	34	4	3,4
innerstädtische Parks und Grünanlagen < 10 ha	8	8	–	5,9	–	8	–
City, Wohnblock- und Neubaugebiete	23	23	–	34,0	–	23	–
Gartenstadt	8	8	–	27,6	3[4]	5	0,9[4]
ländliche Siedlungen	6	6	–	24,2	4	2	1,8

[1] nur in Randlage zu Bebauung
[2] nur bei Vorhandensein von Höhlenbäumen bzw. Nistkästen
[3] vor 1970
[4] in Stadtrandlage bzw. vor 1970

C. Schluckwerder in [4074]), in Biehla/Kr. Kamenz z. B. von ehemals 40–50 auf jetzt 5–6 BP (Melde 1994).

Brutbiologie: Neststandort an Gebäuden in Mauerlöchern und Entlüftungsschächten, hinter abstehenden Putzflächen, schadhaften Brettergiebeln, Fensterjalousien, Wellasbestverkleidungen, Dachrinnen, in Elementen (z. B. Buchstaben) von Leuchtreklamen, unter Dachziegeln, auf Balken in Scheunen und Ställen, in Stahlkonstruktionen von Werkhallen und Bahnhöfen, in Betonmasten, Baumhöhlen, Nistkästen und Halbhöhlen, Rauchschwalben- und Mehlschwalbennestern (im Kr. Altenburg in 1–4% – N. Höser), regelmäßig im Unterbau von Storchennestern und hier bis zu 8 Nester [4017], gelegentlich auch in siedlungsnahen Bussardnestern (H. Olzmann, R. Steffens); selten freistehende „Kugelnester" (Kr. Altenburg < 1% – N. Höser): 14× Birne, 7× Linde, 5× Weißdorn, 3× Kiefer, je 2× Esche, Eiche, Pappel, Ulme, Fichte, je 1× Pflaume und Birke, außerdem 1× in Nestmulde von Nebelkrähe (W. Poick); relativ freistehende Nester auch in Wildem Wein [4017] und Efeuwänden (N. Höser), auf Isolatoren elektrischer Hausanschlüsse (D. Trenkmann), in Gittermasten (R. Krause) und Gebäuden ([4017] u. a.). Brutzeit von Apr. bis Aug.; 3 reguläre Jahresbruten nicht selten [3817], doch stets nur von einem Teil der BP, 4 Jahresbruten erscheinen möglich. Höhlennaher Aufenthalt und Balz der $\male\male$ ab Ende Febr., Legebeginn in Windischleuba/Kr. Altenburg frühestens 28. 03. 1964 (N. Höser), in Wittgendorf/Kr. Zittau am 14. 04. 1981 in mehreren Nistkästen bereits 4 Eier (Eifler und Hofmann 1985), bei Annaberg-B. (ca. 550 m ü. NN) 1968–71 Eiablage ab 25. 04. und im Mittel 1. Brut M_{66} 04. 05. , 2. Brut M_{42} 11. 06. , 3. Brut M_{19} 20. 07. [3817], in der Oberlausitz 46,3% der Gelege im Apr. [4074]; Gelege mit 4 Eiern noch am 24. 08. 1966 in Machern/Kr. Wurzen (W. Schneider in [4017]), letzte juv. flogen am 04. 09. 1971 in Wittgendorf aus (Eifler und Hofmann 1985), am 12. 10. 1981 noch BP mit 2 juv. in Mauerspalte, Dahlen/Kr. Oschatz (H. Keller in [4017]). In Stallungen mit künstlichem Langtag auch wintersüber Bruten: Mildenau/Kr. Annaberg 18. 12. 1970 in 2 Nestern eben geschlüpfte juv., 1 fl. juv.; 24. 01. und 10. 02. 1971 in 3 Nestern Eier, in anderen fl. juv. (M. Schlegel in [3817]); außerdem Belgershain/Kr. Grimma in Milchviehanlage am 19. 03. 1981 fl. juv. (W. Oehlert in [4017]). Gelegegröße: 5×1, 8×2, 26×3, 60×4, 75×5, 32×6, 1×7 Eier, M_{207} 4,4, deutliche Unterschiede zwischen Oberlausitz M_{80} 5,0 [4074] und Annaberg-B. M_{127} 4,0 [3817], hier außerdem 1. Brut M_{66} 4,1, 2. Brut M_{42} 4,2, 3. Brut M_{19} 3,4. In der Oberlausitz M_{51} 4,1 juv./Brut [4074], bei Annaberg-B. Ausfliegerate 64,7% = 2,6 juv./angefangene Brut [3817].

Wanderungen: Standvogel, von 392 beringten H. nur Wiederfunde bis 1,5 km Entfernung [3817], lediglich 1 ad. $\male$, beringt am 13. 08. 1935 bei Litschen/Kr. Hoyerswerda, wurde am 17. 01. 1936 150 km W in Wallersdorf/Kr. Altenburg tot aufgefunden (A. Grosse in [1223]). Ab Mitte Juni kleine Gesellschaften an den Rändern der Ortschaften [4074], Schwärme > 100 H. von Aug. bis März; Schwärme, besonders Schlafgesellschaften, selten > 500 Ex. ([4017], N. Höser u. a.); vor allem im Herbst und Winter vergesellschaftet mit anderen Finkenvögeln.

H. Blümel, N. Höser, S. Schlegel, R. Steffens

Feldsperling – *Passer montanus* (L., 1758)

Jahresvogel, Durchzügler, (Wintergast?)
Unterart: *P. m. montanus* (L., 1758)

Verbreitung: In der Agrarsteppe und ihren Randbereichen regelmäßiger Brutvogel; im waldreichen Berg- und Flachland lückig; oberhalb 600 m ü. NN (Grenzen des Getreide- und Obstbaus) nur noch sporadisch und max. im Erzgebirge bis 800 m ü. NN [1223]. Oberhalb 650–700 m ü. NN gegenwärtig meist fehlend. Höchstgelegene Orte mit Brutnachweisen neueren Datums: TS Cranzahl 720 m ü. NN (H. Holupirek), SE Schellerhau/Kr. Dippoldiswalde, 750 m ü. NN (R. Steffens), Kalkberg bei Crottendorf/Kr. Annaberg, 800 m ü. NN (J. Georgi, S. Schlegel).

Lebensraum: Charaktervogel des Siedlungsrandes zur offenen Feldflur, mit dichten Hecken (Deckung bei Gefahr, Schlafplätze), Baumgruppen, Obstgärten, Baumalleen (Brutplätze); Ruderalflächen, Getreideschlägen, Speichern und Tierhaltungen (Nahrung). Bewohnt außerdem Waldränder und Randbereiche von Wäldern, Flurgehölze in der offenen Landschaft sowie Parks und Friedhöfe. Eine besondere Vorliebe scheint für die Randbereiche lichter Auwälder zu bestehen (Tabelle 70). Die City, gehölzarme Wohnblockzonen der Großstädte und das Innere großer geschlossener Waldgebiete werden weitestgehend gemieden; Ödland und Kippenaufforstungen nur bei entsprechendem Nistkastenangebot besiedelt (Dorsch 1988). Bis in die 1960er Jahre Förderung durch künstliche Nisthöhlen, mit besonders hoher Brutdichte in Schrebergärten [2396]. Im Ergebnis dessen auch Besiedlung lichter Kiefernforste sowie Kahlschlagränder bis 3–4 km Bestandstiefe [4017]. In Greifvogelnestern bis zu 2 km Entfernung vom Waldrand (R. Steffens). Nach 1975 wieder stärkerer Rückzug aus diesen Lebensräumen und auch aus zumindest zeitweilig besiedelten innerstädtischen Bereichen (Saemann 1994). Außerhalb der Brutzeit auf

Feldern, Ruderalflächen, an Bahndämmen und Straßenrändern. Zum Nächtigen in windabgewandtem, dichten Gesträuch, Reisighaufen und Röhricht, vor allem aber ab Nov. an Dorf-, Stadt- und Waldrändern sowie in Parks ([3442], N. Höser). Nach dem Laubfall auch in kleinen Gruppen (bis ca. 10) in Nistkästen (N. Höser).

Bestand: Großräumige Dichte im Stadt- und Landkreis Leipzig (Rasterkartierung 1991–93, 574 km^2) 5 000–6 000 BP (StUFA Leipzig 1995) im Kr. Zittau (256 km^2) in den 1980er Jahren 400–1100 BP (Eifler und Hofmann 1985, Eifler et al. 1996), in der Dübener Heide (Rasterkartierung 1994, 42 km^2) 20–25 BP (J. Huth u. a.). Hohe Siedlungsdichte vor allem vor 1970: 1949–54 Zittau, Urnenhain (2,2 ha) 27,2–63,3 BP/10 ha (B. Prasse in [4074]), Leipziger Kleingartenanlagen (2–5 ha) 1960–67 M$_8$ 25,4 (15,0–32,3) BP/10 ha [2492], 1967 in einem Feldgehölz (6,0 ha) bei Mücka/Kr. Niesky 18,3 BP/10 ha [7074], bei Annaberg-B. (4,8 ha) 1968–71 28–51 BP/10 ha [3817] und in Biehla/Kr. Kamenz (21,8 ha) M$_8$ 28,1 (18,3–45,9) BP/10 ha (M. Melde in [4074]). Im letztgenannten Gebiet auch 1980 und 1982 noch 18,3 und 22,9 BP/10 ha, desgleichen im Park Poschwitz/Kr. Altenburg (4,4 ha) in der Nähe eines Getreidesilos 1982 20,4 BP/10 ha (N. Höser). Ansonsten, und vor allem Ende der 1970er/Anfang der 1980er Jahre, in entsprechenden Habitaten im Mittel nur 1–4 BP/10 ha (Tabelle 70). Erhebliche Bestandsschwankungen, z. B. Ortsflur Seegeritz, 286 ha, 1955–58 0–2, 1959 u. 60 aber 16 u. 7 BP [1703] und nach 1975 vielerorts deutlicher Rückgang ([4017, 4074], Saemann 1994, G. Erdmann u. a.) z. B. bei Falkenhain/Kr. Wurzen 1970–75 12,0–20,3% und 1976–82 nur 0–5,0% der Nistkästen vom F. besetzt, bei Friedersdorf/Kr. Hoyerswerda 1973–75 11–40, 1976–79 3–7 und 1980–83 0 BP in Nistkästen (M. Hörenz), bei Mükka in 25 Nistkästen 1967 11 und 1980–83 1 BP (H. Blümel), in Biehla 1970 100, 1975 80, 1980 50, 1982 40 BP (Melde in [4074]), in der Leipziger Burgaue in 100 Nistkästen 1983 50, 1985 37, 1989 11 und 1995 0 BP (G. Erdmann). Bei langjährigen Siedlungsdichteerhebungen im Leipziger Auewald ([1949, 2549], Erdmann 1989 b) sowie im Kurpark Bad Düben (Müller 1989) kein Trend erkennbar, ebenfalls nicht bei wiederholten Bestandserfassungen im Kr. Zittau (Eifler und Hofmann 1985, Eifler et al. 1996). Ursachen des Rückganges werden in der Flurbereinigung sowie im Biozideinsatz gesehen ([4017], N. Höser). Zu beachten ist auch das Konkurrenzverhalten des Haussperlings, der im Park Poschwitz z. B. parallel mit dem Rückgang des F. einwanderte (N. Höser) und dessen Rückgang in Biehla zumindest zu einer zeitweiligen Zunahme des F. führte (M. Melde in [4074], Melde 1994).

Brutbiologie: Nester in Baumhöhlen (vorzugsweise Laub- bzw. Obstbäume), Nistkästen und Halbhöhlen sowie Betonmasten, nur selten an Gebäuden ([2616, 3817], N. Höser u. a.); viel seltener als beim Haussperling freistehende Kugelnester, z. B. neben Rotmilanhorst in der gleichen Kiefer [4017], über Bussardhorst im Astwerk (M. Schrack), in zurückgeschnittenem Ahorn (C. Schluckwerder). R. Krause (in [4074]) fand außerdem in einer Fliederhecke ein nach oben offenes Nest, welches einem Amselnest aufgesetzt war. Der F. ist häufig Untermieter in Greifvogel- und Graureihernestern, in der Oberlausitz gelegentlich auch in solchen vom Weißstorch [4017, 4074]; im Nordsächsischen Platten- und Hügelland waren von 41 erfaßten Nestern nur 3 vom Bussard und 2 vom Habicht unbesetzt [4017]; bei Großdittmannsdorf/Kr. Dresden 1986 13 von 26 Bussardnestern vom F. bewohnt (M. Schrack), bei Reichwalde/Kr. Weißwasser, nahe der Bezirksgrenze zu Dresden, 1983 mindestens 30 von 180 Graureihernestern [4074]; in den Kr. Grimma, Oschatz und Wurzen regelmäßig auch 1–mehrere BP in Uferschwalbenkolonien [4017]. Brutzeit von Apr. bis Juli/Aug., regelmäßig 2 Bruten. Anteil Drittbruten und damit Dauer der Brutperiode regional sehr unterschiedlich: in der Oberlausitz geringer Anteil Drittbruten und im Juli nur noch 2,1% Gelegefunde [4074], ähnliche Verhältnisse im Nordsächsischen Platten- und Hügelland [4017] sowie bei Annaberg-B. [3817]. Dagegen bei Großdittmannsdorf regelmäßig Drittbruten sowie im Juli 30,6 und im Aug. noch 1,2% Gelegefunde (M. Schrack), – da ähnliche Befunde bei Altenburg (N. Höser und D. Trenkmann) – möglicherweise Reproduktionsvorteil besserer Agrargebiete. Ablage des 1. Eies i. d. R. etwas später als beim Haussperling, bei Altenburg frühestens am 19. 04. (N. Höser), in der Oberlausitz ab der 2. Apr.-Dekade [4074], bei Zittau am 28. 04. 1981 (Eifler und Hofmann 1985). Dementsprechend beim F. in der Oberlausitz erst im Mai Schwerpunkt der Gelegefunde (63,1%) und bei Großdittmannsdorf gar nur 1,2% der Gelegefunde im Apr. ([4074], M. Schrack). Dagegen bei Annaberg-B. (520–580 m ü. NN) frühester Termin der Eiablage 14. 03. und Mittelwert für die 1. Brut M$_{101}$ 15. 04. , 2. Brut M$_{45}$ 08. 06. und 3. Brut M$_4$ 17. 07. [3817], was hier durchweg vor den entsprechenden Werten beim Haussperling liegt (siehe dort) und generell eine Höhenstufenumkehr für die Brutphänologie des F. bedeutet, deren Erklärung noch aussteht (R. Steffens). Späte Nachweise – fütternde ad. am 31. 08. 1970 an einem Nistkasten (D. Spittler in Eifler und Hofmann 1985) und Gelege mit 4 Eiern (nicht geschlüpft) am 27. 09. 1982 in Threna/Kr. Grimma (Blössing in [4017]) – möglicherweise Viertbruten. Gelegegröße: 2×1, 12×2, 24×3, 80×4, 189×5, 104×6, 25×7, 5×8, 1×9, 5×10, 1×11 Eier, M_{448} 5,1, deutliche Unterschiede zwischen Großdittmannsdorf M_{90} 5,7 (M. Schrack) und Annaberg-B. M_{150} 4,7 [3817], Gelege > 9 Eier wahrscheinlich von mehreren ♀♀. Im Mittel in der Oberlausitz M_{371} 4,6 juv./Brut [4074], bei Altenburg 1. Brut M_{64} 4,0, 2. Brut M_{48} 4,6, 3. Brut M_{14} 3,3 (N. Höser, D. Trenkmann), bei Großdittmannsdorf je erfolgreiche Brut M_{58} 4,0, je angefangene Brut M_{66} 3,5 juv. ausgeflogen (M. Schrack), bei Annaberg-B. Ausfliegerate 67,8 % = 3,2 juv./angefangene Brut ([3817] erg. u. korr.).

Wanderungen: Zugverhältnisse unklar, Brutpopulation aber wohl hauptsächlich Standvögel [3817, 4074]. Ab Ende Sept. vielfach Beobachtungen, die auf Zug nach S und SW deuten (S. Ernst, M. Thoss, R. Möckel u. a.). Bisher 3 Fernfunde: 17. 06. 63 juv. bei Schneflingen (Braunschweig) beringt und am 18. 11. 63 bei Göda/Kr. Bautzen geschossen [4074], 30. 11. 1969 in Sempach (Schweiz) beringt und im Jan. 1971 in Hohburg/Kr. Wurzen tot aufgefunden [4017], 11. 02. 1969 in Annaberg-B. beringt und am 13. 07. 1972 in Grünewalde bei Schönebeck (Magdeburg) wiedergefunden. Ab Mitte Juni Schwarmbildung bis 50 Ex., in Gerstenfeldern im Juli oft schon 100–200 Ex., in Abhängigkeit vom Reifezeitpunkt des Getreides von Gerste über Roggen und Weizen zuletzt zum Grünmais wandernd [4017]. Nach der Getreideernte vor allem auf ruderalen Standorten: max. 1 200 Ex. Mitte Sept. Klärbecken Schladitz/Kr. Delitzsch [3751], 31. 12. 1976 SB Windischleuba 1700 (R. Steinbach), nicht selten vergesellschaftet mit Grün-, Buch- und Bergfink, Gold- und Rohrammer, Berghänfling und Stieglitz sowie Haussperling ([4074] u. a.). Anfang bis Mitte März Auflösung der Schwärme (Eifler und Hofmann 1985), letzte Beobachtung am 08. 04. 1973 W Falkenhain/Kr. Wurzen ca. 35 (H. Kopsch in [4017]).
H. Blümel, N. Höser, S. Schlegel, R. Steffens

Rosenstar – *Sturnus roseus* (L., 1758)

Irrgast, im 19. Jh. unregelmäßiger Gast

Vorkommen: Hauptsächlich 2. Hälfte 19. Jh. Die übermittelten Fakten lassen teilweise an Doppelmeldungen denken. Weitere, zu ungenau datierte Funde bei Heyder [1223]. **1836:** 19. 06. Görlitz 1 ♂ geschossen, später 2 R. gesehen [171, 256]. **1838:** Mitte Juni bei Crimmitschau/Kr. Werdau 2 aus einer Schar erlegt [178]. **1856:** Frühjahr Possendorf/ Kr. Freital 1 erlegt [78]. **1874:** 14. 06. bei Crimmitschau 2 von 12–14 Ex. geschossen [178], am gleichen Tag bei Schmölln 3 erlegt [178] und im Juni bei Altenburg 2 [237]. **1875:** Mitte Mai bei Zsche

pen/Kr. Delitzsch 1 von ca. 30 erlegt [171], 25. 05. Torgau 2 erlegt [171], 1. Junihälfte bei Rosenfeld/ Kr. Torgau 2 juv. aus Schwarm geschossen [171]. 1876: im Mai bei Rothenburg/Kr. Niesky ca. 100 [171]; nach Baer [256] jedoch im Mai 1875 je ca. 100 bei Groß Krauscha/Kr. Görlitz und in Rothenburg. Ca. **1878:** bei Malschwitz/Kr. Bautzen 2 ♂♂ erlegt [256]. **1889:** 17. 06. zwischen Bienhof und Oelsen/Kr. Pirna ca. 30 [178]. Ca. **1890:** bei Wurzen 1 erlegt, Beleg Mus. Leipzig [3062]. **1900:** 11. 07. Groitzsch/Kr. Borna, Beleg Mus. Leipzig [3062]. **1909:** 04. 06. bei Trages/Kr. Borna 1 ♀ erlegt [348], Beleg Mus. Leipzig [3062]. Ca. **1932:** im Sommer in Leipzig 1 [1215]. **1936:** 06. 06. Königswartha/Kr. Bautzen 1 ad. unter Staren [1013]. **1978:** 25. 05. in Chemnitz 1 [3450].

D. Saemann

Star – *Sturnus vulgaris* L., 1758

Sommervogel, Durchzügler, Wintergast
Unterart: *S. v. vulgaris* L., 1758

Verbreitung: Häufiger Bv im gesamten Gebiet, höhenwärts bis 1 100 m ü. NN [3207]. Überwintert vor allem im Bereich der großen Städte Westsachsens.

Lebensraum: Bevorzugt eindeutig Laubholz. Kiefernforste werden zumindest teilweise besiedelt [4017, 4061], Fichtenwälder und -forste im Mittelgebirge jedoch gemieden. Meidet auch weitgehend von Fichtenbestockungen umgebene Buchenbestände, besonders solche oberhalb 600 m ü. NN. Im allgemeinen steigt die Siedlungsdichte mit Auflichtungen bzw. Nähe zum Waldrand und zunehmendem Alter der Bäume. Hohes Nistkastenangebot und Brutmöglichkeiten in Gebäuden sichern in Dörfern und Städten z. T. dichte Besiedlung selbst baumarmer Stadtzentren und mancher Neubaugebiete. Schlafplätze in Schilf, Röhricht, Weidicht, Laub- und Nadelbäumen ([1580, 2390, 2812, 4017], Eifler und Hofmann 1985, Blümel 1986), selten an oder in Gebäuden ([1542], Creutz zu Maschke, H.-J.: Falke 17, 1970: 133) und in der dichten Vegetation eines Kartoffelfeldes (A. Strohbach in Blümel 1986).

Bestand: Heyder [1223, 1729] und Schneider [2818] gehen auf die Bestandsentwicklung nicht ein. Seit etwa 1920 und besonders nach 1945 lokal starke Zunahme [2479, 3207], bis Mitte der 1970er Jahre anhaltend ([3207], Hoyer 1985). Seit etwa 1980 wird namentlich in NW-Sachsen Rückgang verzeichnet ([3952, 4017, 4183], Erdmann 1989 b), wobei auch vermindertes Nistkastenangebot in Gärten zu beachten ist (vgl. [2492], Blümel 1986). Im S nur auf einigen Siedlungsdichte-Testflächen leichter Rückgang der Brutbestände, generell sind lediglich die Winterbestände auffallend reduziert. Der S. neigt zu geselligem Brüten und erreicht bei entsprechendem Höhlenangebot auch großflächig eine hohe Siedlungsdichte. Ortslagen: 1981 Großschönau/Kr. Zittau, 14,5 ha, 14,5 BP/10 ha (EIFLER und HOFMANN 1985); 1978–1982 Leukersdorf/ Kr. Stollberg, 12 ha, M_5 = 9,5 BP/10 ha (C. LEICHSENRING); 1978 Wüstenbrand/Kr. Hohenstein-E., 11,2 ha, 8,9 BP/10 ha [3449]. In manchen Dörfern, insbesondere aber in städtischen Siedlungen mit M_8 1,7 (0,8–2,4) BP/10 ha (z. B. EIFLER und HOFMANN 1985) deutlich niedrigere Werte. Bei entsprechender Bauweise können Neubaugebiete in kurzer Zeit stark besiedelt werden: Chemnitz, 36,2 ha, 1972 S. fehlend [2896], 1978 in Entlüftungsschlitzen von Gebäuden 19,9 BP/10 ha [3462]. Parks: Im Extremfall 40 BP auf 5,6 ha (G. CREUTZ) bzw. 11 BP/ 2,8 ha (R. STEFFENS), meist jedoch zwischen 12,8 und 26,8, M_6 22,7 BP/10 ha, in einigen Fällen auch wesentlich niedrigere Werte (z. B. 1–4 BP/7,5 ha, R. DAMME). Auewälder: Deutliche Zunahme im Auwald bei Leipzig von 2,8 BP/10 ha 1958 [1949] auf 14,3 BP/10 ha 1967 [2549] und schließlich wieder leichter Rückgang auf 8–11 BP/10 ha 1985–88 (ERDMANN 1989 b) [2549]. Extrem hohe Werte 1964 im Auwald Laske/Kr. Kamenz mit 40,0 BP/ 10 ha auf Flächen mit und ohne Nistkästen [2171] sowie 1965 im Auwald Burgaue bei Leipzig, 8,5 ha mit Nistkästen, 43,7 BP/10 ha [2183], im Mittel jedoch 6,6–14,9 M_{10} 10,0 BP/10 ha. Laubmischwälder (meist Hangwälder) des Hügellandes: unter besonders günstigen Bedingungen (Randlage, höhlenreich) 60 BP/7,4 ha (W.-D. GRÜNELT) bzw. 17–36 BP/10 ha (P. HUMMITZSCH), im allgemeinen jedoch zwischen 5,2 und 12,9, M_{15} 7,6 BP/10 ha. In Buchenwäldern unter günstigen Bedingungen mit 21 BP/8,2 ha (D. LOSCHKE) ebenfalls noch relativ hohe Dichte, meist aber deutlich niedriger: 0,0–5,6, M_5 2,9 BP/10 ha. In Kiefernbestockungen nur sporadisch und oft an einzelne Laubbaumeinstreuungen bzw. Nistkästen gebunden M_7 0,4 BP/10 ha (z. B. [4061]).

Brutbiologie: Hinsichtlich der Nistplatzwahl sehr anpassungsfähig. Nester gewöhnlich in Baumhöhlen, Nistkästen oder Mauerlöchern, in 0 bis mind. 20 m Höhe. Benutzt auch Höhlen, in die von oben eingeflogen wird, z. B. sehr häufig in Betonmasten am Straßenrand, ferner Greifvogelnester [4017] oder Straßenlampen [2972] u. a. In den Niederungen regelmäßig 2 Jahresbruten, die jedoch Zweitbruten nicht gleichzusetzen sind [1729]. 1951–1970 brüteten in Machern/Kr. Wurzen nur ca. 42% der an Erstbruten beteiligten ♀♀ ein 2. Mal, der Anteil schwankte jährlich beträchtlich und von 142 Spätbruten waren nur 82 (57,7%) echte Zweitbruten [1237, 1438, 2817]. In manchen Jahren gab es sogar mehr Spät- als Erstbruten [2817]. Anteil Spätbruten im nördl. Kr. Niesky (n = 115) 29% (BLÜMEL 1986), im Tharandter Wald (n = 112) ca. 18% (K. WAGNER). Zumindest im höheren Bergland nicht in jedem Jahr 2 Jahresbruten. An den Bruthöhlen ab Anfang Febr. die ersten ♂♂. Legebeginn Erstbrut überwiegend im 2. Apr.-Drittel, in Machern frühestens 10. 04. 1961 [2817], Oberlausitz 06. 04. 1959 (BLÜMEL 1986), am Nordrand des Tharandter Waldes 1961 und 67 ca. 05. 04. (K. WAGNER in [3834]) und 1972 Chemnitz ab Anfang Apr., denn 08.–10. 05. von 41 Erstbruten bereits 18 ausgeflogen (D. SAEMANN). Eiablage Spätbrut 3. Mai-/1. Junidekade; am Nordrand des Tharandter Waldes frühestens ca. 16. 05. 1961 und 1967, spätestens ca. 24. 06. 1965 (K. WAGNER); 1972 in Chemnitz ab 2. Maidekade (D. SAEMANN) und 1985–1987 (n = 15) vom 29. 05.–09. 06. (J. BÖRNER). Gelegegröße und Jungenzahl der Erstbruten größer als die der Spätbruten: 1950–1980 Machern Erstbrut: 3–9 Eier, M_{436} = 5,3 und Spätbrut: 2–6 Eier, M_{283} = 4,1; Jungenzahl Erstbrut 1–8 juv., M_{470} = 4,3 und Spätbrut 1–6 juv., M_{216} = 3,2 juv./ Nest ([3952], M-Werte z. T. berichtigt). In der Oberlausitz etwas höhere Jungenzahl mit M = 4,7 bzw. 3,7 juv./Nest (BLÜMEL 1986). 1985–1987 in Chemnitz bei Erstbruten M_{28} 3,7 und Spätbruten M_{10} 2,5 juv., unter Einbeziehung der Totalverluste nur 3,3 bzw. 1,0 juv./BP (J. BÖRNER). Am Nordrand des Tharandter Waldes nur 4,1 Eier und 2,2 fl. juv. je Brut [3834]. Möglicher geringfügiger Rückgang der Gelegestärke und des Bruterfolges [3834, 3952, 4183] sind bei Beurteilung des Bestandsrückganges zu berücksichtigen.

Wanderungen: Ankunft witterungsabhängig vielfach ab Anfang Febr., nicht immer klar von Überwinterung zu trennen. Heimzug evtl. bis 2. Apr.-Drittel [4017]. Sächsische Brutvögel ziehen nach SW in das Winterquartier [4096]. Überwinterung von Bv fraglich, Aufenthalt bis Dez. nachgewiesen [1223]. Herkunft der Überwinterer unklar, vermutlich aus E bis NE [3934]. Besonders im Flachland Schwarmbildung von März bis Nov., nach Selbständigwerden der juv. an Umfang erheblich zunehmend ([4017], BLÜMEL 1986). KRÄTZIG [964] verneint Frühsommerzug sächsischer S., nach FLIEGE [4096] ist der Anteil gering; er dürfte nach N hin zunehmen. Aus den Gebirgslagen wandern ad. und juv. S. ab Mitte Juni vor allem in das nordsächsische Flachland ab [4096], so daß z. B. das hohe Mittelerzgebirge von Juni bis Mitte Sept. (auch neuerdings?) starenfrei bleibt [2570]. Auf der Hochfläche bei Satzung 1985–1988 regelmäßig bis mind. Ende Juli max. 500 S. (D. SAEMANN). Weg- und Durchzug ab Mitte Sept. bis Mitte Nov. mit Höhepunkt im Okt.. In dieser Zeit Ansammlungen vor allem an Schlafplätzen bis max. 150 000 [3207]. Seit etwa 1950 zunehmend Überwinterung [2112,

2616], periodisch stark schwankend und in E-Sachsen deutlich geringer als in W-Sachsen (vgl. [1707], EIFLER und HOFMANN 1985, BLÜMEL 1986). Mitte der 1970er Jahre allein in Leipzig und Chemnitz je ca. 10 000 Überwinterer [3062, 3207]. Seit 1980 Anzahl der überwinternden S. stark reduziert; z. B. auf 2–3 Bäumen am Leipziger Hauptbahnhof 1967–83 jährl. von Aug.–Apr. max. 8 000, Aug. 1975 10 000, Sept. 1976 16 000, nach 1980 nur noch 2 500 und 1983 Schlafplatz verlassen (K. GRÖSSLER). Im Nachwinter manchmal hohe Verluste [1729, 2906].

D. SAEMANN, R. STEFFENS

Hirtenstar – *Acridotheres tristis* (L., 1766)
Gefangenschaftsflüchtling

Vorkommen: Herbst 1906 bei Altenburg 1 erlegt, Beleg im Mus. Altenburg [1545]. Im Bez. L von Nov. 1977 bis Aug. 1982 Nachweise an verschiedenen Stellen und mind. 2 Bruten: Nov. 1977 an einer Stallanlage bei Noitzsch/Kr. Eilenburg 2 H., von denen einer gefangen wurde und in den Tierpark Eilenburg kam; Juni 1978 Plaußig/Kr. Leipzig Brut in einer einzelnen Esche am Ortsrand, mind. 2 juv. flogen aus [3340]. Eine, eventuell zwei erfolgreiche Bruten 1978 in einem Feldgehölz bei Wachau/Kr. Leipzig (R. HEIGEL). Weitere Beobachtungen 1978: Südfriedhof Leipzig (W.-D. BEER); bis zu 6 Ex. (Familienverband?) in Holzhausen/Kr. Leipzig (F. ZETZSCHE); 1 Ex. bei Bad Düben/Kr. Eilenburg (F. ZETZSCHE). Einzelnachweise außerdem Febr. 1979 in Plaußig (J. VOGELSANG), 11. 07. 1982 Oelzschau/Kr. Borna (H. DORSCH), 28. 08. 1982 bei Wachau (T. BRÜCKMANN). Vermutlich freigelassene oder aus Gewahrsam entwichene Vögel (ERDMANN 1989 c).

G. ERDMANN

Pirol – *Oriolus oriolus* (L., 1758)

Sommervogel, Durchzügler
Unterart: *O. o. oriolus* (L., 1758)

Verbreitung: Bv des Flach- und Hügellandes; bereits oberhalb 250–300 m ü. NN nur noch sporadisch, meist in Tallagen vorkommend und BN oberhalb 400 m ü. NN selten: 1975 Sohland/Kr. Bautzen 420 m (R. REITZ in [3974]), Göppersdorf/Kr. Pirna 480 m (FG Pirna). Brutzeitaufenthalte im Erzgebirge gelegentlich bis über 500 m, Durchzügler bis 900 m ü. NN [3207].

Lebensraum: Waldrandzonen, lichte unterholzreiche Laubmischwälder, entsprechende Waldreste, Flurgehölze, Baumreihen, Parks, Friedhöfe, laubbaumreiche Ortsränder, mit Laubbäumen aufge-

forstetes Tagebaugelände (DORSCH 1988). Besiedelt auch die Kiefernwälder und -forste der Heidegebiete, wenn wenigstens vereinzelt Eichen oder Birken bzw. Laubbaumunterholz vorkommen [2668, 4017] und fehlt i. d. R. selbst den trockenen Kiefernheiden der Oberlausitz nicht ganz [3974], jedoch den Fichtenforsten des Hügel- und Berglandes. Höchste Dichte erreicht der P. in Landschaften mit hohem Randlinienanteil von Wäldern und Gehölzen in Verbindung mit Fließ- und Stillgewässern. Besondere Vorliebe für Pappelpflanzungen unverkennbar.

Bestand: Im Ergebnis der MTB-Kartierung 1978–82 für die 3 sächsischen Bezirke 1 200–2 500 BP geschätzt (R. STEFFENS), für den Bez. D 700–1 500 (P. HUMMITZSCH), für Bez. C max. 100 (D. SAEMANN); für Bez. L 250–280 BP (GRÖSSLER 1993) sicher zu niedrig. Je nach Höhenlage und Lebensraumausstattung deutliche Differenzierung: Chemnitz (130 km^2, Bestandsschätzung 1970 und 1992) 5–10 BP ([2616], SAEMANN 1994), Kr. Zittau (256 km^2, Bestandsschätzung 1982 und Rasterkartierung 1986–89) 40–80 BP (EIFLER und HOFMANN 1985, EIFLER et al. 1996), Kr. Grimma (457 km^2, Bestandsschätzung um 1980) 50–80 BP [4017], Stadt- und Landkreis Leipzig (574 km^2, Rasterkartierung 1991–93) 600–650 BP (StUFA Leipzig 1995) – die Angaben für Leipzig sind trotz günstiger Bedingungen in der Elster-Pleiße- und Partheaue sowie Teilen der Bergbaufolgelandschaft zu hoch, verglichen mit den o. a. Zahlen für den Bez. L wird zugleich die Problematik von Bestandsschätzungen sichtbar. Bestandserfassungen auf 12–88 km^2 großen Flächen im Ackerhügelland M$_5$ 0,3 (0,1–0,7) BP/100 ha (L. BECKER, C. NEITSCH, G. EIFLER in [3974]), Spitzenwerte nur im günstigen Jahr 1974 (J. HENNERSDORF), in Flußauen, Teichgebieten u. ä. M$_7$ 1,1 (0,8–1,9) BP/100 ha ([3275], R. EHRING, J. HUTH u. a.). Siedlungsdichte auf Probeflächen in Kiefer-Laubbaumbestockungen des Hügel- und Tieflandes M$_{35}$ 0,3 (0,0–0,9) BP/10 ha (S. KRÜGER, H. MENZEL in [3974], P. HUMMITZSCH, J. SCHIMKAT u. a.), in entsprechenden Laubbaum-Mischbestockungen M$_{29}$ 0,2 (0,0–0,9) BP/10 ha (G. HOFMANN, J. SCHIMKAT, W. WEGER u. a.). Auch in großflächigen Auwäldern nur M$_{10}$ 0,2 (0,0 – 0,4) BP/10 ha ([1949, 2549], ERDMANN 1989 b), dagegen in Auwaldresten der Oberlausitz und an der Elbe M$_{14}$ 1,7 (0,7–3,5) BP/10 ha (G. CREUTZ, H. KLUNKER, A. MAUME u. a.), desgleichen auch in Fließ- und Standgewässer-Randgehölzen M$_{51}$ 2,9 (0,0–12,0) BP/10 ha ([2177], D. SPERLING, R. STEFFENS u. a.), hier max. 3 BP auf 2,5 ha (D. KELLER) und 1 BP auf 0,9 ha (S. RAU), doch sind dann meist weitere Gehölzgruppen mit in das Brutrevier einbezogen (DORSCH 1985). In pappeldominierten Kippenaufforstungen bei Leipzig ab

Dickungsalter M_9 1,6 (0,8–2,1) BP/10 ha (DORSCH 1988), in analoger Bestockung (21,5 ha) im Kr. Hoyerswerda 1,4–1,9 BP/10 ha [4073]. Besiedlungsdichte in Parkbiotopen analog der in Laubmischwäldern, in Parks bzw. parkartigen Bestockungen der Flußauen jedoch wiederum höhere Werte: M_{10} 1,1 (0,6–3,6) BP/10 ha (MÜLLER 1989, R. STEFFENS, K. TUCHSCHERER u. a.). Auf Siedlungsdichte-Probeflächen im bebauten Bereich nur sporadisch, doch rechnen EIFLER und HOFMANN (1985) für den Kr. Zittau mit 1–2 BP je Ort im Gefilde und ermittelten hier 0,2 – 0,4 BP/10 ha. Bestandsentwicklung nach HEYDER [1223] und CREUTZ [3974] rückläufig. Ursachen jüngeren Datums könnten Gehölzbeseitigung und Bachbegradigung der 1960er und 1970er Jahre sein. Doch sind beim P. auch mittel- und längerfristige Bestandsschwankungen zu beachten, die leicht zu Fehldeutungen führen. Relativ günstige Bestandssituation z. B. Mitte der 1950er und 1970er sowie Ende der 1980er Jahre, um 1960 und 1980 sowie nach 1990 jedoch weniger häufig. Solche Bestandsschwankungen wirken sich besonders auffällig in suboptimalen Lebensräumen aus (z. B. HÖPPNER [1894]), führen zu besonders deutlichen Einbußen zum Bergland hin (L. BECKER in [3974]). Vorkommen an der oberen Verbreitungsgrenze im Erzgebirge oft jahrelang fehlend, was leicht den Verdacht des Rückzuges nahelegt [3207]. Nach KÖCHER und KOPSCH [4017] dürfte sich der Bestand in den Kr. Grimma, Oschatz und Wurzen gehalten haben, desgleichen bei Biehla-Weißig im Kr. Kamenz von 1970–1990 ([3275], MELDE 1990). Nach der Beringungsübersicht 1969–92 für Sachsen (DORSCH 1994) könnte man einen leichten Rückgang vermuten, auch aus SAEMANN ([2616] und 1994). Insgesamt ist aber kein eindeutiger Trend belegbar.

Brutbiologie: Der Nestbau beginnt meistens in der dritten Maidekade, seltener schon in der zweiten oder gar in der ersten. Nest meist in den Außenästen von Laubbäumen: in Eiche 62×, Birke 47×, Pappel 33×, Erle 25×, Kiefer 10×, Ahorn 9×, Aspe 7×, Kastanie 4×, Linde und Traubenkirsche je 3×, Esche, Eberesche, Hainbuche, Robinie je 2×, Haselnuß, Weide, Apfel, Rotbuche je 1×. Niedrigste Nesthöhe 1,5 m (R. SCHIPKE), höchste ca. 18 m (R. BÄSSLER). Funde zwischen 3 und 5 m sowie zwischen 7 und 10 m überwiegen stark. Rückrechnungen für die Ablage des 1. Eies ergaben 1× 1. Maidekade (frühester Termin 09. 05. oder davor, S. DANKHOFF), 3× 2. Maidekade, 6× 3. Maidekade, 1× 1. Junidekade und einige spätere, sicherlich Ersatzgelege betreffende Termine bis Ende Juni/Anfang Juli (z. B. 25. 06. 1983, S. WEISS). Vollgelege enthielten 10×3, 12×4, 2×5 Eier. Zahl der gefundenen Nestjungen: 4×1, 23×2, 31×3, 31×4, 2×5. Nestjunge wurden frühestens am 26. 05., spätestens am 25. 07. gefunden. Die Jungen verlassen meist im Juli (frühestes Datum 10. 06., S. DANKHOFF) das Nest und streifen mit den ad. zusammen umher. Familien mit unselbständigen juv. noch häufig in der 1. Aug.-Hälfte, spätestens am 17. 08. 1980 Stolpenbruch bei Heyda/Kr. Wurzen (H. KOPSCH in [4017]). In der Oberlausitz aber auch noch Familienverbände am 28. 08. 1976 (C. SCHLUCKWERDER), 03. 09. 1972 (F. MENZEL) u. 04. 09. 1979 (R. DIETZE), was nach CREUTZ [3974] wahrscheinlich Ersatzbruten betrifft. Eine Jahresbrut.

Wanderungen: Ankunft normalerweise im 1. Maidrittel – Kr. Grimma, Oschatz und Wurzen frühestens 01. 05. 1976 (H. JOIKO in [4017]), Bez. C 04. 05. 1969 (E. FUCHS), Bez. D mind. 13 Apr.-Daten, frühestens 26. 04. 1978 (R. PÜRSCHEL), im Bez. L 1966 und 1972 auch am 30. 04. [2435, 3363]. Bemerkenswert ist eine Häufung früher Ankunftsdaten Ende der 1880er, Beginn der 1890er Jahre, z. B. für Leipzig 11× zwischen 26. u. 30. 04. [586] und für Chemnitz 1887–91 01.–04. 05. [161, 172, 178, 196]. Erstnachweise i. d. R. durch Gesang, witterungsbedingt können P. zunächst einige Tage unbemerkt bleiben. Durchzug in Gebieten ohne Bv bis Mitte Juni [3207]. Wegzug recht unauffällig, meist Ende Aug. abgeschlossen [4017], in manchen Jahren 1.–2. Sept.-Dekade [4017, 3207], im Kr. Zittau Wegzug 2. Juli–1. Aug.-Dekade, letzte Beob. 1. Sept.-Dekade (EIFLER und HOFMANN 1985). Nach dem 20. 09. nur noch ausnahmsweise: 21. 09. [256], 23. 09. 1973 (R. SCHIPKE), 24. 09. 1969 [3363], 22. 10. 1974 [3207], 1 ♀ bis 30. 12. 1981 in Lübschütz/Kr. Wurzen (H. LINDNER in [4017]).

P. HUMMITZSCH, D. SAEMANN, R. STEFFENS

Eichelhäher – *Garrulus glandarius* (L., 1758)

Jahresvogel, Durchzügler, Wintergast
Unterart: *G. g. glandarius* (L., 1758)

Verbreitung: Bv des gesamten Gebietes ohne Einschränkung in der vertikalen Verbreitung.

Lebensraum: Wälder aller Art, größere Feldgehölze, Waldreste, Parks und Friedhöfe, seltener auch stark begrünte Teile der Ortschaften. Die in den 1950er Jahren beobachtete Verstädterung ([2479, 2616], LINDNER 1955, MELDE 1986) hielt nicht an, doch sind seit etwa 1975 wieder Brutzeitaufenthalte in stark begrünten Wohngebieten z. B. von Chemnitz, Zwickau und Reichenbach (D. SAEMANN) registriert worden. Der E. bevorzugt gut strukturierte Mischbestände mit ausgeprägter Strauchschicht. In einschichtigen, uniformen Alt- und Stangenhölzern dagegen nur geringe Siedlungsdichte ([3526], MELDE 1986).

Bestand: Langfristige und großräumige Bestands-veränderungen sind kaum belegbar. Starke Zunah-me nach 1945 wurde durch die Regelung des Jagd-wesens ab 1953 gestoppt. Seitdem, von lokalen Schwankungen abgesehen, nahezu gleichbleiben-der Bestand. Großräumige Dichte im Kr. Zittau (256 km^2) 170–300 BP (EIFLER et al. 1996), im Stadt- und Landkreis Leipzig (574 km^2) 50–60 BP (StUFA Leipzig 1995) und in der Dübener Heide (41 km^2) 70–110 BP (J. HUTH u. a.). Auf Siedlungs-dichte-Probeflächen meist weniger als 1 BP/10 ha. In den Fichtenwäldern und -forsten des Erzgebir-ges großflächig 0,2 – 0,4, M$_7$ 0,2 (D. SAEMANN, R. STEFFENS u. a.). Im Tharandter Wald und in den Heidewäldern der Lausitz ergibt der sporadische Nachweis auf Siedlungsdichte-Probeflächen insge-samt ähnliche Werte. Auch im Auewald bei Leip-zig längerfristig nur 0,1–0,2 BP/10 ha [1949, 2549]. In Laubmischwäldern des Hügellandes 0,0–1,4, M$_{11}$ 0,6 (R. STEFFENS u. a.). Lokal jedoch auch hö-here Dichte, wobei Ergebnisse mit deutlichem Kleinflächeneffekt (z. B. [4017]) unberücksichtigt bleiben: NSG Auewald Laske 1965 7 BP auf 33,6 ha (G. CREUTZ, R. SCHLEGEL), 20 ha Kiefern-anflug inmitten Laubmischwald bei Weißig/ Kr. Kamenz 1976 5 BP (MELDE 1986). Vorwiegend ackerbaulich genutzte Gebiete sind großflächig sehr dünn besiedelt: Raum Altenburg 1982, 125 km^2 nur 4 BP [3898]. Jahreszeitlich differen-ziertes Verhalten des E. scheint die Ergebnisse der Bestandserfassungen stark zu beeinflussen.

Brutbiologie: Balztreiben von jeweils 8–12 Ex. in stadtnahen Wäldern bei Chemnitz zwischen 09. 03. und 07. 04. (D. SAEMANN), anderenorts oft erst En-de März [4017]. Am 26. 03. 1956 in Borsdorf/ Kr. Leipzig bereits 3 BP mit Nestern [4017] und 18. 04. 1980 bei Schmölen/Kr. Wurzen 2 BP mit juv. im Nest [4017] deuten auf Beginn der Eiablage im letzten Märzdrittel. Ersatzbruten (Zweitbruten nicht belegt) bis in den Sommer: 16. 05. 1958 Ma-chern/Kr. Wurzen Nestbau [1593]; 24. 05. 1981 1. Ei bei Steina/Kr. Kamenz (W. THIEME); 02. 06. 1978 Kr. Zittau Gelegefund (EIFLER und HOFMANN 1985); 15. 07. 1969 Meltewitz/Kr. Wur-zen Fütterung unselbständiger juv. [4017]; 17. und 18. 08. 1976 Augustusburg/Kr. Flöha Fang von je 1 noch nicht selbständigem juv. (D. SAEMANN). Nest-stand 2–14 m hoch, jedoch auch auf Kiefer in 18 m und Fichte in 20 m Höhe (W. THIEME), bevorzugt auf Fichte (n = 44), Kiefer (n = 35) und Eiche (n = 21); 21 Nestfunde auf 9 weiteren Baumarten. Gelegegröße: 1×2, 2×3 (wohl Nachgelege), 10×4, 17×5, 26×6, 8×7 und 2×8 Eier, M$_{63}$ 5,6 Eier/Ge-lege. Alle Gelege mit 7 und 8 Eiern aus der Ober-lausitz (MELDE 1986). Es finden sich meist nur 3–5 juv. im Nest, selten 6 oder 7 (z. B. [4017]); M$_{33}$ 3,9 juv./Nest.

Wanderungen: Hohe Aktivitäten und Bildung klei-ner Trupps nach der Brutzeit täuschen teilweise bereits im Aug. (z. B. [4017]) Zug vor, was mehr noch auf die bis Nov. stattfindenden Sammelflüge (vgl. [3216]) zutreffen dürfte. Wegzug heimischer Bv ist nur 1 mal belegt [1223]; viele Wiederfunde (z. B. [4017]) bezeugen das Gegenteil. Der Durch-zug in E-Europa beheimateter E. beginnt im Sept.; 10. 09. 1970 [4017], 13. 09. 1972 (D. SAEMANN), 14. 09. 1959 (MELDE 1986), 16. 09. 1967 [4017]. 1977 Wegzugbeginn in der Oberlausitz am 18. 09. (MELDE 1986) und bei Chemnitz am 20. 09. (D. SAEMANN). Durchzug in der Kläranlage Leipzig 16. 09.–11. 11. [3751]. Ab 19./20. 09. allgemeiner Durchzugsbeginn; Zuggipfel im Okt. und ausklin-gend im Nov.. Spätere Zugerscheinungen sind sel-ten: 18. 12. 1970 Canitz/Kr. Wurzen 24 nach W [4017]. Aufenthalt von E. östl. Herkunft im Sept. ist belegt: beringt 29. 09. 1977 Augustusburg/ Kr. Flöha – tot 15. 05. 1978 in NE-Polen [3935]. Durchzug zahlenmäßig stark schwankend, in man-chen Jahren fehlend, zuweilen Massenzug: 02. und 07. 10. 1955 Wermsdorf/Kr. Oschatz 240 nach NW [4017] bzw. in 4,5 Stunden ca. 3000 nach SW [1533]; 27. 09. 1961 Kreba/Kr. Niesky in 3 Stunden 713 nach S [1737]; 08. 10. 1978 Stollberg 800–1000 nach W (F. VORWALD), am 19. 10. 1974 Feldgebiet bei Hohenroda/Kr. Delitzsch 300 (K. GRÖSSLER). Fernfunde beringter Vögel weisen nach S und SW sowie E bis NE und reichen in Russland ostwärts bis ins Gebiet von Kaluga [2167]. Der Heimzug fällt viel weniger auf, nur manchmal werden 50–70 ziehende E. notiert [4017]. Zugzeit von Mitte März–Mitte Mai, nach dem 15. 05. sehr selten als Zug zu deutende Beobachtungen: 20. 05. und 27. 05. 1973 nördlich Chemnitz 4 bzw. 2 Ex. nach Ene (W. WEISE).

D. SAEMANN, K. WEISBACH, R. STEFFENS

Elster – *Pica pica* (L., 1758)

Jahresvogel
Unterart: unklar, vgl. KELM u. ECK (1986)

Verbreitung: Bv aller Naturräume bis ca. 1150 m ü. NN [1729, 2570]. Vorkommen im Sächsisch-Nie-derlausitzer Heideland sowie im Bergland z. T. aber nur lückenhaft.

Lebensraum: Nach HEYDER [1223] „Vogel offener, mit Gehölz und Gebüsch durchsetzter Landschaf-ten". Dies trifft gegenwärtig in dem Maße nicht mehr zu; seit 1950 und besonders nach 1970 auffal-lende Bindung an Ortschaften. Intensive Bejagung, wie von MELDE (1986) angenommen, kann dafür nicht der alleinige Grund sein. Viel mehr sind Flurbereinigung und vor allem die Intensivierung der landwirtschaftlichen Pflanzenproduktion als

Ursache anzusehen. Gegenwärtig nahezu ausschließlich Bv in Dörfern und besonders in Städten, stellenweise an Verkehrswegen (besonders Eisen- und Autobahn), isolierten Industrieanlagen und Landwirtschaftsobjekten. Besiedlung der Ortschaften war schon vor 1900 bekannt [1729], in Leipzig auffällig seit 1980 und wohl durch aufgelockerte Bebauung und Nahrungsangebot begünstigt (K. Grössler). Besiedlung ursprünglicher Lebensräume nur noch lokal im Flachland, namentlich in gehölzreichen Flußauen ([4017], Melde 1986). Schlafplätze ebenfalls oft in Ortsrandlage, gern in üppigem Weiden-Birken-Dickicht, landschaftsbezogen auch in Kiefern- oder Fichtendickungen.

Bestand: Vor 1940 starker Rückgang, danach bis in die 1950er Jahre erhebliche Zunahme [1223, 1729]; seit Mitte der 50er Jahre intensive Bekämpfung und seit Ende der 1960er Jahre in manchen Orten, z. B. in Chemnitz, exponentielle Zunahme: um 1920 in Chemnitz 2–3 BP [575], 1968 130 km^2, 80–100 [2616], 1977 ca. 210 (D. Saemann) und 1987/88 ca. 500 BP bzw. 3,8/km^2 (J. Börner). In gleicher Weise vergrößerten sich die Schlafgemeinschaften: 1968 bis 25 Ex [2616], 1973/74 bis zu 65 (C. Leichsenring) und 1987/88 bis zu 400 Ex. an einem Schlafplatz (J. Börner). So extrem verlief die Entwicklung nicht überall, in Leipzig aber Anfang der 1990er Jahre auch 1,5–1,6 BP/km^2 (G. Erdmann u. a.). Außerhalb der Großstädte ist die großflächige Dichte im allgemeinen viel geringer: 1976 Kr. Auerbach 0,4 BP/km^2 (M. Thoss), 1980/81 Kr. Borna ca. 0,2 [3938], 1982 Altenburger Land 0,2 [3898], 1970 Kr. Zittau ca. 0,4 (Melde 1986); Kr. Riesa 0,3 (W. Teubert, D. Schneider); nördl. Kamenz nach 1950 mind. 0,5 und 1977 nur noch 0,02 (Melde 1986). Auf 1 km^2 großen Zählflächen z. T. wesentlich höhere Dichte: 1977 Canitz/ Kr. Wurzen 15 BP [4017], Chemnitz 1977 max. 12 und 1987/88 bis 14 BP (D. Saemann, J. Börner) in Pirna und Umgebung ca. 10 BP/km^2 (H. Stohn, S. Strauss). Siedlungen in waldreichen Gebirgslagen sind z. T. elsternfrei, z. B. Rosenthal/Kr. Pirna (G. Manka), Bärenburg, Kipsdorf, Zinnwald, Rehefeld im Kr. Dippoldiswalde, Grillenburg im Tharandter Wald (R. Steffens), aber auch ein 20×25 km großes Gebiet zwischen Pulsnitz und Kamenz (W. Thieme).

Brutbiologie: Aufenthalt und Bau am Nest vielfach schon ab Mitte Febr., doch Hauptnestbauphase 2. Märzhälfte und vereinzelt bis 1. Maidekade. Die Wahl der Nistbäume richtet sich vor allem nach dem habitatspezifischen Angebot. In Chemnitz dominierten 1967–1986 (n = 300) Birke mit 26, Pappel 18 und Linde 10%, der Rest verteilt sich auf 23 Baumarten (D. Saemann). Die gleiche aktuelle Reihenfolge ergibt sich für den Bez. D (R. Steffens), für Leipzig (n = 77) 28× Pappel, 16× Weißdorn (Autobahn!), 5× Linde (K. Grössler). Zu diesen dominanten Arten treten regional auch Eiche, Kiefer ([4017], Melde 1986), Robinie [3938] und Buche (FG Ebersbach/Kr. Löbau); 1 Nest auf Hochspannungsmast 1950 bei Schirgiswalde/ Kr. Bautzen (Melde 1986), 1990 Brutversuch in Schornstein eines Leipziger Wohnhauses (K. Grössler). Höhe des Neststandes 1,5 – über 20 m, in den Städten meist viel höher als in den Randzonen. Legebeginn gewöhnlich ab Anfang Apr., bei Spätbruten vereinzelt bis Ende Mai. Auf Legebeginn um den 10. 03. lassen efl. juv. am 01. 05. 1977 in Borsdorf/Kr. Leipzig (H. Lindner [4017]) schließen. BP mit juv. vereinzelt bis Ende Juli ([4017], R. Steffens), doch werden die meisten Bruten Mitte Mai bis Mitte Juni flügge. 1 Jahresbrut. Gelegegröße: 2×2, 3×3, 6×4, 15×5, 20×6, 10×7 und 5×8 Eier, M$_{61}$ 5,6. Brutgröße: 1–7 juv. im Nest, am häufigsten 3–5; M$_{69}$ 4,0 juv./Nest ([4017], Melde 1986, erg.).

Wanderungen: Kein regulärer Zug. Bei Neuansiedlungen müssen Entfernungen von mind. 10–15 km überwunden werden. Zu welcher Zeit dies vor allem geschieht, ist unklar. Am 03. 04. 1988 Satzung/ Kr. Marienberg 2 E. nach Ost; eine Ansiedlung in diesem elsterfreien Kammdorf erfolgte jedoch erst 1990 (D. Saemann).

D. Saemann, K. Weisbach, W. Thieme

Tannenhäher – *Nucifraga caryocatactes* (L., 1758)

Jahresvogel
Unterarten: *N. c. caryocatactes* (L., 1758) – Jahresvogel
N. c. macrorhynchos C. L. Brehm, 1823, Invasionsgast

Verbreitung: Bv des Mittelgebirgsgürtels oberhalb 350 bis etwa 700 m sowie der Sächsischen Schweiz, im Fichtelberggebiet zur Brutzeit bis 1100 m ü. NN. Aus dem Werdauer Wald, vom Rabensteiner Höhenzug, aus dem Tharandter Wald und dem Lausitzer Bergland fehlen vorerst noch BN (Karte 28). Einzelbeobachtungen zur Brutzeit aus der Gefildezone und dem Nordsächs. Flachland betreffen sicher teilweise zurückgebliebene Invasionsvögel.

Lebensraum: Nadelwald. Bevorzugt schwache bis starke Stangenhölzer der Fichte, teils im Mischbestand mit Lärche und/oder Kiefer. Derartige Stangenhölzer bieten gute Bedingungen für die Anlage von Haselnußvorräten. Ausreichende Vorkommen des Haselstrauches im Umkreis von 10–12 km um die Depotflächen sind Voraussetzung für Brutvor-

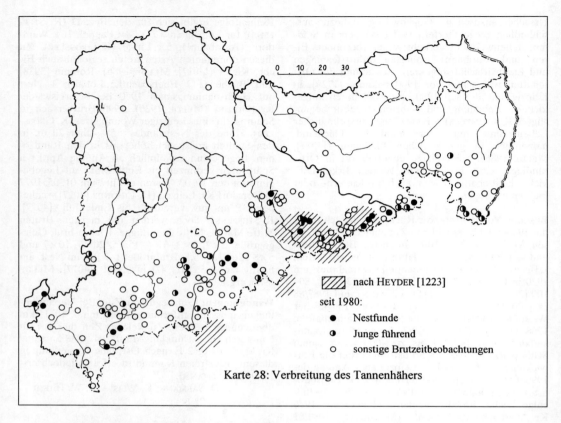

Karte 28: Verbreitung des Tannenhähers

nach HEYDER [1223]

seit 1980:

● Nestfunde

◑ Junge führend

○ sonstige Brutzeitbeobachtungen

kommen des stenöken T. (vgl. hierzu RUDAT 1984). Invasionsvögel sind an keinen bestimmten Lebensraum gebunden.

Bestand: Sowohl kurz- als auch langfristige Bestandsveränderungen sind aus dem vorliegenden Datenmaterial nicht nachweisbar. Auffallende Zunahme der BN nach 1979 und Erweiterung des Brutareals gegenüber der Zeit vor 1950 (vgl. Karte 28) sind möglicherweise Ausdruck intensiverer Beobachtungstätigkeit auf der Grundlage verbesserter Kenntnisse der Biologie des T. HEYDER [1223] erkannte nur 2 Brutgebiete im Osterzgebirge an. Andere Angaben, auch wenn sie sich wie bei HELM [161] eindeutig auf *N. c. caryocatactes* bezogen, wurden skeptisch beurteilt. Erst ab 1955–1960 mehrten sich die Hinweise auf Bruten, doch blieben den meisten diesbezüglichen Mitteilungen Unsicherheiten in der Beurteilung erhalten [1729, 2570, 1958, 2219, 2161, 2281, 2666, 2767, 3289, 2895]. Indessen belegen Brutnachweise in allen Teilen des Brutgebietes dessen gegenwärtige Ausdehnung und die Kontinuität des Vorkommens in geeigneten Lebensräumen, z. B. im Zittauer Gebirge seit 1963 (EIFLER und HOFMANN 1985), im

Raum Auerbach–Klingenthal–Oelsnitz mind. seit 1967 [2666], wohl auch 1955 [1729] und möglicherweise bereits um 1887 [161]; seit dieser Zeit ist der T. auch im Osterzgebirge Bv [1223]. Bestandsangaben sind vage: Zittauer Gebirge ca. 5 BP; 0,7 BP/10 ha in Fichten-Kiefern-Wald der Kammregion (EIFLER und HOFMANN 1985); Bez. C 1975 unter 50 BP geschätzt [3207], nach 1980 Heinzewald 5–8 BP auf 20–25 km² Wald (R. MARTIN), aktueller Bestand im Bez. D ca. 30–40 BP (R. STEFFENS). Der Einfluß guter bzw. schlechter Trachtjahre der Haselnuß auf den Brutbestand ist nicht bekannt.

Brutbiologie: Bisher nur 5 Funde besetzter Nester 5–7 m hoch auf Fichte: 1967 im Kr. Klingenthal bei Hammerbrücke 4 Eier, 4 juv. (E. FUCHS [2666]) und Markneukirchen 4 Eier, 4 juv., die nicht ausflogen (MÖNNIG 1968); 19. 04. 1981 Nest mit 2 juv. bei Ulberndorf/Kr. Dippoldiswalde (H.-J. SCHURIG); 11. 05. 1981 Revier Cunnersdorf/Kr. Pirna 4 ca. 7–10 Tage alte juv. (G. MANKA); 1987 Revier Bornwald nahe Lauterbach/Kr. Marienberg 3 Eier, 2 juv. (A. MELZER, R. MARTIN). Ablage 1. Ei zwischen 05. 03. und 05. 04. bzw. Ende 1. Apr.-Drittel. Während der postnidalen Führungszeit 8×1, 6×2, 1×2–3, 4×3 und 1×4 juv. von 1 oder 2 ad. betreut. Balz und Gesang von Jan. bis Juli, Ende Febr.–Mitte März deutlich gehäuft. Hinweise auf Brutplätze lassen sich daraus nicht sicher ableiten. Die gesamte Brutphänologie bedarf weiterer Untersuchungen.

Wanderungen: Einheimische *N. c. caryocatactes* sind standorttreu. Belegt ist ein Ortswechsel nach 1 Jahr 26 km SSW eines bei Thalheim/Kr. Stollberg beringten ad. T. (R. Möckel). Gehäufte Beobachtungen im Herbst, bes. Mitte Sept. – Mitte Okt. [2666, 2895] resultieren vermutlich aus der intensiven Sammeltätigkeit zur Anlage der Haselnußdepots; regelmäßige Überhinflüge können leicht Zug vortäuschen. Von Dez.–Febr. gelingen kaum Nachweise. Einflüge sibirischer *T. N. c. macrorhynchos* sind daher im Brutgebiet in der Anfangsphase schwer zu erkennen. Nach den von Heyder [1223] ermittelten Invasionsjahren erfolgten größere Einflüge 1954 [1444], 1968 [2706] und 1977 (nur Teilauswertung [4017]). Gehäuftes Auftreten in den und außerhalb der Brutgebiete auch in anderen Jahren ([4017, 2570, 3363, 2666, 2895, 1958, 2281] Eifler und Hofmann 1985, Melde 1986) ist schwer zu beurteilen. Gelegentliches Erscheinen skandinavischer bzw. osteuropäischer *N. c. caryocatactes* ist dabei wohl in Erwägung zu ziehen. *N. c. macrorhynchos* erscheint frühestens Ende Juli/Anf. Aug.: 24. 07. 1968 bei Altenburg und 28. 07. 1968 in der Sächs. Schweiz [2706], 03. 08. 1968 Hohenheida/Kr. Leipzig (K. Grössler). Belege aus dieser in vieler Hinsicht ungewöhnlichen Invasion umfassen die Zeit 15. 08.– 06. 02. [2706]. Nach Heyder [1223] beginnen die Einflüge Mitte, selten Anfang Sept., gipfeln im Okt. und klingen Nov. rasch aus. Dieser Verlauf war auch 1954 [1444] und 1977 [4017] zu beobachten, während 1968 nach einem Beginn Ende Juli bereits im letzten Aug./1. Sept.-Drittel der Höhepunkt erreicht wurde [2706, 2767]. Ab Mitte Dez. werden stets nur noch wenige T. bemerkt und einzelne verweilen bis in die Sommermonate des folgenden Jahres [1223, 1444, 2099, 2706, 3911]; ein BN liegt nicht vor. Ziehende und rastende T. treten gewöhnlich einzeln oder in kleinen Trupps bis 10 Ex. auf. Truppstärken von mehr als 20 Ex. sind Ausnahmen [2706]. Das gilt noch mehr für derartige Ansammlungen außerhalb von Invasionsjahren: 30. 09. 1953 Sachsengrund/Kr. Klingenthal 25 (S. Seifert, G. Schönfuss), Ende Febr./Anfang März 1964 Chemnitz-Adelsberg 20–25 [2161], 02. und 04. 05. 1966 Augustusburg/Kr. Flöha 30 (K. Jorre, R. Gränitz [3207]). Am 15./16. 10. 1977 waren bei Nöbdenitz/Kr. Schmölln 50 bzw. 200 T. mit etwa 60 Eichelhähern vergesellschaftet (R. Bachmann [3335]).   D. Saemann

Dohle – *Corvus monedula* L., 1758

Jahresvogel, Durchzügler, Wintergast
Unterarten: *C. m. monedula* L., 1758 – Jahresvogel, Durchzügler, Wintergast
C. m. soemmeringii Fischer, 1811 – Durchzügler, Wintergast

Verbreitung: Besiedelt als Bv gegenwärtig überwiegend Städte, Industrieanlagen, Einzelbauwerke wie Brücken, Burgen oder Kirchen. Dadurch inselartige Verbreitungsschwerpunkte: Leipzig-Wurzen-Eilenburg und Mittelsachsen (Colditz, Waldheim, Nossen, Mittweida, Burgstädt, Rochlitz u. a.), Ballungsraum Chemnitz-Zwickau-Reichenbach-Plauen, Elbtal (Torgau, Riesa, Meißen, Dresden, Heidenau, Pirna und Sächsische Schweiz), Bautzen, Löbau-Zittau-Görlitz; vor allem dazwischen z. T. erhebliche Lücken. Als Waldbewohner ehemals weit verbreitet, gegenwärtig im Osterzgebirge und in der Südostlausitz noch einige BP. Oberhalb 650 m ü. NN nur wenige Bv. 1987 bei Seiffen/ Kr. Marienberg, 820 m ü. NN 1 BP (U. Kolbe). Weitere Bv oberhalb 800 m ü. NN, z. B. Kirche von Satzung und im NSG Zweibach am Fichtelberg [1233] sind erloschen.

Lebensraum: Bevorzugt höhere Bauwerke, deren Struktur geselliges Brüten ermöglicht [2616]. In den Städten nisten viele Paare einzeln, ebenso die meisten Baumbrüter [1223]. Im Elbsandsteingebirge sowie in den elbnahen Steinbrüchen zwischen Meißen und Riesa Felsbrüter. Nahrungssuche während der Brutzeit bevorzugt auf möglichst naturnahen Wiesen sowie auf städtischen Zierrasenflächen. Acker- und Intensivgrünland möglicherweise eine nur unzureichende Nahrungsgrundlage für erfolgreiche Aufzucht der Jungvögel. Außerhalb der Brutzeit meist im Verband mit Saatkrähen auf Müllplätzen, Ruderalflächen, Un- und Ödland, an Mastanlagen sowie auf Feldern und Gründland [2383, 3807].

Bestand: Entwicklung erst seit etwa 1950 verfolgbar. Vor dieser Zeit vor allem als Baumbrüter weit verbreitet [256, 579, 586, 1071, 1223, 4017]. Nach 1950 starker Rückgang besonders der baumbrütenden Populationen. Der Bestand der Felsbrüter im Elbsandsteingebirge blieb mit etwa 100 BP ziemlich konstant (A. Sturm). Durch günstiges Nistplatzangebot in den ersten Nachkriegsjahren vorübergehende Zunahme bei den Gebäudebrütern. Um 1980 im Bez. C (Bestandsschätzung MTB-Kartierung) 500–1000 BP; im Bez. L 150–300 BP ([4105], Grössler 1993), in den Kr. Grimma, Oschatz und Wurzen 35–45 BP [4017]. Im Bez. D 600–900 BP (R. Steffens, W. Thieme) mit Schwerpunkt Kr. Görlitz (Görlitz-Stadt, Hagenwerder) ca. 150–300 BP und Kr. Pirna ca. 150–200 BP; außerdem Kr. Löbau und Riesa je ca. 70–80 BP, Kr. Bautzen, Zittau, Meißen und Dresden je 30–50 BP, Kr. Kamenz und Sebnitz je 10–20 BP, Kr. Bischofswerda, Dippoldiswalde und Großenhain < 10 BP, Kr. Freital ohne aktuelle Brutvorkommen. Etwa ab Ende der 1950er Jahre deutlicher Bestandsrückgang. In Chemnitz 1968 etwa 250 BP [2616], 1971 noch 190–240 und 1975 ca. 120 BP [3207], 1987/88 etwa 60–100 BP (J. BÖRNER). Am Donatsturm Freiberg 1958 ca. 200 BP – damit wohl eine der größten sächsischen Brutkolonien –, 1975 noch 3–4 BP, gegenwärtig fehlend (F. WERNER); an der Autobahnbrücke Siebenlehn 1969 über 20–30, 1974 noch 10, 1978 < 10, 1982 < 5, 1983 0 BP (B. KATZER, W.-R. RUDAT); in Riesa Mitte der 1980er Jahre ca. 50 BP, vor Abriß des alten Wasserturms aber >100 (P. KNEIS); an der Albrechtsburg Meißen 1983 noch 13 Ex. zur Brutzeit, am 20. 05. 1971 aber 60–80 (B. KATZER). Typisch ist die oft plötzliche Aufgabe lokaler Brutansiedlungen: Gornsdorf/Kr. Stollberg ab 1974 (W. RICHTER), Kr. Auerbach seit 1973 [3207], Hartenberg/Kr. Zwickau 1975 (H. OLZMANN), Augustusburg/Kr. Flöha 1988 (D. SAEMANN). Großflächig nur sehr geringe Dichte: 1982 Altenburger Land auf 500 km² 16 BP [3898]. Viele Vorkommen der baumbrütenden D. erloschen, letztmalig nachgewiesen in den Kr. Grimma, Oschatz, Wurzen 1959 [4017], Elbwiesen bei Graditz/Kr. Torgau 1962 (K. TUCHSCHERER), im Kr. Altenburg bei Paditz und Wilchwitz 1967 (G. ERDMANN), LSG Mölkau-Süd/Kr. Leipzig 1971 (J. LEHNERT), Chemnitz 1973 (D. SAEMANN), Löbauer Berg 1976 (CH. SCHLUCKWERDER), 1 Kolonie bei Seiffen/Kr. Marienberg 1971 [3207], hier noch 1987 1–2 BP (U. KOLBE). In den 1980er Jahren nur noch Restbestände: Bez. L, Kr. Altenburg im Leina-Forst 2 BP 1980–82 [4105]; Kr. Döbeln Waldheim-Richzenhain 2 BP 1980–82 [4105]; Bez. D, Kr. Löbau „Kottmar", Spree-Quelle 10–20 BP 1979 (C. NEITSCH), Kr. Dippoldiswalde Fürstenwalde je 1 BP 1979 und 1980 (D. LOSCHKE), Liebenau 1 BP 1980 (D. LOSCHKE), Altenberg je 1 BP 1987, 1989 (B. KAFURKE, FG Dippoldiswalde), Hirschsprung 2 BP 1989 (FG Dippoldiswalde); Kr. Pirna, Markersbach 1–2 BP 1980 (G. MANKA), Breitenau 1 BP 1980, 1981 (D. LOSCHKE, H. STOHN, A. STURM); Kr. Dresden, Moritzburg 1 BP 1983 (D. KELLER), Dresden-Stadt 1 BP 1984 (P. FUHRMANN, P. HUMMITZSCH); Görlitz-Stadt 16 BP 1988 (FG Görlitz).

Brutbiologie: Nistplätze in den Städten im defekten Dachbereich der Häuser; an alten Gebäuden wie Burgen, Schlössern, Kirchen, Türmen; Viadukte und Industriebauten; in Mauerlöchern und Nischen, Lüftungsöffnungen, Schornsteinen und Nistkästen. Baumbrüter meist in Schwarzspechthöhlen, im Bergland in Buche, im Tiefland auch in Eiche und anderen Baumarten. Brutplätze können ab Mitte Febr. besetzt sein, z. B. in Chemnitz 20. 02. 1971 und 12. 02. 1972 (D. SAEMANN). Brutbeginn gegen Mitte Apr. [4017], in Kamenz am 28. 04. 1980 6 und 20. 04. 1981 7 Vollgelege (W. THIEME); fl. Jungvögel gewöhnlich im Juni. Gelegegröße: im Bez. C seit 1958 3–5 Eier, M_{11} 4,4 Eier/Gelege; in Kamenz 4–6, M_{13} 4,9; Anzahl der fl. werdenden juv. im Gesamtgebiet mit 21×1, 32×2, 38×3, 14×4 und 9×5, M_{114} = 2,5 juv./BP auffallend gering ([4017], EIFLER und HOFMANN 1985, W. THIEME, Kartei Bez. C). Eine Jahresbrut.

Wanderungen: Zugverhalten der Bv unklar. Abzug dj. juv. einmal belegt: 03. 06. 1977 Nossen/Kr. Meißen – tot 15. 11. 1977 Frankreich [3935]. Frühe Besetzung der Brutplätze spricht für Winteraufenthalt der ad. Bv vor, während und nach der Brutzeit auffallende Schwarmbildung und regelmäßiges Aufsuchen von Schlafplätzen, diese Trupps stets artenrein. In Chemnitz an solch einem Schlafplatz 1988 hohe Konzentrationen: Apr.–2. Maidekade ca. 300, bis 2. Junidekade max. 600, Ende Juni–Ende Juli 800–1 000, ab Ende Aug. kein Ex., doch Ende Sept. 1986 und 1987 bis 300 Ex., die erst Ende Okt. den Schlafplatz verlassen hatten (J. BÖRNER). Die Herkunft dieser D. ist ungeklärt. Sporadische Beobachtungen ähnlicher Art auch in anderen Gebieten ([4017], EIFLER und HOFMANN 1985, MELDE 1986, D. KELLER). Mit den Saatkrähen östl. Herkunft erscheinen, vor allem im Nov. [3807], auch D. Ihr Anteil in den gemischten Schwärmen schwankt stark und liegt meist unter 30% [3014, 3418, 3807]. Jährlich erscheinen *C. m. soemmeringii* und dieser Form nahestehende D., im Raum von Leipzig 1951–1992 frühestens am 25. 09., 10. 10., letzte Ex. am 02. 04., 22. 04., überwiegend in den Monaten Nov.–Feb. (K. GRÖSSLER), im Kr. Zittau 23. 10.–11. 03. (EIFLER und HOFMANN 1985). Ihr Anteil übersteigt 1% der Winterdohlen kaum [4017, 2542], die systematische Einordnung der D. mit weißer Halszeichnung ist schwierig (vgl. [4087]).

D. SAEMANN, K. GRÖSSLER, W. THIEME, R. STEFFENS

Saatkrähe – *Corvus frugilegus* L., 1758

Sommervogel; Durchzügler, Wintergast
Unterart: *C. f. frugilegus* L., 1758

Verbreitung: Bv in den fruchtbaren Lößgebieten der Gefildezone sowie im Übergangsbereich, insbesondere den Talweitungen zum Nordsächsischen Flachland hin. Höchstgelegene Brutplätze Ende des 19. Jh. bei ca. 300 m ü. NN, Neundorf in der Südlausitz [1223], aktuell Zittau mit ca. 250 m ü. NN (EIFLER und HOFMANN 1985). Fehlt als Bv

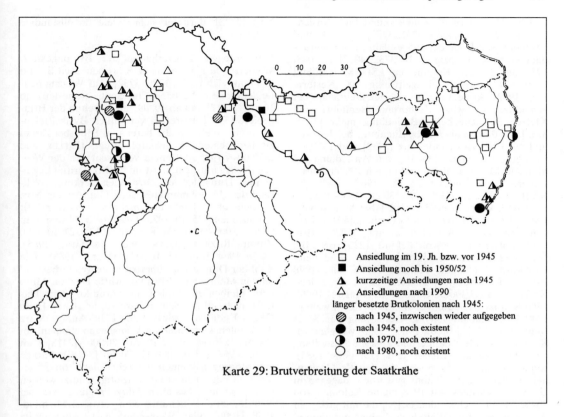

Ansiedlung im 19. Jh. bzw. vor 1945
Ansiedlung noch bis 1950/52
kurzzeitige Ansiedlungen nach 1945
Ansiedlungen nach 1990
länger besetzte Brutkolonien nach 1945:
nach 1945, inzwischen wieder aufgegeben
nach 1945, noch existent
nach 1970, noch existent
nach 1980, noch existent

Karte 29: Brutverbreitung der Saatkrähe

im Bez. C (Karte 29). Im Gebiet zahlreiche Überwinterer, doch kaum oberhalb 600–700 m ü. NN.

Lebensraum: Brutkolonien vor 1940 überwiegend in Gehölzen inmitten der Ackerflächen ([1223, 3732] u. a.). Seither Neugründungen vor allem in oder im Bereich von Ortschaften und Industrieanlagen nistend ([1157, 3731, 3732, 3898, 3938, 4017], EIFLER und HOFMANN 1985, MELDE 1986). Für viele frühere, aber auch für aktuelle Ansiedlungen ist eine mehr oder weniger starke Anlehnung an die Flußsysteme der Elster und Pleiße (Parthe und Whyra), Elbe und Röder, Spree und Neiße sowie weitere Auengebiete bemerkenswert. Nahrungssuche auf Feldern und Grünland, an Landwirtschaftsbetrieben, auf Industrie- und Bahngelände sowie Mülldeponien. Im Winter noch stärker an die Städte gebunden und dann auch in deren Zentren sehr zahlreich.

Bestand: Sinnlose Verfolgung, z. B. in Form des „Gakenduselns" [3892], reduzierte im 19. Jh. die einst großen Bestände. Anfang des 20. Jh. verschwand die S. bis auf geringe Reste aus dem Ge-

biet. Ab 1911 fehlt sie in Leipzig [586], nach 1920 nahezu völlig im heutigen Bez. L [586, 1223, 4017], wo lediglich 1 Kolonie bei Kahnsdorf-Zöpen/Kr. Borna bis in die 1940er Jahre bestehen blieb und 1 weitere bei Spröda/Kr. Delitzsch 1929 nicht mehr existierte [3732]; eine 1938 in Leipzig-Paunsdorf entdeckte Kolonie, die 1952 erlosch [3732], war evtl. schon eine Neugründung. Reiche Vorkommen im Raum Riesa-Großenhain erloschen um 1900 [1223], doch 1928/29 östlich Riesa 1 Kolonie [681], in der um 1950 nur noch 10 BP nisteten [1223]. Ansiedlungen bei Kamenz [147], Rammenau/Kr. Bischofswerda [147], Großdubrau/Kr. Bautzen [172] dürften ebenso wie die Vorkommen bei Zittau [148], vermutlich Ebersbach [147] und bei Neundorf/Kr. Löbau [579] bis 1900 restlos erloschen sein. Um 1920 fehlt die S. in Bautzen [581]. Lediglich im Kr. Görlitz bleibt 1 Kolonie zwischen Arnsdorf und Prachenau bis 1941 erhalten (MELDE 1986) und 1927–1930 existieren bei Görlitz 4 Kolonien östl. der Neiße [748]. Von den wenigen Kolonien, die das Bestandsminimum von 1910–1930 überdauerten, geht vermutlich Mitte der 1930er Jahre die Wiederbesiedlung aus: 1938 erste Neuansiedlung in Leipzig, ab 1948 massiert und bis 1981 werden 59 meist kurzlebige Ansiedlungen registriert [1366, 3731, 3732]. Ab 1948 und besonders seit Ende der 1950er Jahre Koloniegründungen im Kr. Leipzig [3731, 3732, 4017], so auch 1953 die größere Kolonie im LSG Mölkau-Süd [1729, 2473, 3732] mit zeitweilig 300 Nestern. 1951–1962 Ansiedlungen im Kr. Delitzsch bei Schladitz, Rackwitz, Zschortau, Benndorf und Kletzen, seitdem keine Besiedlung mehr [3731, 3732]. 1950 erstmals im Kr. Eilenburg bei Jesewitz und 1959 bei Hohenprießnitz [3732] und 1979 im Kreisgebiet noch Bv [3604]. 1956 Ansiedlung bei Mumsdorf/Kr. Altenburg und in den 1960er Jahren weitere Neugründungen, ab 1963 auch im Kr. Borna [3731, 3732, 3898, 3938]. 1946–1952 in Oschatz 2 kleine Kolonien und 1 bei Mannschatz; 1975 letztmals Brutversuch in Oschatz [4017]. 1939 Gauernitz/Kr. Meißen Neugründung [1026], 1946 bei Strehla/Kr. Riesa Koloniefund [1223] sowie bei Nieschütz/Kr. Meißen [1223]; 1951 Radebeul/Kr. Dresden 1 kleine Kolonie [1729] und 1978 Brutversuch von 10 Paaren in Leppersdorf/Kr. Dresden (J. Frauenfelder in Melde 1986). 1946 Koloniegründung bei Bautzen [1223], weitere 1949–1953 und ab 1947/48 Besiedlung der Stadt Bautzen ([1223], Melde 1986), 1955 Wittgendorf/Kr. Zittau kleine Kolonie und ab 1956 Besiedlung der Stadt Zittau (Eifler und Hofmann 1985). Keine Neuansiedlungen sind aus den Kr. Großenhain und Kamenz bekannt geworden; dagegen in Görlitz mindestens seit 1978 kleine Kolonien von 20–50 BP an wechselnden Orten, die mit größeren Ansiedlungen auf polnischem Gebiet zusammenhängen (A. Gebauer, R. Steffens). Bestandsentwicklung 1960–1980 insgesamt gleichbleibend bei auffallend starken Bestandsschwankungen in den einzelnen Kolonien und in Teilgebieten, so z. B. 1970/71 in Leipzig fehlend [3731]. 1960 im Bez. L 15 Kolonien, 473 BP ([2030] erg.); Bez. D 15 Kolonien, 1301 BP, davon 4/915 im Kr. Riesa, 7/235 Kr. Zittau und 4/151 Kr. Bautzen [2060]. 1981 im Bez. L über 700 BP, davon in Leipzig 199 ([3731] erg.). Im Zeitraum von 1982–88 im Bez. D 1100–1500 BP: Riesa und Bautzen je 400–500 BP (K. Lipinski, D. Sperling), Zittau 300–400 BP (G. Eifler u. a.), Görlitz 20–50 BP (A. Gebauer).

Brutbiologie: Nester überwiegend auf hohen Laubbäumen, in Leipzig besonders Eschen und Platanen [3731], Einzelnester und kleine Kolonien in W-Sachsen öfter auf Pappeln [3731]; in der Lausitz Kolonien auch auf Kiefern (Melde 1986). Daneben werden viele andere Baumarten genannt. Nestbau ab Mitte März und fl. juv. ab 3. Maidekade (Eifler und Hofmann 1985). Bei Großenhain 19. 03. 1882 bereits Vollgelege [120] und 06. 05. 1878 fl. juv. [107]. E. Hummitzsch fand 1×1, 39×2, 74×3, 32×4, 9×5 und 1×6 Eier je

Nest [3732], darunter sicher viele unvollständige Gelege.

Wanderungen: Zugverhalten der Bv ungeklärt. Wiederfunde njg. beringter S. weisen nach S- und W-Frankreich [1335, 1729, 3732]. Auf Wegzug deutende größere Verbände im Sept., frühestens ab 10. 09. [4017] und ab 19. 09. auch weitab der Brutgebiete [3207], betreffen vermutlich Bv (mitteleuropäische?), ebenso die bereits im Sept. bei Zittau zu beobachtenden Schlafplatzflüge (Eifler und Hofmann 1985). Offenbar vermischt sich der Wegzug der Bv mit dem meist im 2. Okt.-Drittel beginnenden Durchzug der S. östlicher Herkunft. Während des Zughöhepunktes Ende Okt./Anfang Nov. können lokal 10.000 und mehr S. in kurzer Zeit durchziehen: 25. 10. 1973 Glasten/Kr. Grimma in 9 Std. 15 000–18 000 (W. Köcher [4017]), 27. 10. 1970 Zittau 10 000 (Eifler und Hofmann 1985), 23. 10. 1964 Kamenz 10 000 (Melde 1986). Die Zahl der Durchzügler übertrifft den Winterbestand um ein Mehrfaches. Etwa von Mitte Dez. bis Mitte Febr. bleiben die Zahlen annähernd konstant. Das trifft auch auf die Schlafplätze zu, an denen Ende Okt. – Ende Nov. sowie Ende Febr./Anfang März die Zahlen kurzzeitig stark ansteigen können, im Raum Leipzig bis auf ca. 30 000 [3418], am 04. 03. 1967 gar 100 000 (J. Fiebig [3418]). Infolge von Störungen können die Schlafplätze öfters gewechselt oder mehrere gleichzeitig benutzt werden [3418], andere bestehen jahrzehntelang wie bei Neukirchen/Kr. Chemnitz von etwa 1890–mind. 1938 [1009] oder Wasserwerkspark Altchemnitz von vor 1950 und 1988 noch (D. Saemann). Regelmäßig mit Dohlen vergesellschaftet, deren Anteil übereinstimmend auf max. 1 Drittel geschätzt wird. Schlafplätze sowohl in Laubbäumen als auch in Fichten. Der Heimzug erfolgt weniger eindrucksvoll von Ende Febr. bis zum 1. Drittel Apr. und klingt bis Ende des Monats aus. Im Mai außerhalb der Brutgebiete nur wenige Daten [3207], ausnahmsweise am Juni: 02. 06. 1983 Leukersdorf/Kr. Stollberg 5, am 07. 06. ebenda 2 Ex. (C. Leichsenring). Herkunftsgebiete unserer Winterkrähen sind Polen und Rußland [1223, 1399, 2417]. Der Winterbestand in Sachsen beträgt ca. 200 000 ± 50 000 S..

G. Erdmann, D. Saemann, R. Steffens

Aaskrähe – *Corvus corone* L., 1758

Jahresvogel
Unterarten: Rabenkrähe – *C. c. corone* L., 1758
Nebelkrähe – *C. c. cornix* L., 1758
weit überwiegend aber Mischkrähen –
C. c. corone x *cornix*

Verbreitung: Die Verbreitungsgrenze beider Unterarten verläuft in einer etwa 200 km breiten Mischzone von NW nach SE quer durch Sachsen. *Cornix*-ähnliche Krähen brüten westwärts bis zur Elbe und nördl. einer Linie Belgern–Schildau/Kr. Torgau und Mockrehna–Doberschütz/Kr. Eilenburg bis zur Mulde [3062]. Noch 50 km östl. der Elbe fand Bährmann [1520] bei Lauchhammer in den Sommermonaten 59,7% Mischlinge, 38,3% N. und 1,8% R., letztere erwiesen sich als unfruchtbar. Bei Kamenz und Niesky sind 5–7% der BP phänotypisch Mischpaare beider Unterarten (Melde 1986) und auch bei Löbau (H.-P. Dieckhoff) und Zittau erscheinen regelmäßig R. (Eifler und Hofmann 1985), deren Reinrassigkeit im Felde jedoch kaum sicher zu bestimmen sein dürfte. Aufgehellte R. und z. T. *cornix*-ähnliche Mischlinge brüten auch westlich der Elbe in zur Peripherie abnehmender Zahl bis zu einer Linie Leipzig–Zwickau–Schwarzenberg ([1223, 4017, 4105] erg.). Mit Sicherheit ist die Mischzone viel breiter als von Meise [663] angenommen. N. verbreitungsbedingt bis 750 m, R. bis 1 100 m ü. NN Bv.

Lebensraum: R. und N. bevorzugen abwechslungsreiches Gelände mit vielgestaltigen Baumbeständen und Freiflächen bis hin zu Einzelbäumen oder Hochspannungsmasten inmitten offener Feldflur. Bv sehr vieler Ortschaften und hier regional viel höhere Dichte als in der Feldflur, die unter dem Einfluß der Jagd und infolge Intensivierung der Pflanzenproduktion z. B. im Bez. C mehr und mehr von der R. geräumt wird. Die Verteilung der Brutplätze wird deutlich vom Nahrungsangebot bestimmt. Meidet das Innere größerer Waldgebiete; Nester bis 0,5, sehr selten bis 1 km vom Waldrand entfernt.

Bestand: Starker Bestandsanstieg bis Mitte der 1950er Jahre und seitdem infolge Bejagung etwa gleichgleibend [4017] ist für viele Gebiete typisch. Im Kr. Zittau anhaltende Zunahme der N. (Eifler und Hofmann 1985), eine solche der R. in Chemnitz resultiert zunächst wohl mehr aus langfristiger und großräumiger Umverteilung der BP (D. Saemann) – 1965 35 [2616], Anfang der 1990er Jahre ca. 500 = 3,8 BP/km² (Saemann 1994), Siedlungsdichte großflächig aber meist unter 1 BP/100 ha: 1980 und 1981 im Kr. Borna auf 105 km² 0,29 und 0,24 BP/100 ha [3938]; 1982 im Raum Altenburg auf 185 km² 0,39, im Stadtgebiet Altenburg 0,7 BP/100 ha [3898]; 1960–1985 im Kr. Kamenz auf 66–68 km² 0,32–0,46 BP/100 ha ([2460] und Melde 1986); 1968 im Kr. Zittau auf 50 km² 0,8 BP/100 ha (Eifler und Hofmann 1985), 1986–89 im gesamten Kr. 0,9–1,6 (Eifler et al 1996); 1991–93 im Stadt- und Landkreis Leipzig ca. 1,7 BP/km² (StUFA Leipzig 1995). Typisch sind BP-Konzentrationen

bis zu kolonieartigem Brüten in Industrie- oder Teichgebieten sowie in Stadtrandzonen, wobei lokal Brutdichten bis 1,8 BP/10 ha, z. B. im TG Haselbach (F. Rost), erreicht werden, jedoch meist um 1 BP/10 ha schwanken ([2460, 2896] 3898, 3938, 4017 , Eifler und Hofmann 1985, Melde 1986), in den gehölzarmen Feldgebieten des Kr. Delitzsch 8 BP auf 0,7 bzw. 1,0 km Baumreihe (K. Grössler). Fehlte 1958/59 im NSG Elster-Pleiße-Auwald bei Leipzig [1949], doch 1966–1968 hier 0,4–0,5 BP/10 ha [2549] und 1985–88 0,3–0,4 BP/10 ha (Erdmann 1989).

Brutbiologie: Nistbäume können alle im Brutrevier vorkommenden Baumarten sein. In der Oberlausitz von 357 Nestern 35% auf Eiche und 22% auf Kiefer (Melde 1986), im Elbe-Röder-Gebiet von 469 Nestern 90% auf Kiefer (H.-J. Kuhne u. a.), im Leipziger Raum überwiegen Eiche und Pappel (K. Grössler). Regional bedeutsam sind auch Fichte, Erle, Birke, Esche, Rotbuche. Nestanlage 3,5 [4017] bis etwa 25 m, auf den in allen Gebieten zur Brut genutzten Hochspannungsmasten auch noch höher. Eiablage ab Ende März/Anfang Apr., Nachgelege bis in den Mai. Sehr früh brütend am 14. 03. 1982 Tiergarten Colditz/Kr. Grimma [4017]. Gelegegröße evtl. bei R. und N. unterschiedlich: in den Bez. C und L 3×2, 6×3, 10×4, 10×5, 2×6, M_{31} 4,1 Eier/Gelege, doch bei Rochlitz vor 1914 fast nur 5er Gelege (R. Zimmermann). Im Bez. D 3×2, 3×3, 11×4, 27×5, 6×6, M_{50} 4,6 Eier/Gelege (Melde 1986). Ähnlich variieren die Jungenzahlen: Bez. C und L 5×1, 14×2, 27×3, 29×4, 10×5, 2×6, M_{87} 3,4 juv./Nest; Bez. D nur Daten aus dem Kr. Zittau (Eifler und Hofmann 1985): 1×1, 2×2, 5×4, 4×5, 2×6, M_{14} 4,1 juv./Nest.

Wanderungen: Zugerscheinungen der Brutpopulation sind ungenügend belegt. Der Fernfund einer im Elbsandsteingebirge erbrüteten Mischkrähe [823] blieb Ausnahme. N. erschienen vor 1930 in W-Sachsen ab Okt. in wesentlich größerer Zahl als gegenwärtig [586, 1223, 3062, 1161], und Trupps von 64 Ex. am 04. 10. 1986 (K. Grössler), 30 Ex. am 12. 12. 1964 Horstsee Wermsdorf und 14. 08. 1982 bei Grimma [4017] oder 20 Ex. unter 100 Saatkrähen 29. 10. 1976 bei Wiederau/Kr. Rochlitz (K. Taubert) sind Ausnahmen. Auch Mitteilungen über winterlichen Zuzug von N. östl. der Elbe sind sehr vage ([1520, 2460] und Eifler und Hofmann 1985). Beide Formen neigen insbesondere im Anschluß an die Brutzeit zur Schwarmbildung bis zu 300 Ex., kleinere Schwärme aber auch ganzjährig [4017]. Der Größe der Schwärme entspricht die Größe der Schlafgesellschaften, die i. d. R. von denen der Saatkrähe getrennt nächtigen.

D. Saemann, M. Melde, K. Weisbach

Kolkrabe – *Corvus corax* L., 1758

Jahresvogel
Unterart: *C. c. corax* L., 1758

Verbreitung: Nach explosiver Ausbreitung ab 1976 ist bis Ende 1987 das gesamte Gebiet wiederbesiedelt. Verbreitungslücken existieren vermutlich noch in den waldarmen Lößgebieten, in der Tagebau-Landschaft des Kr. Borna und in den großflächigen Fichtengebieten des Erzgebirges (Karte 30). Höchstgelegener Brutplatz 1986 im NSG Schwarzwassertal bei 700 m ü. NN (K. OTTO, W. RÖSCH); besonders außerhalb der Brutzeit Aufenthalt bis 900 m ü. NN.

Lebensraum: Bv in Wäldern aller Art. Besiedelte in N-Sachsen zunächst größere Waldgebiete [4017], bei steigender Siedlungsdichte auch kleinere Wälder und Feldgehölze. Bruten auf Gittermasten ermöglichen selbst die Besiedlung gehölzarmer Feldgebiete. Nahrungsräume sind Felder und Grünland, die Randzonen von Städten und Dörfern sowie Abfallablagerungen.

Bestand: Der K. starb in der 2. Hälfte des 19. Jh. in Sachsen aus. Brütete bis 1849 bei Crimmitschau/Kr. Werdau [178], 1853 im Forst Lücka/Kr. Altenburg, um 1860 noch 2 „Horste" im Pahnaforst (KOEPERT 1901), bis in die 1850er Jahre bei Zwenkau/Kr. Leipzig [161, 449, 586] und bis 1868 in der Gohrisch-Heide N Riesa [161]. 1878 bei Langebrück/Kr. Dresden [161] die letzte glaubwürdige Beobachtung [1223]. Von da an bis 1954 keine Hinweise auf Vorkommen [1223, 1729]. Von 1955–1975 wird der K. in allen Landesteilen beobachtet, doch es gelingt kein BN. Diese als Vorphase der Wiederbesiedlung zu wertende Periode verläuft wie folgt: 1955 Kadaverfund bei Leipzig [1361], doch dessen Herkunft ungewiß [3062]; 1957 und 1958 Kr. Niesky [1768, 2594]; 1961 vermutlich Kr. Großenhain (P. FROMMHOLD); 1963 wieder Kr. Niesky [2594]; ferner Kr. Dippoldiswalde [2163] und 1 Beleg aus der Sächs. Schweiz (H. ANSORGE); 1966 Kr. Kamenz (MELDE 1986) und nahe der sächs. Grenze im Kr. Wittenberg [3062]; 1968 Chemnitz [3207]; 1969 Kr. Großenhain (K. HOYER) und Kr. Niesky [2594]; 1970 Kr. Grimma [4017];

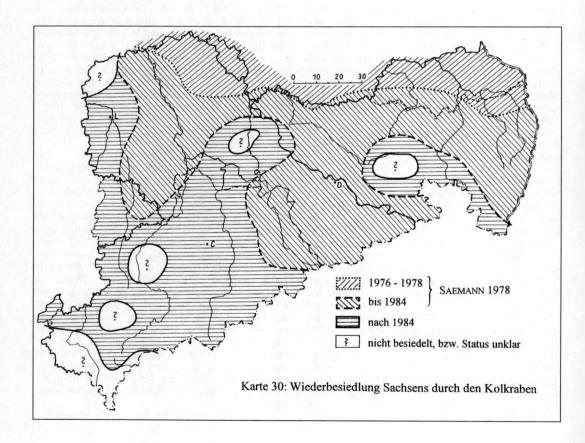

0 10 20 30

▨ 1976 - 1978 ⎫
               ⎬ SAEMANN 1978
▧ bis 1984 ⎭

▭ nach 1984

? nicht besiedelt, bzw. Status unklar

Karte 30: Wiederbesiedlung Sachsens durch den Kolkraben

1972 Kr. Dresden [3048], jedoch vermutlich im Freiflug gehaltene K. aus Moritzburg (S. RAU); 1973 Kr. Stollberg [3207] und ein Wiederfund bei Riesa [3772]; 1974 und 1975 in den Kr. Grimma und Oschatz [4017] und 1975 auch Kr. Eilenburg [3772]. Die eigentliche Besiedlung beginnt 1976 und läßt sich in 4 Etappen gliedern. 1976–1978 Besiedlung der Dübener und Dahlener Heide [3772, 4017] mit Vorstoß in den Kr. Grimma [4017]; östlich der Elbe erreicht der K. die Kr. Großenhain (MELDE 1986) und Niesky (F. MENZEL). 1978 bei Neußen/Kr. Torgau der 1. Nestfund (W. TEUBERT u. a. [3772, 4017]). 1979–1981 dringt der K. deutlich nach S und SW vor und erreicht als Bv 1980 Königsbrück/Kr. Kamenz [3633], 1981 Löbau [3703], das Lausitzer Gebirge (MELDE 1986), den Tharandter Wald (R. STEFFENS) und Rochlitz (D. SAEMANN). In den Kr. Oschatz, Grimma und Wurzen siedeln bereits 12–13 BP [4017], im Kr. Torgau, wo ab 1981 alle größeren Waldgebiete besetzt sind, 6–9 BP (M. REICHERTZ). 1982–1984 wird der N-Rand des Zittauer Gebirges erreicht (EIFLER und HOFMANN 1985) und im Bez. L dringt der K. deutlich westwärts vor: vermutlich 1980 und 81 erste Bruten im Kr. Delitzsch (K. GRÖSSLER) – 1982 sicher nachgewiesen (R. KÜNZELMANN), 1982 auch Kr. Altenburg [3898], 1983 im Kr. Leipzig (K. TUCHSCHERER). Elbsandsteingebirge und die Gebiete zwischen Elbe und Freiberger Mulde können als besiedelt gelten. 1985–1987 konzentriert sich das Ausbreitungsgeschehen auf das Westerzgebirge und Vogtland. Mit einer Reviergründung 1985 im Kr. Schmölln (R. BACHMANN) und 2 verschiedenen Brutplätzen 1985 und 1987 im Kr. Plauen (D. SAEMANN, E. FRÖHLICH) wird die Lücke zu den mit Aussetzung begründbaren Vorkommen im Bez. Gera [2926] geschlossen. 1987 im Gesamtgebiet mind. 120 BP, doch markantes Dichtegefälle von NE nach SW: Kr. Niesky ca. 3,8 BP/100 km^2, Kr. Oschatz, Wurzen, Torgau und Eilenburg 1,6–2,1 BP/100 km^2, Kr. Grimma 1,1–1,5 BP/100 km^{2,} S-Teil Bez. Leipzig ca. 0,75 und im Bez. C 0,33 BP/100 km^2 (SAEMANN 1989). 1982–1985 Reviergröße eines Paares im Kr. Altenburg 160 km^2 (N. HÖSER). Nichtbrüter- bzw. Junggesellenverbände bis zu 25 Ex. traten erstmals im Winter 1982/83 im Kr. Torgau auf (M. REICHERTZ), 1984 im Kr. Zittau (G. EIFLER) 1985 Kr. Meißen (R. DIETZE), 1986 Kr. Niesky mit dem Max. von 30 Ex. am 10. Nov. bei Kreba (R. KRAUSE), 1987 im Kr. Eilenburg (K. WEISBACH) und Kr. Chemnitz (K. GEDEON).

Brutbiologie: Nistbaumarten: 60 × Kiefer, 15 × Rotbuche, 6 × Fichte, 4 × Eiche, 3 × Erle, z. T. 4–5 Jahre hintereinander besetzt. Die Wahl der Nistbäume folgt im wesentlichen dem landschaftsbedingten Vorkommen der 3 meist benutzten Baumarten. Bis Ende 1987 14 Bruten auf Gittermasten, auch solchen inmitten großer Waldgebiete wie 1981 im Kr. Torgau (F. MARTIN). 1986 im Erzgebirge die 1. Felsbrut im NSG Schwarzwassertal, 1988 eine weitere im Elbsandsteingebirge (A. STURM). Ausfliegetermine ab Anfang Mai lassen Eiablage besonders im Flachland ab 2. Hälfte Febr. vermuten. Im Bergland etwas späterer Brutbeginn; Junge aus Nachgelegen werden erst Anfang bis Mitte Juni flügge, auch noch am 23. 06. 1990 (K. GRÖSSLER), 1 Jahresbrut. Bruterfolg: 9 × 0, 11 × 1, 21 × 2, 36 × 3, 20 × 4, 8 × 5 und 1 × 6, M$_{106}$ 2,7 juv./Nest. Totalverluste ca. 10 %. In der postnidalen Führungszeit ebenfalls 2,7 juv./Paar.

Wanderungen: Brutvögel sind reviertreu, Jungvögel dismigrieren nach dem Selbständigwerden [4047]. Die aus dem Gebiet vorliegenden Fakten sind für eine Auswertung zu gering, belegen jedoch Zuwanderung aus Mecklenburg [3772, 4047] und Abwanderung dorthin (D. HERGOTT). Solcherlei Ortsveränderungen finden vor allem von Okt.– Dez. statt.

D. SAEMANN, D. USCHNER

3 Literatur

3.1 Quellenverzeichnis zur Avifauna Sachsens

1–1167 nach HEYDER [1223]

1552

1 [EBER, PAUL u. PEUCER, CASPAR:] Vocabula Rei Numariae etc. additae sunt appellationes quadrupedum, insectorum, volucrum, piscium, frugum, leguminum, olerum et fructuum communium, collectae a Paulo Ebero et Casparo Peucero. Vitebergae

1555

2 [GESNER, CONRAD:] Conradi Gesneri Tigurini medici et Philosophiae professoris in Schola Tigurina Historiae Animalium. Liber III qui est de avium naturae. Tiguri

1561

3 Anonym: Warhafftige Contrafactur und beschreibung des wunder seltzamen unbekandten Vogels deren etliche in Meyssen un Düringen dises M. D.LXi. Jars gesehen unnd geschossen worden seindt. – Einblattdruck, nachgedruckt: Mitteil. a. d. Zoolog. Garten Leipzig, (NF) 8 (1948): 7, und Beiträge zur Vogelkunde (Stresemann-Festschrift), Leipzig 1949: 105

1564

4 [FABRICIUS, G.: Rosenstare bei Meissen.] Georgii Fabricii annalium urbis Misnae. Liber Tertius. Lipsia: 177

1569

5 [KENTMANN, JOHANN: Verzeichnis der bei Meißen auf und an der Elbe lebenden Vögel.] Georgii Fabricii rerum Misnicarum libri VII. Lipsia: 222–225. – Nachgedruckt: Arch. f. Naturgesch. **32**, 1. Bd.: 269–270

1605

6 [JENISIUS, PAUL:] ANNABERGAE MISNIAE VRBIS HISTORIA IN DUOS LIBROS DIGESTA Authore PAVLO JENISIO ANNAEBERGENSI. Dresdae: 23–26.

1635

7 HEYDENREICH, T.: Leipzigische Cronicke. Leipzig: 93, 162, 371

1699

8 LEHMANN, Chr.: Historischer Schauplatz derer natürlichen Merckwürdigkeiten in dem Meissnischen Ober-Ertzgebirge. Leipzig: 680–692

1716

9 CARPZOV, J. B.: Analecta fastorum Zittaviensium oder Historischer Schauplatz der Sechs-Stadt Zittau. Leipzig, Theil 1, Kap. 9, § 6: 39

10 MELTZER, Chr.: Erneuerte Stadt- und Berg-Chronica der im Ober-Ertz-Gebürge des belobten Meissens gelegenen Wohllöbl. Freyen Berg-Stadt Schneeberg. Schneeberg: 1410, 1434

1717

11a GERBER, Chr.: Die unerkannten Wohlthaten Gottes in dem Chur-Fürstenthum Sachsen und dessen vornehmsten Städten. Dresden u. Leipzig. Bd. 1, Kap. 21: 723–730

1722

11b LINCK d. Ä., J.H.: Von den Leipziger Lerchen. Sammlungen von Natur- und Medicin- wie auch hierzu gehörigen Kunst- und Literatur-Geschichten. 14. Versuch, 1720. Breslau: 412–414

1727

12 WOLFF, Chr. S.: Ausführliche Nachricht von denen Ortolanen, deren Fang und gewöhnlicher Wartung. Miscellanea physico-medica-mathematica **1**: 112–116

13 – Von den Leipziger Lerchen. Ebd. **1**: 486–488

1737

14 BÜCHNER, J. G.: De rarioribus quibusdam animalibus in Voigtlandia quondam natis ac degentibus. Acta physico-medica acad. Caes. Leopoldino-Carolinae naturae curiosorum **4**: 261–271

1746

15 DÖBEL, H. W.: Neueröffnete Jäger-Practica, oder der wohlgeübte und Erfahrene Jäger. Leipzig

1757

16 TITIUS, J. D.: Beschreibung der kleinsten Maise oder des lithauischen Remizvogels. Hamburgisches Magazin **18**: 230

1765

17 Anonym: Nachricht von einer bey Dahlen geschossenen ausländischen Eule. Dresdnisches Magazin **2**: 394–401

1770

18 SCHULZE: Nachricht von dem ohnweit Dresden befindlichen Zschonengrunde und den darinnen vorhandenen Seltenheiten der Natur. Neues Hamburgisches Magazin **7**: 14–18

1777

19 OESFELD, G. F.: Historische Beschreibung der freyen Bergstadt Lößnitz im Ertzgebürge. Halle. Theil 2: 102

1779

20 [KENTMANN, J.: Elbvögel bei Meissen.] Wittenbergsches Wochenblatt **12**: 278–279. Deutscher Wiederdruck von Nr. 5 mit Deutungen der angewandten Namen

1788

21 LESKE, N. G.: Anfangsgründe der Naturgeschichte des Thierreiches. Wien: 155, 158

1794

22 GOEZE, J. A. E.: Europäische Fauna, herausgegeben von J. A. DONNDORF. Leipzig. 4. Bd.: 252, 507

1796

23 LEOHNHARDI, F. G.: Forst- und Jagdkalender für das Jahr 1796. Leipzig: 169–173, 195–205

1797

24 LEONHARDI, F. G.: Forst- und Jagdkalender für das Jahr 1797. Leipzig: 183

25 OESFELD: Naturgeschichtliche und oeconomische Bemerkungen aus dem Erzgebirge. Neues Wittenbergsches Wochenblatt **5**: 97–99

1799

26 LEONHARDI, F. G.: Forst- und Jagdkalender auf das Jahr 1799. Leipzig

1810

27 LUDWIG, Chr. F.: Initia Faunae Saxonicae. Lipsiae. Fasc. 1: 7–11

1816

28 MOSCH, C. F.: Sachsen, historisch-topographisch-statistisch und mit naturhistorischen Bemerkungen dargestellt. Dresden u. Leipzig. Bd. 1: 51, 52, 75, 88, 90, 103, 106, 119, 120, 164, 241; Bd. 2 (1818): 11, 83

1820

29 BREHM, C. L.: Beiträge zur Vögelkunde. Neustadt a. d. Orla. – Bd. 2 u. 3, 1822

30 UECHTRITZ, M. F. S. v.: Kleine Reisen eines Naturforschers. Breslau: 25, 48, 207, 347

1821

31 UECHTRITZ, M. F. v.: Beyträge zur Naturgeschichte der Oberlausitz. Isis **8**, Sp. 280 bis 291

1824

32 BREHM, L.: Ornis, 1 (Jena): 12, 147; 2 (Jena 1826): 151

1825

33 THIENEMANN, F. A. L.: Systematische Darstellung der Fortpflanzung der Vögel Europas. Leipzig. – Erschien in fünf Abteilungen bis 1838

1826

34 NEUMANN: Systematisches Verzeichniß der bisher unterhaltenen und entdeckten Lausitzischen Haus-, Land- und Wasservögel. Neues Lausitzisches Magazin **5**: 352–364

1827

35 BRAHTS: Vögel die in den Lausitzen vorkommen. Abh. Naturforsch. Ges. Görlitz **1**, 1: 84–117, 2: 22–56

36 KREZSCHMAR, J. G.: Ornithologische Bemerkungen. Ebd. **1**, 2: 148–154

37 LANGE: Verzeichniß der Vögel in der Zittauischen Gebirgsgegend. Neues Lausitzisches Magazin **6**: 255–259, 455

1828

38 NEUMANN, J. G.: Allgemeine Übersicht der Lausitz'schen Haus-Land- und Wasservögel. Görlitz

1829

39 HEINK, J. A.: Praktische Bemerkungen über die kleine Jagd. Dresden. – Eine zweite Ausgabe (Leipzig) erschien 1832

1831

40 BREHM, C. L.: Handbuch der Naturgeschichte aller Vögel Deutschlands. Ilmenau

1832

41 BREHM, C. L.: Handbuch für den Liebhaber der Stuben-, Haus- und aller der Zähmung werthen Vögel. Ilmenau: 399

1836

42 REICHENBACH, H. G. L.: Das K. Sächsische Naturhistorische Museum in Dresden. Universum der Natur, 5. Lieferung: 23–46

1838

43 KREZSCHMAR, J. G.: Lausitzische Vögel. Abh. Naturforsch. Ges. Görlitz **2**, 2: 19–34

44 NAUMANN, J. F.: Zwei Arten Singschwäne in Deutschland. Wiegmanns Arch. f. Naturgesch. **1**: 361–366

1839

45 REICHENBACH, H. G. L.: Deutschlands Vögel. Leipzig o. J. – Eine „neue vermehrte Ausgabe" (Dresden u. Leipzig) erschien 1842 unter dem Titel „Die Vögel Deutschlands"

1840

46 BREHM, C. L.: [Sperlingskauz aus dem Erzgebirge.] Okens Isis 1837: 698

47 REICHENBACH, H. G. L.: [Vögel um Dresden.] In: E. J. J. MEYER: Versuch einer medicinischen Topographie und Statistik der Haupt- und Residenzstadt Dresden. Stolberg a. H. u. Leipzig: 74–76

1846

48 BREHM, C. L.: Etwas über den Zug und das Verweilen der Vögel vom 1. Sept. 1845 bis zum Mai 1846. Allgem. deutsche naturhistor. Zeitung **1**: 209–216

49 NAUMANN, J. F.: Über den Vogelzug, mit besonderer Hinsicht auf Helgoland. Rhea **1**, 1: 26

50 SACHSE, C. Tr.: [Turdus pallens bei Struppen.] Allgem. deutsche naturhistor. Zeitung **1**: 184

1847

51 BREHM, C. L.: Über den Aufenthalt und Zug der Vögel vom 15. Mai 1846 bis zum 17. März 1847. Ebd. **2**: 149–159

52 [–] Verzeichniß der bis jetzt im Osterlande bemerkten Vögel. Mitth. aus dem Osterlande **9**: 59–72

53 DEHNE, A.: Ein seltener Sperling. Allgem. deutsche naturhistor. Zeitung **2**: 359

54 HAAKE, C. A.: Ornithologisches aus dem Erzgebirge. Ebd. **2**: 358–359

1848

55 LOMLER, J.: Beitrag zur Naturgeschichte des Auerhahns. Tharandter Forstwirthschaftl. Jahrb. **5**: 238–239

1849

56 BREHM, C. L.: Über das Nisten der Wachholderdrosseln in Deutschland. Naumannia **1**, 1: 28–29. – [Heft 1 der Naumannia

erschien 1849 in kl. 8°, ein Nachdruck 1851 mit veränderter Paginierung in gr. 8°. Hier ist das erstere benutzt.]

57 THIENEMANN, F. A. L.: Der weißbindige Kreuzschnabel. Rhea **1**, 2: 165–171

1851

58 BALDAMUS, E.: [Tannenhäher bei Leipzig.] Naumannia **1**, 4: 88

59 FECHNER, G. A.: Versuch einer Naturgeschichte der Umgegend von Görlitz. 14. Jahresprogramm der Höheren Bürgerschule zu Görlitz

60 NAUMANN, J. F.: [Turdus ruficollis bei Radeberg.] Naumannia **1**, 4: 6

61 TOBIAS, R.: Verzeichniß der in der Oberlausitz vorkommenden Vögel. Ebd. **1**, 4: 50–69

1852

62 BALDAMUS, E.: [Tichodroma muraria aus der Sächsischen Schweiz.] Ebd. **2**, 1: 6

63 SCHACH, F.: Über den Zug und das Erscheinen der Vögel in der Nähe von Rußdorf bei Crimmitzschau vom Aug. 1850 bis dahin 1851. Ebd. **2**: 73–77

64 – [Raubmöwe bei Rußdorf.] Ebd. **2**: 123

1853

65 BREHM, C. L.: Über Species und Subspecies. Ebd. **3**: 8–18

66 – Die Kreuzschnäbel Crucirostrae Cuv. Ebd. **3**: 243, 247

67 DEHNE, A.: Beiträge zur Ornithologie. Ebd. **3**: 203–207

68 TOBIAS, R.: Übersicht der in der Oberlausitz vorkommenden Wad- und Schwimmvögel. Journ. Ornith. **1**: 213–218

1854

69 DEHNE, A.: Ornithologische Bemerkungen. Naumannia **4**: 37–41

70 – Ornithologische Erinnerungen. Ebd. **4**: 42–46

71 KÖNIG-WARTHAUSEN, Baron R.: Material zur Fortpflanzungsgeschichte des gemeinen Eisvogels, Alcedo ispida L. Ebd. **4**: 160–166

72 SCHACH, F.: Einiges über den Fang der Raubvögel. Ebd. **4**: 350–352

73 – [Kormorane bei Waldenburg.] Ebd. **4**: 395

74 – [Ornithologische Notizen.] Ebd. **4**: 396–398

1855

75 DEHNE, A.: Loxia leucoptera Gmelin oder bifasciata Brehm. Der Weiss- oder Zweibindige Kreuzschnabel. Allgem. deutsche naturhistor. Zeitung (NF) **1**: 439–440

76 – Halieus Carbo Illiger. Pelecanus Carbo Linné. Phalacrocorax Gesner. Carbo Cormoranus Meyer und Wolf. Der Grosse Kormoran, Scharbe. Ebd. (NF) **1**: 441–442

1856

77 DRECHSLER, A.: [Baumfalkenhorst im Lößnitzgrund.] Ebd. (NF) **2**: 119–120

78 – [Rosenstar bei Possendorf.] Ebd. (NF) **2**: 320

79 ROCH, H.: Beobachtungen des Zugs der Vögel, der Vegetation und der Witterung im Jahre 1855. Ebd. (NF) **2**: 151–154

1857

80 BALDAMUS, E.: [Saatkrähensiedlung in Leipzig.] Naumannia **7**: 211

1862

81a KRENKEL, E.: Blicke in die Vergangenheit der Stadt Adorf. Zwickau: 9, 70

81b SCHAUFUSS, W.: [Über den Schlangenadler.] Sitzungsber. Naturw. Ges. Isis Dresden 1861, Juli bis September: 54–59. Auch in: Nunquam otiosus **1** (1871): 233–240.

1863

82 FRIESEN, Frh. v.: Beiträge zur Jagdchronik des sächsischen Hofes aus der Zeit des Königs August III. von Polen 1733–1756. Tharandter Forstwirtschaftl. Jahrb. **15**: 283–308

83 PÄSSLER, M.: [Vogelwelt von Meerane.] In: J. H. LEOPOLD: Chronik und Beschreibung der Fabrik- und Handelsstadt Meerane: 138–142

1864

84 HOMEYER, A. v.: Über das Brutgeschäft des Turdus pilaris Lin. bei Glogau in Niederschlesien. Journ. Ornith. **12**: 296 [Hinweis auf Bautzen]

85 OPEL, E.: Syrrhaptes auch im Jahre 1864 in Deutschland. Ebd. **12**: 312

1865

86 TOBIAS, R.: Die Wirbeltiere der Oberlausitz. Abh. Naturforsch. Ges. Görlitz **12**: 64–92

1867

87 SCHNÖPFF, A.: [Züge des Seidenschwanzes bei Dresden im J. 1867.] Zool. Garten **8**: 160

1868

88 MINCKWITZ, A. v.: Die Falken-Jagd am Hofe zu Dresden. Mitth. d. Ver. f. Erforschg. vaterländ. Geschichts- u. Kunst-Denkmale, **18**: 31–72

1869

89 SEIDEL: Über *Ardea comata*. Sitzungsber. Naturw. Ges. Isis Dresden 1868: 23

1870

90 CABANIS, J.: [Ringeltaube in Städten brütend.] Journ. Ornith. **18**: 206

91 HOMEYER, A. v.: Zusätze und Berichtigungen zu Dr. Bernhard Borggreve's „Vogel-Fauna von Norddeutschland". Ebd. **18**: 214–231

1871

92 DROSTE, F. Baron: Eine critische Musterung der periodischen Wintergäste und der Irrgäste Deutschlands. Bericht üb. d. XVIII. Versammlung d. Deutschen Ornithologen-Gesellschaft Hannover u. Hildesheim 8.–10. Juni 1870: 84

93 HOMEYER, A. v.: Briefliche Mittheilungen. Journ. Ornith. **19**: 107–109

1872

94 LIEBE, K. Th.: Die der Umgebung von Gera angehörigen Brutvögel. Verh. Ges. Freunde Naturwissensch. Gera **3**: 26–55

1873

95 RUHSAM, J.: Die Vogelfauna der Umgegend Annabergs. Jahresber. Annaberg-Buchholzer Ver. f. Naturkunde **3**: 55–65

1875

96 TOBIAS, R.: Ornithologische Berichtigungen und Notizen. Journ. Ornith. **23**: 106–110.

1877

97 Ausschuß für Beobachtungsstationen der Vögel Deutschlands: Zur Vogelkunde Deutschlands. I. Jahresbericht (1876). Ebd. **25**: 278–342

98 NEUMANN, M.: Notiz über den großen Raubwürger. Orn. Centralbl. **2**: 60–61

99 SCHUMANN, G.: Der Girlitz in der Lausitz. Ebd. **2**: 187

1878

100 Ausschuß für Beobachtungsstationen der Vögel Deutschlands: II. Jahresbericht (1877). Journ. Ornith. **26**: 370–436

101 LIEBE, K. Th.: Die Brutvögel Ostthüringens und ihr Bestand. Ebd. **26**: 1–88

102 SCHUMANN, G.: Über den Girlitz und die Wachholderdrossel. Orn. Centralbl. **3**: 172

103 THIENEMANN, G. sen.: Bemerkungen über die von mir beobachteten Sumpf- und Wasservögel. Orn. Mschr. **3**: 16–20, 40–46

104 – Zwei seltene Wintergäste. Ebd. **3**: 93–94

1879

105 FRENZEL, A.: Der Girlitz in Freiberg. Ebd. **4**: 99

106 NEUMANN, M.: Über die Adelsdorfer Kolonie von *Larus ridibundus*. Journ. Ornith. **27**: 194

1880

107 Ausschuß für Beobachtungsstationen der Vögel Deutschlands: III. Jahresbericht (1878). Ebd. **28**: 12–96

108 HESSE, B.: [Über Auerwild.] Ebd. **28**: 332

109 – Das Auerwild. Orn. Centralbl. **5**: 83–85

110 NEUMANN, M. u. GRÜNEWALD, A.: Beobachtungsnotizen über das Jahr 1879, gesammelt in Großenhain und Umgegend. Ebd. **5**: 161–164, 177–181, **6** (1881): 25–28, 41–44, 57–60.

1881

111 HOMEYER, E. F. v.: Ornithologische Briefe, Berlin: 245, 255

112 NEUMANN, M. u. GRÜNEWALD, A.: [Notizen über *Colymbus arcticus*, *Haliaeetus albicilla*, *Pandion haliaetus* und *Mergus merganser*.] Orn. Centralbl. **6**: 102

113 THIENEMANN, W.: Einwanderung des Girlitz (*Fringilla serinus*). Orn. Mschr. **6**: 242

1882

114 Ausschuß für Beobachtungsstationen der Vögel Deutschlands: V. Jahresbericht (1880). Journ. Ornith. **30**: 18–109

115 HÜLSMANN, H.: Seltene Erscheinungen in der Vogelwelt. Orn. Mschr. **7**: 136

116 – [Tannenhäher.] Ebd. **7**: 160

1883

117 Ausschuß für Beobachtungsstationen der Vögel Deutschlands: VI. Jahresbericht (1881). Journ. Ornith. **31**: 13–76

118 HÜLSMANN, H.: Ein seltener Gast. Orn. Mschr. **8**: 110

119 – Über die Ankuft einiger Zugvögel im Jahre 1883. Ebd. **8**: 241–243

1884

120 Ausschuß für Beobachtungsstationen der Vögel Deutschlands: VII. Jahresbericht (1882). Journ. Ornith. **32**: 1–52

121 LINDNER, F.: Der Sumpfsänger (*Calamoherpe palustris*). Orn. Mschr. **9**: 227–232

122 MEYER, A. B.: Eine in Sachsen erlegte Rackelhenne. Mitth. Orn. Verein Wien **8**: 19–21

1885

123 BEYER, A.: Zum Zuge des Tannenhehers (*Corvus caryocatactes*) im Herbst 1885. Ebd. **9**: 263; Nachtrag Ebd.: 273

124 – Seltsames Benehmen einer Auerhenne. Ebd. **9**: 313

125 BRETSCHNEIDER, P.: Die Vögel des Vogtlandes, ein erläuterndes Wort zu der Sammlung der Naturfreunde. Plauen o. J

126 EIMERT, C.: Die Vögel in der südlichen Lausitz. Lusatia **1**: 74–76

127 GROSCHUPP, R.: Bemerkenswerthe ornithologische Beobachtungen aus Leipzigs Umgebung. Orn. Mschr. **10**: 79–81

128 – Die Buntspechte der Leipziger Auwälder. Ebd. **10**: 182–190, 198–200

129 HOMEYER, A. v.: Die Wachholderdrossel – *Turdus pilaris* (L.). Mitth. Orn. Verein Wien **9**: 55

130 HOMEYER, E. F. v.: Über *Turdus pilaris* L. Ebd. **9**: 245–247. – [Auftreten und Brüten *Loxia bifasciata*.]

131 KREZSCHMAR, C. R.: Ornithologische Rückblicke auf das Jahr 1884. Orn. Mschr. **10**: 40–47

132 LINDNER, F.: [Tannenhäher um Leipzig.] Ebd. **10**: 269

133 REY, E.: [Uhu bei Großsteinberg.] Ebd. **10**: 47

1886

134 Ausschuß für Beobachtungsstationen der Vögel Deutschlands: IX. Jahresbericht (1884). Journ. Ornith. **34**: 129–387

135 BLASIUS, R.: Der Wanderzug der Tannenhäher durch Europa im Herbste 1885 und Wintere 1885/86. Ornis **2**: 437–550

136 KREZSCHMAR, C. R.: [Samtente bei Zittau.] Orn. Mschr. **11**: 77

137 – Ornithologischer Rückblick auf den Winter 1885–86. Ebd. **11**: 158–160

138 LINDNER, F.: Einzelnotizen aus meinem ornithologischen Taschenbuch. Ebd. **11**: 16–20, 39–40, 153–158

139 MEYER, A. B. u. HELM, F.: I. Jahresbericht (1885) der ornithologischen Beobachtungsstationen im Königreich Sachsen. Dresden

140 WEISE, A.: Die Natur Ebersbachs und seiner nächsten Umgebung. Festschr. Humboldtverein Ebersbach. Ebersbach: 16–18

1887

141 Ausschuß für Beobachtungsstationen der Vögel Deutschlands: X. Jahresbericht (1885). Journ. Ornith. **35**: 337–616

142 GROSCHUPP, B. [richtig: R.]: Zurückgebliebene Schwalben. Orn. Mschr. **12**: 422

143 HELM, F.: Die Brutvögel von Arnoldsgrün und Umgegend. Ebd. **12**: 142–148, 193–198

144 – Der rauhfüßige Steinkauz Brutvogel bei Arnoldsgrün. Ebd. **12**: 231

145 – Aus meinem ornithologischen Tagebuche. Ebd. **12**: 251–252, 295–296, 359–362

146 HOMEYER, A. v.: Ornithologische Studien und Mitteilungen aus dem Jahre 1886. Zeitschr. f. Ornith. u. prakt. Geflügelzucht **11**: 99–101, 115–116

147 MATSCHIE, P.: Versuch einer Darstellung der Verbreitung von *Corvus corone* L., *C. cornix* L. und *C. frugilegus* L. Journ Ornith. **35**: 617–648

148 MEYER, A. B. u. HELM, F.: II. Jahresbericht (1886) der ornithologischen Beobachtungsstationen im Königreich Sachsen. Dresden. – Auch in: Zeitschr. f. d. gesammte Ornith. **4** (1887/88): 193–412

149 REY, E.: [Mittelschnepfe im Juli.] Ornith. Mschr. **12**: 255

150 SCHLEGEL, R.: Tannenheher. Ebd. **12**: 310

1888

151 Ausschuß für Beobachtungsstationen der Vögel Deutschlands: XI. Jahresbericht (1886). Journ. Ornith. **36**: 313–571

152 GROSCHUPP, R.: Bussarde am Horst. Orn. Mschr. **13**: 25–29

153 – [Bestand des Hänflings.] Ebd. **13**: 54
154 GROSSE, H.: [Tannenhäher bei Pirna.] Ebd. **13**: 79
155 – [Steppenhühner.] Ebd. **13**: 170–172
156 HOMEYER, A. v.: Das Steppenhuhn zum 2. Male in Europa. Zeitschr. f. Ornith. u. prakt. Geflügelzucht **12**: 89–96
157 HÜLSMANN, H.: Eine Muldeninsel. Orn. Mschr. **13**: 268–272
158 KABITZSCH, E.: [Steppenhühner.] Ebd. **13**: 171
159 KOEPERT, O.: Seltene, Mitte Oktober erlegte Vögel. Ebd. **13**: 394
160 MEYER, A. B.: Über das Vorkommen des Steppenhuhns, *Syrrhaptes paradoxus* Pall., in Europa i. J. 1888. Anhang zum III. Jahresber. orn. Beobstat. Kgr. Sachsen: 117–124
161 – u. HELM, F.: III. Jahresbericht (1887) der ornithologischen Beobachtungsstationen im Königreich Sachsen. Berlin
162 PIETSCH: Der Tannenheher (*Nucifraga caryocatactes*) 1888. Orn. Mschr. **13**: 368–369, 384–385
163 REY, E.: [Steppenhühner.] Ebd. **13**: 171
164 SCHLEGEL, R.: Ornithologische Mittheilungen aus dem Obererzgebirge. Ebd. **13**: 323–326
165 THIENEMANN [G. sen.]: [Steppenhühner.] Ebd. **13**: 282

1889

166 BEHMS, C. R.: Verzeichnis derjenigen in hiesiger Gegend erlegten, in der Behm'schen Sammlung befindlichen Vögel, welche in dem von Herrn Stadtrat Held aufgestellten Nachweis nicht enthalten sind. Lusatia **4**: 35–36
167 HARTERT, E.: [Girlitz bei Dresden.] Journ. Ornith. **37**: 195
168 HELD, Th.: Verzeichnis der in der Sammlung von Theodor Held in Zittau befindlichen Vögel. Lusatia **4**: 28–30, 33–35
169 HEYM, Th.: Schreiadler. Orn. Mschr. **14**: 498
170 HÜLSMANN, H.: Avifauna der Umgebung von Wurzen i. S. bis 1889. Ebd. **14**: 555–561
171 MEYER, A. B.: Die Wanderungen des Rosenstares (*Pastor roseus* L.) nach Europa, speziell die Wanderung im Jahre 1889. Anhang z. IV. Jahresber. orn. Beobstat. Kgr. Sachsen: 136–147
172 – u. HELM, F.: IV. Jahresbericht (1888) der ornithologischen Beobachtungsstationen im Königreich Sachsen. Dresden
173 REICHENOW, A.: *Syrrhaptes paradoxus* in Deutschland 1888. Journ. Ornith. **37**: 1–33
174 RUHSAM, J.: Die Vogelfauna der Umgegend Annabergs. Annaberg-Buchholzer Ver. Naturk. **8**, 1885–1888: 102–139
175 SCHLEGEL, R.: Ornithologische Fragmente. Orn. Mschr. **14**: 279–283
176 – Seltene ornithologische Vorkommnisse aus der Umgebung Zwickaus und dem Erzgebirge. Ebd. **14**: 552–554
177 WÜNSCHE, E.: Aus der Sächsischen Schweiz. Ebd. **14**: 210–214

1890

178 MEYER, A. B. u. HELM, F.: V. Jahresbericht (1889) der ornithologischen Beobachtungsstationen im Königreich Sachsen. Dresden
179 SCHLEGEL, R.: Aus der diesjährigen Brutperiode. Orn. Mschr. **15**: 445–451

1891

180 GROSCHUPP, R.: [Uhu bei Borna.] Ebd. **16**: 490
181 HENNICKE, C. R.: Die Rohrbacher Teiche und ihre Avifauna. Ebd. **16**: 169–176
182 – Bericht über den Ausflug des Vereins von Freunden der Ornithologie und des Vogelschutzes an die Rohrbacher Teiche. Ebd. **16**: 229–232
183 HÜLSMANN, H.: [Zwergtrappe bei Wurzen.] Ebd. **16**: 260
184 KREZSCHMAR, C. R.: *Mergus merganser* als Wintergast. Ebd. **16**: 324–325
185 MEYER, A. B.: Eine seltene Varietät des Rephuhns, *Perdix cinerea* Lath. Journ. Ornith. **39**: 271–275
186 MÜLLER, R.: Abweichender Nistplatz der großen Rohrdommel (*Botaurus stellaris*). Orn. Mschr. **16**: 388–389
187 SCHLEGEL, R.: Über Abnahme einiger Vogelarten in meinen Beobachtungsgebieten. Ebd. **16**: 339–343
188 – Einige Seltenheiten aus der Umgegend von Zwickau. Ebd. **16**: 414

1892

189 Ausschuß für Beobachtungsstationen der Vögel Deutschlands: XII. Jahresber. (1887). Journ. Ornith. **40**: 237–253
190 FLOERICKE, C.: Versuch einer Avifauna von Preußisch-Schlesien. 1. Teil. Marburg: 113, 2. Teil Marburg 1893: 222, 241, 311
191 FRENZEL, A.: Über den Eisvogel. Orn. Mschr. **17**: 337–338

192 HENNICKE, C. R.: [Blauracken bei Leipzig.] Ebd. **17**: 477
193 HÜLSMANN, H.: [Würgfalk in Sachsen.] Ebd. **17**: 239
194 JACOBI, A.: [Bergfink im Sommer bei Leipzig.] Ebd. **17**: 314
195 MARKERT, A.: [Brütende Bergfinken?] Ebd. **17**: 476–477
196 MEYER, A. B. u. HELM, F.: VI. Jahresbericht (1890) der ornithologischen Beobachtungsstationen im Königreich Sachsen. Berlin
197 – – Verzeichniß der bis jetzt im Königreich Sachsen beobachteten Vögel nebst Angaben über ihre sonstige Verbreitung. Anhang z. VI. Jahresber. orn. Beobstat. Kgr. Sachsen: 65–135
198 REY, E.: Aus dem Haushalte des Kuckucks. Leipzig
199 SCHALOW, H.: Das Vorkommen von *Pratincola rubicola* (L.) im östlichen Norddeutschland. Sitzungs-Ber. Ges. naturforsch. Freunde Berlin v. 18. Okt. 1892, 8: 141–145
200 SCHLEGEL, R.: Bericht über die Herrmannsche Vogelausstellung in Leipzig. Orn. Mschr. **17**: 444–445
201 VOIGT, A.: Anleitung zum Studium der Vogelstimmen. Jahresber. d. I. Städt. Realschule zu Leipzig. Leipzig

1893

202 DOMBROWSKI, E. Ritter v.: Beiträge zur Ornis des Fürstentums Reuß ä. L. Orn. Jahrb. **4**: 134
203 FRENZEL, A.: Ziemer und Seidenschwänze bei Freiberg. Orn. Mschr. **18**: 86
204 – [Tannenhäher in Sachsen.] Ebd. **18**: 468–469
205 HARTWIG, W.: Der Girlitz (*Serinus hortulanus* Koch), seine gegenwärtige Verbreitung in Mittel- und Norddeutschland und sein allmähliches Vordringen polwärts. Orn. Mschr. **1**: 1–7
206 – Zwei seltene Brutvögel Deutschlands (*Muscicapa parva* Bechst. und *M. collaris* Bechst.). Journ. Ornith. **41**: 121–132
207 HELM, F.: [Rauhfußkauz wieder bei Arnoldsgrün.] Orn. Mschr. **18**: 192–193
208 – Ornithologische Beobachtungen an den Teichen von Moritzburg. Ebd. **18**: 270–274, 336–342
209 – [Tannenhäher.] Ebd. **18**: 438
210 MARKERT, A.: Phaenologisches aus der Umgegend von Scheibenberg. Ebd. **18**: 85
211 MEYER, A. B.: [Tannenhäher.] Orn. Mber. **1**: 205
212 NITSCHE, H.: Einige Mittheilungen über einheimische Spechte. Forstl.-naturwissensch. Zeitschr. **2**: 16–20

1894

213 HELM, F.: Der Rauhfußkauz (*Nyctale Tengmalmi* Gm.) im Königreich Sachsen. Orn. Mschr. **19**: 3–10
214 – Beobachtungen über Ankunft und Abzug des Mauerseglers (*Cypselus apus* L.) im Königreich Sachsen. Ebd. **19**: 376–382
215 HENNICKE, C. R.: Ein Beitrag zur Avifauna der Umgebung von Leipzig. Orn. Jahrb. **5**: 121–132, 189–196
216 HERMAN, O.: Der Frühlingszug der Rauchschwalbe (*Hirundo rustica* L.). Aquila **1**: 9–27
217 HÜLSMANN, H.: Phaenologisches aus Sachsen. Orn. Mschr. **19**: 35
218 MARKERT, A.: Beobachtungen im sächsischen Obererzgebirge. Ebd. **19**: 177–178
219 – Kreuzschnäbel im Erzgebirge. Ebd. **19**: 272
220 REICHENOW, A.: [Bienenfresser bei Dresden.] Journ. Ornith. **42**: 106
221 REY, E.: Beobachtungen über den Kuckuck bei Leipzig aus dem Jahre 1893. Orn. Mschr. **19**: 159–168
222 VOIGT, A.: Exkursionsbuch zum Studium der Vogelstimmen. Berlin. – Spätere Auflagen 1902, 1904, 1906 (Dresden), 1909, 1913, 1917, 1920, 1923, 1933 (Leipzig), 1950 (Heidelberg)
223 WENZEL, K.: Ornithologische Mitteilungen. Zeitschr. f. Ornith. u. prakt. Geflügelzucht **19**: 27

1895

224 BECK: [Notizen aus dem Elbgebirge.] Sitzungsber. Naturforsch. Ges. Leipzig **19–21**, 1892–1894: 10–11
225 GAAL, G. v.: Versuch einer Darstellung des Localzuges der Rauchschwalbe im Königreich Sachsen. Aquila **2**: 152–163
226 HELM, F.: Über das Vorkommen einiger seltener Vogelarten in Sachsen. Orn. Mschr. **20**: 237–238
227 – Einiges über das Vorkommen der Säger im Königreich Sachsen. Ebd. **20**: 239–243
228 KREZSCHMAR, C. R.: Wiedehopf inmitten der Großstadt. Ebd. **20**: 343
229 MARKERT, A.: Ornithologische Beobachtungen im sächs. Osterzgebirge. Ebd. **20**: 196–197

230 REY, E.: Beobachtungen über den Kuckuck bei Leipzig aus dem Jahre 1894. Journ. Ornith. **43**: 30–43

231 SCHIMPFF, v.: König Albert und das edle Weidwerk. Dresden

232 WÜNSCHE, E.: Gefiederte Räuber. Orn. Mschr. **20**: 228–229

1896

233 BLASIUS, R.: Der Tannenhäher in Deutschland im Herbst und Winter 1893/94. Ornis **8**: 223–245

234 HELM, F.: Der Rauhfußkauz in der Gefangenschaft. Orn. Mschr. **21**: 75–77

235 – Frühjahrsbeobachtung an den Teichen von Frohburg. Aquila **3**: 124–125

236 – Seltene Brutvögel im Königreich Sachsen. Biolog. Centralblatt **16**: 638–654

237 KOEPERT, O.: Die Vogelwelt des Herzogtums Sachsen-Altenburg. Journ. Ornith. **44**: 217–248, 305–331. – Auch als Abhandlung zum Oster-Programm des Herzog Ernst-Gymnasiums zu Altenburg (Altenburg 1896) erschienen

238 – Ornithologische Miscellen aus dem Herzogthum Sachsen-Altenburg. Mitth. Orn. Verein Wien Die Schwalbe **20**: 122–124

239 MARKERT, A.: Ornithologische Beobachtungen im sächsischen Erzgebirge. Orn. Mschr. **21**: 291–293

240 MEYER, A. B. u. HELM, F.: VII. – X. Jahresbericht (1891–1894) der ornithologischen Beobachtungsstationen im Königreich Sachsen. Berlin

241 RÖRIG, H.: [Aberration des Rephuhns]. Journ. Ornith. **44**: 97

242 THIENEMANN, J.: Einiges über die Krähenbastarde. Orn. Mschr. **21**: 342–354

243 VOIGT, A.: Beiträge zur Vogelstimmenkunde. Ebd. **21**: 63–69

244 WÜNSCHE, J. [richtig E.]: *Tichodroma muraria*, der Mauerläufer. Ebd. **21**: 10–12.

1897

245 BAER, W.: Bemerkenswerte Vorkommnisse. Orn. Mber. **5**: 76

246 BERGE, R.: [Seeadler im Vogtland.] Ebd. **5**: 64.

247 – Die Vögel der Umgegend von Zwickau. Jahresber. Ver. Naturk. Zwickau 1896: 1–90

248 BÜNGER, H.: [Ringdrossel bei Dresden.] Orn. Mber. **5**: 9

249 JACOBI V. WANGELIN, G.: [Zwergtrappen in Deutschland.] Orn. Mschr. **22**: 363–364.

250 KREZSCHMAR, C. R.: Miscellen aus der Umgebung von Dresden. Orn. Mber. **5**: 44–45

251 NAUMANN: Naturgeschichte der Vögel Mitteleuropas. Herausgeben von C. R. HENNICKE. – 12 Bände, erschienen bis 1905

252 REY, E.: Beobachtungen über den Kuckuck bei Leipzig aus den Jahren 1895 und 1896. Journ. Ornith. **45**: 349–359

253 ROUX, P.: Beobachtungen über den Flußuferläufer (*Totanus hypoleucus*). Orn. Mschr. **22**: 133–142

254 SALZMANN, O.: Allerlei aus Sachsen. Zeitschr. f. Oologie **6**: 45–46

255 SCHALOW, H.: [Über Vögel des Dippelsdorfer Teiches.] Orn. Mber. **5**: 118

1898

256 BAER, W.: Zur Ornis der preußischen Oberlausitz. Nebst einem Anhange über die sächsische. Abh. Naturforsch. Ges. Görlitz **22**: 225–336

257 BERGE, R.: [Schwarzstorch bei Burgstädt.] Orn. Mber. **6**: 6

258 – [Reiherente im Erzgebirge.] Ebd. **6**: 131

259 REY, E.: [Rotfußfalk bei Leipzig.] Ebd. **6**: 100

260 THIENEMANN, J.: *Lanius excubitor major*. Orn. Mschr. **23**: 208

261 – Eichelhäherzüge. Ebd. **23**: 224–225

1899

262 BRAUNE: Die Vogelwelt des Großen Gartens in Dresden. Zeitschr. f. Ornith. u. prakt. Geflügelzucht **23**: 5–6

263 HELM, F.: Über seltene, auf Moritzburger Gebiet vorkommende Vögel. Abh. u. Ber. d. Zoolog.- u. Anthropol.-Ethnograph. Museums Dresden **7** (1898/99): 76–83

264 KIRBACH: Die Wasservögel der Meißner Gegend. Mitt. Naturwiss. Ges. Isis Meißen 1898/99: 29–32

265 MARKERT, A.: Ornithologische Beobachtungen aus dem sächs. Erzgebirge. Orn. Mschr. **24**: 54–55

266 PESCHEL: Vogelleben an der unteren Elbe im Königreich Sachsen. Aus der Heimat **12**: 103–107

267 SCHLEGEL, R.: Einige Fälle von Hahnenfedrigkeit. Orn. Mschr. **24**: 16–19

268 THIENEMANN, J.: *Lanius excubitor major*. Ebd. **24**: 354–355

1900

269 BERGE, R.: Spuren des Kappenammers (*Emberiza melanocephala*) in Sachsen. Ebd. **25**: 487–489

270 – [Dreizehenmöwe bei Werdau.] Orn. Mber. **8**: 70

271 – Ornithologische Vorkommnisse aus dem westlichen Sachsen. Journ. Ornith. **48**: 175–181

272 – Frühere Brutvögel im Königreich Sachsen. Ebd. **48**: 235–241

273 GIEBELHAUSEN, O.: Ornithologischer Verein zu Leipzig. Orn. Mschr. **25**: 139–140, 204, 240, 288, 324

274 HELM, F.: Betrachtungen über die Beweise Gaetkes für die Höhe des Wanderflugs der Vögel. Journ. Ornith. **48**: 435–452

275 KIPPING, E.: [Schwarzspecht bei Grimma.] Orn. Mschr. **25**: 494–495

276 NITSCHE, H.: Bemerkungen über das Vorkommen des schwarzbäuchigen Wasserstares und einiger anderen seltenen Vögel im Königreich Sachsen. Sitzungsber. u. Abh. Naturwiss. Ges. Isis Dresden 1900, Jan./Juni: 32–36

277 REY, E.: Ornithologische Beobachtungen aus der Krähenhütte. Orn. Mschr. **25**: 398–417

278 RÖRIG, G.: Die Verbreitung der Saatkrähe in Deutschland. Arbeit. Biolog. Abt. Land- u. Forstwirtschaft Kaiserl. Gesundheitsamt Berlin **1**: 271–284

1901

279 BAER, W.: Neue Brutplätze von *Locustella fluviatilis* (Wolf) in Deutschland. Orn. Mschr. **26**: 419–423

280 BERGE, R.: Das Aussterben des Fischreihers in Sachsen. Ebd. **26**: 20

281 – Seltne Vogelvorkommnisse aus der Nähe von Zwickau. Ebd. **26**: 416–417

282 GROHMANN: Einbürgerung des Fasans in den höheren Gebirgslagen. Ber. 46. Versamml. Sächs. Forstverein: 60–72

283 HELM, F.: Betrachtungen über die Beweise Gaetkes für die Höhe und Schnelligkeit des Wanderfluges der Vögel. Journ. Ornith. **49**: 289–303

284 HENNICKE, C. R.: Zum Wanderzuge des Tannenhähers im Herbst 1900. Orn. Mschr. **26**: 30–32

285 NITSCHE, H.: [Kranich bei Hermsdorf.] Sitzungsber. u. Abh. Naturwiss. Ges. Isis Dresden 1901, Jan./Juni: 4

286 PLATZMANN, H.: [Tannenhäher im Juni im Erzgebirge.] Orn. Mschr. **26**: 426

287 REY, E.: [Seeadler bei Käferhain.] Ebd. **26**: 428

288 VOIGT, A.: *Turtur turtur* (L.). Ebd. **26**: 368–369

1902

289 BERGE, R.: Ornithologische Beobachtungen aus dem westlichen Sachsen. Jahresber. Ver. Naturk. Zwickau 1900: 19–22

290 – [Schreiadler und Steppenweihe bei Zwickau.] Orn. Mber. **10**: 11

291 – Die Falknerei am Dresdner Hofe. Ebd. **10**: 117–126

292 HANTZSCH, B.: Vergiftete Lachmöven. Orn. Mschr. **27**: 447

293 – *Phylloscopus rufus sylvestris* Meisner im Königreich Sachsen? Ebd. **27**: 154–155

294 – Beitrag zur Charakteristik und Lebensweise unserer Reiher. Ebd. **27**: 417–420

295 HANTZSCH: Mitteilungen aus Sachsen. Orn. Mber. **10**: 126–127

296 – Über das Vorkommen von *Locustella fluviatilis* (Wolf) im Königreich Sachsen. Ebd. **10**: 165–170

297 KOEPERT, O.: Anpassung der Singdrossel (*Turdus musicus*) an das Stadtleben. Orn. Mschr. **27**: 449

298 – Schädlichkeit des Wanderfalken. Ebd. **27**: 491

299 – Häufigkeit der Elster (*Pica pica* L.) in der Großstadt. Orn. Mber. **10**: 140

300 KUNZ, H.: *Otis tetrax*, ein urdeutscher Brutvogel. Journ. Ornith. **50**: 284–290

301 NITSCHE, H.: [Kranich Brutvogel in Sachsen.] Sitzungsber. u. Abh. Naturwiss. Ges. Isis Dresden 1902, Jan./Juni: 3

302 REICHENOW, A.: Die Kennzeichen der Vögel Deutschlands. Neudamm: 77, 80, 99, 100. – Eine zweite Auflage 1920

303 REY, E.: [Notiz über Segler und Schwarzhalstaucher.] Orn. Mschr. **27**: 403

1903

304 BAER, W.: Untersuchungsergebnisse von Mageninhalten verschiedener Vogelarten. Ebd. **28**: 262–268

305 BERGE, R.: *Turdus torquatus* als Brutvogel im Erzgebirge. Orn. Mber. **11**: 139–140

306 – Ein Beitrag zur Frage des Baumlaubvogels (*Phylloscopus rufus sylvestris* Meisner). Orn. Mschr. **28**: 429–430

307 Dresden, Ornithologischer Verein [Verf.: B. HANTZSCH]: Verzeichnis der im Königreich Sachsen beobachteten Vögel. Dresden

308 HANTZSCH, B.: Brutvögel der Gegend von Königswartha (Lausitz). Journ. Ornith. **51**: 52–64

309 KIPPING, E.: [Sumpfohreule brütend bei Grimma.] Orn. Mschr. **28**: 345–346

310 KROHN, H.: Der Fischreiher und seine Verbreitung in Deutschland. Leipzig

311 LINDNER, [C.]: [Wanderfalkenfamilie an der Bastei.] Orn. Mschr. **28**: 222–223

312 NEUMANN, R.: [Überwinternde Stare.] Zoolog. Garten **44**: 233

313 REY, E.: Mageninhalt einiger Vögel. Orn. Mschr. **28**: 67–71, 294

314 SALZMANN, O.: Allerlei aus Sachsen. Zeitschr. f. Oologie **13**: 88–90

315 WICHTRICH, P.: Schneegans (*Chen hyperboreus* Pall.). Orn. Mschr. **28**: 318–319

1904

316 BERGE, R.: *Phalaropus lobatus* in Sachsen. Orn. Mber. **12**: 61

317 – Die Ringamsel im Erzgebirge. Ebd. **12**: 160–162

318 – Ornithologische Vorkommnisse aus dem westlichen Sachsen. Jahresber. Ver. Naturk. Zwickau 1902: 1–6

319 HANTZSCH, B.: [Storch im Dezember.] Orn. Mschr. **29**: 274

320 HELM, F.: Weitere Beiträge zu der Gätkeschen Hypothese über den Zug der Vögel nach Alter und Geschlecht. Journ. Ornith. **52**: 50–69

321 – Ornithologische Beobachtungen. Ebd. **52**: 411–431, **53**: 563–600

322 HESSE, E.: Beobachtungen in den Gundorfer Sümpfen bei Leipzig. Orn. Mber. **12**: 137–141

323 KIPPING, E.: Nächtlicher Besuch eines Sumpfhühnchens. Orn. Mschr. **29**: 234–235

324 KOEPERT, O.: Über die Ansiedlung von Nachtigallen (*Erithacus luscinia* L.). Ebd. **29**: 102–105

325 LANGERHANS: Die Selbstdomestizierung der Singvögel. Ebd. **29**: 464–466

326 VOIGT, A.: Seltene Durchzügler aus der Umgebung Leipzigs. Orn. Mber. **12**: 99–100

1905

327 HESSE, E.: Weitere Beobachtungen in der Umgegend von Leipzig. Ebd. **13**: 17–23, 37–42

328 – [Schwarzspecht, Spornammer und Rotmilan bei Leipzig.] Ebd. **13**: 51

329 – Winterbeobachtungen aus der Umgegend von Leipzig. Ebd. **13**: 89–97, 121–129

330 – [Vorläufige Notizen.] Ebd. **13**: 149

331 – Ansammlungen von Staren zur Brutzeit. Ebd. **13**: 207–209

332 KROHN, H.: Die Brutverbreitung der Möven und Seeschwalben in Deutschland. Orn. Mschr. **30**: 206–217, 259–270, 302–314

333 MUSHACKE: Ein Beitrag zur Vogelwelt Sachsens. Orn. Mber. **13**: 112

334 MUSHACKE, A.: Ornithologische Beobachtungen um Dresden aus dem Jahre 1905. Gefiederte Welt **34**: 205–206

335 REY, E.: Die Eier der Vögel Mitteleuropas. Gera-Untermhaus

336 – Mageninhalt einiger Vögel. Orn. Mschr. **30**: 314–318

337 – Beobachtungen über den Kuckuck in den Jahren 1897–1904. Journ. Ornith. **53**: 304–310

338 TSCHUSI, V. v.: Über den Zug des Seidenschwanzes (*Ampelis garrulus* L.) im Winter 1903/04. Ornis **13**: 16

339 WICHTRICH, P.: Beobachtungen an Sümpfen und Teichen in der näheren und weiteren Umgegend von Leipzig (Frühjahr 1904). Orn. Mschr. **30**: 175–180, 202–206

340 WÜNSCHE, E.: Aus der Sächsischen Schweiz. Ebd. **30**: 367–370

1906

341 BERGE, R.: Aus dem westlichen Sachsen. Orn. Mber. **14**: 8–9, 63–64

342 – Verspäteter Schwalbenzug bei Zwickau im Herbst 1905. Jahresber. Ver. Naturk. Zwickau 1904/05: 1–9

343 EHMCKE: [Girlitz in Zinnwald.] Journ. Ornith. **54**: 153

344 HEYDER, R.: *Dryocopus martius* (L.) und seine Zunahme im Königreich Sachsen. Orn. Mber. **14**: 167–171, 183–189

345 – Zum Brutvorkommen des weißen Storchs im westlichen Sachsen. Falco **2**: 76–77

346 HÖPFNER, M.: Seltene Vögel in der Rochlitzer Gegend. Orn. Mschr. **31**: 66–77

347 KOLLIBAY, P.: Die Vögel der preußischen Provinz Schlesien. Breslau: 106, 107, 153, 154, 179, 187, 262, 269, 345

348 LOOS, K.: Der Uhu in Böhmen. Saaz: 56–58

349 REY, E.: Beobachtungen aus der Avifauna von Klinga. Orn. Mschr. **31**: 133–145, 171–180

350 STRESEMANN, E.: Das diesjährige Auftreten von Seidenschwänzen. Ebd. **31**: 311

351 VOIGT, A.: Gebirgsbachstelze und Sperbergrasmücke in der Umgebung Leipzigs. Orn. Mber. **14**: 174–175

1907

352 BAER, W.: Die Brutplätze des Kranichs in Deutschland. Orn. Mschr. **32**: 304

353 BERGE, R.: Höhengrenzen der Vögel im Erzgebirge. Wissensch. Beilage Leipziger Zeitung Nr. 44: 189–191

354 – Aus dem westlichen Sachsen. Orn. Mber. **15**: 43–44

355 HELM, F.: Neuere Untersuchungen über den Herbstzug des Stars. Proc. of the Fourth International Ornithological Congress: 544–553. – Auch in: Journ. Ornith. **56** (1908): 154–164

356 – Das Vogelleben während des Winters und Frühlings in den bewaldeten gebirgigen und ebenen wasserreichen Teilen unseres Vaterlandes. Ber. Naturwiss. Ges. Chemnitz **16**: 28–41

357 HESSE, E.: Zum Gesang von *Certhia*. Orn. Mber. **15**: 37–43

358 – *Locustella fluviatilis* (Wolf) bei Leipzig. Ebd. **15**: 188

359 – Beobachtungen in der Umgegend von Leipzig von Frühling bis Winter 1905. Journ. Ornith. **55**: 91–134

360 HEYDER, R.: *Ciconia ciconia* als Brutvogel Westsachsens. Orn. Mber. **15**: 181–182

361 KOEPERT, O.: [Tannenhäher bei Riesa.] Ebd. **15**: 188

362 REY, E.: Mageninhalt einiger Vögel. Orn. Mschr. **32**: 185–189, 205–218, 235–246, 259–271, 296–300

363 ZIMMERMANN, R.: Zur Avifauna von Rochlitz in Sachsen. Orn. Jahrb. **18**: 88–91

1908

364 BUDDEUS: Zwergadler und Sperlingseule im sächsischen Erzgebirge. Orn. Mschr. **33**: 414–415.

365 HESSE, E.: Beobachtungen und Aufzeichnungen in der Umgegend von Leipzig während des Jahres 1906. Journ. Ornith. **56**: 25–60

366 – Ein Beitrag zur Ornis der näheren Umgegend von Leipzig. Ebd. **56**: 260–282

367 HEYDER, R.: Zweite Starenbruten. Zeitschr. Oologie u. Ornith. **18**: 116–117

368 – Notizen über einige seltenere Arten in Westsachsen. Orn. Mber. **16**: 98–99

369 REY, E. u. REICHERT, A.: Mageninhalt einiger Vögel. Orn. Mschr. **33**: 189–197, 221–231, 258–267, 292–304

1909

370 BAER, W.: Untersuchungsergebnisse an Mageninhalten sächsischer Vögel. Ebd. **34**: 33–44

371 – Ein deutscher Würgfalke. Ebd. **34**, 196–198

372 HELM, F.: Ornithologische Beobachtungen in und bei Chemnitz. Ber. Naturwiss. Ges. Chemnitz **17**: 108–123

373 HESSE, E.: Beobachtungen und Aufzeichnungen in der Umgegend von Leipzig während des Jahres 1907. Journ. Ornith. **57**: 1–32

374 – Beobachtungen und Aufzeichnungen in der Umgegend von Leipzig während des Jahres 1908. Ebd. **57**: 322–365

375 – Zum diesjährigen Vorkommen der Kreuzschnäbel. Orn. Mber. **17**: 155

376 – Berichtigung. Orn. Mschr. **34**: 280

377 – Sommerbeobachtungen an den Teichen von Wermsdorf, Kgr. Sachsen. Ebd. **34**: 281–287

378 – Weitere ornithologische Beobachtungen an den Teichen bei Wermsdorf. Ebd. **34**: 424–428

379 HÖPFNER, M.: Nordseetaucher bei Rochlitz. Ebd. **34**: 205

380 JACOBI, A.: Ein Vorkommen des „Bergrebhuhns", *Perdix perdix* var. *montana* Briss. Orn. Mber. **17**: 50–52

381 RECHENBERGER, A.: Ornithologisches aus Annabergs Umgebung. Ber. Annaberg-Buchholzer Ver. Naturk. **12**, 1904–1909: 67–80

382 SINGER, O.: Ornithologische Beobachtungen. Orn. Mschr. **34**: 183–187, 307

383 WEISSMANTEL, P.: [Kreuzschnabel bei Rochlitz.] Orn. Mber. **17**: 182

384 WICHTRICH, P.: [Rosenstar bei Borna.] Ebd. **17**: 182

1910

385 BAER, W.: Ornithologische Miscellen. Orn. Mschr. **35**: 331–336, 350–360, 381–389, 401–408

386 HARTERT, E.: Die Vögel der paläarktischen Fauna. Berlin. – Bd. II erschien 1912–21, Bd. III 1921–22, ein Ergänzungsband (von E. HARTERT u. F. STEINBACHER) 1938

387 HESSE, E.: [Späte Bruten, Kranichzug.] Orn. Mber. **18**: 12

388 – Einige ornithologische Vorkommnisse aus der Vergangenheit. Ebd. **18**: 55–57

389 – Beobachtungen und Aufzeichnungen während des Jahres 1909. Journ. Ornith. **58**: 489–519

390 HÜLSMANN, H.: Die Vogelwelt Wurzens und seiner Umgebung. Mitt. Wurzener Geschichts- u. Altertumsver. **1**: 14–34

391 REY, E. u. REICHERT, A.: Mageninhalt einiger Vogelarten. Orn. Mschr. **35**: 193–197, 225–234, 248–254, 278–284, 305–313, 344–350, 289–395, 413–421

392 SCHELCHER, R.: [Raubmöven in Sachsen.] Ebd. **35**: 119

393 – Überwintern des Wachtelkönigs. Ebd. **35**: 304

394 SCHILLER: [Braunelle im Winter.] Journ. Ornith. **58**: 814

395 WICHTRICH, P.: Winterbeobachtungen aus Nordwest-Sachsen 1909/10. Orn. Mber. **18**: 125–129

1911

396 GRIMM, O.: Ein Polartaucher im Prachtkleid. Orn. Mschr. **36**: 322

397 HELM, F.: Beobachtungen über den Zug der Vögel. Ber. Naturwiss. Ges. Chemnitz **18**: 189–197

398 HESSE, E.: Beobachtungen und Aufzeichnungen während des Jahres 1910. Journ. Ornith. **59**: 361–363

399 HEYDER, R.: Ornithologische Notizen von den Wermsdorfer Teichen 1909. Orn. Mschr. **36**: 244–250

400 – Ornithologische Beobachtungen aus dem Wermsdorfer Teichgebiet während des Jahres 1910. Ebd. **36**: 444–448

401 – *Arenaria interpres* (L.) als neue Art für das Königreich Sachsen. Orn. Mber. **19**: 167–168

402 – [Tannenhäher bei Chemnitz.] Ebd. **19**: 185

403 KOEPERT, O.: Zum Tannenheherzug. Ebd. **19**: 196

404 ROSENBERG, F. T.: Beiträge zur Entwicklungsgeschichte und Biologie der *Colymbidae*. Zeitschr. wissensch. Zoologie **97**: 199–219

405 SCHELCHER, R.: Ornithologische Mitteilungen. Orn. Mschr. **36**: 322–323

406 STOLZ, J. W.: Über die Vogelwelt der preußischen Oberlausitz in den letzten zwölf Jahren. Abh. Naturforsch. Ges. Görlitz **27**: 1–71

407 WICHTRICH, P.: Der Leipziger Schlachtfeldtag als Winteraufenthalt der Krähen. Sitzungsber. Naturforsch. Ges. Leipzig **38**: 22–25

408 – *Totanus stagnatilis* in Nordwest-Sachsen. Orn. Mber. **19**: 179–181

1912

409 BAER, W.: [Purpurreiher am Horstsee.] Orn. Mschr. **37**: 252–253

410 DETMERS, E.: Ein Beitrag zur Kenntnis der Verbreitung einiger jagdlich wichtigen Brutvögel in Deutschland. Veröffentl. Instit. Jagdkunde Neudamm **1**: 65–164

411 GRIMM, O.: Das Auftreten des sibirischen Tannenhähers in der Leipziger Umgebung. Zoolog. Beobachter **53**: 245–253

412 HILDEBRANDT, H.: Seltene Irrgäste bei Altenburg. Orn. Mber. **20**: 118–119

413 HOFFMANN, B.: Ein Beitrag zum Gesang unserer Fliegenschnäpper. Orn. Mschr. **37**: 433–443

414 JACOBI, A.: Tannenhäher in Sachsen. Orn. Mber. **20**: 25

415 KOEPERT, O.: [Tannenhäher, Eisvogel.] Orn. Mschr. **37**: 157

416 – Zum Tannenhäherzug. Ebd. **37**: 383–384

417 KURELLA, H. u. JORDANS, A. v.: Zum Tannenhäherzug im Jahre 1911. Veröffentl. Instit. Jagdkunde Neudamm **1**: 53–64

418 SCHICK: Vorkommen eines Tannenhähers. Orn. Mschr. **37**: 415–416

419 WEISSMANTEL, R.: Beobachtungen an den Frohburg-Eschefelder Teichen während der Zugzeit. Ebd. **37**: 405–412

420 WICHTRICH, P.: Die beiden ersten Beobachtungen von *Arenaria interpres* in Sachsen. Orn. Mber. **20**: 38–41

421 – Brauner Sichler, *Plegadis autumnalis*, bei Frohburg in Sachsen. Ebd. **20**: 120–121

1913

422 DERSCH, F.: Abriß aus dem Vogelleben des Vogtlandes, speziell Plauen und Umgebung. Orn. Mschr. **38**: 331–343

423 GRIMM, O.: Raubmöven in der Leipziger Umgebung im Jahre 1912. Orn. Jahrb. **14**: 224–225

424 HESSE, E.: [Waldwasserläufer Wintergast.] Orn. Mber. **21**: 79

425 HEYDER, R.: Beiträge zur Kenntnis der Vogelwelt des östlichen Erzgebirges. Journ. Ornith. **61**: 455–468

426 KRAMER, H.: Säugetiere und Vögel des Teichgebiets von Großhennersdorf und Umgegend. Ber. Naturwiss. Ges. Isis Bautzen 1910/12: 57–76

427 MAYHOFF, H. u. SCHELCHER, R.: Raubmöven in Sachsen. Orn. Mschr. **38**: 327

428 SCHELCHER, R.: *Stercorarius parasiticus* erlegt. Ebd. **38**: 118

429 THIENEMANN, J.: [Heringsmöwe im Vogtland.] Journ. Ornith. **61**, Sonderh.: 46

430 VIETINGHOFF, A. v.: Ornithologisches aus den Grenzgebieten der sächsischen und preußischen Oberlausitz. Ebd. **38**: 467–475

431 ZIMMERMANN, R.: Über interessante Beobachtungen an den Frohburg-Eschefelder Teichen. Orn. Mber. **21**: 69–72

432 – Über eine Beobachtung von *Carpodacus erythrinus* (Pall.). Ebd. **21**: 112–114

433 – Zum Tannenhäherzug im Herbste 1911. Zoolog. Beobachter **54**: 219–220

1914

434 HESSE, E.: [Ansammlungen von Grauammern zur Brutzeit.] Orn. Mber. **22**: 166

435 – [Kleines Sumpfhuhn bei Rohrbach?] Journ. Ornith. **62**: 355

436 HEYDER, R.: *Aquila clanga* Pall. in Sachsen erlegt. Orn. Mber. **22**: 11–12

437 KLENGEL, A.: Umsetzung eines Storchnestes. Orn. Mschr. **39**: 417–420

438 KOEPERT, O.: Jagdzoologisches aus Altsachsen. Beil. Jahresber. Vitzthumsch. Gymnas. Dresden 1913/14, 47 S.

439 STOLZ, J. W.: Zu der Arbeit „Ornithologisches aus den Grenzgebieten der sächsischen und preußischen Oberlausitz". Orn. Mschr. **39**: 292–295

440 TOTTMANN: Ornithologisches vom Truppenübungsplatz Zeithain. Ebd. **39**: 427–435

441 UTTENDÖRFER, O.: Die Raubvögel und die Vogelwelt, geprüft an zweitausend Raubvogeltaten. Ebd. **39**: 198–205

1915

442 HESSE, E.: Einige bemerkenswerte Belegstücke der deutschen Ornis im Königl. Zoolog. Museum Berlin. Journ. Ornith. **63**: 593, 599

443 HEYDER, R.: Einige Bemerkungen über das vermeintliche Brüten der Reiherente bei Frohburg in Sachsen. Orn. Mber. **23**: 70–71

444 JACOBI, A.: Weiteres Vorkommen von *Aquila clanga* Pall. in Sachsen. Ebd. **23**: 125

445 MAYHOFF, H. u. SCHELCHER, R.: Beobachtungen im Gebiete der Moritzburger Teiche 1906–1914. Orn. Mschr. **40**: 268–286, 289–306, 323–340, 364–379, 385–395

446 ZIMMERMANN, R.: Über das angebliche Brüten der Reiherente auf den Frohburg-Eschefelder Teichen. Orn. Mber. **23**: 10–11

447 – Tannenhäher und Seidenschwänze im Winter 1913/14 im Königreich Sachsen. Ebd. **23**: 22–23

1916

448 HELM, F.: Ornithologische Beobachtungen an den Bergwerksteichen von Großhartmannsdorf und Berthelsdorf bei Freiberg. Journ. Ornith. **64**: 252–267

449 HEYDER, R.: Ornis Saxonica. Ebd. **64**: 165–228, 277–324, 429–488. – Mit Zusätzen von H. MAYHOFF: 467, 483, 488

450 HOFFMANN, B.: Beitrag zur Kenntnis von *Certhia familiaris* L. = *C. macrodactyla* Brehm. Orn. Mschr. **41**: 82–87

451 – Zum Gesang der beiden Goldhähnchen (*Regulus regulus* L. und *Regulus ignicapillus* Tem.). Ebd. **41**: 273–277

452 KRAMER, H.: Besetzte Storchnester in der sächsischen Oberlausitz im Jahre 1913. Mitt. Naturwiss. Ges. Zittau 1916: 95–104

453 KÜMMLER, A.: Durchziehende Seidenschwänze in Gartenanlagen Dresdens. Orn. Mschr. **41**: 222–223

454 MAYHOFF, H.: Seeadler auf dem Herbstdurchzug im sächsischen Elbtal. Orn. Mber. **24**: 43–44

455 REICHENOW, A.: Nachtrag zur „Neuen Namenliste der Vögel Deutschlands". Journ. Ornith. **64**: 611–612

456 SCHLEGEL, R.: Ornithologische Beobachtungen aus dem mittelsächsischen Berg- und Hügellande. Orn. Mber. **24**: 97–103

457 VOIGT, A.: Überwinternde Girlitze im Leipziger Stadtgebiet. Orn. Mschr. **41**: 157 bis 158

1917

458 HESSE, E.: Von Jagdfalk und Alpen-Lämmergeier im Zoolog. Museum der Universität Leipzig. Journ. Ornith. **65**, Reichenow-Festschrift: 112–115

459 HOFFMANN, B.: Der harte Winter 1916/17 und unsere Vogelwelt. Orn. Mschr. **42**: 254–257

460 – Weißflügelige Seeschwalben (*Hydrochelidon leucoptera* [Schinz]) am Dippelsdorfer Teich in Sachsen. Orn. Mber. **25**: 147–148

461 KLENGEL, A.: Störche und Storchnester im östlichen Sachsen. Mitt. Heimatschutz **6**: 99–112

462 KOEPERT, O.: Federwild und Vogelschutz in Altsachsen. Ebd. **6**: 86–90

463 REICHENOW, A.: Über den fahlbäuchigen Kleiber. Orn. Mber. **25**: 55–57

464 – [Die in Sachsen brütenden Formen von *Sitta* und *Certhia*.] Journ. Ornith. **65**: 228

465 SCHLEGEL, R.: Die Rohrsänger des Leipziger Flachlandgebietes mit besonderer Berücksichtigung ihres Vorkommens in den Flußgebieten der weißen Elster, Pleiße, vereinigten und Zwickauer Mulde nach dem sächsischen Berglande und Erzgebirge zu. Ebd. **65**: 169–181

466 STOLZ, J. W.: Ornithologische Nachlese aus der Oberlausitz. Abh. Naturforsch. Ges. Görlitz **28**: 163–250

467 UTTENDÖRFER, O.: Unsere Beute an Raubvogeltaten im Jahre 1916. Orn. Mschr. **42**: 249–253

1918

468 HARTERT, E.: Types of Birds in the Tring Museum. Novitates Zoologiae **25**: 15, 23, 47, 62

469 HESSE, E.: Das Vorkommen der Schwanzmeisen bei Leipzig im Winter. Orn. Mber. **26**: 115–117

470 HELLER, F.: [Beobachtungen im oberen Vogtland.] Orn. Mschr. **43**: 160

471 HOFFMANN, B.: Einige Bemerkungen und Ergänzungen zu Heyders „Ornis Saxonica". Journ. Ornith. **66**: 317–324

472 KLENGEL, A.: Der Wechsel im Bestande der Wachtel. Orn. Mschr. **43**: 172–177

473 – Unsere sächsischen Störche und Storchnester. Mitt. Heimatschutz **7**: 34–46

474 KREZSCHMAR, K. R.: Sommerausflug in den Wermsdorfer Forst. Orn. Mschr. **43**: 227–231

475 – Kreuzschnäbel inmitten der Großstadt. Ebd. **43**: 247–248

476 SCHLEGEL, R.: Aufzeichnungen über das Vorkommen der Sylvien im Leipziger Flachlandgebiete. Journ. Ornith. **66**: 43–51

477 – Einige bemerkenswerte Winterbeobachtungen aus dem sächsischen Berg- und Hügellande. Orn. Mber. **26**: 67–71

478 SELA, A.: Die Einbürgerung des Moorschneehuhns. Kosmos **15**: 151–152

479 TISCHLER, F.: Das Vorkommen der Reiherente (*Nyroca fuligula*) in Deutschland. II. Nachtrag. Orn. Mschr. **43**: 239–245

480 UTTENDÖRFER, O. u. H. KRAMER: Raubvogeltaten im Jahre 1917. Ebd. **43**: 185–192

1919

481 HESSE, E.: Zur Ornis des Leipziger Gebietes. Journ. Ornith. **67**: 392–430

482 HEYDER, R.: Neuere Beobachtungen an Weidenmeise und Schlagschwirl in Sachsen. Orn. Mber. **27**: 31–32

483 – Über Massenzüge und Zugstraßen von Kranich und Saatgans in Sachsen. Ebd. **27**: 79–81

484 HILDEBRANDT, H.: Beitrag zur Ornis Ostthüringens. Mitt. a. d. Osterlande **35** (NF **16**): 289–371

485 HOFFMANN, B.: [Uferschwalbensiedelung bei Niederrödern.] Verh. Orn. Ges. Bayern **14**: 92

486 KÖHLER, P.: *Hydrochelidon leucoptera* in Sachsen. Orn. Mschr. **44**: 223–224

487 SACHTLEBEN, H.: Zur Kenntnis der Wasserschmätzer. Verh. Orn. Ges. Bayern **14**: 82–86

488 SCHELCHER, R.: [Weidenmeise im Erzgebirge.] Ebd. **14**: 155

489 SCHLEGEL, R.: Zur Abwehr. Orn. Mber. **27**: 14–15

490 – Kurze systematische Vorbemerkungen zu einer Arbeit über die Eier der deutschen Baumläuferarten. Zeitschr. Oologie u. Ornith. **24**: 111–115, **25**: 28

491 STRESEMANN, E.: Über die europäischen Baumläufer. Verh. Orn. Ges. Bayern **14**: 39–74

492 – Über die Formen der Gruppe *Aegithalos caudatus* und ihre Kreuzungen. Beitr. z. Zoogeographie paläarkt. Region **1**: 1–24

493 – Über die europäischen Gimpel. Ebd. **1**: 25–56

494 UTTENDÖRFER, O.: Verschiedene Beobachtungen bei Herrnhut. Orn. Mber. **44**: 139–140

495 – u. KRAMER, H.: Raubvogelrupfungen 1918. Ebd. **44**: 133–137

496 ZIMMERMANN, R.: Auf Bahnschutzwache in Niederwartha. Ebd. **44**: 145–158

1920

497 BÄSSLER, F. A.: Die Gartenammer. Mitt. üb. d. Vogelwelt **19**: 78

498 DÖRING: Das Erwachen der Vogelwelt im höheren sächsischen Erzgebirge zu den verschiedenen Jahreszeiten. Tharandter Forstl. Jahrb. **71**: 242–263

499 HELLER, F.: Ornithologische Beobachtungen auf kleinem Gebiet. Orn. Mschr. **45**: 177–184

500 HESSE, E.: Ergänzungen. Journ. Ornith. **68**: 388–389

501 – Über Vorkommen zweier seltenen Ammerarten in Mitteldeutschland. Ebd. **68**: 393–396

502 KRAMER, H. u. UTTENDÖRFER, O.: Raubvogeltaten im Jahre 1919. Orn. Mschr. **45**: 209–213

503 MAYHOFF, H.: Von den Brutvögeln des Moritzburger Teichgebiets. Verh. Orn. Ges. Bayern **14**, Sonderheft: 3–63

504 SCHLEGEL, R.: Die sächsischen Spechtmeisen und Baumläufer. Ebd. **14**: 189–198

505 – Die früheren Saatkrähenkolonien Leipzigs und seiner Umgebung. Orn. Mschr. **45**: 150–154

506 – Aufzeichnungen über das Vorkommen unserer Drosselarten im Leipziger Flachlandgebiete, in Mittelsachsen und im Erzgebirge. Journ. Ornith. **68**: 292–308

507 – Die Brutvögel der Leipziger Friedhöfe. Mitt. Heimatschutz **9**: 111–119

508 STRESEMANN, E.: Avifauna Macedonica. München: 4, 88, 125, 144, 148, 183, 191, 200, 212, 221

509 – u. HEYDER, R.: Zugbeobachtungen an Wasservögeln Mittelsachsens. Verh. Orn. Ges. Bayern **14**, Sonderheft: 64–86

510 – u. SACHTLEBEN, H.: Über die europäischen Mattkopfmeisen (Gruppe *Parus atricapillus*). Ebd. **14**: 228–269

511 ZIMMERMANN, R.: Zur Höhenverbreitung der Vögel. Journ. Ornith. **68**: 344–350

1921

512 BERNHARDT, P.: Die Schellente im Moritzburger Teichgebiet. Mitt. Heimatschutz **10**: 175–178

513 HEYDER, R.: Bemerkungen über das Vorkommen von Bart- und Uralkauz in der sächsischen Oberlausitz. Orn. Mber. **29**: 81–84

514 KLENGEL, A.: Die Haubenlerche. Orn. Mschr. **46**: 161–164

515 SACHTLEBEN, H.: Vögel. In E. STECHOW: Beiträge zur Natur- und Kulturgeschichte Lithauens und angrenzender Gebiete. Abh. math.-physik. Klasse Bayr. Akad. Wissenschaft Suppl.-Bd.: 1–232

516 SCHLEGEL, R.: Beobachtungen und Untersuchungen an sächsischen Schwanzmeisen, *Aegithalos caudatus europaeus* (Herm.). Verh. Orn. Ges. Bayern **15**: 51–57

517 – Zum Vorkommen des Flußrohrsängers (*Locustella fluviatilis* [Wolf]) bei Leipzig. Orn. Mschr. **46**: 111–112

518 SCHNEIDER, K. M.: *Fulmarus glacialis* in Sachsen. Journ. Ornith. **66**: 161–164

519 SCHREITMÜLLER, W.: Über das Vorkommen des Bienenfressers im Bielatale in Sachsen. Mitt. üb. d. Vogelwelt **19**: 40

520 – Ornithologische Beobachtungen aus der Umgegend von Dresden. Ebd. **19**: 109

521 – Über das Vorkommen des Mauerläufers in Sachsen. Ebd. **19**: 111

522 ZIMMERMANN, R.: Einige Ergänzungen zu R. Schlegels Aufzeichnungen über Vorkommen unserer Drosselarten. Journ. Ornith. **69**: 201–211

523 ZUMPE, W.: Sächsische Ortolan- und Wachtelvorkommnisse 1919 und 1920. Orn. Mschr. **46**: 93–94

1922

524 DERSCH, F.: Das Sumpf- und Wassergeflügel in der Umgebung der vogtländischen Kreisstadt Plauen. Ebd. **47**: 17–22

525 HENKER, O.: *Charadrius morinellus* bei Hainichen erlegt. Mitt. VsO. **1**: 30

526 HEYDER, R.: Betrachtungen über die Verbreitung der Vogelwelt Sachsens. Ebd. **1**: 19–25

527 – Nachträge zur Ornis Saxonica. Journ. Ornith. **70**: 1–38, 137–172

528 HOFFMANN, B.: Beobachtungen am Horste des Wespenbussards (*Pernis apivorus* L.). Mitt. VsO. **1**: 25–30

529 KRAMER, H. u. UTTENDÖRFER, O.: Raubvogeltaten im Jahre 1920. Orn. Mschr. **47**: 41–45

530 PÖNITZ, H.: *Motacilla flava thunbergi* bei Großhartmannsdorf beobachtet. Mitt. VsO. **1**: 30–31

531 RECHENBERGER, A.: Ornithologisches aus Annabergs Umgebung. Ber. Annaberg-Buchholzer Ver. Naturk. **8**, 1910/1921: 8–16

532 SCHLEGEL, R.: Die im Stadtgebiet Leipzig brütenden Vögel. Leipzig

533 – Beobachtungen über das Auftreten der Gimpel in der Leipziger Gegend nebst kurzen Bemerkungen über die systematische Zugehörigkeit sächsischer Stücke. Mitt. VsO. **1**: 11–17

534 – Ein Beitrag zum Vorkommen der Weidenmeise (*Parus atricapillus salicarius* Brehm) im sächsischen Erzgebirge. Orn. Mber. **30**: 35–40

535 – Über das Vorkommen der Weidenmeise (*Parus atricapillus salicarius* Brehm) in unserem Vaterlande. Mitt. Heimatschutz **11**: 125–128

536 UTTENDÖRFER, O.: Zehntausend Raubvogelrupfungen. Orn. Mschr. **47**: 65–68

537 ZIMMERMANN, R.: Die Pflegevögel des Kuckucks in Sachsen. Mitt. VsO. **1**: 4–11

538 – Zur Geschichte des Storches in Westsachsen. Mitt. Heimatschutz **11**: 66–68

1923

539 BERNHARDT, P.: Ornithologische Beobachtungen aus dem Moritzburger Teichgebiet (1919–1921). Mitt. VsO. **1**: 37–47

540 HENKER, O.: Seltene Singvögel aus der Chemnitzer Umgebung. Ebd. **1**: 47–51

541 HEYDER, R.: Isländischer Strandläufer und Regenbrachvogel in Sachsen. Ebd. **1**: 85–86

542 HILDEBRANDT, H.: [Teichwasserläufer und Kleines Sumpfhuhn bei Frohburg.] Journ. Ornith. **71**: 161

543 HOFFMANN, B.: Das älteste sächsische Verzeichnis von Vögeln, die ums Jahr 1564 auf und an der Elbe bei Meißen vorgekommen sind. Ebd. **71**: 1–10

544 JACOBI, A.: Noch ein Bastard zwischen Buchfink und Bergfink. Orn. Mber. **31**: 109

545 KOEPERT, O.: Das frühere Vorkommen von Auer- und Birkwild in Sachsen. Mitt. Heimatschutz **12**: 246–248

546 KRAMER, H. u. UTTENDÖRFER, O.: Unsere Raubvogelhorste. Mitt. VsO. **1**: 77–81

547 MARX, A.: Einige Sommerbeobachtungen. Ebd. **1**: 65

548 MAYR, E.: Die Kolbenente auf dem Durchzuge in Sachsen. Orn. Mber. **31**: 135–136

549 SCHLEGEL, R.: Ornithologische Beobachtungen im Elstergebiete von Eythra. Mitt. VsO. **1**: 51–57, 81–85, 121–132, 176–184

550 – Zum Vorkommen des Mornellregenpfeifers. Ebd. **1**: 65

551 – Der frühere und gegenwärtige Bestand des Großtrappen im Gebiete von Leipzig. Journ. Ornith. **71**: 13–28

552 – Dehnt die Nebelkrähe (*Corvus corone cornix*) ihr Brutgebiet südlich beziehentlich südwestlich aus? Verh. Orn. Ges. Bayern **15**: 302–305

553 THIENEMANN, J.: [Sächsischer Bluthänfling im Odenwald.] Journ. Ornith. **71**: 141

554 WEIGOLD, H.: Einjähriger *Acrocephalus arundinaceus* 155 km von der Heimat (brütend?) Orn. Mber. **31**: 135

555 WICHTRICH, P.: Zum Herbstzug 1922 in Nordwestsachsen. Mitt. VsO. **1**: 69–77

556 ZIMMERMANN, R.: Der Wanderfalke in Sachsen. Mitt. Heimatschutz **12**: 21–25

557 – Zur Biologie der Rohrsänger. Pallasia **1**: 36–51

1924

558 FÖRSTER, H., MAYR, E. u. ZIMMERMANN, R.: Zum Vorkommen des Bienenfressers im Bielatale. Mitt. VsO. **1**: 119–120

559 HOFFMANN, B.: Die ungünstige Witterung des Jahres 1922 und unsere Vogelwelt. Orn. Mschr. **49**: 9–11

560 – Von *Certhia*-Mischsängern. Orn. Mber. **32**: 159–162

561 MAKATSCH, W.: Das Vorkommen des Weißen Storches in Ostsachsen. Oberlausitzer Heimatstudien, Heft 4. Reichenau

562 MAYR [irrig MAYER], E.: Maßnahmen zum Schutze der Trappe (*Otis tarda*). Mitt. Heimatschutz **13**: 298–302

563 SCHLEGEL, R.: Ornithologisches aus dem sächsischen Erzgebirge. Orn. Mschr. **49**: 40–47

564 STRESEMANN, E.: Das Bergrebhuhn (*Perdix montana* Gmelin). Orn. Mber. **32**: 132–135

565 VIETINGHOFF, A. Frh. v.: Das Verhalten paläarktischer Vögel gegenüber den wichtigeren forstschädlichen Insekten. Zeitschr. f. angewandte Entomologie **10**: 1–55, 327–352

566 WEISSMANTEL, P.: Über Vorkommen und Lebensweise der Zwergrohrdommel, *Ixobrychus minutus* (L.), in Sachsen. Mitt. VsO. **1**: 89–98

567 ZIMMERMANN, R.: Der Zug der Spießente, *Dafila acuta* (L.), durch das Binnenland und vom Zuge der Art überhaupt. Pallasia **2**: 28–36

568 – Der Wanderfalk in Sachsen. Mitt. VsO. **1**: 103–119

569 ZUMPE, W.: Zum Vorkommen des Ortolans, *Emberiza hortulana* L., in Sachsen. Ebd. **1**: 98–103

1925

570 DERSCH, F.: Die Brutvögel des Vogtlandes. Mitt. Vogtländ. Ges. Naturforschung **1**, 1: 3–15

571 DITTMANN, E.: Ohrenlerchen in Sachsen. Mitt. VsO. **1**: 140

572 – Zur Verbreitung des Brachpiepers, *Anthus c. campestris* (L.), in Ostsachsen nebst Mitteilungen über seine Lebensweise. Ebd. **1**, Sonderheft: 21–26

573 FÖRSTER, H.: Beobachtungen über das Vorkommen der Wasseramsel als Brutvogel in der Sächsisch-Böhmischen Schweiz. Ebd. **1**, Sonderheft: 17–20

574 HENKER, O.: *Buteo buteo zimmermannae* Ehmcke. Ebd. **1**: 142

575 – Seltenere Vögel der Heimat. Ber. Naturwiss. Ges. Chemnitz **21**, 1921/24: 75–96

576 HEYDER, R.: Ohrenlerchen in Sachsen. Mitt. VsO. **1**: 140–141

577 – Über die Durchzugsfrequenz nordischer Stelzvögel im Binnenland. Ebd. **1**, Sonderheft: 26–37

578 HOFFMANN, B.: Zur Stimme des Fichtenkreuzschnabels. Ebd. **1**, Sonderheft: 37–43

579 KRAMER, H.: Zur Wirbeltierfauna der Südlausitz. Ber. Naturwiss. Ges. Isis Bautzen 1921/24: 29–73

580 – KRAMER jun., H. u. UTTENDÖRFER, O.: Raubvogeltaten im Jahre 1921. Orn. Mschr. **50**: 101–108

581 MAKATSCH, W.: Die Ornis der Stadt Bautzen. Naturwiss. Ges. Isis Bautzen 1921/24: 78–96

582 – Die Reiherente, *Nyroca fuligula* (L.), als Brutvogel der Oberlausitz. Mitt. VsO. **1**: 138–140

583 MARX, A.: Gelegenheitsbeobachtungen. Ebd. **1**: 144–145

584 MAYR, E.: Zur Verbreitung des Girlitz in Norddeutschland. Orn. Mber. **33**: 131

585 PAX, F.: Wirbeltierfauna von Schlesien. Berlin

586 SCHLEGEL, R.: Die Vogelwelt des nordwestlichen Sachsenlandes. Leipzig

587 – Von weißen Nachtigallen und einem Brutversuch des Gimpels in der nordwestsächsischen Flachlandsbucht. Mitt. VsO. **1**: 142–143

588 – Bemerkungen über ein Ei der Stockente. Ebd. **1**, Sonderheft: 43–48

589 VIETINGHOFF, A. Frh. v.: Abendfalken in Sachsen. Ebd. **1**: 141–142

590 – Magenanalysen heimischer Vögel als Bausteine zur Erkenntnis des Verhältnisses zwischen Vogel und Insekt. Zeitschr. f. angewandte Entomologie **11**: 309–312, **12** (1926): 504–507, **15** (1929): 646–651

591 – *Falco vespertinus* in der Oberlausitz erlegt. Orn. Mber. **33**: 85

592 – Ornithologische Miszellaneen aus der nördlichen Oberlausitz. Ber. Naturwiss. Ges. Isis Bautzen 1921/24: 97–103

593 ZAUNICK, R.: Die im Jahre 1783 an das Kurfürstliche Natura-lien-Kabinett eingelieferten sächsischen Vögel. Sitzungsber. u. Abh. Naturwiss. Ges. Isis Dresden 1924: 1–17

594 ZIMMERMANN, R.: Beobachtungen am „Rohrsänger-Kuckuck". Mitt. VsO. 1, Sonderheft: 48–62

595 – Einige neuere ornithologische Feststellungen aus den Grenz-gebieten der sächsisch-preußischen Oberlausitz. Ber. Ver. Schles. Orn. 11: 24–36

596 – Am Neste der Großen Rohrdommel, Botaurus stellaris L. Pallasia 2: 185–194

597 – Die Lachmöwe in Sachsen und in den angrenzenden Land-schaften der preußischen Oberlausitz. Mitt. Heimatschutz 14: 341–348

1926

598 BECKMANN, K. O.: [Weidenmeise in der Dresdener Heide.] Orn. Mber. 34: 3

599 BERNHARDT, P.: Anser anser Brutvogel in Sachsen. Ebd. 34: 122–123

600 DITTMANN, E.: Brut des Raubwürgers, Lanius e. excubitor L., auf dem Heller bei Dresden. Mitt. VsO. 1: 210

601 DÖRFEL, G.: Verwaiste Storchniststätten im Niederlande um Oschatz. Mitt. Heimatschutz 15: 43–49

602 FÖRSTER, H., MAYR, E. u. ZIMMERMANN, R.: Nochmals das Vor-kommen des Bienenfressers im Bielatale. Mitt. VsO. 1: 176

603 GÜNTHER, A.: Der Ortolan, Emberiza hortulana L., in Sachsen. Ebd. 1: 207–208

604 HELLER, F.: Die Brutvögel in der Umgebung von Greiz. Fest-schrift fünfzig. Bestehens Verein d. Naturfreunde Greiz: 51–63

605 HEYDER, R.: Aus der Frühgeschichte der Vogelkunde in der Oberlausitz. Mitt. VsO. 1: 185–207

606 HOFFMANN, B.: Die Stimme unseres Dompfaffen (Pyrrhula pyr-rhula germanica [Brehm]). Verh. Orn. Ges. Bayern 17: 49–58

607 HORST, F.: Gallinago gallinula in Sachsen. Mitt. üb. d. Vogel-welt 25: 51–52

608 LINDNER, H.: Coloeus monedula collaris in Sachsen. Mitt. VsO. 1: 211–212

609 MARX, A.: Der Eisvogel, Alcedo atthis ispida, Brutvogel in Zwik-kau. Ebd. 1: 210–211.–Mit Nachschrift v. R. ZIMMERMANN: 211

610 MAYR, E.: Zum Vorkommen des Seidenschwanzes, Bombycilla garrulus (L.), in Sachsen. Ebd. 1: 212

611 – [Uhu im Elbgebirge.] Journ. Ornith. 74: 558

612 – Die Ausbreitung des Girlitz (Serinus canaria serinus L.). Ebd. 74: 571–671

613 SCHLEGEL, R.: Werden und Verändern der Vogelwelt im Leipzi-ger Gebiet innerhalb der letzten Jahrzehnte. Mitt. Heimatschutz 15: 344–350

614 THIENEMANN, J.: [Uferschnepfe, in der Lausitz beringt, in Böh-men erbeutet.] Journ. Ornith. 74: 92

615 VOERKEL, S. H.: Ergänzungen und Bemerkungen zu: R. Schle-gel, Die Vogelwelt des nordwestlichen Sachsenlandes. Orn. Mschr. 51: 81–91

616 – Die Sumpfohreule wieder Brutvogel der Umgebung Leip-zigs. Mitt. üb. d. Vogelwelt 25: 20

617 – Über die Abnahme des Flußregenpfeifers an der Mulde. Na-turschutz 8: 120

618 ZIMMERMANN, R.: Unsere Rohrdommeln. Mitt. Heimatschutz 15: 112–122

619 – Aus den Grenzgebieten der sächsisch-preußischen Oberlau-sitz. Mitt. VsO. 1: 156–170

1927

620 DITTMANN, E.: Weitere Mitteilungen über den Brachpieper, An-thus c. campestris L., in Sachsen. Ebd. 2: 27–30

621 DROST, R.: IX. und X. Bericht der Vogelwarte der Staatl. Biolo-gischen Anstalt Helgoland. Journ. Ornith. 75: 249–294

622 HAUBOLD, S.: Beobachtungen über den Frühjahrsdurchzug 1925 und 1926. Orn. Mschr. 52: 132–134

623 HERBERG, M.: Nordischer Sturmtaucher (Puffinus p. puffinus [Brünn.]) in Sachsen. Orn. Mber. 35: 110

624 HERRMANN, R.: Die Vogelarten des Bezirks der Städte Döbeln, Waldheim und Roßwein. Döbeln. 18 S.

625 HESSE, E.: Bemerkungen zur Ornis des Leipziger Gebiets. Verh. Orn. Ges. Bayern 17: 499–506

626 HEYDER, R.: Von der Verbreitung des Schwarzkehlchens, Saxi-cola torquata rubicola (L.), in Sachsen. Mitt. VsO. 2: 57–62

627 – Wann starb der Steinadler als Brutvogel in Sachsen aus? Ebd. 2: 68–69

628 – Die höhere Tierwelt unserer Umgebung. In R. RENTSCH: Ge-schichte der Stadt Oederan. Oederan: 311–317

629 HOFFMANN, B.: Von der Vogelwelt des Plauenschen Grundes. Mitt. Heimatschutz 16: 222–241

630 – Das Balzlied der Turteltaube Streptopelia turtur turtur (L.). Verh. Orn. Ges. Bayern 17: 176–179

631 – [Häufigkeit der Mehlschwalbe im oberen Erzgebirge.] Ebd. 17: 529–530

632 JACOBI, A.: Arenaria interpres bei Dresden. Mitt. VsO. 2: 24

633 KRAMER [-Niesky], H.: Das Vorkommen der Rotdrossel in der Oberlausitz. Ber. Ver. Schles. Orn. 13: 37–39

634 KUMMERLÖWE, H.: Anthus cervinus Pall. seltener Durchzügler bei Leipzig? Mitt. VsO. 2: 39–40

635 LANGE, R. u. KELLER, J.: Polarseetaucher, Colymbus arcicus L., in und bei Chemnitz. Ebd. 2: 23–24

636 SALZMANN, W. u. LINDNER, H.: Einige Bemerkungen über die Vogelwelt der östlichen Umgebung von Leipzig, vor allem der Muldenaue. Ebd. 2: 62–68

637 SCHLEGEL, R.: Zur Brutverbreitung der Uferschwalbe, Riparia r. riparia (L.), in der Leipziger Gegend nebst einem Überblick über ihr einstiges und gegenwärtiges Brutvorkommen in Sachsen. Ebd. 2: 16–23

638 SCHNEIDER, W.: Erfahrungen bei der Starenberingung. Ebd. 2: 72–80

639 VIETINGHOFF, A. Frh. v.: Zur Kreuzschnabelinvasion 1927. Orn. Mber. 35: 174

640 WEISSMANTEL, P.: Der Fischadler, Pandion haliaetus (L.), 1925 Brutvogel in Sachsen. Mitt. VsO. 2: 30–35

641 ZIMMERMANN, R.: Die Lachmöwe, Larus ridibundus L., in Ost-sachsen und in der angrenzenden preußischen Oberlausitz. Ebd. 2: 41–56

642 – Das Brutvorkommen der Graugans, Anser anser (L.), im oberlausitzischen Niederungsgebiet. Ebd. 2: 35–39

643 – Zwei Wiederansiedlungen des Wanderfalken, Falco peregri-nus Tunst., in der Oberlausitz. Ebd. 2: 70–71

644 – Das Kleine Sumpfhuhn, Porzana parva (Scop.), Brutvogel in der Oberlausitz. Ebd. 2: 71–72

645 – Zur Ökologie des Sumpfrohrsängers, Acrocephalus palustris Bechst. Verh. Orn. Ges. Bayern 17: 172–175

1928

646 BÄSSLER, F. A.: Das Haselhuhn, Tetrastes bonasia rupestris (Brehm), in Sachsen. Mitt. VsO. 2: 168–169

647 BERNHARDT, P.: Kormorane, Phalacrocorax carbo (L.), in Mo-ritzburg. Ebd. 2: 119

648 – Über die Verbreitung und Biologie der Schellente, Bucepha-la cl. clangula (L.). Ebd. 2: 149–157, 218–223

649 – Beobachtungen an der Schellente. Beitr. Fortpflanzungsbiol. 4: 85–88

650 DITTMANN, E., BERNHARDT, P. u. ZIMMERMANN, R.: Veränderun-gen im Bestande der Lachmöwe, Larus r. ridibundus L., östlich der Elbe. Ebd. 2: 164–165

651 FRIELING, F.: Zum Zuge von Falco vespertinus durch Westeuro-pa im September 1927. Orn. Mber. 36: 87

652 FRIELING, H.: Der Zwergfliegenfänger, Muscicapa parva Bechst., als Durchzügler bei Flöha. Mitt. VsO. 2: 120

653 – Der Rohrweihe, Circus a. aeruginosus (L.), Brutvogel an den Frohburger Teichen. Ebd. 2: 162–164

654 – Phalaropus lobatus (L.) als Gast in Westsachsen. Orn. Mber. 36: 175

655 GERBER, R. u. VIETINGHOFF, A. Frh. v.: Zur Kreuzschnabelinva-sion 1927. Ebd. 36: 17

656 HANDMANN, M., HEYDER, R., KUHNERT, A., LOHRMANN, G. u. SCHNEIDER, W.: Weitere Beiträge zur Verbreitung von Emberiza hortulana in Sachsen. Mitt. VsO. 2: 160–162

657 HEYDER, R.: Die Grenzen der Verbreitung des Schwarzkehl-chens, Saxicola torquata rubicola (L.), in Mitteleuropa. Ebd. 2: 94–102

658 KÖHLER, R.: Über einige Beobachtungen des Halsbandfliegen-fängers, Muscicapa albicollis (Temm.), in Moritzburg und seiner Umgebung. Ebd. 2: 102–108

659 – Berghänflinge, Carduelis f. flavirostris (L.), als Wintergäste in Nordsachsen. Ebd. 2: 166–168

660 KREZSCHMAR, C.: [Wasseramsel an der Weißeritz.] Orn. Mschr. 53: 141

661 KUMMERLÖWE, H.: Nordische Gimpel im Winter 1927/28. Orn. Mber. 36: 114

662 MAKATSCH, W.: Der weiße Storch, auch in der Oberlausitz ein aussterbendes Naturdenkmal. Zoolog. Garten (NF) 1: 105–109

663 MEISE, W.: Die Verbreitung der Aaskrähe (Formenkreis Corvus corone L.). Journ. Ornith. 76: 1–203

664 MEYER, H.: Vom Auerwild, Tetrao u. urogallus L., im Zittauer Gebirge. Mitt. VsO. 2: 158–160

665 OTTO, M.: Starker Kranichdurchzug bei Leipzig. Ebd. 2: 118

666 SCHLEGEL, R.: Einige Bemerkungen zum Vorkommen des Rotfußfalken, Falco v. vespertinus L., im Gebiete der Leipziger Tieflandsbucht. Ebd. 2: 113–116

667 – Zug von Falco vespertinus durch Westeuropa im September 1927. Orn. Mber. 36: 43–44

668 SCHNEIDER, B. u. W.: Beiträge zur Biologie der Schleiereule. Journ. Ornith. 76: 412–419

669 SCHÜZ, E.: Samtente, Oidemia fusca (L.), und Berghänflinge, Carduelis flavirostris (L.), bei Dresden. Mitt. VsO. 2: 168

670 VIETINGHOFF, A. Frh. v.: Nyroca marila in der Oberlausitz. Orn. Mber. 36: 82

671 WEISSMANTEL, P.: Vom Gänsezug durch die sächsische Oberlausitz. Mitt. VsO. 2: 109–113

672 WICHTRICH, P.: Singschwäne, Cygnus cygnus (L.), bei Frohburg. Ebd. 2: 117–118

673 ZIMMERMANN, R.: Am Neste des Zwergtauchers, Podiceps r. ruficollis (Pall.). Ebd. 2: 169–174

1929

674 BERNHARDT, P.: Von der Rohrdommel, Botaurus stellaris L. Beitr. Fortpflanzungsbiol. 5: 121–124

675 FRIELING, F.: Ein Beobachtungsjahr an den Frohburger Teichen. Mitt. VsO. 2: 201–208

676 GREBENSCHTSCHIKOW, W.: Über die Arbeit des Bureaus für Beringungstätigkeit der Biostation der jungen Naturforscher. Blätter d. Biostation d. jungen Naturforscher Nr. 14 (vom 15. 9. 1929): 217–223 [Russisch]. – (Betr. Beringung von Saatkrähen.)

677 HABERLAND, F.: Aus dem Tier- und Pflanzenleben des oberen Vogtlandes. Obervogtländisches Heimatbuch, 1. Teil (o. J.): 35–112

678 HEYDER, R.: Über die Gesellligkeit wandernder Strandvögel. Mitt. VsO. 2: 187–194

679 JORDAN, K. H. C.: Zum Vorkommen des Haselhuhns, Tetrastes bonasia rupestris (Brehm), in der sächsischen Oberlausitz. Ebd. 2: 209

680 KIPPING, F. [richtig: E.] Beobachtungen an der Vogelwelt Grimmas. Grimma. – Separat aus Heft 4 und 5 von „Die Grimmaer Pflege. Heimatkundl. Blätter", mit Nachschrift von F. MAYAS, Heft 9 und G. DÖHLER, Heft 1 (1930)

681 KÖHLER, R. u. ZIMMERMANN, R.: Eine noch unbekannte Siedlung der Saatkrähe, Corvus fr. frugilegus L., in Sachsen. Mitt. VsO. 2: 283–284

682 MICHEL, J.: Tiere der Heimat. 1. Teil: Die Wirbeltiere. Tetschen

683 MÜLLER, A.: Schwarzkehlchen, Saxicola torquata rubicola (L.), in Sachsen. Mitt. VsO. 2: 209

684 PRINZ, H.: Das Vorkommen der Wasseramsel, Cinclus c. aquaticus (Bechst.), als Brutvogel an der Roten und Wilden Weißeritz. Ebd. 2: 194–201

685 SCHLEGEL, R.: Blicke in die Speisekarte einiger Vögel auf Grund von Magen- und Kropfanalysen. Ebd. 2: 213–217; 3 (1931): 281–283

686 SCHNEIDER, W.: Samtente, Oidemia fusca (L.), in Rohrbach. Ebd. 2: 232–233

687 SCHÜZ, E.: Über Entenvögel des Winters 1928/29 bei Dresden. Ebd. 2: 210

688 STRESEMANN, E.: Saatkrähe, beringt bei Moskau, geschossen in Sachsen. Orn. Mber. 37: 183–184

689 STÜBLER, H.: Vogelkundliches aus unserem Schulpark. Jahresber. dtsch. Oberschule Auerbach Ostern 1929: 23–25

690 VIETINGHOFF, A. Frh. v.: Materialien zur Ornis der sächsischen und preußischen Oberlausitz. Mitt. VsO. 2: 256–283

691 ZIMMERMANN, R.: [Haselhuhn bei Bienhof.] Ebd. 2: 209

692 – Beobachtungen am Neste der Zwergrohrdommel, Ixobrychus m. minutus (L.). Ebd. 2: 223–232

693 – Zur Ökologie und Biologie der Großen Rohrdommel, Botaurus stellaris L., in der Oberlausitzer Niederung. Journ. Ornith. 77, Hartert-Band: 249–266

694 – u. KÖHLER, R.: Über das Vorkommen der Weidenmeise, Parus atricapillus salicarius Brehm, in Sachsen und den nörd- bzw. nordöstlich angrenzenden Landschaften preußischen Anteils. Mitt. VsO. 2: 235–256

1930

695 BERNHARDT, P.: Erfahrungen und Beobachtungen bei Raubvogelberingungen. Ebd. 3: 10–19

696 DITTMANN, E. u. ZIMMERMANN, R.: Tannenhäher, Nucifraga caryocatactes subsp., in Sachsen. Ebd. 3: 34

697 DROST, R.: Zum Zuge deutscher Stelzen (Motacilla). Vogelzug 1: 86–88

698 FRIELING, F.: Eine dänische Brandseeschwalbe, Sterna s. sandvicensis Lath., in Sachsen gefunden. Mitt. VsO. 3: 30.–Mit Nachschrift von R. ZIMMERMANN: 31

699 KLEINSTÄUBER, K.: Die Wanderfalkenhorste in der Sächsischen Schweiz. Ebd. 3: 81–87

700 KOEPERT, O.: Raubvogelschutz durch Prämien für hochgebrachte Bruten. Orn. Mschr. 55: 30–31

701 – Der Tannenhäher. Ebd. 55: 175

702 – Lanius excubitor L. Brutvogel in Sachsen. Ebd. 55: 192

703 LINDNER, H.: Dryobates major major (L.) auch in Sachsen. Orn. Mber. 38: 81

704 – Lanius excubitor excubitor L. Brutvogel in Nordwestsachsen. Ebd. 38: 188–189.–Auch Mitt. VsO. 3: 99

705 MEYER, H.: Nachtreiher, Nycticorax nycticorax (L.), und Haselhuhn, Tetrastes bonasia rupestris (Brehm), in der Oberlausitz. Mitt. VsO. 3: 32–33

706 SCHLECHTER, A.: Nycticorax nycticorax (L.) bei Deutschbaselitz. Ebd. 3: 32

707 – Ornithologisches aus Lausitzer Archiven. Ebd. 3: 40–48

708 SCHLEGEL, R.: Haben sich Invasionen des Dryobates major major (L.) auch vor 1929/30 bis Mitteldeutschland ausgedehnt? Ebd. 3: 96–99

709 – Erlegung einer Küstenseeschwalbe in Sachsen. Orn. Mber. 38: 186

710 SCHNEIDER, B.: Beobachtung einer Wasseramsel, Cinclus c. medius Brehm, bei Leipzig. Mitt. VsO. 3: 33–34

711 SCHOLZE, W. u. LIEBMANN, G.: Der Bestand des Weißen Storches, Ciconia c. ciconia L., in Ostsachsen. Ebd. 3: 87–96

712 SCHÜZ, E.: Woher kommen unsere Winter-Saatkrähen? Naturforscher 7: 13–16

713 SKOVGAARD, P.: Dansk Ornithologisk Centrals Ringmaerkninger. Summarisk Liste over Meldingerne. Danske-Fugle 11: 20

714 STRESEMANN, E.: Die Frage nach der Brutheimat in Deutschland überwinternder Saatkrähen (Corvus frugilegus L.). Orn. Mber. 38: 11–12

715 UTTENDÖRFER, O.: Studien zur Ernährung unserer Tagraubvögel und Eulen. Abh. Naturforsch. Ges. Görlitz 31: 1–210

716 VIETINGHOFF, A. Frh. v.: Charadrius morinellus L. in der Oberlausitz. Orn. Mber. 38: 53

717 – Squatarola squ. squatarola (L.) in der Oberlausitz. Mitt. VsO. 3: 103

718 WEISSMANTEL, P., BÄSSLER, F. A., DITTMANN, E., WAGNER, K., GNÜCHTEL, H. u. ZIMMERMANN, R.: Zur Kreuzschnabel-Invasion. Ebd. 3: 34–37

719 – u. ZIMMERMANN, R.: Zur Invasion des Großen Buntspechtes, Dryobates m. major (L.). Ebd. 3: 37–40

720 WICHTRICH, P., FRIELING, F. u. HEYDER, R.: Zwergmöwen, Larus minutus Pall., in Sachsen. Ebd. 3: 28–30

721 ZIMMERMANN, R.: Über das Brutvorkommen des Tannenhähers, Nucifraga caryocatactes (L.), im Osterzgebirge. Ebd. 3: 77–81

722 – Ein ungarischer Fischreiher, Ardea c. cinerea L., in Sachsen erbeutet. Ebd. 3: 103. – Hierzu auch J. SCHENK: Aquila 36/37: 194

1931

723 BÄSSLER, F. A.: Der Zug der Lachmöwe und die Ergebnisse sächsischer Beringungen. Sitzungsber. u. Abh. Naturwiss. Ges. Isis Dresden 1930: 46–66

724 DATHE, H.: Wasservogelbeobachtungen während des Herbstes 1930 in den Leipziger Kläranlagen. Orn. Mschr. 56: 97–105

725 – Bemerkenswerte Beobachtungen in Nordwestsachsen während der Jahre 1929 und 1930. Ebd. 56: 187–189

726 – Bemerkungen zum Brutvorkommen des Wiesenpiepers, *Anthus p. pratensis* (L.), und der Sumpfohreule, *Asio fl. flammeus* Pontopp., im Vogtlande. Mitt. VsO. **3**: 175–176

727 – Austernfischer (*Haematopus ostralegus ostralegus* L.) bei Frohburg. Orn. Mber. **39**: 179

728 - MÜLLER, H. J. u. PROFFT, J.: Erzgebirgsbeobachtungen. Orn. Mschr. **56**: 133–141

729 DERSCH, F.: Der Wiesenpieper, *Anthus pratensis* (L.), als Brutvogel im Vogtlande. Mitt. VsO. **3**: 142–144

730 DIETRICH, A.: Rotkopfwürger, *Lanius s. senator* L., in der weiteren Umgebung Dresdens brütend. Ebd. **3**: 176

731 DITTMANN, E.: *Motacilla flava thunbergi* (Billbg.) in Moritzburg. Ebd. **3**: 180

732 FICHTNER, G.: Die Verbreitung des Weißen Storches in Sachsen östlich der Elbe. Sitzungsber. u. Abh. Naturwiss. Ges. Isis Dresden 1930: 67–120

733 GERBER, R.: Rauhfußkauz, *Aegolius t. tengmalmi* (Gm.), in Leipzig. Mitt. VsO. **3**: 145

734 – Winterliche Ansammlungen von Sumpfohreulen, *Asio fl. flammeus* Pont., bei Leipzig. Ebd. **3**: 146

735 JACOBI, A.: Die Braunfärbung des brütenden Kranichs, *Megalornis grus* L., nach einem Vorkommnis in Sachsen. Ebd. **3**: 135–138

736 JORDAN, K. H. C.: Ein Irrgast, *Stercorarius parasiticus* (L.), in der sächsischen Oberlausitz. Ebd. **3**: 148–149. – Mit Zusatz von W. MEISE: 149

737 KOEPERT, O.: *Coturnix coturnix* in Sachsen. Orn. Mschr. **56**: 10

738 – Der Raubwürger (*Lanius excubitor* L.) in der Gefangenschaft. Ebd. **56**: 56–59

739 KRAMER [-Niesky], H.: Über die Verbreitung der Schellente, *Bucephala clangula* (L.), in der Oberlausitz. Verh. Naturforsch. Ges. Görlitz **31**: 67–75

740 – Über die Verbreitung von *Parus atricapillus salicarius* Brehm in der Oberlausitz. Ebd. **31**: 75–90

741 KRAMER, H., KRAMER jun., H. u. UTTENDÖRFER, O.: Die Habichtstaten des Jahres 1929. Ber. Ver. Schles. Orn. **16**: 114–115

742 MARQUART, W.: Bericht über meine Vogelberingung 1929/30. Gefiederte Welt **60**: 80–83

743 MARX, A.: Die Vogelwelt der Umgegend von Zwickau. Jahresber. Ver. Naturk. Zwickau 1928–1930: 26–46

744 MEISE, W.: Bericht über die Herbstzugbeobachtungen in Sachsen 1930. Mitt. VsO. **3**: 161–162

745 MELZER, O.: Winterliche Ansammlungen von Sumpfohreulen, *Asio fl. flammeus* Pont., in Nordwestsachsen. Ebd. **3**: 146–147

746 MÜLLER, H. J.: Winterliche Ansammlungen von *Asio fl. flammeus* Pont., in Nordwestsachsen. Ebd. **3**: 179–180

747 NEUMANN, G.: [Brut des Flußregenpfeifers in einer Lehmgrube bei Dresden.] Jahresber. Dtsch. Oberschule **4**: 61

748 SCHAEFER, H.: Die Brutvögel der Umgebung von Görlitz. Verh. Naturforsch. Ges. Görlitz **31**: 5–48

749 SCHLEGEL, R.: Jubiläumsschrift des Ornithologischen Vereins zu Leipzig. Leipzig

750 SCHNEIDER, W.: Die Rohrweihe, *Circus ae. aeruginosus* (L.), als Brutvogel an den Rohrbacher Teichen. Mitt. VsO. **3**: 138–142

751 SCHÖLZ, G.: Wintergäste 1930/31. Vogelzug **2**: 137–138

752 SCHÜZ, E. u. WEIGOLD, H.: Atlas des Vogelzugs nach den Beringungsergebnissen bei palaearktischen Vögeln. Abh. Vogelzugsforschung **3**. Berlin

753 UTTENDÖRFER, O.: Beobachtungen über die Ernährung unserer Tagraubvögel und Eulen im Jahr 1930. Journ. Ornith. **79**: 299–305

754 VIETINGHOFF, A. Frh. v.: Die Trauerente, *Oidemia nigra nigra* (L.), in der Oberlausitz. Mitt. VsO. **3**: 149–150

755 – Uhu, *Bubo bubo* (L.), in der Oberlausitz. Ebd. **3**: 150

756 WEISSMANTEL, P.: Bemerkenswerte Beobachtungen aus der Oberlausitz im Jahre 1929. Ebd. **3**: 147–148

757 WICHTRICH, P.: Der Ohrentaucher, *Podiceps auritus* (L.), auf den Frohburger Teichen beobachtet. Ebd. **3**: 144–145

758 ZIMMERMANN, R.: Weitere Beobachtungen am Neste der Zwergrohrdommel, *Ixobrychus m. minutus* (L.). Ebd. **3**: 154–160

759 – Großer Brachvogel, *Numenius a. arquata* (L.), und Schwarzschwänzige Uferschnepfe, *Limosa l. limosa* (L.), im Oberlausitzer Niederungsgebiet. Ebd. **3**: 176–179

760 – Die Wirbeltierwelt der Sächsischen Schweiz. Mitt. Heimatschutz **20**: 53–70

761 – Zur Fortpflanzungsbiologie der Großen Rohrdommel, *Botaurus stellaris* L. Journ. Ornith. **79**: 324–332

762 – Die Trauerseeschwalbe, *Chlidonias nigra nigra* (L.), in der Oberlausitzer Niederung. Sitzungsber. u. Abh. Naturwiss. Ges. Isis Dresden 1930: 29–45

1932

763 BERNHARDT, P.: Die Sperbergrasmücke, *Sylvia nisoria* (Bechst.), als Brutvogel der Dresdener Gegend. Mitt. VsO. **3**: 269

764 CREUTZ, G.: Der Uhu, *Bubo bubo* (L.), in der Sächsischen Schweiz. Ebd. **3**: 276

765 DATHE, H.: Der Pirol, *Oriolus o. oriolus* (L.), Brutvogel im Vogtlande. Ebd. **3**: 221–222

766 – Seidenschwanz, *Bombycilla g. garrulus* (L.), und Binsenrohrsänger, *Acrocephalus paludicola* (Vieill.), im Vogtlande. Ebd. **3**: 222

767 – Der Birkenzeisig, *Carduelis linaria* (L.), im Winter 1931/32 in Sachsen. Ebd. **3**: 229–231

768 – Der Wespenbussard, *Pernis a. apivorus* (L.), vogtländischer Brutvogel. Ebd. **3**: 267–268

769 – Nachklang zum Auftreten von Birkenzeisig, *Carduelis linaria* (L.), und Seidenschwanz, *Bombycilla garrulus* (L.), im Winter 1931/32 in Sachsen. Ebd. **3**: 271–273

770 – Wasserpieper, *Anthus sp. spinoletta* (L.), bei Leipzig. Orn. Mber. **40**: 21–22

771 – Abermals *Oidemia n. nigra* (L.) in Nordwestsachsen. Ebd. **40**: 21

772 – Erster Nachweis von *Muscicapa p. parva* Bechst. für die Leipziger Flachlandsbucht. Ebd. **40**: 119

773 – Zum Vorkommen des Rotkopfwürgers bei Leipzig. Ebd. **40**: 119–120

774 – u. MÜLLER, H. J.: Zur Brutbiologie des Flußregenpfeifers, *Charadrius dubius curonicus* Gm. Beitr. Fortpflanzungsbiol. **8**: 60–65

775 – – u. PROFFT, J.: Ornithologische Streifzüge in Nordwestsachsen 1929. Orn. Mschr. **57**: 125–135

776 DESSELBERGER, H.: Nochmals die Schwalbenkatastrophe. Vogelzug **3**: 94

777 DROST, R. u. RÜPPELL, W.: Über den Zug deutscher Schwalben in Europa. Ebd. **3**: 10–17

778 DROST, R. u. SCHÜZ, E.: Vom Zug des Rotkehlchens, *Erithacus r. rubecula* (L.). Ebd. **3**: 164–169

779 FRIELING, F.: Isländischer Strandläufer, *Calidris c. canutus* (L.), und Austernfischer, *Haematopus o. ostralegus* L., an den Frohburger Teichen. Mitt. VsO. **3**: 237

780 – u. FRIELING, H.: Eine Kleine Raubmöwe, *Stercorarius longicaudus* Vieill., bei Limbach. Ebd. **3**: 237–238

781 GERBER, R.: Ein Rallenreiher, *Ardeola ralloides* Scop., im Jahre 1906 bei Leipzig erlegt. Ebd. **3**: 218–219

782 HANDMANN, M.: Goldregenpfeifer, *Charadrius apricarius* L., in Sachsen. Ebd. **3**: 275

783 – u. ZIMMERMANN, R.: [Birkenzeisige in Sachsen]. Ebd. **3**: 231–235

784 HANTSCHMANN, M.: Der Uhu, *Bubo bubo* (L.), in Nordböhmen und die Aussichten für seine Wiederansiedlung in Sachsen. Ebd. **3**: 201–211

785 KOEPERT, O.: Jagdgeschichtliches aus der Dresdener Heide. In KOEPERT u. PUSCH: Die Dresdener Heide. Dresden: 355–395

786 LINDNER, H.: Brut der Sumpfohreule, *Asio fl. flammeus* Pont., in Nordwestsachsen im Frühjahr 1931. Mitt. VsO. **3**: 219–220

787 LOOS, C.: Vom Haselwild, *Tetrastes bonasia rupestris* (Brehm). Ebd. **3**: 277–281

788 LUX, B.: Beobachtungen einiger seltener Durchzügler und Wintergäste in Ostsachsen im Herbst und Winter 1931/32. Ebd. **3**: 223–229

789 MELZER, O.: Starker Kranichdurchzug bei Leipzig. Ebd. **3**: 239

790 MÜLLER, H. J.: Der Ortolan, *Emberiza hortulana* L., bei Leipzig. Ebd. **3**: 270–271

791 – *Larus minutus* Pall. wieder auf dem Herbstzug in Nordwestsachsen. Orn. Mber. **40**: 21

792 a PROFFT, J.: *Arenaria i. interpres* (L.) als Durchzügler in Leipzig. Ebd. **40**: 51–52

792 b – *Lanius s. senator* L. bei Leipzig. Ebd. **40**: 87–88

792 c RÜHL, W.: Schwarzkehlchen (*Saxicola torquata rubicola*) bei Leipzig. Ebd. **40**: 54

793 SCHLECHTER, A.: Zur Verbreitung der Uferschwalbe, *Riparia r. riparia* (L.), in Sachsen östlich der Elbe. Mitt. VsO. **3**: 211–218

794 SCHNEIDER, W.: Sächsischer Grünfink (*Chloris chloris*), Wintergast in Portugal. Vogelzug **3**: 95

795 SCHÜZ, E.: Frühsommerzug bei Star und Kiebitz. Ebd. **3**: 49–57

796 VIETINGHOFF, A. Frh. v.: *Phalacrocorax carbo subcormoranus* (Brehm) auf dem Durchzug in der Oberlausitz. Mitt. VsO. **3**: 238–239

797 – Einige bemerkenswerte Feststellungen aus dem Gebiete der Vogelschutzstation Neschwitz. Ebd. **3**: 276–277

798 – Wiederfund einer Oberlausitzer Lachmöve (*Larus r. ridibundus* L.) an der Senegalmündung. Vogelzug **3**: 184

799 ZIMMERMANN, R.: Der Seidenschwanz, *Bombycilla garrulus* (L.), im Winter 1931/32 in Sachsen. Mitt. VsO. **3**: 235–236

800 – Über quantitative Bestandsaufnahmen in der Vogelwelt. Ebd. **3**: 253–267

801 – Die Tierwelt der Dresdener Heide. In KOEPERT u. PUSCH: Die Dresdener Heide. Dresden: 92–106

1933

802 BERNHARDT, P.: Eisente, *Clangula hyemalis* (L.), in Moritzburg. Mitt. VsO. **4**: 34–35

803 DATHE, H.: Der Seidenschwanz, *Bombycilla g. garrulus* (L.), im Winter 1932/33 in Nordwestsachsen. Ebd. **4**: 83–84

804 – *Buteo vulpinus intermedius* Menzb. in Sachsen. Orn. Mber. **41**: 121

805 – Wasserpieper, *Anthus sp. spinoletta* (L.), regelmäßiger Durchzügler in Nordwestsachsen. Ebd. **41**: 145–147

806 – [Erstnachweis des Sumpfläufers für Sachsen.] Ebd. **41**: 175–176

807 – Vom Flußregenpfeifer in Sachsen. Mitt. Heimatschutz **22**: 357–360. – Mit Nachschrift von R. ZIMMERMANN: 360–362

808 – Die Verbreitung der Weidenmeise im Vogtland. 50 Jahre Museum (Verein f. Naturkunde Mylau i. V.): 25–32

809 – Ein Jahr Beobachter in den Leipziger Kläranlagen. Orn. Mschr. **58**: 40–63

810 – Der Flußregenpfeifer, *Charadrius dubius curonicus* Gm., in Nordwestsachsen. Sitzungsber. Naturforsch. Ges. Leipzig **56 – 59**: 92–97

811 DERSCH, F.: Die Vogelwelt des Vogtlandes. Mitt. Vogtländ. Ges. Naturforsch. **1**, 8: 2–7

812 DÖRING, A.: Naturbeobachtungen tierischer, pflanzlicher sowie sonstiger (meteorologischer) Art im sächsischen Niederlande in den Jahren 1901–1906 sowie im sächsischen Erzgebirge in den Jahren 1907–1914 nebst Schlußfolgerungen. Dresden, Sächs. Landeswetterwarte. 12 S. + 24 S. Tabellen

813 CREUTZ, G.: Einige bemerkenswerte Rückmeldungen sächsischer Singvögel. Mitt. VsO. **4**: 36–37

814 FRIELING, H.: Die Ausbreitung des Schwarzhalstauchers, *Podiceps nigricollis nigricollis* Brehm. Zoogeographica **1**: 485–550

815 GERBER, R.: Über Vogelverluste im Leipziger Lande während des kalten Winters 1928/29. Sitzungsber. Naturforsch. Ges. Leipzig **56–59**: 88–91

816 GÜNTHER, A.: Die Sperbergrasmücke, *Sylvia nisoria* (Bechst.), in und bei Lommatsch. Mitt. VsO. **4**: 37

817 HENNING u. HERING, B.: Die Störche von Grethen. Die Grimmaer Pflege **12**, 9: 1–3

818 HEYDER, R.: Eine Beobachtung von *Merops apiaster* L. Mitt. VsO. **4**: 84–85

819 KRAUSE, W.: Die Bergente, *Nyroca marila* (L.), 1931/32 in Nordwestsachsen. Ebd. **4**: 31–32

820 KUHNERT, A.: Austernfischer, *Haematopus o. ostralegus* L., in Nordwestsachsen. Ebd. **4**: 86

821 LANGE, A.: Durchzug von Kormoranen, *Phalacrocorax carbo* (L.), im Erzgebirge. Ebd. **4**: 35

822 MÜLLER, H. J.: Die Großtrappe, *Otis t. tarda* L., bei Leipzig. Ebd. **4**: 20–23

823 PFLUGBEIL, A.: Beringungsergebnisse aus dem Grenzgebiet von Rabenkrähe (*Corvus c. corone*) und Nebelkrähe (*Corvus c. cornix*). Vogelzug **4**: 36

824 RÜHL, W.: Zaunammer (*Emberiza cirlus* L.) in Sachsen. Orn. Mber. **41**: 91–92

825 SCHLECHTER, A.: Schmarotzerraubmöve, *Stercorarius p. parasiticus* (L.), in der Oberlausitz. Mitt. VsO. **4**: 36

826 SCHOLZE, W.: Ein Beitrag zur Fortpflanzungsbiologie des Baumfalken (*Falco s. subbuteo* L.). Journ. Ornith. **81**: 377–387

827 – Der Bestand des Weißen Storches, *Ciconia c. ciconia* L., in Ostsachsen in den Jahren 1931 und 1932. Mitt. VsO. **4**: 23–26

828 – Mit der Kamera an Neschwitzer Raubvogelhorsten. Mitt. Heimatschutz **22**: 156–167

829 SCHÜZ, E.: Der Massenzug des Seidenschwanzes (*Bombycilla garrula*) in Mitteleuropa 1931/32. Vogelzug **4**: 1–21

830 TECHNAU, G.: Die Ortstreue der Lachmöve (*Larus ridibundus* L.) nach den Beringungsergebnissen. Ebd. **4**: 25–32

831 UTTENDÖRFER, O.: Zur Ernährung der Waldohreule, *Asio otus* (L.). Mitt. VsO. **4**: 8–20

832 VIETINGHOFF, A. Frh. v.: *Branta ruficollis* (Pall.), Rothalsgans in der Sächs. Oberlausitz erlegt. Ebd. **4**: 26–30

833 – *Mergus serrator* (L.), Mittlerer Säger in der Oberlausitz. Ebd. **4**: 32

834 – *Squatarola squ. squatarola* L. in der Oberlausitz. Ebd. **4**: 32–33

835 – *Nycticorax n. nycticorax* (L.), Nachtreiher, in der Sächs. Oberlausitz erlegt. Ebd. **4**: 81–82

836 – Rothalsgans (*Branta ruficollis* Pall.) in der Oberlausitz erlegt. Orn. Mber. **41**: 24

837 – Lebensräume Neschwitzer Vögel. Mitt. Heimatschutz **22**: 167–172

838 WEISSMANTEL, P.: *Phalacrocorax carbo* (L.) in der Oberlausitz. Mitt. VsO. **4**: 35–36

839 WICHTRICH, P.: Wieder ein Teichwasserläufer, *Tringa stagnatilis* (Bechst.), bei Frohburg beobachtet. Ebd. **4**: 85–86

840 ZIESCHANG, M.: Isländischer Strandläufer, *Calidris c. canutus* (L.), in der Lausitz. Ebd. **4**: 34

841 – Eine neue sächsische Saatkrähenkolonie, *Corvus f. frugilegus* L., bei Leipzig. Ebd. **4**: 90

842 ZIMMERMANN, R.: Ein albinotischer Wiedehopf, *Upupa epops* L., aus der Oberlausitz. Ebd. **4**: 88–89

843 – Die Neschwitzer Vogelwelt im Rahmen des Lausitzer Gesamtvogelbildes. Mitt. Heimatschutz **22**: 116–135

844 – Der Wiederanstieg des Storchbestandes in Sachsen. Ebd. **22**: 86–92

1934

845 BERNHARDT, P.: Brandgans, *Tadorna tadorna* L., in Moritzburg. Mitt. VsO. **4**: 122

846 BOCHMANN, G. v.: Über den Zug des Buchfinken (*Fringilla coelebs coelebs* L.). Vogelzug **5**: 176–183

847 DATHE, H.: *Charadrius hiaticula tundrae* (Lowe) in Sachsen. Orn. Mber. **42**: 154–155

848 – *Larus minutus* Pall. bei Leipzig. Ebd. **42**: 177

849 – Die Wasseramsel, *Cinclus c. medius* Brehm, im sächsischen Vogtland. Mitt. VsO. **4**: 120–122

850 – u. MÜLLER, H. J.: Eisente, *Clangula hyemalis* L., in Nordwestsachsen. Orn. Mber. **42**: 85

851 – u. PROFFT, J.: Ornithologische Streifzüge in Nordwestsachsen 1930. Orn. Mber. **42**: 85

852 DROST, R.: Über den Zug des Girlitz, *Serinus canaria serinus* (L.). Vogelring **6**: 34–38

853 DUNAJEWSKI, A.: Über die eurasiatischen Formen der Gattung *Sitta* Linn. Acta Orn. Musei Zoolog. Polon. **1**: 181–251

854 FRIELING, F.: Zugkalender für die Eschefelder Teiche bei Frohburg in Sachsen. Orn. Mschr. **59**: 180–189

855 – Der Durchzug der Limicolen, des Fischreihers und der Trauerseeschwalbe an den Frohburg-Eschefelder Teichen. Mitt. VsO. **4**: 126–129

856 HEYDER, R.: Sachsen als Durchzugsgebiet des Kranichs, *Megalornis grus* (L.). Ebd. **4**: 109–112

857 – Der Großhartmannsdorfer Großteich, die bedeutendste Sammel- und Brutstätte für Wassergeflügel im Erzgebirge. Mitt. Heimatschutz **23**: 51–58

858 JAERISCH, F.: Beiträge zur Geschichte des Auerwildes in Chursachsen. Deutsche Jagd (3. Juni): 195–197

859 MEISE, W.: Über Artbastarde bei paläarktischen Sperlingen. Orn. Mber. **42**: 9–10

860 NIETHAMMER, G.: Polartaucher, *Colymbus a. arcticus* L., auf der Zschopau gegriffen. Mitt. VsO. **4**: 123

861 RÜHL, W.: Sanderling (*Crocethia alba* Pall.) bei Leipzig. Orn. Mber. **42**: 177

862 Rüpell, W.: Sind wandernde Meisen ortstreu? Vogelzug **5**: 60–66

863 Salomonsen, F.: La variation géographique et la migration du Traquet motteux (*Oenanthe oenanthe* L.). L'Oiseau et la Revue francaise d'Ornithologie **4**: 223–237

864 Schmidt, C.: Seltene Gäste bei Leipzig. Orn. Mschr. **59**: 73–74

865 Schüz, E.: Der Masseneinfall des Seidenschwanzes (*Bombycilla garrulus*) in Mitteleuropa 1932/33. Vogelzug **5**: 9–17

866 Uttendörfer, O.: Beobachtungen über die Ernährung unserer Tagraubvögel und Eulen im Jahre 1932. Journ. Ornith. **82**: 210–221

867 Zieschang, M. u. Creutz, G.: Beobachtungen an einer neuentstandenen Lachmöwenkolonie, *Larus r. ridibundus* L., in der sächsischen Oberlausitz. Mitt. VsO. **4**: 124–125. – Mit Nachschrift von R. Zimmermann auf: 125

868 Zimmermann, R.: Zur Fortpflanzungsbiologie der Großen Rohrdommel, *Botaurus stellaris* (L.). Ebd. **4**: 129–133

1935

869 Bernhardt, P.: Zieht *Charadrius h. hiaticula* L. durch Sachsen? Ebd. **4**: 239–240

870 – Der Braune Milan, *Milvus m. migrans* (Bodd.), Brutvogel in Moritzburg. Ebd. **4**: 291–293

871 – Zwei Seltenheiten in Moritzburg (*Circaëtus gallicus* [Gm.] und *Netta rufina* [Pall.]). Ebd. **4**: 306

872 Berndt, R.: Verspätete Herbstdurchzügler und Überwinterer am Elsterstausee bei Leipzig. Vogelzug **6**: 83

873 – u. Müller, H. J.: Brandgänse, *Tadorna tadorna* (L.), bei Leipzig. Mitt. VsO. **4**: 209

874 Creutz, G.: Die Ernährung einer verspäteten Schleiereulenbrut. Beitr. Fortpflanzungsbiol. **11**: 137–142

875 – Die Felsbrüter des Elbsandsteingebirges. Ebd. **11**: 197–209

876 Dathe, H.: Erstnachweis des Pelikans, *Pelecanus o. onocrotalus* L., in Sachsen. Mitt. VsO. **4**: 189–190

877 – Eine Dreizehenmöwe, *Rissa t. tridactyla* (L.), bei Leipzig. Ebd. **4**: 305

878 – Ein weiteres Jahr Beobachtungen in den Leipziger Kläranlagen. Orn. Mschr. **60**: 16–24

879 – Die Schwanzmeise im Vogtland. Vogtland **4**: 113–114

880 – Der Durchzug von *Motacilla flava thunbergi* Billb. durch Sachsen. Orn. Mber. **43**: 144–146

881a – Ein sächsischer Beleg von *Carduelis flammea holboellii* (Brehm). Ebd. **43**: 151

881b – Ein Teichwasserläufer, *Tringa stagnatilis* (Bechst.), am Elsterstausee. Mitt. üb. d. Vogelwelt **34**: 26.

882 – u. Berndt, R.: Brüten in Deutschland ausgefärbte Männchen des Trauerfliegenfängers? Beitr. Fortpflanzungsbiol. **11**: 95–96

883 – u. Profft, J.: Wasservogelstudien am Leipziger Elsterflutbecken. Mitt. üb. d. Vogelwelt **34**: 5–10, 17–20, 33–37, 72–75, 88–91

884 Frieling, F.: Rotkehlpieper, *Anthus cervinus* (Pall.), Durchzügler in Sachsen. Orn. Mber. **43**: 117

885 Gerber, R.: Der Raubwürger, *Lanius e. excubitor* L., Brutvogel im Oberholz bei Leipzig. Mitt. VsO. **4**: 188–189. – Mit Nachschrift von R. Zimmermann auf: 189

886 Heidemann, J.: Vom Zug des Turmfalken (*Falco t. tinnunculus*), Wanderfalken (*Falco peregrinus*) und Baumfalken (*Falco s. subbuteo*). Vogelzug **6**: 11–26. – Hierzu auch J. Domaniewski: Acta Orn. Musei Zoolog. Polon. **1**: 143

887 Heller, F.: Die Tierwelt um Bad Elster. Orn. Mschr. **60**: 25–28

888 Heyder, R.: Über das Vorkommen von *Glareola pratincola* (L.) in Deutschland. Orn. Mber. **43**: 179–181

889 Koepert, O.: Pelikan in Sachsen. Orn. Mschr. **60**: 61–62

890 Lindner, H.: *Carduelis fl. flavirostris* (L.) im Winter 1934/35 in Nordwestsachsen. Mitt. VsO. **4**: 209

891 – *Picus canus viridicanus* Meyer u. Wolf bei Leipzig. Ebd. **4**: 239

892 März, R.: Der Uhu, *Bubo bubo* (L.), wieder Brutvogel im Gebiet der Sächsischen Schweiz. Ebd. **4**: 174–186

893 Melzer, O.: *Picus canus viridicanus* Meyere u. Wolf bei Leipzig. Ebd. **4**: 305–306

894 Müller, H. J.: Ohrentaucher, *Podiceps auritus* (L.), bei Leipzig. Mitt. üb. d. Vogelwelt **34**, s. 25–26

895 – Mittelsäger, *Mergus serrator* L., in Sachsen. Orn. Mber. **43**: 186–189

896 Ritter, M.: Die Brutvögel des Mylauer Stadtgebietes und seiner Umgebung. Vogtland **4**, 7

897 Schneider, W.: Der Zwergfliegenfänger, *Muscicapa parva* Bechst., Durchzügler bei Leipzig. Mitt. VsO. **4**: 306

898 Schneider, B. u. Berndt, R.: Erstbeobachtungen der Weidenmeise, *Parus atricapillus salicarius* Brehm, in Nordwestsachsen. Ebd. **4**: 238

899 Scholze, W.: Der Rauhfußkauz, *Aegolius f. funereus* (L.), wieder als Brutvogel des Vogtlandes bestätigt. Ebd. **4**: 187. – Mit Nachschrift von R. Zimmermann: 188

900a Schüz, E.: Von den Wanderungen der Dohle (*Coloeus monedula*). Vogelzug **6**: 33–39

900b Vietinghoff, A. Frh. v.: 4. Jahresbericht der Vogelschutzstation Neschwitz 1934

900c Wichtrich, P.: Winterbeobachtungen 1933/34 aus Nordwestsachsen. Mitt. VsO. **4**: 191–192

901 – Wirkungen des trockenen Jahres 1934 auf die Vogelwelt der Frohburg-Eschefelder Teiche. Ebd. **4**: 234–238

902 – Ein Jahr Beobachtungen am Elsterstausee bei Leipzig. Ebd. **4**: 294–303

903 – Der Schmalschnäbelige Wassertreter, *Phalaropus lobatus* (L.), auf dem Elsterstausee bei Leipzig beobachtet. Ebd. **4**: 304

904 Zimmermann, R.: Die Beutelmeise, *Remiz p. pendulinus* (L.), auch für Sachsen nachgewiesen. Ebd. **4**: 278–291

905 – u. Scholze, W.: Das Vorkommen des Weißen Storches, *Ciconia c. ciconia* L., und die Wiederzunahme seines Bestandes seit 1928. Ebd. **4**: 147–174.

1936

906 Bähr, H.: Über den Wildbestand der Ebersbacher Flur. Festschr. Humboldtverein Ebersbach: 131–133

907 Berndt, R.: Durchziehende Steinwälzer, *Arenaria i. interpres* (L.), und Pfuhlschnepfen, *Limosa l. lapponica* (L.), am Leipziger Elsterstausee. Mitt. VsO. **5**: 41–43.

908 – Gehäuftes Vorkommen von *Phalaropus lobatus* (L.) am Leipziger Elsterstausee im Herbst 1935. Ebd. **44**: 60–61

909 – u. Dathe, H.: Eine Küstenseeschwalbe, *Sterna paradisea* Brünn., bei Leipzig. Mitt. VsO. **5**: 39–41

910 – u. Frieling, H.: Frühjahrsvorkommen des Temminckstrandläufers, *Calidris temminckii* (Leisl.), in Nordwestsachsen. Orn. Mber. **44**: 60

911 Burr, F.: Über die jahreszeitliche Verbreitung des Mäusebussards (*Buteo b. buteo* L.). Vogelzug **7**: 17–34, 230–238

912 Dathe, H.: Der Baumfalk, *Falco s. subbuteo* L., vogtländischer Brutvogel. Vogelzug **5**: 36–38

913 – Bindenkreuzschnabel, *Loxia leucoptera bifasciata* (Brehm), im Vogtland. Mitt. üb. d. Vogelwelt **35**: 50–51

914 – Über Zug und Ökologie von *Calidris temminckii* (Leisl.) in Sachsen. Journ. Ornith. **84**: 363–377

915 – u. Profft, J.: Zur Frage des Geschlechtsverhältnisses bei ziehenden Reiher- und Tafelenten, *Nyroca fuligula* (L.) und *N. f. ferina* (L.). Mitt. VsO. **5**: 8–9

916 Domaniewski, J. u. Kreczmar, B.: [Saatkrähe, bei Strehla beringt, bei Plock erbeutet.] Acta Ornith. Musei Zoolog. Polon. **1**: 510

917 Ecke, H.: Die Ringfunde deutscher Rotrückenwürger (*Lanius c. collurio* L.). Vogelzug **7**: 123–135

918 Eichler, W.: Fernfunde in Sachsen beringter Singdrosseln, *Turdus ph. philomelos* Brehm. Mitt. VsO. **5**: 53–56

919 Eulitz, F. u. Lange, R.: Bericht der Vogelschutzstation Scharfenstein auf die Jahre 1933, 1934 und 1935

920 Gerber, R.: Rostrote Uferschnepfe, *Limosa l. lapponica* (L.), am Leipziger Elsterstausee. Mitt. VsO. **5**: 86–87

921 – Der Steinwälzer, *Arenaria i. interpres* (L.), am Leipziger Elsterstausee. Ebd. **5**: 86–87

922 – *Coloeus monedula soemmeringi* Drummond öfter als Durchzüger oder Wintergast bei Leipzig. Ebd. **5**: 88–89

923 – *Falco peregrinus leucogenys* Brehm im Jahre 1917 bei Leipzig erlegt. Ebd. **5**: 89

924 Heidemann, J.: Wiederfunde in Sachsen beringter Turm- und Wanderfalken, *Falco t. tinnunculus* L. und *F. peregrinus* Tunst. Ebd. **5**: 56–58

925 Herberg, M.: *Stercorarius longicaudus* Vieill. in Nordwestsachsen. Ebd. **5**: 85–86

926 Heyder, R.: *Hydroprogne tschegrava* (Lep.) im Erzgebirge. Ebd. **5**: 84–85

927 Israel, R.: In Ebersbach und Umgebung beobachtete Vögel. Festschr. Humboldtverein Ebersbach: 62–67

928 JIRSIK, J.: Beringungsbericht der Tschechoslowakischen Ornithologischen Gesellschaft für die Jahre 1934 und 1935. Sylvia **1**: 17–31

929 JOKISCH, H.: Beobachtung des Mauerläufers, *Tichodroma muraria* (L.), in der Sächsischen Schweiz. Mitt. VsO. **5**: 84

930 Jahrbuch der Deutschen Jägerschaft 1935/36. Berlin: 182–187

931 a KRAMER [-Niesky], H.: Überwinternde Vögel, Durchzügler und Wintergäste in der Oberlausitz. Abh. Naturforsch. Ges. Görlitz **32**: 81–109

931 b KRÄTZIG, H. u. SCHÜZ, E.: Ergebnis der Versetzung ostbaltischer Stare ins Binnenland. Vogelzug **7**: 163–175

932 KUMMERLÖWE, H.: Zum ehemaligen Brutvorkommen des Weißen Storches, *Ciconia c. ciconia* L., im Böhlitz-Ehrenberg-Gundorfer Gebiet. Mitt. VsO. **5**: 38–39

933 MEISE, W.: Kleine Sumpfschnepfe, *Limnocryptes minimus* (Brünn.), um Weihnachten in Sachsen. Ebd. **5**: 45–46

934 – Bläßgans, *Anser a. albifrons* (Scop.), bei Meißen an der Elbe. Ebd. **5**: 46

935 MELZER, O.: Der Braune Milan, *Milvus m. migrans* (Bodd.), Brutvogel in Nordwestsachsen. Ebd. **5**: 83–84

936 NIETHAMMER, G.: *Carduelis flammea holboelli* (Brehm) bei Dresden. Ebd. **5**: 87

937 UTTENDÖRFER, K.: Einiges vom Waldkauz, *Strix aluco* L., aus der sächsischen und benachbarten preußischen Oberlausitz. Ebd. **5**: 67–82. – Auch in Nos Oiseaux Nr. 134 (1937): 57–66

938 VIETINGHOFF, A. Frh. v.: 5. Jahresbericht (1935) der Vogelschutzwarte Neschwitz

939 – Die zoologischen Naturdenkmäler. Isis Budissina **13**, 1932/1935: 78–88

940 WICHTRICH, P.: Der Sumpfläufer, *Limicola f. falcinellus* (Pont.), bei Frohburg beobachtet. Mitt. VsO. **5**: 43–44

941 – Kormorane, *Phalacrocorax carbo* L., in Nordwestsachsen. Ebd. **5**: 44–45

942 ZIMMERMANN, R.: Der Wanderfalke, *Falco peregrinus* Tunst., in der Oberlausitzer Niederung. Ber. Ver. Schles. Orn. **21**: 17–20

943 – Über die Vogelwelt der Rochlitzer Gegend. In A. BERNSTEIN: Buch der Landschaft Rochlitz. Rochlitz: 52–58

1937

944 BERNDT, R.: Nordseetaucher, *Colymbus stellatus* Pontopp., bei Leipzig. Mitt. VsO. **5**: 119

945 BERNHARDT, P.: Brutvorkommen der Graugans, *Anser anser* (L.), in Zschorna b. Radeburg. Ebd. **5**: 156–157

946 CREUTZ, G.: Das Vorkommen der Schleiereule (*Tyto alba guttata* Brehm) in der Umgebung von Pirna. Ebd. **5**: 145–148

947 – Die bisherigen Beringungsergebnisse an der Gattung *Acrocephalus* Naum. Ber. Ver. Schles. Orn. **22**: 55–67

948 – Zur Brutbiologie des Trauerfliegenfängers. Beitr. Fortpflanzungsbiol. **13**: 95–97

949 DATHE, H.: Zum Vorkommen von Schwarzmilan, *Milvus m. migrans* (Bodd.), und Steinwälzer, *Arenaria i. interpres* (L.), in Nordwestsachsen. Mitt. VsO. **5**: 120–122

950 – Sturmmöwe, *Larus c. canus* L., Brutvogel in Sachsen? Orn. Mber. **45**: 67–68

951 DUPOND, Ch.: Oiseaux bagués. Le Gerfaut **27**: 39

952 – Oiseaux bagués. Ebd. **27**: 100, 102

953 EULITZ, F. u. LANGE, R.: Bericht des Stützpunktes Scharfenstein der Vogelschutzwarte Neschwitz [1936]

954 FELDMANN, M.: Die Ornis der Elbinsel Gauernitz bei Meißen. Orn. Mschr. **62**: 119–126

955 FRIELING, F.: Lachmöwe, *Larus r. ridibundus* L., sucht sich wieder auf den Frohburg-Eschefelder Teichen anzusiedeln. Mitt. VsO. **5**: 158

956 GERBER, R.: Wieder Ansammlungen von Sumpfohreulen, *Asio fl. flammeus* Pontopp., bei Leipzig. Ebd. **5**: 123–125

957 HANDMANN, M.: Ornithologische Beobachtungen. Mitt. Ver. Naturfreunde Döbeln, 3: 46–48

958 HEILFURTH, F.: Zur Vogelwelt der Neustädtler Bergbaulandschaft, von ihren Wandlungen im Lauf der letzten 10 Jahre. Glückauf **57**: 103–105

959 HEYDER, R.: Irrtümliche Angaben über Vergesellschaftung von *Charadrius dubius curonicus* Gm. Ardea **27**: 259–260

960 HOYER, G. u. HOYER, K.: Beobachtungen an Wasserpiepern, *Anthus spinoletta* (L.), bei Königswartha, Oberlausitz. Ebd. **5**: 163–164

961 JACOBI, A.: Kreuzschnäbel, *Loxia curvirostra* L., an der Salzlekke. Ebd. **5**: 102–104

962 Jahrbuch der Deutschen Jägerschaft 1936/372, Berlin: 202–207

963 KRAMER [-Niesky], H.: Ein weiterer Beitrag zur Verbreitung der Weidenmeise in der Oberlausitz. Abh. Naturforsch. Ges. Görlitz **33**, 1: 89–98

964 KRÄTZIG, H.: Zum Zug der sächsischen Stare, *Sturnus v. vulgaris* L. Mitt. VsO. **5**: 90–102

965 LÉPINEY, J. DE, u. NÉMETH, F.: Liste des reprises d'oiseaux bagués controllées par l'Institut Scientific Cherifiens de 1. Janvier au 31. Decembre. Bull. Soc. Sciences natur. Maroc **17**: 9–11

966 LIBBERT, W., RINGLEBEN, H. u. SCHÜZ, E.: Wiederfunde deutscher Weißstörche (*C. c. ciconia*) aus Afrika und Asien. Vogelzug **8**: 197

967 MÄRZ, R.: Das Mäusejahr und der Uhu, *Bubo bubo* L. Mitt. VsO. **5**: 149–150

968 – Mittlere Raubmöwe, *Stercorarius pomarinus* (Temm.), an der Elbe. Ebd. **5**: 164

969 – Neues vom Uhu in der Sächs. Schweiz. Mitt. Heimatschutz **25**: 245–247

970 METZE, H.: [Steinkauz-Fernfund.] Vogelzug **8**: 29

971 MÖBIUS, G. u. ZIMMERMANN, R.: Der Fischreiher, *Ardea c. cinerea* L., wieder Brutvogel in Sachsen. Mitt. VsO. **5**: 157–158

972 MÜLLER, J.: Zwergseeschwalbe, *Sterna a. albifrons* Pall., in Nordwestsachsen. Ebd. **5**: 165

973 NIETHAMMER, G.: Handbuch der deutschen Vogelkunde. Leipzig. Band 2 erschien 1938, Band 3 1942

974 – u. KUMMERLÖWE, H.: Die Schellente, *Bucephala clangula*, Brutvogel bei Großenhain. Mitt. VsO. **5**: 165

975 RÜHL, W.: Kolbenenten, *Netta rufina* (Pall.), bei Leipzig. Ebd. **5**: 118–119

976 SCHIFFERLI, A.: Ergebnisse der Schweiz. Bläßhuhnberingung. Orn. Beobachter **34**: 95

977 SCHNEIDER, W.: Die Beringungsergebnisse an der mitteleuropäischen Schleiereule (*Tyto alba guttata* Brehm). Vogelzug **8**: 159–170

978 SCHÜZ, E.: Fernfunde beringter Wespenbussarde (*Pernis apivorus*). Vogelzug **8**: 184–185

979 TEUBERT, W.: Ringfunde des Flußuferläufers (*Tringa hypoleucos*). Ebd. **8**: 130

980 VIETINGHOFF, A. Frh. v.: [Lausitzer Wiedehopf in Katalonien.] Ebd. **8**: 24–25

981 – Seltenere Durchzügler und Irrgäste im Oberlausitzer Flachland. Mitt. VsO. **5**: 161–162

982 – 6. Jahresbericht (1936) der Vogelschutzwarte Neschwitz

983 WIDEMANN, G., BERNHARDT, P., MEISE, W. u. HEYDER, R.: Gehäuftes Erscheinen von *Tadorna tadorna* (L.) in Mitteldeutschland. Mitt. VsO. **5**: 159–161

984 WICHTRICH, P.: Brandgänse, *Tadorna tadorna* (L.), auf dem Elstersee bei Leipzig. Ebd. **5**: 161. – Mit Nachschrift von R. ZIMMERMANN auf: 161–162

985 ZIMMERMANN, R.: Zur Fortpflanzungsbiologie der Wasserralle, *Rallus a. aquaticus*. Ebd. **5**: 105–111

986 – Die Bestandsveränderungen beim Weißen Storch, *Ciconia c. ciconia* L., in Sachsen seit dem Jahre 1934. Ebd. **5**: 151–156

1938

987 a BERNDT, R.: Schellentenpaar, *Bucephala c. clangula* (L.), auf Nistplatzsuche am Elstersee bei Leipzig. Mitt. VsO. **5**: 201.

987 b – Sturmmöwe, *Larus canus* L., an der Mittelelbe im Winter 1937/38. Beitr. Avifauna Mitteldeutschlands **2**: 14

988 BERNHARDT, P.: Beobachtungen im Moritzburger Teichgebiet im Jahre 1937. Mitt. VsO. **5**: 197–200

989 CREUTZ, G.: Ratschläge zur Schwalbenberingung und Ergebnisse. Vogelring **10**: 2–15

990 DATHE, H.: Zusätzliche Bemerkungen zum Durchzug von *Calidris temminckii* (Leisl.) durch Sachsen. Mitt. VsO. **5**: 181–188

991 – u. PROFFT, J.: Zum Zug des Kranichs (*Megalornis g. grus*) in Deutschland. Vogelzug **9**: 1–2

992 [DROST, R. u. SCHÜZ, E.:] Wanderungen beringter Rabenkrähen (*Corvus c. corone* L.). Vogelzug **9**: 111

993 DUNAJEWSKI, A.: Beitrag zur individuellen und geographischen Farbenvariation des Trauerfliegenfängers, *Ficedula hypoleuca* (Pall.). Acta Ornith. Musei Zoolog. Polon. **2**: 413–429

994 EULITZ, F. u. LANGE, R.: Bericht des Stützpunktes Scharfenstein der Vogelschutzwarte Neschwitz [auf 1937]

995 FIEBIG, M. u. FIEBIG, J.: Große Raubmöwe, *Stercorarius s. skua* (Brünn.), in Sachsen. Mitt. VsO. **5**: 200

996 FÖRSTER, H.: Aus der Tierwelt der Sächsisch-Böhmischen Schweiz. Dresden

997 GERBER, R.: Eine hundertjährige Vogelsammlung aus Sachsen. Mitt. VsO. **5**: 246–250

998 GROEBBELS, F.: Der Vogel in der deutschen Landschaft. Neudamm

999 HESS, G.: Vom Zug der Wacholderdrossel (*Turdus pilaris*). Orn. Beobachter **35**, 97–113

1000 HEYDER, R.: Das einstige Vorkommen des Karmingimpels, *Carpodacus erythrinus* (Pall.), in Schlesien und Sachsen. Mitt. VsO. **5**: 188–194

1001 – Die Nachweise für das Vorkommen des Dreizehenspechts (*Picoides*) in Sachsen. Ebd. **5**: 195–196

1002 – Die Höhenverbreitung der Vögel im sächsischen Erzgebirge. Ebd. **5**: 238–245

1003 Jahrbuch der Deutschen Jägerschaft 1937/39, **3**. Berlin: 210–215

1004 KIERSKI, W.: Ringfunde vom Pirol (*Oriolus o. oriolus*). Vogelzug **9**: 110

1005 KUMMERLÖWE, H.: Wasserschmätzer, *Cinclus cinclus aquaticus* (Bechst.), an der Sebnitz. Mitt. VsO. **5**: 201–202

1006 LÜDERS, O.: Beringungsergebnisse beim Habicht (*Accipiter gentilis*). Deutscher Falkenorden **4**: 38–48

1007 MANSFELD, K.: Meisen bauen ihre Nisthöhlen selbst. Deutsche Vogelwelt **63**: 58–60

1008a MELZER, O.: *Falco peregrinus calidus* Latham als Wintergast in Sachsen. Mitt. VsO. **5**: 250

1008b – Die Vogelwelt der Burgstädter Pflege. Aus der Heimat für die Heimat (Beil. z. Burgstädter Anzeiger und Tageblatt) Nr. 5 u. 6

1009 PFLUGBEIL, A.: Beobachtungen an einem Winterschlafplatz der Krähen. Ebd. **5**: 206–212

1010 PUTZIG, P.: Die Wanderungen des Eichelhähers (*Garrulus glandarius* L.) im Lichte neuerer Ergebnisse. Schrift. Physik.-ökonom. Ges. Königsberg **70**: 189–216

1011 RYDZEWSKI, W.: Sprawozdanie z dzialalności Stacji Badania Wedrówek Ptaków za rok 1936. Acta Orn. Musei Zoolog. Polon. **2**: 299, 312

1012 SCHIFFERLI, A.: 14. Bericht der Schweiz. Vogelwarte Sempach (1937). Orn. Beobachter **35**: 111–113

1013 SCHMIDT, R.: Beobachtung eines Rosenstars, *Pastor roseus* L. Mitt. VsO. **5**: 245

1014 SCHNEIDER, B.: Heimatflucht unserer Kohlmeisen, *Parus major*. Ebd. **5**: 245–246

1015 VIETINGHOFF, A. Frh. v.: 7. Tätigkeitsbericht (1937) der Vogelschutzwarte Neschwitz

1016 WEIMANN, R.: Beringungsergebnisse schlesischer und sächsischer Amseln (*Turdus m. merula*). Ber. Ver. Schles. Orn. **23**: 1–14

1017 ZIMMERMANN, R.: Ein weiterer, älterer Brutversuch der Beutelmeise, *Remiz p. pendulinus* (L.), in Sachsen. Mitt. VsO. **5**: 196–197

1018 – KLEINSTÄUBER, K. u. MÄRZ, R.: Das Vorkommen von Wanderfalk, *Falco peregrinus* Tunst., und Uhu, *Bubo bubo* (L.), in Sachsen. Tharandter Forstl. Jahrb. **89**: 714–739

1939

1019 BERNDT, R.: Halsbanddohlen, *Coloeus monedula soemmeringii* (Fisch.), bei Leipzig. Mitt. VsO. **6**: 34

1020 – Kormorane, *Phalacrocorax carbo* L., in Nordsachsen. Ebd. **6**: 34–36

1021 – Heringsmöwe, *Larus fuscus* L., bei Leipzig. Ebd. **6**: 36–37

1022 – Sumpfläufer, *Limicola f. falcinellus* (Pont.), und Teichwasserläufer, *Tringa stagnatilis* (Bechst.), in den Leipziger Kläranlagen. Ebd. **6**: 79–80

1023 – u. FRIELING, F.: Siedlungs- und brutbiologische Studien an Höhlenbrütern in einem nordwestsächsischen Park. Journ. Ornith. **87**: 593–638

1024 BÖHMER, H.: Der Weiße Storch, *Ciconia c. ciconia* L., in Sachsen im Jahre 1938. Mitt. VsO. **6**: 26–31

1025 CREUTZ, G.: Biologische Beringungsergebnisse bei Staren, *Sturnus v. vulgaris* L. Ebd. **6**: 18–26

1026 – Saatkrähen, *Corvus frugilegus* L., auf der Gauernitzer Elbinsel. Ebd. **6**: 88

1027 – Nachtrag zu „Ratschläge zur Schwalbenberingung und Ergebnisse". Vogelring **11**: 77–82

1028 DATHE, H.: Der Sandregenpfeifer, *Charadrius hiaticula* L., in Sachsen. Mitt. VsO. **6**: 53–71

1029 – Erstnachweis der Lachseeschwalbe, *Gelochelidon n. nilotica* (Gm.), für Sachsen. Ebd. **6**: 80

1030 – Ringdrossel, *Turdus t. torquatus* L., in Nordwestsachsen. Ebd. **6**: 81

1031 – Eine neue Beobachtung von *Motacilla flava thunbergi* Billb. in Nordwestsachsen. Ebd. **6**: 82

1032 – u. FRITZSCHE, R.: Mittlere Raubmöwe, *Stercorarius pomarinus* (Temm.), in Nordwestsachsen. Ebd. **6**: 37–39

1033 EHLERS, J.: Ergebnisse der Beringung deutscher Grünfinken (*Chloris chl. chloris*) mit Berücksichtigung der Auslands-Fernfunde. Schrift. Physik.-ökonom. Ges. Königsberg **71**: 145–176

1034 EULITZ, F. u. LANGE, R.: Bericht des Stützpunktes Scharfenstein der Vogelschutzwarte Neschwitz (1938)

1035 FIEBIG, J.: Ein Brutplatz der Saatkrähe, *Corvus f. frugilegus* L., im Stadtkern Leipzigs. Mitt. VsO. **6**: 33–34

1036 FIEBIG, M. u. FIEBIG, J.: Zum Brutvorkommen des Raubwürgers, *Lanius e. excubitor* L., im nordwestlichen Sachsen. Ebd. **6**: 84–85

1037 GERBER, R.: Eine Ringelgans, *Branta b. bernicla* (L.), bei Eschefeld erlegt. Ebd. **6**: 39

1038 – Die Sumpfohreule und ihr Vorkommen in Sachsen. Mitt. Heimatschutz **29**: 83–100

1039 HEYDER, R.: Kritisches zum Brutvorkommen des Schlangenadlers, *Circaëtus gallicus* (Gmelin), im Erzgebirge. Mitt. VsO. **6**: 72–75

1040 HOYER, K.: Der Sumpfläufer, *Limicola f. falcinellus* (Pont.), in Zuggemeinschaft. Ebd. **6**: 82–83

1041 Jahrbuch der Deutschen Jägerschaft 1938/39, **4**. Berlin: 234–239

1042 KIERSKI, W.: Brutdichte beim Rotrückigen Würger. Beitr. Fortpflanzungsbiol. **15**: 31

1043 KIRCHNER, H.: Ein Vergleich der Brutbiotope des Gr. Brachvogels, der Schwarzschwänzigen Uferschnepfe und des Bruchwasserläufers. Deutsche Vogelwelt **64**: 65–70

1044 KRÄTZIG, H.: Untersuchungen zur Siedelungsbiologie waldbewohnender Höhlenbrüter. Orn. Abhandlungen Heft 1. Berlin

1045 – Lebensweise und Zug der Neschwitzer Lachmöwen. Deutsche Vogelwelt **64**: 145–148.

1046 MÄRZ, R.: Der Erlenzeisig, *Carduelis spinus* (L.), Brutvogel in der Sächs. Schweiz. Mitt. VsO. **6**: 31–33

1047 ROSENKRANZ, E. u. LÜDERS, O.: Einiges vom Zuge des Eisvogels, *Alcedo atthis ispida* L., an der Elbe. Ebd. **6**: 76–79

1048 SCHIFFERLI, A.: [Bläßhuhn, in der Schweiz beringt, in Sachsen erlegt.] Orn. Beobachter **36**: 81

1049 SCHNEIDER, W.: Ringvögel als Opfer des Kälte-Einbruchs im Dezember 1938. Vogelzug **10**: 72

1050 STADIE, R.: Zug-Wege und -Ziele der deutschen und holländischen Kormorane (*Phalacrocorax carbo sinensis* Shaw u. Nodder). Dohrniana **18**: 12–13

1051 UTTENDÖRFER, O.: Die Ernährung der deutschen Raubvögel und Eulen und ihre Bedeutung in der heimischen Natur. Neudamm

1052 VIETINGHOFF, A. Frh. v.: Vom Schutze des Kranichs (*Megalornis grus grus* [L.]). Deutsche Vogelwelt **64**: 141–155

1053 – Über ein Dorado der Dorngrasmücke. Ebd. **64**: 155

1054 – 8. Jahresbericht der Vogelschutzwarte Neschwitz. – Gekürzt: Deutsche Vogelwelt **64**: 156–157

1055 – Beobachtungen an der Pfeifente, *Anas penelope* L., in der Umgebung von Neschwitz. Mitt. VsO. **6**: 83–84

1056 WITT, M.: Rotfußfalke, *Falco v. vespertinus* L., bei Leipzig. Ebd. **6**: 39

1057 – Beobachtungen an Horsten des Schwarzen und des Roten Milans, *Milvus m. migrans* (Bodd.) und *M. m. milvus* (L.), in der Elster-Luppe-Aue bei Leipzig. Ebd. **6**: 85–87

1058 WOHLFAHRT, M. u. BÜTTNER, K.: Das Naturschutzgebiet „Wulmer Hang" b. Zwickau. Jahresber. Ver. Naturkunde Zwickau 1936/38: 42–44

1940

1059 BERNHARDT, P.: Ein Alpensegler, *Micropus melba melba* (L.), in Sachsen. Mitt. VsO. **6**: 119

1060 – Beitrag zur Biologie der Schellente (*Bucephala clangula*). Journ. Ornith. **88**: 488–497

1061 BONEWITZ, W.: Die Brutpflege des Wiedehopfs (*Upupa epops* L.), ein Beitrag zur Beseitigung eines Volksglaubens. Aus der Natur **53**: 134–135

1062 DATHE, H.: Seeadler, *Haliaëtus a. albicilla* (L.), in Leipzig. Mitt. VsO. **6**: 123

1063 – Kormorane, *Phalacrocorax carbo* L., in Nordwestsachsen. Deutsche Vogelwelt **65**: 19–20

1064 DROST, R. u. SCHILLING, L.: Über den Zug des Trauerfliegenschnäppers, *Muscicapa hypoleuca* (Pall.). Vogelzug **11**: 71–85

1065 – u. SCHÜZ, E.: Von den Folgen des harten Winters 1939/40 für die Vogelwelt. Ebd. **11**: 145–161

1066 – – Über den Zug der europäischen Bachstelzen (*Motacilla. alba* L. und *M. a. yarrellii* Gould). Ebd. **11**: 145–161

1067 GENTZ, K.: Ein Beitrag zur Fortpflanzungsbiologie des Eisvogels, *Alcedo atthis ispida* L. Mitt. VsO. **6**: 89–108

1068 GERBER, R.: 11 Polarseetaucher, *Colymbus a. arcticus* L., und 2 Kormorane, *Phalacrocorax carbo* L., auf dem Elsterstausee bei Leipzig. Ebd. **6**: 120–121

1069 HEYDER, R.: Haben *Falco vespertinus* und *Falco naumanni* in Sachsen gebrütet? Ebd. **6**: 117–119

1070 Jahrbuch der Deutschen Jägerschaft 1939/40, **5**. Berlin: 54–58

1071 KRAMER, H. jun.: Ergänzende Mitteilungen zur Ornis der Südlausitz. Isis Budissina **14**: 12–24

1072 LANGE, R.: Bericht des Stützpunktes Scharfenstein der Naturschutzwarte Neschwitz [auf 1939]

1073 LUFT, B.: Die Vogelwelt der Wilsdruffer Landschaft. Mitt. Heimatschutz **29**: 267–280

1074 MANSFELD, K.: Zum Einfluß des strengen Winters auf den Bestand unserer höhlenbrütenden Stand- und Strichvögel. Deutsche Vogelwelt **65**: 119–132

1075 MÄRZ, R.: Querschnitt durch eine mehrjährige Nahrungskontrolle einiger Uhupaare. Beitr. Fortpflanzungsbiol. **16**: 125–135, 166–173, 213–222

1076 NIETHAMMER, G.: Pommerscher Kormoran, *Phalacrocorax carbo sinensis* (Shaw & Nodder), in Sachsen. Mitt. VsO. **6**: 121–122

1077 SCHMIDT, C.: Ein Zwergsumpfhuhn, *Porzana pusilla intermedia* (Herm.), in Nordwestsachsen. Ebd. **6**: 122

1078 SCHNEIDER, W.: *Phalacrocorax carbo* L. in Nordwestsachsen. Ebd. **6**: 121

1941

1079 BERNDT, R.: Sumpfohreulen, *Asio f. flammeus* (Pont.), im Winter 1933/34 an der Mulde. Mitt. VsO. **6**: 154

1080 BERNHARDT, P.: Der Wanderfalk, *Falco peregrinus germanicus* Erl., Brutvogel in Moritzburg. Ebd. **6**: 226–227

1081 BIBRA, F. Frh. v.: [Lausitzer Storch brütet in Franken.] Anz. Orn. Ges. Bayern **3**: 144

1082 BÖLKE, E. u. KIERSKI, W.: Durchziehende Graugänse, *Anser anser* (L.), in Nordwestsachsen. Mitt. VsO. **6**: 234–235

1083 a CREUTZ, G.: Vom Zug des Grauen Fliegenschnäppers, *Muscicapa st. striata* (Pallas). Vogelzug **12**: 1–14

1083 b – Ergebnisse der Verfrachtung von Grünfinken (*Chloris chl. chloris* L.). Vogelring **13**: 33–49

1084 DATHE, H.: Vogtlandbelege des Berghänflings, *Carduelis f. flavirostris* (L.). Mitt. VsO. **6**: 154

1085 – Zum Vorkommen des Rauhfußkauzes, *Aegolius f. funereus* (L.), im Erzgebirge. Ebd. **6**: 213–215

1086 ERNST HEINRICH, Prinz: Zwergschwan, *Cygnus bewickii* Yarrell, in Moritzburg. Ebd. **6**: 231–232

1087 GENTZ, K.: Der Eisvogel, ein Opfer des strengen Winters 1939/40? Beitr. Fortpflanzungsbiol. **17**: 29

1088 GERBER, R.: Zur Verbreitung der Weidenmeise, *Parus atricapillus salicarius* Brehm, in Sachsen. Mitt. VsO. **6**: 210–211

1089 – Gänse- und Zwergsänger, *Mergus merganser* (L.) und *M. albellus* L., mitten in Leipzig. Ebd. **6**: 233–234

1090 a HERBERG, M.: Planmäßige Grünfinkenberingung, *Chloris chl. chloris* L., an der Brutzeit am Futterplatz. Ebd. **6**: 195–205

1090 b HERR, O.: Herbstnachweis der Steppenweihe (*Circus macrourus* [Gm.]) aus der Oberlausitz. Ber. Ver. Schles. Orn. **26**: 54–55

1090 c – Zum Vorkommen der Gabelweihe (*Milvus m. milvus* [L.]) in der Oberlausitz. Ebd. **26**: 55

1091 HEYDER, R.: Das Verschwinden der Ringdrossel, *Turdus torquatus alpestris* (Brehm), aus dem Erzgebirge. Ebd. **6**: 133–143.

1092 – Die Anfänge vogelkundlicher Forschung im sächsischen Erzgebirge. Ebd. **6**: 242–252

1093 LANGE, R.: Jahresbericht des Stützpunktes Scharfenstein der Vogelschutzwarte Neschwitz [auf 1940]

1094 MÄRZ, R.: Mitteilungen über die Waldschnepfe, *Scolopax r. rusticola* L., aus der Sächsischen Schweiz. Mitt. VsO. **6**: 143–145

1095 – Beobachtungen am Rauhfußkauz, *Aegolius f. funereus* (L.), im Elbsandsteingebirge. Ebd. **6**: 215–225

1096 MÜLLER, W.: Herbstbeobachtungen 1940 an den Frohburg-Eschefelder Teichen. Ebd. **6**: 152–153

1097 PORTIG, F.: Sperlingskauz, *Glaucidium p. passerinum* (L.), in Sachsen. Ebd. **6**: 232–233

1098 SCHLECHTER, A.: Die Uferschwalbe, *Riparia r. riparia* (L.), in Ostsachsen. Ebd. **6**: 227–229

1099 SCHNEIDER, K. M.: Eine weitere Kleine Raubmöwe, *Stercorarius longicaudus* Vieill., in Nordwestsachsen. Ebd. **6**: 147–148

1100 TISCHLER, F.: Die Vögel Ostpreußens und seiner Nachbargebiete. Königsberg

1101 VIETINGHOFF, A. Frh. v.: Durchzügler und Irrgäste im näheren Umkreis der Vogelschutzwarte Neschwitz/Sachsen. Mitt. VsO. **6**: 236–239

1102 a ZIEGER, A. u. BÖLKE, E.: Schneeammern, *Plectrophenax n. nivalis* (L.), bei Leipzig. Ebd. **6**: 235–236

1102 b ZIMMERMANN, R. u. BÖHMER, H.: Über das Vorkommen des Weißen Storches, *Ciconia c. ciconia* L., in Nordwestsachsen. Ebd. **6**: 206–209

1942

1103 DANNHAUER, K.: Der Sperlingskauz in Plauen. Mitt. Vogtländ. Ges. Naturforsch. **4**: 109–110

1104 GLASEWALD, K.: Vorkommen von Großtrappen in Deutschland. Deutsche Vogelwelt **67**: 97–106

1105 HERR, O.: Aus Natur und Museum. Abh. Naturforsch. Ges. Görlitz **33**, 1: 97–114, 3: 149–164

1106 KLEINER (KEVE), A.: Systematische Studien über die Corviden des Karpathenbeckens, nebst einer Revision ihrer Rassenkreise. III. *Coloeus monedula*. Aquila **46/49** (1939)/(1942): 159–224

1107 LANGE, R.: Jahresbericht des Stützpunktes Scharfenstein der Vogelschutzwarte Neschwitz [auf 1941]

1108 VIETINGHOFF, A. Frh. v.: Über Ansiedelungsversuche durch Aussetzen von Vögeln. Deutsche Vogelwelt **67**: 35–39, 59–63

1943

1109 CREUTZ, G.: Die Brutbiologie des Trauerfliegenschnäppers (*Muscicapa h. hypoleuca* Pallas). Ber. Ver. Schles. Orn. **28**: 28–39

1110 – Vom Wendehals. Beitr. Fortpflanzungsbiol. **19**: 115–116

1111 DATHE, H.: Kiefernkreuzschnabel, *Loxia p. pytyopsittacus* Borkh., im Vogtland. Orn. Mber. **51**: 52–53

1112 GERBER, R.: Eine Mantelmöwe, *Larus marinus* L., bei Penig in Sachsen. Ebd. **51**: 44

1113 – Der Schwarzstorch, *Ciconia nigra* (L.), als später Durchzügler bei Leipzig. Ebd. **51**: 53

1114 – Der Zitronenzeisig, *Carduelis c. citrinella* (Pallas), in Sachsen. Ebd. **51**: 97–98

1115 – Der Tordalk, *Alca torda torda* L., in Leipzig. Ebd. **51**: 151

1116 – Der Kiebitzregenpfeifer auf dem Frühjahrsdurchzug in Sachsen. Ebd. **51**: 152

1117 HEYDER, R.: Das Häufigkeitsverhältnis im Auftreten von *Stercorarius parasiticus* und *longicaudus* im Lande Sachsen. Ebd. **51**: 65–67

1118 – Zwerggans, *Anser erythropus* (L.), in Sachsen. Ebd. **51**: 95–96

1119 KRAMER, H. jun.: Über das Brutvorkommen und die Siedelungsdichte des Sperbers (*Accipiter nisus nisus* L.) in der Südlausitz. Beitr. Fortpflanzungsbiol. **19**: 71–75

1120 LANGE, R.: Jahresbericht 1942 des Stützpunktes Scharfenstein der Vogelschutzwarte Neschwitz

1121 STRESEMANN, E.: Über das geographische Abändern des Regenrufes von *Fringilla coelebs*. Orn. Mber. **51**: 139–140

1122 UTTENDÖRFER, O.: Notizen vom Sperber und Habicht. Beitr. Fortpflanzungsbiol. **19**: 81–83

1944

1123 CREUTZ, G.: [Weißwangengans bei Bautzen.] Orn. Mber. **52**: 51

1124 DATHE, H.: Der Fichtenkreuzschnabel, *Loxia c. curvirostra* L., Brutvogel im Vogtland. Orn. Mber. **52**: 49

1125 DROST, R. u. SCHÜZ, E.: Von den Invasionen 1942. Vogelzug **13**: 140

1126 – – Vogelbewegung 1940 und 1941. Ebd. **13**: 153–155

1127 GERBER, R.: Ein neuer Brutplatz des Schwarzhalstauchers, *Podiceps n. nigricollis* (C. L. Brehm), im sächsischen Erzgebirge. Ber. Ver. Schles. Orn. **29**: 57–58

1128 – Vom Verhalten des Feldschwirls in Gefangenschaft. Deutsche Vogelwelt **69**: 47–48

1129 KÄSTNER, B.: Zwergfliegenfänger *Muscicapa parva parva* brütend bei Leipzig. Ebd. **69**: 28

1130 LANGE, R.: Jahresbericht 1943 des Stützpunktes Scharfenstein der Vogelschutzwarte Neschwitz

1131 RIEDEL, J.: Zur Ernährung des Ziegenmelkers, *Caprimulgus eu. europaeus* L. Deutsche Vogelwelt **69**: 21–22

1132 WITT, M.: Zum Vorkommen der Schneeammer, *Plectrophenax nivalis nivalis* (L.), in Mitteldeutschland. Ebd. **69**: 43

1949

1133 BERNDT, R.: Zwölf Jahre Kontrolle des Höhlenbrüterbestandes eines nordwestsächsischen Parkes. Beiträge z. Vogelkunde: 1–20

1134 BERNHARDT, P.: Der Kiebitzbestand der letzten Jahrzehnte im Moritzburger Teichgebiet. Ebd.: 21–26

1135 CREUTZ, G.: Die Entwicklung zweier Populationen des Trauerschnäppers, *Muscicapa h. hypoleuca* (Pall.), nach Herkunft und Alter. Ebd.: 27–53

1136 – Untersuchungen zur Brutbiologie des Feldsperlings (*Passer m. montanus* L.). Zoolog. Jahrbücher, Abt. f. Systemat., Ökolog. u. Geographie d. Tiere **78**: 133–172

1137 DATHE, H.: Der Kiebitzregenpfeifer, *Squatarola squatarola* (L.), in Sachsen. Beiträge z. Vogelkunde: 54–97

1138 – Vom Sumpfläufer im Binnenland. Natur und Volk **79**: 92–96

1139 GENTZ, K.: Der Binsenrohrsänger Brutvogel in Sachsen. Die Vogelwelt **70**: 56

1140 GERBER, R.: Einige bemerkenswerte Vogelarten in NW-Sachsen. Ornith. Mitt. **1**: 27–28

1141 GROSSE, H.: Biologische Beobachtungen an der Großtrappe, *Otis tarda*. Gefiederte Welt **73**: 52–53

1142 HEYDER, R.: Vom Werdegang der faunistischen Vogelkunde im Lande Sachsen bis zur Aufstellung der ersten Landesfauna (1810). Beiträge z. Vogelkunde: 102–115

1143 MÄRZ, R.: Der Raubvogel- und Eulenbestand einer Kontrollfläche des Elbsandsteingebirges in den Jahren 1932–1940. Ebd.: 116–146

1144 MAKATSCH, W.: Der Bestand des Weißstorches in der Oberlausitz in den Jahren 1945 bis 1949. Ebd.: 147–168

1145 PRASSE, B.: Zaungrasmücke im Dezember. Gefiederte Welt **73**: 11

1146 RICHTER, H.: Rufzeiten beim Grünspecht (*Picus viridis* L.) und Grauspecht (*Picus canus* Gmelin) im Herbst. Die Vogelwelt **70**: 177–178

1147 RITTER, M.: Schneeule, *Nyctea scandiaca* (L.), im Vogtland. Ornith. Mitt. **1**: 64

1950

1148 BERNDT, R.: Zwergschnäpper, *Muscicapa p. parva* Bechstein, bei Leipzig. Orn. Mitt. **2**: 124

1149 BÖLKE, E.: Trauerenten, *Oidemia n. nigra* (L.), und andere Enten als Durchzügler im Leipziger Land. Ebd. **2**: 76

1150 CREUTZ, G.: Verspäteter Abzug des Mauerseglers. Ebd. **2**: 77

1151 – Zum Brutvorkommen des Höckerschwanes an den Teichen der Oberlausitz. Ebd. **2**: 168–169

1152 DATHE, H.: Über einige bemerkenswerte Vogelarten in Sachsen. Ebd. **2**: 59–62

1153 – Zum Vorkommen der Ringdrossel, *Turdus torquatus alpestris* (Brehm), im Erzgebirge. Ebd. **2**: 72

1154 – Erstnachweis der Eiderente, *Somateria m. mollissima* (L.), für NW-Sachsen. Ebd. **2**: 72

1155 – Teichwasserläufer, *Tringa stagnatilis* (Bechst.), und Raubseeschwalben, *Hydroprogne t. tschegrava* (Lep.), am Elsterstausee bei Leipzig. Ebd. **2**: 87

1156 – Der Flußregenpfeifer – ein Schmuck öden Geländes der Heimat. Urania **13**: 236–239

1157 – Zum Nisten der Saatkrähe in Großstädten. Vogelwelt **71**: 164

1158 – u. GERBER, R.: Vom Brutvorkommen des Wiedehopfes, *Upupa e. epops* L., in NW-Sachsen. Orn. Mitt. **2**: 9–11

1159 GERBER, R.: Die Kleine Raubmöwe, *Stercorarius longicaudus* Vieillot, 1819 für Dresden nachgewiesen. Ebd. **2**: 104

1160 – Der Grauspecht, *Picus c. canus* Gmelin, bei Leipzig. Ebd. **2**: 176

1161 – Auffällige Abnahme überwinternder Nebelkrähen im Leipziger Land. Vogelwelt **71**: 22

1162 HUMMITZSCH, E.: Starke Schleiereulenbruten. Orn. Mitt. **2**: 102

1163 KIRCHHOF, W.: Erstnachweis der Raubseeschwalbe, *Hydroprogne t. tschegrava* (Lep.), in Nordwestsachsen. Ebd. **2**: 104

1164 MÜLLER, B., Singschwäne, *Cygnus c. cygnus* (L.), in Leipzig. Ebd. **2**: 72

1165 MÜNCH, H.: Neue Türkentauben-Beobachtungen in Mitteldeutschland. Mitt. Thür. Orn. **1**, 2 (o. S.)

1166 RICHTER, H.: Nimmt der Grauspecht (*Picus canus* Gmelin) zu? Orn. Mitt. **2**: 175–176

1167 RIEDEL, J.: Einige bemerkenswerte Vogelarten aus NW-Sachsen. Ebd. **2**: 13

1168–1472 nach HEYDER [1729]

1806

1168 WINCKELL, G. F. D. A. D.: Handbuch für Jäger. Bd. 3 (Leipzig): 117 [Brüten des Triels 1803 und 1804 an der Mulde]

1865

1169 SCHÖPFF, A.: [Auerhahn aus der Sächsischen Schweiz im Dresdener Zoo.] Zool. Gart. **6**: 71–72

1866

1170 THIERFELDER sen. [J. G.] Georg Fabricius als Naturhistoriker. Arch. Naturgesch. **32**, 1: 240–270

1894

1171 KREZSCHMAR, C.: Maitage eines Ornithologen im Zittauer Grenzgebirge. Gebirgsfreund **6**: 13–15

1925

1172 MAYR, E.: Ein Vergleich der Vogelwelt Vorpommerns und Sachsens [mit Zusätzen von R. ZIMMERMANN]. Mitt. VsO. **1**, Sonderh.: 64–70

1936

1173 VIETINGHOFF-RLESCH, A. Frh. v.: Die zoologischen Naturdenkmäler [in der Oberlausitz]. Isis Budissina **13**: 78–88

1950

1174 BERNDT, R.: Der Odinswassertreter, *Phalaropus lobatus* (L.), in Sachsen. Orn. Mitt. **2**: 205–208

1175 CREUTZ, G.: Beringungsergebnisse an Lachmöwen einiger sächsischer und benachbarter Brutkolonien. Orn. Abhandl. **1**, 8: 3–8

1176 – Die Vogelberingung im Dienste der Gefiederforschung. Syllegomena Biologica (Leipzig/Wittenberg): 92–109

1177 DATHE, H.: Über kleine Bussarde. Ebd. **2**: 110–116

1178 GERBER, R.: Später Abzug eines Drosselrohrsängers, *Acrocephalus a. arundinaceus* (*L.*). Orn. Mitt. **2**: 211

1179 KRAMER, W.: Ernährungsbiologische Beobachtungen an den Horsten des Sperbers (*Accipiter n. nisus L*) in der südlichen Oberlausitz von 1944–1948. Vogelwelt **71**: 183–189

1180 – Die Ernährung des Wanderfalken, *Falco peregrinus germanicus* Erlanger, in zwei verschiedenen Landschaftsformen der Oberlausitz. Syllegomena Biologica (Leipzig/Wittenberg): 213–216

1181 RÜHMEKORF, E.: Seeadler, *Haliaeetus a. albicilla* (*L.*), als Wintergäste in der Nähe Leipzigs. Orn. Mitt. **2**: 196

1951

1182 CREUTZ, G.: Zum Brutvorkommen des Wiedehopfes in Sachsen. Vogelwelt **72**: 129–130

1183 – Die Maulwurfsgrille als Vogelbeute. Ebd. **72**: 164–165

1184 DATHE, H.: Einiges von der Saatkrähe. Die Bedeutung d. Vogelw. i. Forschung u. Praxis (Berlin): 21–28

1185 FIEBIG, J.: Weitere Berghänflinge im Binnenland. Orn. Mitt. **3**: 234

1186 GERBER, R: Die Türkentaube brütet in Sachsen. Vogelwelt **72**: 90

1187 – Die Türkentaube brütet auch in Meerane und Wurzen. Ebd. **72**: 194

1188 – Veränderungen im Artenbestand der Vogelwelt Nordwestsachsens während der letzten 50 Jahre. Die Bedeutung d. Vogelw. i. Forschung u. Praxis (Berlin): 11–20

1189 – Die Doppelschnepfe, *Capella media* (L.), als Durchzügler an den Eschefelder Teichen. Orn. Mitt. **3**: 138

1190 GOETHE, F. u. KUHK, R: Beringungsergebnisse an deutschen Adlern, Weihen, Milanen und Wespenbussarden (*Aquila, Circus, Milvus, Haliaeetus, Pernis, Pandion*). Vogelwarte **16**: 69–76

1191 GRÖSSLER, K.: Trauerente, *Oidemia n. nigra* (L.), in Leipzig. Orn. Mitt. **3**: 256

1192 HUMMITZSCH, E.: Kleine Beobachtungen an einer Turmfalkenkolonie. Ebd. **3**: 228–229

1193 JOST, K.: Alpendohlen, *Pyrrhocorax graculus* (L.), bei Leipzig. Ebd. **3**: 140

1194 KIRCHHOF, W.: Sumpf- und Wasservogelbeobachtungen im Frohburg-Eschefelder umd Haselbacher Teichgebiet. Mitt. Thür. Orn. **2**: 37–38

1195 MAKATSCH, W.: Sanderling und Weißflügelseeschwalbe als seltene Durchzügler in der Oberlausitz. Vogelwelt **72**: 130–131

1196 MÄRZ, R.: Der Rauhfußkauz – ein heimlicher Bewohner unserer Bergwälder. Die Wissenschaft v. Vogel u. uns. Volkswirtschaft (Berlin): 65–68

1197 PEUS, F.: Nüchterne Analyse der Massenvermehrung der Misteldrossel (*Turdus viscivorus* L.) in Nordwesteuropa. Bonn. Zool. Beitr. **2**: 55–82 [Feldschwirl auf dem Fichtelberg: 79]

1198 PFLUGBEIL, A.: Zur Brutbiologie des Haus- und Gartenrotschwanzes. Orn. Mitt. **3**: 137–138

1199 – Weitere Berghänflinge im Binnenland. Ebd. **3**: 234

1200 RICHTER, H.: Der Tharandter Rätselvogel. Ebd. **3**: 193–194

1201 RÜHMEKORF, E.: Brutkolonie des Turmfalken, *Falco t. tinnunculus,* im Stadtgebiet von Leipzig. Ebd. **3**: 17

1202 SCHUMANN, H.: Grauspechte im Leipziger Rosental und bei Hannover. Ebd. **3**: 140

1203 STRESEMANN, E.: Weiteres Vordringen der Türkentaube. J. Orn. **93**: 26–31

1204 UTTENDÖRFER, O.: Neue Ergebnisse über die Ernährung der Greifvögel und Eulen (Stuttgart/Ludwigsburg): 9, 23, 61, 63, 66, 120, 121

1205 WADEWITZ, O.: Beobachtungen am Neste des Ortolans. Orn. Mitt. **3**: 32–34

1206 WAGNER, K: Starker Vogelzug Mitte Oktober 1950. Ebd. **3**: 43

1207 ZILL, K. G.: Schwarzstorch bei Eschefeld. Mitt. Thür. Orn. **2**: 50

1952

1208 CREUTZ, G.: Türkentauben in Mittelsachsen. J. Orn. **93**: 176

1209 – Der Einfluß der Witterung auf den Brutverlauf 1949. Beitr. Vogelk. **2**: 1–14

1210 – Misteldrossel und Seidenschwanz. Orn. Mitt. **4**: 67

1211 – Grauspecht (*Picus canus*) trommelt an Blechdach. Ebd. **4**: 260

1212 DATHE, H.: Weiteres Vordringen der Türkentaube II. J. Orn. **93**: 367

1213 – u. PROFFT, J.: Nochmals Kranichzug in Deutschland. Beitr. Vogelk. **2**: 33–39

1214 FEUERSTEIN, W.: Der Berghänfling (*Carduelis flavirostris* L.) und andere seltene Wintergäste in Thüringen. Mitt. Thür. Orn. **3**: 2–3

1215 FIEBIG, J.: Beobachtungen einiger seltener Vogelarten in Nordwestsachsen. Beitr. Vogelk. **2**: 44–55

1216 FRIELING, F.: Der Entendurchzug an den Frohburg-Eschefelder Teichen. Ebd. **2**: 56–74

1217 – Zur Vogelwelt alter Braunkohlentagebaue. Ebd. **3**: 58–59

1218 GERBER, R.: Zum Brutvorkommen des Gartenammers, *Emberiza hortulana* L., im westelbischen Nordsachsen. Ebd. **2**: 75–86

1219 – Bemerkenswerte Vogelarten in Nordwestsachsen. Vogelwelt **73**: 23–24

1220 – Maße und Gewichte nordwestsächsischer Trieleier. Orn. Mitt. **4**: 7–11

1221 – Zum Vorkommen des Grauspechts (*Picus c. canus* Gmelin) bei Leipzig. Ebd. **4**: 275

1222 GOETHE, F. u. KUHK, R.: Beringungs-Ergebnisse an deutschen Wanderfalken (*Falco peregrinus*) und Baumfalken (*Falco subbuteo*). Vogelwarte **16**: 104–108

1223 HEYDER, R.: Die Vögel des Landes Sachsen (Leipzig)

1224 KALBE, L.: Odinswassertreter, *Phalaropus lobatus* (L.), bei Leipzig. Beitr. Vogelk. **3**: 58

1225 KRAMER, V.: Die Winternahrung des Sperbers (*Accipiter nisus nisus* L.) in der Südlausitz. Ebd. **2**: 94–101

1226 KREISEL, H.: Ein Brutgebiet der Heidelerche (*Lullula arborea*) bei Leipzig. Orn. Mitt. **4**: 65

1227 KUMERLOEVE, H.: Über Greifvogelvernichtung im 18. Jahrhundert. Zool. Gart. (NF) **19**: 112–121

1228 MAKATSCH, W.: Die Vögel der Seen und Teiche (Radebeul/Berlin, o. J.)

1229 – Die Lachmöwe. Neue Brehmbüch. H. 56 (Leipzig/Wittenberg)

1230 – Die Raubseeschwalbe erstmalig für die Oberlausitz festgestellt. J. Orn. **93**: 177

1231 MARWITZ, R.: Knutt, *Calidris canutus,* in den Leipziger Kläranlagen. Orn. Mitt. **4**: 18

1232 MÄRZ, R.: Vom Uhu, *Bubo bubo* (*L*), in Sachsen und im angrenzenden Raum der Tschechoslowakei. Beitr. Vogelk. **2**: 109–136

1233 MAUERSBERGER, G.: Frühe Ankunft eines Uferläufers (*Actitis hypoleucos*). Orn. Mitt. **4**: 276

1234 – u. MÜHLMANN, D.: Bedeutsamer Fund einer Falkenraubmöwe, *Stercorarius longicaudus* Vieill., in Sachsen. Ebd. **4**: 108–109

1235 MEYER, H.: Die Misteldrossel als Parklandschaftsvogel im Erzgebirge. Ebd. **4**: 261–262

1236 RIEDEL, J.: Einige seltene Brutnachweise aus Nordwestsachsen. Beitr. Vogelk. **2**, S. 191–195

1237 SCHNEIDER, W.: Beitrag zur Lebensgeschichte des Stars, *Sturnus v. vulgaris* L. Ebd. **3**: 20–52

1238 WADEWITZ, O.: Ein Beitrag zur Biologie des Flußuferläufers, *Actitis hypoleucos* (L.). Ebd. **3**: 1–20

1953

1239 BÖLKE, E. u. GERBER, R.: Die Gryllteiste, *Cepphus grylle* (L.), auf dem Elsterflutbecken in Leipzig. Beitr. Vogelk. **3**: 191–192

1240 BURKHARDT, E.: Mittelspecht (*Dryobates medius*) im Elbtal bei Dresden. Ebd. **3**: 194

1241 CREUTZ, G.: Beobachtung des Mittelspechtes, *Dryobates medius,* bei Pillnitz. Ebd. **3**: 194–195

1242 – Beobachtungen am Triel, *Burhinus oe. oedicnemus* (L.). Ebd. **3**: 199–211

1243 – Trauerente, *Melanitta n. nigra* (L.), als Durchzügler bei Dresden. Ebd. **3**: 246–247

1244 DATHE, H.: Der Flußregenpfeifer. Neue Brehmbüch. H. 93 (Leipzig/Wittenberg)

1245 – Das Brutvorkommen des Schmarzmilans, *Milvus m. migrans* (Bodd.), in Nordwestsachsen. Beitr. Vogelk. **3**: 111–116

1246 – Der Haubentaucher, *Podiceps c. cristatus* (L.), Brutvogel im oberen Vogtland. Ebd. **3**: 125–126

1247 FISCHER, W.: Der Sperlingskauz, *Glaucidium passerinum* (L.), im oberen Erzgebirge. Ebd. **3**: 106–111

1248 FRIEDLAND, A.: Brütet die Moorente noch in Sachsen? Ebd. **3**: 249

1249 GERBER, R.: Zum Brutvorkommen der Rohrweihe, *Circus ae. aeruginosus* (L.), in Nordwestsachsen. Ebd. **3**: 152–156

1250 GRÄNITZ, R.: Zur Verbreitung der Türkentaube. Vogelwelt **74**: 107–108

1251 GRÖSSLER, K.: Zur Siedlungsdichte des Sperbers (*Accipiter nisus*). Orn. Mitt. **5**: 225–226

1252 HEFT, H.: Ein junger Rauhfußkauz, *Aegolius funereus* L., am Schneeberger Filzteich gegriffen. Beitr. Vogelk. **3**: 121–122

1253 HEINRICH, A.: Frühes Eintreffen einer Rauchschwalbe. Vogelwelt **74**: 184

1254 HOFFMANN, P. L.: Doppelschnepfen, *Capella media,* in den Leipziger Kläranlagen. Beitr. Vogelk. **3**: 124

1255 KIRCHHOF, W.: Von den Frohburg-Eschefelder und Haselbacher Teichen. Mitt. Thür. Orn. **3**: 54

1256 KRAMER, V.: Beobachtungen an südlausitzer Habichthorsten 1942–1952. Beitr. Vogelk. **3**: 121–128

1257 MAKATSCH, W.: Zum Vorkommen des Weißen Storches in der Oberlausitz. Ebd. **74**: 176–181

1258 – Der Schwarze Milan. Neue Brehmbüch. H. 100 (Leipzig/Wittenberg)

1259 MARWITZ, R. u. GRÖSSLER, K.: Nachtreiher (*Nycticorax nycticorax*) an der Mulde. Beitr. Vogelk. **3**: 193–194

1260 März, R.: Der Uhu. Neue Brehmbüch. H. 108 (Leipzig/Wittenberg)

1261 Meyer, F.: Zum Herbstzug des Uferläufers (*Actitis hypoleucos*) in Mitteldeutschland. Beitr. Vogelk. **3**: 156–166

1262 Miera, C.: Von der Rohrweihe (*Circus aeruginosus*) an den Rohrbacher Teichen. Ebd. **3**: 195–197

1263 Pflugbeil, A.: Vom Habicht im Erzgebirge. Mitt. Thür. Orn. **4**, S. 10–13

1264 Richter, H.: Zur Lebensweise der Wasseramsel. J. Orn. **94**: 68–82

1265 Riedel, J.: Zum Vorkommen des Haselhuhnes, *Tetrastes bonasia* L., bei Nixdorf. Beitr. Vogelk. **3**: 123–124

1266 Schneider, K. M.: Einiges von gefangen gehaltenen Seetauchern (*Colymbus*). Ebd. **3**: 83–91

1267 Schönwetter, M.: Ein merkwürdiges Ei des Flußregenpfeifers. Ebd. **3**: 124–125

1268 Schubert, H. J.: Einige Betrachtungen zum Auffinden zweier Raubmöwen im Jahre 1951 in Mitteldeutschland. Mitt. Thür. Orn. **3**: 14–15

1269 Stresemann, E.: Weiteres Vordringen der Türkentaube III. J. Orn. **94**: 351

1270 Tuchscherer, K.: Thorswassertreter (*Phalaropus fulicarius*) in Leipzig. Beitr. Vogelk. **3**: 249–250

1954

1271 Adam, G.: Die Schnee-Eule als Wintergast bei Dresden. Falke **1**: 196

1272 Bub, H. u. Kumerloeve, H.: Die Fichtenkreuzschnabel (*Loxia curvirostra*)-Invasion 1953 in Europa, mit besonderer Berücksichtigung Deutschlands. Orn. Mitt. **6**: 205–212, 225–231

1273 Burr, F.: Der Seidenschwanz (*Bombycilla garrulus*) in Deutschland 1946 bis 1954. Ebd. **6**: 245–255

1274 Creutz, G.: Wieder ein Seeadler im Tellereisen! Falke **1**: 63

1275 – Gänse im Elbtal zwischen Pirna und Dresden. Beitr. Vogelk. **3**: 300

1276 Czerlinsky, H.: Die Zwergdommel (*Ixobrychus m. minutus* [L.]) als Brutvogel im Vogtland. Ebd. **4**: 49–51

1277 Duty, J.: Gehäuftes Auftreten des Odinswassertreters. Ebd. **3**: 305

1278 Fischer, W.: Kleines Sumpfhuhn, *Porzana parva* (Scop.), am Glauchauer Stausee. Ebd. **3**: 303

1279 – Ringdrosseln, *Turdus torquatus* L., am Fichtelberg. Ebd. **3**: 308–309

1280 – Der Sperlingskauz, *Glaucidium passerinum* (L.), im oberen Erzgebirge II. Ebd. **4**: 34–41

1281 – Rauhfußkauz (*Aegolius funereus* [L.]) im Fichtelberggebiet verhört. Ebd. **4**: 48

1282 Gerber, R.: Zum Vorkommen des Seidenschwanzes, *Bombycilla garrulus* (L), bei Leipzig in den Jahren 1933–1951. Ebd. **3**: 301–308

1283 – Zur Stimme des Prachttauchers (*Colymbus arcticus*). Orn. Mitt. **5**: 75

1284 – Sinnlose Raubvogelmorde. Falke **1**: 31–32

1285 Günsche, W.: Sumpfrohrsängernest wurde versetzt. Ebd. **1**: 160

1286 Heft, H.: Säbelschnäbler (*Recurvirostra a. avosetta* L.) in der Oberlausitz. Beitr. Vogelk. **3**: 303

1287 Hermann, R.: Die Großtrappe, ein Naturdenkmal unserer heimatlichen Fluren. Falke **1**: 33–35

1288 Heyder, R.: Das Haselhuhn als „Haselwild". Ebd. **1**: 88–90

1289 Hofmann, P. L.: Schreiadler (*Aquila pomarina* C. L. Brehm) bei Leipzig. Beitr. Vogelk. **4**: 46–47

1290 Ihle, G.: Die Türkentaube in Freiberg. Falke **1**: 160

1291 Kirchhof, W.: Gehäuftes Auftreten des Odinswassertreters, *Phalaropus lobatus*, in Mitteldeutschland im Herbst 1952. Beitr. Vogelk. **3**: 305

1292 Kluge, W.: Blaukehlchen als Kuckuckswirt? [mit Nachschrift von R. Heyder]. Mitt. Thür. Orn. **4**: 12–13

1293 Kramer, V.: Ernährungskontrollen bei Habicht, Sperber und Wanderfalke. Ebd. **1**: 5–12

1294 – Fund einer Eisente (*Clangula hyemalis* [L.]) in der Südlausitz. Beitr. Vogelk. **4**: 46

1295 März, R.: „Sammler" Waldkauz. Ebd. **4**: 7–34

1296 – Eisvogel als Uhubeute. Ebd. **4**: 47–48

1297 – Neues Material zur Ernährung des Uhus. Vogelwelt **75**: 181–188

1298 – Aus dem Leben des Uhus. Falke **1**: 68–73

1299 Richter, H.: Zur Variabilität der Färbung sächsischer Wasseramseln (*Cinclus cinclus aquaticus*). J. Orn. **95**: 55–57

1300 – Zur Mauser der Wasseramsel, *Cinclus c. aquaticus* (Bechstein). Beitr. Vogelk. **3**: 251–258

1301 Riedel, J.: Die Zwergtrappe (*Otis tetrax*) in Nordwestsachsen. Ebd. **4**: 53

1302 – Der Merlin als Durchzügler an den Eschefelder und Rohrbacher Teichen. Falke **1**: 32

1303 Schlenker, R.: Rotkehlpieper (*Anthus cervinus*) bei Windischleuba und Eschefeld. Beitr. Vogelk. **3**: 304–305

1304 Schmidt, R.: Schwarzstorch (*Ciconia nigra*) bei Freiberg. Ebd. **4**: 48

1305 Schulze, T.: Einige zoologische Beobachtungen aus der Umgebung von Görlitz. Abh. Ber. Naturkundemus. Görlitz **34**: 107–109

1306 Tuchscherer, K., Grössler, K., Erdmann, G.: Gehäuftes Auftreten des Odinswassertreters, *Phalaropus lobatus*, in Mitteldeutschland im Herbst 1952. Beitr. Vogelk. **3**: 306

1955

1307 Adam, G.: Zum Durchzug des Kiebitzregenpfeifers. Falke **2**: 140

1308 Beer, W.-D.: Mittelsäger, *Mergus serrator,* im Vogtland. Beitr. Vogelk. **4**: 164

1309 – Frühjahrsbeobachtung der Trauerente (*Melanitta nigra*) auf dem Elsterstausee bei Leipzig. Ebd. **4**: 172

1310 Buchheim, W. u. Fiebig, J.: Eiderenten, *Somateria mollissima,* in Nordwestsachsen. Ebd. **4**: 164–166

1311 Creutz, G.: Der Trauerschnäpper (*Muscicapa hypoleuca*). Eine Populationsstudie. J. Orn. **96**: 241–326

1312 Fiebig, J.: Zwei Seltenheiten in Nordwestsachsen. Beitr. Vogelk. **4**: 169–170

1313 Fischer, W.: Ein Mönchsgeier, *Aegypius monachus* (L.), am Fichtelberg. Ebd. **4**: 169

1314 Flössner, D.: Ungewöhnlicher Aufenthalt von Lachmöwen im Erzgebirge. Ebd. **4**: 142–146

1315 Giese, W.: Rauchschwalbenbeobachtung im November. Falke **2**: 177

1316 Gränitz, R.: Zur Brutbiologie des Gimpels. Ebd. **2**: 17–19

1317 Grössler, K.: Notizen über das Uferschwalbenvorkommen in Nordwestsachsen. Ebd. **2**: 7–10, 45–48, 77–81

1318 Grumm, W.: Heringsmöwe, *Larus fuscus*, bei Leipzig. Beitr. Vogelk. **4**: 171–172

1319 Harnisch, E.: Ringdrossel, *Turdus torquatus*, in Westsachsen. Ebd. **4**: 167

1320 Heyder, R.: Hundert Jahre Gartenamsel. Ebd. **4**: 64–81

1321 – Ein weiteres Vorkommen vom Sperlingskauz, *Glaucidium passerinum*, im sächsischen Erzgebirge. Ebd. **4**: 146–148

1322 Hoffmann, G.: Wasseramsel-Beobachtungen. Falke **2**: 85–88

1323 Hoffmann, P. L. u. Marwitz, R.: Tannenhäher, *Nucifraga caryocatactes,* in NW-Sachsen. Beitr. Vogelk. **4**: 177

1324 Ihle, G.: Starker Sommer- und Herbstdurchzug des Flußuferläufers. Falke **2**: 214

1325 Kalbe, L.: Schelladler, *Aquila clanga*, und Kolbenente, *Netta rufina*, im nordwestlichen Sachsen. Beitr. Vogelk. **4**: 162–163

1326 Kästner, B.: Brutbeobachtungen beim Schwarzspecht. Falke **2**: 137–138

1327 Knobloch, H.: Tannenhäher (*Nucifraga caryocatactes*) als Beute des Uhus (*Bubo bubo*). Orn. Mitt. **7**: 152

1328 – Seltene Wintergäste und Durchzügler bei Zittau/Sachsen. Falke **2**: 15

1329 – Zum Vorkommen des Haselhuhns, *Tetrastes bonasia* (L.), im Zittauer Gebirge. Beitr. Vogelk. **4**: 126

1330 Kramer, V.: Zwei seltenere Überwinterer in der Südlausitz. Ebd. **4**: 179

1331 – Habicht und Sperber. Neue Brehmbüch. H. 158 (Wittenberg)

1332 Kreissig, R. W.: Kormoran am Niederwarthaer Staubecken. Falke **2**: 139

1333 Lochmann, R.: Der Sperlingskauz, *Glaucidium passerinum,* im Elbsandsteingebirge. Beitr. Vogelk. **4**: 159

1334 Makatsch, W.: Der Brutparasitismus in der Vogelwelt (Radebeul): 121–124 [Sachsen betreffend]

1335 – Die Vögel in Feld und Flur (Radebeul/Berlin, o. J.)

1336 MARWITZ, R.: Eiderente, *Somateria mollissima,* in Nordwestsachsen. Beitr. Vogelk. **4**: 174

1337 MISSBACH, D.: Eine Schnee-Eule im Kreis Löbau. Falke **2**: 104

1338 MORITZ, W.: Frühe Rückkehr des Rotrückigen Würgers und des Wachtelkönigs. Ebd. **2**: 30

1339 OPITZ, M.: Säbelschnäbler, *Recurvirostra avosetta,* am Elsterstausee bei Leipzig. Beitr. Vogelk. **4**: 128–129

1340 RICHTER, H.: Gelbbrauenlaubsänger, *Phylloscopus inornatus* (Blyth), bei Tharandt in Sachsen. Orn. Mitt. **7**: 9

1341 – Zur Ernährung der Wasseramsel (*Cinclus c. aquaticus* L). Beitr. Vogelk. **4**: 139–142

1342 SCHÖNFUSS, G.: Sommerbrut des Fichtenkreuzschnabels, *Loxia c. curvirostra* (L.), im Vogtland. Ebd. **4**, S. 159–161

1343 SCHUBERT, P.: Der Schreiadler als Durchzügler in Westsachsen. Falke **2**: 211

1344 STELZER, H.: Übersommerung einer Bergente, *Aythya marila,* auf der Elbe. Beitr. Vogelk. **4**: 158–159

1345 WADEWITZ, O.: Brutnachweis des Wanderfalken, *Falco peregrinus germanicus* Erlanger, in Nordwestsachsen. Ebd. **4**: 178–179

1346 WAGNER, S.: Tordalk, *Alca torda torda* L., bei Zwickau. Ebd. **4**: 128

1347 – Die Bleßgans, *Anser albifrons,* als Durchzügler in Südwestsachsen. Ebd. **4**: 166

1348 WEBER, H.: Die Tannenhäher-Invasion 1954/55. Falke **2**: 121–123

1349 ZELLER, K.: Ein Storch-Wiederfund in Jerusalem. Ebd. **2**: 34

1956

1350 BRICKENSTEIN-STOCKHAMMER, C. u. DROST, R.: Über den Zug der europäischen Grasmücken *Sylvia a. atricapilla, borin, c. communis* und *c. curruca* nach Beringungsergebnissen. Die Vogelwarte **18**: 197–210

1351 CREUTZ, G.: Die Vogelwelt Dresdens und seiner Umgebung. Heimatk. Blätt. H. 12/13: 22–33

1352 – Das Haselhuhn, *Tetrastes bonasia rupestris* (Brehm), in der Südlausitz. Beitr. Vogelk. **4**: 203–216

1353 – u. WAURISCH, G.: Seeadler, *Haliaeetus albicilla,* als Brutvogel in der Lausitz. Ebd. **4**: 298–301

1354 DANNHAUER, K.: Über Vorkommen des Uhus, *Bubo bubo,* im Vogtland. Ebd. **4**: 320

1355 DATHE, H.: Vom Brutvorkommen der Zwergdommel, *Ixobrychus m. minutus* (L.), in Sachsen. Ebd. **5**: 17–29

1356 – Singschwäne, *Cygnus cygnus,* bei Zittau. Ebd. **4**: 254

1357 DÖHLING, F.: Seeadler (*Haliaeetus albicilla*) schon Anfang Juli 1956 als Wanderer im Vogtland. Orn. Mitt. **8**: 215

1358 FIEBIG, J.: Beitrag zur Fortpflanzungsbiologie der Türkentaube, *Streptopelia decaocto.* Beitr. Vogelk. **4**: 312–315

1359 FISCHER, W.: Zum Vorkommen der Ringdrossel, *Turdus torquatus* L., im oberen Erzgebirge. Ebd. **5**: 29–32

1360 FRIELING, F.: Gehäuftes Auftreten der Zwergschnepfe, *Lymnocryptes minimus,* auf dem Frühjahrszug 1955 in Westsachsen. Ebd. **4**: 255–256

1361 GERBER, R.: Ein Kolkrabe, *Corvus corax* L., bei Leipzig. Ebd. **4**: 252–253

1362 – Die Saatkrähe. Neue Brehmbüch. Heft 181 (Wittenberg)

1363 GUNTHER, M.: Der Weiße Storch in den Kreisen Riesa und Großenhain. Falke **3**: 163–164

1364 HEFT, H.: Die Auerhuhnbestände in den Jahren 1953/54 im sächsischen Vogtland und Erzgebirge. Beitr. Vogelk. **5**: 45–61

1365 HEINZE, H.: Begegnung mit dem Flußregenpfeifer. Heimatk. Blätt. Heft 14/15: 43–46

1366 HOFFMANN, P.-L.: Über Stadtbruten der Saatkrähe (*Corvus frugilegus* L.) und deren Vorkommen in und um Leipzig. Wiss. Zschr. Karl-Marx-Univ. Leipzig, Math.-naturw. Reihe **5**, 1955/56: 219–224

1367 HÖPPNER, G.: Ringdrossel (*Turdus torquatus*) bei Bautzen. Beitr. Vogelk. **4**: 254

1368 KALBE, L., GRÖSSLER, K., GRUMMT, W.: Ohrenlerchen, *Eremophila alpestris,* in Nordwestsachsen. Ebd. **4**: 317–318

1369 KÄSTNER, H.: Verfrühte Heimkehr einer Ringeltaube. Falke **3**: 210

1370 KNOBLOCH, H.: Brutversuch des Schwarzkehlchens, *Saxicola torquata rubicola* (L.), bei Zittau/Sa. Ebd. **4**: 253

1371 – Dreizehenmöwe bei Zittau/Sachsen. Falke **3**: 174–175

1372 KRAMER, V.: Rupfungsfund eines Bergfinken im Sommer. Ebd. **3**: 70

1373 – Bemerkungen zur Notiz „Rauchschwalbenbeobachtung im November". Ebd. **3**: 67

1374 – Der Baumfalk (*Falco subbuteo* L.) in der Südlausitz. Beitr. Vogelk. **5**: 75–77

1375 KREISEL, H.: Beobachtungen des Seidenschwanzes, *Bombycilla garrulus* (L.), bei Leipzig in den Jahren 1946 und 1950. Ebd. **4**: 250–251

1376 KUTSCHERA, E. u. SCHMIDT, R.: Prachttaucher und Ohrentaucher bei Freiberg. Falke **3**: 211

1377 LEHMANN, E. v.: Ornithologisches aus dem Erzgebirge vor 300 Jahren. Anz. Orn. Ges. Bayern **4**: 453–457

1378 MÄRZ, R.: Rupfungen und Federmerkmale seltener Wintergäste. Beitr. Vogelk. **5**: 99–112

1379 MELDE, M.: Sperberbeobachtungen. Falke **3**: 137–141

1380 – Hühnerhabichthorst auf Birke. Ebd. **3**: 211

1381 – Der Mäusebussard. Neue Brehmbüch. Heft 185 (Wittenberg)

1382 MEYER, F.: Der Schwarzmilan, *Milvus m. migrans* (Boddaert), in der Elster-Luppen-Aue westlich von Leipzig. Beitr. Vogelk. **4**: 191–197

1383 MISSBACH, D.: Ringeltauben-Rückmeldungen aus Südspanien. Falke **3**: 177

1384 NAGEL, W.: Ornithologische Beobachtungen am Röderstaubecken bei Zschorna (1953). Falke **3**: 60–62

1385 PÖNITZ, H.: Mornellregenpfeifer, *Charadrius morinellus,* an der Mulde. Beitr. Vogelk. **4**: 320

1386 RICHTER, H.: Ansiedlungsverhältnisse bei der Wasseramsel, *Cinclus c. aquaticus* (Bechst.). Ebd. **5**: 163–168

1387 SAUTER, U.: Ringwiederfunde mitteldeutscher Schleiereulen. Ebd. **4**: 207–211

1388 – Beiträge zur Ökologie der Schleiereule (*Tyto alba*) nach den Ringfunden. Vogelwarte **18**: 10–161

1389 SCHELCHER, R: Halsbandschnäpper, *Muscicapa albicollis,* im Osterzgebirge. Beitr. Vogelk. **4**: 320–321

1390 – Zur Überwinterung der Heckenbraunelle. Falke **3**: 176

1391 SCHMIDT, R: Nordseetaucher in Großhartmannsdorf. Ebd. **3**: 212

1392 SEIFERT, S.: Zum Vorkommen des Rauhfußkauzes, *Aegolius f. funereus* (L.), im östlichen Vogtland. Beitr. Vogelk. **4**: 251–252

1393 STEIN, F.: Zur Brutverbreitung des Flußregenpfeifers, *Charadrius dubius curonicus* Gm., in Nordwestsachsen. Ebd. **4**: 181–187

1394 WEISE, W.: Regenbrachvogel, *Numenius phaeopus,* Durchzügler bei Burgstädt. Ebd. **4**: 322

1395 – Schreiadlerbeobachtungen in Sachsen. Falke **3**: 175–176

1396 WEISS, R.: Rotkehlpieper, *Anthus cervinus,* bei Leipzig. Beitr. Vogelk. **4**: 321

1957

1397 BEER, W.-D.: Einige Bemerkungen zum Vorkommen von Wasservögeln im westlichen Vogtland. Beitr. Vogelk. **6**: 24–27

1398 BERNDT, R.: Gehäuftes Vorkommen von Seeadlern (*Haliaeetus albicilla*) in der Oberlausitz. Ebd. **5**: 225–226

1399 CREUTZ, G.: Wiederfunde von Vögeln mit Ringen ausländischer Beringungszentralen im ostelbischen Sachsen. Abh. Ber. Naturk. Mus. – Görlitz **35**: 129–141

1400 – Freilassung von Bergfinken (*Fringilla montifringilla*) nach der Zugzeit. Vogelwarte **19**: 59–60

1401 – Die Vogelwelt des Lausitzer Teichgebiets. Heimatk. Bl. **3**: 327–334

1402 CZERLINSKY, H.: Brutvorkommen der Türkentaube, *Streptopelia decaocto,* im nördlichen Vogtland. Beitr. Vogelk. **5**: 237–238

1403 DEGENKOLB, W.: Die Nachtigall in Mittelsachsen. Falke **4**: 33–34

1404 FEILER, M.: Baden des Eisvogels. Vogelwelt **78**: 98

1405 FIEBIG, J.: Die Großtrappe, *Otis t. tarda* L., bei Leipzig. Beitr. Vogelk. **6**: 33–42

1406 FRIEDLAND, A.: Ohrenlerchen im Dresdner Elbtal. Falke **4**: 68

1407 GRUMMT, F. u. W.: Durchziehende Rotkopfwürger, *Lanius senator,* bei Zwickau. Beitr. Vogelk. **5**: 226

1408 GRUMMT, W.: Zur Vogelfauna des Fichtelberggebietes unter Berücksichtigung der Vertikalverbreitung der Vögel im Erzgebirge. Ebd. **6**: 11–16

1409 HEFT, H.: Kostbarkeiten der heimatlichen Natur. Vögel. Veröff. Naturk.-Mus. Zwickau: 32–40

1410 HEINITZ, K.: Ungewöhnlich starker Eichelhäherdurchzug. Falke **4**: 68

1411 HEMPEL, C.: Vom Zug des Steinschmätzers (*Oenanthe oenanthe* L.). Vogelwarte **19**: 25–36
1412 - u. REETZ, W.: Der Zug von Hausrotschwanz (*Phoenicurus ochruros gibraltariensis*) und Gartenrotschwanz (*Phoenicurus phoenicurus*) nach Beringungsergebnissen. Ebd. **19**: 97–119
1413 HEYDER, R: Aufgaben des Vogelschutzes im Blickfeld des Bezirkes Karl-Marx-Stadt. D. Natur uns. Heimat. Ihre Pflege u. Gestaltg. i. Bez. KMSt. (o. O. u. J.): 56–60
1414 HEYMER, A.: Zum Vorkommen des Prachttauchers, *Gavia arctica* L., in Südwestsachsen. Beitr. Vogelk. **5**: 228
1415 HOFMEISTER, R.: Zur Ausbreitung der Türkentaube. Falke **4**: 165–166
1416 JEHRING, W.: Baumfalken in Plauen/Vogtl. Ebd. **4**: 68
1417 – Rupfungsfund einer Kornweihe im Vogtland. Ebd. **4**: 140
1418 KALBE, L: Ein ungewöhnlicher Brutbiotop der Lachmöwe, *Larus ridibundus* L. Beitr. Vogelk. **5**: 228–231
1419 – Zur Vogelwelt stillgelegter Braunkohlengruben in der Leipziger Tieflandsbucht. Ebd. **6**: 16–24
1420 KNOBLOCH, H.: Ohrenlerchen (*Eremophila alpestris flava*) in der Südlausitz. Ebd. **5**: 232
1421 – Zum Vorkommen des Wanderfalken im Zittauer Gebirge. Falke **4**: 78–82
1422 – Gehäuftes Vorkommen des Turmfalken. Ebd. **4**: 176
1423 – Weißstorch im November 1955. Ebd. **4**: 176
1424 KOBACH, R.: Wenn der Auerhahn balzt. Ebd. **4**: 83–86
1425 KRAMER, V.: Erneuter Rupfungsfund eines Bergfinken im Sommer. Ebd. **4**: 139
1426 – Nachweis der Schneeammer in der Südlausitz. Ebd. **4**: 140
1427 LAMPADIUS, F. u. WILLEMS, H.: Die Anlage des Stausees bei Glauchau. Heimatk. Blätt. **3**: 314–322
1428 MÄRZ, R.: Das Tierleben des Elbsandsteingebirges (Wittenberg)
1429 MELDE, M.: Ringamsel auf dem Durchzug. Falke **4**: 68
1430 MICHL, G.: Zur Ausbreitung der Türkentaube. Ebd. **4**: 165–166
1431 MISSBACH, D.: Starker Meisenzug im Herbst 1955. Ebd. **4**: 175–176
1432 PIECHOCKI, R.: Überwinterung einer Zwergschnepfe. Falke **4**: 106
1433 RIEDEL, J.: Sperbereule, *Surnia ulula*, in Nordwestsachsen. Beitr. Vogelk. **5**: 233–234
1434 SCHLENKER, R.: Die Kolbenente, *Netta rufina* (Pall.), in Südwestsachsen. Ebd. **5**: 234
1435 SCHMIDT, R.: Der Sprosser in Freiberg. Falke **4**: 176
1436 – [Odinswassertreter bei Großhartmannsdorf.] Ebd. **4**: 178
1437 – Seeadler, *Haliaeetus albicilla*, bei Freiberg. Beitr. Vogelk. **5**: 240
1438 SCHNEIDER, W.: Ein weiterer Beitrag zur Lebensgeschichte des Stars, *Sturnus v. vulgaris* L. Ebd. **6**: 43–74
1439 SCHÜZ, E.: Über den Prachttaucher (*Gavia arctica*). 5. Bericht. Vogelwarte **19**: 132–135
1440 SPITTEL, F.: Eine Trauerente an der Pillnitzer Elbinsel. Falke **4**: 32
1441 WADEWITZ, O.: Weitere Beobachtungsergebnisse am Flußuferläufer, *Actitis hypoleucos* (L.). Beitr. Vogelk. **6**: 2–10
1442 WEISSMANTEL, P.: Veränderungen im Bestande der Enten an den Teichen der Westlausitz. Ebd. **5**: 220–225

1958
1443 CREUTZ, G.: Wo fehlt der Haussperling als Brutvogel ? Falke **5**: 98–101, 116–119
1444 – u. FLÖSSNER, D.: Die Tannenhäherinvasion im Winter 1954/55 in Sachsen. Beitr. Vogelk. **6**: 234–251
1445 DANNHAUER, K: Rupfungsfund eines Bergfinken im Sommer. Falke **5**: 178
1446 FRIELING, F.: Besondere Beobachtungen am Windischleubaer Stausee im Jahre 1954. Beitr. Vogelk. **5**: 301–303
1447 – Ohrentaucher, *Podiceps auritus*, in Groitzsch. Ebd. **5**: 317–318
1448 GERBER, R.: Nordische Schafstelze, *Motacilla flava thunbergi* Billb., am Elsterstausee bei Leipzig. Ebd. **5**: 310
1449 – Ringdrossel, *Turdus torquatus*, bei Leipzig. Ebd. **5**: 326
1450 GERTH, W.: Ornithologische Beobachtungen in Baumschulen. Falke **5**: 185–190
1451 GRÖSSLER, K., TUCHSCHERER, K. u. KRITZLER, K.: Faunistische Notizen aus der Umgebung von Leipzig. Beitr. Vogelk. **6**: 265–270
1452 GRUMMT, W.: Nächtlich ziehende Regenbrachvögel, *Numenius phaeopus* (L.), in Westsachsen. Ebd. **5**: 314–315
1453 HANDTKE, K.: Brandgänse (*Tadorna tadorna*) bei Leipzig. Ebd. **5**: 311
1454 HEFT, H.: Zur gegenwärtigen Verbreitung des Auerhuhns, *Tetrao urogallus major* Brehm, in der Deutschen Demokratischen Republik. Ebd. **6**: 172–186
1455 HEYDER, R.: Über das Zugverhalten von Gartenamseln. Ebd. **6**: 141–149
1456 KÄSTNER, B.: Fund einer Schneeammer (*Plectrophenax nivalis*) bei Leipzig. Ebd. **5**: 316
1457 KNOBLOCH, H.: Der Rauhfußkauz im Zittauer Gebirge. Falke **5**: 39–42, 76–81
1458 KRAMER, V.: Der Wiesenpieper in der Südlausitz. Ebd. **5**: 162–163
1459 KUBASCH, H.: Fischadler (*Pandion haliaetus* [L.]) aus Schweden in der Westlausitz gefunden. Mit Nachschrift von CREUTZ, G. Beitr. Vogelk. **5**: 320–321
1460 LUX, M.: Ohrenlerche, *Eremophila alpestris*, in Sachsen. Ebd. **5**: 316
1461 MAUERSBERGER, G.: Zur Zwickauer Ornis. Ebd. **5**: 318–319
1462 – Zur feldornithologischen Kennzeichnung des Zwergschwans, *Cygnus bewickii* Yarrell. Ebd. **6**: 122–136
1463 MEYER, F.: Der Rotmilan, *Milvus m. milvus* (*L*), in der Elster-Luppen-Aue westlich von Leipzig. Ebd. **6**: 202–234
1464 SCHMIDT, J.: Sumpfohreulen im Winter 1955/56 bei Leipzig. Falke **5**: 141
1465 STEIN, F.: Beitrag zur Biologie des Flußregenpfeifers, *Charadrius dubius curonicus* Gm. Beitr. Vogelk. **5**: 247–268
1466 – Zur Biologie des Flußregenpfeifers, *Charadrius dubius curonicus* Gm. Ebd. **6**: 311–339
1467 STRESEMANN, E. u. NOWAK, E.: Die Ausbreitung der Türkentaube in Asien und Europa. J. Orn. **99**: 243–296
1468 TEICHMANN, W.: Wespenbussard und Baumfalke horsten auf einem Baum. Falke **5**: 178
1469 WAGNER, S.: Zwei neue Beobachtungen von Beutelmeisen (*Remiz pendulinus*) in Sachsen. Orn. Mitt. **10**: 96
1470 WEISS, R.: Sanderling, *Crocethia alba*, am Elsterstausee Leipzig. Beitr. Vogelk. **5**: 315
1471 ZINK, G.: Vom Zug der Großen Rohrdommel (*Botaurus stellaris*) nach den Ringfunden. Vogelwarte **19**: 243–247
1472 MAKATSCH, W.: Die Vögel in Haus, Hof und Garten. Radebeul und Berlin (Erscheinungsjahr 1959!)

1473–2496 nach CREUTZ u. SCHLEGEL [2540]

1959
1473 ANDRAE, H.: Zum Eisvogel. Rundblick **6**: 185
1474 BARTHEL, R. u. G. CREUTZ: Verfrachtung von Heckenbraunellen. Vogelwarte **20**: 38–39
1475 BERGER, G.: Großer Buntspecht als Nesträuber. Falke **6**: 175
1476 BUB, H., H. HEFT u. H. WEBER: Die Fichtenkreuzschnabelinvasion in Deutschland mit Berücksichtigung des gesamten Einfallsgebietes. Falke **6**: 3–9, 48–54
1477 BUCHHEIM, W. u. R. GERBER: Vom Mittelspecht. Natur und Volk **89**: 379–382
1478 BURKHARDT, E.: Ein „fliegender Edelstein". Rundblick **6**: 38
1479 – Die Türkentaube. Rundblick **6**: 397
1480 BÜTTNER, K.: Die Tierwelt des Naturschutzgebietes Wulmer Hang bei Zwickau. Veröffentlichungen des Naturkundemuseums zu Zwickau, Sonderheft **1**: 1–39
1481 CREUTZ, G.: Zum Verlauf der Seidenschwanzinvasion 1957/58 im Gebiet der DDR. Falke **6**: 88–93
1482 – Bemerkenswerte brutbiologische Feststellungen 1958. Orn. Mitt. **11**: 29–31
1483 – Die Erforschung der Vogelwelt. In: Bautzner Land. Bautzen
1484 DATHE, H.: Vom Haussperling im oberen Vogtland. Falke **6**: 213
1485 EBERT, J.: Über das Beuteverstecken des Wanderfalken. Falke **6**: 177

1486 EDLER, O.: Zwei Storchenpaare ohne Niststätte. Rundblick **6**: 390

1487 FRIELING, F.: Besonderheiten am Windischleubaer Stausee im Jahre 1955. Beitr. Vogelk. **6**: 177

1488 FUX, O.: Ein Odinshühnchen im Vogtland. Falke **6**: 177

1489 GEILER, H.: Geschlechtsverhältnis, Körpergewicht und Flügellänge der Individuen einer mitteldeutschen Sperlingspopulation. Beitr. Vogelk. **6**: 359–366

1490 GRÖSSLER, K.: Beobachtung einer Spornammer (*Calcarius lapponicus*) im Bezirk Leipzig. Orn. Mitt. **11**: 232

1491 HASSE, H.: Eine an Geflügelpocken erkrankte Heckenbraunelle. Falke **6**: 141–142

1492 HAUSSNER, K.: Blaumeisen brüten hinter Verkehrsschildern. Falke **6**: 34

1493 HEINRICH, A.: Bergfinken im Sommer in der Südlausitz. Falke **6**: 69

1494 – Schneeammern in der Südlausitz. Falke **6**: 105

1495 HELBIG, L.: Kormorandurchzug in der Oberlausitz. Falke **6**: 177

1496 HOFMEISTER, H.: Waldkauz als Freibrüter. Falke **6**: 32

1497 JEHRING, W.: Rupfungsfund einer Ohrenlerche bei Plauen/ Vogtl. Falke **6**: 176

1498 JORDAN, K. H. C.: Zoologisches aus dem Neißetal. Naturschutzarbeit und naturkundliche Heimatforschung in Sachsen **1**: 53–55

1499 KALBE, L.: Die stillgelegten Braunkohlengruben – ein neuer Lebensraum für Wirbeltiere. Sächs. Heimatbl. **5**: 448–456

1500 – Zur Verbreitung und Ökologie der Wirbeltiere an stillgelegten Braunkohlengruben im Süden Leipzigs. Wiss. Zeitschr. Karl-Marx-Univ. Leipzig **8**: 431–462

1501 LOHRMANN, G.: Wer hat Wildgänse gesehen? Rundblick **6**: 135

1502 MAKATSCH, W.: Der Kranich. Neue Brehm-Bücherei Heft 229, Wittenberg Lutherstadt

1503 – Brutnachweis des Haselhuhns für die Oberlausitz. J. Orn. **100**: 106

1504 MELDE, M.: Uber das Revier des Bleßhuhns. Falke **6**: 68–69

1505 – Übersommern einer Rotdrossel in der Westlausitz. Falke **6**: 140–141

1506 MÜNSTER, W.: Der Stieglitz als Brutvogel in der Oberlausitz. Falke **6**: 141

1507 OSTERTAG, K.: Uferschwalben. Rundblick **6**: 296

1508 PFLUG, F.: Die Nachtigall bei Limbach-Oberfrohna. Falke **6**: 176–177

1509 RIEMER, K.: Grauer Fliegenschnäpper füttert Holunderbeeren. Falke **6**: 69

1510 SCHMIDT, R.: Eiderente bei Freiberg. Falke **6**: 176

1511 SCHUBERT, P.: Ineinandergeschachtelte Bruten der Schleiereule. Falke **6**: 33

1512 SEIFERT, S. u. G. SCHÖNFUSS: Über Beobachtungen des Sperlingskauzes, *Glaucidium passerinum* (L.), im Kammgebiet des östlichen Vogtlandes in den Jahren 1953 und 1954. Beitr. Vogelk. **6**: 387–395

1513 SIEBERT, R.: In Sachen „Königsfischer". Rundblick **6**: 575

1514 WADEWITZ, O.: Der Flußuferläufer. Falke **6**: 56–58

1515 WERNER, F. u. R. SCHMIDT: Uhu in Großhartmannsdorf. Falke **6**: 142

1516 WOBST, F. A.: Trauerfliegenschnäpper füttert Grauschnäpperjunge. Falke **6**: 176

1517 ZINK, G.: Beringungsübersicht der Vogelwarte Radolfzell für die Jahre 1947 bis 1957. Auspicium **1**: 17–26

1518 – Ringfunde südwestdeutscher Lachmöwen (*Larus ridibundus*). Auspicium **1**: 38–45

1519 – Ringfunde der Türkentaube (*Streptopelia decaocto*). Auspicium **1**: 97–100

1960

1520 BÄHRMANN, U.: Untersuchungen an einer Krähenpopulation im Mischgebiet der Raben- und Nebelkrähe in Deutschland östlich der Elbe. Zool. Abh. Ber. Mus. Tierk. Dresden **25**: 71–79

1521 BERGER, G.: Spätbrut des Mauerseglers. Falke **7**: 141–142

1522 BERNDT, R. u. A. RINGPFEIL: Dezembervorkommen von Kranichen (*Grus grus*) 1957 in der Oberlausitzer Niederung. Beitr. Vogelk. **7**: 150

1523 CREUTZ, G.: 6 Jahre Vogelberingung durch die Vogelschutzstation Neschwitz. Abh. Ber. Naturkundemus. Görlitz **36**, 2: 61–76

1524 – Silberreiher, *Egretta alba,* im Oberlausitzer Teichgebiet. Beitr. Vogelk. **6**: 429–430

1525 – Material zur Besiedlung der Oberlausitz durch die Türkentaube, *Streptopelia decaocto.* Beitr. Vogelk. **7**: 37–43

1526 – Der Grauspecht, *Picus canus,* in der Lausitzer Niederung. Beitr. Vogelk. **7**: 62

1527 – Die Nächtigungsweise von Höhlenbrütern in künstlichen Nistgeräten. Falke **7**: 121–125, 158–160

1528 – Zur Nächtigungsweise unserer Spechte insbesondere in künstlichen Nistgeräten. Waldhygiene **3**: 146–148

1529 CZERLINSKY, H.: Nachtigall, *Luscinia megarhynchos,* im Vogtland. Beitr. Vogelk. **6**: 433–434

1530 – Gimpel, *Pyrrhula p. germanica,* und Kernbeißer, *Coccothraustes c. coccothraustes,* Brutvögel im nördlichen Vogtland. Beitr. Vogelk. **7**: 142–144

1531 DATHE, H.: Vom Brüten der Blauracke, *Coracias garrulus,* und des Schwarzstorches, *Ciconia nigra,* in der Dübener Heide. Beitr. Vogelk. **7**: 64

1532 – Wasserpieper, *Anthus spinoletta,* im Vogtland. Beitr. Vogelk. **7**: 139

1533 FEILER, M.: Massenzug von Eichelhähern, *Garrulus glandarius,* im Herbst 1955. Beitr. Vogelk. **7**: 53–54

1534 FEILER, W.: Ziegelstücke als Nestunterlage beim Kleiber. Falke **7**: 213

1535 FIEDLER, S.: 11 Samtenten im Januar an der Mulde zwischen Golzern und Nerchau. Rundblick **7**: 157–158

1536 FISCHER, W.: Silberreiher, *Egretta alba,* im Oberlausitzer Teichgebiet. Beitr. Vogelk. **6**: 429

1537 – Zwergschnäpperbeobachtungen im oberen Erzgebirge. Beitr. Vogelk. **7**: 137

1538 FRIELING, F.: Der Durchzug des Fischadlers, *Pandion haliaetus* (L.), an den Frohburg-Eschefelder Teichen und am Windischleubaer Stausee. Abh. u. Ber. Naturkundl. Mus. „Mauritianum" Altenburg **2**: 102–105

1539 – Besonderheiten am Windischleubaer Stausee im Jahre 1956. Beitr. Vogelk. **7**: 21–24

1540 – W. KIRCHHOF, D. TRENKMANN u. S. WAGNER: Seltene Gäste aus dem Süden am Windischleubaer Stausee. Beitr. Vogelk. **7**: 139–141

1541 GERBER, R.: Die Sumpfohreule. Neue Brehm-Bücherei Heft 259, Wittenberg Lutherstadt

1542 – Stare überwintern in Leipzig in steigender Zahl. Falke **7**: 142

1543 – Verspäteter Grauschnäpper. Falke **7**: 179

1544 GÜNTHER, M.: Die Nester des Weißstorches, *Ciconia ciconia,* in den Kreisen Riesa und Großenhain und angrenzenden Gebieten. Beitr. Vogelk. **7**: 92–118

1545 GROSSE, H.: Ein Hirtenstar (*Acridotheres tristis* [L.]) in Altenburg. Abh. u. Ber. Naturkundl. Mus. „Mauritianum" Altenburg **2**: 166–167

1546 HASSE, H.: Geglückter Sumpfohreulen-Brutversuch in der Oberlausitz. Falke **7**: 198

1547 – Singschwäne (*Cygnus cygnus*) im Januar in der Oberlausitz. Orn. Mitt. **12**: 139

1548 HEYDER, R.: Zur Aufnahme von Mineralsalzen durch Vögel. Beitr. Vogelk. **7**: 1–6

1549 – Der Oberlausitzer Zwergadler (*Hieraetus pennatus*). Beitr. Vogelk. **7**: 51–52

1550 – Massenzug von Eichelhähern, *Garralus glandarius,* im Herbst 1955. Beitr. Vogelk. **7**: 54

1551 – Das Verschwinden des Schwarzstorches, *Ciconia nigra,* aus der Dübener Heide. Beitr. Vogelk. **7**: 144–145

1552 – Vertraute Ringeltauben (*Columba palumbus*). Beitr. Vogelk. **7**: 154

1553 – Die Südareale des Mornellregenpfeifers, *Eudromias morinellus* (L.), in Europa. Zool. Abh. Ber. Mus. Tierk. Dresden **25**: 47–70

1554 HIEBSCH, H.: Das Naturschutzgebiet „Pillnitzer Elbinsel". Naturschutzarbeit und naturkundliche Heimatforschung in Sachsen **2**: 71–81

1555 HINSCHE, A.: Beteiligung beider Eltern bei der Aufzucht junger Haubenlerchen, *Galerida c. cristata* (L.). Beitr. Vogelk. **7**: 129–132

1556 KÄSTNER, B.: Kolbenente bei Leipzig. Falke **7**: 106

1557 – Überwinterung der weißen Bachstelze. Falke **7**: 140

1558 KLAUSNITZER, B.: Eine Untersuchung über die Nahrung der Blauracke (*Coracias garrulus garrulus* L.). Abh. Ber. Naturkundemus. Görlitz **36**,2: 103–109

1559 KNOBLOCH, H.: Haussperling-Albino in Zittau. Beitr. Vogelk. **7**: 51

1560 – Zur Jagdweise des Sperbers. Beitr. Vogelk. **7**: 51

1561 – Mantelmöwe, *Larus marinus* L., bei Zittau. Beitr. Vogelk. **7**: 142

1562 – Falkenraubmöwe, *Stercorarius longicaudus,* bei Zittau. Beitr. Vogelk. **7**: 149

1563 – Rotkopfwürger, *Lanius senator,* bei Zittau/Sachs. Beitr. Vogelk. **7**: 151–152

1564 KOPSCH, H.: Notiz über bei Falkenhain beringte Vögel. Rundblick **7**: 260

1565 KRAMER, V.: Wiesenpieper in der Südlausitz. Falke **7**: 106

1566 KRAUSE, R.: Auch der Haubentaucher braucht Schonzeit. Falke **7**: 129–131

1567 LIEBSCHER, K.: Ein Knutt bei Freiberg. Falke **7**: 68

1568 LINDNER, H.: *Sterna albifrons* Pall. auf dem Zuge in Sachsen. Beitr. Vogelk. **6**: 436

1569 MÄRZ, R.: Die Schleiereule als Felsbrüter im Elbsandsteingebirge. Beitr. Vogelk. **7**: 6–9

1570 MAUERSBERGER, G.: Frühwegzug beim Tüpfelsumpfhuhn, *Porzana porzana* (L.). Beitr. Vogelk. **7**: 47

1571 MELDE, M.: Das Revier des Mäusebussards. Falke **7**: 100–105

1572 MELZER, O.: Kleines Sumpfhuhn, *Porzana parva* (Scop.), bei Burgstädt. Beitr. Vogelk. **6**: 434

1573 MENZEL, H.: Fund eines Bluthänflinggeleges mit blauem Kukkucksei. Beitr. Vogelk. **7**: 137–138

1574 – Kohlmeisen füttern Emaillestücken. Beitr. Vogelk. **7**: 147

1575 MEYER, E.: Raubwürger brütete bei Zschopau. Falke **7**: 142

1576 MEYER, F.: Schreckmauser beim Blaukehlchen, *Luscinia svecica.* Beitr. Vogelk. **7**: 139

1577 MOHR, R.: Ringfunde der Blaumeise (*Parus caeruleus*). Auspicium **1**: 103–130

1578 MÜNSTER, W.: Der Stieglitz als Brutvogel in der Oberlausitz. Falke **7**: 212

1579 OESER, R.: Ornithologische Beobachtungen am winterlichen Gebirgswasser. Falke **7**: 212

1580 PFLUG, F.: Starenschlafplätze. Falke **7**: 30–31

1581 PFLUGBEIL, A.: Vom Baumfalk um Karl-Marx-Stadt. Falke **7**: 170–172

1582 PIECHOCKI, R.: Über die Winterverluste der Schleiereule (*Tyto alba*). Vogelwarte **20**: 274–280

1583 RIEDEL, J.: Bienenfresser, *Merops apiaster,* in der Muldenaue. Beitr. Vogelk. **6**: 432

1584 – Vom Uhu, *Bubo bubo* (L.), in den Thorwalder Wänden (Elbsandsteingebirge). Beitr. Vogelk. **7**: 145

1585 – Merlin (*Falco columbarius*) schlägt Rauchschwalbe (*Hirundo rustica*). Beitr. Vogelk. **7**: 145–146

1586 – Der Wespenbussard, *Pernis apivorus,* als Nesträuber. Beitr. Vogelk. **7**: 147

1587 – Habichtskauz, *Strix uralensis* Pall., am Steinberg bei Hinterhermsdorf (Elbsandsteingebirge). Beitr. Vogelk. **7**: 147–148

1588 SCHERNICK, H.-D.: Geringe Menschenscheu von Schwarzmilan und Schwarzstorch. Falke **7**: 31–32

1589 SCHILDMACHER, H.: Der Bestand des Weißen Storches in der Deutschen Demokratischen Republik. Falke **7**: 3–7

1590 SCHMIDT, R.: Kolbenenten (*Netta rufina*) bei Freiberg (Sachs.). Beitr. Vogelk. **7**: 150–151

1591 SCHNEIDER, W.: Der Star. Neue Brehm-Bücherei Heft 248, Wittenberg Lutherstadt

1592 – Eigenartiges Verhalten von Saatkrähen bei der Nahrungssuche. Falke **7**: 35

1593 – Zum Nestbau beim Eichelhäher. Falke **7**: 70

1594 SCHÖNFELD, M. u. P. BRAUER: Verstädterung des Mäusebussards? Beitr. Vogelk. **7**: 48

1595 SCHÖNFUSS, G.: Das Vorkommen sowie Spätbruten der Türkentaube, *Streptopelia d. decaocto,* im östlichen Vogtland. Beitr. Vogelk. **7**: 55–57

1596 – Ein Schwarzstorch, *Ciconia nigra,* im Kreis Auerbach/Vogtl. Beitr. Vogelk. **7**: 141–142

1597 SIEBERT, R.: Rastlose Wanderer (Lachmöwen). Rundblick **7**

1598 – Die Rohrweihe an den Wermsdorfer Teichen. Rundblick **7**: 257–258

1599 – Auf Wermsdorfer Seen und Teichen. Rundblick **7**: 357–358, 471

1600 – Fünf Meridiane in 17 Tagen. Rundblick **7**: 580–581

1601 STEIN, F.: Sommerbeobachtung einer Schmarotzerraubmöwe, *Stercorarius parasiticus* (L.) bei Leipzig. Beitr. Vogelk. **7**: 151

1602 STIEFEL, A.: Winterbeobachtungen des Kleinspechts im Erzgebirge. Falke **7**: 142

1603 TRENKMANN, D. u. W. KARG: Das Vorkommen der Entenvögel (*Anatidae*) im Kreis Altenburg. Abh u. Ber. Naturkundl. Mus. „Mauritianum" Altenburg **2**: 106–165

1604 VOIGT, E.: Verstädterung der Wacholderdrossel, *Turdus pilaris,* im Vogtland. Beitr. Vogelk. **7**: 148–149

1605 WEISE, W.: Brandgans, *Tadorna tadorna,* und Trauerente, *Melanitta nigra,* im Frohburg-Eschefelder Teichgebiet. Beitr. Vogelk. **7**: 136

1606 – Sommerbeobachtung eines Gänsesägers, *Mergus merganser,* bei Kriebstein. Beitr. Vogelk. **7**: 142

1607 WERNER, F. u. R. SCHMIDT: Beobachtung von Kragenenten in Großhartmannsdorf. Falke **7**: 210

1608 WERNER, J.: Kornweihenvorkommen im Vogtland. Falke **7**: 141

1609 WOBUS, U.: Eis- und Kolbenenten in der Oberlausitz. Falke **7**: 210

1610 – Nestbau und Balz des Rothalstauchers. Vogelwelt **81**: 61–62

1611 WOLF, G.: Dreizehenmöwe, *Rissa tridactyla,* in der Lausitz. Beitr. Vogelk. **7**: 47–48

1612 WUNDERLICH, K.: Stelzenläufer am Elsterstausee. Falke **7**: 179

1613 ZOEPHEL, G.: Eine Graureiherstation an der Zwickauer Mulde. Beitr. Vogelk. **7**: 58–59

1614 ZUTHER, H.: Seidenschwänze in Drochow. Falke **7**: 140

1961

1615 Anonymus: Wo gibt es noch Trappen im Wurzener Land? Rundblick **8**: 570

1616 – Interessante Mitteilungen über Falkenhainer und Sachsendorfer Störche. Rundblick **8**: 605

1617 Autorenkollektiv: Die Vogelwarten und Vogelschutzwarten Mitteleuropas. Biologische Abhandlungen 25–26: 1–68

1618 BAUMANN, R.: Wie kann man nur so etwas tun? (Sumpfohreule im Kreis Wurzen). Rundblick **8**: 449–451

1619 BEYER, V.: Die Entwicklung des Vogelbestandes verschiedener Waldgesellschaften in der Periode vor Brutbeginn. Staatsexamensarbeit im Zoologischen Institut Leipzig

1620 BRUNS, H. u. H. NOCKE: Überwinterung, Erstankunft und Sangesbeginn des Stares (*Sturnus vulgaris*) in Deutschland 1948–1957. Orn. Mitt. **13**: 41–53

1621 CREUTZ, G.: Drosselschmiede an Glasflaschen. Falke **8**: 140

1622 – Die Mehlschwalbe als Felsbrüterin. Falke **8**: 304–313

1623 – Kreuzungen zwischen Hohltaube und Ringeltaube. J. Orn. **102**: 80–87

1624 – Nochmals: Freilassung von Bergfinken (*Fringilla montifringilla*) nach der Zugzeit. Vogelwarte **21**: 53–54

1625 – u. R. SCHLEGEL: Das Brutvorkommen des Graureihers in der DDR. Falke **8**: 377–386

1626 CZERLINSKY, H.: Sterntaucher, *Gavia stellata,* im Vogtland. Beitr. Vogelk. **7**: 367–368

1627 – Flußregenpfeifer, *Charadrius dubius,* im nördlichen Vogtland als Brutvogel. Beitr. Vogelk. **7**: 375–376

1628 DANNHAUER, K.: Ein weiterer Rauhfußkauz, *Aegolius funereus,* im Vogtland. Beitr. Vogelk. **7**: 373–374

1629 DATHE, H.: Kleiner Beitrag zur Brutbiologie des Schwarzhalstauchers, *Podiceps nigricollis.* Beitr. Vogelk. **7**: 377–379

1630 – Bodenständiges Nest der Amsel (*Turdus merula*). Orn. Mitt. **13**: 190

1631 DICK, W. u. H. HOLUPIREK: Raubwürger brütete 1960 in 600 m Höhe. Falke **8**: 142

1632 EBERT, J.: Wer kann Angaben machen? Falke **8**: 431

1633 FEILER, M.: Der Wanderfalke (*Falco peregrinus*) als Brutvogel in den drei brandenburgischen Bezirken. Märkische Heimat **5**: 421–424

1634 FLÖSSNER, D.: Zur Kenntnis der Vogelwelt um Olbernhau. Sächs. Heimatbl. **7**: 294–299, 377–380, 430–437

1635 FRIELING, F.: Der Durchzug der Limikolen am Windischleubaer Stausee. Beitr. Vogelk. **7**: 252–263

1636 GERBER, R.: Prachttaucher, *Gavia arctica,* im Brutkleid bei Leipzig. Beitr. Vogelk. **7**: 374–375

1637 – Blatt-, Blut- und Schildläuse als Nahrungstiere von Vögeln. Falke **8**: 300–304

1638 – Der Abtnaundorfer Park und seine Vogelwelt im Laufe der letzten dreißig Jahre. Falke **8**: 408–412

1639 GRÖSSLER, K.: Beitrag zur Kenntnis der Winternahrung des Sperbers, *Accipiter nisus,* in Nordwestsachsen. Beitr. Vogelk. **7**: 263–268

1640 – Zum Vorkommen der Eiderente (*Somateria mollissima*) in NW-Sachsen. Orn. Mitt. **13**: 138

1641 GRUMMT, W.: Brutvorkommen der Waldschnepfe, *Scolopax rusticola,* bei Zwickau. Beitr. Vogelk. **7**: 374

1642 HASSE, H.: Das Vorkommen des Schwarzen Milans, *Milvus m. migrans* (Boddaert), im Kreis Niesky. Abh Ber. Naturkundemus. Görlitz **37**, 1: 137–140

1643 – Wie groß ist die Zeitspanne des Frühjahrszuges beim Gelbspötter? Beitr. Vogelk. **7**: 371–372

1644 – Rotkopfwürger in der Oberlausitz. Falke **8**: 249

1645 – Schwarzspecht (*Dryocopus martius*) zerstört Gelege der Schellente (*Bucephala clangula*). J. Orn. **102**: 368

1646 – Stare (*Sturnus vulgaris*) als Vertilger von Blaubeeren. Orn. Mitt. **13**: 19

1647 – Die sächsischen Kolonien der Lachmöwe (*Larus ridibundus*) im Jahre 1960. Orn. Mitt. **13**: 26–27

1648 – Zum Durchzug des Kiebitzregenpfeifers (*Squatarola squatarola*) und anderer Limikolen in der Oberlausitz. Orn. Mitt. **13**: 154

1649 – Die Kolonien der Lachmöwe (*Larus ridibundus*) in Sachsen. Orn. Mitt. **13**: 176

1650 HEYDER, R.: Einige faunistische Richtigstellungen. Falke **8**: 299–300

1651 – Die Vogelwelt des Erzgebirges und ihre Erforschung. Sächs. Heimatbl. **7**: 249–252

1652 HUMMITZSCH, E.: Industrieschornsteine und Kamine als Gefahrenquelle für Vögel. Falke **8**: 173

1653 KALBE, L.: Die Vogelwelt stillgelegter Braunkohlengruben in der Oberlausitzer Niederung. Falke **8**: 84–87

1654 – Schafstelze (*Motacilla flava*) brütet in Braunkohlenhalden. Vogelwelt **82**: 174–179

1655 KNOBLOCH, H.: Das Auerwild im Zittauer Gebirge und im angrenzenden Gebiet der ČSSR. Abh. Ber. Naturkundemus. Görlitz **37**, 1: 141–158

1656 – Die Waldschnepfe, *Scolopax rusticola,* in der Südlausitz. Beitr. Vogelk. **7**: 280–284

1657 – Das Birkwild im Zittauer Gebirge und im angrenzenden Gebiet der ČSSR. Falke **8**: 194–197, 226–228

1658 KNORRE, D. v.: Der Bestand des Weißen Storchs in den Kreisen Calau und Cottbus in den Jahren 1955–1960. Falke **8**: 387–389

1659 KUHK, R.: Wiederfunde beringter Sumpfohreulen (*Asio flammeus*). Auspicium **1**: 212–214

1660 KUMERLOEVE, H.: Zum Vorkommen des Schlagschwirls, *Locustella fluviatilis,* bei Leipzig. Beitr. Vogelk. **7**: 291–293

1661 LINDNER, M.: *Larus fuscus* L. in Sachsen. Beitr. Vogelk. **7**: 366

1662 – *Phalacrocorax aristotelis* (L.) in Sachsen. Beitr. Vogelk. **7**: 366–367

1663 MAKATSCH, W.: Das Schwarzkehlchen – *Saxicola torquata rubicola* (L.) – wieder als Brutvogel für die Oberlausitz nachgewiesen. J. Orn. **102**: 96

1664 – Zu: Eine fußlose Lachmöwe. J. Orn. **102**: 99

1665 MÄRZ, R.: Kiefernkreuzschnäbel, *Loxia pytyopsittacus,* in der Sächsischen Schweiz. Beitr. Vogelk. **7**: 379–380

1666 MAUERSBERGER, G.: Wo brütet bei uns der Zwergschnäpper? Falke **8**: 209–210

1667 MELDE, M.: Zur Biologie des Mäusebussards. Falke **8**: 58–61

1668 MENZEL, H.: Zum Vorkommen des Weißstorches, *Ciconia c. ciconia* (L.), im Kreis Hoyerswerda. Abh. Ber. Naturkundemus. Görlitz **37**, 1: 109–135

1669 – Weißstorch aus Polen brütet in der Oberlausitz. Falke **8**: 140

1670 – Beobachtungen am Nest der Rauchschwalbe. Regulus **41**: 26–27

1671 – Zum Neststand des Grauschnäppers (*Muscicapa striata*). Regulus **42**: 166–167

1672 MIERDEL, P.: Weißflügellerchen (*Melanocorypha leucoptera*) im Winter bei Dresden. J. Orn. **102**: 367

1673 OPITZ, M.: Grauschnäpper, *Muscicapa striata,* als Kuckuckswirt. Beitr. Vogelk. **7**: 293

1674 – Merkwürdige Kinderwiege eines Trauerschnäppers, *Ficedula hypoleuca*. Beitr. Vogelk. **7**: 370

1675 PFLUGBEIL, A.: Sterntaucher, *Gavia stellata* (Pontopp.), und Prachttaucher, *Gavia arctica* (L.), im Erzgebirge. Beitr. Vogelk. **7**: 371

1676 ROHDE, K.: Ringfunde des Eisvogels (*Alcedo atthis ispida*). Auspicium **1**: 232–242

1677 SCHELCHER R.: Brut des Rotmilans, *Milvus milvus,* im östlichen Erzgebirge. Beitr. Vogelk. **7**: 370

1678 SCHIEMENZ, H.: Tagung des Arbeitskreises zum Schutze der vom Aussterben bedrohten Tiere. Falke **8**: 281–282

1679 – Zum Bussardabschuß. Naturschutzarbeit und naturkundliche Heimatforschung in Sachsen **3**: 28–29

1680 SCHIFFERLI, A.: Zugverhalten und „Auswanderung" (abmigration) der Stockente, *Anas platyrhynchos,* in der Schweiz. Vogelwarte **21**: 104–112

1681 SCHILDMACHER, H.: Bleßgänse, Krickenten und Stockenten, im Ausland beringt, wiedergefunden in der DDR. Falke **8**: 295–298

1682 SCHLOSS, W.: Ringfunde der Heckenbraunelle (*Prunella modularis*). Auspicium **1**: 219–231

1683 SCHÖNBRODT, G.: Ein seltener Brutgast. Rundblick **8**: 200

1684 SCHÜZ, E.: Ringfundmaterial (Stand 1960) zum Thema: Westeuropäische Zugscheide des Weißstorches. Auspicium **1**: 243–269

1685 – Ringfundmaterial (Stand 1960/61) zum Thema: Westeuropäische Zugscheide des Weißstorches. Zweiter Teil. Auspicium **1**: 273–310

1686 SIEBERT, R.: Ein seltener Gast auf unseren Gewässern. Rundblick **8**: 250

1687 VATER, G. u. K.-St. WEIGELT: Zum Brutvorkommen der Beutelmeise in der Oberlausitz. Falke **8**: 24–25

1688 VIANDEN, J.: Winterbeobachtung eines Hausrotschwanzes (*Phoenicurus ochruros gibraltariensis* [Gmelin]). Beitr. Vogelk. **7**: 365–366

1689 VIETINGHOFF-RIESCH, A. v.: Der Oberlausitzer Wald – Hannover

1690 WADEWITZ, O.: Vom Brüten der Blauracke, *Coracias garrulus,* in der Dübener Heide. Beitr. Vogelk. **7**: 367

1691 WAGNER, S.: Ornithologische Beobachtungen im Teichgebiet Frohburg-Eschefeld 1957 und 1958. Falke **8**: 350–353

1692 WEISSMANTEL, P.: Eigenartige Nahrungsquelle des Rotkehlchens, *Erithacus rubecula*. Beitr. Vogelk. **7**: 377

1693 WERNER, J.: Durchzug der Schwarzstörche in Ostthüringen. Falke **8**: 338–340

1694 WOBUS, U.: Wiederentdeckung des Schwarzkehlchens in der Oberlausitz. Falke **8**: 430

1695 – Normale Zweitbruten beim Rothalstaucher (*Podiceps griseigena*). J. Orn. **102**: 484–485

1696 – Polygamie bei *Aythya ferina*? Vogelwelt **82**: 115

1697 ZINK, G.: Beringungsübersicht der Vogelwarte Radolfzell für das Jahr 1958. Auspicium **1**: 207–211

1698 – Ringfunde von Lachmöwen (*Larus ridibundus*) aus dem Kreis Brandenburg (Havel). Auspicium **1**: 340–348

1699 – Ringfundergebnisse bei der Zwergrohrdommel (*Ixobrychus minutus*). Vogelwarte **21**: 113–118

1700 ZSCHOCKELT, H.: Flußuferläufer im Januar bei Leipzig. Falke **8**: 362

1962

1701 BÄHRMANN, U.: Albinistische Elster. Falke **9**: 139

1702 BARCKHAUSEN, J.: Funde von Stockenten (*Anas platyrhynchos*), beringt in einer niedersächsischen Entenkoje. Auspicium **1**: 451–473

1703 BEER, W.-D.: Der Brutvogelbestand einer Ortsflur bei Leipzig. Falke, Sonderheft 4: 50–56

1704 BRUCHHOLZ, S.: Beobachtungen und Probleme der Wasserwildhege in der Lausitz. Tagungsber. DAL Berlin 55. Beiträge zur Jagd- und Wildforschung **II**: 71–90

1705 BURK, K.: Von der Vogelwelt des NSG „Moritzburger Teichgebiet". Naturschutzarbeit und naturkundliche Heimatforschung in Sachsen **4**: 33–40

1706 CREUTZ, G.: Geschichte und gegenwärtige Probleme der Ornithologie in der Oberlausitz. Abh. Ber. Naturkundemus. Görlitz **37**, 2: 33–44

1707 – Zum Überwintern der Stare. Falke **9**: 317

1708 – Das Revierverhalten der Kohlmeise außerhalb der Brutzeit. Falke, Sonderheft 4: 75–79

1709 – Bemerkenswerte brutbiologische Feststellungen II. Orn. Mitt. **14**: 64–66

1710 DATHE, H.: Lachmöwen, *Larus ridibundus*, im oberen Vogtland und Erzgebirge. Beitr. Vogelk. **8**: 210–211

1711 – Kleine Beobachtungen an den Plothener Teichen. Falke **9**: 30

1712 – Zur Nistökologie des Sumpfrohrsängers (*Acrocephalus palustris*). Orn. Mitt. **14**: 117

1713 DICK, W.: Singschwan im Osterzgebirge. Falke **9**: 140

1714 – u. H. HOLUPIREK: Feldschwirl im Erzgebirge. Falke **9**: 247–248

1715 – – Rauschschwalbe als Beute des Raubwürgers. Falke **9**: 353–354

1716 FISCHER, W. u. R. SCHLENKER: Trauerente, *Melanitta nigra*, in Südwestsachsen. Beitr. Vogelk. **7**: 441

1717 FLÖSSNER, D.: Eine Wiederansiedlung der Bekassine bei Olbernhau. Falke **9**: 212

1718 FRIELING, F.: Besonderheiten am Stausee Windischleuba 1957. Beitr. Vogelk. **8**: 142–143

1719 GÄRTNER, R.: Überwinterung der Pfeifente bei Karl-Marx-Stadt. Falke **9**: 247

1720 GERBER, R.: Vögel. In: Landschaftsschutzgebiet Leipziger Auwald. Leipzig

1721 G. H.: Verluste junger Rauchschwalben. Rundblick **9**: 509

1722 GRÖSSLER, K.: Interessanter Schlafplatz der Rabenkrähe (*Corvus corone*). Orn. Mitt. **14**: 227–228

1723 HASSE, H.: Ein frisches Ei vom Feldsperling (*Passer montanus*) im November. Orn. Mitt. **14**: 214

1724 – Zum Brüten einjähriger Stare (*Sturnus vulgaris*) in der Oberlausitz. Vogelwarte **21**: 222

1725 – Schneefressen bei Vögeln. Vogelwelt **83**: 61–62

1726 – Zum Frühjahrsverhalten der Goldammer (*Emberiza citrinella*). Vogelwelt **83**: 173–177

1727 HELBIG, L.: Rauchschwalben mit hohen Jungenzahlen. Vogelwelt **83**: 156

1728 – Abnormer Gesang eines Buchfinken (*Fringilla coelebs*). Vogelwelt **83**: 156–157

1729 HEYDER, R.: Nachträge zur sächsischen Vogelfauna. Beitr. Vogelk. **8**: 1–106

1730 JÄHME, W.: Nestfunde von Beutelmeisen bei Hoyerswerda. Falke **9**: 420

1731 KALBE, L.: Seltene Rupfungen aus dem Bezirk Leipzig. Beitr. Vogelk. **7**: 445–447

1732 KIRCHHOF, W. u. W. KARG: Zwei weitere Nachweise des Graubruststrandläufers, *Calidris melanotos* (Viell.). in Deutschland. J. Orn. **103**: 287–288

1733 KNOCH, J.: Weiterer Beutelmeisen-Nestfund in der Oberlausitz. Falke **9**: 279

1734 KNOBLOCH, H.: Zum Vorkommen von Lachmöwen (*Larus ridibundus*) im Zittauer Gebirge. Beitr. Vogelk. **7**: 441–443

1735 – Das Haselwild im Zittauer Gebirge und im angrenzenden Gebiet der ČSSR. Falke **9**: 3–6

1736 KOPSCH, H.: Vogelberingung. Rundblick **9**: 293–295

1737 KRAUSE, R.: Auffälliger Eichelhäherdurchzug im September 1961. Falke **9**: 279–280

1738 – Umsiedlung einer Stockente um etwa 2500 km. Falke **9**: 280

1739 LINDNER, H.: Schutz dem Raubwürger. Rundblick **9**: 249–250

1740 MAKATSCH, W.: Die Vögel an Strand und Watt. Radebeul und Berlin

1741 – Ohrentaucher im Juni in der Oberlausitz. J. Orn. **103**: 493

1742 MELDE, M.: Entenbeobachtungen an einigen Teichen in der Westlausitz. Falke **9**: 147–153

1743 – Über einige Bleßhuhnpopulationen im Kreis Kamenz. Falke **9**: 255–259

1744 MENZEL, F.: Weißflügelseeschwalben in der Oberlausitz. Falke **9**: 390

1745 MENZEL, H.: Beringte Graugans aus Dänemark in der Oberlausitz gefunden. Falke **9**: 69

1746 – Zweitbruten beim Wendehals. Falke **9**: 211

1747 – Zu: Katze schlägt fliegende Mehlschwalbe (*Delichon urbica*). Orn. Mitt. **14**: 211

1748 – Zur Brutbiologie des Wendehalses (*Jynx torquilla*). Regulus **42**: 270–275

1749 – Die Lachmöwe im Kreis Hoyerswerda. Zool. Abh. Ber. Mus. Tierk. Dresden **26**: 113–118

1750 – Wiederfunde der im Kreis Hoyerswerda beringten Lachmöwen. Zool. Abh. Ber. Mus. Tierk. Dresden **26**: 119–121

1751 MÖLLER, E.: Begegnung mit einer Rohrweihe. Rundblick **9**: 507–508

1752 NEUMANN, J.: Rotkopfwürger in der Oberlausitz. Falke **9**: 390

1753 RICHTER, H.: Wasseramsel und Naturschutz. Naturschutzarbeit und naturkundliche Heimatforschung in Sachsen **4**: 89–92

1754 RINGLEBEN, H.: Zum Vorkommen der Ruderente, *Oxyura leucocephala*, in Deutschland. Beitr. Vogelk. **8**: 139–142

1755 RUTSCHKE, E.: Zur Überwinterung von Gänse- und Entenvögeln auf brandenburgischen Gewässern. Wiss. Zeitschr. Päd. Hochschule Potsdam **7**: 61–74

1756 SCHEIFLER, H.: Rauchschwalben brüten Hausrotschwänze aus. Falke **9**: 247

1757 SCHLEGEL, R. u. S. WAURISCH: Erfolgreiche Beutelmeisenbruten in der Oberlausitz. Falke **9**: 316

1758 SCHÜZ, E.: Über die nordwestliche Zugscheide des Weißen Storches. Vogelwarte **21**: 269–290

1759 SITTEL, A.: Rotkopfwürger im Kreise Geithain. Falke **9**: 425

1760 STÖTZER, H.: Beobachtung eines Mauerläufers, *Tichodroma muraria*, im Elbsandsteingebirge. Beitr. Vogelk. **8**: 210

1761 TAUTENHAHN, W.: Schwarzstirn- und Rotkopfwürger im Kreis Dippoldiswalde. Falke **9**: 390

1762 TRENKMANN, D. u. U. MOHR: Ein Eistaucher, *Gavia immer* (Brünnich), in Altenburg. J. Orn. **103**: 493–494

1763 UHL, K.: Trauerente im Vogtland. Falke **9**: 281

1764 – Säger-Beobachtungen im Vogtland. Falke **9**: 423

1765 WAGNER, S.: Über Verhalten und Brutbiologie des Bleßhuhns. Beitr. Vogelk. **7**: 381–440

1766 WAGNER, W.: Eissturmvogel in der Oberlausitz. Falke **9**: 317

1767 WENZEL, R.: Kiebitzregenpfeifer, *Pluvialis squatarola*, im Vogtland. Beitr. Vogelk. **7**: 441

1768 WOBUS, U.: Bemerkenswerte Beobachtungen aus der östlichen Oberlausitz in den Jahren 1949–1959. Orn. Mitt. **14**: 141–149

1769 WODNER, D.: Eiderente und Schneeammer in der Oberlausitz. Falke **9**: 281

1770 – Beutelmeisenvorkommen 1960 und 1961 in Ostsachsen. Falke **9**: 420

1771 ZÄHR, H.: Stelzenläufer- und Seidenreiherbeobachtungen bei Bautzen. Falke **9**: 232–233

1772 ZINK, G.: Beringungsübersicht der Vogelwarte Radolfzell für das Jahr 1959. Auspicium **1**: 388–394

1963

1773 BÄHRMANN, U.: Beteiligung der Elster nach Alter und Geschlecht am Brutgeschäft. Falke **10**: 11–13

1774 – Über die Proportionsverhältnisse einiger rabenartiger Vögel. Zool. Abh. Ber. Mus. Tierk. Dresden **26**: 187–218

1775 BAUCH, W.: Uhu-Brut, eine seltene Beobachtung. Heimatbote Greiz Septemberheft

1776 BRUCHHOLZ, S.: Die Wirbeltierfauna des Naturschutzgebietes Niederspreer Teiche 1900 bis heute. Manuskript im Institut für Landesforschung und Naturschutz Zweigstelle Dresden

1777 CREUTZ, G.: Die Vogelberingung in der Lausitz 1950 bis 1960. Abh. Ber. Naturkundemus. Görlitz **38**,7: 1–77

1778 – Ernährungsweise und Aktionsradius der Lachmöwe (*Larus ridibundus* L.). Beitr. Vogelk. **9**: 3–58

1779 – Zum Schicksal von Albinos. Falke **10**: 67

1780 – Zur Ernährung des Graureihers (*Ardea cinerea*) und zu seiner Abwehr von Fischteichen. Falke **10**: 115–118

1781 – Vom Brutparasitismus unseres Kuckucks. Sächs. Heimatbl. **9**: 287

1782 – Ödflächen und ihre Besiedlung durch Vögel. Sächs. Heimatbl. **9**: 465

1783 CZERLINSKY, H.: Die Vogelwelt des Kreises Reichenbach. Museumsreihe Plauen 26: 58–66

1784 DANNHAUER, K.: Die Vogelwelt des Vogtlandes. Museumsreihe Plauen 26: 1–88

1785 Dietze, R.: Raubmöwen am Zschornaer Staubecken. Falke 10: 66

1786 Feige, R. u. U. Wobus: Zum Brutvorkommen des Stieglitz in der Oberlausitz. Falke 10: 88–90

1787 Frieling, F.: Besonderheiten am Windischleubaer Stausee 1958. Beitr. Vogelk. 8: 291–293

1788 – Besonderheiten am Windischleubaer Stausee 1959. Beitr. Vogelk. 8: 338–340

1789 – Durchzug der Binnenseeschwalben (Chlidonias) und der Zwergmöwe (Larus minutus) bei Frohburg und Windischleuba. Beitr. Vogelk. 8: 349–352

1790 – Besonderheiten am Windischleubaer Stausee 1960. Beitr. Vogelk. 8: 440–442

1791 Fritzsche, H. u. W. Weise: Zur Biologie des Baumfalken. Falke 10: 193–194

1792 Grimm, H.: Partieller Riesenwuchs und Erkrankung des Beines (Pockendiphtherie?) bei einem Buchfinken (Fringilla coelebs). Falke 10: 43–44

1793 Grössler, K.: Kormorane, Phalacrocorax carbo, in Leipzig. Beitr. Vogelk. 8: 314–315

1794 – Schwarzkehlchen, Saxicola torquata rubicola, bei Leipzig. Beitr. Vogelk. 8: 323

1795 Hasse, H.: Die Goldammer. Neue Brehm-Bücherei Heft 316, Wittenberg Lutherstadt

1796 – Zum Nahrungserwerb der Amsel (Turdus merula). J. Orn. 104: 436

1797 – Wetterflucht des Kiebitz (Vanellus vanellus). Orn. Mitt. 15: 29–30

1798 – Fichtenkreuzschnäbel (Loxia curvirostra) vertilgen Fichtengallenläuse. Orn. Mitt. 15: 137

1799 – Prachttaucher (Gavia arctica) im Mai in der Oberlausitz. Vogelwelt 84: 55

1800 – Zur Jungenzahl der Rauchschwalbe (Hirundo rustica). Vogelwelt 84: 58–59

1801 – u. F. Menzel: Nachtigall (Luscinia megarhynchos) und Sprosser (Luscinia luscinia) in der östlichen Oberlausitz. Abh. Ber. Naturkundemus. Görlitz 38,15: 1–4

1802 Heft, H.: Zur gegenwärtigen Verbreitung des Birkhuhnes, Lyrurus tetrix, in der Deutschen Demokratischen Republik. Beitr. Vogelk. 9: 123–139

1803 Helbig, L.: Merkwürdiges Verhalten von Anatiden gegenüber Phalacrocorax carbo und Gavia arctica. Vogelwelt 84: 190–191

1804 Heyder, R.: Die Frühzeit der Einwanderung von Wacholderdrosseln (Turdus pilaris L.) nach Mitteleuropa. Abh. Ber. Naturkundemus. Görlitz 38,14: 1–12

1805 – Aus der Geschichte des „Vereins sächsischer Ornithologen". Beitr. Vogelk. 8: 293–305

1806 – Zum Durchzug des Schwarzstorchs (Ciconia nigra). Falke 10: 25–26

1807 Heyer, J.: Beobachtungen im Plothener Teichgebiet bei Schleiz. Falke 10: 68

1808 Holupirek, H. u. W. Dick: Der Prachttaucher im oberen Erzgebirge. Falke 10: 138

1809 Hummitzsch, A.: Ein Beutelmeisenvorkommen im Kreise Delitzsch. Beitr. Vogelk. 8: 466–467

1810 Karg, W.: Das Vorkommen der Seetaucher (Gaviidae) und Lappentaucher (Podicipidae) im Kreis Altenburg. Abh. und Ber. Naturkundl. Mus. „Mauritianum" Altenburg 3: 103–116

1811 Klausnitzer, B.: Zur Zusammensetzung der Jungvogelnahrung der Blauracke (Coracias garrulus garrulus L.) in der Lausitz. Abh. Ber. Naturkundemus. Görlitz 38, 16: 1–4

1812 Kleinstäuber, K.: Bestandskontrolle und Horstsicherungsmaßnahmen für unsere Felsen-Wanderfalken (Stand 1962). Falke 10: 44–46

1813 Knobloch, H.: Zur Biologie und zum Vorkommen der Schleiereule in der Südlausitz. Falke 10: 26–29

1814 Kramer, V.: Über die Abhängigkeit des Rebhuhn- und Fasanenbestandes von der Siedlungsdichte bei Habicht und Sperber. Falke 10: 62–63

1815 – Später Herbstdurchzug des Trauerfliegenschnäppers (Muscicapa hypoleuca). Falke 10: 68

1816 – Rupfungsfund einer Ohrenlerche (Eremophila alpestris) in der Südlausitz. Falke 10: 68

1817 Lehmann, A.: Brutnachweis des Rotkopfwürgers (Lanius senator) in Sachsen. Beitr. Vogelk. 8: 322

1818 März, R.: Nachweise von Schläfern aus Gewöllen. Beitr. Vogelk. 8: 388–396

1819 Mauersberger, G.: Teichwasserläufer, Tringa stagnatilis, in Windischleuba. Beitr. Vogelk. 8: 469

1820 Melde, M.: Kohlmeise als Freibrüter. Falke 10: 138

1821 Menzel, H.: Zum Vorkommen des Weißstorches (Ciconia c. ciconia) im Kreis Senftenberg. Abh. Ber. Naturkundemus. Görlitz 38,8: 1–10

1822 – Beobachtungen am Steinschmätzer, Oenanthe oe. oenanthe (L.), auf einem Holzlagerplatz in der Oberlausitz. Anthus 1, 2

1823 – Weitere Bruten einjähriger Weibchen des Stars (Sturnus vulgaris) in der Oberlausitz. Vogelwarte 22: 41

1824 – Die Weidenmeise (Parus montanus) in der Oberlausitz als Brutvogel im trockenen Kiefernwald. Vogelwelt 84: 59

1825 Münster, W.: Die Brutvögel des Rotsteins. Abh. Ber. Naturkundemus. Görlitz 38,6: 1–7

1826 – Mischbrut des Halsbandfliegenschnäppers in der Oberlausitz? Falke 10: 210

1827 Musil, A.: Kanarienvögel in Bergwerken. Falke 10: 30–31

1828 Nowak, E.: Über Wanderungen der Türkentaube und ihre Erforschung. Falke 10: 203–206

1829 Opéns, W.: Zum Vorkommen der Eiderente (Somateria mollissima) in Sachsen. Beitr. Vogelk. 8: 317–318

1830 Opitz, M.: Turmfalk, Falco tinnunculus, auf Vogelfang. Beitr. Vogelk. 8: 322

1831 Pätzold, R.: Die Feldlerche. Neue Brehm-Bücherei Heft 323, Wittenberg Lutherstadt

1832 Schifferli, A.: Schweizerische Ringfundmeldung für 1961 und 1962. Orn. Beob. Bern 60: 166–203

1833 Schmidt, R.: Seltenheiten am Röderstausee in Zschorna/Radeburg. Beitr. Vogelk. 8: 469

1834 Schubert, M.: Der Zwergschwan, Cygnus bewickii Yarr., im Gebiet der DDR (1950–1961). Falke 10: 75–80, 128–133

1835 Stephan, B.: Heckenbraunelle als Kuckuckswirt. Falke 10: 106

1836 Trenkmann, D.: Das Vorkommen der Rallenvögel (Rallidae) im Kreis Altenburg. Abh. und Ber. Naturkundl. Mus. „Mauritianum" Altenburg 3: 117–131

1837 Weber, K.: Vorkommen und Verbreitung der Großtrappe (Otis t. tarda) in historischer und gegenwärtiger Zeit in Thüringen, Sachsen, Prov. Sachsen und Anhalt. Diplomarbeit im Zoologischen Institut der Universität Halle, 88 S.

1838 Weise, W.: Steinadler, Aquila chrysaetos, Wintergast in Sachsen. Beitr. Vogelk. 8: 320–322

1839 – Der Purpurreiher, Ardea purpurea, Durchzügler in Sachsen. Beitr. Vogelk. 8: 401–402

1840 Wobus, U.: Der Bestand des Weißen Storches, Ciconia c. ciconia (L.), in der östlichen Oberlausitz 1954–1960. Abh. Ber. Naturkundemus. Görlitz 38,9: 1–11

1841 – Haubentaucherzweitbrut in der Oberlausitz. Vogelwelt 84: 55–56

1964

1842 Abs, M.: Ringfunde der Haubenlerche (Galerida cristata). Auspicium 2: 87–88

1843 Augst, K.: Zum Vorkommen des Sperlingskauzes im Elbsandsteingebirge. Falke 11: 3–4

1844 Bährmann, U.: Über die Mauser des europäischen Stars (Sturnus vulgaris L.). Zool. Abh. Ber. Mus. Tierk. Dresden 27: 1–9

1845 – Zum Balzverhalten der Elster (Pica pica pica L.). Zool. Abh. Ber. Mus. Tierk. Dresden 26: 289–291

1846 Baumgart, W.: Starke Schwarzmilan-Ansammlungen. Falke 11: 140

1847 Beer, W.-D.: Die Vogelwelt des Braunkohlenbergbaugeländes im Süden von Leipzig. Zool. Abh. Ber. Mus. Tierk. Dresden 26: 305–317

1848 Berger, G.: Eistaucher (Gavia immer Brünnich) im Erzgebirge. Beitr. Vogelk. 9: 453

1849 Blaschke, W.: Ineinandergeschachtelte Brut des Hausrotschwanzes? Falke 11: 32

1850 Creutz, G.: Die Verbreitung der Blauracke (Coracias g. garrulus L.) in der Ober- und Niederlausitz. Abh. Ber. Naturkundemus. Görlitz 39,6: 1–12

1851 – Zur gegenwärtigen Lage des Vogelschutzes. Aufsätze zu Vogelschutz und Vogelkunde 1: 5–10

1852 – Das Brutvorkommen der Blauracke in der DDR und ihr Rückgang in den letzten Jahrzehnten. Falke 11: 39–49

1853 – Der Winter 1962/63 und seine Folgen für die Vogelwelt. Falke 11: 166–167

1854 – Verlustursachen bei Lachmöwen. Falke 11: 173–174

1855 – Dr. h. c. Richard Heyder, dem Senior der sächsischen Ornithologen zum 80. Geburtstag (mit Liste von Veröffentlichungen). Falke 11: 183–188

1856 – Vogelschutzprobleme um die Lachmöwe (*Larus ridibundus*). Festschrift zum 25jährigen Bestehen der Vogelschutzwarte Essen-Altenhundem: 101–108

1857 – Waldkauz (*Strix aluco*) schlägt Türkentaube (*Streptopelia decaocto*). Orn. Mitt. 16: 238

1858 – Der Winter 1962/63 und seine Folgen für die Vogelwelt – ein Rückblick. Sächs. Heimatbl. 10: 76–77

1859 – Ornithologische Streifzüge durch die Lausitz. Sächs. Heimatbl. 10: 171–172

1860 – Aus der Vogelwelt des Tiefentals bei Königsbrück. Sächs. Heimatbl. 10: 279

1861 – Die Vogelwelt des Königswarthaer Teichgebietes. Heimatbl. 10: 365–366

1862 – Bemerkenswerte Lebenstüchtigkeit eines Grünfinken (*Chloris chloris*) mit nur einem Fuß. Vogelwarte 22: 277–278

1863 – Der Wendehals in der Lausitzer Kieferheide. Vogelwelt 85: 1–11

1864 – Ernährungsweise, Nahrungsauswahl und Abwehr des Graureihers (*Ardea cinerea* L.). Zool. Abh. Ber. Mus. Tierk. Dresden 27: 29–64

1865 CZERLINSKY H.: Die Wasseramsel, *Cinclus cinclus aquaticus*, im sächsischen Vogtland. Beitr. Vogelk. 10: 188–193

1866 DATHE, H.: Saatkrähe, *Corvus frugilegus*, mit Schnabelmißbildung. Beitr. Vogelk. 10: 237

1867 – Statistische Untersuchungen über das Geschlechtsverhältnis ziehender Gründelenten in Nordwestsachsen. Beitr. Vogelk. 9: 238–248

1868 DORNBUSCH, M.: Steppenweihe, *Circus macrourus* (Gmelin), 1923 bei Leipzig. Beitr. Vogelk. 9: 452

1869 ERDMANN, G.: Tannenhäher (*Nucifraga caryocatactes*) im Oberholz bei Leipzig. Beitr. Vogelk. 9: 380

1870 FEILER, M.: Der Wanderfalke (*Falco peregrinus*) in der Mark – Ergebnisse von Bestandserhebungen in den Jahren 1960 und 1962. Veröff. Bez. Mus. Potsdam 4 (Beitr. Tierwelt Mark I): 37–47

1871 FIEBIG, J.: Die Großtrappe in der Leipziger Tieflandbucht. Zool. Abh. Ber. Mus. Tierk. Dresden 26: 319–321

1872 FRIELING, F.: Besonderheiten am Stausee Windischleuba 1961. Beitr. Vogelk. 9: 429–432

1873 – Besonderheiten am Windischleubaer Stausee 1962. Beitr. Vogelk. 10: 210–213

1874 GALLE, H.: Rohrweihe aus Heyda in der Sächsischen Schweiz. Rundblick 11: 536

1875 GEBHARDT, L.: Die Ornithologen Mitteleuropas. Gießen

1876 GERBER, R.: Verfrühte Ankunft einer Bachstelze (*Motacilla alba*) im hohen Erzgebirge. Falke 11: 140

1877 GRÖSSLER, K.: Eine Schwalbenmöwe in Leipzig. Falke 11: 104–105

1878 – Ein Beitrag zur Kenntnis des Vorkommens der Meeresenten im Gebiet von Leipzig. Zool. Abh. Ber. Mus. Tierk. Dresden 27: 69–79

1879 GRUMMT, F.: Einige interessante Entenbeobachtungen aus Südwestsachsen. Beitr. Vogelk. 9: 455

1880 HANDKE, K.: Ein Beitrag zur Familienauflösung des Kranichs (*Grus grus* L.). Beitr. Vogelk. 9: 376

1881 – Vom Kranichzug in der Dübener Heide. Falke 11: 20–21

1882 HASSE, H.: Beobachtungen aus der östlichen Oberlausitz zu den Invasionen von 1962 und 1963 des Fichtenkreuzschnabels (*Loxia curvirostra*). Abh. Ber. Naturkundemus. Görlitz 39,7: 1–12

1883 – Nest der Goldammer (*Emberiza citrinella*) im Rohr. Falke 11: 174–175

1884 – Zur Nahrung von Bleßhuhn und Tafelente. Falke 11: 176

1885 – Offenkundige Partnertreue bei der Heckenbraunelle (*Prunella modularis*). Vogelwarte 22: 277

1886 – u. U. WOBUS: Der Waldwasserläufer (*Tringa ochropus*)-Brutvogel der Oberlausitz. Beitr. Vogelk. 9: 426–429

1887 HELBIG, L.: Die Krickente (*Anas crecca*) im Kreis Niesky. Abh. Ber. Naturkundemus. Görlitz 39,9: 1–10

1888 – Einige ungewöhnliche Herbst- und Frühjahrsbeobachtungen aus der Oberlausitz. Falke 11: 66

1889 – Brutversuch des Halsbandschnäppers (*Ficedula albicollis*) in der Oberlausitz. Vogelwelt 85: 21–22

1890 – u. J. NEUMANN: Beobachtungen an einem Schlafplatz von Lachmöwen (*Larus ridibundus*). Vogelwarte 22: 161–168

1891 HEYDER, R.: Erneuter Fall von Frühwegzug des Tümpelsumpfhuhns (*Porzana porzana*). Vogelwarte 22: 278–279

1892 HOLUPIREK, H.: Schwarzstorch im Kreis Annaberg. Falke 11: 32

1893 – u. W. DICK: Der Flußregenpfeifer (*Charadrius dubius*) als Brutvogel des oberen Erzgebirges. Beitr. Vogelk. 9: 451–452

1894 HÖPPNER, G.: Der Einfluß des Nachwinters 1953 auf einen Brutbestand des Pirols (*Oriolus oriolus*). Orn. Mitt. 16: 207–208

1895 HUMMITZSCH, E.: Der Weißstorch (*Ciconia ciconia*) in den Kreisen Wurzen, Oschatz und Grimma. Heimatkalender Wurzen–Oschatz–Grimma

1896 KABISCH, K.: Reaktion der Vogelwelt auf eine Massenvermehrung von *Stilpnotia salicis* L. Vogelwelt 85: 189–190

1897 KNOBLOCH, H.: Marder plündert Uhugelege. Vogelwelt 85: 23

1898 KOPSCH, H.: Der Mäusebussard (*Buteo buteo* L.). Rundblick 11: 268–273

1899 – Die Waldohreule (*Asio otus* L.). Rundblick 11: 352

1900 – Ein ereignisreiches Brutgeschäft bei den Falkenhainer Störchen 1965. Rundblick 12: 587–589

1901 LINDNER, H.: *Eremophila alpestris flava* (Gmelin) im Winter 1963 östlich von Leipzig. Beitr. Vogelk. 9: 379

1902 – *Netta rufina* (Pall.) in Nordwestsachsen. Beitr. Vogelk. 9: 457

1903 – *Casmerodius albus* (L.) und *Egretta garzetta* (L.) in Sachsen. Beitr. Vogelk. 10: 240

1904 MÄDLER, E.: Zum Neststand beim Steinschmätzer (*Oenanthe oenanthe*). Beitr. Vogelk. 9: 463

1905 MÄRZ, R.: Schnurren eines Tannenhähers. Vogelwelt 85: 19

1906 MELDE, M.: Badehäuschen als Vogelfalle. Falke 11: 175

1907 MENZEL, F.: Zur Verbreitung der Sperbergrasmücke, *Sylvia nisoria* (Bechstein), in der Oberlausitz. Abh. Ber. Naturkundemus. Görlitz 39,8: 1–12

1908 MENZEL, H.: Der Steinschmätzer. Neue Brehm-Bücherei Heft 326, Wittenberg Lutherstadt

1909 – Ein Beitrag zum Vorkommen des Birkhuhnes (*Lyrurus tetrix*) und Auerhuhnes (*Tetrao urogallus*) im Kreis Hoyerswerda. Abh. Ber. Naturkundemus. Görlitz 39,10: 1–8

1910 – Bisamratte, *Ondatra zibethica*, als Nahrung des Weißstorches, *Ciconia ciconia*. Beitr. Vogelk. 9: 377

1911 – Albinismus beim Schwarzspecht (*Dryocopus martius*). Orn. Mitt. 16: 142

1912 – Zum Nest und Neststand des Gartenrotschwanzes, *Phoenicurus ph. phoenicurus* (L.). Regulus 44: 8–11

1913 MÜLLER, A. u. R. KRAUSE: Nachtreiher (*Nycticorax nycticorax*, L.) und Purpurreiher (*Ardea purpurea*, L.) in der Lausitz. Beitr. Vogelk. 10: 127–128

1914 ÖLSCHLEGEL, H.: Flußregenpfeifer brütet in Plothen. Falke 11: 65–66

1915 PIECHOCKI, R.: Über die Vogelverluste im strengen Winter 1962/63 und ihre Auswirkungen auf den Brutbestand 1963. Falke 11: 50–58

1916 PÖNITZ, H.: Mornell-Beobachtung in Sachsen-Anhalt (Kreis Eilenburg). Beitr. Vogelk. 9: 378

1917 PRASSE, B.: Zu: Gesammelte Zwergschnäppernotizen. Falke 11: 130

1918 RINGLEBEN, H.: Erste Nachweise der Türkentaube in Deutschland. J. Orn. 105: 346–347

1919 ROSSDEUTSCHER, K.: Die Auswirkungen des kalten Winters 1962/63 auf die Vogelwelt. Rundblick 11: 31–32

1920 SCHILDMACHER, H. u. H. PÖRNER: Jahresbericht der Vogelwarte Hiddensee. (Bericht 1964–1965, Erscheinungsjahr 1967!)

1921 SCHLEGEL, R.: Zur Ernährung der Saatkrähe (*Corvus frugilegus* L.) im Winter. Aufsätze zu Vogelschutz und Vogelkunde 1: 48–49

1922 – Zur Nahrung des Graureihers (*Ardea cinerea* L.) an Oberlausitzer Karpfenteichen. Zool. Abh. Ber. Mus. Tierk. Dresden **27**: 65–67

1923 SCHMIDT, R.: Purpurreiher, *Ardea purpurea,* in Großhartmannsdorf bei Freiberg (Sa.). Beitr. Vogelk. **9**: 458–459

1924 SCHNEIDER, W.: Die Schleiereule. Neue Brehm-Bücherei Heft 340, Wittenberg Lutherstadt

1925 – Spornammern (*Calcarius l. lapponicus* L.) in Machern, Bez. Leipzig. Beitr. Vogelk. **9**: 456

1926 – Rohrschwirl (*Locustella l. luscinioides* Savi) – Erstnachweis für Nordwestsachsen. Beitr. Vogelk. **9**: 457–458

1927 – Starbruten – wetterbedingt? Falke **11**: 200–202

1928 SCHÜZ, E.: Ringfundmaterial zum Thema: Westeuropäische Zugscheide des Weißstorches. Dritter Teil (Stand 1963). Auspicium **2**: 19–60

1929 – Zur Deutung der Zugscheiden des Weißstorches. Vogelwarte **22**: 194–223

1930 STAHLBAUM, G.: Gänsesäger, *Mergus merganser,* und Raubwürger, *Lanius excubitor,* bei Moritzburg. Beitr. Vogelk. **10**: 238

1931 STEPHAN, B.: Bindenkreuzschnabel im Elbsandsteingebirge. Falke **11**: 32

1932 VOGEL, F. u. S. KLAUS: Weitere Sperlingskauz-Beobachtungen. Falke **11**: 5

1933 WADEWITZ, O.: Der Flußuferläufer als Brutvogel im Bezirk Leipzig. Zool. Abh. Ber. Mus. Tierk. Dresden **26**: 331–333

1934 WEISE, W. u. A. PFLUGBEIL: Ein Steinadler, *Aquila ch. chrysaetos,* in Sachsen. Beitr. Vogelk. **9**: 446–448

1935 WERNER, F.: Neues zur Avifauna des Großhartmannsdorfer Großteiches, Kreis Brand-Erbisdorf. Festschrift 100 Jahre Naturkundemuseum Freiberg: 91–101

1936 WIRTH, H.: Ein Steinadler vor dem Erfrierungstod gerettet. Falke **11**: 165–166

1937 – Steinadlerfund bei Karl-Marx-Stadt. Sächs. Heimatbl. **10**: 276

1938 WOBUS, U.: Der Rothalstaucher. Neue Brehm-Bücherei Heft 330, Wittenberg Lutherstadt

1939 – Zur Biologie von Haubentaucher (*Podiceps cristatus*) und Rothalstaucher (*Podiceps griseigena*) und ihrer Verbreitung im Kreis Niesky/Oberlausitz. Abh. Ber. Naturkundemus. Görlitz **39**,12: 1–15

1940 – Neues aus der Biologie des Rothalstauchers. Wissenschaft und Fortschritt **14**: 229–232

1941 WODNER, D.: Die Graugans (*Anser anser* L.) als Brutvogel stillgelegter Tagebaue. Abh. Ber. Naturkundemus. Görlitz **39**,13: 1–7

1942 – Vorkommen und Durchzug der Schellente im Kreis Hoyerswerda. Falke **11**: 21–24

1943 – Beobachtungen an einem Schlafplatz der Lachmöwen in der nördlichen Oberlausitz. Zool. Abh. Ber. Mus. Tierk. Dresden **27**: 183–192

1944 ZINK, G.: Beringungsübersicht der Vogelwarte Radolfzell für das Jahr 1960. Auspicium **2**: 3–6

1965

1945 AUERSWALD, W.: Prachttaucher Anfang Mai in Mittweida. Falke **12**: 32

1946 BÄHR, H.: Betrachtungen zur Hauskatze und zur Vogelwelt in den Städten. Falke **12**: 367–370

1947 BÄHRMANN, U.: Über das Variieren des Habichts (*Accipiter gentilis gallinarum* br.). Zool. Abh. Ber. Mus. Tierk. Dresden **28**: 65–94

1948 BECKER, P. u. M. SUMPER: Ringfunde der Wasserralle (*Rallus aquaticus*). Auspicium **2**: 172–176

1949 BEER, W.-D.: Die Brutvogelgesellschaft des Naturschutzgebietes „Elster- und Pleißeauwald" im Kreis Leipzig. Naturschutzarbeit und naturkundliche Heimatforschung in Sachsen **7**: 77–83

1950 BOBACK, A. W.: Beunruhigt der Fischadler (*Pandion haliaetus*) Wasservögel? Orn. Mitt. **17**: 13

1951 BRUCHHOLZ, S.: Gelegeverluste bei Wildenten in der Lausitz. Abh. Ber. Naturkundemus. Görlitz **40**, 1: 29 (Autoreferat)

1952 – Gelegeverluste bei Wildenten in der Lausitz, Ursachen und Gegenmaßnahmen. Abh. Ber. Naturkundemus. Görlitz **40**, 4: 1–7

1953 – Eine bemerkenswerte Schreitvogelkonzentration und eine Beobachtung von Streifengänsen 1964 in Niederspree/Lausitz. Abh. Ber. Naturkundemus. Görlitz **40**, 11: 9–10

1954 – Das Naturschutzgebiet „Niederspreer Teiche". Naturschutzarbeit und naturkundliche Heimatforschung in Sachsen **7**: 3–7

1955 CREUTZ, G.: Die Beutelmeise (*Remiz pendulinus*) in der Oberlausitz. Abh. Ber. Naturkundemus. Görlitz **40**,1: 27 (Autoreferat)

1956 – Die Beutelmeise (*Remiz pendulinus*) in der Oberlausitz. Abh. Ber. Naturkundemus. Görlitz **40**,3: 1–18

1957 – Vom Schwarzstorch (*Ciconia nigra*) in der Oberlausitz. Abh. Ber. Naturkundemus. Görlitz **40**,11: 7–8

1958 – Brütet der Tannenhäher auch im mittleren Erzgebirge? Falke **12**: 83

1959 – Das Brutvorkommen der Lachmöwe, *Larus ridibundus,* in der DDR. Falke **12**: 256–263, 310–315

1960 – Stichlinge als Vogelnahrung. Orn. Beob. Bern **62**: 24–26

1961 – Feldsperlinge (*Passer montanus*) adoptieren Jungkuckuck (*Cuculus canorus*). Orn. Mitt. **17**: 83

1962 – Ungewöhnliche Standorte von Rohrsängernestern. Orn. Mitt. **17**: 104

1963 – Erlebnis im Oberlausitzer Teichgebiet. Sächs. Heimatbl. **11**: 158–160

1964 – The summer recoveries of one and two year old Blackheaded Gulls of Oberlausitz (Germany). The Ring **42**: 97–102

1965 CZERLINSKY, H.: Beobachtungen an der neuen „Talsperre Pöhl". Beitr. Vogelk. **10**: 318–322

1966 – Das Naturschutzgebiet „Waschteich Reuth" und seine Vogelwelt. Naturschutzarbeit und naturkundliche Heimatforschung in Sachsen **7**: 18–23

1967 DATHE, H.: Zum Schneckenfressen der Drosseln. Beitr. Vogelk. **17**: 105–106

1968 – Zum Seidenschwanzeinfall im Herbst 1961. Falke **12**: 355

1969 DICK, W.: Der Heuschreckenschwirl (*Locustella naevia*) ein Brutvogel des oberen Erzgebirges? Beitr. Vogelk. **11**: 117–118

1970 DIETZE, R.: Seltene Durchzügler in Zschorna. Falke **12**: 283

1971 DORSCH, H.: Erstickt! Beitr. Vogelk. **10**: 409–410

1972 – Rotkopfwürger (*Lanius senator*) bei Dresden. Beitr. Vogelk. **11**: 116

1973 – Avifauna einer Lehmgrube. Zool. Abh. Ber. Mus. Tierk. Dresden **28**: 205–220

1974 DORSCH, I.: Überwinterndes Gartenrotschwanzmännchen. Beitr. Vogelk. **10**: 409

1975 EISMANN, G.: Vom Baßtölpel in Sachsen. Falke **12**: 318

1976 ENGELMANN, F.-H.-D.: Einige bemerkenswerte Einlieferungen an das Museum für Tierkunde Görlitz aus dem Jahre 1964. Abh. Ber. Naturkundemus. Görlitz **40**,11: 33–34

1977 ERDMANN, G.: Rotkopfwürger (*Lanius senator*) bei Zschortau, Krs. Delitzsch. Beitr. Vogelk. **11**: 116–117

1978 – In der Camargue beringte Krickente bei Leipzig. Falke **12**: 32

1979 – Die Türkentaube in unserem Heimatgebiet. Rundblick **12**: 254–256

1980 ERZ, W.: Ringfunde von Reiherente (*Aythya fuligula*) und Schellente (*Bucephala clangula*). Auspicium **2**: 166–169

1981 FEHSE, K.: Brandenten, *Tadorna tadorna,* im Winter an der Mulde. Beitr. Vogelk. **11**: 109–110

1982 FEILER, M.: Zum Brutvorkommen des Flußuferläufers am Knappensee. Beitr. Vogelk. **11**: 116

1983 FINKE, P.: Schneeammerbeobachtung in Dresden. Falke **12**: 142

1984 FISCHER, W.: Ohrenlerchen, *Eremophila alpestris* (L.), bei Zwickau. Beitr: Vogelk. **11**: 116

1985 FRÄDRICH, E.: Mauerläufer in der Sächsischen Schweiz. Falke **12**: 211

1986 FRIELING, F.: Der Durchzug des Kampfläufers, *Philomachus pugnax,* am Windischleubaer Stausee während der 10 Beobachtungsjahre 1953 bis 1963. Beitr. Vogelk. **10**: 257–262

1987 – u. D. TRENKMANN: Besonderheiten am Stausee Windischleuba 1963. Beitr. Vogelk. **10**: 396–399

1988 GENSCH, W.: Stockente aus Lettland in Dresden wiedergefunden. Falke **12**: 176

1989 GENTZ, K.: Die Große Dommel. Neue Brehm-Bücherei 345, Wittenberg Lutherstadt

1990 GERBER, R.: Zum Vorkommen der Gartenammer, *Emberiza hortulana,* im Bezirk Leipzig. Beitr. Vogelk. **11**: 121–131

1991 – Buntspecht, *Dendrocopos major,* verzehrt die Nüßchen der Weißbuche, *Carpinus betula.* Beitr. Vogelk. **10**: 325

1992 GERSTENBERGER, J.: Thorshühnchen bei Eschefeld (Kr. Altenburg). Falke 12: 175

1993 GRÄNITZ, R.: Zum Winteraufenthalt eines Mauerläufers (Tichodroma muraria [L.]) am Schloß Augustusburg/Erzgebirge. Beitr. Vogelk. 10: 426–432

1994 GROSSE, H.: Ein beinahe sicherer Nachweis der Schneegans. Falke 10: 120–121

1995 GRÖSSLER, K.: Mornell, Eudromias morinellus, bei Leipzig. Beitr. Vogelk. 11: 114

1996 GROTE, W.: Die Sperbergrasmücke bei Schkeuditz. Falke 12: 340–341

1997 GRUMMT, W. u. J. HAENSEL: Nächtlicher Starengesang in der Großstadt. Beitr. Vogelk. 10: 402–403

1998 GÜNSCHE, W.: Ortstreuer Kernbeißer. Falke 12: 104

1999 – Bindenkreuzschnabel am Erzgebirgsnordrand. Falke 12: 246

2000 HEFT, H.: Zur Winterfütterung von Mäusebussarden. Falke 12: 104

2001 – Zur Fortpflanzungsbiologie des Sommergoldhähnchens (Regulus ignicapillus). Vogelwelt 86: 65–69

2002 HELBIG, L.: Faunistische Erforschung der Anatiden im Kreis Niesky. Abh. Ber. Naturkundemus. Görlitz 40,1: 31

2003 – Zur Verbreitung und Biologie der Knäkente (Anas querquedula) in den östlichen Teichgebieten der Oberlausitz. Abh. Ber. Naturkundemus. Görlitz 40,7: 1–10

2004 HESSE, A.-E.: Tannenhäher im Thüringer Wald und bei Dresden. Falke 12: 282

2005 HEYDER, D.: Ohrenlerchenbeobachtung in der Oberlausitz. Falke 12: 176

2006 HEYNER, R.: Das Nächtigen von Storchflügen in Ortschaften. Falke 12: 65

2007 HILPRECHT, A.: Ringfunde des Bergfinken (Fringilla montifringilla). Auspicium 2: 91–118

2008 HOLUPIREK, H.: Der Raubwürger (Lanius excubitor) im Erzgebirge. Beitr. Vogelk. 10: 313–316

2009 – Eiderente, Somateria mollissima, bei Annaberg-Buchholz. Falke 12: 142

2010 – u. W. DICK: Das Tüpfelsumpfhuhn (Porzana porzana) als Brutvogel des sächsischen Erzgebirges. Beitr. Vogelk. 10: 408–409

2011 HUMMITZSCH, E.: Ein Beutelmeisenvorkommen im Kreise Delitzsch. Beitr. Vogelk. 11: 117

2012 – Zeitige Trauerschnäpperbruten. Beitr. Vogelk. 11: 119–120

2013 JENTZSCH, H.: Über den Nestbau des Kernbeißers. Falke 12: 248

2014 KABISCH, K.: Zur Ernährungsbiologie einiger Kohlmeisenbruten in verschiedenen Biotopen. Zool. Abh. Ber. Mus. Tierk. Dresden 27: 275–305

2015 KALBE, L.: Die Vogelwelt des Haselbacher Teichgebietes (eine ökologisch-ornithologische Studie). Abh. u. Ber. Naturkundl. Mus. „Mauritianum" Altenburg 4: 267–372

2016 KELLER, H.: Eine Auerhenne in der Dahlener Heide. Falke 12: 430

2017 KELLER, W.: Aktion Lachmöwenkolonie. Rundblick 12: 15

2018 KLAUS, S., F. VOGEL u. J. WIESNER: Ein Beitrag zur Biologie des Sperlingskauzes. Zool. Abh. Ber. Mus. Tierk. Dresden 28: 165–204

2019 KNOBLOCH, H.: Ohrenlerchen bei Zittau. Falke 12: 104

2020 – Sterben unsere Wanderfalken aus? Sächs. Heimatbl. 11: 156–157

2021 KOPSCH, H.: Die Geschichte eines Waldkauzes. Rundblick 12: 21–22

2022 – Ein Teichhuhn auf dem Geflügelhof. Rundblick 12: 202–203

2023 KRETZSCHMAR, H.: Zum Vorkommen und Schutz der Großtrappen im Bezirk Leipzig. Naturschutzarbeit und naturkundliche Heimatforschung in Sachsen 7: 83–87

2024 KRIWANEK, H.: Vogelschutz im staatlichen Forstwirtschaftsbetrieb Sebnitz. Falke 12: 162–168

2025 KRÜGER, S.: Brutnachweis der Nachtigall im Kreis Hoyerswerda. Falke 12: 247–248

2026 LEHMANN, H.: Beitrag zur Verbreitung der Vögel im Kreis Torgau. Unser Kreis Torgau 1: 46–56

2027 LINDNER, H.: Eremophila alpestris flava (Gmelin) im Winter 1965 wieder sichtbar von Leipzig. Beitr. Vogelk. 11: 115

2028 MÄDLER, E.: Wucherung am Fuß einer Amsel (Turdus merula). Beitr. Vogelk. 11: 105

2029 – Rotkopfwürger-Beobachtungen im Kreis Hoyerswerda/OL. Falke 12: 355

2030 MANSFELD, K.: Saatkrähenzählung 1960 in der Deutschen Demokratischen Republik. Falke 12: 4–9

2031 MARTENS, J.: Der Einflug der Beutelmeise (Remiz pendulinus) nach Mitteleuropa im Herbst 1961. Vogelwarte 23: 12–19

2032 MÄRZ, R.: Zug, Überwinterung und Brutverhalten der Waldohreule, Asio otus. Beitr. Vogelk. 10: 338–348

2033 MELDE, M.: Mäusebussardbeobachtungen bei Kamenz in den Jahren 1960/61. Falke 12: 156

2034 – Siedlungsdichte beeinflußt Wahl des Brutplatzes beim Bleßhuhn. Falke 12: 247

2035 – Fischreiherbestand und Abschuß in einem Jagdgebiet. Kreis Kamenz. Falke 12: 377

2036 MENZEL, H.: Der Rothalstaucher (Podiceps griseigena) Brutvogel im Restloch eines Braunkohlenbergbaues. Beitr. Vogelk. 10: 405–406

2037 – Bleßgans im Kreis Hoyerswerda. Falke 12: 391

2038 – Fremdkörper im Nest des Wendehalses (Jynx torquilla). Regulus 45: 166

2039 MERZWEILER, A.: Seeadler im Plothener Teichgebiet. Falke 12: 32

2040 MEYER, H.: Gimpel fressen grüne Ligusterbeeren. Falke 12: 355

2041 MÖCKEL, E.: Brutvorkommen des Flußregenpfeifers, Charadrius dubius curonicus Gmelin, im Vogtland. Beitr. Vogelk. 10: 262–267

2042 MÖCKEL, M.: Zu: Kiebitze zogen in umgekehrter Richtung. Falke 12: 32

2043 MÜLLER, Ch.: Überwinterungsversuch eines Hausrotschwanzes. Falke 12: 32

2044 NESTLER, H.: Rotkopfwürger im Erzgebirge. Falke 12: 282

2045 NEUBAUER, A.: Fund einer beringten Skua (Stercorarius skua) in Mitteldeutschland. Vogelwarte 23: 103

2046 NEUMANN, J.: Zwergmöwen in der Oberlausitz. Falke 12: 391

2047 NOWAK, E.: Die Türkentaube. Neue Brehm-Bücherei Heft 353, Wittenberg Lutherstadt

2048 ODRICH, E.: Flußregenpfeiferbrut im Erzgebirge. Falke 12: 68

2049 OESER, R.: Raubwürger im Futterstreit mit Turmfalken. Falke 12: 210

2050 ÖLSCHLEGEL, H.: Erfolgreiche Ansiedlung eines Rauhfußkauzes (Aegolius funereus L.) im Plothener Teichgebiet. Beitr. Vogelk. 10: 333–337

2051 OPENS, W.: Purpurreiher bei Leipzig. Falke 12: 248

2052 – Draußen erlebt. Rundblick 12: 66–67, 121 (als faunistische Quelle nicht brauchbar)

2053 OSKAR, K.: Störche bereiten Sorge. Heimatkalender Wurzen–Oschatz–Grimma

2054 PACHL, D.: Ein Seidenreiher, Egretta garzetta, an der Elbe bei Pirna. Beitr. Vogelk. 11: 110

2055 RIEDEL, H.: Schneeammer bei Schneeberg/Erzgeb. beobachtet. Falke 12: 391

2056 RINDT, O.: Die Umwandlung der Landschaft durch Braunkohlenbergbau und Industrie und die Aufgaben des Naturschutzes im Bezirk Cottbus. Naturschutzarbeit in Berlin und Brandenburg 1,3: 16–22

2057 RINNHOFER, G.: Massenschlafplätze des Haussperlings, Passer domesticus, in Großstädten. Beitr. Vogelk. 11: 118–119

2058 – Ohrenlerchen und Nordische Schafstelzen in Karl-Marx-Stadt. Falke 12: 317

2059 – Die Vogelwelt eines Großstadtfriedhofes am Fuße des Erzgebirges. Zool. Abh. Ber. Mus. Tierk. Dresden 28: 1–15

2060 SCHELCHER, R.: Ansammlung von Waldohreulen, Asio otus, im Frühjahr 1965 bei Dresden. Beitr. Vogelk. 11: 102–103

2061 SCHIFFERLI, A.: Schweizerische Ringfundmeldung für 1963 und 1964. Orn. Beob. Bern 62: 141–169

2062 SCHILDE, D. u. W. WEISE: Felsenpieper, Anthus spinoletta litoralis Brehm, im Binnenland. Beitr. Vogelk. 10: 326–327

2063 SCHLEGEL, S. u. J. SCHLEGEL: Einige Beobachtungen zur Aufnahme pflanzlicher Nahrung durch Vögel im Erzgebirge. Beitr. Vogelk. 10: 448–451

2064 SCHMIDT, H. u. J. SCHMIDT: Schwarzstorch im Elbsandsteingebirge. Falke 12: 246

2065 SCHMIDT, J.: Schmalschnäbliger Wassertreter – Frühjahrsdurchzügler in Sachsen. Falke 12: 247

2066 SCHMIDT, N.: Rauchschwalbe als Beute des Raubwürgers. Falke **12**: 391

2067 SCHMIDT, R. u. K. LIEBSCHER: Eine Weißbartseeschwalbe, *Chlidonias hybrida*, im Erzgebirge. Beitr. Vogelk. **10**: 327

2068 SCHNEIDER, W.: Beutereste aus einem Rotmilanhorst im Bezirk Leipzig. Beitr. Vogelk. **10**: 325–326

2069 SEMMLER, W.: Brut des Rotschenkels (*Tringa totanus*) bei Plothen. Landschaftspflege und Naturschutz in Thüringen **2**,1: 30–31

2070 SITTEL, A.: Fund einer Dreizehenmöwe im Kreis Geithain. Falke **12**: 317

2071 SYKORA, W.: Zur Biologie des Turmfalken (*Falco tinnunculus tinnunculus* L.). Abh. u. Ber. Naturkundl. Mus. „Mauritianum" Altenburg **4**: 373–378

2072 TEUBEL, Ch.: Eichelhäher von Rybatschii in Sachsen gefunden. Falke **12**: 390

2073 TRENKMANN, D.: Noch einmal zur Borgishainer Storchenbrut. Kulturspiegel Altenburg-Schmölln: 370

2074 WADEWITZ, O.: Sumpfmeise, *Parus palustris*, besetzte Höhle der Weidenmeise, *Parus montanus*. Beitr. Vogelk. **10**: 317–318

2075 WEISSMANTEL, P.: Schwäne auf Westlausitzer Teichen. Beitr. Vogelk. **11**: 111–113

2076 WERNER, F.: Zum Brüten des Flußregenpfeifers. Sächs. Heimatbl. **11**: 473

2077 WODNER, D.: Die Vogelwelt am Knappensee (Beobachtungen aus den Jahren 1959 bis 1962). Falke **12**: 76–82

1966

2078 Anonymus: Eine weitgereiste Kohlmeise. Rundblick **13**: 39

2079 – Guter Nachwuchs (Weißstorch). Rundblick **13**: 509

2080 BANZ, K.: Weitere Nachweise der Ohrenlerche (*Eremophila alpestris* [L.]) als Überwinterer im Binnenland. Beitr. Vogelk. **11**: 340–341

2081 BAUER, K. M. u. U. N. GLUTZ VON BLOTZHEIM: Handbuch der Vögel Mitteleuropas. Frankfurt am Main

2082 BEER, W.-D.: Über den Biotopwechsel der Schafstelze (*Motacilla flava*). Beitr. Vogelk. **11**: 202–210

2083 BERNDT, K. P.: Zur Stelzenläuferinvasion 1965. J. Orn. **107**: 230–232

2084 BEZZEL, E.: Ringfunde der Tafelente (*Aythya ferina*). Auspicium **2**: 259–262

2085 BRUCHHOLZ, S.: Seeadler, *Haliaeetus albicilla*, schlägt Reh, *Capreolus capreolus*. Beitr. Vogelk. **12**: 114

2086 – Höckerschwanvorkommen in der Ostoberlausitz. Falke **13**: 387

2087 BUCHHEIM, W.: Ein Rotsterniges Blaukehlchen in Leipzig. Falke **13**: 101–102

2088 – Zwei Ringdrosseln in Leipzig. Falke **13**: 138

2089 CREUTZ, G.: Die Wasseramsel. Neue Brehm-Bücherei Heft 364, Leipzig Lutherstadt

2090 – Zum Vorkommen des Kormorans (*Phalacrocorax carbo*) in der Oberlausitz. Abh. Ber. Naturkundemus. Görlitz **41**,7: 1–6

2091 – Beiträge zur Ornis in der Oberlausitz. Abh. Ber. Naturkundemus. Görlitz **41**,15: 55–57

2092 – Die Wirbeltiere des Neschwitzer Parks. Aufsätze zu Vogelschutz und Vogelkunde **2**: 42–64

2093 – Rauchschwalben (*Hirundo rustica*) nehmen Mörtel auf. Beitr. Vogelk. **12**: 208

2094 – Die Wasseramsel in Thüringen. Landschaftspflege und Naturschutz in Thüringen **3**,1: 10–13

2095 – Wiederfund eines beringten Kuckucks (*Cuculus canorus*) unter ungewöhnlichen Umständen. (Ergebnis einer Schreckmauser?). Vogelwarte **23**: 309–310

2096 – Die Nistweise der Beutelmeise in der Oberlausitz. Vogelwelt **87**: 24–26

2097 – u. J. NEUMANN: Das Vorkommen der Raubmöwen, Möwen und Seeschwalben in der Oberlausitz. Abh. Ber. Naturkundemus. Görlitz **41**, 6: 1–38

2098 CZERLINSKY, H.: Beobachtungen an der Talsperre Pöhl. 2. Beobachtungsbericht. Beitr. Vogelk. **12**: 200–205

2099 – Die Vogelwelt im nördlichen Vogtland. Veröff. Heimatmus. Burg Mylau **3**: 1–110

2100 DATHE, H.: Der Sanderling, *Calidris alba* (Pall.) in Sachsen. Anz. Orn. Ges. Bayern **7**: 687–696

2101 DEPPE, H.-J.: Mauerläufer im Elbsandsteingebirge. Falke **13**: 102

2102 DICK, W.: Limikolen um Annaberg-Buchholz (Erzgebirge). Beitr. Vogelk. **12**: 194–196

2103 DORSCH, H.: Beringungsbericht 1964. Avifaun. Mitt. Bez. Leipzig **1**: 32–43

2104 EISMANN, G.: Der Feldschwirl um Hohenstein-Ernstthal/Sachsen. Falke **13**: 31

2105 EMMERICH, R.: Bachstelze füttert junge Hausrotschwänzchen. Falke **13**: 31

2106 ERDMANN, G.: Der Brutvogelbestand des „Alten Johannisfriedhofes" in Leipzig in den Jahren 1963 bis 1965. Avifaun. Mitt. Bez. Leipzig **1**: 14–15

2107 – Hat das örtliche Klima Einfluß auf die Ansiedlung der Türkentaube (*Streptopelia decaocto*)? Beitr. Vogelk. **11**: 217–220

2108 – Haussperling errichtet zerstörtes freistehendes Nest an der gleichen Stelle. Falke **13**: 426

2109 FRIELING, F.: Zum Durchzug des Bruchwasserläufers, *Tringa glareola*, in Windischleuba. Beitr. Vogelk. **11**: 296–301

2110 - u. D. TRENKMANN: Besonderheiten am Stausee Windischleuba 1964. Beitr. Vogelk. **11**: 379–381

2111 GERBER, R.: Saatkrähen. Vogel-Kosmos **3**: 14–17

2112 GRÖSSLER, K.: Tagebuchnotizen aus den Jahren 1958–1961. Beitr. Vogelk. **11**: 247–252

2113 – u. K. TUCHSCHERER: Beobachtungsbericht 1964. Avifaun. Mitt. Bez. Leipzig **1**: 6–31 (siehe 2179)

2114 GÜNTHER, O.: Abnorme Eier beim Trauerschnäpper. Falke **13**: 98–99

2115 – Amselbeobachtungen im Dresdner Hauptbahnhof. Falke **13**: 426

2116 HAMPE, H.: Häherkuckuck (*Clamator glandarius*) bei Dessau. Beitr. Vogelk. **12**: 118

2117 HASSE, H.: Eine große Gesellschaft von Blaumeisen (*Parus caeruleus*) im Winter. Vogelwelt **87**: 87

2118 – u. U. WOBUS: Fundliste in Brandenburg und Sachsen gekennzeichneter Bleßhühner (*Fulica atra*). Auspicium **2**: 251–258

2119 HELBIG, L.: Die Anatiden der Oberlausitzer Teichlandschaft (I). Abh. Ber. Naturkundemus. Görlitz **41**,8: 1–20

2120 HEYDER, R.: Ein Winterschlafplatz der Amsel (*Turdus merula*) nach langjährigem Bestehen. Beitr. Vogelk. **12**: 148–152

2121 – Der ornithologische Verein zu Dresden und sein Buch über Sachsens Vogelwelt. Beitr. Vogelk. **11**: 311–317

2122 HEYMER, A.: Beeren und Früchte als Vogelnahrung. Beitr. Vogelk. **12**: 95–102

2123 JACOBY, H.: Ringfunde der Tannenmeise (*Parus ater*). Auspicium **2**: 226–230

2124 – u. G. ZINK: Beringungsbericht der Vogelwarte Radolfzell für das Jahr 1961 und Übersicht 1947–1961. Auspicium **2**: 179–194

2125 KLAPPER, A.: Zum Verhalten der Seidenschwänze. Falke **13**: 66

2126 – Nestsicherung durch Buchfink. Falke **13**: 67

2127 KNOBLOCH, H.: Zum Vorkommen des Rotkopfwürgers in der Südlausitz. Falke **13**: 281

2128 – Zu: „Das Nächtigen von Storchflügen in Ortschaften". Falke **13**: 318

2129 – Sperlingskauz (*Glaucidium passerinum*) erbeutet Eidechse. Vogelwelt **87**: 118–119

2130 KRÜGER, S.: Purpurreiher, *Ardea purpurea*, bei Hoyerswerda. Beitr. Vogelk. **11**: 335

2131 – Albinismus bei Haussperling (*Passer domesticus*) und Stockente (*Anas platyrhynchos*). Beitr. Vogelk. **12**: 211

2132 – Sperbergrasmücken-Beobachtung im Kreis Hoyerswerda/OL. Falke **13**: 102

2133 – Austernfischer am Knappensee. Falke **13**: 318

2134 KUHK, R.: Ein fast 29 Jahre alter Wespenbussard (*Pernis apivorus*). Vogelwarte **23**: 312–313

2135 KUMERLOEVE, H.: Nächtlich singende Gelbspötter (*Hipolais icterina*). Orn. Mitt. **18**: 101

2136 LEHMANN, H.: Rothalstaucher. Unser Kreis Torgau **2**: 66–67

2137 LENZER, G.: Seidenschwänze fressen Schnee. Falke **13**: 67

2138 LÜKE, J.: Eine braunköpfige Kohlmeise. Falke **13**: 175

2139 MÄDLER, E.: Die Ohrenlerche als Durchzügler bei Hoyerswerda. Falke **13**: 66

2140 MARTIN, F.: Stelzenläufer bei Beilrode/Torgau. Falke **13**: 66

2141 – Ungewöhnliche Neststandorte. Falke **13**: 318

2142 MENZEL, H.: Vier weitere Vogelarten als Brutvögel in den

Restlöchern des Braunkohlenbergbaus in der Oberlausitz. Beitr. Vogelk. **11**: 336–337

2143 – Prachttaucher (*Gavia arctica*) im Juni in der Oberlausitz. Beitr. Vogelk. **12**: 127

2144 – Erstnachweis der Ruderente (*Oxyura leucocephala*) für die Oberlausitz. Orn. Mitt. **18**: 248

2145 – Polygamie eines Gartenrotschwanzmännchens (*Phoenicurus phoenicurus*). Regulus **46**: 286

2146 – Zur Siedlungsdichte des Gartenrotschwanzes (*Phoenicurus phoenicurus*) auf einem Holzlagerplatz. Regulus **46**: 323–327

2147 – Zum Bruterfolg der Haubenmeise (*Parus cristatus*). Vogelwelt **87**: 119–120

2148 MEYER, H.: Dezemberbeobachtung der Heidelerche. Falke **13**: 175

2149 – Winterbeobachtung des Schwarzhalstauchers bei Dresden. Falke **13**: 246

2150 MÖNNIG, M.: Vom abnormen Verhalten eines Auerhahnes im oberen Vogtland. Beitr. Vogelk. **11**: 382–386

2151 NEUMANN, J.: Frühe Rückkehr eines Gartenrotschwanzes. Falke **13**: 67

2152 OESER, R.: Über das Verhalten von Rauch- und Mehlschwalben, *Hirundo rustica* und *Delichon urbica* auf einer Stein- und Schutthalde. Beitr. Vogelk. **11**: 342–343

2153 – Albinotische Hausrotschwänze. Falke **13**: 318

2154 PÄTZ, W.: Zwergschnepfe bei Plauen, Vogtland. Falke **13**: 355

2155 PIECHOCKI, R.: Über die Verluste der Ziegenmelker. Falke **13**: 184–189

2156 RETZ, M.: Ringfunde des Hänflings (*Carduelis cannabina*). Auspicium **2**: 231–247

2157 RIEDEL, H.: Abwässerteiche als Rastplatz für Limicolen. Falke **13**: 246

2158 RINNHOFER, G.: Weitere Beobachtungen an Ohrenlerchen, *Eremophila alpestris*, in Karl-Marx-Stadt. Beitr. Vogelk. **11**: 328–330

2159 – Baumpiepernest mit sieben Jungvögeln. Falke **13**: 67

2160 – Anormale Neststandorte des Gartenrotschwanzes. Falke **13**: 102

2161 – Bemerkenswerte ornithologische Notizen vom Erzgebirgsnordrand. Orn. Mitt. **18**: 55–57

2162 – u. B. HEIDEMÜLLER: Schreiadler, *Aquila pomarina*, bei Karl-Marx-Stadt. Beitr. Vogelk. **12**: 127

2163 – u. I. WILDECK: Ein Kolkrabe im Erzgebirge. Falke **13**: 30–31

2164 ROST, K.: Vogelschutz im LSG Mölkau/Süd. Falke **13**: 281–282

2165 RUTSCHKE, E. u. W. MIETH: Zur Verbreitung und Ökologie der Großtrappe (*Otis tarda* L.) in den brandenburgischen Bezirken. Veröff. Bez. Mus. Potsdam **12** (Beitr. Tierwelt Mark III): 77–121

2166 SAEMANN, D. u. G. RINNHOFER: Wasservogelbeobachtungen in Karl-Marx-Stadt im Winter 1962/63. Falke **13**: 172–173

2167 SCHILDMACHER, H. u. H. PÖRNER: Jahresbericht der Vogelwarte Hiddensee. (Bericht 1966, Erscheinungsjahr 1968)

2168 SCHLEGEL, J. u. S. SCHLEGEL: Zur Brut der Schwanzmeise (*Aegithalos caudatus*). Beitr. Vogelk. **12**: 123

2169 – – Zur Brut des Kernbeißers, *Coccothraustes coccothraustes*, im oberen Erzgebirge. Vogelk. **12**: 212

2170 – – Datteln als Nahrungsquelle von Vögeln. Falke **13**: 317–318

2171 SCHLEGEL, R.: Betrachtungen über Ergebnisse von Vogelschutzmaßnahmen und Siedlungsdichteermittlungen im Auenwald Laske. Aufsätze zu Vogelschutz und Vogelkunde **2**: 12–18

2172 SCHMIDT, R.: Saatgans-Beobachtungen auf dem Großhartmannsdorfer Teich. Falke **13**: 138

2173 SCHULZE, K.-H.: Zwergtaucher, *Podiceps ruficollis*, mit Hausenten vergesellschaftet. Beitr. Vogelk. **11**: 335–336

2174 STEIN, F.: Vergleichende morphologische und ethologische Untersuchungen zur Jugendentwicklung von Fluß- und Sandregenpfeifer (*Charadrius dubius* und *Charadrius hiaticula*). Beitr. Vogelk. **11**: 221–246

2175 SÜSS, K.-H.: Zum Brutvorkommen der Reiherente am Großhartmannsdorfer Teich bei Freiberg. Sächs. Heimatbl. **12**: 363

2176 TUCHSCHERER, K.: Der Einfluß der Entenmast auf den Vogelbestand von Fischteichen. Beitr. Vogelk. **12**: 211–216

2177 – Untersuchungen über den Vogelbestand im Gebiet des Torgauer Großteiches in den Jahren 1958–1965. Hercynia N. F. **3**: 250–332

2178 – Die Vogelwelt des Großen Teiches. Unser Kreis Torgau **2**: 57–65

2179 – u. K. GRÖSSLER: Beobachtungsbericht 1964. Avifaun. Mitt. Bez. Leipzig **1**: 6–31

2180 VOGL, E.: Feldsperlinge als Pflegeeltern. Falke **13**: 317

2181 WADEWITZ, O.: Der Vogel mit dem langen Gesicht. Notizen über die Waldschnepfe. Falke **13**: 4–5

2182 WEBER, E.: Zum Nahrungserwerb der Bachstelze. Falke **13**: 426

2183 WEISSBACH, K.: Untersuchungen des Brutvogelbestandes im Waldschutzgebiet des Revieres Burgaue in den Jahren 1964, 1965 und 1966. Avifaun. Mitt. Bez. Leipzig **1**: 46–47

2184 WILDECK, J.: Zwergei von einer Blaumeise. Falke **10**: 67

2185 WIRTH, H.: Geburt und Jugend des Turmfalken. Sächs. Heimatbl. **12**: 176–180

1967

2186 ALLETTER, H. u. P. KAHL: Bleßhuhn als Eierräuber. Falke **14**: 66

2187 BÄHR, H.: Weshalb die Vögel singen. Falke **14**: 54–57

2188 BÄHRMANN, U.: Regelwidrigkeiten an den Armschwingen der Elster (*Pica pica pica* [L.]). Beitr. Vogelk. **13**: 219–220

2189 BERNDT, R. u. M. HENNS: Die Kohlmeise, *Parus major*, als Invasionsvogel. Vogelwarte **24**: 17–37

2190 BEUTEL, H.: Eine Kolbenente bei Bad Schandau. Falke **14**: 31

2191 BEZZEL, E.: Versuch einer Bestandsaufnahme und Darstellung der Arealveränderung der Tafelente (*Aythya ferina*) in einigen Teilen Europas. Anz. Orn. Ges. Bayern **8**: 13–44

2192 BÖHM, W.: Miniaturei einer Nebelkrähe. Falke **14**: 248

2193 B., R.: Die Störche kommen! Rundblick **14**: 405–406

2194 BRUCHHOLZ, S.: Einige Beobachtungen abnorm gefärbter Wildvögel im Wildforschungs- und Naturschutzgebiet Spree/Lausitz. Abh. Ber. Naturkundemus. Görlitz **42**: 23–24

2195 CREUTZ, G.: Zum Vorkommen der Adlerarten in der Oberlausitz. Abh. Ber. Naturkundemus. Görlitz **42**,7: 1–16

2196 – Zum Vorkommen des Mittelspechtes (*Dendrocopos m. medius* [L.]) in der Oberlausitz. Abh. Ber. Naturkundemus. Görlitz **42**,9: 11–12

2197 – Die Verweildauer der Lachmöwe (*Larus ridibundus* L.) im Brutgebiet und ihre Siedlungsdynamik. Beitr. Vogelk. **12**: 311–344

2198 – Zum Vorkommen des Weißstorches, *Ciconia ciconia*, im mittleren Ostsachsen. Beitr. Vogelk. **13**: 33–40

2199 – Massenfänge von Bluthänflingen und Kernbeißern als Beispiele für Ringauswertungen. Falke **14**: 93–96

2200 – Amsel verfüttert Maikäfer. Falke **14**: 353

2201 – Jubiläum im Fasanerieschlößchen Moritzburg. Sächs. Heimatbl. **13**: 45

2202 – Das Vorkommen des Weißstorchs in Sachsen. Sächs. Heimatbl. **13**: 88–91

2203 DICK, W. u. H. HOLUPIREK: Über Verhalten und Heimzug des Seidenschwanzes. Falke **14**: 248

2204 DIEN, J. u. W. LIPPERT: Die Ergebnisse der 2. Elbe-Wasservogel-Zählung vom 16. 1. 1966. Falke **14**: 26–30

2205 EBERT, J.: Fund eines Prachttauchers bei Neustadt/Sachsen. Falke **14**: 282

2206 – Wanderfalk trägt Ei aus dem Horst. Zool. Abh. Ber. Mus. Tierk. Dresden **29**: 65–69

2207 FEHSE, C.: Bemerkenswerter Durchzug des Weißstorches. Falke **14**: 354

2208 FEILER, A.: Der Rückgang des Birkwildes, *Lyrurus tetrix*, in Ostsachsen und Südbrandenburg und seine Ursachen. Beitr. Vogelk. **13**: 89–106

2209 – Die Einflüsse der Jagd auf das Auerwild. Unsere Jagd **17**: 68–69

2210 FIEDLER, G.: Bautzner Storch brütet in Hessen. Falke **14**: 318

2211 FISCHER, W.: Der Wanderfalk. Neue Brehm-Bücherei Heft 380, Wittenberg Lutherstadt

2212 FRIELING, F. u. D. TRENKMANN: Besonderheiten am Stausee Windischleuba 1965. Beitr. Vogelk. **12**: 257–261

2213 HASSE, H.: Zum Auftreten des Fichtenkreuzschnabels (*Loxia curvirostra*) 1964 bis 1966 in der Oberlausitz. Abh. Ber. Naturkundemus. Görlitz **42**,9: 17–22

2214 – u. U. WOBUS: Ergebnisse an in Brandenburg und Sachsen gekennzeichneten Bleßhühnern (*Fulica atra*). Beitr. Vogelk. **12**: 354–362

2215 HEYDER, D.: Schneeammern in der Oberlausitz. Falke **14**: 354

2216 HEYDER, R.: Der „Sih"-Ruf der Amsel (*Turdus merula*). Beitr. Vogelk. **12**: 399–401

2217 HOFMANN, F.: Wachtelkönig-Vorkommen bei Gelenau. Falke **14**: 210

2218 HÖSER, N.: Das Vorkommen der Greifvögel (*Accipitridae* und *Falconidae*) im Kreis Altenburg. Abh. u. Ber. Naturkundl. Mus. „Mauritianum" Altenburg **5**: 321–353

2219 HUMMITZSCH, P.: Tannenhäherbeobachtung an der Lausche. Falke **14**: 354

2220 K.: Toter Schwarzstorch gefunden. Rundblick **14**: 533

2221 KARL, O.: Aus der Arbeit der Dahlener Ornithologen. Rundblick **14**: 191–192

2222 KAULFUSS, H.: Bachstelzenpärchen füttert zwei Kuckucke. Falke **14**: 138

2223 KIRMSE, W.: Ansiedlungshilfen für Greifvögel. Naturschutzarbeit in Mecklenburg **10**: 42–45

2224 KNOBLOCH, H.: Zum Vorkommen des Halsbandschnäppers, *Ficedula albicollis* (Temm.), in der Südlausitz. Beitr. Vogelk. **13**: 128

2225 – Zum Aussterben des Auerwildes im Zittauer Gebirge. Falke **14**: 184–185, 220–223

2226 KOPSCH, H.: Zum Vorkommen der Gartenammer (*Emberiza hortulana*) im östlichen Wurzener Kreisgebiet. Beitr. Vogelk. **13**: 142–143

2227 – Wie ich zum ersten Mal die Heidelerche hörte. Heimatkalender Wurzen–Oschatz–Grimma

2228 – Woher kommen die Bergfinken? Rundblick **14**: 242

2229 KRAMER, V.: Die Populationsdynamik bei Habicht und Sperber unter besonderer Berücksichtigung der Verhältnisse in der Südlausitz. Falke **14**: 40–41, 78–79

2230 KRÜGER, S.: Weidenmeise (*Parus montanus*) im ehemaligen Braunkohlentagebau bei Knappenrode, Kreis Hoyerswerda. Beitr. Vogelk. **12**: 372–373

2231 – Zur Nächtigungsweise der Haubenlerche (*Galerida crista-ta*). Beitr. Vogelk. **12**: 412–414

2232 – Stelzenläufer (*Himantopus himantopus* [L.]) an der Kläranlage von Hoyerswerda. Beitr. Vogelk. **13**: 144

2233 – Beitrag zur Kenntnis der Verbreitung der Haubenlerche (*Galerida cristata*) und ihrer Biotopsansprüche in und um Hoyerswerda. Zool. Abh. Ber. Mus. Tierk. Dresden **29**: 71–76

2234 – u. H. MENZEL: Graureiher (*Ardea cinerea*) Brutvogel im ehemaligen Braunkohlentagebau in der Oberlausitz. Beitr. Vogelk. **12**: 291

2235 LEHMANN, H.: Der Wanderfalk jagt. Rundblick **14**: 592–593

2236 – Vom Weißen Storch. Unser Kreis Torgau **3**: 101–106

2237 LEHMANN, R., B. LEHMANN u. D. SAEMANN: Erster Brutnachweis der Nachtigall (*Luscinia megarhynchos*) in Karl-Marx-Stadt. Beitr. Vogelk. **13**: 132–133

2238 LEICHSENRING, C.: Haussperling füttert junge Mehlschwalben. Falke **14**: 138

2239 LINDNER, H.: Brut der Wacholderdrossel, *Turdus pilaris* L., bei Gerichshain. Beitr. Vogelk. **13**: 143

2240 – *Haemantopus o. ostralegus* L. östlich von Leipzig. Beitr. Vogelk. **13**: 223

2241 – Borsdorfer Vogelwelt. In: Festschrift 700 Jahre Borsdorf: 79–84

2242 MARTIN, F.: Brutversuch der Beutelmeise, *Remiz pendulinus* (L.), am Großen Teich Torgau. Beitr. Vogelk. **12**: 374–375

2243 – Rotkopfwürger im Kreis Torgau. Falke **14**: 209

2244 – Buntspecht als Nesträuber. Falke **14**: 282

2245 – Erster Brutnachweis der Beutelmeise. Rundblick **14**: 399

2246 MARWITZ, R.: Eine Pfuhlschnepfe (*Limosa lapponica*) an den Haselbacher Teichen. Beitr. Vogelk. **13**: 223

2247 – Herbstdurchzug eines Sanderlings (*Calidris alba*) bei Torgau. Beitr. Vogelk. **13**: 223

2248 MÄRZ, R.: Der Uhu. Falke **14**: 230–231

2249 MELDE, M.: Krähen im Revier. Unsere Jagd **17**: 81–85

2250 MENZEL, H.: Zum Vorkommen des Schwarzkehlchens (*Saxicola torquata rubicola* [L.]) in der Oberlausitz. Abh. Ber. Naturkundemus. Görlitz **42**,9: 13–14

2251 – u. H. MENZEL: Zum Vorkommen des Weißstorches, *Ciconia c. ciconia* (L.), in der Oberlausitz. Abh. Ber. Naturkundemus. Görlitz **42**, 6: 1–20

2252 MENZEL, H.: Jungenzahlen der Rauchschwalbe (*Hirundo rustica*) in der südlichen Mark. Veröff. Bez. Mus. Potsdam **14** (Beitr. Tierwelt Mark IV): 95–96

2253 – Ankunft und Abzug des Weißstorches (*Ciconia ciconia* [L.]) in der nördlichen Oberlausitz. Beitr. Vogelk. **12**: 268–273

2254 – Späte Brut der Beutelmeise, *Remiz pendulinus*, in der Oberlausitz. Beitr. Vogelk. **13**: 131

2255 – Sieben Ringfunde in der nördlichen Oberlausitz von im Ausland markierten Vögeln. Falke **14**: 210

2256 – Ein Beitrag zur Brutbiologie des Hausrotschwanzes (*Phoenicurus ochruros*). Regulus **47**: 61–62

2257 MOSLER, W.: Kuckuck im Rauchschwalbennest. Abh. Ber. Naturkundemus. Görlitz **42**,9: 15–16

2258 NÖTZEL, J.: Ein Brutnachweis des Rauhfußkauzes im Erzgebirge. Falke **14**: 204–205

2259 OESER, R.: Nachweis der Kleinaugen-Wühlmaus (*Pitymys subterraneus*) aus Gewöllen der Waldohreule. Beitr. Vogelk. **13**: 138–139

2260 – Erzgebirgische Bruten der Wasseramsel (*Cinclus cinclus aquaticus*). Beitr. Vogelk. **13**: 215–216

2261 – Feldschwirl bei Raschau im Erzgebirge. Falke **14**: 136

2262 PIETSCH, E.: Eine handzahme Amsel. Falke **14**: 8–9

2263 RINNHOFER, G.: Schlangenadler, *Circaëtus gallicus*, als Durchzügler bei Karl-Marx-Stadt. Beitr. Vogelk. **13**: 126–127

2264 – Zum Rasten von Ziegenmelkern, *Caprimulgus europaeus*, auf Verkehrswegen. Beitr. Vogelk. **13**: 127–128

2265 – u. F. NEUBAUER: Später Oktobernachweis eines Kuckucks *Cuculus canorus*, bei Karl-Marx-Stadt. Beitr. Vogelk. **13**: 130–131

2266 SAEMANN, D.: Sumpf- und Wasservögel in Karl-Marx-Stadt während der Jahre 1955–1965. Beitr. Vogelk. **12**: 242–256

2267 SCHIEMENZ, H.: Tagung des Arbeitskreises zum Schutze der vom Aussterben bedrohten Tiere. Falke **14**: 244–245

2268 – U. BLOESS u. D. GRAF: Ornithologen vernichten Sperlingskauzbrutplatz. Falke **14**: 353–354

2269 SCHLEGEL, R.: Die Ernährung des Ziegenmelkers (*Caprimulgus europaeus* L.), seine wirtschaftliche Bedeutung und seine Siedlungsdichte in einem Oberlausitzer Kiefernrevier. Beitr. Vogelk. **13**: 145–190

2270 – Weiterer Beitrag zur Nahrung des Graureihers (*Ardea cinerea* L.) an Oberlausitzer Karpfenteichen. Zool. Abh. Ber. Mus. Tierk. Dresden **29**: 21–23

2271 SCHLEI, F.: Fischadler (*Pandion haliaetus*) Anfang Juli bei Leipzig. Beitr. Vogelk. **12**: 286

2272 SCHMIDT, D.: Prachttaucher, *Gavia arctica*, im oberen Vogtland. Beitr. Vogelk. **12**: 289

2273 SCHNEIDER, D.: Starke Milanansammlungen bei Riesa. Falke **14**: 65

2274 SCHÖLZEL, H.: Berghänfling, *Carduelis flavirostris*, und Schneeammer, *Plectrophenax nivalis*, in der Westlausitz. Beitr. Vogelk. **12**: 284

2275 – Ohrenlerchen (*Eremophila alpestris*) im Kreis Bischofswerda. Beitr. Vogelk. **13**: 220

2276 SCHULZE, K.-H.: Der Kiebitz (*Vanellus vanellus*) nun auch Brutvogel der stillgelegten Lausitzer Braunkohlengruben. Beitr. Vogelk. **12**: 288

2277 – Auffälliger Zug der Ringeltaube (*Columba palumbus*) im Kreis Niesky. Falke **13**: 142

2278 – Rastende Kormorane im Kreis Hoyerswerda. Falke **14**: 248

2279 SELLIN, D.: Mäusebussard (*Buteo buteo*), Rotmilan (*Milvus milvus*) und Schwarzmilan (*Milvus migrans*) als Freibrüter. Beitr. Vogelk. **12**: 429–436

2280 STÜBS, J.: Der Grüne Laubsänger erstmalig in Sachsen nachgewiesen. Falke **14**: 64–65

2281 SÜSS, K.-H.: Der Tannenhäher im oberen Flöhagebiet. Sächs. Heimatbl. **13**: 280–281

2282 TRENKMANN, D.: Das Vorkommen der Raubmöwen (*Stercorariidae*), Möwen (*Laridae*) und Seeschwalben (*Sternidae*) im Kreis Altenburg. Abh. u. Ber. Naturkundl. Mus. „Mauritianum" Altenburg **5**: 267–319

2283 UNGER, W.: Wespenbussard (*Pernis apivorus*) brütete in der Umgebung von Zschopau. Beitr. Vogelk. **12**: 287

2284 – Mischbruten von Sumpfmeise und Tannenmeise und von Grauspecht und Buntspecht. Falke **14**: 353

2285 WADEWITZ O.: Anblick badender Artgenossen kann Massenbad hervorrufen. Beitr. Vogelk. **12**: 294–295
2286 WEBER, E.: Salzaufnahme durch Saatkrähen. Falke **14**: 283
2287 WEISE, W.: Durchzugsbeobachtungen von Weihen, *Circus*, aus dem mittleren Westsachsen. Beitr. Vogelk. **12**: 415–419
2288 WERNER, F.: Die Reiherente (*Aythya fuligula*) jetzt auch Brutvogel im Erzgebirge. Beitr. Vogelk. **12**: 286
2289 WINDE, H.: Über die Nahrung des Merlin. Falke **14**: 61
2290 WINKLER, J. u. R. MARWITZ: Erstnachweis des Sichelstrandläufers (*Calidris ferruginea*) für Sachsen im Frühjahr. Beitr. Vogelk. **13**: 215
2291 ZIEBOLD, R.: Die quantitative Erfassung der Vogelwelt zweier Waldgesellschaften des Leipziger Auwaldes in den Jahren 1966 und 1967. Staatsexamensarbeit im Pädagogischen Institut Halle, 49 S
2292 ZINK, G.: Kernbeißer (*C. coccothraustes*) aus Sachsen in Shetland. Vogelwarte **24**: 149
2293 – Ringfund eines Sumpfläufers (*Limicola falcinellus*). Vogelwarte **24**: 149

1968
2294 Anonymus: Fast weiß. Rundblick **14**: 607
2295 BÄHR, H.: Vom Raubwürger (*Lanius excubitor*) bei Freiberg. Beitr. Vogelk. **14**: 177–178
2296 BÄHRMANN, U.: Die Elster. Neue Brehm-Bücherei Heft 393, Wittenberg Lutherstadt
2297 – Einige morphologische und biometrische Feststellungen an mitteldeutschen Haussperlingen (*Passer domesticus domesticus* L.). Beitr. Vogelk. **14**: 8–28
2298 – Über die individuelle und geographische Variation der Dohle (*Corvus monedula*). Zool. Abh. Ber. Mus. Tierk. Dresden **29**: 183–190
2299 BECKER, L.: Die Vögel des NSG „Schönbrunner Berg". Naturschutzarbeit und naturkundliche Heimatforschung in Sachsen **10**: 74–88
2300 BERGER, R.: Trauer überm Storchennest in Mutzschen. Rundblick **15**: 298
2301 BEZZEL, E.: Über den Aussagewert langfristiger Feldzählungen zum Zug einiger Limicolen durch das mitteleuropäische Binnenland. Beitr. Vogelk. **13**: 377–392
2302 BLASCHKE, W.: Revierverhalten und Ortstreue der Kohlmeise (*Parus major*) in der westlichen Niederlausitz. Veröff. Bez. Mus. Potsdam **16** (Beitr. Tierwelt Mark V): 55–61
2303 BLÜMEL, H.: Automatische Registrierung der Fütterungsintensität von Trauerschnäpper und Kohlmeise. Falke **15**: 386–390
2304 BOBACK, A. W. u. D. MÜLLER-SCHWARZE: Das Birkhuhn. Neue Brehm-Bücherei Heft 397, Wittenberg Lutherstadt
2305 BRUNS, H. u. M. HEINRICH: Die Erstankunft von Fitis (*Phylloscopus trochilus*) und Gartenrotschwanz (*Phoenicurus phoenicurus*) in Deutschland 1884–1957. Orn. Mitt. **20**: 117–133
2306 CREUTZ, G.: Das Vorkommen der Reiher in der Oberlausitz. Abh. Ber. Naturkundemus. Görlitz **43**, 4: 1–29
2307 – Flamingos (*Phoenicopterus ruber*) in der Oberlausitz. Abh. Ber. Naturkundemus. Görlitz **43**, 6: 25–26
2308 – Gelegestärke und Jungenzahl bei der Rohrweihe (*Circus aeruginosus* [L.]). Bonn. zool. Beitr. **19**: 340–345
2309 – Kuckuck und Gartenrotschwanz. Falke **15**: 128–129
2310 – Wert und Ziel der Ernährungsuntersuchungen bei Vögeln. Falke **15**: 226–229, 260–263
2311 – Der Storch braucht Hilfe! Naturschutzarbeit in Berlin und Brandenburg **4**,3: 89–95
2312 DECKERT, G.: Der Feldsperling. Neue Brehm-Bücherei Heft 398, Wittenberg Lutherstadt
2313 DICK, W.: Säger- und Kormorandurchzug im oberen Erzgebirge. Beitr. Vogelk. **14**: 90–91
2314 – Beutelmeise (*Remiz pendulinus*) Durchzügler bei Annaberg. Falke **14**: 184
2315 – u. H. HOLUPIREK: Zur Tauchdauer beim Rothalstaucher (*Podiceps griseigena*). Beitr. Vogelk. **14**: 178
2316 – u. R. SCHMIDT: Silberreiher (*Casmerodius albus*) bei Freiberg. Beitr. Vogelk. **14**: 96
2317 DITTBERNER, H. u. W. DITTBERNER: Der Durchzug des Küstenstrandläufers (*Calidris canutus*) in Brandenburg. Veröff. Bez. Mus. Potsdam **16** (Beitr. Tierwelt Mark V): 47–54
2318 DOLZE, H.-E.: Früher Brutversuch der Türkentaube. Falke **15**: 391

2319 DORSCH, H.: Beringungsbericht 1965. Avifaun. Mitt. Bez. Leipzig **2**: 80–94
2320 – u. I. DORSCH: Avifaunistische Untersuchungen im Braunkohlentagebau Kulkwitz. Mitt. IG Avifauna DDR 1: 51–79
2321 DREWS, K.: Seidenschwanz (*Bombycilla garrulus*)-Ringfunde. Auspicium **2**: 330–337
2322 ECK, S. u. B. GEIDEL: Die Weidenmeise in der Umgebung von Dresden. Falke **15**: 350–351
2323 EIFLER, G.: Seidenschwanzbeobachtung im Mai. Falke **15**: 283
2324 FEHSE, C.: Weidenmeise (*Parus montanus*) brütet in altem Singdrosselnest. Beitr. Vogelk. **14**: 93
2325 FEILER, A.: Der Einfluß von Waldbränden und Industrialisierung auf das Auerwild. Falke **15**: 40–41
2326 FÖRSTER, D. u. G. ERDMANN: Späte Beobachtung einer Raubseeschwalbe, *Hydroprogne caspia*, im Binnenland. Beitr. Vogelk. **14**: 95–96
2327 FRANKE, K.: Silberreiher im Drehnaer Teichgebiet. Falke **15**: 391
2328 FRIELING, F. u. D. TRENKMANN: Besonderheiten am Stausee Windischleuba 1966. Beitr. Vogelk. **14**: 168–171
2329 GLIEMANN, L.: Der Durchzug des Graureihers im Kreis Kamenz. Falke **15**: 234–236
2330 GNIELKA, R.: Avifaunistische Radexkursionen durch die Dübener Heide. Apus **1**: 181–193
2331 GOETHE, F. u. M. GOERTZ: Ringfunde der Ringeltaube (*Columba palumbus*). Auspicium **2**: 364–383
2332 GRÖSSLER, K.: Bericht über die Rupfungsfunde der Jahre 1966 und 1967. Avifaun. Mitt. Bez. Leipzig **2**: 95–98
2333 – u. K. TUCHSCHERER: Beobachtungsbericht 1965. Avifaun. Mitt. Bez. Leipzig **2**: 6–79
2334 – – Vorkommen der Dreizehenmöwe, *Rissa tridactyla*, im Bezirk Leipzig. Beitr. Vogelk. **14**: 75–79
2335 GÜNSCHE, W.: Waldlaubsänger füttert Rotkehlchen. Falke **15**: 31
2336 – Bluthänfling als Nischenbrüter auf Fabrikgelände. Falke **15**: 103
2337 – Singdrossel als Nachtsänger. Falke **15**: 103
2338 HAMPE, H.: Berghänflinge am Futterhaus. Falke **15**: 67
2339 HANSCHMANN, H.: Zur Geschichte des Storchennestes in Malkwitz. Rundblick **15**: 429–431
2340 HASSE, H.: Veränderungen am Nest der Beutelmeise während der Brutzeit. Falke **15**: 67
2341 – Ringdrossel in der östlichen Oberlausitz. Falke **15**: 103
2342 HELBIG, R.: Zur Brutbiologie der Heckenbraunelle. Falke **15**: 102
2343 HEYDER, D.: Jagender Waldkauz am Leipziger Hauptbahnhof. Falke **15**: 139
2344 HILPRECHT, A.: Der Bestand des Höckerschwans in der Deutschen Demokratischen Republik im Jahre 1966. Falke **15**: 148–151
2345 HOFMANN, F.: Zur Verbreitung und Ernährungsbiologie des Raubwürgers. Falke **15**: 283
2346 HÜCKLER, U.: Ringfunde des Kuckucks (*Cuculus canorus*). Auspicium **2**: 338–343
2347 JENTZSCH, H.: Späte Brut des Haubentauchers, *Podiceps cristatus* (L.). Beitr. Vogelk. **13**: 373–374
2348 JOKISCH, H. u. W. BORCHARDT: Zum Paarungsverhalten des Waldkauzes. Falke **15**: 306–307
2349 KABISCH, K. u. H. BELTER: Das Verzehren von Amphibien und Reptilien durch Vögel. Zool. Abh. Ber. Mus. Tierk. Dresden **29**: 191–227
2350 KIRCHHOF, W.: Reiherente, Brutvogel an den Haselbacher Teichen. Falke **15**: 427
2351 KLAUS, S., F. VOGEL u. J. WIESNER: Zum Vorkommen des Sperlingskauzes in unseren mittleren Mittelgebirgen. Falke **15**: 400–405
2352 – – – Ein Beitrag zum Auerwildproblem im Elbsandsteingebirge. Zool. Abh. Ber. Mus. Tierk. Dresden **29**: 103–118
2353 – – – U. BLOESS u. H. SCHIEMENZ: Noch einmal zum Sperlingskauzproblem im Elbsandsteingebirge. Falke **15**: 427
2354 KÖHLER, W.: Rotkopfwürger im Kreis Zittau. Falke **15**: 246
2355 KOPSCH, H.: Das Schwarzkehlchen brütet im Kreis Wurzen. Rundblick **15**: 78–79
2356 KÖRNER, G.: Haussperling als Untermieter im Amselnest. Falke **15**: 283

2357 KRÜGER, S.: Bodennester der Bachstelze. Falke 15: 31
2358 – Limikolen-Durchzug an einer Kläranlage. Falke 15: 122–125
2359 – Teichwasserläufer und Zwergschnepfe an den Stauteichen der Kläranlage von Hoyerswerda. Falke 15: 354–355
2360 LEHMANN, H.: Möwenscharen am Großen Teich bei Torgau. Rundblick 15: 559–560
2361 LINDNER, H.: *Larus minutus* Pall. im Dezember im Kreis Wurzen. Beitr. Vogelk. 14: 92
2362 LITZBARSKI, B.: Beobachtungen zum Durchzug der Saatgans, *Anser fabalis* (Lath.), und der Bleßgans, *Anser albifrons* (Scop.), in Brandenburg. Veröff. Bez. Mus. Potsdam 16 (Beitr. Tierwelt Mark V): 35–46
2363 MARTIN, F.: Erster Brutnachweis der Beutelmeise am Großen Teich bei Torgau. Falke 15: 209
2364 MÄRZ, R.: Der Rauhfußkauz. Neue Brehm-Bücherei Heft 394, Wittenberg Lutherstadt
2365 MÄTZOLD, D.: Aufnahme von Käfern durch Amseln. Falke 15: 138
2366 MELDE, M.: Über einige Bleßhuhnpopulationen im Kreis Kamenz. Falke 15: 76–81
2367 MENZEL, H.: Der Wendehals. Neue Brehm-Bücherei Heft 302, Wittenberg Lutherstadt
2368 – Silberreiher (*Casmerodius albus*) in der nördlichen Oberlausitz. Beitr. Vogelk. 14: 83
2369 – Der Zwergtaucher (*Podiceps ruficollis*), eine weitere Taucherart, Brutvogel in den Tagebaurestlöchern der Oberlausitz. Beitr. Vogelk. 14: 84
2370 – Zu: Bemerkenswerter Kohlmeisennistplatz. Falke 15: 67
2371 – Fütterungsfrequenzen während der Nestlingsperiode beim Gartenrotschwanz (*Phoenicurus phoenicurus*). Vogelwelt 89: 48–49
2372 MENZEL, R. U. H. MENZEL: Die Entwicklung eines Höhlenbrüterbestandes in der südöstlichen Mark. Veröff. Bez. Mus. Potsdam 16 (Beitr. Tierwelt Mark V): 63–67
2373 MEUSEL, A.: Amsel verfüttert Maikäfer. Falke 15: 138–139
2374 MEYER, H.: Januarbeobachtung der Zwergmöwe. Falke 15: 319
2375 – Dezemberbeobachtung einer Schnatterente. Falke 15: 391
2376 NICKEL, J.: Bemerkenswerte Winterbeobachtung im Kreis Bischofswerda. Falke 15: 372
2377 OESER, R.: Zum Mischungsverhältnis von Rabenkrähe und Nebelkrähe. Falke 15: 30
2378 – Zugnachweis des Brachpiepers im Erzgebirge durch Sperberrupfung. Falke 15: 210
2379 RETZ, M.: Ringfunde des Hänflings (*Carduelis cannabina*). Auspicium 2: 412–446
2380 RINGLEBEN, H.: Gänsestudien (Zum Vorkommen der Graugans in Deutschland). Falke 15: 52–58, 86–89
2381 RINNHOFER, G.: Über eine Kleinvogel-Winterflucht. Falke 15: 63–65
2382 – Raubwürger schlägt Goldammer. Falke 15: 174
2383 – u. D. SAEMANN: Zur Vogelwelt auf Großstadt-Ruderalstellen am Erzgebirgsnordrand. Zool. Abh. Ber. Mus. Tierk. Dresden 29: 257–277
2384 ROSSDEUTSCHER, K.: Mauersegler als Ammenvogel. Falke 15: 245
2385 SAEMANN, D.: Zur Nistplatzfolge bei der Türkentaube (*Streptopelia decaocto decaocto* [Friv.]). Beitr. Vogelk. 14: 176–177
2386 – Eichelhäher frißt Schildläuse. Falke 15: 103
2387 – Umsiedlung eines Trauerschnäppers. Falke 15: 139
2388 – Zur Invasion des Seidenschwanzes im mittleren Erzgebirge und Vogtland während des Winters 1965/66. Falke 15: 336–339
2389 – Zur Typisierung städtischer Lebensräume im Hinblick auf avifaunistische Untersuchungen. Mitt. IG Avifauna DDR 1: 81–88
2390 – Fichtenforst als Massenschlafplatz des Stars (*Sturnus vulgaris*). Orn. Mitt. 20: 43
2391 SCHLEGEL, J. u. S. SCHLEGEL: Brutnachweis des Kleinspechts (*Dendrocopos minor*) im oberen Erzgebirge. Beitr. Vogelk. 14: 84–86
2392 SCHLEGEL, S.: Eigenartiger Nahrungserwerb einer Kohlmeise. Falke 15: 245–246
2393 SCHLOSS, W.: Ringfunde vom Kiebitz (*Vanellus vanellus*). Auspicium 2: 273–329
2394 SCHMIDTCHEN, W.: Über die Auswirkung von Flurschutzstreifen auf den Niederwildbesatz. Unsere Jagd 18: 227–230

2395 SCHULZE, K.-H.: Der Gänsesäger als Wintergast im Uhyster Raum. Falke 17: 24–27
2396 SENGENBERGER, W.: Brutbestandsaufnahmen in den Kleingärten. Falke 15: 316–318
2397 STIEFEL, A: Winterbeobachtung einer Zwergschnepfe im Erzgebirge. Orn. Mitt 20: 57–58
2398 STROHMANN, R.: Ornithologische Beobachtungen bei Brandis. Rundblick 15: 509
2399 SÜSS, K.-H.: Zum Wachtelkönigvorkommen im Erzgebirge. Beitr. Vogelk. 14: 80
2400 – Zu: „Die Reiherente, *Aythya fuligula*, Brutvogel im Erzgebirge". Beitr. Vogelk. 14: 93
2401 TUCHSCHERER, K.: Zum Vorkommen der Beutelmeise im Bezirk Leipzig. Avifaun. Mitt. Bez. Leipzig 3: 90–104
2402 – Untersuchungen über den Durchzug der Wasservögel am Großteich Torgau und in seiner Umgebung in den Jahren 1957–1966. Hercynia N. F. 5: 273–351
2403 VONDRAČEK, J.: Der Uhu in Nordböhmen. Sächs. Heimatbl. 14: 234
2404 WAGNER, K.: Ergebnisse praktischer Vogelschutzarbeit im Revier Spechtshausen. Falke 15: 158–161
2405 WEBER, E.: Winterbeobachtungen im Nahrungsrevier des Schwarzspechtes. Falke 15: 138
2406 WEIG, Ch.: Gedanken zum Beitrag: „Zum Rasten von Ziegenmelkern, *Caprimulgus europaeus*, auf Verkehrswegen". Falke 15: 244
2407 WEISE, W.: Zwei Raubmöwen, *Stercorarius*, in Sachsen. Beitr. Vogelk. 13: 375–376
2408 – Eigenartiges Verhalten des Wespenbussards. Falke 15: 31
2409 WEISSBACH, J.: In Norwegen beringte Bachstelze bei Dresden gefunden. Falke 15: 102
2410 WITTSACK, W.: Beiträge zur Biologie der Haubenlerche (*Galerida cristata cristata* L.). Naturkundl. Jahresber. Mus. Heineanum 3: 47–66

1969

2411 ARNOLD, H.: Freizeit–Erholung–Bildung in den Landschaftsschutzgebieten des Bezirkes Karl-Marx-Stadt. Sächs. Heimatbl. 15: 101–200
2412 BÄHRMANN, U.: Einiges über Bodenbruten des Gartenrotschwanzes (*Phoenicurus ph. phoenicurus* [L.]). Beitr. Vogelk. 14: 374–375
2413 BA.: Stärkung für eine weite Reise. Rundblick 16: 508
2414 BERGER, R.: Das Mutzschener Storchenpaar 1968. Rundblick 16: 121–122
2415 BEZZEL, E.: Die Tafelente. Neue Brehm-Bücherei Heft 405, Wittenberg Lutherstadt
2416 BLASCHKE, W.: Schlafgewohnheiten der Vögel in Nistkästen. Falke 16: 64–66
2417 CREUTZ, G.: Wiederfunde von Vögeln mit Ringen ausländischer Beringungszentralen im ostelbischen Sachsen II (WAB II). Abh. Ber. Naturkundemus. Görlitz 44,6: 1–16
2418 – Zur Methodik der Siedlungsdichteerfassung. Aufsätze zu Vogelschutz und Vogelkunde 3: 32–40
2419 – Verfrachtungsergebnisse bei Feldsperlingen (*Passer montanus* [L.]). Aufsätze zu Vogelschutz und Vogelkunde 3: 20–28
2420 – Erstnachweis einer Sturmschwalbe (*Hydrobates pelagicus*) in der Oberlausitz. Beitr. Vogelk. 14: 288–289
2421 – Die Lachmöwe als komplexes Forschungsthema. Falke 16: 4–10
2422 – Das Vorkommen der Weihenarten in der DDR. Die Rohrweihe. Falke 16: 112–119
2423 – Das Vorkommen der Weihenarten in der DDR. Korn-, Wiesen- und Steppenweihe. Falke 16: 160–165
2424 – Der Schwarzstorch als Durchzügler und Brutvogel in Sachsen. Naturschutzarbeit und naturkundliche Heimatforschung in Sachsen 11: 47–53
2425 – u. C. GOTTSCHALK: Endoparasitenbefall bei Lachmöwen in Abhängigkeit vom Alter. Angew. Parasitol. 10: 80–91
2426 – Vogelberingung und Parasitologie. Beitr. Vogelk. 14: 187–190
2427 DICK, W.: Sterntaucher (*Gavia stellata*) im Binnenland. Beitr. Vogelk. 15: 87–88
2428 – Teichralle (*Gallinula chloropus*) und Zwergtaucher (*Podiceps ruficollis*) brüten bei Annaberg. Beitr. Vogelk. 14: 284

2429 FEILER, A.: Die Verbreitung und Entwicklung der Auerwild-bestände in den Kiefernwäldern zwischen Mulde und Neiße. Beitr. Vogelk. **14**: 290–309

2430 FRIELING, F.: Die Vogelwelt des NSG „Eschefelder Teiche". Naturschutzarbeit und naturkundliche Heimatforschung in Sachsen **11**: 53–58

2431 GLIEMANN, L.: Zur Flügellänge der Feldlerche (*Alauda arvensis* L.). Beitr. Vogelk. **14**: 458–459

2432 GÖTHEL, H.: Zur Kreuzschnabel-Invasion 1963. Falke **16**: 410–415

2433 GOTTSCHALK, C.: Eine neue Kokzidienart aus der Sturmschwalbe (*Hydrobates pelagicus*). Beitr. Vogelk. **14**: 285–287

2434 GRIMM, H.: Die Vogelwelt der Großstadt und der Industrielandschaft. Falke **16**: 41–49

2435 GRÖSSLER, K. u. K. TUCHSCHERER: Beobachtungsbericht 1966. Avifaun. Mitt. Bez. Leipzig **3**: 1–94

2436 HASSE, H.: Zum Vorkommen von Schwarzmilan (*Milvus migrans*) und Rotmilan (*Milvus milvus*) in der Oberlausitz. Abh. Ber. Naturkundemus. Görlitz **44**,12: 1–11

2437 – Weitere späte Bruten der Beutelmeise, *Remiz pendulinus*, in der Oberlausitz. Beitr. Vogelk. **14**: 375

2438 – Beobachtungen an zwei beringten Männchen der Beutelmeise. Falke **16**: 401–403

2439 – Vogelfang und Vogelmord in Belgien. Sterna **5**: 147–152

2440 HAUFF, P.: Das Vorkommen der Sturmmöwe (*Larus canus*) im europäischen Binnenland. Beitr. Vogelk. **14**: 203–224

2441 HEYDER, D.: Bleßhuhn plündert Haubentauchergelege. Falke **16**: 390

2442 HÖSER, N.: Das Vorkommen der Eulen (*Strigidae*) im Kreis Altenburg. Abh. u. Ber. Naturkundl. Mus. „Mauritianum" Altenburg **6**: 55–75

2443 – Brutbestand 1967/68 und Populationsdynamik 1928–1963 der Greifvögel (*Accipitridae, Falconidae*) im thüringisch-sächsischen Grenzgebiet. Abh. u. Ber. Naturkundl. Mus. „Mauritianum" Altenburg **6**: 163–186

2444 HUCKRIEDE, B.: Zur Tannenhäher-Invasion 1954 in Deutschland. Vogelwarte **25**: 23–25

2445 HUMMITZSCH, P.: Silberreiher im Gebiet von Dresden. Falke **16**: 211

2446 KALBE, L.: Über die Auswirkungen von Hausentenhaltungen auf die Wasservogelwelt. Beitr. Vogelk. **14**: 225–230

2447 KIRCHNER, K.: Die Uferschnepfe. Neue Brehm-Bücherei Heft 413, Wittenberg Lutherstadt

2448 KLINKHARDT, R.: Einiges über die Türkentauben. Rundblick **16**: 559

2449 KOPSCH, H.: Das Schwarzkehlchen, *Saxicola torquata* (L.), brütet im Kreis Wurzen. Beitr. Vogelk. **14**: 454–457

2450 – Sonderbares Verhalten eines sibirischen Tannenhähers. Rundblick **16**: 122–124

2451 – Der Schwarzspecht (*Dryocopus martius* L.), ein Vogel unserer Wälder. Rundblick **16**: 178–180

2452 – Der Eisvogel brütet an der Lossa. Rundblick **16**: 335–337

2453 KRETZSCHMAR, H.: Großtrappen fliegen gegen Hochspannungsleitung. Falke **16**: 94–95

2454 KRÜGER, S.: Neue Brutkolonie der Lachmöwe (*Larus ridibundus*) im Kreis Hoyerswerda. Beitr. Vogelk. **14**: 377

2455 LINDNER, E.: Ein Dorf im Naherholungsgebiet. Sächs. Heimatbl. **15**: 49–100

2456 LINDNER, H.: *Glaucidium p. passerinum* (L.) in Klingenthal/Sa. Beitr. Vogelk. **14**: 458

2457 LIPPERT, W.: Zur Methodik der Elbe-Wasservogelzählungen (1965–1967). Falke **16**: 96–97

2458 – Die Ergebnisse der 3. Elbe-Wasservogelzählung (1967). Falke **16**: 131–137

2459 MÄDLER, E.: Schwedischer Bruchwasserläufer bei Hoyerswerda. Falke **16**: 355

2460 MELDE, M.: Raben- und Nebelkrähe. Neue Brehm-Bücherei Heft 414, Wittenberg Lutherstadt

2461 – Graureiherbestand und -abschuß in einem Jagdgebiet des Kreises Kamenz. Falke **16**: 87–89

2462 MENZEL, H.: Schachtelbruten beim Gartenrotschwanz (*Phoenicurus phoenicurus*). Regulus **9**: 370–371

2463 OESER, R.: Haussperling, *Passer domesticus,* und Wellensittich, *Melopsittacus undulatus,* als seltene Habichtsbeute. Beitr. Vogelk. **14**: 463

2464 – Flugbehinderte Türkentauben. Falke **16**: 355

2465 – Zur Tagesaktivität des Sperbers. Falke **16**: 391

2466 ÖLSCHLEGEL, H.: Über die Brutvorkommen der Lappentaucher im Plothener Teichgebiet. Thür. Orn. Rundbrief **14**: 3–5

2467 RICHTER, H.: Zwergschnäpper, *Ficedula parva* (Bechstein 1794), zur Brutzeit 1965 in der Sächsischen Schweiz. Beitr. Vogelk. **14**: 376–377

2468 RINGLEBEN, H.: Ein Wiedehopf (*Upupa epops*) auf dem Leipziger Hauptbahnhof. Beitr. Vogelk. **15**: 85

2469 RINNHOFER, G.: Zur Überwinterung des Girlitzes, *Serinus serinus,* am Erzgebirgsnordrand. Beitr. Vogelk. **14**: 324–329

2470 – Albinismus und Freibruten beim Haussperling, *Passer domesticus.* Beitr. Vogelk. **14**: 376

2471 – Beobachtungen an der Vogelwelt eines Großstadt-Ruderalgeländes (Karl-Marx-Stadt). Hercynia N. F. **6**: 1–35

2472 – Die Ohrenlerche, *Eremophila alpestris* (L.) im Bezirk Karl-Marx-Stadt. Veröff. Mus. Naturk. Karl-Marx-Stadt **4**: 77–100

2473 ROST, K.: Notizen über den Bestand der Saatkrähenkolonie im LSG Mölkau-Süd. Avifaun. Mitt. Bez. Leipzig **3**: 95–96

2474 RUTSCHKE, E.: Die Ergebnisse der Mittwinterzählung der Wasservögel in der DDR. Beitr. Vogelk. **14**: 242–268

2475 – Ergebnisse und Aufgaben der Wasservogelforschung in der Deutschen Demokratischen Republik. Beitr. Vogelk.

2476 – Die Bedeutung der märkischen Gewässer für die Wasservögel. Naturschutzarbeit in Berlin und Brandenburg **5**: 46–48

2477 SAEMANN, D.: Türkentaube als Beute des Turmfalken. Falke **16**: 67

2478 – Zwei weitere Nachweise der Rauhfußkauzes im Erzgebirge. Falke **16**: 67

2479 – Veränderungen im Brutbestand einiger Vogelarten in Karl-Marx-Stadt während der letzten zehn Jahre. Falke **16**: 81–86

2480 – Der Brutbestand der Türkentaube in Karl-Marx-Stadt nach 20jähriger Siedlungszeit. Falke **16**: 189–191

2481 SCHIEMENZ, H.: Vom Aussterben bedrohte Tiere in Sachsen. Naturschutzarbeit und naturkundliche Heimatforschung in Sachsen **11**: 32–39

2482 – Stockentenbrut in 840 m NN. Naturschutzarbeit und naturkundliche Heimatforschung in Sachsen **11**: 60

2483 – Bekassinenbrut im oberen Erzgebirge. Naturschutzarbeit und naturkundliche Heimatforschung in Sachsen **11**: 60–61

2484 SCHIFFERLI, A.: Schweizerische Ringfundmeldung für 1967 und 1968. Orn. Beob. Bern **66**: 190–223

2485 SCHILDE, D.: Überwinterungsversuch einer Mönchsgrasmücke. Falke **16**: 390

2486 SCHLEGEL, J. u. S. SCHLEGEL: Eigenartige Neststandorte des Zaunkönigs *(Troglodytes troglodytes)*. Beitr. Vogelk. **14**: 379–380

2487 SCHLEGEL, R.: Zur Nahrung des Bleßhuhns (*Fulica atra* L.) an Oberlausitzer Karpfenteichen. Aufsätze zu Vogelschutz und Vogelkunde **3**: 29–31

2488 – Der Ziegenmelker. Neue Brehm-Bücherei Heft 406, Wittenberg Lutherstadt

2489 SCHMIDT, R.: Berghänflinge, *Carduelis flavirostris,* in Freiberg (Sachs.). Beitr. Vogelk. **14**: 457

2490 – Singschwäne, *Cygnus cygnus,* bei Freiberg (Sachs.). Beitr. Vogelk. **14**: 457

2491 SCHÖNBACH, K.: Interessante Beobachtungen bei einer Kuckucksaufzucht. Falke **16**: 241

2492 SENGENBERGER, W.: Brutbestandserhebungen in Kleingärten. Avifaun. Mitt. Bez. Leipzig **3**: 99–104

2493 SPERLING, S.: Beobachtungen und Untersuchungen zur Invasion des Tannenhähers (*Nucifraga caryocatactes*) im Sommer und Herbst 1968. Orn. Mitt. **21**: 28

2494 STEPHAN, B.: Die Avifaunistik in der Deutschen Demokratischen Republik. Falke **16**: 344–345

2495 SÜSS, K.-H.: Ungewöhnlicher Raubmöwenaufenthalt in der Lausitz. Beitr. Vogelk. **15**: 88

2496 WOLF, G.: Löffler im Vogtland. Falke **16**: 103

2497–3522 nach HUMMITZSCH [4122]

1964
2497 HEYDER, R.: Emil Weiske – Ein Leben für die Kenntnis der Natur fremder Länder. Zool. Abh. Mus. Tierk. Dresden 27, 5: 81–128

1966

2498 LITZBARSKI, B. u. H. LITZBARSKI: Der Brutbestand der Gebirgsstelze (*Motacilla cinerea*) in Brandenburg. Veröff. Bez. Mus. Potsdam **4** (Beitr. z. Tierwelt d. Mark III): 159–179

1967

2499 SCHNEIDER, W.: Alwin Voigt – dem Altmeister der Vogelstimmenkunde zum Gedächtnis. Abh. Ber. Naturkundl. Mus. „Mauritianum" Altenburg **5**: 29–35

1968

2500 BAUER, K. M. u. U. N. GLUTZ VON BLOTZHEIM: Handbuch der Vögel Mitteleuropas, Bd. 2 (Anseriformes, 1. Teil). Frankfurt am Main

2501 MEYER, D. u. W. SCHLOSS: Girlitz (*Serinus serinus*) – Ringfunde. Auspicium **3**: 33–68

1969

2502 BAUER, K. M. u. U. N. GLUTZ VON BLOTZHEIM: Handbuch der Vögel Mitteleuropas, Bd. 3 (Anseriformes, 2. Teil). Frankfurt am Main

2503 BUB, H.: Nahrungspflanzen des Berghänflings (*Carduelis fl. flavirostris*). Vogelwarte **25**: 130–141

2504 CREUTZ, G.: Ernst August Wünsche und die ornithologische Erforschung des Elbsandsteingebirges. Sächs. Heimatbl. **15**: 37–40

2505 DATHE, H.: Richard Heyder 85 Jahre. Falke **16**: 426

2506 Fachgruppe Ornithologie Riesa: Walter Teubert 65 Jahre. Falke **16**: 427

2507 FUCHS, E.: Die Siedlungsdichte der Brutvögel auf einer Mittelgebirgswiese im Vogtland. Mitt. IG Avifauna DDR 2: 63–66

2508 HANDKE, K.: Erich Hummitzsch †. Naturschutzarb. und naturkundl. Heimatforschung in Sachsen **11**: 67

2509 HELBIG, R.: Einiges zur Bestandsaufnahme bei Heckenbraunellen. Mitt. IG Avifauna DDR 2: 87–88

2510 KALBE, L. u. H. LITZBARSKI: Zusammenstellung der Wasservogelgebiete der DDR. Mitt. Ber. Zentrale f. d. Wasservogelforsch. **1**, 1: 6–14

2511 KÖNIG, H.: Verzeichnis der auf dem Territorium der DDR erfolgten und publizierten Untersuchungen der Siedlungsdichte von Vogelbeständen auf Kontrollflächen. Mitt. IG Avifauna DDR 2: 67–73

2512 LITZBARSKI, H.: Verzeichnis der in den Jahren 1967/68 in der DDR erschienenen Veröffentlichungen mit Angaben über Wasservögel (nur Taucher, Gänse, Schwäne, Enten, Säger). Mitt. Ber. Zentrale f. d. Wasservogelforsch. **1**, 3: 18–33

2513 MISSBACH, D.: Ringfunde der Rohrweihe (*Circus aeruginosus*). Auspicium **3**: 351–362

2514 NAACKE, J.: Bericht über die 2. Tagung über Wasservogelforschung und Wasservogelschutz in der DDR vom 24.–27. 10. 1969 in Leipzig. Mitt. Ber. Zentrale f. d. Wasservogelforsch. d. DDR **1**, 3: 39–46

2515 RINNHOFER, G.: Die Ohrenlerche, *Eremophila alpestris* (L.), im Bezirk Karl-Marx-Stadt. Veröff. Mus. Naturk. Karl-Marx-Stadt **4**: 77–100

2516 RUTSCHKE, E. u. B. AHL: Ergebnisse der Mittwinterzählung der Wasservögel 1969. Mitt. Ber. Zentrale f. d. Wasservogelforsch. **1**, 1: 15–20

2517 – Ergebnisse der Wasservogelzählungen in der Saison 1968/69. Mitt. Ber. Zentrale f. d. Wasservogelforsch. **1**, 2: 5–21

2518 THIEME, W.: Fundliste in Sachsen beringter Flußuferläufer (*Tringa hypoleucos*). Auspicium **3**: 363–366

1970

2519 Autorenkollektiv: Um Stolpen und Neustadt. Werte unserer Heimat Band 17, Berlin

2520 BÄHRMANN, U.: Das Zahlenverhältnis der Geschlechter unter jungen Haussperlingen (*Passer domesticus domesticus* L.). Beitr. Vogelk. **15**: 197–198

2521 – Über das Variieren der Schwanzmauser beim Star (*Sturnus v. vulgaris* L.). Beitr. Vogelk. **15**: 434–435

2522 – Bemerkungen zur Unterscheidung der Geschlechter im Jugendkleid des Haussperlings (*Passer domesticus domesticus* L.). Beitr. Vogelk. **15**: 454–455

2523 – Vergleichende osteologische Untersuchungen an *Sturnus vulgaris vulgaris* L. und anderen Arten unter besonderer Berücksichtigung der Proportionierung der vorderen und hinteren Extremität (Aves, Sturnidae). Zool. Abh. Mus. Tierk. Dresden **31**: 11–38

2524 BANDORF, H.: Der Zwergtaucher. Neue Brehm-Bücherei Heft 430, Wittenberg Lutherstadt

2525 BAUMANN, R.: Wenn die Kraniche ziehen. Rundblick **17**, 4: 40

2526 BERGER, B.: Das Storchenjahr 1969. Rundblick **17**, 1: 48

2527 BEUTEL, H.: Vogelzugbeobachtungen im Frühjahr 1969 in der Sächsischen Schweiz. Zool. Abh. Mus. Tierk. Dresden **30**: 159–160

2528 BOBACK, A. W.: Unsere Wildenten. Neue Brehm-Bücherei Heft 131, 3. Aufl., Wittenberg Lutherstadt

2529 BÖHME, R. u. D. SCHILDE: Großer Brachvogel als Spätzieher. Falke **17**: 283

2530 CREUTZ, G.: Das Vorkommen der Weihenarten in der Oberlausitz. Abh. Ber. Naturkundemus. Görlitz **45**, 4: 1–14

2531 – Das Vorkommen des Schwarzstorches (*Ciconia nigra* [L.]) in Brandenburg. Veröff. Bez. Mus. Potsdam **18** (Beitr. z. Tierwelt d. Mark VI): 20–30

2532 – „Versammlungen" bei Lappentauchern. Beitr. Vogelk. **15**: 202–203

2533 – Zum Abschuß der Graureiher. Falke **17**: 134–135

2534 – Dringt der Halsbandschnäpper nach Norden vor? Falke **17**: 334–339

2535 – Zur Ernährungsweise des Kuckucks. Falke **17**: 416

2536 – Spielende Eichelhäher. Falke **17**: 426

2537 – Fernfund eines Wintergoldhähnchens. Falke **17**: 426

2538 – Das Vorkommen von Weihenarten in Thüringen. Landschaftspfl. u. Naturschutz in Thüringen **7**: 39–43

2539 – u. L. CREUTZ: Der Bestand des Schwarzstorches (*Cicona nigra* [L.]) und seine Entwicklung. Beitr. Vogelk. **16**: 36–49

2540 – u. R. SCHLEGEL: Quellennachweis zur Avifauna Sachsens (1959–1969). Abh. Ber. Naturkundemus. Görlitz **45**, 3: 1–48

2541 DATHE, H.: Partiell albinotischer Star (*Sturnus vulgaris*) im Vogtland. Beitr. Vogelk. **15**: 351

2542 DICK, W. u. H. HOLUPIREK: Halsbanddohle und Nordische Schafstelze im Erzgebirge. Falke **17**: 283

2543 DITTBERNER, H. u. W. DITTBERNER: Die Zwergmöwe (*Larus minutus* Pallas) in Brandenburg. Veröff. Bez. Mus. Potsdam **18** (Beitr. z. Tierwelt d. Mark VI): 63–76

2544 DORSCH, H.: Über das Zurruhegehen einiger Vogelarten. Beitr. Vogelk. **15**: 437–451

2545 – u. F. MÜLLER: Beringungsbericht 1966 und 1967 der Bezirke Leipzig und Karl-Marx-Stadt. Actitis **4**: 84–91

2546 ECK, S.: Zur Vermischung von Stock- und Fleckschnabelenten im Gebiet Dresden. Falke **17**: 204–206

2547 – *Turdus viscivorus jardansi*, nom. nov. Zool. Abh. Mus. Tierk. Dresden **30**: 135–136

2548 ERDMANN, G.: Zur Brutverbreitung von Grau- und Mittelspecht im Bezirk Leipzig. Actitis **4**: 68–71

2549 – Ergebnisse einer dreijährigen Bestandsaufnahme in einem Auwaldrevier bei Leipzig. Mitt. IG Avifauna DDR 3: 51–59

2550 FIEBIG, J.: Vogelkundliche Beobachtungen aus dem Bezirk Leipzig. Beitr. Vogelk. **16**: 87–93

2551 FISCHER, W.: Die Seeadler. Neue Brehm-Bücherei Heft 221, 2. Auflage, Wittenberg Lutherstadt

2552 FORMÁNEK, J.: XIX. Bericht der Beringungszentrale des Nationalmuseums in Prag und der Tschechoslowakischen Ornithologischen Gesellschaft für die Jahre 1964 und 1965 (tschechisch). Sylvia **18**: 135–213

2553 FÖRSTER, D.: Ergebnisse der Wasservogelzählungen im Winter 69/70 im Bezirk Leipzig. Actitis **4**: 72–79

2554 FRIELING, F.: Ergänzungen zum Durchzug der Limikolen am Windischleubaer Stausee. Beitr. Vogelk. **16**: 101–108

2555 GERBER, R.: Pflanzenläuse als Vogelnahrung. Beitr. Vogelk. **16**: 119–124

2556 GLIEMANN, L.: Das Revier der Grauammer. Falke **17**: 260–267

2557 GRÖSSLER, K.: Adlerbussard (*Buteo rufinus*) bei Leipzig. Beitr. Vogelk. **15**: 344

2558 – Ringdrossel (*Turdus t. torquatus*) als Frühjahrszügler bei Leipzig. Beitr. Vogelk. **15**: 345–346

2559 – Pfuhlschnepfe (*Limosa lapponica*) bei Leipzig. Beitr. Vogelk. **15**: 346

2560 – Säbelschnäbler (*Recurvirostra avosetta*) im Bezirk Leipzig. Beitr. Vogelk. **15**: 452

2561 – K. TUCHSCHERER, D. SAEMANN u. W. WEISE: Beobachtungsbericht 1967 Teil 1 (Seetaucher bis Greifvögel). Actitis **4**: 1–59

2562 HAJEK, V. u. O. KADLEC: Beringungsergebnisse der Erlenzeisige (*Carduelis spinus*) aus der CSSR (tschechisch). Sylvia **18**: 105–121

2563 HECKENROTH, H. u. E. SCHÜZ: Funde in Europa beringter Weißstörche im Orient östlich der Schmalfront. Zool. Abh. Mus. Tierk. Dresden **31**: 193–203

2564 HEYDER, D.: Stare „baden" im Schnee. Falke **17**: 355

2565 – Jugendgruppe Leipzig feierte zehnjähriges Bestehen. Falke **17**: 283

2566 HEYDER, R.: Gedächtnisleistung bei Vögeln. Beitr. Vogelk. **16**: 192–194

2567 HILPRECHT, A.: Höckerschwan, Singschwan, Zwergschwan. Neue Brehm-Bücherei Heft 177, 2. Aufl., Wittenberg Lutherstadt

2568 HIRSCHFELD, K.: Zum Vorkommen der Weidenmeise, *Parus montanus salicarius* C. L. Brehm, in Ostthüringen. Beitr. Vogelk. **15**: 353–380

2569 HOLUPIREK, H.: Zur Vertikalverbreitung der Vögel. Actitis **4**: 82–83

2570 – Die Vögel des hohen Mittelerzgebirges. Beitr. Vogelk. **15**: 105–184

2571 HÜCKLER, U.: Ringfunde der Waldohreule (*Asio otus*). Auspicium **4**: 111–137

2572 HUDEC, K. u. J. ROOTH: Die Graugans. Neue Brehm-Bücherei Heft 429, Wittenberg Lutherstadt

2573 KAFURKE, B.: Rotkopfwürger bei Freital. Falke **17**: 426

2574 KNOBLOCH, H.: Die Falken in der Oberlausitz. Abh. Ber. Naturkundemus. Görlitz **45**, 5: 1–22

2575 KNOCHENMUSS, F.: Schneeammern im Kreis Torgau. Falke **17**: 355

2576 KÖHRING, H.: Ohrenlerche bei Leipzig nachgewiesen. Falke **17**: 355

2577 KOPSCH, H.: Die Waldohreule. Heimatkalender Wurzen–Oschatz–Grimma: 16–17

2578 – Die Schleiereule. Heimatkalender Wurzen-Oschatz-Grimma: 86

2579 – Die Schwanzmeise. Rundblick **17**, 1: 21

2580 – Der Kernbeißer. Rundblick **17**, 3: 29

2581 – Der Waldkauz. Rundblick **17**, 3: 29–30

2582 – Die Haubenmeise. Rundblick **17**, 4: 38

2583 KRETZSCHMAR, H.: Wiederum: Großtrappe gegen Starkstromleitung. Falke **17**: 283

2584 KRÜGER, S.: Zum Herbstdurchzug des Flußregenpfeifers (*Charadrius dubius curonicus* Gm.) bei Hoyerswerda. Abh. Ber. Naturkundemus. Görlitz **45**, 13: 19–24

2585 – Schneeammerbeobachtungen in der südlichen Mark, Veröff. Bez. Mus. Potsdam **21** (Beitr. z. Tierwelt d. Mark VII): 157–158

2586 – Die Nächtigungszeiten und die Nächtigungsweise der Haubenlerche im Ablauf eines Jahres. Falke **17**: 158–163

2587 – Bodennest der Schwanzmeise in einem Grubenrestloch. Falke **17**: 355

2588 LEHMANN, K.: Brut von Uferschwalben im Braunkohlen-Tagebau. Falke **17**: 137

2589 LINDNER, H.: Weißlinge von *Strix a. aluco* L. Beitr. Vogelk. **15**: 453

2590 LÜBCKE, W.: Ringfunde der Wacholderdrossel (*Turdus pilaris*). Auspicium **4**: 43–70

2591 MAKATSCH, W.: Der Kranich. Neue Brehm-Bücherei Heft 229, 2. Aufl., Wittenberg Lutherstadt

2592 – Zum Brutvorkommen der Waldschnepfe (*Scolopax rusticola* L.) in der Oberlausitz (Aves, Scolopacidae). Zool. Abh. Mus. Tierk. Dresden **30**: 141–142

2593 MANKA, G.: Kormorane bei Pirna. Falke **17**: 211

2594 MENZEL, F.: Zum Auftreten von Kolkraben (*Corvus corax* L.) in der östlichen Oberlausitz. Abh. Ber. Naturkundemus. Görlitz **45**, 13: 25–26

2595 – Nachweise der Kurzschnabelgans (*Anser brachyrhynchus* Baill.) in der Oberlausitz. Abh. Ber. Naturkundemus. Görlitz **45**, 13: 27–28

2596 – u. W. HARTMANN: Herbstfang und Winterbeobachtung des Steinadlers (*Aquila chrysaëtos* L.) in der Lausitz. Abh. Ber. Naturkundemus. Görlitz **45**, 13: 29–30

2597 MENZEL, H.: Zur Eiablage des Kuckucks (*Cuculus canorus*). Die Vogelwelt **91**: 154

2598 MÜLLER, F.: Beringungsergebnisse der Beringer des Bezirkes Karl-Marx-Stadt im Jahre 1966. Actitis **4**: 92–94

2599 OELER, J., D. TRENKMANN, H. GROSSE u. N. HÖSER: Zwergohr-

eule (*Otus scops*, L.) oder Sperlingskauz (*Glaucidium passerinum*. L.) im Kreis Altenburg? Abh. Ber. Naturkundl. Mus. „Mauritianum" Altenburg **6**: 261–264

2600 OESER, R.: Zum Vorkommen des Rauhfußkauzes (*Aegolius funereus*) im Erzgebirge. Beitr. Vogelk. **15**: 351–352

2601 – Zur Aufnahme von Mörtel, Asche und Salzen durch Vögel. Falke **17**: 63

2602 PFANDKE, P.: Raubmöwen am Zschornaer Staubecken. Falke **17**: 283

2603 PIECHOCKI, R.: Der Turmfalke. Neue Brehm-Bücherei Heft 116, 3. Aufl., Wittenberg Lutherstadt

2604 REITZIG, P.: Kolbenente in Langenau. Falke **17**: 138

2605 – Stelzenläufer beobachtet. Falke **17**: 138

2606 RINNHOFER, G.: Zum Durchzug des Brachpiepers (*Anthus campestris*) am Erzgebirgsnordrand. Beitr. Vogelk. **15**: 185–193

2607 – Die Schneeammer im Bezirk Karl-Marx-Stadt. Falke **17**: 116–118

2608 – Der Berghänfling (*Carduelis flavirostris* [L.]) im Bezirk Karl-Marx-Stadt. Veröff. Mus. Naturk. Karl-Marx-Stadt **5**: 87–100

2609 RUTSCHKE, E. u. B. AHL: Ergebnisse der Wasservogelzählungen in der Saison 1969/70, außer Mittwinterzählung. Mitt. Ber. Zentrale f. d. Wasservogelforsch. **2**, 2/3: 13–30

2510 – – Ergebnisse der Mittwinterzählung der Wasservögel in der DDR. Mitt. Ber. Zentrale f. d. Wasservogelforsch. **2**, 2/3: 5–12

2611 SAEMANN, D.: Ergebnisse der Wasservogelzählungen im Winter 1969/70 aus dem Bezirk Karl-Marx-Stadt. Actitis **4**: 80–81

2612 – Beringungsergebnisse der Beringer des Bezirkes Karl-Marx-Stadt im Jahre 1967. Actitis **4**: 95–98

2613 – VII. Ornithologentagung des Bezirkes Karl-Marx-Stadt. Falke **17**: 136

2614 – Frühjahrsbeobachtungen an der Zwergschnepfe (*Lymnocryptes minimus*) in Mittelsachsen. Beitr. Vogelk. **15**: 194–196

2615 – Untersuchungen zur Siedlungsdichte einiger Großstadtvögel in Karl- Marx-Stadt. Mitt. IG Avifauna DDR **3**: 3–25

2616 – Die Brutvogelfauna einer sächsischen Großstadt. Veröff. Mus. Naturk. Karl-Marx-Stadt **5**: 21–85

2617 SCHLEGEL, J. u. S. SCHLEGEL: Unbeschädigte Eier in Rupfungen. Falke **17**: 66

2618 SCHLOSS, W.: Teichhuhn (*Gallinula chloropus*) – Ringfunde. Auspicium **4**: 17–29

2619 SCHMIDT, E.: Das Blaukehlchen. Neue Brehm-Bücherei Heft 426, Wittenberg Lutherstadt

2620 SCHMIDT, K.: Zum Vorkommen des Schwarzspechtes (*Dryocopus martius*) in Brandenburg. Veröff. Bez. Mus. Potsdam **21** (Beitr. z. Tierwelt d. Mark VII): 143–153

2621 SCHÖNN, S.: Brutnachweis der Stockente im NSG „Großer Kranichsee". Naturschutzarb. u. naturkundl. Heimatforschung in Sachsen **12**: 37

2622 SCHUMANN, G.: Haussperlingsweibchen füttert junge Mehlschwalben. Falke **17**: 138

2623 SEEGER, J.: Seltene Reiherarten in der Mark, Veröff. Bez. Mus. Potsdam **21** (Beitr. z. Tierwelt in der Mark VII): 127–131

2624 SÜSS, K.-H.: Zum Verhalten nestflüchtiger Wasseramseljungen. Beitr. Vogelk. **15**: 346–347

2625 TUSCHSCHERER, K.: Zum Vorkommen der Kolbenente (*Netta rufina*) im Bezirk Leipzig. Actitis **4**: 60–67

2626 VIEWEG, A.: Zwergsäger an der Zschopau. Falke **17**: 319

2627 WEBER, E.: Eine Feldlerchen-Winterflucht. Falke **17**: 7

2628 – Zum Schneefressen der Vögel. Falke **17**: 92–94

2629 – Zum Nahrungserwerb des Hausrotschwanzes. Falke **17**: 137

2630 WEBER, H.: Der Alpenbirkenzeisig, Brutvogel im sächsischen Erzgebirge. Falke **17**: 418–419

2631 WEISE, W.: Zum Vorkommen des Rotfußfalken im Gebiet der DDR im Herbst 1968. Falke **17**: 410–412

2632 WOBUS, U. u. G. CREUTZ: Eine erfolgreiche Mischbrut von Rot- und Schwarzmilan (*Milvus milvus* × *Milvus migrans*). Zool. Abh. Mus. Tierk. Dresden **31**: 305–313

1971

2633 Anonym: Turmfalkenlager entdeckt. „Energiespiegel" Dresden, Ausgabe 7/1971. Zitiert in Falke **19**: 317

2634 Autorenkollektiv: Die südöstliche Oberlausitz mit Zittau und dem Zittauer Gebirge. Werte unserer Heimat Band 16, Berlin

2635 BAEGE, L.: Nochmals über den avifaunistischen Nachlaß von Hugo Hildebrandt. Thür. Orn. Rundbrief 17/18: 3–8

2636 – u. B. STEPHAN: Vogelsammlungen Osterländer Bauernornithologen ins Zoologische Museum Berlin überführt. Beitr. Vogelk. **17**: 155–161

2637 BAUMANN, R.: Gast bei einem Beringertreffen. Rundblick **18**, 4: 33

2638 BEHMANN, H. u. K.-H. REISER: Ringfunde des Flußregenpfeifers (*Charadrius dubius*). Auspicium **4**: 235–251

2639 BEUTEL, H.: Haussperling mit nur einem Bein. Falke **18**: 174

2640 BLÜMEL, H.: Ein Beitrag zur Fütterungsaktivität der Amsel. Falke **18**: 190–197

2641 BRUCHHOLZ, S.: Beobachtungen an der Wasservogelpopulation des Niederspreer Teichgebietes (Naturschutz- und Wildforschungsgebiet). Beitr. Vogelk. **17**: 269–279

2642 BURKHARDT, P.: Zwergtaucher attackiert Hausenten. Falke **18**: 246

2643 BUSE, E.: Alle Jahre wieder. Rundblick **18**, 3: 48–49

2644 BÜTTNER, F.: Vogelwohnraumlenkung im IB 112. „Energiespiegel" Dresden, Ausgabe 8/1971, zitiert in Falke **19**: 391

2645 CONRADS, K. u. W. CONRADS: Regionaldialekte des Ortolans (*Emberiza hortulana*) in Deutschland. Die Vogelwelt **92**: 81–100

2646 CREUTZ, G.: Vorkommen der Schnäpper am Großen Winterberg. Beitr. Vogelk. **17**: 77

2647 – Die Verlusthöhe bei Schofen der Stock- (*Anas platyrhynchos*) und Tafelente (*Aythya ferina*) und ihre Staffelung. Beitr. Vogelk. **17**: 280–285

2648 – Die Zwergschnepfe als Durchzügler in der Oberlausitz. Falke **18**: 168

2649 – Überraschende Verhaltensweise beim Fischadler. Falke **18**: 427

2650 – Die Vogelwelt des Strohmberges. Sächs. Heimatbl. **17**: 132

2651 DATHE, H.: Johannes Fiebig 60 Jahre. Falke **18**: 426

2652 DICK, W.: Halsbandschnäpper Durchzügler bei Annaberg. Falke **18**: 171

2653 ECK, S.: Ein Würger-Bastard im Elbtal bei Pirna. Zool. Abh. Mus. Tierk. Dresden **32**: 1–4

2654 – Katalog der Eulen des Staatlichen Museums für Tierkunde Dresden. Zool. Abh. Mus. Tierk. Dresden **30**: 173–218

2655 ERDMANN, G.: Der Bleßrallenbestand 1970 im Bezirk Leipzig. Actitis **5**: 80–88

2656 – Beobachtungen am Nest der Ringeltaube. Falke **18**: 165–167

2657 FEHSE, C.: Bemerkenswerter Aufenthalt von Lachmöwen (*Larus ridibundus*) im Osterzgebirge. Beitr. Vogelk. **17**: 382–383

2658 – Der Brutvogelbestand einer Kontrollfläche im Fichtenwald bei Breitenbrunn/Erzgebirge. Mitt. IG Avifauna DDR 4: 29–34

2659 FRIELING, F.: Die Bedeutung des Windischleubaer Stausees als Reservat für unsere Wildenten. Abh. Ber. Naturkdl. Mus. „Mauritianum" Altenburg **7**: 31–48

2660 – u. N. HÖSER: Besonderheiten am Stausee Windischleuba 1967 und 1968. Beitr. Vogelk. **17**: 424–427

2661 FUCHS, E.: Die Schafstelze (*Motacilla flava flava* L.) Brutvogel im Vogtland in 650 m Höhe über NN. Beitr. Vogelk. **17**: 177–178

2662 GERBER, R.: Otto Wadewitz 60 Jahre. Falke **17**: 71–72

2663 GLUTZ VON BLOTZHEIM, U. N., K. M. BAUER u. E. BEZZEL: Handbuch der Vögel Mitteleuropas, Bd. 4 (Falconiformes). Frankfurt am Main

2664 GROSSKOPF, G.: Ringfunde des Rotschenkels (*Tringa totanus*). Auspicium **4**: 311–323

2665 GRÖSSLER, K.: Die Rupfungsfunde der Jahre 1968 und 1969. Actitis **5**: 80–84

2666 – K. TUCHSCHERER, D. SAEMANN u. W. WEISE: Beobachtungsbericht 1967 Teil 2 (Hühner bis Sperlingsvögel). Actitis **5**: 1–68

2667 GÜNSCHE, W.: Beobachtungen am Fitislaubsänger. Falke **18**: 65

2668 HANDKE, K.: Die Avifauna des Naturschutzgebietes Wildenhainer Bruch. Beitr. Vogelk. **17**: 104–134

2669 HASSE, H.: Der Rohrschwirl – neuer Brutvogel in der Oberlausitz. Falke **18**: 318–319

2670 – u. U. WOBUS: Das Bleßhuhn (*Fulica atra* L.) in der Oberlausitz. Abh. Ber. Naturkundemus. Görlitz **46**, 14: 1–15

2671 HOFMANN, F.: Wachtelkönig-Vorkommen bei Gelenau im Erzgebirge. Falke **18**: 103

2672 HOLUPIREK, H.: Der Raubwürger (*Lanius excubitor*) im Bezirk Karl-Marx-Stadt. Veröff. Mus. Naturk. Karl-Marx-Stadt **6**: 75–84

2673 HÖSER, N.: Phasenlänge der Tagesperiodik von drei freilebenden Vogelarten (*Turdus merula* (L.), *Parus major* (L.), *Passer montanus* (L.)) auf 51° nördlicher Breite in Abhängigkeit von der Jahreszeit. Abh. Ber. Naturkund. Mus. „Mauritianum" Altenburg **7**: 49–58

2674 HUMMITZSCH, P.: Winterbeobachtung eines Austernfischers bei Radebeul. Falke **18**: 66

2675 – Das Naturschutzgebiet „Zschornaer Teiche" als ornithologischer Brennpunkt. Naturschutzarb. u. naturkundl. Heimatforschung in Sachsen **13**: 3–15

2676 KATZER, B.: Bienenfresser im Kreis Meißen. Falke **18**: 390

2677 KIEKHÖFEL, P.: Taucherbeobachtungen am Großhartmannsdorfer Großteich. Beitr. Vogelk. **17**: 178–179

2678 KIRMSE, W.: Ergebnis der Habicht- und Sperberzählung in der DDR 1966. Falke **18**: 334–339

2679 KLEINSTEUBER, E.: Das Schrifttum zur Naturgeschichte von Karl-Marx-Stadt. Veröff. Mus. Naturk. Karl-Marx-Stadt **6**: 3–24

2680 KNOBLOCH, H.: XIV. Ornithologentagung des Bezirkes Dresden. Sächs. Heimatbl. **17**: 186

2681 KRAMER, V.: Habicht und Sperber. Neue Brehm-Bücherei Heft 158, 2. Aufl., Wittenberg Lutherstadt

2682 KRAUSE, R.: Erstnachweis der Brandseeschwalbe (*Sterna sandvicensis*) für die Oberlausitz. Abh. Ber. Naturkundemus. Görlitz **46**, 18: 13–14

2683 KRÜGER, S. u. R. SCHIPKE: Uferschnepfe (*Limosa limosa* [L.]) wieder Brutvogel bei Hoyerswerda. Beitr. Vogelk. **17**: 253–254

2684 KUTSCHERA, E.: Ein Uhu, *Bubo bubo*, bei Freiberg verletzt aufgefunden. Beitr. Vogelk. **17**: 263

2685 – Raubseeschwalben, *Hydroprogne caspia*, und Steinwälzer, *Arenaria interpres*, am Großhartmannsdorfer Teich bei Freiberg. Beitr. Vogelk. **17**: 263

2686 LINDNER, E.: Wetterfluchtbewegung des Mauerseglers vor Gewitter mit Kaltfronteinbruch. Falke **18**: 31

2687 LINDNER, H.: *Caprimulgus europaeus* L. Brutvogel bei Gerichshain/Sa. Beitr. Vogelk. **17**: 263

2688 MARTIN, E.: Der „Keilhagen", eine eindrucksvolle Vogelgestalt. Rundblick **18**: 43

2689 MELDE, F.: Die Rauchschwalben- und Mehlschwalbenpopulationen in einem Dorfe. Falke **18**: 278–279

2690 MELDE, M.: Die Bussardarten in der Oberlausitz. Abh. Ber. Naturkundemus. Görlitz **46**, 13: 1–9

2691 – Die Rallenvögel (außer Bleßhuhn) in der Oberlausitz. Abh. Ber. Naturkundemus. Görlitz **46**, 15: 1–8

2692 MENZEL, F.: Beobachtungen zum Verlauf einer Zweitbrut beim Rothalstaucher (*Podiceps griseigena* Bodd.). Beitr. Vogelk. **17**: 171–172

2693 MENZEL, H.: Kohlmeise (*Parus major*) okkupiert Gelege der Blaumeise (*Parus caeruleus*). Beitr. Vogelk. **17**: 181

2694 – Eigenartiger Neststand des Eichelhähers (*Garrulus g. glandarius* [L.]). Beitr. Vogelk. **17**: 181

2695 – Der Gartenrotschwanz. Neue Brehm-Bücherei Heft 438, Wittenberg Lutherstadt

2696 NAACKE, J.: Zur Verbreitung und Häufigkeit der Graugans, *Anser anser*, im Gebiet der DDR (Ergebnisse der Bestandserfassung 1969). Beitr. Vogelk. **17**: 317–322

2697 – Jahresbericht 1968/69 der Arbeitsgruppe Gänsevögel. Mitt. Ber. Zentrale f. d. Wasservogelforsch. **3**, 1: 7–40

2698 NEUBAUER, W.: Zum Vorkommen der Kolbenente, *Netta rufina* (Pallas), in der DDR. Beitr. Vogelk. **17**: 331–338

2699 NICKEL, J.: Raubseeschwalbe im Kreis Bischofswerda. Falke **18**: 66

2700 OESER, R.: Über Höhlenbruten in den Wäldern des Erzgebirges. Beitr. Vogelk. **17**: 78

2701 – Beuteergebnisse erzgebirgischer Aufsammlungen von Gewöllen der Waldohreule. Beitr. Vogelk. **17**: 166–167

2702 – Ungewöhnliche Erscheinungen des Frühjahrszuges im Erzgebirge. Beitr. Vogelk. **17**: 258–260

2703 – Zur Brut des Rauhfußkauzes (*Aegolius funereus*) im Erzgebirge. Beitr. Vogelk. **17**: 260–261

2704 PÄTZOLD, R.: Heidelerche und Haubenlerche. Neue Brehm-Bücherei Heft 440, Wittenberg Lutherstadt

2705 PECINA, H.: Dreifache, teilweise geschachtelte Brut der Gebirgsbachstelzen. Falke **18**: 174

2706 PIECHOCKI, R.: Die Invasion Sibirischer Tannenhäher 1968/69 in der DDR. Falke **18**: 4–26, 40–57

2707 REISER, K.-H.: Feldlerchen (*Alauda arvensis*) – Ringfunde. Auspicium **4**: 355–363

2708 REISSIG, E.: Tragisches Ende eines Schwarzspechtes (*Dryocopus martius*). Beitr. Vogelk. **17**: 183

2709 RINNHOFER, G.: Zum Verhalten der Ohrenlerche, *Eremophila alpestris* (L.), an ihren Winteraufenthaltsplätzen im Erzgebirgsraum. Beitr. Vogelk. **17**: 385–393

2710 RUTSCHKE, E. u. B. AHL: Ergebnisse der Mittwinterzählung 1971 der Wasservögel in der DDR. Mitt. Ber. Zentrale f. d. Wasservogelforsch. **3**, 2/3: 2–18

2711 – – Ergebnisse der Wasservogelzählungen in der Saison 1970/71, außer Mittwinterzählung. Mitt. Ber. Zentrale f. d. Wasservogelforsch. **3**, 2/3: 19–37

2712 RUTSCHKE, E.: Einige Ergebnisse der Wasservogelzählungen in der DDR. Tag.-Ber. Dt. Akad. Landwirtsch. Wiss. Berlin **113**: 305–326

2713 SAEMANN, D.: Zum Vorkommen des Rauhfußkauzes, *Aegolius funereus*, im Bezirk Karl-Marx-Stadt. Actitis **5**: 73–79

2714 – VIII. Ornithologentagung des Bezirkes Karl-Marx-Stadt am 8. Mai 1971. Falke **18**: 354–355

2715 SCHIFFERLI, A. u. Ch. IMBODEN: Schweizerische Ringfundmeldung für 1969 und 1970. Orn. Beobachter **69**: 72–109

2716 SCHILDMACHER, H. u. H. PÖRNER: Jahresbericht der Vogelwarte Hiddensee über das Jahr 1967

2717 SCHLEGEL, J. u. S. SCHLEGEL: Beobachtungen der Balz und Kopulation beim Kleinspecht (*Dendrocopos minor*). Beitr. Vogelk. **17**: 251–253

2718 SCHLOSS, W.: Waldkauz (*Strix aluco*) – Ringfunde. Auspicium **4**: 325–353

2719 SCHNEIDER, W.: Ornithologische Besonderheiten 1963. Beitr. Vogelk. **17**: 381

2720 SCHOLZE, H. u. G. HOFMANN: Bienenfresser im Kreis Zittau. Falke **18**: 390

2721 SCHÖLZEL, H.: Partieller Albinismus bei zwei Vogelarten. Beitr. Vogelk. **17**: 264

2722 SCHÖNFUSS, G.: Ein ornithologischer Rückblick. Kulturspiegel Kr. Auerbach Febr.-Heft: 22–24

2723 – Ein Bewohner unserer Bäche. Kulturspiegel Kr. Auerbach April-Heft: 45–48

2724 – Die Vogelwelt der Unterlauterbacher Teiche. Kulturspiegel Kr. Auerbach Juli-Heft: 77–80

2725 SCHUBERT, S.: Oktoberfeststellung eines Mauerseglers. Falke **18**: 138–139

2726 SCHULZE, K.-H.: Singschwäne (*Cygnus cygnus*) in der Oberlausitz. Abh. Ber. Naturkundemus. Görlitz **46**, 18: 15–16

2727 – Schmarotzerraubmöwe (*Stercorarius parasiticus*) im Kreis Hoyerswerda. Beitr. Vogelk. **17**: 383

2728 – Zur Nahrung der Rauchschwalbe (*Hirundo rustica*). Beitr. Vogelk. **17**: 459

2729 – Steinwälzer (*Arenaria interpres*) in der nördlichen Oberlausitz. Beitr. Vogelk. **17**: 460

2730 STEPHAN, B.: Blauracke bei Sebnitz. Falke **18**: 174

2731 STOHN, H.: Amsel plündert Haussperlingsnest. Falke **18**: 138

2732 – Greifvogelschutz im Winter. Falke **18**: 424

2733 SÜSS, K.-H.: Die Krickente (*Anas c. crecca* L.) Brutvogel am Großhartmannsdorfer Teich. Beitr. Vogelk. **17**: 380–381

2734 TAUTENHAHN, W.: Birkenzeisig (*Carduelis flammea*) zur Brutzeit im Georgenfelder Hochmoor (Sachsen). Orn. Mitt. **23**: 175

2735 THOMAS, F.: 16 700 Vögel beringt (Würdigung für Kurt Roßdeutscher, Mügeln). Rundblick **18**, 5: 33

2736 TIETZE, F.: Zum Nahrungsspektrum des Sibirischen Tannenhähers während der Invasion 1968/69 in der DDR. Falke **18**: 89–93

2737 UNGER, W.: Habicht, *Accipiter gentilis*, und Sperber, *Accipiter nisus*, im Spiegel der Beringung. Beitr. Vogelk. **17**: 135–154

2738 WEBER, E.: Schmarotzendes Amselmännchen. Falke **18**: 31

2739 WEBER, H.: Über die Fichtenkreuzschnabelinvasionen der Jahre 1962 bis 1968 im Naturschutzgebiet Serrahn. Falke **18**: 306–314, 19: 16–27

2740 WEISE, W.: Zur Brutverbreitung der Turteltaube (*Streptopelia turtur*) im Bezirk Karl-Marx-Stadt. Actitis **5**: 69–72

2741 – Eine neue Beobachtung des Spornpiepers (*Anthus richardi*) aus Sachsen. Beitr. Vogelk. **17**: 167–168

2742 WEISS, V.: Keine Winterverluste bei Rebhühnern (*Perdix perdix*) im Obererzgebirge. Beitr. Vogelk. **17**: 176–177

2743 ZÄHR, H.: Bienenfresser-Beobachtung nördlich von Bautzen. Abh. Ber. Naturkundemus. Görlitz **46**, 18: 17

1972

2744 Anonym: Sperlingsforscher trafen sich in Leipzig. Falke **19**: 246

2745 Autorenkollektiv: Handbuch der Naturschutzgebiete der Deutschen Demokratischen Republik, Band 2. Leipzig, Jena, Berlin

2746 Autorenkollektiv: Um Aue, Schwarzenberg und Johanngeorgenstadt. Werte unserer Heimat Band 20, Berlin

2747 BÄHRMANN, U.: Ein Beitrag zur biologischen Signifikanz des Vogelgewichts. Beitr. Vogelk. **18**: 89–122

2748 BEER, W.-D.: Kranich- und Saatgansbeobachtung in der Dübener Heide 1970. Actitis **7**: 7–12

2749 – Hans Pönitz 80 Jahre. Falke **19**: 66

2750 – u. K. HANDKE: Der Gänserastplatz in den Mooren der Dübener Heide. Actitis **7**: 1–6

2751 BEUTEL, H.: Erstbeobachtung der Saatgans in der Sächsischen Schweiz. Falke **19**: 319

2752 BLASCHKE, W.: Der Berghänfling als Wintergast im Süden des Bezirkes Cottbus. Falke **19**: 356

2753 BLÜMEL, H.: Rotkehlchen brütete im Nistkasten. Falke **19**: 175

2754 BORCHARDT, W.: Tannenhäher bei Saupsdorf/Sächs. Schweiz. Falke **19**: 65

2755 BUSCHMANN, J.: Melanotischer Haussperling. Falke **19**: 65

2756 COLDITZ, A: Trauerschnäpper „adoptiert" Blaumeise. Falke **19**: 175

2757 CREUTZ, G.: Zur Höhenverbreitung der Elster (*Pica pica*) und der Türkentaube (*Streptopelia decaocto*) im oberen Erzgebirge. Beitr. Vogelk. **18**: 451–462

2758 DATHE, H.: Prof. Dr. H. J. Müller 60 Jahre. Falke **19**: 318

2759 DICK, W.: Der Alpenbirkenzeisig im Bezirk Karl-Marx-Stadt im Jahre 1971. Falke **19**: 420–421

2760 DORSCH, H.: Beringungsbericht 1968 für den Bezirk Leipzig. Actitis **7**: 13–18

2761 – Wiederfundliste III. Actitis **7**: 40–54

2762 EBERT, J. u. H. KNOBLOCH: Der Uhu in Sachsen. Naturschutzarb. u. naturkundl. Heimatforschung in Sachsen **14**: 4–22

2763 ERDMANN, G.: Erich Hummitzsch zum Gedächtnis. Beitr. Vogelk. **18**: 431–433

2764 FRIELING, F. u. N. HÖSER: Besonderheiten am Stausee Windischleuba 1969. Beitr. Vogelk. **18**: 399–400

2765 GERBER, R.: Einige vogelkundliche Beobachtungen bei Falkenberg Kr. Torgau. Apus **2**: 287

2766 GRÄNITZ, R. u. D. SAEMANN: Beringungsergebnisse der Beringer des Bezirkes Karl-Marx-Stadt in den Jahren 1968/69. Actitis **7**: 19–23

2767 GRÖSSLER, K., K. TUCHSCHERER, D. SAEMANN u. W. WEISE: Beobachtungsbericht 1968. Actitis **6**: 1–128

2768 GRÜN, G.: Über das Variieren der Nestlingsnahrung bei der Tannenmeise. Falke **19**: 125–129, 166–171

2769 HÄUPL, H.: Bemerkungen zum Rüttelflug des Turmfalken. Falke **19**: 210

2770 HERR, G.: Ringfunde des Sperbers (*Accipiter nisus*). Auspicium **4**: 413–434

2771 HEYDER, R.: Biographische Erinnerungen an Chemnitzer Ornithologen. Veröff. Mus. Naturk. Karl-Marx-Stadt **7**: 3–8

2772 HOLUPIREK, H.: Erste Erfahrungen bei der Auswertung von Beobachtungskarten. Actitis **7**: 37–39

2773 – Der Grauspecht (*Picus canus*) im Bezirk Karl-Marx-Stadt. Veröff. Mus. Naturk. Karl-Marx-Stadt **7**: 45–57

2774 KALBE, L. u. J. SEEGER: Das Vorkommen der Uferschnepfe, *Limosa limosa*, in Brandenburg. Veröff. Bez. Mus. Potsdam **23/24** (Beitr. z. Tierwelt d. Mark IX): 95–117

2775 KATZER, B.: Nachtreiher im Moritzburger Teichgebiet. Falke **19**: 139

2776 KIEKHÖFEL, P.: Möwen- und Seeschwalben-Beobachtungen am Großhartmannsdorfer Großteich. Beitr. Vogelk. **18**: 438–441

2777 KNOBLOCH, H.: Der Uhu in Sachsen. Abh. Ber. Naturkundemus. Görlitz **47**, 2: 73–74

2778 – Der Wanderfalke in der Lausitz. Falke **19**: 235–237, 268–274

2779 – 14. Ornithologentagung des Bezirkes Dresden. Falke **19**: 278–279

2780 KRAMER, V.: Habicht und Sperber. Neue Brehm-Bücherei Heft 158, 2. Aufl., Wittenberg Lutherstadt

2781 KRAUSS, A.: Salmonellose bei Grünfink und Feldsperling. Falke 19: 356

2782 KRÜGER, S., E. MAHLING, M. MELDE u. F. MENZEL: Die Limicolen in der Oberlausitz Teil I. Abh. Ber. Naturkundemus. Görlitz 47, 12: 1–44

2783 LINDNER, E.: Großtrappen im Kreis Hohenmölsen. Falke 19: 174

2784 LITZBARSKI, H.: Verzeichnis der Literatur über Wasservögel 1969–1970. Mitt. Ber. Zentrale f. d. Wasservogelforsch. 4, 1: 5–23

2785 MAKATSCH, W.: Der Schwarze Milan. Neue Brehm-Bücherei Heft 100, 2. Aufl., Wittenberg Lutherstadt

2786 MÄRZ, R.: Tauben auf der Beuteliste vom Uhu (Bubo bubo). Beitr. Vogelk. 18: 81–88

2787 – Der Rauhfußkauz, Aegolius funereus, im Deutscheinsiedler Wald. Beitr. Vogelk. 18: 448–449

2788 MENZEL, F.: Zum Vorkommen der Großtrappe, Otis tarda L., in der Oberlausitz. Abh. Ber. Naturkundemus. Görlitz 47, 13: 19–21

2789 MÖCKEL, R.: Avifaunistische Notizen aus dem Westerzgebirge bei Aue. Actitis 7: 66–73

2790 MÖNNIG, M.: Vögel als Bienenfeinde. Falke 19: 355

2791 NADLER, T.: Schachtelbrut eines Rotrückenwürgers (Lanius collurio). Beitr. Vogelk. 18: 441–444

2792 NICKEL, J.: Der Durchzug an den Rammenauer Teichen. Beitr. Vogelk. 18: 388–395

2793 ODRICH, E.: Zum Vorkommen von Samt- und Trauerenten im Südosten der DDR. Falke 19: 139

2794 OERTNER, J.: Andreas Hohmann 75 Jahre. Falke 19: 66

2795 OESER, R.: Übersicht der Rupfungsfunde bei Raschau im Erzgebirge. Actitis 7: 34–37

2796 – Weiteres Brutvorkommen des Rauhfußkauzes (Aegolius funereus) bei Raschau im Erzgebirge. Beitr. Vogelk. 18: 436–437

2797 – Dezemberauftreten eines jungen Höckerschwanes im Erzgebirge. Falke 19: 139

2798 OLZMANN, H.: Zwergseeschwalbe und Knutt an der Talsperre Pöhl. Falke 19: 31

2799 – Beobachtungen zur Winterflucht. Falke 19: 174

2800 ORTLIEB, R.: Zur Tagesaktivität des Sperbers. Falke 19: 175

2801 PÄTZOLD, R.: Über eine Feldlerchenbrut im Freikäfig. Falke 19: 312–313

2802 – Aus Moritzburgs Vogelwelt. Sächs. Heimatbl. 18: 91–96a

2803 PFLUGBEIL, A.: Kurt Kleinstäuber †. Falke 19: 67

2804 RINNHOFER, G.: Zum Vorkommen des Berghänflings (Carduelis flavirostris) in Karl-Marx-Stadt. Beitr. Vogelk. 18: 401–416

2805 – Ohrenlerchen bei der Nahrungssuche. Falke 19: 80–81

2806 RUTSCHKE, E. u. B. AHL: Ergebnisse der Mittwinterzählung 1972 der Wasservögel in der DDR. Mitt. Ber. Zentrale f. d. Wasservogelforsch. 4, 2/3: 5–11

2807 – Ergebnisse der Wasservogelzählungen in der Saison 1971/72, außer Mittwinterzählung. Mitt. Ber. Zentrale f. d. Wasservogelforsch. 4, 2/3: 12–50

2808 SAEMANN, D.: Ergebnisse der Wasservogelzählungen im Bezirk Karl-Marx-Stadt 1970/71 u. 1971/72. Actitis 7: 55–65

2809 – Die Nachtigall, Luscinia megarhynchos, als Brutvogel im Erzgebirgsvorland. Veröff. Mus. Naturk. Karl-Marx-Stadt 7: 93–97

2810 SCHIEMANN, H.: Über Winterquartiere nordeuropäischer Odinshühnchen (Phalaropus lobatus). Vogelwarte 26: 329–336

2811 SCHIEMENZ, H.: Die Situation der vom Aussterben bedrohten Vögel in der DDR. Falke 19: 42–47

2812 SCHINDLER, R. u. R. WITTIG: Stareninvasion in Karl-Marx-Stadt. Falke 19: 247; 355 (Ergänzung)

2813 SCHLEGEL, R.: Die Feldhühner (Perdicinae und Phasianinae) in der Oberlausitz. Abh. Ber. Naturkundemus. Görlitz 47, 11: 1–16

2814 SCHLEGEL, S.: Ergebnisse einer 15jährigen Rupfungs- und Federsammlung aus dem oberen Erzgebirge. Actitis 7: 24–33

2815 SCHMITT, H.-P.: Amsel stört Grünfinkenbrut. Falke 19: 426

2816 – Zu „Bachstelze verfolgt Uferläufer". Falke 19: 427

2817 SCHNEIDER, W.: Sind Populationsstudien der Lebensgeschichte des Stars, Sturnus vulgaris L., noch von Bedeutung? Beitr. Vogelk. 18: 310–346

2818 – Der Star. Neue Brehm-Bücherei Heft 248, 2. Aufl., Wittenberg Lutherstadt

2819 SCHÖNFUSS, G.: Der Kernbeißer. Kulturspiegel Kr. Auerbach Juni-Heft: 97–98

2820 – Der Vogtlandsee ornithologisch gesehen. Kulturspiegel Kr. Auerbach Juli-Heft: 112–115

2821 SCHÖNN, S.: Der Sperlingskauz – Brutvogel im Vogtland. Falke 19: 228–229

2822 SCHULZE, K.-H.: Albinotische Bachstelze. Falke 19: 391

2823 SÜSS, K.-H.: Zum Vorkommen und zur Ökologie der Wasseramsel (Cinclus cinclus aquaticus) im Mittelerzgebirge. Hercynia N. F. 9: 182–195

2824 ULBRICHT, J.: Gerfalke bei Dresden. Falke 19: 355

2825 UNGER, W.: Habicht-Fernfund. Falke 19: 211

2826 WADEWITZ, O.: Klette als Vogelfalle. Falke 19: 282

2827 WEIG, Ch.: Amsel-Unfall. Beitr. Vogelk. 18: 435

2828 WOHLGEMUTH, K.: Albinostar bei Hoyerswerda. Falke 19: 391

2829 ZENKER, D.: Zur Dämmerungsaktivität von Falken. Falke 19: 319

1973

2830 AHL, B.: Nachtrag Wasservogelzählungen 1971/72. Mitt. Ber. Zentrale f. d. Wasservogelforsch. 5, 1: 12

2831 Autorenkollektiv: Lößnitz und Moritzburger Teichlandschaft. Werte unserer Heimat Band 22, Berlin

2832 – Das Altenburger Land. Werte unserer Heimat Band 23, Berlin

2833 BÄHRMANN, U.: Einiges über die Größenverhältnisse des Feldsperlings (Passer montanus montanus L.) und ein Vergleich mit denen des Haussperlings (Passer domesticus domesticus L.). Beitr. Vogelk. 19: 153–169

2834 BAUMGART, W.: Nochmals: Gerfalke bei Dresden. Falke 20: 175

2835 BORCHARDT, W.: Schneeammerbeobachtung bei Dresden. Falke 20: 103

2836 – Wiederfund beringter Kohlmeise. Falke 20: 318

2837 CREUTZ, G.: Aufwuchsverluste bei der Stockente (Anas platyrhynchos L.). Beitr. z. Jagd- u. Wildforschung 8: 309–315

2838 – Hohes Alter eines beringten Graureihers. Falke 20: 427

2839 CZERLINSKY, H.: Zur Verbreitung von Eisvogel und Wasseramsel im Bezirk Karl-Marx-Stadt. Naturschutzarb. u. naturkundl. Heimatforschung in Sachsen 15: 25–34, 65–75

2840 DECKERT, G.: Der Feldsperling. Neue Brehm-Bücherei Heft 398, 2. Aufl., Wittenberg Lutherstadt

2841 DICK, W.: Zum Brutvorkommen des Birkenzeisigs (Carduelis flammea) im Erzgebirge. Beitr. Vogelk. 19: 397–405

2842 ECK, S.: Der Schlagschwirl bei Dresden. Falke 20: 98–99

2843 – Wir gratulieren Udo Bährmann zum 80. Geburtstag. Falke 20: 422–423

2844 – Katalog der ornithologischen Sammlung des Zoologischen Institutes der Karl-Marx-Universität Leipzig, übernommen vom Staatlichen Museum für Tierkunde Dresden I. Strigidae. Zool. Abh. Mus. Tierk. Dresden 32: 155–169

2845 EINERT, M.: Zur Nächtigungsweise von Höhlenbrütern in künstlichen Nistgeräten. Falke 20: 103

2846 ERDMANN, G.: Zum Vorkommen des Grauspechts (Picus canus) in der Leipziger Gegend. Beitr. Vogelk. 19: 329–341

2847 – Zu: „Eis- und Kolbenente auf dem Elsterstaubecken in Leipzig". Falke 20: 428

2848 – Zur Entwicklung des Weißstorchbestandes (Ciconia ciconia L.) im Bezirk Leipzig. Naturschutzarb. u. naturkundl. Heimatforschung in Sachsen 15: 76–89

2849 EULENBERGER, K.: Eis- und Kolbenente auf dem Elsterstaubecken in Leipzig. Falke 20: 238

2850 FISCHER, W.: Der Wanderfalk. Neue Brehm-Bücherei Heft 380, 3. Aufl., Wittenberg Lutherstadt

2851 FÖRSTER, D.: Zur Wasservogelforschung im Bezirk Leipzig. Naturschutzarb. u. naturkundl. Heimatforschung in Sachsen 15: 43–44

2852 FRIELING, F. u. N. HÖSER: Das Geschlechtsverhältnis durchziehender Tafelenten, Aythya ferina, im Frühjahr in Windischleuba. Beitr. Vogelk. 19: 296–305

2853 – – Besonderheiten am Stausee Windischleuba 1970. Beitr. Vogelk. 19: 424–429

2854 GEILER, H. u. R. STEFFENS: Untersuchungen zur Intensität und zum Umfang des Vogelgesanges in einem Parkbiotop als Grundlage quantitativer Singvogelbestandesaufnahmen. Wiss. Ztschr. TU Dresden 22: 913–916

2855 GEISSLER, R.: Frühjahrsbeobachtung eines Seidenreihers bei Radeburg, Kreis Dresden. Falke **20**: 103

2856 GLIEMANN, L.: Die Grauammer. Neue Brehm-Bücherei Heft 443, Wittenberg Lutherstadt

2857 GLUTZ VON BLOTZHEIM, U. N., K. M. BAUER u. E. BEZZEL: Handbuch der Vögel Mitteleuropas, Bd. 5 (Galliformes und Gruiformes). Frankfurt am Main

2858 GÜNSCHE, W.: Seltener Brutplatz eines Gimpels. Falke **20**: 30

2859 – Mönchsgrasmücke im Dezember. Falke **20**: 103

2860 – Ohrenlerchen-Beobachtungen im Winter 1969/1970. Falke **20**: 211

2861 HAENSCHKE, W.: Blauracke (*Coracias garrulus*) im Mittelerzgebirge. Beitr. Vogelk. **19**: 392

2862 HASSE, H.: Zum Herbstzug des Sumpfrohrsängers (*Acrocephalus palustris*). Beitr. Vogelk. **19**: 306

2863 – Kiefernkreuzschnäbel (*Loxia pytyopsittacus*) im November 1972 in der Oberlausitz. Abh. Ber. Naturkundemus. Görlitz **48**, 16: 21

2864 – Nachweise von Alpenbirkenzeisigen (*Carduelis flammea cabaret*) und Polarbirkenzeisigen (*Carduelis hornemanni exilipes*) aus der Oberlausitz. Abh. Ber. Naturkundemus Görlitz **48**, 16: 23–24

2865 HELBIG, R.: Über Alter und Ortstreue von Heckenbraunellen. Falke **20**: 27

2866 HEYDER, R.: Zur Frage nach dem Alter und der Herkunft der Birkenzeisigeinsiedlung in Mitteleuropa. Beitr. Vogelk. **19**: 393–396

2867 HÖSER, N.: Bestimmung und Interpretation der Artendichte (species diversity) von Vogelbeständen aus Zählergebnissen unterschiedlichen mathematischen und biologischen Charakters. Beitr. Vogelk. **19**: 313–328

2868 KIEKHÖFEL, P., H. KIEKHÖFEL u. S. ECK: Eistaucher bei Dresden. Mitt. IG Avifauna DDR 6: 85–88

2869 KRÜGER, S.: Flußuferläufervorkommen in einem Tagebaurestsee bei Hoyerswerda. Falke **20**: 303–305

2870 – Siedlungsdichteuntersuchungen am Brutvogelbestand von Hoyerswerda-Neustadt im Jahr 1971. Mitt. IG Avifauna DDR 6: 89–100

2871 – u. K.-H. SCHULZE: Flußseeschwalbe (*Sterna hirundo,* [L.]) wieder Brutvogel in der Oberlausitz. Abh. Ber. Naturkundemus. Görlitz **48**, 16: 19–20

2872 KUNZ, F.: Interessante Begegnung mit einem Tannenhäher. Falke **20**: 354

2873 KUTSCHERA, E.: Vogelschutz in den Kreisen Freiberg und Brand-Erbisdorf. Falke **20**: 315

2874 LÖSER, F.: Brutgemeinschaft von Star und Feldsperling. Falke **20**: 211

2875 – Maße von Sperlingseiern. Falke **20**: 243

2876 MARTIN, F.: Spätbeobachtungen von Weißstörchen im Bezirk Leipzig. Falke **20**: 428

2877 – Höckerschwäne am Königsteich. Rundblickjahrbuch 1973: 54/55

2878 MAUERSBERGER, R.: Durchzug von Kranichen im Erzgebirge. Falke **20**: 211

2879 MELDE, M.: Baßtölpel (*Sula bassana*) im Bezirk Dresden. Beitr. Vogelk. **19**: 224

2880 – Zur Biologie der Schwanzmeise. Falke **20**: 150–157

2881 – Entenbeobachtungen an einigen Teichen der Westlausitz II. Falke **20**: 306–312, 344–350

2882 – Der Haubentaucher. Neue Brehm-Bücherei Heft 461, Wittenberg Lutherstadt

2883 MENZEL, H.: Nestjunger Weißstorch (*Ciconia ciconia*) erstickt bei der Nahrungsaufnahme. Beitr. Vogelk. **19**: 222

2884 – u. L. PORRMANN: Weiße Dorngrasmücke in der Oberlausitz. Falke **20**: 244

2885 MÜLLER, L.: Winterbeobachtungen von Erlenzeisigen. Falke **20**: 379

2886 MÜLLER, T.: Drosselrohrsänger als Baumbrüter. Falke **20**: 245

2887 NESTLER, H. u. B. SCHIEFER: Raubwürger fängt Kleinvogel im Flug. Falke **20**: 392

2888 OESER, R.: Zur Brut der Stockente. Falke **20**: 133

2889 REISER, K.-H.: Ringfunde des Teichrohrsängers (*Acrocephalus scirpaceus*). Auspicium **5**: 47–58

2890 RICHTER, K.: Zu Problemen der Gefangenschaftszucht beim Sperber. Falke **20**: 280–282

2891 ROBEL, D.: Ein Schlagschwirl (*Locustella fluviatilis*) im Juli im Erzgebirge. Beitr. Vogelk. **19**: 222–223

2892 RUTSCHKE, E.: Durchzug und Überwinterung der Saatgans (*Anser fabalis* Lath.) in der DDR nebst Bemerkungen über die Bleßgans (*Anser albifrons* Scop.). Beitr. Vogelk. **19**: 430–457

2893 – u. B. AHL: Ergebnisse der Mittwinterzählung 1973 der Wasservögel in der DDR. Mitt. Ber. Zentrale f. d. Wasservogelforsch. **5**, 1: 5–11

2894 – – H. LITZBARSKI u. G. SCHWEDE: Untersuchungen zur Siedlungsdichte, Bestandsentwicklung, Biologie und Ernährung der Tafelente im Teichgebiet Peitz nebst Bemerkungen über das Vorkommen der Art in der DDR. Beitr. z. Jagd- u. Wildforschung **8**: 257–308

2895 SAEMANN, D.: Beobachtungsbericht 1969–1972 der AG Avifaunistik im Bezirk Karl-Marx-Stadt. Actitis **9**: 1–98

2896 – Untersuchungen zur Siedlungsdichte der Vögel in verschiedenen Großstadthabitaten. Mitt. IG Avifauna DDR 6: 3–24

2897 – Zur Wasservogelforschung im Bezirk Karl-Marx-Stadt. Naturschutzarb. u. naturkundl. Heimatforschung in Sachsen **15**: 44–45

2898 SCHLEGEL, M., J. SCHLEGEL u. S. SCHLEGEL: Zur Entstehung von Schnabelmißbildungen bei Vögeln. Beitr. Vogelk. **19**: 390–392

2899 – u. S. SCHLEGEL: Schwarzstorch, *Ciconia nigra*, in Annaberg. Beitr. Vogelk. **19**: 221

2900 SCHMIDT, P.: Abnorme Auerhenne (*Tetrao urogallus*). Beitr. Vogelk. **19**: 221–222

2901 SCHÖLZEL, H.: Bemerkenswerte Wasservogelbeobachtungen im Kreis Bischofswerda. Falke **20**: 28–29

2902 – Einzelbrut der Uferschwalbe. Falke **20**: 66

2903 – Zur Nistweise der Heckenbraunelle. Falke **20**: 319

2904 – Rotkopfwürger und Sprosser in der Oberlausitz. Falke **20**: 428

2905 SCHULZE, Ch. u. H. SCHÖPCKE: Star überbaut Schellentengelege. Falke **20**: 175

2906 SEIFERT, S.: Eine Starentragödie im März 1969 im Leipziger Zoo. Falke **20**: 419–421 (Nachdruck aus: Panthera. Mitteilungen des Zool. Gartens Leipzig, 1970, 39–41)

2907 STEINBACH, R.: Die Ansiedlung der Reiherente (*Aythya fuligula*) in den Kreisen Altenburg und Geithain. Abh. Ber. Naturkundl. Mus. „Mauritianum" Altenburg **8**: 61–65

2908 STOHN, H.: Fund eines Uhus im Kreis Pirna. Falke **20**: 427–428

2909 STUBBE, H. (Hrsg.): Buch der Hege, Band II: Federwild. Berlin

2910 SÜSS, K.-H.: Mönchsgeier (*Aegypius monachus*) im Mittelerzgebirge bei Olbernhau. Beitr. Vogelk. **19**: 80

2911 ULBRICHT, J.: Neuer Nachweis der Ruderente. Falke **20**: 65

2912 WÄCHTLER, W. u. J. FRÖLICH: Über das Versetzen gefährdeter Habicht- und Sperberbruten. Falke **20**: 47–49

2913 WEISSBACH, C.-J.: Buntspecht okkupiert Kohlmeisennisthöhle. Falke **20**: 140

2914 WIECZOREK, P.: Leuzistischer Sperling. Falke **20**: 67

2915 WIESNER, J., S. KLAUS u. F. VOGEL: Ein Beitrag zum Auerwildproblem im Elbsandsteingebirge II. Tagesrhythmik und Verhalten während der „Hochbalz" (Aves, Tetraonidae). Zool. Abh. Mus. Tierk. Dresden **32**: 121–148

2916 WITTIG, E.: Ausnahme oder Regel. Falke **20**: 136

2917 ZAPF, G.: Erfolgreiche Brut des Rauhfußkauzes im Kammgebiet des Erzgebirges. Falke **20**: 316–317

1974

2918 Autorenkollektiv: Handbuch der Naturschutzgebiete der Deutschen Demokratischen Republik, Band **5**: Bezirke Leipzig, Karl-Marx-Stadt und Dresden. Leipzig, Jena, Berlin

2919 – Zwischen Strohmberg, Czorneboh und Kottmar. Werte unserer Heimat Band 24, Berlin

2920 BÄHRMANN, U.: Der Sexualdimorphismus beim Habicht (*Accipiter gentilis*) (Aves, Accipitridae). Zool. Abh. Mus. Tierk. Dresden **33**: 1–7

2921 – Vergleichende osteometrische Untersuchungen an Rumpfskeletteilen und Extremitäten von einigen Tagraubvögeln aus den Familien Accipitridae, Pandionidae und Falconidae (Aves). Zool. Abh. Mus. Tierk. Dresden **33**: 33–62

2922 BÁRTA, Z. u. P. TYRNER: Der Birkenzeisig (*Carduelis flammea*) nistet im böhmischen Erzgebirge. Beitr. Vogelk. **20**: 206–210

2923 BECKER, L. u. S. DANKHOFF: Der Kuckuck (*Cuculus canorus canorus* L.) in der Oberlausitz. Abh. Ber. Naturkundemus. Görlitz **48**, 13: 1–9

2924 BERGER, G.: Überwinternde Mönchsgrasmücke (*Sylvia atricapilla* L.) in Dresden. Beitr. Vogelk. **20**: 247–248

2925 BLÜMEL, H.: Beobachtungen in der Bruthöhle der Sumpfmeise. Falke **21**: 64–65

2926 BRÄSECKE, R.: Kolkraben im Bezirk Gera ausgesetzt. Landschaftspfl. u. Natursch. in Thüringen **11**: 78

2927 CREUTZ, G.: Die Wildtauben in der Oberlausitz. Abh. Ber. Naturkundemus. Görlitz **48**, 8: 1–22

2928 – Nachtfalter als Singvogelnahrung. Falke **21**: 164

2929 – Zur Ernährungsweise des Baumfalken. Falke **21**: 200–201

2930 – Rivalenkämpfe beim Buchfinken. Falke **21**: 366

2931 – Der Masseneinfall des Seidenschwanzes 1970/71 in der DDR. Falke **21**: 402–409

2932 DATHE, H.: Dr. Richard Heyder 90 Jahre. Falke **21**: 400

2933 DORSCH, H.: Beitrag zur Kenntnis der Ankunfts- und Abzugszeiten und des Durchzuges einiger Kleinvögel im Bezirk Leipzig. Actitis **8**: 14–28

2934 – Beringungsbericht 1969/70 für den Bezirk Leipzig. Actitis **8**: 89–93

2935 ECK, S.: Ein *Lanius minor minor* × *Lanius cristatus collurio*. Beitr. Vogelk. **20**: 317

2936 FEILER, M.: Die Bestandssituation des Höckerschwans (*Cygnus olor*) in der DDR 1971. Beitr. Vogelk. **20**: 340–368

2937 FÖRSTER, D.: Ergebnisse der Wasservogelzählungen in der Zählperiode 1970/71. Actitis **8**: 40–49

2938 FRÄDRICH, J. u. J. NAACKE: Das Vorkommen der Graugans, *Anser anser* L., in der DDR. Beitr. Vogelk. **20**: 369–383

2939 FRANKE, K.: Abnormer Nistplatz einer Kohlmeise (*Parus major*). Beitr. Vogelk. **20**: 482

2940 FRIELING, F.: Die Vogelwelt des Naturschutzgebietes „Eschefelder Teiche", dargestellt auf Grund 100jähriger ornithologischer Forschung 1870–1970. Abh. Ber. Naturkdl. Mus. „Mauritianum" Altenburg **8**: 185–288

2941 – u. N. HÖSER: Besonderheiten am Stausee Windischleuba 1971. Beitr. Vogelk. **20**: 216–220

2942 GLIEMANN, L.: Die moderne Pflanzenproduktion aus ornithologischer Sicht. Naturschutzarb. u. naturkundl. Heimatforschung in Sachsen **16**: 13–18

2943 GRÖSSLER, K.: Die Rupfungsfunde der Jahre 1970–1972. Actitis **8**: 50–59

2944 HÄDECKE, K.: Ergänzende Beobachtungen zu „Bemerkenswerter Aufenthalt von Lachmöwen (*Larus ridibundus*) im Osterzgebirge". Beitr. Vogelk. **20**: 487–488

2945 HASSE, H.: Unterschiede im Gesangsverhalten lediger und verpaarter Männchen des Rohrschwirls. Falke **21**: 410–411

2946 HASSE, H. u. J. STEN: Fernfund eines beringten Buntspechtes (*Dendrocopus major*). Vogelwarte **27**: 293

2947 HELBIG, R.: Nestverlauste bei der Heckenbraunelle. Falke **21**: 62–63

2948 HEYDER, R.: Lange Brutorttreue beim Stieglitz, *Carduelis carduelis*. Beitr. Vogelk. **20**: 243–244

2949 – Über das Auftreten von Rackelhühnern im Vogtland und Erzgebirge. Veröff. Mus. Naturk. Karl-Marx-Stadt **8**: 73–76

2950 HOLUPIREK, H.: Zum Zug von Trauerente und Samtente durch den Bezirk Karl-Marx-Stadt. Falke **21**: 415–417

2951 – Die Bekassine (*Gallinago gallinago*) im Bezirk Karl-Marx-Stadt. Veröff. Mus. Naturk. Karl-Marx-Stadt **8**: 77–92

2952 HÖLZINGER, J.: Ringfunde der Sumpfohreule (*Asio flammeus*). Auspicium **5**: 347–350

2953 ILLIG, K.: Vogelberingung im Kreis Luckau. Biol. Studien im Kreis Luckau 3: 33–35

2954 KEVE, A.: Der Eichelhäher. Neue Brehm-Bücherei Heft 410, 2. Aufl., Wittenberg Lutherstadt

2955 KOPSCH, H.: Der Gartenrotschwanz. Rundblick **21**: 60

2956 KRAUSS, A.: Zur Nahrungsbiologie des Raubwürgers (*Lanius excubitor*). Beitr. Vogelk. **20**: 245–246

2957 – Beobachtung zur Balz und Paarung des Waldkauzes (*Strix aluco* L.). Beitr. Vogelk. **20**: 478–480

2958 – Freistehendes Nest des Haussperlings auf Lichtmast. Falke **21**: 31 u. 103

2959 – Neue Nachweise der Kleinaugenwühlmaus durch Gewölluntersuchungen. Falke **21**: 165

2960 KRIMMER, M., R. PIECHOCKI u. K. UHLENHAUT: Über die Ausbreitung des Bienenfressers und die ersten Brutnachweise 1973 in der DDR. Falke **21**: 42–51

2961 LÖHRL, H.: Die Tannenmeise. Neue Brehm-Bücherei Heft 472, Wittenberg Lutherstadt

2962 MAKATSCH, W.: Die Eier der Vögel Europas, Band 1. Radebeul

2963 MARTIN, F.: Achtergelege eines Zwergtauchers. Falke **21**: 140

2964 MÄRZ, R.: Volkhard Kramer †. Beitr. Vogelk. **20**: 235–236

2965 MEY, E.: Zur Nestlingsnahrung des Hausrotschwanzes (*Phoenicurus ochruros* [Gmel.]). Abh. Ber. Naturkundl. Mus. „Mauritianum" Altenburg **8**: 319–324

2966 MISSBACH, D.: Ringfunde der Rohrweihe (*Circus aeruginosus*). Auspicium **5**: 337–340

2967 MÖCKEL, E.: Eine ornithologische Wanderung ins Zinsbachtal. Kulturspiegel Kr. Auerbach 4: 80 und 90–91

2968 MÖCKEL, R.: Der Filzteich – einmal ganz anders gesehen. Erzgebirge 1974 – Ein Jahrbuch für soz. Heimatkunde 2. Folge: 83–87

2969 MÜLLER, L.: Stieglitzbeobachtungen im Gebiet von Dresden. Falke **21**: 245

2970 MÖLLER, T.: Zur Nahrungsaufnahme der Heckenbraunelle, *Prunella modularis*. Beitr. Vogelk. **20**: 487

2971 – Der Haussperling, *Passer domesticus*, als Freibrüter. Falke **21**: 176

2972 – Ungewöhnlicher Nistplatz eines Stares. Falke **21**: 176

2973 NEUMANN, J.: Die ornithologischen Arbeiten Heyders seit 1964. Falke **21**: 401

2974 – Dr. h. c. Richard Heyder 90 Jahre. Sächs. Heimatbl. **20**: 280

2975 OESER, R.: Beuteergebnisse aus Gewöllen der Waldohreule (*Asio otus*). Actitis **8**: 66–67

2976 – Ein Ernährungsbild des Raubwürgers (*Lanius excubitor*) bei gehäuftem Auftreten der Feldmaus (*Microtus arvalis*). Beitr. Vogelk. **20**: 161–172

2977 RICK, W.: Merkwürdiger Standort eines Amselnestes. Falke **21**: 284

2978 RINGLEBEN, H.: Herrn Dr. Richard Heyder in Verehrung gewidmet. Vogelk. Ber. Niedersachs. **6**: 81–82

2979 RINNHOFER, G.: Ohrenlerchen-Invasion im Süden der DDR. Falke **21**: 60–61

2980 ROHRBACH, C.: Impressionen über eine Leipziger Fachgruppe. Falke **21**: 364–365

2981 RUTSCHKE, E. u. B. AHL: Ergebnisse der Wasservogelzählungen in der Saison 1972/73 (außer Mittwinterzählung). Mitt. Ber. Zentrale f. d. Wasservogelf. **6**, 1: 5–23

2982 – – Zählergebnisse Mittwinterzählung Januar 1974. Mitt. Ber. Zentrale f. d. Wasservogelforsch. **6**, 2/3: 5–11

2983 – – Zählergebnisse Winter 1973/74, außer Mittwinterzählung. Mitt. Ber. Zentrale f. d. Wasservogelforsch. **6**, 2/3: 12–30

2984 SAEMANN, D.: Der gegenwärtige Stand der Urbanisierung der Wacholderdrossel, *Turdus pilaris* L., in einer sächsischen Großstadt. Beitr. Vogelk. **20**: 12–41

2985 – Die Entwicklung des Brut- und Winterbestandes der Stockente (*Anas platyrhynchos*) in Karl-Marx-Stadt seit 1960. Beitr. Vogelk. **20**: 427–434

2986 – IX. Ornithologentagung im Bezirk Karl-Marx-Stadt. Falke **21**: 138–139

2987 – Der Rauhfußkauz im Erzgebirge. Falke **21**: 412–414

2988 – Ergänzungen zur Brutvogelfauna von Karl-Marx-Stadt. Veröff. Mus. Naturk. Karl-Marx-Stadt **8**: 100–103

2989 SCHIRMER, S.: Der einzige und das Ganze – Wie ich als Lokführer zur Ornithologie und zum Greifvogelschutz kam. Falke **21**: 148–149

2990 SCHLEGEL, J., M. SCHLEGEL u. S. SCHLEGEL: Vögel erhängen sich in Astgabeln. Beitr. Vogelk. **20**: 316–317

2991 SCHLEGEL, R.: Der Ziegenmelker (*Caprimulgus europaeus* L.) in der Oberlausitz. Abh. Ber. Naturkundemus. Görlitz **48**, 9: 1–6

2992 – Schellentenbrut im Schornstein. Falke **21**: 248

2993 – Noch einmal: Schellentenbrut im Schornstein. Falke **21**: 366

2994 SCHLEGEL, S. u. J. SCHLEGEL: Verhalten einer Singdrossel (*Turdus philomelos*) bei der Anlage einer Drosselschmiede. Beitr. Vogelk. **20**: 485–487

2995 – – u. J. LOOSE: Rotkopfwürger im oberen Erzgebirge. Falke **21**: 103

2996 – – u. M. Schlegel: Auffallend hoher Neststandort der Schwanzmeise (Aegithalos caudatus) im oberen Erzgebirge. Beitr. Vogelk. 20: 153

2997 Schlenker, R.: Ringfunde des Bruchwasserläufers (Tringa glareola). Auspicium 5: 245–250

2998 Schmieder, J.: Ungewöhnliches Beuteverhalten eines Turmfalken. Falke 21: 283

2999 Schmidt, J.: Die winterlichen Sammelplätze der Waldohreule (Asio otus) im Zeitraum der letzten 20 Jahre in Leipzig und Umgebung. Actitis 8: 29–39

3000 Schmitt, H.-P.: Amsel jagt Schmetterling. Falke 21: 140

3001 Schneider, W.: Zur Schnabelfarbe des Stares (Sturnus vulgaris L.). Actitis 8: 60–65

3002 – Zum Brutgeschehen der Gartengrasmücke. Falke 21: 420–423

3003 Schönfeld, M.: Ringfundauswertung der 1964–1972 in der DDR beringten Schleiereulen, Tyto alba guttata Brehm. Jahresbericht d. Vogelwarte Hiddensee IV: 90–122

3004 Schönfuss, G.: Einiges über Raubwürger. Kulturspiegel Kr. Auerbach 3: 52–54

3005 Schröder, P. u. G. Burmeister: Der Schwarzstorch. Neue Brehm-Bücherei Heft 468, Wittenberg Lutherstadt

3006 Siefke, A., W. Berger, H. Pörner u. R. Schmidt: Jahresbericht der Vogelwarte Hiddensee mit der Beringungs- und Wiederfundübersicht für das Jahr 1968 sowie Wiederfundlisten ausgewählter Arten 1968–1972. Jahresbericht d. Vogelwarte Hiddensee IV: 3–88

3007 Steinbach, R.: Vorkommen der Wassertreter Phalaropus lobatus (L.) und Phalaropus fulicarius (L.) im Gebiet der Haselbacher und Eschefelder Teiche sowie am Speicherbecken Windischleuba. Abh. Ber. Naturkdl. Mus. „Mauritianum" Altenburg 8: 333–338

3008 – Das Vorkommen des Rotkehlpiepers, Anthus cervinus (Pallas), am Speicherbecken Windischleuba. Abh. Ber. Naturkdl. Mus. „Mauritianum" Altenburg 8: 339–342

3009 Stohn, H.: Habicht zieht Mäusebussard mit auf. Falke 21: 391

3010 Tuchscherer, K.: Zum Durchzug der Seeschwalben im Bezirk Leipzig. Actitis 8: 1–13

3011 Wadewitz, O.: Veränderungen des Brutvogelbestandes einer mitteldeutschen Flußlandschaft innerhalb von 20 Jahren. Beitr. Vogelk. 20: 176–180

3012 Wagner, R.: Beobachtungen in einer Großstadtparkanlage. Actitis 8: 76–88

3013 Weber, E.: Noch einmal: Bienen als Nestlingsnahrung bei Kohlmeisen? Falke 21: 140

3014 Weissbach, K.: Zum Verlauf der Überwinterung der Saatkrähen in Leipzig und Umgebung 1972–1973. Actitis 8: 68–75

3015 Zapf, G.: Ansammlung von Wiesenrallen im Juni 1971 bei Marienberg/Erzgeb. Falke 21: 31

3016 Zetsche, F. u. R. Ehring: Blauracke bei Leipzig. Falke 21: 66

1975

3017 Bährmann, U. u. S. Eck: Brütet Fringilla coelebs coelebs L. in Mitteleuropa? (Aves, Passeriformes, Fringilidae). Zool. Abh. Mus. Tierk. Dresden 33: 237–243

3018 Benedikt, R. u. W. Dick: Frühe Brut der Waldohreule. Falke 22: 175

3019 Berger, G.: Spätfund einer jungen Mehlschwalbe (Delichon urbica L.). Beitr. Vogelk. 21: 152–153

3020 Blaschke, W. u. K. Lehmann: Zur Siedlungsdichte der Vogelarten auf aufgeforsteten Kippenflächen in der Niederlausitz. Naturschutzarb. in Berlin u. Brandenb. 11: 43–44

3021 Blümel, H.: Eigenartiger Nistplatz einer Kohlmeise. Falke 22: 139

3022 – Zur Fütterungsaktivität des Rotrückenwürgers. Falke 22: 265–267

3023 – Der Grünling. Neue Brehm-Bücherei Heft 490, Wittenberg Lutherstadt (siehe 3155)

3024 Bräsecke, R., S. Klaus u. J. Wiesner: Tagesperiodik beim Auerhuhn (Tetrao urogallus L.) während der Fortpflanzungszeit. Beitr. z. Jagd- u. Wildforschung 9: 434–442

3025 Clausing, P.: Vergleichende Analyse der Gelegegröße von Populationen des Feldsperlings (Passer montanus L.) in der DDR. Zool. Jb. Syst. 102: 89–100

3026 Creutz, G.: Der Kranich (Grus grus L.) in der Oberlausitz. Abh. Ber. Naturkundemus. Görlitz 48, 7: 1–16

3027 – Hans Förster zum Gedächtnis. Beitr. Vogelk. 21: 140–142

3028 – Die Restgewässer im Braunkohlengebiet der Lausitz und Möglichkeiten ihrer Nutzung für das Wasserwild. Beitr. z. Jagd- u. Wildforschung 9: 481–488

3029 – Zur Brutbiologie des Graureihers (Ardea c. cinerea L.) in der Oberlausitz. Beitr. Vogelk. 21: 161–171

3030 – Ergänzung zu „Auffälliger Frühjahrsrückzug des Seidenschwanzes (Bombycilla garrulus) 1972 im Berliner Raum". Beitr. Vogelk. 21: 494

3031 – Die Zusammensetzung einer Reisegemeinschaft des Weißstorches. Falke 22: 258–261

3032 – Zu: Mäusebussard mit nur einem Fang. Falke 22: 312–313

3033 – Die Kanadagans in der DDR. Falke 22: 375–381

3034 – Wieder ruft der Ringeltäuber. Unsere Jagd 25, 4: 118–119

3035 Czerlinsky, H.: Der Eisvogel – Kleinod unserer Heimat. Reichenbacher Kalender 1974: 77–80

3036 – Die Wasservogelwelt der Talsperre Pöhl. Sächs. Heimatbl. 21: 87–89

3037 Dathe, H.: Raubwürger, Lanius excubiltor, erbeutet Mehlschwalbe. Beitr. Vogelk. 21: 384

3038 Dittberner, H. u. W. Dittberner: Artenliste der Vögel der Mark Brandenburg. Mitt. IG Avifauna DDR 8: 3–60

3039 Eck, S.: Würger-Bastard im Elbtal bei Pirna. Falke 22: 97

3040 – Die Brutvögel Dresdens (Liste). Zool. Abh. Mus. Tierk. Dresden 33: 163–186

3041 – Evolutive Radiation in der Gattung Fringilla L. Eine vergleichend-morphologische Untersuchung (Aves, Fringilidae). Zool. Abh. Mus. Tierk. Dresden 33: 277–302

3042 Erdmann, G.: 1974 ein erfolgreiches Storchenjahr. Naturschutzarb. u. naturkundl. Heimatforschung in Sachsen 17: 29–33

3043 Erler, F.: Biologische Beobachtungen über die Ruderalgesellschaft des ehemaligen Schuttplatzgeländes (Aschegrube) Zwickauer Straße. Abh. Ber. Naturkundl. Mus. „Mauritianum" Altenburg 9: 49–64

3044 Ernst, S.: Seltsamer Verlust eines Haubentauchergeleges – der Haubentaucher als Brutvogel im Vogtland. Falke 22: 392

3045 – u. M. Thoss: Die Erfassung eines Mehlschwalbenbestandes im Vogtland. Falke 22: 305–311

3046 – Ein wenig bekannter Bewohner unserer Wälder. Kulturspiegel Kr. Auerbach 3: 42–44

3047 Fehse, C.: Rupfungsfunde im oberen Erzgebirge. Beitr. Vogelk. 21: 115–119

3048 Feiler, A.: Kommentierte Artenliste der Brutvögel, Gäste und Durchzügler des Moritzburger Gebietes (Aves). Zool. Abh. Mus. Tierk. Dresden 33: 195–221

3049 Flasar, I. u. M. Flasarova: Die Wirbeltierfauna Nordwestböhmens (severozapadni Čechy). Zool. Abh. Mus. Tierk. Dresden 33, Suppl.: 1–149

3050 Flath, R.: Schneeammern im Kreis Annaberg. Falke 22: 68

3051 Frieling, F. u. N. Höser: Besonderheiten am Windischleubaer Stausee 1972. Beitr. Vogelk. 21: 127–131

3052 – – Besonderheiten am Windischleubaer Stausee 1973. Beitr. Vogelk. 21: 447–451

3053 Frieling, F. u. R. Steinbach: Der Durchzug der Zwergmöwe (Larus minutus Pall.) am Windischleubaer Speicherbecken. Abh. Ber. Naturkundl. Mus. „Mauritianum" Altenburg 9: 17–26

3054 Fritsche, H.: Beobachtungen an einer Population des Haubentauchers. Falke 22: 272–274

3055 Gentz, K.: Wir gratulieren Robert März zum Achtzigsten. Falke 22: 32

3056 Gerber, R.: Sumpfohreulen, Asio flammeus, zum dritten Mal als Wintergäste auf dem Friedhof in Seegeritz bei Leipzig. Beitr. Vogelk. 21: 143

3057 Glutz von Blotzheim, U. N., K. M. Bauer u. E. Bezzel: Handbuch der Vögel Mitteleuropas, Bd. 6 (Charadriiformes, 1. Teil). Wiesbaden

3058 Göthel, H.: Zum 75. Geburtstag von Walter Unger. Falke 22: 138

3059 Gottschalk, C. u. G. Matthey: Zum Gehalt chlororganischer Insektizide in Wildvögeln, Fledermäusen und Vogeleiern. Archiv für Naturschutz u. Landschaftsforsch. 15: 199–209

3060 Grimm, H.: Ornithologische Notizen aus Mühlleithen (Vogtland) – ein kleiner Beitrag zur Kenntnis der Nachbarschaft des Großen Kranichsees. Falke 22: 372–374

3061 GRÖSSLER, K.: Brandseeschwalben, *Sterna sandvicensis*, bei Leipzig. Beitr. Vogelk. **21**: 159–160

3062 – u. K. TUCHSCHERER: Prodromus zu einer Avifauna des Bezirkes Leipzig. Actitis **10**: 1–113

3063 GRUMMT, W.: Späte Beobachtung eines Dornwürgers, *Lanius collurio*, bei Zwickau. Beitr. Vogelk. **21**: 383

3064 GRÜNDEL, G.: Wasseramsel, *Cinclus cinclus*, holt junge Zaunkönige, *Troglodytes troglodytes*. Beitr. Vogelk. **21**: 144

3065 HASSE, H.: Zum Verlauf der Invasion des Birkenzeisigs (*Carduelis flammea*) im Herbst 1972 in der Oberlausitz. Orn. Mitt. **27**: 139–140

3066 HEIGEL, R.: Rotrückenwürger wirft jungen Kuckuck aus dem Nest. Falke **22**: 283

3067 HETZSCHOLD, W.: Kraniche auf ehemaligem Grubengelände. Falke **22**: 174

3068 HEYDER, R.: Über alte Vogelnamen. Beitr. Vogelk. **21**: 371–372

3069 – Ein sächsischer Arktisforscher. Zur 100. Wiederkehr des Geburtsjahres von Bernhard Hantzsch (1875–1911). Zool. Abh. Mus. Tierk. Dresden **33**: 187–193

3070 HOFMANN, M.: Späte Brut des Kernbeißers, *Coccothraustes coccothraustes*. Beitr. Vogelk. **21**: 369

3071 HÖSER, N., W. KIRCHHOF u. A. WEBER: Der Brutbestand der Greifvögel und Eulen im Altenburger Gebiet. Abh. Ber. Naturkundl. Mus. „Mauritianum" Altenburg **9**: 27–33

3072 HUMMITZSCH, P.: Brutvorkommen und Siedlungsdichte der Wasservögel im Naturschutzgebiet „Zschornaer Teiche". Naturschutzarb. u. naturkundl. Heimatforschung in Sachsen **17**: 5–20

3073 JÄGER, H.: Schwarzstirnwürgerpärchen im Elbtal bei Pirna. Falke **22**: 95–97

3074 KASPAREK, M.: Zum Vorkommen des Schlagschwirls *Locustella fluviatilis* an der Westgrenze seines Brutareals. Anz. Orn. Ges. Bayern **14**: 141–165

3075 – Zur Wegzugzeit des Schlagschwirls (*Locustella fluviatilis*). Orn. Mitt. **27**: 37–38

3076 KATZER, B.: Silberreiher in Zschorna. Falke **22**: 319

3077 KESSLER, R. u. S. SCHÖNN: Nachweis der Kleinralle (*Porzana parva*) und der Tüpfelralle (*Porzana porzana*) im Kreis Oschatz. Beitr. Vogelk. **21**: 345–346

3078 KLAPPER, A.: Winterfütterung der Vögel im St.-Pauli-Friedhof Dresden 1964–1970. Orn. Mitt. **27**: 16–17

3079 KÖHRING, H.: Bisamratte, *Ondratha zibethica*, als Beute des Rotmilans, *Milvus milvus*. Beitr. Vogelk. **21**: 477

3080 KOPSCH, H.: Die Singdrossel. Rundblick **22**: 76

3081 KRAUSS, A.: Schnabelmißbildung bei einem Star. Falke **22**: 315

3082 – Anomale Gewölle des Waldkauzes. Falke **22**: 319

3083 KRETZSCHMAR, H.: Fußkranker Trapphahn tot aufgefunden. Falke **22**: 200–201

3084 – Spätes Gelege der Großtrappe. Falke **22**: 201

3085 KRÜGER, S., E. MAHLING, M. MELDE, F. MENZEL u. K.-H. SCHULZE: Die Limicolen in der Oberlausitz Teil II. Abh. Ber. Naturkundemus. Görlitz **48**, 6: 1–48

3086 KUNERT, L.: Zur Höhenverbreitung einiger Vogelarten im oberen Erzgebirge. Beitr. Vogelk. **21**: 340–343

3087 KUPFER, J.: Rotkopfwürger im Kreis Zwickau. Falke **22**: 319

3088 KUTSCHERA, E. u. H. REICHELT: Säbelschnäbler, *Recurvirostra avosetta*, im unteren Erzgebirge. Beitr. Vogelk. **21**: 147

3089 LINDNER, H.: Einige Beobachtungen aus dem Wurzener Gebiet. Beitr. Vogelk. **21**: 300–301

3090 – *Somateria mollissima* (L.) in Sachsen. Beitr. Vogelk. **21**: 374

3091 – Bemerkenswerter Nistplatz von *Erithacus rubecula* (L.). Beitr. Vogelk. **21**: 375

3092 – Brutversuch von *Remiz pendulinus* (L.) in der Muldenaue bei Püchau (Krs. Wurzen). Beitr. Vogelk. **21**: 375–376

3093 LITZBARSKI, H.: Der Brutbestand der Lachmöwe in der DDR, Bestandserfassung 1973. Falke **22**: 293–299

3094 MARTIN, F.: Ungewöhnliche Neststandorte der Amsel. Falke **22**: 311

3095 MELDE, M.: Reiherente (*Aythya fuligula*) Brutvogel in der Oberlausitz. Beitr. Vogelk. **21**: 158–159

3096 – Die Vogelwelt des Biehlaer Großteiches (Kreis Kamenz) vor und nach Melioration und Pflanzenvergiftung. Beitr. Vogelk. **21**: 251–257

3097 – Bemerkenswerte Beobachtungen an Horsten der Rohrweihe (*Circus aeruginosus*). Beitr. Vogelk. **21**: 296

3098 – Zu den Schlafgewohnheiten des Mäusebussards (*Buteo buteo*). Beitr. Vogelk. **21**: 374–375

3099 – Außergewöhnliche Beobachtungen bei der Nahrungsaufnahme eines Weißstorches (*Ciconia ciconia*) und eines Graureihers (*Ardea cinerea*). Beitr. Vogelk. **21**: 495–496

3100 – „Verwäldert" die Türkentaube (*Streptopelia decaocto*)? Beitr. Vogelk. **21**: 500

3101 MENZEL, F. u. H. MENZEL: Das Vorkommen des Weißstorches, *Ciconia c. ciconia* (L.), in der Oberlausitz von 1967 bis l972. Abh. Ber. Naturkundemus. Görlitz **48**, 10: 1–15

3102 MENZEL, H.: Der Wiedehopf (*Upupa epops*) in der Oberlausitz. Abh. Ber. Naturkundemus. Görlitz **48**, 15: 1–11

3103 – Zur Nestwahl der Ringeltaube (*Columba palumbus*). Beitr. Vogelk. **21**: 344

3104 – Grünspecht (*Picus viridis*) übernachtet auf dem Dachboden eines Wirtschaftsgebäudes. Beitr. Vogelk. **21**: 344–345

3105 – Abnorme Standorte von Nestern der Schwanzmeise (*Aegithalos caudatus*) in der Oberlausitz. Beitr. Vogelk. **21**: 483

3106 MEYER, H.: Amsel (*Turdus merula*) gräbt Larven einer Melolonthine aus. Beitr. Vogelk. **21**: 485–986

3107 MÖCKEL, R.: Flußregenpfeifer (*Charadrius dubius*) Brutvogel an der Talsperre Sosa im Erzgebirge. Beitr. Vogelk. **21**: 151

3108 – u. W. MÖCKEL: Die Siedlungsdichte der Misteldrossel auf einer Kontrollfläche im Westerzgebirge. Mitt. IG Avifauna DDR **8**: 85–90

3109 NAACKE, J.: Liste der wichtigsten Gänserastplätze in der DDR (Zug und Überwinterung). Mitt. Ber. Zentrale f. d. Wasservogelforsch. **7**, 2/3: 32–35

3110 NEUBAUER, A.: Über den Brutverlauf der Mönchsgrasmücke. Falke **22**: 162–163

3111 OESER, R.: Über das Verhalten einer Saatkrähe (*Corvus frugilegus*) mit Schnabelmißbildung. Beitr. Vogelk. **21**: 346–348

3112 – Über Rupfungen und sonstige Beutereste von Rupfplätzen und aus der Nähe erzgebirgischer Habichtshorste. Beitr. Vogelk. **21**: 348–351

3113 – Zum Abbau vorjähriger eigener Horste durch Elstern (*Pica pica*). Beitr. Vogelk. **21**: 475–476

3114 – Über Ersatznahrung des Wespenbussards (*Pernis apivorus*). Beitr. Vogelk. **21**: 480–483

3115 PÄTZOLD, R.: Die Feldlerche. Neue Brehm-Bücherei Heft 323, 2. Aufl., Wittenberg Lutherstadt

3116 PIECHOCKI, R.: Der Turmfalke. Neue Brehm-Bücherei Heft 116, 4. Aufl., Wittenberg Lutherstadt

3117 PIESKER, O.: Der Schwarzstorch in den brandenburgischen Bezirken. Naturschutzarb. in Berlin u. Brandenb. **11**: 57–59

3118 PREUSS, N. O.: Ringnyt: Fuglekongernes traek. feltorn **17**: 184–185

3119 RENTSCH, L.: Seltsamer Nistplatz eines Hausrotschwanzes. Falke **22**: 139

3120 RUTSCHKE, E. u. B. AHL: Zählergebnisse 1974/75: Mittwinterzählung Januar 1975. Winterzählung 1974/75 (außer Mittwinterzählung). Nachträge 1972–1974. Mitt. Ber. Zentrale f. d. Wasservogelforsch. **7**, 1: 5–31

3121 RUTSCHKE, E. u. J. FRÄDRICH: Bemerkungen zu den Ansprüchen der Graugans (*Anser anser* L.) an ihr Brutgebiet. Beitr. z. Jagd- u. Wildforschung **9**: 466–480

3122 SAEMANN, D.: Studien an einer Großstadtpopulation der Türkentaube *Streptopelia decaocto* im Süden der DDR. Hercynia N. F. **12**: 361–388

3123 – Verbreitung und Schutz des Sperlingskauzes in der DDR. Naturschutzarb. u. naturkundl. Heimatforschung in Sachsen **17**: 21–28

3124 SCHIFFNER, G., D. SCHIFFNER u. A. KRAUSS: Rätselhaftes Krähensterben an einem Krähenschlafplatz bei Karl-Marx-Stadt. Falke **22**: 168

3125 SCHILDMACHER, H.: Der Bestand des Weißstorches in der Deutschen Demokratischen Republik im Jahre 1974. Falke **22**: 366–371

3126 SCHIPKE, R.: Sumpfohreulenbrut in der Oberlausitz. Falke **22**: 247

3127 SCHLENKER, R.: Ringfunde des Zwergstrandläufers (*Calidris minuta*). Auspicium **6**: 99–102

3128 SCHLOSS, W.: Wendehals (*Jynx torquilla*) – Ringfunde. Auspicium **6**: 91–97

3129 SCHMITT, H.-P.: Nachweis eines Schlagschwirls bei Leipzig. Falke **22**: 67

3130 SCHÖNFUSS, G.: 25 Jahre ornithologische Arbeit im Kulturbund des Kreises Auerbach. Kulturspiegel Kr. Auerbach 3: 41–42

3131 – Einiges über unsere Laubsänger. Kulturspiegel Kr. Auerbach 4: 70–73

3132 SCHÖNN, S.: Buntspecht, *Dendrocopos major,* füttert Heidelbeeren. Beitr. Vogelk. **21**: 303–304

3133 SCHÜZ, E. u. J. SZIJJ: Bestandsveränderungen beim Weißstorch, fünfte Übersicht: 1959–1972. Vogelwarte **28**: 61–93

3134 SEGGERN-WOLF, D. v.: Ringfunde des Turmfalken (*Falco tinnunculus*) Teil 1: Helgoland-Ringe. Auspicium **5**: 397–439

3135 nicht vergeben

3136 nicht vergeben

3137 SPENGEMANN, H. O.: Inzucht beim Wendehals (*Jynx torquilla*). Beitr. Vogelk. **21**: 145–146

3138 STEFFENS, R. u. H. GEILER: Der Einfluß exogener und endogener Faktoren auf die Intensität des Vogelgesanges. Beitr. Vogelk. **21**: 385–409

3139 STEPHAN, B.: Verleihung der Ehrendoktorwürde an Ing. Udo Bährmann. Falke **22**: 100–102

3140 STROMBERG, G.: Aterfynd av ringmärkta stenknäckar. Faglar i Blekinge 1974: 232–237

3141 SÜSS, K.-H.: Zur Entwicklung zweier Brutvorkommen der Wasseramsel (*Cinclus cinclus aquaticus*) im Erzgebirge in den Jahren 1967–1971. Beitr. Vogelk. **21**: 297–300

3142 THOSS, M.: Haussperlingsweibchen füttert junge Hausrotschwänze. Falke **22**: 139

3143 UNGER, W.: Beobachtung einer Streifengans im Erzgebirge. Falke **22**: 319

3144 WAURISCH, S.: Erfahrungen bei der Entwicklung des Fasanenbesatzes im Wildforschungsgebiet Milkwitz. Beitr. z. Jagd- u. Wildforschung 9: 489–503

3145 WEISE, W.: Zur Nachtaktivität der Elster, *Pica pica*. Beitr. Vogelk. **21**: 372

3146 ZANG, H.: Ringfunde des Wiesenpiepers (*Anthus pratensis*). Auspicium **5**: 369–376 (370, 371)

3147 ZIMDAHL, W.: NPT Prof. Dr. Dr. h. c. Heinrich Dathe zum 65. Geburtstag. Falke **22**: 364–365

1976

3148 Autorenkollektiv: Dresdner Heide, Pillnitz, Radeberger Land. Werte unserer Heimat Band 22, Berlin

3149 – Das Obere Vogtland. Werte unserer Heimat Band 26, Berlin

3150 BAUMGART, W.: Nilgänse bei Dresden. Falke **23**: 413

3151 BERNHARDT, A.: Das Osterzgebirge. Sächs. Heimatbl. **22**: 130–144

3152 BLASCHKE, W.: Nahrungsgäste an den Früchten der Eberesche. Falke **23**: 424–425

3153 BLÜMEL, H.: Die Bestandsentwicklung der Graureiherkolonie bei Reichwalde (Kreis Weißwasser). Abh. Ber. Naturkundemus. Görlitz **49**, 8: 29–30

3154 – Zur Brutbiologie der Blaumeise. Falke **23**: 380–383

3155 – Der Grünling. Neue Brehm-Bücherei Heft 490, Wittenberg Lutherstadt

3156 BOHLAND, W.: Zu: Bachstelze bekämpft Spiegelbild. Falke **23**: 175

3157 CREUTZ, G.: Das Vorkommen der Eulenarten in der Oberlausitz. Abh. Ber. Naturkundemus. Görlitz **49**, 4: 1–20

3158 – Die Spechte (*Picidae*) in der Oberlausitz. Abh. Ber. Naturkundemus. Görlitz **49**, 5: 1–22

3159 – Das Vorkommen der Röhrennasen (Procellariiformes) in der Oberlausitz. Abh. Ber. Naturkundemus. Görlitz **49**, 6: 1–2

3160 – Zum Vorkommen der Blauracke (*Coracias garrulus* L.) in der Ober- und Niederlausitz. Abh. Ber. Naturkundemus. Görlitz **49**, 8: 25–27

3161 – Die Oberlausitz als Ziel des Zwischenzuges beim Graureiher. Falke **23**: 306–308

3162 – Über die Tierwelt. Sächs. Heimatbl. **22**: 86–88

3163 – Wohin ziehen unsere Stockenten? Unsere Jagd **26**, 3: 73–75

3164 DATHE, H.: Zum Freibrüten des Haussperlings. Falke **23**: 140

3165 DITTBERNER, H. u. W. DITTBERNER: Der Durchzug des Sichelstrandläufers (*Calidris ferruginea* Pont) in Brandenburg. Orn. Jber. Mus. Heineanum 1: 5–23

3166 ECK, S.: Randbemerkungen zur Taxonomie der Sandregenpfeifer. Beitr. Vogelk. **22**: 38–48

3167 – Taxonomische Studien an palaearktischen Weidenmeisen (*Parus atricapillus*) und anderen Graumeisen. Orn. Jber. Mus. Heineanum **1**: 33–50

3168 FRÄDRICH, J. u. H. LITZBARSKI: Ergebnisse der Bestandserfassung an Rastplätzen der Graugans 1975. Mitt. Ber. Zentrale f. d. Wasservogelforsch. **8**, 2/3: 34–43

3169 FRIELING, F.: Nachträge zur Vogelwelt des Naturschutzgebietes „Eschefelder Teiche" – ergänzt bis 1975. Abh. u. Ber. Naturkundl. Mus. „Mauritianum" Altenburg 9: 137–147

3170 GLIEMANN, L.: Ungewöhnliche Beobachtungen am Hausrotschwanz. Falke **23**: 134–135

3171 GRÖSSLER, K.: Die Rupfungs- und Federfunde der Jahre 1973–1975. Actitis 12: 81–91

3172 – K. TUCHSCHERER: Beobachtungsbericht für die Jahre 1969–1972, Teil I. Actitis 12: 4–80

3173 – – Ein Nachwort zum Prodromus. Actitis 12: 96–98

3174 HÄHNEL, J.: Erneuter Nachweis der Schneeammer für Einsiedel. Falke **23**: 140

3175 HAMSCH, S.: XIII. Zentrale Tagung für Ornithologie und Vogelschutz Karl-Marx-Stadt 12. bis 14. April 1975. Falke **23**: 103–105

3176 HERSCHEL, K.: Beachtliche Arbeitsleistung eines Starenpaares beim Nestbau. Falke **23**: 66–67

3177 HEYDER, R.: Zur Abwehr. Actitis 12: 92–95

3178 HOLUPIREK, H.: Zum Brüten des Flußregenpfeifers im Bezirk Karl-Marx-Stadt (Aves, Charadriiformes). Faun. Abh. Mus. Tierkd. Dresden 6: 55–68

3179 HUMMITZSCH, P., S. RAU u. J. ULBRICHT: Raubmöwen, Möwen und Seeschwalben im mittleren Oberelbe-Röder-Gebiet (Aves, Stercorariidae. Laridae et Sternidae). Faun. Abh. Mus. Tierk. Dresden 6: 129–154

3180 KLAUS, S., L. KUCERA u. J. WIESNER: Zum Verhalten unverpaarter Männchen des Sperlingskauzes (*Glaucidium passerinum*). Orn. Mitt. **28**: 95–100

3181 KNOBLOCH, H.: 15. Ornithologentagung des Bezirkes Dresden. Sächs. Heimatbl. **22**: 238–239

3182 KÖCHER, W.: Vogelschutz am Göttwitzsee bei Mutzschen. Rundblick **23**: 32–33

3183 KRÄTZIG, U.: Novemberbeobachtungen eines Wiedehopfes. Falke **23**: 140

3184 KRÜGER, S.: Die Segler in der Oberlausitz. Abh. Ber. Naturkundemus. Görlitz **49**, 7: 1–4

3185 – Grünfinken-Bruten in einem Blumenkasten eines Balkons. Falke **23**: 283–284

3186 KUTSCHERA, E.: Brut von zwei Trauerschnäpper-♀♀, *Ficedula hypoleuca,* in einem Nistkasten. Beitr. Vogelk. **22**: 367

3187 LEISCHNIG, S. u. S. NELLE: Nisthilfen für unsere höhlenbrütenden Singvögel. Rundblick **23**: 33–34

3188 LITZBARSKI, H.: Bericht über die 4. Tagung „Wasservogelforschung und Wasservogelschutz in der DDR" (Dessau 5.–8. 11. 76). Mitt. u. Ber. Zentrale f. d. Wasservogelforschung **8**, 2/3: 45–50

3189 MAKATSCH, W.: Die Eier der Vögel Europas, Band 2. Leipzig und Radebeul

3190 MARTIN, F.: Rosapelikan als Irrgast im Kreis Torgau. Falke **23**: 385

3191 MÄRZ, R. u. R. PIECHOCKI: Der Uhu. Neue Brehm-Bücherei Heft 108, 3. Aufl., Wittenberg Lutherstadt

3192 MELDE, F. u. M. MELDE: Zur Biologie des Kernbeißers. Falke **23**: 88–92

3193 MELDE, M.: Der Mäusebussard. Neue Brehm-Bücherei Heft 185, 3. Aufl., Wittenberg Lutherstadt

3194 MENZEL, H.: Der Hausrotschwanz. Neue Brehm-Bücherei Heft 475, Wittenberg Lutherstadt

3195 MISSBACH, K.: Beobachtungen zum Vorkommen und zur Tagesaktivität des Sperlingskauzes. Falke **23**: 388–389

3196 MÖLLER, R.: Beiträge zur Biographie Otto Koeperts. Abh. Ber. Naturkundl. Mus. „Mauritianum" Altenburg 9: 71–81

3197 MÜLLER, T.: Ankunftzeiten einiger Kleinvogelarten im mittleren Westsachsen. Falke **23**: 318–319

3198 NAACKE, J.: Herbstzug und Überwinterung von Saat- und Bleßgänsen in der DDR von 1972 bis 1974. Mitt. Ber. Zentrale f. d. Wasservogelforsch. **8**, 1: 5–71

3199 NADLER, T.: Die Zwergseeschwalbe. Neue Brehm-Bücherei, Heft 495, Wittenberg Lutherstadt

3200 NEEF, E.: Dresden und Umgebung. Sächs. Heimatbl. **22**: 97–111

3201 NEUBAUER, A.: Ein Rotkehlchenei im Winter. Falke **23**: 176

3202 NICKEL, J.: Auffälliger Rotdrosselzug im Jahre 1969. Falke **23**: 176

3203 PUSCHMANN, W.: Ungewöhnliches Brutverhalten beim Eisvogel (*Alcedo atthis ispida* L.). Beitr. Vogelk. **22**: 115–121

3204 – Eisvögel brüten auf der Baustelle. Panthera 1976: 37–39

3205 RINNHOFER, G.: Zum Vorkommen der Schneeammer im Bezirk Karl-Marx-Stadt von Herbst 1968 bis 1972. Falke **23**: 20–21

3206 RUTSCHKE, E. u. B. AHL: Zählergebnisse 1975/76: Mittwinterzählung Januar 1976. Winterzählung 1975/76 (außer Mittwinterzählung). Nachträge. Mitt. Ber. Zentrale f. d. Wasservogelforsch. **8**, 2/3: 5–33

3207 SAEMANN, D.: Die Vogelfauna im Bezirk Karl-Marx-Stadt während der Jahre 1959–1975. Actitis **11**: 1–85

3208 SCHNEIDER, W.: Heinrich Dathe zur Vollendung des 65. Lebensjahres. Beitr. Vogelk. **22**: 1–2

3209 SCHÖNN, S.: Vierjährige Untersuchungen der Biologie des Sperlingskauzes, *Glaucidium p. passerinum* (L.), im oberen Westerzgebirge. Beitr. Vogelk. **22**: 261–300

3210 – Zum Vorkommen des Sperlingskauzes im Fichtelberggebiet. Falke **23**: 197–199

3211 SCHUBERT, S.: Methoden der mathematischen Statistik in der Ornithologie. Falke **23**: 203–209

3212 – Die Vogelwelt der Malde im Südosten von Dresden (Aves). Faun. Abh. Mus. Tierk. Dresden **6**: 99–109

3213 SCHWEDE, G.: Ergebnisse der Brutbestandserfassung des Graureihers für das Gebiet der DDR im Jahre 1973. Falke **23**: 232–240

3214 STEINBACH, R.: Der Berg-Wasserpieper, *Anthus spinoletta spinoletta* (L.), als Durchzügler und Wintergast am Speicherbecken Windischleuba 1954 bis Frühjahr 1974. Abh. Ber. Naturkund. Mus. „Mauritianum" Altenburg **9**: 129–136

3215 ULBRICHT, J.: Beobachtungen an Schwirlen in der Umgebung von Radeburg. Falke **23**: 132–133

3216 WADEWITZ, O.: Die Sammelflüge des Eichelhähers. Falke **23**: 160–164

3217 – Gesangsverschlechterung unserer Singvögel? Falke **23**: 200–202

3218 WEISE, W.: Arbeitsberatung der Avifaunisten des Bezirkes Karl-Marx-Stadt. Falke **23**: 353–354

3219 ZIMDAHL, W.: Dr. Gerhard Creutz 65 Jahre. Falke **23**: 102

3220 – Kurt Genz 75 Jahre. Falke **23**: 294–296

3221 ZSCHOCKELT, U.: Walter Kirchhof 75 Jahre. Falke **23**: 241

1977

3222 Autorenkollektiv: Das mittlere Zschopaugebiet. Werte unserer Heimat Band 28, Berlin

3223 – Um Oschatz und Riesa. Werte unserer Heimat Band 30, Berlin

3224 BÖHME, R. u. W. WEISE: Bemerkungen zur Biologie der Rohrammer, *Emberiza schoeniclus*. Beitr. Vogelk. **23**: 367–368

3225 BRÄSECKE, R. u. S. KLAUS: Die gegenwärtige Verbreitung des Auerwildes in der DDR und seine Ansprüche an den Lebensraum. Beitr. z. Jagd- u. Wildforschung **10**: 336–393

3226 CREUTZ, G.: Die Tätigkeit des Avifaunistischen Arbeitskreises Oberlausitz. Abh. Ber. Naturkundemus. Görlitz **51**, 2: 7–13

3227 – Der Zug des Graureihers (*Ardea c. cinerea* L.) in der Oberlausitz. Beitr. Vogelk. **23**: 330–346

3228 – Der Avifaunistische Arbeitskreis Oberlausitz. Falke **24**: 316–317

3229 – Helft dem Storch! Kulturbund der DDR – Zentr. Fachaussch. Ornith. u. Vogelsch.

3230 CZERLINSKY, H.: Unsere heimischen Taucher. Reichenbacher Kalender 1977: 92–96

3231 DICK, W.: Eine Übersommerung des Prachttauchers (*Gavia arctica*) im Erzgebirge. Beitr. Vogelk. **23**: 188–189

3232 DORNBERGER, W.: Ringfunde der Goldammer (*Emberiza citrinella*). Auspicium **6**: 163–174

3233 ECK, S. u. A. FEILER: Anmerkungen zu den Listen der Vogelarten Dresdens und Moritzburgs (Aves). Faun. Abh. Mus. Tierk. Dresden **6**: 321–337

3234 ERNST, S.: Brutnachweise des Erlenzeisigs, *Carduelis spinus* (L.), im östlichen Vogtland. Beitr. Vogelk. **23**: 83–84

3235 – u. M. THOSS: Der Alpenbirkenzeisig als Brutvogel im NSG Großer Kranichsee. Falke **24**: 48–53

3236 FIEDLER, A. u. N. DIESSNER: Nochmals: Nilgans bei Dresden. Falke **24**: 392

3237 FLATH, R. u. H. HOLUPIREK: Bodennest der Heckenbraunelle. Falke **24**: 175

3238 FRIELING, F. u. R. STEINBACH: Besonderheiten am Windischleubaer Stausee 1974. Beitr. Vogelk. **23**: 79–82

3239 – – Besonderheiten am Windischleubaer Stausee 1975. Beitr. Vogelk. **23**: 297–300

3240 GENSCH, W.: Nachtreiherfund im unteren Erzgebirge. Falke **24**: 318–319

3241 GLEINICH, W. u. P. HUMMITZSCH: Zum Brutvorkommen der Eulen im mittleren Oberelbe-Röder-Gebiet (Aves, Strigiformes). Faun. Abh. Mus. Tierk. Dresden **6**: 237–262

3242 GLUTZ VON BLOTZHEIM, U. N., K. M. BAUER u. E. BEZZEL: Handbuch der Vögel Mitteleuropas, Bd. 7 (Charadriiformes, 2. Teil). Wiesbaden

3243 GRÖSSLER, K.: Der Durchzug des Flußregenpfeifers, *Charadrius dubius curonicus*, im Flut- und Klärbeckengebiet von Leipzig. Beitr. Vogelk. **23**: 107–116

3244 – u. K. TUCHSCHERER: Beobachtungsbericht für die Jahre 1969–1972. Teil II. Actitis **13**: 1–101

3245 HANDKE, K.: Biometrische Untersuchungen an Skeletten des Gimpels (*Pyrrhula pyrrhula*). Orn. Jber. Mus. Heineanum **2**: 23–46

3246 HASSE, H.: Der Eisvogel (*Alcedo atthis*) in der Oberlausitz. Abh. Ber. Naturkundemus. Görlitz **50**, 8: 1–4

3247 HÄSSLER, C.: Die Avifauna des Flächennaturdenkmals „Römertal" (Kreis Werdau). Sächs. Heimatbl. **23**: 287–288 u. 3. US

3248 HEYDAN, G.: Nachtreiherbeobachtungen aus der nördlichen Oberlausitz. Abh. Ber. Naturkundemus. Görlitz **50**, 16: 35

3249 HEYDER, D.: Halsbandmarkierung eines Singschwanes. Falke **24**: 357

3250 HOFMANN, G., K. HOFMANN u. D. SPITTLER: Beobachtung eines Weißschwanzsteppenkiebitzes (*Chettusia leucura* Lichtenstein). Abh. Ber. Naturkundemus. Görlitz **51**, 10: 29

3251 HOLUPIREK, H.: Die Ringdrossel, *Turdus torquatus*, hat wieder im Erzgebirge gebrütet! Beitr. Vogelk. **23**: 161–176

3252 HUMMITZSCH, P.: Brutvorkommen und Siedlungsdichte der Wasservögel im Moritzburger Teichgebiet. Falke **24**: 296–303 (Nachtrag in Falke **25**: 248)

3253 KALBE, L.: Zur Situation des Schutzes der Lebensstätten für Wasservögel in der DDR. Falke **24**: 6–10, 54–59, 90–95

3254 KELLER, D.: Messung der Aktivität des Mauerseglers an der Bruthöhle. Falke **24**: 242–245

3255 KIRMSE, W.: Grundsätze des Greifvogelschutzes. Naturschutzarb. u. naturkundl. Heimatforschung in Sachsen **19**: 20–27

3256 – u. G. KLEINSTÄUBER: Die Kalkulation der Populationsentwicklung von Wildtierarten, dargestellt am Beispiel der felsbrütenden Wanderfalken (*Falco p. peregrinus* Gmel.) in der DDR. Mitt. Zool. Mus. Berlin **53**, Suppl.: Ann. Orn. **1**: 137–148

3257 KITTLAUS, E.: Flächennaturdenkmal „Indianerteich". Naturschutzarb. u. naturkundl. Heimatforschung in Sachsen **19**: 2–9

3258 KNOBLOCH, H.: Zum Vorkommen des Sperlingskauzes (*Glaucidium p. passerinum* L.) im Zittauer Gebirge (Aves, Strigidae). Faun. Abh. Mus. Tierk. Dresden **6**: 339–340

3259 KÖHLER, H.: (Walter Günsche 65 Jahre). Falke **24**: 279

3260 KOPSCH, H.: Der Flußregenpfeifer. Rundblick **24**: 39–41

3261 – Der Kiebitz. Rundblick **24**: 164–165

3262 KOSELLEK, K.-P.: Heringsmöwe (*Larus fuscus* L.) im Niederspreer Teichgebiet. Abh. Ber. Naturkundemus. Görlitz **50**, 16: 21

3263 KRAUSS, A.: Ergebnisse ernährungsbiologischer Forschung am Waldkauz. Beitr. Vogelk. **23**: 313–329

3264 – Froschlurchnachweise durch Gewöllanalysen. Falke **24**: 176

3265 – Weißbänderung bei der Amsel. Falke **24**: 349

3266 – Bemerkenswerte Schnabelanomalie bei einer Stockente. Falke **24**: 391

3267 KRÜGER, S.: Die Lerchen (Alaudidae) in der Oberlausitz. Abh. Ber. Naturkundemus. Görlitz **51**, 8: 1–9

3268 – Schwarzkopfmöwe, *Larus melanocephalus* Temm., im Sommer am Grubenrestsee Mortka/Krs. Hoyerswerda in der Oberlausitz. Beitr. Vogelk. **23**: 189–190

3269 – Fischadleransammlung während des Herbstdurchzuges an einem Tagebaurestsee im Kreis Hoyerswerda. Beitr. Vogelk. **23**: 294–296

3270 – Zum Neststand der Singdrossel. Falke **24**: 96

3271 – u. G. CREUTZ: Konzentration von Fischadlern auf dem Herbstdurchzug. Abh. Ber. Naturkundemus. Görlitz **51**, 10: 21–22

3272 LITZBARSKI, H.: Verzeichnis von Publikationen über Wasservögel 1975–1976. Mitt. Ber. Zentrale f. d. Wasservogelforsch. **9**, 2/3: 20–37

3273 LÖHRL, H.: Die Tannenmeise. Neue Brehm-Bücherei Heft 472, 2. Aufl., Wittenberg Lutherstadt

3274 LORENZ, P.: Stockentenstudien im NSG „Zschornaer Teichgebiet". Beitr. Vogelk. **23**: 147–152

3275 MELDE, I. u. M. MELDE: Zur Biologie des Pirols. Falke **24**: 258–263

3276 MELDE, M.: Auftreten und Aufenthalt des Mäusebussards (*Buteo buteo*) in einem Kontrollgebiet im Winter. Beitr. Vogelk. **23**: 57–59

3277 – Ergänzungen zur Brutbiologie der Großen Rohrdommel. Falke **24**: 82–87

3278 MENZEL, F.: Die Bedeutung der Talsperre Quitzdorf für die Avifauna der Oberlausitz. Abh. Ber. Naturkundemus. Görlitz **51**, 2: 15–16

3279 – Ein erneutes Vorkommen des Halsbandschnäppers (*Ficedula albicollis*) im Naturschutzgebiet Monumentshügel. Abh. Ber. Naturkundemus. Görlitz **51**, 10: 23

3280 – Ein Zwergschnäpper (*Ficedula parva*) bei Königshain/ Oberlausitz. Abh. Ber. Naturkundemus. Görlitz **51**, 10: 25–26

3281 – Die Bedeutung der Talsperre Quitzdorf für die Avifauna der Oberlausitz. Naturschutzarb. u. naturkundl. Heimatforschung in Sachsen **19**: 64–71

3282 MENZEL, H.: Die Schwäne (Gattung *Cygnus*) in der Oberlausitz. Abh. Ber. Naturkundemus. Görlitz **50**, 10: 1–15

3283 – Beachtliche Konzentration von Schwarzstörchen (*Ciconia nigra*) im Drehnaer Teichgebiet in der nördlichen Oberlausitz. Abh. Ber. Naturkundemus. Görlitz **51**, 10: 27–28

3284 – Kohlmeise mit weißem Schwanz. Falke **24**: 175

3285 MÜLLER, G. u. H.-P. KELLER: Beobachtung von Weißflügelseeschwalben (*Chlidonias leucopterus*), Steinwälzer (*Arenaria interpres*) und Odinswassertreter (*Phalaropus lobatus*) in der Oberlausitz. Beitr. Vogelk. **23**: 60–61

3286 MÜLLER, T.: Ankunftszeiten einiger Kleinvogelarten im mittleren westsächsischen Raum. Beitr. Vogelk. **23**: 153–158

3287 NAACKE, J.: Vorläufiger Bericht über die Erfassung des Brutbestandes der Graugans 1977 im Gebiet der DDR. Mitt. Ber. Zentrale f. d. Wasservogelforsch. **9**, 2/3: 12–19

3288 OESER jr., R.: Der Fichtenkreuzschnabel (*Loxia curvirostra* L.) als Opfer des Straßenverkehrs im Fichtelberggebiet. Beitr. Vogelk. **23**: 278–280

3289 OESER, R.: Zur Brut des Tannenhähers (*Nucifraga caryocatactes*) im Erzgebirge. Beitr. Vogelk. **23**: 33–36

3290 – Zum Vorkommen der Waldschnepfe (*Scolopax rusticola* L.) im Erzgebirge. Beitr. Vogelk. **23**: 300–307

3291 PANNACH, D.: Rauchschwalbe haßt auf Wiesenpieper. Falke **24**: 320

3292 PAULICK, W.: Silberreiher (*Casmerodius albus*) in der Oberlausitz. Abh. Ber. Naturkundemus. Görlitz **51**, 10: 31

3293 RAMMNER, Ch.: Verhaltensstudien an einem gekäfigten Sibirischen Tannenhäher. Falke **24**: 62–67

3294 ROGGE, D.: Die Möglichkeiten zur Hebung des Schellentenbrutbestandes in der DDR. Falke **24**: 180–191

3295 RUTSCHKE, E. u. I. BUTZE: Ergebnisse der Mittwinterzählung 1977. Mitt. Ber. Zentrale f. d. Wasservogelforsch. **9**, 2/3: 5–11

3296 RUTSCHKE. E., D. KNUTH u. Ch. REYMANN: Brutverbreitung und Herbst- und Winterbestände einiger Wasservogelarten in der DDR. Ergebnisse nationaler und internationaler Wasservogelzählungen. Potsdamer Forschungen, Reihe B, Heft 9

3297 SAEMANN, D.: Bemerkungen zum Status des Sperlingskauzes in der DDR. Falke **24**: 112–113, 141

3298 – Den Ornithologen in die Maschen gegangen. Unsere Jagd **27**: 230–231

3299 SCHIELE, G.: Einige Bemerkungen zum Vorkommen der Saat- und Bleßgänse in der DDR Mitte November 1976. Mitt. Ber. Zentrale f. d. Wasservogelforsch. **9**, 1: 22–29

3300 SCHIEMANN, H.: Über das Vorkommen der Wassertreter (*Phalaropodidae*) in den brandenburgischen, sächsischen und thüringischen Bezirken sowie in Berlin. Beitr. Vogelk. **23**: 49–56

3301 SCHIPKE, R.: Gänsebeobachtungen in der Oberlausitz. Abh. Ber. Naturkundemus. Görlitz **50**, 16: 27

3302 – G. SCHULZE u. Ch. SCHULZE: Winter-Beobachtungen des Kranichs (*Grus grus*) im Oberlausitzer Teichgebiet (1974–1975). Abh. Ber. Naturkundemus. Görlitz **50**, 16: 29–30

3303 SCHLEGEL, R.: Quellennachweis zur Avifauna Sachsens (1959–1969) – Nachtrag. Abh. Ber. Naturkundemus. Görlitz **50**, 7: 1–12

3304 – Zur Nahrung der Lachmöwe an Oberlausitzer Karpfenteichen. Falke **24**: 198–203

3305 SCHLEGEL, S.: Ungewöhnliche Neststandorte der Singdrossel (*Turdus philomelos*). Beitr. Vogelk. **23**: 310–312

3306 SCHLENKER, R.: Ringfunde des Dunklen Wasserläufers (*Tringa erythropus*). Auspicium **6**: 175–178 (176)

3307 – Ringfunde der Zwergschnepfe (*Lymnocryptes minimus*). Auspicium **6**: 179–184 (182)

3308 SCHLÖGEL, N.: Tod junger Fitislaubsänger durch ausgerenkte Beine. Falke **24**: 175

3309 – Nachweis des Mornell. Falke **24**: 320

3310 SCHMIDT, A.: Zu: Vögel erhängen sich in Astgabeln. Beitr. Vogelk. **23**: 120–127

3311 SCHNEIDER, W.: Schleiereulen. Neue Brehm-Bücherei Heft 340, 2. Aufl., Wittenberg Lutherstadt

3312 SCHÖLZEL, H.: Ein Steinadler in der Oberlausitz. Falke **24**: 175

3313 – Freistehendes Haussperlingsnest. Falke **24**: 285

3314 – Baumfalke kröpft Schwalbe in der Luft. Falke **24**: 319

3315 SCHÖPCKE, H. u. D. SPERLING: Buntspecht und Kleinspecht brüten in enger Nachbarschaft. Abh. Ber. Naturkundemus. Görlitz **50**, 16: 31

3316 SCHULZE, Ch.: Waldschnepfenbrut bei Königswartha. Abh. Ber. Naturkundemus. Görlitz **50**, 16: 33

3317 SPERLING, D.: Ornithologische Beobachtungen am Staubecken Bautzen-Niedergurig. Abh. Ber. Naturkundemus. Görlitz **51**, 2: 17–20

3318 STEINBACH, R.: Verstärkter Durchzug des Rotkehlpiepers, *Anthus cervinus* (Pallas), im Frühjahr 1976 in den Kreisen Altenburg, Borna und Geithain. Abh. Ber. Naturkundl. Mus. „Mauritianum" Altenburg **9**: 305–307

3319 – Noch einmal zum Thema „Belly-Soaking" bei den Charadriiformes. Abh. Ber. Naturkundl. Mus. „Mauritianum" Altenburg **9**: 309–311

3320 STOHN, H.: Habicht zertrümmerte Doppelfenster. Falke **24**: 392

3321 – Rotkopfwürger bei Pirna. Falke **24**: 392

3322 THOMAS, F.: Schlupfstadium eines Teichrallenkükens. Rundblick **24**: 165

3323 WEBER, E.: Farbabweichungen bei Stockenten. Falke **24**: 88

3324 WEISE, W.: Zum Zug des Baumfalken, *Falco subbuteo*. Beitr. Vogelk. **23**: 60

3325 – Alfred Pflugbeil 75 Jahre. Falke **24**: 356

3326 WINKLER, E. u. R. WENZEL: Erster Brutnachweis der Nachtigall (*Luscinia megarhynchos*) bei Zwickau. Beitr. Vogelk. **23**: 301–303

1978

3327 ALLETTER, H. u. D. ZENKER: Von Turmfalken und Schleiereulen im Rochlitzer Schloß. Sächs. Heimatbl. **24**: 236–237

3328 Anonym: Das Atlas-Projekt im Bezirk Leipzig. Actitis **14**: 84–88

3329 Autorenkollektiv: Zwischen Zwickauer Mulde und Geyerschem Wald. Werte unserer Heimat Band 31, Berlin

3330 BÄHRMANN, U.: Wodurch unterscheiden sich Saatkrähe (*Corvus frugilegus frugilegus*) und Nebelkrähe (*Corvus corone cornix*) anatomisch und nach der Größe ihrer äußeren Flugorgane (Aves, Passeriformes). Orn. Jber. Mus. Heineanum **3**: 3–22

3331 – Eine biometrische Analyse zur Morphologie der Nebelkrähe (*Corvus corone cornix* L.) und ihrer intraspezifischen Variation (Aves, Passeriformes, Corvidae). Zool. Abh. Mus. Tierk. Dresden **35**: 223–252

3332 – Biometrisch-morphologische und Totalgewichts-Untersuchungen an einer ostelbischen Population von *Sturnus vulgaris* (Aves, Passeriformes). Zool. Abh. Mus. Tierk. Dresden **34**: 199–228

3333 BECKER, L.: Habicht und Sperber in der Oberlausitz. Abh. Ber. Naturkundemus. Görlitz **52**, 5: 1–9

3334 BEER, W.-D.: Der herbstliche Kranichzug im Jahre 1974. Actitis **14**: 75–79

3335 – Die Tannenhäherinvasion 1977/78. Actitis **14**: 80–82

3336 – In memoriam Artur Grosse (1. 11. 1894–15.3. 1975). Naturschutzarb. u. naturkundl. Heimatforschung in Sachsen **20**: 60–61

3337 BERGER, G.: Partieller Albinismus als Alterserscheinung bei einer Misteldrossel (*Turdus viscivorus*). Beitr. Vogelk. **24**: 347–351

3338 BERGMANN, H.-H., S. KLAUS, F. MÜLLER u. J. WIESNER: Das Haselhuhn. Neue Brehm-Bücherei Heft 77, 3. Aufl., Wittenberg Lutherstadt

3339 BERNDT, R. u. G. CREUTZ: Brut-Umsiedlung eines weiblichen Trauerschnäppers, *Ficedula hypoleuca*, über eine Entfernung von 280 km. Vogelwarte **29**: 276

3340 BFA Ornithologie Leipzig: Hirtenstar, *Acridotheres tristis*, brütend im Bezirk Leipzig. Actitis **14**: 89–90

3341 BIRKE, H.: Zum 100. Geburtstag von Rudolf Zimmermann (1878–1943). Naturschutzarb. u. naturkundl. Heimatforschung in Sachsen **20**: 61–62

3342 BRÄUTIGAM, H.: Vogelverluste auf einer Fernverkehrsstraße von 1974 bis 1977 in den Kreisen Altenberg und Geithain. Orn. Mitt. **30**: 147–149

3343 BRUCHHOLZ, S.: Schwarzspecht, *Dryocopus martius*, vernichtet Schellentengelege. Beitr. Vogelk. **24**: 102

3344 – Der Storch, *Ciconia ciconia*, im Karpfenteich. Beitr. Vogelk. **24**: 112

3345 CREUTZ, G.: Felix Bauer zum Gedächtnis. Falke **25**: 67

3346 – Verunglückte Vögel. Falke **25**: 172–173

3347 – Migrations of Grey Herons breeding in the GDR (russ.: Migracii serych capel', gnezdjaščichsja v GDR). In: Migracii ptic vostočnoj Evropy i severnoj Azii, Bd. 1, Moskau

3348 – Die Verbreitung der Waldschnepfe in der DDR zur Brutzeit. Unsere Jagd **28**, 3: 82–83

3349 DATHE, H.: Dr. h. c. Robert Gerber zum Gedenken. Beitr. Vogelk. **24**: 352–361

3350 DICK, W. u. H. HOLUPIREK: Über die Alpenbraunelle auf dem Territorium der DDR. Falke **25**: 308–312

3351 DORSCH, H.: Hohes Alter eines Grünfinken. Falke **25**: 356

3352 EGGERS, H.: Zum Stand von Ringablesungen beim Weißstorch in der DDR. Falke **25**: 410–411

3353 EGGERS, H., F. RIEMER u. A. GRISK: Zum Vorkommen chlororganischer Verbindungen (DDT, PCB) in Greifvogel- und Weißstorcheiern. Beitr. Vogelk. **24**: 253–256

3354 ERDMANN, G.: Schwarzstorch – *Ciconia nigra*. Actitis **14**: 50–51

3355 – Vom Weißstorch im Bezirk Leipzig. Falke **25**: 304–307

3356 EXO, K.-M. u. R. HENNES: Ringfunde des Steinkauzes (*Athene noctua*). Auspicium **6**: 363–374

3357 FRIELING, F.: Zu 10 Fotos vom Naturschutzgebiet „Eschefelder Teiche" aus den Jahren 1974–1976. Abh. Ber. Naturkundl. Mus. „Mauritianum" Altenburg **10**: 35–42

3358 FRIELING, F., N. HÖSER u. R. STEINBACH: Besonderheiten am Windischleubaer Stausee 1976. Beitr. Vogelk. **24**: 153–156

3359 GRAF, D.: Zur Ökologie des Eisvogels, *Alcedo atthis*. Beitr. Vogelk. **24**: 106

3360 GRÖSSLER, K.: Die Federfunde und Rupfungen der Jahre 1976 und 1977 sowie ein Rückblick auf die Funde 1966–1977. Actitis **14**: 52–64

3361 – Steinwälzer, *Arenaria interpres*, auf dem Frühjahrszug. Actitis **14**: 65

3362 – Eine weitere Frühjahrsbeobachtung von Steinwälzern, *Arenaria interpres*. Actitis **14**: 83

3363 – u. K. TUCHSCHERER: Beobachtungsbericht für die Jahre 1969–1972, Teil III. Actitis **14**: 3–49

3364 GRUNER, W.: Einige Beobachtungsnotizen vom Großen Teich bei Limbach. Beitr. Vogelk. **24**: 239–240

3365 – Erneuter Nachweis des Rohrschwirls, *Locustella luscinioides*, bei Limbach/Oberfrohna. Beitr. Vogelk. **24**: 366

3366 GÜNSCHE, W.: Hausrotschwanz-Männchen im 1. Jahr ausgefärbt. Falke **25**: 132

3367 HAUFF, P.: Weißstorch siedelt von Mecklenburg in die Lausitz. Falke **25**: 425

3368 HAVERSCHMIDT, F.: Die Trauerseeschwalbe. Neue Brehm-Bücherei Heft 508, Wittenberg Lutherstadt

3369 HOFMANN, K., G. HOFMANN u. D. SPITTLER: Beobachtung eines Weißschwanzsteppenkiebitz (*Chettusia leucura* Lichtenstein). Beitr. Vogelk. **24**: 101

3370 HÖSER, N.: Zu zweifelhaften Angaben über den Brutbestand der Greifvögel, Accipitridae, im Bezirk Leipzig. Beitr, Vogelk. **24**: 364–365

3371 JAKOB, R.: Vom zeitigen Morgen bis zum späten Abend. Falke **25**: 100–101

3372 KALBE, L.: Ökologie der Wasservögel. Neue Brehm-Bücherei Heft 518, Wittenberg Lutherstadt

3373 KÄUBLER, F.: Zum 100. Geburtstag des Altmeisters der Tierfotografie Rudolf Zimmermann (1878–1978). Sächs. Heimatbl. **24**: 232 (richtige Lebensdaten R. Z.: 1878–1943!)

3374 KIRCHNER, H.: Bruchwasserläufer und Waldwasserläufer. Neue Brehm-Bücherei Heft 309, 2. Aufl., Wittenberg Lutherstadt

3375 KIRMSE, W.: Zum Vorkommen des Baumfalken im Bezirk Leipzig. Actitis **14**: 66–74

3376 KLAUS, G.: Beobachtungen am Waldkauz. Falke **25**: 344–346

3377 KNOBLOCH, H.: Arbeitsberatung der Uhubetreuer. Falke **25**: 25

3378 KOPSCH, H.: Die Gebirgsstelze. Rundblick **25**: 60–61

3379 – Der Große Buntspecht. Rundblick **25**: 135

3380 KRAUSE, R.: Erfahrungen bei der Schellentenhege. Falke **25**: 270–275

3381 KRAUSS, A.: Zur Winterernährung der Waldohreule im Erzgebirgsraum. Falke **25**: 66

3382 KRÜGER, S.: Der Kormoran (*Phalacrocorax carbo*) brütet in der Oberlausitz. Beitr. Vogelk. **24**: 367–368

3383 LANGE, H. u. F. LEO: Die Vögel des Kreises Greiz. Staatl. Museen Greiz

3384 LORENZ, M.: Zu: Mitteilung zu „Rebhühner in der Großstadt". Falke **25**: 175

3385 MARTIN, F.: Bodennest der Schwanzmeise. Falke **25**: 155

3386 – Jungkuckuck wurde mit Beeren gefüttert. Falke **25**: 211

3387 MASSNY, H.: Eine Kostbarkeit unserer Fauna. Urania **53**: 60–63

3388 MELDE, M.: Notizen über die Taucher aus dem Kreis Kamenz. Falke **25**: 60–65, 88–90

3389 – Über die Weidenmeise in der Oberlausitz. Falke **25**: 168–171

3390 MENZEL, H.: Amsel (*Turdus merula*) ahmt das „Lachen" des Grünspechtes (*Picus viridis*) nach. Beitr. Vogelk. **24**: 107

3391 MÖCKEL, R. u. K.-H. BERNHARDT: 10-kV-Freileitungen – eine Todesfalle für Greifvögel. Falke **25**: 210

3392 NAACKE, J: Ergebnisse der Erfassung des Gänsebestandes im Jahre 1978. Mitt. Ber. Zentrale f. d. Wasservogelforsch. **10**,1/2: 25–41

3393 NEUMANN, J.: Zu: Rauchschwalben (*Hirundo rustica*) füttern ihre in Baumkronen sitzenden Jungen. Orn. Mitt. **28**: 233–234

3394 OERTEL, S. u. D. SAEMANN: Jahresbericht 1976 und 1977 der AG Avifaunistik im Bezirk Karl-Marx-Stadt. Actitis **15**: 59–84

3395 OESER, R.: Zum Vorkommen des Steinkauzes, *Athene noctua*, im Erzgebirge. Beitr. Vogelk. **24**: 103–104

3396 – Dem Sperlingskauz, *Glaucidium passerinum* (L.), auf der Spur. Beitr. Vogelk. **24**: 175–176

3397 – Ernährungsbiologische Ergebnisse aus gesammelten Beuteresten von Rupfplätzen an erzgebirgischen Sperberhorsten. Beitr. Vogelk. **24**: 226–235

3398 – Über das Auffressen von Artgenossen durch Vögel. Beitr. Vogelk. **24**: 299–302

3399 PANNACH, D.: Robinie als Vogelfalle. Falke **25**: 356

3400 PANNACH, D. u. D. SCHERNICK: Nilgans im Kreis Hoyerswerda. Falke **25**: 425

3401 PFAUCH, W.: Die Verbreitung naturwissenschaftlicher Kenntnisse und der Tierschutzgedanke bei J. M. Bechstein. Abh. Naturkundl. Mus. „Mauritianum" Altenburg **10**: 89–114

3402 RINGLEBEN, H.: Grauspecht (*Picus canus*) auf dem Leipziger Südfriedhof. Beitr. Vogelk. **24**: 368

3403 RUTSCHKE, E.: Ergebnisse der Wasservogelzählungen in der Saison 1976/1977. Mitt. Ber. Zentrale f. d. Wasservogelforsch. **10**, 1/2: 5–25

3404 SAEMANN, D.: Das wissenschaftliche Werk Rudolf Zimmermanns aus der Sicht der Gegenwart. Sächs. Heimatbl. **24**: 233–236

3405 SCHIPKE, R. u. G. CREUTZ: Übersommernde Prachttaucher, *Gavia arctica* (L.). Beitr. Vogelk. **24**: 171–173

3406 SCHMIDT, P.: Eiderente, *Somateria mollissima* (L.), im Oberen Vogtland. Beitr. Vogelk. **24**: 109

3407 SCHÖNFELD, M.: Der Weidenlaubsänger. Neue Brehm-Bücherei Heft 511, Wittenberg Lutherstadt

3408 SCHÖNN, S.: Schutzmaßnahmen für Steinkäuze. Rundblick **25**: 57–58

3409 – Über Vorkommen des Rauhfußkauzes im oberen Westerzgebirge. Falke **25**: 162–166

3410 – Der Sperlingskauz. Neue Brehm-Bücherei Heft 513, Wittenberg Lutherstadt

3411 SCHULZ, H.: Zur Brut eines Schleiereulenpaares. Falke **25**: 412–417

3412 SEIFERT, B.: Die Vogelwelt der Helmsdorfer Schlammteiche. Actitis **15**: 3–58

3413 SIEBERT, L.: Freizeitforschung im NSG „Torfhaus". Naturschutzarb. u. naturkundl. Heimatforschung in Sachsen **20**: 6–13

3414 SITTEL, A.: Ungewöhnliche Nistplätze. Falke **25**: 22–24

3415 STEFFENS, R. u. A. STURM: Das gegenwärtige Brutvorkommen der Wasseramsel im Bezirk Dresden und Vorschläge für seinen wirksameren Schutz. Naturschutzarb. u. naturkundl. Heimatforschung in Sachsen **20**: 19–39

3416 STEPHAN, B.: Bruthelfer beim Hausrotschwanz. Falke **25**: 175

3417 TIETZ, M.: Der Bahndamm und seine Vögel. Falke **25**: 365–369

3418 WEISBACH, K.: Beobachtungen an überwinternden Saatkrähen im Bezirk Leipzig. Falke **25**: 314–319

3419 WEISE, W.: Zum 100. Geburtstag von Rudolf Zimmermann. Falke **25**: 293–296

1979

3420 Anonym: Das sechste Storchenpaar. Rundblick **26**: 92

3421 Autorenkollektiv: Elbtal und Lößhügelland bei Meißen. Werte unserer Heimat Band 32, Berlin

3422 – Karl-Marx-Stadt. Werte unserer Heimat Band 33, Berlin

3423 BANZ, K.: Ein Nachweis des Wellenläufers, *Oceanodroma leucorhoa* (Vieillot), im Erzgebirge. Beitr. Vogelk. **25**: 127

3424 BENNEWITZ, B.: Jugendarbeitsgemeinschaft Ornithologie Großdittmannsdorf. Sächs. Heimatbl. **25**: 144

3425 BERNDT, R. u. W. WINKEL: Zur Populationsentwicklung von Blaumeise (*Parus caeruleus*), Kleiber (*Sitta europaea*), Gartenrotschwanz (*Phoenicurus phoenicurus*) und Wendehals (*Jynx torquilla*) in mitteleuropäischen Untersuchungsgebieten von 1927 bis 1978. Vogelwelt **100**: 55–69

3426 BLÜMEL, H.: Zur Entwicklung der Nestlinge von Amsel und Singdrossel. Falke **26**: 241–243

3427 CREUTZ, G.: Der gegenwärtige Bestand der Blauracke in der DDR und sein Schutz. Archiv f. Naturschutz u. Landschaftsforsch. **19**: 231–239

3428 – Robert Gerber zum Gedenken. Falke **26**: 103

3429 – Ergebnisse der Graureiherberingung in der DDR. Falke **26**: 128–135, 141

3430 – Die Entwicklung des Blaurackenbestandes in der DDR 1961 bis 1976. Falke **26**: 222–230

3431 – Aufforderung zum Mitziehen bei der Trauerseeschwalbe (*Chlidonias nigra*) und anderen Vogelarten. Orn. Mitt. **31**: 190

3432 – Die ökologische Bedeutung der Staubecken und Grubenseen für die Vogelwelt der Oberlausitz. Sächs. Heimatbl. **25**: 53–56

3433 – Robert März verstorben. Sächs. Heimatbl. **25**, 6: 3. Umschlagseite

3434 – The upside-down rings [„Kopfstehende" Ringe]. The Ring **98/99**: 13

3435 – Ringablesungen bei einem Weißstorch (*Ciconia ciconia*). The Ring **100**: 47–48

3436 – Ein zweidottriges Ei beim Weißstorch (*Ciconia ciconia*). Vogelwarte **30**: 143–145

3437 DEDEK, H.: Beginn und Ende der täglichen Aktivität der Nebelkrähe (*Coraus corone cornix* L.) in Rothenburg/Oberlausitz. Abh. Ber. Naturkundemus. Görlitz **52**, 12: 1–16

3438 DICK, W.: Zur Stimme von Rauhfußkauz und Sperlingskauz. Falke **26**: 94–95

3439 DITTBERNER, H., W. DITTBERNER u. D. KRUMMHOLZ: Mai- und Sommerbeobachtungen des Zwergsägers (*Mergus albellus* L.) in der DDR. Beitr. Vogelk. **25**: 353–355

3440 DORNBUSCH, M.: Bestandsbedrohte Brutvogelarten in der Deutschen Demokratischen Republik. Falke **26**: 186–189

3441 DORSCH, H.: Möglichkeiten der Unterscheidung von Teich- und Sumpfrohrsänger anhand morphologischer Merkmale. Falke **26**: 405–419

3442 DORSCH, H. u. I. DORSCH: Die Vogelwelt natürlich bewachsener Braunkohlentagebaue. Beitr. Vogelk. **25**: 257–329

3443 ECK, S.: Udo Bährmann zum Gedenken. Falke **26**: 355

3444 ENGLER, G.: Bemerkenswerte Limicolen-Beobachtungen im Kreis Kamenz. Veröff. Mus. Westlausitz **3**: 53–56

3445 ERDMANN, G.: Untersuchungen zum Brutbestand in einem Leipziger Wohngebiet. Actitis **17**: 77–80

3446 Fachgruppe Ornithologie Groitsch: Einige Beobachtungen der FG Ornithologie und Naturschutz Groitsch. Actitis **16**: 87–93

3447 FROMMELT, K.-H. u. R. STEINBACH: Die Thränaer Lachen, ein Gebiet der Bergbaufolgelandschaft als Lebensstätte für die Vogelwelt. Actitis **16**: 56–72 (Berichtigung in Actitis **18**: 63)

3448 GRAF, D.: Eine beispielhafte Aktion für den Weißstorch. Naturschutzarb. u. naturkundl. Heimatforschung in Sachsen **21**: 67–68

3449 GRUNER, W.: Untersuchungen zum Brutvogelbestand einer Kleinsiedlung im Kreis Hohenstein-Ernstthal. Actitis **16**: 36–38

3450 HEIDEMÜLLER, B.: Rosenstar in Karl-Marx-Stadt. Falke **26**: 404

3451 HENNERSDORF, J.: Die abendliche Aktivität einer Schleiereule. Falke **26**: 21–27

3452 HOLUPIREK, H.: Über den Zug der Ringdrossel durch den Bezirk Karl-Marx-Stadt. Veröff. Mus. Naturk. Karl-Marx-Stadt **10**: 76–82

3453 HÖSER, N.: Zu Anzahl, Phänologie und Ökologie der Brutvögel 1978 und 1979 an den Gewässern bei Windischleuba. Abh. Ber. Naturkundl. Mus. „Mauritianum" Altenburg **10**: 297–304

3454 HÖSER, N., R. BACHMANN, W. KIRCHHOF u. A. WEBER: Der Brutbestand der Greifvögel und Eulen im Altenburger Land. Bericht: Greifvögel (Accipitridae, Falconidae) und Steinkauz (*Athene noctua*) in den Jahren 1975–1978. Abh. Ber. Naturkundl. Mus. „Mauritianum" Altenburg **10**: 269–277

3455 HUMMITZSCH, P.: Fachgruppenarbeit der Naturschützer und Ornithologen am konkreten Beispiel. Natur und Umwelt. Beiträge zur soz. Landeskultur: 54–59

3456 KAPOCSY, G.: Weißbart- und Weißflügelseeschwalbe. Neue Brehm-Bücherei Heft 516, Wittenberg Lutherstadt

3457 KATZER, B.: Freistehendes Wasseramselnest. Falke **26**: 92–93

3458 – Rotkopfwürgerbeobachtung. Falke **26**: 284

3459 KELM, H.: Udo Bährmann 1893–1979. J. Orn. **120**: 458

3460 KLEINERT, H.: Siedlungsdichte von Haubentaucher und Rothalstaucher an drei kleineren mittelsächsischen Teichen. Falke **26**: 294–295

3461 KLEINSTEUBER, E.: Das Schrifttum zur Naturgeschichte von Karl-Marx-Stadt. 1. Nachtrag. Veröff. Mus. Naturk. Karl-Marx-Stadt **10**: 3–19

3462 – Veränderungen im Brutvogelbestand eines Neubaugebietes in Karl-Marx-Stadt. Veröff. Mus. Naturk. Karl-Marx-Stadt **10**: 94–97

3463 KNEIS, P.: Walter Teubert 75 Jahre. Falke **26**: 283

3464 KNOBLOCH, H.: Die Uhuverluste in der Deutschen Demokratischen Republik. Archiv Naturschutz u. Landschaftsforsch. **19**: 137–153

3465 – Zum Vorkommen des Uhus im Zittauer Gebirge. Falke **26**: 422–427

3466 – Zur Nahrungsökologie des Uhus im Bezirk Dresden. Naturschutzarb. u. naturkundl. Heimatforschung in Sachsen **21**: 54–62

3467 KÖCHER, W. u. H. KOPSCH: Die Vogelwelt der Kreise Grimma, Oschatz und Wurzen, Teil I. AQUILA – soz. Landesk. Grimma, Sonderheft: 1–92

3468 KOLBE, H.: Zum Problem aus Gehegen entflogener oder im Freiflug gehaltener Anatiden. Beitr. Vogelk. **25**: 33

3469 KOPSCH, H.: Internationale Wasservogelzählung am 14. Januar 1979. Rundblick **26**: 64

3470 – Der Eisvogel in unserem Gebiet. Rundblick **26**: 68

3471 KRAUSS, V. u. A. KRAUSS: Ungewöhnliche Verlängerung der Steuerfedern bei einer Rauchschwalbe. Falke **26**: 97

3472 KRETZSCHMAR, H.: Aufzeichnungen über die Großtrappe (*Otis tarda*) im Gebiet nördlich von Leipzig. Actitis **16**: 3–35

3473 KRÜGER, H.: Einige Bemerkungen zur Urbanisierung. Falke **26**: 340

3474 KRÜGER, H.-P.: Die Bestandsentwicklung des Großen Brachvogels (*Numenius arquata*) und der Uferschnepfe (*Limosa limosa*) von 1960–1976 in der Niederlausitz. Naturschutzarb. in Berlin u. Brandenb. **15**: 2–6

3475 KRÜGER, S.: Der Kernbeißer. Neue Brehm-Bücherei Heft 525, Wittenberg Lutherstadt

3476 KÜCHLER, L.: Forschen – Sammeln – Gestalten. 25 Jahre Aktivitäten im Kulturbund im 30. Jahr der DDR. Falke **26**: 365

3477 LITZBARSKI, H.: Erste Ergebnisse der Beringung und farbigen Kennzeichnung von Saatgänsen, *Anser fabalis,* in der Deutschen Demokratischen Republik. Beitr. Vogelk. **25**: 101–123

3478 – Forschungsprojekt Wildgänse. Unsere Jagd **29**, 7: 208–210 und 8: 236–238

3479 MELDE, M.: Spätfund eines Wiedehopfes (*Upupa epops*). Beitr. Vogelk. **25**: 362–363

3480 MENZEL, F.: Die Bedeutung der Talsperre Quitzdorf für Wasservögel. Beitr. Vogelk. **25**: 14–18

3481 MENZEL, H.: Zum Vorkommen der Gänse in der Oberlausitz. Abh. Ber. Naturkundemus. Görlitz **52**, 7: 1–21

3482 – u. M. MÜLLER: Späte Brut der Mehlschwalbe (*Delichon urbica*) in der Oberlausitz. Beitr. Vogelk. **25**: 255

3483 MÖCKEL, R.: Der Schwarzspecht (*Dryocopus martius*) im Westerzgebirge. Orn. Jber. Mus. Heineanum **4**: 77–86

3484 – u. K.-H. BERNHARDT: Die Siedlungsdichte der Stockente, *Anas platyrhynchos* L., im Erzgebirgskreis Aue. Beitr. Vogelk. **25**: 337–345

3485 MÖCKEL, R. u. U. WENDLER: Der Greifvogelbestand des Erzgebirgskreises Aue. Veröff. Mus. Naturk. Karl-Marx-Stadt **10**: 83–93

3486 MÜLLER, T.: Der Drosselrohrsänger, *Acrocephalus arundinaceus,* als Baumbrüter. Beitr. Vogelk. **25**: 256

3487 OERTEL, S.: Zum Nachtgesang der Amsel, *Turdus merula,* in der Stadt. Actitis **17**: 15–25

3488 – Vergleichende Beobachtungen zur Brutbiologie und Siedlungsdichte der Ringeltaube, *Columba palumbus,* und der Türkentaube, *Streptopelia decaocto,* in Karl-Marx-Stadt. Actitis **16**: 40–55

3489 ORTLIEB, R.: Die Sperber. Neue Brehm-Bücherei Heft 523, Wittenberg Lutherstadt

3490 PANNACH, D.: Rotkopfwürger im Kreis Hoyerswerda. Abh. Ber. Naturkundemus. Görlitz **52**, 13: 17

3491 – Notizen über die Vogelwelt des Industriegeländes Großkraftwerk Boxberg. Abh. Ber. Naturkundemus. Görlitz **53**, 5: 1–8

3492 PÄTZOLD, R.: Das Rotkehlchen. Neue Brehm-Bücherei Heft 520, Wittenberg Lutherstadt

3493 PIECHOCKI, R.: Der Turmfalke. Neue Brehm-Bücherei Heft 116, 5. Aufl., Wittenberg Lutherstadt

3494 PRÖGER, H.: Die Abhängigkeit der Fütterungsaktivität von Niederschlag und Temperatur bei Rauchschwalben. Falke **26**: 80–85

3495 ROGGE, D.: Probleme und Erfahrungen bei vorbereitenden Versuchen zur Wiederansiedlung der Schellente (*Bucephala clangula*) an ausgewählten Gewässern der DDR. Beitr. Vogelk. **25**: 94–96

3496 RUTSCHKE, E.: Ergebnisse und Aufgaben der Wasservogelforschung in der DDR. Beitr. Vogelk. **25**: 2–13

3497 SAEMANN, D.: Ein Beitrag zur Brutphänologie der Amsel, *Turdus merula,* in der Großstadt. Actitis **17**: 3–14

3498 – Die Vogelwelt Sachsens – Artenliste. Actitis **17**: 38–76

3499 – Walter Unger 80 Jahre. Actitis **17**: 81

3500 – Polygamie beim Waldlaubsänger, *Phylloscopus sibilatrix.* Beitr. Vogelk. **25**: 253

3501 – u. R. MÖCKEL: Der Zwergschnäpper, *Ficedula parva* (Bechst), im Erzgebirge. Faun. Abh. Mus. Tierk. Dresden **7**: 263–272

3502 – u. S. OERTEL: Berichtigung. Actitis **17**: 82

3503 SCHLÖGEL, N.: Das Vorkommen der Weidenmeise (*Parus montanus*) im Krs. Wurzen. Actitis **16**: 77–86

3504 SCHMIDT, J.: Notizen zur Überwinterung der Teichralle an der Weißen Elster bei Leipzig. Actitis **16**: 39–43

3505 SCHMIDT, R., A. SIEFKE u. H. PÖRNER: Mitteleuropäische Subareale des Höckerschwans (*Cygnus olor*) nach Beringungsergebnissen aus dem Gebiet der DDR. Beitr. Vogelk. **25**: 50–64

3506 SCHNEIDER, W.: Zur mannigfaltigen Fangmethode des Waldkauzes, *Strix a. aluco.* Beitr. Vogelk. **25**: 364

3507 – Revierkampf beim Grünspecht (*Picus v. viridis*). Beitr. Vogelk. **25**: 364

3508 – Zwergeier in Wildvogelgelegen. Beitr. Vogelk. **25**: 364–365

3509 SCHÖNN, S.: Kolkraben wieder Brutvögel in unseren Wäldern. Rundblick **26**: 65

3510 – u. Ch. SCHILLER: Brut des Zwergschnäppers in Oschatz. Falke **26**: 344–346

3511 SCHULZ, W.: Ornithologische Beobachtungen an den Teichen der Fluren Grüngräbchen, Großgrabe und Schwepnitz. Veröff. Mus. Westlausitz **3**: 57–72

3512 SCHULZE, Ch.: Späte Kranichbrut in der Oberlausitz. Beitr. Vogelk. **25**: 367

3513 SIEFKE, A.: Die Rolle der Wasserwildjagd in der DDR. Beitr. Vogelk. **25**: 81–93

3514 SITTEL, A. u. U. SITTEL: Staubecken Altmörbitz – ein neues Beobachtungsgebiet. Actitis **16**: 73–76

3515 SPERLING, D.: Ornithologische Beobachtungen am Staubecken Bautzen-Niedergurig. Abh. Ber. Naturkundemus. Görlitz **52**, 9: 1–7

3516 – Früher Brutbeginn der Schellente, *Bucephala clangula,* in der Oberlausitz. Abh. Ber. Naturkundemus. Görlitz **52**, 13: 19

3517 STOHN, H.: 16. Ornithologentagung des Bezirkes Dresden. Sächs. Heimatbl. **25**: 41

3518 SÜSSNER, G. u. R. SÜSSNER: Beobachtung eines Haselhuhns im Bezirk Karl-Marx-Stadt. Falke **26**: 67

3519 – Haselhuhnbeobachtung bei Holzhau (Kreis Brand-Erbisdorf). Veröff. Mus. Naturk. Karl-Marx-Stadt **10**: 99–100

3520 ULBRICHT, J.: Zur Territorialstruktur einer „Kolonie" des Flußregenpfeifers. Falke **26**: 351–354

3521 VIEWEG, A.: Der Waldkauz – eine Gefahr für den Rauhfußkauz? Falke **26**: 392–393

3522 WODNER, D.: Ornithologische Auslese aus der nördlichen Oberlausitz. Falke **26**: 204–211, 231–240, 258–261

3523–4199 nach HUMMITZSCH (1988 b)

1961
3523 CREUTZ, G.: Einige Feststellungen an überwinternden Bergfinken (*Fringilla montifringilla*). Vår Fågelvärld **20**, 4: 302–318
1963
3524 NIETHAMMER, G.: Die Einbürgerung von Säugetieren und Vögeln in Europa. Hamburg und Berlin
1964
3525 NIETHAMMER, G., H. KRAMER u. H. E. WOLTERS: Die Vögel Deutschlands. Artenliste. Frankfurt/Main
1968
3526 WENZEL, R.: Vergleichende qualitative und quantitative Untersuchungen der Vogelwelt in Fichtenforsten des Tharandter Waldes in der Brutperiode 1967. Diplomarbeit Fak. Forstwirtsch. Tharandt der TU Dresden
1969
3527 KALCHREUTER, H.: Ringfunde der Rabenkrähe (*Corvus corone corone*). Auspicium **3**: 437–457
3528 SACH, G.: Ringfunde des Großen Brachvogels (*Numenius arquata*). Auspicium **3**: 153–158
1970
3529 HECKENROTH, H. u. I. VONCKEN: Ringfunde des Kormorans (*Phalacrocorax carbo*). Auspicium **4**: 81–99
1971
3530 HALFEN, I.: Ringfunde des Mauerseglers (*Apus apus*). Teil **1**: Helgolandringe. Auspicium **4**: 227–234
3531 HECKENROTH, H.: Funde in Nordrhein-Westfalen und Hessen beringter Graureiher (*Ardea cinerea*). Auspicium **4**: 173–191
3532 LANGE, G., A. HOLZHÜTER u. W. SCHLOSS: Waldkauz (*Strix aluco*) – Ringfunde. Auspicium **4**: 325–353
3533 REISER, K.-H.: Sandregenpfeifer (*Charadrius hiaticula*) – Ringfunde. Auspicium **4**: 241–251
1972
3534 PANNACH, G.: Funde in Süddeutschland und Österreich gekennzeichneter Bleßhühner (*Fulica atra*). Auspicium **4**: 375–384

3535 SCHIERHOLZ, H.: Funde in Hessen und Nordrhein-Westfalen beringter Kohlmeisen (*Parus major*). Auspicium **4**: 435–455

3536 TOMIAŁOJĆ, L.: Ptaki Polski (The birds of Poland). Warszawa
1973

3537 ZINK, G.: Der Zug europäischer Singvögel – ein Atlas der Wiederfunde beringter Vögel, 1. Lieferung. Möggingen
1974

3538 BÁRTA, Z.: Avifauna Flájské údolni přehrady a blizkeho okoli (Die Avifauna der Talsperre Flaje (Erzgebirge, Kreis Most) und ihrer engeren Umgebung). Sbornik Okr. muzea v Mostě. Rada přirodo vĕdna **1**: 37–64

3539 JOKELE, I.: Ringfunde des Schwarzen Milans (*Milvus migrans*). Auspicium **5**, 3: 229–234

3540 KAULMANN, M.: Rebhuhn (*Perdix perdix*) – Wiederfunde. Auspicium **5**: 235–243

3541 REISER, K.-H.: Ringfunde des Höckerschwans (*Cygnus olor*). Auspicium **5**: 183–227
1975

3542 BEER, W.-D.: Über das Vorkommen der Saatgansrassen (*Anser fabalis* subsp.) im Bezirk Leipzig. Natura regionis Lipsiensis **3**: 47–49

3543 ERDMANN, G.: Das Vorkommen der Ohrenlerche (*Eremophila alpestris*) und Schneeammer (*Plectrophenax nivalis*) im Bezirk Leipzig bis zum Jahre 1966. Natura regionis Lipsiensis **3**: 53–60

3544 FIEBIG, J. u. M. FIEBIG: Gimpel *Pyrrhula pyrrhula*, brütet im Stadtgebiet Leipzigs. Natura regionis Lipsiensis **3**: 49–53

3545 OSTHAUS, H. u. W. SCHLOSS: Ringfunde des Buchfinken (*Fringilla coelebs*). Auspicium **6**: 45–89

3546 REINL, S.: Über die Beuteliste eines Waldkauzes in der südlichen Dübener Heide. Natura regionis Lipsiensis **3**: 42–46

3547 SEIFERT, S.: Eine Schwalbentragödie. Panthera: 14–16

3548 STALLEICKEN, J.: Ringfunde des Grünlings (*Carduelis chloris*). Auspicium **6**: 5–44

3549 ZINK, G.: Der Zug europäischer Singvögel – ein Atlas der Wiederfunde beringter Vögel, 2. Lieferung. Möggingen
1977

3550 HUDEC, K. u. W. ČERNY: Fauna, ČSSR. Ptáci, 2. Praha

3551 VONDRÁĆEK, J.: Příspévek k poznáni velikosti hnizdniho teritoria čapa černeho (*Ciconia nigra* L.) (Ein Beitrag zur Territoriumsgröße beim Schwarzstorch). Fauna Bohemiae Septentrionalis **2**: 19–22
1978

3552 Anonym: Zum Stand der internationalen Auswertung der Wasservogelzählungen durch das IWRB. Mitt. Ber. Zentrale f. d. Wasservogelforsch. **10**, 3: 11–19

3553 PÖSCHE, H.: Ringfunde des Rotkehlchens (*Erithacus rubecula*). Auspicium **6**: 321–362

3554 RUTSCHKE, E.: Ergebnisse der Mittwinterzählung der Wasservögel der DDR. Mitt. Ber. Zentrale f. d. Wasservogelforsch. **10**, 3: 5–10

3555 SPENCER, R. u. R. HUDSON: Report on Bird-Ringing for 1976. Ringing & Migration **1**, 4: 189–252
1979

3556 DORNBUSCH, M.: Zur Situation bestandsbedrohter Vogelarten. Falke **26**: 378–381

3557 FEILER, A.: Tiere Moritzburgs. Dresden (Staatl. Mus. f. Tierkunde), 2. Aufl.

3558 KNOBLOCH, H.: Zur Bestandssituation der Greifvögel und Eulen im Bezirk Dresden. Actitis **17**: 26–37

3559 ÖSTERLÖF, S.: Report for 1970 of the Bird Ringing Office. Swed. Mus. of Nat. Hist. Stockholm

3560 PRINZINGER, R.: Der Schwarzhalstaucher. Neue Brehm-Bücherei Heft 521, Wittenberg Lutherstadt

3561 ZANG, H.: Ringfunde des Steinschmätzers (*Oenanthe oenanthe*). Auspicium **6**: 411–415
1980

3562 Anonym: Quellennachweis von lokalem, ornithologischem Schrifgut aus dem Bezirk Leipzig. Actitis **18**: 59–63

3563 ANSORGE, H. u. J. LEHNERT: Zum Herbstvorkommen des Rotfußfalken 1975 im Bezirk Leipzig. Actitis **18**: 55–58

3564 BAUMANN, R.: Herbstwanderung an den Teichen des Wermsdorfer Forstes. Rundblick **27**: 36–37

3565 BERGER, G.: Durch Kälteeinbruch bedingte Verhaltensreaktionen beim Kiebitz. Beitr. Vogelk. **26**: 58–59

3566 BLÜMEL, H.: Zur Brutbiologie der Singdrossel. Falke **27**: 22–23

3567 – Überwinternder Hausrotschwanz. Falke **27**: 104

3568 – Zwergei des Graureihers. Falke **27**: 104

3569 – Zur Fütterungsaktivität der Tannenmeise. Falke **27**: 270–271

3570 – u. R. BLÜMEL: Wirbeltiere als Opfer des Straßenverkehrs. Abh. Ber. Naturkundemus. Görlitz **54**, 8: 19–24

3571 BRÄUTIGAM, H.: Ein weiterer Nachweis des Steppenkiebitz, *Chettusia gregaria*, für die DDR. Actitis **18**: 16

3572 BRUCHHOLZ, S.: Zu Gunsten des Birkwildes. Unsere Jagd **30**: 116–117

3573 CREUTZ, G.: Nachtigall, Sprosser und Blaukehlchen in der Oberlausitz. Abh. Ber. Naturkundemus. Görlitz **53**, 7: 1–14

3574 – Die Wasseramsel in der Oberlausitz. Abh. Ber. Naturkundemus. Görlitz **53**, 8: 23–25

3575 – Winterliche Ansammlung von Waldohreulen (*Asio otus*). Abh. Ber. Naturkundemus. Görlitz **53**, 9: 27–29

3576 – Winterliche Ansammlung von Waldohreulen (*Asio otus*). Bautzner Kulturschau **30**, 2: 13–15

3577 – Robert März †. Beitr. Vogelk. **26**: 51–55

3578 – Raimund Schelcher zum Gedenken. Beitr. Vogelk. **26**: 222–224

3579 – Der Vogelschlag – ein Problem der modernen Luftfahrt. In: Flieger-Jahrbuch 1980, Berlin: 59–67

3580 – Erhaltet die Spechthöhlen! Kulturbund der DDR – Zentr. Fachaussch. Ornith. und Vogelschutz

3581 – Die Tierwelt der Oberlausitz und Niederlausitz. In : Reisehandbuch OL/NL. Leipzig

3582 – Dr. h. c. Richard Heyder 95 Jahre. Sächs. Heimatbl. **26**: 237

3583 – Die Kanadagans dringt weiter vor. Unsere Jagd **30**: 174–175

3584 DATHE, H.: Kurt Gentz zum Gedenken. Falke **27**: 401

3585 DORNBUSCH, M.: Bestandsentwicklung und Schutz der Großtrappe in der DDR. Unsere Jagd **30**: 48–49

3586 EBERT, J.: Zur Schockwirkung beim Uhu (*Bubo bubo* L.) nach Unfällen. Abh. Ber. Naturkundemus. Görlitz **54**, 8: 43–44

3587 ECK, S.: *Parus major* – ein Paradebeispiel der Systematik? Falke **27**: 385–392

3588 – Intraspezifische Evolution bei Graumeisen. Zool. Abh. Mus. Tierk. Dresden **36**: 135–219

3589 EIFLER, G.: Zum Brutvorkommen der Gartenammer, *Emberiza hortulana* L., in der Südlausitz. Actitis **18**: 24–28

3590 ENGLER, G.: Avifaunistische Besonderheiten in der Westlausitz. Veröff. Mus. Westlausitz **4**: 79–81

3591 ENGLER, G.: Die Teichralle. Neue Brehm-Bücherei Heft 536, Wittenberg Lutherstadt

3592 ERDMANN, G.: Zum Durchzug und Vorkommen der Blauracke in den Bezirken Karl-Marx-Stadt und Leipzig. Actitis **18**: 29–32

3593 FIEDLER, M.: Dem Vorsitzenden des Zentralen Fachausschusses Ornithologie und Vogelschutz, Nationalpreisträger Prof. Dr. Dr. Dathe, zum 70. Geburtstag. Falke **27**: 365

3594 FLATH, R.: Zur Brutbiologie des Mauerseglers. Falke **27**: 265–267

3595 FREIDANK, K.: Zum Ableben von Dr. h. c. Udo Bährmann. Apus **4**: 192

3596 FRIELING, F.: Zum Durchzug der Limikolen und der Beutelmeise nach 25jähriger Kontrolle 1953–1977. Beitr. Vogelk. **26**: 249–252

3597 – N. HÖSER u. R. STEINBACH: 25 Jahre Beobachtungsgemeinschaft Windischleubaer Stausee. Beitr. Vogelk. **26**: 245–248

3598 GEHLHAAR, H. u. W. KLEBB: Wandert der Bienenfresser bei uns an? Falke **27**: 352–353

3599 GLEICHNER, W. u. A. NOACK: Zum Vorkommen der Rohrweihe – *Circus aeruginosus* (L.) – im Kreis Kamenz. Veröff. Mus. Westlausitz **4**: 65–78

3600 GLUTZ VON BLOTZHEIM, U. N. u. K. M. BAUER: Handbuch der Vögel Mitteleuropas, Bd. 9 (Columbiformes – Piciformes). Wiesbaden

3601 GRAF, D.: Über einen innerartlichen Zweikampf beim Uhu (*Bubo bubo* L.). Abh. Ber. Naturkundemus. Görlitz **54**, 8: 39–41

3602 – Nachtrag zum Helmsdorfer Storchenpaar. Naturschutzarb. u. naturkundl. Heimatforsch. in Sachsen **22**: 55–56

3603 GROSSE, H., W. SYKORA u. R. STEINBACH: Eine 220-kV-Hochspannungstrasse im Überspannungsgebiet der Talsperre Windischleuba war Vogelfalle. Falke **22**: 247–248

3604 GRÖSSLER, K.: Zur Bestandserfassung einiger ausgewählter Vogelarten im Bezirk Leipzig. Actitis **18**: 3–15

3605 HÄSSLER, C.: Die Gestaltung eines Eisvogelbrutplatzes. Sächs. Heimatbl. **26**, 6: 3. u. 4. Umschlagseite

3606 HELBIG, A.: Prachttaucher zeigt „Wasserlugen". Falke **28**: 17 (siehe 3754)

3607 HEYDER, D.: Beobachtungen an Bruten des Hausrotschwanzes, *Phoenicurus ochruros,* 1978. Beitr. Vogelk. **26**: 122–124

3608 HOFMANN, G. u. K. HOFMANN: Karmingimpel, Halsbandfliegenschnäpper und Zwergfliegenschnäpper in der Südlausitz. Abh. Ber. Naturkundemus. Görlitz **53**, 9: 33–34

3609 HOLUPIREK, T.: Zur Vertikalverbreitung einiger Vogelarten im Erzgebirge. Actitis **18**: 45–54

3610 HÖRIG, H.: 5. Zentrale Wasservogeltagung der DDR. Unsere Jagd **30**: 99

3611 HÖSER, N.: 25 Jahre Windischleubaer Feldornithologie – Entwicklung und Ziele. Beitr. Vogelk. **26**: 241–244

3612 JORGA, W.: Chileflamingo im Kreis Bad Liebenwerda. Falke **22**: 428–429

3613 KELLER, H.-P. u. G. MÜLLER: Niedriger Neststand beim Wintergoldhähnchen (*Regulus regulus*). Beitr. Vogelk. **26**: 226

3614 KESSLER, A.: Hilfe für die Schwalben. Falke **27**: 33

3615 KIEKHÖFEL, P. u. H. KIEKHÖFEL: Neuer Nachweis der Kragenente in Sachsen. Falke **27**: 66

3616 KLAUS, A.: Zum ersten Male zwei Storchenpaare in Grethen. Rundblick **27**: 174

3617 KÖCHER, W.: 10 Jahre Fachgruppe „Ornithologie und Vogelschutz" Grimma. Rundblick **27**: 174–175

3618 – u. H. KOPSCH: Die Vogelwelt der Kreise Grimma, Oschatz und Wurzen, Teil II. AQUILA – Soz. Landesk. Grimma, Sonderheft: 93–187

3619 KOLBE, U.: 20 Jahre Fachgruppe Ornithologie Neuhausen. Falke **27**: 264

3620 KÖNIG, H.: Verzeichnis ornithologischer Publikationen in Zeitschriften der DDR 1976. Falke **27**: 313–316

3621 KOOP, D.: Zwergsäger im Juli in der Oberlausitz. Falke **27**: 211

3622 KOPSCH, H.: Der aufgelassene Steinbruch in der Mark Schönstädt. Rundblick **27**: 70

3623 – Der Grünspecht. Rundblick **27**: 172

3624 – Der Haubentaucher. Rundblick **27**: 172–173

3625 – Das Storchen-Brutjahr 1980. Rundblick **27**: 173–174

3626 KRAUSS, A.: Notizen zur Ernährung der Schleiereule im Bezirk Karl-Marx-Stadt. Falke **27**: 194–196

3627 KRUG, H.: Schwarzkehlchenbeobachtung im Winter 1977/78. Falke **27**: 319

3628 KRÜGER, S.: Rotkopfwürger, *Lanius senator* L., bei Lohsa (Kr. Hoyerswerda). Beitr. Vogelk. **26**: 236

3629 – Späte Beobachtung eines Steinschmätzers, *Oenanthe oenanthe* L. Beitr. Vogelk. **26**: 303

3630 – Zur Brutbiologie des Brachpiepers. Falke **27**: 348–351

3631 – Der Kernbeißer. Neue Brehm-Bücherei Heft 525, Wittenberg Lutherstadt (siehe 3475)

3632 KUBASCH, H.: Grundsätze und Methoden des faunistischen Artenschutzes. Naturschutzarb. u. naturkundl. Heimatforsch. in Sachsen **22**: 1–6

3633 – Der Kolkrabe, *Corvus corax,* wieder Brutvogel der Westlausitz. Veröff. Mus. Westlausitz **4**: 83–84

3634 LADUSCH, M., J. LEHNERT u. R.-R. STRACHE: Die Brutvögel des Stadtkerns von Leipzig im Jahre 1979. Wiss. Zeitschr. KMU Leipzig, Math.-Nat. R. **29**, 6: 556–560

3635 LAMBERT, K.: Brut des Zwergschnäppers (*Ficedula parva*) 1979 in der Sächsischen Schweiz. Beitr. Vogelk. **26**: 352–354

3636 LEISCHNIG, S.: Wissenswertes über die Waldschnepfe. Falke **27**: 412–414

3637 – Der Flußregenpfeifer. Rundblick **27**: 70–71

3638 LINDNER, H.: Bemerkenswerte Beobachtungen östlich von Leipzig. Beitr. Vogelk. **26**: 237–238

3639 LÖSCH, W.: Seit 12 Jahren ein Flußregenpfeiferpärchen auf einem Kiesdach. Falke **27**: 355

3640 MARTIN, F.: Nacktschnecke gefährdete Braunkehlchen-Brut. Falke **27**: 318

3641 MÄRZ, R. u. R. PIECHOCKI: Der Uhu. Neue Brehm-Bücherei Heft 108, 4. Aufl., Wittenberg Lutherstadt

3642 MELDE, M.: Die Türkentaube, *Streptopelia decaocto,* verwildert. Beitr. Vogelk. **26**: 60

3643 – Sind Singdrossel und Amsel Konkurrenten einer ökologischen Nische? Falke **27**: 204–209

3644 MENZEL, F.: Über ein Auftreten des Zwergschnäppers (*Ficedula parva* [Bechstein]) bei Groß Radisch. Abh. Ber. Naturkundemus. Görlitz **54**, 8: 35–36

3645 – u. H. MENZEL: Das Vorkommen des Weißstorches, *Ciconia c. ciconia* (L.), in der Oberlausitz von 1973 bis 1978. Abh. Ber. Naturkundemus. Görlitz **53**, 8: 1–16

3646 MEYER, H.: Sichtnachweis eines Kolkraben (*Corvus corax*) in der Dresdner Heide. Beitr. Vogelk. **26**: 63

3647 – Buchfink (*Fringilla coelebs* L.) verwendet Zellstoff und Glasfasern zum Nestbau. Beitr. Vogelk. **26**: 64

3648 – Zur Überwinterung der Bleßralle (*Fulica atra*) in Dresden. Beitr. Vogelk. **26**: 231–233

3649 – Zur Winternahrung des Kleinspechtes (*Dendrocopos minor*). Beitr. Vogelk. **26**: 302

3650 MÖCKEL, R.: Der Schutz von Spechthöhlen – eine notwendige Maßnahme zur Erhaltung bedrohter Vogelarten. Naturschutzarb. u. naturkundl. Heimatforsch. in Sachsen **22**: 6–9

3651 – u. W. MÖCKEL: Zur Siedlungsdichte des Sperlingskauzes (*Glaucidium passerinum* L.) im Westerzgebirge. Arch. Naturschutz Landschaftsforsch. **20**: 155–165

3652 MÜLLER, T.: Über einen totalalbinotischen Star. Falke **27**: 59

3653 NAACKE, J.: Mitteilungen der Arbeitsgemeinschaft Gänseforschung Nr. 2/1979. Mitt. Ber. Zentrale f. d. Wasservogelforsch. **12**, 1–3: 37–58

3654 NEUMANN, J.: Gewölluntersuchung an Waldkauz (*Strix aluco*), Waldohreule (*Asio otus*) und Schleiereule (*Tyto alba*). Abh. Ber. Naturkundemus. Görlitz **54**, 6: 1–8

3655 OERTEL, S.: Zu: „Einige Bemerkungen zur Urbanisierung". Falke **27**: 230–233

3656 OESER, R.: Über zwei Totfunde von Vögeln mit spärlichem Auftreten im Erzgebirge. Beitr. Vogelk. **26**: 60–61

3657 – Wiederfunde in England beringter Amseln (*Turdus merula*) auf dem Territorium der Deutschen Demokratischen Republik. Beitr. Vogelk. **26**: 355–357

3658 ORTLIEB, R.: Der Rotmilan. Neue Brehm-Bücherei Heft 532, Wittenberg Lutherstadt

3659 ÖSTERLÖF, S.: Report for 1971 of the Bird Ringing Office. Swed. Mus. of Nat. Hist. Stockholm

3660 OTT, H.: Ringfunde der Rauchschwalbe (*Hirundo rustica*). Auspicium **7**: 29–77

3661 PANNACH, D.: Brutbestandserhebungen an Ruinenbrütern in einem Braunkohlenbergbau-Abbruchgelände. Abh. Ber. Naturkundemus. Görlitz **54**, 8: 27–30

3662 – Niedriger Neststand beim Buntspecht (*Dendrocopos major*). Beitr. Vogelk. **26**: 57

3663 – Ein extrem hoher Neststand des Turmfalken, *Falco tinnunculus.* Beitr. Vogelk. **26**: 303–304

3664 – u. W. SPANK: Vogelverluste an Industrieschornsteinen. Beitr. Vogelk. **26**: 233–234

3665 REITZ, R.: Seeadlerbeobachtungen im Winter 1979/80 am Staubecken Bautzen-Niedergurig. Abh. Ber. Naturkundemus. Görlitz **54**, 8: 37–38

3666 RITTER, H. u. E. FUCHS: Das Zugverhalten der Lachmöwe, *Larus ridibundus,* nach schweizerischen Ringfunden. Orn. Beob. **77**: 219–229

3667 ROST, F.: Übersommerung eines Prachttauchers, *Gavia arctica* (L.) im Grubengebiet Borna. Actitis **18**: 23

3668 RUTSCHKE, E.: Der Wandel der Vogelwelt in der DDR unter dem Einfluß veränderter Umweltbedingungen. Falke **27**: 329–341

3669 – Ergebnisse der Wasservogelzählungen von November 1977 bis März 1980. Mitt. Ber. Zentrale f. d. Wasservogelforsch. **12**, 1–3: 5–35

3670 SCHIPKE, R.: Beobachtungen von Silberreihern, Brachschwalben und Raubseeschwalben bei Königswartha/Oberlausitz. Abh. Ber. Naturkundemus. Görlitz **53**, 9: 31–32

3671 – Albinotischer Haubentaucher (*Podiceps cristatus*) in der Oberlausitz. Beitr. Vogelk. **26**: 299–301

3672 SCHLEGEL, S.: Noch einmal „Vögel erhängen sich in Astgabeln". Beitr. Vogelk. **26**: 230–231

3673 – Alfred Pflugbeil 50 Jahre im Dienste der wissenschaftlichen Vogelberingung. Falke **27**: 246

3674 SCHLENKER, R.: Ringfunde des Alpenstrandläufers (*Calidris alpina*). Auspicium **7**: 79–82

3675 SCHLÖGEL, N.: Hat der Fichtenkreuzschnabel, *Loxia curvirostra*, 1977 im Kreis Wurzen einen Brutversuch unternommen? Actitis **18**: 17–18

3676 – Der Raubwürger im Kreis Wurzen. Rundblick **27**: 68–69

3677 SCHLOSS, W.: Waldlaubsänger (*Phylloscopus sibilatrix*) – Ringfunde. Auspicium **7**: 21–24

3678 SCHNEIDER, W.: Abnorm gefärbter Hausrotschwanz (*Phoenicurus ochruros gibraltariensis* Gmelin). Beitr. Vogelk. **26**: 304

3679 SCHÖNFELD, M.: Der Weidenlaubsänger. Neue Brehm-Bücherei Heft 511, 2. Aufl., Wittenberg Lutherstadt

3680 SCHÖNFUSS, G.: Winter-Gäste. Auerbacher Kultursp. **27**: 5–7

3681 – O, diese Spötter. Auerbacher Kultursp. **27**: 22–24

3682 SCHÖNN, S.: Käuze als Feinde anderer Kauzarten und Nisthilfen für höhlenbrütende Eulen. Falke **27**: 294–299

3683 – Der Sperlingskauz. Neue Brehm-Bücherei Heft 513, 2. Aufl., Wittenberg Lutherstadt

3684 SEIFERT, S.: Beobachtung eines Zwergschnäppers, *Ficedula parva* (Bechstein), im Elbsandsteingebirge. Beitr. Vogelk. **26**: 301

3685 SEITZ, E. u. U. v. WICHT: Der Einflug von Raubmöwen *Stercorarius* ins mitteleuropäische Binnenland im Spätsommer/Herbst 1976. Orn. Beob. **77**: 2–20

3686 SPERLING, J.: Beobachtungen an Beutelmeisen, *Remiz pendulinus*, in einem Teichgebiet der Oberlausitz. Actitis **18**: 19–22

3687 – Maibeobachtung des Zwergsägers (*Mergus albellus*) in der Oberlausitz. Beitr. Vogelk. **26**: 297

3688 STIEFEL, A. u. K. SCHMIDT: Der Wachtelkönig auf dem Territorium der DDR. Festschrift des KB zum 200. Geburtstag von J. F. Naumann: 68–89

3689 STOHN, H.: Bedrohlicher Rückgang verschiedener Greifvogelarten. Falke **27**: 191

3690 STREMKE, A. u. D. STREMKE: Verhalten junger Mehlschwalben (*Delichon urbica*) nach dem Ausfliegen. Orn. Rundbrief Mecklenb. **22**: 69–77

3691 TEUBERT, W. u. P. KNEIS: Rastphänologie des Flußuferläufers, *Actitis hypoleucos*, nach Beringungsergebnissen aus dem nordsächsischen Tiefland bei Riesa. Actitis **18**: 33–44

3692 ULBRICHT, J.: Die Seetaucher (Gaviidae) in der Oberlausitz einschließlich des gesamten Bezirkes Dresden. Abh. Ber. Naturkundemus. Görlitz **53**, 6: 1–12

3693 – Vorkommen der Seetaucher (Gaviidae) und des Kormorans (*Phalacrocorax carbo*) im mittleren Oberelbe-Rödergebiet. Beitr. Vogelk. **26**: 33–48

3694 WEBER, W.: Verzeichnis ornithologischer Publikationen in Zeitschriften der DDR 1977. Falke **27**: 422–427

3695 WEISE, W.: Bemerkungen zum Gänsedurchzug im Bezirk Karl-Marx-Stadt. Beitr. Vogelk. **26**: 349–351

1981

3696 Anonym: Mitteilungen der Arbeitsgruppe „Vogelwelt Sachsens" (2) – Manuskriptrichtlinien. Actitis **19**: 67–72

3697 Anonym: Quellennachweis von lokalem, ornithologischem Schriftgut aus dem Bezirk Leipzig II. Actitis **21**: 44–48

3698 Anonym: 3. Mitteilung der Arbeitsgruppe Avifauna der DDR – Vogelwelt Sachsens – Liste der Artbearbeiter. Actitis **21**: 48–57

3699 Anonym: Žiedavimas lietuvoje 1980 m. Vilnius

3700 ANSORGE, H. u. J. LEHNERT: Die Verbreitung der Uferschwalbe, *Riparia riparia*, im Bezirk Leipzig. Actitis **21**: 13–24

3701 Autorenkollektiv: Zwischen Mülsengrund, Stollberg und Zwönitztal. Werte unserer Heimat Band 35, Berlin

3702 BAUCH, S.: Die Tierwelt um Machern – Vögel. In: Rundblick Information 7, Machern: 41–42

3703 BECKER, L.: Kolkrabenbrut in der südlichen Oberlausitz. Abh. Ber. Naturkundemus. Görlitz **55**, 7: 29–30

3704 BEER, W.-D.: 100 Jahre ornithologische Gemeinschaftsarbeit in Leipzig – die Geschichte des Ornithologischen Vereins und der Fachgruppe Ornithologie im Kulturbund der DDR. Actitis **20**: 2–16

3705 – 100 Jahre ornithologische Gemeinschaftsarbeit in Leipzig. Falke **28**: 348–351

3706 BERGER, J: Erstbeobachtungen einiger Vogelarten im NSG „Eschefelder Teiche". Actitis **21**: 41–42

3707 BERGER, R.: Die Mutzschener Weißstörche (*Ciconia ciconia*) 1980. AQUILA – Soz. Landesk. Grimma **12**: 23

3708 BERNDT, R.: Durchziehender Rauhfußkauz (*Aegolius funereus*) als erster Artnachweis für das Braunschweiger Hügelland. Milvus **2**: 59

3709 BLUME, D.: Schwarzspecht, Grünspecht, Grauspecht. Neue Brehm-Bücherei Heft 300, 4. Aufl., Wittenberg Lutherstadt

3710 BLÜMEL, H.: In einer Brutkolonie der Graureiher. Falke **28**: 78–81

3711 BÖHME, R., D. KRONBACH u. W. WEISE: Beobachtung von Mornellregenpfeifern, *Eudromias morinellus* bei Burgstädt/Sa. Beitr. Vogelk. **27**: 127

3712 BUB, H.: Kennzeichen und Mauser europäischer Singvögel, 2. Teil – Stelzen, Pieper und Würger. Neue Brehm-Bücherei Heft 545, Wittenberg Lutherstadt

3713 – u. P. HERROELEN: Kennzeichen und Mauser europäischer Singvögel, 1. Teil – Lerchen und Schwalben. Neue Brehm-Bücherei Heft 540, Wittenberg Lutherstadt

3714 CREUTZ, G.: Die Umsiedlungen des Weißstorches Hiddensee 2142. Beitr. Vogelk. **27**: 50–51

3715 – Helft dem Storch! Eine Anleitung zum Handeln. Falke **28**: 266–272

3716 – 30 Jahre Fachgruppe Ornithologie und Vogelschutz Freital. Falke **28**: 278

3717 – Die Tierwelt des Kirnitzschtales. In: Lehrpfade in der Sächs. Schweiz, Bad Schandau

3718 – Der Graureiher. Neue Brehm-Bücherei Heft 530, Wittenberg Lutherstadt

3719 – Ungewöhnlicher Nahrungserwerb beim Haussperling (*Passer domesticus*). Orn. Mitt. **33**: 299

3720 – Schnepfenflug und Schnepfenzug. Unsere Jagd **31**: 306–308

3721 DATHE, H.: Dr. Gerhard Creutz 70 Jahre. Falke **28**: 102

3722 DEUNERT, J.: Der Bluthänfling (*Carduelis cannabina*) als Halbhöhlenbrüter. Beitr. Vogelk. **27**: 125–126

3723 DIETZE, R.: Eismöwe, *Larus hyperboreus*, im Extremwinter 1978/79 an der Elbe in Dresden. Actitis **21**: 40–41

3724 DORNBUSCH, M.: Zum Status des Graureihers (*Ardea cinerea* L., 1758) in der DDR. Arch. Naturschutz Landschaftsforsch. **21**: 105–106

3725 – Bestand, Bestandsförderung und Wanderungen der Großtrappe (*Otis tarda*). Naturschutzarb. in Berlin u. Brandenburg **17**: 22–24

3726 DORSCH, H.: Morphologische Maße von Sumpf- und Teichrohrsänger (*Acrocephalus palustris* [Bechst.] und *A. scirpaceus* [Herm.]). Zool. Abh. Mus. Tierk. Dresden **37**: 33–66

3727 EHRING, R.: Brutbestandsaufnahme des Habicht, *Accipiter gentilis*, im Bezirk Leipzig. Actitis **20**: 16–25

3728 EIFLER, G.: Beobachtungen zur Biologie des Kiebitzes, *Vanellus vanellus*, in der Südlausitz. Actitis **21**: 4–13

3729 – Beobachtungen an Limikolenzug auf der Feldflur zwischen Eckartsberg und Wittgendorf. Beitr. Vogelk. **27**: 225–228

3730 ERDMANN, G.: Zum Vorkommen der Schneeammer, *Plectrophenax nivalis* im Bez. Leipzig. Actitis **20**: 25–29

3731 – Der Brutbestand der Saatkrähe, *Corvus frugilegus* L., im Bezirk Leipzig in den Jahren 1972 bis 1981. Actitis **21**: 36–40

3732 – Zur Entwicklung des Brutbestandes der Saatkrähe (*Corvus frugilegus* L.) im Bezirk Leipzig. Beitr. Vogelk. **27**: 35–45

3733 – 10 Jahre Fachgruppe „Ornithologie und Vogelschutz" Grimma. Falke **28**: 278

3734 FEHSE, F.: Internationale Wasservogelzählung – Ergebnisse der Mittwinterzählung von 1973 bis 1981 im Kreis Grimma. AQUILA – Soz. Landesk. Grimma **12**: 10–14

3735 – Rupfungsbericht 1979. AQUILA – Soz. Landesk. Grimma **12**: 16–17

3736 – Auswertung der Mittwinterzählung vom 18. 1. 1981 im Kreis Grimma. AQUILA – Soz. Landesk. Grimma **13**: 42–45

3737 – Ergebnisse einer Gewöllsammlung. AQUILA – Soz. Landesk. Grimma **13**: 52–53

3738 – Rupfungsbericht 1980. AQUILA – Soz. Landesk. Grimma **13**: 54–55

3739 FISCHER, W.: Die Habichte. Neue Brehm-Bücherei Heft 158, 4. Aufl., Wittenberg Lutherstadt

3740 FIUCZYNSKI, D.: Bestand, Vermehrung und Biozidbelastung des Baumfalken (*F. subbuteo*) im Berliner Raum (mit einer Einschätzung des gegenwärtigen Status in Deutschland). Ökol. Vögel **3**, Sonderheft: 253–260

3741 – Siedlungsdichte und Bestandsentwicklung des Baumfalken (*Falco subbuteo*) in Deutschland. Orn. Mitt. **33**: 3–13

3742 FÖRSTER, D.: Prachteiderente, *Somateria spectabilis*, bei Deutzen im Kreis Borna. Actitis **19**: 49–50

3743 FREUND, W.: Ansiedlung und Brüten des Seeadlers in der westlichen Oberlausitz. Veröff. Mus. Westlausitz **5**: 29–45

3744 – Bleßrallennest unter einem Rohrweihenhorst. Veröff. Mus. Westlausitz **5**: 83

3745 FRÖHLICH, G.: Die Beutelmeise im Muldenraum. Rundblick **28**: 71

3746 GERLOFF, W.: Waldwasserläufer (*Tringa ochropus*) im Naturschutzgebiet Kirstenmühle. AQUILA – Soz. Landesk. Grimma **12**: 22

3747 GLÜCK, E.: Ringfunde des Stieglitzes (*Carduelis carduelis* L.). Auspicium **7**: 139–165

3748 GRÄNITZ, R.: Vogelfang im Erzgebirge. Sächs. Heimatbl. **27**: 97–137

3749 GRÖSSLER, K.: Ein im Feldgebiet nördlich von Leipzig überwinternder Steinadler *Aquila chrysaëtos*. Actitis **19**: 51

3750 – Die Federfunde und Rupfungen der Jahre 1978 und 1979. Actitis **19**: 56–65

3751 – Klärbeckenbeobachtungen. Actitis **20**: 47–75

3752 – Feder-Studien. Beitr. Vogelk. **27**: 12–34

3753 HARTUNG, B.: Nilgans bei Meißen. Falke **28**: 29

3754 HELBIG, A.: Prachttaucher zeigt „Wasserlugen". Falke **28**: 17

3755 HEUSCHKEL, H., W. ZIENERT u. H.-P. LIEBERT: Beobachtungen des Hirtenstars. *Acridotheres tristis* (L.), im Bezirk Gera. Thür. Orn. Mitt. **27**: 31–32

3756 HEYDER, R.: Zur Vogelwelt Sachsens – Artenliste. Actitis **19**: 66

3757 – Grußschreiben zum hundertjährigen Bestehen ornithologischer Gemeinschaftsarbeit in Leipzig. Actitis **21**: 2–3

3758 HOFMANN, G. u. K. HOFMANN: Beobachtung einer Ringdrossel (*Turdus torquatus* L.) im Kreis Zittau. Abh. Ber. Naturkundemus. Görlitz **55**, 7: 33

3759 HOLFTER, B.: Aktive Naturschutzarbeit zur Förderung des Bestandes der Schleiereule im Kreis Grimma. AQUILA – Soz. Landesk. Grimma **13**: 29–31

3760 – Erneuter Nachweis einer Blauracke (*Coracias garrulus*) im Kreis Grimma. AQUILA – Soz. Landesk. Grimma **13**: 53

3761 – u. W. KÖCHER: Interessanter Wiederfund eines beringten Zilp-Zalpes (*Phylloscopus collybita*). AQUILA – Soz. Landesk. Grimma **12**: 24

3762 – – Zum Verlauf des Herbstzuges von Mönchsgrasmücke (*Sylvia atricapilla*) und Gartengrasmücke (*Sylvia borin*) im Naturschutzgebiet Döbener Wald. AQUILA – Soz. Landesk. Grimma **13**: 54

3763 HOYER, F.: Der Elsterstausee bei Leipzig – ein Rast- und Durchzugsgewässer für Wasservögel und Limicolen. Actitis **20**: 29–46

3764 HUMMITZSCH, P. u. J. ULBRICHT: Zum Brutvorkommen des Mäusebussards (*Buteo buteo* [L.]) und des Wespenbussards (*Pernis apivorus* [L.]) im Elbe-Röder-Gebiet bei Dresden. Faun. Abh. Mus. Tierk. Dresden **8**: 95–106

3765 KALBE, L.: Ökologie der Wasservögel. Neue Brehm-Bücherei Heft 518, 2. Aufl., Wittenberg Lutherstadt

3766 KNEIS, P.: Zur Dismigration der Schleiereule (*Tyto alba*) nach den Ringfunden der DDR. Ber. Vogelw. Hiddensee **1**: 31–59

3767 – u. M. GÖRNER: Zur Ansiedlung der Türkentaube außerhalb von Ortschaften. Falke **28**: 298–308

3768 KNOBLOCH, H.: Zur Verbreitung, Bestandsentwicklung und Fortpflanzung des Uhus (*Bubo b. bubo* [L.]) in der Deutschen Demokratischen Republik. Faun. Abh. Mus. Tierk. Dresden **8**: 9–49

3769 KÖCHER, W.: III. Arbeitstagung „Ornithologie und Vogelschutz" Grimma. Rundblick **28**: 73

3770 – u. H. KOPSCH: Die Vogelwelt der Kreise Grimma, Oschatz und Wurzen, Teil III. AQUILA – Soz. Landesk. Grimma, Sonderheft: 188–278

3771 – – u. J. SPÄNIG: Langes Holz und Radeland. Rundblick **28**: 68–69

3772 KÖCK, U.-V.: Zur Wiederbesiedlung des Südteils der DDR durch den Kolkraben, *Corvus corax* L. Beitr. Vogelk. **27**: 313–328

3773 KOPSCH, H.: Mittwinterzählung 1981. Rundblick **28**: 72–73

3774 – Zum Vorkommen der Nachtschwalbe in unseren Kreisen. Rundblick **28**: 165–166

3775 KRÄGENOW, P.: Der Buchfink. Neue Brehm-Bücherei Heft 527, Wittenberg Lutherstadt

3776 KRAUSS, A.: Ungewöhnliche Nahrung eines Raubwürgers. Falke **28**: 211

3777 KRÜGER, S.: Zum Vorkommen der Säger (*Mergus* L.) und einiger Tauchentenarten in der Oberlausitz 1950–1979. Abh. Ber. Naturkundemus. Görlitz **55**. 2: 1–11

3778 – Entwicklung einer Kolonie von Flußseeschwalben (*Sterna hirundo* L.) in der nördlichen Oberlausitz. Beitr. Vogelk. **27**: 204–208

3779 KUBASCH, H.: Umweltbedingungen eines Seeadlerpaares bei Kamenz. Veröff. Mus. Westlausitz **5**: 47–52

3780 KUMMER, J.: Kormorane, *Phalacrocorax carbo,* im Raum Halle-Leipzig. Beitr. Vogelk. **27**: 52

3781 LEISCHNIG, S.: Der Fitislaubsänger (*Phylloscopus trochilus*) brütet in einem Nistkasten. Beitr. Vogelk. **27**: 48–49

3782 MACHOY, J. u. P. KEBSCH: Was dabei herauskommt. AQUILA – Soz. Landes Grimma **13**: 48–50

3783 MAKATSCH, W.: Die Limikolen Europas (Korrektur in: Falke **29**: 319). Berlin

3784 – Verzeichnis der Vögel der DDR. Leipzig, Radebeul

3785 MARTIN, F.: Überwinternder Silberreiher im Kreis Torgau. Falke **28**: 65

3786 MELDE, M.: Die Brutvogelarten eines Unlandgebietes bei Biehla, Kreis Kamenz. Actitis **19**: 52–55

3787 – Graureiherbestand und -abschuß in einem Jagdgebiet des Kreises Kamenz (3). Falke **28**: 18–20

3788 – Über die Tätigkeit der AG Ornithologie in Cunnersdorf, Kreis Kamenz. Falke **28**: 103

3789 MENZEL, H.: Weißstorch (*Ciconia ciconia*) siedelt sich im Geburtsnest an. Beitr. Vogelk. **27**: 49

3790 MÖCKEL, R.: Die Hohltaube (*Columba oenas*) im Bezirk Karl-Marx-Stadt. Veröff. Mus. Naturk. Karl-Marx-Stadt **11**: 60–76

3791 – u. M. KUNZ: Brutphänologie und Reproduktionsrate der Hohltaube (*Columba oenas* L.) im Westerzgebirge. Beitr. Vogelk. **27**: 129–149

3792 MÜLLER, L.: Über die künstliche Aufzucht von Bluthänflingen. Falke **28**: 62–64

3793 MÜLLER, S.: Ringeln des Buntspechtes (*Dendrocopos major*). AQUILA – Soz. Landesk. Grimma **12**: 21

3794 – Steinwälzer (*Arenaria interpres*) am Göttwitzsee. AQUILA – Soz. Landek. Grimma **12**: 22

3795 – Die Gornewitzer Störche. AQUILA – Soz. Landesk. Grimma **13**: 40–41

3796 – Kuriose Neststandorte. AQUILA – Soz. Landesk. Grimma **13**: 52

3797 NAACKE, J.: Vorläufiger Bericht der Arbeitsgruppe „Gänseforschung" über die Erfassung des Brutbestandes der Graugans im Gebiet der DDR 1981. Mitt. Ber. Zentrale f. d. Wasservogelforsch. **13**, 2/3: 18–30

3798 NADLER, T.: 17. Ornithologentagung des Bezirkes Dresden. Falke **28**: 423

3799 OESER, R.: Vogeltod auf der Schloßturmspitze. Falke **28**: 426

3800 ORTLIEB, R.: Die Sperber. Neue Brehm-Bücherei Heft 523, 2. Aufl., Wittenberg Lutherstadt

3801 OTTO, K. u. W. OTTO: Erlebnisse mit einem Pirol. Falke **28**: 137–138

3802 PANNACH, D.: Hühnereier als Beute des Habichts? Abh. Ber. Naturkundemus. Görlitz **55**, 7: 27–28

3803 PRILL, H.: Zur Bestandsstruktur und zum Zug des Grünfinken (*Carduelis chloris*) nach den Beringungsergebnissen eines ständigen Fangplatzes. Ber. Vogelw. Hiddensee **1**: 80–95

3804 REDDIG, E.: Die Bekassine. Neue Brehm-Bücherei Heft 533, Wittenberg Lutherstadt

3805 RICHTER, K.: Spätbrut beim Sperber (*Accipiter nisus*). Actitis **19**: 13

3806 ROBEL, D.: Zu: Nilgans-Beobachtungen. Falke **28**: 173

3807 ROST, F.: Winterbestandserfassung auf einer Feldfläche im Kr. Borna in den Jahren 1974 bis 1980. Actitis **21**: 24–29

3808 – Der Sommervogelbestand auf einer Kippenfläche im Kr. Borna. Actitis **21**: 43–44

3809 RUDAT, V. u. J. WIESNER: Zur gegenwärtigen Kenntnis der Verbreitung des Sperlingskauzes (*Glaucidium passerinum* L.) in Thüringen. Landschaftspfl. u. Naturschutz in Thüringen **18**: 57–63

3810 RUTSCHKE, E.: Verzeichnis von Publikationen zur Wasservogel- und Wildforschung aus der Zentrale von 1977–1981. Mitt. Ber. Zentrale f. d. Wasservogelforsch. **13**, 1: 19–22

3811 – Ergebnisse der Bestandserfassung des Höckerschwans (*Cygnus olor*) 1980. Mitt. Ber. Zentrale f. d. Wasservogelforsch. **13**, 2/3: 31–40

3812 – u. C. WESSEL: Ergebnisse der Mittwinterzählung 1981 – Nachmeldungen zur Zählsaison 1979/80. Mitt. Ber. Zentrale f. d. Wasservogelforsch. **13**, 1: 5–12

3813 – – Ergebnisse der Wasservogelzählungen November 1980/ März 1981 – Nachträge zur Wasservogelzählung 1979/80 – Nachtrag zum Publikationsverzeichnis zur Wasservogel- und Wildforschung aus der „Zentrale" von 1977–1981. Mitt. Ber. Zentrale f. d. Wasservogelforsch. **13**, 2/3: 5–17

3814 SAEMANN, D.: Rastphänologie und Altersstruktur der Rotkehlchen (*Erithacus rubecula*) im Erzgebirge nach Registrierfangergebnissen. Ber. Vogelw. Hiddensee **1**: 96–108

3815 – Rauhfußkauz und Sperlingskauz in Sachsen. Naturschutzarb. u. naturkundl. Heimatforsch. in Sachsen **23**: 2–18

3816 SCHIEMENZ, H. u. H. HIEBSCH: Der Stand der faunistischen Bearbeitung in den Naturschutzgebieten der Bezirke Leipzig, Dresden und Karl-Marx-Stadt. Naturschutzarb. u. naturkundl. Heimatforsch. in Sachsen **23**: 44–50

3817 SCHLEGEL, S.: Untersuchungen zur Populationsdynamik von Feld- und Haussperling (*Passer montanus* L., *Passer domesticus* L.) in den Jahren 1968 bis 1971 bei Annaberg-Buchholz (Erzgebirge). Veröff. Mus. Naturk. Karl-Marx-Stadt **11**: 77–89

3818 SCHLOSS, W.: Zilpzalp (*Phylloscopus collybita*) – Ringfunde. Auspicium **7**: 87–112

3819 SCHMIDT, E.: Records of Birds ringed abroad – 32nd Report of Bird-Banding. Aquila **88**: 117–121

3820 – Die Sperbergrasmücke. Neue Brehm-Bücherei Heft 542, Wittenberg Lutherstadt

3821 SCHMIDT, J.: Die winterlichen Sammelplätze der Waldohreule in Leipzig und Umgebung. Actitis **19**: 40–48. Ergänzung und Berichtigung in Actitis **22**: 45

3822 SCHMIDT, R. u. A. SIEFKE: Der aktuelle Ringfund. Falke **28**: 309–310

3823 SCHMIDT, R. C. u. G. VAUK: Zug, Rast und Ringfunde auf Helgoland durchziehender Wald- und Sumpfohreulen (*Asio otus* und *A. flammeus*). Vogelwelt **102**: 180–189

3824 SCHNEIDER, W.: Bemerkenswerter Nistplatz von *Erithacus rubecula* (L.). Beitr. Vogelk. **27**: 54–55

3825 SCHÖLZEL, H.: Eiderente, *Somateria mollissima*, im Kr. Bischofswerda. Actitis **21**: 42

3826 – Miniaturei vom Grünfink, *Carduelis chloris*. Beitr. Vogelk. **27**: 229

3827 SCHUBERT, S.: Rallenreiher und Weißflügelseeschwalbe in der Oberlausitz. Falke **28**: 211

3828 SIEFKE, A.: Dismigration und Ortstreue beim Weißstorch. Zool. Jb. Syst. **108**: 15–35

3829 SITTEL, A.: Äpfel als Nahrung der Bleßralle (*Fulica atra*). Beitr. Vogelk. **27**: 374–375

3830 SOCHER, W. u. E. KEILHOLZ: Verunglückte Schellente in einer Astgabel. Falke **28**: 383

3831 SPERLING, D.: Maibeobachtung des Steinwälzers (*Arenaria interpres*) in der Oberlausitz. Abh. Ber. Naturkundemus. Görlitz **55**, 7: 31

3832 – Ornithologische Beobachtungen am Staubecken Bautzen-Niedergurig – 3. Bericht. Actitis **21**: 29–36

3833 STEFFENS, R.: Intensivproduktion und Vogelwelt. Abh. Ber. Naturkundemus. Görlitz **54**, 7: 41–44

3834 – Langjährige Nistkastenkontrollen – Quelle für avifaunistische und brutbiologische Informationen über höhlenbrütende Singvögel. Actitis **19**: 14–39

3835 THIEDE, W.: Bemerkenswerte faunistische Feststellungen 1976/ 77 in Europa. Vogelwelt **102**: 110–117

3836 TUCHSCHERER, K.: Zum Brutvorkommen des Rothalstauchers, *Podiceps griseigena* im Bezirk Leipzig. Actitis **19**: 2–13

3837 – Zum Vorkommen des Ohrentauchers, *Podiceps auritus* L., im Bezirk Leipzig. Actitis **20**: 75–79

3838 – G. ERDMANN u. K. GRÖSSLER: „Zu zweifelhaften Angaben über den Brutbestand der Greifvögel, *Accipitridae*, im Bezirk Leipzig". Actitis **21**: 58–59

3839 ULBRICHT, J.: Zum gehäuften Erscheinen von Raubmöwen in der DDR Sommer und Herbst 1976. Falke **28**: 188–193

3840 VIEWEG, A.: Zum Problem Eichelhäher. Falke **28**: 205

3841 WÜST, W. (Hrsg.): Avifauna Bavariae Bd. I. Die Vogelwelt Bayerns im Wandel der Zeit. 1. Aufl., München

3842 ZIMDAHL, W.: Beobachtung pelagischer Vogelarten. Falke **28**: 206

3843 ZINK, G.: Der Zug europäischer Singvögel – ein Atlas der Wiederfunde beringter Vögel, 3. Lieferung. Möggingen

1982

3844 APPELT, H.: Zum Nestbau der Beutelmeise, *Remiz pendulinus* (L.), im Kreis Wurzen. Abh. Ber. Naturkundl. Mus. „Mauritianum" Altenburg **11**: 43–44

3845 APPELT, O.: Beobachtungen von Waldohreulen. Rundblick **29**: 66

3846 ARNOLD, A.: Zur Beute der Schleiereule. Falke **29**: 193–196 und 209

3847 BAUCH, S.: Beobachtungen zur Jagdweise des Merlin (*Falco columbarius*) – waren auch Spornammern (*Calcarius lapponicus*) im angegriffenen Kleinvogelschwarm?. AQUILA – Soz. Landesk. Grimma **14**: 82–83

3848 BAUER, H.: Beobachtungen am Roten Milan. Rundblick **29**: 184

3849 BECKER, P. H.: Ringfunde des Mauerseglers (*Apus apus*). Auspicium **7**: 185–201

3850 BENECKE, H.-G.: Zur Bedeutung verschiedener Wirtsvogelarten für die Reproduktion des Kuckucks in der DDR. Falke **29**: 153–155

3851 BERGER, J.: Chileflamingo an den Eschefelder Teichen. Falke **29**: 30

3852 BERGMANN, H.-H., S. KLAUS, F. MÜLLER u. J. WIESNER: Das Haselhuhn. Neue Brehm-Bücherei Heft 77, 3. Aufl., Wittenberg Lutherstadt

3853 BLÜMEL, H.: Die Rohrammer. Neue Brehm-Bücherei Heft 544, Wittenberg Lutherstadt

3854 BORSCH, H.: Farbmarkierungen an Saatkrähen. Falke **29**: 357

3855 BRIEDERMANN, L., M. AHRENS u. G. CREUTZ: Zum Vorkommen der Waldschnepfe in der DDR. Unsere Jagd **32**: 174–176

3856 BUB, H.: Kennzeichen und Mauser europäischer Singvögel. 1. Teil – Stelzen, Pieper und Würger. Neue Brehm-Bücherei Heft 545, 2. Aufl., Wittenberg Lutherstadt

3857 – u. A. HINSCHE: Zum Nahrungspflanzen-Komplex des Berghänflings (*Acanthis flavirostris*). Hercynia N. F. **19**: 322–362

3858 ČERNÝ, J. u. J. VONDRÁČEK: Zájezd členů ornitologické sekce KZK na 17. za edáni saských ornitologů v. Niesky (Die Teilnahme der Mitglieder der ornithologischen Sektion des KZK an der 17. Ornithologentagung des Bezirkes Dresden). Fauna Bohemiae Septentrionalis **7**: 37–41

3859 CREUTZ, G.: Von Wachteln und Wachtelhäuschen. Bautzener Kulturschau **32**, 2: 8–11

3860 – Vögel in unserer Stadt. Bautzener Kulturschau **32**, 8: 9–13

3861 – Die Wetterlage bei Großeinflügen des Prachttauchers (*Gavia arctica* [L.]) in der Oberlausitz. Beitr. Vogelk. **28**: 139–142

3862 – Zur Populationsstruktur des Weißstorches (*Ciconia ciconia*) in der Oberlausitz. Ber. Vogelw. Hiddensee **2**: 4–50

3863 – Neue Ergebnisse zum Zuge des Schwarzstorches. Falke **29**: 45–50

3864 – Alfred Willy Boback verstorben. Falke **29**: 320

3865 – Schutz den Eulen! Kulturbund der DDR-Zentr. Fachaussch. Ornith. u. Vogelsch.

3866 – Vogelschutz im Garten. Lehrbrief für Kleingärtner und Siedler 24 (Beilage zu „Garten und Kleintierzucht" 21, A 7)

3867 – Lebensraum und Brutverhalten der Waldschnepfe. Unsere Jagd **32**: 244–245

3868 – Der Einfluß der Technik auf die Ornithologie zu Naumanns Zeiten und heute. Vortragsband zur Ehrung Joh. Friedr. Naumanns, Kulturbund der DDR 1982: 49–54

3869 DORNBUSCH, M.: Zur Populationsdynamik des Weißstorches, *Ciconia ciconia* (L.). Ber. Vogelw. Hiddensee **3**: 19–28

3870 – Störche! Falke **29**: 222–233

3871 ECK, S.: Merkmalsgradation und Selektion bei palaearktischen Weidenmeisen, *Parus atricapillus*. Mitt. Zool. Mus. Berlin **58**, Suppl. Ann. Orn. **6**: 137–144

3872 – Weitere Untersuchungen an *Accipiter gentilis gallinarum* (Brehm, 1827). Zool. Abh. Mus. Tierk. Dresden **38**: 65–82

3873 – Katalog der ornithologischen Sammlung Dr. Udo Bährmann. Zool. Abh. Mus. Tierk. Dresden **38**: 95–132

3874 EHRLICH, G.: Zum Verhalten von Mauersegler und Haussperling. Falke 29: 390

3875 EIFLER, G.: Ein weiterer Nachweis des Odinshühnchens, *Phalaropus lobatus* (L.), in der Oberlausitz. Abh. Ber. Naturkundemus. Görlitz 56, 7: 47–48

3876 FISCHER, W.: Die Seeadler. Neue Brehm-Bücherei Heft 221, 3. Aufl., Wittenberg Lutherstadt

3877 – K. H. GROSSER, K. H. MANSIK u. U. WEGENER: Handbuch der Naturschutzgebiete der Deutschen Demokratischen Republik, Bd. 2: Bezirke Potsdam, Frankfurt/Oder und Cottbus sowie der Hauptstadt der DDR, Berlin (3. Aufl.). Leipzig, Jena, Berlin

3878 FRACKOWIAK, G.: Winterbeobachtung eines Silberreihers im Kreis Torgau. Falke 29: 103

3879 FREUND, W.: Die Ausbreitung des Seeadlers (*Haliaeëtus albicilla* L.) im Bezirk Dresden. Veröff. Mus. Westlausitz 6: 35–44

3880 FRIELING, F.: Zur Vogelwelt des Naturschutzgebietes „Eschefelder Teiche" 1976 bis 1980. Abh. Ber. Naturkundl. Mus. „Mauritianum" Altenburg 11: 59–72

3881 FRÖHLICH, E.: Unsere Meisen. Reichenbacher Kalender 15: 91–94

3882 FRÖHLICH, G.: Nilgänse im Wurzener Land. Rundblick 29: 66–67

3883 GASSLING, K.-H.: Funde im Ausland beringter Vögel im Rheinland. Charadrius 18: 34–38

3884 GLEICHNER, W. u. G. ENGLER: Zur Besiedlung des Kreises Kamenz durch den Rotmilan (*Milvus milvus* L.). Veröff. Mus. Westlausitz 6: 45–56

3885 GLÜCK, E.: Jahresperiodik und Zug südwestdeutscher Stieglitze (*Carduelis carduelis*) – Freilandbeobachtungen, Ringfundauswertungen und Zugaktivitätsuntersuchungen. Vogelwarte 31: 395–422

3886 GLUTZ von BLOTZHEIM, U. N. u. K. M. BAUER: Handbuch der Vögel Mitteleuropas, Bd. 8./Teil I u. II (Charadriiformes, 3. Teil). Wiesbaden

3887 GRAFE, W.: In Niedersachsen beringte Lachmöwe brütet bei Briesing/Bautzen. Falke 29: 102

3888 GROSSE, H. u. N. HÖSER: Baßtölpel, *Sula bassana* (L.), bei Altenburg. Abh. Naturkundl. Mus. „Mauritianum" Altenburg 11: 36

3889 HANDKE, K.: Schutzmaßnahmen für vom Aussterben bedrohte Vogelarten. Naturschutzarb. u. naturkundl. Heimatforsch. in Sachsen 24: 60–61

3890 HARTUNG, B.: Ein positives Beispiel von Biotopveränderung. Falke 29: 202–204

3891 HEYDER, D.: Den beringten Höckerschwänen mehr Aufmerksamkeit schenken. Falke 29: 388–389

3892 HEYDER, R.: Der Krähenname „Gake" als Rätselschlüssel. Abh. Ber. Naturkundl. Mus. „Mauritianum" Altenburg 11: 53–58

3893 HOFMANN, G.: Bernhard Prasse 75 Jahre. Falke 29: 355

3894 HOLGERSEN, H.: Bird-ringing report 1979–80, Stavanger Museum. Sterna 17: 85–123

3895 HOLUPIREK, H.: Ringdrossel-Nachlese. Beitr. Vogelk. 28: 249–251

3896 HÖSER, N.: Bemerkungen zur Bewertung seltener avifaunistischer Sichtbeobachtungen. Abh. Ber. Naturkundl. Mus. „Mauritianum" Altenburg 11: 34

3897 – Seeregenpfeifer, *Charadrius alexandrinus* L., am Stausee Windischleuba. Abh. Ber. Naturkundl. Mus. „Mauritianum" Altenburg 11: 42

3898 – Die Brutpaardichte der Krähenvögel (Corvidae) im Altenburger Land 1982. Abh. Ber. Naturkundl. Mus. „Mauritianum" Altenburg 11: 48

3899 – Bemerkungen zu Brutbiotop und Einwanderung des Girlitz, *Serinus serinus*, anhand seines Brutbestandes 1982 bei Altenburg. Abh. Ber. Naturkundl. Mus. „Mauritianum" Altenburg 11: 92

3900 JENNI, L.: Schweizerische Ringfunde von Bergfinken *Fringilla montifringilla*. Beitrag zum Problem der Masseneinflüge. Orn. Beob. 79: 265–272

3901 KNEIS, P.: Zur Verbreitung und Bestandsentwicklung, Habitat- und Nistplatzwahl sowie Reproduktion des Steinschmätzers *Oenanthe oenanthe* in der DDR: Analyse der Beringungsdaten 1964 bis 1978. Ber. Vogelw. Hiddensee 3: 55–81

3902 KÖCHER, W.: Hartmut Kopsch 50 Jahre. AQUILA – Soz. Landesk. Grimma 14: 91–92

3903 – u. H. KOPSCH: Die Vogelwelt der Kreise Grimma, Oschatz und Wurzen, Teil IV. AQUILA – Soz. Landesk. Grimma, Sonderheft: 279–373

3904 – u. J. SPÄNIG: Die Rohrbacher Teiche im Kreis Grimma. Rundblick 29: 178–180

3905 KÖCK, U.-V.: Brutvorkommen einiger Wasservogelarten im Gebiet der Dübener Heide. Apus 4: 259–273

3906 KÖNIG, H. u. W. WEBER: Verzeichnis ornithologischer Publikationen in Zeitschriften der DDR 1978, Teil 1 u. 2. Falke 29: 96–100, l71–174

3907 KOPSCH, H.: Hans Joiko. Rundblick 29: 92–93

3908 KRÜGER, S.: Der Kernbeißer. Neue Brehm-Bücherei Heft 525, 2. Aufl., Wittenberg Lutherstadt

3909 LEISCHNIG, S.: Erfassung des Brutbestandes der Uferschwalbe, *Riparia riparia*, im Kreis Wurzen und in Nachbargebieten 1979. Abh. Ber. Naturkundl. Mus. Heineanum 11: 39–41

3910 LINDNER, H.: Ungewöhnlicher Sitzplatz eines Regenbrachvogels, *Numenius phaeopus*, (L.). Beitr. Vogelk. 28: 188

3911 – Langer Aufenthalt eines Tannenhähers (*Nucifraga caryocatactes macrorhynchos*). Beitr. Vogelk. 28: 320

3912 LIPPERT, H.: Beringungsbericht für die Jahre 1979, 1980 und 1981. Luscinia 44: 327–339

3913 LITZBARSKI, H.: Populationsstruktur und Zugverhalten der Graugänse, *Anser anser*, in der DDR. Beitr. Vogelk. 28: 107–128

3914 – Der Brutbestand der Lachmöwe in der DDR. Bestandserfassung l978. Falke 29: 234–241 und 249

3915 MAKATSCH, W.: Die Limikolen Europas. 2. Aufl., Berlin

3916 MELDE, M.: Die Vogelwelt des Biehlaer Großteiches (Kreis Kamenz) in der „Erholungsphase". Beitr. Vogelk. 28: 357–362

3917 – Auftreten und Verhalten des Kuckucks in einem Kontrollgebiet. Falke 29: 156–163

3918 MÖCKEL, R. u. J. WOLLE: Hohltaubenhege. Falke 29: 294–303

3919 MÜLLER, H. E. J.: Das Rotsternige Blaukehlchen – Brutvogel im Riesengebirge (ČSSR). Falke 29: 78–85

3920 MÜLLER, L.: Über Geschlechtsmerkmale beim Stieglitz. Falke 29: 421

3921 NAACKE, J.: Effects of various factors on the size of breeding and resting stock of the Greylag Goose, *Anser anser* L. in the German Democratic Republic. Aquila 89: 57–66

3922 – Mitteilung der Arbeitsgemeinschaft „Gänseforschung". Mitt. Ber. Zentrale f. d. Wasservogelforsch. 14, 1: 14–17

3923 NEUBERT, J.: Uhu im Vogtland. Falke 29: 30

3924 NEUMANN, J.: Zum Schicksal privater Vogelsammlungen. Falke 29: 402–405

3925 OESER, R.: Totfund eines beringten Waldkauzes mit einem jungen Feldhasen im Fang. Falke 29: 387

3926 ÖLSCHLEGEL, H.: Ergebnisse der Vogelberingung im Gebiet um Mildenfurth – ein Beitrag zur Avifauna des unteren Weidatales. Jb. Mus. Hohenleuben-Reichenfels 27: 42–58

3927 ORTLIEB, R.: Der Rotmilan. Neue Brehm-Bücherei Heft 532, 2. Aufl., Wittenberg

3928 PATAPAVIČIUS, R.: Žiedavimas lietuvoje 1981 m. Kaunas

3929 PÄTZOLD, R.: Das Rotkehlchen. Neue Brehm-Bücherei Heft 520, 2. Aufl., Wittenberg Lutherstadt

3930 PETER, H.-U. u. J. ZAUMSEIL: Populationsökologische Untersuchungen an einer Turmfalkenkolonie (*Falco tinnunculus*) bei Jena. Ber. Vogelw. Hiddensee 3: 5–17

3931 – Wiederfundauswertung von im Bezirk Gera beringten Turmfalken, *Falco tinnunculus* L., unter besonderer Berücksichtigung der Beringungsergebnisse in der Turmfalkenkolonie bei Jena-Göschwitz. Thür. Orn. Mitt. 28: 17–28

3932 PIECHOCKI, R.: Der Turmfalke. Neue Brehm-Bücherei Heft 116, 6. Aufl., Wittenberg Lutherstadt

3933 PÖRNER, H.: 80 Jahre wissenschaftliche Vogelberingung – III. Die Vogelberingung in der DDR. Falke 29: 344–354

3934 – u. B. FLEISCHER: Beringungen und Wiederfunde 1979. Ber. Vogelw. Hiddensee 3: 91–108

3935 – u. A. SIEFKE: Beringungen und Wiederfunde 1978. Ber. Vogelw. Hiddensee 2: 85–112

3936 REUSSE, P.: Vom Horsten des Graureihers (*Ardea c. cinerea* L.) in der Westlausitz. Veröff. Mus. Westlausitz 6: 57–58

3937 ROBEL, D.: Nachweise von Brachschwalben in der DDR. Falke 29: 24–25

3938 ROST, F.: Der Brutbestand einiger Krähenvögel (Corvidae) auf einer Kontrollfläche im Bezirk Leipzig. Abh. Ber. Naturkundl. Mus. „Mauritianum" Altenburg 11: 45–47

3939 – Der Brutbestand 1980 und die Brutbestandsentwicklung des

Drosselrohrsängers, *Acrocephalus arundinaceus* (L.), im Bezirk Leipzig. Abh. Ber. Naturkundl. Mus. „Mauritianum" Altenburg **11**: 49–52

3940 RUTSCHKE, E.: Zur Bestandsentwicklung des Höckerschwans (*Cygnus olor*) in der DDR. Beitr. Vogelk. **28**: 59–73

3941 – Der Brutbestand des Graureihers in der DDR. Falke **29**: 51–58

3942 – u. C. WESSEL: Ergebnisse der Mittwinterzählung 1982 der Wasservögel in der DDR – Nachmeldungen zur Wasservogelzählung – Saison 1980/81 aus dem Bezirk Halle. Mitt. Ber. Zentrale f. d. Wasservogelforsch. **14**, 1: 4–8

3943 – – Ergebnisse der Wasservogelzählungen November 1981/ März 1982. Ber. Zentrale f. d. Wasservogelforsch. **14**, 2/3: 5–17

3944 SAEMANN, D.: X. Ornithologentagung des Bezirkes Karl-Marx-Stadt. Falke **29**: 135–136

3945 SCHLÖGEL, N.: Der Herbstdurchzug des Kranichs – *Grus grus* – 1981 im Kreis Wurzen und ein kurzer Vergleich mit dem Zuggeschehen im Kreis Grimma. AQUILA – Soz. Landesk. Grimma **14**: 68–71

3946 SCHLOSS, W.: Ringfunde der Gebirgsstelze (*Motacilla cinerea*). Auspicium **7**: 169–183

3947 – Ringfunde der Schafstelze (*Motacilla flava*). Auspicium **7**: 203–221

3948 – Fitis (*Phylloscopus trochilus*) – Ringfunde. Auspicium **7**: 223–234

3949 SCHMIDT, R.: Fernfunde ausgewählter Arten. Ber. Vogelw. Hiddensee **2**: 113–143

3950 – Fernfunde ausgewählter Arten. Ber. Vogelw. Hiddensee **3**: 109–147

3951 SCHNEIDER, W.: Buntspecht (*Dryocopos major* L.) betrommelt Eisenrohre. Beitr. Vogelk. **28**: 189

3952 – Rückblick auf eine dreißigjährige ununterbrochene Beobachtung einer örtlichen Starpopulation im Leipziger Raum. Beitr. Vogelk. **28**: 207–221

3953 SCHÖNFELD, M.: Der Fitislaubsänger. Neue Brehm-Bücherei Heft 539, Wittenberg Lutherstadt

3954 SCHÖNFUSS, G.: Lachmöwen als Brutvögel des Vogtlandes. Unser Vogtland. Jahrbuch 1982: 74–76

3955 SIEFKE, A.: Über Zugwege und Winterquartiere in der DDR beheimateter bzw. ziehender Krickenten (*Anas crecca*). Ber. Vogelw. Hiddensee **3**: 41–54

3956 – Der aktuelle Ringfund (Schleiereule, *Tyto alba*). Falke **29**: 356

3957 SITTEL, A.: Die Vogelwelt der Gemeinde Langenleuba-Oberhain und ihrer Umgebung. Beobachtungen aus den Jahren 1957–1976. Abh. Ber. Naturkundl. Mus. „Mauritianum" Altenburg **11**: 73–91

3958 STENZEL, F.: Avifaunistische Daten aus dem Fotonotizbuch. Apus **5**: 38–40

3959 VONDRÁČEK, J.: Ornitologická bibliografie Severočeského kraje (Ornithologische Bibliographie des Nordböhmischen Bezirkes). Fauna Bohemiae Septentrionalis **7**: 43–55

3960 WARTHOLD, R.: Markierung von Gänsen 1971–1982. Mitt. Ber. Zentrale Wasservogelforsch. **14**, 1: 18–20

3961 WITT, K.: Der Bergpieper (*Anthus sp. spinoletta*) als Gast im nördlichen Mitteleuropa. Vogelwelt **103**: 90–111

3962 ZSCHOKE, B.: Pflege und Aufzucht eines jungen Sperlingskauzes. Falke **29**: 414–420

1983

3963 Anonym: Bulletin of Bird Ringing Activity No. 2. Instituto Nazionale di Biologica della Selvaggina, Bologna

3964 ANSORGE, H.: Ökofaunistische Aspekte der Singvogelbesiedlung in Kiefernforsten der Dübener Heide. Hercynia N. F. **20**: 348–360

3965 Autorenkollektiv: Lausitzer Bergland um Pulsnitz und Bischofswerda. Werte unserer Heimat, Band 40, Berlin

3966 BAUCH, S.: „Die Kabelmark, das man Plawnitzer Holtz nennet". Rundblick **30**: 32–35

3967 BENECKE, H.-G. u. P. KNEIS: Über die Flügellänge von in der DDR beringten Steinschmätzern. Falke **30**: 50–53

3968 BESZTERDA, P. P. MAJEWSKI u. M. MARER: Wintering of the mute swan, *Cygnus olor,* and the whooper swan, *Cygnus cygnus,* in flooded area of the Warta river mouth. Acta Ornithologica XIX: 217–225

3969 BLASCHKE, W. u. O. NIEPRASCHK: Einige Bemerkungen zum Brutverhalten des Wespenbussards. Falke **30**: 199

3970 BLÜMEL, H.: Der Grünling in der Oberlausitz. Abh. Ber. Naturkundemus. Görlitz **56**, 4: 1–8

3971 – Der Grünling. Neue Brehm-Bücherei Heft 490, 2. Aufl., Wittenberg Lutherstadt

3972 BRÄUTIGAM, H.: Der Durchzug des Kormorans, *Phalacrocorax carbo,* im Bezirk Leipzig (1950–1979). Actitis **22**: 2–7

3973 CREUTZ, G: Die Schnäpperarten in der Oberlausitz. Abh. Ber. Naturkundemus. Görlitz **57**, 4: 1–20

3974 – Der Pirol in der Oberlausitz. Abh. Ber. Naturkundemus. Görlitz **56**, 5: 1–12

3975 – Die Wetterabhängigkeit des Zugablaufes bei der Waldschnepfe (*Scolopax rusticola* L.) in Mitteleuropa. Beitr. Vogelk. **29**: 107–117

3976 – Geheimnisse des Vogelzuges. Neue Brehm-Bücherei Heft 75, 8. Aufl., Wittenberg Lutherstadt

3977 – Der Graureiher. Neue Brehm-Bücherei Heft 530, 2. Aufl., Wittenberg Lutherstadt

3978 – Kohlmeise (*Parus major*) verzehrt Fensterkitt. Orn. Mitt. **35**: 52

3979 – Die bedrohten Säugetier- und Vogelarten in den sächsischen Bezirken. Sächs. Heimatbl. **29**: 135–138

3980 – Bibliographie A. W. Boback. Säugetierschutz **13**: 6–10

3981 DATHE, H.: Schwarzkehlchen, *Saxicola torquata,* im winterlichen Vogtland. Beitr. Vogelk. **29**: 244

3982 DEUNERT, J.: Brutbeobachtungen auf einem Lagerplatz. Actitis **22**: 26–30

3983 DIETZE, R. u. D. SPERLING: Neue Beobachtungen vom Braunen Sichler, *Plegadis falcinellus* (L.), in Ostsachsen. Abh. Ber. Naturkundemus. Görlitz **57**, 7: 13–14

3984 DITTBERNER, H. u. W. DITTBERNER: Zum Vorkommen der Pfuhlschnepfe (*Limosa lapponica* L.) in der DDR. Beitr. Vogelk. **29**: 19–28

3985 DORNBUSCH, M.: Zur Bestandssituation der Großtrappe. In: Verbreitung und Schutz der Großtrappe (*Otis tarda* L.) in der DDR. Naturschutzarb. in Berlin u. Brandenburg, Beiheft 6: 3–5

3986 – Zielstellung und weitere Aufgaben des Trappenschutzes. In: Verbreitung und Schutz der Großtrappe (*Otis tarda* L.) in der DDR. Naturschutzarb. in Berlin u. Brandenburg, Beiheft 6: 32–39

3987 DORSCH, H.: Bewertung verschiedener Merkmale zur sicheren Unterscheidung von Teich- und Sumpfrohrsängern (*Acrocephalus scirpaceus, A. palustris*) mit einer praktischen Bestimmungshilfe. Ber. Vogelw. Hiddensee **4**: 111–120

3988 – Die Fangeffizienz zweier Vogelfangnetztypen. Ber. Vogelw. Hiddensee **4**: 129–132

3989 – Vergleichende Untersuchungen von Körpermaßen einer ungarischen und Leipziger Teichrohrsänger-Population (*Acrocephalus scirpaceus* [Herm.]). Zool. Abh. Mus. Tierk. Dresden **39**: 67–69

3990 ECK, S.: Katalog der ornithologischen Sammlung Dr. Udo Bährmanns (1. Fortsetzung). Zool. Abh. Mus. Tierk. Dresden **38**: 155–182

3991 – Katalog der ornithologischen Sammlung Dr. Udo Bährmanns (2. Fortsetzung). Zool. Abh. Mus. Tierk. Dresden **39**: 1–38

3992 EIFLER, G. u. H. BLÜMEL: Die Ammern in der Oberlausitz. Abh. Ber. Naturkundemus. Görlitz **57**, 2: 1–24

3993 ENGLER, H.: Bestandserfassung der Waldschnepfe (*Scolopax rusticola*) im Keulenberggebiet. Veröff. Mus. Westlausitz **7**: 75–78

3994 – Nachweis eines Seeregenpfeifers (*Charadrius alexandrinus*) in der Westlausitz. Veröff. Mus. Westlausitz **7**: 78–80

3995 ENGLER, H.: Die Teichralle. Neue Brehm-Bücherei Heft 536, 2. Aufl. Wittenberg Lutherstadt

3996 ERDMANN, G.: Bemerkungen zur Brutbiologie des Turmfalken, *Falco tinnunculus,* im Bezirk Leipzig. Actitis **22**: 21–24

3997 ERNST, S.: Die Birkenzeisiginvasion im Winter 1972/73 im Bezirk Karl-Marx-Stadt. Falke **30**: 150–156

3998 – u. M. THOSS: Vogelkontrollfang im Naturschutzgebiet „Großer Kranichsee". Naturschutzarb. u. naturkundl. Heimatforsch. in Sachsen **25**: 22–26

3999 FERNANDEZ-CRUZ, M.: Capturas de Aves Amilladas en Espana: Informes Nos. (anos 1973–1978). Ardeola **29**: 33–164

4000 FISCHER, W.: Die Habichte. Neue Brehm-Bücherei Heft 158, 2. Aufl., Wittenberg Lutherstadt

4001 FOERS, R.: A record of Cyprus Ringing Recoveries up to 1978. The Birds of Cyprus, C. O. S., 9th Bird Report 1978, Nicosia: 50–81

4002 FRIELING, F.: Ein ungewöhnlicher Brutplatz der Stockente. Falke 30: 248–249

4003 FRITSCHE, H., H. MEYER u. S. OERTEL: Jahresbericht 1978/79 und 1980 der AG Avifaunistik im Bezirk Karl-Marx-Stadt. Actitis 22: 31–44

4004 GEDEON, K.: Zur Brutbiologie des Sperbers, *Accipiter nisus* (L.), im Bezirk Marx-Stadt. Faun. Abh. Mus. Tierk. Dresden 10: 141–149

4005 GLEICHNER, W.: Zum Vorkommen des Schwarzmilans – *Milvus migrans* (Boddaert) – im Kreis Kamenz. Veröff. Mus. Westlausitz 7: 89–95

4006 GÜNSCHE, W.: Zur Birkenzeisig-Invasion 1972/73 bei Karl-Marx-Stadt. Falke 30: 176

4007 HÄSSLER, C.: Eisvögel – Zusammenhalt und Übernachtung ausgeflogener Vögel. Falke 30: 122–124

4008 HEFT, H.: Versuche zur Steigerung der Siedlungsdichte des Waldbaumläufers. Falke 30: 42–49

4009 HEIDECKE, D., LOEW, M. u. K.-H. MANSIK: Der Aufbau eines Netzes von Trappenschongebieten in der DDR und ihre Behandlung. In: Verbreitung und Schutz der Großtrappe (*Otis tarda* L.) in der DDR. Naturschutzarb. in Berlin u. Brandenburg, Beiheft 6: 32–39

4010 HOFMANN, P.: Zum Vorkommen der Großtrappe im Bezirk Leipzig. Falke 30: 416–419, 428

4011 HOLFTER, D.: Überblick über die Brutperiode 1981 der Schleiereule (*Tyto alba*) im Kreis Grimma, Bezirk Leipzig. Actitis 22: 9–11

4012 HOLUPIREK, H.: Ergänzungen zur Verbreitung des Grauspechtes, *Picus canus* Gmelin, im Bezirk Karl-Marx-Stadt. Actitis 22: 7–9

4013 HUDEC, K. u. W. ČERNY: Fauna ČSSR. Ptaci, 3/I u. II. Praha

4014 HUMMITZSCH, P.: Zum Vorkommen der Schwäne im Elbe-Röder-Gebiet bei Dresden. Actitis 22: 12–17

4015 JUNG, N.: Struktur und Faktoren der Expansion des Karmingimpels, *Carpodacus erythrinus*, in Europa und Kleinasien. Beitr. Vogelk. 29: 249–273

4016 KAISER, W.: Die Dialekte der Goldammer – jetzt Europaprojekt. Falke 30: 17–23

4017 KÖCHER, W. u. H. KOPSCH: Die Vogelwelt der Kreise Grimma, Oschatz und Wurzen, Teil V. AQUILA – Soz. Landesk. Grimma, Sonderheft: 374–468

4018 KOPSCH, H.: Der Steinschmätzer. Rundblick 30: 36

4019 – Der Stieglitz. Rundblick 30: 120–121

4020 KRETZSCHMAR, R.: Ornithologische Besonderheiten aus dem Wermsdorfer Teichgebiet im Jahre 1983. AQUILA – Soz. Landesk. Grimma, Sonderheft: 467–468

4021 KRÜGER, S. u. H.-J. KNOPF: Bruten der Schwarzkopfmöwe, *Larus melanocephalus* Temminck, an Grubenrestseen des Kreises Hoyerswerda. Beitr. Vogelk. 29: 169–173

4022 KUPFER, J.: Beitrag zur Brutbiologie des Sommergoldhähnchens, *Regulus ignicapillus.* Actitis 22: 30–31

4023 LINDNER, H.: Bemerkenswerte Beobachtungen um Püchau (Kr. Wurzen). Beitr. Vogelk. 29: 320–321

4024 LORENZ, M.: Beobachtungen von Birkenzeisigen. Falke 30: 284

4025 MASSNY, H.: Nistkasten für Eisvögel. Falke 30: 114–121

4026 MELDE, M.: Der Mäusebussard. Neue Brehm-Bücherei Heft 185, 4. Aufl.,Wittenberg Lutherstadt

4027 MENZEL, F.: Zum Vorkommen des Grauspechtes in der östlichen Oberlausitz. Abh. Ber. Naturkundemus. Görlitz 57, 7: 17–18

4028 MENZEL, H.: Der Rotschwänze in der Oberlausitz. Abh. Ber. Naturkundemus. Görlitz 57, 1: 1–16

4029 – In memoriam Dr. Wolfgang Makatsch. Abh. Ber. Naturkundemus. Görlitz 57, 7: 37–40

4030 – Zu: Der Bluthänfling (*Carduelis cannabina*) als Halbhöhlenbrüter. Beitr. Vogelk. 29: 310

4031 – Der Hausrotschwanz. Neue Brehm-Bücherei Heft 475, 2. Aufl., Wittenberg Lutherstadt

4032 MLÍKOVSKÝ, J. u. K. BUŘIČ: Die Reiherente. Neue Brehm-Bücherei Heft 556, Wittenberg Lutherstadt

4033 – u. R. PIECHOCKI: Biometrische Untersuchungen zum Ge-

schlechtsdimorphismus einiger mitteleuropäischer Eulen. Beitr. Vogelk. 29: 1–11

4034 MÖCKEL, R.: Zur differenzierten Besiedlung von Flußhängen in erzgebirgischen Fichtenwäldern durch Vögel. Actitis 22: 17–20

4035 – Zur Verbreitung und Brutökologie des Rauhfußkauzes, *Aegolius funereus* (L.), im Westerzgebirge. Beitr. Vogelk. 29: 137–151

4036 MÖLLER, H. u. P. BALÁŽ: Feldschwirl (*Locustella naevia*) singt in über 1300 m Höhe. Beitr. Vogelk. 29: 174–176

4037 NADLER, T.: Die Brachschwalbennachweise auf dem Gebiet der DDR. Falke 30: 157–159

4038 NEUBAUER, W.: Der Einflug der Kanadagans im Winter 1978/79 ins Binnenland der DDR. Falke 30: 378–383

4039 ODRICH, H.: Rotmilan und Kolkrabe als Brutnachbarn. Falke 30: 249

4040 PANNACH, D. u. W. SPANK: Beachtliche Winterkonzentration von Seeadlern (*Haliaeëtus albicilla*) in der nördlichen Oberlausitz. Abh. Ber. Naturkundemus. Görlitz 57, 7: 19–21

4041 PATAPAVIČIUS, R.: Žiedavimas lietuvoje 1982 m. Kaunas

4042 PÄTZOLD, R.: Die Feldlerche. Neue Brehm-Bücherei Heft 323, 3. Aufl., Wittenberg Lutherstadt

4043 POCH, T.: Gänsesäger auf dem Unterlauf der Zschopau. Falke 30: 390

4044 PÖRNER, H.: Zur Dismigration des Turmfalken (*Falco tinnunculus*). Ber. Vogelw. Hiddensee 4: 61–72

4045 – Herausragende Beringungen 1980. Ber. Vogelw. Hiddensee 4: 142–144

4046 – Ausgewählte Wiederfunde. Ber. Vogelw. Hiddensee 4: 145–149

4047 PRILL, H.: Zur Zerstreuung immaturer Kolkraben (*Corvus corax*) nach Wiederfunden von Hiddensee-Ringvögeln. Ber. Vogelw. Hiddensee 4: 54–60

4048 REUSSE, P.: Zum Durchzug von Zwerg- und Doppelschnepfe (*Lymnocryptes minimus* (Brünnich), *Gallinago media* (Latham)) in der Westlausitz. Veröff. Mus. Westlausitz 7: 81–88

4049 RICHTER, H.: Kuriosität oder macht Not erfinderisch?. Falke 30: 284

4050 RUTSCHKE, E.: Zur Bestandsentwicklung des Höckerschwans in der DDR. Falke 30: 186–191

4051 – (Hrsg.): Die Vogelwelt Brandenburgs. Jena

4052 – 6. Tagung Wasservogelforschung und Schutz von Feuchtgebieten in Dresden 13.–16. 10. 1983. Mitt. Ber. Zentrale f. d. Wasservogelforsch. 15, 1–3: 36–39

4053 – u. C. WESSEL: Ergebnisse der Wasservogelzählungen November 1982, März 1983, Januar 1983. Mitt. Ber. Zentrale f. d. Wasservogelforsch. 15, 1–3: 5–23

4054 SAEMANN, D.: Der Karmingimpel *Carpodacus erythrinus* – Brutvogel im Erzgebirge? Veröff. Mus. Naturk. Karl-Marx-Stadt 12: 83–84

4055 SCHILDE, D.: Halsbandschnäpper bei Burgstädt. Falke 30: 284

4056 SCHMIDT, E.: Records of Birds ringed abroad – 35th Report of Bird-Band. Aquila 90: 149–157

4057 SCHMIDT, R.: Fernfunde ausgewählter Arten. Ber. Vogelw. Hiddensee 4: 150–166

4058 SCHULZE, C.: Zur gegenwärtigen Bestandsentwicklung des Kranichs im Bezirk Dresden. Veröff. Mus. Westlausitz 7: 35–40

4059 SIEFKE, A.: Zur Herkunft in der DDR durchziehender bzw. sich ansiedelnder Kormorane (*Phalacrocorax carbo*). Ber. Vogelw. Hiddensee 4: 97–110

4060 – P. KNEIS u. M. GÖRNER: Die wissenschaftliche Vogelberingung in der DDR – Zielstellungen und Wertigkeiten aus artorientierter Sicht. Ber. Vogelw. Hiddensee 4: 5–53

4061 SOCHER, W.: Siedlungsdichte in einem Kiefernforst der Oberlausitz. Actitis 22: 24–26

4062 SPERLING, D.: Die Rohrsänger in der Oberlausitz. Abh. Ber. Naturkundemus. Görlitz 57, 3: 1–10

4063 – Pirolnest mit Plastbindfäden. Beitr. Vogelk. 29: 54

4064 SPITTLER, D.: Sitzkrücken auf Wasserzapfstellen. Falke 30: 247

4065 STREMKE, A. u. A. STREMKE: Wiederfund eines Mäusebussards nach mehr als 25 Jahren. Falke 30: 247–248

4066 STURM, A.: Die Hohltaube im Bezirk Dresden. Naturschutzarb. u. naturkundl. Heimatforsch. in Sachsen 25: 27–42

4067 TEICHMANN, H.: Der Weißstorch. Rundblick 30: 121–122

4068 TRIEMS, K.: Letzte Vorkommen der Großtrappe im Raum Leipzig. Falke 30: 102

1984

4069 ANDERS, H.: Das Naturschutzgebiet „Kleiner Berg" Hohburg. Aufs. Naturschutzarb. Grimma Wurzen: 88–89

4070 Anonym: Verzeichnis ornithologischer Publikationen in Zeitschriften der DDR 1980. Falke **30**: 24–25

4071 BANSE, G. u. E. BEZZEL: Artenzahl und Flächengröße am Beispiel der Brutvögel Mitteleuropas. J. Orn. **125**: 291–305

4072 BAUCH, S.: Die Reiherente. Rundblick **31**: 47–48

4073 BEER, W.-D.: Die Hochhalde Espenhain nach 25 Jahren – ein Vergleich von Vegetationsentwicklung und Brutvogelbestand. Actitis **23**: 43–49

4074 BLÜMEL, H.: Die Sperlinge in der Oberlausitz. Abh. Ber. Naturkundemus. Görlitz **58**, 3: 3–12

4075 – Zur Brutbiologie des Weißstorches. Falke **31**: 128–130

4076 BODENSTEIN, H.: Rötelschwalben, *Hirundo daurica*, in Leipzig-Lößnig. Actitis **23**: 50–51

4077 BRÄUTIGAM, H.: Ein weiterer Nachweis des Buschrohrsängers, *Acrocephalus dumetorum* Blyth, für die DDR. Abh. Ber. Naturkundl. Mus. „Mauritianum" Altenburg **11**: 215–216

4078 BUB, H.: Kennzeichen und Mauser europäischer Singvögel, 3. Teil – Seidenschwanz, Wasseramsel, Zaunkönig, Braunellen, Spötter, Laubsänger, Goldhähnchen. Neue Brehm-Bücherei Heft 550, Wittenberg Lutherstadt

4079 CREUTZ, G.: Von Störchen im Kreis Bautzen und der Storchzählung 1984. Bautzener Kulturschau **34**, 7: 13–14

4080 – Gedenkworte für Dr. h. c. Richard Heyder zur Trauerfeier am 25.7. 1984. Falke **31**: 401

4081 – Zur Geschichte Oberlausitzer Vogelsammlungen 1. Falke **31**: 405–409

4082 – Ansiedlung von Weißstörchen in großer Entfernung. Vogelwarte **32**: 306–307

4083 DITTBERNER, H. u. W. DITTBERNER: Zum Vorkommen des Zwergschwans (*Cygnus columbianus bewickii* Yarrel, 1830) im unteren Odertal bei Schwedt. Naturschutzarb. in Berlin u. Brandenburg **20**, 2: 41–49

4084 – – Die Schafstelze. Neue Brehm-Bücherei Heft 559, Wittenberg Lutherstadt

4085 DORNBUSCH, M., H. PÖRNER u. J. ULBRICHT: Informationen für Beringer. Ber. Vogelw. Hiddensee **5**: 145–146

4086 ECK, S.: Katalog der ornithologischen Sammlung Dr. Udo Bährmanus (3. Fortsetzung). Zool. Abh. Mus. Tierk. Dresden **39**: 71–98

4087 – Katalog der ornithologischen Sammlung Dr. Udo Bährmanns (4. Fortsetzung). Zool. Abh. Mus. Tierk. Dresden **40**: 1–32

4088 EHRING, R.: Habicht und Rotmilan. Rundblick **31**: 46–47

4089 EIFLER, G.: Schnabelmißbildung bei einer Amsel. Falke **31**: 211–212

4090 – u. G. HOFMANN: Die Vogelwelt des Kreises Zittau, Teil I. Zittau (Ges. f. Natur u. Umwelt, Rat des Kreises)

4091 ERDMANN, G.: Der Weißstorch im Kreis Eilenburg. In: Aus der Arbeit der Gesellschaft Natur und Heimat im Kr. Eilenburg: 11–15

4092 ERNST, S.: Angaben zur Bleßralle (*Fulica atra*) im Bezirk Karl-Marx-Stadt. Actitis **23**: 4–17

4093 – Die Birkenzeisig-Invasion 1977/78 im Bezirk Karl-Marx-Stadt. Orn. Jber. Mus. Heineanum **8/9**: 59–63

4094 FEIGE, K.-D.: Die „Revierbesetzungsquote" – ein Maß für die Beständigkeit und die Dispersion einer Vogelpopulation. Ber. Vogelw. Hiddensee **5**: 86–94

4095 FISCHER, W.: Die Seeadler. Neue Brehm-Bücherei Heft 221, 4. Aufl., Wittenberg Lutherstadt

4096 FLIEGE, G.: Das Zugverhalten des Stars (*Sturnus vulgaris*) in Europa: Eine Analyse der Ringfunde. J. Orn. **125**: 393–446

4097 FÖRSTER, H.: Winterbrut des Waldkauzes. Falke **30**: 67

4098 FRANK, E.: Dr. phil. h. c. Richard Heyder † 19.Juli 1984. Anz. orn. Ges. Bayern **23**: 249–252

4099 FRIELING, F.: Rotmilan, *Milvus milvus*, vertreibt Schwarzmilan, *Milvus migrans*, vom Horst. Beitr. Vogelk. **30**: 48–50

4100 FRITSCHE, H.: Silberreiher am Stausee Glauchau. Falke **31**: 19

4101 GEDEON, K.: Daten zur Brutbiologie des Habichts, *Accipiter gentilis* (L.), im Bezirk Karl-Marx-Stadt. Faun. Abh. Mus. Tierk. Dresden **11**: 152–160

4102 GLEICHNER, W.: Einiges zum Wespenbussard, *Pernis apivorus* (L.), im Kreis Kamenz. Veröff. Mus. Westlausitz **8**: 83–86

4103 GNAUCK, D.: Uferschwalbenbeobachtungen um Bischofswerda. Veröff. Mus. Westlausitz **8**: 73–82

4104 GOLDSTEIN, H.: Ornithologische Besonderheiten aus dem Wermsdorfer Teichgebiet im Jahre 1984. Aufs. Naturschutzarb. Grimma Wurzen: 92–94

4105 GRÖSSLER, K.: Notizen über Brutvorkommen ausgewählter Vogelarten im Bezirk Leipzig. Actitis **23**: 18–34

4106 – Notizen über Ankunft und Abzug des Mauerseglers (*Apus apus*). Actitis **23**: 51

4107 – Rupfungen und Federfunde der Jahre 1980–1982. Actitis **23**: 58–70

4108 GÜNTHER, E.: Aufzucht eines Mauerseglers. Falke **31**: 174

4109 GÜNTHER, R.: Zum Durchzug der Rohrammer, *Emberiza schoeniclus* (L.), in Thüringen. Thür. orn. Mitt. **32**: 59–66

4110 HAEMMERLEIN, H. D.: Brehm-Pflege in der Deutschen Demokratischen Republik. Abh. Ber. Naturkundl. Mus. „Mauritianum" Altenburg **11**: 172–202

4111 HAHN, A. u. E. NEEF: Dresden. Werte unserer Heimat Bd. 42, Berlin

4112 HAMSCH, S.: Dr. Wolfgang Makatsch 16.2. 1906–23.2. 1983. Falke **30**: 62–63

4113 – Vorkommen und Bestandsrückgang der Blauracke in der Niederlausitz. Falke **31**: 114–124

4114 HARTUNG, B.: Schnabelmißbildung bei einem Star. Falke **30**: 66

4115 – u. K. PESSNER: An der Nisthöhle eines Kleinspechtes. Falke **31**: 165–167

4116 – – Die Ernährung des Waldkauzes. Falke **31**: 231–233

4117 HAUFF, P.: Zum Zug der Sturmmöwe (*Larus canus*) nach Beringungsergebnissen der DDR. Ber. Vogelw. Hiddensee **5**: 15–23

4118 HOLUPIREK, H.: Zum Vorkommen von Berg-, Eider- und Eisente im Bezirk Karl-Marx-Stadt. Falke **31**: 412–420

4119 HÖSER, N.: Alfred Weber 1914–1982. Abh. Ber. Naturkundl. Mus. „Mauritianum" Altenburg **11**: 203–204

4120 – Brutbiologische Werte von Rauchschwalbe, *Hirundo rustica* L., und Mehlschwalbe, *Delichon urbica* (L.), im Bezirk Leipzig. Abh. Ber. Naturkundl. Mus. „Mauritianum" Altenburg **11**: 205–209

4121 – Richard Heyder 1884–1984. Abh. Ber. Naturkundl. Mus. „Mauritianum" Altenburg **11**: 214

4122 HUMMITZSCH, P.: Quellennachweis zur Avifauna Sachsens (1970–1979). Abh. Ber. Naturkundemus. Görlitz **58**, 4: 1–64

4123 JARRY, G.: Bilans et resultats du Baguage en France dans les Territoires dÓutremer et en Afrique Francophone en 1981. Bulletin de Liaison No. 14 C. R. B. P. O., Paris

4124 JOKIEL, H. u. S. ECK: Mehrjährige Paarbindung und Flügellängenzunahme bei der Nonnenmeise (*Parus palustris*). Ber. Vogelw. Hiddensee **5**: 95–97

4125 KANDLER, P.: Erfahrungen bei der Organisation des Wasservogelschutzes unter den Bedingungen intensiver Produktionsmethoden der Binnenfischerei. Mitt. Ber. Zentrale f. d. Wasservogelforsch. **16**, 1/2: 38–47

4126 – Erfahrungen bei der Organisation des Wasservogelschutzes unter den Bedingungen intensiver Produktionsmethoden der Binnenfischerei. Naturschutzarb. u. naturkundl. Heimatforsch. in Sachsen **26**: 30–38

4127 KIESSLING, J.: Ergebnisse der Höckerschwanbestandserfassung 1980 im Bez. Leipzig. Actitis **23**: 52–57

4128 KIMMICH, H.: Türkentauben brüten im Futterhaus. Falke **31**: 278–279

4129 KLOUDA, C.: Das neue Naturschutzgebiet „Alte See". Naturschutzarb. u. naturkundl. Heimatforsch. in Sachsen **26**: 58–61

4130 KNEIS, P.: Zug, Ansiedlerstreuung und Sterblichkeit von Steinschmätzern (*Oenanthe oenanthe*) aus der DDR nach den Ringfunden. Ber. Vogelw. Hiddensee **5**: 43–56

4131 KNOCHE, U. u. R. SCHMIDT: Fernfunde ausgewählter Arten. Ber. Vogelw. Hiddensee **5**: 117–144

4132 KÖCHER, K.: Ornithologische Besonderheiten an den Kiesgruben bei Naunhof. Aufs. Naturschutzarb. Grimma Wurzen: 94

4133 – Beitrag zur Überwinterung der Säger (*Mergus* u. Verw.) auf der Mulde im Kreis Grimma – Winter 1977/78 bis Winter 1983/84 – unter besonderer Berücksichtigung des Abschnittes Steinklippen Förstgen bis Schaddelbachmündung. Aufs. Naturschutzarb. Grimma Wurzen: 94–96

4134 Kolbe, U.: Zur Situation der Brutvogelfauna des oberen Osterzgebirges. Falke 31: 421–426

4135 – u. J. Neumann: Zum Verhalten der heimischen Schwalben. Falke 31: 85–87

4136 Kreische, H.: Schützt die natürlichen Bruthöhlen! Vogtländ. Heimatbl. 4, 6: 17–19

4137 Krüger, S. u. B. Litzkow: Silbermöwe, *Larus argentatus* Pontoppidan, Brutvogel in den Kreisen Hoyerswerda und Cottbus. Beitr. Vogelk. 30: 65–68

4138 Kupfer, J.: Zur Brut des Sommergoldhähnchens. Falke 31: 61

4139 – Drei Jahresbruten beim Eisvogel. Falke 31: 205

4140 Lambert, K.: Zum Zug des Bruchwasserläufers (*Tringa glareola*) nach Beringungsergebnissen aus der DDR. Ber. Vogelw. Hiddensee 5: 6–14

4141 Lange, S.: Ergebnisse des 1. Landschaftstages Knappensee–Silbersee. Abh. Ber. Naturkundemus. Görlitz 58, 2: 81–85

4142 Lorenz, M.: Zum Thema „Verletzte Vögel". Falke 31: 339

4143 Melde, M.: Raben- und Nebelkrähe. Neue Brehm-Bücherei Heft 414, 2. Aufl., Wittenberg Lutherstadt

4144 – Der Waldkauz. Neue Brehm-Bücherei Heft 564, Wittenberg Lutherstadt

4145 Menzel, H.: Der Gartenrotschwanz. Neue Brehm-Bücherei Heft 438, 2. Aufl., Wittenberg Lutherstadt

4146 – Die Mehlschwalbe. Neue Brehm-Bücherei Heft 548, Wittenberg Lutherstadt

4147 Mlíkovský, J. u. R. Piechocki: Zur Frage des Geschlechterverhältnisses bei Greifvögeln (Falconiformes) und Eulen (Strigiformes). Beitr. Vogelk. 30: 12–14

4148 Möckel, R.: Zusammenhänge zwischen Witterung und Fortpflanzungserfolg bei der Hohltaube (*Columba oenas*) im Westerzgebirge. Ber. Vogelw. Hiddensee 5: 76–85

4149 – Der Winterbestand der Stockente (*Anas platyrhynchos* L.) auf der Zwickauer Mulde. Hercynia N. F. 21: 144–161

4150 – Der Einfluß des extrem niederschlagsreichen Sommerhalbjahres 1980 auf Brutphänologie und Fortpflanzungsrate der Hohltaube (*Columba oenas*) im Westerzgebirge. Orn. Jber. Mus. Heineanum 8/9: 25–35

4151 – u. W. Möckel: Sperlingskauz, *Glaucidium passerinum*, plündert Kohlmeise in einem Holzbetonnistkasten. Beitr. Vogelk. 30: 29–32

4152 – – Sperlingskauz plündert Kohlmeisenbrut in einem Holzbetonnistkasten. Falke 31: 346–349

4153 Möller, D., S. Waurisch u. W. Flor: Ergebnisse der Forschung an Hase und Fasan. Beitr. z. Jagd- u. Wildforsch. 13: 91–97

4154 Müller, S.: Erster Brutnachweis des Fichtenkreuzschnabels (*Loxia curvirostra*) und dessen Auftreten 1983/84 in den Forstungen südlich von Grimma. Aufs. Naturschutzarb. Grimma Wurzen: 89–91

4155 Naacke, J.: 6. Tagung „Wasservogelforschung und Schutz von Feuchtgebieten". Falke 31: 234–238

4156 – Bestandserfassung Graugans 1985. Mitt. Ber. Zentrale f. d. Wasservogelforsch. 16, 1/2: 10–12

4157 – Ergebnisse der Bestandserfassung an Brutplätzen der Lachmöwe 1983 in der DDR. Mitt. Ber. Zentrale f. d. Wasservogelforsch. 16, 1/2: 25–29

4158 Neumann, J.: Literaturverzeichnis Dr. Richard Heyder. Falke 31: 427

4159 Odrich, H.: Bindfäden als Vogelfalle. Falke 31: 320

4160 Oeser, R.: Zur Herbst- und Winterernährung des Raubwürgers (*Lanius excubitor*) in einem westerzgebirgischen Beobachtungsgebiet. Beitr. Vogelk. 30: 15–18

4161 – Zur Brut der Weidenmeise (*Parus montanus*) im Erzgebirge. Beitr. Vogelk. 30: 243–252

4162 Oeser, R. E.: Zum Winteraufenthalt von Schneeammern (*Plectrophenax nivalis*) im Fichtelberggebiet. Beitr. Vogelk. 30: 162–168

4163 Pätzold, R.: Der Wasserpieper. Neue Brehm-Bücherei Heft 565, Wittenberg Lutherstadt

4164 Piechocki, R.: Todesursachen, Gewichte und Maße vom Uhu (*Bubo b. bubo*). Hercynia N. F. 21: 52–66

4165 Piechulek, R.: Zur Verhaltensweise eines Stares. Falke 31: 320

4166 Pörner, H.: Beringungen und Wiederfunde 1981. Ber. Vogelw. Hiddensee 5: 98–116

4167 – Bird ringing in the German Democratic Republic. The Ring 118/119: 202–209

4168 Prange, H.: Der Kranichzug in Thüringen und seine Einordnung in die mitteleuropäische Flugroute. Thür. Orn. Mitt. 32: 1–16

4169 Rauthe, R.: Bericht über meine erfolgreiche Pirolaufzucht. Falke 31: 172–173

4170 Riedrich, D. u. O. Heinze: Erstnachweis des Rauhfußkauzes *Aegolius funereus* (L.) im Hohwald. Veröff. Mus. Westlausitz 8: 12–14

4171 Rogge, D.: Versuche zur Wiederansiedlung der Schellente durch Verfrachtung von Schellentenfamilien. Falke 31: 190–195

4172 Rutschke, E.: Die Wanderungen der Graugans – *Anser anser* (L.) – in Mitteleuropa. Beitr. z. Jagd- u. Wildforsch. 13: 339–345

4173 – Ergebnisse der Brutbestandserfassung des Graureihers (*Ardea cinerea*) 1983. Mitt. Ber. Zentrale f. d. Wasservogelforsch. 16, 1/2: 30–37

4174 – u. C. Wessel: Ergebnisse der Mittwinterzählung 1984. Mitt. Ber. Zentrale f. d. Wasservogelforsch.

4175 – – Ergebnisse der Wasservogelzählungen November 1983/ März 1984. Ber. Zentrale f. d. Wasservogelforsch. 16, 3: 5–16

4176 Saemann, D.: Dr. h. c. phil. Richard Heyder †. Actitis 23: 3

4177 – Dr. phil. h. c. Richard Heyder †. Naturschutzarb. u. naturkundl. Heimatforsch. in Sachsen 26: 63–64

4178 – Siedlungsdichte-Untersuchungen auf großstädtischen Ruderalflächen. Orn. Jber. Mus. Heineanum 8/9: 47–56

4179 Schipke, R.: In welchem Alter beginnen Lachmöwen mit dem Nahrungsschmarotzen? Falke 31: 246–247

4180 Schlögel, N.: Zum Schlafverhalten des Flußuferläufers. Actitis 23: 70–71

4181 Schmidt, P.: Wieder eine Eiderente, *Somateria molissima* (L.), im Oberen Vogtland. Beitr. Vogelk. 30: 58

4182 Schneider, W.: Beuteerwerb und Beutegröße beim Turmfalk (*Falco t. tinnunculus*). Beitr. Vogelk. 30: 213–214

4183 – Zur Abnahme des Stars. Falke 30: 42–43

4184 Schönfeld, M.: Migration, Sterblichkeit, Lebenserwartung und Geschlechtsreife mitteleuropäischer Rotmilane, *Milvus milvus* (L.), im Vergleich zum Schwarzmilan, *Milvus migrans* (Boddaert). Hercynia N. F. 21: 241–257

4185 – Der Fitislaubsänger. Neue Brehm-Bücherei Heft 539, 2. Aufl., Wittenberg Lutherstadt

4186 Schönn, S.: Erster Brutnachweis des Rohrschwirls (*Locustella luscinioides*) im Bezirk Leipzig. Beitr. Vogelk. 30: 389–390

4187 Schütze, B.: Eine Storchengeschichte. Panthera: 25–28

4188 Steffens, R.: Landschaft, Landschaftsveränderung und Brutvogelverbreitung in Sachsen. Naturschutzarb. u. naturkundl. Heimatforsch. in Sachsen 26: 12–30

4189 Stengel, W.: Alfred Weber zum Gedenken. Actitis 23: 71–72

4190 Stephan, B.: Beobachtungen zu einigen zwischenartlichen Beziehungen des Turmfalken. Falke 31: 378–380

4191 Stiefel, A. u. H. Scheufler: Der Rotschenkel. Neue Brehm-Bücherei Heft 562, Wittenberg Lutherstadt

4192 Teubert, W. u. P. Kneis: Geschlechtsspezifische Flügellängen adulter Flußuferläufer, *Actitis hypoleucos*, nach Messungen aus dem Elbtal bei Riesa. Actitis 23: 35–42

4193 Thiede, W.: Bemerkenswerte faunistische Feststellungen 1980/81 in Europa. Vogelwelt 105: 230–235

4194 Ulbricht, J.: Zur Ansiedlerstreuung beim Gartenrotschwanz (*Phoenicurus phoenicurus*) – eine Auswertung von Ringfunden aus dem Gebiet der DDR. Ber. Vogelw. Hiddensee 5: 57–66

4195 – Zur Dismigration mitteleuropäischer Waldohreulen (*Asio otus*) nach Ringfunden. Ber. Vogelw. Hiddensee 5: 67–75

4196 – Literaturhinweise für Beringer. Ber. Vogelw. Hiddensee 5: 147–149

4197 Warthold, R.: Markierung von Gänsen 1983 und 1984. Mitt. Ber. Zentrale f. d. Wasservogelforsch. 16, 3: 16–20

4198 Weise, W.: Zum Horststand des Mäusebussards (*Buteo buteo*). Beitr. Vogelk. 30: 323–324

4199 Wuttky, K.: Martin Herberg zum Gedächtnis. Beitr. Vogelk. 30: 203–208

3.2 Nicht in den Quellenverzeichnissen erfaßte Literatur

ALTUM, B.: Die Vogelsammlung der Königl. Forstakademie zu Eberswalde. In: BREHM, A. E. v., H. SCHALOW u. J. CABANIS: Allgemeine ornithologische Gesellschaft zu Berlin – Bericht über die Januarsitzung. J. Orn. **27** (1879): 215

ANSORGE, H.: Die Vogelsammlungen des Staatlichen Museums für Naturkunde Görlitz – Belege zur Ornis der Oberlausitz. Abh. Ber. Naturkundemus. Görlitz **60** (1987) 5: 1–12

AUGST, U.: Vom Mauerläufer, *Tichodroma muraria*, im Elbsandsteingebirge. Beitr. Vogelk. **31** (1985): 235

– Die Brutvogelfauna des NSG Großer Winterberg und Zschand. Naturschutzarbeit in Sachsen **30** (1988): 33–40

– Sie fliegen wieder! – Vom Wanderfalken in der Sächsischen Schweiz. Sächsische-Schweiz-Initiative 6 (1993): 6

– Der Sperlingskauz (*Glaucidium passerinum*) im Nationalpark Sächsische Schweiz. Mitt. Ver. Sächs. Orn. **7** (1994): 285–297

– Der Halsbandschnäpper (*Ficedula albicollis*) in der Sächsischen Schweiz. Faun. Abh. Mus. Tierkd. Dresden **20** (1995): 145–151

BÄHRMANN, U.: Ein neuer Nachweis über das Vorkommen von *Buteo vulpinus intermedius* Menzb. in der Prov. Brandenburg. Orn. Monatsber. **44** (1936): 22

BÄSSLER, R. u. S. RAU: Nachtigall, *Luscinia megarhynchos*, und Sprosser, *Luscinia luscinia*, im Elbe-Röder-Gebiet bei Dresden. Actitis **24** (1985): 28–37

BALLMANN, H.: Aktuelle Förderprogramme des Naturschutzes im Freistaat Sachsen. Naturschutzarbeit in Sachsen **34** (1992): 11–20

BERNDT, R.: Rohrschwirl (*Locustella luscinoides luscinoides* Savi) in der Oberlausitz. Ber. Ver. Schles. Orn. **23** (1938): 100

BERNHARDT, H.: Anthropogene geoökologische Veränderungen der kleinen Offenland-Hohlformen am Erzgebirgsrand im 20. Jahrhundert. In: BILLWITZ, K., JÄGER, K.-D. u. JANKE, W.: Jungquartäre Landschaftsräume. Berlin – Heidelberg 1992: 272–291

– HAASE, G., MANSFELD, K., RICHTER, H. u. SCHMIDT, R.: Naturräume der sächsischen Bezirke. Sächsische Heimatblätter **32** (1986): 145–228

BIRK, J.: Brutbeobachtungsnotizen 1916. Gefiederte Welt **46** (1917): 136–137, 150–151, 159–160, 167–168, 181–182

BLÜMEL, H.: Der Star in der Oberlausitz. Abh. Ber. Naturkundemus. Görlitz **59** (1986) 3: 1–8

– Die Meisen in der Oberlausitz. Abh. Ber. Naturkundemus. Görlitz **61** (1987) 4: 1–16

– Die Baumläufer in der Oberlausitz. Abh. Ber. Naturkundemus. Görlitz **64** (1990 a) 5: 1–6

– Schwanz- und Bartmeise in der Oberlausitz. Abh. Ber. Naturkundemus. Görlitz **64** (1990 b) 6: 1–4

– Der Kleiber in der Oberlausitz. Abh. Ber. Naturkundemus. Görlitz **64** (1990 c) 7: 1–3

BÖHME, R.: Erneut Mornellregenpfeifer, *Eudromias morinellus*, bei Burgstädt/Sa. Beitr. Vogelk. **33** (1987): 341

BRAESS, M.: Warum schützen wir die Vögel? Mitt. Landesverein Sächs. Heimatschutz 6 (1917): 61–68

BREHM, C. L.: Lehrbuch der Naturgeschichte aller europäischen Vögel. 2. Theil. Jena 1824: 346

BRETTFELD, R.: Der Einfluß der ph-Wert-Absenkung auf die biologische Struktur eines Bergbachsystems im mittleren Erzgebirge. Veröff. Naturhist. Mus. Schleusingen H. 2, (1987): 57–76

BRUCHHOLZ, S.: Beobachtungen beim Territorialverhalten eines Auerwildgesperres. Vögel. Jagd- u. Wildforschung 9 (1975): 430–433

BUB, H.: Atlas der Wanderungen des Berghänflings (*Carduelis f. flavirostris*). Beitr. Vogelk. **31** (1985): 189–213

– u. R. DE VRIES: Das Planberingungsprogramm am Berghänfling (*Carduelis f. flavirostris*). Wilhelmshaven 1973

CREUTZ, G.: Die Vogelschutzstation Neschwitz. In: Vogelwarten und Vogelschutzwarten. Dresden 1955

– Der Weißstorch. NBB 375, Wittenberg/Lutherstadt 1985 a

– Die Stelzenarten (*Motacillidae*)in der Oberlausitz. Abh. Ber. Naturkundemus. Görlitz **59** (1985 b) 2: 1–16

– Die Würgerarten der Gattung *Lanius* in der Oberlausitz. Abh. Ber. Naturkundemus. Görlitz **60** (1986) 6: 1–12

– Das Vorkommen des Gelbspötters in der Oberlausitz. Abh. Ber. Naturkundemus. Görlitz **61** (1987 a) 1: 1–8

– Das Erscheinen des Seidenschwanzes, *Bombycilla garrulus* (L.), in der Oberlausitz. Abh. Ber. Naturkundemus. Görlitz **61** (1987 b) 2: 1–8

DATHE, H.: Nachtreiher (*Nycticorax nycticorax*) bei Torgau. Beitr. Vogelk. **3** (1954): 303

– [Rezension] Zool. Garten **49** (1979): 390

DEUNERT, J.: Berg- und Bluthänfling in der Oberlausitz. Abh. Ber. Naturkundemus. Görlitz **63** (1989) 2: 1–10

– Der Schlagschwirl, *Locustella fluviatilis* (Wolf), in der Oberlausitz. Abh. Ber. Naturkundemus. Görlitz **66** (1992) 2: 1–4

– u. R. REITZ: Zum Auftreten und zur Brutbiologie des Schlagschwirls (*Locustella fluviatilis*) bei Bautzen. Beitr. Vogelk. **34** (1988): 234–248

DORNBUSCH, G.: Siedlungsdichte- und Nahrungsuntersuchungen an Brutvögeln in immissionsgeschädigten Fichtenforsten. Dipl.-Arb. Techn. Univ. Dresden, Sekt. Forstwirtschaft 1988

DORNBUSCH, M., H. GRÜN, H. KÖNIG u. B. STEPHAN: Zur Methode der Ermittlungen von Brutvogelsiedlungsdichten auf Kontrollflächen. Mitt. IG Avifauna DDR Nr. 1 (1968): 7–16

DORSCH, H.: Wissenschaftliche Vogelberingung in Sachsen. Mitt. Ver. Sächs. Orn. **7** (1994): 249–260

– u. I. DORSCH: Dynamik und Ökologie der Sommervogelgemeinschaft einer Verlandungszone bei Leipzig. Beitr. Vogelk. **31** (1985): 237–358

– – Analyse der Entwicklung von Vegetation und Avifauna in Tagebaugebieten bei Leipzig. Diss. A, ILN Halle 1988

EBERT, J.: Beobachtungen des Steinadlers (*Aquila chrysaetos* L.)im Gebiet der Sächsischen Schweiz u. Umgebung. Veröff. Mus. Westlausitz. **13** (1989): 71–73

ECK, S.: Reflexionen über die Taxonomie Westpalaearktischer *Loxia*-Arten. Zool. Abh. Mus. Tierkd. Dresden **37** (1981): 183–207

– Katalog der ornithologischen Sammlung Dr. Udo Bährmanns. 5. Fortsetzung. Zool. Abh. Mus. Tierkd. Dresden **40** (1985): 165–194

– Gibt es bei Birkenzeisigen Zwillingsarten? Thür. Orn. Mitt. **36** (1987): 31–35

EHRING, R.: Der Wespenbussard, *Pernis apivorus* (L., 1758), eine Artbearbeitung für den Bez. Leipzig. Actitis **24** (1985 a): 21–24

– Beobachtung eines überwinternden immat. Steinadlers (*Aquila chrysaëtos*) im Bez. Leipzig. Actitis **24** (1985 b): 54–55

– Steppenkiebitz am Wyhra-Staubecken bei Altmörbitz. Falke **34** (1987): 406–407

EIFLER, G.: Buch- und Bergfink in der Oberlausitz. Abh. Ber. Naturkundemus. Görlitz **64** (1990) 2: 1–14

– Ornithologie in der Oberlausitz – Anspruch und Aufgabe. Ber. Naturforsch. Ges. Oberlausitz **1** (1991): 45–49

– u. G. HOFMANN: Die Vogelwelt des Kreises Zittau, Teil II. Zittau 1985

– – u. K. HOFMANN: Die Vogelwelt des Kreises Zittau, Teil III – Ergebnisse einer Feinrasterkartierung der Brutvögel im Kreis Zittau 1985–1989. Zittau 1994

ENGLER, G.: Rasterkartierung der Waldschnepfe in einem Untersuchungsgebiet in der Westlausitz. Veröff. Mus. Westlausitz **9** (1985): 79–83

– Ein weiterer Brutnachweis des Rauhfußkauzes, *Aegolius funereus* (L.), in der Westlausitz. Veröff. Mus. Westlausitz **10** (1986): 75–78

ERDMANN, G.: Nachtrag zur Arbeit: Zum Durchzug und Vorkommen der Blauracke in den Bezirken Karl-Marx-Stadt und Leipzig. Actitis **27** (1989 a): 53–54

– Eine weitere Vogelbestandsaufnahme im Leipziger Elster-Pleiße-Auwald. Naturschutzarbeit in Sachsen **31** (1989 b): 17–24

– Zum Vorkommen des Hirtenstars, *Acridotheres tristis* (L., 1766), bei Leipzig. Veröff. Naturkundemus. Leipzig 6 (1989 c): 48–52

ERNST, S.: Zur Gesangsaktivität von Garten- und Waldbaumläufer. Actitis **25** (1987): 58–61

– Die Ausbreitung des Alpenbirkenzeisigs, *Carduelis flammea cabaret* P. L. S. Müller, in Europa bis zum Jahr 1986. Ann. Orn. **12** (1988): 3–50

– Neue Nachweise des Grünen Laubsängers (*Phylloscopus trochi-*

loides) in Sachsen und sein Auftreten im mitteleuropäischen Binnenland. Faun. Abh. Mus. Tierkd. Dresden **17** (1989): 85–92

– Die weitere Bestandsentwicklung des Alpenbirkenzeisigs, *Carduelis flammea cabaret*, im Bezirk Karl-Marx-Stadt nebst Anmerkungen zur Brutbiologie, Phänologie und Morphologie. Beitr. Vogelk. **36** (1990): 65–108

– Rothalstaucher (*Podiceps griseigena*) und Schwarzhalstaucher (*Podiceps nigricollis*) als Brutvögel des Vogtlandes. Mitt. Ver. Sächs. Orn. **7** (1991): 20–23

– Fernansiedlung eines vogtländischen Rauhfußkauzes *Aegolius funereus* – Ringfundmitteilung der Vogelwarte Hiddensee 1/1992. Mitt. Ver. Sächs. Orn. **7** (1992): 110

– Der Rotmilan, *Milvus milvus*, als Brutvogel im Vogtland. Mitt. Ver. Sächs. Orn. **7** (1993): 123–135

– u. J. HERING: Ansiedlungen des Graureihers (*Ardea cinerea*) im Regierungsbezirk Chemnitz (Sachsen). Mitt. Ver. Sächs. Orn. **7** (1994): 309–314

– u. G. KULT: Die Invasion des Birkenzeisigs, *Carduelis flammea*, im Winter 1986/87 im Vogtland. Actitis **27** (1989): 25–34

– u. M. THOSS: Zehnjährige Beringung von Rauhfußkäuzen im Vogtland und Westerzgebirge. Actitis **24** (1985): 3–14

FEHSE, C.: Haubentaucherbrut auf dem Lande. Falke **32** (1985): 248–249

FEILER, A.: Der Lebensraum des Auerwildes in einigen Kiefernrevieren der Lausitz. Z. Jagdwiss. **13** (1967): 111–118

FICKER, W.: Sperlingskauzbrut in einer künstlichen Nisthöhle. Falke **37** (1990): 379–383

FIRBAS, F.: Waldgeschichte Mitteleuropas, 2. Bd., Jena 1949 und 1952

FISCHER, S.: Zum Vorkommen der Weißkopfmöwe (*Larus cachinans*) in der Mark Brandenburg. Pica **16** (1989): 129–135

FISCHER, J. u. K. HÄDECKE: Die Vögel des Kreises Freiberg und der Freiberger Bergwerksteiche, Teil I. Mitt. Naturkundemus. Freiberg H. 1 (1987): 3–69

– – Die Vögel des Kreises Freiberg und der Freiberger Bergwerksteiche, Teil II. Mitt. Naturkundemus. Freiberg H. 2, 1/2 (1989): 4–56; 57–87

FLUCZYNSKI, D.: Der Baumfalke. NBB 575, Wittenberg/Lutherstadt 1987

FRANK, J.: Ein weiterer Nachweis einer Bodenbrut des Hausrotschwanzes (*Phoenicurus ochruros*). Beitr. Vogelk. **33** (1987): 225

FREUND, W.: Zwei Dreierbruten des Seeadlers – *Haliaeetus albicilla* in Sachsen. Veröff. Mus. Westlausitz **15** (1991): 23–25

FRIELING, F.: Seltenheiten am Windischleubaer Stausee im Frühjahr und Sommer 1953. Beitr. Vogelk. **5** (1955): 32–35

– Besonderheiten am Windischleubaer Stausee 1963. Beitr. Vogelk. **10** (1963): 396–399

– Zur Vogelwelt des Naturschutzgebietes „Eschefelder Teiche" 1981–1985. Mauritianum (Altenburg) **12** (1987): 167–182

GEDEON, K. u. H. MEYER: Studien zur Nistökologie des Sperbers, *Accipiter nisus*, im Erzgebirge. Hercynia N.F. **23** (1986): 385–408

GENTZ, K.: Zur Lebensweise der Zwergdommel. Falke **6** (1959): 39–47 u. 81–87

GLASEWALD, K.: Vogelschutz und Vogelhege. Berlin 1937

GLUTZ V. BLOTZHEIM, U. N. u. K. M. BAUER: Handbuch der Vögel Mitteleuropas, Bd. 10/II. Wiesbaden 1985

GONSCHOREK, S.: Die Wasseramsel (*Cinclus cinclus aquaticus*) an der oberen Weißen Elster (Sachsen) und Maßnahmen zu ihrem Schutz. Acta ornithoecol. **3** (1995): 159–162

GRAF, D.: Über letzte Birkwild-Nachweise im Westlausitzer Teil des Kreises Sebnitz. Veröff. Mus. Westlausitz **10** (1984): 42

– Aus der Naturschutzarbeit im Kreis Sebnitz. Sebnitz 1986b

– Nachtrag zu „Über letzte Birkwild-Nachweise im Westlausitzer Teil des Kreises Sebnitz". Veröff. Mus. Westlausitz **12** (1988): 59

GRÄNITZ, R.: Über eine Zweitbrut beim Braunkehlchen, *Saxicola rubetra*. Beitr. Vogelk. **4** (1955): 174–175

GRÖSSLER, K.: Über Laubbaumhorste des Sperbers, *Accipiter nisus* (L.). Beitr. Vogelk. **3** (1953): 192–193

– Versuch einer Erfassung des Brutvogelbestandes im Bezirk Leipzig. Actitis **29** (1993): 3–69

– u. L. KALBE: Spätsommer- u. Herbstbeobachtungen an den Haselbacher Teichen. Mitt. Thür. Orn. **3** (1952): 46–48

GÜNSCHE, W.: Hochnest der Goldammer. Falke **4** (1957): 177

GÜNTHER, A.: Zur Ökologie und Bestandssituation der Wasseramsel (*Cinclus c. aquaticus* Bechstein, 1803) im Regierungsbezirk Chemnitz. In: Staatl. Umweltfachamt Chemnitz (Hrsg.): Ökologische Beurteilung von Fließgewässern im Regierungsbezirk Chemnitz. Chemnitz 1992

HABICHT, W.: Der Bestand des Weißstorches, *Ciconia ciconia*, im Kreis Riesa 1974 und 1976 bis 1984. Actitis **24** (1985): 14–18

HAGEMANN, J.: Rothalstaucher brütet auf einer Feldlache bei Borna. Actitis **27** (1989): 53

– u. F. ROST: Die Beutelmeise, *Remiz pendulinus* (L.), im Raum südlich von Leipzig. Abh. Ber. Mauritianum (Altenburg) **11** (1985): 283–299

HALLFAHRT, T.: Die Schnatterente (*Anas strepera*) als Brutvogel und Durchzügler im sächsischen Vogtland. Mitt. Ver. Sächs. Orn **8** (1996): 37–44

HARTUNG, B.: Brutvorkommen und Schutz der Schleiereule im Altkreis Meißen. Naturschutzarbeit in Sachsen **38** (1996): 67–68

HEINE, V. u. E. NOWAK: Untersuchungen zur Populationsökologie von Wasservögeln in Abhängigkeit von unterschiedlichen Intensivierungsmaßnahmen der Binnenfischerei. Dipl.-Arb. Techn. Univ. Dresden, Sekt. Forstwirtschaft 1990

HEINZE, O.: Brutnachweise des kleinen Sumpfhuhns (*Porzana parva*) und des Tüpfelsumpfhuhns (*P. porzana*) 1995 bei Neschwitz. Mitt. Ver. Sächs. Orn. **8** (1996): 55–56

HELM, F.: Ornithologische Beobachtungen an den Teichen von Wittingau in Böhmen. Orn. Monatsber. **11** (1903): 161–163

HELMSTAEDT, K. W. u. H. P. KÖHLER: Seltene Gänsearten am Gülper See. Veröff. Bez. Mus. Potsdam **21** (1970): 133–142 (Beitr. Tierwelt Mark VII)

HEMPEL, W.: Ursprüngliche und potentielle natürliche Vegetation in Sachsen – eine Analyse der Entwicklung von Landschaft und Waldvegetation. Diss. B. Techn. Univ. Dresden, Sekt. Forstwirtschaft Tharandt 1983

– u. H. SCHIEMENZ: Handbuch der Naturschutzgebiete der DDR, Bd. 5. Leipzig, Jena, Berlin 1986

HENKER, O.: Eine amerikanische Schwalbenweihe in Sachsen. Mitt. Ver. sächs. Orn. **1** (1923): 57–60

HERGOTT, D. u. S. ECK: Erster Nachweis des Dunklen Laubsängers (*Phylloscopus fuscatus*) für die DDR. Faun. Abh. Mus. Tierkd. Dresden **16** (1988): 35–36

HERR, O.: Die A. R. von Loebenstein'sche Vogelsammlung. Abh. Naturforsch. Ges. Görlitz **31** (1931) 2: 111–138

– Aus Natur und Museum. Abh. Naturforsch. Ges. Görlitz **33** (1940) 2: 97

HERSCHMANN, W.: Seetaucherbeobachtungen bei Pirna in den Jahren 1980 bis 1991. Falke **40** (1993): 54–55

HEYDER, D.: Nachweis ornithologischer Seltenheiten in Leipzig. Beitr. Vogelk. **33** (1987): 338

HEYMER, A. u. G. WOLF: Ein weiteres Vorkommen des Felsenpiepers – *Anthus spinoletta littoralis*, Brehm – im deutschen Binnenland. Vogelring **27** (1958): 115–116

HILDEBRANDT, H.: Wieder ein *Plegadis falcinellus* (L.) bei Altenburg. Orn. Monatsber. **24** (1916): 139

– Beitrag zur Ornis Ostthüringens. Mitt. a. d. Osterlande **35** (1919): 289–371

– u. W. SEMMLER: Ornis Thüringens, Teil 1: Passeriformes. Thür. Orn. Rundbrief, Sonderheft 2, 1975

– – Ornis Thüringens, Teil 2. Thür. Orn. Rundbrief, Sonderheft 3, 1976

HÖRENZ, M.: Die Braunellen in der Oberlausitz. Abh. Ber. Naturkundemus. Görlitz **64** (1990) 3: 1–7

HOFFMANN, G.: Röhricht als Brutbiotop des Neuntöters. Falke **2** (1955): 12–13

– Die Rotdrossel (*Turdus iliacus* L.) als Brutvogel in der Oberlausitz. Abh. Ber. Naturkundemus. Görlitz **58** (1985) 12: 43–44

HOFMANN, P., J. SCHMIDT u. K. WEISBACH: Zur Entwicklung der Vogelwelt im Bereich des Meßtischblattes 4442 Mokrehna in den Jahren 1961–1985. Actitis **26** (1989): 16–26

HOLUPIREK, H.: Erster Nachtrag zur Vogelfauna des hohen Mittelerzgebirges. Beitr. Vogelk. **34** (1988): 47–55

– Zweiter Nachtrag zur Vogelfauna des hohen Mittelerzgebirges. Beitr. Vogelk. **39** (1993): 248–256

HORNIG, H.: Das Blaukehlchen. Gefiederte Welt **60** (1931): 170–172

HÖSER, N.: Einige seltene Vogelarten 1978–1984 am Stausee Windischleuba. Abh. Ber. Naturkundemus. Mauritianum (Altenburg) **11** (1985): 351–353

– Erweiterung des Areals der Nachtigall, *Luscinia megarhynchos*, bei Altenburg. Abh. Ber. Mauritianum (Altenburg) **12** (1987): 193–195

– Zur Brutverbreitung der Wacholderdrossel, *Turdus pilaris*, im Altenburger Land. Abh. Ber. Mauritianum (Altenburg) **12** (1989a): 365–374

– Zum Rückgang von Grauammer, Goldammer und Bluthänfling (*Emberiza calandra, E. citrinella, Carduelis cannabina*) bei Altenburg. Abh. Ber. Mauritianum (Altenburg) **12** (1989b): 380

– Durchzug des Schilfrohrsängers, *Acrocephalus schoenobaenus*, nach Fangergebnissen und Flügelmaßen bei Altenburg. Abh. Ber. Mauritianum (Altenburg) **12** (1989c): 405–406

– u. J. OELER: Jahreszeitliche Häufigkeitsverteilung der gefangenen Grasmücken *Sylvia communis, S. curruca, S. borin* und *S. atricapilla*. Abh. Ber. Mauritianum (Altenburg) **12** (1987): 183–192

HOYER, F.: Zur Problematik der Habitatsverluste durch den Abbau der Braunkohle um Leipzig. Actitis **24** (1985): 43–49

– Mögliche Brut der Schwarzkopfmöwe (*Larus melanocephalus*) 1986 an den „Kulkwitzer Lachen" bei Leipzig. Actitis **25** (1988): 71–72

HUMMEL, D.: Der Einflug der Großtrappe (*Otis tarda*) nach West-Europa im Winter 1978/79. Vogelwelt **104** (1983): 41–53, 81–95

– u. R. BERNDT: Der Einflug der Großtrappe (*Otis tarda* L.) nach West-Europa im Winter 1969/70. J. Orn. **112** (1971): 138–157

HUMMITZSCH, P.: Probleme der Feuchtgebietsschutzes im Zschornaer Teichgebiet. Beitr. Vogelk. **31** (1985): 55–72

– Brutbestandserfassung der Spechte im Elbe-Röder-Gebiet bei Dresden, Teil 1. Falke **34** (1987): 396–402

– Brutbestandserfassung der Spechte im Elbe-Röder-Gebiet bei Dresden, Teil 2/3. Falke **35** (1988 a): 23–25 u. 59–64

– Quellennachweis zur Avifauna Sachsen (1980–1984). Abh. Ber. Naturkundemus. Görlitz **62** (1988 b) 1: 1–40

JACOBI, A.: Eduard Pöppig als Ornithologe. In: OHNESORGE, K: 45. Jahresversammlung der Deutschen Ornithologischen Gesellschaft vom 1. bis 3. Oktober 1927. J. Orn. **76** (1928): 437

JOKIEL, H.: Ergebnisse der Planbeobachtung beim Waldlaubsänger. In: 18. Ornithologentagung des Bezirkes Dresden. Falke **33** (1986): 338

JOST, O.: „Steinnester" und andere Anpassungsformen des Nestbaus der Wasseramsel. J. Orn. **108** (1967): 349–352

KÄSTNER, M.: Die Gefahr der Naturschändung durch den Freiwilligen Arbeitsdienst. Mitt. Landesverein Sächs. Heimatschutz **21** (1932): 254–263

KEILHORST, E.: „Oberlausitzer Rätsel–Tauchente". Falke **35** (1988): 294–295

KELM, H. u. S. ECK: Vergleichend-morphologische Untersuchungen an europäischen Elster-Populationen. Zool. Abh. Mus. Tierk. Dresden **42** (1986): 1–40

KIPPING, J. u. U. BURGER: Ein weiterer Nachweis des Eistauchers (*Gavia immer*) für den Bezirk Leipzig. Actitis **26** (1989): 56–58

KIRCHHOF, W.: Erstbeobachtung einer Spatelente (*Bucephala islandica*) in Thüringen und Mitteldeutschland. Mitt. Thür. Orn. **4** (1957): 69

KIRCHHOFF, U.: Brutbiologische Untersuchungen an der Ringeltaube, *Columba palumbus*, im Stadtgebiet von Dresden. Teil 1/2. Falke **41** (1994): 156–166, 190–197

KLABNIK, L.: Die Vögel des Schluckenauer Ausläufers. Veröff. Nordböhm. Mus. (Naturwiss. Abt.) Liberec 1986: 112

KLAFS, G. u. J. STÜBS (Hrsg.): Die Vogelwelt Mecklenburgs. 1. Aufl., Jena 1977

KLEINSCHMIDT, O.: Katalog meiner ornithologischen Sammlung. Halle 1935–1943

KNECHTEL, J.: Singschwan bei Haselbach. Mitt. Thür. Orn. **3** (1952): 67

KNEIS, P.: Uhu (*Bubo bubo*) horstend im sächsischen Elbtal nördlich Meißen. Mitt. Ver. Sächs. Orn. **7** (1992): 108–109

KNOBLOCH, H.: Zur Reproduktion des Uhus (*Bubo bubo*) 1972–1987 in Sachsen. Mitt. Ver. Sächs. Orn. **7** (1993): 115–121

KNORRE, D. v., G. GRÜN, R. GÜNTHER u. K. SCHMIDT: Die Vogelwelt Thüringens. Jena 1986

KOBER, S.: Das Schwarzkehlchen, *Saxicola torquata* (L.), als Brutvogel in der Oberlausitz. Abh. Ber. Naturkundemus. Görlitz **58** (1985) 12: 45–46

KOEPERT, O.: Nachträge zur Vogelwelt des Herzogtums S. – Altenburg. J. Orn. **49** (1901): 385–393

– Ornithologische Vertrauensmänner. Mitt. Landesverein Sächs. Heimatschutz **4** (1913): 11–12

KOLBE, U.: Bergpieper, *Anthus sp. spinoletta*, im oberen Erzgebirge. Actitis **24** (1985): 19–21

KOPP, D. u. W. SCHWANECKE: Karte der forstlichen Wuchsgebiete der Ostdeutschen Länder. Landesanstalt für Forstplanung des Landes Brandenburg, Potsdam 1991

KRAUSS, G. u. H. VATER: Vorschläge zu einer kartographischen Abgrenzung der natürlichen Wuchsgebiete Sachsens. Thar. Forstl. Jb. **79** (1928): 314–325

KRETSCHMANN, K.: Vorbildlicher Schutz der Vogelwelt in der Deutschen Demokratischen Republik. Falke **1** (1954): 151–152

KRILL, D.: Zur Verbreitung und Bestandsentwicklung des Auerhuhns im Vogtland und im Erzgebirge. Dipl.-Arb. Techn. Univ. Dresden, Fak. Forstwirtschaft 1966

KRONBACH, D., H. MEYER u. W. WEISE: Ornithologischer Beobachtungsbericht aus dem Bezirk Karl-Marx-Stadt über die Jahre 1983 und 1984. Actitis **25** (1987): 5–20

– – – Ornithologischer Beobachtungsbericht aus dem Bezirk Karl-Marx-Stadt über die Jahre 1985 und 1986. Actitis **26** (1989): 3–16

– – – Ornithologischer Beobachtungsbericht aus dem Bezirk Chemnitz über die Jahre 1987 und 1988. Actitis **28** (1992): 66–96

– u. W. WEISE: Zum Nisten des Baumfalken, *Falco subbuteo*, auf Eisengittermasten. Beitr. Vogelk. **33** (1987): 65–71

– Ornithologischer Beobachtungsbericht für das Gebiet des Regierungsbezirkes Chemnitz über die Jahre 1989, 1990 und 1991. Mitt. Ver. Sächs. Orn. **7** (1993): 159–170

– Ornithologischer Beobachtungsbericht für das Gebiet des Regierungsbezirkes Chemnitz über die Jahre 1992 und 1993. Mitt. Ver. Sächs. Orn. **7** (1994): 325–332

KRÜGER, S.: Die Drosseln in der Oberlausitz. Abh. Ber. Naturkundemus. Görlitz **60** (1986) 9: 1–8

– Die Pieper in der Oberlausitz. Abh. Ber. Naturkundemus. Görlitz **61** (1987) 5: 1–8

– Girlitz, Stieglitz und Kernbeißer in der Oberlausitz. Abh. Ber. Naturkundemus. Görlitz **64** (1991) 9: 1–7

KUHLIG, A. u. K. HEINL: Die Vogelwelt des Kreises Bitterfeld. Teil 1. Bitterfeld 1983

– – Die Vogelwelt des Kreises Bitterfeld. Teil 2. Bitterfeld 1984

KUNZE, W.: Zur Brutbiologie des Gartenammers (*Emberiza hortulana*). Beitr. Vogelk. **3** (1954): 288–290

KUPFER, I.: Der Schilfrohrsänger – Brutvogel im Bezirk Karl-Marx-Stadt. Falke **36** (1989): 192–193, 208

– Erster Brutnachweis des Schilfrohrsängers, *Acrocephalus schoenobaenus*, im Bezirk Karl-Marx-Stadt. Beitr. Vogelk. **36** (1990): 63–64

LAUTERBACH, K.: Der Flußuferläufer – Brutvogel 1989 im Erzgebirge. Falke **38** (1991): 122–125

LEHMANN, H.: Austernfischerbrut bei Torgau. Falke **39** (1992): 308–309

LEIPE, T.: Die letzten Triele – werden sie überleben? Falke **37** (1990): 106–111

LENZER, G.: Möwenbrutkolonien im Südteil des Bezirkes Halle. Apus **1** (1968): 179–181

LESKE, N. G.: Reise durch Sachsen in Rücksicht der Naturgeschichte und Ökonomie. Leipzig 1789

LIEBE, K. Th.: Die Eisenbahnen und unsere Vogelwelt. Mschr. Sächs.-Thür. Ver. Vogelk. Vogelschutz **1** (1876): 40–42, 58–60, 77–79

LIEDEL, K.: Flußregenpfeifer. In: Migrations of Birds of Eastern Europe and Northern Asia. Gruiformes – Charadriiformes. Moskva 1985

LINDNER, H.: Außergewöhnliche Nistplätze von *Garrulus glandarius*. Beitr. Vogelk. **4** (1955): 161

MARTIN, R.: Zugbeobachtungen und Ankunftsdaten unserer Zugvögel. Gefiederte Welt **59** (1939): 335

MÄRZ, R.: Das Tierleben des Elbsandsteingebirges. Wittenberg/Lutherstadt 1957

MAUERSBERGER, G.: Zur Feldkennzeichnung der Kreuzschnabelarten und zum Status von Sichtnachweisen. Falke **23** (1976): 51–55

McCULLOCH, M. N., G. M. TUCKER u. S. R. BAILLIE: The hunting of migratory birds in Europe: a ringing recovery analysis. IBIS **134** (1992), suppl. 1: 55–65

MELDE, F.: Zur Biologie des Flußregenpfeifers. Falke **38** (1991): 226–230

– u. M. MELDE: Neue Beobachtungen zum Auftreten von Dreizehenmöwen, *Rissa tridactyla* (L.), im Südosten der DDR. Beitr. Vogelk. **32** (1986): 247

MELDE, M.: Untersuchungen zum Brutbestand der Spechtarten in einem Teil des Kr. Kamenz. Actitis **24** (1985): 49–53

– Die Krähenvögel (Corvidae) in der Oberlausitz. Abh. Ber. Naturkundemus. Görlitz **60** (1986) 8: 1–12

– Die Schwalben in der Oberlausitz. Abh. Ber. Naturkundemus. Görlitz **61** (1987) 3: 1–12

– Zum Bestand und zur Bestandsentwicklung einiger ausgewählter Vogelarten in einem Kontrollgebiet um Biehla, Kr. Kamenz. Beitr. Vogelk. **36** (1990): 296–300

– Die heimischen Laubsänger der Gattung *Phylloscopus* in einem Kontrollgebiet. Falke **39** (1992): 267–272

– Auffällige Veränderungen in der Vogelwelt der Westlausitz zwischen 1945 und 1992. Mitt. Ver. Sächs. Orn. **7** (1994): 229–234

MENZEL, F.: Die Grasmücken in der Oberlausitz. Abh. Ber. Naturkundemus. Görlitz **63** (1989): 1–16

– Die Laubsänger in der Oberlausitz. Abh. Ber. Naturkundemus. Görlitz **66** (1992) 3: 1–12

MENZEL, H.: Zum Vorkommen des Steinschmätzers und der Wiesenschmätzer in der Oberlausitz. Abh. Ber. Naturkundemus. Görlitz **59** (1986) 4: 1–8

MEYER, B.: Zusätze und Berichtigungen zu Meyer und Wolfs Taschenbuch d. deutsch. Vogelkunde. Frankfurt/M. 1822

MEYER, M. u. H.-J. THORWARTH: Erstnachweise der Dickschnabellumme (*Uria lomvia*) für das Binnenland der DDR. Beitr. Vogelk. **34** (1988): 313–314

MÖCKEL, R.: Die Bestandsentwicklung des Rebhuhns (*Perdix perdix* (L.)) auf einer Kontrollfläche im Westerzgebirge. Hercynia N. F. **22** (1985): 301–318

– Populationsökologische Untersuchungen an höhlenbrütenden Singvögeln in vitalitätsgeschädigten Fichtenbeständen des Westerzgebirges unter besonderer Berücksichtigung der Tannen- und Haubenmeise (*Parus ater* L., *P. cristatus* L.). Diss. A Techn. Univ. Dresden, Sekt. Forstwirtschaft 1990 a

– Zur Brutbiologie der Haubenmeise (*Parus cristatus*) im Westerzgebirge. Acta ornithoecol. **2** (1990 b): 143–169

MÖLLER, R.: Die „Naturforschende Gesellschaft des Osterlandes zu Altenburg". Teil I – Die Zeit von 1817–1836. Abh. u. Ber. Naturkundemus. Mauritianum (Altenburg) **7** (1972): 71–126

MÖNNIG, M.: Tannenhäherbrut bei Markneukirchen. Kulturbote für den Musikwinkel **15** (1968): 45–47

MÜLLER, C.: Brutvogelbestandserfassung im Kurpark Bad Düben. Actitis **26** (1989): 45–48

MÜLLER, J.: Zum Vorkommen des Rothalstauchers (*Podiceps grisegena*) im Kreis Wurzen. Mitt. Ver. Sächs. Orn. **7** (1991) 1: 16–19

MÜNSTER, W.: Der Neuntöter oder Rotrückenwürger. NBB 218. Wittenberg/Lutherstadt 1958

NACHTIGALL, W., S. RAU u. R. STEFFENS: Avifaunistischer Bericht aus dem Bezirk Dresden für die Jahre 1987 bis 1989. Actitis **31** (1995): 3–105

NEEF, E.: Die naturräumliche Gliederung Sachsens. Sächs. Heimatbl. **6** (1960): 219–228, 274–286, 321–333, 409–422, 472–483, 565–579

NEUMANN, J.: Die Vogelsammlung des Hegereiters Johann Anton Heink. Abh. Ber. Naturkundemus. Görlitz **46** (1971) 12: 1–6

– Der Hegereiter Johann Anton Heink (1779–1869). Sächs. Heimatbl. **18** (1972): 191–193

NICOLAI, B.: Atlas der Brutvögel Ostdeutschlands. Jena 1993

PÄTZOLD, R.: Heidelerche und Haubenlerche. NBB 440. Wittenberg/Lutherstadt 1986

PANNACH, D.: Erlenzeisig und Zitronengirlitz in der Oberlausitz. Abh. Ber. Naturkundemus. Görlitz **63** (1990 a) 3: 1–7

– Der Zaunkönig in der Oberlausitz. Abh. Ber. Naturkundemus. Görlitz **64** (1990 b) 11: 1–5

PANOW, E.: Die Würger der Paläarktis. NBB 557. Wittenberg/Lutherstadt 1983

PATZAK, U. u. D. WEIS: Ökofaunistische Untersuchungen an Wasservögeln in Abhängigkeit von unterschiedlichen Bewirtschaftungsmaßnahmen der Binnenfischerei im Teichgebiet Königswartha in den Jahren 1987–1991. Dipl.-Arb. Techn. Univ. Dresden, Abt. Forstwirtschaft 1992

PFÜTZNER, W.: Die Kreuzschnäbel in der Oberlausitz. Abh. Ber. Naturkundemus. Görlitz **62** (1988) 2: 1–6

PIETSCH, J.: Ornithologische Beobachtungen in der Umgegend von Torgau. Orn. Monatsber. **12** (1887): 265–275

PLASCHKA, F.: Das Vorkommen der Großtrappe – *Otis tarda* L. – im Raum Wallendorf von 1895 bis zur Gegenwart. Apus **1** (1968): 193–194

PÖRNER, H.: Beringungsergebnisse von in der DDR markierten Bekassinen (*Gallinago gallinago*). I. Die Brutpopulation der DDR. Ber. Vogelwarte Hiddensee **6** (1985): 50–55

– Beringungsergebnisse von in der DDR markierten Bekassinen (*Gallinago gallinago*). II. Vögel unbekannter Herkunft. Ber. Vogelwarte Hiddensee **8** (1987 a): 20–33

– Beringungen und Wiederfunde 1984 und 1985. Ber. Vogelwarte Hiddensee **8** (1987 b): 67–106

– Beringungsergebnisse von in der DDR markierten Bekassinen (*Gallinago gallinago*). II. Vögel unbekannter Herkunft (Fortsetzung). Ber. Vogelwarte Hiddensee **9** (1989): 42–56

RAU, S.: Empfehlungen für die Pflege und Gestaltung von Fischteichen in Sachsen aus der Sicht des Naturschutzes. Naturschutzarbeit in Sachsen **32** (1990): 9–20

– u. R. STEFFENS: Avifaunistischer Jahresbericht 1986 für den Bez. Dresden. Actitis **27** (1989): 3–25

– – u. U. ZÖPHEL: Rote Liste der Wirbeltiere im Freistaat Sachsen. In: Rote Liste im Freistaat Sachsen. ILN (Hrsg.) Dresden 1991: 87–102

REINL, S.: Qualitative und quantitative Erfassung der Vogelwelt des NSG Zadlitzbruch in den Jahren 1966–68. Staatsex.-Arb. PI Halle 1968

REUSSE, P.: Berichtigung des Beitrages „Zum Durchzug von Zwerg- und Doppelschnepfe (*Lymnocryptes minimus* (Brünnich), *Gallingo media* (Latham))". Veröff. Mus. Westlausitz **10** (1987): 74

– Habitatansprüche und Bestandsförderung des Baumfalken (*Falco subbuteo*) nach 15jährigen Untersuchungen in der Großenhainer Pflege. Artenschutzreport **3** (1993): 1–6

– u. D. SCHNEIDER: Gefährdung nestjunger Baumfalken (*Falco subbuteo*) durch Plastefäden. Acta ornithoecologica **1** (1985): 97–98

REY, E.: Die Eier der Vögel Mitteleuropas. Lobenstein ohne Jahr (Vorwort 1899)

RICHTER, H.: Eine naturräumliche Gliederung der DDR auf der Grundlage von Naturraumtypen. Beitr. zur Geographie **29** (1978): 323–340

RINGLEBEN, H.: Nilgans und Rostgans als freilebende Brutvögel in Mitteleuropa. Falke **22** (1975): 230–233

ROST, F.: Zu: Spätbeobachtungen eines Steinschmätzers, *Oenanthe oenanthe*. Beitr. Vogelk. **32** (1986): 124

– Beobachtungen zur Brutbiologie und Populationsdynamik der Wasservögel im Teichgebiet Haselbach, Bez. Leipzig. Beitr. Vogelk. **34** (1988): 117–130

– Brutbestand der Rohrsänger 1984 auf einer Kontrollfläche im Kr. Borna, unter besonderer Berücksichtigung der Populationsdynamik des Teichrohrsängers. Actitis **26** (1989a): 52–54

– Siedlungsdichteuntersuchung auf einer Kontrollfläche im Süden des Bez. Leipzig. Actitis **26** (1989b): 54–56

– Der Brutbestand der Rohrammer (*Emberiza schoeniclus*) 1984 auf einer Kontrollfläche im Kr. Borna. Actitis **27** (1989c): 47–49

– Der Brutbestand von Gold-, Grau- und Gartenammer (*Emberiza citrinella, E. calandra, E. hortulana*) und vom Raubwürger (*Lanius excubitor*) in einem Untersuchungsgebiet südlich von Leipzig. Abh. Ber. Mauritianum (Altenburg) **12** (1989d): 361–364

– R. STEINBACH u. N. HÖSER: Avifaunistische Besonderheiten im Pleiße-Wyhra-Gebiet 1985. Abh. Ber. Mauritianum (Altenburg) **12** (1987): 197–201

– – – u. B. VOGEL: Avifaunistischer Jahresbericht für 1986 aus dem Pleiße-Wyhra-Gebiet. Abh. Ber. Mauritianum (Altenburg) **12** (1989): 381–386

RUDAT, V.: Zur Erfassung von Vorkommen des Tannenhähers (*Nucifraga c. caryocatactes*). Orn. Jber. Mus. Heineanum **8/9** (1984): 77–85

RUTSCHKE, E. u. C. WESSEL: Ergebisse der Wasservogelzählungen Januar 1985 / November 1984 / März 1984. Mitt. Ber. Zentrale f. d. Wasservogelforsch. **17** (1985): 5–24

– – Ergebisse der Wasservogelzählungen Januar 1986 / November 1985 / März 1985. Mitt. Ber. Zentrale f. d. Wasservogelforsch. **18** (1986): 6–23

– – Ergebisse der Wasservogelzählungen Januar 1987 / November 1986 / März 1986. Mitt. Ber. Zentrale f. d. Wasservogelforsch. **19** (1987): 5–20

– – Ergebisse der Wasservogelzählungen Januar 1988 / November 1987 / März 1987. Mitt. Ber. Zentrale f. d. Wasservogelforsch. **20** (1988): 6–20

– u. T. WILKE: Ergebnisse der Wasservogelzählungen in der Saison 1988/89 und 1989/90. Bucephala **1** (1993): 5–18

SAEMANN, D.: Die Rauhfußhühner (*Tetraonidae*) in Sachsen und Möglichkeiten ihres Schutzes. Naturschutzarbeit in Sachsen **29** (1987 a): 29–38

– War das Aussterben der Rauhfußhühner (Tetraonidae) in der Sächsischen Oberlausitz vermeidbar? Abh. Ber. Naturkundemus. Görlitz **60** (1987 b): 103–106

– Phänologische und biometrische Untersuchungen an Goldhähnchen (*Regulus regulus* und *R. ignicapillus*) am Nordrand des Erzgebirges. Zool. Abh. Mus. Tierk. Dresden **43** (1987 c): 1–13

– Die Bedeutung der Staugewässer des Erzgebirges für Brut und Rast von Wasservögeln. Beitr. Vogelk. **53** (1989 a): 80–89

– Die Wiederbesiedlung Sachsens durch den Kolkraben, *Corvus corax* L., 1758, unter besonderer Berücksichtigung des Erzgebirges. Faun. Abh. Mus. Tierkd. Dresden **16** (1989 b): 169–182

– Weißbrückenspecht auch in Sachsen. Falke **37** (1990): 169

– Qualitative und quantitative Veränderungen in der Brutvogelfauna der Stadt Chemnitz. Veröff. Mus. Naturkd. Chemnitz 17 (1994): 253–270

SCAMONI, A. et al.: Natürliche Vegetation. In: Atlas der DDR, Blatt 12. Gotha 1981

SCHARNHORST, D. u. B. KATZER: Limikolenbeobachtungen im Kreis Meißen. Falke **35** (1988): 304–305

SCHILDE, D.: Überwinterungsversuch einer Mönchsgrasmücke. Falke **16** (1969): 390

SCHIMKAT, J.: Vögel im Winterwald – eine Bestandserfassung im Vergleich mit der Brutzeit. Falke **39** (1992): 402–414

SCHLEGEL, R.: Beobachtungen und Untersuchungen an sächsischen Schwanzmeisen, *Aegithalos caudatus europaeus* (Herm.). Verh. Orn. Ges. in Bayern (1921): 51–57

SCHLEGEL, S. u. J. DICK: Sperbergrasmücke, *Sylvia nisoria*, Brutvogel im oberen Erzgebirge. Orn. Mitt. **48** (1996): 102–104

SCHLÖGEL, N.: Zum Brüten des Flußuferläufers, *Actitis hypoleucos*, im Bezirk Leipzig. Actitis **24** (1985 a): 24–28

– Zum Vorkommen der Ohrenlerche, *Eremophila alpestris*, im Bezirk Leipzig bis 1979. Actitis **24** (1985 b): 39–41

– Zum Vorkommen der Weidenmeise – *Parus montanus salicarius* C. L. Brehm – im Bezirk Leipzig sowie zu einigen mit ihrer Ausbreitung zusammenhängenden Problemen. Actitis **25** (1987): 20–50

SCHNEIDER, K. M.: Eine junge Mantelmöwe in der Nähe von Torgau. Orn. Monatsber. **30** (1922): 43

SCHÖLZEL, H.: Birkwild, einst Brutwild bei Hauswalde, Kr. Bischofswerda. Veröff. Mus. Westlausitz **9** (1985): 78

SCHÖNN, S.: Zu Status, Biologie, Ökologie und Schutz des Steinkauzes (*Athene noctua*) in der DDR. Acta ornithoecol. **1** (1986): 103–133

SCHÖNN, S. u. R.: Zur Expansion, Brutbiologie und Öko-Ethologie des Schlagschwirls (*Locustella fluviatilis*) in Sachsen. Beitr. Vogelk. **33** (1987): 1–17

SCHRACK, M.: Information über eine Brut des Waldwasserläufers (*Tringa ochropus* L.) in der Laußnitzer Heide. Veröff. Mus. Westlausitz **10** (1986/1987): 79–82

– Wintergelege von Meisen in der Radeburger und Laußnitzer Heide. Actitis **28** (1992): 26–42

SCHRETZENMAYR, M. et al.: Der Wald. Leipzig, Jena, Berlin 1973

SCHUBERT, P.: Nachweis des Sichelstrandläufers (*Calidris ferruginea*) auf dem Frühjahrszug in Ostthüringen. Beitr. Vogelk. **4** (1956): 322

SCHULTZE, J. H.: Die naturbedingten Landschaften der Deutschen Demokratischen Republik. Gotha 1955

SCHWANECKE, W.: Richtlinie für die Bildung und Kartierung der Standorteinheiten im Hügelland und Mittelgebirge der DDR. VEB Forstprojektierung Potsdam 1970

SEICHE, K.: Bestandsentwicklung von Graureiher und Kormoran im Freistaat Sachsen und Studie zu Schäden in der Binnenfischerei. Abschlußbericht zu einem Projekt im Auftrage des LfUG 1994 (unveröff.)

– u. A. WÜNSCHE: Kormoran (*Phalacrocorax carbo* L.) und Graureiher (*Ardea cinerea* L.) im Freistaat Sachsen. In: Sächs. Staatsministerium für Umwelt u. Landesentwicklung (Hrsg.): Materialien zu Naturschutz und Landschaftspflege 1/1996

SPÄNIG, S.: Ansiedlung des Uhus (*Bubo bubo*) bei Oschatz. Actitis **32** (1997): 60–62

SPERLING, D.: Das Vorkommen der Möwen (*Laridae*) im Bitterfelder Braukohlenrevier. Hercynia N. F. **7** (1970): 273–300

– 10 Jahre ornithologische Beobachtungen am Staubecken Bautzen. Natura Lusatica **9** (1985): 19–27

– Blaumeise, *Parus caeruleus*, brütet im Nest der Beutelmeise, *Remiz pendulinus*. Beitr. Vogelk. **32** (1986): 63

SPERLING, E.: Über den Bestand des Kranichs in der Provinz Sachsen. Beitr. Avifauna Mitteldeutschlands **1** (1937): 29–43

STEFFENS, R.: Auswirkungen von Weideschäden an Flurgehölzen auf den Brutvogelbestand. Naturschutzarbeit in Sachsen **28** (1986 a): 43–48

– Jahresbericht 1985 über die vom Aussterben bedrohten sowie ausgewählte bestandsgefährdete und seltene Tierarten in den drei sächsischen Bezirken. Naturschutzarbeit in Sachsen **28** (1986 b): 61–64

– Jahresbericht 1986 über die vom Aussterben bedrohten sowie ausgewählte bestandsgefährdete und seltene Tierarten in den drei sächsischen Bezirken. Naturschutzarbeit in Sachsen **29** (1987): 61–64

– Jahresbericht 1987 über die vom Aussterben bedrohten sowie ausgewählte bestandsgefährdete und seltene Tierarten in den drei sächsischen Bezirken. Naturschutzarbeit in Sachsen **30** (1988): 61–63

– Naturschutzprobleme in Immissionsgebieten unter besonderer Berücksichtigung der Situation in den drei sächsischen Bezirken. Naturschutzarbeit in Sachsen **31** (1989): 25–38

– Grundkonzept eines Schutzgebiets- und Biotopschutzprogrammes im Freistaat Sachsen. Naturschutzarbeit in Sachsen **33** (1991): 11–24

– W. BUDER, K. RICHTER, D. SCHULZ, U. ZÖPHEL u. R. KRETZSCHMAR: Floristische und faunistische Erfassungs-, Schutz- u. Betreuungsprogramme im Freistaat Sachsen. Naturschutzarbeit in Sachsen **36** (1994) Sonderheft

STEINBACH, R.: Erfolglose Brut der Schwarzkopfmöwe, *Larus melanocephalus* Temminck, am Speicherbecken Windischleuba 1980. Abh. Ber. Naturkundemus. Mauritianum (Altenburg) **11** (1982): 16

STRESEMANN, E.: Über die Formen der Gruppe *Aegithalos caudatus* und ihre Kreuzungen. Beitr. Zoogeographie paläarkt. Region **1** (1919): 1–24

– Beiträge zur Geschichte der deutschen Vogelkunde. J. Orn. **73** (1925): 600

– u. P. THOMSEN: J. F. Naumanns Briefwechsel mit H. Lichtenstein 1816–1856. Acta Hist. Sci. nat. Med. **11** (1954): 54 u. 59

STUBBE, Ch. u. S. WAURISCH: Ergebnisse der Fasanenmarkierungen in der DDR. Beitr. Jagd- u- Wildforschung **10** (1977): 435–445

STUBBE, H. u. S. BRUCHHOLZ: Probleme und Ergebnisse der Aufzucht von Auerwild (*Tetrao urogallus* L.). Beitr. Jagd- u- Wildforschung **10** (1977): 394–413

StUFA (Staatl. Umweltfachamt) Leipzig (Hrsg.): Brutvogelatlas der Stadt und des Landkreises Leipzig. Materialien zu Naturschutz u. Landschaftspflege. Leipzig 1995

STURM, A.: Der Zwergschnäpper, *Ficedula parva*, in den Sächsischen Schweiz. Beitr. Vogelk. **32** (1986): 1–12

– Die Vogelwelt der Sächsischen Schweiz als Spiegelbild der Landschaft. In: Nationalpark Sächsische Schweiz – Sonderheft zur Eröffnung. Dresden 1991

TEUBERT, W. u. P. KNEIS: Raumzeitliche Einnischung im sächs. Elbtal bei Riesa überwinternder Sperber (*Accipiter nisus*) nach dem Geschlecht. Acta ornithoecol. **1** (1988): 325–346

THIELEMANN, M.: Meißen – Stadt und Land. Leipzig 1954

THIELEMANN, W.: Ornithologische Reiseskizzen aus der Glücksburger und Dübener Heide. Orn. Monatsber. **6** (1881): 2–13

THOSS, M.: Die Rohrweihe brütet im Vogtland. Falke **35** (1988): 269–270

TOBIAS, R.: Ornithologische Beobachtungen im Jahre 1840, ange-
stellt in der Gegend von Görlitz. Abh. Naturfor. Ges. Görlitz **3**
(1842) 2: 31–33
– [ohne Titel]. Naumannia **1** (1859) 2: 99
TONKO, F.: Der Sperlingskauz, *Glaucidium passerinum*, im Tharandt-
Grillenburger Wald. Falke **39** (1992): 277–278
TYLL, E.: 25 Jahre Vogelbeobachtungen im Crimmitschauer Raum.
Falke **37** (1990): 304–305
UHLICH, H.: Ein Grasläufer (*Tryngites subruficollis* Vieill.) in Sach-
sen. Actitis **25** (1987): 70–71
VOERKEL, R.: Hohe Gelegezahl beim Zwergtaucher. Beitr. Fortpfl.-
Biol. Vögel **3** (1927): 133
WADEWITZ, O.: Zur Brutbiologie des Triels, *Burhinus oedicnemus*
(L.). Beitr. Vogelk. **4** (1955a): 86–107
– Dort wo der Triel ruft. Wittenberg/Lutherstadt 1955b
– Einiges über die Waldschnepfe, *Scolopax rusticola*. Beitr. Vogelk.
23 (1977): 101–106
WEBER, H.: Beobachtungen über das Erscheinen des Erlenzeisigs
(*Carduelis spinus* L.) zur Brut- und Zugzeit in Mecklenburg in
den Jahren 1949–1954. Beitr. Vogelk. **6** (1959): 351–356
WEIS, D.: Brandgansbrut bei Königswartha/Kreis Bautzen. Actitis
29 (1993): 86–88
WEISSMANTEL, P.: Versuch einer Avifauna der sächsischen Westlau-
sitz (1919/20). Veröff. Mus. Westlausitz, Sonderheft (1993): 17–49

WILKE, T.: Zur Entwicklung des Mittwinterbestandes der Krickente
(*Anas crecca*) in Ostdeutschland 1969–1991. Bucephala **1** (1993):
48–58
WITT, M.: Zum Brutvorkommen des Ortolans, *Emberiza hortulana*
L., in Nordwestsachsen. Mitt. Ver. sächs. Orn. **6** (1941): 147
ZAUNICK, R.: Die im Jahre 1783 an das Kurfürstliche Naturalienka-
binett eingelieferten sächsischen Vögel. Sitzungsber. u. Abh. d.
Naturw. Ges. ISIS Dresden (1924): 1–17
ZETTL, H.: Zur Entwicklung des Rebhuhnbestandes im Bezirk Dres-
den. III. Wiss. Koll. „Wildbiologie u. Wildbewirtschaftung" Leip-
zig 17./18.Apr. 1984: 392–405
ZIMMERMANN, B.: Brutbiologische Beobachtungen am Weidenlaub-
sänger (*Phylloscopus collybita*). Actitis **30** (1994): 48–56
ZIMMERMANN, R.: Unsere Hecken und ihre Bedeutung für die Vogelwelt. Mitt. Landesver. Sächs. Heimatschutz **6** (1917): 224–226
– Die historische Entwicklung unseres nordlausitzischen Vogelbil-
des. Kunst – Wissenschaft – Technik, Sonderbeilage zu den
Bautzener Nachrichten Nr. 152 vom 2. 8. 1933
– u. G. HOFFMANN: Der Rotrückige Würger, *Lanius collurio* L.,
über dem Wasser brütend. Mitt. Ver. sächs. Orn. **6** (1939): 47–49
ZULICKE, O.: Sturmmöwen in neuen Siedlungsräumen. J. Orn. **96**
(1955): 213–214

4. Register

Die halbfett gedruckten Seitenzahlen verweisen auf die Seiten der ausführlichen Darstellung im speziellen Teil.

ACTITIS

Avifaunistische Mitteilungen aus Sachsen

Naturschutzbund Deutschland (NABU),
Landesverband Sachsen e. V.,
in Zusammenarbeit mit dem
Ornithologischen Verein zu Leipzig e. V. (OVL)

Interessieren Sie sich intensiver für die Vogelkunde?
Dann wäre eine Mitgliedschaft in der

Deutsche Ornithologen-Gesellschaft (DO-G)

das Richtige für Sie!

Die DO-G ist eine der ältesten und größten wissenschaftlichen Gesellschaften, die sich mit Vogelkunde befassen. Ihr Publikationsorgan, das **Journal für Ornithologie**, erscheint bereits seit 1850 in Folge und bietet regelmäßig alle 3 Monate eine Fülle neuer Erkenntnisse aus allen Bereichen der aktuellen vogelkundlichen Forschung. Zusätzlich erhalten alle Mitglieder die Zeitschrift die "Vogelwarte" (seit 1930). Alljährlich findet eine mehrtägige Jahresversammlung an wechselnden Orten mit Diskussionen, Vorträgen, Filmvorführungen und Exkursionen statt. Sie vermitteln persönliche Beziehungen und sind ein Ort intensiven Gedankenaustausches. Während der Jahrestagungen wird auch über neue Geräte (Ferngläser, Spektive, Klangspektrographen etc.), Bücher, Bilder u.a.m. informiert! Zusätzlich fördert die DO-G intensiv wissenschaftliche Arbeiten durch Preise und finanzielle Unterstützungen von Vorhaben ornithologischer Forschungen. Haben Sie Interesse? Dann wenden Sie sich bitte an die folgende Adresse:
DO-G, z. Hd. Herrn W. Stauber, Postfach 10 60 13, D-70049 Stuttgart.
An diese Anschrift können Sie auch unten stehende Beitrittserklärung (bitte in Briefumschlag stecken) schicken.

Hiermit erkläre ich meinen Beitritt zur „Deutschen Ornithologen-Gesellschaft" mit Wirkung vom 1.1.19____ als (bitte ankreuzen bzw. in Druckbuchstaben ausfüllen):

☐ Ordentliches Mitglied (Jahresbeitrag DM 90,--)
☐ Lehrling, Student, Schüler (Jahresbeitrag DM 40,--; Ausbildungsbescheinigung beilegen)
☐ außerordentliches Mitglied (Jahresbeitrag DM 35,--; kein Zeitschriften-Bezug).

Adresse (Studenten, Lehrlinge und Schüler bitte Heimatadresse angeben):

_____
(Name, Vorname)

_____
(Straße)   (PLZ und Ort)

_____
(Beruf)   (Geburtsdatum)

_____
(Ort, Datum und Unterschrift)